CIGRE Green Books

Flexible AC Transmission Systems

FACTS

国际大电网委员会绿皮书

柔性交流输电技术

国际大电网委员会直流与电力电子专委会◎著

中国南方电网有限责任公司◎译

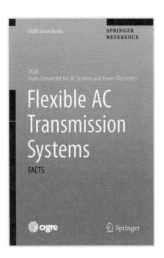

图书在版编目（CIP）数据

国际大电网委员会绿皮书. 柔性交流输电技术 / 国际大电网委员会直流与电力电子专委会著；中国南方电网有限责任公司译. —北京：中国电力出版社，2023.12
书名原文：CIGRE Green Books Flexible AC Transmission Systems (FACTS)
ISBN 978-7-5198-8346-1

Ⅰ. ①国…　Ⅱ. ①国…　②中…　Ⅲ. ①特高压输电–柔性交流输电　Ⅳ. ①TM6

中国国家版本馆 CIP 数据核字（2023）第 224490 号

北京市版权局著作权合同登记　　图字：01-2023-5108 号

出版发行：中国电力出版社
地　　址：北京市东城区北京站西街 19 号（邮政编码 100005）
网　　址：http://www.cepp.sgcc.com.cn
责任编辑：薛　红　张冉昕
责任校对：黄　蓓　常燕昆　郝军燕　王海南　于　维
装帧设计：郝晓燕
责任印制：石　雷
印　　刷：北京雅昌艺术印刷有限公司
版　　次：2023 年 12 月第一版
印　　次：2023 年 12 月北京第一次印刷
开　　本：787 毫米×1092 毫米　16 开本
印　　张：54.25
字　　数：1313 千字
印　　数：0001—1000 册
定　　价：560.00 元

［英］本贾尼·安德森（Bjarne R. Andersen）

［美］斯蒂格·尼尔森（Stig L. Nilsson）　编

柔性交流输电技术
FACTS

《国际大电网委员会绿皮书 柔性交流输电技术》
翻译组名单

组　　长　许树楷

副 组 长　袁智勇　宋　强

参译人员　史尤杰　雷　博　辛清明　魏　伟　黄伟煌

邹常跃　吴　越　杨　毅　孔祥平　张　弛

李　鹏　吴小丹　何　师　左广杰　赵　刚

陈立群　王少波　顾　然　张宝顺　王宇红

王　朗　张　磊

参译单位　南方电网科学研究院有限责任公司

中国南方电网有限责任公司

清华大学

国网江苏省电力有限公司电力科学研究院

南京南瑞继保电气有限公司

荣信汇科电气股份有限公司

许继电气股份有限公司

中电普瑞科技有限公司

中电普瑞电力工程有限公司

书　序

　　气候变化是人类面临最严峻的共同挑战之一，为应对这一人类共同的挑战，需倡导"创新、协调、绿色、开放、共享"的发展理念。世界各个国家和地区围绕以绿色为主题的能源发展方式，以实现"碳达峰、碳中和"为目标，共同守护人类共同的家园。毫无疑问，在这场应对气候变化的战役中，能源是主战场，电力是主力军，构建新型电力系统是关键的路径之一。

　　电网在新能源发展中起到资源优化配置平台作用，是大力支持新能源发展、促进清洁能源消纳，积极服务"碳达峰、碳中和"目标实现的关键。新能源发电量占比日益提高，大量电力电子装备接入系统，电网频率、电压及功角的动态特性随之变化，给传统电网带来前所未有的挑战。柔性交流输电系统（Flexible AC Transmission Systems，FACTS）技术是电力电子领域的主要方向之一，自20世纪80年代提出以来，由于其具备快速灵活的控制特性，能够实现对电网潮流全面优化控制，提高电网的灵活性和稳定性，得到了快速发展。近40年来，电网应用的FACTS装备已超20种，在全球范围内得到了广泛应用。中国是世界上最早开展FACTS技术研究、装备开发与工程实践的国家之一，推动了FACTS技术和装备快速发展。南方电网是世界上最复杂的交直流并联运行大电网之一，先后在西电东送大通道实施了串联补偿提升输电效率之后，在大电网受端又建成了百兆乏级STATCOM群提升安全稳定性，在弱直流受端电网采用了动态无功补偿改善恢复特性等；国家电网有限公司的电网应用场景丰富，在国内多个重要变电站建成了动态无功补偿装置，建成了世界最大的统一潮流控制器工程。中国已经成为FACTS研究和应用的主要推动者，并为世界其他国家应用FACTS提供了技术支持。

　　国际大电网委员会（International Council on Large Electric Systems，CIGRE）是全球重要的电力系统组织，致力促进世界电力技术发展。《国际大电网委员会绿皮书　柔性交流输电技术》英文原著是CIGRE最新全面介绍FACTS规划、设计、建设、运行、维护及资产管理等各个方面的专业书籍，由CIGRE直流与电力电子专委会（SC B4）组织编制，汇集了世界知名电力电子领域专家的深厚专业知识与宝贵工程经验，同时还反映了该领域的最新技术进展。该书内容丰富、资料详实、查阅方便，实用性强，已于 2020 年出版。南方电网公司组织中国专家，积极参与了该英文原著的编制。为进一步帮助广大读者了解 FACTS 技术发展，南方电网公司组织将该英文原著翻译为中文，以飨读者。这一想法得到了 CIGRE 的认可和帮助，也得到了英文原著编委 Bjarne R.Andersen 先生、Stig L. Nilsson 先生以及 CIGRE SC B4 主席 Joanne Hu 女士的大力支持。

　　南方电网公司组织由三十多名译者组成的翻译团队，在 CIGRE 中国国家委员会指导下，历经近两年时间完成了这一繁重而有意义的编译工作，形成了这本科技译著。相信该书能够成为我国电力领域工作人员的实用参考书籍，为促进电力行业的发展和进步，构建新型电力系统贡献力量！

韩英铎

2023 年 12 月 5 日

译者前言

现代电力输电系统已进入大系统、超高压远距离输电、跨区域联网的新阶段，社会经济的发展促使现代输电网的管理和运营模式发生变革，对其安全、稳定、高效、灵活运行控制的要求日益提高。传统的输电控制方法因机械开关动作速度慢、无法频繁操作、设备老化快等缺陷，制约了潮流控制灵活性和系统稳定性的提高，难以充分发挥电力设备的输电能力。

伴随着电力电子技术、计算机信息处理技术、通信技术和先进控制技术的蓬勃发展，柔性交流输电系统（Flexible AC Transmission Systems，FACTS）技术应运而生。该技术能够实现对交流输电网运行参数和变量（如电压、相角、阻抗、潮流等）更加快速、连续和频繁地调节，即所谓柔性（或灵活）输电控制，进而达到提高输电系统运行效率、稳定性和可靠性的目的。自 FACTS 的概念提出后，FACTS 技术与装备便得到了迅速的发展和推广，已成为电力工业近几十年来发展最快、影响最广的新兴技术领域之一。目前，全世界已投运了上千个 FACTS 工程并取得良好的成效，成为解决现代电网诸多挑战的重要手段之一。

《国际大电网委员会绿皮书　柔性交流输电技术》由南方电网公司翻译，原著作为 *CIGRE Green Books Flexible AC Transmission Systems (FACTS)*，由 Bjarne R.Andersen 与 Stig L.Nilsson 主编，CIGRE SC B4 工作组中 30 余位来自全球各国的业内权威专家、学者共同撰写完成，全面介绍了 FACTS 的理论基础、技术进展、工程应用及项目管理，凝聚了全球电力行业在该领域的技术研究和工程经验，为未来 FACTS 支撑新型电力系统建设提供了有力技术储备。

本书内容分为 7 个部分。第 1 部分为引言，包括第 1 章，概述 FACTS 的发展历程。第 2 部分为交流系统，包括第 2～4 章，介绍交流系统特性、常规输电控制方式以及采用 FACTS 控制方式的功能和特点。第 3 部分为 FACTS 装置技术，包括第 5～11 章，详细说明 FACTS 装置拓扑、各类装置的技术原理。第 4 部分为 FACTS 装置应用，包括第 12～15 章，分别介绍国内外各类 FACTS 装置的典型工程应用案例。第 5 部分为 FACTS 装置规划和采购，包括第 16～19 章，从业主角度，阐述如何开展 FACTS 装置的需求分析、投资决策和设备采购。第 6 部分为 FACTS 装置实施，包括第 20~22 章，分析 FACTS 装置的前期研究、设计开发、调试测试等内容。第 7 部分为 FACTS 装置运行和寿命管理，包括第 23、24 章，系统介绍 FACTS 装置的生命周期管理过程。本书适合电力企业、科研单位和高校使用，作为工程技术参考、大学教材或自学资料。

本书得到了南方电网科学研究院有限责任公司的大力资助。翻译工作由南方电网科学研究院有限责任公司牵头，联合中国南方电网有限责任公司、清华大学、国网江苏省电力有限公司电力科学研究院、南京南瑞继保电气有限公司、荣信汇科电气股份有限公司、许继电气股份有限公司、中电普瑞科技有限公司以及中电普瑞电力工程有限公司等共同完成。上述单位长期从事 FACTS 技术研究，或 FACTS 装置的设计、研发、制造与工程应用业务，在该领域具有丰富的理论研究和工程实践经验。翻译组成员通力合作、群策群力，在开展繁重日常工作的同时，力争为读者提供最准确的译文表述及最有价值的专业知识，值此译稿完成之际向翻译组成员致以深深谢意。

CIGRE 秘书长 Philippe Adam 先生、CIGRE SC B4 主席 Joanne Hu 女士、英文原著主编 Bjarne R. Andersen 先生及 Stig L. Nilsson 先生在本书翻译、出版中给予了大力支持。另外，本书翻译得到了徐政、赵曼勇两位专家的指导，令译者受益匪浅，在此表示衷心感谢。感谢中国电力出版社引进如此高品质的专著，让国内从业人员可从中受益。

鉴于原书为英文著作，译者保留了部分英文的变量表达方式以及参考文献。本书涉及多学科、多领域知识，尽管译者竭力求证，但受水平和专业所限，书中难免存在错误和不妥之处，恳请读者不吝赐正。

译　者
于南方电网科学研究院

主席致辞

　　CIGRE是电力行业的全球性技术组织，也是总部设在巴黎的非营利性组织。CIGRE主要由来自100多个国家的成员组成，在全球有60个国家委员会。CIGRE是一个非实体单位的组织，其成员都是电力系统技术领域的专家，组成多个工作组，负责处理电力行业中遇到的各种技术问题。2019年，CIGRE已有包括3000多名专家在内的230个工作组，共同合作解决电力系统日常运行中所遇到的问题。工作组编写了很多技术报告，截至目前已超700本，其内容涵盖了世界各地工程专家的综合专业知识和工程实践。这些技术报告实用价值高，使工程师能够根据需要规划、设计、建设、运行和维护输电系统。CIGRE拥有超过1万份参考文件和其他文件，能为技术报告提供内容支撑，并用于从业人士处理其他相关技术事项。

　　CIGRE绿皮书《柔性交流输电技术》由CIGRE SC B4编制，提供了电力电子技术的最新信息，可用于支持交流输电系统不断变化、发展的需求。FACTS装置可用于实现更高电能输送水平，并保障系统电能质量。本书包含已出版的同行认可的出版物和本领域技术专家所积累的资料。CIGRE始终致力于提供公正、无偏差的技术信息，工程师可以参考这本书而不必担心相关内容受到某个供应商或国家的倾向性引导。这本书汇集了许多国际专家的综合专业知识与工程实践经验，为FACTS的设计提供了具有价值的客观典范。

　　与CIGRE的其他绿皮书一样，本书包含许多专家的知识与观点，而不仅仅是一两位专家的。无论读者在何处，这些国际专家都可为读者提供相关技术信息。专家所表达的观点和提出的建议是公正的客观陈述，也可作为工程师在其组织内制定标准和指南的参考。本书是电力系统学术界、业内工程师、咨询机构和电网企业的有益参考书。

　　祝贺CIGRE SC B4参与编写本书的专家学者，他们中的许多人须在业余时间自愿工作数小时、长期坚持才能完成这项了不起的工作。我由衷地推荐这本书作为现在和将来输配电系统设计活动的基础。

Rob Stephen博士

2019年10月

　　Rob Stephen博士出生于南非约翰内斯堡，于1979年毕业于南非金山大学，获电气工程学士学位，并于1980年加入南非电力公司（Eskom）。Rob Stephen博士拥有理学硕士和文学学士学位，以及架空线路设计专业博士学位。在Eskom公司，他是技术组的高级专家，负责所有电压（交流和直流）的配电和输电技术，并负责Eskom的智能电网战略。Rob Stephen博士曾任CIGRE SC B2（架空线路专委会）主席，也曾担任CIGRE特别报告员和工作组主席，撰写了100多篇技术论文。2016年，Rob Stephen博士当选为CIGRE的主席，现在还是南非电气工程师协会（SAIEE）的研究员。

技术委员会主席致辞

CIGRE绿皮书《柔性交流输电技术》旨在介绍电力电子器件和设备的广泛使用为电力系统输配电技术进步所带来的推动作用。

FACTS概念诞生于20世纪80年代，目的是为输电系统提供额外设施来控制电力系统运行，包括使用并联装置进行电压控制和使用串联装置来控制有功潮流。输电系统要不断扩张才能满足日益增长的电力需求，因此需要使用高效快速的系统控制机制，才能确保为越来越依赖电力的用户提供稳定可靠的高质量电力服务。同时，公众可能会反对新建输电设施。如何在现有线路和新线路上实现更高的电能输送水平，FACTS装置提供了解决方案。

虽然技术名称FACTS意味着其应用范围仅为输电系统，但配电系统（中、低压系统）也将从输电系统数十年来取得的成功经验中获益。

本书由领先的行业企业、研究机构和高等院校的专业人士撰写，旨在让读者全面了解FACTS，包括交流电网中的基本控制手段和现有FACTS装置的特点。本书包含了新型装置的相关信息、FACTS装置的技术说明、各类装置的应用实例以及经济、技术和环境研究方面的考虑。

本书考虑了FACTS装置的相关技术问题，包括电磁兼容性、设备规格、测试与调试、设备寿命管理（包括可靠性和可用性）和运行，以便为电力企业、监管机构、项目开发商、投资者以及未来新思路和应用方面的研究活动提供有价值的信息。

在4.0产业思维时代，随着整个电力系统互动性变高以及更加依赖智能系统，输配电之间以及终端用户、电力供应商之间的界面越来越模糊，正值CIGRE庆祝其百年大会时机，CIGRE绿皮书《柔性交流输电技术》面世了，恰逢其时。

当然，CIGRE的重点已经扩大到解决整个电力系统——从一次能源到电能的整个过程（E2E）。电能的发、输、配、用都是覆盖着从1200kV高压输电网输送到当地微电网的各个环节，无论采用交流或直流，CIGRE都将提供与任何组织与个人共享的无偏见信息。

我特借此机会感谢本书的两位编辑Stig Nilsson和Bjarne Andersen，以及所有章节的作者和贡献者，感谢他们为整个全球电力系统界做出的卓越贡献。

Marcio Szechtman

CIGRE技术委员会主席。

秘书长致辞

2014年，我有幸在CIGRE第一本绿皮书《架空线路》的介绍性信息中就CIGRE新系列出版物的发布做出评论。Konstantin Papailiou博士于2011年首次向技术委员会（现为指导委员会）提出了重视研究委员会几十年来积累的集体创作的想法，将特定领域的所有技术手册汇编到一本书中。

2015年，通过与Springer合作，CIGRE绿皮书《架空线路》再次出版，作为"主要参考工具书"，通过这家国际著名出版商的大网络发行。2016年，该系列增加新类别绿皮书，即CIGRE"Compact系列"，以满足研究委员会希望出版篇幅较短、简明手册的需求。CIGRE的第一本Compact系列绿皮书由SC D2专委会编写，标题为《公用事业通信网络和服务》。

随着该系列第三个子类别"CIGRE绿皮书技术报告"（GBTB）的推出，CIGRE绿皮书系列的概念不断演变。自1969年以来，CIGRE共出版了720多本技术报告，值得注意的是，在第一本关于远程保护的手册中，首次参考的工具书是1963年Springer的出版物。

CIGRE技术报告由CIGRE工作组按照特定的职权范围编制，由CIGRE中央办公室出版，可从CIGRE在线图书馆e-cigre获取，而e-cigre是电力工程相关技术文献最全面、最容易访问的数据库之一。CIGRE每年会出版40～50本新技术报告，这些手册在CIGRE的双月刊《Electra》上公布，并可从e-cigre上下载。

未来，除传统的CIGRE技术报告外，CIGRE技术委员会还决定将部分技术报告整合作为绿皮书出版，旨在通过Springer网络在CIGRE组织之外传播相关技术信息。

与CIGRE绿皮书系列的其他出版物一样，GBTB将在e-cigre平台上以电子格式免费提供给该书的合著者。CIGRE计划合作出版由不同专委会编辑的新绿皮书，该系列的出版量将以每年约一两册的速度逐步增长。这本书是由CIGRE SC B4编制的参考工具书，是该子类别的第四版。

我要祝贺本书的所有作者、投稿人和审稿人，他们让读者对FACTS过去、现在和未来的发展有了清晰和全面的了解与认识。

秘书长
Philippe Adam

Philippe Adam毕业于巴黎中央理工学院（École Centrale de Paris），1980年开始在法国电力集团（EDF）工作，担任高压直流输电领域的研究工程师，并参与了多项优秀项目的研究和测试工作，比如2000MW交叉通道线路和意大利萨丁尼亚与法国科西嘉之间第一条多端直流系统。后来，Philippe Adam主管了EDF研发部门，并负责高压直流输电和FACTS研究的工程师团队。在此期间，他先后担任CIGRE 14专委会的工作组专家和工作组召集人，这种成员身份对其专业活动给予了真正支持。随后，Philippe Adam在EDF发电和输电部门的变电站工程、电网规划、输电资产管理和国际咨询等领域担任了多个管理职位直至2000年。2000年法国的输电系统运营商（TSO）RTE成立时，Philippe Adam被任命为财务和管理控制部经理，并开始履行公司相关职能。2004年，他先后担任项目总监和国际关系部副部长，为RTE国际活动做出了贡献。2011~2014年，他担任Medgrid产业计划的基础设施和技术战略总监。同时，他曾在2002~2012年期间担任CIGRE技术委员会秘书，并在2009~2014年担任法国国家委员会秘书兼财务主管。2014年3月，Philippe Adam被任命为CIGRE秘书长。

原版前言

由于各种技术要求，全球的电力系统环境正在发生变化，例如，在各种活动中定义和研究了长距离、大容量超高压和特高压直流和交流输电、可再生能源并网、直流电网、主动配电网、大规模信息交换、高压直流输电网与电力电子设备集成、大规模储能装置和可持续发展等需求。此外，随着设备老化，其更换和翻新方案变得非常重要。因此，考虑到所涉及的成本、效率和可靠性要求，FACTS和直流设备的全寿命周期管理和寿命延长成为了非常重要的技术问题。新技术和新工艺的发展是我们所在行业活动的核心。

CIGRE的目标是宣传和推广发、输、配电和用电领域的技术知识和现场实践经验。作为全球最大的发电和输配电领域行业协会，CIGRE提供了一个独特的平台，将高等院校、研究院所、实验室、设备制造商、输电系统运营商、开发商和公共服务行业的专业知识结合到一起。许多国际工作组针对国际背景下出现的问题制定解决方案，这些问题通常与CIGRE不同专委会的工作范围有关。

在CIGRE内部，CIGRE SC B4负责处理直流输电系统和设备、电力电子设备和配电系统直流设备的所有技术工作，也包括在所有环节或阶段，涉及处理技术、安全、经济、环境和社会方面的问题，以及与不断发展的电力系统和环境的相互作用与融合的问题。设备与系统性能，规范、试验及创新技术、运行经验和测试技术应用的所有方面都在此范围内，特别关注由于电力系统不断发展而引起的交互作用和需求变化。除此之外，全寿命周期的评估、风险管理技术、教育和培训也很重要，也在其内。

　　Rashwan博士毕业于埃及亚历山大大学电气工程专业，获得学士学位，并获得加拿大曼尼托巴大学电气工程专业的博士学位。Rashwan博士于1974年进入曼尼托巴水电公司担任多尔西换流站的设备工程师，1993年，被任命为高压直流输电工程经理，2002年，被任命为温尼伯格Transgrid Solutions（TGS）咨询公司的总裁。Rashwan博士曾参与世界范围内的许多高压直流输电项目和FACTS项目。他曾与世界各地的电力企业、设备供应商和开发商合作，在高压直流输电和FACTS领域撰写和合著了80多篇论文和报告。

　　自1982年以来，Rashwan博士一直参加CIGRE，主要是参加CIGRE14专委会，即目前的CIGRE SC B4。Rashwan博士是IEEE终身会士，也是CIGRE的杰出会员。Rashwan博士于2010年因其在该领域作出的贡献而获得著名的IEEE HVDC Uno Lamm奖。目前，Rashwan博士是CIGRE SC B4现任主席和指导委员会成员。

目录

第1部分　引　言

第2部分　交流系统

第 4 部分　FACTS 装置应用

第5部分　FACTS 装置规划和采购

第 6 部分　FACTS 装置实施

第 7 部分　FACTS 装置运行和寿命管理

第 1 部分

引 言

柔性交流输电系统（FACTS）装置简介：发展历程

1

Willis Long、Stig Nilsson

目次

摘要

　　本书旨在帮助电气工程师和电力系统规划人员了解如何选择、应用和管理用于控制交流系统电压、无功功率和有功功率的电力电子系统。本章节介绍了一些背景和进行了一些历史回顾，说明交流输电系统的功能及其如何演变成全世界不可或缺的基础设施。

Willis Long
美国威斯康辛州麦迪逊，威斯康星大学麦迪逊分校
电子邮箱：willis.long@wisc.edu

Stig Nilsson（✉）
美国亚利桑那州塞多纳，毅博科技咨询有限公司电气工程应用部
电子邮箱：stig_nilsson@verizon.net，snilsson@exponent.com

1.1 引言

FACTS 是美国电力科学研究院（EPRI）在 1987 年开始编制的研究文件中使用的对柔性交流输电系统（Flexible AC Transmission System）的缩写。电气工程师和电力系统规划人员面临着如何控制交流电力系统中的电压以及控制系统中的潮流问题，FACTS 装置旨在帮助他们解决这一问题。EPRI 编制了 FACTS 项目的预算文件，并上报给 EPRI 咨询委员会审批。Nari Hingorani 博士在伊利诺伊州芝加哥举行的美国电力会议（American Power Conference）第 50 届年会上公开介绍了这一概念（Hingorani 1988）。

CIGRE 将 FACTS 定义为：输配电系统中用到的可用来控制串并联无功功率的电力电子装置，如静止无功补偿器（Static VAR Compensators，SVC）、静止补偿器（Static Compensators，STATCOM）、晶闸管投切串联补偿（Thyristor Controlled Series Compensation Systems，TCSC），能够在其终端之间传输有功功率并同时可控制串并联无功功率的装置，以及具有储能功能的装置。也包括以适应交流电网现有输电线路上的潮流增长需要、对交流电网实现更多控制目标的其他新开发的装置（What is FACTS）。

IEEE 对 FACTS 的简明定义为："为增强可控性和增加电力传输容量而集成了基于电力电子技术的装置和其他静态装置的交流输电系统"（Larsen and Weaver 1995；Larsen and Sener 1996）。

FACTS 装置的核心是功率半导体，其响应速度比机电开关系统更快。FACTS 装置可用于调节注入系统的无功功率，以稳定大扰动后的电力系统❶。某些 FACTS 装置也可以注入有功功率，增加系统阻尼。换言之，FACTS 装置主要适用于交流系统出现暂态或动态稳定性限制，或者基于机械开关的无功功率控制系统或有功潮流控制系统在工作频度方面受限的情况。本书包含应用问题、各种装置的优点以及传统装置和 FACTS 装置之间优缺点的比较。

1.2 电力系统基础

关于电力流动的一个无可争辩的事实是，流经电路的功率也会导致功率流入电路中的电感和电路周围的电容。与有功潮流相比，储存在电感和电容中的能量与做功无关。这种储能即称为无功功率，这基本上是一个数学概念，是由单频相量数学产生。直流电路和交流电路中都会有能量储存在电感和电容中，但在直流电路中，电感和电容中储存的能量只有在电压或电流发生变化时才会流动。而在交流系统中，由于电压和电流极性会在每个交流周期中不断改变，这种能量就会持续流动。事实上，在交流输电线路中，过大的无功功率会限制架空输电线路和地下输电电缆的长度。换言之，要使用交流线路输送电力，就必须控制交流系统中的无功功率。

Charles Concordia 深刻阐述了无功功率问题："但我们为什么要传输无功功率呢？难道这不是由理论家创造的一个令人烦恼的概念，最好不要理会吗？事实上，不仅大多数电网元

---

❶ 无功功率用于描述不做功的电磁能量。

件会消耗无功功率,大多数用户负载也会消耗无功功率,所以必须在某个地方提供无功功率。如果我们不能简易地传输无功功率,那么它就应该在需要它的地方生成。有功功率和无功功率的传输之间存在着基本且重要的相互关系。我们已经说过,有功功率的传输需要电压相位偏移。但是电压的大小也同等重要,电压不仅是电力传输所必需的,一方面它必须足够高,才能带动负载,另一方面又要足够低,才能避免设备故障。因此,我们必须控制和(如有必要时)支撑或限制电网中所有关键节点的电压,这种控制在很大程度上可以通过这些点的无功功率消耗来实现。"(Concordia 1982)。

电弧炉等一些工业设备存在着一个特殊问题。它们在运行时可产生较大的功率波动,转化成大幅且快速的电压变化,导致电灯闪烁,还可能导致电气设备故障。

1.2.1　输电理论的早期发展历程

在 19 世纪 30 年代和 40 年代,塞缪尔·莫尔斯(Samuel Morse)发明了一种实用的信息传输方法——利用直流信号与基于短脉冲和长脉冲的编码相结合来传输信息,之后,电信工程师们提出了长传输线特性理论(Library of Congress)。但是,由于脉冲信号中高频成分比低频成分衰减得更快,因此,从传输端发出的信息传输方波脉冲到达接收端时,其边缘已被钝化。因此,在电报线路达到一定长度后,脉冲的钝化程度过大,接受的脉冲信号根本无法解码。这就引出了如何处理与距离相关的编码信号失真的研究。

1855 年,开尔文勋爵(Lord Kelvin)提出了不考虑电感和电容漏电的电报线路最大传输速度的预测定律(Martin 1969)。随后,亥维赛(Heaviside)在 1887 年发表一个基本理论,认为如果串联电阻和线路电感的比率等于导线之间的并联电导和电容的比率,那么双导线之间就可以实现无失真传输(Heaviside 1894)。对于长距离输电来说,最大限度地减少线路损耗是功率有效传输的一个重要目标,故减少导体周围的并联电导并不可行,但是亥维赛的分析仍然为输电线路特性研究奠定了一定基础。

如电气工程师所熟知,在低损耗架空输电线路中,流入空载长距离输电线路的电容充电电流会导致线路末端电压增加。这也被称为费兰梯效应(Steinmetz 1971)。在天线理论中,如果工频电压下的线路长度为四分之一波长(50Hz 时为 1500km,60Hz 时为 1250km),那么电压将接近无限大,电流将趋近于零,不过这当然不代表实际的输电线路。四分之一波长的基频谐振也与长距离高压直流输电(High Voltage Direct Current,HVDC)线路有关,因为常规直流换流器的换相失败会导致大量基波或二倍频谐波注入,而这些谐波会沿线路放大(注入长距离交流或直流线路的谐波还会导致驻波,从而引发对通信设备的干扰)。如果在长距离交流线路上加载,使负载水平与线路的波阻抗(在无损耗线路中相当于线路电容和电感之比的平方根)相等,则电压和电流将与送端的电压和电流相同(CIGRE Green Book on Overhead Lines 2014)。

1.2.2　交流系统中的无功功率和电压控制

电力工程师早就知道如何改变长距离线路的阻抗,使得在一定负荷范围内,沿线电压可以从零维持到所需的水平(Miller 1982a)。理论上,在沿线的多个点安装同步调相机可以实现这一点,因为在线路负载变化较大时,控制这些装置就可以保持电压恒定(Baum 1921)。将电容器串入线路进行补偿可以降低线路阻抗(使线路等效于更短)。在线路之间并联电抗器可以降低电容电流，从而减小轻载时的费兰梯效应（Das 2002）。此外，并联电容器降低了重载情况下产生的感性无功功率，使受端电压保持在期望的范围内，但如果负载突然中断，而电容器组仍与线路相连，则会导致线路对地间产生高过电压（Miller 1982b）。

串联电容器对线路进行无功功率补偿，也是公认实现长距离输电的一种方式。这种方式对于远离负荷中心的水力发电的输送是有吸引力的。这种系统的早期示范工程之一就是在纽约州安装的串联电容器组（Shelton 1928）。瑞典在第二次世界大战后对电力的需求增加，再加上瑞典北部的水电得到发展，因此在 20 世纪 40 年代后期，瑞典就在其新建设的 400kV 系统中加入串联电容器（Jancke and Åkerström 1951）。随后，美国西海岸和加拿大等地都安装了串联电容器组。但是，正如 Concordia 所预测的那样，将汽轮发电机连接至交流线路时，交流线路中的串联电容补偿可能引起次同步谐振（SSR）（Concordia and Carter 1941；Bodine et al. 1943）。实际上，美国 Mohave 发电站的汽轮机轴就曾经因为发电机和串联补偿线路之间的次同步谐振而遭到损坏（Hall and Hodge 1976）。可确定的是大型汽轮发电机的线路串联补偿可能会存在问题。不过，对于水力发电厂和系统，次同步谐振并不是一个问题。

在某些电力系统中，功率并不总是按期望的路径传输，电能并不总是只流经既定路线。在这种系统中，所谓的环路潮流经常会成为一个重要的问题。此时如果串联补偿不可行，移相变压器就成了首选解决方案。这种移相器可以通过有载调压开关调节移相器两侧之间的相位角来调节潮流，但是在电路中插入移相器会增加电路中的串联电感，从而增加无功功率。以上的控制技术已演变成现代电力系统中不可分割的一部分。

1.2.3 长距离输电

关于长距离输电，美国橡树岭国家实验室（ORNL）的报告《交直流输电成本和效益的比较》给出了更深入的探讨（Diemond et al. 1987）。这份报告具有相当大的历史意义。报告发表于 1987 年 2 月，负责人是 Cliff Diemond 和 Gene Starr（邦尼维尔电力局），编辑是 Willis Long（威斯康星大学）。这个报告提供的信息旨在帮助电力系统规划人员对等同的交流和直流输电系统进行经济比较。报告中阐述了两个系统的运行特征：

（1）交流和直流系统的可控性。

（2）采用直流异步互联。

（3）直流和交流系统的潮流调节。

（4）通过交流和直流系统的交流电压控制。

（5）通过交流和直流控制实现功率流动控制。

（6）利用直流提高输电走廊的功率密度。

（7）在采用直流时保持交流潮流和短路水平不变。

（8）利用交流技术控制短路冲击。

（9）相比于交流线路，直流线路降低了对环境的影响。

对于交流系统，报告中提到了使用串联和并联补偿，在保持稳定性和电压在可接受范围内的同时提高传输容量。这个报告中还提供了示例计算，以及不同方案的比较曲线。

此外，报告还提供了交流变电站、直流和交流输电线路以及直流地下电缆的成本数据，但这些数据时间已比较久远，可能无法代表现在的技术水平。但是，其中的总成本（包括损耗资本化成本）计算方式可能仍然适用。

1.2.4　特殊工业电压控制问题

为解决这些问题，称为静止无功补偿器（Static Var Compensators，SVC）的电力电子系统在 20 世纪 70 年代被研制出来。1978 年投运的"美国电力科学研究院 – 明尼苏达州电力照明公司和西屋公司"项目是 SVC 首次试验性的应用，用于增强输电线路阻尼。明尼苏达州电力照明公司（MP&L）在香农变电站（Shannon Substation）安装的系统使曼尼托巴至明尼苏达的电力传输增加了 80MW（即从 320MW 增加到 400MW）。

1.2.5　从偏远发电厂到负荷中心的远距离电力传输

在早期，由发电机、同步补偿器、并联电抗器和电容器以及串联电容器组组成的系统是电力系统规划者和运营商用来管理潮流和无功功率的手段。电力电子的手段仅限于 SVC，通常仅用于工业场合的电压控制。1974 年和 1979 年的石油禁运极大地改变了这一局面，因为高额的石油成本影响到了燃油发电厂的电力成本。与其他国家高能效的钢铁厂相比，高能源成本还导致美国老式低能效的钢铁工艺生产的钢铁失去竞争力。美国的钢铁生产也因此停滞。由于这些钢铁厂所处地区的电力主要来源于燃煤电厂，所以美国中西部的燃煤电厂电力过剩，而燃油电厂的发电成本过高。有人提出，如果能使用美国中西部和南部各州之间的高压输电系统向石油使用地区输送低成本的煤基电力，就可以在一定程度上缓解经济失调的问题（Tice et al. 1984）。这既需要安装大量的无功功率补偿设备，还需要安装其他系统来加大重载线路的潮流。如果某些重载线路中断，还需要处理系统的功率缺额或扰动问题。换言之，系统发生紧急情况时，电力系统不能崩溃。因此，EPRI 制定了一项雄心勃勃的计划——开发新技术来控制交流系统中的潮流以及在现有交流线路上流经大潮流时所引起无功功率。其理念是利用现有输电线路中的任何可用的火电容量，将电力过剩的地区的潮流输送到有低成本电力需求的地区。但要注意的是，这种做法不可损害现有电力系统的可靠性。这就是 EPRI 柔性交流输电技术（FACTS）开发项目诞生的原因（Larsenet al. 1992）。

EPRI 项目的重点是开发用于控制潮流的晶闸管控制串联电容器（Thyristor Controlled Series Capacitor，TCSC）和用于控制电压的静止同步补偿器（Static Compensators，STATCOM）（Damsky 1992；Nilsson 1998）。

1.3　本书范围

本书是一本信息合集，旨在帮助电力系统规划者、工程师和运营商了解日益复杂的 FACTS 方案，正确地应用有功功率和无功功率控制技术方案。信息内容如下：

第 2 部分　交流系统

　　2　交流系统特性

　　3　采用常规控制方式的交流系统

　　4　采用 FACTS 装置的交流系统（柔性交流输电系统）

第 3 部分　FACTS 装置技术

　　5　FACTS 装置的电力电子拓扑

　　6　静止无功补偿器（SVC）技术

参考文献

Baum, F. G.：Voltage regulation and insulation for large power long distance transmission systems. J. AIEE. 40, 1017–1032 (1921).

Bodine, B., Concordia, C., Kron, G.：Self-excited oscillations for capacitor compensated long distance transmission systems. Presented at the AIEE National Technical Meeting, New York, 25–29 Jan 1943.

CIGRE Green Book on Overhead Lines, Section 1, Chapter 4. 2, CIGRE, Paris (2014).

Concordia, C.: Foreword. In: Miller, T. J. E. (ed.) Reactive Power Control in Electric Systems. John Wiley & Sons, Inc., New York, NY, USA (1982).

Concordia, C., Carter, K.: Negative damping of electrical machinery. Presented at the AIEE winter convention, Philadelphia, 27–31 Jan 1941.

Damsky, B. (ed.): Proceedings: FACTS Conference 2, EPRI report TR-101784, December 1992, Electric Power Research Institute, Palo Alto.

Das, J. C.: Load Flow over Power Transmission Lines, Chapter 10. In: Power Systems Analysis: Short-Circuit Load Flow and Harmonics. CRC Press (2002).

Diemond, C. C., Starr, G.: Comparison of costs and benefits for DC and AC transmission. In: Long, W. F. (ed.) : Oak Ridge National Laboratory Report ORNL-6204, Oak Ridge (1987).

Hall, M. C., Hodge, D. A.: Experience with 500-kV subsynchronous resonance and resulting turbine generator shat damage at Mohave generating station. Analysis and control of subsynchronous resonance, IEEE PES Special Publication 76 CH 1066-0-PWR, pp. 22 – 29 (1976).

Heaviside, O.: Electrical papers (1894). https://archive. org/details/electricalpapers02heavrich. Accessed 28 Jan 2018.

Hingorani, N. G.: High power electronics and flexible AC transmission systems. IEEE Power Eng. Rev. 8 (7), 3–4 (1988).

Jancke, G., Åkerström, K. F.: The series capacitor in Sweden. Presented at the AIEE Pacific general meeting, Portland, 20–23 Aug (1951).

Larsen, E., Sener, F.: FACTS applications, IEEE FACTS Working Group and IEEE FACTS Application Task Force (1996).

Larsen, E., Weaver, T.: FACTS overview, IEEE FACTS Working Group and CIGRE FACTS Working Group (1995).

Larsen, E. V., Miller, N. W., Nilsson, S. L., Lindgren, S. R.: Benefits of GTO-based compensation systems for electric utility applications. IEEE Trans. Power Deliv. 7 (4), 2056–2064 (1992).

Library of Congress, 1793 to 1919: https://www. loc. gov/collections/samuel-morse-papers/ articlesand-essays/invention-of-the-telegraph/. Accessed 28 Jan 2018.

Martin, J.: DC signaling. In: Martin, J. (ed.) Telecommunications and the Computer, pp. 126–136. Prentice Hall (1969). Library of congress # 78-76038.

Miller, T. J. E.: 1. 5. 2 voltage regulation. In: Miller, T. J. E. (ed.) Reactive Power Control in Electric Systems, pp. 13–18. Wiley (1982a).

Miller, T. J. E.: Passive shunt compensation. In: Miller, T. J. E. (ed.) Reactive Power Control in Electric Systems, p. 108. Wiley (1982b).

Nilsson, S. L.: Experience and use of FACTS. EPSOM'98, Zürich, Sept 1998.

Shelton, E. K.: The series-capacitor installation at Ballston., New York. Gen. Electr. Rev. 31, 432–434 (1928).

Steinmetz, C. P.: Lectures on electrical engineering, vol. Ⅲ. Dover Publications, New York (1971).

Tice, J. B. et al.: New Transmission Concepts for Long Distance Energy Transfer for Oil and Gas Displacement, Proceedings, American Power Conference, vol. 46, pp. 476–483 (1984).

What is FACTS?http://b4. cigre. org/What-is-SC-B4. Accessed 28 Jan 2018.

Willis Long，美国威斯康星大学麦迪逊分校电力系统荣誉教授。自 1973 年就职于美国威斯康星大学麦迪逊分校工程专业开发和电气与计算机工程系，并担任电力系统 EPD 项目负责人。主要研究方向是电力电子在电力系统中的应用。他是 IEEE 终身会士，曾担任过多个电力能源协会委员会和工作组主席。曾荣获 2008 年 Uno Lamm 直流输电奖章，以表彰他在电力系统工程师和科学家中传播和推广高压直流输电技术时体现的领导力和做出的相关贡献。他是 CIGRE 杰出会员，2009 年技术委员会奖的获奖者，前任 CIGRE 直流与电力电子专委会（SC B4）秘书。2012 年，荣获美国 CIGRE 国家委员会 Philip Sporn 奖，以表彰他在促进美国大容量高压电气系统理论、设计和/或运行方面的持续贡献。他是美国威斯康星州的注册专业工程师。他热爱户外运动，在马奎特小学教授数学专题。

Stig Nilsson，美国毅博科技咨询有限公司首席工程师。最初就职于瑞典国家电话局，负责载波通信系统开发。此后，曾先后就职于 ASEA（现为 ABB）和波音公司，并分别负责高压直流输电系统研究以及计算机系统开发。在美国电力科学研究院工作的 20 年间，于 1979 年启动了数字保护继电器系统开发工作，1986 年启动了电力科学研究院的 FACTS 计划。1991 年获得了输电线路无功阻抗控制装置专利。他是 IEEE 终身会士（Life Fellow），曾担任 IEEE 电力与能源学会输配电技术委员会、IEEE Herman Halperin 输配电奖委员会、IEEE 电力与能源学会 Nari Hingorani FACTS 及定制电力奖委员会，以及多个 IEEE 会士（Fellow）提名审查委员会的主席，曾是 IEEE 标准委员会、IEEE 电力与能源学会小组委员会和工作组的成员。他是 CIGRE 直流与电力电子专委会（SC B4）的美国国家代表和秘书。获 2012 年 IEEE 电力与能源学会 Nari Hingorani FACTS 及定制电力奖、2012 年 CIGRE 美国国家委员会 Philip Sporn 奖和 CIGRE 技术委员会奖；2006 年因积极参与 CIGRE 专委会和 CIGRE 美国国家委员会而获得 CIGRE 杰出会员奖；2003 年获得 CIGRE 美国国家委员会 Attwood Associate 奖。他是美国加利福尼亚州的注册专业工程师。

CIGRE Green Books

第 **2** 部分

交流系统

交流系统特性

2

Stig Nilsson、Manfredo Lima、David Young

目次

Stig Nilsson（✉）
美国亚利桑那州塞多纳，毅博科技咨询有限公司电气工程应用部
电子邮箱：stig_nilsson@verizon.net，snilsson@exponent.com

Manfredo Lima
巴西累西腓，CHESF电气工程应用部，巴西累西腓伯南布哥大学
电子邮箱：manfredo@chesf.gov.br

David Young
英国斯塔福德，顾问
电子邮箱：davidyoung@btinternet.com

S. Nilsson，B. Andersen（编辑），柔性交流输电技术，CIGRE绿皮书，https://doi.org/10.1007/978-3-319-71926-9_2-2

摘要

对很多人来讲，电能已经成为不可或缺的能源。电能的主要传输方式是直流（DC）或交流（AC）。直流电应用于采用架空线、地下或海底电缆传输大容量电能的场合。在给许多电子设备和工业过程供电时，交流电也会先转换成为直流电。但是，如果没有交流电，直流电就无法升压或者降压。因此，交流电已成为向用户进行输配电的主要技术方式。

本章讨论了交流发电、输电和用电的基本特征。为此，本章介绍了基本的科学发现和概念，并介绍了一些工程师和科学家，以及他们对电力系统发展的贡献。

2.1　引言

2.1.1　电学理论的早期发展历程

电能对于很多人来讲已经成为不可或缺的商品。大部分电能由交流电机产生，并通过直流（DC）系统或者交流（AC）系统传输。在直流系统中，电压的极性和电流的方向是不变的，而在交流系统中，电压和电流的方向以额定频率周期性变化。直流电主要应用于长距离高压架空线路或地下和海底电缆传输大容量电能的场合。一个有趣的事实是，在给许多电子设备和工业用户供电时，交流电会先转换成为直流电。这是因为，直流电只有经过中间的交流环节才能实现升压或降压。因此，交流电是向用户输电的主要技术。但在电力系统发展的早期阶段，情况却并非如此。

在使用电力的最早期，斯旺和爱迪生独立开发出运行效果良好的白炽灯后，局部直流电网便如雨后春笋般涌现。使用蒸汽或水发电，将电能输送给附近的用户❶。虽然当时已经存在弧光灯，但在为家庭和商业场所提供小型、长效和可靠的照明方面，白炽灯更具潜力❷。因此，在电力系统的发展和增长背后，最初的商业动机是为照明提供电力。然而，在使用电灯之前，必须找到发电的方法。英国科学家迈克尔·法拉第（Michael Faraday）在 1831 年发现，如果某一导体

---

❶ 从 1802 年英国的 Humphry Davy 爵士开始，许多科学家就致力于制造白炽光源。1877～1879 年间，Joseph Swan 和 Thomas Edison 爵士都在电灯泡设计上取得了重大突破，但 Edison 的碳纤维真空灯泡是第一个进入市场实用且相对可靠的灯泡。http://edisontechcenter.org/incandescent.html#inventors

❷ Humphry Davy 爵士发明了第一盏弧光灯（1807 年），用 2000 个电池在两根木炭棒之间形成 100mm（4in）的电弧。当适用于弧光灯的发电机在 19 世纪 70 年代后期出现时，弧光灯开始得到实际应用。Yablochkov 蜡烛是由俄罗斯工程师 Paul Yablochkov 发明的弧光灯，从 1878 年开始在巴黎和其他欧洲城市用于街道照明。https://www.britannica.com/technology/arc-lamp

中有电流通过，那么在这根导体附近移动另一根导体就可能产生感应电流（Chisholm 1911）。这就是所谓的感应效应，它对于将电能从新鲜事物转变为强大新技术来讲至关重要。

第一次实验几年后，法拉第回到了对于电和磁的研究。他在铁环两侧分别绕两个线圈。当他用电池给其中一个线圈通电时，他观察到另一个线圈中有瞬间的电流；当他断开电池时，另一个线圈又出现了瞬间的电流，但此次方向相反。法拉第将这一现象称为电磁感应——一个线圈中的电流磁化了铁芯，反过来又在另一个线圈中产生感应电流。这就是变压器的原型。另一个实验是在空心纸筒上缠绕多圈形成螺旋线圈，将长棒磁体的一端迅速地插进或抽出纸筒，线圈中就会产生交流电。他在马蹄铁磁体的磁极之间的轴上装上了一个铜盘。当铜盘旋转时，他从铜盘的轴处和铜盘边缘收集到恒定电流。这就是发电、输电和用电所需的发电机、电机和变压器功能的基本发现❶。

2.1.2 电力系统分析的基础

2.1.2.1 直流和交流电路的欧姆定律

电气系统的设计和分析离不开电路理论的发展。电路理论的发展开始于电压和电流之间的基本关系的发现。

德国（巴伐利亚）科学家乔治·欧姆（Georg Ohm）发现，直流（DC）电压源的电流与电路中的电阻成反比❷。即：

$$I_{dc} = \frac{V_{dc}}{R} \qquad (2-1)$$

式中：I_{dc} 为直流电流，A；V_{dc} 为来自电源的直流电压，V；R 为电路中的电阻，Ω（以发现人的名字命名）。

电阻的倒数称电导（$1/R$），单位为西门子（S）。

式（2-1）所述的电路中耗散的功率（P）是电压和电流的乘积，即：

$$P = V_{dc} I_{dc} = \frac{V_{dc}^2}{R} = R I_{dc}^2 \qquad (2-2)$$

无论是像雷击这种通过空间导通的电流，还是通过导体导通的电流，电流周围都存在磁场。建立磁场需要能量，磁场会延缓导体中电流的增加。以下简单微分方程描述了与直流电压源连接时，暂态过程中电流建立磁场时的上升过程，即：

$$V_{dc} = iR + L\frac{di}{dt} \qquad (2-3)$$

式中：L 为电路中的电感，H。

式（2-3）表明，在时间为零时，若电流为零，电流的变化率与电感 L 的大小成反比。当时间变为无穷大时，电流的变化率为零，方程成为欧姆定律公式，如式（2-1）所示。

假设零时电流为零，则微分方程［式（2-3）］的解是众所周知的方程：

---

❶ Faraday 还确定了光速。

❷ 这些方程式应为所有参加过基础物理和数学课程的人所熟知，仅适用于准静止电力系统（无辐射），列写于此处仅用于介绍电力系统设计和运行要求的发展。

$$i = \frac{V_{\text{dc}}}{R}\left(1 - \mathrm{e}^{-\frac{t}{L/R}}\right) \tag{2-4}$$

式中：e 为自然对数，约等于 2.718 281 828 459；t 为时间，s。

L/R 的比率是该简单电路的时间常数 τ。其是电流达到稳态值的约 2/3（即 63%）所需时间，也可以表示为角 α 的切线，其中 α 是时间为零时的响应斜率（见图 2-1）。在式（2-4）所表示的简单一阶线性系统中，当指数部分约为 $1/\mathrm{e}^3$（即三倍时间常数）时，响应达到 95%。五倍时间常数后，响应达到 99% 以上。

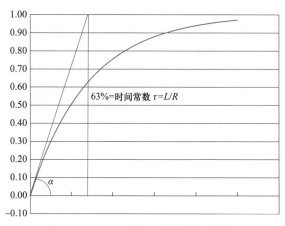

图 2-1　一阶线性系统的阶跃响应

通过拉普拉斯变换（其中 p 为拉普拉斯算子），假设电流 i 在时间零点之前为零，式（2-3）可改写为[1]：

$$\frac{V_{\text{dc}}}{p} = i(R + pL) \tag{2-5}$$

注意，常数的拉普拉斯变换为 $1/p$。这种结构将微分方程转化为代数方程进行运算，使得求解大为简化。

求解式（2-5）中的 i 得出以下表达式：

$$i = \frac{V_{\text{dc}}}{p(R + pL)} \tag{2-6}$$

式（2-6）的时域解可以通过查表得到，与式（2-4）相同。

在式（2-3）描述的电路中，直流电压源可以由频率 ω［单位为弧度/秒（rad/s），$\omega = 2\pi f$，其中 f 为频率，单位为赫兹（Hz）］的交流电压源代替。假设交流电流的幅值为 I，以 $\sin(\omega t)$ 随时间变化，由于 $\sin(\omega t)$ 的导数为 $\omega\cos(\omega t)$，稳态条件下，式（2-3）可改写为：

$$v(t) = I(R\sin\omega t + \omega L\cos\omega t) = I(R\sin\omega t + X_{\text{L}}\cos\omega t) \tag{2-7}$$

式中：ωL 由 X_{L} 代替，单位为 Ω；L 为频率 f 下的感抗。

式（2-7）表明，有两个正交电压分量：一个与电流同相，一个超前电流 90° 相位。这

---

[1] 拉普拉斯变换由法国数学家 Pierre-Simon Laplace（1749～1827）发明，由英国物理学家 Oliver Heaviside（1850～1925 年）系统地发展，用于简化许多微分方程的求解。https://www.britannica.com/ science/Laplace-transform

两个分量构成一个直角三角形，其中，斜边的平方是两个直角分量平方和。这表示交流阻抗的绝对值[Z]，单位为欧（Ω），等于：

$$[Z] = \sqrt{R^2 + X_L^2} \tag{2-8}$$

这两个分量的比率是：

$$\frac{X_L}{R} = \tan\phi = \frac{\sin\phi}{\cos\phi} \tag{2-9}$$

式中，ϕ 是 R 和[Z]之间的角度，因此：

$$R = [Z]\cos\phi \quad \text{或} \quad \frac{R}{[Z]} = \cos\phi \tag{2-10}$$

且

$$X_L = [Z]\sin\phi \quad \text{或} \quad \frac{X_L}{[Z]} = \sin\phi \tag{2-11}$$

将式（2-10）和式（2-11）中的 R 和 X_L 表达式代入式（2-7）的右侧，得到：

$$v(t) = I[Z](\cos\phi\sin\omega t + \sin\phi\cos\omega t) = I[Z]\sin(\omega t + \phi) = V\sin(\omega t + \phi) \tag{2-12}$$

即电压 V 超前电流 ϕ 度，电压幅值 V 等于：

$$V = I[Z] \tag{2-13}$$

这是交流电路中的等效欧姆定律［见式（2-1）］。

阻抗[Z]的倒数称为导纳[Y]，单位为 S。使用导纳公式，式（2-13）可改写为：

$$V = \frac{I}{[Y]} \tag{2-14}$$

式（2-13）和式（2-14）中使用了阻抗和导纳的绝对值，可以计算电流的大小，但不能计算电压和电流之间的相位差。阻抗 Z 通常以复数 $R \pm jX$ 表示，其中 R 是实部，X 是"虚部"（正交分量）。同样，导纳 Y 也有实部（G）和虚部（B），可以写成 $Y = G \pm jB$。导纳的实部称为电导，虚部称为电纳。如果用复阻抗或复导纳代替阻抗或导纳的绝对值，则式（2-13）和式（2-14）将包含式（2-12）所示的幅值和相角信息。

式（2-14）的分析中，只考虑了感抗。然而，大多数问题分析还要考虑容抗。当在真空、空气、绝缘流体或固体绝缘材料等绝缘体上加上电压时，因为电路中的任何通电部分的周围都存在电场，此时就会出现电容电流。电场的形成源于导电元件表面的电荷。电场可以在电荷周围的绝缘材料（电介质）中测得。在此例中，电荷与稳态直流电压之间的关系如下：

$$Q = CV_{dc} \tag{2-15}$$

式中：Q 为电荷，A·s；C 为电荷周围的介电系统的电容，F。V_{dc} 为带电点与电场所指空间中其他点之间的测量电压。

假设电压 v 从零（即，在时间零之前系统中没有储存的能量）增加到某个值 V，则介电系统中将有位移电流流动，该点的电压将达到 V，表示如下：

$$\int i\mathrm{d}t = Q = CV \tag{2-16}$$

式（2-16）描述了在零时刻注入电流后，形成电压 $v(t)$ 的原理。如果用拉普拉斯变换改写式（2-16），并假设在时间零点之前系统中不存在电荷，则：

$$\frac{i}{p} = CF_{\mathrm{p}}(v(t)) \tag{2-17}$$

式中：F_{p} 为拉普拉斯变换算子。

在这一假设下，稳态条件中，拉普拉斯算子 p 可由复算子 $j\omega$ 代替（Gille et al. 1959）。此外，利用 j^2 为（-1）的定义并施加交流电压 $v(f(j\omega t))$，可得到以下表达式：

$$v(f(j\omega)) = \frac{i(f(\omega t))}{j\omega C} = -j\frac{i(f(\omega t))}{\omega C} = -jX_C i(f(\omega t)) \tag{2-18}$$

式（2-18）是容抗 X_C 的定义。其将容抗与式（2-7）定义的感抗进行比较，显然感抗和容抗具有不同的符号。这个差异代表电感和电容中的电流之间存在 180° 相移。即电感电流滞后于电压，电容电流超前于电压。

描述交流系统的微分方程有两种直接求解的方法，一种是利用基于数值分析方法的强大计算机程序，另一种是通过拉普拉斯变换。然而，交流电路分析通常还涉及频域分析，频域分析中，相量将通过极坐标下的复数来描述。在频域分析中，将式（2-5）拉普拉斯算子 p 替换为复算子 $j\omega$，该式可改写为：

$$F(v(j\omega t)) = i(R + jX_L) \tag{2-19}$$

假设将电压 $Ve^{j\omega t} = V(\cos\omega t + j\sin\omega t)$ 的 $F(v(j\omega t))$ 施加到一个电路上，电路频率为 ω（单位：rad/s），复阻抗为 $[Z]e^{j\phi} = [Z](\cos\phi + j\sin\phi)$，则稳态电流 $i(t)$ 如下：

$$i(t) = \frac{Ve^{j\omega t}}{[Z]e^{j\phi}} = \frac{Ve^{j(\omega t - \phi)}}{[Z]} \tag{2-20}$$

实际瞬时电流与时间 t 的函数关系为式（2-20）的实部。

$$i = \mathrm{Re}\left[\frac{V}{[Z]}e^{j(\omega t - \phi)}\right] = \frac{V}{[Z]}\cos(\omega t - \phi) \tag{2-21}$$

式（2-21）是交流欧姆定律推导，表示式（2-12）中的电压超前电流 ϕ 度，电流的大小等于电压的大小除以式（2-13）中的阻抗绝对值。式（2-12）和式（2-21）之间的三角函数不同是因为在式（2-12）中是以电流的相位作为参考相位，而在式（2-21）中，是以电压的相位作为参考相位的。如果用容抗 $-jX_C$ 替换式（2-19）中的感抗 jX_L，则式（2-21）中的角 ϕ 为正，即电流超前于电压 ϕ 度。

如果在式（2-3）所述的电路中插入一个电容器，则电容电流（i）可表示为式（2-17），系统则成为二阶线性方程，如下所示：

$$\frac{\mathrm{d}^2 v}{\mathrm{d}t^2} + \frac{R}{L}\frac{\mathrm{d}v}{\mathrm{d}t} + \frac{v}{LC} = 0 \tag{2-22}$$

如果拉普拉斯算子 p 代替电压变化率，则方程变为：

$$p^2 + p\frac{R}{L} + \frac{1}{LC} = 0 \tag{2-23}$$

该方程的根(p)的通用表达式为：

$$p = -\frac{R}{2L} \pm \sqrt{\left(\frac{R}{2L}\right)^2 - \frac{1}{LC}} \tag{2-24}$$

用符号 α 代替 $R/2L$（阻尼系数），ω_0 代替 $1/\sqrt{LC}$（电容和电感无阻尼固有频率），简化该方程，式（2-23）可写成：

$$p = -\alpha \pm \sqrt{\alpha^2 - \omega_0^2} \qquad (2-25)$$

式（2-25）的两个根为：

$$p_1 = -\alpha + \sqrt{\alpha^2 - \omega_0^2} \qquad (2-26)$$

和

$$p_2 = -\alpha - \sqrt{\alpha^2 - \omega_0^2} \qquad (2-27)$$

通解形式为（Gilleet al. 1959）：

$$V = A\mathrm{e}^{p_1 t} + B\mathrm{e}^{p_2 t} \qquad (2-28)$$

方程的解具体取决于 α 和 ω_0 的相对值。当 α 大于 ω_0 时，电路处于过阻尼状态，阶跃响应没有超调。当阻尼系数减小，达到 α 小于 ω_0 时，电路处于欠阻尼状态，方程的解是复数，电路的响应是有阻尼的振荡。这是电力系统的典型情况，因为理想情况就是在保证电力系统正常运行的条件下将损耗尽量降到最低。

这些方程与机械系统中的方程相对应；电压等效于力，电流等效于速度。在这个等效模型中，电感是质量，电阻是机械阻力，电容是机械刚度。

2.1.2.2　基尔霍夫定律

1845 年，德国（普鲁士）科学家古斯塔夫·罗伯特·基尔霍夫（Gustav Robert Kirchhoff）提出了用于计算电网中电流、电压和电阻的数学定律。这些定律都是欧姆定律的延伸。其中一个定律是基尔霍夫电流定律，该定律指出，进入某节点的电流总和为零，即，进入该节点的所有电流总和必然等于离开该节点的电流总和。表达方程式如下：

$$\sum_{1}^{k=N} I_k = 0 \qquad (2-29)$$

式中：I_k 为图 2-2 中所示的单个支路电流。

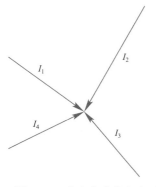

图 2-2　节点电流总和为零

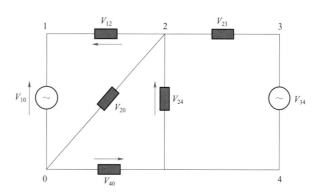

图 2-3　支路电压总和为零

基尔霍夫第二定律指出，具有 N 个节点的网络回路中所有电势差之和也为零。即：

$$\sum_{0}^{k=N} (V_{k+1} - V_k) = 0 \qquad (2-30)$$

式中：$V_{k+1} - V_k$ 为节点 k 和 k+1 之间支路的压降。

图 2-3 说明了这一情况，其中四个红色箭头表示四个支路网络。

2.1.2.3 材料电气特性

计算电感和电容电抗时会用到两个基本材料常数。在电感计算中，材料常数被称为磁导率，在真空环境中用 μ_0 表示，单位是亨/单位长度。其他材料的磁导率通常以 μ_0 的倍数表示，写成 $\mu\mu_0$。类似地，介电材料的材料常数称介电常数，ε_0 表示真空介电常数，单位为法拉/单位长度；其他材料采用乘数 ε 与 ε_0 的乘积表示，在电气方程中通常表示为 $\varepsilon\varepsilon_0$。这两个常数 μ_0 和 ε_0 尤其重要，因为它们与真空中的光速（c）有关，如下所示：

$$c = \frac{1}{\sqrt{\mu_0 \varepsilon_0}} \qquad (2-31)$$

其中，$c \approx 300\,000\text{km/s}$。

此外，自由空间的波阻抗为：

$$Z_0 = \sqrt{\frac{\mu_0}{\varepsilon_0}} \qquad (2-32)$$

Z_0 在国际单位制系统中约为 377Ω，是实阻抗（电阻），也称为波阻抗，对于输电线路，可通过下式计算（CIGRE 2014）：

$$Z_0 = \sqrt{\frac{L}{C}} = \sqrt{X_L X_C} \qquad (2-33)$$

式中：L、C、X_L 和 X_C 分别为线路和电缆的电路参数。

应当注意的是，电缆中绝缘材料的介电常数比真空介电常数两倍还大，这导致波传播速率减慢到光速的一半以下。此外，由于 C 较大（X_C 较小），电缆的波阻抗非常低。

通过上述 33 个方程式，可以对输电系统作出基本分析。

2.2 交流电力系统

2.2.1 电力系统的早期发展历程

19 世纪末，欧洲和美国的电力系统迅速发展。1881 年，法国人吕西安·戈拉尔（Lucien Gaulard）和英国工程师约翰·吉布斯（John Gibbs）在伦敦展示了一个交流输配电系统（CIGRE 2014）。与此同时，爱迪生成为以商业目的开发直流电力系统的先驱之一。1882 年，他在伦敦建立了约 90kW 的直流电力系统（足以为 1000 盏左右的灯供电），并在 1882~1883 年在纽约曼哈顿珍珠街建立了一个更大的系统，发电量达到了 600kW（Sulzberger 2003a）。

爱迪生的白炽灯设计工作电压是 100V。考虑到供电导线损耗，发电机的设计电压为 110V。爱迪生最初使用的是两线制系统，后来设计了一个三线制直流电力系统，分别以正负 110V 的电压运行，而第三根导线以 0V 的电压运行。这提高了系统的效率，因为第三根导线只承载高低压导线中电流之间的差值。爱迪生还安装了更多的直流电力系统，但这些电力系统只能说在某种程度上是有用的,因为它们只能覆盖发电站周围非常有限的范围。

乔治·威斯汀豪斯（George Westinghouse）了解戈拉尔和吉布斯建造的交流电力系统后，知晓该系统使用"二次发电机"或变压器来实现升压和降压❶。西屋公司于 1885 年向戈拉尔和吉布斯购买了几台他们开发的变压器，并于 1886 年 2 月收购了其在美国的版权。威廉·斯坦利（William Stanley）在美国宾夕法尼亚州匹兹堡为乔治·威斯汀豪斯工作时解决了戈拉尔—吉布斯系统的一些电压变化问题。到 1886 年 9 月，西屋电气公司设计出了将交流电力系统商业化所需的设备。第一个试验系统安装在宾夕法尼亚州劳伦斯维尔，距离西屋电厂几英里，为大约 400 盏灯供电运行了两周。同样的设备随后被搬到纽约的水牛城，于 1886 年 11 月成为北美第一个商用交流电力系统的一部分。到 1887 年 10 月，西屋公司投运的交流系统已达 30 多个。

乔治·威斯汀豪斯还听说了另一位发明家尼古拉·特斯拉（Nikola Tesla）和他的成果。特斯拉开发了交流发电和输电系统所需的主要组件，这些组件至今仍在全世界使用。他在 1887 年 11 月和 12 月申请了多相交流电机、输电、发电机、变压器和照明等领域 7 项美国专利。西屋公司意识到特斯拉发明的重要性，购买了特斯拉的交流专利，并聘请特斯拉，让他致力于交流系统的全面开发。

在发展的初期，人们认识到，如果电驱动力能够保持恒定，则发电机和电动机可以运行得更好。在发电机通过两根导线连接到负载的单相交流系统中，会产生如第 2.2.2 节所述脉冲转矩，并导致安装在系统中的发电机和电动机出现不良的轴振动。多相系统的出现消除了脉动转矩。特斯拉是 19 世纪 80 年代后期两相四线系统的支持者，在该系统中，当两相电压相等且相隔 90° 时，就会产生稳定的转矩（Tesla 1888）。这种类型的两相系统持续使用了数十年。

比它更有效的解决方案是三相系统，在第 2.3.3 节中有更详细的描述，该系统中三个相等的电压间隔 120°。在这种只需要三根导线的系统中，用于驱动发电机轴的转矩是恒定的，提供了无振动的旋转力；当连接到电动机时，将会产生无振动的转矩。1891 年，德国建成了首套三相输电系统。该交流线路长 100mile，运行电压为 30kV，将电力从劳芬的水力发电机输向法兰克福（CIGRE 2014）。这条线路的建设者是欧瑞康（Sulzberger 2003b）。变压器的特殊设计（例如，使用斯科特接法）可以使两相和三相系统连接在一起（Heathcote 2007）。

早期的发电站主要是燃煤蒸汽发电站，要求稳定的供水、完善的运输系统以及大量的土地，用于储存煤炭以及存储和处置废物。居住在电厂附近的居民不满烟雾污染，且随着城市土地价格的上涨，发电站被要求建立在远离居民区的地方。在特斯拉改进了变压器设计后，使发电站可以建造在偏远的位置。变压器将低电压、大电流的交流电源转换为高电压和小电流，实现了高压线路和负载中心之间的高效输电。变压器的输入功率等于输出功率（减去少量损耗）。在输电线路的末端，电力转换回低压并分配给负载。

高效变压器的出现也使得水电得以利用。水电站很少位于人口中心附近，因此需要较长的输电线路来向用户供电。这也是高压输电系统发展背后的强大推动力。"1 柔性交流输电系统（FACTS）装置简介：发展历程"一章讨论了这些发展固有的困难。

2.2.2　交流电源

当今的交流电力系统几乎以恒定的频率运行，但世界范围内的系统分成了两种基本频

---

❶ 变压器利用了 Michael Faraday 在 1821 年发现并论证的感应效应。

率。一种是每秒 50 个周期（赫兹，单位符号 Hz），另一种是 60Hz。50Hz 的系统不能直接连接到 60Hz 的系统，反之亦然。还有一些国家，例如日本，既有 50Hz，也有 60Hz 的区域。还有一些其他系统频率用于特殊用途，如 400Hz，用于较轻的发电机和电机，可以用在输配电距离较短的海上和航空电力系统中。相比之下，一些单相牵引（列车）系统的运行频率就比较低，如 $16\frac{2}{3}$ Hz（50Hz 除以 3）；如式（2-6）所述，低频下的感应电压降较小，因此，牵引供电变电站之间的距离可以大于使用 50Hz 电源时的距离。

图 2-4 所示为由发电机供电的单相交流系统，其电压随时间正弦变化。如果该波的频率是 f［单位：赫（Hz）］，角频率 $\omega = 2\pi f$，则电压在正负 $V_{\max}$ 之间变化，$V_{\max}$ 是施加电压的振幅或峰值。然后，瞬时电压 $v(t)$ 为（如图 2-4 所示，图中的比例是任意的）：

$$v(t) = V_{\max}\sin\omega t \tag{2-34}$$

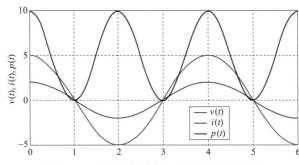

图 2-4　单相交流电压、电流和功率波形

如果发电机与电阻（无任何电感）相连，则根据式（2-12）、图 2-4，电流也会随着时间和电压呈现正弦变化，且相位和电压相同：

$$i(t) = \frac{V_{\max}}{R}\sin\omega t = I_{\max}\sin\omega t \tag{2-35}$$

电阻中耗散的瞬时功率是电压和电流的乘积，类似于直流方程式（2-2）。因此，交流的瞬时功率［单位：瓦（W）］可表示为：

$$p = vi = i^2 R = R(I_{\max}\sin\omega t)^2 = 0.5RI_{\max}^2(1-\cos 2\omega t) \tag{2-36}$$

如图 2-4 所示，只有在电压、电流不为零且频率相同时，才会产生交流功率。此外，在单相系统中，功率随两倍的工频变化，功率平均值是其功率峰值的一半。

在交流系统中，正弦变化的电压和电流的有效值等于峰值（或幅值）的平方根，即方均根（RMS）值，针对电流计算如下：

$$I_{\mathrm{rms}} = \sqrt{\frac{1}{T}\int_0^T i^2 \mathrm{d}t} \tag{2-37}$$

在式（2-37）中，积分周期 T 等于一个 $1/f$。电压的方均根值求解方法与电流类似。式（2-37）对任何周期电流形状都有效，但对于电流为正弦（无失真）的特殊情况，方均根值等于波峰值的平方根。然后，假设存在电抗，并导致电压和电流之间有 φ 度的相移，则可将平均功率方程写成如下：

$$P = V_{\mathrm{rms}}I_{\mathrm{rms}}\cos\varphi \tag{2-38}$$

$\cos\varphi$ 称功率因数，是电路中电感和电容存在的结果。这些元件在前半周期储存能量，在另半个周期把这部分能量释放。因此，它们不会产生任何有功功率，这种能量循环被称为无功功率，用符号 Q 表示，单位为乏（var），计算表达式为：

$$Q = V_{rms}I_{rms}\sin\varphi \tag{2-39}$$

当 φ 非零时，电压和电流的乘积（$V_{rms}I_{rms}$）称为视在功率，用 S 表示，单位为伏安（VA）。三种不同功率表达式之间的关系如下：

$$S = \sqrt{P^2 + Q^2} \tag{2-40}$$

电压和电流还可以使用复数表示，即 $V = V_{rms}e^{j\alpha}$，$I = I_{rms}e^{j(\alpha-\varphi)}$。然后，可以使用电流的共轭，即 $I^* = I_{rms}e^{-j(\alpha-\varphi)}$ 来计算复功率：

$$S = VI^* = V_{rms}e^{j\alpha}I_{rms}e^{-j(\alpha-\varphi)} \tag{2-41}$$

式（2-41）中使用的电压和电流是使用式（2-37）计算得出的电压和电流的方均根值。如果电压和电流波形含有不同于电力系统工频的谐波频率，则视在功率将不是标准的正弦波形，也不能直接用于计算有功功率分量 P。

2.3　电力系统频域分析

正如"1　柔性交流输电系统（FACTS）装置简介：发展历程"一章所述，亥维赛研究了在架空线上传输电能的问题。该学者还研究了 19 世纪中期开始建造的电报线路特性。亥维赛在 1887 年发表了一个基本理论，认为如果串联电阻和线路电感的比率等于导线之间的并联电导和电容的比率，那么双导线之间就可以实现无失真传输。许多用于输电线路分析和设计的方程最初是由亥维赛提出的（Heaviside 1894）。虽然电力传输频率通常为单一 50Hz 或 60Hz，但是他提出的电报线路方程也适用于电力电路。此外，对于电力传输，必须尽量减少损耗，才能实现较高的系统效率。

2.3.1　输电线路方程

图 2-5 所示为长距离输电线路的简化图解，采用集总电感电容模型段表示，其中每个元件串联电感为 ΔL，并联电容为 ΔC。根据式（2-33），波阻抗即为 ΔL 和 ΔC 比值的平方根。

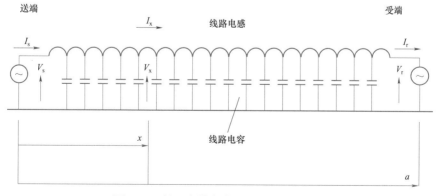

图 2-5　长距离输电线路的集总元件模型

式（2-42）和式（2-43）是表征通过无损输电线路传输电力时，电压和电流分布的等式，并为图 2-5 所示的长距离电力传输提供了合理的近似值。长距离输电的合理近似值除了在计算功率损耗时要考虑电阻之外，其他情况一般不考虑线路电阻。式（2-42）和式（2-43）是频域方程，对单个波长 λ 有效，其计算方式为光速除以频率。光速与介电常数的平方根乘以真空磁导率的积成反比，如式（2-22）所示。该方程也适用于空气环境。具体而言，方程描述了长度 a 的无损输电线路上的驻波（Miller 1982）：

$$V(x) = V_r \cos \beta(a-x) + jI_r Z_0 \sin \beta(a-x) \tag{2-42}$$

电流

$$I(x) = j \left[\frac{V_r}{Z_0} \right] \sin \beta(a-x) + I_r \cos \beta(a-x) \tag{2-43}$$

式中：V 为具有特定频率、幅度和相位角的电压相量；I 为具有特定频率、幅度和相位角的电流相量；x 为始端至线路电压、电流计算点的距离；$x=a$（线路末端）处的负荷为 V_r/I_r；Z_0 为式（2-33）定义的线路波阻抗，Z_0 为实数。

$$\beta = \omega \sqrt{LC}$$

式中：L 为单位长度的线路电感；C 为单位长度的线路并联电容。

因为 $1/\sqrt{LC}$ 是沿线的传播速度（u），则：

$$\beta = \frac{2\pi f}{u} = \frac{2\pi}{\lambda}$$

式中：λ 为施加的交流电压的波长。

这些方程得出以下结论：

（1）沿线电压分布取决于负荷的功率因数。

（2）如果末端阻抗等于 Z_0，即 $V_r/I_r = Z_0$，则整条线路的电压和电流是一致的（$Z_x = Z_0$）。

（3）如果线路是开路（末端阻抗无穷大），则线路末端的电流 I_r 为零，但线路末端的电压高于始端。以 $x=0$ 处的电压为基准，在 $x=a$ 处将放大的倍数如式（2-44）所示。该电压上升是"3 采用常规控制方式的交流系统"一章所述的费兰梯效应：

$$V_x = V_s \frac{\cos \beta(a-x)}{\cos(\beta a)} \tag{2-44}$$

式（2-45）是式（2-44）中 $x=0$ 的结果：

$$V_0 = V_s = V_r \cos \beta(a-0) = V_r \cos \theta \tag{2-45}$$

式中：θ 为线路的电气长度，以弧度或波长表示。

由于末端开路时，没有有功功率传输到线路，因此 V_s 和 V_r 必须同相。

如果因断开末端的负载而使线路处于开路状态，线路末端的电压将恢复到开路水平。此外，将导致没有开路的线路段产生暂态过电压，大小等于阶跃电流（Δi）除以波阻抗（Z_0）。这增加了开路端的过电压。但如"3 采用常规控制方式的交流系统"一章所述，多个连接的并联电抗器可用于限制开路线路末端的过电压。

式（2-42）～式（2-45）适用于架空线路和地下电缆。架空线路波阻抗 Z_0 约为 $300\sim$ 400Ω，电缆波阻抗 Z_0 约为 $25\sim40\Omega$。这种巨大差异是因为架空线路的导体和地面之间的电容比电缆小得多，这对式（2-33）中电容 C 有很大影响。在电缆中，该电容导致了大的充电电流，而这一充电电流与电流的有功分量正交，增加了电缆的热负荷，在没有无功补偿的前提下，限制了电缆传输交流电的距离。例如，150kV 的实心绝缘电缆在 70km 距离处的实际功率传输能力仅为其热容量的 80%。充液电缆充电电流更高，因此这一距离大约为 $20\sim$ 25km（CIGRE TB 110 1996）。400kV 实心绝缘电缆可达 50km，而充液电缆的长度不超过 $10\sim$ 20km（CIGRE TB 504 2012）。

所有交流输电系统都需要无功功率补偿，才能控制好交流电压。正如 Miller 所述，无功功率补偿是一个复杂的问题，需要仔细分析（Miller 1982）。正如"3 采用常规控制方式的交流系统"一章所述，为了保证沿线上电压能相对均匀地分布，避免线路过压和欠压，从而增加其功率处理能力，线路通常必须得到补偿。

2.3.2 简化的潮流方程

输电线路和电缆沿线的电阻、串联电感和并联电容分布较为均匀。准确分析线路行为需要使用二阶偏微分方程，此类分析通常使用的是双曲函数（Nolasco et al. 2014）。然而，为了简化分析，可以用电阻 R、串联电抗 jX_L 和并联容抗 jX_C 的"集总"量来表示阻抗。用图 2-6

图 2-6　二端口网络模型

所示简单的二端口网络模型来分析输电线路通常也是可行的。如果该网络仅包含线性分量，则可以通过三个方程来说明（Gille et al. 1959；Fink and Beaty 1978；Anderson and Farmer 1996）：

$$V_S = AV_R + BI_R \tag{2-46}$$

$$I_S = CV_R + DI_R \tag{2-47}$$

$$AD - BC = 1 \tag{2-48}$$

在这些方程中，A、B、C 和 D 取决于二端口模型中的串联和并联阻抗。A 和 D 为没有量纲的数，B 的单位为欧（Ω），C 为导纳，单位是西门子（S）。

该网络也可以用如下矩阵描述：

$$\begin{bmatrix} V_S \\ I_S \end{bmatrix} = \begin{bmatrix} A & B \\ C & D \end{bmatrix} \begin{bmatrix} V_R \\ I_R \end{bmatrix} \tag{2-49}$$

常用的二端口模型有两种。一种是图 2-7 所示的 T 形电路，另一种是图 2-8 所示的 Π 形电路（因其与希腊字母 Π（Pi）相似，故称为 Π 形电路）。

T 形电路的 A、B、C 和 D 系数为：

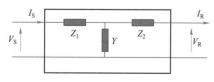

图 2-7　T 形电路

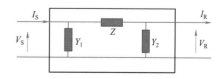

图 2-8　Π 形电路

$$\begin{bmatrix} (1+YZ_1) & (Z_1+Z_2+YZ_1Z_2) \\ (Y) & (1+YZ_2) \end{bmatrix} \qquad (2-50)$$

Π 形电路的系数为：

$$\begin{bmatrix} (1+Y_2Z) & (Z) \\ (Y_1+Y_2+Y_1Y_2Z) & (1+Y_1Z) \end{bmatrix} \qquad (2-51)$$

请注意，阻抗是指某一特定频率下的阻抗。

Π 形电路中的阻抗 Z 等于 T 形电路的 Z_1 加 Z_2，T 形电路中的 Y 等于 Π 形电路中的 Y_1 加 Y_2。在短距离线路（最多 80km 或 50mile）的简单潮流计算中，Y 为零，Z 为 X_L 或 $j\omega L$ 且假设线路电阻为零。对于较长的线路，为了提高模型的准确性，两个或两个以上的二端口网络可以串联连接，如式（2-43）所示，用于两个二端口网络之间的连接。

$$\begin{bmatrix} A_1 & B_1 \\ C_1 & D_1 \end{bmatrix}\begin{bmatrix} A_2 & B_2 \\ C_2 & D_2 \end{bmatrix} = \begin{bmatrix} (A_1A_2+B_1C_2) & (A_1B_2+B_1D_2) \\ (C_1A_2+D_1C_2) & (C_1B_2+D_1D_2) \end{bmatrix} \qquad (2-52)$$

用于高频研究的物理线路模型是用多个 T 形或 Π 形电路段串联而成的。以往使用集总电路参数构建的暂态网络分析（TNA）模型便是这个原理。不过，使用计算机实时求解微分方程模型已经取代了这类系统。对于高频输电线路的研究，如分析开关和雷电浪涌的研究，必须使用以大地阻抗模型为基础的 Carson 公式（Olsen and Pankaskie 1983）。然而，本书不对这一问题做进一步阐述。

2.3.3　三相电路分析

所有大容量交流输电线路均为三相线路，三相电压以 120° 间隔运行，如图 2-9 中所示三叶螺旋桨叶片尖端的水平分量的变化规律一样。在三相系统中，三个单相电压对地幅值相等。然而，按惯例，电压 V 是用于描述系统电压的线电压幅值，即螺旋桨叶片尖端之间的距离。因此，对地电压的幅值为系统电压 V 除以 $\sqrt{3}$。三个对称相电压的矢量和为零。

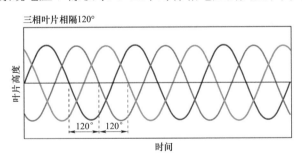

图 2-9　三相电力系统示意图

要对较大容量的三相电力系统进行详细分析就需要为整个系统的每一相列出方程式，即使使用了功能强大的计算机，这种分析对数学要求也很高。西屋公司加拿大电气工程师 Charles LeGeyt Fortescue 提出了一种理论，将 N 个不平衡相量表示为 N 个对称平衡相量的总和（Fortescue 1918）。对于三相系统，即正序分量、负序分量和零序分量。正序系统是主导分量，即 A 超前 B，B 超前 C，C 超前 A（或 RST、YBG 或类似相位符号）。负序则是 B 超

前 A，C 超前 B，A 超前 C。A 转 C 转 B，零序分量的方向相同。其他类似的，如伊迪丝·克拉克（Edith Clarke）和派克（R.H.Park）提出的理论，通常用于旋转机器系统（Park 1929；Clarke 1943）。然而，Fortescue 提出的对称分量理论常用于解决不对称电力系统问题，特别是用于分析不平衡系统短路故障。

对称分量计算使用到了运算符 a，代表 $120°$ 的相移，定义为：

$$a = \mathrm{e}^{\mathrm{j}120°} \tag{2-53}$$

a 的平方 (a^2) 代表 $240°$ 的相移，a 的立方 (a^3) 代表 $360°$ 的相移。

三相系统中零序、正序、负序三个电压的转换可使用如下简单矩阵公式计算：

$$\begin{bmatrix} V_0 \\ V_1 \\ V_2 \end{bmatrix} = \frac{1}{3} \begin{bmatrix} 1 & 1 & 1 \\ 1 & a & a^2 \\ 1 & a^2 & a \end{bmatrix} \begin{bmatrix} V_\mathrm{a} \\ V_\mathrm{b} \\ V_\mathrm{c} \end{bmatrix} \tag{2-54}$$

式中：V_a、V_b 和 V_c 为矩阵的输入，是带有幅值和相角的三个交流系统实际电压。

矩阵计算得出的输出为：V_a0 零序电压；V_a1 正序电压；V_a2 负序电压。

图 2-10 说明了这一点，其中显示了三个虚拟测量电压 V_a、V_b 和 V_c，以及三个序分量的图示。

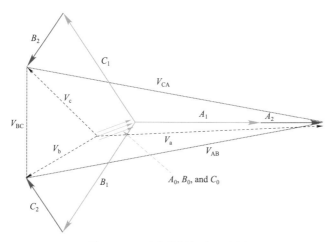

图 2-10　对称分量概念示意图

这可以描述交流系统在故障期间而非稳态运行期间的交流电压。三个零序分量记为 A_0、B_0 和 C_0；正序电压记为 A_1、B_1 和 C_1；三个负序电压记为 A_2、B_2 和 C_2。正序系统从 A 旋转到 B 旋转到 C，而负序系统的相位旋转从 A 旋转到 C 旋转到 B。

原始电压可通过使用逆矩阵计算，如下所示：

$$\begin{bmatrix} V_\mathrm{a} \\ V_\mathrm{b} \\ V_\mathrm{c} \end{bmatrix} = \begin{bmatrix} 1 & 1 & 1 \\ 1 & a^2 & a \\ 1 & a & a^2 \end{bmatrix} \begin{bmatrix} V_0 \\ V_1 \\ V_2 \end{bmatrix} = \boldsymbol{T_{012}} \boldsymbol{V_{012}} \tag{2-55}$$

式中：$\boldsymbol{T_{012}}$ 为对称的 3×3 矩阵；$\boldsymbol{V_{012}}$ 为 3×1 电压列向量。

电流也可以转换成对称分量。三个零序电流之和等于中性点电流 I_n。即 I_n 等于 $3I_\mathrm{a0}$。

大多数电力系统潮流计算中，只采用正序系统，三相系统按单相系统处理。这种算法对于大多数情况是有效的，因为三相电力系统的零序和负序电压和电流通常很小。然而，在很多三相高压输电线路中，由于所有相的相间和对地的耦合不完全相同，因此三相中各相的阻抗（主要是感抗）并不完全相等。这一点在水平排列方式中是很常见的：所有相均悬挂离地同一高度上，中心相与外相紧密耦合，但外相之间没有如此紧密的耦合。这种不平衡通常可以通过沿线换位来纠正，保证三相中的每相对地的总耦合都相等。

各相阻抗可以通过以下矩阵运算转换为序分量：

$$Z_{012} = T_{012}^{-1} Z_{abc} T_{012} \tag{2-56}$$

T 矩阵的定义见式（2-55）。对称阻抗矩阵 Z_{abc} 包括对角线上的自阻抗和非对角线的互阻抗（Kundur 1994）。

2.3.4　谐波系统分析及其他专题研究

电力系统中有许多含有电力电子系统的新型发电机和负荷，会产生谐波，如高压直流（HVDC）系统、风机和柔性交流输电系统（FACTS）装置。因此，有必要开发工具来计算谐波电流大小并评估这些电流对整个交流系统的影响。这一点在"17 FACTS 规划研究"一章中有更详细的描述。精确的谐波潮流模型不易开发（CIGRE TB 139 1999）。由于线路切换、投入或切除发电机以满足负载需求，交流系统谐波阻抗会不断变化；此外，接入负载的特性也不断变化，因此很难为交流电网中的特定点创建有意义的阻抗图。另一个问题是，为了平衡线路的工频阻抗而进行的线路换位是无法平衡同一线路的谐波阻抗的。因此，为设计谐波滤波器，通常需研究许多电路条件下的谐波阻抗，并评估每种谐波阻抗在频段中的分布。

另一项专门的潮流研究需要一个直流电网模型，才能计算因太阳风暴干扰地球磁场而引起的地磁感应电流（GIC）分布。这些极低频电流会引起变压器饱和，从而导致大量奇次和偶次谐波电流。GIC 的影响可能很严重（Liu et al. 2009）。电网中 GIC 分布的建模需要对该电网中的直流电阻进行评估。

还需要开展专项研究来梳理交流电网是否存在可能导致汽轮发电机严重损坏的次同步谐振（SSR）。共振可能是串联补偿线路和发电机之间的扭振相互作用（TI）导致，也可能是感应发电机效应（IGE）或转矩放大（TA）。如果在谐振频率下的电气和机械阻尼不足，那么在同步发电机电枢电路中可能出现感应发电机效应。感应发电机效应出现在汽轮发电机的额定频率和机械共振频率之间的边带频率。转矩放大是指交流系统短路故障恢复后，从串联电容器向发电机释放的剩余能量过程相关的特定应力。

从发电机母线的角度来看，前两种 SSR 类型可通过正序阻抗系统的频率扫描进行研究，从而确定发电机在临界频率下的阻尼。通过创建波特图、尼柯尔斯图或奈奎斯特图来评估临界扭转频率下的实际分量，有许多方法来进行这种分析（Anderson and Farmer 1996；Gille et al. 1959）。转矩放大效应需要时域分析；参见第 2.4 节。

2.4　电力系统时域分析

许多电力系统问题需要以时间为变量的计算。

时域程序用于研究在扰动时（如电力系统内部短路、失去负荷或切除发电机）的电力系统稳定性。这包括研究发电机的摇摆以及开关操作和故障期间和之后系统的行为。研究多发电机、多传输路径和不同负载的电力系统的稳定性是复杂的，但如果电力系统模型中包含获得以下信息，则可以完成这项研究（Anderson and Fouad 1993）：

（1）扰动前后的系统配置。

（2）接入的负载及其特性。

（3）受扰动影响的同步机。

（4）发电机的励磁系统。

（5）汽轮机的调节器。

（6）电力系统的其他辅助控制装置和部件。

对电力系统中的高频、详细的开关动作和其他类似的暂态事件的建模需要不同的计算工具，通常包括每一相和线路的详细模型，以及诸如变压器、断路器等元件的离散模型。可以利用数字计算机进行这种分析。数值计算方法设计上的突破促进了电磁暂态程序（EMTP）的发展（Dommel 1969；Dommel and Mayer 1974）。计算方法可以包括频率相关分量和非线性特征。例如，输电线路下面的大地阻抗是与频率相关的，避雷器是非线性的。

例如，EMTP 程序用于研究汽轮发电机的转矩放大效应，但是转矩放大应力的研究是基于电力系统输电线路模型，且该模型只适用于工频，不能应用于所有频率下对应的电纳。

使用电磁暂态程序在一个明显短于电力系统额定频率所对应周期的时域内对电力系统进行研究时，常常会出现一个问题：电路阻抗必须详细建模，使模型对研究目标所关注的较高频率仍然有效。模型中必须包含漏感和杂散电容，以便为相关研究提供有效结果。甚至有必要考虑到，当施加电压的频率增加时，卷绕式电容器的电容会减少。这是因为在箔层之间有电感，限制了向箔两端流动的电流，而且在电容器卷的箔层之间也有直接电容耦合。同样，电抗器在一些高频下呈现为电容，这是因为电抗器线圈绕组匝间的电容耦合对线圈电感起到旁路作用。由于绕组布置复杂，变压器具有复杂的阻抗谱。为得到有效结果，还必须考虑母线结构和其他设备的复杂阻抗特性。

根据经验，导体的电感可能为每米 $1\sim1.5\mu H$，并且在空气中沿导体传播 1m 时间约为 3ns。虽然这对于许多研究可能并不重要，但 10m 的架空引入线加上 2nF 的接地电容可能具有约 1MHz 的谐振点，使在高频暂态测量中使用耦合电容器受到限制。

如果使用电磁暂态程序进行仿真，还必须考虑计算时间步长的影响。固定或可变步长可能是一些计算机程序内置特性，在这种情况下，最大的时间步长决定了能够得到有效仿真结果的最高频率。尽管平滑程序可用于表示结果，但如果转换到频域，结果的有效性仅限于计算步长对应的采样频率。例如，如果计算步长为 $10\mu s$，这相当于 100 000Hz 的"采样"频率，虽然不同的仿真目标略有不同，但是仿真的最大频率应当不超过 $20\sim25kHz$。因此，搭建电磁暂态模型以研究输电系统问题并不容易，通常需专家才能开展[1]。

电磁暂态程序仍然基于准静态电力系统模型，并假设没有来自线路或其他电力系统元件的电磁辐射。如果从暂态源与周围介质之间的耦合比传导暂态更快地到达研究对象，则时域现象的研究将不正确。众所周知，天线周围的近场建模不能使用远场假设，但这种错误却经

---

[1] EMTP 是一个商业程序的名称，一个可替代的电磁暂态程序（ATP）和嵌入 EMTP 的系统，如 PSCAD，是可用的。

常发生。例如，对于断路器或隔离开关闭合或断开时对变压器套管产生的浪涌效应，相比于沿母线传导的瞬态，可以更快地通过空气中的电场耦合在套管处观测到[1]。此外，在这个套管的例子中，从地面反射的暂态波、附近的导电物体或暂态源前方或后方的阻抗不连续，将改变暂态波的时间特性。使用集中参数电路模型的常规时域仿真工具不应用于上升时间在纳秒至数百纳秒范围内的暂态研究。这需要其他的计算机仿真工具（EPRI 1993）。

2.5　最大稳定功率传输

2.5.1　功率转移到电阻性负载

如图 2－11 所示，以恒定电压源向阻性负载供电为例，说明输电线路的功率传输极限。

该简单系统中，I_S 等于 I_R，$V_S = V_S \mathrm{e}^{\mathrm{j}\delta}$，其中 δ 为 V_S 和 V_R 之间的相位角，如果 $X = \omega L$，则受端接收到的视在功率为[2]：

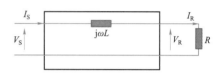

图 2－11　带电阻性负载的简单无损输电线路

$$S_R = V_R \left[\frac{V_S - V_R}{\mathrm{j}X} \right]^* = V_R \left[\frac{V_S \cos\delta + \mathrm{j}V_S \sin\delta - V_R}{\mathrm{j}X} \right]^* \tag{2－57}$$

$$S_R = \frac{\mathrm{j}V_R V_S \cos\delta + V_R V_S \sin\delta - \mathrm{j}V_R^2}{X} \tag{2－58}$$

通过线路传输的有功功率是式（2－58）的实部：

$$P = \frac{V_R V_S}{X} \sin\delta \tag{2－59}$$

无功功率分量是式（2－58）的虚部：

$$Q = \frac{V_R V_S \cos\delta - V_R^2}{X} \tag{2－60}$$

这是因为潮流流过线路，线路需要消耗无功功率。

图 2－12 展示了该无损输电线路在各种条件下传递功率的能力，显示了无限大功率电源[3]提供的有功功率和无功功率与负载电流的关系。采用标幺制，受端（负载）电压随送端电压的变化也绘制在图中。当负载电阻减小时，电流和无功功率以不同的速率增加，但受端（负载）电压不断减小。当负载电阻刚刚开始减小时，有功功率是随着电流的增加而增大的。

---

[1] 电磁波在真空中以每纳秒三分之一米的速度传播，在导体中的传播速度稍慢。此外，电磁波在导体和地之间传播的速度比在两个导体之间传播的速度慢。

[2] 星号表示括号内各项的共轭。

[3] 无限大功率电源是一种输出电压不随负载变化而变化的发电电源。

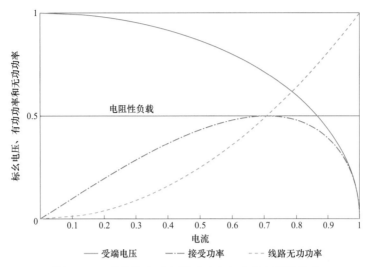

图 2-12 系统的有功和无功功率与负载电流的关系

在 $R = X = j\omega L$ 的特殊情况下，有功功率达到其最大值（由 $P_{max} = V_R^2/R = V_S^2/2R$ 给出）。在这个负载下，有功功率的数值等于无功功率的数值。在这种情况下，受端电压等于 $V_S/\sqrt{2}$，角度 δ 为 45°。在这个特定负载电阻值下，功率已经达到最大值；如果进一步减小负载电阻，则有功功率和受端电压都会减小，无功功率继续增大。

图 2-13 是受端电压和传输功率之间的关系图，表示负荷点的电压不应远低于额定值，这对系统的稳定运行至关重要。图 2-13 中可以看出，随着负载的增加，负载电压下降的速度越来越快，最终导致负载电压在到达曲线的凸出部分时骤降。负载特性在凸出部分之后是不稳定的，传输功率降至为零。

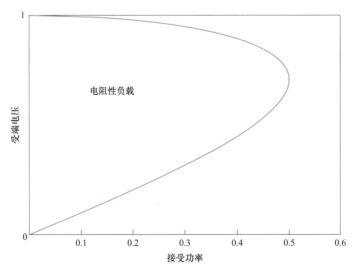

图 2-13 输送功率与带电阻性负载的受端电压对比

　　在负载含有大电感的系统中更易出现这种电压不稳定的情况。无论负载上施加的电压大小如何，该负载往往都会消耗恒定的有功功率和无功功率，而这可能会加剧不稳定的情况。比如，采用带有分接头的变压器供电的负载。此时分接头有一个自动控制装置，可用于保持二次侧电压恒定。Ohtsuki、Yokoyama 和 Sekine 用感应电机负载描述过这种效应（Ohtsuki et al. 1991）。高压直流线路传输定功率是恒定负载的另一种形式。定功率控制会使交流系统不稳定。图 2-14 说明了对非理想负载的功率传输，显示了不同功率因数负载的电压—负载曲线，包括图 2-13 中说明的单功率因数情况。当负载电流的功率因数小于 1 时，会含有一个滞后分量。在这种情况下，与图 2-13 所示的单位功率因数负载相比，最大功率将更小，给定负载的电压将降低。

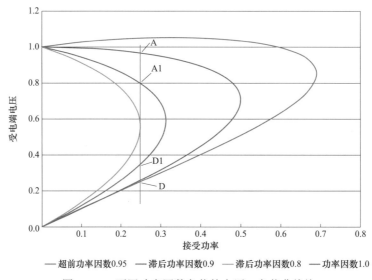

图 2-14　不同功率因数负载的电压—负载曲线族

　　对于特定的功率因数曲线和任何小于最大值的功率，有两个可能的电压。例如，图 2-14 所示的 A 点和 A_1 点是稳定的，因为 dV_R/dP 为负值，这意味着增加的负载将降低工作电压；反之亦然。只有上部稳定值代表可行的系统运行条件。但是，如果负载增加或功率因数减小，运行点会随着电压的逐渐降低而向曲线的"凸出部分"移动，然后越过凸出部分后系统将变得不稳定。换言之，图 2-14 所示的运行点 D 和 D1 是不可行的，因为一旦到达曲线的凸出部分，dV_R/dP 就会变为正值，系统也会崩溃。从功率因数减小的曲线可以明确看出，输电线路承载滞后无功分量负载的能力非常有限，但图 2-14 还显示了带超前功率因数负载的结果。超前功率因数负载一方面可以增加负载电压，另一方面又可以增大传输的最大功率。

2.5.2　标幺制

　　在电力系统分析中，使用标幺制是很方便的，因为可以将系统变量标准化，尤其是实际高压电力系统中存在大量变压器时。与使用物理单位安（A）、伏（V）和欧（Ω）相比，标幺制消除了单位，将电力系统量表示为无量纲的值，从而使得计算简单化。标幺值是一个量的实际物理单位值与该量事先定义好的基准值之比。

标幺制（p.u.）的基础是确定功率和电压基准值；以无量纲单位或百分比为单位的标幺值按以下方式计算：

$$标幺值 = \frac{实际值}{基准值} \qquad (2-61)$$

如果把以 p.u.为单位的标幺值乘以 100，则该值为基准值的百分数。

如果将功率基准值 S_{Base} 定义为：

$$S_{\text{Base}} = \sqrt{3}V_{\text{Base}}I_{\text{Base}} \qquad (2-62)$$

则电流基准值定义为：

$$I_{\text{Base}} = \frac{S_{\text{Base}}}{\sqrt{3}V_{\text{Base}}} \qquad (2-63)$$

由于本示例中假设电压以千伏为单位，因此阻抗基准值为：

$$Z_{\text{Base}} = \frac{V_{\text{Base}}^2}{S_{\text{Base}}} \qquad (2-64)$$

任何计算量都可以通过式（2-61）转换为标幺值。

标幺制可以最大限度地减少计算量，简化评估，加深对系统特征的理解。实际上，根据系统变量之间的基本关系，可以独立且随意地选择基准值，其他值则自动改变。选择基准值时，通常选择主要变量的额定值作为基值。

2.6 使用长距离架空线路传输电力

2.6.1 无补偿长距离线路的负载极限

如上所述，长距离架空输电线路可以传输的功率受到线路串联电感及线路波阻抗的限制。图 2-15 表示一条长距离输电线路，该线路将发电机（电压为 V_S）与负荷中心（包括内部的发电机和负荷，电压为 V_R）相连。为了简化说明，该线路阻抗等效为串联电抗（分成两个相等的部分），并忽略线路电阻和并联电容的影响。假设不管线路电流如何，线路两端的电压 V_S 和 V_R 都保持不变。线路无负载时，线路中点的电压 V_m 等于 V_S 和 V_R。由式（2-65）可知，随着电流的增加，电压之间的角度 δ 也随之增加，见图 2-16。中点电压的幅值开始减小，$V_m = V_S\cos\delta/2$。根据对称性，由于 $V_S = V_R$，V_m 将与线路电流 I 同相，因此流过线路的功率为：

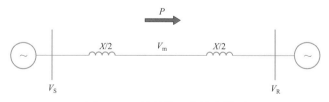

图 2-15 简单长距离线路模型

$$P = V_m I = \frac{V_S V_R}{X} \sin \delta \qquad (2-65)$$

传输功率与系统功角呈函数关系，如图 2-17 所示。如果图 2-16 所示的角度 δ 达到 90°，$P_{max} = V_S^2/X$，功率达到最大值；在最大传输功率下，电压 V_m 降至 V_S 的 70.7%。如果 δ 增大到 90° 以上，则如图 2-17 所示，传输功率下降，当 δ 达到 180° 时，降至为零，而 90° 至 180° 之间的运行区域无法维持稳定。比较这种情况下的最大功率与图 2-12 简单情况下的最大传输功率，可以看出，与存在"恒定"负载且 V_R 不受控制的情况相比，控制负载电压 V_R 使功率传输增加了一倍。

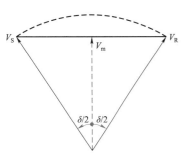

图 2-16　线路中点电压

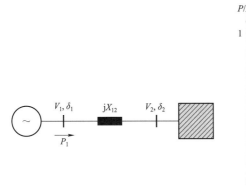

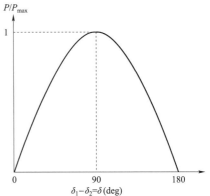

图 2-17　功角曲线

在接近最大功率的条件下，以接近 90° 的稳态功角运行是不可行的，因为任何小的干扰都会使功角超过 90°，正如第 2.4 节所讨论的那样，这会导致失稳。

2.6.2　电力系统的暂态稳定性

如果假设如图 2-17 所示，有一台汽轮发电机连接到一个强系统，该系统几乎可以认为是一个无穷大系统（不受任何干扰的影响），就可以得出有关系统稳定性的基本观点。只要稳态功角 δ 不超过 90°，发电机就能保持稳定。如果稳态条件因故障或其他扰动而不能保证，发电机将开始加速或减速。该条件下的功角摇摆方程为（Kundur 1994）：

$$\frac{2H}{\omega_0} \frac{d^2 \delta}{dt^2} = P_m - P_{max} \sin \delta \qquad (2-66)$$

式中：H 为惯性常数，定义为额定转速下的动能 [单位：瓦·秒（W·s）] 除以发电机的额定功率 [单位：伏·安（V·A）]；ω_0 为发电机转速，rad/s；P_m 为发电机输入的机械功率；P_{max} 为 δ 等于 90° 时的最大电磁功率。

该式可以改写为：

$$\frac{d^2 \delta}{dt^2} = \frac{\omega_0}{2H}(P_m - P_e) \qquad (2-67)$$

式中：P_e 为电磁功率。

式（2−66）无法直接求解，因为电力系统是非线性的，如发电机磁路饱和、非线性负载等。许多系统在分析小信号稳定性时，稳定性程序将非线性分量线性化，这是一个有效的方式，因为系统必须是小信号稳定的，才有可能是稳定的。

解释单台机组或一组一起摇摆的发电机（模态等值）稳定性的一个关键概念是等面积准则。这可以通过将式（2−67）的两侧乘以 $2\mathrm{d}\delta/\mathrm{d}t$ 来理解，得出式（2−68）（Kundur 1994）：

$$\left[\frac{\mathrm{d}\delta}{\mathrm{d}t}\right]^2 = \int \frac{\omega_0}{H}(P_\mathrm{m} - P_\mathrm{e})\mathrm{d}\delta \tag{2−68}$$

为了使系统在任何受到扰动后都能恢复正常工作，输入的机械功率和电磁功率负载必须在一段时间后保持平衡。图2−18所示的简单理论案例说明了这一点。在图中绘制了功率−功角曲线。稳态功率 P_m 小于最大值，对应的功角为 δ_1。

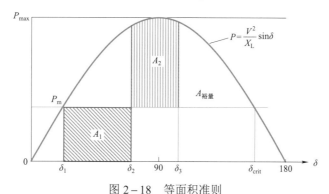

图2−18 等面积准则

如果线路发生故障，输送功率降至零，送端发电机失去电磁功率，输入的恒定机械功率将使发电机加速；同时，受端的电磁功率降低将导致附近的发电机减速，但当受端系统非常大时，这种影响会很小。然而，发电机和受端系统之间的功角将开始增加。如果故障被清除，系统在几个周期内恢复正常，潮流恢复，但发电机与系统之间的角度将增加到 δ_2，两个系统仍不是同步运行。角度达到 δ_2 时，线路传递功率为 P_2，该负载大于机械输入功率，由于额外的电磁功率 $P_2 - P_\mathrm{m}$ 的存在，送端发电机开始减速（受端发电机开始加速），从而减缓失步速率。如果（$P-P_\mathrm{m}$）保持正值且角度未达到 δ_crit，则此恢复过程可以继续进行。

在此简单示例中，故障期间损失的传递能量与面积 A_1 成正比；当 δ_2 和 δ_3 之间的面积 A_2（表示故障后的剩余能量）等于 A_1 时，线路两端的机器将再次同步运行，但功角将以比原始稳态值更大。此时，能量的过度传递将使功角开始减小，导致在条件恢复到 δ_1 角 P_m 稳态传递前出现振荡周期。角度 δ_2 和 δ_crit 之间的面积 A_margin 表示稳定裕度。发电机上通常会装上电力系统稳定器抑制振荡，可以使系统在故障后更快恢复到稳态条件。

对于上述示例，交流系统故障使负载短时间为零（具体时间取决于继电保护系统的动作速度）。设 δ_2 为故障清除时对应的功角。当故障清除、功率传递恢复时，式（2−68）从初始角度 δ_1 到角度 δ_2 的积分为：

$$\int_{\delta_1}^{\delta_2} \frac{\omega_0}{2H} P_\mathrm{m} \mathrm{d}\delta = A_1 \tag{2−69}$$

故障切除后，减速面积为：

$$\int_{\delta_2}^{\delta_3} \frac{\omega_0}{2H}(P_m - P_e)\mathrm{d}\delta = A_2 \qquad\qquad （2-70）$$

为了保持稳定，面积 $A_2 + A_{margin}$ 必须至少等于 A_1，即 δ_2 必须小于 δ_{crit}。

参考文献

Anderson, P. M., Farmer, R. G.: Series Compensation of Power Systems. PBLSH! Inc., Encinitas (1996).

Anderson, P. M., Fouad, A. A.: Power System Control and Stability. IEEE Press, Piscataway (1993).

Chisholm, H. (ed.): "Faraday, Michael". Encyclopedia Britannica, vol. 10, 11th edn, pp. 173–175. Cambridge University Press, Cambridge (1911). the 1911 Encyclopedia Britannica.

Cigre Green Book on Overhead lines, Cigre, Paris (2014).

CIGRE TB 110: Comparison of High Voltage Overhead Lines and Underground. CIGRÉ, Paris (1996).

CIGRE TB 139: Guide to the Specification and Design Evaluation of AC Filters for HVDC Systems. CIGRÉ, Paris (1999).

CIGRE TB 504: Voltage and Var Support in System Operation. CIGRÉ, Paris (2012).

Clarke, E.: Circuit Analysis of A-C Power Systems. John Wiley and Sons, New York, NY, USA (1943).

Dommel, H. W.: Digital computer solution of Electromagnetic transients in single-and multiphase networks. IEEE Trans Power Syst. PAS-88 (4), 388–399 (1969).

Dommel, H. W., Meyer, W. S.: Computation of electromagnetic transients. Proc. IEEE. 62 (7), 983–993 (1974).

EPRI TR-102006: Electromagnetic Transients in Substations, Volume 2: Models, Validations and Simulations (1993). https://www. epri. com/#/search/Electromagnetic%20Transients%20in% 20Substations, %20Volume%202: %20Models, %20Validations, %20and%20Simulations/?to = 15 33138725000&from = 739318074000. Accessed 17 Jun 2019.

Fink, D. G., Beaty, H. W.: Transmission systems, Chapter 14. In: Standard Handbook for Electrical Engineers, 11th edn. McGraw-Hill Book Company, New York (1978).

Fortescue, C. L.: Method of symmetrical co-ordinates applied to the solution of polyphase networks. Trans. Am. Inst. Electr. Eng. XXXVII (2), 1027–1140 (1918).

Gille, J. C., Pelegrin, M. J., Decaulne, P.: Feedback Control Systems. McGraw Hill Book Company, New York (1959).

Heathcote, J. M: J&P Transformer Handbook, 13th edn. Elevier Limited (2007). ISBN-13: 978-0-7506-8164-3 Heaviside, O.: Electrical papers. https://archive. org/details/electricalpapers 02heavrich (1894). Accessed 28 Jan 2018.

Kundur, P.: Excitation systems, Chapter 8. In: Power System Stability and Control. McGraw Hill, New York (1994). ISBN 0-047-035958-X.

Liu, C. -M., Liu, L. -G., Pirjola, R.: Geomagnetically induced currents in the high-voltage power grid in China. IEEE Trans Power Delivery. 24 (4), 2368–2374 (2009).

Miller, T. J. E.: Reactive Power Control in Electric Systems. Wiley, ISBN 0-471-86933-3, New York (1982).

Nolasco, J. F., Jardini, J. A., Ribeiro, E.: Electrical design, Chapter 4. In: Cigre Green Book on Overhead Lines. Cigre, Paris (2014).

Ohtsuki, H., Yokoyama, A., Sekine, Y.: Reverse action of on-load tap changer in association with voltage collapse. IEEE Power Eng Rev. 11 (2), 66 (1991).

Olsen, R. G., Pankaskie, T. A.: On the exact, carson and image theories for wires at or above the earth's interface. IEEE Trans Power Syst. PAS-102 (4), 769–778 (1983).

Park, R. H.: Two reaction theory of synchronous machines. AIEE Transactions. 48, 716–730 (1929).

Sulzberger, C.: Triumph of AC – from pearl street to Niagara. IEEE Power Energy Mag. 1 (3), 64–67 (2003a).

Sulzberger, C.: Triumph of AC. 2. The battle of the currents. IEEE Power Energy Mag. 1 (4), 70–73 (2003b).

Tesla, N.: System of electrical distribution. US Patent 381, 970 1888. United States Patent Office. https://pdfpiw.uspto.gov/.piw?Docid=00381970&homeurl=http%3A%2F%2Fpatft.uspto. gov %2Fnetacgi%2Fnph-Parser%3FSect1%3DPTO1%2526Sect2%3DHITOFF%2526d%3 DPALL%2526p%3D1%2526u%3D%25252Fnetahtml%25252FPTO%25252Fsrchnum. htm%2526 r%3D1%2526f%3DG%2526l%3D50%2526s1%3D0381, 970. PN. %2526OS%3DPN%2F0381, 970%2526RS%3DPN%2F0381, 970&PageNum=&Rtype=&SectionNum=&idkey=NONE& Input= View+first+page.

Stig Nilsson，美国毅博科技咨询有限公司首席工程师。最初就职于瑞典国家电话局，负责载波通信系统开发。此后，曾先后就职于 ASEA（现为 ABB）和波音公司，并分别负责高压直流输电系统研究以及计算机系统开发。在美国电力科学研究院工作的 20 年间，于 1979 年启动了数字保护继电器系统开发工作，1986 年启动了电力科学研究院的 FACTS 计划。1991 年获得了输电线路无功阻抗控制装置专利。他是 IEEE 终身会士（Life Fellow），曾担任 IEEE 电力与能源学会输配电技术委员会、IEEE Herman Halperin 输配电奖委员会、IEEE 电力与能源学会 Nari Hingorani FACTS 及定制电力奖委员会，以及多个 IEEE 会士（Fellow）提名审查委员会的主席，曾是 IEEE 标准委员会、IEEE 电力与能源学会小组委员会和工作组的成员。他是 CIGRE 直流与电力电子专委会（SC B4）的美国国家代表和秘书。获 2012 年 IEEE 电力与能源学会 Nari Hingorani FACTS 及定制电力奖、2012 年 CIGRE 美国国家委员会 Philip Sporn 奖和 CIGRE 技术委员会奖；2006 年因积极参与 CIGRE

专委会和 CIGRE 美国国家委员会而获得 CIGRE 杰出会员奖；2003 年获得 CIGRE 美国国家委员会 Attwood Associate 奖。他是美国加利福尼亚州的注册专业工程师。

Manfredo Lima，1957 年出生于巴西累西腓，1979 年获得伯南布哥联邦大学（UFPE）电气工程理学学士学位，1997 年获得该大学电气工程理学硕士学位，2005 年获得帕拉伊巴联邦大学（UFPB）机械工程博士学位，主要研究自动化系统。于 1978 年就职于 CHESF，负责电力电子设备、FACTS 设备、电能质量、控制系统、电磁瞬变和直流输电等领域的项目。于 1992 年任职于伯南布哥大学（UPE），负责研究工作。现任 CIGRE 直流与电力电子专委会（SC B4）的巴西 CHESF 代表，也是巴西电能质量协会（SBQEE）的创始成员。

David Young，曾于伯明翰爱德华国王中学接受教育，后于剑桥大学主修机械科学专业。在伯明翰威顿，就职于通用电气公司（GEC），并担任该公司顾问 Erich Friedlander 博士的助理。先后参与了用于校正闪变的静止无功补偿器（SVC）的早期开发工作，以及在输配电系统中广泛应用的 SVC 项目。早期 SVC 使用可控饱和电抗器，但很快被自饱和电抗器取代。他是使用饱和电抗器和电力电子器件的 SVC 和 FACTS 项目的首席工程师，并负责谐波滤波器以及直流输电项目的滤波器的设计，该项目最初应用于曼彻斯特的特拉福德公园，随后被移至斯塔福德。在就职公司被阿尔斯通兼并后，他出任顾问，并于退休后担任独立顾问。他是 UIE（国际电力应用联盟）干扰专委会的成员，该委员会制定了 UIE/IEC 闪变仪的规范，并在 IEE（电气工程师协会）P9 小组任职。他是多个关于 SVC 应用以及直流输电系统中无功补偿和谐波消除的 CIGRE 工作组的成员。1996 年获 GEC 的纳尔逊金奖，2000 年获 IEEE 电力与能源学会 FACTS 奖。

采用常规控制方式的交流系统

3

Stig Nilsson、Manfredo Lima、David Young

目次

Stig Nilsson（✉）
美国亚利桑那州塞多纳，毅博科技咨询有限公司电气工程应用部
电子邮箱：stig_nilsson@verizon.net，snilsson@exponent.com

Manfredo Lima
巴西累西腓，CHESF 电气工程应用部，巴西累西腓伯南布哥大学
电子邮箱：manfredo@chesf.gov.br

David Young
英国斯塔福德，顾问
电子邮箱：davidyoung@btinternet.com

S. Nilsson，B. Andersen（编辑），柔性交流输电技术，CIGRE 绿皮书，https://doi.org/10.1007/978-3-319-71926-9_3-2

摘要

目前，电能已经成为居民基本生活和大多数工业应用中必不可少的能源供给方式。在用户对电能的需求背后，是由发电机、输电线路、配电线路等电力设备组成的复杂电力系统。虽然实际电力系统的电力设备众多、运行机理复杂，但其设计原则和控制目标却相当简单。对于任何一个电力系统而言，其控制目标可以简单概括为：

（1）维持系统频率恒定，且与所连接的发电设备和负载匹配。

（2）控制系统潮流，避免系统中的电力元件出现过载。

（3）保证整个系统电压在允许的小范围内波动，避免系统中某一部分出现欠压或过压的情况。通常，电力系统的电压波动范围为额定电压的 95%～105%。

（4）在某一发电机组或任何其他输电系统元件发生故障后，即便该系统中已有一个元件退出运行，电力系统仍必须继续为其连接的负载供电。

本章重点讨论电网输电设备对上述控制目标的影响，主要介绍了基于常规电力设备的交流电力系统设计和控制方法，以保证供电系统的高效、可靠和安全运行。基于电力电子设备的交流电网控制方法将在"4　采用 FACTS 装置的交流系统（柔性交流输电系统）"一章中进行介绍。

3.1　引言

通过"2　交流系统特性"一章的介绍，我们知道目前大多数输电系统主要使用了电压等级在 100～1000kV 的高压大容量三相架空线；少部分电压等级不超过 500kV 的输电系统使用了地下电缆。在未来，架空线和电缆的设计与运行电压可能还会更高。事实上，早在 20 世纪 70 年代，在美国电力科学研究院（EPRI）的赞助下，Comber 等就研究出了 1500kV 交流系统的设计方法（Comber et al. 1976）。在中国，由于需要从偏远地区输送大量的电能，目前所使用的最高交流线路电压为 1000kV（Fairley 2019）。

　　如今的交流输电系统经过长时间的发展，已经不再是仅为本地负荷供电的简单发电系统，而是一个连接众多电网的超大互联系统。由于大多数大型发电厂，尤其是水电厂，通常都远离负荷中心。因此，需要大容量架空输电线路或者地下电缆来将发电厂产生的电能输送到负荷中心。许多高度集中的大型负荷，如钢铁厂，大部分电能来自其附近的发电厂，但这些负荷仍然与更大的电网进行连接。

　　电力系统运行的主要目标是实时满足所有与系统相连的电力用户的负荷需求（电力用户有时具有不同的优先级和需求）。由于电能不能够被大量存储❶，电力系统中的发电功率必须与负荷功率实时匹配。在某一系统中，如果负荷低于发电功率，则如"2 交流系统特性"一章中所述，电力系统的频率将逐渐增加；相反地，如果发电功率小于负荷功率，电力系统的频率将逐渐减小。为了保持系统的频率接近目标值，在电力系统中，必须不断调整所有发电机的总输出功率，以使其实时匹配电网中的总负荷功率。

　　图 3-1 给出了一个典型的交流电网。从中可知，在一个交流电网中，通常会有许多发电厂从不同的并网点接入电网，以便为主要的负荷中心（如城市、工业厂区或者相邻的其他电网）提供足

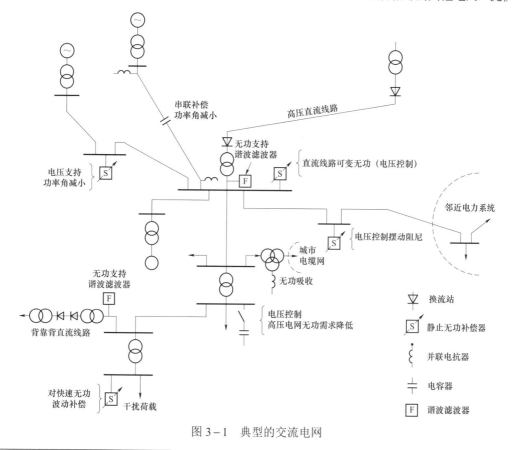

图 3-1　典型的交流电网

---

❶ 电能可以通过转换为机械能或化学能进行存储，但通常不能以电能的形式被大量存储。

够的电能。电网也经常包含一些会给其他用户带来干扰的负荷，通常是一些谐波源和不平衡负荷。

　　图3-2说明了电力系统中互联结构的其他方面。如第3.4.2节所述，在电力系统中，变压器被用来升压以连接从发电机到高压电网，然后被用来降压以连接负荷。由于电力系统的发展过程通常需要数十年时间，且在这个过程中技术不断变化，现代电力系统中通常含有以较低电压运行的老旧子系统，而更高电压等级的先进子系统则通过变压器与老旧子系统进行连接。因此，电力系统的不同部分通常包含多种电压等级。

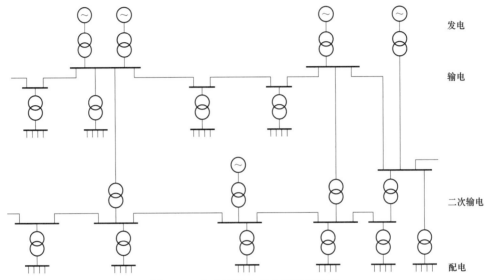

图3-2　电力系统中的典型互联结构

　　为了使电力系统正常运行期间的电能损耗达到最小，电力系统中的所有元件在设计时都应该尽可能地降低其自身的损耗。这是由于电能损耗只能以热的形式散发到环境中去，而不能产生任何的经济价值。虽然电能损耗最初由系统运营商承担，但最终通过电费转移给了消费者。通常情况下，发电机、变压器、输电线路和电缆中的感抗比其自身的电阻大得多，但是由于电抗周期性地吸收—释放电能的过程中会产生较小的但不可避免的电能损耗，电力系统中的电抗应该尽可能地不大于能够保证电力系统正常运行的边界值。

　　电抗对电力系统电压和稳定性的不利影响在"2　交流系统特性"一章中已有介绍。为了应对这些不可避免的不利影响，输电和配电网中通常配备有无功平衡设备，例如消除感抗影响的并联和串联电容器，以及吸收过多容性无功的并联电抗器等。有时，为了保证电力系统中某些部分的良好运行，还必须安装串联电抗器。如第3.4.5.1节所述，同步补偿器通常用来对负荷的突然变化或其他系统情况和干扰作出快速动态响应。IEC定义无功功率的专用单位"乏"，其意义为伏安中的无功分量（IEC 60027-1：2005）。

3.2　交流电力系统控制目标

　　在任何一个电力系统中，控制目标如下：

　　（1）发电功率和负荷功率必须实时匹配，以保证电力系统频率的恒定。

　　（2）电力系统各个部分的潮流必须被监视和控制，以保证整个电力系统的完整性不受威胁，并避免任何电力系统元件出现过载。

（3）整个电力系统的电压必须维持在允许的小范围内，通常为额定电压的 95%～105%，但在某些异常情况或轻载情况下，允许电力系统运行在额定电压的 90%～110%。

（4）正常运行方式下，电力系统中的任一元件（发电机、变压器以及线路等）退出运行后，电力系统应能保持稳定运行和正常供电，其他元件不过负荷，系统电压和频率在允许的范围内，即满足所谓的"$N-1$"原则。同时，如果系统在正常运行过程中已经有一个重要的元件退出运行，也必须满足这个标准，即满足所谓的"$N-1-1$"原则。对许多大型电力系统而言，即使两个故障同时发生，即 $N-2$ 故障，也不能对系统产生任何严重的影响。

在满足上述要求的同时，电力系统还应考虑日常维护时的停机以及由于故障造成的主要负荷功率，发电功率，或输送容量突然损失的可能性。因此，电力系统需要具有足够的鲁棒性和可靠性，以便在对用户影响最小的情况下度过故障，然后恢复连续运行，为所有的用户提供电力。某些情况下，一些大型用户还可能与其能源供应商达成协议，即在多重故障等特殊情况下降低供应商对其电力供应，以便维持互联电网的安全运行。

3.3 架空线和地下电缆

3.3.1 架空线和电缆的特性

关于输电线路设计的研究可以追溯到 19 世纪末亥维赛研究电报线路时所做的工作（Heaviside 1894）。基于上文以及"2 交流系统特性"一章中的详细介绍，我们知道，导线既有串联电感，又有并联电容。表 3-1 给出了 230kV、60Hz、大容量架空线路和电缆的典型特征（Cigre TB 504 2012）。从表中可知，无论哪种导线，其串联感抗 X_L 均比电阻 R 大一个数量级（CIGRE TB 110 1996）。尽管表 3-1 展示的是纸绝缘铅护套（PILC）电缆和高压管（PIPE）型电缆等老旧技术的电路参数，但其也足够用来说明与电缆有关的问题。虽然现代交联聚乙烯（XLPE）电缆具有更低的介电常数（$\varepsilon=2.2$），进而带来了比老式结构电缆更小的并联电容，但其电容充电电流仍比架空线路（OHL）大得多。

无论是架空线，还是电缆，其并联电容均决定于导线直径与导线间距两个因素。为便于分析，表 3-1 中的并联电容采用电纳值进行表示（记为 B_C），其物理意义是额定系统频率和电压下每千米导线所发出的无功功率（Mvar）。

在架空线路中，导线（包括地面）间的容性电纳非常小；但在电缆中，容性电纳要大得多。如"2 交流系统特性"一章所述，上述现象将导致架空线路的自然波阻抗 Z_0 较大，而电缆的自然波阻抗则小得多。（因此，架空线路和电缆的直接并联使用在实际中并不可行，因为如果与架空线并联使用，大部分潮流将只从电缆中流过。）电缆和架空线之间的显著差异可以通过其产生的单位容性充电功率（Mvar/km）中看出。由于大城市内的绝大部分负荷通常采用高压地下电缆进行供电，因此在轻负荷期间会产生过多的容性无功功率。这种情况在夜间和周末尤为明显，从而可能产生不可接受的过电压。这种情况下，可以通过断开某些电缆线路来降低过电压，也可以通过投入并联电抗器来使电压降至可接受的范围。

表 3-1　　　　　　　典型架空线（OHL）和电缆参数（适用于标称电压 230kV）

标称电压 V_0（kV）	230		
OHL/电缆	OHL	PILC 电缆	PIPE 电缆
R（Ω/km）	0.050	0.0277	0.0434
X_L（Ω/km）	0.488	0.3388	0.2052
B_c（μS/km）	3.371	245.6	298.8
Z_0（Ω）	380	37.1	26.2
SIL（MW）	140	1426	2019
充电功率 $V_0^2 B_C$（Mvar/km）	0.18	13.0	15.8

3.3.2　线路的无功补偿需求

对于长度较短的架空线（OHL），由于并联容抗远大于串联感抗，因此在简单计算中通常可以忽略不计。然而，这种简化方法并不适用于地下电缆。在"2 交流系统特性"一章的式（2-56）中对架空线路和电缆线路的模型进行了详细的分析，为了方便起见，我们将该式记为本章中的式（3-1），该式实际上描述的是一个无损的短输电线路的潮流。从式（3-1）中可以明显看出，为了使电路中有功功率（即电压和电流同相位）传输，电源侧与负荷侧的电压之间必须存在相位差；否则，如果线路的送端与受端电压相角差为 0（$\delta=0$），则线路中不会出现任何有功功率的传输。因此，无功阻抗对于交流线路中功率的传输是至关重要的。

输电线路电抗的结论是：输电线路的有功功率传输总是伴随着无功功率的传输。式（3-2）是对一个两端电压幅值相同的对称线路的潮流描述，定量说明了输电线路传输有功时两侧需要提供的无功。

$$|P_1| = |P_2| = \frac{V_1 V_2}{X_{12}} \sin(\delta_1 - \delta_2) = \frac{V^2}{X} \sin\delta \qquad (3-1)$$

$$|Q_1| = |Q_2| = \frac{V^2}{X}(1 - \cos\delta) \qquad (3-2)$$

式中：V_1 为角度等于 δ_1 的送端电压 V_1 的电压幅值；V_2 为角度等于 δ_2 的受端电压 V_2 的电压幅值；$X_{12}=X$ 为该线路的电抗；δ 为线路送端与受端电压之间的相位差（$\delta = \delta_1 - \delta_2$）；$P_1$ 为送端提供的有功功率；Q_1 为送端提供的无功功率；P_2 为受端接收的有功功率；Q_2 为受端接收的无功功率。

图 3-3 的右侧给出了式（3-1）所表示的图形，其中：V_1 是送端电压；V_2 是受端电压；δ 是线路两端电压的相角差。事实上，图 3-3 的图形只表示有功功率随两端电压相位差变化的稳态曲线，该曲线上的任意一点均表示当两端电压的相角差缓慢变化并稳定在一个特定值时可获得的有功功率传输。该曲线并不能表示相角变化很大时功率和相角的关系，也不能表示热稳极限。根据图 3-3 可知：在稳态下，当线路两端的电压相位差 δ 为 90° 时，线路中的有功功率传输将达到最大值；当线路两端的电压相位差 δ 超过 90° 时，线路中的有功功率传输值将开始变小。

在电力系统的稳态运行过程中，输电线路两端的电压相位差δ通常不超过30°，这样，基于图3-3可知，此时输电线路传输的有功功率通常不超过该线路所允许的最大传输值的一半。正常（系统完好）运行期间，输电线路和电力系统中其他设备的传输功率通常大致介于其热极限值的1/3～1/2，因此线路两端的相位差δ应位于图3-3中所示的90°点的左侧。若电路的运行状态超过90°，则系统就会崩溃。这种情况可能是由系统中某些元件出现过热或短期过流所带来的系统故障或断电造成。

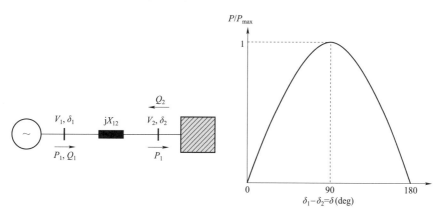

图3-3　电力传输特性

通常，如果仅仅为了避免电压相位差不超过90°或避免系统运行到达热稳极限，电力系统的潮流控制并不需要操作得非常快，这是因为电力元件的热时间常数一般在数分钟范围内。但是，电力系统的潮流控制必须考虑保护定值配合（Cigre TB 051 1996）。当系统中的无功需求增大，而送端和受端电网又均不能够提供足够的无功功率来支撑系统电压时，电力系统可能会出现电压崩溃甚至断电的恶劣情况。当然，第3.4.2节中所论述的有载分接头开关非计划反向动作也是引起电压崩溃的一个原因（Ohtsuki et al. 1991）。

在图3-4中，假设某一线路的送端连接于无穷大系统，电压变化非常小（对于不同的潮流水平）；线路的受端连接于弱系统。在此情况下，线路的受端电压（相量）可以表示为式（3-3），其中I_{line}是线路中的电流相量。

$$V_2 = V_1 - (X_{12}I_{\text{line}}) \tag{3-3}$$

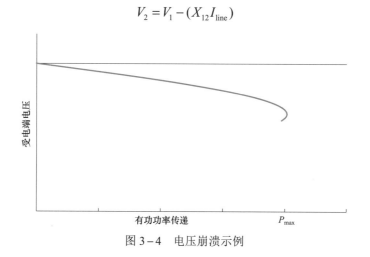

图3-4　电压崩溃示例

图 3-4 给出了架空线受端电网不能够提供足够的无功支撑时，受端电网电压随线路传输有功功率的变化曲线。根据图 3-4 可知，在这种情况下，随着线路中所传输的有功功率的逐渐增大，受端电网电压将逐渐降低甚至崩溃。（由于该曲线图的形状看起来像鼻子，因此被称为鼻形曲线图。）

3.3.3 费兰梯效应

随着长度的不断增加，线路中的串联电抗 X 将逐渐增大，并联电抗将逐渐减小（也就是如图 3-5 所示的并联电纳 Y_1 和 Y_2 将逐渐增大），这样，当线路足够长时，线路的并联电抗将不能再被忽略，这一点对于电缆线路尤为重要。

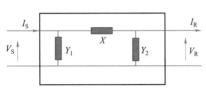

其中：$X = j\omega L$，$Y_1 = Y_2 = j\omega C/2$

图 3-5 长输电线路的一相
（用 Π 形电路表示）

与"2 交流系统特性"一章中所描述的一致，图 3-5 采用了二端口网络来表示长架空线或电缆线路的正序阻抗等效电路（或三相系统中的某一相线路）。在该等效电路中，输电线路采用了 Π 形等效电路，且线路的送端连接到了电压为 V_S 的无穷大系统中，线路的受端则开路（由于输电线路中的电阻远小于电抗，因此在该等效电路中忽略了输电线路中的电阻）。假设等效电路中的总感抗为 X_L，

总并联容抗为 X_C（即每一端的容抗为 $2X_C$），则从送端来看，输电线路的等效阻抗为 $2X_C - X_L$，因此线路受端的电压 V_R 等于 $V_S \times 2X_C/(2X_C - X_L)$。无载长线路末端的这种电压升高现象被称为费兰梯效应（Steinmetz 1971）。

以一条长 320km（200mile）、运行频率为 60Hz 的无载架空输电线路来说明费兰梯效应的实际意义。当线路的感抗和容抗分别为典型的 0.47Ω/km（0.75Ω/mile）和 0.29MΩ/km（0.18MΩ/mile）时，所研究的架空线总的串联电抗将为 150Ω，并联容抗将为 900Ω（即 Π 型电路中每一端的电容容抗为 1800Ω）。因此从送端看到的等效容抗为 1650Ω，线路受端的电压将为 1800/1650 倍的送端电压（即：约为送端电压的 1.09 倍），也就是说，费兰梯效应使受端电压上升了约 9%。随着线路长度的增加，简单的集总参数的等效方法对输电线路的模拟变得越来越不准确。如果对 640km（400mile）长的架空输电线路采用相同的简单线路模型，那么所计算出的过电压将会增大至 50%左右。为了能够获得长度大于 320km 的线路的准确计算结果，需要采用一个更为精细的模型（该模型的计算结果将显示：对于长度约为 670km 的线路，其由于费兰梯效应造成的电压升高将达到 50%左右）。

图 3-6 给出了一个长输电线路的精确模型，该模型由 n 个基于集总电感和电容的级联单元构成，其中每个级联单元由一个串联电感（等于 L/n）和一个并联电容（nC）组成。

如"2 交流系统特性"一章中所述，当输电线路开路（受端阻抗为无限大阻抗）时，线路末端的电流 I_r 为零，但线路末端的电压 V_r 高于送端的电压；在这种情况下，费兰梯效应造成的电压上升可通过使用方程式（3-4）计算得出。

$$V_0 = V_S = V_r \cos\beta(a-0) = V_r \cos\theta \qquad (3-4)$$

式中：θ 为线路的电气长度，以弧度或波长表示。

式（3-4）说明了如何将架空线路与天线进行等效分析，其中波长 λ 等于光速除以频率。如"2 交流系统特性"一章中所述，光速与介电常数平方根和磁导率的乘积成反比。由于光在空气中传播速度约为 300 000km/s，因此对于运行频率为 50Hz 的架空输电线路，波长约为6000km；对于运行频率为 60Hz 的架空输电线路，波长约为5000km。也就是说，当频率为 60Hz 时，一个典型交流线路的四分之一波长（此时，线路的阻抗为无限大，即电压趋于无穷大而电流趋近于零）略低于 1250km（假定波的传播速度等于光速）。这样，很长的线路必须以某种方式消除谐振，以避免出现四分之一波长共振点。

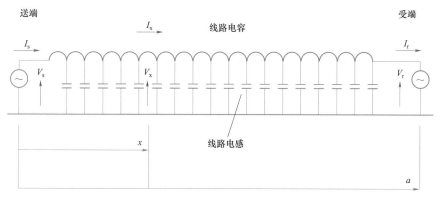

图 3-6　较长输电线路的多单元模型

当电网运行频率为 50Hz 时，费兰梯效应虽然没有 60Hz 时这么严重，但同样需要被重视。对于相同的典型导体，320km（200mile）长的架空输电线路上的费兰梯效应约为 6%。对于约 800km（接近 500mile）长的输电线路，将达到 50%的过电压极限。频率为 50Hz 的线路的四分之一波长为 1500km（约 930mile）。

如图 3-7 中所示，给出了一种用于减小长架空输电线路中费兰梯效应的常用方法。在图 3-7中，仍然采用了包含电容性电纳 Y_1 和 Y_2 的 Π 形二端口网络来表示输电线路。同时，我们可以看到，由于该方法在输电线路的两端额外并联了两个电抗器（电感性电纳 Y_3 和 Y_4），从而显著降低线路的并联容抗（线路一端的实际电纳为 Y_1+Y_3，

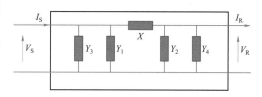

其中：$X=j\omega L$；$Y_1=Y_2=j\omega C/2$ 且 $Y_3=Y_4=1/(2j\omega L_S)$

图 3-7　较长交流线路的无功补偿

线路另一端的实际电纳为 Y_2+Y_4）。基于上述操作，长输电架空线路轻负荷的电压上升较小[1]。并联电抗器也可以被用于电缆电路以增大电缆的负荷极限。对于电缆，如果假定其介电常数为 2.2，那么波在其中的传播速度便为 136 000km/s（约 85 000mile/s）左右。这样，电缆线路的四分之一波长便为 340km（约 212mile），对于交流电缆电路来说，这是一个几乎没有实际意义的长度；但对于高压直流电缆线路来说，这是完全可以接受的，并且该长度是高压直流电缆线路常用的长度。

---

❶ 由于并联的导纳（电纳）被增加了。

3.3.4　降低输电线路电感的方法

输电线路中的串联电感是限制其有功功率传输的一个重要因素，因此，为了提高线路的输电容量，可以通过降低线路中的固有电感来实现。目前，线路设计人员可以采用以下方法来降低线路中的自然波阻抗（Nolasco et al. 2014）：

（1）通过压缩线路来减小线路导体的相间距离。

（2）增加每相导体的组合束数。

（3）增大导体直径。

（4）增大单元束导体的半径。

（5）使用分裂导线，但保持塔内部及附近区域的导线间距。

关于利用串补电容降低线路有效电感的方法将在本章第 3.6.2 节中进行论述。

3.4　电力系统元件

交流电力系统中包含了多种用于控制潮流和电压的元件，以下各小节分别对其中的主要元件进行介绍。

3.4.1　开关设备

电力系统中的开关设备，如隔离开关和断路器等，主要用来对电力设备以及线路进行连接或开断，以保证整个电力系统的安全稳定运行。

许多开关设备，如隔离开关，虽然不能用来开断故障电流，但可以用来开断负荷电流。通常情况下，隔离开关被用来在没有负荷电流时电路的断开和闭合；然而，有时隔离开关必须断开少量的电容电流（但该电流不能大于隔离开关两触头完全分离时能够熄灭的最大电流）。当隔离开关打开时，维修人员便可以对电力设备及母线进行维修。通常，变电站内还设有接地开关，以确保需要维修的设备不带电。

断路器被用来断开电力系统中的故障电流，以便保证故障线路和设备能够被快速与电力系统隔离，并维持系统中未发生故障的部分能够恢复运行。

3.4.2　变压器

如"2　交流系统特性"一章中所述，变压器是实现交流配电的关键元件，它能够将低压、大电流的发电机功率转换成高压、小电流的电网功率进行传输，以便通过较长的交流架空线或电缆输送到离用户较近的地方，如图 3-2 中所示，并最终通过变压器进行降压，将电网中的功率以低电压的形式分配到不同馈线上，用于工业、商业和住宅设施的供能。如图 3-8 中所示，给出了一个基本的单相变压器组成。该变压器主要由两个线圈（或绕组）组成，两个线圈（或绕组）共用一个由磁性材料（对于电力变压器而言，该材料是一种特殊形式的钢）制成的连续封闭磁芯，以此确保它们有一个共同的磁通量。当用交流电压激励单相变压器的一个绕组时，该绕组会产生交流磁通量，这些交流磁通量的绝大部分会直接通过第二个绕组并在其两端之间产生感应电压。由此可知，变压器是法拉第电磁感应定律的一个应用实例。图 3-8 中的简单的绕组布置虽然能够说明变压器的工作原理，但需要注意的是，其与实际的变压器内部布置仍有差异。在实际的电力变压器中，通常将线圈布置成圆柱形绕组，并将一个线圈置于另一个线圈的外面，使两个线圈都围绕铁芯的同一芯柱（Heathcote 2007）。

"互感"和"互抗"是用来描述两个绕组之间磁相互作用性质的专业术语。假定将一个电压 V_1 施加到一个具有 N_1 匝线圈的绕组上，会产生一个磁通 Φ_1，则 Φ_1 将具有两个分量。一个是在铁芯中流动的且与具有 N_2 匝线圈的第二个绕组相连接的互磁通 Φ_{12}，另一个则是仅在绕组和磁芯间间隙流通的漏磁通 Φ_{11}。这样，施加到绕组 N_1 上的交流电压将在绕组中产生变化的磁通，如下式所示：

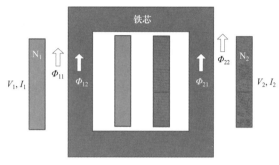

图 3-8 简单的单相变压器

$$V_1 = -N_1\frac{\mathrm{d}\Phi_1}{\mathrm{d}t} = -N_1\left(\frac{\mathrm{d}\Phi_{11}}{\mathrm{d}t} + \frac{\mathrm{d}\Phi_{12}}{\mathrm{d}t}\right) \tag{3-5}$$

相似地，绕组 N_2 上的电压可表示为：

$$V_2 = -N_2\frac{\mathrm{d}\Phi_2}{\mathrm{d}t} = -N_2\left(\frac{\mathrm{d}\Phi_{22}}{\mathrm{d}t} + \frac{\mathrm{d}\Phi_{21}}{\mathrm{d}t}\right) \tag{3-6}$$

由于绕组内部的磁场强度（H）与流经绕组的电流、绕组的长度以及绕组的匝数成比例，即：

$$H = \frac{N}{l}I \tag{3-7}$$

式中：N 为绕组的匝数；l 为绕组的长度。

因此，绕组中每匝线圈的磁通量密度 B 为：

$$B = \mu\mu_0 H = \mu\mu_0\frac{N}{l}I \tag{3-8}$$

式中：μ_0 为真空的磁导率；μ 为磁路磁性材料的磁导率系数；B 为绕组中每匝线圈的通量密度。

这样，当整个绕组有 N 匝时，其总的磁通量为：

$$\Phi = NBA = \mu\mu_0\frac{N^2 A}{l}I \tag{3-9}$$

式中：A 为磁通量通路的有效面积。

通过式（3-9），绕组的电感 L 可以表示为：

$$L = \mu\mu_0\frac{N^2 A}{l} \tag{3-10}$$

阻碍磁通流动的物理量称为磁阻，其定义如下：

$$R_{\mathrm{m}} = \frac{l}{A\mu\mu_0} \tag{3-11}$$

绕组 N_1 内部及周围的漏通量等于电感 L_1 乘以流经绕组的电流 I_1；流经铁芯的电流等于

绕组间的互感系数 M 乘以 I_2（即：绕组 N_2 中的电流）。因此，如果忽略电路中的电阻，可以得到：

$$V_1 = L_1 \frac{\mathrm{d}I_1}{\mathrm{d}t} + M_{21} \frac{\mathrm{d}I_2}{\mathrm{d}t} \tag{3-12}$$

相似地，绕组 N_2 的方程式如下：

$$V_2 = L_2 \frac{\mathrm{d}I_2}{\mathrm{d}t} + M_{12} \frac{\mathrm{d}I_1}{\mathrm{d}t} \tag{3-13}$$

如果漏磁通量不显著，那么在式（3-5）和式（3-6）中，当 $\Phi_1 = \Phi_2$ 时，可以得出：

$$\frac{V_1}{V_2} = \frac{-N_1 \dfrac{\mathrm{d}\Phi_1}{\mathrm{d}t}}{-N_2 \dfrac{\mathrm{d}\Phi_2}{\mathrm{d}t}} = \frac{N_1}{N_2} \tag{3-14}$$

进而得出：

$$I_1 N_1 = I_2 N_2 \tag{3-15}$$

即：两个绕组的安匝数必须相同。

忽略变压器中的损耗，那么变压器两端的功率相同。因此，如果将负荷 Z_2 连接至变压器的 N_2 侧，并利用 $I_2 Z_2$ 等于 V_2 这一事实，那么可以得出：

$$V_1 I_1 = V_2 I_2 = I_2^2 Z_2 \tag{3-16}$$

利用式（3-16），将电流 I_2 等效到 N_1 侧，那么等效到变压器 N_1 侧的阻抗 Z_2 如下：

$$I_1^2 Z_1 = I_2^2 Z_2 = \left(\frac{N_1}{N_2}\right)^2 I_1^2 Z_2 \tag{3-17}$$

或

$$Z_1 = \left(\frac{N_1}{N_2}\right)^2 Z_2 \tag{3-18}$$

在变压器内部，通常存在不同的分接头以改变其匝数比。这些分接头可以采用无载调压的方式，也可以采用有载调压的方式。变压器分接头调压对交流系统的负荷控制具有深远的影响；假定负荷具有恒定的阻抗，那么通过利用有载分接头改变变压器变比的方法便可以被用来减少变压器 N_2 侧的功率损耗。然而，如果 N_2 侧的负荷具有恒功率特性，那么当变压器的变比改变时，通过变压器的潮流将不会改变（Ohtsuki et al. 1991）。

目前，为了满足不同的应用需求，设计者已经开发出了多种不同的特殊变压器。例如，能够调节变压器两侧的相位角 δ 的相位角调节器（PAR），可以被用于负荷潮流控制，但其不能实现无功功率补偿（Heathcote 2007）。正交升压变压器（QBT）可以为负荷分担的难题提供解决方案。事实上，由于 QBT 是一种将二次绕组串联在输电线路中的并联变压器，可以在有功功率传输引起的电压跌落正交方向串入电压，因此可增大或减小线路中的潮流。

这样，当将分接头被用于 PAR 时，可以用来调节电压的注入角度；当分接头被用于 QBT 时，在接近过载的工况下，可以用来逐步减轻线路中的负荷。

3.4.3 电抗器

电抗器可以看作是一个仅有一个绕组的线圈。在电力系统中，电抗器发挥着储能元件的作用。如图3–9所示，电流在所施加交流电压的前四分之一周期内逐渐增大时，电抗器将吸收能量；相似地，在下一个四分之一周期内，由于电流的减小，电抗器将所吸收的能量返回至交流系统。

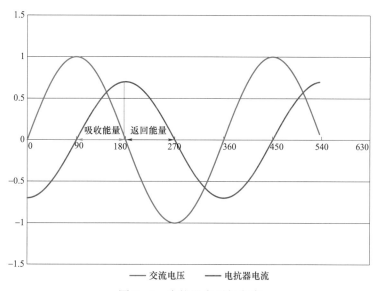

图3–9　电抗器电压与电流

将一个基频电压施加到电抗器上时，通过该电抗器的电流（如图3–9中所示）将会比施加在电抗器上的电压延迟90°。这样，三相电抗器吸收的无功功率 Q 可以表示为：

$$Q = \sqrt{3}\frac{V^2}{\mathrm{j}\omega L} \qquad\qquad (3-19)$$

式中：V 为系统电压（线电压）；L 为电抗器的每相电感值；ω 等于 $2\pi f$，其中 f 是系统频率。

长空芯电抗器的电感量可以大致用式（3–10）来表示，其中由于空气的磁导率系数 $\mu = 1$，所以有效磁导率等于 μ_0。在长空芯电抗器中，总漏磁通量只与线圈中部的匝数完全耦合。靠近线圈的末端，有部分磁通量"渗出"，并且这些磁通量没有耦合到线圈末端的匝数。这种效应对于短线圈特别明显。为了将这一点纳入考虑范围，我们将把"边缘因子"应用于线圈电抗的计算。空芯电抗器外部的漏磁场可能会在任何位于该电抗器附近的导电材料引发环流。应避免任何位于空芯电抗器附近的接地导体中出现闭环。

同样参数的带铁芯电抗器会更加紧凑。在这种情况下，外部漏磁场场强会被减弱很多，且边缘效应不太明显；铁芯的构造通常被设计成磁导率等于 μ_0 的短间隙（但磁场由于铁的缘故而会变得非常强），以便降低电抗（与连续铁芯相比）。与电力变压器相似，铁芯电抗器通常采用绝缘油进行绝缘。空芯电抗器通常具有恒定的电抗（即使对于极端的过电流），但是由于铁芯会饱和，带铁芯的电抗器的电抗在过电流情况下会逐渐呈现非线性。

另一种空芯电抗器设计方法是在线圈周围安装一个铁罩，该铁罩几乎可以捕捉所有的漏磁通量，这样便可缩短磁路，并最大限度地减小外部磁场的影响。与间隙电抗器一样，带罩电抗器通常是油浸式和油绝缘式电抗器。

并联电抗器必须连接到三相系统中的每一相。为了保证补偿效果，并联电抗器需要具备足够的容量（Cigre TB 051 1996）。

3.4.4　并联电容器

电容器与电抗器类似，也是作电力系统中的储能元件。当通过基频电源供电时，随着电压的增加，电容器将在一个四分之一周期内积累来自交流电力系统的能量，并在下一个四分之一周期内将能量返回给电力系统（如图 3－10 所示）。与图 3－9 比较结果表明：电抗器会在电容器释放能量的同一个四分之一电压周期内吸收能量。

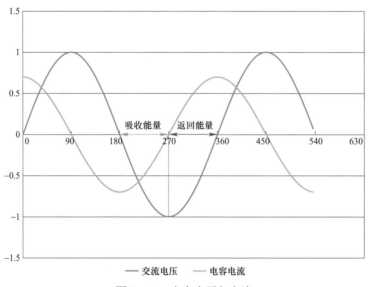

图 3－10　电容电压与电流

三相电容器组能够产生的无功功率如下式：

$$Q = \sqrt{3}V^2 \mathrm{j}\omega C \tag{3-20}$$

式中：V 为系统电压（线电压）；C 为电容器的每相电容值；ω 等于 $2\pi f$，其中 f 是系统频率。

元件的最大储能容量（$W_{\max}$）与其额定值无功之间存在一种固定关系，即：

$$W_{\max} = \frac{Q_{\mathrm{rated}}}{\omega_{\mathrm{N}}} \tag{3-21}$$

式中：Q_{rated} 为元件的无功功率额定值；ω_{N} 为系统额定角频率（即 $2\pi f$，其中 f 为频率）。

基于式（3－21），我们知道：电容器的能量存储容量与 $1/\omega_{\mathrm{N}}$ 秒（即 50Hz 系统中的 3.18ms 或 60Hz 系统中的 2.65ms）内的额定无功功率相对应。

连接到三相系统的每一相的电容器的额定值必须相等，并且为了确保有效，必须连接足够的总储能容量（Cigre TB 051 1996）。

用于输电的电容器组通常由多个独立的电容器单元组成，这些电容器单元以串联和并联的方式连接，以便在所应用的系统电压下提供所需的无功功率（Mvar）。每个电容器单元都是一个包含了多个较小独立电容器单元的元件，同时，在每个电容器单元内部这些小的独立电容也以串联和并联的方式进行布置。为了安全，每个电容器单元还配有放电电阻，这些放电电阻能够在几分钟内消散任何残留电荷。

简单地说，每个电容由两片铝箔组成，且中间用电介质间隔材料隔开；将箔片和垫片缠绕成圆柱体，然后将它们压平，随后将它们相互连接并布置在装有电容器单元的容器内。在早期的电容器中，间隔材料由多层纸组成，而电容器单元内则装满了矿物油。箔片之间的电介质是纸和油的合成物，一个电容的电压额定值通常是数百伏。由于矿物油属易燃物，因此电容器故障有时可能会导致火灾。尽管电容器中的损耗很小，但也不能忽略不计，而且由于对内部温度的限制，电力电容器单元的无功功率额定值最初被限制在几十千乏。

电容器设计与制造技术的始终在不断改进，包括使用耐火氯化联苯（由于环境原因而被废弃，并被其他绝缘液体取代）作为液体浸渍剂，将聚合物膜用于激光切割的铝箔之间的绝缘等。这些变化使得电容器元件的额定电压更高，损耗更低，并且降低了内部温度，从而使得现有的电容器单元能够具有高达数百千乏和约 25kV 的额定电压。其中，电容器的瞬时过电压能力主要受聚合物膜穿刺强度的限制（可能低至额定电压峰值的几倍）。在较低的过电压水平下（由于此时电容器将长期运行，不切出系统），电介质材料中可能会发生局部放电情况，这将缩短电容器的寿命。

尽管现代电容器的故障率极低，但大多数电力电容器都采用熔断器和继电保护系统进行保护。在某些电容器设计中，每个单独的元件都配有熔断器，因此任何发生故障的元件都将被断开（而无须关停整个单元或组）。在较大的电容器组中，电容的变化是不显著的；尽管与任何发生的故障元件并联的元件将承受稍高的电压，但受影响的电容器单元通常几乎能够无限期地继续使用（而不会发生进一步的故障）。

冲出式熔断器是最常见的外部熔断器类型，它的主要作用是：当内部元件发生故障时，冲出式熔断器可断开整个电容器单元，并提供关于故障单元的直观指示。电容器组电容的变化比内部熔断器的变化更为明显，故障时，其变化通常由电容不平衡保护装置进行检测和报警，以便能够有计划地停电来更换发生故障的电容单元。

3.4.5 同步机

3.4.5.1 同步发电机

发电机是用来发电的设备（即发电机用于将机械能转化为电能）。机械能可能来源于水轮机、汽轮机、柴油发电机、燃机、风机等装置。由于同步电机的工作原理非常复杂，因此在书中需要对同步机进行详细的介绍（Kundur 1994；Anderson and Fouad 1993；Krause et al. 1995）。

发电机通常配有一个带有直流磁场的转子，该转子将连接到发电机的轴上。一组固定的绕组（即定子）将围绕着转子布置。转子的旋转场与定子绕组相互作用，在绕组中感应出电压。转子的速度和定子绕组的布置使得输出电压是三相电压，其频率等于电力系统额定基频，通常为 50Hz 或 60Hz。

1929 年，H.K.Park 提出了一种分析同步电机的基本理论（Park 1929），派克变换。在派克变换中，使用了 d、q、0 三相坐标，其中 d 是直轴，q 是交轴，0 是共模量。相比于 Fortescue

的正、负和零序分析方法，派克变换更适用于旋转电机的分析（Fortescue 1918）。

同步电机的机端量可通过以下两个方程来描述（Kundur 1994）：

$$\Delta \Psi_{\rm d}(p) = G(p)\Delta e_{\rm fd}(p) - L_{\rm d}(p)\Delta i_{\rm d}(p) \tag{3-22}$$

和

$$\Delta \Psi_{\rm q}(p) = -L_{\rm q}(p)\Delta i_{\rm q}(p) \tag{3-23}$$

式中：Ψ 为磁链的瞬时值；p 为拉普拉斯算子；$G(p)$ 为定子到磁场传递函数；$L_{\rm d}$ 为 d 轴运行电感；$L_{\rm q}$ 为 q 轴运行电感。

输出电压主要由励磁机通过调节磁通量来进行控制。调速器通过控制输入能量来保持发电机的转速。发电机可配备附加的控制系统，例如电力系统稳定器，以在系统短路或其他扰动之后改善发电机的恢复性能。

当系统出现突然扰动时，发电机的有效电抗随时间变化。这种变化的电抗通常可以简化为次暂态、暂态和同步电抗等。其中，次暂态电抗在大约 20～100ms 的时间常数下；暂态电抗较大，并且可能具有从几分之一秒到几秒的时间常数；同步电抗实质上更大且用于稳态计算（Kundur 1994）。

3.4.5.2　同步调相机

同步调相机是不产生有功功率的同步电机；它们只从系统中吸取少量电能，以平衡其运行损耗，并使其在连接交流系统时能够以同步速度旋转。由于运行所需的能量很小，其产生的电压几乎与交流系统电压同相。

同步调相机通常用于控制其连接点处的交流系统电压的大小。当同步调相机过励时，它将产生无功功率，进而提高连接点处的电压，当同步调相机欠励时，它将吸收无功功率，从而降低连接点处的电压。

同步调相机具有旋转惯量，如果交流系统由于系统故障而开始频率降低，则旋转惯量将导致同步调相机产生一些输出功率。也就是说，同步调相机的惯性将导致其向交流系统注入（或从交流系统吸收）部分功率，这有利于系统稳定性。

同步调相机可以被用来进行电力系统的快速电压和无功功率控制，使交流系统中运行在补偿后的电压下。电压控制系统的响应通常约为 500ms，但如果施加磁场强励，则可能更大或更小（Kundur 1994）。同步调相机的内部"同步电抗"相对较高，在稳态条件下，吸收无功功率时的稳定可控范围仅为产生无功功率时的连续额定功率的大约一半。同步调相机的固有特性是其对端电压快速变化的响应速度要比对励磁变化的响应速度快。它的次暂态和暂态电抗的值远低于其同步电抗，但正如它们的名称所表达的那样，次暂态和暂态电抗只在调相机端子电压改变后的短时间内有效。有效电抗从瞬时电抗向同步电抗增加，时间常数可能为 1～2s。

如果施加的电压的相位角发生变化，同步调相机将向转子施加转矩。由于调相机不与电源耦合，转子将开始改变其速度，在向同步方向移动时获得或损失能量；然后在新的平衡位置周围存在衰减振荡。如果存在相位角改变的定时序列（例如电弧炉启动），则调相机可能失去与系统的同步。一方面，虽然并联电容器和电抗器是静态装置（除相关开关设备外），但同步调相机需要与旋转装置相关的定期维护和翻新，它们需要一系列必要的辅助设备；它们还需要更多实质性的土建工程，损耗比并联电容器和电抗器更高。另一方面，同步调相机允许根据其额定值和其控制系统的特性向交流电网注入连续可变的无功功率。

3.4.6 避雷器与电网过电压控制

保护所有设备免受过电压影响是电网中任何控制和操作所必须保证的前提。避雷器（有时称为电涌放电器或浪涌分流器）便是被用来防止由极短持续时间和瞬态过电压（包括雷击）造成电力系统设备损坏的专用设备。通常情况下，对于电力系统中不同的电压等级，通过对设备进行测试来获得电涌放电器能够提供保护的冲击电压等级。同时，还为每个电压等级定义了一个连续最大工作电压值，电力系统的运行应使电网中任何一点的电压都不超过允许的最大工作电压。

3.5 无功补偿

无功功率（var）补偿和电压控制是电力系统中需要分析的复杂问题（Miller 1982）。为了保持输电线路沿线电压分布的稳定，避免过电压的出现，输电线路通常需要进行无功补偿。无功补偿提升了输电线路的功率传输极限。此外，无功补偿还可以通过优化线路中的无功电流分量来减少线路中的无功传输。典型的补偿策略如下：

（1）当线路传输大电流时，在线路末端处的电容性补偿主要用于由线路电感所消耗的无功功率。因此，在此情况下，传统补偿技术是安装开关式或固定式并联电容器。

（2）开关式或固定式并联电抗器主要用于在轻载期间防止过电压，特别是对于包括电缆系统在内的电网。连接到线路的并联电抗器将增加线路的自然波阻抗。

（3）开关式并联电容器可安装在长线路靠近线路中点处。这减小了线路的自然波阻抗并在其中点提供电压支持，所以增加了线路的输电容量。

（4）可将开关式或固定式并联电抗器连接到线路的中点附近，以在轻载条件下降低其中点电压。并联电抗器通常还连接在中点连接的串联电容器组的两侧。

（5）增加串联补偿的水平可以通过投入附加的串联电容器来实现，以期达到系统扰动时增加串补线路输送容量的目标，但是这仅在次同步谐振（SSR）的风险可忽略的情况下才能使用。

（6）对于长电缆线路，可能需要在电缆的一些中间点设置并联补偿，以减少电缆中的充电电流。如果长度较长的高压地下电缆在负荷端跳闸，但在电源端保持连接，由于电缆上大量无功充电功率的存在，其产生的过电压会特别严重（Cigre TB 504 2012）。

电力系统中固定式或开关式并联补偿的最佳数量和位置必须通过研究不同负载水平的潮流情况并考虑未来的发展来确定。

3.6 可用的无功潮流控制工具

3.6.1 无源并联补偿

如图 3-9 所示，在纯感抗中，电流滞后电压 90°，而如图 3-10 所示，在纯容抗中，电流超前电压90°。因此，如果交流系统中的无功需求使得电流向量滞后于电压向量，则添加容性并联电抗可用于减少或消除感应电流，反之亦然。因此，并联电抗器和电容器是交流系统中可以并且正在被用来进行无功补偿的工具。这些无功功率部件可以采用固定式（连续连接到电力系统）或开关式。这些元件的投切将使无功功率补偿被控制为与有功潮流的需求非常匹配。

并联电抗器通常永久地连接在长输电线的端部，电抗器可以在所选择的位置切换到投入状态，以防止当系统负载较轻时系统电压超过其电压上限。当负载上升到实现无功功率平衡时，投入的电抗器再被断开。用于高压的并联电抗器通常用有隙铁芯或带铁护罩的"空芯"线圈来构造，并且采用油冷却，但是也有变电站主变的第三绕组使用空芯空气绝缘电抗器。

当负载进一步上升，线路和变压器的感性无功功率超过线路并联电容无功功率时，可通过由单个电容器单元的串联/并联配置组成的投切式并联电容器组提供额外的电容平衡，如第3.4.4节所述。电容器组通常包括低阻抗串联电抗器，以在它们被投入时限制浪涌电流，特别是如果在变电站处安装多于一个电容器组时；电容器组的并联投切导致非常高的充电/放电电流，这可能导致电容器寿命缩短。当系统中存在强谐波源时，电容器组可被构造为谐波滤波器，其包括更大的串联电抗器，以减少谐波失真或对可能的谐振条件进行失谐。并联电容器组被广泛应用于配电系统中，以抵消系统负载的感性元件，并将负荷功率因数提高到较高的值。

投切式并联电抗器和电容器只能以分级的方式投入电网中，并且在它们的开关控制中包括时间延迟，以避免由于响应短时电压扰动产生的不必要的或频繁的开关操作。当交流系统需要更快或连续可变的无功功率补偿和电压支撑时，传统上是使用发电机和同步调相机，如上文第3.4.5.2节所述。

3.6.2　无源串联补偿

从式（3-1）可知，在串联电抗 X 较大的长距离输电中，线路消耗大量的无功功率。通过在线路中串联电容器，可以减小线路的有效串联电抗（Anderson and Farmer 1996），即：

$$X_{\text{effective}} = X_\text{L} - X_\text{C} \tag{3-24}$$

式中：X_L 为补偿前线路的基频串联电抗；X_C 为串联电容器的基频容抗。

尽管通过串联电容器降低了线路的有效电抗，但由于忽略了线路的电纳（并联电容）且忽略了其他并联电压控制设备，因此式（3-24）是过于简化的。串联电容器的无功功率补偿量始终与通过线路的电流成比例，而不需要任何外部控制动作（尽管电容器可以被旁路或通过开关投入额外的串联电容器）。因此，固定串联电容器的串联补偿长期以来被用于直接补偿某些输电线路的无功功率消耗，从而降低送受端电压之间的相角差（Jancke and Åkerström 1951）。

由于串联电容器降低了补偿线路的工频阻抗，故障电流可以达到额定电流的数倍。因此，需要特殊的继电保护系统来检测和清除串联补偿输电线路上的故障（Wilkinson 2019）。在线路上发生故障后，电容器基本上立即呈现为短路，因此故障电流在开始阶段受到线路电感的限制。故障电流延后的增长可能不会持续很长时间，但对于特殊的、快速动作的继电保护系统断开故障线路来说，这已经足够了。虽然电容器能够承受过电流引起的短时间热效应，但必须通过旁路器件对其进行过电压保护，旁路器件需要在过电压变得足够高而导致电容器故障之前动作。这意味着电容器在被旁路后不会影响线路中的故障电流，但也意味着在故障被清除后，将电容器重新投入线路会有延迟。这增加了线路的阻抗（电抗），降低了线路在清除故障后直接承载高负载的能力。

串联电容器总是引入低于工频的自然频率。串联电容器可以在次同步频率下与发电机和线路电感共振；伴随任何暂态扰动的次谐波振荡可以导致交流发电机的自励磁、转子振荡和轴振荡。这种现象被称为次同步谐振（SSR），并导致汽轮发电机故障（Walker et al. 1975）。然而，现在已有成熟的技术来确定发电机单元是否处于 SSR 风险中，并且如果 SSR 出现，也有继电保护解决方案来隔离发电机（Anderson and Farmer 1996）。

当电容器与磁路使用带饱和特性的铁芯而呈现非线性无功特性的装置串联时，可能会出现次谐波频率下的另一种形式的扰动；这些装置包括变压器和有隙铁芯"线性"电抗器。这种扰动被称为铁磁谐振（Engdahl 2017）。它有时是暂态工况的结果，例如在源电路中有串联电容器时给大型变压器合闸通电。串联电容器装置上的过电压保护有时会用于消除谐振条件。铁磁谐振可以通过包括串联电容器等的适当阻尼电路来抑制。当断路器断开时，多断口断路器的均压电容器可能是意外的串联电容源。铁磁谐振也可以发生在电压互感器中，但与大功率输电线路相比其通常更多地与配电系统相关。

在某些情况下也使用串联电抗器。串联电抗器的一种应用是：由于开关设备故障清除能力的限制，电力系统某个部分的短路水平需要被降低。另一种情况是，与其他可用的并联路径相比，一条输电线路的电抗非常低，因此它流过过多的潮流，并有过载的危险；串联电抗器将增加其阻抗，并迫使其他线路承担更大的负载份额。这通常增加了系统中的总无功功率吸收，并且可能需要额外的并联电容器来提供平衡无功功率。然而，通过前述的相角调节器（PAR）实现有源补偿有时是减少线路负载的优选方法。

3.6.3 有源无功补偿与电压控制

第 4.5 节中描述的同步发电机是将电力注入系统的发电装置，它能够为系统提供无功功率和有功功率。发电机上的励磁机可用于增加（过励磁）或减少（欠励磁）发电机的励磁。当发电机欠励磁时，其阻抗后的内电势低于系统电压，电机将从其连接的母线上获取无功电流。通过从交流系统吸收无功功率，发电机将像电抗器一样工作，降低母线电压，但其电流有效值也将增加❶。如果发电机过励磁，它将向交流系统注入无功功率，并增加母线电压。注意，发电机的励磁系统包括欠励磁和过励磁极限（Kundur 1994）。尽管发电机能够用于交流电压和无功功率控制，但这些功能现在不太容易用于电力市场化的电力系统；与无功电流相关的成本很高，因为它们会降低发电机产生有功功率的能力。

第 4.5.2 节中描述的同步调相机已广泛用于电压和无功功率控制。同步调相机是同步电机，但其不产生有功功率，仅从交流系统汲取很少的有功功率以弥补其运行损耗。同步调相机可以提供连续可变的无功功率。如果在欠励磁的情况下运行，其作用如同可变并联电抗器，

---

❶ 注意，欠励磁会降低发电机的暂态稳定性能。

如果在过励磁的情况下运行，其作用如同可变并联电容器，方式与同步发电机相同（Miller 1982）。同步补偿器还为其所连接的电力系统提供部分惯性。可用于电力系统控制的电力电子（FACTS）装置在"4 采用 FACTS 装置的交流系统（柔性交流输电系统）"一章中描述。

3.7 负载补偿

极少数负载能够工作在功率因数等于 1 的情况。大多数负载电压和电流存在相角差，存在电抗分量。如果电流的无功分量从负载传递到电源，则它将在电源电路中引起附加损耗，但更重要的是，将引起严重的电压降并将限制电网的功率承载能力。因此，运行中期望减小负载电流的无功分量，使得其尽可能接近零；由于负载的功率因数通常滞后，因此可使用并联电容器来进行补偿。可采用基本匹配负载的可切换电容器模块，以最小化过补偿或欠补偿的量。功率因数校正元件通常位于尽可能靠近负载的位置，并且通常使用局部测量和控制自动切换（Miller 1982）。其中一个实例为：沿着中压配电线路安装开关式并联电容器模块。

许多电力电子负载会将谐波注入电力系统。谐波电流增加了电力系统的损耗，因此需要进行治理。并联电容器通常作为高次谐波滤波器，但有时也需要谐波滤波器来防止谐波进入电力系统，如第 3.6.1 节所述。如果接入电力系统的电容器导致谐波谐振，则会放大谐波的影响（Cigre TB 553 2013）。

无功功率控制设备的应用能够有效限制负载母线的无功功率。然而，负载特性随天气、每日、每周以及季节而变化。负载特性通常被聚集以用于潮流计算。

3.8 干扰负载的处理

大多数干扰负载，例如电弧炉和轧机，连接到输电或高压配电系统。对于这种干扰负载，应尽可能地合理布置，以减轻高干扰负载引起的对其他负载的影响。如果高压电网的连接点系统不够强，则无法避免造成更大范围的干扰效应和电压扰动。在连接点处加强系统强度通常成本较高，但是适当的加强可能是适应所述干扰负载的唯一方式。

电弧炉和轧机等仅仅是由于电力电子和其他干扰负载而对电能质量产生影响的示例。一些负载可以将直流电流注入电网，通常在较低的配电电压水平下，这会导致变压器饱和，并产生偶数次谐波电流。大型电动机启动的瞬态效应和变压器投入运行时的励磁涌流也是电压暂降和奇偶次谐波畸变的来源。

在平衡的系统条件下，线电压中的三次和其他三倍频谐波畸变通常非常低。然而，当系统电压或阻抗变得不平衡时，三次谐波电压能够在线电压中产生，三次谐波电流将能够流动。输电线路中导体的物理不对称性、相位阻抗不完全相等将导致不平衡的相电压。为了消除这些差异，通常采取导线沿线路相对位置间隔换位。

5 次和 7 次（及更高）谐波电流通常由工业负载产生；谐波滤波器通常配置相应次数的容量，以减少其对系统的影响。然而，这些奇次谐波也存在于所有变压器的磁化电流中；电网中的电容和电感可能会形成接近谐振的状态，从而提高高压系统某些位置的谐波电压畸变率。这些对于较低次谐波尤其重要；对于高次谐波，因输电系统并联电容呈现较低的阻抗，通常不会出现较高的电压畸变率。通常需要开展谐波研究，以确定消除或降低任何谐振的合理方法，如通过避免某些电网方式或增加调谐、阻尼滤波电路等。

3.9   单相负载引起的三相不平衡

不平衡负载通常只在单相牵引负载较为普遍的配电系统中出现。如果存在几个不平衡负载，则通常通过在系统的三相之间合理分配负载来减少三相不平衡，以便达到长时间尺度的负载平衡。如图 3-11 所示，可以将单相电阻性负载转换为平衡的三相负载，而在其他相中不消耗额外功率，仅通过无功调节实现。如果单相负载在零值和最大值之间变化，但平衡分量是固定的，则可以选择它们的值来补偿一半的最大负载，从而将最严重的不平衡减半。综合平衡的要求需要配置动态平衡器。

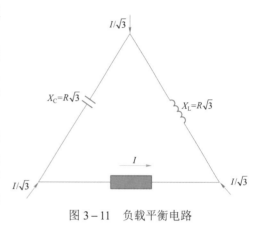

图 3-11   负载平衡电路

3.10   提高超长线路的稳定性

第 3.3.2 节中的图 3-3 说明了通过输电线路传输的功率与线路两端电压之间的相角差之间的关系。该曲线形状的根本原因在于"2 交流系统特性"一章中图 2-16 揭示的端电压保持不变线路中点电压崩溃现象。在长距离传输发展的早期，这种电压不稳定性使得交流功率传输距离在大约 200mile 以内。Baum（Baum 1921）提出了一个基本的解决方案，使电力传输距离进一步增大。他提出将长线路分成几个部分，并在每个连接点安装同步调相机以保持电压恒定，则每部分将具有相同的稳定性极限，这将成为任何理论长度的全线路的稳定性极限。

图 3-12 所示为该原理的基本示例，同步调相机接在线路中点位置，送端接电源，受端为无限长母线。无功补偿器被控制为"无限长母线"特性，并提供与线路送端相同的电压，则线路末端的电压具有相同的幅值。

该中点"无限母线"不需要提供有功功率，也不控制 V_m 的相位角，但提供控制线路中点电压所需的无功功率。这种额外的电压支撑有效地将线路分成两个相等的部分，每个部分的电抗为 $X/2$，工作角度为 $\delta/2$。当 $\delta/2 = 90°$ 时，每一段线路都有自己独立的稳定性极限。因此，V_S 和 V_R 之间的角度理论值是 180°，即传统临界角的两倍，从而增加了长线路的功率传输能力。

图 3-13 显示了有和没有中点电压控制装置的理论和实际功率传输曲线。根据 Baum 的建议，该原理可以扩展到在非常长的线路中的几个中间点连接两个或更多的同步调相机，这样就允许线路两端的相角差超过 180°。

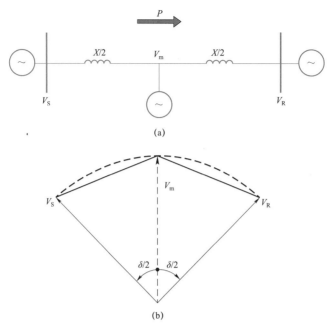

图 3-12   利用同步调相机进行中点并联无功功率补偿

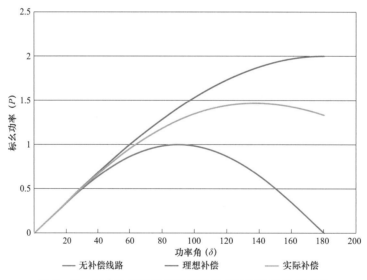

图 3-13   同步补偿器连接到线路中点时的功率/角度曲线

3.11   发电控制

非管制系统中的发电厂控制是独立于电力系统其他部分的，而在垂直集成电力系统中，发电装置的控制紧密集成到整个电力系统控制中。通常，系统控制必须执行以下功能。

长期电力规划：长期电力规划需要在比计划或建造新发电厂和相关输电设施所需时间更长的范围内对预期负载增长进行分析。

基于天气和季节预测的短期预测：短期预测具有非常宽的时间范围。在考虑天气预测时为几天内的预测，而在考虑水电利用时为长达几年的预测。

计划检修方案：检修方案要求对检修期间的预期系统负荷进行分析。检修分析包括预想故障扫描，以确保单个（有时为两个）紧急事件均不会导致大范围的系统停运。该分析还应包括相邻电力系统的故障，因为一个地区的故障可能会威胁另一地区的运行安全。

日前发电预测和经济调度计划：经济调度曾经是系统运行的一个重要部分，因为它会促使人们致力于用最具经济优势的厂站来运行电力系统。在世界范围内，这仍然是发电计划的重要内容。

经济调度功能通常包括基础发电厂，如核电厂，每周 7 天、每天 24 小时运行，输出功率变化最小。发电组合中包括全天以小时为单位供电的发电厂。最后，有一些设备被作为备用电源，以弥补电力需求中不可预测的变化。在发电调度功能中，还必须考虑可变的、不可调度的发电源，如风力发电机和某种程度上的太阳能发电厂（Zia et al. 2013）。

在非管制的电力系统中（其电力来自许多独立拥有和运营的发电厂），发电是在现有发电厂开展竞争性投标的基础上实现的。引入电力市场和打破国家垄断被视为提高电能生产和供应效率的一种手段。相关人士认为竞争将提供最有效的成本最小化激励措施，比通常基于成本的监管更为有效，且竞争能够激发创新（Cigre TB 301 2006）。如果电力需求小于可用的发电能力，那么竞争就会使消费者获得最低成本的电力。然而，如果电力需求高于发电能力，理论上电力的边际成本会无穷大，从而必须削减负荷以避免停电。然而，由于可再生能源发电厂的出现，且其性能属性更不可预测，确保发电厂可靠发电的实际规划过程变得更加复杂了（Cigre TB 700 2017）。减载也可作为一项竞争的功能；对电力需求最低的消费者有可能按照一定的价格进行减载。

紧急情况分析：发电厂的调度必须考虑传输系统的约束。约束通常是由传输系统中电力拥塞造成的；例如，过大的电流需要流过某些线路，而由于特定原因这些线路不能支持如此大的电流通过。当输电容量需求超过输电系统容量时，可能会导致违反电网安全限制，这可能是热、瞬态或电压稳定性限制，或者是 $N-1$ 限制（Cigre TB 301 2006）。有时，避免输电线路出现不可接受负载的解决方案是运行低品质等级且电力生产成本并非最低的发电厂。这些"必须运行"的发电厂可能是确保电力系统安全运行所必需的。此外，由于电力系统过载，风力和太阳能发电厂的电力输出有时不得不减少。

频率控制：频率控制要求发电容量必须始终与负荷容量相匹配，系统损耗算作负载。这需要发电设施时时刻刻投入生产，以实现稳定的运行频率。这通常由具有负荷跟踪功能的发电厂来加以管理。对于某些系统，运行目标是始终保持系统频率尽可能接近额定频率。对于其他系统，可以允许频率在限定范围内变化，例如 ±1% 范围内，但在 24 小时的时间段内，频率受到控制，以使长期平均频率回到标称值❶。对于短时间和紧急情况，可以允许频率偏差稍大，但是一些负载将分轮切除，以防止频率降至不可接受的低值。在严重的紧急情况下，许多系统在发电不足的情况下会自动减载，或者在有太多的发电机组连接到系统并且运行效

---

❶ 在英国，频率允许在限定范围内变化，可以预测到，当国内电力需求在一些重要体育赛事结束时急剧上升时，频率将会下降。在预测需求激增之前，抽水蓄能方案通常以泵送模式运行；而在浪涌之前，改为发电模式。这种额外的功率输入有助于减弱后续频率下降的程度。同样在英国，两个高惯性水车式发电机用于满足间歇性脉冲负载的能量需求。随着脉冲负载的能量需求增加，功率从发电机中提取，将发电机减速至半速并释放 75%的储存动能；这种能量贡献减少了瞬时频率扰动，并减轻了附近发电机组的压力。

率低下的情况下会切机。

还需要考虑的是，许多系统使用工频来对时。由于发电和负载之间不可能达到绝对恒定的平衡，因此由电力系统驱动的时钟可能会超前或滞后于标准实时时间。所以，可能需要专门操作减少发电来延迟时钟，或者人为使发电过剩来提前时钟。这种控制操作必须考虑到整个系统，否则子系统之间的相角可能会超过允许的极限。在导致长时间低频的极端紧急情况之后的最坏情况下，电力系统时间与实时时间的差异可能不可恢复，并且电力系统时间需要重置。

3.12　输电网控制

输电网运营商的作用是由调度员或能源管理员管理电流线路。输电系统运营商通常执行以下功能：

（1）基于发电计划的潮流预测。

（2）潮流情况分析。

（3）计划停机分析。

（4）应急分析。

（5）电压和无功功率控制。

包含负荷预测和计划停机的传输系统的约束通常是预先确定的，使用的工具是潮流计算程序。传输系统约束或拥塞可能需要对电力计划进行调整（Cigre TB 301 2006）。此外，传输系统运行需要相邻电力系统的状态信息，因为一个系统中的发电拓扑可能导致其他系统中计划外的潮流运行方式；跨关键接口或通过不同系统间互联线路的潮流，以及相邻系统的停运，可能会影响系统约束情况。因此，这些运行方式和停运必须在所有安全分析中加以考虑。

3.12.1　应急情况

输电系统运营商必须为发电厂或输电线路的意外损失做好准备。此类事件可能发生在特定运营商负责的控制区附近的区域。应急情况可能需要运营商立即采取行动，以确保电力系统的持续稳定，或控制任何系统过载或其他安全问题。这很可能需要重新启动故障扫描分析程序和系统复电流程。

动态性质的暂态和其他稳定性极限可能因随机、无计划事件而出现。运营商使用的潮流程序不适用于模拟系统暂稳问题，但可以通过为每个电路或电路组设定预定的负载极限来考虑这些问题。线路故障和设备故障可能会导致计划外停机，这可能会降低电力系统的安全性。通常，在能量管理系统中会由故障扫描程序中模拟不可预见的事件，在该程序中不断引入随机停机以确定事件之后系统是否仍然稳定和安全（Xue et al. 1992）。该分析的结果可用于切机切负荷策略用以应对严重的、计划外的故障。要获得精确的模拟结果要求完全了解电力系统的状态，但因为缺少一些系统数据，有时不能得到系统的实际状态信息。通过可用数据估计丢失数据的状态估计方法可以弥补测量数据中的漏洞（Schweppe and Wildes 1970）。

3.12.2　输电系统操作员支持工具

输电系统运营商有各种工具可用于管理其指定的控制区域。在引入 FACTS 装置之前，高压系统中控制电压进而控制无功功率的主要方法（一级控制）如下：

（1）用于控制发电机输出电压的自动电压调节器（AVR）系统。

（2）同步调相机。

（3）固定式或可投切并联电容器。

（4）固定式或可投切并联电抗器。

（5）固定式或可投切串联电容器，可降低架空输电线路的无功功率消耗。

（6）变压器有载分接开关（LTC），用于调整负载下变压器绕组的比率。

（7）可使用 PAR 通过改变有载抽头来控制负载流量，但它们会引入与线路串联的电抗；需要考虑这种方式吸收的无功功率，因为它增加了并联补偿的需求。

（8）可以通过控制有载分接开关来操作 QBT，QBT 将补偿线路电抗消耗的一些无功功率，但也可以通过插入增加等效线路压降的电压来减少通过线路的电流。因此，它们可以起到虚拟线路阻抗的作用，增加或减少线路送受端之间的线路压降。

3.12.3 电网控制

电网控制，特别是电网电压控制（或调节），通常分为一级控制、二级控制和三级控制三个级别。这些级别在时间和空间本质上是独立的。时间独立性是指三种控制机制之间没有明显的相互作用，在面临系统变化时，在三个相邻的时间尺度或频带内运行，并保持强大的性能和稳定性；如果控制规则更为复杂，总会有振荡和不稳定的风险。这三个级别的实施和自动化程度因不同的电力系统而异，三个级别构成了电网电压控制的分级结构（Cigre TB 310 2007）。

（1）一级控制涉及基于局部测量的单个设备上的自动动作。时间范围从 100ms 到几秒。电厂可能会进行高压侧电压的自动调节，可能会伴随线路压降补偿；一定程度上增加了电网电压支持，但也可能会在初级电压调节器之间引入不稳定的相互作用。

（2）CIGRE 定义的二级调压（SVR）系统根据系统要求（CIGRE TB 310 2007）对一级控制参考点（电压、无功功率）进行实时调节（手动或自动），并处理控制资源（通过连续控制以及开/关或升/降命令）。由于电缆固有的分流电容会在低负载（夜间或节假日）条件下导致系统高电压，因此，为适应 SVR 机制，可能会出现一个特殊问题，即地下电缆系统密度高的城市地区的电压控制问题。

（3）CIGRE 定义的三级调压（TVR）系统与最高行政当局级别（公用事业、联营或国家）的经济和/或安全优化密切相关。基于实时测量，TVR 以相对较慢的控制模式运行（自动时的响应时间约为 10min）。TVR 响应时间取决于调度员的反应时间（手动控制）或计算新参考值所需的时间（计算机辅助手动控制或自动控制）。该响应时间不得太长（以防止电网向不安全的状况发展）或太短（以避免与一级和二级控制发生任何冲突）。在 TVR 系统中的自动闭环情况下，其响应时间不应低于 5min，以保持暂时独立于 SVR（CIGRE TB 310 2007）。

3.12.4 电压和无功控制

无功功率和电压控制的最有效解决方案涉及无功功率资源和系统控制器之间的某种形式的协调。要实现这些系统安全效益，需对控制设备做如下详细要求。

（1）电压质量：电压水平必须根据计划进度、供应商的合同承诺和技术限制来维持。

（2）电力系统安全：

1）一个馈入或线路的损失不得危及电网（即应提供足够的无功功率储备）。

2）电压值必须保持在与设备功能规格兼容的范围内（设备过电压限值、电站辅助设备的最小电压）。

3）电压控制工作必须在可用资源中平均分配。

4）必须避免设备电流过大。

（3）电压控制协调通过增加系统电压稳定裕度帮助稳定电网，或者可以减小发电机之间的相角差。

（4）运营经济性：包括损失在内的生产成本（静态优化问题）和根据安全约束运行的发电成本（本质上是动态问题）应该最小化。

因此，电压控制是具有安全约束的动态优化问题（Guo et al. 2010）。这涉及非常广泛的时间常数（从几百毫秒的快速变化补偿到几个小时的负载跟踪以及相关的发电机启动和关闭问题）。因此，电压控制动作必须在几个时间尺度上构成。此外，电压控制需要各种预测研究（每日、每周、每月），其目的是确定实时控制的最佳设备布置和要实施的优化电压计划。

另一个主要方面是电压/无功控制的局部特性，与频率/有功功率控制相反。无功功率控制（发电机励磁、电容器/电抗器切换等）主要是局部影响，使得在互联系统中确定许多电压控制区域成为可能。然而，在非管制的市场情况下，发电厂的所有者不希望通过减少电厂输出为电网提供无功功率。这要求系统运营商从公开市场获得辅助服务（Oren 2001）。此外，在强互联系统的情况下，电压控制区域可能没有充分解耦，并可能产生显著的不利相互作用。

因此，需要在地理和时间尺度上对控制策略进行协调，以满足各种功能要求（质量、安全、经济）。这包括为优化电压和无功功率控制而进行的所有预测研究和行动，旨在使其各种组件产生令人满意的协调行为。无功功率预测必须满足以下标准：

（1）必须针对不同的时间范围（提前一天、提前一周、提前一个月）进行预测研究。

（2）预测研究用于优化系统电压和无功功率，方法是可用控制的设置，还包括选择变压器无载调压分抽头设置。在这些研究中，通过检查每个预测场景的控制裕度来考虑电网可靠性。

（3）预测研究试图建立一个既经济又安全的电压预测。预测研究在可靠性方面必须是保守的，因此在经济方面可能不是最佳的。必须在每个区域内提供充足的无功储备，以确保系统能够穿过"正常"运行事故。

（4）预测研究旨在将经济性保持在可靠性约束范围内，时间跨度比一级、二级和三级控制长得多，后者是于线上运行。根据实时数据需求，三级调压尽可能地靠近预测参考值，同时确保系统的安全性和可靠性。

3.12.5　电压控制问题

过去十年中，由于输电资产的更高利用率，在大型系统中电网电压和无功功率的控制变得更加关键。导致的原因很多，其中包括：发电侧和负载中心之间的距离增加；新输电项目建设延误；电力互联扩大和规模增加；长距离下的功率互换；大容量装置连接到更高的电压等级等。因此需要合适的电压和无功功率控制解决方案，这些解决方案需考虑重负荷及对应损耗环境下的多场景和预想故障。在许多地区，缺乏无功资源和电网电压控制的实时和闭环

"自动"协调，因此仍然在使用手动电压/无功控制。

3.12.6　手动系统控制

全球许多系统运营商仍在使用手动电网电压控制，这通常涉及到以下方面：

（1）调度发电机组。

（2）预测无功需求。

（3）调度发电厂的高压侧电压。

（4）投切用于功率因数校正和电压调节的并联电容器或并联电抗器组。

（5）设置调压分接开关的电压设定值。

当电压设定值根据操作票手动控制，或者事故处理期间根据调度员要求控制时，控制措施可能不及时或不到位。因此，这种解决电网电压控制问题的传统方法现在是令人不满意的，因为实际的电网运行条件可能经常不同于它们的预测值。许多地区正在利用现代计算机支持系统改变电压和无功功率控制方式。

3.13　书内参考章节

2　交流系统特性

1　柔性交流输电系统（FACTS）装置简介：发展历程

参考文献

Anderson, P. M., Farmer, R. G.: Series Compensation of Power Systems. Published by PBLSH!Inc., Encinitas, California, 92024-3749, USA (1996).

Anderson, P. M., Fouad, A. A.: Power System Control and Stability. IEEE Press, New York (1993).

Baum, F. G.: Voltage regulation and insulation for large power long distance transmission systems. IEEE Trans. Am. Inst. Electr. Eng. XL, 1017–1077 (1921).

Cigre TB 051: Load Flow Control in High Voltage Power Systems. CIGRE, Paris (1996). https://www. cigre. org/GB/publications/e_cigre.

Cigre TB 110: Comparison of High Voltage Overhead Lines and Underground. CIGRE, Paris (1996).

Cigre TB 301: Congestion Management in Liberalized Market Environment. CIGRE, Paris (2006).

Cigre TB 310: Coordinated Voltage Control in Transmission Networks. (2007).

Cigre TB 504: Voltage and Var Support in System Operation. CIGRE, Paris (2012).

Cigre TB 553: Special Aspects of AC Filter Design for HVDC Systems. CIGRE, Paris (2013).

Cigre TB 700: Challenge in the Control Centre (EMS)Due to Distributed Generation and Renewables. CIGRE, Paris (2017).

Comber, M. G., Doyle, J. R., Schneider, H. M., Zaffanella, L. E.: Three-phase testing facilities at EPRI's project UHV. IEEE Trans. Power Syst. 95 (5), 1590–1599 (1976).

Engdahl, G.: Ferroresonance in Power Systems; Energiforsk Report, p. 457. (2017). https://energiforskmedia. blob. core. windows. net/media/23470/ferroresonance-in-power-systems-energiforskrapport-2017-457. pdf. Accessed 19 Nov 2019.

Fairley, P.: China's Ambitious Plan to Build the World's Biggest Supergrid, A massive expansion leads to the first ultrahigh-voltage AC-DC power grid. (2019). https://spectrum. ieee. org/energy/thesmarter-grid/chinas-ambitious-plan-to-build-the-worlds-biggest-supergrid. Accessed 24 April 2019.

Fortescue, C. L.: Method of symmetrical co-ordinates applied to the solution of polyphase networks. Trans. Am. Inst. Electr. Eng. XXXVII (2), 1027–1140 (1918).

Guo, Q., Sun, H., Tong, J., Zhang, M., Wang, B., Zhang, B.: Study of System-Wide Automatic Voltage Control on PJM System, pp. 1–6. IEEE PES General Meeting (2010). https://ieeexplore. ieee. org/document/5589635. Accessed 19 Nov 2019.

Heathcote, J. M.: J&P Transformer Handbook, 13 edn. Elsevier Limited (2007). ISBN-13: 978-0-7506-8164-3. https://www. elsevier. com/books/j-and-p-transformer-book/heathcote/978-0-7506-8164-3. Accessed 19 Nov 2019.

Heaviside, O.: Electrical Papers. (1894). https://archive. org/details/electricalpapers02 heavrich. Accessed 28 Jan 2018.

IEC 60027-1: Letters Symbols to be Used in Electrical Technology – Part 1: General. (2005). https://webstore. iec. ch/searchform&q = 60027-1. Accessed 19 Nov 2019.

Jancke, G., Åkerström, K. F.: The series capacitor in Sweden. Presented at the AIEE Pacific general meeting, Portland, 20–23 Aug (1951).

Krause, P. C., Wasynczuk, O., Sudhoff, S. D.: Analysis of Electric Machinery. IEEE Press, New York (1995).

Kundur, P.: Excitation systems, chapter 8. In: Power System Stability and Control. McGraw Hill, New York (1994). ISBN 0-047-035958-X.

Miller, T. J. E.: Reactive Power Control in Electric Systems. Wiley, New York. ISBN 0-471-86933-3, USA (1982).

Nolasco, J. F., Jardini, J. A., Ribeiro, E.: Electrical design, chapter 4. In: Cigré Green Book on Overhead Lines. Cigré, Paris (2014).

Ohtsuki, H., Yokoyama, A., Sekine, Y.: Reverse action of on-load tap changer in association with voltage collapse. IEEE Power Eng. Rev. 11 (2), 66 (1991).

Oren, S.: Design of ancillary service markets. In: Proceedings of the 34th Hawaii International Conference on System Sciences. Maui, HI, USA (2001).

Park, R. H.: Two reaction theory of synchronous machines AIEE. Transactions. 48, 716–730 (1929).

Schweppe, F. C., Wildes, J.: Power system static-state estimation, part I: exact model. IEEE Trans. Power Syst. PAS-89 (1), 120–125 (1970).

Steinmetz, C. P.: Lectures on Electrical Engineering, vol. Ⅲ. Dover Publications, New York (1971).

Walker, D. E., Bowler, C., Jackson, R., Hodges, D.: Results of SSR tests at Mohave. IEEE Trans. PAS-94 (5), 1878–1889 (1975).

Wilkinson, S.: Series Compensated Line Protection Issues, GE Power Management, GER 3972. https://store. gegridsolutions. com/faq/Documents/LPS/GER-3972. pdf. Accessed 25 April 2019.

Xue, Y., Wehenkel, L., Belhomme, R., Rousseaux, P., Pavella, M., Euxibie, E., Heilbronn, B., Lesigne, J. F.: Extended equal area criterion revisited (EHV power systems). IEEE Trans. Power Syst. 7 (3), 1012–1022 (1992).

Zia, F., Nasir, M., Bhatti, A. A.: Optimization methods for constrained stochastic wind power economic dispatch. In: IEEE 7th International Power Engineering and Optimization Conference (PEOCO), IEEE, Langkawi, Malaysia, pp. 129–133. (2013).

Stig Nilsson，美国毅博科技咨询有限公司首席工程师。最初就职于瑞典国家电话局，负责载波通信系统开发。此后，曾先后就职于 ASEA（现为 ABB）和波音公司，并分别负责高压直流输电系统研究以及计算机系统开发。在美国电力科学研究院工作的 20 年间，于 1979 年启动了数字保护继电器系统开发工作，1986 年启动了电力科学研究院的 FACTS 计划。1991 年获得了输电线路无功阻抗控制装置专利。他是 IEEE 终身会士（Life Fellow），曾担任 IEEE 电力与能源学会输配电技术委员会、IEEE Herman Halperin 输配电奖委员会、IEEE 电力与能源学会 Nari Hingorani FACTS 及定制电力奖委员会，以及多个 IEEE 会士（Fellow）提名审查委员会的主席，曾是 IEEE 标准委员会、IEEE 电力与能源学会小组委员会和工作组的成员。他是 CIGRE 直流与电力电子专委会（SC B4）的美国国家代表和秘书。获 2012 年 IEEE 电力与能源学会 Nari Hingorani FACTS 及定制电力奖、2012 年 CIGRE 美国国家委员会 Philip Sporn 奖和 CIGRE 技术委员会奖；2006 年因积极参与 CIGRE 专委会和 CIGRE 美国国家委员会而获得 CIGRE 杰出会员奖；2003 年获得 CIGRE 美国国家委员会 Attwood Associate 奖。他是美国加利福尼亚州的注册专业工程师。

Manfredo Lima，1957 年出生于巴西累西腓，1979 年获得伯南布哥联邦大学（UFPE）电气工程理学学士学位，1997 年获得该大学电气工程理学硕士学位，2005 年获得帕拉伊巴联邦大学（UFPB）机械工程博士学位，主要研究自动化系统。于 1978 年就职于 CHESF，负责电力电子设备、FACTS 设备、电能质量、控制系统、电磁瞬变和直流输电等领域的项目。于 1992 年任职

于伯南布哥大学（UPE），负责研究工作。现任 CIGRE 直流与电力电子专委会（SC B4）的巴西 CHESF 代表，也是巴西电能质量协会（SBQEE）的创始成员。

David Young，曾于伯明翰爱德华国王中学接受教育，后于剑桥大学主修机械科学专业。在伯明翰威顿，就职于通用电气公司（GEC），并担任该公司顾问 Erich Friedlander 博士的助理。先后参与了用于校正闪变的静止无功补偿器（SVC）的早期开发工作，以及在输配电系统中广泛应用的 SVC 项目。早期 SVC 使用可控饱和电抗器，但很快被自饱和电抗器取代。他是使用饱和电抗器和电力电子器件的 SVC 和 FACTS 项目的首席工程师，并负责谐波滤波器以及直流输电项目的滤波器的设计，该项目最初应用于曼彻斯特的特拉福德公园，随后被移至斯塔福德。在就职公司被阿尔斯通兼并后，他出任顾问，并于退休后担任独立顾问。他是 UIE（国际电力应用联盟）干扰专委会的成员，该委员会制定了 UIE/IEC 闪变仪的规范，并在 IEE（电气工程师协会）P9 小组任职。他是多个关于 SVC 应用以及直流输电系统中无功补偿和谐波消除的 CIGRE 工作组的成员。1996 年获 GEC 的纳尔逊金奖，2000 年获 IEEE 电力与能源学会 FACTS 奖。

采用FACTS装置的交流系统（柔性交流输电系统）**4**

Antonio Ricardo De Mattos Tenório

目次

摘要

    本章描述了已经验证的 FACTS 装置的功能特性、在交流电网中的应用及其在电力系统中应用时的控制和运行原理。本章的内容不包括处于已提出但仍在原理样机的或正在开发

Antonio Ricardo De Mattos Tenório（✉）
巴西里约热内卢（RJ），国家电力系统运营中心
电子邮件：ricardo.tenorio@ons.org.br

© 瑞士，Springer Nature AG 公司 2019 年版权所有
S. Nilsson，B. Andersen（编辑），柔性交流输电技术，CIGRE 绿皮书，https://doi.org/10.1007/978-3-319-71926-9_4-1

阶段的 FACTS 装置。本章明确指出了交流电网的需求，探讨了不同的应用，为读者提供包括串联、并联和串并联组合型 FACTS 装置的知识。这些 FACTS 装置可以提高电力系统的性能和可控性。

4.1　交流系统需求和 FACTS 装置

电力输电系统的功能是将发电厂产生的电力输送到负荷中心，并在不同的电力系统之间提供互联，以实现经济的电能共享，提高供电可靠性。为了实现这些功能，输电系统应该能够以灵活和高效的方式进行功率交换（有功功率和无功功率）。"2 交流系统特性"一章概述了交流系统需要考虑的问题，而"3 采用常规控制方式的交流系统"一章描述了如何在没有 FACTS 装置的情况下应对这些问题。

FACTS 装置可以通过以下方式提高电力系统的性能：

（1）某些 FACTS 装置可以提供连续的无功功率控制。

（2）某些 FACTS 装置可以提供连续的交流线路潮流控制。

（3）某些 FACTS 装置可以同时控制交流系统中的有功和无功潮流。

（4）FACTS 装置可以在一个周波或更短的时间内响应交流系统的变动。

（5）FACTS 装置可以不受限制地投入、退出和重新投入。

（6）FACTS 装置内置自检功能，可向系统操作员确认装置能够在需要时执行其功能。

FACTS 装置的连续控制能力可以为振荡、不稳定或弱阻尼的系统振荡模式增加阻尼。某些 FACTS 装置可用于在交流输电线路之间转移潮流，这可以使电力从损耗较高和功率传输受限的线路转移到损耗较低、功率承载能力较高的线路。这可能会减少输电系统的损耗，降损带来的效益通常超过 FACTS 系统自身损耗带来的费用。快速响应和优异的频繁投切控制性能还可提高交流系统的暂态稳定性，并为系统受到暂态扰动后出现的振荡提供阻尼。这些能力超出了交流输电系统中常规的机械投切无功功率补偿设备。

在机械投切的无功补偿系统中，在开关动作之前无法确定开关切换补偿系统是否能够正常工作，而 FACTS 装置具有自检能力，这是一个改进。

但是，FACTS 装置的成本高于传统的机械投切无功控制设备。不过，在很多实际应用中，安装 FACTS 装置可延缓新建输电线路投资，节省投资成本。因此，电力系统规划和运营需要清晰地认识到应用 FACTS 装置的潜在效益，以便构建经济高效的交流电力系统。关于成本效益分析，请参见本书的"16 经济评估和成本效益分析"一章。

4.1.1　有功功率传输

图 4-1 为简化的输电线路。假设有功功率从节点 s 流向节点 r。这意味着相量 V_s 超前相量 V_r，如图 4-2 所示。

为了理解有功功率和无功功率的概念，定义了以下等式。对于典型的超高压输电系统，电抗 X 远大于电阻 R，可以建立以下有功功率传输公式（无损传输线）（Elgerd 1983；Anderson and Farmer 1996）。

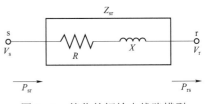

图 4-1　简化的短输电线路模型

$$P_{sr} = \frac{V_s \cdot V_r}{X} \sin(\delta_{sr}) \quad (4-1)$$

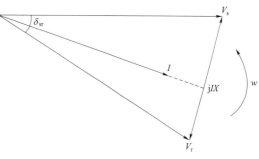

式中，$\delta_{sr} = \delta_s - \delta_r$。

通过式（4-1）的功率传输公式，可以得出结论：要想改变线路上的潮流，只能通过改变端电压 V_s 和 V_r、相位角 δ_{sr} 或系统电抗 X。实际上，除非花大代价提高电压等级，否则无法显著改变线路端电压的大小，因为交流电压的变化范围很窄，通常 ±5% 以内。这使得实现潮流控制的可行选择就只剩下改变系统电抗 X 或相对相位角 δ_{sr}。

图 4-2　电压相量图

需要注意的是，有功潮流的方向由 δ_{sr} 角的正弦决定。节点电压幅值 V_s 和 V_r 对有功潮流方向没有影响。如果 V_s 超前于 V_r，则有功功率流动方向从 s 到 r；反之，如果 V_s 滞后于 V_r，则有功功率流动方向从 r 到 s。

4.1.2　无功功率传输

关于无功潮流，可以证明线路两端的无功功率可以表示如下（Elgerd 1983）：

$$\text{节点 r：} \quad Q_r = \frac{V_s V_r \cos \delta_{sr} - V_r^2}{X} \quad (4-2)$$

$$\text{节点 s：} \quad Q_s = \frac{V_s^2 - V_s V_r \cos \delta_{sr}}{X} \quad (4-3)$$

在现有技术文献中，平均无功潮流 Q 通常定义为：

$$Q = \frac{Q_s + Q_r}{2} = \frac{V_s^2 - V_r^2}{2X} \quad (4-4)$$

考虑到式（4-4），可以得出以下结论：

（1）如果 V_s 大于 V_r，则无功潮流流向是从 s 到 r。

（2）如果 V_r 大于 V_s，则无功潮流流向是从 r 到 s。

（3）如果 V_s 等于 V_r，则式（4-3）和式（4-4）变成以下等式：

$$Q_s = -Q_r = \frac{V_s^2}{X}(1 - \cos \delta_{sr}) \quad (4-5)$$

因此，在这种特殊情况下，线路两端流入的无功功率相同。等式还表明，无功功率不能从功率送端传输到受端，反之亦然。也就是说，必须在线路的每一端就地提供。

4.2　FACTS 装置的拓扑结构

FACTS 装置与电力系统的连接方式包括并联、串联或并联—串联组合型等，具体连接方式取决于 FACTS 装置要解决的问题类型。一方面，根据式（4-1）～式（4-5）可以得出结论，与有功潮流控制相关的问题必须由串联装置处理；另一方面，与电压/无功功率控制相关的问题则主要通过并联装置来解决。

对于需要综合控制的应用场景，例如根据特定需求控制电压、有功和无功功率，需要使用更为复杂的串联—并联装置。对于更复杂的应用，如长距离交流线路通常需要沿线路分布安装串联和/或并联装置，以便在经济可行的前提下保持沿线电压分布尽可能接近恒定。

4.3　SVC 的说明和功能

最常用的并联 FACTS 装置是静止无功补偿器（Static VAR Compensator），通常称为 SVC。关于 SVC 的详细技术说明，请参见"6 静止无功补偿器（SVC）技术"一章。

SVC 能够吸收或发出无功功率，以便将系统电压的大小控制在预设水平。SVC 的无功功率输出可以非常快速和频繁地改变（快速偏移后无需恢复）。这在电网故障期间和故障之后对交流系统非常有利，有助于降低过电压，并在欠压条件下提高电压。在交流电网故障恢复的暂态和动态期间，这些措施有助于其他重要设备不脱网。

如果在 SVC 的规划过程中选址恰当，它还可以通过一个称为 POD（功率振荡阻尼）的控制功能来抑制功率振荡。值得一提的是，并联装置的性能在很大程度上取决于其在电力系统中的安装位置。该位置必须潮流可控且电力系统状态可观测。因此，功率振荡的阻尼需要大量的动态研究，包括电力系统的小信号线性分析，以确定实现此目的的并联 FACTS 装置最佳安装位置。本章不再对这些问题进行深入讨论。

SVC 的结构存在很多形式，但大多数都使用晶闸管控制电抗器（TCR）、晶闸管投切电容器（TSC）、滤波器和/或机械开关投切或固定电容器作为基本支路（CIGRE TB 78 1993）。SVC 基本原理如图 4-3 所示。

图 4-4 显示了巴西北部 Silves SVC 的实际单线图（Tenório et al. 2016）。

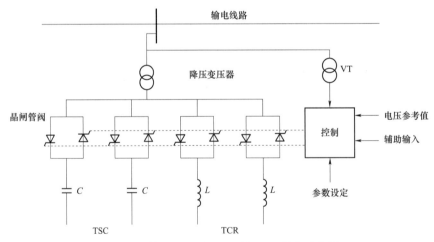

图 4-3　使用 TCR 和 TSC 的 SVC 基本示意图

Silves 的 SVC 由两个额定容量均为 147.6Mvar 的 TCR、两个额定容量均为 129.4Mvar 的 TSC、两个额定容量为 36.8Mvar 的单调谐滤波器（5 次谐波）组成，连接于 20kV 交流母线（二次侧电压）。在 500kV 侧，SVC 的额定输出为 -200~+300Mvar。联结变压器电抗为 15%，变压器额定容量为 300MVA。

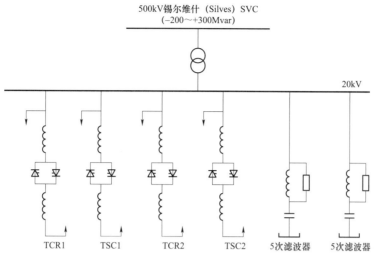

图 4-4 巴西北部 500kV 电网 Silves SVC 单线图

TCR 的感性无功功率可以连续控制，从而将电压维持在设定值。发生过电压时，TCR 减小其触发角，将电压控制在运行范围之内，并在必要时切除 TSC。如果过电压严重，则 TCR 完全投入，以帮助将系统电压恢复至预设范围内。

滤波器一直持续运行，因此，在设计额定感性无功功率时应予以考虑。在两组 TCR 和两组单调谐滤波器都投入时 SVC 达到额定感性无功功率输出值。当发生欠压时，TSC 投入，如果欠电压严重，TCR 将触发角增加至使其完全退出的点。在两组 TSC 和两组单调谐滤波器都投入时 SVC 达到额定容性无功功率输出值。

关于更多 SVC 应用的例子，请参见"12 SVC 应用实例"一章。

4.3.1 运行原理

TCR 是一种非线性电纳，可由反并联晶闸管的触发角 α 控制，触发角始终以其电压自然过零点为基准延迟。TCR 的电纳 B 是触发角 α 的函数，如图 4-5 所示，可通过式（4-6）解析表示，即：

$$B = \frac{2(\pi - \alpha) + \sin(2\alpha)}{\pi} \text{ p.u.} \qquad (4-6)$$

通过将触发角 α 从 90°增大到 180°，可以将 TCR 电纳从其额定电纳[$B = -1/(\omega L)$]或 1p.u. 变化到零，也就是开路。因此，从基波的角度来看，TCR 电纳可以从零至 1p.u.连续可控。但是，在除 0 或 1p.u.以外的任何点运行时，TCR 会产生特征谐波电流［参见"6 静止无功补偿器（SVC）技术"一章］，必须对谐波电流加以处理。

TSC 的电纳不像 TCR 那样是连续可控的，但是每当其电流过零时，此时其电压处于峰值或电容器已经充满电，当晶闸管两端的电压为零或最小时，TSC 是可切换的。以这种方式运行时，不会产生谐波电流，因为 TSC 在电流过零时停止导通，这意味着触发角为 90°；当晶闸管端电压为零时，可再次恢复导通。在控制方面，TSC 按照 SVC 控制系统指令单一地处于投入或退出状态。图 4-6 显示了 TSC 的投入和退出过程。在正常运行中，当电压变化较慢时，TSC 通常在一段较长时间内处于投入状态，然后在一段较长时间内处于退出状态，即在投入状态时 TSC 阀是连续导通的，形成完全正弦波形，图 4-6 仅展示了一个方向的晶闸管的电压和电流波形。但是，TSC 切换性能的重要意义在于其能够快速投切，这使得 TSC 能够通过使用 bang-bang 控制功能进行阻尼控制。这优于机械投切电容器，后者可以被投入，但不能快速切除和重新投入，也就无法提供阻尼控制。

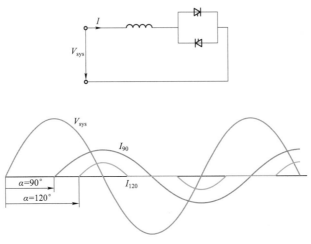

图 4-5　$\alpha = 90°$ 和 $120°$ 下的电压和电流

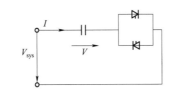

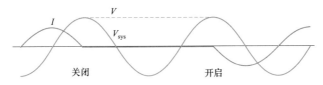

图 4-6　TSC 关闭和开启的逻辑示意图

　　额定容性无功输出容量是滤波器容量总和加上所有投入的 TSC 容量；相反，额定感性无功输出容量是投入的 TCR 容量之和减去滤波器容量（滤波器持续运行）。当 TCR 吸收的无功功率等于滤波器发出的基波无功功率时，TCR 和滤波器组合成的 SVC 系统达到无功为零的工作点。

　　由于 TCR 的非线性特性，有必要将其线性化后进行触发控制，以便在容性和感性范围均提供恒定的增益，即在 SVC 额定输出范围内，SVC 电纳和电压调节误差之比应保持恒定 $\left(\dfrac{\Delta B_{\text{ref}}}{\Delta V} \right)$，如图 4-7 所示。

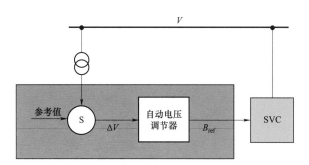

图 4-7　采用自动电压控制（AVR）进行闭环控制的 SVC

SVC 可视作可调节电纳的无功源，通常具有图 4-8 所示的稳态特性。

SVC 在伏安平面上呈直线特性，其斜率略有增加，以确保系统负载（蓝色轨迹）和 SVC 输出（红-绿轨迹）这两个特性曲线在输出范围内始终有一个交点。SVC 特性曲线的倾斜度通常称为斜率或电流下垂系数，通常用 SVC 额定功率的百分比表示。在高压侧（系统侧）或低压侧（SVC 侧）均可表示和观察。两个特征曲线的交点确定了 SVC 的运行点，如图 4-8 中坐标（I_o，V_o）所示。SVC 响应时间取决于系统的强度。然而，60Hz 系统的典型阶跃响应时间如下：

（1）上升时间为 33ms。

（2）调整时间为 100ms。

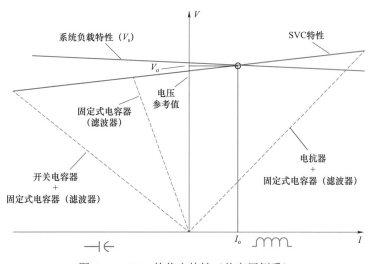

图 4-8　SVC 的伏安特性（从高压侧看）

4.3.2　SVC 的应用

SVC 利用其向电网注入或从电网中吸取无功功率的能力，可以极大提高交流电网的性能。下面描述了 SVC 的一些特性。

4.3.2.1　交流电网过电压控制

交流电网中过电压的主要来源之一是甩负荷。电力系统发生短路或元件故障时会导致断路器跳闸，可能使负荷中心完全或部分断开。输电线路越长，甩负荷产生的过电压就越高。这主要是由于费兰梯效应，即输电线路的电容充电（Anderson and Farmer 1996），以及甩负荷产生的无功功率过剩。SVC 的一个重要功能是能够使 SVC 输出额定感性无功功率并保持合适的时长，满足规定的过负荷/过电压时间要求。

表 4-1 显示了连接到 500kV 系统的 SVC 典型感性过载时间。这表明了所设计的晶闸管阀必须能够承受的各种过电压以及持续时间。这些过电压被转换为晶闸管阀观察到的过电流。因此，必须根据电磁暂态研究来确定所规定的过电压，以真实反映电力系统对设备耐受能力的需求。

4.3.2.2　交流电网的电压调节和无功功率

SVC 的设计旨在提供特定工作电压范围内的自动电压调节。当电力系统发生小扰动时，电压和功率会发生变化，SVC 提供了一种将电压控制在预设范围内的有效方法。运行电压一般在 0.95p.u.～1.05p.u.之间。因此，如果 SVC 在接近零功率的情况下运行，它能够以全感性或全容性输出将电压控制在设定点。

SVC 大大增加了系统运行灵活性，因此能够增强电力系统电压控制能力。通过使用 SVC 将系统电压控制在期望值，变压器有载接开关的操作次数可以大大减少。

大多数 SVC 具有连续的控制范围，但有些 SVC 仅使用基于 TSC 和 TSR（晶闸管投切电抗器）的分级控制，不会产生谐波，因此不需要配置滤波器。用户必须向投标人明确说明电力系统需求，以避免误解。以连续模式（游标）还是分级模式控制完全取决于电力系统需求。

表 4-1　　　　　　　　　　安装在 500kV 电网的 SVC 典型感应过电压周期

典型过电压[a]（500kV 电网上的 SVC）	持续时间
1.80p.u.	33ms
1.40p.u.	200ms
1.30p.u.	1s
1.20p.u.	±10s
1.10p.u.	连续

[a]　电压峰值的基准值为 408.248kV。

为了在邻近的多台 SVC 之间或与附近的发电机之间分配无功功率，在控制系统中采用一个斜率（电流下垂系数），以避免额定容量较小的 SVC 过载而额定容量较大的 SVC 闲置的情况发生。斜率是在稳态研究中确定的。在稳态研究中，必须详细研究所有负载条件和电网拓扑结构，以实现多台 SVC 之间合理分配无功功率需求。理想情况下，输出无功功率分配应与 SVC 额定容量成正比，与扰动后的斜率成反比。

4.3.2.3　交流电网的功率振荡阻尼

在新 SVC 的规划中，可能会遇到一个问题，即 SVC 是否有助于抑制电网在意外事件后可能发生的功率振荡，答案取决于新 SVC 在电网中的位置。使用 POD（功率振荡阻尼）进行功率振荡抑制的有效性很大程度上取决于 SVC 的安装位置。然而，如果规划者意识到这一特征并设计了系统阻尼的最佳位置，SVC 在实现其他功能外还可以抑制功率振荡。

通过调制 SVC 无功功率，可以阻尼频率为 0.2～2Hz 范围内的振荡，这是电力系统典型机电振荡的频率范围。SVC POD 在扰动后对稳定电力系统起着重要作用，如果 POD 设计良好，SVC 安装位置恰当，可以推迟新建部分输电线路。

SVC POD 结构简单，主要包括增益、隔直滤波器、低通滤波器和用于动态补偿的超前—滞后环节。显然，这种 POD 可以根据阻尼的需求设计得更复杂。由于 SVC 位置偏远，它通常使用频率变化信号或输电线路中的有功潮流值作为输入。注意，根据电力系统特性，如果使用的输入信号为有功潮流，则潮流反向，则需要改变 POD 增益的符号。

4.3.2.4 SVC 在邻近其他 SVC 情况下运行

SVC 通常配有增益优化器，以确保在连接点的不同短路容量水平下稳定运行。这些增益优化器通过注入电流脉冲信号和测量电压响应等方式从电网中获取短路容量信息。

短路功率可根据测量信息进行计算。不同的制造商可能有不同的策略。然而，如果两个或两个以上的 SVC 非常接近，则对短路进行估测的信号处理可能会受到影响，因为一个 SVC 响应另一个 SVC，它们之间会相互干扰。

此外，在较低的短路容量水平下，由于控制器增益相对较高，SVC 可能会发生不利的相互影响并相互作用。必须防止这种不利的行为，以确保 SVC 的正常稳定运行。这些不利的相互作用称为振荡，可能会对 SVC 的稳定性产生严重影响。为了缓解这些相互作用的影响，有必要设计一个降低增益的方案，该方案应考虑附近运行和电压控制中 SVC 的数量。该控制器增益降低方案可以是线性或非线性方法，具体取决于工厂验收测试（FAT）期间的硬件在环（HIL）实时仿真结果。

因此，当几套 SVC 非常接近地运行时，有必要在 SVC 之间提供通信，以交换它们的状态信息。这种通信不需要很快，例如，每 10s 交换一次信息就足够了（Tenório et al. 2016）。

关于静止无功补偿器（SVC）更详细的技术说明，请参见"6 静止无功补偿器（SVC）技术"一章。关于静止无功补偿器的应用实例可参见"12 SVC 应用实例"一章。

4.4 STATCOM 的说明和功能

静止同步补偿器（STATCOM）是一种基于电压源型换流器（VSC）技术的无功调节装置。可用于维持交流系统电压，增强交流系统的稳定性（CIGRE TB 663 2016）。也就是说，STATCOM 的功能基本与 SVC 相同。由于 STATCOM 占地面积较小，因此已被广泛地应用于工业及电力系统的各种场景中。集成门极换向晶闸管（IGCT）的发展克服了门极可关断晶闸管（GTO）的局限性，绝缘栅双极型晶体管（IGBT）的引入和发展使得在 VSC 中应用脉宽调制（PWM）技术成为可能。如"5 FACTS 装置的电力电子拓扑"一章所述，这种简单的脉宽调制技术具有相对较高的开关损耗，这促使了低损耗模块化多电平换流器（MMC）技术的发展。STATCOM 的详细技术说明见"7 静止同步补偿器（STATCOM）技术"一章。

STATCOM 示意图如图 4-9 所示，其核心是一个 AC/DC 电压源型换流器（VSC），换流器向电网提供补偿电流 I，这个补偿电流与换流器的电压 V_0 相关联。

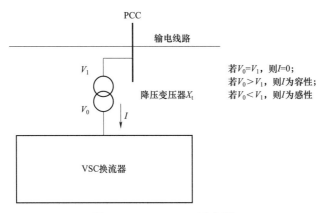

图4-9　STATCOM 示意图

STATCOM 的电流滞后或超前系统电压 V_1 90°。这样一来，STATCOM 就等效于一个机械惯性为零的同步调相机/补偿器。

从图4-9所示的示意图中可以得到电压、电流和无功功率之间的关系为：

$$Q = \sqrt{3} V_1 I = \sqrt{3} V_1 \frac{V_0 - V_1}{X_t} \qquad (4-7)$$

式中：V_0 为 VSC 输出的基频线电压；V_1 为 VSC 连接点处的线电压；I 为流经变压器的基频交流电流；X_t 为变压器的基频电抗。

注意，V_0 是 STATCOM 换流器交流侧合成的基频电压分量。因此，如果 V_0 等于 V_1，补偿电流 I 等于零，此时不发出或吸收无功功率；如果 V_0 大于 V_1，则电流 I 超前于交流系统电压（容性），向公共连接点（PCC）注入一定量的无功功率。类似地，如果 V_0 小于 V_1，电流 I 滞后于交流系统电压（感性），从 PCC 吸收一定量的无功功率。

图4-10为 SVC 和 STATCOM 之间在伏安特性的比较，显示了额定容量对称 SVC（在额定交流系统电压下可以产生相等的感性无功功率和容性无功功率）的运行特性和 STATCOM 的运行特性。

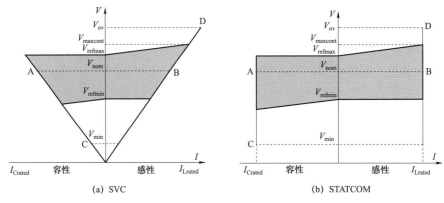

(a) SVC　　　　　　　　　(b) STATCOM

图4-10　STATCOM 和 SVC 伏安特性的比较

图4-10中使用的符号为：

V_{nom}：交流系统额定电压。

$V_{maxcont}$：系统能够连续运行的最大电压。

V_{refmax}：控制系统最大参考电压。

V_{refmin}：控制系统最小参考电压。

V_{ov}：系统设计运行时的最大过电压。

V_{min}：半导体阀可工作的最小电压。

I_{Crated}：额定容性输出电流。

I_{Lrated}：额定感性输出电流。

可以看出，即使电压非常低，STATCOM 也能提供额定输出无功电流。SVC 无法做到，因为 SVC 的无功电流大小取决于交流系统电压。然而，对于大多数输电系统应用场景，在交流系统电压低于 80% 额定值情况下的并联 FACTS 装置的价值是有限的❶。但在某些场合，例如对短时交流电压扰动特别敏感的工业场合，STATCOM 的响应速度比 SVC 更快，提升低电压的能力更强。

补偿器的低电压穿越能力应由买方或系统运营商在公布的并网导则中进行规定。STATCOM 可向电力系统提供的功能如下（CIGRE TB 144 1999）：

（1）电压调节和控制。

（2）提高稳态功率传输能力。

（3）提高暂态稳定裕度。

（4）阻尼电力系统振荡。

（5）阻尼电力系统次同步振荡。

（6）三相负荷平衡。

（7）为 AC/DC 换流器和高压直流输电提供无功补偿。

（8）提高电能质量。

（9）抑制闪变。

（10）与储能相关的应用。

除了最后一项外，其他功能也可由 SVC 实现。

需要强调的是，如果将一个独立电源（例如电池组）连接到 VSC，VSC 将能够从该电源吸收能量并将该能量输送到交流电网。这个概念非常重要，因为它有助于发展 UPFC 理论，该理论在第 7 节中有所描述。（Larsen et al. 1992；Gyugyi et al. 1995）。表 4-2 显示了 STATCOM 和 SVC 之间的综合比较，展示了这些 FACTS 装置的优缺点（Tenório 2014）。

值得一提的是，对于表 4-1 中所述的感性过载时间，STATCOM 是无法实现的，除非半导体阀是针对最大过电压设计的，但是这会大大增加成本。这是由电力系统长距离线路要求的高过电压及其开关暂态造成的。针对这些暂态过电压情况，已经出现晶闸管投切电抗器（TSR）和/或晶闸管投切电容器（TSC）与 STATCOM 相结合的应用。这就是所谓的混合式 STATCOM，它为要求控制高暂态过电压（TOV）或非对称额定输出的应用提供了经济有效的设计。将多电平 VSC（STATCOM）技术和基于晶闸管的 SVC 技术相结合，可在鲁棒性、安全性和可靠性、欠压和过压性能、故障清除时的暂态过电压、响应速度、损耗等方面实现 FACTS 装置的优化。（Halonen and Bostrom 2015）。

混合式 STATCOM 示意图如图 4-11 所示。

---

❶ 与使用电容器相比，STATCOM 可以通过更快地升压，为承受极低电压的工业和商业设备提供帮助。

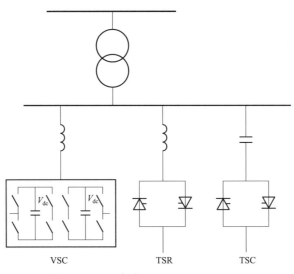

图 4-11　混合式 STATCOM/TSR/TSC

关于 STATCOM 的更详细技术说明，请参见"7　静止同步补偿器（STATCOM）技术"一章。STATCOM 的应用实例，请参见"13 STATCOM 应用实例"一章。

表 4-2   SVC 和 STATCOM 的比较

属性	SVC	STATCOM
半导体器件	晶闸管	IGBT 或任何其他可关断器件
伏安特性	过压性能优越	欠压性能优越
应用	大容量输电系统和过去的工业场合	高/中/低电压（T&D）
无功功率范围	支路可以优化设计为任何范围	自然对称；可以利用混合式 STATCOM/TSC/TSR 实现的非对称范围，参见图 4-11
短路水平要求	Q_{rated}/SCC>3～4[a]（较低值时需要先进的控制策略）	几乎任何 Q_{rated}/SCC 均可
阀响应时间 ——阀的固有开关频率	≈1/2 周期	1～2ms
低频谐波	由于 TCR 谐波产生，含量更高	如果控制得当，含量可以忽略不计
高频谐波（>30 次）	含量低	含量低，但仍需进行分析
电能质量（闪变、电压暂降、负载平衡、有源滤波）	应对电压跌落能力良好	快速负载变化时性能优越；有源滤波能力（容量设计合适时）
可用性[b]	高（>99%）	高（>99%）
占地面积	大，根据容量和分支数量而定	小；混合 STATCOM 时较大
损耗	全电容/无功运行时，总损耗低于 STATCOM	在 0Mvar 时，空载损耗低于 SVC
可再生能源和分布式发电	更难以符合一些并网导则	更易于符合并网导则
技术状况	成熟，在阀方面可改进程度有限；在电网中众所周知	技术成熟但仍在改进；应用数量正在增加，尤其是在较低电压等级下

[a]　Q_{rated} 为 SVC 或 STATCOM 额定无功功率；SCC 为短路容量。

[b]　可用性应该由电力系统和客户需求驱动，而不是由技术驱动。

4.5 TCSC 的说明和功能

如"3 采用常规控制方式的交流系统"一章所述，串联补偿是一项成熟的技术，可满足电力系统的不同需求。多年来，串联电容器已成功地用于长距离架空输电线路，提高了输电系统的稳定性和功率传输能力。

串联电容器可以在线路上插入一个电压，该电压与线路电感引起的压降极性相反。这可以使输电线路的等效电抗下降。这样，可以提高线路的持续潮流，或者通过电容器组串联电抗的分级控制在紧急负载条件下实现短时提高潮流。

如果加入固定电容器的控制，则串入的电容器电抗可以发生物理上或实际上的变化。这种控制方式可以基于机械开关或电力电子器件。串联电容的投入可以在 2～5 个周波内完成，具体取决于所采用的开关类型。附加串联补偿一旦投入，通常就保持投入状态，直至所需处理的情况已经被解决，然后再旁路串联电容器。这是因为机械开关速度相对较慢且不能频繁工作。使用电力电子器件时，可以非常快速地控制串入的有效电容，突破使用常规开关带来的限制，并且可以根据预设策略控制潮流。

TCSC 可以提供以下好处：

（1）补偿长输电线路，以增加潮流输送能力。

（2）控制线路中的潮流，例如，防止环流功率或防止其他线路过载。

（3）提高暂态稳定性和动态稳定性（功率振荡阻尼）。

关于 TCSC 的更多详细的技术说明，请参见"8 晶闸管控制串联电容器（TCSC）技术"一章。

4.5.1 运行原理

TCSC 是属于统称为"可控串联电容器"的设备。对于可控串联电容器，式（4-1）变成式（4-8）为：

$$P_{sr} = \frac{V_s V_r}{X - X_C} \sin \delta_{sr} \tag{4-8}$$

其中，X 为线路电抗，X_C 是可控串联电容器的净容抗。因此，X_C 越高，传输功率越高。

如果 X_C 受到控制，潮流可以被调整以满足电力系统要求。通常将系数 $\lambda = X_C/X$ 定义为输电线路的串补度。式（4-8）可写成：

$$P_{sr} = \frac{V_s V_r}{X(1 - \lambda)} \sin \delta_{sr} \tag{4-9}$$

TCSC 是一种常规固定串联电容器与晶闸管控制电抗器并联的设备，其中晶闸管控制电抗器类似于 SVC 中所使用的，每相都至少使用一个电抗器；也就是说，可控电抗器不是通过耦合变压器连接到高压母线的。图 4-12（a）显示了 TCSC 和 TCSC 主要组件的简化示意图。图 4-12（b）显示了金属氧化物变阻器（MOV），MOV 用于流过串联电容器组的电流因短路而增加时保护串联电容器。

TCSC 用于需要复杂、连续和快速控制输电线路串联阻抗的场合。每个晶闸管阀每个周期触发两次。由于每相有一个阀，TCSC 稳态下的开关频率是工频的 6 倍。也就是说，TCSC 可以在几毫秒内开始响应其运行点的变化。如果晶闸管被触发，使得电抗器持续承载电流，则电容器被有效地旁路。在这种运行模式下，TCSC 等效于一个小的串联电抗器。

TCSC 可以是如图 4-12（b）所示的单个单元，也可以是多单元，即多个单元级联，这使得 TCSC 的阻抗可以连续控制，或者各单元的分级控制。

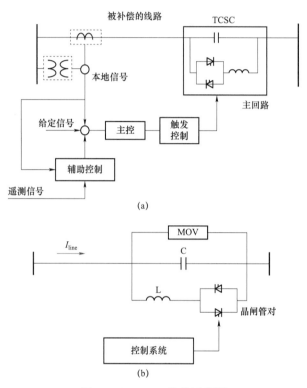

图 4-12　TCSC 总体示意图

图 4-13 显示了多单元 TCSC 的单线图，该系统于 20 世纪 90 年代在美国 SLATT 变电站投入使用（CIGRE TB 554 2013；Piwko et al. 1994）。SLATT TCSC 由 6 个相同 TCSC 单元级联组成。每个单元由一个电容器和一个晶闸管阀及其相关的电抗器和压敏电阻组成。各单元是独立的，每个单元都可以被旁路或投入。当单元被旁路时，晶闸管被触发完全导通，与阀串联的电抗使 TCSC 的阻抗是轻微感性的。这种设计能够在很大范围内控制线路中的潮流。然而，其他已投运系统不需要这种能力，因此通常设计成类似于 SLATT 工程的一个单元。

图 4-14 显示了典型 TCSC 的基频阻抗特性，如图所示在触发角大约为 143° 时存在一个谐振点，控制系统必须避免这个谐振点。

TCSC 通常从谐振点（留有一些安全裕度）至 180° 触发角的范围内工作，在触发角为 180° 时 TCR 被阻断且 TCSC 阻抗是其自然串联电容器电抗。接近谐振点时，TCSC 产生最大容抗。通常不使用 TCSC 的感性范围，除了 90° 的触发角下，在此点的感抗由式（4-10）给出。

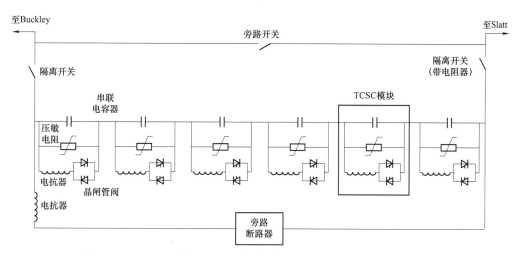

图 4-13　SLATT 变电站 TCSC 的单线图—在美国调试的六模块 TCSC

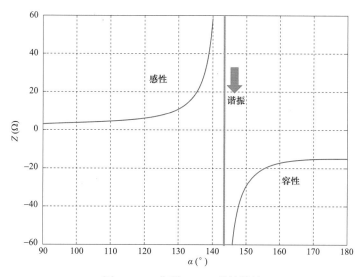

图 4-14　典型 TCSC 基波阻抗

$$X_{\mathrm{TCSC}} = \mathrm{j}\frac{X_{\mathrm{C}}X_{\mathrm{L}}}{X_{\mathrm{C}} - X_{\mathrm{L}}} \qquad (4-10)$$

需要注意的是，电抗提升是由流过电容和电感的电流引起的（当 TCR 导通时）。如图 4-15 所示，这会引起非正弦电压升高（跳变）。线路电流仍然几乎是正弦的，谐波电流主要在电容和电感之间循环流动（Edris 1994）。

TCSC 电路的自然谐振频率的标幺值 k 由式（4-11）给出（Tenonio 1995），即：

$$k = \sqrt{X_{\mathrm{C}}/X_{\mathrm{L}}} \quad \mathrm{p.u.} \qquad (4-11)$$

此外，TCSC 产生谐振时的触发角 α 可用式（4-12）表示为：

$$\alpha_{\mathrm{r}} = \pi - (2n-1)\cdot\frac{\pi}{2k} \quad \mathrm{rad}，其中 n = 1,2,\cdots \qquad (4-12)$$

TCSC 的运行原理取决于 TCSC 执行的功能，主要功能和/或应用有：

（1）阻尼区域间功率振荡。

（2）暂态稳定性提高。

（3）阻尼扭振引起的次同步谐振。

（4）潮流控制。

（5）故障电流限制器。

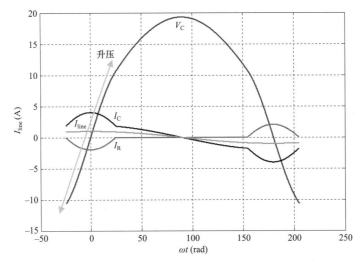

图 4-15　TCR 开始导电时 TCSC 的电流（电容及电感）和电压波形

从式（4-9）可以明显看出，使用 TCSC 时是有可能在不改变角度 δ_{sr} 的情况下，通过延迟晶闸管的触发点改变容性范围内的控制角而控制流经输电线路的潮流，从而提高线路补偿度，如图 4-14 所示。也就是说，如 "3 采用常规控制方式的交流系统" 一章中讨论的那样，与通常使用固定串联补偿的系统相比，线路可以用更高的补偿度运行。TCSC 能够为电力系统中的低阻尼振荡模式提供阻尼，以及能够在系统扰动后为大系统摆动提供阻尼，使得TCSC 可以安全地使用比固定补偿系统更高的补偿度。

4.5.1.1　阻尼区域间功率振荡

TCSC 通常用作线路补偿的一部分来动态控制线路电抗（CIGRE TB 554 2013）。通常固定串联电容是作为线路补偿的主体，TCSC 作为固定串联电容的补充。固定串联电容器可以提高同步转矩，因此提高了电力系统的暂态稳定性。TCSC 通过其电抗控制提供阻尼转矩。

图 4-16 为通过固定串联电容器和 TCSC 补偿的输电线路连接的两个电力系统的示意图（CIGRE TB 554 2013）。

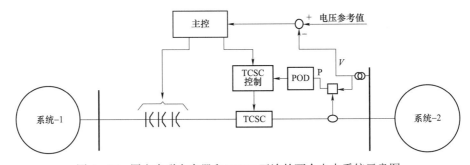

图 4-16　固定串联电容器和 TCSC 互连的两个电力系统示意图

当两个电力系统通过交流连接时，就形成了低频区域振荡模式。两个系统惯性越大，区域振荡模式频率越低。另外，交流连接容量越弱，区域振荡模式频率越低。

在发电机上采用电力系统稳定器（PSS）用于阻尼机电频率已经在国际上得到广泛应用（Kundur 1994）。但是，PSS 使用的机电频率范围在 0.5～2.0Hz 之间。对于较低的频率（<0.3Hz），通常认为有效阻尼难以实现（Gama et al. 1998）。对于这些较低的频率，TCSC 可以提供一个非常强大的解决方案来阻尼区域功率振荡。首次采用 TCSC 阻尼区域功率振荡的商业应用之一是于 1999 年投入运行的用于巴西的南北互联的项目（CIGRE TB 554 2013；Gama et al. 1998）。另请参见"14 TCSC 应用实例"一章。

可以证明，对于提供纯阻尼的 TCSC，其电抗必须与通过 TCSC 的有功功率的积分成比例。应对区域振荡模式的控制策略是简单地将 TCSC 电抗作为纯积分函数进行调节。可以使用两种不同的控制策略来实现该 POD 功能（Gama et al. 2000）。

（1）通过相量估计实现（Ängquist and Gama 2001）。该功能在巴西的南北互联项目中 Imperatriz TCSC（北侧 Imperatriz 变电站）采用。该 POD 包括一个锁相环（PLL），用于提取功率振荡信号，并应用滞后于功率振荡的相位角偏移（大约 90°）来调节 TCSC 电抗。

（2）通过隔直和超前—滞后环节实现。在该 POD 中，隔直滤波器用于消除振荡信号的直流分量，超前—滞后补偿在振荡频率下提供 90° 滞后的相位校正。该功能在巴西的南北互联项目的 Serra da Mesa TCSC（南侧 Serra da Mesa 变电站）得到应用。

为了举例说明阻尼区域功率振荡，TCSC 功率和电抗的实际录波波形如图 4-17 所示。该图显示了在不同 TCSC 条件下巴西南北互联项目中的发电机跳闸波形（北侧 Tucuruí 水电站的一台 300MW 发电机）。

可以看出，如果两个 TCSC 的 POD 都被禁用，振荡开始变大，系统变得不稳定。如果使能北侧 TCSC 的 POD，南北互联保持稳定，并在大约 70s 后恢复其原始功率。这同样适用于两个 TCSC POD 都使能的情况。注意，当北侧 TCSC POD 使能时，控制器将 TCSC 切换到 TSR 模式（晶闸管投切电抗器），使 TCSC 阻抗变为感性（$X_{TCSC} > 0$）。可控地将 TCSC 电抗改变为 TSR 模式对于有效阻尼功率振荡是非常重要的，并且还可以避免接近图 4-14 所示的并联谐振工作区域。

4.5.1.2　故障电流限制器

TCSC 连续或分级快速改变其阻抗的能力可用于限制故障电流。TCSC 可以从容性工作区变为固定的感性阻抗，如式（4-9）所示。该功能充分利用了固态器件固有的动作速度。

许多运行中的 TCSC 使用 TSR 模式来保护自身免受大短路电流的影响，并限制由 TCR 在 90° 触发时产生的感性电抗带来的电流。

理想情况下，为了用作故障电流限制器，TCSC 应设计为能够承受短路电流并产生高感性阻抗。因此，有必要改变 TCSC 的某些特性，如设备额定值和 LC（电感—电容）电路的自然谐振频率。

为了限制故障电流或潮流，只需在输电线路上串联一个电抗即可。这种方案有时用于工业应用中。然而，此方案在稳态运行期间有一些缺点，包括由于线路感抗增加导致的功率损耗和电压压降的增加。TCSC 尽管会增加电力系统的损耗，但可以通过定位并控制潮流转移到损耗低的线路上，来减少总体损耗。用于故障限流的 TCSC 的设计方法不在本章范围内。

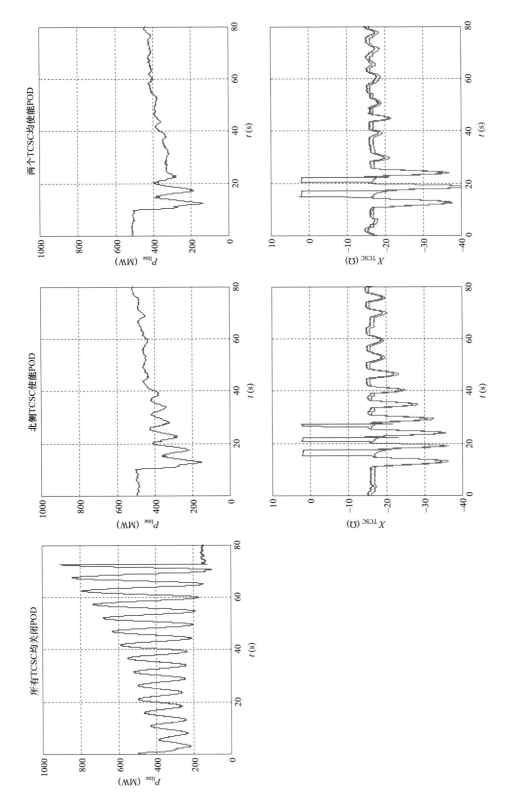

图 4-17　南北互联项目中 TCSC 调试波形（北侧 Tucuruí 电厂 300MW 发电机组跳闸试验）

如图 4-18 所示的仿真结果展示了 TCSC 作为故障电流限制器的应用（Tenório 1995）。故障电流的检测策略是基于线路电流的上升率。所施加的故障是三相短路，一直

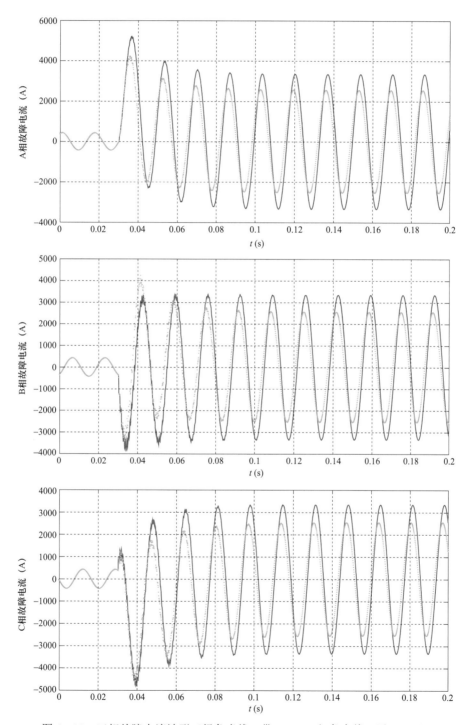

图 4-18　三相故障电流波形（绿色虚线：带 TCSC；红色实线：无 TCSC）

持续到仿真结束。所仿真的电力系统包含一条 100km、230kV 的输电线路，该线路为三路负荷供电。发电短路容量为 10GVA。故障在 30ms 时发生，位于 230kV 输电线路 TCSC 的另一端。

图 4-18 清楚地展示了在此系统中 TCSC 对故障电流的限制作用。

4.5.1.3　阻尼次同步扭振

根据 IEEE 次同步谐振（SSR）工作组（IEEE 1980），次同步振荡（SSO）是"电力系统受到扰动偏移其平衡点后出现的一种运行状态，在这种运行状态下，电网与汽轮发电机组之间在一个或多个低于系统同步频率的频率下进行显著能量交换"。次同步谐振这一术语是一种特殊情况，描述了当交换的振荡能量趋于增长时，与汽轮发电机轴和串联电容补偿电力系统相关的机电次同步振荡。图 4-19 显示了一个简单的电力系统，该系统对用于 SSR 研究的 IEEE 第一个基准系统进行了建模（IEEE 1977）。

对于图 4-19 所示的简单电力系统，自然电气频率由下式给出：

$$f_e = \frac{1}{2\pi\sqrt{LC}} = f_o\sqrt{\frac{X_C}{X_L}} \tag{4-13}$$

式中：f_o 为理想条件下同步频率对应的电气频率；X_C 为串联电容器电抗；X_L 为电力系统的总电抗。然而，复杂的电力系统通常具有不止一个谐振频率，且分析更加复杂（Piwko et al. 1996）。

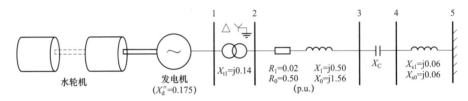

图 4-19　IEEE 第一个基准系统的单线图

当电力系统谐振被激发时，它在定子中引起频率为 f_e 的振荡电流，从而在转子电流中引起次同步（$f_m = f_o - f_e$）和超同步（$f_m = f_o + f_e$）频率电流。如果次同步频率接近扭振模式，可能会出现 SSR，并可能导致发电机轴因疲劳而损坏。

存在不同的方法来辨识汽轮发电机轴和电力系统之间的相互作用。这些现象可分为自励磁现象和暂态转矩。自激现象可进一步分为两种类型：感应发电效应和扭振相互作用（TenóRio 1995；Anderson et al. 1990）。

TCSC 可以设计为在次同步频率范围内产生等效感性阻抗。根据这一方法，从 SSR 的角度来看，TCSC 在该范围内是中性的（Tenório 1995）。

除了基于相位角控制的控制系统之外，某些 TCSC 还采用了一种称为 SVR（同步电压反转）的控制方法，详见参考文献（Ängquist et al. 1994）。该方法根据等效瞬时电压反转来控制 TCSC。这种方法不是直接控制晶闸管触发角来调整 TCSC 电抗，而是控制电容电压极性反转的时刻。此时，线路电流处于最大值。Ängquist 认为，实现可控电压反转的能力可以被视为 TCSC 和输电系统之间相互作用的主要机制。注意，在这种方法中，假设电容电压反转极性的有限时间（晶闸管导通期间）可以通过瞬时电压反转（升压）来近似，而不是电压斜坡，如图 4-20 所示（Ängquist et al. 1996）。

为了说明 TCSC 阻尼次同步扭转振荡的能力，图 4-21 和图 4-22 给出了部分仿真结果。这两个仿真结果都是通过 ATP 中的 TCSC 模型得到的（Tenó rio 1995；Teno Rio et al. 1998）。

在仿真模型中，串联电容器的阻抗为 50Ω，这意味着在图 4-19 所示的电力系统的补偿度约为 35%。根据式（4-13），由于短路而激发的理论谐振频率为 27.7Hz。

互补频率为 32.3Hz（60-27.7），这与 32.3Hz 下的第四扭转振荡模式一致。因此，这种振荡模式的失稳导致扭振相互作用。

如果在电力系统中接入一个阻抗为 50Ω 的 TCSC，则不会出现 SSR 作用。图 4-22 显示了轴上的扭矩 3 和 4 缓慢衰减。频谱分析表明，在 60Hz（基频）以下没有发现谐振频率。这表明，从电网的角度来看，在 SSO 频率下，TCSC 不呈电容特性；相反，它呈现出电感—电阻特性。

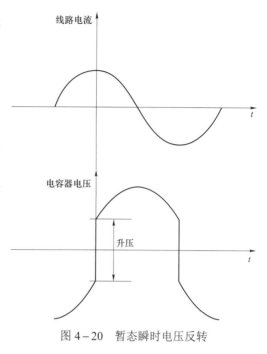

图 4-20   暂态瞬时电压反转

设计合理的 TCSC 将提高电力系统的稳定性，并避免 SSR 的风险。此外，TCSC 可以采用 SSDC（次同步阻尼控制）来有效降低暂态转矩。

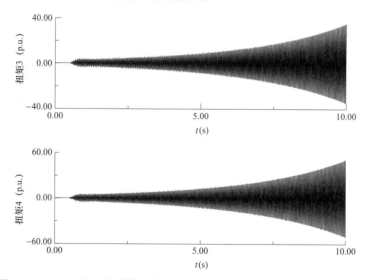

图 4-21   IEEE 第一基准模型中的容抗值 X_C 为 50Ω 时轴系出现扭振发散

4.5.1.4   潮流控制

向谐振点增加触发角 α 只能用于动态控制 TCSC 阻抗。需要记住的是，TCSC 阻抗的增加是流经它的电流的函数。图 4-23 显示了额定电流为 1500A 的 TCSC 的典型阻抗—电流图。可以看出，TCSC 电流越大，TCSC 阻抗越小。

对于单个单元 TCSC，可以根据其阻抗-电流特性改变 TCSC 阻抗，但在额定电流下，升压系数（X_{TCSC}/X_C）通常约为 1.2p.u.。因此，根据线路电流（见图 4-23），TCSC 只能在 3.0p.u.的阻抗下运行有限的时间。由于电容器组和压敏电阻额定值的限制，在每相仅使用单个 TCSC 模块控制有功潮流似乎是不可能的。

由式（4-1），不可能改变 δ 的正弦值正负；因此，TCSC 不能逆转有功潮流。为了控制输电线路中的潮流，有必要安装多个 TCSC 单元，并采用分级策略，这可能会导致 TCSC 的成本升高，但如果潮流控制能力可用于规划通过所需输电走廊的潮流，这可能仍然是一种经济有效的方法。

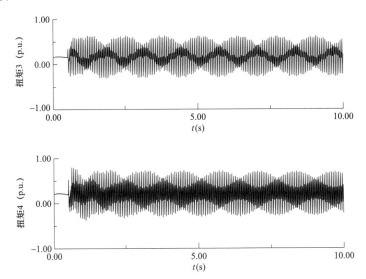

图 4-22　IEEE 第一基准模型中加入电抗值为 50Ω 的 TCSC 时轴系扭振缓慢衰减

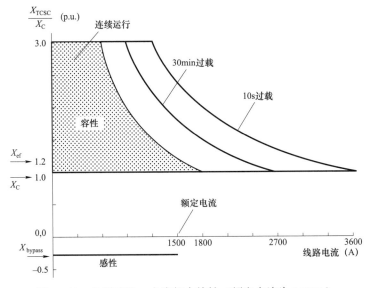

图 4-23　典型阻抗—电流能力特性（额定电流为 1500A）

有关 TCSC 的更详细的技术说明，请参见"8 晶闸管控制串联电容器（TCSC）技术"一章。TCSC 的应用实例可参见"14 TCSC 应用实例"一章。

4.6 SSSC的说明和功能

CIGRE（CIGRE TB 371 2009）定义的静止同步串联补偿器（SSSC）如图4-24所示，是一个通过变压器与输电线路串联的VSC。它可以等效为可控电压源，通过控制与线路串联的电压源模拟电容器或电抗器，从而提供串联补偿。与TCSC不同，由于SSSC注入的电压与线路电流正交，而不是调制线路阻抗，因此SSSC可以在宽无功功率范围内运行。

与基于晶闸管的串联装置相比，VSC具有优越的性能。例如，作为电压源，它即使在很小的线路电流（接近零）下也能提供串联补偿，即SSSC的补偿几乎不依赖线路电流，但是如果线路电流为零，则启动时可能需要为直流侧电容器充电。

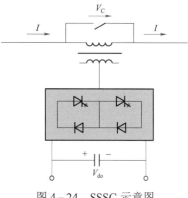

图4-24　SSSC示意图
（CIGRE TB 371）

换流器通过串联变压器串联接入的一个主要问题是暂态扰动带来的冲击，例如线路短路故障时出现的半导体阀无法耐受的过电流。因此，为了保护SSSC，通常需要对SSSC设置快速旁路支路，将补偿电压降低至0。旁路功能必须在极短的延时内完成，通常采用大容量晶闸管作为固态旁路开关。同时，设置机械式高速旁路开关来保护固态旁路开关免受过载的影响。在机械旁路之后，SSSC重新投入将会有一定的延时。此外，耦合变压器增加了成本和装置自身的损耗，与TCSC相比，SSSC在成本和损耗方面没有明显优势，但是SSSC不需要高压平台，直观上看体积更小。

SSSC的主要功能与TCSC的主要功能相似。根据CIGRE（CIGRE TB 371 2009），电力系统SSSC的主要功能在许多方面与TCSC类似：

（1）补偿长距离输电线路增加线路功率传输。

（2）控制线路中的潮流，例如，防止出现潮流迂回或线路过载。

（3）辐射状线路的受端电压调节。

（4）提高暂态稳定性和动态稳定性（阻尼功率振荡）。

关于SSSC更详细的技术说明，请参见"9 统一潮流控制器（UPFC）及其潜在的变化方案"一章。SSSC的应用实例，请参见"15 UPFC及其潜在变化方案应用实例"一章。

4.7 UPFC的说明和功能

串并联组合补偿能够利用串联补偿减小等效输电线路长度，同时利用并联补偿控制线路充电。在稳态下，除了控制潮流（相位控制）之外，这些补偿还会增加线路自然功率（Surge Impedance Loading, SIL），从而增加线路输电容量。此外，串并联补偿可以从多方面增强电力系统，例如，通过提高暂态稳定性和阻尼功率振荡、无功功率和电压控制/供应、动态负荷潮流控制等。

传统交流电力系统除采用调压设备和移相变压器外，还使用机械投切串联和并联补偿来控制潮流（CIGRE TB 160 2000）。

交流系统中有功功率和无功功率取决于送受端的电压幅值、相角和线路阻抗，如式（4-1）～式（4-4）所示。如果能够同时控制这些量，就有可能为交流系统开发一种通用控制器。长期以来，这些想法已被研究或应用于实践。统一潮流控制器（UPFC）能为交流系统提供可控性和灵活性。

UPFC 可以充当 STATCOM 和/或 SSSC，并且可以将有功功率从 STATCOM 并联的 VSC 注入到串联 VSC 的线路。这可以在稳态和动态模式下使用，以提高电力系统的性能。除了这一主要目标外，UPFC 还具有其他功能（CIGRE TB 160 2000）：

（1）提高暂态稳定性。

（2）阻尼功率振荡。

（3）提高电压稳定性。

UPFC 的示意图如图 4-25 所示。UPFC 的多重补偿功能是通过"背靠背"的两个 VSC 换流器实现的。

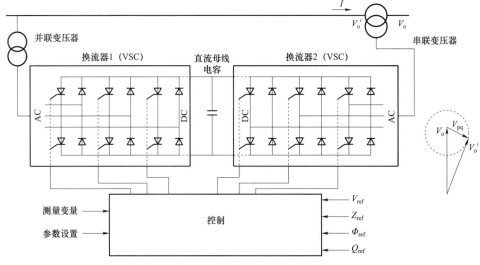

图 4-25　UPFC 示意图

换流器 2 通过串联变压器向输电线路注入工频电压，且注入电压的幅值和相位均完全可控。根据电压的相位角，换流器 2 可以控制串联补偿或相位偏移的水平。串联补偿水平由注入电压与输电线路电流正交的分量决定。与输电线路电压正交的注入电压分量决定相位角控制。

换流器 2 中使用的半导体器件会受到流经连接 UPFC 的交流线路的故障电流的影响。这些半导体器件可能无法承受故障电流，因此需要安装快速旁路开关，将故障电流分流至换流器（CIGRE TB 160 2000）之外。为此可以使用大功率晶闸管开关，在这种情况下，短路电流消失后串联换流器可以快速恢复运行（CIGRE TB 371 2009）。也可以使用机械旁路开关，并且需要安装机械旁路开关来保护晶闸管开关。但是，UPFC 运行的恢复时间将受机械旁路开关影响而延迟，机械开关再次断开之后 UPFC 才能恢复运行。

换流器 1 具有提供或吸收换流器 2 所需有功功率的功能。此外，换流器 1 可以充当

STATCOM，即它可以吸收或发出输电系统所需的无功功率（Tenório 1995）。

UPFC 是所有 FACTS 装置中最完整、最通用的，可以以统一的方式控制与功率传输相关的所有量。也就是说，可以控制线路的阻抗、线路两端之间的相位以及 UPFC 连接点的电压。然而，对于需要进行分布式无功补偿的远距离输电场景，以及在线路同一点不需要同时进行并联和串联补偿的应用场景，分布式 UPFC 系统可能并非一种经济实用的方法。

关于 UPFC 的更详细的技术说明，请参见"9 统一潮流控制器（UPFC）及其潜在的变化方案"一章。关于 UPFC 的应用实例，请参见"15 UPFC 及其变体的应用实例"一章。

4.8　FACTS 装置的功率损耗

不同 FACTS 装置的效率各有高低，对需要长期接入交流系统随电网运行进行不断调节的 FACTS 装置，必须考虑负载和空载损耗；对于有些仅用于特定紧急情况的 FACTS 装置，只需要考虑空载损耗。

大多数 FACTS 装置通过电力变压器与交流系统连接。变压器的空载和负载损耗增加了 FACTS 装置的损耗。唯一没有通过变压器接入的 FACTS 装置是 TCSC，它们布置在位于高压线路等电位的绝缘平台上，直接接入高压系统中。

4.9　系统的安全性和可靠性

FACTS 技术的引入使人们更加关注电力系统的可靠性问题。这些问题是合理的，因为 FACTS 装置确实增加了系统的安全可靠运行压力。然而，FACTS 技术并非全新，其与高压直流输电系统的特性很类似，且高压直流系统已经成功应用了几十年。自 20 世纪 70 年代末以来，我们在 SVC 的应用方面也积累了经验。尽管高压直流输电系统和静止无功补偿器曾出现过一些意想不到的问题（例如高压直流输电系统和附近的汽轮发电机之间的次同步相互作用），但所有这些问题都已得到妥善解决。因此，当探讨 FACTS 是否应该被更广泛应用时，可以借鉴这些重要的工程经验，需要考虑的问题有：

（1）FACTS 装置出现故障（$N-1$ 情况）是否导致安全问题（$N-2+$情况），也就是说，系统是否会因为 FACTS 装置本身停机而失稳，或者导致系统连锁故障。

（2）系统发生扰动而切除部分元件（$N-1$ 情况）是否也会导致 FACTS 装置停机（$N-2+$情况）。

（3）辅助电源系统断电是否会导致整个 FACTS 装置失效，并导致设备损坏从而阻碍运行恢复。例如，如果运行冷却泵的电源中断或热交换器的单一水来源中断，冗余冷却泵不足。也就是说，在进行系统安全研究时，必须考虑辅助支持系统中的单点故障。

（4）FACTS 装置是否会与其他 FACTS 装置、高压直流输电系统或电力系统稳定器等发生破坏性交互。

论证是否安装 FACTS 装置时需要仔细研究这些问题，以确保充分认识到系统潜在的安全问题，在 FACTS 装置技术规范中应明确 FACTS 装置的运行范围和冗余配置要求。

本章讨论的是经过多年工程验证的 FACTS 装置。有些 FACTS 装置功能采用模块化设计，因此能够支持降级运行，这会提供更高的可用性。FACTS 装置越简单往往在可靠性方面越有利。

基于成熟的高压直流输电和 SVC 技术应用经验，未来半导体元件的故障率会更低。半导体装置通常采用冗余设计来避免通过强制断电进行器件更换。过多的冗余是不可取的，因为它会增加成本和损耗。FACTS 装置中使用的耦合变压器与目前成熟的发电机升压变压器或配电降压变压器类似，都是通过验证的成熟技术。

FACTS 装置中使用的控制设备在许多方面与高压直流输电换流站中使用的系统类型相似。主要问题是在 FACTS 装置的预期使用寿命内需要进行适当的维护。所有现代数字控制和保护系统都存在这个问题，因为控制保护等二次设备的设计寿命通常较短。

总之，现代 FACTS 装置的可靠性未来可期。

4.10　结论

本章主要描述已通过工程验证的 FACTS 基本概念、特性，结合电力系统规划和运行日益变化的需求，介绍了其在电力系统中的应用。本章不涉及已提出或可能正处在开发阶段的其他 FACTS 装置。

在本章中，提供了经验证的 FACTS 装置的主要性能特征，以指导可能考虑采购 FACTS 装置的读者。然而，仅仅考虑 FACTS 装置的技术性能是不够的，除此之外，还必须考虑成本（包括功率损耗成本）、可靠性、复杂度以及电力系统中分布式补偿的需求。当系统问题可以通过使用断路器开关设备（如电容器或电抗器）或通过在发电机中添加功率振荡阻尼器来解决时，可能是更经济的。然而，当这些措施不能满足要求的性能时，则应考虑 FACTS 装置。这种情况下 FACTS 往往能够在不新增额外发电机、架空线路或电缆的情况下实现要求的性能，或者至少延缓这些投资。

参考文献

Anderson, P. M., Farmer, R. G.: Series Compensation of Power System, p. 49. PUBLSH!Inc., Encinitas (1996).

Anderson, P. M., Agrawal, B. L., Van Ness, J. E.: Subsynchronous Resonance in Power Systems. IEEE Press, New York (1990).

Ängquist, L.: Synchronous Voltage Reversal Control of Thyristor Controlled Series Capacitor, Ph. D. thesis. Royal Institute of Technology, Stockholm (2002).

Ängquist, L., Gama, C. A.: Damping Algorithm Based on Phasor Estimation. IEEE WM, Columbus (2001).

Ängquist, L., Ingeström, G., Othman, H.: Synchronous voltage reversal (SVR) scheme–a new control method for thyristor controlled series capacitors, Flexible AC Transmission System (FACTS 3): The Future in High-Voltage Transmission, 5–7 Oct. Baltimore (1994).

Ängquist, L., Ingeström, G., Jönsson, H-Å.: Dynamical Performance of TCSC Schemes, paper 14 – 302, CIGRÉ Session (1996).

CIGRE TB 144: Static Synchronous Compensator (STATCOM), WG 14. 19, Cigre Technical Brochure TB 144, Paris (1999).

CIGRE TB 160: Unified Power Flow Controller (UPFC), Cigre Technical Brochure 160. Paris (2000).

CIGRE TB 371: Static Synchronous Series Compensator (SSSC), Cigre Technical Brochure 371, Paris (2009).

CIGRE TB 554: Performance Evaluation and Applications Review of Existing Thyristor Control Series Capacitor Devices –TCSC;Technical Brochure 554. Cigre, Paris (2013).

CIGRE TB 663: Guidelines for the procurement and testing of STATCOMS, Cigre Technical Brochure TB 663, Paris (2016).

CIGRE TB 78: Voltage and Current Stresses on Thyristor Valves for Static Var Compensators, CIGRE Technical Brochure 78 (1993).

Edris, A. A.: Flexible AC Transmission Systems – The State of the Art, IV SEPOPE, paper IP17, Foz do Iguaçu (1994).

Elgerd, O. L.: Electric Energy Systems Theory – An Introduction, chapter 2, Second edition, International Student edition. McGraw-Hill International Company, Tokyo (1983).

Gama, C. A., Leoni, R. L., Gribel, J., Eiras, M. J., Ping, W., Ricardo, A., Cavalcanti, J., Tenório, R.: Brazilian North-South Interconnection – Application Of Thyristor Controlled Series.

Compensation (TCSC)To Damp Inter-Area Oscillation Mode, paper 14 – 101. Cigre, Paris (1998).

Gama, C., Ängquist, L., Ingeström, G., Noroozian, M.: Commissioning and Operative Experience of TCSC for Damping Power Oscillation in the Brazilian North-South Interconnection, paper 14 – 104, CIGRÉ Session (2000).

Gyugyi, L., Schauder, C. D., Williams, S. L., Rietman, T. R., Torgerson, D. R., Edris, A.: The unified power flow controller: a new approach to power transmission controller. IEEE Trans. Power Delivery. 10 (2), 1085–1097 (1995).

Halonen, M., Bostrom, A.: Hybrid STATCOM Systems Based on Multilevel VSC and SVC Technology, HVDC and Power Electronics International Colloquium. Cigre, Agra (2015).

IEEE Subsynchronous Resonance Task Force: First benchmark model for computer simulation of subsynchronous resonance. IEEE Trans. Power Syst. PAS-96 (5), 1565–1572 (1977).

IEEE Subsynchronous Resonance Working Group: Proposed terms and definitions for subsynchronous oscillations. IEEE Trans. Power Syst. PAS-99 (2), 506–511 (1980).

Kundur, P.: Power System Stability and Control. McGraw-Hill, Inc, New York (1994).

Larsen, E. V., Miller, N. W., Nilsson, S. L., Lindgren, S. R.: Benefits of GTO-based compensation systems for electric utility applications. IEEE Trans. Power Delivery. 7 (4), 2056 (1992).

Piwko, R. J., Wegner, C. A., Damsky, B. L., Furumasu, B. C., Eden, J. D.: The Slatt thyristorcontrolled series capacitor project–design, installation, commissioning and system testing,

CIGRE, paper 14－104, Paris (1994).

Piwko, R. J., Wegner, C. A., Kinney, S. J., Eden, J. D.: Subsynchronous resonance performance tests of the slatt thyristor-controlled series capacitor. IEEE Trans. Power Delivery. 11 (2), 1112 (1996).

Tenório, A. R. M.: A Thyristor Controlled Series Capacitor Model for Electromagnetic Transient Studies, MSc thesis, University of Manchester, UK (1995).

Tenório, A. R. M.: SVCs vs STATCOMs, Contribution to PS2/Q2. 7, Cigre Session, Paris (2014).

Tenório, A. R. M., Carvalho, A. R., Ping, W. W.: Thyristor Controlled Series Capacitor: A Means Of Improving Power Systems Stability Without Impacting SSR Interactions, V SEPOPE, Salvador, Brazil, 8–10 May (1998).

Tenório, A. R. M. T., Nohara, A. A., Aquino, A. F. C.: Brazilian Experience Regarding Interactions between Series Capacitors and SVCs – Main Challenges of Tucuruí-Macapá-Manaus Interconnection Project, Cigré, paper B4-201. Paris (2016).

Antonio Ricardo De Mattos Tenório，1982 年获得巴西伯南布哥联邦大学电气工程学士学位，1995 年获得英国曼彻斯特大学电力工程硕士学位，2010 年于巴西里约热内卢大学（巴西里约热内卢天主教大学）攻读能源商务专业并获得了 MBA 学位。于 1982 年就职于巴西 CHESF，于 2000 年就职于瑞典 ABB 公司，于 2004 年返回巴西并就职于 ONS 至今。是 IEEE 和 CIGRE 成员。2016 年正式加入 CIGRE 直流与电力电子专委会（SC B4），并曾在 CIGRE 巴西国家委员会担任 SC B4 秘书（2012～2016 年）及主席（自 2016 年）。研究领域包括高压直流输电系统、FACTS 装置、电气和电磁暂态研究以及电能质量。

CIGRE Green Books

第 **3** 部分

FACTS 装置技术

FACTS 装置的电力电子拓扑

5

Colin Davidson

目次

摘要

应用于 FACTS 装置的电力电子开关种类繁多。电网换相换流器主要使用反并联晶闸管结构，如 SVC 等。晶闸管导通后无法控制其关断，因而应用受限。更复杂的可以控制通断的半导体器件使自换相换流器（通常指 VSC）的实现成为可能。通常采用绝缘栅双极晶体管（IGBT）作为 VSC 的开关器件。设计大功率 VSC 时有很多种开关器件的组合方案可供

Colin Davidson（✉）
英国斯塔福德，通用电气公司解决方案业务部
电子邮件：Colin.Davidson@ge.com

© 瑞士，Springer Nature AG 公司 2019 年版权所有
S. Nilsson，B. Andersen（编辑），柔性交流输电技术，CIGRE 绿皮书，https://doi.org/10.1007/978-3-319-71926-9_6-1

选取，这往往是功率等级、谐波特性和系统复杂度等多个因素的折中。在功率及电压等级要求较低的场合，基于脉冲宽度调制的六脉波 Graetz 桥电路应用广泛，电路所产生的谐波满足电能质量要求；而高压大容量场合，由于具有良好的可扩展性和波形质量，基于半桥或全桥子模块级联的模块化多电平换流器（MMC）应用广泛。

5.1 引言

电力系统自产生以来，便一直存在着交、直流互相转换的需求。同时，交流电力系统的恒频特性使需要变速电机驱动的应用场景困难重重，如工业、电力机车牵引、电梯驱动等。直到 20 世纪 30 年代电网控制汞弧整流器和 20 世纪 50 年代可控硅整流器（SCR，或晶闸管）的出现，可以在不使用大型旋转设备的情况下完成高压大功率的交、直流互相转换。

晶闸管是一种 P 结和 N 结交替掺杂的四层半导体器件，即 P−N−P−N 型器件（Bardeen 1967）。这是一种基于美国贝尔实验室的研究发展而来的半导体技术（Moll et al. 1956）。大约在同一时间，通用电气公司（GE）将晶闸管进行了商业化（半导体）。这项基于半导体的电力电子技术可被应用于需要交、直流转换的多种场合，例如，现有的高压直流输电系统以及用于交流无功功率补偿和潮流控制的 FACTS 系统（CIGRE TB 337）。

晶闸管不能被控制关断，需要依靠交流系统来提供关断条件，这限制了基于晶闸管的电网换相换流器的应用。

要摆脱换流器换相对所连接的交流系统的依赖，则需要使用更为复杂的既能控制开通也能控制关断的电力电子开关器件。这种"自换相换流器"可以是电压源型的，也可以是电流源型的。

电压源型换流器（VSC）中的电力电子开关器件只需要在正向阻断电压或流过可控的电流，在反向时流过不可控的电流。因此，电压源型换流器中的开关器件通常采用一个正反向耐压不对称的开关器件（即该器件的反向耐压能力明显低于正向耐压能力），这通过反并联一个"续流"二极管来实现。

电流源换流器（CSC）中所使用的开关器件需要能够在承受双极性电压，但是仅流通正向电流即可。

本章对用于构建 FACTS 装置的主要半导体开关器件和换流器进行了详细的论述。

5.2 半导体开关器件

5.2.1 半导体材料

半导体是一类性质介于导体和绝缘体之间的材料。在纯净状态下，半导体导电性能很差；但是通过精细添加少量元素，它们的性质会发生显著变化，这一过程称为"掺杂"。

半导体材料通常位于元素周期表的第四族（硅、锗等），也可以由（4−n）和（4+n）族元素组合而成，例如氮化镓（镓在第三族，氮在第五族）或碳化硅（硅和碳都在第四族）。

合适的掺杂元素通常来自元素周期表的第三族或第五族。来自元素周期表第五族的掺杂剂，例如磷或砷，由于具有比相邻半导体材料更多的外壳电子，能够贡献多余的电子来增加半导体的导电性。基于第五族掺杂元素被称为"供体"（因为这些元素提供了额外的电子），而由这些元素制成的半导体材料则被称为"N型"半导体。第三族的掺杂元素，如硼、铝或镓，由于具有比相邻半导体材料更少的外壳电子，类比于第五族的元素，可以认为该族元素贡献了"空穴"来增加半导体的导电性。基于第三族的掺杂元素也被称为"受体"，由这些元素制成的半导体材料则被称为"P型"半导体。

某些（单极）型的半导体器件只使用一种类型的材料（P型或N型，但不是两者都使用），而其他双极型器件则使用了两种材料交替。

虽然最早晶体管使用了锗作为半导体材料，自20世纪60年代以后，硅开始占据主导地位。目前硅是大多数半导体材料的首选，但在"宽禁带"材料应用领域，耐受电压低于1000V的氮化镓（GaN）和高于1000V的碳化硅（SiC）均对其主导地位产生了威胁。尽管截至2018年，碳化硅器件的成本仍远高于硅器件，且仅在部分特殊领域被应用。但可以预见碳化硅在许多大功率应用会取代硅，成为电力电子器件的主流。

5.2.2　晶闸管系列器件

晶闸管具有鲁棒性好、高效、功率大等特点，通常由大直径的单晶硅片高压压制而成；当其失效时通常为短路状态。晶闸管是一种锁存器件，只有完全导通或完全闭锁两种状态，没有任何稳定的中间状态。在导通状态时，晶闸管具有较低的正向压降，因此导通损耗较低；同时，晶闸管能够承受较长持续时间的大浪涌电流（工频周期），且不会出现结温过热的情况。因此，晶闸管可以在系统短路电流较大的情况下使用，从而为短路保护装置消除交流故障留出时间。由于具有面对浪涌电流的高通流性，晶闸管也广泛应用于许多电力电子设备过电流保护中，以保护浪涌通流能力不太高的设备，如晶体管，免受浪涌电流的影响。

常规的晶闸管（如用于SVC、TCSC和常规直流输电）只能通过门极控制器件的导通，而不能控制其关断。因此，需要一个外部电路来强迫晶闸管中的电流降为零，以关断电流。

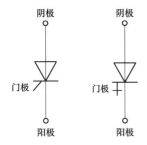

图5-1　晶闸管：常规（左）和门极关断（右）

常规晶闸管或可控硅整流器（见图5-1）目前仍然是可用的效率最高的大功率半导体开关器件。主要由P型和N型半导体材料的交替层构成（见图5-2），并可视为是一对互补的双极结型晶体管（BJT）相连。电流源型换流器（CSC）通常由晶闸管组成。在CSC中，晶闸管需要能够承受任意极性的电压，但只需要保证正向电流的流通。于2015年投运的高压直流输电电流源型换流器使用的是额定电压9000V、额定电流5000A的晶闸管。晶闸管可以被设计成对称的耐压结构，也可以被设计成不对称的耐压结构。对称晶闸管在正负极性上能够承受（几乎）相同的电压，而不对称晶闸管在反方向上则只能承受非常低的额定电压（几十伏）。

晶闸管处于闭锁状态时，几乎没有电流流通，当一个电流脉冲（通常几安持续至少几微秒）被注入门极端子后，晶闸管导通。此后晶闸管将一直保持导通状态，直到外部电路迫使其电流为零。在晶闸管导通后，仍需要一个最小电压维持其导通状态，并使晶闸管的导通区扩散至整个器件。由于没有门极可关断能力，常规晶闸管不能被用于必须强制关断导通电流的应用场合，除非能够通过辅助电路使电流强制换流。电流为零后，晶闸管需要一段时间反向承压（数百微秒）使电荷载流子重新组合，才能使晶闸管再次导通。

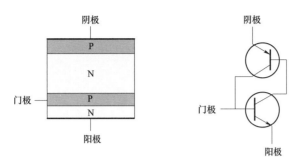

图 5-2　对称（反向阻断）晶闸管的垂直结构和等效电路

目前存在主动控制电流关断的晶闸管器件，即门极可关断晶闸管（GTO），主要应用于电机驱动领域（Williams 1993）。

合适容量等级的 GTO 于 20 世纪 80 年代首次出现，其是晶闸管的衍生物，具有更复杂的门极结构。GTO 的导通方式与晶闸管相同，但在其上附加了关断功能，即可以通过向门极端子注入负电流脉冲（即从门极抽取电流）来关断流通的电流。GTO 完整关断过程需要几十微秒，且所需门极关断脉冲电流很大：通常为阳极电流的三分之一（即该装置的关断增益约为 3）。因此，GTO 门极驱动电路本身就是一个相当大的电力电子换流器。在 GTO 的实际应用中，还需要缓冲电路（由二极管、电感、电阻和电容元件组成）来限制其导通时的电流上升速率和关断时的电压上升速率，但增加了控制复杂性。1987 年，泰勒给出了控制晶闸管和 GTO 的良好控制方法。

像常规晶闸管一样，GTO 的正负极性耐压可以是对称的（见图 5-2），也可以是非对称的（见图 5-3）。由于非对称的 GTO 只承受正向或反向电压中的一种，因此不能被用于需要电压对称器件的 CSC 中。

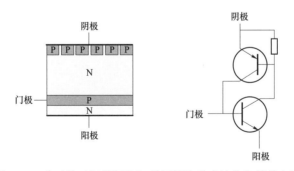

图 5-3　非对称（阳极短路）晶闸管的垂直结构和等效电路

非对称晶闸管在反向阻断 P-N 结上采用了阳极短路设计，能够将不对称 GTO 反向耐压能力降低到几十伏。由于在电压源型换流器（VSC）的应用中，通常在 GTO 上反并联续流二极管（如果晶闸管上施加反向电压，续流二极管就会导通），因此这不是 GTO 在 VSC 中应用的重要限制。由于阳极短路会带来 GTO 开关性能的提高，GTO 的非对称设计实际上对 VSC 是有利的。电压源型换流器（VSC）是静止同步补偿器（STATCOM）和统一潮流控制器（UPFC）的重要组成部分（CIGRE TB 144；CIGRE TB 160）。

随着 GTO 的发展，20 世纪 90 年代出现了门极换流晶闸管，即 GCT。GCT 与传统 GTO 非常相似，但对门极结构进行了一些修改，以允许器件在单位关断增益下运行。单位关断增益意味着要关断 2000A 的阳极电流，即从阳极快速抽取 2000A 的门极电流即可，这就产生了阳极电流"换流"到门极电路的概念。与传统 GTO 相比，单位关断增益可以实现更快、更高效的关断。器件与 GCT 门极驱动器之间连接的电感是影响关断性能的主要因素，因此必须将该电感降至最低实现最佳的性能。

晶闸管系列的最新器件是"集成门极换流晶闸管"，即 IGCT。IGCT 通过重新设计器件封装来解决 GCT 关断时存在的问题，通过特定封装将门极驱动器变为与器件连接的不可分割的一部分，且门极连接完全包围功率半导体器件。上述封装方法，使门极电感极低，从而实现 GCT 的最佳性能。

目前，6500V、5000A（最大关断电流）的 IGCT 已经出产。IGCT 大浪涌通流能力可以在大型工业电机驱动得到了重要的应用。然而，在大多数主流的电力电子应用中，绝缘栅双极型晶体管（IGBT）已经逐渐取代了 GTO 器件。

5.2.3　晶体管系列器件

晶体管系列器件包含多种半导体器件。与晶闸管系列器件相比，晶体管器件的额定电压和额定电流较低，并且相对"脆弱"。它们通常由非常小的单个芯片（必要时并联，以增加额定电流）制成，芯片和外部端子间采用焊接线连接。由于焊接型器件故障时将等效为开路，使得晶体管器件不适宜串联使用。在高压场合的串联应用中，由于串联开关器件的总电压很高，因此单独一个开关器件开路不能承受所施加的电压，从而会击穿产生电弧放电，导致故障器件失效。晶体管也可以采用发射极和集电极表面与大极板接触的压接型封装方法，然而如果使用此类封装方法，晶体管故障时会短路。

虽然晶体管比晶闸管具有更高的正向压降，但其具有许多晶闸管器件所不具有的优势。晶体管开关损耗低很多，从而能够实现更高的开关频率，且能够实现从导通到关断整个开关过程的平滑控制。虽然开关过程持续时间需要很短以避免过度的功耗，但晶体管全控性能可以使其具备较晶闸管所不具备的开关速度。

自 1947 年 Baedden、Brattain 和 Shockley 首次提出晶体管器件的概念以来，许多不同类型的晶体管已被提出并使用（Mohanet al. 1995），其中，最主要几类可以概括为：

（1）双极结型晶体管（BJT）。

（2）场效应晶体管（JFET）。

（3）金属氧化物半导体场效应晶体管（MOSFET）。

（4）绝缘栅双极型晶体管（IGBT）。

在大功率场合中广泛使用的第一类晶体管是双极结型晶体管，即 BJT。BJT 是三层（P−N−P 或 N−P−N）结构的晶体管器件，其中，器件的一侧是发射极，另一侧是电荷载流子的集电极，器件的中间层则被称为"基极"，是用于调节器件阻抗的控制端。"双极"这一术语源于两种极性的载流子都参与传导的过程。

如图 5−4 所示，给出了目前功率变换场合最常用的两类晶体管器件：IGBT 与 MOSFET。其中，MOSFET 主要用于低电压和功率（高达几百伏）的场合，IGBT 主要用于高电压和功率的场合。

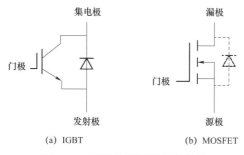

图 5-4　两种重要类型的晶体管

自 21 世纪初以来，额定电压高达 6500V 的大电流硅基 IGBT 器件已被广泛应用于许多大功率 FACTS 和柔性直流输电系统。针对 IGBT 结构及特性的综合分析，详情请见 Volke 和 Hornkamp（Volke and Hornkamp 2011）的研究。

IGBT 为非对称器件，其反向额定电压远低于正向额定电压。然而，在电压源型换流器（VSC）等应用中，"续流二极管"与 IGBT 反向并联，使得电流可以反向续流。续流二极管与 IGBT 通常集成在同一个封装中，以减少两个器件之间的寄生电感。

通过向栅极端子施加正向电压，便可以导通 IGBT，驱动电压通常为+15V。将 0 电平施加在门极上可以关断器件。许多 IGBT 使用负的门极偏置电压（例如-15V）来关断，以降低 IGBT 误导通的可能性。

IGBT 的普及主要因为它将双极晶体管的高通流能力与 MOSFET 的低栅极功耗相结合。IGBT 也存在着一种衍生体，被称为"注入增强型栅极晶体管"或 IEGT（Okamura et al. 1998）。

目前，在大功率的应用场合，IGBT 比 MOSFET 占比更高。但如果采用碳化硅材料代替硅来制造 MOSFET，则 MOSFET 可能达到硅基 IGBT 的功率等级。MOSFET 和 IGBT 之间的重要区别是 MOSFET 内部电流可以双向导通。即当 MOSFET 导通时，其源极和漏极之间的"通道"在任一方向上都能有效地进行电流的流通；而且 MOSFET 即使在关断状态，其自身寄生"体二极管"（如图 5-4 中的虚线所示）也能够提供额外的、相对较弱的反向电流路径。因此 MOSFET 无需反并联续流二极管即可实现所需换流功能。

5.3　电网换相晶闸管开关

由于晶闸管不能主动控制关断，电网换相换流器（LCC）需要交流系统（旋转同步电机，或其他有源交流电压源等）的电流换相实现关断。

5.3.1　组件

在 IGBT 等大功率全控型器件用于电力系统之前，晶闸管就已经是实现换流器经济高效运行的主要器件，并在 FACTS 装置中得到广泛应用。传统晶闸管（不同于门极可关断晶闸管及其后来出现的衍生物）可以通过控制门极实现导通，但需要外部电路使电流强迫为零（电网换相）来实现晶闸管关断。

在交流电网中，每个工频周期会出现两次电流自然过零，使晶闸管成为交流电网接口应用

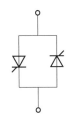

图 5-5　由一对反并联晶闸管
组成的基本换相开关

的重要开关器件。晶闸管只能单方向流过电流，将两个晶闸管反向并联即可实现电流换向开关双向电流流动的需求，如图 5-5 所示。

单个晶闸管额定耐压最高接近 10kV，但与大多数配电网运行要求相比，该耐压等级仍然不够，这意味着图 5-5 中的晶闸管开关仅适用于电压等级很低的交流电网。在电压等级较高的情况下，需要将晶闸管进行串联使用，如图 5-6 所示。由晶闸管元件及其辅助设备串联组成的半导体换流阀称为晶闸管阀。如图 5-6 所示，通常采用电阻—电容（RC）串联电路实现晶闸管间的均压。

对于图 5-5 和图 5-6 中所示双向晶闸管门极信号，可采用两种方法进行控制：第一种控制中晶闸管门极信号仅作为快速开关（图 5-7），且以半个电网周期为基础调节负载电流，开关可以随时导通（在感性负载中，最好将导通瞬间限制在一个周期小范围区域以避免产生较高的偏移电流），但每个周期只会发生两次电流自然过零的情况，而关断只能在其中一次进行。晶闸管的关断与断路器类似，但关断速度快得多，其关断延迟最多半个工频周期，而交流断路器通常需要 3~4 个工频周期。该控制模式给负载提供了半个周期电流，也被称为半周期调制控制。

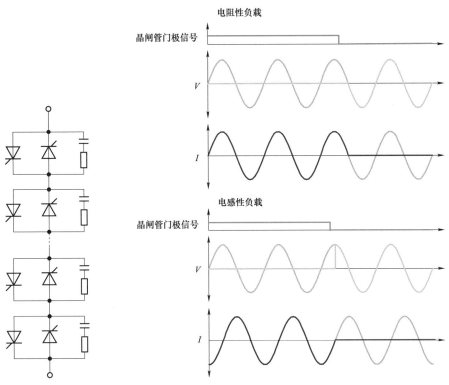

图 5-6　由反并联晶闸管对串联
组成的换相晶闸管门极信号

图 5-7　双向晶闸管门极信号用作半波控制中的快速开关

第二种控制方法称为相位控制。该方法负载电流可以实现在负载阻抗下的全范围可调。

在相位控制（见图 5-8）中，晶闸管门极信号在交流电源电压过零后延迟开启。该延迟角通常称为 α。对于阻性负载，α 允许范围是从 $0 \sim 180°$；对于感性负载，低于 $90°$ 的 α 值会导致偏移电流，因此仅使用 $90°$ 到接近 $180°$ 的移相角范围。

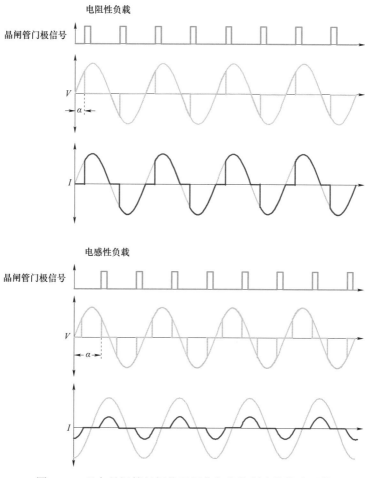

图 5-8　双向晶闸管门极信号用作相位控制中的快速开关

5.3.2　应用

双向晶闸管阀是静止无功补偿器（SVC）的重要组成部分，用于切换或控制并联电抗器和电容器流过的电流（CIGRE TB 78；CIGRE TB 123）。对于并联电抗器，可以采用半周期调制控制和相位控制两种方式，采用上述两种控制的并联电抗器补偿装置分别称为晶闸管投切电抗器（TSR）和晶闸管控制电抗器（TCR）。由于成本较低，具有连续的无功功率吸收能力，TCR 实际应用中更为常见。

对于并联电容器，采用相位控制电容器投切时会产生很大的瞬态电流，因此半周期调制控制方法可应用于并联电容中，由此形成的补偿系统称为晶闸管投切电容器（TSC）。一个

TCR 和一个或多个 TSC 的组合装置可以有效地在宽范围内为系统提供平稳可控的无功功率。静止无功补偿器（SVC）装置将在"6 静止无功补偿器（SVC）技术"一节中详细讨论。

晶闸管阀的另一个应用是通过串联补偿装置控制高压交流输电线路中的潮流。串联补偿通常是大电容与输电线路串联形成，某些情况下，TCR 可以与串联电容器并联改变串联补偿的相位。这种装置被称为晶闸管控制串联电容器（TCSC），并已在短路电流容量为 25kA 的输电线路上进行了应用（CIGRE TB 554）。TCSC 装置将在"8 晶闸管控制串联电容器（TCSC）技术"一节中详细讨论。

晶闸管开关也可用作配电系统中的固态转换开关。

5.4　自换相换流器

自换相换流器通过使用全控型开关器件避免了电网换相换流器的局限性，即自换相换流器可以与不含同步电机或其他电源的交流电网相连接。

自换相换流器分为电流源型和电压源型。在电流源型换流器中，直流电流的方向和大小由直流侧的大电感维持恒定；在电压源型换流器中，直流电压的极性和大小则由直流侧的大电容维持恒定。尽管电流源型自换相换流器理论上能够实现，但与电压源型换流器相比，其在电力系统中并不常见。

5.4.1　电流源型换流器

图 5-9 给出了并联无功补偿装置（STATCOM）中实现电流源型换流器的基本方案。电流源型换流器通过控制流过电感 L_S 的直流电流 i_{dc}，在交流电力系统中产生一组三相基波输出电流实现无功补偿。换流器输出的电流和交流系统电压之间 90° 超前或滞后相位角可以通过换流器开关的适当操作来控制。±90° 的相角意味着电流源型换流器与交流电网只有无功功率的交换，但如果电流源型换流器的直流侧连接有电源，则也可以进行有功功率的交换。

电流源型换流器存在的问题是换流器的直流侧连接了一个电流源（带电电感），因此交流端子必须连接在电压源上，否则换流器的端口电压与开关器件的电压应力会不一致。由于交流系统中发电机、输电线路以及变压器阻抗的影响，换流器交流侧连接的系统电路将呈感性，电流源型换流器的交流侧出口必须并联电容器或容性滤波器以满足连接于电压型交流接口的需求。

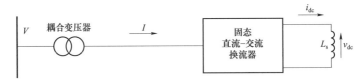

图 5-9　可产生无功功率的电流源换流器

由于电流源型换流器在交流输出端口会产生一组类方波的输出电流（而不是电压），为了满足输入和输出瞬时功率的平衡，其直流侧储能电感两端会产生电压纹波。基于常规晶闸管器件的简单型 CSC 通常用于现有直流输电系统中进行无功功率控制。直流输电系统中的

CSC 只能产生滞后的无功功率，超前无功功率的产生需要控制晶闸管器件的关断，而这在直流输电系统中无法实现。

如图 5-10 所示，给出了典型的 6 脉波三相电流源型换流器的拓扑结构。由于该结构中使用了 6 个能够单向电流流通和承受双向电压的电流可关断型晶闸管，对称型 GTO 是适用于上述换流器的典型大功率半导体器件。由于在对称型 GTO 中，不仅可以承受相同电压等级的正负电压，同时 GTO 的电流只能从阳极传流向阴极，与拓扑中所需要的电力电子开关特性完全一致。

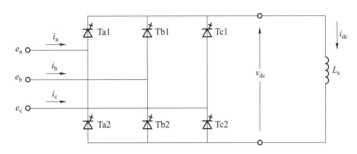

图 5-10   典型 6 脉波三相电流源换流器拓扑结构

5.4.2   电压源型换流器

电压源型换流器（VSC）依赖于连接在换流器直流侧的电压源（通常为电容器），通过交流侧电感连接到交流电源上，如图 5-11 所示。尽管一些 VSC 的交流和直流侧区别不明显，但基本原理是一致的。

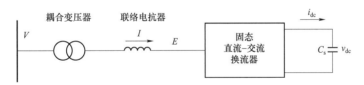

图 5-11   可产生无功功率的电压源型换流器

VSC 的直流侧电压源根据控制需求，通过开关器件的操作，可以在交流侧形成满足振幅、相位和波形需求的交流侧电压。为了减小换流器对滤波参数过大的需求，交流侧电压波形应被控制为正弦电压。与交流电网电压不同，换流器产生的交流电压的振幅和相位直接控制换流器和电网之间的有功和无功交换。例如，STATCOM 可以认为是通过耦合电感连接到交流系统的可控电压源，如图 5-11 所示。

目前，电压源型换流器（VSC）在工业应用以及电力驱动等领域已经完全取代 CSC。在相同电力电子器件条件下，VSC 可以获得更高的开关频率，以实现更紧凑、更轻量型的设计。

电压源型换流器有许多不同的拓扑结构（Arrillaga et al. 2007；Mohan et al. 1995），其中，主要的拓扑分析如下。

5.4.2.1   单相两电平结构

最简单的电压源型换流器是单相两电平结构，如图 5-12 所示。单相两电平结构是实现直流到交流变换的最简单结构。不同时刻交流侧只能输出两个单一的离散电压（相对于电容器中心的虚拟中性点），因此该换流器称为单相两电平结构。在单相两电平结构中，如果上管导通，则换流器的输出电压为+1/2V_{dc}，如果下管导通，换流器的输出电压为$-1/2V_{dc}$。单相两电平结构的上、下两管的开关器件不能同时导通，否则将造成直流电容短路，导致开关器件过流甚至爆炸。

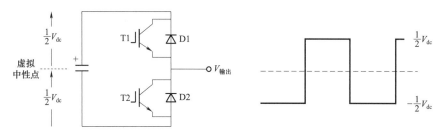

图 5－12　单相两电平结构及其输出电压波形

注：目前关断型器件在大功率设备中应用广泛，图中可控半导体器件采用了 IGBT 符号，仅作示例，原则上下述所有换流器拓扑均可使用任一类型的自换相半导体开关。

两电平桥臂已经成为大多数类型功率换流器（例如图 5－20 所示的"Graetz"桥电压源型换流器）中的常规组件。两电平的主要缺点除输出电压为方波外，还有：在不采用脉宽调制（PWM）或一些间接的控制技术（如直流电压控制）时无法提供零输出电压。尽管 PWM 技术已经广泛应用于 IGBT 控制中，但其会增加开关器件的开关频率，因此 PWM 技术并没有广泛应用于 GTO。

在两电平换流器桥臂中，换流器的电流不断地在上、下管的 IGBT 及续流二极管之间进行交换。电流从上管转移到下管或者从下管转移到上管的过程称为换流。

图 5－13（a）给出了电流从二极管 D1 转移到下管时的运行模式。通过导通 T2 开始换流过程。此时会造成直流电容短路，导致 D1、T2 和直流电容形成回路的电流迅速上升，从而使 D1 中的电流在很短时间内降为零，并且使二极管中的电流变为 0。图 5－13（b）显示了负载电流方向相反的情况，即 T1 导通，使 D2 电流变为 0。

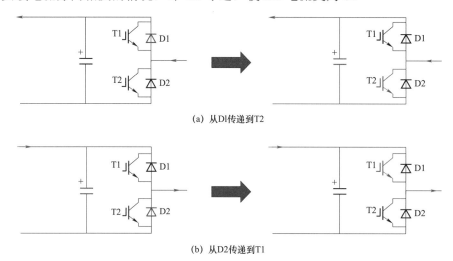

(a) 从D1传递到T2

(b) 从D2传递到T1

图 5－13　电流从二极管到 IGBT 转移示意图

在图 5-14 中，给出了与图 5-13 相反的换流过程，即电流从 IGBT 换流到二极管。图 5-14（a）给出了电流从 T2 到 D1 的转移过程，这是通过关闭 T2 造成的。此时，由于没有其余通路，电流只能通过 D1 续流。图 5-14（b）给出了电流相反的情况，即 T1 关闭导致电流换流到了 D2。

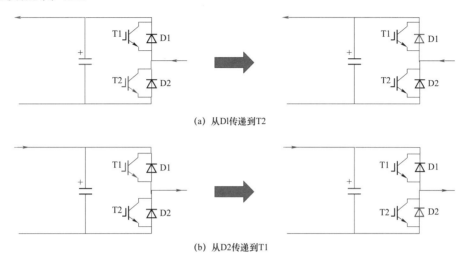

(a) 从 D1 传递到 T2

(b) 从 D2 传递到 T1

图 5-14　电流从 IGBT 到二极管转移示意图

为了使上、下管之间换流过程高效且不对半导体器件造成过大的电压应力，两个开关器件和直流电容所形成回路的杂散电感应尽可能小，这对换流器的安全运行十分重要。

5.4.2.2　中性点钳位（NPC）多电平结构

通过使用如中性点钳位（NPC）三电平结构（也被称为 NPC 结构）等更复杂的主电路拓扑，可以增加输出电压的电平数。

如图 5-15 所示，给出了 NPC 换流器的拓扑结构及交流侧输出电压波形。在 NPC 的直流侧，有三个端子分别连接到两个分离的直流电容上，或者连接到具有中心抽头的直流电容上。相较于单相两电平结构，NPC 晶体管的数量是两电平结构的两倍，且需要额外的钳位二极管 Dc1 和 Dc2 连接到直流电容的中点上。在相同晶体管参数下，每个晶体管的输出功率特性不变时 NPC 的直流电压是两电平结构的两倍。

如图 5-15 所示，NPC 的输出电压具有正、负、零三个电平。输出正电平是通过控制 NPC 的两个上管 T1 和 T2 导通，输出负电平是通过控制 NPC 的两个下管 T3 和 T4 导通，而输出零电平通过控制 T2 和 T3 的导通实现。在零电平输出时，正向电流流过 T2 和 Dc1，负向电流流过 T3 和 Dc2。如图 5-15 所示，正电平（和负电平）输出电压相对于零电平输出电压的时间差是控制参数 α 的函数，参数 α 定义为上阀和下阀的导通间隔。由 NPC 产生的输出电压的基波分量大小是参数 α 的函数。当 α 等于 0° 时基波电压幅值最大，当 α 等于 90°时，基波电压幅值为零。即 NPC 的一个典型优点是，在不改变每个周期内开关器件开关次数下，NPC 能够自由地调节输出电压基波量的幅值。通过合理地选择 α，可以消除 NPC 输出波形中选定的谐波分量。然而这些优势均是以更复杂的拓扑和控制为代价实现的。

为了进一步降低交流输出电压的谐波含量，NPC 可以扩展为 $2n+1$ 多电平（$n=1,2,3,\cdots$）拓扑（Arrillaga 2007）。换流器直流侧由 $2n$ 个直流电容（一个完整的三相换流器由三个完全

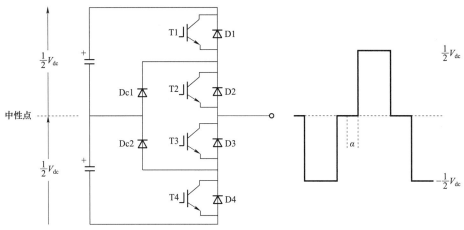

图 5-15　三电平中性点钳位换流器结构和输出电压波形

相同的单相换流器组成）提供的 $2n$ 个直流电源串联，能够在交流侧产生 $2n+1$ 的离散电压电平。整个换流器还需要 $4n$ 个晶体管和续流二极管，以及 $2（2n-1）$ 个钳位二极管支路，用于选择性地将 $2n+1$ 个电压电平连接到交流输出端。钳位二极管支路总电压等级也随着 n 的增加而增加。

图 5-16 给出了五电平中性点钳位换流器结构及输出电压波形，通过适当选择 α 可以消除 3、5 次和 7 次谐波。随着输出电平数的增多，中性点钳位电压源型换流器的电路更复杂，控制和操作更困难。开关器件电压应力不均、钳位二极管额定电压上升等问题也使输出电平升高后的电压源型换流器面临着成本上升的挑战。

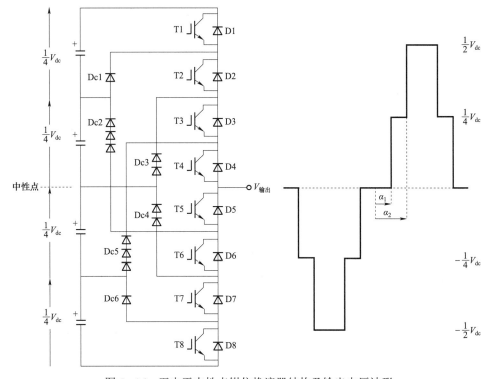

图 5-16　五电平中性点钳位换流器结构及输出电压波形

5.4.2.3 飞跨电容多电平结构

多电平换流器另一种拓扑结构是"飞跨电容"（有时也称为"浮动电容"）结构，其最简单的三电平结构如图 5-17 所示。这种拓扑结构采用梯形结构布置直流电容，电容上电压从选定的最低值逐渐增加到选定的最高值。

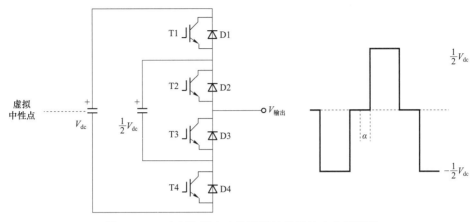

图 5-17 三电平飞跨电容换流器结构及输出电压波形

两个电容器之间电压的增量决定了输出电压波形中电压台阶的大小。

最简单的飞跨电容电路是三电平飞跨电容结构，如图 5-17 所示，在两个飞跨电容的直流端口分别连接有 4 个开关管。与三电平 NPC 相似，三电平飞跨电容结构的正电压（$+V_{dc}/2$）通过控制 T1 和 T2 的导通实现，负电压（$-V_{dc}/2$）通过控制 T3 和 T4 导通实现。然而，不同于三电平 NPC 结构，三电平飞跨电容换流器的 0 电平不是通过控制 T2 和 T3 导通实现（这将导致击穿），而是通过控制导通 T1 和 T3 或者 T2 和 T4 实现。

与 NPC 换流器一样，飞跨电容换流器也可扩展到更高的输出电平，如五电平，但与 NPC 换流器一样，这是以更复杂的结构为代价实现的。因此，中性点钳位或飞跨电容换流器的拓扑结构实际中很少超过三个电平。

5.4.2.4 半桥子模块

由于需要连接到电容的（虚拟）中性点，上几节所述换流器结构在作为独立电路进行功率转换时并不实用。

为解决上述问题，可以将回路连接到一个电容器的一端，形成"半桥子模块"，如图 5-18 所示。该电路由 Marquardt 首次提出，其能够产生一个非对称电压波形，电平值分别为零或 V_{dc}（Lesnica and Marquardt 2003）。

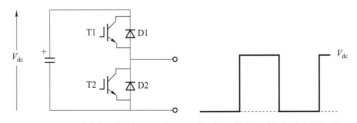

图 5-18 半桥子模块（两电平）换流器结构及输出电压波形

半桥子模块结构对于直流输电模块化多电平换流器（MMC）至关重要，尽管其不是构建 STATCOM 系统最有效的子模块，半桥结构也可以用于 FACTS 系统。

5.4.2.5　H 桥（全桥）

将共用公共直流电容的两个两电平单相半桥组合就得到了"H 桥"或"全桥"电路，如图 5-19 所示。虽然每个交流输出端与中性点间的输出电压（相对于中性点）只有两个，但 H 桥的线间的输出电压有三种：$\pm V_{dc}$ 和 0。

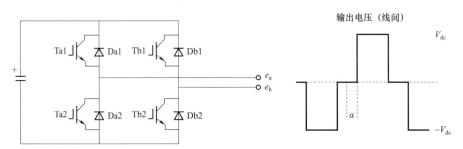

图 5-19　H 桥或全桥（两电平）换流器结构及输出电压波形

H 桥的概念可扩展到三电平或五电平换流器中，线间输出电压分别具有五电平和九电平输出。对于基于 n 电平结构的 H 桥，线间输出电压有（$2n-1$）个可能的电平。

目前，H 桥广泛应用于小功率单相换流器中，也是高压大功率 STATCOM 和全桥 MMC 中使用的"链式电路"的基本组成模块。

5.4.2.6　三相"Graetz"桥

将三个两电平桥臂连接到一个公共电容上，可以得到经典的三相"Graetz"桥结构，如图 5-20 所示。该电路是目前三相系统应用最广泛的换流器结构。

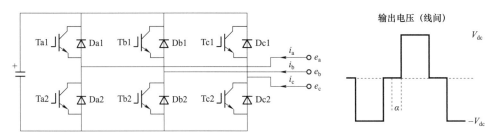

图 5-20　三相桥或"Graetz"桥（两电平）换流器结构及输出电压波形

与 H 桥相似，基于 n 电平结构的 Graetz 桥具有（$2n-1$）个可能的线间输出电压电平值。

三相桥最简单的拓扑结构称为两电平 6 脉波换流器，其中包含 6 个自换相半导体开关组成的三相桥臂，每个开关均由一个与二极管反向并联的可关断半导体开关（此处显示为 IGBT）组成。两电平 6 脉波换流器具有以下典型特征：

（1）3 个输出中的每一个均只能通过相应上管或下管连接到直流电源的正极或负极（因此为"两电平"）。

（2）换流器采用 6 个功率开关器件形成三相桥臂。

如果两电平换流器的三相桥臂均以理想的工频运行，且每相桥臂间的相位差为 120°，则会产生一组基于直流电源（电容器）虚拟中点的 3 个平衡方波（e_a、e_b 和 e_c），如图 5-21（a）

所示。该方波相电压也会产生一组平衡的类方波线电压（e_{ab}、e_{bc} 和 e_{ca}）。

如图 5-21（b）所示，给出了换流器发出无功功率时，通过换流器不同开关器件（例如 Da1 和 Ta1）中半导体开关和二极管的电流［分别由三个输出电流（i_a、i_b 和 i_c）中的无阴影部分和阴影部分表示］，与通过直流电容的电流。图 5-21（c）给出了换流器吸收无功功率时，通过换流器不同开关器件中半导体开关和二极管的电流，与通过直流电容的电流。为了更直观地表示，图中忽略了换流器输出电流中的谐波。从这些图中可以看出每个开关器件及其反并联二极管在每个周期中交替承载 90° 的输出电流，即开关器件和二极管的额定电流相同。当输出为容性无功（发出无功功率）时，开关器件必须在电流峰值时关断（换相）；当输出电流为感性无功（吸收无功功率）时，开关器件可以自然换相。

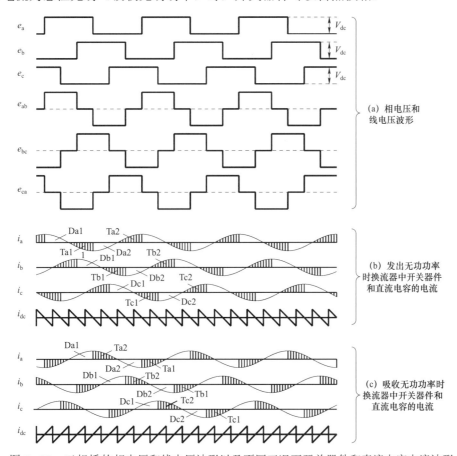

图 5-21 三相桥的相电压和线电压波形以及不同工况下开关器件和直流电容电流波形

理想情况下，两电平换流器将产生正弦输出电压，并从交流系统中吸收正弦无功电流，从直流电容中吸收平均值为 0 的输入电流。然由于系统不平衡或成本等因素的考虑，这些理想条件不能完全实现，但仍可以通过脉波数更高（24 或更高）的换流器结构来实现不错的效果。

在实际应用中开关器件存在一定损耗，因此存储在直流电容中的能量会在内部循环耗尽。通过使换流器的输出电压小角度滞后于交流系统电压，这些损耗可由交流系统提供。即换流器从交流系统中吸收少量有功功率，以补充其内部损耗，并使电容电压保持恒定。此外，与电网交换的有功功率也可以随时变化，以增加或减少电容电压。在某些换流器拓扑中，其是调整换流器输出电压幅度的唯一方法，从而调整与交流电网交换的无功功率（因为换流器输出电压和交流系统电压之间的幅度差仅决定无功电流的大小和方向，从而出现无功功率产生或吸收）。由于输出功率的动态变化，即使在理想换流器中，直流电容输入和输出之间的能量平衡也至关重要。

当然，也可以将换流器与直流电源（如电池）或容量非常大的储能装置（如大型直流电容或超导电感）一起使用。在这种情况下，换流器可以控制与交流系统的无功功率和有功功率交换。控制有功功率和无功功率交换的能力是两电平换流器的一个重要特征，可有效用于功率振荡阻尼、均衡峰值功率需求以及为关键负载提供不间断电源的应用中。这一特征使电压源型换流器系统明显区别于传统的晶闸管控制的 SVC，因为 SVC 不能连接于无源系统。

5.4.2.7　三相（Graetz）桥的脉宽调制

为产生高质量的输出波形，脉宽调制（PWM）技术在交流变频和其他低功率领域已广泛应用长达数十年之久。在 PWM 中，每个控制周期内，换流器的每个开关管均有规律地开关，且控制开关动作的时间间隔，使产生的输出波形的正负伏秒段的平均值与期望的正弦波保持一致（Holmes and Lipo 2003）。图 5−22（a）给出了 PWM 产生的两电平换流器 A 相和 B 相的典型桥臂输出电压波形，图 5−22（b）给出了所得线电压（即换流器的 A 相桥臂和 B 相桥臂之间的电压差）波形。

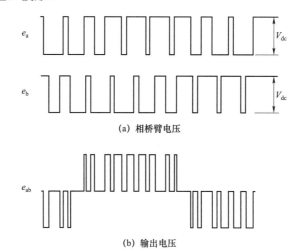

图 5−22　理想 PWM 两电平换流器的相桥臂电压以及输出电压波形

对于早期电力电子应用，如晶闸管或 GTO 大功率电网换相换流器等应用，由于器件产生的高开关损耗，使用 PWM 技术的优势有限。在这种情况下，PWM 技术通常被用于消除输出电压波形中的特定谐波（如 5 次和 7 次谐波）。如图 5−23，给出了有限的、"程序化" PWM 技术在换流器应用时的输出电压波形，其中 5 次和 7 次谐波被两个"凹口"消除。（一般来说，为了消除给定的谐波，需要适当放置一个具有特定宽度的"凹口"。）值得注意的是，程控的 PWM 技术消除谐波是有代价的，即在消除所选（低阶）谐波的同时，其余（高阶）谐波的幅值会明显增大。

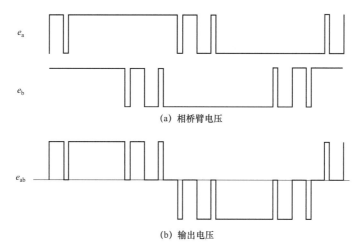

(a) 相桥臂电压

(b) 输出电压

图 5-23 采用 5 次和 7 次谐波消除后的理想 PWM 两电平换流器的相桥臂电压以及输出电压波形

低开关损耗的大功率 IGBT 的出现使得基于 GTO 调制的 PWM 技术变得不那么重要，但基于 PWM 的换流器的高开关损耗在并网电压源型换流器应用中仍是一个显著的缺点。在使用寿命较长的情况下，功率损耗的寿命成本是影响设计的一个重要因素。

此外，PWM 型换流器可以通过在每个桥臂中直接串联多个 IGBT 进行升压或并联多个 IGBT 来增加开关器件的耐压耐流值，进而提高额定功率（Aho et al. 2010）。

5.4.3 自换相换流器应用

上述自换相换流器拓扑可用于不同场合的 FACTS 应用中。尽管基于 IGBT 和直流电容的电压源型换流器多应用于大功率场合，甚至大多数人认为"电压源型换流器"和"自换相换流器"等同，但原则上电流源型或电压源型换流器均可应用于 FACTS 系统中。

自换相换流器在 FACTS 中最常见的应用是静止同步补偿器，即 STATCOM。STATCOM 是一种并联无功补偿设备，其功能类似于静止无功补偿器，即 SVC。STATCOM 由一个并联的自换相（通常是电压源）换流器组成，该换流器通过电感耦合到交流电网中。通过改变换流器产生电压的大小，可以吸收或发出无功功率。STATCOM 在静止补偿器（STATCOM）技术一节中有更详细的描述。

自换相换流器另一个用途是静止同步串联补偿器，即 SSSC。SSSC 与 STATCOM 的不同之处在于其与输电线路串联作为快速可变串联补偿装置，主要用于调节线路阻抗进而调节系统的有功功率。截至 2017 年，SSSC 的应用案例很少，目前只有西班牙的 Red Electrica de Espania 220kV 交流线路上安装了类似的装置（Chivite-Zabalza et al. 2014）。

UPFC 结合了 STATCOM 和 SSSC 的特点，使用两个电压源型换流器（一个并联，另一个串联）在直流侧工作，并通过隔离变压器连接到待补偿的线路（CIGRE TB 160）。虽然 UPFC 是在 1998 年第一次提出（Renz 1998），但截至 2018 年在电网中的应用仍比较罕见，其技术细节在"9 统一潮流控制器（UPFC）及其潜在的变化方案"中进行了详细描述。

除上述串联和并联补偿装置外，自换相开关（基于 GTO 的结构）已用于一些需要大电流关断能力的固态断路器和故障限流器的示范工程中。（CIGRE TB 337）。

参考文献

Aho, J. et al.: Description and evaluation of 3-level VSC topology based statcom for fast compensation applications. In: 9th IET International Conference on AC and DC Power Transmission, London (2010).

Arrillaga, J., Liu, Y. H., Watson, N. R.: Flexible Power Transmission;The HVDC Options. Wiley (2007). John Wiley & Sons.

Bardeen, J.: Flow of Electrons and holes in semiconductors (physics of transistor effects), Chapter 4 in Part 8, The Solid State;In: Handbook of Physics, Mc Graw Hill Book Company, Second Edition (1967). ISBN: 07-012403-5.

Chivite-Zabalza, F. J., Izurza, P., Calvo, G., Rodriguez, M. A.: Laboratory tests of the voltage sourced converter for a 47 MVAr series static synchronous compensator for the Spanish highvoltage transmission grid. In: 7th IET International Conference on Power Electronics, Machines and Drives (PEMD 2014), pp. 1–6. Manchester (2014).

CIGRÉ TB 123.: Thyristor Controlled Series Compensation, (December 1997).

CIGRÉ TB 144.: Static Synchronous Compensator (STATCOM), (August 2000).

CIGRÉ TB 160.: Unified Power Flow Controller (UPFC), (August 2000).

CIGRÉ TB 183.: FACTS Technology for Open Access, (April 2001).

CIGRÉ TB 337.: Increased System Efficiency by the use of New Generations of Power Semiconductors, (December 2007).

CIGRÉ TB 554.: Performance Evaluation and Applications Review of Existing Thyristor Control Series Capacitor Devices –TCSC, (October 2013).

CIGRÉ TB 78.: Voltage and Current Stresses on Thyristor Valves for Static var Compensators, (October 1993).

Holmes, D. G., Lipo, T. A.: Pulse Width Modulation for Power Converters. IEEE Press (2003). IEEE Press, 445 Hoes Lane, Piscataway, NJ 08854, USA.

Lesnicar, A., Marquardt, R.: An innovative modular multilevel converter topology suitable for a wide power range. In: Power Tech Conference Proceedings, vol. 3, p. 6 (2003).

Mohan, N., Undeland, T. M., Robbins, W. P.: Part 2, Chapter 8, switch mode dc-ac inverters. In: Power Electronics, Converters, Applications and Design, 2nd edn. Wiley (1995). ISBN: 0-471-58408-8. Taylor: John Wiley & Sons.

Mohan, N., Undeland, T. M., Robbins, W. P.: Part 6, Semiconductor devices. In: Power Electronics, Converters, Applications and Design, 2nd edn. Wiley. ISBN: 0-471-58408-8.

Moll, J. L., Tanenbaum, M., Goldey, J. M., Holonyak, N.: P-N-P-N Transistor Switches. In: Proceedings of the IRE (now IEEE), vol. 44 (9), p. 1174–1182 (1956).

Okamura, K., Nakajima, N., Souda, M., Endo, F., Matsuda, H., Kaneko, E.: Sub-microsecond pulse switching characteristics of a 4500-V IEGT. Conference Record of the Twenty-Third International Power Modulator Symposium (Cat. No. 98CH36133) (1998).

Renz et al., Worlds First Unified Power Flow Controller on the AEP System, CIGRÉ paper 14–107, (1998).

Semiconductors.: http://edisontechcenter. org/semiconductors. html. Accessed 21 Feb 2018

Taylor, P. D.: Thyristor Design and Realisation. Wiley (1987).

Volke, A., Hornkamp, M.: IGBT Modules—Technologies, Drivers and Applications. Infineon Technologies AG, Munich (2011).

Colin Davidson，英国斯塔福德通用电气公司研究中心高压直流输电咨询工程师。1989 年 1 月入职该公司（当时隶属于美国通用电气公司），历任晶闸管阀设计工程师、晶闸管阀经理、工程总监、研发总监等职位。他是特许工程师和 IET 会士（Fellow），曾任 IEC 标准化委员会高压直流输电和 FACTS 分委会委员。拥有剑桥大学自然科学专业的物理学位。

静止无功补偿器（SVC）技术

6

Manfredo Lima、Stig Nilsson

目次

Manfredo Lima（✉）
巴西累西腓，CHESF 电气工程应用部，巴西累西腓伯南布哥大学
电子邮箱：manfredo@chesf.gov.br

Stig Nilsson
美国亚利桑那州塞多纳，毅博科技咨询有限公司电气工程应用部
电子邮箱：stig_nilsson@verizon.net，snilsson@exponent.com

© 瑞士，Springer Nature AG 公司 2020 年版权所有
S. Nilsson，B. Andersen（编辑），柔性交流输电技术，CIGRE 绿皮书，https://doi.org/10.1007/978-3-319-71926-9_7-2

摘要

本章介绍了电力系统中使用的静止无功补偿器（SVC）技术。说明了从 20 世纪 80 年代开始的技术发展，介绍了当时第一批以及后来安装在巴西的 SVC。本章在多个方面描述了两组 SVC 控制系统的协调运行，突出了在下一代 SVC 中使用自适应控制系统的优点。本章还描述了一种创新解决方案，该方案使用串联电抗器来降低谐波滤除的要求，避免发生谐振；该设备自 2016 年 12 月起在巴西电网运行。本章还详细介绍了一种控制方案，该方案用于协调巴西电网中两个电气近距离安装的 SVC 的运行。

6.1   引言

静止无功补偿器（SVC）使用晶闸管来控制无功功率（Hingorani adn Gyugyi 2000）。SVC 可由以下一个或多个部分组成：

（1）晶闸管控制电抗器（TCR），晶闸管用于控制电抗器输出。

（2）晶闸管投切电容器（TSC），晶闸管用于电容器的投入或切除。

（3）晶闸管投切电抗器（TSR），晶闸管用于电抗器的投入或切除。

（4）交流谐波滤波器，必要时可由断路器进行投入或切除。

这些元件通常通过 SVC 变压器连接到高压（HV）交流系统。连接点通常称为公共连接点（PCC）。

本章的下一节将描述 SVC 的特点和应用。

6.2   SVC 的主回路元件

6.2.1   晶闸管控制电抗器（TCR）

TCR 向交流电网注入连续变化的感性无功功率。TCR 通常由双向晶闸管阀和空心电抗器以三角形方式连接。TCR 电抗器通常分为两个，晶闸管阀布置于两个电抗器之间。这种布置在对地短路的情况下限制通过阀的短路电流，并且在 SVC 母线上发生雷击的情况下为晶闸管阀提供保护。

晶闸管阀由反并联的晶闸管组成，在正负半周期内都能产生电流。TCR 电流决定于晶闸管阀触发角（见图 6-1）。该角度从阀能够导通的交流电压半周期的过零点开始测量。TCR 阀触发角由 SVC 控制系统确定。由于晶闸管阀的触发角从最小值变化到最大值，分别接近 90°和 180°（Miller 1982；CIGRE TB 25 1968；CIGRE TB 78 1993），其无功功率从其最大值变化到零。

SVC 控制系统可以设置为控制交流系统电压或根据交流电压提供无功功率输出。SVC 控制系统的运行基于在电力系统公共连接点（PCC）测得的电压和无功功率与操作员设定的参考值之间的偏差信号。有关 SVC 系统操作和控制的更多信息，参见本章第 6.3 节。

TCR 三角形连接的主要目的是在系统对称条件下运行时，减少三次（三倍工频）谐波。

在晶闸管阀连续导通条件下，触发角为 90°，此时 TCR 达到最大方均根（RMS）电流。在这种情况下，流过电抗器和晶闸管的电流为纯正弦且无谐波的交流电流，如图 6-1 中绿色所示。

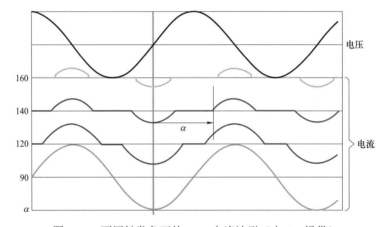

图 6-1　不同触发角下的 TCR 电流波形（由 GE 提供）

对于大于 90°但小于 180°的晶闸管触发角，流过 TCR 的电流为周期性且非正弦的交流电流。如果晶闸管的触发对称，将仅产生奇次谐波，包含 $6n\pm1$（$n=1, 2, 3\cdots$）次特征的谐波电流。以电抗器电流为函数的基频电流分量和 h 次谐波电流分量的有效值，由下式得出（CIGRE TB 25 1986）：

$$\frac{I_1}{I_L} = \frac{1}{\pi}[2\times(\pi-\alpha)+\sin 2\alpha] \tag{6-1}$$

$$\frac{I_h}{I_L} = \frac{4}{h\pi(h^2-1)}[\cos\alpha\sin h\alpha - h\sin\alpha\cos h\alpha] \tag{6-2}$$

式中：I_1 为基频分量；I_h 为 h 次的谐波分量；I_L 为连续导通时的电抗器电流；α 为在 π/2 弧度（90°）完全导通和 π 弧度（180°）不导通之间以弧度变化的触发角；h 为 6 脉动运行（三相连接）时的谐波次数，等于 $6n\pm1$。

在 12 脉动连接中，第 5、7、17、19 等次谐波在变压器高压绕组中被消除。

如图 6-2 所示，对于第 5、7、11 和 13 次谐波，谐波电流的幅值取决于 TCR 触发角。红色表示以触发角为函数的基频电流方均根值的标幺值。为确保在 PCC 点谐波电压畸变的要求，必须充分滤除谐波电流（Miller 1982；CIGRE TB 78 1993）。

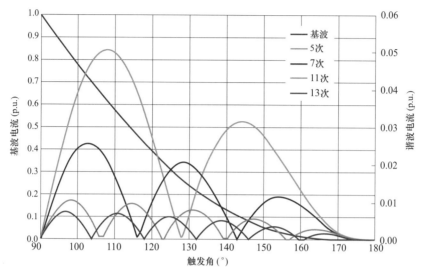

图 6-2 TCR 谐波电流与触发角的函数关系

如上所述，对于三相系统，TCR 的首选连接方式是三角形连接（见图 6-3）。在这种情况下，当电力系统平衡时，三次谐波电流在闭合三角形中流通，并不会流入线路。前面提到的其他谐波电流都将流入线路，因此通常需要滤波器滤除这些谐波电流。在稳态运行中，确保两个反并联晶闸管的触发角尽可能相等是非常重要的。触发角不相等会产生偶次谐波电流和直流分量。

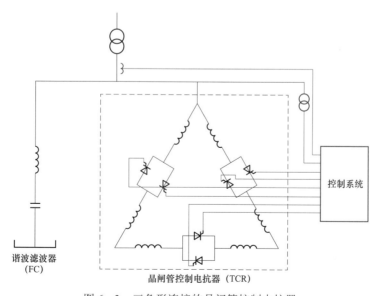

图 6-3 三角形连接的晶闸管控制电抗器

6.2.2　晶闸管投切电容器（TSC）

当晶闸管阀完全导通或者完全闭锁时，TSC 向电力系统注入阶跃变化的容性无功功率。TSC 的每相由一个电容器、一个双向晶闸管阀和一个小型浪涌限流空芯电抗器组成（见图 6－4）。在一些设计中，浪涌限流电抗器可以分成两个，类似于 TCR。

图 6－4　晶闸管投切电容器（由 GE 提供）

三相通常以三角形连接以降低晶闸管阀的额定电流（CIGRE TB 25 1968；CIGRE TB 78 1993）。该电抗器主要用于：

（1）限制暂态过电压。

（2）阻尼浪涌电流。

（3）滤除来自电网或任何其他电气近距离运行 SVC 的谐波。

（4）在异常运行条件下限制晶闸管阀中的浪涌电流，例如，当不满足无瞬变条件时电容器切换误操作，并避免在特定频率下与输电系统谐振（Hingorani and Gyugyi 2000）。

通过关断晶闸管门极的触发脉冲，TSC 可以在任何电流过零点时被关闭。在电流达到过零点时，电容电压达到其峰值，而切除的电容器在此电压下暂时保持为充电状态。TSC 容量配置的二进制组合有时用于减少开关时的级差（例如 1, 2, 4, …）。

如果电容器两端的电压保持不变，TSC 可以在施加交流电压的适当峰值下再次投入而没有任何暂态过程，如图 6－5 中带正、负电的充电电容器所示。

图 6－6 显示了完全放电和部分放电时电容器开关暂态过程。

开关瞬间的 dv/dt 不为 0，会引起暂态过程。如果没有串联电抗器，会在晶闸管阀和电容器中产生非常大的瞬时电流。电容器和串联电抗器之间的相互作用，产生电流波形中的暂态振荡。基于上述原因，TSC 中最小化暂态投入的条件为：

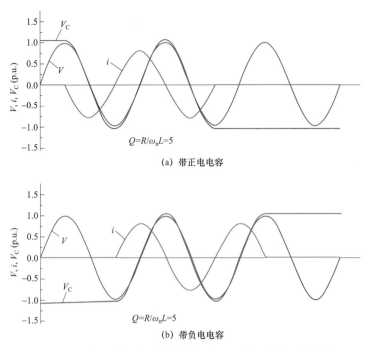

图 6-5 带正电电容和负电电容时 TSC 的无暂态切换过程

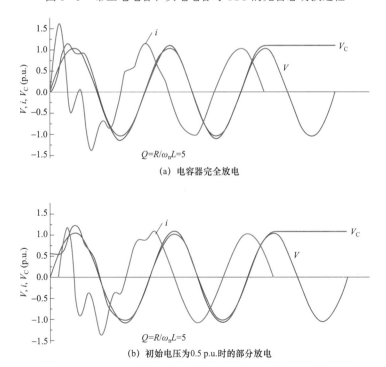

图 6-6 TSC 电容器完全放电和部分放电时的开关暂态过程

（1）如果电容残电低于峰值交流电压，则正确的投入时刻是该电压等于电容瞬间电压。

（2）如果电容残电等于或高于峰值交流电压，则正确的投入时刻为晶闸管阀电压在其最小值时，也就是交流电压处于峰值时刻。

综上所述可以得出结论，在正常条件下，投入 TSC 的最大可能延迟是所施加交流电压的一个完整周期。但是，如果由于严重的过电压状态，TSC 模块已经退出，则可能需要更长的延时才能再次投入，除非设备是为对应的电流应力而设计的。这也意味着，触发角控制不能作为改变输出的方法应用于 TSC。投切必须在满足上述最小暂态条件的各个周期的特定时刻进行。因此，TSC 支路表现为从 SVC 中压母线接入或者退出的单个电容导纳。该设备自身只为注入电力系统的无功功率提供二进制逻辑（开/关）控制（Padyar 2007）。

TSC 不会产生谐波电流，但可能会放大其他来源的谐波，例如相邻的 TCR 或交流系统背景谐波。

通过采用 TCR 和 TSC 之间的协调运行策略，可以实现无功功率的无级控制。通过 TCR 和 TSC 的联合使用，可以实现高灵活性和低损耗运行。通常，TCR 的额定容量应大于 TSC 投切可能导致的最大无功功率阶跃。

6.2.3　晶闸管投切电抗器（TSR）

如果 TCR 投切过程中，触发角被限制到固定角度，通常为 90° 和 180°，则 TCR 被视为晶闸管投切电抗器（TSR）运行。TSR 表现为一个固定的感性电纳，因此，当连接到电力系统时，TSR 会注入与施加电压成比例的感性电流。几个并联运行的 TSR 可以以阶跃方式提供等效感性电纳。如果 TSR 在 90° 运行，其稳态电流将是纯正弦和无谐波的。

TSC 和 TSR 的结合可以提供有用且低损耗的补偿。有时，TCR 也可在某些特定条件下以类似 TSR 方式运行，例如，如本章第 6.7 节所述，存在并联 TCR 的运行方式。这种运行策略可降低整个 SVC 谐波水平。

6.2.4　交流谐波滤波器

使用 TCR 的 SVC 通常需要交流滤波器，但如果仅使用 TSC 和 TSR，则可能不需要，因为在这种情况下只有正弦电流会流过。

交流滤波器采用电感、电容和电阻的串联或并联组合设计。它们向电网注入容性无功功率，其值取决于滤波器的设计。通常它们始终连接到电网中，但如果使用冗余方式配置交流滤波器，它们可以通过专用断路器或主 SVC 断路器来投入和退出，具体取决于这些支路的设计。

滤波器设计取决于 SVC 设计阶段开展的谐波分析研究。为此，规范书中的 PCC 处的谐波阻抗几何轨迹应针对规定的电网配置来确定，此外，规范书还计算了 SVC 的谐波水平。

开展谐波性能研究旨在确定 SVC 产生的谐波电流对电网的影响，并设计交流滤波器的特性。通常，该研究还必须考虑 PCC 处的背景谐波水平。

滤波器的尺寸应确保 PCC 的特定最大谐波畸变水平在允许范围内，并达到性能和额定值标准（Pilz et al. 2013）。SVC 提供给电网的部分容性无功功率来自滤波器。

由于电网中的谐波电压畸变是由电网和 SVC 之间的相互作用造成的，因此应评估所有可能影响电力系统频率响应的系统意外情况。应考虑电力系统参数的任何容差，以确保系统并联谐振点不与任何 SVC 特征谐波重合。由于 SVC 产生的谐波很大程度上与运行点相关，因此保守的方法是考虑 SVC 设备产生的谐波的最大值，而不考虑其实际运行点。

因此，SVC 谐波性能研究的目标可以概括为如下四点：

（1）滤波器设计所需的电网谐波特征阻抗与频率的关系。

（2）SVC 谐波对电力系统的影响。

（3）通过对滤波器的全面要求和其他措施将 PCC 处的谐波畸变降至可接受的水平。

（4）滤波器对 SVC 总额定容量的影响。

6.2.5　SVC 变压器

通常，SVC 晶闸管控制的元件和滤波器运行在与 PCC 点不同的电压下，经过优化，SVC 设计以最低的总体评估成本提供规定范围的无功功率补偿。因此，通常需要 SVC 变压器。

典型的 SVC 变压器阻抗在变压器额定值的 10%～15%变化。在设计成套 SVC 时，需要考虑变压器的阻抗在基频下是感性的。当 SVC 处于感性输出模式时，变压器漏抗的存在将降低 SVC 母线电压，因此，与变压器没有漏抗相比，TCR 将产生更少的感性无功功率。同样地，在容性模式下，变压器漏抗的存在将提高 SVC 母线电压，这意味着与变压器没有漏抗时相比，TSC 和滤波器将产生更多的容性无功功率。若有必要，交流滤波器的设计也需要考虑变压器阻抗。

变压器的二次侧标称电压设计旨在优化 TCR 和 TSC 晶闸管阀设计，根据每个制造商采用的技术而有所不同。需在该设备设计中考虑的某些相关要求包括由 TCR 产生的谐波电流以及 SVC 规定的功率损耗评估要求。

另外一个考虑因素是用单相变压器还是用三相变压器。该决定可能取决于变压器的额定值、变压器的运输限制以及特定的可用性要求，这可能使一个备用装置成为必要或必需的装置，以达到规定的可靠性和可用性要求（Pilz et al. 2013）。

6.3　SVC 电压与电流特性

本书的"2 交流系统特性"一章对电力系统中电压、电流、阻抗和无功功率之间的关系进行了论述。这些关系取决于多个因素，例如负荷条件和特性、电网拓扑和研究点的短路水平，这些关系对大的变化可能是高度非线性关系。然而，对于稳态运行点的小扰动分析，可以通过一条斜率为负的直线来粗略估计典型电力系统的电压与电流特性。以一个由 TCR 和固定电容滤波器组成的 SVC 作为一个例子。SVC 稳态运行点将由电力系统和 SVC 的特性曲线之间的交点给出，如图 6-7 中所示。

图 6-7 中的黑线显示了 SVC 电压与电流（V–I）的运行特性。控制系统将产生一个电流输出，该电流输出取决于 PCC 的电压。这种依赖关系通常是一个斜率或下垂关系，可以用 SVC 额定功率的百分比表示。可以将该参数设置为不同的等级，用于在两个或多个额定功率不同的 SVC 或无功功率控制装置在彼此电气近距离运行时提供所需的稳态负荷分配能力。

在图 6-7 中，考虑到三种电力系统运行条件，我们对 SVC 的性能进行了分析（分别用虚线负荷 1、负荷 2 和负荷 3 表示）。负荷 2 虚线在点 A 与 SVC V–I 特性曲线相交，其端电压 V_T 等于操作员设定的参考电压 V_{ref}。在这种工况下，SVC 将向电网注入 0Mvar。如果由于负荷减少，电力系统沿虚线负荷 1 运行，那么 SVC 的端电压 V_T 将变为 V_1，产生的误差信

号 $\Delta U = V_1 - V_{ref}$，这向 SVC 控制系统表明：电力系统中存在过电压。然后，控制系统通过将 SVC 运行点从点 A 移动到点 B 来发挥作用，SVC 将把感性电流 I_{L2} 注入到电力系统中，而电压误差则取决于所采用的斜率值。

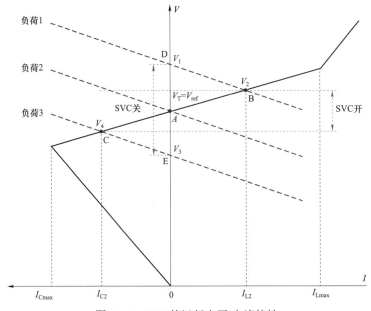

图 6−7　SVC 的运行电压/电流特性

同理，如果由于负荷增大，电力系统开始沿虚线负荷 3 运行，那么 SVC 的端电压 V_T 将变为 V_3，产生的误差信号 $\Delta U = V_3 - V_{ref}$，这向 SVC 控制系统表明：电力系统中存在欠电压。然后，控制系统将通过投入 TSC 的方式使得 SVC 运行点从点 A 移动到点 C，设备将向电网注入电容电流 I_{C2}，而电压误差则取决于斜率值。

在 SVC 没有改变其输出（SVC OFF）的情况下，图 6−7 以红色显示了从负荷 1 到负荷 3 的系统电压变化情况。同理，蓝线表示了随着 SVC 无功功率的变化，所减小的电压变化。

SVC 将根据在最大容性限制电流 I_{Cmax} 与最大感性限制电流 I_{Lmax} 间的电流值所设置的斜率来控制其端电压。一旦达到这些极限，SVC 将作为一个固定的感性或容性并联设备，而注入电网的无功功率将随其端电压 V_T 平方的变化而变化。

得益于其无功功率输出的快速变化能力，SVC 能够非常快速地响应电网中的动态变化，而电网中的其他设备（例如：发电机和变压器分接开关）在没有 SVC 时，可能不会对电网中已经发生的动态变化做出反应。

因此，SVC 的运行特性需要通过斜率与其他现有无功电源相协调，以便其他设备能够根据需要做出响应，从而使 SVC 能够根据其他设备的响应而逐渐降低其输出。通过这种方式，SVC 可以重新获得运行裕度，以应对未来任何事件做好准备（CIGRE TB 25 1968）。如果不提供这种协调，那么由于其快速响应的缘故，SVC 往往会在其能力范围内达到其运行极限。其结果是：SVC 将对平常的电网扰动作出响应，进而很少或不会对主要的系统扰动作出响应。

6.4 SVC 各元件的组合

如本章前文所述，可在 SVC 中集成的有效元件包括：

（1）晶闸管控制电抗器（TCR）：根据晶闸管的触发角提供连续变化的感性无功功率。

（2）晶闸管投切电容器（TSC）：当晶闸管阀完全导通或完全关断电流时，它提供以离散模式（开/关）变化的容性无功功率。

（3）晶闸管投切电抗器（TSR）：当晶闸管阀完全导通或完全关断电流时，它提供以离散模式（开/关）变化的感性无功功率。

交流单调谐或双调谐滤波器也用于提供部分容性无功功率（由 SVC 注入电网），以及用于滤除 TCR 的谐波电流。

如本章前文所述，这些元件与高压母线的连接通过一个 SVC 变压器实现，变压器可能有两个或三个绕组。

利用三绕组变压器产生了所谓的 12 脉波配置方式，其中一个次级绕组为星形连接，另一个则为三角形连接。这种配置形成 $12n \pm 1$ 次谐波的 12 脉动运行，并且还会使得 SVC 滤波器的成本降低。然而，如果一个 SVC 退出运行，那么这种益处就会消失，从而产生可能不满足特定谐波要求的 6 脉动运行模式。

利用双绕组变压器（如本章第 6.5 节中所述）产生了所谓的 6 脉动配置方式。这种配置可能会提供一定的运行灵活性，但可能需要较大的交流滤波器。

将 SVC 与感性和容性固定并联元件形成的集成元件，将产生以下可能的配置：

（1）单 TCR–6 脉动。

（2）配有交流滤波器的单 TCR–6 脉动。

（3）配有交流波滤波器和 TSC 的单 TCR–6 脉动。

（4）配有双 TCR 和三绕组变压器–12 脉动。

（5）配有交流滤波器的双 TCR 和三绕组变压器–12 脉动。

（6）配有交流滤波器和 TSC 的双 TCR 和三绕组变压器–12 脉动。

（7）配有交流滤波器的 TCR 和采用二进制投切方式的 TSC 的组合。

（8）采用二进制投切方式的 TSR 和 TSC 的组合（未配有交流滤波器）。

（9）增加断路器投切的电容器和电抗器（用于扩大运行范围）。

在 TSC 与固定或断路器投切电容元件（调谐或未调谐元件）之间划分 SVC 的容性范围，这样可以降低损耗并提高运行灵活性。仅有 TCR 的较简单配置只能向电力系统提供感性无功功率。不使用 TCR 的配置能够提供逐步变化的无功功率值，与使用 TCR 的配置相比，不使用 TCR 的配置会产生更有限的电压控制。每种配置的选择取决于性能要求和相关成本（因为每种配置都有其优缺点）。

6.5 巴西第一批 SVC

自 20 世纪 80 年代以来，静止无功补偿器（SVC）已成功被用来控制电压和提高电力系统的动态稳定性。在巴西电网中，第一批 SVC 设备已成功安装在福塔莱萨（$-140 \sim 200$Mvar,

230kV）、米拉格里斯（−70～100Mvar，230kV）和大坎皮纳（0～200Mvar，230kV）变电站，所有这些变电站都位于巴西东北部地区（Lima 2013）。Lindström 和 Grainger 描述了当时投入运行的世界上 SVC 的应用案例（Lindström et al. 1984；Grainger et al. 1986）。

这些 SVC 配有两个一阶单调谐滤波器和两个晶闸管控制电抗器，它们与一个三绕组 SVC 变压器共同形成一个 12 脉动系统，可在 SVC 的标称感性与容性极限之间提供连续变化的无功功率。

如 CIGRE TB 25（CIGRE TB 25 1968）中所述，部分特征次数谐波的消除可以通过使用两个相同等级的 TCR 来实现，这两个 TCR 由 SVC 变压器的两个二次侧绕组（其中一个二次侧绕组为星形连接，另一个为三角形连接）供电，从而形成一个 12 脉动系统（CIGRE TB 25 1968）。在这种情况下，两个 TCR 都将以相同的触发角进行控制。由于所施加的电压存在 30° 的相位差，（6n±1）（其中 n 为奇数）次谐波电流将在 SVC 变压器中被抵消。在这种情况下，注入到电力系统中的特征谐波电流为（12n±1）次，即 11、13、23、25 次等。

图 6−8 展示了安装在大坎皮纳（Campina Grande）变电站的 12 脉动 SVC 的简化单线图。这种布置类似于高压直流输电系统中所使用的换流器，其主要目的是消除 TCR 所产生的部分谐波，特别是前文所提到的 5 次和 7 次谐波。通常情况下，这种设备在高压和中压变压器连接处配有断路器，以确保在一部分不可用的情况下，SVC 能够向电网提供一半的标称功率。然而，在这种运行模式下，谐波畸变率会很高（特别是 5 次和 7 次谐波的谐波畸变率），这是因为这些谐波将不再被滤除。

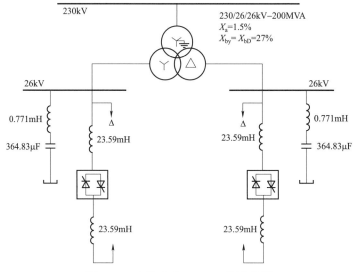

图 6−8　大坎皮纳 SVC 12 脉波配置

与使用配有固定电容滤波器的 TSC 的 SVC 相比，SVC 在 PCC 点以接近 0Mvar 运行时，不配备 TSC 将会导致 TCR 流过大电流，同时还会导致较高的功率损耗。

根据大坎皮纳 SVC 中压母线的额定电压（26kV），计算出的每个 TCR 支路的感性无功功率值为 114Mvar，每个滤波器支路的容性无功功率值为 97Mvar。

应注意的是，在大多数使用 12 脉动配置的情况下，如果 6 脉动侧的一侧断开，那么 5 次和 7 次谐波的畸变将是不可接受的。如果其中一个交流滤波器断开，那么 11 次和 13 次谐波的畸变也可能是不可接受的。

在第一批巴西 SVC 中，晶闸管阀是 ETT（电触发晶闸管）型晶闸管阀。在每个半周期内，这些晶闸管需要最小的关断时间来为门极驱动电路供电，这可以通过不同的方式实现（如第 6.7.3 节中所述）。如果门极单元的电源取自功率回路，则可能存在对晶闸管最小触发角的限制，因此可能无法充分利用最大 TCR 感性容量（Lima 2013）。

由于第一批 SVC 采用的是固定电容器组，设备损耗没有得到优化，这是因为较小的感性无功功率输出会导致 TCR 流过大电流。

第一批 SVC 采用了电流限制策略，具体如下所述。在晶闸管阀出现过电流的情况下，会产生一个可以降低 SVC 主控制回路门极感性限制的信号，从而增大门极设计时所确定的最小触发角的值。由于 TCR 的最大电流是在其触发角达到最小值时获得的，因此增大该最小角度将降低晶闸管阀的有效值电流（Lima 2013）。对于第 6.6 节中所述的第一代 SVC，在过电流工况下，TCR 必须处于满负荷状态或被闭锁（非导通状态），以保护晶闸管免受损坏。

6.6 巴西之后的 SVC

2001 年，下一批 SVC 成功安装在了巴西电力系统中［位于巴西东北部地区富尼尔（Funil）变电站］。该设备配有两个按顺序控制的晶闸管控制电抗器（TCR）、两个晶闸管投切电容器（TSC）以及两个冗余的双调谐三阶和五阶滤波器，它们将与 230/13.5kV–200MVA SVC 变压器共同形成一个 6 脉动系统，能够向电网提供不断变化的无功功率输出，在 PCC 处的无功功率从 100Mvar 感性无功功率变化到 200Mvar 容性无功功率（Lima 2013）。

当使用两个按顺序控制的半额定输出 6 脉动 TCR 装置来实现相同的总无功功率输出时，与具有全额定容量的单 TCR 相比，谐波电流降低至 50%。

如图 6–9 所示，富尼尔（Funil）SVC 的高压和中压母线上配有断路器。当一个或多个元件退出运行时，则有可能在所谓的降容模式下运行，这将提供高度的灵活性和可用性。有

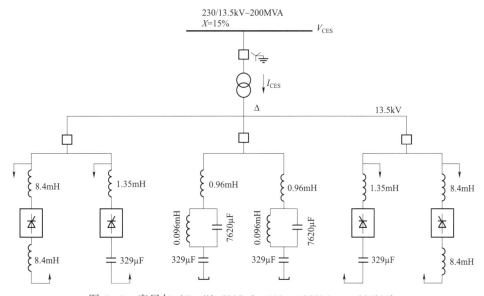

图 6–9　富尼尔（Funil）SVC（–100～+200Mvar，230kV）

效降容模式系指这样一种 SVC 配置：尽管输出功率极限降低，但仍有可能在降容范围内连续改变其无功功率输出，同时将 SVC 所产生的谐波畸变保持在规定的限制范围内。有效的降容模式需要至少一个 TCR 和一个滤波器。有效降容模式将由 SVC 控制系统自动选择。如果产生了无效的降容模式，那么 SVC 自动重合闸将被保护装置自动闭锁。

根据 SVC 中压母线的额定电压（13.5kV）计算出的每个 TCR 支路的感性无功功率值为 86.4Mvar，每个 TSC 支路的容性无功功率值为 72.4Mvar，每个双调谐滤波器支路的容性无功功率值为 23.8Mvar。

随着巴西电力系统短路水平的大幅提升，大型变压器的投切将不成问题。因此，可以在中压锡尔维什（Silves）SVC 母线处用电动隔离开关代替断路器，如图 6－10 中所示。

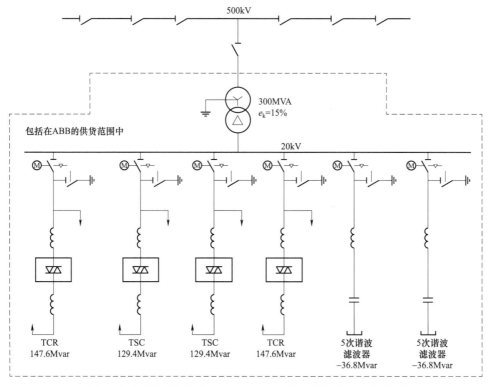

图 6－10　锡尔维什（Silves）SVC（－200～+300Mvar，500kV）

如果 SVC 发生故障，那么高压断路器就会跳闸。然后，经选择的中压隔离开关会打开，使其能够以最佳的降容模式继续运行。控制系统将检查所产生的降容模式是否有效；如果有效，那么高压断路器将重新闭合，并且由于支路断开，SVC 将以运行范围降低的方式连接至电网。

图 6－9 和图 6－10 中所示的 SVC 的容性至感性极限偏移如下所述，如图 6－11 中显示。

（1）在达到 SVC 容性极限（点Ⅰ）时，两个 TSC 相连，并且两个 TCR 以接近 165°的最大触发角运行，此时其感性电流值非常小。两个滤波器作为固定并联设备始终接入。

（2）当电力系统需要时，向感性方向的偏移将从 TCR1 开始（TCR2 将保持其最大触发角）。在点 Ⅱ 处，TCR1 的触发角将变为 α_C[1]，这表明存在特殊工况：TCR1 的感性导纳值等于 TSC2 的容性导纳值。此时，SVC 控制系统能够切除 TSC2，同时改变 TCR1 的触发角，从而为 TSC2 提供无电压变化的切换（60Hz）。

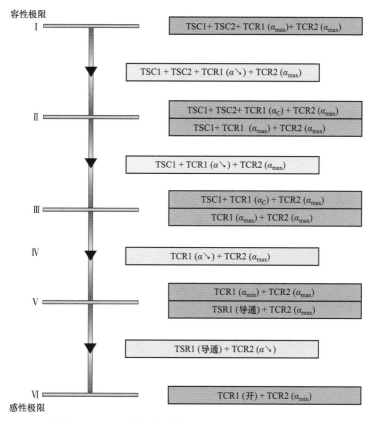

图 6-11 富尼尔（Funil）和锡尔维什（Silves）SVC 的容性至感性极限偏移

（3）从这一点开始，TCR1 将恢复为控制元件，直到点 Ⅲ 为止，此时 TCR1 以 α_C 为触发角进行触发，以使其等效导纳等于 TSC1 的等效导纳。当 TSC1 退出且 TCR1 受控为 TSC1 提供无电压变化的切换时，点 Ⅲ 的条件与点 Ⅱ 的条件类似。

（4）从点 Ⅲ 开始，TCR2 保持在最大触发角运行状态，并且通过使用 TCR1 进行 SVC 运行点控制。当向感性方向偏移的 TCR1 达到其最小触发角时，其在这种工况下将会被固定，并作为以其最小触发角连续触发的 TSR1（晶闸管投切电抗器）运行。

（5）从出现这种工况开始，SVC 运行点控制将通过使用 TCR2 来达到其最小触发角为止，此时 SVC 在其感性极限下运行。

容性范围内的 SVC 偏移与上述感性范围内的偏移类似（但顺序相反）。在这种情况下，将在投入 TSC2 之前先投入 TSC1。适当的滞环设定值可以用于避免 TSC 在投切过程中可能出现的不稳定性。这里所描述的策略允许电力系统将稳定状态下运行的 SVC 视为连接到 PCC、在感性与容性标称极限之间不断变化的电纳。图 6-11 中未提及的固定电容滤波器，

---

❶ α_C 是 TCR 触发角，产生 TCR 导纳大小等于 TSC 值 $B[TCR(\alpha_C)]=B(TSC)$。

存在于此处所描述的所有运行点。

实际上，大多数设计都包含用于相位控制的最大触发角极限，通常在 165°～170° 范围内。

6.7　晶闸管阀

在 SVC 中，使用晶闸管阀对无功功率设备（例如：电抗器和电容器等）进行控制，实现无功功率的调节。

在之后所述的巴西 SVC 项目中，所使用的晶闸管是光触发晶闸管（LTT），其不需要像使用电触发晶闸管（ETT）的传统策略那样，在晶闸管阀电位下将光信号转换成电信号。某些 LTT 器件配有集成的电压击穿（VBO）保护系统；当这些器件达到过电压状态时，该保护系统可以开通该器件（Schultz et al. 1996）。VBO 保护系统也可用于 ETT 器件（Lawatsch and Vitins 1988），但通常需要配备外部电路。

由于导通信号从地电位的触发系统直接注入栅极区域的光子，因此光触发晶闸管（LTT）不需要从跨接在晶闸管两端的电路中产生栅极功率（Temple 1983）。然而，在触发导通脉冲之前，即使是 LTT 也需要在该器件两端产生一定的阻断电压，以确保在晶闸管中实现良好的扩散电流。如果导通电流的产生速度缓慢，那么在电流变化率（di/dt）较高的情况下，晶闸管很可能会出现故障。

当使用 LTT 时，可允许 TCR 在非常小的触发角度（接近 90°）下运行，并且在触发过程中无须向晶闸管的电子设备供电（Lima 2013）。当使用 ETT 时，如果晶闸管电子设备仅由缓冲电路供电，那么在接近 90° 的触发角度下运行是不可能实现的。尽管如此，如第 6.7.3 节中所述，可能存在向晶闸管电子设备供电的其他解决方案，这些解决方案可以允许在非常接近 90° 的触发角度下连续运行，其中的一个例子是使用独立的外部电源向晶闸管电子设备供电。

SVC 的过电压要求通常取决于交流电网的规程。以下规定的要求适用于巴西的交流电网。SVC 的设计需要考虑其在 PCC 处的最大电压以及在电力系统中发生的最严重故障。SVC 必须穿越所规定的过电压水平，且不得跳闸。过电压将被转换为施加在晶闸管阀上的过电流。

（1）第一阶段：1.80p.u.，50ms。

（2）第二阶段：1.40p.u.，200ms。

（3）第三阶段：1.30p.u.，1s。

（4）第四阶段：1.20p.u.，10s。

（5）第五阶段：1.10p.u.，连续（感性）。

（6）第六阶段：1.05p.u.，连续（容性）。

对于连接至 500kV 巴西电力系统的 SVC，过电压的第六阶段将采用 1.10p.u.（而不是 1.05p.u.）。

Krishnayya（Krishnayya 1984）论述了在 SVC 阀设计中需要考虑的某些关于晶闸管的问题。这些问题包括：

（1）器件在承受引起反向雪崩过电压时的瞬态耐压能力。

（2）通态电压和维持电流容差。

（3）单周期、多周期和半周期下的浪涌电流兼容能力和恢复特性。

（4）阀的临界应力（指阀的 di/dt、dv/dt、浪涌电流和正向恢复能力）。

关于 TCR 和 TSC 晶闸管阀的详细说明以及施加到这些阀上的大部分相关应力如 CIGRE TB 78（CIGRE TB 78 1993）中所述。

在 CIGRE TB 78（CIGRE TB 78 1993）中关于 TCR 和 TSC 晶闸管阀的相关信息如下：

（1）通过使用电抗器来降低 TCR 阀上的电流应力。

（2）关于 TCR 和 TSC 阀的触发回路和监视回路的详细信息。

（3）关于 TCR 和 TSC 阀过电压和过电流保护的详细信息。

（4）用于 TCR 和 TSC 晶闸管阀的热模型。

（5）交流系统和 SVC 主要设备（例如：固定电容器、TSC 和滤波器等）的相互影响。

（6）在正常投切、系统故障以及稳态运行时，TCR 和 TSC 阀上的应力。

（7）在系统扰动情况下 TCR 和 TSC 阀上的应力，例如交流系统故障、交流电网中的暂时过电压、投切过电压、SVC 内部绝缘故障和控制故障等。

6.7.1 TCR 晶闸管阀

TCR 晶闸管阀可以看作晶闸管串联的组件，通过 SVC 的相控电抗器调节电流。晶闸管级由两个反并联晶闸管和一个并联的 RC 电路（也被称为"缓冲电路"）组成，该电路可抑制开关瞬态的过电压以降低串联晶闸管的电压应力。SVC 中的晶闸管阀应符合国际电工委员会（IEC）以及电气与电子工程师协会（IEEE）标准的要求，这些标准包括 IEC 61954：2011《静止无功补偿器（SVC）—晶闸管阀的试验》以及 IEEE Standard 1031—2011《电气与电子工程师协会输电静止无功补偿器功能规范指南》。另见"21 FACTS 装置设计与测试"章节，以了解更多信息。

根据每个项目的设计要求，TCR 阀组件配有多个串联晶闸管级（包括冗余晶闸管级）。必要时，可使用混有防冻液的去离子水对大功率晶闸管阀进行冷却，以防止冷却液冻结。除需要对晶闸管散热器进行冷却外，还需要对缓冲电路电阻进行冷却。

SVC 中所使用的晶闸管通常使用所谓的压接结构（如图 6-12 中所示），其中器件的两侧封装是导通电流的铜极片。在运行过程中需要对这些晶闸管进行压接安装，以获得足够低的接触电阻和热阻。通常情况下，一串晶闸管共享一个夹紧系统。

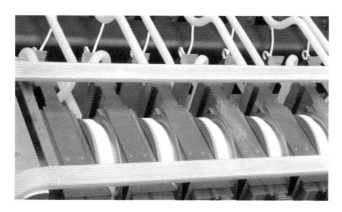

图 6-12　晶闸管阀中的晶闸管与散热器串联连接（由 GE 提供）

可以将晶闸管阀装配在钢框架或铝框架中，这样可以抵抗晶闸管串的夹紧力。也可以用绝缘拉杆或绝缘拉带将晶闸管串固定在一起。压缩弹簧组件用于需要特定压力的晶闸管和散热器，或者可以通过绝缘拉杆或绝缘拉带施加夹紧力，从而不需要使用钢框架或铝框架。例如：直径为100mm的晶闸管的最小夹紧力通常接近100kN。晶闸管与液冷散热器交替堆叠，每个晶闸管被组装在两个散热器之间，每个散热器将对两个晶闸管进行冷却（最外层的散热器除外，因为该散热器只有一侧配有晶闸管）（见图6-12）。

通过阀末端的穿墙套管来实现阀厅到室外SVC设备的连接。通常使用光纤来实现阀电子设备与阀基电子设备（VBE）之间的连接，其中光纤向门极发送触发命令，晶闸管电子设备向VBE发送关于晶闸管状态的信号，并反馈触发过程是否已经成功完成。

TCR晶闸管级的数量取决于多种因素，这些因素包括二次电压值、所选择的过电压保护策略、阀关断过电压、恢复电压分布、电压击穿保护等级（VBO）以及元件容差等。关断过电压取决于di/dt和晶闸管结温等运行条件，但它同时也取决于晶闸管级的串联排列以及晶闸管和缓冲电路元件的特性。

电力系统SVC中所使用的TCR晶闸管阀的典型布置如图6-13中所示。

每个晶闸管阀由多个晶闸管模块构成。下面对一个典型晶闸管模块的主要部分进行了简要的描述。关于晶闸管模块的更多细节由Cao（Cao 2010）等提供。

阀电子设备：既负责晶闸管和阀基电子设备之间的信号交换，又负责在必要时向晶闸管提供门极脉冲。

缓冲电阻器（水冷式）和缓冲电容器：缓冲电阻器与缓冲电容器串联，然后与晶闸管并联，用于抑制开关瞬态和平衡串联晶闸管的恢复电压应力。

辅助电源CT：某些阀设计中所使用的电流互感器。用于从外部辅助电源［被称为"地面电源（GLPS）"］向晶闸管电子设备供电。

快速分级电容器：每个晶闸管及其缓冲电路都有一个对地杂散电容。对于晶闸管阀内的各个位置而言，这些电容各不相同，可以将该阀描绘成一个电容梯形网络（为陡峭的前端浪涌形成了一个潜在的非线性电压分

图6-13　电力系统用TCR晶闸管阀
（由GE提供）

布），可以通过补偿接地电容来减轻这种影响（接地电容通过与每个晶闸管级并联的适当尺寸的分立电容器来实现，这种电容器被称为快速分级电容器）。

di/dt电抗器：在某些阀设计中，与阀串联的电抗器用于保护晶闸管免受因杂散电容放电（例如：在开启时来自穿墙套管的杂散电容放电）而产生的高di/dt的影响。

分压器：晶闸管装置在正向和反向外加电压极性下都会出现漏电流，为了确保处于闭锁（非导通）状态的器件之间的均压，可能需要在反并联晶闸管之间设置电阻分压器，以平衡串联晶闸管之间的均压，防止对器件造成过大的应力。

当SVC的高压侧发生外部故障时，其电流将会被高压断路器切断。如果在故障发生时，TCR中有电流，并且施加到其上的电压为零，则电流继续流通。这就是所谓的直流电流，

其振幅和持续时间是多个因素（例如：故障电阻和电压波的作用点）的函数。

发生这种效应是因为电感中的电流与其端电压的积分成比例；如果发生故障时的电压为零，则 TCR 中将存在直流电流，并且该直流电流仅在故障清除且电压恢复后的首次电流过零时消失。

在这种工况下，晶闸管阀将继续只在一个方向上导通，直到电流过零并熄灭。直流电流的作用是提高导通晶闸管的结温。

设计阶段研究阀设计条件，计算与最恶劣条件下直流电流相关的阀应力；例如当阀电流达到其峰值时，同时 SVC 高压母线上发生对称三相故障。作为一个例子，2016 年在巴西输电系统投运的 Tauá SVC（45～90Mvar，230kV）TCR 晶闸管阀的直流电流值的计算（Aho et al. 2016）将在以下段落中予以论述。

该计算基于在 SVC 高压母线故障应用之前处于最恶劣情况下连续运行。这将提供较高的初始晶闸管温度，用于直流电流的计算。在不使用冗余热交换器风扇的条件下，以最高环境温度（40℃）来计算冷却系统性能。在这里给出的例子中，故障发生前计算出的最坏情况晶闸管初始平均结温约为 80℃（参见图 6－14 中的点 A）。在直流电流期间，TCR 的电流会衰减，但晶闸管的结温会上升。TCR 电流的衰减率取决于等效电路的 L/R 时间常数。在计算中考虑了 TCR 电抗器、晶闸管阀电阻和电感等因素。如果不考虑变压器损耗，则直流电流的衰减速度稍微放慢，并且所计算出的应力会略高于实际值。

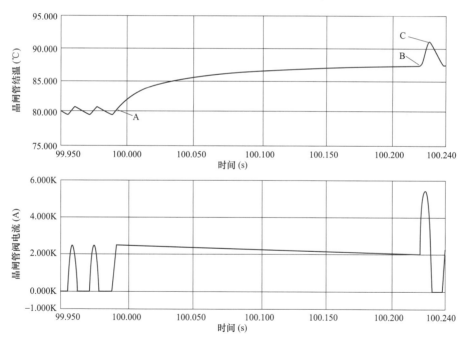

图 6－14　晶闸管结温和 TCR 晶闸管阀电流（由 GE 提供）

考虑直流电流流通过程中的最恶劣情况，晶闸管结温达到其最大峰值（参见图 6－14 中的点 B，在本项目中，该最大峰值为 87℃），此时假设故障被清除。

假设故障在点 B 被清除，那么故障清除后的最恶劣情况将取决于恢复电压的假定幅值。在该例子中，短期过电压（1.3p.u.）将用于计算，通过计算得出的峰值结温为 91.1℃（参见

图 6-14 中的点 C）。该温度比最大允许晶闸管结温（125℃）低得多。而且仅当 SVC 高压母线上发生真正的短路故障且一个 TCR 三角形支路上的电压为零时，才会出现直流电流情况。

晶闸管将在首次电流过零时关闭，然后晶闸管的温度开始下降。根据这一分析，晶闸管阀应能够承受因 SVC 变压器高压侧故障而产生的潜在电流应力（与直流电流相关的最坏情况）。

6.7.2　TSC 晶闸管阀

一般情况下，我们可以说 TSC 晶闸管阀与 TCR 晶闸管阀非常相似，但是对于给定的交流电压，TSC 晶闸管阀需要承受最大交流电压和闭锁后最大电容电压，因此 TSC 阀配有更多串联的晶闸管。由于电压与电容电流的积分成比例（如本章第 6.2.2 节中所述），因此 TSC 只能对其电流进行开/关控制。

通过直接连接在阀两端之间的金属氧化物变阻器（MOV）来限制 TSC 阀的电压，从而防止 TSC 阀出现过电压现象。在对 MOV 避雷器进行校核时将考虑最严重的故障情况（例如：出现过电压和误触发时的接地故障）以及正常运行工况。

当系统出现过电压时，TSC 阀可能会闭锁，这可能会在高于正常电压的情况下发生，从而在电容器上产生高电压。当电压降至正常水平时，阀保护系统可能阻止 TSC 的重新恢复，除非 TSC 阀已考虑到较高的浪涌电流（该电流将由电容器组上较高的电压产生）。

此外，还需要防止 TSC 阀的电容器出现过电压现象（过电压可能会导致阀中出现高浪涌电流）。电容器过电压保护（COVP）主要包括电容器组过电压保护，在控制阀应力方面也起着重要作用。实施这种保护的一种方式是：对电容器组电压进行监测，如果对电容器组进行充电使其电压达到甚至超过晶闸管阀 COVP 水平，并且过电压状况持续，保护就会向阀发出触发脉冲。因此，COVP 可以防止 TSC 阀闭锁，从而降低阀上的电压应力。然而，这很可能会增加交流系统过电压的持续时间和幅值。另一种方法是在出现过电压时允许 TSC 进行闭锁，然后引入联锁系统，以防止阀在不安全电压下解锁；然而，这可能会导致过电压结束后延迟恢复运行。

我们需要研究 TSC 阀在系统过电压事件发生时的响应，并应将相关的要求纳入到系统规范中，以获得最佳解决方案。

6.7.3　SVC 栅极电源驱动问题

将 RC 缓冲电路与每个晶闸管并联，以抑制电压瞬变和平衡晶闸管之间的电压应力。

对于 ETT（电触发晶闸管）阀，缓冲电路还可以在晶闸管触发过程提供必要能量：在阀闭锁时向缓冲电路存储能量（如下文所述）。这种情况下，最小 TCR 触发角度通常不小于 93.0°，这样缓冲电路就可以存储足够的能量来确保安全的触发过程。

例如：对于晶闸管很可能有整流器或直流/直流换流器为栅极驱动模块进行供电，具体策略取决于设计方法，因为有多种方式可以将能量转换成适合晶闸管电子设备使用的等级。这些所谓的能量降压（EC）装置由缓冲电路进行供电，同时它们也对晶闸管阀电子设备（TVE）进行供电，后者需要直流电源来产生触发脉冲，并启用所需的监测功能。在出现整体电压崩溃的情况下，电源会延迟后退出。当 SVC 再次通电时，将在半个周期内对缓冲电容器进行充电。

另一种为 ETT 晶闸管栅极驱动装置供电的策略是使用一种被称为"CT Stick"的绝缘电流互感器（该绝缘电流互感器安装在阀组件框架上）。TCR 和 TSC 模块的 CT Stick 组件位于相同的相对位置。该组件接收来自地面电源（GLPS）的电能，并持续向栅极驱动装置供电。

在阀厅内安装的 GLPS 装置，其底盘连接至地电位。为了提高可用性，GLPS 可以提供两种电源：交流电源和直流电源。

通常情况下，GLPS 会产生高频电流回路（例如：800Hz 电源），流过电源回路（也被称为"CT 回路"，该回路实际上是一个单匝一次绕组，可以为多个晶闸管供电）。

光触发晶闸管（LTT）与电触发晶闸管（ETT）之间的主要区别在于触发方式和 LTT 内部集成保护功能不同。

在 LTT 中集成了一些重要的保护功能，例如：击穿二极管（BOD）和 dv/dt 保护功能（Temple 1983 年；Katoh et al. 2001）。因此，作为 ETT 外部保护所必需的电子元件，对于 LTT 的保护可能就不必要了。为了进行监测，LTT 可能需要利用晶闸管的简单电路来检测晶闸管是否处于非导通状态，并在接到命令时触发。

若要使用 LTT，则只需将光纤（Ruff et al. 1999）固定安装到外壳中，并将该光导管与激光二极管相连接。光纤将在主控电路（闭环控制和阀基电子设备）与晶闸管之间实现绝缘。这样，对于 LTT 而言，可获得独立于交流系统电压的脉冲，并且除了可能用于器件监测电路外，阀内不需要任何辅助能量。图 6-15 为 LTT 及其光纤。

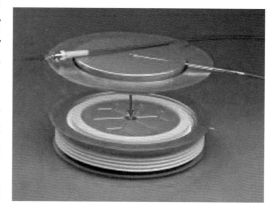

图 6-15　光触发晶闸管

6.7.4　晶闸管阀冷却系统

晶闸管阀的冷却系统通常是一个密闭的单回路去离子水冷却系统。如果系统应用在冰冻环境中，那么需要把防冻剂添加到水中。在天气寒冷的国家，某些冷却系统有两个回路。阀冷却回路采用纯去离子水，而另一个回路则采用水和乙二醇混合液，在两个回路之间设有一个热交换器。位于晶闸管两侧的阀散热器采用去离子水进行冷却，同时去离子水也会流经 TCR 和 TSC 缓冲电路。

放置在户外的干式空气冷却器将实现冷却介质与空气之间的热交换。当冷却介质温度超过一定水平时，风扇会自动启动。采用一台循环泵外加一台处于备用状态的冗余泵的方式维持冷却液在系统中的循环。

阀损耗指最恶劣工况下晶闸管损耗以及 TCR 和 TSC 缓冲器损耗［连同 di/dt 电抗器中的损耗（如有）］的总和，阀损耗的大小直接影响冷却系统的尺寸。用于电力系统 SVC 的典型冷却系统如图 6-16 中所示。

图 6-16   SVC 冷却系统（经 ABB 许可的照片）

通常情况下，配有冗余的泵、冷却散热器和风扇，将冷却系统故障引起的 SVC 停机风险降至最低。由于冷却系统电源缺失是一种常见故障，并且该故障会导致整个 SVC 停机，因此需要为冷却系统提供一个安全的电源，以避免在出现短时交流系统扰动时 SVC 停运。

6.7.5   晶闸管阀控制与保护系统

晶闸管阀控制系统由晶闸管控制单元（TCU）和阀基电子设备单元（VBE）[晶闸管监测系统（TMS）是其中一部分] 组成。VBE 位于控制柜中，而 TCU 则位于阀上。控制设备与阀设备之间的所有通信都是通过光纤来实现的。

每个基于 ETT 的晶闸管都需要配备栅极驱动器，可以通过以下不同的方式来实现：

（1）每一级配备两个独立的栅极驱动器。

（2）每级配备一个栅极驱动器，通过一个隔离电路驱动两个晶闸管。

（3）每级配备一个栅极驱动器，用于驱动一对共阴极连接的晶闸管。在这种情况下，需要在阀末端配备一个额外的栅极驱动器。

用于触发和监测晶闸管的 TCU 有多种设计方法。用于 ETT 装置的 TCU 的基本功能是将接收的光脉冲转换成晶闸管触发指令，并将晶闸管状态发送回 TMS。当 TCU 通电并且晶闸管两端的电压为正向电压时，会把一个信号发送回 VBE，以便允许 TCU 向晶闸管发脉冲指令。

TCR 的 TCU 包含一个晶闸管过电压保护系统。如果晶闸管两端的电压超过保护水平，则过电压保护系统将会动作。

当单个晶闸管发生故障时，系统会发出警报。当晶闸管处于关断状态时，通常通过检测晶闸管两端的电压来判断是否故障。如果没有检测到电压，则可以判定晶闸管短路。然后通过激光二极管和光纤回路将信息传回控制系统，从而在 SVC 人机界面（HMI）屏幕上显示发生故障的晶闸管的位置。

6.8　SVC 控制系统

6.8.1　早期 SVC 的模拟控制

20 世纪 80 年代安装的第一批 SVC 采用了纯模拟和非自适应控制系统（如图 6-17 中所示）。对于这些 SVC，在 SVC 高压侧测量的三相电压和电流将用于计算 UMED 实测电压，并将该电压与电压参考值（由操作员设定）进行比较，以产生误差信号 ΔU 作为两个控制功能的输入信号。SVC 控制功能如下：

（1）正常通道，该通道基于比例积分控制器（PI）（该控制器将连续运行并作为主控制器）。

（2）或者是基于比例—微分控制器（PD）起作用的快速通道（该通道仅在由于死区的存在导致的主要扰动期间运行）。

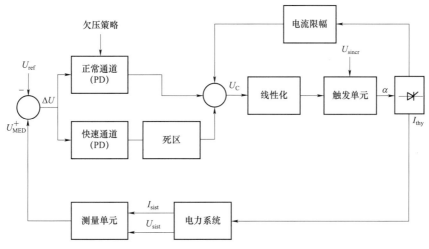

图 6-17　纯模拟式 SVC 闭环控制回路

由于早期 SVC 模拟控制系统的非自适应特性，在所有计划的电网运行工况下，早期 SVC 模拟控制系统必须使用单一增益值。依据最低短路水平进行的设计决定了模拟控制器的响应速度（短路水平越低，响应速度越慢）。而且当电网分裂运行，导致短路水平低于 PCC 处设计的最低规定水平时，SVC 的运行可能会变得不稳定。因此，在这种工况下，可能需要采用手动无功控制模式，以避免出现振荡或甚至出现不稳定的现象。然而，在手动操作模式下，SVC 将无法控制其端电压（因为该装置作为一个固定的电纳运行，其值由操作员设定）。这个问题可以通过在较新的 SVC 中实施自适应控制方案来克服（如本章的后面章节中所论述）。

6.8.2　数字控制系统

采用数字技术的 SVC 典型闭环控制系统基于测量的正序电压和无功电流分量。首先对瞬时电压和电流信号进行 3、5 次和 7 次滤波。然后转换到 αβ 坐标系，电压信号在该坐标系中将被分解为正序和负序分量，而 SVC 电流信号（ISVC）将被转换为 d 分量和 q 分量（旋转坐标）[如派克变换（Park 1929）所定义]。通过平均滤波器和二阶谐振滤波器后与斜率相乘。实测电压减去该结果后输入到电压控制器，其功能如图 6-18 中所示（Aho et al. 2016）。

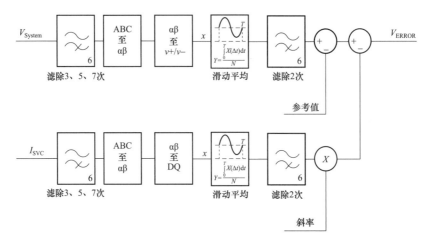

图 6-18　数字式主控制器输入信号计算

为避免 SVC 控制系统在响应时间方面出现不稳定或性能不佳的情况以及类似的系统电压控制问题，可以将自动增益控制器添加到 SVC 闭环控制系统中。该控制功能的主要目的是在大范围的电力系统运行工况下对 SVC 闭环控制增益进行调整，以便能够获得阶跃响应试验的性能要求（Belanger et al. 1984；Gutman et al. 1985）。

最简单的实现形式如下，自动增益控制系统可以看作增益切换控制系统，该系统适用于具有多个预设增益值的 SVC 控制回路[所述预设增益值可根据 PCC 短路水平（SCL）测量等方法计算]。

此外，还应增加一个能够检测控制系统不稳定性的自动装置，以确保在设计阶段未考虑运行工况下的稳定性。

这些描述如图 6-19 所示。

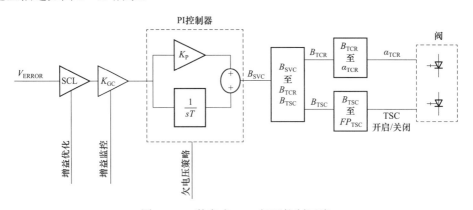

图 6-19　数字式 SVC 闭环控制回路

下文中所述的增益集适用于信号 V_{ERROR}。根据在 SVC 的 PCC 处测得的动态短路水平，SCL 增益控制器将对图 6-18 中所示的 V_{ERROR} 信号进行校正（如下文所述）。在符合电气与电子工程师协会（IEEE）所确立的定义（IEEE Standard 1031—2011）的情况下，应获得以下与 SVC 阶跃响应相关的性能参数：

（1）最大超调百分比（MPO）：30%。

（2）最大上升时间（T_r）：33ms。

（3）最大调整时间（T_s）：100ms。

增益优化（GO）算法基于 SVC 输出预设的较小扰动所对应的电压变化，以及该扰动对应的无功功率误差之间关系的测定（即所谓的增益测试）。根据增益测试期间所测得的 SVC 输出信号的幅度和极性，SCL 增益值将增大或减小（Lima et al. 2017）。第二个控制回路［被称为"增益监视器（GS）"］旨在维持 SVC 的稳定运行（如果在其输出信号中检测到振荡）。这是通过从其当前值中减小 K_{GC} 增益值（直到这种振荡被顺利阻尼为止）来实现的。主控制回路基于比例积分（PI）控制器，其参数可通过 SCL 和 K_{GC} 的增益值进行调整。如果 SVC 的 PCC 处的 SVC 端电压低于研究中所确定的值，那么该控制器将被旁路，这将迫使该设备以 0Mvar 的输出功率运行，构成所谓的低电压闭锁方案。

将得到的 SVC 电纳（B_{SVC}）输入到可控执行设备（TCR 和 TSC）（如图 6-19 中所示）。TSC 电纳根据这些元件定义的开关极限予以确定，采用二进制控制策略（开/关）控制。TCR 电纳将在其最大与最小极限之间连续控制（基于 SVC 闭环控制系统所确定的晶闸管触发角）。从而使这些设备对 SVC 注入到电网中的无功功率进行持续控制。设备控制系统一般由两个完全冗余的控制单元组成，达到 100% 的冗余水平。

图 6-20 显示了一个典型 SVC 闭环控制系统的简化方框图。自适应控制环路位于"电压控制"模块内部（Lima et al. 2017）。

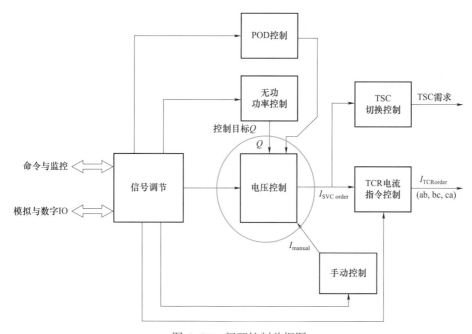

图 6-20 闭环控制总框图

在图 6-20 中，IO 表示输入/输出；POD 表示功率振荡阻尼器；$I_{TCRorder}$ 表示 TCR 的电流指令。

6.8.3　附加控制环节

6.8.3.1　欠电压闭锁方案

该控制方案目的是避免 SVC 从近距离故障恢复后又使得交流系统过电压，如果其端电压在预定时间内下降至低于预设值将强制 SVC 以 0Mvar 运行。例如：当 SVC 配有两个 TCR、两个 TSC 和滤波器（如图 6-10 中所示）时，就相当于闭锁两个 TSC 和一个 TCR，剩余的 TCR 将用于补偿滤波器电纳，从而在 PCC 处产生 0Mvar 的无功功率。

该功能旨在防止 SVC 输出过多容性无功，这通常与近距离故障有关，这是由于该运行模式可能增大故障清除后的过电压水平。该功能的检测基于三相对称故障发生时 PCC 三相电压的平均有效值以及不对称故障发生时该电压的最小有效值。当电压达到高于闭锁的值加上迟滞值时，SVC 将恢复到电压控制功能。这种低电压闭锁功能可以在本地和远程、对称和不对称故障下激活。可以根据在 PCC 处测得的短路水平（SCL）对上述闭锁值和非闭锁值进行调整。可以根据 PCC 处的电力系统电压特性和与 SVC 影响区域内故障清除相关的过电压水平决定是否激活该控制回路。

6.8.3.2　降额模式运行

某些 SVC 可以在降额模式下自动运行（如果滤波器、TCR 或 TSC 等组件变得不可用）。允许降额运行为 SVC 设备提供了更大的灵活性和可用性。

为了实现巴西电网规范所要求的更高的 SVC 可用性，巴西 SVC 规范要求根据不同配置采用有效的降额运行模式（尽管输出无功功率补偿极限会降低），同时还要保持 SVC 谐波水平低于所规定的限值。因此，一个有效的降额模式通常需要采用以下配置（作为一个例子）：至少一个 TCR 和多个滤波器（如必要），或者一个 TCR、一个 TSC 和一个滤波器（如图 6-10 中所示）。

SVC 控制系统根据各种设备的状态通过中压电动开关自动选择有效的降额模式。当产生无效的降额模式时，SVC 自动重合闸功能将闭锁。可以通过 SVC 人机界面（HMI）激活或停用该功能。

6.8.4　使用串联电抗器减少谐波和损耗

通常情况下，SVC 通过变压器连接至输电网的选定点。该变压器的电抗值通常介于 12%～20%；二次（MV）电压介于 10～35kV（Aho et al. 2016）。

如本章第 6.2 节中所述，由于对电抗器电流进行控制，因此处于运行状态的 TCR 会产生谐波。谐波的次数取决于晶闸管的触发角。由于无法完全滤除 TCR 所产生的谐波，因此 TCR 会增大 SVC 在 PCC 处的谐波水平。此外，电网还包括谐波源（背景畸变），谐波源可通过与 SVC 的阻抗共振而放大。

增大 SVC 母线与 PCC 之间的阻抗是一种用来减少由 TCR 引起的 PCC 处谐波的方法。由于 SVC 变压器中有内置阻抗，因此增加与该变压器串联的电抗整体会增大阻抗。可以通过增大相同磁极周围绕组之间的距离来增大变压器电抗，但是如果使用了外部附加电抗器，则需要更小尺寸的变压器。这种外部电抗器被称为阻断电抗器（Aho et al. 2016）。图 6-21 显示了自 2016 年以来一直在巴西电网中运行并采用这种方案的 Tauá SVC 的配置。这一方案首次得到了成功实施（参见 Aho 等的报告）（Aho et al. 2014）。

上述阻断电抗器连接在 SVC 母线 1 与 SVC 母线 2 之间。将对单调谐滤波器组 FC1 和 FC2 进行调谐，以便分别对由 TCR 产生的 5 次和 7 次谐波电流进行滤波。但不对 TSC1 和 TSC2 进行调谐，同时 TSC1 和 TSC2 也不参与对 TCR 产生的谐波电流滤波，因此把 TSC1 和 TSC2 连接至 SVC 的母线 1。在这种情况下，选择阻断电抗器的电抗，确保使之在与 SVC 变压器的电抗相同的范围内（Aho et al. 2016）。

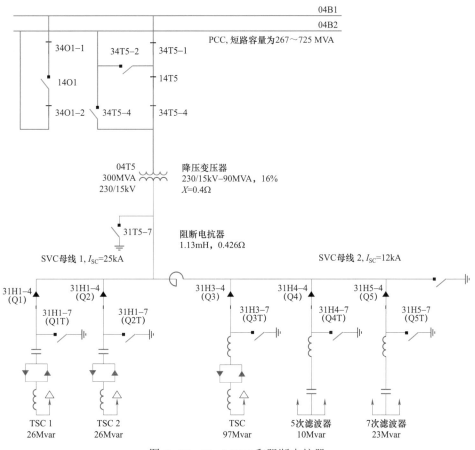

图 6-21 Tauá SVC 和阻断电抗器

如 Aho 等（Aho et al. 2016）所述，串联电抗器的引入在 SVC 的主电路设计方面产生了以下优势：

（1）在 TCR 阀中使用了更少数量的串联晶闸管。

（2）降低 SVC 母线 2 处的短路要求。

（3）减少了 SVC 的总损耗。

（4）在非正常状态下避免 SVC 滤波器和电网之间的谐振。

由于这些优势，使用串联电抗器，以便能够在 PCC 处短路水平较高的工程中采用简单的 SVC 技术［当采用基于电压源型换流器（VSC）技术的设备不能满足低功率损耗的严格要求时，例如：所报告的 Tauá SVC 案例］。

6.9　电气距离接近的 SVC 的协调运行

当两个或多个 SVC 近距离运行时，必须对它们的闭环控制系统的设置和增益进行协调。（考虑到电网的动态特性以及 SVC 之间的相互作用，当一个 SVC 系统靠近另一个 FACTS 装置或高压直流系统时，也会出现这些问题。）因此，应对各种不同无功功率运行水平下的电网电压进行灵敏度研究和测定，以确定适当的增益。

如本章第 6.8.2 节中所述，增益优化器（GO）控制回路取决于电网对由 SVC 注入的导纳脉冲灵敏度的测定。然而，当第二个 SVC 与第一个 SVC 一起带电近距离运行时，明显地，电网响应将被第二个 SVC 对扰动的响应所掩盖。因此，所进行的测量将是不准确的，从而导致不正确的增益调整。Lima 和 Lajoie 对巴西和魁北克水电公司电网中与 SVC 带电近距离运行相关的实际案例进行了论述，并提出了相关的解决方案，以克服涉及其协调运行方面的难题（Lima et al. 2014；Lajoie et al. 1990）。

在巴西的案例中，用于解决这一问题的策略通常基于带电近距离 SVC 之间的快速通信联系。一般情况下，需要将不同高增益、快速响应控制器的状态传送给其他附近的控制器。同时也可以采用其他通信技术，因此这里给出的例子并不是唯一可行的解决方案。用一个信号可以禁止未执行增益测试的 SVC（即无源 SVC）在试验期间做出响应，即：可以迫使无源 SVC 在非常短的时间内以恒定输出功率运行。该方案可按如下方式实施（Lima et al. 2017）。

（1）将执行测试的 SVC（将被称为有源 SVC）向无源 SVC 发送信号，表明有源 SVC 将应用增益测试。

（2）无源 SVC 收到该信号后，向其控制系统施加死区，并通知有源 SVC 可进行增益测试。

（3）有源 SVC 从无源 SVC 接收到该信号，并执行其增益测试。

（4）增益测试结束时，有源 SVC 通知无源 SVC 可消除死区。

（5）无源 SVC 消除死区并恢复其正常运行（自动模式）。

若此时在电网中施加了较大干扰，死区会禁止，无源 SVC 立即恢复电压控制模式下的操作，而不等待有源 SVC 执行的增益测试完成。在这种情况下，应重新安排增益测试。

上述方案的主要特点是提供 SVC 之间的信息交换，包括分布式算法、基本通信信号的硬连线连接以及通过分布式网络协议 3（DNP3）传输的附加信息。该协议是由分布式网络协议用户组（DNP 2018）管理的一个开放公共协议。

若 SVC 之间的电气距离较小，可假设两个设备高压母线的短路水平相同。然后，有源 SVC 在进行增益测试时，可通知无源 SVC 测试产生的短路水平。然后无源 SVC 使用该值来确定其增益值。即使考虑到两个 SVC 由不同的制造商提供，所述方法也可以在不共享每个 SVC 任何特定增益计算方法的情况下实施，从而保护与每个项目相关的机密性和知识产权。

6.10　SVC 损耗

SVC 的总损耗应在特定运行点下计算，SVC 的设计应考虑优化其总评估成本，包括设备、工程和损耗。本节的目的是介绍损耗计算原则。由于有时很难准确测量现场的功率损耗，损耗评估主要基于工厂测试结果和理论计算。

SVC 总损耗由不同设备的损耗组成，不同设备采用不同的计算方法。因此，有必要对每个 SVC 设备分别分析损耗计算方法，如下所述。

电力系统 SVC 由以下设备组成：

（1）SVC 变压器。

（2）晶闸管控制电抗器。

（3）晶闸管投切电容器。

（4）滤波器。

（5）辅助设施。

（6）阀冷却系统。

（7）控制保护系统。

（8）SVC 间隔和阀建筑的交流供电、冷却和加热系统。

6.10.1 SVC 变压器损耗

SVC 变压器通常由 SVC 承包商从内部或外部的另一家公司采购。在本节中，SVC 承包商称为买方。买方通常仍对 SVC 变压器负责，无论其是否来自其自身或其他公司。

连接 SVC 与交流电网的变压器损耗包括导体电阻的损耗、磁芯损耗以及油箱壁和其他金属部件中感应电流产生的损耗。损耗的能量是有成本的，因为它消耗能量，而非提供给电能的最终用户（Heathcote 2007）。为了能够估计成本，必须知道损耗。此外，为了比较不同变压器设计和不同制造商的真实成本，如有可能，买方应在采购文件中说明用于评估方案的资本化损耗价值。买方也有责任规定背景谐波以及变压器需要承受 SVC 的谐波水平，而变压器制造商主要责任是设计变压器，应将这些特定谐波考虑在内（CIGRE TB 529 2013）。该方法并不仅限于变压器损耗，它适用于所有 SVC 损耗。

若功率半导体器件触发信号在正负半周之间不平衡，少量直流电流也可能流经 SVC 侧绕组。买方还必须要求 SVC 变压器能够处理的直流电流最大值，且无任何部件超过其规定的温度限值。直流电流将使变压器磁化特性偏移，导致磁化电流不对称，产生非特征电流谐波，并让磁芯趋于饱和，必须考虑这些方面的风险。

谐波引起的损耗可能是绕组内高度局部化的涡流或循环电流。此外，磁芯和燃料箱也会造成显著的损耗。然而，与谐波相关的运行损耗不能在工厂验收测试期间进行测量，因此必须通过计算来确定。制造商应根据适用标准提供这些服务总损耗的计算，并指出这些损耗的不同等级。除了各种负载下的总服务损耗（包括谐波影响）之外，制造商应在工厂测试前提供工频和谐波频率下的涡流损耗计算值，其应在客户和买方同意的情况下声明，并将用于校正测量值。基波损耗通常包含在标准（IEEE C57.12—2015）规定的公差保证中。评估可能需要使用有限元法（FEM）等计算工具。制造商计算和预期的试验值应与测量值进行比较。

计算损耗及其分布不仅用于评估变压器设计是否符合采购规范的要求，还用于变压器的热建模，以确保变压器中最热点不违反标准。然而，由于变压器制造不仅涉及分析设计过程，还涉及材料公差、制造公差、纤维素材料的尺寸微小变化等，因此可用模型获得的精度存在实际限制。所以，即使是基于底层物理过程的最佳数学描述的模型，也需要结合一定程度的经验和调整因素（CIGRE TB 659 2016）。

绕组、磁芯和结构部件中涡流损耗的计算决定于杂散磁通的幅度和分布。要模拟变压器结构金属部件中的损耗分布，首先需要使用具有大量网格元素的有限元法模型进行非线性磁交流计算。结果的有效性将高度依赖于电网大小和位置以及计算机功率，以确保数值稳定性。

损耗计算的准确性可能取决于建模方法中使用的细节水平。然而，若可以忽略所有导电部件中涡流产生的磁场，则计算磁场分布是一个简单的数学过程。这些导电部件主要由绕组中的铜（或铝）、固定铁芯和绕组组件的金属框架、磁芯材料和包括磁分路或铝/铜屏蔽的油箱组成。然而，不可能使用负载损耗测试数据来正式验证模拟结果，因为绕组中的涡流损耗不易与其他金属部件（例如油箱、磁芯夹等）中的杂散损耗分开。（CIGRE 659 2016）。然而，存在简单的数学方法可用于工频域计算。这些都发表在标准和一些教科书中，可用来近似估算变压器损耗（IEEE Standard C57.18.10；IEEE Standard C57.110—1998；IEEE Standard 1158—1991；Fitzgerald et al. 2003）。对于 SVC 变压器应用，有必要计算每个谐波次数和运行点的谐波电流，以获得变压器损耗的年度成本估计值。

变压器损耗分为空载损耗和负载损耗。工频电流和电压的空载损耗和负载损耗都是在出厂前作为变压器测试的一部分进行测量。

变压器损耗估计值的基本输入为：

（1）变压器标称容量。

（2）变压器实际负载。

（3）变压器额定一次电压。

（4）变压器额定二次电压。

（5）适用于所考虑负载条件的实际一次电压。

（6）整个励磁范围内的变压器空载损耗（即系统电压除以系统频率）。

（7）工频和标准参考温度下的变压器负载损耗。

（8）考虑不同负载下变压器电流的谐波电流频谱。

（9）一次和二次电阻及其适用温度。

（10）环境温度——通常最高日均温度、年均温度、最高温度和最低温度信息都是足够的。

（11）标准参考温度下的绕组温度。

（12）适用于所考虑的各种负载的风扇和泵功率要求。

6.10.1.1　空载损耗

空载损耗主要是变压器铁芯所用钢中的磁滞损耗和涡流损耗，但也包括变压器介电系统的损耗和绕组小部件损耗。磁芯损耗是磁激励的结果，即使负载电流没有流过变压器绕组，也会发生磁芯损耗。磁滞损耗与频率成正比，而涡流损耗与频率的平方成正比。然而，对于不同的磁芯设计和磁芯材料选择，磁芯损耗会有很大差异。此外，磁芯芯中的设计磁通水平将严重影响磁芯损耗。谐波电流对空载损耗无影响，除非励磁电压失真，但在这种情况下，磁芯中的涡流损耗将增加。

在工厂测试期间，通过向低压绕组提供尽可能无失真的额定电压来测量空载损耗。损耗对温度敏感，因此最好在磁芯尽可能接近特定工作温度的情况下进行空载测试。若顶部油温在参考温度的 10℃ 以内，并且变压器顶部和底部温度之间的温差不超过 5℃，则不需要进行温度校正（IEEE C57.12.90—2015）。

应注意，变压器标准未规定空载损耗的温度校正，也没有规定测量性能的温度范围。磁滞损耗是用钢生产的铁芯的化学成分和制造方法的函数，不应受温度影响。另一方面，涡流损耗理论上会随着温度的升高而降低，因此尽可能接近最高日均环境温度来测量涡流损耗似乎是最佳选择。在任何情况下，通过提高油温到 85℃ 的参考温度来提高磁芯温度都是不经济的，将实验室环境温度提高到该水平也不切实际。

6.10.1.2　负载损耗

还有一个 SVC 变压器需要关注的问题，就是谐波电流会增加多少工频负载下测量的损耗。因此，与工厂测量的工频损耗相比，计算需要考虑高频谐波电流导致的较高绕组电阻和涡流损耗。

负载损耗的主要组成部分是直流电阻损耗，因为它们由负载电流在绕组电阻中产生的损耗组成。第二个组成部分是杂散损耗，如上所述，杂散损耗是由变压器绕组产生的电磁电流引起的，并在磁芯、磁芯夹、磁屏蔽、油箱和其他变压器组件中引起损耗。杂散损耗可进一步分为绕组杂散损耗和其他杂散损耗。绕组杂散损耗是绕组多股绞线涡流损耗和平行绕组电路绞线之间的环流造成的损耗的组合。这些损耗可被认为是绕组涡流损耗。因此，变压器工频负载总损耗由下式得出：

$$P_{LL} = P_{I^2R} + P_{EC} + P_{OSL} \tag{6-3}$$

式中：P_{LL} 为变压器总负载损耗；P_{I^2R} 为绕组直流电阻损耗的总和；P_{EC} 为绕组涡流损耗；P_{OSL} 为其他杂散损耗。

变压器负载损耗与负载电流的平方成正比，如上所述，对于 SVC，其通常包含大量谐波。

电流的方均根值由下式得出：

$$I_{RMS} = \sqrt{\sum_{h=1}^{h=h_{max}} I_h^2} \tag{6-4}$$

式中：I_{RMS} 为变压器实际运行点的方均根电流值；I_h 为 h 次谐波电流，$h=1$，等于工频分量。

为了计算负载损耗，使用在工厂测试期间在均匀油温下测量的绕组电阻。然后，应使用额定变压器电流来估算电阻测量温度下的 I_{RMS}^2R 损耗。该式中使用的绕组电阻是测得的直流电阻。该温度下的附加损耗是通过从合适的测量温度下负载损耗（测量值）中减去 I^2R 损耗的计算值而获得。

在额定条件下，测量温度下的电力变压器总电阻绕组损耗可通过以下方法计算得出：

$$P_{I^2R} = k[(I_{1-R})^2 \cdot R_1 + (I_{2-R})^2 R_2] \tag{6-5}$$

式中：对于单相变压器，k 为 1.0，对于三相变压器，k 为 1.5；I_{1-R} 为额定条件下的高压工频线路电流；I_{2-R} 为额定条件下的低压工频线路电流；R_1 为高压绕组每相的平均直流电阻；R_2 为每个低压绕组每相的平均直流电阻。

式（6-5）不仅对双绕组变压器有效，还可扩展到三绕组变压器。这些计算假设工频电流和电压。用于 SVC 的三绕组变压器在绕组中将具有不同的谐波电流含量，因为这些变压器可用于 12 脉波 SVC 系统，其中第 5、7、17、19 次等谐波电流在变压器内部被抵消，只有（12n±1）次谐波在高压绕组中流动。整流变压器的 IEEE 和 IEC 标准详细涵盖了更复杂的变压器配置问题（IEEE C57.18.10—1998；IEC 60076–57-129：2017）。

常规交流变压器环境条件下杂散损耗的比例应与涡流和其他杂散损耗分开。绕组涡流损耗与负载电流的平方和谐波次数的平方成正比，由下式得出：

$$P_{EC} = P_{EC-O} \frac{\sum\limits_{h=1}^{h=h_{max}} I_h^2 h^2}{\sum\limits_{h=1}^{h=h_{max}} I_h^2} = P_{EC-O} \sum_{h=1}^{h=h_{max}} \left(\frac{I_h}{I_{RMS}}\right)^2 h^2 \qquad (6-6)$$

式中：P_{EC} 为实际运行点非正弦负载电流的绕组涡流损耗。因为损耗是在变压器带有连续负载电流的工厂测试期间测量的，所以损耗方程中必须采用额定变压器电流；I_h 为谐波分量电流；h 为谐波次数；P_{EC-O} 为从试验数据计算出的绕组涡流损耗。

对于其他杂散损耗，也可进行同样的计算。若两个涡流和其他杂散损耗分量不可相互分离，则应假设另一个杂散损耗分量为杂散损耗分量的 40%，涡流损耗为杂散损耗分量的 60%（IEEE C57.18.10—1998）。一些制造商已经发现，母线和连接处的杂散磁场对损耗的影响与对涡流损耗的影响不同。因此，在计算其他杂散损耗的功率损耗时，整流变压器的 IEEE 标准采用指数 0.8，而不是式（6–6）损耗计算中采用的指数 2。（IEEE C57.18.10—1998）。也就是说，在这种情况下，涡流损耗分量将明显大于其他杂散损耗分量[1]。

通过将式（6–6）中的分子和分母除以基波电流，可将涡流乘数转换为谐波损耗因子。这是绕组电流损耗（F_{HL}）的所谓谐波损耗因子，由 P_{EC}/P_{EC-O} 得出。

节点的其他杂散损耗由下式得出：

$$P_{OST} = (P_{OST-O}) \frac{\sum\limits_{h=1}^{h=h_{max}} I_h^2 h^2}{I_{RMS}^2} = P_{OST-O} \sum_{h=1}^{h=h_{max}} \left(\frac{I_h}{I_{RMS}}\right)^2 h^2 \qquad (6-7)$$

式中：P_{OST} 为实际运行点的其他杂散损耗；P_{OST-O} 为基于工厂测试的额定电流的其他杂散损耗。

6.10.1.3　变压器总损耗

现在可对任何运行点的变压器总损耗进行如下估算：

$$P_{TL} = P_{NLL} + P_{I^2R} + P_{EC} + P_{OSL} + P_{PF} \qquad (6-8)$$

式中：P_{TL} 为特定运行点的变压器总损耗；P_{NLL} 为变压器空载损耗；P_{I^2R} 为特定运行点的变压器 I^2R 损耗；P_{EC} 为特定运行点的绕组涡流损耗；P_{OSL} 为特定运行点的其他杂散损耗；P_{PF} 为特定运行点的泵和风扇损耗。

6.10.2　SVC 晶闸管控制电抗器（TCR）损耗

TCR 由于其电流非正弦波形而将谐波注入电力系统。这些谐波电流的影响会对许多其他 SVC 元件的功率损耗计算程序产生影响。

6.10.2.1　TCR 晶闸管阀

TCR 晶闸管阀总损耗可细分为四种不同的损耗类别：分压器损耗、晶闸管阀导通损耗、

---

[1] 请注意，在常规电力变压器的 IEEE standard C57.110 中，涡流和杂散损耗的权重相同。

晶闸管开关损耗（开/关）和电抗器损耗。

在计算晶闸管阀损耗时，最相关的因素是 TCR 电流。当晶闸管阀处于连续导通模式时，流经电抗器的电流为 $I_{TCR} = V/\omega L$（Hingorani and Gyugyi 2000），其中：V 为施加在 TCR 上的纯正弦电压的方均根值，L 为 TCR 电感，ω 为系统角频率（$2\pi f$，其中 f 为电力系统频率）。

平均 TCR 晶闸管电流由下式（IEEE Standard 1031—2011）得出：

$$I_{TAV} = I_{TCR} \frac{\sqrt{2}}{\pi}[\sin(\pi-\alpha) - (\pi-\alpha)\cos(\pi-\alpha)] \tag{6-9}$$

式中：I_{TAV} 为平均晶闸管电流；I_{TCR} 为全导通晶闸管阀的方均根电流分量。

α 为以弧度表示的晶闸管触发角（从 $\pi/2$ 到 π）。

通过这种方式，真正的 I_{TRMS} 晶闸管电流可通过将 I_{TCR} 乘以晶闸管阀触发角的因子函数来计算，该因子函数由下式得出：

$$I_{TRMS} = I_{TCR} \sqrt{\frac{(\pi-\alpha)[1+2\cos^2(\pi-\alpha)] - 1.5\sin[2(\pi-\alpha)]}{\pi}} \tag{6-10}$$

6.10.2.2 TCR 晶闸管阀导通损耗

TCR 晶闸管阀中最显著的损耗是晶闸管阀导通损耗，由阀导通电压和晶闸管导通电阻造成。单个晶闸管的导通损耗由下式得出：

$$P_{cthyristor} = U_{TH}I_{TAV} + r_T I_{TRMS}^2 \tag{6-11}$$

式中：$P_{cthyristor}$ 为一个晶闸管的导通损耗；U_{TH} 为晶闸管阀导通的压降。

r_T 为晶闸管导通电阻。

TCR 是一种三相设备，其中每相都有反向并联的晶闸管。串联晶闸管级的数量取决于连接电压和冗余晶闸管的数量。因此，为一个晶闸管计算的损耗需要乘以 $3\times2\times$ 串联晶闸管的数量，以便得出晶闸管阀的总导通损耗。此外，母线中还存在一些其他损耗，这可能也需要考虑。

6.10.2.3 缓冲电路损耗

触发晶闸管时，缓冲电路电容放电，每个工频周期发生两次。因此，在 1s 内计算的功率损耗由下式（IEEE Standard 1031—2011）得出：

$$P_{SN} = 3 \times \frac{C_{SN}U_\alpha^2}{n} \times 2 = 3 \times f_n \frac{C_{SN}}{n}[\sqrt{2}U_1\sin(\alpha)]^2 \times 2 \tag{6-12}$$

式中：P_{SN} 为缓冲电路损耗；C_{SN} 为每个电平的缓冲电路电容；U_α 为在触发角 α 的缓冲电容两端的瞬时电压；U_1 为阀工频电压；n 为阀每相串联晶闸管的数量；f_n 为系统工频；α 为晶闸管触发角。

6.10.2.4 晶闸管开关损耗

晶闸管不会在收到门极导通脉冲时立即达到完全导通。电流开始在晶闸管晶片的闸门区周围流动的时间有限。在导通期间，随着电流的增加，电压会在几微秒（μs）内衰减。电流乘以晶片上电压的乘积表示晶片中耗散的能量，即开通损耗。

同样，当门极脉冲从器件移除并且电流从器件换相到器件周围的电路中时，通过晶片的导通电流不会瞬时变为零，而是随着电压瞬时增加而在短时间内反向，因为在导通期间产生的等离子体需要在晶片进入非导通状态之前被移除。这叫做晶闸管反向恢复电荷（Q_{rr}）。出于同样的原因，由于晶片在开通期间有导通损耗，因此在该时间间隔内，器件在关断期间也有关断损耗。

器件开通和反向恢复电荷移除的时间取决于所施加的电压、所切换的电流、器件的直径、其栅极结构和许多其他装置参数。因此，在估计开通和关断损耗之前，必须知道器件和特定应用的工况。对于大型器件，这些损耗可能是每脉冲几焦耳[1]。然而，一旦选定器件，损耗可以估计如下（IEEE Standard 1031—2011）：

$$P_{Tsoff} = 3 \times 2Q_{rr} \times \sqrt{2}U_1 \sin\alpha \cdot f_n \qquad (6-13)$$

式中：P_{Tsoff} 为 TCR 晶闸管阀的关断损耗；Q_{rr} 为晶闸管反向恢复电荷；n 为阀每相串联晶闸管的数量；f_n 为系统工频；α 为晶闸管触发角；U_1 为阀两端的工频电压。

标准开通损耗假设为每脉冲 0.2J（IEEE Standard 1031—2011）。据此，开通损耗 P_{Tswon} 由下式得出：

$$P_{Tswon} = 3 \times 2n \times 0.2 f_n \qquad (6-14)$$

6.10.2.5　分压器损耗

处于关断状态（非导通）的晶闸管器件具有很大电阻。也就是说，若在器件上施加电压，当器件闭锁时，会有少量电流流过器件。晶闸管在关断状态下的电阻取决于温度，并且也因器件而异。因此，若有一系列器件串联，泄漏电流将流经该串联器件，但每个器件上的电压将不同。因此，电阻可连接在串中的每个器件上，形成分压器以平衡器件间的分压。该分压器将消耗一些功率，因此应包括在总损耗的估算中。在器件处于关断状态的期间，会出现损耗。

晶闸管两端的电压为：

$$U_{1\alpha} = U_1 \sqrt{\left(\frac{2}{\pi}\right)\left(\alpha - \frac{\pi}{2} - \frac{\sin 2\alpha}{2}\right)} \qquad (6-15)$$

式中：U_1 为所施加电压；$U_{1\alpha}$ 为晶闸管阻断电压的方均根值；α 为晶闸管的触发角，rad。

分压器的功耗为：

$$P_{vd} = \frac{3U_{1\alpha}^2}{n \cdot R_{vd}} \qquad (6-16)$$

式中：P_{vd} 为分压器损耗；n 为串联晶闸管的数量；R_{vd} 为每个晶闸管的分压器电阻。

6.10.2.6　其他损耗组成部分

晶闸管阀的损耗还来自用于阀冷却的风扇和泵。这些辅助系统的运行需要电力。根据需要在空载和不同负载点运行的风机数量，这些系统的电力需求应归类为空载和负载损耗。

6.10.2.7　TCR 损耗

TCR 是 SVC 中功率损耗的另一个主要来源。由于 SVC 二次电压通常在 10～25kV 之间，TCR 电流的大小可能以千安为单位。SVC 的 TCR 的尺寸和模块化是通过系统研究和可用性考量来确定。

---

[1]　例如，参见器件 5STP 42 U6500 的数据手册。https://library.e.abb.com/public/c92a9062c3392b1f83257c63004dbb1d/5STP%2042U6500_5SYA1043-07%20Mar%2014.pdf, accessed November 11, 2018.

TCR 模块的电阻可根据制造的电抗器的质量因数进行估算。这被定义为电抗和电阻的比值。即由 $Q_F = X/R$ 定义的理论质量系数。

出现在质量因子公式分母上的电阻值定义了特定频率下特定电抗器的直流电阻。根据 Ojha 等（Mohan et al. 1995），交流电阻是恒定直流电阻与频率相关集肤效应和涡流电阻的组合，由下式得出：

$$R_{ac} = F_R R_{dc} = \left(1 + \frac{R_{ec}}{R_{dc}}\right) R_{dc} \qquad (6-17)$$

式中：R_{ac} 为交流电阻；F_R 为电阻因子；R_{dc} 为直流电阻；R_{ec} 为集肤效应和涡流电阻。

如本章所述，对于不同于 90° 的触发角度值，TCR 电流为交流电、具有周期性并且非正弦。根据 CIGRE，TCR 谐波电流由 CIGRE TB 25（CIGRE TB 25 1968），单位为 90° 触发角的 TCR 电流：

$$I_h(p.u.) = \frac{4}{\pi h(h^2-1)}[\cos\alpha\sin(h\alpha) - h\sin\alpha\cos(h\alpha)] \qquad (6-18)$$

式中：I_h 为第 h 次的谐波电流（$h = 3, 5, 7, \cdots$）；h 为谐波次数；α 为 TCR 触发角。

TCR 特征谐波是那些 h 等于 $6n \pm 1$，$n = 1$、2、3…的谐波（Hingorani and Gyugyi 2000）。损耗计算中还必须考虑 3 次谐波（$h = 3$、9、15、21 等）。其中，3 次谐波可能是最重要的。

TCR 损耗计算中考虑了基波和谐波电流值。TCR 总损耗由下式得出：

$$P_{TC-reactor} = 3\sum_{h=1}^{h=49} \frac{I_h^2 X_h F_{Rh}}{QF_h} \qquad (6-19)$$

式中：$P_{TC\text{-}reactor}$ 为三相 TCR 在额定条件下的总损耗；I_h 为第 h 次的谐波电流；X_h 为第 h 次的 TCR 感抗；h 为谐波次数；QF_h 为第 h 次的质量因子；F_{Rh} 为电阻因子。

6.10.3　SVC 的晶闸管投切电容器损耗

由于晶闸管阀要么处于完全导通模式，要么处于完全阻断模式，若接通时电容电压处于正确水平，则 TSC 在稳定状态下不会产生谐波电流。TSC 模块切换产生的瞬变很少发生，因此，在评估 TSC 损耗时，可忽略这些切换瞬变。与 TCR 损耗相比，这使得损耗计算变得简单。

6.10.3.1　TSC 晶闸管阀损耗

当 TSC 处于非导通模式时，缓冲电路和分压器电路中会产生损耗，如第 7 节所述，α 等于 180°（π 弧度）。当一个 TSC 导通时，闭环控制以 SVC 无功功率略微变化的方式改变 TCR 触发角，如本章第 6.7 节所述。之后，通过 TCR 触发角增大以减小其感性无功功率，实现 SVC 容性无功功率的实际上升。因此，TSC 导通损耗由下式得出：

$$P_{cthyristor} = U_{TH}I_{TAV} + r_T I_{TRMS}^2 \qquad (6-20)$$

式中：U_{TH} 为阀晶闸管阀导通电压；r_T 为晶闸管导通电阻；I_{TAV} 为晶闸管平均电流。

TSC 晶闸管阀方均根电流由下式得出：

$$I_{TRMS} = \frac{\sqrt{2}}{2} \frac{U^2}{Z_{TSC}} \qquad (6-21)$$

式中： U 为施加于 TSC 的单相方均根电压； Z_{TSC} 为 TSC 每相阻抗。

TSC 晶闸管阀平均电流由下式得出：

$$I_{TAV} = \frac{\sqrt{2}}{\pi} \cdot \frac{U^2}{Z_{TSC}} \qquad (6-22)$$

式中： U 为施加于 TSC 的单相方均根电压； Z_{TSC} 为 TSC 每相阻抗。

TSC 阀其他损耗足够小，可忽略不计（IEEE Standard 1031—2011）。

6.10.3.2　TSC 损耗

在理想的电介质电容器中，电流应领先施加电压 90°。在现实世界中，每个电容器都有介电材料杂质。如图 6-22 所示，这导致了电容电流领先施加电压小于 90° 的现象。

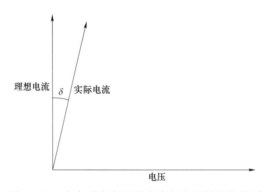

图 6-22　电介质电容器的电流与电压的相位关系

损耗因数（$\tan\delta$）可量化等效为串联电阻与容抗之比，由下式得出：

$$DF = \tan\delta = \frac{R_S}{X_C} = 2\pi f C R_S \qquad (6-23)$$

式中：X_C 为容抗；R_S 为等效串联电阻；f 为系统频率；C 为电容容值。

电容损耗与电容电流的平方和等效并联电阻成正比，可通过式（6-24）求解。因此，TSC 电容器总损耗由下式得出，其中 I 为电容电流方均根：

$$P_C = I^2 R_S = \frac{I_{RMS}^2}{2\pi f C} \cdot DF = Q \cdot DF \qquad (6-24)$$

式中：I_{RMS} 为电容电流，适当考虑了从 TCR 可能注入的谐波电流。

6.10.3.3　TSC 阻尼电抗器损耗

应使用与 TCR 电抗器损耗相同的方法计算 TSC 阻尼电抗器损耗。若 TCR 将谐波电流注入电抗器，则应考虑谐波频率损耗，否则仅考虑工频损耗。

6.10.4　SVC 谐波滤波器损耗

对于每种滤波器类型（例如高通、双调谐、单调谐），SVC 滤波器的功率损耗计算过程是以不同的方式进行的。主要问题是并联元件之间的电流分配（例如，在双调谐滤波器中）。

每个滤波器都包括两个相同容值的电容器。这种划分是出于保护目的。电流互感器安装在电容之间，可在电容器损坏的情况下检测故障电流。然而，它并不影响损耗计算，因为两个并联电容的等效电容是单个电容的容值。

单调谐滤波器的电阻由电抗器电阻和电容器电阻决定。滤波器中也可使用实际电阻，以提供更广泛的滤波性能。通过将其品质因数乘以工频感抗来计算电抗器电阻。等效串联电容和电抗可通过耗散因数乘以容抗来计算。

滤波器阻抗由和频率相关的电抗和电阻组成，所以滤波器阻抗为频率的函数。对于每个次数的谐波，滤波器阻抗的计算必然不同。

滤波器阻抗的实部代表导致滤波器损耗的电阻。基波滤波器电流可通过将 SVC 二次电压除以滤波器阻抗来计算。滤波器损耗可通过将滤波器电阻乘以方均根滤波器电流的平方来计算。这些损耗随 SVC 运行点而变化，因为每个运行点的谐波频谱不同。

6.10.5 控制、保护和辅助设备损耗

根据 IEEE 标准（IEEE Standard 1031—2011），控制和保护系统仅占 SVC 总损耗的很小一部分。SVC 特性变化对控制和保护系统损耗的影响很小，因此 SVC 控制和保护系统可使用一个固定的功率损耗。可在现场测量保护和控制系统的功率损耗，并可假设在整个运行范围内保持不变。保护和控制设备的典型功率损耗约为 3.5kW。控制和保护系统的功率损耗将为空载损耗。

晶闸管阀冷却系统以及控制和保护控制室的加热和/或空调系统的风扇和泵是最密集的辅助动力消耗装置。加热和空调功率值是为每个单独的 SVC 单独确定。

晶闸管阀冷却功率可能取决于 SVC 的无功输出功率。

参考文献

Aho, J., Thomson, N., Kähkönen, A., Kaasalainen, K.: Main reactor concept – a cost and performance efficient SVC configuration. The 16th European Conference on Power Electronics Application—EPE'14 ECCE Europe Procedures, Lappeenranta, 26–28 Aug 2014.

Aho, J., Kuusinen, S., Nissinen, T., Kahkonen, A., Spinella, M., Campos, R., Lima, M., Salvador, H.: Blocking Reactor as Part of SVC System—A Novel Concept for Harmonics Reduction and Lowered Operational Losses, Cigré Paper B4–202, 46a. Cigré Session, Paris, 19–27 Aug 2016.

Belanger, J., Scott, G., Anderson, T., Torseng, S.: Gain Supervision for Thyristor Controlled Shunt Compensators, CIGRÉ, Paper No. 38 – 01, Sept 1984.

Cao, J. Z., Donogue, M., Horwill, C., Singh, A.: TCR and thyristor valves for Rowville SVC replacement project. In: 2010 International Conference on Power System Technology (POWERCON 2010), Hangzhow, Oct 2010.

Cigré TB 25: Working Group 38–01, Task Force No. 2 on SVC, "Static Var Compensator", p. 125, 1968.

CIGRE TB 529: Guidelines for Conducting Design Reviews for Power Transformers, Apr

2013.

CIGRE TB 659: Transformer Thermal Modelling, June 2016.

CIGRÉ Technical Brochure 25, Static var compensators, 1986.

Cigré TB 78: Task Force 01. 02 "Valves for SVC" of Study Committee 14 "Voltage and Current Stresses on Thyristor Valves for Static VAR Compensators", Oct 1993.

Clarke, E.: Circuit Analysis of AC Power Systems, vol. I. Wiley, New York (1943).

DNP Users Group.: https://www. dnp. org/AboutUs/DNP3%20Primer%20Rev%20A. pdf. Accessed 2 Nov 2018.

Fitzgerald, A., Kingsley, C., Umans, S.: Electric Machinery, Sixty Edition. McGraw-Hill Higher Education, New York. ISBN 0-07-366009-4-0-07-112193-5 (2003).

Grainger, W., Waite, G., Bolden, R., Gawler, R., Stewart, J., Craven, R.: Analytical Techniques for the Application of Static Var Compensators to Improve the Capability of Long Distance Transmission Systems to Remote Areas of Australia, 1986 Cigré Session, Paper 38–04.

Gutman, R., Keane, J. J., Rahman, M. E., Veraas, O.: Application and operation of a static var system on a power system – American electric power experience, Part I: system studies. IEEE PES, Summer meeting, paper No. 84 SM 634-2, 1984 also IEEE, PAS, vol. PAS-104, No. 7, pp. 1868–1874, June 1985.

Heathcote, M. J.: The J&P Transformer Book, 13th edn, pp. 812–821. Elsevier, Oxford (2007).

Hingorani, N., Gyugyi, L.: Understanding FACTS: Concepts and Technology of Flexible AC Transmission Systems. IEEE Press, New York. ISBN 0-7803-3455-8 (2000).

IEC 60076-57-129 Power transformers–Part 57 – 129: Transformers for HVDC applications (2017).

IEEE Standard 1158–1991, Power Losses in HVDC Converter Stations.

IEEE Standard 1031: IEEE Guide for the Functional Specification of Transmission Static Var Compensators (2011).

IEEE Standard C57. 110: Recommended Practice for Establishing Transformer Capability when Supplying Nonsinusoidal Load Currents (1998).

IEEE Standard C57. 18. 10: Practices and Requirements for Semiconductor Power Rectifier Transformers (1998).

IEEE C57. 12. 00-2015, IEEE Standard For General Requirements For Liquid-Immersed Distribution, Power, And Regulating Transformers (2015).

IEEE C57. 12, 90-2015, IEEE Standard Test Code For Liquid-Immersed Distribution, Power, And Regulating Transformers (2015).

Katoh, S., Yamazumi, S., Watanabe, A., Amemiya, K.: Overvoltage self-protection structure of a light-triggered thyristor. IEEE Trans. Electron Devices. 48 (4), 789–793 (2001).

Krishnayya, P. C. S.: Important Characteristics of Thyristors of Valves of HVDC Transmission and Static Var Compensators, 1984 Cigé Session, Paper 14–10.

Lajoie, E. G., Scott, G., Breault, S., Larsen, E. V., Baker, D. H., Imece, A. F.: Hydro-Quebec multiple SVC application control stability study. IEEE Trans. Power Deliv. 5 (3), 1533–1550 (1990).

Lawatsch, H. M., Vitins, J.: Protection of thyristors against overvoltage with breakover diodes. IEEE Trans. Ind. Appl. 24 (3), 444–448 (1988).

Lima, M.: A Thirty Years Technological Evolution Panel of Static VAr Compensation Application in a Brazilian Transmission Utility, Cigré Paper B4–12, HVDC and Power Electronics to Boost Network Performance Colloquium, Study Committee B4, Brasilia, 2–3 Oct 2013.

Lima, M., Eliasson, P. E., Brisby, C.: Considerations regarding electrically close static var compensators with adaptive controllers joint operation and performance. In: XIII Symposium of Specialists in Electric Operational and Expansion Planning (SEPOPE), Foz do Iguaçu, 18–21 May 2014, SP077.

Lima, M., Patricia Feingold, P., John Schwartzenberg, J.: Dynamic Performance Evaluation of Static VAr Compensators with Adaptive Control and Operating Electrically Close in Real Time Digital Simulator, Cigré Paper B4–117, Cigré Winnipeg 2017 Colloquium, Study Committees A3, B4 and D1, Winnipeg, 30 Sept–6 Oct 2017.

Lindström, C. O., Walve, K., Waglund, G.: The 200 Mvar Static Compensator in Hagby, 1984 Gigré Session, Paper 38 – 02.

Miller, T. J. E.: Reactive Power Control in Electric Systems. Wiley, New York. ISBN 0-471-86933-3 (1982).

Mohan, N., Undeland, T., Robbins, W.: Power Electronics: Converters, Applications and Design, 2nd edn. Wiley, New York. ISBN 0-471-58408-8 (1995).

Padyar, K. R.: FACTS Controllers in Power Transmission and Distribution. New Age International Publishers, New Delhi. ISBN 978-81-224-2541-3 (2007).

Park, R. H.: Two reaction theory of synchronous machines. AIEE Trans. 48, 716–730 (1929).

Pilz, G., Langner, D., Battermann, M., Schmitt, H.: Line – or Self Commutated Static VAr Compensators (SVc)– Comparison and Application with Respect to Changed System Conditions, Cigré Paper B4–03, HVDC and Power Electronics to Boost Network Performance Colloquium, Study Committee B4, Brasilia, 2–3 Oct 2013.

Ruff, M., Schulze, H. J., Kellner, U.: Progress in the development of an 8-kV light-triggered thyristor with integrated protection functions. IEEE Electronic Devices (ED). 46 (8), 1768–1774 (1999).

Schultz, H. J., Ruff, M., Baur, B.: Light triggered 8 kV thyristor with a new integrated breakover diode. In: Proceedings from ISPSD, pp. 197–200 (1996).

Temple, V. A. K.: Controlled turn-on thyristor. IEEE Trans. Electron Devices. ED-30, 816–824 (1983).

Manfredo Lima，1957 年出生于巴西累西腓，1979 年获得伯南布哥联邦大学（UFPE）电气工程理学学士学位，1997 年获得该大学电气工程理学硕士学位，2005 年获得帕拉伊巴联邦大学（UFPB）机械工程博士学位，主要研究自动化系统。于 1978 年就职于 CHESF，负责电力电子设备、FACTS 设备、电能质量、控制系统、电磁瞬变和直流输电等领域的项目。于 1992 年任职于伯南布哥大学（UPE），负责研究工作。现任 CIGRE 直流与电力电子专委会（SC B4）的巴西 CHESF 代表，也是巴西电能质量协会（SBQEE）的创始成员。

Stig Nilsson，美国毅博科技咨询有限公司首席工程师。最初就职于瑞典国家电话局，负责载波通信系统开发。此后，曾先后就职于 ASEA（现为 ABB）和波音公司，并分别负责高压直流输电系统研究以及计算机系统开发。在美国电力科学研究院工作的 20 年间，于 1979 年启动了数字保护继电器系统开发工作，1986 年启动了电力科学研究院的 FACTS 计划。1991 年获得了输电线路无功阻抗控制装置专利。他是 IEEE 终身会士（Life Fellow），曾担任 IEEE 电力与能源学会输配电技术委员会、IEEE Herman Halperin 输配电奖委员会、IEEE 电力与能源学会 Nari Hingorani FACTS 及定制电力奖委员会，以及多个 IEEE 会士（Fellow）提名审查委员会的主席，曾是 IEEE 标准委员会、IEEE 电力与能源学会小组委员会和工作组的成员。他是 CIGRE 直流与电力电子专委会（SC B4）的美国国家代表和秘书。获 2012 年 IEEE 电力与能源学会 Nari Hingorani FACTS 及定制电力奖、2012 年 CIGRE 美国国家委员会 Philip Sporn 奖和 CIGRE 技术委员会奖；2006 年因积极参与 CIGRE 专委会和 CIGRE 美国国家委员会而获得 CIGRE 杰出会员奖；2003 年获得 CIGRE 美国国家委员会 Attwood Associate 奖。他是美国加利福尼亚州的注册专业工程师。

静止同步补偿器（STATCOM）技术

7

Colin Davidson、Marcio M. de Oliveira

目次

Colin Davidson（✉）

英国斯塔福德，通用电气公司解决方案业务部

电子邮箱：Colin.Davidson@ge.com

Marcio M. de Oliveira

瑞典韦斯特罗斯，ABB 公司 FACTS 部

电子邮件：marcio.oliveira@se.abb.com

© 瑞士，Springer International Publishing AG 公司、Springer Nature AG 公司 2019 年版权所有

S. Nilsson，B. Andersen（编辑），柔性交流输电技术，CIGRE 绿皮书，https://doi.org/10.1007/978-3-319-71926-9_8-2

摘要

静止同步补偿器（STATCOM）是一种并联无功功率补偿装置，使用自换相换流器，通常是电压源型换流器（VSC）。它的名字源于它与传统（旋转）同步补偿器或电容器的概念相似性。STATCOM 可实现类似于 SVC 的功能，但是在交流系统电压骤降期间具有更快的响应速度和更好的无功功率支撑能力，并且更为紧凑。本章描述了 STATCOM 的主要技术内容，包括换流器拓扑结构和控制系统架构。考虑了两种主要的换流器拓扑结构——使用多个 6 脉波换流器桥（带有晶闸管或 GTO）的磁组合类型，以及现在普遍使用的模块化多电平换流器（MMC）型 STATCOM。还对主设备的其他主要元件以及布局和性能进行了描述。

7.1 STATCOM 基础

7.1.1 引言

本章概述了静止同步补偿器（STATCOM）的技术。简要讨论了 STATCOM 与其他并联无功功率补偿装置（如 SVC 和旋转同步补偿器）的区别。典型的 STATCOM 应用将在本书 STATCOM 章节的应用实例中讨论。

静止同步补偿器（STATCOM），以前称为静止电容器（STATCON）、改进型静止无功补偿器（ASVC）或自换相静止无功补偿器，是一种并联无功功率补偿设备，其能够发出和/或吸收变化的无功功率，以保持对其所连接的电力系统特定参数的控制（CIGRE TB 144）。

STATCOM 的基本特性相当于一个通过电抗器接入的，幅值可以快速控制的电压源。这本质上不同于 SVC 的特性，SVC 相当于电压控制的并联电纳，其特性取决于连接点处的系统电压。SVC 的详细描述见本书"6 静止无功补偿器（SVC）技术"。

　　术语"静止"用于表示它是基于固态电力电子开关的设备，没有可移动或旋转部件。术语"同步"和"补偿器"表示它相当于产生一组基频三相平衡正弦电压的理想同步电机。因此，STATCOM 通常由采用固态电力电子开关的电压源型换流器（VSC）和一套控制 STATCOM 输出电压的换流器控制器组成，如图 7-1 所示。

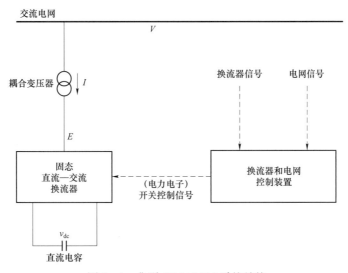

图 7-1　典型 STATCOM 系统结构

　　STATCOM 运行特性类似于图 7-2 所示的旋转同步补偿器（电容器），但由于无旋转部件，所以没有机械惯性。此外，设备的电力电子特性使其可以快速控制其连接点处电力系统三相电压的幅值和相位。

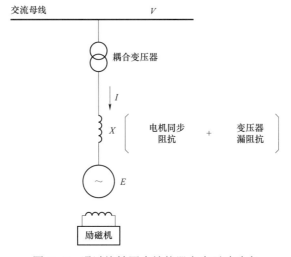

图 7-2　通过旋转同步补偿器产生无功功率

STATCOM 的输出电流基本上与连接点处的系统电压和等效阻抗无关，而 SVC 的输出电流高度依赖于其连接点处的电压和等效阻抗。这意味着，SVC 控制器设计时需要保证在可能出现的电力系统等效阻抗范围内实现稳定控制，这只能通过降低 SVC 的响应速度实现。STATCOM 输出不受系统等效阻抗影响，其控制器的响应速度可以设计得比 SVC 更快，同时在可能出现的电力系统等效阻抗范围内实现稳定控制。

在全电压范围内提供额定电流的能力是 STATCOM 在性能上类似于旋转同步补偿器的基本特征。旋转同步补偿器会瞬时地输出与电压变化大致成正比的无功电流。尽管励磁系统能够快速响应电力系统电压的变化，但与 SVC 和 STATCOM 相比，其无功功率输出相对较慢。然而，由于可以调节的励磁电压和转子绕组中存储的能量，与 SVC 或 STATCOM 相比，旋转同步补偿器能够提供更高的短期瞬态输出。

STATCOM 的主要优点是在交流电压跌落时具有快速响应和强输出能力，这对于减少电力系统扰动的影响至关重要。在无功功率可以缓慢变化的电力系统中，并没必要用 STATCOM 取代机械投切电容器（MSC）或电抗器（MSR）等传统的解决方案。然而，在需要快速可控响应、稳定输出以及利用短期过载能力的电力系统应用中，STATCOM 提供了一种独特的解决方案，可以单独使用，也可以与传统 SVC、旋转同步补偿器等其他设备结合使用。

STATCOM 的典型应用与 SVC 相同，即实现：

（1）有效的电压调节和控制。

（2）降低暂时过电压。

（3）提高稳态功率传输能力。

（4）提高暂态稳定性裕度。

（5）抑制电力系统振荡。

（6）抑制电力系统次同步振荡。

（7）平衡分相负载。

（8）补偿 AC–DC 换流器和直流输电系统无功功率。

（9）提高电能质量。

（10）降低快速电压波动（闪变控制）。

（11）应用于配电系统。

在本章中，STATCOM 被视为负载，当无功功率输出为正时（$Q>0$）STATCOM 等效于电感，当无功功率输出为负时（$Q<0$）STATCOM 等效于电容。

7.1.2　历史回顾

20 世纪 70 年代已经实现了通过各种开关功率换流器直接产生可控无功功率，而无需使用并联电容器或电抗器（Gyugyi 1979）。这些换流器作为电压源和电流源运行，通过在交流系统各相之间环流来产生无功功率，基本无需配置无功功率储能元件。

为了能够提供超前和滞后无功功率，补偿器中所用功率换流器的半导体开关必须具有自关断能力，以实现"自换流"，或者在使用传统晶闸管的情况下，使用辅助电路实现"强迫换流"。具有自换流能力的门极控制器件不能提供足够的功率，以及用于实现强迫换流的电路太复杂，阻碍了实用性"全固态"无功补偿器的发展，直到 20 世纪 80 年代门极可关断晶闸管（GTO）开始成熟。继采用当时的新型（低功率）GTO（Gyugyi 1979）实验室模型演示之后，据报道 1981 年 Sumi 等人在一套±20Mvar 样机中使用了基于强迫换流晶闸管的 DC/AC 换流器方案（Sumi et al. 1981）。20 世纪 80 年代，GTO 的研发取得了巨大的进展，可用器件的额定电压和额定电流迅速增加。为了证明使用 GTO 的新一代无功功率补偿器的可行性，1986 年，完成了一套±1Mvar 的 12 脉波 DC/AC 换流器样机，该装置采用额定电压 2500V、额定电流 2000A（峰值关断）的器件（Edwards et al. 1988）。Gyugyi（Gyugyi et al. 1990）、Larsen（Larsen et al. 1991）、Schauder 和 Mehta（Schauder and Mehta 1993）等人报告了在换流器电源电路配置、高压门极关断阀、先进控制技术以及应用领域的进一步广泛研发工作。1992 年，日本 Mori（Mori et al. 1992）、Ichikawa（Ichikawa et al. 1993）、Suzuki（Suzuki et al. 1993）以及 Nakajima（Nakajima 1996）等人报告了在不同的多脉波 DC/AC 换流器中使用 4500V、3000A（峰值关断）和 6000V/2500A GTO 的许多大型装置。20 世纪 90 年代中期，Schauder 在美国报告了一套±100Mvar（最大为±120Mvar）的大型装置，该装置在 48 脉波换流器使用 4500V/4000A 的 GTO（Schauder et al. 1995, 1996；Schauder and Gyugyi 1995）。1998 年，公布了第一套商业化模块化多电平或"链式"STATCOM，其使用 4500V/3000A 的 GTO（Knightet al. 1998）。

随着 GTO 的不断发展，其额定电压越来越高，高达 6000V，电流关断能力高达 6000A，当其与低电感、单位关断增益的门极驱动器相结合，形成集成门极换流晶闸管（IGCT）时，代表了晶闸管型器件发展的顶峰。

然而，从 20 世纪 90 年代末开始，绝缘栅双极型晶体管（IGBT）开始走向成熟，尽管到 2018 年，其额定功率仍不及 GTO 或 IGCT，但在几乎所有主流的电力电子应用中都因其易于驱动和高速的开关特性而取代了这类器件。其高速开关特性使脉宽调制（PWM）得以广泛应用，这是一种获得良好谐波性能的经济且有效的方法，而 GTO 或 IGCT 几乎不可能做到这一点。

截至 2018 年，开关器件的下一项重大技术变革可能是采用碳化硅代替硅作为基本半导体材料。碳化硅的采用也可能涉及到从 IGBT 向另一种晶体管，即金属氧化物半导体场效应晶体管（MOSFET）发展。与 IGBT 相比，碳化硅 MOSFET 具有更低的开关损耗，并有希望取得更高的效率和更紧凑的解决方案。

在后续章节中，将概述主要用于产生可控无功功率的固态开关换流器的基本概念和基本工作原理。接下来对为实际应用而开发的电压源型 DC/AC 换流器的电源电路布置、控制及输出特性进行更为详细的讨论。

7.1.3 STATCOM 的 V–I 特性

与 SVC 相比，STATCOM 的典型电压—电流特性如图 7–3 所示。通过在其输出范围内产生和吸收无功功率，STATCOM 能够维持其与电力系统连接点处电压几乎恒定。从图 7–3 中看出，STATCOM 可以提供容性和感性输出电流，并达到其额定电流，与系统电压无关。这一点与 SVC 不同，SVC 的最大等效电容导纳决定了其输出电流随着系统电压的降低而线性减小。

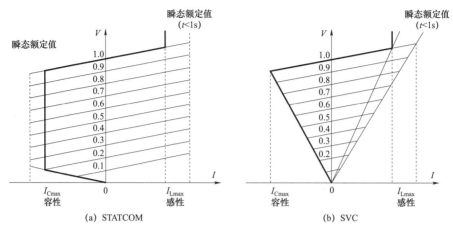

图 7-3　STATCOM 和 SVC 的典型电压—电流特性（标幺值）

上述固有特性使得 STATCOM 比 SVC 在提供输电电压支撑和控制电力系统特定参数以提高稳定性方面具有更强的鲁棒性和有效性。

图 7-4 还显示，STATCOM 根据其规格和所用电力电子元件特性，在容性和感性工作区域都可能具有更高的暂态额定值。与传统 SVC 相比，这种能力进一步提高了 STATCOM 的动态性能。传统 SVC 无法提供更大的容性输出电流，因为这是由容性导纳和系统电压的幅值严格决定的。传统的 SVC 仅能在感性输出范围内提高暂态容量，但仍受到可控电抗器（TCR）设计的限制；具体来说，是最小稳态触发角（α）有多接近 90°。

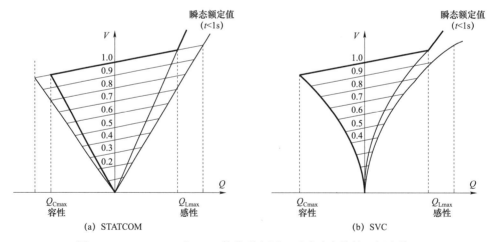

图 7-4　STATCOM 和 SVC 的典型电压—无功功率特性（标幺值）

在 STATCOM 应用中，可控无功功率可以由几种类型的电力电子换流器产生，包括电压源型换流器（VSC）和电流源型换流器（CSC）。也可以使用各种类型的 AC/AC 换流器，尽管这些换流器超出了本书的范围，读者可参考（CIGRE TB 144）详细讨论此类换流器。在 STATCOM 应用中，电压源型换流器比电流源型换流器更为常见，本章其余部分将基于 VSC 技术。

7.1.4　电压源型换流器

电压源型换流器产生无功功率的基本原理与传统的旋转同步补偿器类似，如图 7-2 所示。对于纯无功潮流，同步旋转电机的三相感应电动势（EMF）e_a、e_b 和 e_c，与系统电压 v_a、v_b 和 v_c 同相。同步补偿器产生的标量无功电流 I_L，由系统电压 V、电机内部电压 E 以及电路总电抗（电机同步电抗加变压器漏抗）X 的大小来决定：

$$I_L = \frac{V - E}{X} \tag{7-1}$$

从系统母线吸收的无功功率 Q 可表示为：

$$Q = \frac{(1 - E/V)}{X} V^2 \tag{7-2}$$

因此，通过控制电机的励磁，从而控制其内部电压幅值 E 相对于系统电压幅值 V，即可控制无功潮流。将 E 增加到 V 以上（即过励磁运行）会产生超前电流，也就是说，交流系统将电机"视"为电容。将 E 降低到 V 以下（即欠励磁运行）会产生滞后电流，也就是说，交流系统将电机"视"为电抗（电感）。在任何一种运行条件下，都有少量的实际功率从交流系统流向电机，以弥补其机械和电气损耗。

基本电压源型换流器 STATCOM 拓扑示意图见图 7-5。

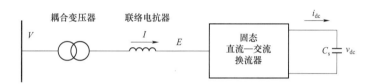

图 7-5　用于产生无功功率的电压源型换流器方案

直流电容 C_s 提供换流器直流侧输入电压源，在交流侧产生一组可控的三相基波输出电压（E）。每相输出电压通过一个相对较小的电感（其中一部分通常来自耦合变压器的每相漏抗）与相应的交流系统电压（V）同相耦合。通过改变换流器输出电压的幅值，可以控制换流器与交流系统之间的无功功率交换，控制方式与旋转同步补偿器类似，如图 7-6 所示。也就是说，如果换流器输出电压相量（E）的幅值 E 大于交流系统电压相量（V）的幅值 V，则电流相量超前电压相量，电流从换流器流向交流系统，同时换流器产生（或提供）无功功率（容性）至交流系统。如果换流器输出电压相量的幅值小于交流系统电压相量的幅值，则无功电流从交流系统流向换流器，换流器从交流系统吸收无功功率（感性）。如果换流器输出电压的幅值等于交流系统电压的幅值，则无功功率交换量为零。

并非所有类型的电压源型换流器都依赖于图 7-5 所示的单个大型直流电容，或具有易于识别的"交流侧"和"直流侧"，但基本原理仍然成立——STATCOM 可以被视为通过耦合电感连接到交流系统的可控电压源。

最简单的形式为，换流器由 6 个自换流半导体器件组成，其中每个器件由有源半导体器件（此处显示为 IGBT）与反并联二极管组成，如图 7-7 所示。这种基本配置被称为两电平6 脉波换流器。

7.1.5　局限与挑战

应用于 STATCOM 的 VSC 可以由几个不同的模块（具体说明见本书"5 FACTS 装置的

电力电子拓扑"一章）来构建。面临的挑战是在较高的额定无功功率下交流系统连接点获得可接受的波形质量。

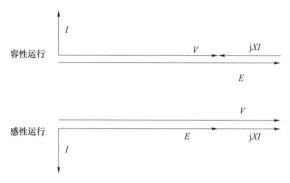

图 7-6　电压源型换流器方案的相量图

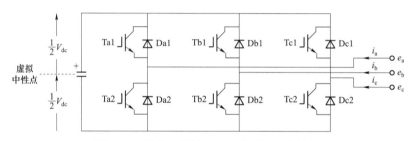

图 7-7　基本 6 脉波两电平电压源型换流器

为了实现大功率 STATCOM，必须解决这两项挑战（它们是相互关联的）❶。

后续各节总结了降低换流器输出电压谐波的两种基本技术。一种技术是脉宽调制（PWM），另一种技术是将单个模块的输出波形组合成一个整体的多脉波波形。

要提高额定无功功率，以下两种基本技术可以单独使用或组合使用：

（1）保留简单的换流器整体结构，但串并联多个半导体器件。

（2）串并联连接多个换流器模块（同时也有助于减少谐波）。

在一定程度上，直接并联半导体器件可能是一种有效技术，但是如果扩展得太多，则会导致母线额定电流非常高，从而变得无效且不切实际。半导体器件串联在使用电网换相换流器的高压直流输电系统中是一项非常成熟的技术，它也适用于基于 IGBT 的高压直流输电VSC 系统和基于 GTO 的无功控制 VSC 系统。

7.2　带磁耦合的多脉波电路

在大功率应用领域，同时提高电力电子换流器的额定无功功率和谐波性能的一种技术是通过电磁移相网络将几个基本模块，如三相 Graetz 桥（见图 7-7），组合在一起，从而抵消大多数低阶谐波。尽管该项技术在电压源型换流器中的应用还有较多限制，但几十年来，它

---

❶ 一些同样的限制也适用于高压直流输电系统。

在工业整流器和高压直流输电等电网换相应用领域中很常见。在"链式电路"（Ainsworth et al. 1998；Knight et al. 1998）出现之前，一些早期的 STATCOM（CIGRE TB 144）使用了该项技术。

交流侧和直流侧的连接方式不能违反基本换流器模块的连接要求。电压源型换流器的直流侧被视为纹波电流源。因此，所有具有适当相移的 6 脉波换流器均可直接并联到共同的直流电压源，即输入电容上。然而，在交流侧，电压源型换流器的输出表现为谐波电压源。因此，它们不能直接连接到具有相移二次级绕组的普通变压器上（如用于高压直流输电系统中的电流源型换流器），因为绕组之间会形成大的谐波环流。

该项技术可能有两种演变：谐波抵消技术和准谐波抵消技术。

可将图 7-7 所示的 6 脉波桥式换流器作为三相多脉波换流器的基础模块。该换流器的交流输出电压包含频率为 $(6k\pm1)f$ 的谐波分量，其稳态直流侧电流由频率为 $6kf$ 的分量组成，其中 f 为基频（在本例中 f 也是交流系统频率），且 $k=1,2,3,\cdots$

通过将 n 个此类 6 脉波桥式换流器组合形成一个 $6n$ 脉波换流器，使其输出电压和直流侧电流中所出现的谐波频率分别为 $(6nk\pm1)f$ 和 $6nkf$。可以看出，谐波频谱随脉波数的增加而迅速提高，因为交流输出电压中谐波的最低阶数等于脉波数减 1，直流侧电流中谐波的最低阶数等于脉波数本身。

谐波抵消的基本原理是将 6 脉波换流器的输入和输出进行组合，这些换流器在 $6n$ 脉波换流器中以适当的相移运行，以抵消除交流侧（$6nk\pm1$）和直流侧（$6nk$）的倍数以外的所有谐波。这可以通过使换流器之间的移相角为 $2\pi/6n$ 弧度来实现。然后，每个换流器的输出电压波形都通过具有适当二次绕组的变压器进行移相，以抵消换流器的相角位移。最后，所有换流器(其基频成分同相)的输出经变压器转换后在变压器一次绕组侧叠加。Sumi 等（Sumi et al. 1981）、Mori 等（Mori et al. 1992）和 Schauder 等（Schauder et al. 1995）已对这种演变技术进行了报道。

一种解决方案是每个换流器独立使用一个有适当相移的变压器，然后在各个变压器的一次绕组之间使用相间变压器。另一种解决方案是对各个变压器一次绕组进行串联。两种方案的变压器的配置都比标准 SVC 变压器更为复杂和昂贵。图 7-8（a）给出了 24 脉波换流器拓扑结构，采用 4 个 6 脉波换流器，变压器的一次绕组串联，图 7-8（b）为其输出电压波形。该拓扑结构的优点是各换流器之间可共用直流电容，从而降低总电容成本。但是，$6n$ 脉波换流器拓扑结构需要 n 个不同的变压器，每个变压器的额定容量为总输出容量的 $1/n$，导致这种拓扑结构从设计、成本和应用的角度来看，都不具备吸引力。

可将标准的 Y/Y 和 Y/Δ 变压器用于"准"谐波抵消的多脉波换流器配置中，其脉波数为 12 的倍数。在这些配置中，使用相同的 12 脉波模块。每个模块包含两个 6 脉波桥式换流器，一个接入 Y/Y 变压器，另一个接入 Y/Δ 变压器。模块中的换流器以 $\pi/6$ 移相运行。通过串联所有变压器的一次绕组，并以连续 $\pi/6m$ 移相运行每个 12 脉波模块，可将这些 12 脉波模块中的 m 个（$m=2,3,4,\cdots$）组合成一个准 $12m$ 脉波换流器。一种准 24 脉波换流器拓扑结构如图 7-9（a）所示，其输出电压波形如图 7-9（b）所示。

与图 7-8 所示的"真"多脉波拓扑结构相比，准多脉波拓扑结构不能完全抵消 12 脉波模块所产生的主要谐波。12 脉波换流器、理想 24 脉波换流器和准 24 脉波换流器的输出电压的谐波分量幅值分别如图 7-10（a）、（b）和（c）所示。可见，准 24 脉波换流器输出谐波相对较小，这在许多实际应用中，可能无需滤波。

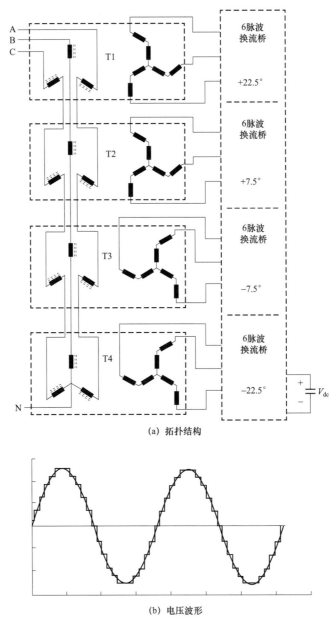

(a) 拓扑结构

(b) 电压波形

图 7-8　24 脉波谐波抵消换流器拓扑结构和输出电压波形图

可以通过使用不同的磁性元件和不同的多电平换流器拓扑结构构建谐波抵消多脉波换流器和准谐波抵消多脉波换流器。但是，此类拓扑结构所需的特殊变压器的复杂性限制了其商业用途，并且此类拓扑已经越来越多地被模块化多电平换流器所取代。

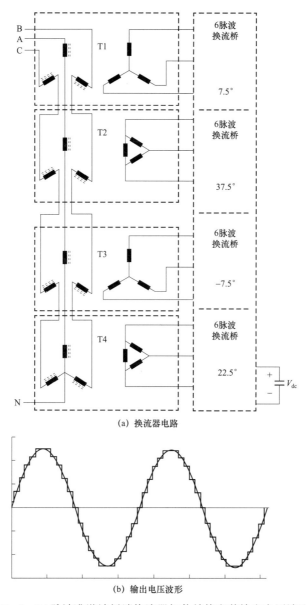

（a）换流器电路

（b）输出电压波形

图 7-9　24 脉波准谐波抵消换流器拓扑结构和其输出电压波形图

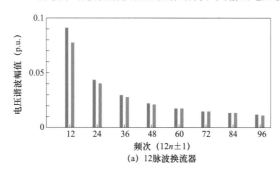

（a）12 脉波换流器

图 7-10　12 脉波、24 脉波和准 24 脉波换流器
交流输出电压的谐波频谱（一）

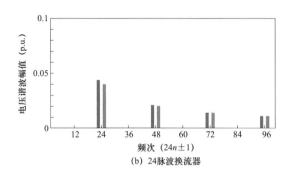

(b) 24脉波换流器

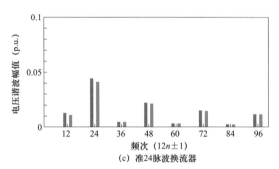

(c) 准24脉波换流器

图 7-10 12 脉波、24 脉波和准 24 脉波换流器
交流输出电压的谐波频谱（二）

7.3 基于模块化多电平换流器（MMC）的 STATCOM

在前面的章节中，用于实现低谐波含量的大功率换流器技术包括将 PWM 与传统的低脉波换流器一起使用，或者将几个传统的 6 脉波换流器与一种复杂的磁路相结合。这两种技术都需要串联半导体器件才能使 STATCOM 达到所需的极高功率水平。

实现大功率多电平换流器的另一种方法是串联基本桥式电路。此类换流器属于"模块化多电平换流器（MMC）"。

7.3.1 链式电路

链式电路是第一个商业化的 MMC 型拓扑，如图 7-11 所示，其基于串联全桥子模块，连接成链式星形（Y）或链式三角形（△）连接。在最早的链式电路应用中使用了 GTO，但截至 2018 年，使用 IGBT 和其他器件（如 GCT 和 IGCT）的链式电路已成为大功率 STATCOM 最常见的解决方案之一。

换流器的每一相均由许多链节组成，每个链节都是单相电压源桥式换流器，其交流侧串联形成一条链路。每个链节都有一个单独的隔离直流电容。

易于通过串联更多的全桥子模块来实现非常高的额定无功功率是链式电路的一个

重要特征。随着子模块数量的增加，谐波性能也随之提高。该电路还避免了器件的直接串联。

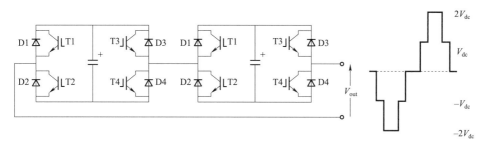

图 7-11 五电平链式电路

如图 7-12 所示，每个链节中的两个桥臂的工作状态均等效为双向开关。在任何情况下，开关都可以连接到其电容的正极或负极，因此每个链节均可产生三种电压 $+V_{dc}$、0V（电容旁路）或 $-V_{dc}$。串联 n 个链节后，电路合成具有（$2n+1$）个电平的电压波形，只要具有足够的链节，电压波形就可以很好地逼近正弦波。

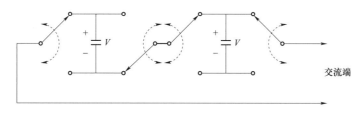

图 7-12 五电平链式电路的开关模拟

通常，在实际应用中，图 7-13 的星形或图 7-14 所示的三角形的每相串联有几十个链节。

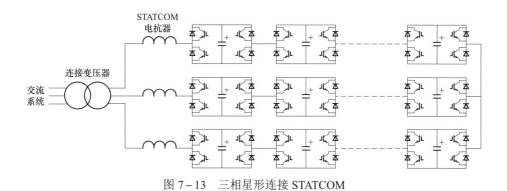

图 7-13 三相星形连接 STATCOM

链式电路是一种实现多电平换流器的简单方法，可用于大功率应用，无需磁耦合电路和/或复杂的变压器。此外，它还在隔离的单相桥式电路内为功率半导体器件提供了良好的运行环境。单相桥式电路串联的数量并不受诸如本书"5 FACTS 装置的电力电子拓扑"一章所述的中性点钳位换流器所需的分接二极管额定电压不断增加等因素的限制。当系统条件需要时，单相换流器可以很容易提供单相补偿。

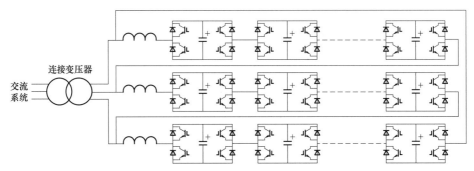

图 7-14　三相三角形连接 STATCOM

但是，链式电路也存在一些缺点，特别是控制复杂性的增加和直流电容值增大。链式电路的每个直流电容都必须针对额定纹波电流，主要针对是二次谐波纹波电流（单相逆变器拓扑导致）进行设计，以使直流电压基本无纹波。这使总直流电容值明显（数倍）大于其他主要三相逆变器拓扑所需的电容值（主要是为了消除直流电容中的二次纹波）。

通过对 α_1、α_2、…、α_n 选取适当的角度，可以设计链式电路以及其他多电平电路产生准谐波抵消波形，无需磁耦合电路和/或复杂的变压器。但是，多电平电路通常需要复杂的控制才能维持适当的直流电压水平和输出波形质量，尤其是在系统扰动的情况下。适当的开关组合不但可用于合成所需的准谐波抵消电压波形，还可用于满足其他要求，例如通常通过适当的闭环控制将电容电压维持在预定值。

自从 20 年前第一个链式电路 STATCOM 问世以来，实时计算硬件的能力有了显著的提高，可以实现更复杂的控制算法。

7.3.2　半桥式 MMC

另一种在高压直流输电中变得非常重要（Lesnicar and Marquardt 2003）的 MMC，采用本书"5 FACTS 装置的电力电子拓扑"一章中所述的半桥子模块。此类子模块的 6 个串联桥臂以类似于经典的 Graetz 桥换流器的拓扑连接，并且将直流传输线连接到两个直流端子（见图 7-15）。此类高压直流输电方案可以并且经常以"STATCOM 模式"运行，这是一种特殊的运行情况，即实际功率为零，而且从技术上可以通过这种拓扑结构实现专用的 STATCOM。

但是，半桥式 MMC 并不是成本效益最优的专用 STATCOM（无直流输电能力）方案。如上节所述，使用全桥子模块可以获得更经济、更简单的解决方案。

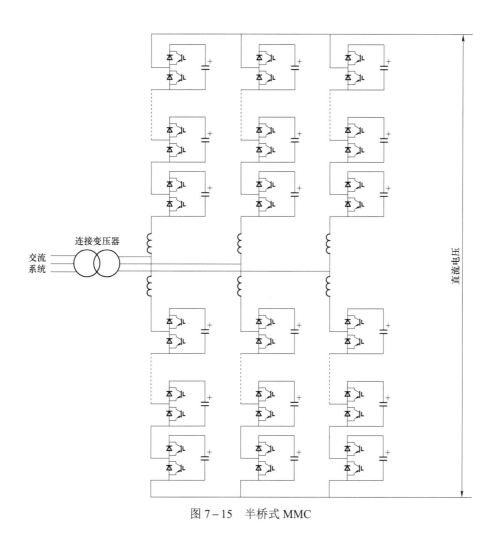

图 7 - 15　半桥式 MMC

7.4　其他主要设备

除了换流器外，STATCOM 中通常还有几种其他类型的主要一次设备：

（1）STATCOM 变压器。

（2）STATCOM 电抗器（在某些情况下可耦合至变压器中）。

（3）直流电容，可以是单个集中电容或 MMC 型 STATCOM 的分布式电容。

（4）交流谐波滤波器（非必要）。

（5）高精度电流传感器。

这些内容将在以下各节中进行讨论。

7.4.1　STATCOM 变压器

STATCOM 变压器是整套装置中最大且最昂贵的设备之一。它发挥着两大作用：

（1）将连接点处电网电压变为与电力电子换流器匹配的电压。

（2）与 STATCOM 电抗器一起构成换流器和交流系统之间的连接电抗。

在使用换流器组之间的磁耦合来抵消谐波的设计中，STATCOM 变压器（可能由一组变压器或一个非常复杂的变压器组成）还有第三种作用，提供必要的相移和第 7.2 节所述的一次绕组串联。

变压器的第一个主要功能是将连接点处电网电压（通常很高，例如 230kV 或 400kV）调整到与电力电子换流器匹配的水平（通常为几十千伏）。在某些情况下，可能已经存在 STATCOM 能直接接入的中压母线（例如，24kV 和 33kV 的工业应用）。在这种情况下，可以节约相当可观的成本（和空间），尽管下一节中所述的 STATCOM 电抗器在这种情况下更为重要。

第二个主要功能是作为换流器和交流系统之间连接电抗的一部分。如第 7.1 节所述，可将基于电压源型换流器的 STATCOM 视作通过连接电抗接入交流系统的可控电压源。在大多数实际的 STATCOM 装置中，连接电抗由变压器漏抗和 STATCOM 电抗器共同构成。

连接电抗是 STATCOM 控制器能够稳定地调节 STATCOM 产生或吸收的无功功率所必需的。此外，连接电抗有助于降低换流器注入交流系统的谐波。

如果连接电抗太小，电网电压的微小变化会导致 STATCOM 无功电流发生不可接受的变化，导致控制难以稳定，并有超过换流器额定电流的风险。另一方面，如果连接电抗太大，则在容性运行条件下，STATCOM 端电压会上升较大，从而需要更大容量的设备。STATCOM 电抗的典型值介于 STATCOM 额定功率的 0.2p.u.~0.3p.u.。STATCOM 变压器漏抗在约 0.12p.u.~0.15p.u.时，成本最优（取决于几个因素，如损耗和噪声减少），因此仍需要额外的 STATCOM 电抗器。

STATCOM 变压器的设计主要取决于电力电子换流器的设计。对 MMC 型拓扑或 PWM 6 脉波换流器拓扑，变压器的设计可能会比较常规。这种情况下，变压器要考虑的典型因素是二次（换流器侧）电压可能是非标准电压等级，且变压器绕组中的电流谐波含量可能比通常更高。与 SVC 应用类似，变压器铁芯不得因二次电压较常规变压器有较大变化而饱和。在设计中可能需要考虑与损耗和噪声相关的问题。

但是，如第 7.2 节所述，应用磁抵消技术使变压器的设计变得更加复杂，因为它必须在二次绕组接入多个不同的矢量组，并将一次绕组串联起来（见图 7-8）。串联的一次绕组也增加了对一次绕组的绝缘要求，这就是这种类型的一些装置使用两级变压器布置的原因，其中第一级包括带中压二次绕组的简单降压变压器，而第二级包括更复杂的磁抵消绕组。

毋庸置疑，这增加了 STATCOM 变压器的成本，并限制了能够设计和制造这种变压器的变压器工厂的数量，这就是自 20 世纪 90 年代末以来很少使用磁抵消技术的原因。

7.4.2　STATCOM 电抗器

STATCOM 电抗器和 STATCOM 变压器共同提供了换流器与交流系统之间的连接电抗。此外，STATCOM 电抗器还可以保护换流阀免受变压器二次侧绝缘失效所引起的短路电流的影响。

原则上，STATCOM 电抗器可以是空芯或铁芯电抗器，尽管大多数 STATCOM 采用干式空芯电抗器。

在一些 STATCOM 应用中，如果没有其他无功功率组件，例如滤波器组或 TCR/TSC 支路，与 STATCOM 共同连接到同一母线上，如果变压器也能够提供必要的电抗，则可以省去 STATCOM 电抗器。但是，在变压器二次侧绝缘失效的情况下，STATCOM 电抗器还起到限制故障电流的作用。如果没有 STATCOM 电抗器来限制该故障电流，则故障电流很可能会损坏换流桥。

为了提供进一步的保护，一些 MMC 型 STATCOM 装置将 STATCOM 电抗器分成两个，每个换流桥的两端各一个（Knight et al. 1998），以在二次侧母线遭受直接雷击时，为 STATCOM 阀提供额外的保护。如果 STATCOM 直接连接到现有的母线，而没有单独的 STATCOM 变压器，则此措施就变得尤为重要——既可防止雷击，又可减少向交流系统注入谐波。

7.4.3 直流电容

直流电容的设计受到电力电子换流器设计的影响很大，而且两者不能完全分开设计。在直流电容设计方面，基于一个或多个 6 脉波桥式电路（带脉宽调制或磁抵消）的换流器与 MMC 型换流器之间存在重要区别。

在基于 6 脉波桥式电路的 STATCOM 中，通常只有一个相对较大的直流电容。该电容代表换流器中的"直流电源"，其额定直流电压与 STATCOM 变压器二次绕组的交流电压成正比。

相比之下，MMC 型 STATCOM 缺乏易于识别的"直流侧"，并使用大量单独的隔离式直流电容储能。每个单独的电容都可能比 6 脉波桥式电路 STATCOM 的直流电容小得多，但是由于 MMC 型 STATCOM 中有许多此类电容，因此 MMC 型 STATCOM 的总储能比 6 脉波桥式电路 STATCOM 的总储能大很多倍。

可用于量化直流电容总储能额定值的性能指标是储能（以焦为单位）与额定功率（以兆伏安为单位）之比。结果是一个具有时间维度的量，类似于电机的"惯性常数"。对于两电平换流器来说，该比值很小，通常为几毫秒，但对于 MMC 型换流器来说，该比值可能会大一个数量级。

MMC 型 STATCOM 的直流电容的额定电压通常根据将其与电路连接和断开的半导体开关的额定电压确定。电容的额定直流电压通常约为半导体器件标称额定电压的 60%，但这主要取决于 STATCOM 制造商采用的换流阀电压标准。

STATCOM 直流电容通常采用金属化聚丙烯膜。这种介电材料具有极低的介电损耗和很高的稳定性，并且可以设计成"自愈"型，因此穿过介电膜的小穿孔只会使少量的介电材料被烧掉（从而略微降低电容值），而不会使电容完全失效。直流电容专为电力电子应用而设计，能够在具有非常高变化率的正弦和非正弦电压及电流下连续运行，电压还包括直流分量。典型要求见 IEC 61071。

7.4.4 交流谐波滤波器

是否需要交流谐波滤波器取决于许多因素，包括换流器本身的设计、与 STATCOM 相连的交流系统的允许电压、电流畸变和电磁干扰限值，以及该交流系统的特性（特别是其在谐波频率下的有效阻抗和预先存在的"背景"谐波水平）。由于控制系统通常没有足够的带宽来抑制这些谐振，因此还应避免在较高频率（20 次谐波以上）的低阻尼谐振。在这种情况下，自然会选择高通滤波器来缓解这种谐振现象。

当然，换流器的设计发挥着非常重要的作用。采用磁抵消电路的 STATCOM 装置（第 7.2 节）使用复杂的变压器装置来消除低次谐波，例如 6 脉波换流器或 12 脉波换流器的典型特征谐波。因此，设计选择是在变压器成本和复杂性与剩余谐波失真程度之间的权衡。36 脉波（Sumi et al. 1981）或 48 脉波（Mori et al. 1992）的运行是可能的（使用非常复杂的变压器），但这在许多电网系统中，仍然会导致不可接受的剩余谐波失真，需要增加滤波器。

在 PWM 型换流器中，换流器的谐波频谱具有不同的特性，以由电网频率调制的 PWM 频率的边带谐波为主，这通常会导致频谱向更容易滤除的高次谐波频率转移。

MMC 型换流器产生的谐波频谱与以上也不相同。这种换流器容易产生宽带电压失真，类似于白噪声。根据所采用的调制策略，可能仍然存在与 PWM 载波频率相关的可识别峰值，但这些峰值都不太明显。这些特性使所产生的谐波频谱更难以滤除，但是在许多 MMC 型换流器中，剩余谐波电压失真程度可能足够低，以至于不需要谐波滤波器。如果为 MMC 型换流器提供谐波滤波器，通常是为了防止放大交流系统上现有的背景谐波，而不是专门滤除换流器所产生的电压谐波。例如，每相具有 16 个"链节"的第一个商用 MMC 型 STATCOM（Knight et al. 1998）使用了一个小型谐波滤波器，主要用于避免放大与之相连的 400kV 系统的背景谐波，而每相具有 15 个"链节"的第二个商用 MMC 型 STATCOM（Scarfone 2003）不需要任何滤波器。

如果需要交流谐波滤波器，其设计通常与高压直流输电或 SVC 等其他大型电力电子换流器的谐波滤波器类似。IEC 62001 全面介绍了电网换相换流器（LCC）高压直流输电交流谐波滤波器的设计标准。除了换流器产生的谐波频谱不同外，IEC 62001 的大部分内容均可应用到 STATCOM 中，同时还需考虑 STATCOM 所产生谐波的电压源特性。

7.4.5　高精度电流传感器

可能需要一种特殊类型的电流传感器对换流器电流进行高精度测量，包括交流、直流分量以及高频分量。为实现 VSC 电流控制的快速、稳定和低谐波发射，需要快速响应时间、低零漂和低线性误差。

7.5　布局考虑因素

STATCOM 设计中最重要的布局考虑因素与直流电容相对于电力电子开关的位置有关。如本书的"5 FACTS 装置的电力电子拓扑"一章所述，一个开关与另一个开关之间的导通转换伴随着电流和电压的快速变化，并且为了避免对功率半导体开关施加过大的应力，半导体开关必须与直流电容紧密耦合，以尽可能降低换相回路周围的杂散电感。

在 MMC 型换流器中，每个子模块或"链节"的物理尺寸都相对较小，其额定电压通常约为 2～3kV，与工业驱动或铁路牵引中使用的典型换流器相当，此类换流器中所使用的同类技术可应用于 MMC 型 STATCOM。

与此相反，在基于串联半导体开关型 6 脉波换流器的大型换流器中，半导体开关较大的物理尺寸及其周围的空气间隙使实现适当的低杂散电感更具挑战性。

在与其他主要设备的布置相关的其他布局方面，则更多地取决于所选的换流器技术。当多个换流器模块连接到一条公共直流母线时（如在使用磁抵消的一些项目中使用），换流器模块的放置仍然是最重要的考虑因素。

在 MMC 型换流器中，其他主要设备的放置更具灵活性。图 7-16 显示了一个 MMC 型 STATCOM 的布局（Knight et al. 1998），其中 STATCOM 换流器三相单元安装在可移动的集装箱中。两个（分体）STATCOM 电抗器（或"缓冲"电抗器）安装在每个 STATCOM 集装箱的一端。该项目中还包括一个 TSC 和一个固定式滤波器。

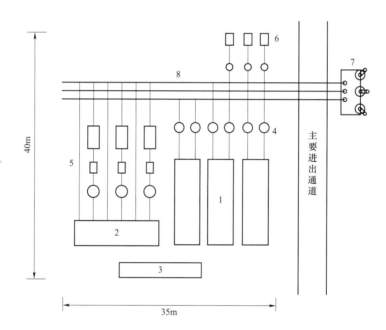

图 7-16 东克莱顿链式 STATCOM 布置（Knight et al. 1998）

1—GTO 换流器室；2—TSC 室；3—阀冷却设备；4—电抗器；5—TSC 电路；
6—谐波滤波器；7—补偿器变压器；8—低压母排

Aho 等报告的系统中使用了截然不同的布局（Aho et al. 2010）。在该项目中，STATCOM 由小型三相三电平换流器模块所组成，每个模块的额定容量为 ±2Mvar，并与 2kV 交流母线并联。该 STATCOM 分为三部分，每部分 12 个模块，总额定容量为 ±72Mvar。图 7-17 为整体布局的平面图，图 7-18 为包含 12 个模块的集装箱等距视图。STATCOM 的电抗器安装在换流器模块中，该 STATCOM 与 72Mvar 固定电容器组共同用于电弧炉的闪变抑制。

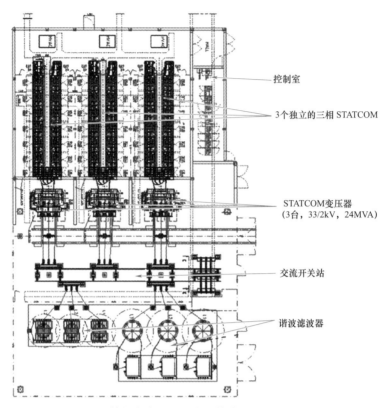

图 7-17　Aho 等报告中基于三电平换流器的 STATCOM 布置图
（Aho et al. 2010）（经通用电气公司解决方案业务部许可复制）

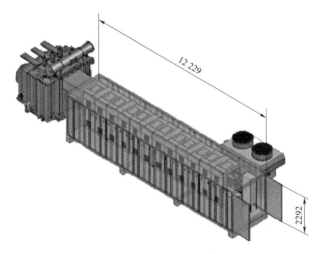

图 7-18　图 7-17 中 STATCOM 集装箱透视图
（经通用电气公司解决方案业务部许可复制）

7.6 控制原理

7.6.1 引言

STATCOM 的控制功能可细分为多个层次，通常如图 7-19 所示。IEEE 1676 将这些层次从高到低定义为：

（1）系统控制。通常用于整个交流电网，而不仅仅是 STATCOM。

（2）应用控制。STATCOM 自身的最高控制级别。

（3）换流器控制。

（4）半导体开关控制。

（5）硬件控制。

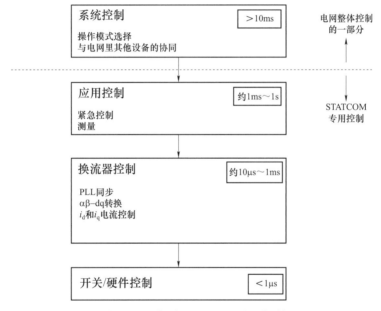

图 7-19　典型 STATCOM 分层控制

系统控制不在本章的讨论范围内，而半导体开关控制和硬件控制则完全取决于供应商，因此本节将主要讨论应用控制和换流器控制。

应用控制包含用于推导无功功率参考值（Q_{ref}）或换流器电流参考值（I_{ref}）的必要电路，以及用于控制适当电力系统量的若干闭环控制。对于输电网（公用电网）应用，与输电网中的 SVC 一样，最重要的功能通常是电压下垂控制，其中由 STATCOM 提供的无功电流与电网电压和预设基准电压之间的差值成比例。

换流器控制利用一组触发信号实现对换流器内电力电子开关的通断，以提供所需的无功功率。在一些应用中可能需要其他的控制功能，在以下各节中将进行更详细的说明。

若涉及多个无功功率补偿器，例如 STATCOM、常规 SVC、晶闸管或机械投切电容器或电抗器，则某些装置的应用控制层可能需要具备额外的协调功能。

STATCOM 装置用于补偿波动的工业负荷（例如电弧炉）时，具有特殊的控制要求，将在第 7.6.5 节中介绍。

7.6.2　空间矢量控制概念

在描述 STATCOM 控制系统时，使用空间矢量表示法比较方便。使用空间矢量表示法减少了控制算法中的数学运算，并简化了对 STATCOM 瞬态性能的理解（Schauder and Mehta 1993；Hirakawa et al. 1996；Erinmez 1986；Povh and Weinhold 1995）。空间矢量由两个坐标定义，它们在任何时刻都能精确地反映电力系统的三相量。这两个坐标可以是极坐标（幅度和相位）或直角坐标（例如 d 轴和 q 轴）。因此，它们的轨迹曲线可以在平面上描绘，并且可以清晰地反映受控 STATCOM 输出和控制矢量的稳态与瞬态性能。

空间矢量表示法有一个缺点，即在将三相系统投影到二维平面时，零序电压或电流的信息会丢失。因此，在可能需要零序电压和电流时，需要对零序分量进行特殊处理。幸运的是，在大多数 STATCOM 应用中，情况并非如此，因为 STATCOM 通常通过三根导线连接到电网，因此零序量始终为零。对于 MMC 型 STATCOM，可能需要通过换流器各相间的零序电压或电流循环来平衡相间电容电压（Betz et al. 2006）。三相量（即电压和电流）的这种时间依赖性可以具有任何特性，由此便可分析由电力系统部件的非线性特性引起的非正弦瞬态条件和谐波失真。

如本章前面所述，STATCOM 原理上等效于通过阻抗与电网相连的受控三相电压源（见图 7－20）。

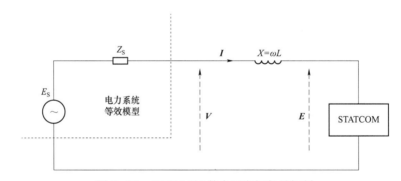

图 7－20　STATCOM 的电压空间矢量控制

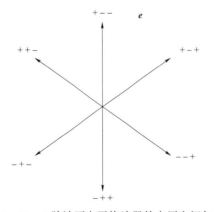

图 7－21　6 脉波两电平换流器的电压空间矢量

在静止参考系中，当正弦信号稳定平衡时，V、I 和 E 的空间矢量在圆内平滑旋转。对于换流器输出电压 E，其空间矢量 e 将根据换流器内电力电子器件的开关状态以不连续的方式旋转，其幅度取决于直流电容电压的实际值。图 7－21 为单个 6 脉波两电平桥输出的空间矢量（见图 7－7）。图 7－21 中加号和减号表示三个相应桥臂的开关状态，"＋"表示上开关开通，下开关关断；"－"表示相反的情况。因此，"＋－－"状态意味着图 7－7 的换流器示意图中 Ta1、Tb2 和 Tc2 被开通。

正如 Park（Park 1929）首次提出的那样，将空间矢量转换为同步旋转参考坐标系，可在稳态平衡条件下产生恒定的空间矢量分量。旋转参考坐标系可以根据电压和电流的任意相位角进行选择，而且在换流器应用中，通常使用锁相环（PLL）将相位角调整到期望值。对于 STATCOM 控制，有时会出现采用同步旋转参考坐标系（即"P−Q 同步旋转参考坐标系"）的特殊情况，其中电压的 Q 轴分量调为零，系统母线电压空间矢量 V 可定义参考坐标系相位：

$$V = V_P + jV_Q = V + j0$$
$$I = I_P + jI_Q \tag{7-3}$$
$$E = E_P + jE_Q = Ee^{j\xi} \quad \xi = \angle(V, E)$$

在此参考坐标系中，电流分量 I_Q 输送瞬时无功功率 $q(t)$，电流分量 I_P 输送瞬时有功功率 $p(t)$，从系统母线流向 STATCOM。

（1）有功分量：

$$p(t) = V \cdot I_P$$

1）$p(t)>0$：STATCOM 从电力系统吸收有功功率（P_{load}）。

2）$p(t)<0$：STATCOM 向电力系统发出有功功率（$P_{generation}$）。

（2）无功功率分量：

$$q(t) = -V \cdot I_Q。$$

1）$q(t)>0$：STATCOM 从电力系统吸收无功功率。

2）$q(t)<0$：STATCOM 向电力系统发出无功功率。

因此：

$$p(t) + jq(t) = V(I_P - jI_Q) = VI^* \tag{7-4}$$

其中，*运算符表示复共轭。

STATCOM 在容性和感性模式运行的相应电流和电压矢量如图 7−22 所示。

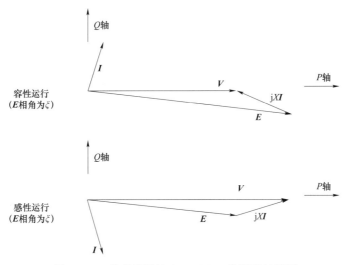

图 7−22   考虑损耗的 STATCOM 换流器矢量图

实际上，三相电压和电流测量值在传递到控制系统之前都要经过滤波。在控制系统中采用锁相环，以获得 STATCOM 与电力系统连接点处电压空间矢量基波部分的相位角和频率。

在大干扰下，快速稳定的 PLL 响应至关重要，以使通过换流器的有功功率可以瞬时最小化，从而避免直流电容电压出现较大变化。

I_P 和 I_Q 的值可以直接通过终端电压空间矢量 V 和电流空间矢量 I 导出，无需坐标变换：

$$I_P - jI_Q = (V \cdot I^*) / V \qquad\qquad (7-5)$$

7.6.3　应用控制

本节介绍了符合输电系统要求的 STATCOM 控制系统的部分内容，并阐明了 STATCOM 的目的在于提高电力系统性能。传统 SVC 的许多应用控制特性是众所周知的，但只要与换流器需要设计的直流电压变化相协调，就可以提供新的可能性，如系统振荡期间的有功功率交换。

通过 STATCOM 的无功功率控制可实现的主要应用控制功能包括：

（1）电力系统电压控制。

（2）功率振荡阻尼控制。

（3）系统功率因数控制。

（4）无功功率控制。

"应用控制"还包括：

（1）测量功能，用于测量实际电力系统量，并向各种控制模块提供适当的信号。

（2）控制参数调节功能，用于在不同的电力系统条件下改变控制参数。

（3）启动/停机功能，在启动和停机阶段进行控制。

7.6.3.1　电力系统电压控制

在用于输电系统的 STATCOM 装置中，最重要的控制模式（类似于输电系统中的 SVC）通常为电力系统电压控制。电压控制器可调节三相交流系统电压的大小，以减小电压波动，提高电压稳定性，辅助系统故障后电压恢复，特别是在故障引起的延迟电压恢复（FIDVR）事件中（WECC 2012）。

图 7-3 和图 7-4 为这种控制模式的典型 $V-I$ 和 $V-Q$ 特性。电压控制器通常为比例积分型（PI）调节器，其输入是根据参考电压 V_{ref}、电压实际值 V 和表示为电压 V_{SL} 的 STATCOM 斜率特性（见图 7-23）计算得出的电压偏差量（ΔV）：

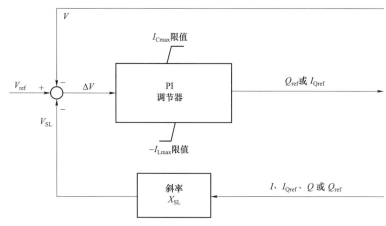

图 7-23　电网电压控制

$$\Delta V = V_{\text{ref}} - V - V_{\text{SL}} \tag{7-6}$$

电压实际值来自测量模块。斜率电压值 V_{SL} 与实际或要求的 STATCOM 电流（I_Q 或 I_{Qref}）成比例，或者与无功功率输出 Q 或 Q_{ref} 成比例，从而具备所需的稳态控制特性。

$$V_{\text{SL}} = X_{\text{SL}} \cdot I / I_{\text{rated}} \text{ 或 } V_{\text{SU}} = X_{\text{SL}} \cdot Q / Q_{\text{rated}} \tag{7-7}$$

X_{SL} 值是由操作员调整的控制参数，其定义了电压控制特性的斜率（下降），即每 1p.u. 发出/吸收的无功功率的总标幺电压偏差。PI 调节器输出信号 Q_{ref} 表示校正电压误差信号 ΔV 所需的 STATCOM 无功功率。

通常会对调节器增益和积分器时间常数进行调整，以便在可能的最大等效系统阻抗（最低系统故障水平）下快速响应实现稳定运行。调节器参数可以在线计算，以确保各种系统条件影响下动态特性保持稳定。

7.6.3.2 功率振荡阻尼控制

这种控制用于某些输电系统的 STATCOM，以抑制功率振荡，提高电力系统的输电能力。功率振荡是发电机、发电机组或不同区域同步交流系统之间的相互作用，通常振荡频率为 $0.1 \sim 5\text{Hz}$，可能会导致稳定性问题，限制电力系统的输电能力。Grund 等（Grund et al. 1990）描述了一项研究，旨在为美国的直流输电系统设计类似的阻尼控制器，以便阻尼区域间 0.8Hz 的振荡，但应注意的是，直流输电系统比 STATCOM 更能抑制这种振荡，因为它们可以直接作用于实际的输电系统。

功率振荡阻尼控制器能够检测振荡的发生，使能控制电路，产生调制信号 V_{POD}，该信号与电压参考值 V_{ref} 相加，共同决定 STATCOM 无功功率输出。在充分抑制功率振荡后，调制信号返回到零，使得 STATCOM 输出由电力系统电压控制来确定（Tiyono et al. 2017）。这一原理同样适用于 SVC。

若 STATCOM 包括适当的储能容量，则根据类似的原理和控制电路，通过调节有功功率（电流）输出可以实现更强的振荡阻尼。

7.6.3.3 无功功率储备控制

可安装无功功率储备控制器，以便在设定的时间内缓慢调节 STATCOM 的无功功率输出，从而恢复无功储备。将测得的 STATCOM 的无功功率输出 Q 与参考值 Q_{ref} 进行比较，并将偏差信号 ΔQ 传递给积分控制电路，通过叠加积分控制电路的输出信号 ΔV_Q 来改变电压参考设定值 V_{ref}：

$$\Delta V_Q = \frac{k}{s}(Q_{\text{ref}} - Q) \tag{7-8}$$

式中：k 为积分器系数；$1/s$ 表示积分器。

通过选择无功功率参考值 Q_{ref}，将稳态运行点保持在 STATCOM 可用控制范围的中间位置（即无功功率输出为零），以确保有足够的动态无功功率储备。这意味着，在任何时候，STATCOM 对任何导致电压变化的系统暂态工况作出的动态响应输出范围都最大。

在这种工作模式下，系统电压可以控制在根据可调值 V_{max} 和 V_{min} 确定的电压范围内。若超过电压限值，则无功功率控制器输出会受到限制，以便将实际系统电压保持在规定范围内。

这一原理同样可用于 SVC。

7.6.3.4 功率因数控制

功率因数控制通常不适用于安装在高压输电系统中的 STATCOM。然而，这种控制模式在中低压配电系统的 STATCOM 中更为常用。功率因数控制器可在 STATCOM 连接点调节系统的功率因数（$\cos\varphi$），响应速度较慢。

根据电压和电流采样值计算系统连接点处连接负载的有功和无功功率（P_L、Q_L），通过下式确定在该点实现恒定功率因数补偿所需的 STATCOM 输出：

$$Q_{ref} = P_L \tan\varphi_{ref} - Q_L \qquad (7-9)$$

式中：φ_{ref} 为所需的功率因数角。

这一原理同样可用于 SVC。

7.6.3.5 负相序控制

STATCOM 连接点处的交流电压中的负序分量可能是由电力系统不平衡负载和不对称系统阻抗所造成，它们也会在电力系统故障情况下出现。可对 STATCOM 进行控制，使其被动地、主动地减少交流电压中的负序分量，或使 STATCOM 仅从电力系统中吸收正序电流。

当期望换流器全电流运行时，对于较大的不对称干扰，需要预先确定负序和正序电压控制之间的优先级。

7.6.4 换流器控制

图 7-24 所示的换流器控制利用由应用控制提供的无功功率参考值（Q_{ref}）或无功电流参考值（I_{ref}）和测得的换流器相电流（I）、系统电压（V）和直流电容电压（V_{dc}）计算得到所需的三相换流器输出电压（E）。

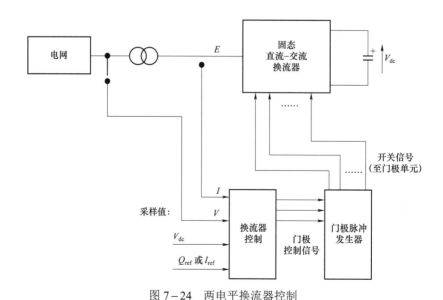

图 7-24 两电平换流器控制

7.6.4.1 电压空间矢量控制

采用空间矢量表示法，$\boldsymbol{E}$ 的输出电压空间矢量 $\boldsymbol{e}$ 可表示为：

$$e = M \cdot V_{dc} \cdot e^{j\psi}; \omega = d\psi/dt \qquad\qquad (7-10)$$

式中：ω 和 ψ 分别为换流器输出电压的角频率和相位角；M 为调制比，为换流器输出电压幅值 E 与直流电容电压 V_{dc} 之比。

从静止参考坐标系转换到旋转参考坐标系，e 变为 $E = E_P + jE_Q$。

一般来说，电压空间矢量控制采用了两种主要的控制原理，即：

（1）控制换流器电压空间矢量 E 的调制比和相角。

（2）仅控制换流器电压空间矢量 E 的相角。

控制换流器电压空间矢量 E 的调制比和相角能够独立地控制有功功率和无功功率（P 和 Q），并且需要换流器能不受直流电容电压的影响而改变基波输出电压幅值，最高达到直流电容电压。截至 2018 年，大多数换流器拓扑都可以实现这一点。

然而，早期的一些两电平换流器采用 GTO 作为半导体器件，而该器件以基频进行开通关断控制，因此很难实现不受直流电容电压的影响而对基波输出电压进行必要控制。因此，控制此类换流器的一种方案是只控制换流器电压空间矢量 E 的相角。这包括间接控制直流电容电压和 E 的幅值，并且只允许独立控制无功功率 Q。由于现代换流器通常不需要这种控制模式，因此这里不再详细描述；但是，CIGRE TB 144 中有完整的解释。

图 7-25 展示了提供调制比和相角控制的空间矢量控制的顶层控制结构。Schauder 和 Mehta（Schauder and Mehta 1993）介绍了此类控制可能的基本结构的详情。电流空间矢量 I 由电网电压和电流的采样值生成。I_P 的调节是有功功率交换的基础，而 I_Q 的调节是无功功率交换的基础。因此，I_P 的调节使 STATCOM 直流电容电压能够被控制到一个与 STATCOM 无功功率输出无关的设定值。

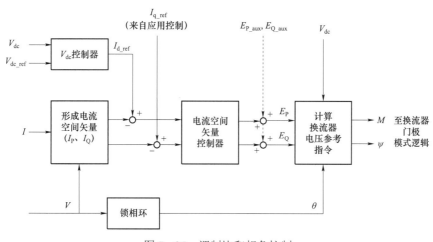

图 7-25　调制比和相角控制

此外，用于电容电压平衡（在使用多电平换流器的情况下）和直流电流控制的辅助控制信号 E_{P_aux} 和 E_{Q_aux} 通常会添加到空间矢量控制的输出端，如图 7-25 所示。

7.6.4.2　辅助控制功能

根据 STATCOM 装置的特殊要求，在换流器控制层可能需要某些其他控制功能。SVC 中不需要这些功能。就不同系统强度和干扰而言，这些功能的鲁棒性对于换流器的正确和预期特性至关重要；否则，可能会发生换流器闭锁和 STATCOM 跳闸。

（1）系统侧直流电流的控制（变压器饱和控制）：由于 STATCOM 元件的非理想特性，换流器的输出（交流系统侧）可能存在直流电流。这可能会导致 STATCOM 磁饱和，造成 STATCOM 电流高度畸变。因此，必须检测换流器电流中的直流分量，并将其控制在可接受的最低水平。这种检测需要除常规 TA 以外的其他传感器。

（2）电压平衡控制：在使用多电平换流器的情况下，必须注意各 H 桥上电容电压以及三相的总能量是否平衡。否则，可能会导致电容过电压和电流畸变。若电压差超过某个限值，则调节半导体器件触发信号，使电压较高的电容向电网释放能量，而电压较低的电容同时吸收能量，从而实现能量均衡。

（3）直流电容电压限幅控制：在控制换流器时，为避免损坏换流器元件和直流电容，直流电容电压不得超过电压限幅值。通过以下措施可以实现这一点，即在空间矢量的调制比和相角都受到控制的情况下控制 V_{dc} 的参考值，以及在仅有空间矢量相角受到控制的情况下对 STATCOM 的容性输出施加限制。

（4）换流器电流限幅控制：换流器的电流限幅基于瞬时电流和电压以及方均根电流和电压，或者利用考虑到半导体电流和环境温度的热模型。在换流器控制中通过对无功功率或电流进行限幅实现限制换流器的最大电流，换流器的电流保护还应考虑半导体器件的安全工作区域（SOA）。

（5）带储能的 STATCOM 控制：在储能设备连接到直流电容的情况下，STATCOM 控制将取决于该设备的特性，并且需要控制调制比和相角，以便对有功功率和无功功率进行独立控制。

7.6.5　电弧炉应用的特殊控制注意事项

某些类型的高功率工业负载会导致负载所消耗的有功功率和无功功率大幅波动，从而造成电能质量问题，影响接入同一电网的其他用户。电弧炉的有功和无功电流波动速度快且不可预测，如不能充分缓解，则可能会导致照明设备出现"闪变"问题。STATCOM 是缓解电弧炉闪变问题的一种非常有效的方法（见图 7-26）；但是，为了达到最佳性能，需要以稍微不同的方式（与传输 STATCOM 相比）进行控制（CIGRE TB 237）。

用于补偿电网电压扰动的 STATCOM（或 SVC）与用于补偿负载波动的 STATCOM（或 SVC）之间存在根本区别。对于电网电压控制，控制本身必须是非主动性的（即，使用反馈控制，等待条件改变，然后动作），因为控制器无法预先知道干扰源会是什么。然而，为了补偿工业负载，可以直接测量负载电流，并将其用作控制的前馈信号，从而更快地响应干扰。这是一个重要的考虑因素，因为电

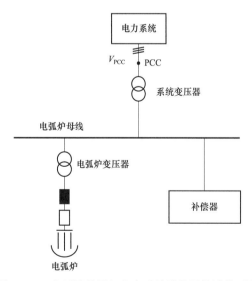

图 7-26　电弧炉装置与电力系统补偿器的连接示例

弧炉 STATCOM 与输电系统 STATCOM 的控制目标不同。输电系统 STATCOM 主要交换周期性的基波无功电流，而用于缓解闪变问题的 STATCOM 主要注入非周期性电流。

图 7-27 所示为电弧炉补偿控制策略研究所用的简化电路。系统阻抗通过电阻 R 和电抗 X 来模拟。电弧炉变压器的阻抗通过电抗 X_T 来模拟。

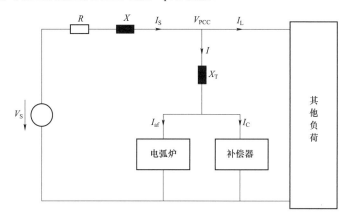

图 7-27   电弧炉补偿策略建模的简化电路

原则上，有两种基本的控制方法可以减轻 PCC 点的电压波动：

一种基本的控制方法是补偿电弧炉的无功功率，平滑有功功率消耗的波动。这要求补偿器具有储能能力（更大的直流电容）。完全采用这种方法之后，电弧炉和补偿器等效为纯阻性负载，其电阻变化非常缓慢。然而，为了实现这一点，当电弧炉的功耗改变时，补偿器必须能够瞬时提供能量。这意味着补偿器在短期内试图保持恒定的 P 和 Q，只需缓慢地修正其计算，以调整其输出，从而适应电网和电弧炉之间的功率平衡。

另一种控制方法是让补偿器仅注入无功功率，以消除 PCC 点的电压波动。通过补偿器的无功电流注入，可消除因电弧炉有功功率变化而导致的 PCC 点的电压波动。这种控制方案的优点是补偿器不需要大型储能设备，从而整体投资成本较小。然而，该方法的闪变抑制能力是有限的。

一般来说，电弧炉电流会引起 PCC 点电压幅值和相位波动。由于闪变采样对相位变化的灵敏度非常低，因此补偿器只需抵消幅值波动即可。Larsson（Larsson 1998）指出，通过注入与第二种控制方法相对应的纯无功电流，可以补偿 PCC 电压的这些幅值波动。此处通过对无功电流进行过补偿来解决有功功率波动引起的电压偏差。

闪变控制模块产生用于控制闪变电流的参考信号。这些信号随后被传递到电流控制器，使 STATCOM 向电网注入适当的电流，从而缓解闪变问题。

该过程的第一步是确定电流相对其平均基波分量的变化。这最好通过将电流转换为直轴和正交轴等效电流来实现。电流的直轴或 d 分量可以描述为导致有功潮流流入 STATCOM 的分量（在公共耦合点），而正交轴或 q 分量是引起无功潮流的分量。通过将相电流分解成沿正序电压相量和垂直于正序电压相量的轴上的投影，可以分别确定 d 分量和 q 分量。如果电流波形平滑、平衡、无谐波，那么得到的 d 分量和 q 分量就会转换成非时变直流量。然而，实际上，d 分量和 q 分量并不平滑。因此，从瞬时值中减去 d 分量和 q 分量的直流成分是确定电流相对其平均值变化的简单方法。

电流控制器可以是类似于输电系统 STATCOM 中使用的矢量控制器。然而，对电弧炉 STATCOM 控制器的主要要求是其能够对快速响应可能不是正弦信号的电流参考信号，以响应有功功率或无功功率负载的突然变化，因此有时会采用其他控制方法作为替代方案。这通常会涉及到响应速度（对于电弧炉 STATCOM 更为重要）和换流器开关损耗（对于输电系统 STATCOM 更为重要）之间的权衡。

7.7　损耗和效率

STATCOM 等装置中使用的大功率换流器的效率非常高（全电流时约为 98%～99%），尽管如此，此类换流器在运行时仍会产生功率损耗，而这些功率损耗在寿命期限内的能源成本不可忽视。

用于电网（电力传输）用途的 STATCOM 通常的运行寿命为 20～25 年，甚至更长，STATCOM 的电力损耗相当于电网的收入损失。在购买 STATCOM 时，设备寿命期限内电力损耗的净现值（NPV）可与 STATCOM 设备的资本支出（CAPEX）成本相比较。若 STATCOM 通常在其运行范围的中间运行，则空载损耗通常会比负载损耗更为重要。因此，在设计 STATCOM 时需要格外注意，不仅要使 CAPEX 成本足够低，还要使功率损耗较低。然而，这个问题很复杂，取决于包括能源成本、地方性法规和会计事务在内的许多因素。

关于真实 STATCOM 装置的实际功率损耗值，几乎没有公开的数据，但可以看出一些总体趋势。

图 7－28 定性地显示了与由 TCR、TSC 和固定滤波器组成的典型 SVC 相比，STATCOM 的功率损耗在其工作范围内是如何变化的。

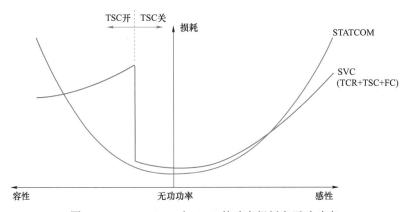

图 7－28　STATCOM 与 SVC 的功率损耗和无功功率

图 7－28 中最需要注意的一点就是它的形状。STATCOM 的特性在本质上（几乎）是对称的，在 0Mvar 时损耗最低。对于计划在大部分寿命周期内以 0Mvar 运行的应用场景，STATCOM 更具有优势。相比之下，典型的 SVC 在接近 0Mvar 时可能会造成相当或略高的损耗，但当 TSC 投入时（需要由 TCR "补偿"），损耗会突然上升。但在全容性输出时，SVC

的功率损耗可能低于 STATCOM。因此，当主要目的是为电力系统的缓慢电压变化提供容性无功支撑时，由多个 TSC 组成的 SVC 可能比 STATCOM 更具成本效益（但机械投切电容器组仍然更具成本效益）。如第 7.8 节所讨论的，TSC 和 STATCOM 组成的混合装置（Knight et al. 1998）可能是一种结合两种技术的最佳方式。

STATCOM 的功率损耗由三大要素构成：STATCOM 变压器、STATCOM 电抗器和电力电子换流器。辅助设备（例如，冷却装置）的功耗也很重要，尤其是在高温下评估损耗且众多冷却风机运行时。但当使用现代聚丙烯薄膜电容器时，换流器直流电容中的损耗通常相当小。

由于功率损耗相对于 STATCOM 和 SVC 的无功输出而言相对较低，因此直接测量功率损耗很难得到理想的精度。因此，通常通过计算和测量相结合来评估功率损耗，使用在工厂条件下获得的实例试验数据，并应用校正系数来反映功率损耗如何会因运行条件而不同。

对于 STATCOM，目前还没有关于如何确定功率损耗的国际标准。但有一些直流输电领域的 IEC 标准提供了有用的指导，这些指导可以部分地应用到 STATCOM 中。

对于 STATCOM 变压器和电抗器，其功率损耗可采用类似于直流输电设计标准——IEC 61803 中所述的过程来确定。STATCOM（或直流输电）变压器和电抗器与传统交流设备的主要不同在于：绕组电流通常含有更高的谐波含量。这需要通过确定作为频率函数的绕组电阻，然后提取绕组电流的频谱来实现。

STATCOM 换流器的情况更为复杂，在很大程度上取决于采用的换流器技术类型。IEC 62751 中包括确定基于电压源型换流器的高压直流输电系统换流阀功率损耗的方法，因此有助于为 STATCOM 提供一般指导，但不能在不作出任何修正的情况下直接应用。

电压源型换流器中的功率损耗一般可分为两大类：导通损耗和开关损耗。

导通损耗是由电流流过器件的压降引起的。其中可能有母排等元件中的有功损耗（I^2R），但 STATCOM 中的导通损耗主要来自功率半导体器件的导通压降——该压降取决于电流，但在额定电流下通常约为 2～3V。瞬时导通损耗就是电压降乘以瞬时电流，通过积分得到一个周期内的平均功率损耗。

开关损耗指的是半导体器件每次从导通到关断到导通时的热量损耗。开关损耗可包括 GTO 型装置所需的缓冲器部件中损耗的能量；但在 IGBT 中使用缓冲器不太常见。此类装置的开关损耗主要是装置本身的开关损耗。一般来说，IGBT 每次开通或关断时，分别产生 E_{on} 或 E_{off} 的能量损耗，而二极管每次关断时，都会产生"恢复损耗"E_{rec}（可忽略二极管的导通损耗）。如本书"5 FACTS 装置的电力电子拓扑"一章所述，每次 IGBT 开通时，二极管在其他地方关断，反之亦然。因此，从 IGBT 导通到二极管导通的每次转变都会损耗 E_{off} 的能量，从二极管导通到 IGBT 导通的每次转变都会损耗（$E_{on} + E_{rec}$）。通过将规定时间段内（如 1s）发生的所有开关能量相加来评估总 开关损耗（单位：W）。

截至 2018 年，在采用（硅）IGBT 的 PWM 型换流器中，由于 PWM 载波频率相对较高（通常为 1～2kHz），所以开关损耗通常占主导地位；但在模块化多电平换流器中，平均开关频率在 100～200Hz，甚至更低，因此，这种换流器的导通损耗往往占主导地位。未来使用碳化硅器件后，我们预计即使是 PWM 型换流器，其开关损耗与导通损耗相比也变得很小。

7.8　混合式 STATCOM

与 SVC 相比，STATCOM 具有更好的特性，尤其是在欠压时，它能够输出全部无功电流而不受电压幅值的影响。另一方面，与 STATCOM 相比，SVC 的无功功率输出与电压幅值的平方成正比。这意味着在电压下降时会减少无功功率支撑，即在电网最需要 SVC 以防止系统电压崩溃和电机失速时，SVC 反而减少对电网的支持。然而，常规 SVC 在抑制暂时过电压方面具有优势，因为其无功功率吸收能力更高，而不会对设计产生任何重大影响。

基于 SVC 和 STATCOM 两种技术相结合的混合式 STATCOM，是应用于公用电网的好方案，通常需要加入一些补偿元件（电容和/或电感），以实现更广范围的运行，通常是非对称的（Knight et al. 1998；Halonen and Bostrom 2015）。仅使用 STATCOM 涵盖整个动态范围会造成容性或感性无功输出超过设计值。

混合式 STATCOM 解决方案示例如图 7－29 所示。由电压源型换流器（STATCOM）、晶闸管投切电容器（TSC）和晶闸管投切电抗器（TSR）组成。$V－I$ 特性为 SVC 和 STATCOM 二者特性的结合，其中电压源型换流器负责无功功率的连续控制。其中的一个特性可能主导另一个特性，即 STATCOM 特性或晶闸管投切补偿元件特性，但选择仅取决于性能和运行要求。混合式 STATCOM 解决方案可视为升级的 SVC，其中 TCR 替换为电压源型换流器。

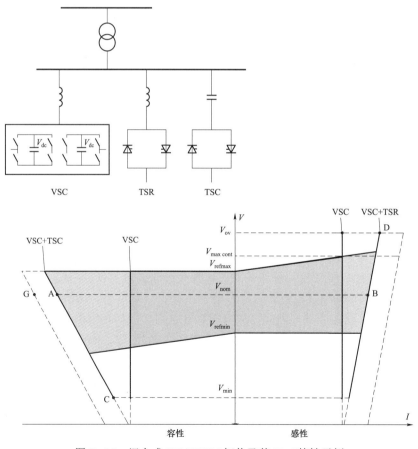

图 7－29　混合式 STATCOM 拓扑及其 $V－I$ 特性示例

参考文献

Aho, J., et al.: Description and evaluation of 3 – level VSC topology based statcom for fast compensation applications. In: 9th IET International Conference on AC and DC Power Transmission, London (2010).

Ainsworth, et al.: Static VAr Compensator (STATCOM) Based on Single-Phase Chain Circuit Converters. IEE Proceedings: Generation, Transmission, and Distribution, Institution of Electrical Engineers. 145 (4) , 381 – 386 (1998).

Betz, R. E., Summerst, T., Furneyt, T.: Symmetry compensation using a H – Bridge multilevel STATCOM with zero sequence injection. In: Conference Record of 2006 IEEE IAS Annual Meeting.

CIGRÉ Technical Brochure 144: Static Synchronous Compensator (STATCOM).

CIGRÉ Technical Brochure 237: Static Synchronous Compensator (STATCOM) for arc furnace and flicker compensation. Working Group B4.19, Dec 2003.

Edwards, C. W., et al.: Advanced static var generator employing GTO thyristors. IEEE Trans. Power Delivery. 3 (4) , 1622 – 1627 (1988).

Erinmez, I. A. (ed.): Static Var Compensators. Report prepared by Working Group 38 – 01, Task Force No.2 on SVC, CIGRÉ 1986.

Grund, C. E., Hauer, J. F., Crane, L. P., Carlson, D. L., Wright, S. E.: Square Butte HVDC modulation system field tests. IEEE Trans. Power Delivery. 5 (1) , 351 – 357 (1990).

Gyugyi, L.: Reactive power generation and control by thyristor circuits. IEEE Trans. Ind. Appl. IA – 15 (5), 521 – 532 (1979).

Gyugyi, L., et al.: Advanced Static Var Compensator Using Gate Turn-off Thyristors for Utility Applications. CIGRÉ paper 23 – 203, 1990.

Halonen, M., Bostrom, A.: Hybrid STATCOM systems based on multilevel VSC and SVC technology. In: CIGRÉ SC, vol.B4. HVDC and Power Electronics International Colloquium, Agra (2015).

Hirakawa, M., Mino, Y., Murakami, S.: Application of self-commutated inverters to substation reactive power control. CIGRÉ, pp.23 – 205 (1996).

Ichikawa, F., et al.: Development of self-commutated SVC for power system. In: IEEE Conference Record of the Power Conversion Conference, Yokohama, 1993, pp.609 – 614 (1993).

IEC 61071: Capacitors for power electronics.

IEC 61803: Determination of power losses in high-voltage direct current (HVDC) converter stations with line-commutated converters.

IEC 62001 (all parts): High-voltage direct current (HVDC) systems-guidance to the specification and design evaluation of AC filters.

IEC 62751: Power losses in voltage-sourced converter (VSC) valves for high-voltage direct current (HVDC) systems.

IEEE 1676 – 2010: Guide for control architecture for high power electronics (1MW and greater) used in electric power transmission and distribution systems.

Knight, R. C., Young, D. J., Trainer, D. R.: Relocatable GTO-based static Var compensator for NGC substations. CIGRÉ Session 1998, Paper 14 – 102.

Larsen E., et al.: Benefits of GTO-Based Compensation Systems for Electric Utility Applications. IEEE, PES Summer Power Meeting, Paper No., 91 SM 397 – 0 TWRD, 1991.

Larsson, T.: Voltage Source Converters for Mitigation of Flicker Caused by Arc Furnaces. Dissertation at School of Electrical Engineering and Information Technology (KTH) at University of Stockholm, ISBN 91 – 7170 – 274 – 1 (1998).

Lesnicar, A., Marquardt, R.: An innovative modular multilevel converter topology suitable for a wide power range. In: Power Tech Conference Proceedings, vol.3, p.6 (2003).

Mori, S., et al.: Development of large static var generator using self-commutated inverters for improving power system stability. In: PES Winter Power Meeting., Paper No.92 WM165 – 1. IEEE (1992).

Nakajima, T.: A new control method preventing transformer magnetisation for voltage source self-commutated converters. IEEE Trans. Power Delivery. 11 (3), 1522 – 1528 (1996).

Park, R. H.: Two-reaction theory of synchronous machines: Generalised method of analysis-Part 1. Presented at the winter convention of the A.I.E.E.(1929).

Povh, D., Weinhold, M.: Efficient computer simulation of STATCON. In: International Conference on Power System Transients, Lisbon, pp.397 – 402 (1995).

Scarfone, A. W.: A 150Mvar STATCOM for Northeast Utilities' Glenbrook Substation. IEEE PES 2003 General Meeting, Toronto, pp.15 – 17 (2003).

Schauder, C. D., Gyugyi, L.: STATCOM for Arc Furnace Compensation. EPRI Workshop, 13 – 14 July 1995, Chicago.

Schauder, C. D., Mehta, H.: Vector analysis and control of advanced static var compensators. IEE Proc – C. 140 (4) , 299 – 306 (1993).

Schauder, C. D., et al.: Development of a 100Mvar static condenser for voltage control of transmission systems. IEEE Trans. Power Delivery. 10 (3), 1486 – 1496 (1995).

Schauder, C. D., et al.: TVA STATCON Project: Design, Installation and Commissioning. CIGRÉ paper, pp.14 – 106 (1996).

Sumi, Y., et al.: New static var control using force-commutated inverters. IEEE Trans. Power Apparatus Syst. PAS – 100 (9), 4216 – 4224 (1981).

Suzuki, K., et al.: Minimum harmonics of PWM control for a self-commutated SVC. In: IEEE Conference Record of the Power Conversion Conference, Yokohama, pp.615 – 620 (1993).

Tiyono, A., Hariyanto, N., Grondona, A., Zhang, H., Srivastava, K., Reza, M.: Implementation of power oscillation damping function in STATCOM controller. In: 4th International Conference on Electrical and Electronic Engineering (ICEEE) , Turkey (2017).

Western Electricity Coordinating Council (WECC) : Modeling and Validation Work Group Composite Load Model for Dynamic Simulations. Report 1.0 (2012).

Colin Davidson，英国斯塔福德通用电气公司研究中心高压直流输电咨询工程师。1989 年 1 月入职该公司（当时隶属于美国通用电气公司），历任晶闸管阀设计工程师、晶闸管阀经理、工程总监、研发总监等职位。他是特许工程师和 IET 会士（Fellow），曾任 IEC 标准化委员会高压直流输电和 FACTS 分委会委员。拥有剑桥大学自然科学专业的物理学位。

Marcio M. de Oliveira，ABB 公司（瑞典）首席系统工程师。1967 年出生于巴西里约热内卢，1992 年获巴西里约热内卢联邦大学电气工程理科硕士学位，分别于 1996 年和 2000 年获瑞典皇家理工学院高功率电子系高级硕士学位和博士学位。2000 年入职 ABB 公司 FACTS 部门，工作内容涉及电力系统设计、实时仿真、控制系统设计研发等多个技术领域。现任系统首席工程师，负责 FACTS 技术在全球的技术营销。参编了 CIGRE SC B4 WG53 "STATCOM 的采购和测试指南"，是 IEC TC22 的成员，是 IEC 61954 维护团队的组织者，负责 SVC 晶闸管阀的测试。2017 年获 IEC 1906 奖。

晶闸管控制串联电容器（TCSC）技术 8

Stig Nilsson、Marcio M. de Oliveira

目次

Stig Nilsson

美国亚利桑那州塞多纳，毅博科技咨询有限公司电气工程应用部

电子邮箱：stig_nilsson@verizon.net，snilsson@exponent.com

Marcio M. de Oliveira

瑞典韦斯特罗斯，ABB 公司 FACTS 部

电子邮箱：marcio.oliveira@se.abb.com

© 瑞士，Springer Nature AG 公司 2020 年版权所有

S. Nilsson，B. Andersen（编辑），柔性交流输电技术，CIGRE 绿皮书，https://doi.org/10.1007/978-3-030-35386-5_26

摘要

晶闸管控制串联电容器（TCSC）系统和晶闸管投切串联电容器（TSSC）系统是 20 世纪 80 年代末和 90 年代初提出的电力电子系统，因为当时很难获得新建线路批准，而它们可以更好地利用已有高压架空输电线路。实际经验表明，TCSC 系统主要应用于需要长距离高压交流输电线路的高负荷增长率地区。在含有重载线路的交流电力系统中，也可以通过使用固定或投切型串联电容器补偿系统来提高线路的负载能力。已有线路负载增加带来的相关风险是：如果电力系统受到严重扰动，则可能会出现大范围停电。TCSC 系统是一种管理扰动及避免停电的工具，其通过将潮流快速从过载线路转移到能够承载更高负载的线路从而避免停电。TCSC 系统已应用于长距离交流输电线路的建设，如果这些长距离交流输电线路不安装 TCSC 系统就会不稳定。另外，已经证明 TCSC 系统是增强交流系统稳定性的有力工具，甚至可以提供次同步振荡阻尼，在次同步振荡中使用固定串联电容器（FSC）装置可能会导致次同步谐振，危及大型汽轮发电机的可靠运行。本章讨论了 TCSC 系统的设计要求，还讨论了 TCSC 系统的基本操作原理、关键设计、标准和其他文件，这些内容对于采购、维护或操作 TCSC 系统的人员来说很有用。

8.1 引言

当有功潮流通过输电线路时，线路送端和受端之间的电压降主要由线路中的电感引起。如果忽略线路中的电阻和导体与地面间的并联补偿容抗，则发送的有功功率等于接收的功率，如式（8−1）所示。但是，如"1 柔性交流输电系统（FACTS）装置简介：发展历程"一章所述，有功潮流还会导致磁能被吸收到架空输电线路的感抗中。假设送端和受端电压相同，那么线路的送端和受端需要提供的无功功率如式（8−2）所示。也就是说，流经架空线路的有功功率越多，无功功率需求就越大。

$$|P_s| = |P_r| = \frac{V_s V_r}{X} \sin(\delta_s - \delta_r) = \frac{V_s V_r}{X} \sin \delta \qquad (8-1)$$

$$|Q_s| = |Q_r| = \frac{V^2}{X}(1 - \cos\delta) \tag{8-2}$$

式中：V_S 为送端电压幅值，δ_S 为送端电压相角；V_r 为受端电压幅值，δ_r 为受端电压相角；X 为线路电抗；δ 为线路送端与受端之间的相角差（$\delta = \delta_S - \delta_r$）；$P_S$ 为送端输出的有功功率；Q_S 为送端的无功功率需求；P_r 为受端接收到的有功功率；Q_r 为受端的无功功率需求。

如果送端位于强系统中，不同潮流水平的电压变化很小。受端位于弱系统中，则受端电压可以用式（8-3）描述，其中 I_line 表示线路电流。

$$V_r = V_S - XI_\text{line} \tag{8-3}$$

图 8-1 显示，如果架空线路受端的电力系统不能提供无功功率，那么受端电压将在大功率传输水平下降低，直至崩溃（由于该曲线的形状看起来像鼻子，因此称为鼻形曲线）。为避免这种情况，尽管在低负载条件下可能情况相反，也必须通过插入设备来增加沿线的电压，该设备在负载增加时提供容性无功功率。另一方面，当线路负载非常低时，由于存在费兰梯效应（Ferranti Effect）（Steinmetz 1971），所以无功功率沿线路吸收了而不是增加。可通过使用并联电容器组或并联补偿的 FACTS 装置，或通过在线路中插入串联电容器的串联补偿装置来实现无功功率控制。长架空线通常首选将串联电容器插入架空线，根据线路负载投入或退出补偿。

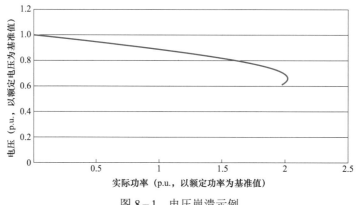

图 8-1　电压崩溃示例

用于无功功率控制的 FACTS 装置能对无功功率实施连续的、通常无级的控制。这种性能优势可用于优化电力系统中的无功功率补偿，能够抑制系统振荡，还可用于提高电力系统的暂态稳定性。一种常与固定串联电容器（FSC）一起使用的 FACTS 装置方案，是晶闸管控制串联电容器（TCSC）系统（CIGRE TB 123 1997）。

TCSC 系统可以连续调节串联电容器阻抗。如"5 FACTS 装置的电力电子拓扑"一章所述，该系统使用高压大功率晶闸管。晶闸管器件的短路性能优于其他半导体，因此晶闸管是基于电力电子技术的受控串联电容器（TCSC 和 TSSC 系统）的优选半导体器件。也可采用晶闸管投切串联电容器（TSSC）系统，因为它们能够快速投入或退出串联电容器组。TSSC 系统的原型是 1991 年投运的 AEP-ABB Kanawha River 系统（Keri et al. 1992）。Slatt 多模块 TCSC 系统也可以用作投切和可控串联电容器系统组合（Larsen et al.

1992）。

目前，国际上已经制定了一些标准用于协助电力系统工程师了解 TCSC 系统的具体要求。IEEE 制定了晶闸管控制串联电容器的推荐规程规范（IEEE 1534—2009），该标准提供了设计和采购 TCSC 系统时所需的信息，以及出厂和调试测试的建议。IEC 也制定了串联电容器装置的标准，适用部分可用于规范 TCSC 系统（IEC 60143 – 4：2010）。

8.2 TCSC 运行原理

如图 8–2 所示，所有已安装的 TCSC 系统均采用一个电抗器与一个可控晶闸管阀串联和一个金属氧化物变阻器（MOV）并联，并与一个串联电容器并联（CIGRE TB 554 2013），MOV 用于串联电容器和晶闸管阀支路的过电压保护。使用晶闸管阀的一个主要作用是，当补偿线路上存在短路时，将通过晶闸管阀切换到全导通模式来旁路电容器和 MOV。在这种情况下，晶闸管阀必须承载全部故障电流，直到线路断路器断开，或者通过火花间隙（或任何快速保护装置）或机械旁路开关旁路 TCSC 系统。此外，在电力系统扰动过程中，TCSC 系统通常需要切换到最大补偿模式来运行，从而提供同步转矩，以稳定连接的发电机。大直径高压晶闸管可实现高额定电流，因此晶闸管成为 TCSC 系统的首选大功率电力电子器件。

图 8–2 说明了当晶闸管阀不导通时，系统作为常规串联电容器模块运行。当晶闸管阀持续导通时，如图 8–3 所示，该模块可表征为与电容器并联的小电感（CIGRE TB 123），在这种操作模式下，TCSC 的阻抗是感抗。

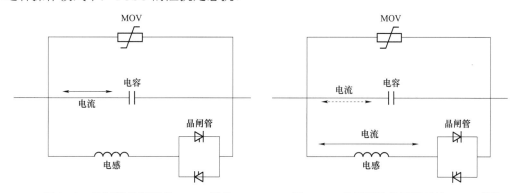

图 8–2　晶闸管关闭时的 TCSC 模块　　　图 8–3　晶闸管持续导通时的 TCSC 模块

图 8–4 显示了在调节控制模式中，晶闸管阀在一小部分周期中导通时 TCSC 系统的状态。在这种模式下，除了线路电流，电容器和电抗器之间存在环流，如图 8–5 所示。

在容性调节模式下，如图 8–5 所示，晶闸管在电容电压 180°过零前短时间开启（在电容器最大电流通过前不久），然后电容器通过晶闸管和电抗器放电。其影响是电容器看起来容值更小，即阻抗更高。这增加了线路的串联补偿程度，从而增加了通过线路的电流。在此模式下运行时，稳态下 TCSC 的视在阻抗（X）、平均晶闸管电流（I_{TAV}）和方均根电流（I_{TRMS}）可计算如下（IEEE 1534）：

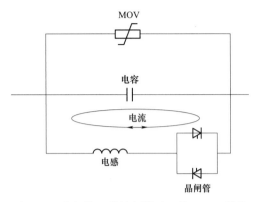

图 8－4 晶闸管调节控制模式下的 TCSC 模块

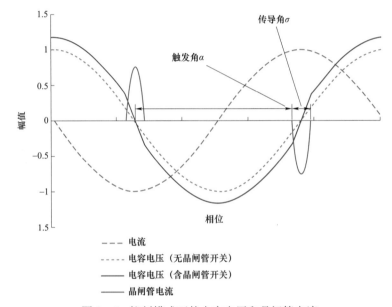

--- 电流

---- 电容电压（无晶闸管开关）

—— 电容电压（含晶闸管开关）

—— 晶闸管电流

图 8－5 控制模式下的电容电压和晶闸管电流

$$X(\alpha) = \frac{-j}{\omega C}\left[1 - \frac{k^2}{k^2-1} \times \frac{\sigma + \sin\sigma}{\pi} + \frac{4k^2}{(k^2-1)^2}\cos^2\left(\frac{\sigma}{2}\right)\frac{k\tan\left(\frac{k\sigma}{2}\right) - \tan\left(\frac{\sigma}{2}\right)}{\pi}\right]$$

$$（8-4）$$

$$I_{\text{TAV}} = \frac{k^2}{k^2-1} \times \frac{\hat{I}_L}{\pi}\left[\frac{1}{k}\cos\left(\frac{\sigma}{2}\right)\tan\left(\frac{k\sigma}{2}\right) - \sin\left(\frac{\sigma}{2}\right)\right] \qquad （8-5）$$

$$I_{\text{TRMS}} = \frac{k^2}{k^2-1}\hat{I}_L A \qquad （8-6）$$

式中，A 等于：

$$A = \sqrt{\frac{\sigma}{4\pi} \left\{ 1 + \frac{\sin\sigma}{\sigma} + \frac{1+\cos\sigma}{1+\cos(k\sigma)} \left[1 + \frac{\sin(k\sigma)}{k\sigma} \right] - 4 \times \frac{\cos\left(\dfrac{\sigma}{2}\right)}{\cos\left(\dfrac{k\sigma}{2}\right)} B \right\}}$$

B 等于：

$$B = \left[\frac{\sin\left[\dfrac{(k+1)\sigma}{2}\right]}{(k+1)\sigma} + \frac{\sin\left[\dfrac{(k-1)\sigma}{2}\right]}{(k-1)\sigma} \right]$$

式中：σ 为 $2(\pi-\alpha)$，晶闸管导通角；α 为从电容电压零点开始的控制（旋转）角度；k 是指 λ/ω；ω 是指 $2\pi f$；f 为电源频率；$\lambda = 1/\sqrt{LC}$；L 为电感值；C 为电容值；$\hat{I}_L$ 为线路电流工频分量的峰值。

如图 8-6 所示，这种调节控制模式的补偿程度可以增加到最大提前角，超过最大提前角后，触发将过于接近模块的谐振点。当晶闸管阀处于持续导通模式时，如果晶闸管阀的触发延迟一段时间，得到的效果也类似。在这种模式下，如图 8-6 所示，参考电容电压为零，晶闸管在 90° 时触发。如果晶闸管触发延迟，则晶闸管阀支路将作为晶闸管控制的电抗器运行，这样就可以用感性阻抗的调节方式来抑制流经线路的电流，TCSC 系统通常具备该功能。因此，晶闸管阀的调节控制模式可用于增减通过补偿线路的电流（CIGRE TB 123 1997）。

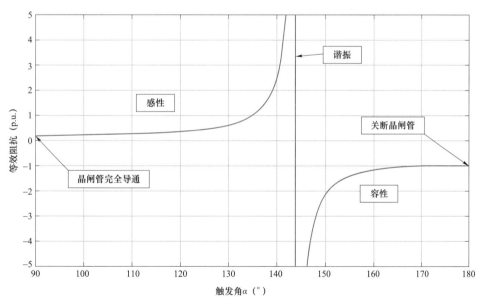

图 8-6　单个 TCSC 模块控制范围［假设式（8-4）中 $k=2.5$，
以电容阻抗幅值为纵坐标基准值，即晶闸管关断时阻抗等于 1.0p.u.］

8.3　TCSC 系统工作范围

单个 TCSC 模块的工作范围如图 8-7 所示。

　　通常，串联补偿系统可以利用电容器的长期和短时过载能力来实现过载（IEEE 824—2005；IEC 60143-1：2015），如图8-7所示。在安装TCSC系统的电网发生短路事件期间和之后，可使用短时紧急过载电流。这需要晶闸管阀具有非常强大的通流能力，因为在断路器清除故障所需的时间内，电容器被晶闸管阀旁路。当故障消除时，TCSC系统必须提供最大无功补偿，为在安装TCSC系统的线路上提供所需的同步转矩。在此阶段，TCSC系统需要在长期过载电流值运行，如图8-7所示。

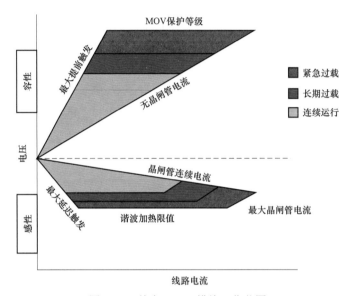

图8-7　单个TCSC模块工作范围

　　这需要做到以下几点：

　　（1）在交流系统短路期间，最好不旁路TCSC系统，除非短路故障发生在TCSC系统所在线路上。如果需要旁路TCSC系统，则必须在短路故障清除后立即投入。

　　（2）TCSC系统不得因交流系统短路事件而发生故障或永久旁路。也就是说，引起TCSC系统旁路的故障必须是与任何系统短路或其他需要TCSC系统运行的过载事件无关的独立事件。

　　由于以上原因，如图8-7所示，TCSC系统规格通常包括30min的长期过载电流值和10s的紧急过载电流值。30min长期过载电流值通常为1.35～1.5倍额定电流，10s紧急过载电流值通常为1.7～2倍额定电流，通常表示为"摇摆电流"，如图8-8所示（IEEE 1534—2009）。

　　TCSC系统需要具备工作在长期过载电流值下的能力，来重新分配某些主要交流系统扰动后的潮流，需要具备工作在短时过载电流值下的能力，来控制交流系统故障期间和之后的暂态功率波动。

　　TCSC系统通常与固定或投切型串联补偿系统相结合（Gama et al. 1998）。在某些情况下，根据规划研究，设计了全控的TCSC，即没有固定串联电容器补偿系统。使用TCSC技术对高压线路的阻抗进行控制，可用于调节并联线路的负载。如图8-9所示，将多个串联的TCSC模块连接在一起是实现大范围控制的一种方式。由4个TCSC模块组成的TCSC系统的控制范围如图8-10所示。

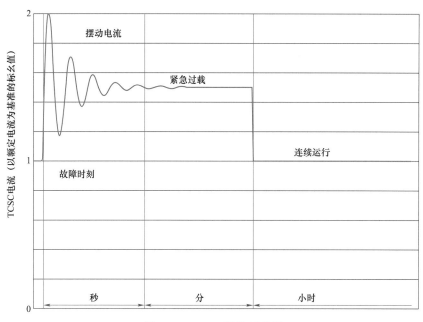

图 8-8　TCSC 性能示意图

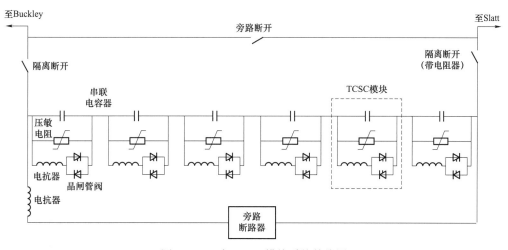

图 8-9　6 个 TCSC 模块系统单线图

　　采用调节控制模式,结合串联模块的投切,可得到基本连续的更大控制范围,如图 8-11 所示。图 8-11 所示的系统可视为 TSSC 和 TCSC 系统的组合,该系统可以在整个输电线路阻抗范围内实现阶梯性改变,在每个阶梯内实现连续的阻抗调节,从而能对 TCSC 补偿线路上的潮流分布进行控制,这对提升输电系统的暂稳态极限有重要作用❶。当然,因为每个 TCSC 模块都必须有自己的电抗器,这种能力意味着更高的成本,而且平台上的母线工作范围更加广泛,好处是增大了潮流控制范围。

---

❶ 美国电力科学研究院（EPRI）的 FACTS 倡议的既定目标是为美国的公用事业公司提供系统分析、设计和运行的方法,从而更好地利用现有的输送设施并提高运行灵活性（EPRI EL-6943 1991）。

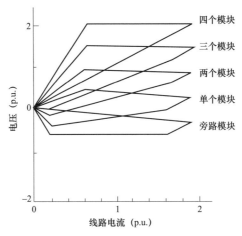

图 8-10 多模块 TCSC 系统的暂态能力曲线

调节控制模式可以分相运行，因此，可以用来平衡非并联系统中各相之间的阻抗（Nolasco et al. 2014）。其还可以通过使用单相跳闸–重合闸方案，增加单相接地故障系统中两个正常相之间的潮流。这样，即使在单相线路出现短路事件时，也可以提供同步转矩，提高通过单回线路连接的送端和受端之间的暂态稳定性。

TCSC 系统可以增加交流系统的阻尼，这是全球安装 TCSC 系统的主要原因（TB 554 2013）。对安装在长距离辐射状线路上的 TCSC 装置而言，当使用 TCSC 系统的主要目标是增加系统阻尼时，不推荐采用图 8-9 所示的模块化方案，图 8-7 所示的单一 TCSC 系统将是更经济的解决方案。

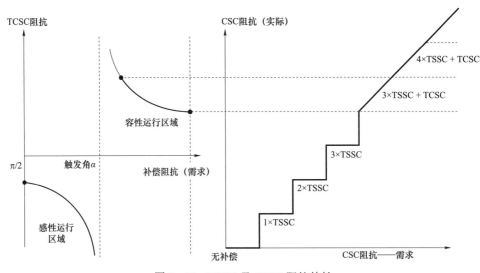

图 8-11 TCSC 及 TSSC 阻抗特性

TCSC 的其他要求包括：

（1）在两个反向并联的晶闸管不对称触发的情况下，不得将直流分量注入线路。因此，在图 8-9 所示的系统中，模块常常会使晶闸管处于闭锁状态（电容器模块直接投入），以避免少量直流电流通过线路。但是，如果线路还配备了固定串联电容器补偿系统，那么 TCSC 产生的任何直流分量都会被固定串联电容器阻断。

（2）通过 TCSC 系统的短路电流将会受到线路阻抗的限制。当短路电流使提供的电容器或 MOV 组过电压保护动作时，则可全导通 TCSC 系统的晶闸管，旁路电容器和 MOV 组；当晶闸管达到热极限时，会触发保护间隙或者闭合与电容器并联的旁路断路器。

（3）若图 8-9 中所示的旁路断路器在故障电流峰值时闭合，并且晶闸管处于全导通模式，则通过晶闸管的电流将继续在晶闸管支路和旁路开关中续流循环（McDonald et al. 1994）。由于旁路断路器闭合时电路中的电阻非常低，电感相对较高，因此该电路的时间常数（L/R）较大，电流衰减缓慢，这种情况下很可能会对晶闸管施加最高热应力。这种高应力事件的关键设计问题是，晶闸管的最大结温必须保持在最大允许结温以下，否则晶闸管可能会故障。

8.4　由 TCSC 系统控制的电力传输特性

如图 8-12 所示，由于 TCSC 装置是一个串联装置，其作用类似于可控电抗 X_{TCSC}，直接影响输电线路电抗。TCSC 模块的极端工作模式：一是晶闸管阀支路被闭锁，TCSC 模块作为固定电容器（X_C 为净容抗）；二是晶闸管阀支路全导通，TCSC 模块作为小电感（X_{bypass} 为净感抗）。

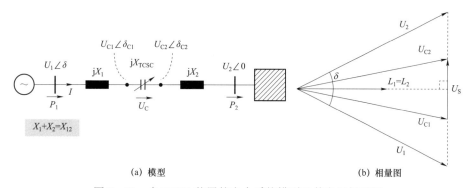

(a) 模型　　　　　　　　　　　　　　(b) 相量图

图 8-12　含 TCSC 装置的电力系统模型及其电压相量图

在这两个极端工作模式之间，可采用部分导通或调节控制来增加容性或感性方向的电抗（Larsen et al. 1994）。

由于 TCSC 在输电线路的位置对传输的基频功率没有任何影响，因此很容易就能写出有功输电方程[1]。因此：

$$P_1 = P_2 = P = \frac{U_1 U_2}{X_{12} + X_{\text{CSC}}} \sin\delta = \frac{U_1 U_2}{X_{12}(1 - K_{\text{CSC}})} \sin\delta \qquad (8-7)$$

其中图 8-13 所示的 K_{CSC} 表示串补度（$K_{\text{CSC}} = -X_{\text{CSC}}/X_{12}$）。

---

[1] 然而，与固定串联电容器一样，需要考虑 TCSC 系统两侧的电压，以避免产生超过线路绝缘限值的线路电压。

在感性状态下，式（8－7）中的装置电抗 X_{CSC} 为正电抗值，而在容性状态下，为负值。几个 K_{CSC} 值下的电力传输特性如图 8－13 所示。很明显，串补度的不同会影响功率曲线的幅值。

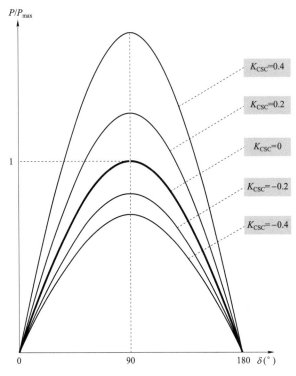

图 8－13　TCSC 对系统功率传输特性的影响

8.5　TCSC 系统的成本效益

如图 8－13 所示，TCSC 可为互联电力系统提供更高的稳定性，使其具有更高的输电水平，并在所需的输电路径上控制潮流分布（EPRI EL－6943 1991；Larsen et al. 1992；Nyati et al. 1993；Christl et al. 1992）。

为了确保合理准确地评估收益和成本，非常有必要建立模拟模型，因为模拟模型与 TCSC 特性密切相关。这种模型必须能代表 TCSC 运行的物理限制，因为这些限制与设备的电压和电流额定值有关（CIGRE TB 145；Mittelstadt et al. 1992）。研究结果可用于确定 TCSC 的参数，而这些参数与成本和系统研究中的性能收益关系最为密切。有关 TCSC 系统成本和效益的更多信息，请参见"16　经济评估和成本效益分析"一章。

8.6　TCSC 模型

电力系统研究采用了许多不同的数学模型。规划人员使用模型来研究电力系统中的潮流和电压分布的影响，以便研究系统的稳定性，进行工程设计。同样，为 TCSC 控制器也已经开发了许多计算机模型。CIGRE 发表的一些理论应用研究文章，阐明了 TCSC 系统各种性能方面的问题（CIGRE TB 145 1999）**❶**。IEEE 在相关标准中明确了 TCSC 应用研究内容与计算机模型（IEEE 1534—2009）。

8.6.1 TCSC 静态模型

静态建模和动态建模都必须考虑 TCSC 的电抗限制（CIGRE TB 145 1999）。这些限制相对复杂，且与时间相关。典型限制如图 8-14 所示，该图显示了在非常短的时间内（一到几十秒）受到的限制，这些限制在较长的时间内会变得越来越严酷。

图 8-14 或本节所示的任何其他图未显示 TCSC 在极低线路电流下的运行限制。也就是说，若线路电流低于某个阈值水平，则 TCSC 就无法控制线路阻抗。造成低电流运行限值的主要原因如下：

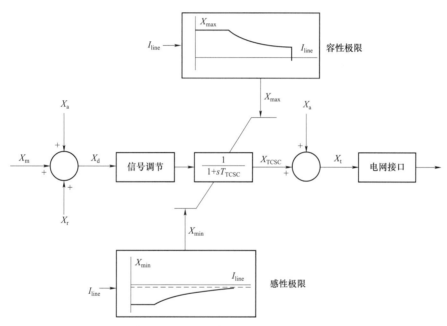

图 8-14　典型稳定性研究用 TCSC 模型框图（图中曲线横轴为线路电流）

（1）若晶闸管门极驱动的电力来自交流线路电流，则线路电流过低会导致无法产生足以导通触发晶闸管所需的门极驱动电流。这也是采用晶闸管门极驱动所需电力从地面传输到高压平台或使用光触发晶闸管的原因之一。

（2）用于控制系统的测量设备需提供具有足够高信噪比和足够高分辨率的测量结果。例如，晶闸管阀的触发同步，依赖于电容电压的测量。

（3）在低电流水平下，串联电容器两端的电压也非常低，可能不足以使电流在整个晶闸管表面区域上扩散，如装置受到高电流上升率（di/dt）的影响，则会造成晶闸管表面区域上的电流拥挤，并导致装置短路故障（Kinney et al. 1995）。

低电流运行限值通常约为额定线路电流的 10%（IEEE Standard 1534—2009）。所有模型

---

❶ Ängquist 2002 中有一篇专门针对 TCSC 以及 FACTS 技术应用的综合论文。

研究都需要考虑最小 TCSC 电流限值，因为其会影响 TCSC 的适用性和运行，尤其是在阻尼 SSR 为功能要求之一的情况下。

8.6.2 TCSC 动态模型

动态模型的开发与具体的 TCSC 应用有着内在的联系。潮流控制、SSR 抑制和阻尼功率振荡控制具有不同的模型需求和表示。

8.6.2.1 框图

图 8－14 为典型稳定性研究的 TCSC 模型框图。该模型的符号惯例为，容性补偿的电抗为正（以欧姆为单位），感性补偿的电抗为负（以欧姆为单位）。该模型提供了开环辅助信号（X_a），例如来自外部潮流控制器的输入；小信号调制输入（X_m），基准输入（X_r）为 TCSC 的初始运行点。

这些输入相加得到 X_d，X_d 通过信号调节进入延时模块。这种延时与触发控制和 TCSC 的自然响应有关，用单一时间常数（T_{TCSC}）表示。时间常数因用途而异，可能会有很大差异。

延时模块的输出称为 X_{TCSC}，其应具有与积分函数相关的非饱和限幅。这些限值基于 TCSC 电抗能力曲线和方程的可变限值，如图 8－14 所示。若用于特定用途，则将该值加到固定补偿值（X_f）中，以获得总补偿值 X_t。对于电网接口，必须注意确保符号和单位基数与计算中使用的系统方程兼容。

8.6.2.2 动态电抗限值

根据图 8－15 所示的限值，TCSC 模型应允许在封闭区域内的任何位置运行，但靠近低电流运行限值的区域除外，因为此处无法触发晶闸管。如下所述，边界是由一些限制因素造成的。（除非另有说明，否则所有电抗均以 X_C 为标幺值，所有电压均以 $IL_{rated} \cdot X_C$ 为标幺值，所有电流均以安培为单位，或转换为以安培为单位。）

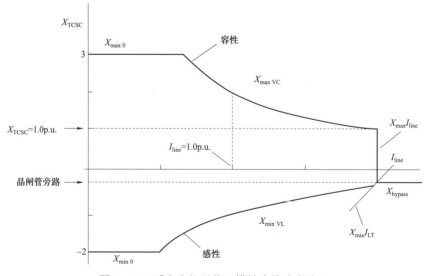

图 8－15 瞬态电抗限值（横轴为线路电流）

在容性区域，这些限制是由以下因素造成的：

（1）触发角限值，表示为恒定电抗限值（X_{max0}）。

（2）TCSC 两端的电压限值，其为电流和容抗的函数。当需要电抗值时，在系统暂态期间使用最大电压限值。

（3）短期瞬态事件期间的线路电流限值，此时 TCSC 将进入保护旁路模式。

一旦在此过流约束条件下旁路了 TCSC，在线路电流回落至电流限值以下后，TCSC 会受到重投延时的影响。在多模块 TCSC 中，可能只会绕开一些模块，因为一旦绕开了一个模块，线路电流就会下降，这又会使其余模块保持容性模式。为了简化典型的稳定性研究，建议忽略这种细微差别。

容性和感性工作范围内也有一个最小电流运行限值（图 8-15 中未显示）。

在电感区域，类似的限制适用于：

（1）触发角限值，表示为恒定电抗限值（X_{min0}）。

（2）晶闸管阀支路和电容器支路之间循环的谐波电流限值，近似为 TCSC 两端的恒定电压。

（3）晶闸管阀电流限值。作为近似值，晶闸管阀电流的基频分量受限于 TCSC 在暂态期间允许在晶闸管阀旁路状态下运行的电流。

有关这些限值的详细说明，请参见 CIGRE TB 145（CIGRE TB 145 1999）。

8.6.2.3　TCSC 模型性能

用于系统稳定性研究的 TCSC 模型已经在大规模电力系统稳定性分析程序中开发和测试（Price et al. 1992；Sanchez-Gasca et al. 1993；Paserba et al. 1994），文献中模拟结果示例显示了 TCSC 模型性能（CIGRE TB 145 1999）。在 25 机 100 路节点测试系统上测试了 CIGRE TCSC 稳定性模型，该系统包括几个相互连接的区域，因此也有几种区域间振荡模式。在这项研究中，TCSC 位于两个区域之间的线路中，这些区域在某些系统的干扰下会经历多种摇摆模式。该系统的 TCSC 的线间电压额定值为 500kV，线间电流额定值为 2900A，电抗额定值（X_C）为 8Ω。

Mittelstadt（Mittelstadt et al. 1992）进一步论证了该稳定性模型。

8.6.2.4　TCSC 模型备选方案

上述 TCSC 模型可称为"电压限值"模型，因为对于大多数相关的性能场景，TCSC 电抗限值由 TCSC 设备的最大电压承受能力决定。在仿真模型中没有这种限值的情况下，下一个最佳近似值为固定电抗限值。以下比较了"固定电抗限值"模型和"电压限值"模型的性能，并证明系统性能差异很大，需要保证正确建模。

文献中介绍了 CIGRE 测试系统的三个模拟案例（CIGRE TB 145 1999）。

案例 A：具有 8Ω X_C 标称电压限值模型的 TCSC；

案例 B：具有 +14/-4Ω 固定阻抗限值模型的 TCSC；

案例 C：具有 +8/-2Ω 固定阻抗限值模型的 TCSC。

在以上三种情况下，干扰属于两个区域之间的严重系统故障，随后是线路切除。包括 TCSC 在内的这两个区域之间的剩余线路接收额外的电流，TCSC 调节电抗值以抑制功率摆幅。

模拟结果如图 8-16 和图 8-17 所示。图 8-16 显示了案例 A 和案例 B 的结果。实线为基准曲线，为用电压限值模型表示的 8Ω TCSC 的性能。虚线为用固定电抗限值表示的 14Ω TCSC 的性能。在首个摆幅中，由于线路电流大幅增加，电压限值模型受到了更多的电抗限制。在随后的摆幅中，两种模式都不受限制，但由于首个摆幅的特性不同，性能也不同。

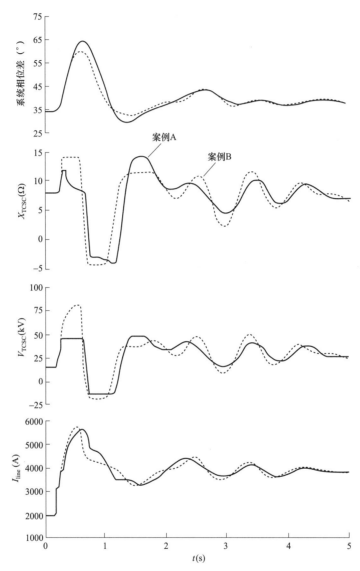

图 8-16　系统动态性能比较（实线为 8Ω 标称电压限值模型，
虚线为 +14/-4Ω 固定电抗限值模型）

　　在图 8-17 中，实线显示了相同的基准情况，虚线显示了用固定电抗限值表示的 8Ω TCSC 的性能。在线路电流非常高的首个摆幅中，尽管电压限值模型允许短时电抗超过 8Ω，两种模型都受到了大致相同的电抗限值。在线路电流较低的后续摆动中，两种模型之间的差异更加明显。具有固定电抗限值的模型多次达到 8Ω 的最大限值，而限压模型显示 TCSC 电抗可以超过 8Ω，并能提供更好的调节能力。

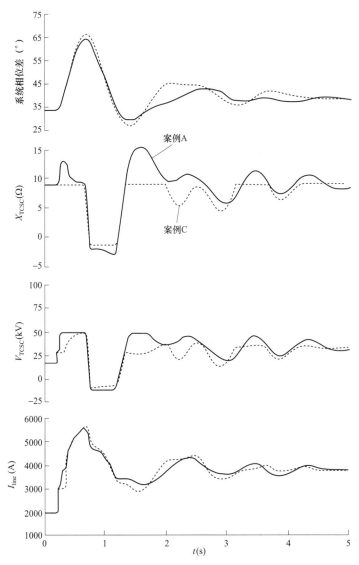

图 8-17　系统动态性能比较（实线为 8Ω 标称电压限值模型，
虚线为 +8/-2Ω 固定电抗限值模型）

在规划研究中，目标是确定满足具体电力系统性能标准所需的 TCSC 等级。图 8-16 和图 8-17 所示的示例表明，受电压限值建模影响的系统动态响应与固定电抗限值下获得的动态响应有很大不同。因此，通过使用电压限值模型，规划研究可以更准确地确定满足系统性能要求所需的 TCSC 额定值。

8.6.2.5　运行研究

在运行研究中，目标是准确地确定现有 TCSC 的系统性能。电压限值模型准确地反映了实际设备的性能，而具有固定电抗限值的模型则不能。再次以图 8-16 和图 8-17 中的模拟结果为例，实线显示了实际设备的性能。如采用固定电抗限值的模型（虚曲线）来代表实际设备，则整体系统性能会有显著差异。图 8-16 表明，若用 14Ω 的固定电抗限值模型表示

TCSC，则 TCSC 首个摆幅性能的巨大差异会导致所有后续摆幅显著不同。图 8－17 表明，若用 8Ω 固定电抗限值模型表示 TCSC，则 TCSC 的调制能力会受到错误限制。

这些案例说明了在使用简单的固定电抗限值模型时所面临的困境，即可能无法获得合理表示预期 TCSC 特性的模拟结果，甚至在选择适当的 TCSC 额定值时也会受到一些不确定性的影响。

无论使用何种模型，工程师都应监测终端电压的大小，以确保其他系统设备在功率波动和其他操作期间不会受到不可接受的电压影响。

8.6.2.6　建模排除的情况

此处所述的模型不适用于谐波、扭振相互作用、高频瞬变或不平衡问题的分析。每个问题都需要对 TCSC 和主机系统进行更详细的建模。

若安装 TCSC 装置两侧的线路发生接地短路，则需要使用电磁暂态程序来研究施加在 TCSC 装置模块上的暂态过电压。这种瞬态事件需要使用 TCSC 电容器组、电抗器、晶闸管阀和母线结构的详细高频模型。需要考虑以下情况：交流电力电容器的电容在高频时具有电感，电抗器的绕组电容决定了电抗器的高频阻抗，TCSC 晶闸管阀结构周围母线的杂散电感等均需要纳入高频时域仿真模型。

研究线路短路事件期间 TCSC 系统的模型还需要考虑 MOV 的非线性。如果不知道关于非线性特性的具体数据，可以使用以下简单模型：

$$\frac{I}{I_0} = \left(\frac{V}{V_0}\right)^{\alpha} \tag{8－8}$$

式中：I 为电压 V 下的电流；I_0 和 V_0 通常被选为 1mA 拐点以及材料的最大连续额定电压；α 为指数，随着 MOV 材料的成分和制造工艺以及施加的电流而变化。

简化模型对规划研究有益处，但对 TCSC 设计用处不大，因为从 MOV 拐点到最大有用的浪涌电流，指数 α 会发生变化，需通过测试 MOV 来确定（Sakshaug et al. 1988）。α 值等于 33，曾用于仿真模拟研究（Anderson and Framer 1996a）。如今，电磁暂态仿真软件已经可以通过制造商提供的电压—电流特性来直接表示 MOV。

为串联电容器的过电压保护设计 MOV 时，权衡点位于 MOV 的拐点与安装 TCSC 系统的输电线路中最大故障电流时施加在电容器上的基频过电压之间。CIGRE 已经阐明了关于基于 MOV 的避雷器在各种应用中的性能的基本信息，包括 MOV 避雷器的能量吸收能力（TB 544 2013）。根据标准，电容器两端的最大允许工频电压至少为额定电容电压的两倍（IEEE 1726 and IEC 60143－1）。MOV 的临界能量耗散发生在 TCSC 的 10s 摇摆电流期间。当在电力系统区外故障期间吸收能量，且相应的温度升高之后，MOV 应在由电力系统振荡引起的摇摆电压下保持热稳定。因此，在此期间，不得旁路 MOV（在 TCSC 系统中，晶闸管阀通常用于 MOV 的过热保护）。在规定的持续时间内（通常为 10s），摇摆电压将作为过载电压应力出现在 MOV 上。

补偿线路可能会重投到故障，除非允许旁路 MOV，否则这种情况就需要增加由多个并联柱组成的 MOV 的能量。MOV 各柱之间的损耗均匀分布很难实现，因为在非线性指数 α 约为 30 的情况下，各柱之间非常小的非线性差异都会导致不同柱中耗散的能量差异很大。因此，各柱必须具有相近的特性，这些特性需要在电流分布测试（IEC 60099－4）中得到验证。

也就是说，每个柱中的 MOV 阀片必须紧密匹配。因为 MOV 阀片的老化将会改变 MOV 柱的电压—电流特性，所以无法用另一个新的或备用的柱来替换故障的 MOV 柱，实现均匀的能量吸收。这要求在首次建造和安装 MOV 时，必须安装热冗余的 MOV 柱（IEC 60143 – 2：2012）。

8.6.3 TCSC 长期规划研究中建模注意事项

对于长期动态稳定性研究，还必须考虑反时限过载能力。图 8 – 10 和图 8 – 11 显示了多模块 TCSC 的性能曲线，图 8 – 18 显示了考虑反时限过载能力的多模块 TCSC 的典型性能曲线，包括容性调节和感性调节时的反时限过载限值。

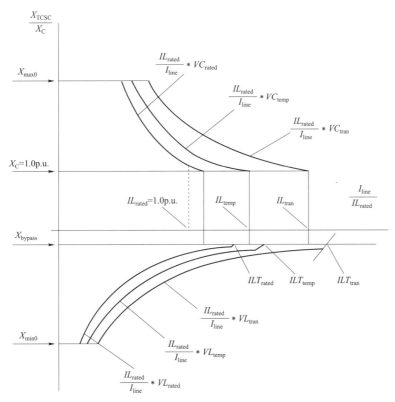

图 8 – 18　考虑过载能力的多模块 TCSC 电抗与线路电流特性

8.6.4 验证

详细的数字和模拟仿真，包括 TCSC 硬件设计和调试中使用的仿真，最终必须通过系统测试进行验证。上述研究结果已经用于电力系统中 TCSC 的正序基频分析（Nyati et al. 1993；Mittelstadt et al. 1992；Urbanek et al. 1993）。研究假设的验证通常发生在系统验收测试期间，在输电系统运营商接受瞬时短路故障测试情况下，通常包括瞬时短路故障测试（Kinney et al. 1995）。

8.7　TCSC 设计

8.7.1　TCSC 平台设备

与地面绝缘的平台用于串联补偿系统，电容器及其相关保护设备放置在该平台上，每相交流系统使用一个平台。平台以及放置在平台上的相关设备必须能够承受风、雪、冰和地震应力（IEC Standard 60143－1；IEEE Standard 1726—2013）。常规串联补偿系统的保护设备通常由旁路开关、火花间隙和 MOV 组成，MOV 用于过电压保护，火花间隙（或任何快速保护装置）用以保护 MOV 免受过载。关于串联电容器、开关等状态的信息，通常通过光纤数据链路传输到地面。若操作机构位于地面，则可从地面控制旁路开关；若是将开关的电源置于平台上，则操作机构也可置于平台上。这些设备大多也用于 TCSC 系统（IEEE Standard 1534—2009）。

对于 TCSC，平台上的设备添加了带有如图 8－2 所示的反向并联晶闸管阀组及其触发系统和电抗器。由于晶闸管阀会在线路短路事件期间旁路保护电容器和 MOV 柱，因此电容器的保护设备存在降低成本和尺寸的可能性（CIGRE TB 123）。晶闸管阀放置在室外的电容器平台上，因此需要安装在防风雨壳体内。该壳体还必须为外部的电磁干扰（EMI）提供保护，并防止晶闸管阀壳体成为外部设备的 EMI 源（CIGRE TB 123 1997；IEEE Standard 1534—2009）。

有些设计也会将一部分二次控制和保护系统放置在平台上。通常，这部分控制和保护系统将通过光纤链路与位于地面的控制和保护系统进行通信，并需要辅助电源才能运行。晶闸管也需要电源来启动和实施监测，若晶闸管是用电触发控制的，则必须在平台上或从触发电路本身向晶闸管供电。

冷却液需要从地面泵入平台上并从平台上泵出，其通常为添加了乙二醇的去离子水，以避免冻结。冷却液上的电场应力是由交流电压引起的介电应力。泵送冷却液的绝缘管道需要有足够的爬电距离，以避免表面放电。此外，这些管道将暴露在太阳辐射和污染中，因此在选择冷却管材料和考虑管道表面应力时，必须考虑这些因素。此外，乙二醇可能会被视为对环境有害的液体，故需在管道周围进行防漏处理。

TCSC 控制和保护系统用光纤链路与已经使用且经 FSC 验证的光纤链路类似。

8.7.2　TCSC 晶闸管阀

晶闸管阀由多个反并联晶闸管串联组成，以达到阀体所需耐受的额定电压（CIGRE TB 123 1997；IEEE Standard 1534—2009）。阀体设计与 SVC 系统相似；典型阀体设计相关信息，请参阅"6　静止无功补偿器（SVC）技术"一章。然而，TCSC 阀的浪涌电流要求高于 SVC 阀，因为 TCSC 系统中的晶闸管阀必须能够承受住线路短路事件，而不需要被机械开关或火花间隙旁路，以便快速返回调节控制模式，提供交流系统暂态稳定性支持，同时提供系统阻尼，防止出现不稳定振荡现象。因此，在设计晶闸管阀体时，在器件的电气与热额定值之间，需要考虑折中方案。晶闸管阀的设计必须通过试验加以验证。IEC 发布了专门针对 TCSC 应用的晶闸管阀电气测试标准（IEC 62823：2015）。

8.7.2.1 晶闸管器件

晶闸管的额定电压可以通过加厚晶闸管器件来增加，但会导致器件的体电阻率增大，从而导致器件内损耗增大，结温可能升高，这对短路电流的耐受是不利的。可以使用更大直径的器件，降低晶闸管器件中的电流密度，从而降低器件损耗。因此，TCSC 阀通常采用定制型晶闸管器件，以满足短路电流的负荷要求。例如，Slatt TCSC 系统采用直径为100mm、额定电压为 3.3kV 的晶闸管（Urbanek et al. 1992）。当导通 8ms、器件温度为 105℃时，这类晶闸管的正向电压降通常小于 1.4V。该设计要求满足 20.3kA 短路电流负荷和60kA 波峰不对称故障电流负荷。增大器件直径和降低短路电流负荷，可实现更高电压器件的使用。

晶闸管在导通时对电流上升（di/dt）速率有限制，晶闸管在被阻断时对电压上升（dv/dt）速率也有限制（Mohan et al. 1995）。在 TCSC 系统中，当晶闸管导通时，与晶闸管阀串联的电感通常会限制 di/dt（Mohan et al. 1995）。然而，在大电流瞬态事件发生后的恢复阶段，从某一晶闸管到与其反并联晶闸管的电流传输所产生的 di/dt 可能非常大（McDonald et al. 1994）。晶闸管中的 di/dt 应力沿着晶闸管晶圆上的导通线（朝向大部分晶圆的门极边缘）发生，这就要求门极应有一根长导通线，以便能够耐受高 di/dt。

实现长门极线的一种方法是使用如图 8-19 所示的放大门极。该晶圆的中心是电气门极触点。注入该晶圆中心的电流将在周围区域诱发更大的电流流动，从而导通第二个门极区域等。最后，电流通过导体流向图 8-19 中清晰可见的 6 个三柱岛。从长门极柱边缘出来的电流会流过主晶闸管。由于门极很长，因此该器件可以经受高 di/dt 而不会失效。如果将光，而不是电流，注入晶闸管晶圆的中心，则光子注入门极区域所产生的电子流会让器件导通，其方式与注入中心门极的电信号所产生的电子注入基本相同。

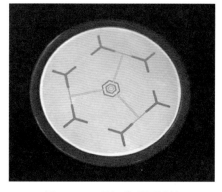

图 8-19 晶闸管晶圆设计
（由 Silicon Power Corporation 提供）

如果器件的 di/dt 过低，晶闸管也会承受过大的应力，因为这样电流就不会扩散到整个晶闸管晶圆上。当施加导通脉冲时，这种电流扩散要求晶闸管晶圆上有一个固定电压。晶闸管器件的弱导通也是晶闸管器件门极弱导通脉冲的结果。当 TCSC 装置在低线路电流下运行时，如果晶闸管门极驱动器由感应线路电流的电流互感器（CT）来供电，则可能会成为一个问题，因为馈送到门极驱动器的电压较低。如果从恒压电源（需要接地电源）向门极驱动器供电，则可以消除弱门极导通脉冲的风险。在门极脉冲以导通状态传输到锁存器之后，晶闸管还必须传导足够大的电流。

因为流过半导体晶圆的高电容电流会导致晶闸管器件不受控制地导通，通过晶圆产生的电流通道将导致导通的器件失效，所以晶闸管也有 dv/dt 限制。因此，发射极短路包含在晶圆中以限制电容导通的灵敏度，缓冲电路（电阻—电容电路）连接在每个晶闸管器件上以限制晶闸管经受的 dv/dt。

门极驱动器通常还包括所谓的电压击穿（VBO）操作功能，即使没有门极脉冲，也会让晶闸管器件导通。如果某一器件遭受过电压，则这种功能可用于导通器件。例如，一串器件中某一器件的门极驱动器发生故障，并且不提供门极导通脉冲，则该器件就会受到过电压；如果器件电流暂时降到零以下，它可以重新触发晶闸管；如果整个阀体暴露在过电压下，它也会导通所有串联的晶闸管器件。

如果器件处于关断过程中，并在阀体上施加正向电压，则晶闸管可能会发生故障，因为这种正向电压可以不均匀地施加在一串器件中的某一个器件上。因此需要对器件进行保护性触发（导通），避免器件在恢复期间发生故障，即从晶闸管电流过零到晶闸管再次阻断全正向电压的时间，这可以通过 VBO 功能来实现。

晶闸管阀通常还包含各种监控功能，信息通过光纤链路传输到地面。其中包括监控晶闸管器件的运行状态，一旦某个晶闸管发生故障，就能立即知晓。

8.7.2.2　门极驱动器电源问题

可以选择通过隔离变压器或电容分压器将电力从地面输送至平台，为平台控制保护系统供电。但是，如果使用线对地电压为门极驱动器供电，那么线路发生短路导致线对地电压降低时，就会失去该电源，除非门极驱动器具有内置式储能装置。门极驱动器也可以使用电流互感器（TA）与线路电流串联供电，其缺点是，可以从电路中提取的功率随流经线路的负载电流而变化。也就是说，当线路电流很低时，不可能触发晶闸管。

8.7.3　阀体冷却

晶闸管器件需要冷却，以消除器件及其缓冲电路中耗散的开关及导通功率损耗。液冷是首选的冷却方式。冷却系统的目标是，让晶闸管器件的结温保持在应用过程所需的低温水平。也就是说，必须控制超过环境温度的温升，防止晶闸管器件中的结温在线路短路事件期间上升到不可接受的水平，其中大部分热应力将留在晶闸管晶圆和器件封装内，因为在这种短期事件中，器件产生的热量不会被冷却介质消散（<1s）。另外，如果电容器在线路故障电流峰值时被旁路，在晶闸管受到不可控制电流影响的情况下，不尽快去除器件中损耗产生的热量，那么晶闸管器件可能会被破坏。这需要将冷却系统设计为具有足够的液体流速，让器件散热器的温升保持在较低水平。

用于 TCSC 系统的电力电子设备放置在电容器平台上，但冷却系统放置在接地电位的地面。通常采用空心绝缘子柱，将冷却液从地面泵送至平台，然后向下泵回。冷却液必须承受施加在电容器平台上的电压应力，即它必须是良好的绝缘介质，去离子水通常用作冷却介质。如果 TCSC 将暴露在冻结温度下，则水通常与乙二醇混合。

当遇到较高环境温度时，晶闸管阀室内有可能需要强制进行空气冷却或空气调节。此外，如果湿度过高，可能需要使用除湿器，防止阀休外壳和控制柜中的湿气凝结。在这些情况下，平台上对辅助电源的功率需求可能很大。

8.8　绝缘配合

TCSC 系统平台和地面之间的绝缘方式与传统串联补偿系统相同，只是地面和平台之间的连接线更多。同时，TCSC 和传统串联补偿系统的绝缘要求也相同（IEC 60071；IEEE Standard 1726），附加要求涉及晶闸管阀、电抗器及其控制装置的绝缘要求。

确定串联电容器、电抗器和晶闸管阀之间最大电压的基本限制是 MOV 柱的电压限制特性，在规定的短时过电压运行期间，必须确保 MOV 柱不会出现热过载损坏。

电容器通常需要在额定电容电压 1.3p.u.～1.5p.u.之间的短时过载条件下运行，TCSC 系统在 1.5p.u.电容电压下至少需正常工作 30min。TCSC 系统的晶闸管阀支路在 10s 级别的满负荷情况下，将使电容器上的电压达到额定电容电压的 2 倍（IEEE 824—2004）。晶闸管及其串联电抗器需耐受的暂时过电压应力是穿过 TCSC 的雷电浪涌（IEC 60071 - 1：2015）。在这种快速瞬态下，电容器和电容器组的等效阻抗将是电感阻抗。也就是说，由于电容器组不会对暂态潮流起短路作用，因此会在晶闸管阀上施加暂态过电压。如果 TCSC 系统发生对地短路，则会产生类似的暂态过电压，这将使晶闸管与电抗器组合暴露在一个高达峰值相对地电压的应力下。因此，必须在系统规范中说明暂态短路负载应力。

8.9 TCSC 损耗

估算 TCSC 系统损耗时，需要计算单个 TCSC 子系统的损耗（IEEE Standard 1534—2002）。TCSC 系统损耗与 SVC 系统损耗相似，晶闸管投切电抗器损耗相关信息，请参阅"6 静止无功补偿器（SVC）技术"一章。为了比较不同的投资选择而对这种损耗进行评估时，充满了不确定性。

与需要一台变压器将补偿器支路连接至高压系统的并联补偿器相比，TCSC 的损耗要低得多。

损耗通常分为两大类。一类是持续耗散，对于 TCSC 系统来说，是当 TCSC 设备通电但不承载任何负载时，即晶闸管关断，不导通任何负载电流。在这种模式下，只有小电流通过晶闸管的缓冲电路。这就是所谓的空载损耗。另一类是晶闸管阀承载负载电流时的损耗，这就是负载损耗。TCSC 阀处于连续导通或调节控制模式，TCSC 系统中的损耗是不同的。当 TCSC 系统处于调节控制模式时，损耗将因运行点而异。这使得估算 TCSC 系统在预期运行时间内可能出现的功率损耗更加复杂，例如，TCSC 系统在阻尼目的方面的应用，与 TCSC 系统在潮流控制中的应用相比，损耗会有显著不同。

损耗评估应包含运行 TCSC 辅助系统所需的电力。阀冷系统是辅助损耗的主要因素，辅助损耗取决于用于评估的指定环境温度和 TCSC 运行点。辅助电源损耗可视为空载损耗，除非冷却系统随着 TCSC 系统加载进行投退。

由于损耗通常是资本化的，并在购买 TCSC 系统时计入估算直接成本内，因此在可以开展损耗评估的经济换算之前，必须估算三种不同状态下的预期运行时间。估计损耗的换算可以在规程中规定，但如果没有规定，则可以使用净现值（NPV）计算（Weston and Brigham 1981）。

8.9.1 空载损耗

计算 TCSC 系统中的空载损耗时，假定 TCSC 通电并与系统中的串联电容器并联连接至交流线路，但 TCSC 阀中的晶闸管关断，即处于闭锁运行模式。在这种运行模式下，损耗主要来自辅助设备和电容器单元。

通过晶闸管连接的缓冲电路，将流过非常低的电流。这类损耗通常很小，可以忽略不计。在这种运行模式下，TCSC 系统串联电感的损耗也会很小。串联电容器本身的损耗通常也小，如果需要的话，可以采用 IEEE 标准对这类损耗进行评估（IEEE 824—2005）。由于施加在 MOV 组上的电压远低于 MOV 阀片的拐点，因此 MOV 的损耗也可以忽略不计。

晶闸管阀和阀室还可配备风机，用于冷却和空气调节，这些辅助系统的运行也需要电力。根据需要在空载和不同负载点运行的风机数量，这些系统的电力需求应归类为空载和负载损耗。通常，冷却系统泵所需功率在所有运行点都是恒定的，因为晶闸管结温在所有稳态运行点都需要足够低，从而使晶闸管能够在结温最高时耐受住线路故障电流。

8.9.2　负载损耗

当晶闸管以连续电流模式触发时，负载损耗可分为阀体损耗和电抗器损耗（Larsen et al. 1994）。一种运行模式是串联电容器被晶闸管旁路，这就是旁路运行模式；另一种运行模式是晶闸管阀在调节控制模式下工作。TCSC 系统带负载运行时，空载损耗也会存在，但不包含在负载损耗中。但是，如果冷却系统负荷随 TCSC 系统的运行点而变化，则需要根据 TCSC 负载电流估算额外的冷却系统功率需求。

8.9.2.1　旁路运行模式

（1）电抗器损耗。

在旁路运行模式下，损耗主要产生在与晶闸管阀串联的电抗器电阻，以及晶闸管本身的导通损耗。这种运行模式很少使用，因此该模式下的损耗可以忽略不计，除非 TCSC 系统配置为多模块方式，其中若干模块可能被旁路，而其他模块在调节控制模式下运行。

流过电感的电流属于连续的基频电流。但它略有放大，因为在这种运行模式下，串联电容器和并联的电抗器之间会有如下所示的电流环流（IEEE Standard 1534—2002）：

$$I_{\text{TRMS}} = \frac{k^2}{k^2 - 1} \frac{I_{\text{line}}}{\sqrt{2}} \tag{8-9}$$

$$I_{\text{TAV}} = \frac{k^2}{k^2 - 1} \frac{\hat{I}_{\text{line}}}{\pi} \tag{8-10}$$

式中：$k = \lambda / \omega$；$\lambda = 1/\sqrt{LC}$，L 为 TCSC 电抗器感值；C 为 TCSC 电容器容值。

电抗器中的损耗为电阻损耗。也就是说，损耗 P_{RLoad} 与电流的平方成正比。单相电抗器的损耗为：

$$P_{\text{RLoad}} = r_{\text{R}} I_{\text{TRMS}}^2 \tag{8-11}$$

式中：r_{R} 为 TCSC 电抗器电阻。

（2）晶闸管损耗。

在这种运行模式下，没有晶闸管开关损耗，主要为晶闸管的导通损耗。因为晶闸管上的电压降在大电流范围内几乎是恒定的，晶闸管损耗可以用恒定电压乘以导通电流来近似表示（McDonald et al. 1994）。然而，对于每个晶闸管，通常采用双参数损耗评估函数来进行更为精确的损耗估算（IEEE Standard 1534）：

$$P_{\text{TCond}} = (u_{\text{T0}}I_{\text{TAV}} + r_{\text{T}}I_{\text{TRMS}}^2) \qquad (8-12)$$

式中：P_{TCond} 为一个晶闸管的功率损耗；u_{T0} 为晶闸管阈值电压，见晶闸管数据表；I_{TAV} 为流过晶闸管的平均电流，见式（8-10）；r_{T} 为晶闸管斜率电阻，见晶闸管数据表；I_{TRMS} 为流过晶闸管的有效值电流，见式（8-9）。

也就是说，三相总损耗为：

$$P_{\text{TCond,total}} = 3 \times 2NP_{\text{TCond}}(u_{\text{T0}}I_{\text{TAV}} + r_{\text{T}}I_{\text{TRMS}}^2) \qquad (8-13)$$

式中：N 为阀体中晶闸管阀层数，包括冗余。

8.9.2.2 调节控制运行模式

在这种运行模式下，晶闸管传导一部分基频电压。调节控制模式可用于调节电感模式下的电感值或电容模式下的串联电容，如图 8-6 所示。在这种运行模式下，会发生以下情况：

（1）反并联晶闸管对的每个晶闸管支路，仅在功率循环的一小部分时间内导通。换句话说，如图 8-5 所示，晶闸管在功率循环的一段时间内被闭锁。

（2）在晶闸管被闭锁的间隔期间，功率损耗在晶闸管阀的缓冲电路和串联电容器中消散，但损耗很小。

TCSC 电抗器功率损耗计算见"电抗器损耗"一节，导通期间阀体功率损耗计算见"阀体损耗"一节。

（1）电抗器损耗。

TCSC 电抗器中的损耗应同时考虑基频分量和通过电抗器的谐波电流。电抗器的工频和谐波电流可以通过计算得到，电抗器在工频下的阻抗以及在工频和谐波频率下的 X/R 比率则应在工厂例行试验期间进行测量。计算电抗器损耗时，必须考虑工频和谐波电流值。因此，TCSC 三相电抗器损耗计算如下（IEEE Standard 1534—2009）：

$$P_{\text{TC-reactor}} = 3\sum_{h=1}^{h=49} \frac{I_{\text{h}}^2 h X_{\text{L1}}}{Q_{\text{h}}} \qquad (8-14)$$

式中：$P_{\text{TC-reactor}}$ 为一个模块电抗器在额定条件下的三相总损耗；I_{h} 为计算得到的第 h 次谐波电流；X_{L1} 为基频下的电抗器感抗；h 为谐波次数；Q_{h} 为第 h 次谐波的品质因数，即电抗与有效电阻之比。

谐波电流可计算如下（Ängquist 2002）：

$$\frac{I_{\text{vh}}}{I_{\text{L}}} = \frac{2}{\pi} \cdot \frac{k^2}{k^2-1} \cdot A \qquad (8-15)$$

式中，A 等于：

$$A = \frac{\sin\left[(1-h)\dfrac{\sigma}{2}\right]}{1-h} + \frac{\sin\left[(1+h)\dfrac{\sigma}{2}\right]}{1+h} - \frac{\cos\left(\dfrac{\sigma}{2}\right)}{\cos\left(\dfrac{k\sigma}{2}\right)}\left\{\frac{\sin\left[(k-h)\dfrac{\sigma}{2}\right]}{k-h} + \frac{\sin\left[(k+h)\dfrac{\sigma}{2}\right]}{k+h}\right\}$$

$$(8-16)$$

式中：I_L 为线路电流工频分量的峰值；I_{vh} 为晶闸管阀电流第 h 次谐波频率分量的峰值；σ 等于导通角。

$$\lambda = \frac{1}{\sqrt{LC}}$$

$$k = \lambda / \omega$$

式中：L 为电感；C 为电容；ω 为 $2\pi f$。

对于基频分量（$h=1$），A 中的第一项等于导通角的一半。也就是说，对于基频分量，A 等于：

$$A(h=1) = \frac{\sigma}{2} + \frac{\sin \sigma}{2} - \frac{2\cos^2\left(\dfrac{\sigma}{2}\right)}{k^2-1}\left[k\tan\left(\frac{k\sigma}{2}\right) - \tan\left(\frac{\sigma}{2}\right)\right] \tag{8-17}$$

（2）阀体损耗。

1）缓冲电路损耗。尽管 IEEE Standard 1534 中未提及，但也应考虑阀体缓冲电路中的损耗，因为它们在调节控制模式下不可忽略。当晶闸管关断时，缓冲电容器充电至与关断时交流电压幅值相等的电压。在器件下一次导通时，缓冲电容器中储存的能量消耗在缓冲电路和晶闸管晶圆的电阻中。由于缓冲电路通常由一对反并联晶闸管共用，因此该过程每周期发生两次，三相阀体缓冲电路中消散的总损耗等于：

$$P_{sn} = 3f_n \frac{C_{sn}U_\alpha^2}{n} \times 2 = 3f_n \frac{C_{sn}}{n}(\sqrt{2}U_1\sin\alpha)^2 \times 2 \tag{8-18}$$

式中：P_{sn} 为缓冲电路损耗；C_{sn} 为每个阀层的缓冲电路电容；U_α 为在触发角 α 时通过缓冲电容器的瞬时电压，该电压是触发角的函数，如图 8-6 所示；U_1 为阀体电压基频有效值；n 为阀体每相串联晶闸管的数量；f_n 为系统基频频率；α 为晶闸管触发角。

上述公式与 IEEE Standard 1031 中导出的公式相同，也适用于 TCR 阀，尽管在 TCSC 应用中，通过晶闸管阀的导通电流和阻断瞬态电压与 TCR 不同。

2）均压电阻损耗。处于关断状态（非导通）的晶闸管器件具有无限电阻，如果在器件上施加电压，将只有微量电流流过器件。晶闸管在关断状态下的电阻取决于温度，并且因器件而异。如果没有采取均压措施，一串器件串联，泄漏电流将流过器件串，导致每个器件的电压不相同。因此，在器件串中每个器件并联一个电阻，用于均衡器件之间的电压分配。该均压电阻也将消耗一些功率，因此应包括在总损耗估算中。在装置处于闭锁状态的期间，均压电阻会出现损耗。估计功耗如下。

均压电阻的功耗为：

$$P_{vd} = \frac{3U_{1\alpha}^2}{nR_{vd}} \tag{8-19}$$

式中：P_{vd} 为均压电阻损耗；$U_{1\alpha}$ 为晶闸管阻断电压的有效值，该电压为触发角的函数，如图 8-6 所示；n 为串联晶闸管阀层数；R_{vd} 为每对晶闸管的均压电阻。

3）晶闸管导通损耗。式（8-12）和式（8-13）仍然适用于一个晶闸管的损耗，但平均电流（I_{TAV}）和有效值电流（I_{TRMS}）分别见式（8-5）和式（8-6）。

4）晶闸管开关损耗。晶闸管不会在对门极施加导通脉冲时立即达到完全导通，电流开始在晶闸管晶片的闸门区周围流动需要一定的时间。在接通期间，随着电流的增加，电压会在几微秒（μs）内衰减。电流乘以晶片上电压的乘积表示晶片中耗散的能量，这就是导通损耗。

同样，当电流从器件转移到器件周围的电路时，通过晶圆的传导电流不是瞬间变为零，而是随着电压瞬时增加而在短时间内反转，因为在晶圆进入非导电状态之前，需要除去在导通期间产生的等离子体。关断过程通常用反向恢复电荷 Q_{rr} 来表示。同样，晶圆在导通期间有损耗产生，在关断期间也有损耗产生。

晶闸管开通和反向恢复电荷移除的时间取决于所施加的电压、所切换的电流、器件的直径、其门极结构和许多其他晶闸管参数。因此，在估算开通和关闭损耗之前，必须知道晶闸管和具体应用情况。对于大功率电力电子器件，这些损耗可能是每脉冲几焦耳❶。器件型号一旦选定，损耗即可按以下方式估算（IEEE Standard 1031—2011）：

$$P_{Tsoff} = 3 \times 2Q_{rr} \times \sqrt{2}U_1 \sin(\alpha) f_n \qquad (8-20)$$

式中：P_{Tsoff} 为晶闸管阀的关断损耗；Q_{rr} 为晶闸管恢复电荷；n 为阀体每相串联晶闸管的数量；f_n 为系统基频；α 为晶闸管触发角。

假设每次关断时能量损耗为 0.2J，则功率损耗将为（IEEE Standard 1031—2011）：

$$P_{Tswon} = 3 \times 2n \times 0.2 f_n \qquad (8-21)$$

尽管 IEEE Standard 1534 建议使用与上述 TCR 阀类似的方法计算开关损耗，但在 TCSC 应用中，应考虑施加在晶闸管阀上的电压具有不同的波形和幅值。例如，恢复电荷取决于关断时的电流的导数，在 TCSC 应用中这个数值更高。这就意味着，TCSC 阀的实际开关损耗会高于直接采用 IEEE Standard 1031 的公式计算出的损耗。

5）电容器损耗。在评估调节控制模式中的电容器损耗时，重要的是要考虑电容器电流不等于线路电流，因为它还取决于晶闸管的触发角。

8.10　谐波注入

TCSC 在调节控制模式下运行会导致一些能量以基频的谐波注入电力系统。TCSC 将产生基频的所有奇次谐波，当线路电流平衡时，三次谐波为零序（Larsen et al. 1994）。然而，当 TCSC 在容性调节模式下工作时，大多数谐波电流都保持在 TCSC 系统内，因为串联电容器充当了高通滤波器（Kinney et al. 1995）。因此，在大多数情况下，TCSC 补偿线路中的谐波损耗可以忽略不计。

---

❶ 例如，参见器件 5STP 42U6500 的数据手册。
Https://library.e.abb.com/public/c92a9062c3392B1f83257c63004dbb1d/5STP%2042u6500_5SYA1043-07%20Mar%2014.pdf, accessed November 11, 2018.

8.11　汽轮发电机与 TCSC 系统之间的扭振相互作用

8.11.1　串联电容器组与汽轮发电机的相互作用

用于长架空输电线路的串联电容器补偿系统是在 20 世纪早期发展起来的（Shelton 1928；Alimansky 1930）。人们很早就认识到，电容补偿线路与连接的高速汽轮同步发电机之间可能存在不希望的扭振相互作用（TI）（Concordia and Carter 1941；Bodine et al. 1943）❶。Butler 和 Concordia 得出结论认为，在单台同步发电机连接到无限大母线的情况下，如 Nickle 和 Pierce 的研究所示（Butler and Concordia 1937；Nickle and Pierce 1930；Wagner 1930），由线路电阻与线路电抗的比值确定是否存在负阻尼，如果忽略除励磁绕组以外的所有转子电路，则存在由该比值确定的临界工作角，超过该比值，机器将不稳定。这种情形的后果之一就是，如果在线路中使用串联电容器，线路电阻与线路电抗的比率会增加，因为电抗在此情况下已经降低。因此，负阻尼趋向增加。然而，正如 Butler 和 Concordia 所言，这过于简化了情境。尽管系统的固有阻尼通常足以防止严重的振荡，但一组发电机之间的振荡和自激现象也会导致出现危险的发电机轴应力。假设有多台机器工作且会存在并联负载的情况，则必须考虑同步发电机之间传输阻抗的电抗组件的电阻。在某些情况下，阻尼可能太小而无效，或者实际上可能是负的，即转子振荡可能被放大而不是减弱。虽然通过增加线路电阻减弱自激，但这可能会增强扭振相互作用的影响。即，扭振相互作用、自激和振荡可能同时存在，只解决了其中一个问题，则可能需要解决因此而导致的其他一个或多个现象加剧的问题（Butler and Concordia 1937）。

对电力系统次同步特性的分析是复杂的。在 20 世纪 30 年代，用于识别 SSR 风险的工具有限。基尔戈发表了一些基本方程，可用于演示共振的积累，如果施加的扭矩在谐振频率下有分量，共振会导致危险的扭矩水平（Kilgore et al. 1977）。这些方程还表明，电气时间常数、机械频率、模态惯性和模态振型状都是决定轴扭矩峰值的重要因素。

在 1970 年和 1971 年美国 Navajo 和 Mohave 电站发生发电机次同步谐振事件之后，人们对扭振相互作用现象的理解大为提高（Anderson and Framer 1996b）。具体而言，在 Mohave 调查研究中，发现事件中可能出现了感应发电机效应和扭矩放大。

如 Kilgore 的研究所示，感应发电机效应是指在发电机电枢电路中次同步电流流动期间，从电力系统的角度来看，等效负电阻低于电路固有模式之一的正电阻（Kilgore et al. 1977）。在这些条件下，系统中会出现持续的次同步振荡，从而导致发电机损坏。

如果串联电容器中的残余电荷放电通过了发电机，并且放电过程中暂态振荡频率碰巧与涡轮发电机的扭振模式之一一致，则在串联补偿电力系统的故障清除后，会产生扭矩放大。目前已发表了大量的关于 SSR 问题的论文，因此 IEEE 出版了一份如何研究已发表文件的指南（IEEE Committee Report 1992）。对于那些考虑采用 TCSC 系统的人来说，真正的问题在于 TCSC 技术在 SSR 方面的表现。

---

❶ 因为这些系统的高惯性和水轮提供的固有阻尼，水轮发电机和涡轮机不太容易受到次同步激励的影响（Kundur 1994）。

8.11.2 TCSC 补偿线路的次同步阻尼性能

在开发 TCSC 系统的早期，人们曾预计使用晶闸管阀开关调节串联电容器组的阻抗可能不会完全消除串联补偿线路和发电机之间的次同步谐振（SSR）风险，但至少会降低此类事件的风险。同时还预计，为了保证在计划进行串联补偿的线路中消除 SSR 风险，线路中的所有或大部分串联电容器组可能必须配备一个 TCSC 支路。因此，将 TCSC 系统用于阻尼 SSR 的可行性是项目初期研究的一部分。

从根本上说，发电机的扭转振动会导致发电机输出电压的幅度调制，因为输出电压与转子转速成正比。此外，这也会导致输出电压的频率调制，其中发电机输出的基频（50Hz 或 60Hz）作为载体。即，如果扭转振动的频率是 f_1，并且电力系统发电机的基频是 f_0，则形成两个边带：$f_0 - f_1$ 和 $f_0 + f_1$。也就是说，如果 TCSC 中的晶闸管阀开关可以被控制以抵消次同步 $f_0 - f_1$ 模式，则可足以防止 SSR。正如 NGH SSR 阻尼系统的开发和测试已经证明的那样，增加一个与串联电容器并联的电阻串联晶闸管开关可以对次同步振荡（SSO）形成阻尼（Hingorani et al. 1987）。因此，将这一概念扩展到 TCSC 系统符合期望。

作为项目的一部分，通用电气公司（GE）（电力科学研究院为 TCSC 开发项目选择的承包商）首先查阅了可用的 SSR 抑制方法（EPRI EL–6943 1991）。通用电气公司随后做了进一步的研究，专门评估如何将 TCSC 系统用于阻尼 SSR（Bowler et al. 1992；Bowler 1992）。同时还评估了在更复杂的系统中将 TCSC 系统用于阻尼 SSR 的可能性（Hill et al. 1997）。该研究的目的是调查 TCSC 系统（添加到复杂电力系统中固定串联电容器的选定子设备）是否可用于阻尼局部扭转振动模式。从这些研究中得出以下结论：

（1）TCSC 可通过设置在次同步频率范围内形成感抗。

（2）TCSC 可成为应对 SSR 影响的合适工具。Slatt 的 TCSC 项目制作了一项 SSR 控制方案，这在 SSR 抑制方面提供了更大的安全性。然而，其有效性取决于是否选择了合适的设计标准，此标准必须同时包括所有具有扭振相互作用风险的涡轮发电机。

（3）如果交流系统中安装了其他固定串联补偿系统，则可能需要在这些固定串联补偿系统之间增加 TCSC 电力电子组件，以防止不受控制的固定串联补偿系统产生 SSO（Bowler 1992 年）。

（4）在复杂的电力系统中，可能会有其他已安装的串联电容器系统导致不稳定的扭振相互作用，这些风险应该分别进行消除。

（5）在电力系统短路事件之后，TCSC 能够快速地对串联电容器放电，从而消除由 TCSC 配备串联电容器而引起的扭矩放大效应。

（6）尽管使用 TCSC 或其他 FACTS 设备抑制 SSR 是可实现的，但仍有必要在潜在受影响的发电机上提供 SSR 保护继电器系统，因为在出现 SSR 时，很可能发生异常或不可预见的系统状况。

在西门子和 WAPA 建造的 Kayenta 项目中，对 SSR 的研究也是其开发工作中的一部分。这些研究显示，TCSC 系统在次同步区域中起到了电感的作用（Hedin et al. 1992, 1997）。研究结果特别表明，对于这种 TCSC，阻尼足以防止相邻发电机发生 SSR。研究结果与 Kayenta 装置的实际瞬态响应测量进行了比较。

为 TCSC 选择的控制方案会影响 TCSC 系统阻尼扭振相互作用模式的能力。其中一种控制模式即是恒定电抗控制方案，另一种可能的模式则是注入一个特殊的调制信号来抵消测量出的扭振相互作用。已对前一种方法进行了研究，并用于 Slatt 系统，表明 TCSC 本身不会激发扭转模式。

注入测量值以主动抵消扭振模式需要测量次同步潮流。这可能需要几个到多个关键的测量值，每一个都有可能失败，从而导致 SSR 出现的可能性更高。然而，也有可能使得这种测量值不发生故障，但这还有待论证。

Ängquist 等提出了另一种 TCSC 控制方案（Ängquist et al. 1996, 1997, 2002）。该方案还使 TCSC 在次同步频率下起到电阻/电感阻抗的作用。模拟结果表明，通过对 TCSC 系统进行适当的控制，可以减弱次同步振荡（SSO）。这种控制已在一些 TCSC 工程中实施（Holmberg et al. 1998）。

IEEE 标准指出，TCSC 技术的优势在于，在次同步频率下，如果 TCSC 阀体连续运行，TCSC 将在一定程度上缓解 SSR（IEEE Standard 1534）。需要强调的是，TCSC 的操作应能够处于调节控制模式。例如，当线路电流低于晶闸管阀不能可靠触发的水平时，需要闭锁 TCSC 阀，此时 TCSC 相当于一个固定电容器。

然而，该标准也提醒 TCSC 系统的潜在用户，需要对电力系统进行详细的研究，以确定一个合适的 SSR 抑制设计。此类研究应运用电力系统、其附近的涡轮发电机以及 TCSC 的精细模型。当电网中安装有固定串联电容器时，详细的 SSR 研究至关重要。然而，IEEE 标准并没有提供任何关于如何在计划的应用中为阻尼 SSR 设计 TCSC 系统的指导。

从对 SSR 的了解可以清楚地看出，在串联电容补偿的电力系统中，必须认真审议这种研究的可能性。同样清楚的是，已证明的用于扭振相互作用分析的分析模型是可用的（Anderson and Farmer 1996b）。被提议用于 SSR 风险研究的方法首先是需要进行频率筛选研究（Agrawal and Farmer 1979）。研究中这项技术提供了发电机中性点的电阻和电抗，如果扫描显示有可能抑制 SSR，则需使用时域程序［如电磁暂态程序（EMTP）］来研究任何扭矩放大和疲劳问题。扭振相互作用（TI）和感应发电机效应可以在用于特征值分析的线性频域程序中进行研究（Anderson and Farmer 1996b）。

TCSC 系统中应用以上论述的控制策略可用于避免激发扭振模式，可用于避免在交流系统故障期间和之后由于电容器短路引起的扭振放大。时域和特征值分析方法都已在实时模拟研究中得到使用和证明，评估了 TCSC 系统在 SSR 和扭振相互作用方面的作用（Hill et al. 1997）。然而，还需要对电力系统进行彻底和详细的分析，以确定 TCSC 系统是否可用于分布式串联电容器系统中提供 SSR 阻尼。为了保险起见，可以在关键的发电厂安装 SSR 继电保护系统来降低风险（Anderson and Farmer 1996b）。

8.12　TCSC 系统的稳定性提升和功率振荡阻尼

8.12.1　暂态稳定性

串联补偿如果位于适当的输电线路上，可以提高电力系统的暂态稳定性。串联补偿使补偿后的输电线路在电气传输上更短。这导致发电机之间的同步转矩增加，从而增加了电力系统的暂态稳定裕度。然而，还应仔细分析在补偿线路停电的情况下对并行无补偿线路和整个系统的影响。

TCSC 可将电力系统的暂态稳定裕度提高到超过同等额定固定串联电容器的水平，利用 TCSC 串联电容器元件的短时过电流能力可以用来为故障后提供更高的补偿水平（Gama et al. 1998），这进一步降低了连接电抗并提高了同步转矩。TCSC 还能够在随后的系统摇摆期间提供一段时间的最大电感补偿，从而产生额外的稳定性优势。这些控制目标可以通过使用起停（bang-bang）式暂态稳定闭环控制来实现，该闭环控制在故障后短时间内有效。

8.12.2 系统阻尼改进

由于系统中的故障，当系统中两个区域之间的功率传输超过阈值时，电力系统经常发生无阻尼低频区域间振荡。除其他因素外，阈值取决于互连传输系统的强度。TCSC 拓扑提供了改善功率振荡阻尼的可能性，这样便能够在两个区域之间增加稳定的功率传输水平。

区域间低频振荡现象是不同机器组之间的一种众所周知的相互作用，这些机器组通过弱或重负载的交流联络线相互连接。根据电力系统的特性，区域间低频振荡频率通常在 0.1～1Hz 的范围内（CIGRE TB 111 1996）。区域间振荡模式的特征很复杂，在某些方面，与本地模式（也称为本地电厂模式）的特征有显著差异。就系统其余部分而言，本地电厂振荡模式与发电站机组的摆动有关。一些"局部"问题也可能与同一区域的几个发电机的转子之间的振荡有关，这些振荡被称为机内或机间振荡模式。本地电厂模式和机间模式的振荡频率通常在 0.7～2.0Hz 范围内。

TCSC 是为区域间振荡模式提供阻尼的稳健而有效的方法。通过晶闸管触发控制，TCSC 电抗值被调节，并进行可控的与功率摇摆异步 90° 的变化，从而抑制了功率振荡。

功率振荡开始时会突然改变平均功率，而通过调度控制干预，可以使高功率控制系统缓慢恢复平均功率，达到一个新的平衡水准。对于电力系统阻尼控制应用，TCSC 只能对振荡作出反应。要控制 TCSC 以抑制功率振荡，关键在于尽可能快地提取被测线路功率信号的振荡部分，并将其从平均功率的变化中分离出来（Gama et al. 2000）。另一个要求是，即使电抗指令被限制在 TCSC 最大允许主电路应力范围内，也应保持正确的相移，同时根据图 8-6 避免接近谐振频率的操作。

当功率摇摆和/或增益足够高时，任何 FACTS 设备的启用都会有一个最大允许应力水平。因此，必须相应地限制它的命令信号，并且这种限制行为不得损害电抗控制信号的相位。

虽然低阻尼功率振荡的频率在电力系统中通常是众所周知的，但电网配置、负载条件等的改变会引起一些变化。为了获得已安装 TCSC 的最大可用阻尼性能，尽管区域间模式频率变化很小，但仍应保持功率振荡和电抗调制信号之间要求的相移。

总之，阻尼电力系统振荡的 TCSC 控制应完成两个主要任务：

（1）检测功率振荡的开始。

（2）产生针对所测量功率振荡的具有正确相位关系的 TCSC 电抗调节的标准信号。

与利用 TCSC 来抑制电力系统振荡相关的问题包括：受控段的大小和控制信号的选择。这两个问题都与系统有关，一小部分串联电容器（如 10%～20%）可能足以抑制功率振荡（Grünbaum et al. 2006），涉及线路电流或功率的局部反馈测量是检测振荡和控制 TCSC 以增强抑制功率振荡的有效手段。

8.13　书内参考章节

1　柔性交流输电系统（FACTS）装置简介：发展历程

5 FACTS 装置的电力电子拓扑

6　静止无功补偿器（SVC）技术

16　经济评估和成本效益分析

参考文献

Agrawal, B. L., Framer, R. G.: Use of frequency scanning technique for subsynchronous resonance analysis. IEEE Trans. Power Syst. PAS－98, 341－349 (1979).

Alimansky, M. I.: Application and performance of series capacitors. Gen. Electr. Rev.33, 616－625 (1930).

Anderson, P. M., Farmer, R. G.: Series capacitor studies, testing and maintenance, chapter 8. In: Series Compensation of Power Systems. Published by PBLSH! Inc., Encinitas, California, 92024－3749, USA, (1996a).

Anderson, P. M., Farmer, R. G.: Subsynchronous resonance; Chapter 6, pages 229 to 286. In: Series Capacitor Studies, Testing and Maintenance, Chapter 8. In: Series Compensation of Power Systems. Published by PBLSH! Inc., Encinitas, California, 92024－3749, USA, (1996b).

Ängquist, L.: Synchronous Voltage Reversal(SVR)scheme - a new control method for thyristor controlled series capacitors, pages 30-1 through 30-14. In: Proceedings: FACTS Conference 3, EPRI report TR－107955 (1997).

Ängquist, L.: Synchronous Voltage Reversal Control of Thyristor Controlled Series Capacitor. Ph.D. thesis. Royal Institute of Technology, Stockholm (2002).

Ängquist, L., Ingeström, G., Jönsson, H.－Å.: Dynamical Performance of TCSC Schemes. CIGRÉ paper 14－302 (1996).

Bodine, R. W., Concordia, C., Kron, G.: Self-excited oscillations of capacitor compensated long distance transmission systems. Trans. Am. Inst. Electr. Eng. 62 (1), 41－44 (1943).

Bowler, C. E. J: Series capacitor based SSR mitigation prospects. In: Proceedings: FACTS Conference 1 - The Future in High-Voltage Transmission. pages 2.2-1 through 2.2-16, EPRI report TR－100504 (1992).

Bowler, E. J., Baker, D. H., Grande-Moran, C.: FACTS and SSR-focus on TCSC application and mitigation of SSR problems. Chapter 1.3, pages 1.3-1 through 1.3-25. In: Proceedings: FACTS Conference 2, EPRI Report TR－101784 (1992).

Butler, J. W., Concordia, C.: Analysis of series capacitor application problems. AIEE Trans. 56, 975 (1937).

Christl, N., Hedin, R., Sadak Lutzelberger, K. P., Krause, P. E., McKenna, S. M., Montoya, A. H., Torgerson, D.: Advanced Series Compensation (ASC) with Thyristor Controlled Impedance,

CIGRÉ paper 14/37/38 – 05 (1992).

CIGRÉ TB 111: Analysis and Control of Power System Oscillations (1996).

CIGRÉ TB 123: Thyristor Controlled Series Compensation (1997).

CIGRÉ TB 145: Modeling of Power Electronics Equipment (Facts) in Load Flow and Stability Programs (1999).

Cigré TB 25: Working Group 38 – 01, Task Force No.2 on SVC, "Static Var Compensator" (1986).

CIGRÉ TB 544: MO Surge Arrester Stresses and Test Procedures.(2013).

CIGRÉ TB 554: Performance Evaluation and Applications Review of Existing Thyristor Control Series Capacitor Devices –TCSC (2013).

Concordia, C., Carter, G. K.: Negative damping of electrical machinery. Trans. Am. Inst. Electr. Eng. 60 (3) (1941).

EPRI EL – 6943: Flexible AC Transmission Systems (FACTS) Scoping Study, Volume 2, Part 1: Analytical Studies; EPRI Report (1991). https: //www.epri.com/#/pages/product/EL – 6943 – V2P1/? lang = en – US.Accessed 7 Jan 2019.

Gama, C., Leoni, R. L., Gribel, J., Fraga, R., Eiras, M. J., Ping, W., Ricardo, A., Cavalcanti, Tenório, R.: Brazilian North-South Interconnection-Application of Thyristor Controlled Series Compensation (TCSC) to Damp Inter-Area Oscillation Mode. CIGRÉ paper 14 – 101, Session (1998).

Gama, C., Ängquist, L., Ingeström, G, Noroozian, M.: Commissioning and Operative Experience of TCSC for Damping Power Oscillation in the Brazilian North-South Interconnection, CIGRÉ paper 14 – 104, Session (2000).

Grünbaum, R., Ingeström, G., Strömberg, G., Chakraborty, S., Nayak, R. N., Seghal, Y. K., Sen, K.: TCSC on an AC power interconnector between the Eastern and Western grids of India - A few design aspects. CIGRÉ paper B4 – 310, Session (2006).

Hedin, R. A., Henn, V., Montoya, A. H., Torgersen, D. R., Weiss, S.: Advanced series compensation (ASC): Transient network analyzer studies compared with digital simulation studies, pages 3.6-1 through 3.6-15. In: EPRI TR – 101784, Proceedings: FACTS Conference 2 (1992).

Hedin, R. A., Weiss, S., Mah, D., Cope, L.: Thyristor controlled series compensation to avoid SSR, pages 31-1 through 31-8. In: Proceedings: FACTS Conference 3, EPRI report TR – 107955 (1997).

Hill, A. T., Larsen, E. V., Hyman, E.: Thyristor control for SSR suppression-A case study: Chapter 20, pages 20-1 through 20-17. In: EPRI Report TR – 10755, Proceedings: FACTS Conference 3 (1997).

Hingorani, N. G., Bhargava, B., Garrigue, G. F., G. D. Rodriguez: Prototype NGH subsynchronous resonance damping scheme. Part I. Field installation and operating experience, 87 WM 019 – 3, pp.1034 – 1039 (1987).

Holmberg, D., Danielsson, M., Halvarsson, P., Ängquist, L.: The stöde thyristor controlled series capacitor. CIGRÉ paper 14 – 105, Session (1998).

IEC 60071 – 1；Insulation Co-ordination - Part 1: Definitions, Principles and Rules (2015).

IEC 60143 – 1: Series Capacitors for Power Systems, Part 1: General, International (2015).

IEC standard IEC 60143 – 2；Series Capacitors for Power Systems, Part 2: Protective equipment for series capacitor banks；IEC is International Electrotechnical Commission (2012).

IEC 60143 – 4；Series Capacitors for Power Systems, Part 4: Thyristor controlled series capacitors (2010).

IEC 62823；Thyristor valves for thyristor controlled series capacitors (TCSC)- Electrical testing；Standard (2015).

IEEE 824 – 2005: IEEE Standard for Series Capacitor Banks in Power Systems, year (2005).

IEEE Committee Report: Reader's guide to subsynchronous resonance. IEEE Trans. Power Syst.7 (1), 150 – 157 (1992).

IEEE Standard 1031 – 2011；IEEE Guide for the Functional Specification of Transmission Static Var Compensators (2011).

IEEE Standard 1534 – 2002；IEEE Recommended Practice for Specifying Thyristor-Controlled Series Capacitors (2002).

IEEE Standard 1534 – 2009: Subparagraph 5.3, basis for TCSC ratings. In: IEEE Recommended Practice for Specifying Thyristor-Controlled Series Capacitors (Revision of IEEE Standard 1534-2002)(2009).

IEEE Standard 1726 – 2013: IEEE Guide for the Functional Specification of Fixed-Series Capacitor Banks for Transmission System Applications；Publication Year (2013).

IEEE Working Group 3.4.11: Modeling of metal oxide surge arresters；Transactions on power delivery, 7 (1) (1992).

Keri, A. J. F, Ware, B. J., Byron, R. A., Mehraban, A. S., Chamia, M., Halvarsson, P., Ängquist, L.: Improving Transmission System Performance Using Controlled Series Capacitors, paper number 14/37/38 – 07, CIGRE session (1992).

Kilgore, L. A., Ramey, D. G, Hall, M. C.: Simplified transmission and generation system analysis procedures for subsynchronous resonance problems. Trans. Power Appar. Syst. PAS – 96 (6) (1977).

Kinney, S. J., Mittelstadt, W. A., Suhrbier, R. W.: "Test results and initial operating experience for the BPA 500 kV thyristor controlled series capacitor design, operation, and fault test results," In: IEEE Technical Applications Conference and Workshops Northcon/95, Portland, OR, pp.268 – 273 (1995).

Kundur, P.: Subsynchronous oscillations, chapter 15. In: Power System Stability and Control. McGraw Hill (1994) ISBN 0-047-035958-X.

Larsen, E. V., Bowler, C. E. J., Damsky, B. L. Nilsson, S. L.: Benefits of Thyristor-Controlled Series Compensation. CIGRÉ Paper 14/37/38 – 04. Paris (1992).

Larsen, E. V., Clark, K., Miske Jr., S. A., Urbanek, J.: Characteristics and rating considerations of thyristor controlled series compensation. IEEE Trans. Power Deliv 9 (2) (1994).

McDonald, D. J., Urbanek, J., Damsky, B. L.: Modeling and testing of a thyristor for thyristor controlled series compensation (TCSC). IEEE Transa. Power Deliv. 9 (1) (1994).

Mittelstadt, W. A. B. Furumasu, B. P. Ferron, P., Paserba, J. J.: Planning and testing for thyristor controlled series capacitors. In: IEEE Special Publication $92-T-0465-5-PWR$, Current Activity in Flexible AC Transmission Systems (FACTS)(1992).

Mohan, N., Undeland, T. M., Robbins, W. P.: Thyristors, chapter 23, pages 596-612. In: Power Electronics Converters, Applications and Design, Second Edition. Wiley, New York (1995).

Nolasco, JF., Jardini, JA., Ribero, E.: Electrical Design, Chapter 4, Section 4.7, Electromagnetic Unbalance - Transposition. In: CIGRE Green Book on Overhead Lines, CIGRE, Paris (2014).

Nickle, C. A., Pierce, C. A.: Stability of synchronous machines as affected by armature resistance. AIEE Trans. 49, 338-350. with discussion on age 350 (1930).

Nyati, S., Wegner, C. A., Delmerico, R. W., Baker, D. H., Piwko, R. J. Edris, A.: Effectiveness of Thyristor Controlled Series Capacitor in Enhancing Power System Dynamics: An Analog Simulator Study. IEEE Paper $93-SM-432-5-PWRD$ (1993).

Paserba, J. J., Miller, N. W., Larsen, E. V., Piwko, R. J.: A thyristor controlled series compensation model for power system stability analysis. IEEE SP 94 SM $476-2-PWRD$, (1994).

Price, W. W., Klapper, D. B., Miller, N. W., Kurita, A., Okubo, H.: A Multi-Faceted Approach to Power System Voltage Stability Analysis. CIGRÉ paper $38-205$, CIGRÉ Conference, Paris, France (1992).

Sakshaug, E. C., Comber, M. G., Kresge, J. S.: Discussion to paper. In: Stenström, L., Lindberg, P., and Samuelsson, J.: Testing Procedure for Metal Oxide Varistors Protecting EHV Series Capacitors, IEEE Transactions on Power Delivery, Vol.3, No.2 (1988).

Sanchez-Gasca, J. J., D'Aquila, R., Paserba, J. J., Price, W. W., Klapper, D. B., Hu, I.: Extended-term power system dynamic simulation using variable time-step integration. IEEE Comput. Appl. Power Mag. 6 (4), $23-28$ (1993).

Shelton, E. K.: The Series-Capacitor Installation at Ballston, pp.$432-434$. General Electric Review, New York (1928).

Steinmetz, C. P.: Lectures on Electrical Engineering, vol.Ⅲ. Dover Publications, New York (1971).

Urbanek, J., Piwko, R. J., McDonald D., Martinez, N.: Thyristor Controlled Series Compensation Equipment Design for Slatt 500kV installation, Chapter 3.1. In: Proceedings FACTS Technical Description of Thyristor Controlled Series Capacitors (TCSC) 45 Conference 2, EPRI Report TR 101784 (1992). https://www.epri.com/#/pages/product/TR$-101784/$? lang=en. Accessed Sept 10 2018.

Urbanek, J., Piwko, R. J., Larsen, E. V., Damsky, B. L., Furumasu, B. C., Mittlestadt, W., Edan, J. D.: Thyristor controlled series compensation prototype installation at the Slatt 500kV Substation. In: IEEE Transactions of Power Delivery, pp.$1460-1469$. (1993).

Wagner, C. F.: Effect of armature resistance upon hunting of synchronous machines. AIEE Trans. 49, 1011－1026 (1930).

Weston, J. F., Brigham, E. F.: The time value of money, chapter 4, pages 66－92. In: Managerial Finance, 7th Edn. The Dryden Press, Himsdale (1981).

Stig Nilsson，美国毅博科技咨询有限公司首席工程师。最初就职于瑞典国家电话局，负责载波通信系统开发。此后，曾先后就职于 ASEA（现为 ABB）和波音公司，并分别负责高压直流输电系统研究以及计算机系统开发。在美国电力科学研究院工作的 20 年间，于 1979 年启动了数字保护继电器系统开发工作，1986 年启动了电力科学研究院的 FACTS 计划。1991 年获得了输电线路无功阻抗控制装置专利。他是 IEEE 终身会士（Life Fellow），曾担任 IEEE 电力与能源学会输配电技术委员会、IEEE Herman Halperin 输配电奖委员会、IEEE 电力与能源学会 Nari Hingorani FACTS 及定制电力奖委员会，以及多个 IEEE 会士（Fellow）提名审查委员会的主席，曾是 IEEE 标准委员会、IEEE 电力与能源学会小组委员会和工作组的成员。他是 CIGRE 直流与电力电子专委会（SC B4）的美国国家代表和秘书。获 2012 年 IEEE 电力与能源学会 Nari Hingorani FACTS 及定制电力奖、2012 年 CIGRE 美国国家委员会 Philip Sporn 奖和 CIGRE 技术委员会奖；2006 年因积极参与 CIGRE 专委会和 CIGRE 美国国家委员会而获得 CIGRE 杰出会员奖；2003 年获得 CIGRE 美国国家委员会 Attwood Associate 奖。他是美国加利福尼亚州的注册专业工程师。

Marcio M. de Oliveira，ABB 公司（瑞典）首席系统工程师。1967 年出生于巴西里约热内卢，1992 年获巴西里约热内卢联邦大学电气工程理科硕士学位，分别于 1996 年和 2000 年获瑞典皇家理工学院高功率电子系高级硕士学位和博士学位。2000 年入职 ABB 公司 FACTS 部门，工作内容涉及电力系统设计、实时仿真、控制系统设计研发等多个技术领域。现任系统首席工程师，负责 FACTS 技术在全球的技术营销。参编了 CIGRE SC B4 WG53 "STATCOM 的采购和测试指南"，是 IEC TC22 的成员，是 IEC 61954 维护团队的组织者，负责 SVC 晶闸管阀的测试。2017 年获 IEC 1906 奖。

统一潮流控制器（UPFC）及其潜在的变化方案

9

Ram Adapa、Stig Nilsson、Bjarne Andersen、杨毅

目次

Ram Adapa（✉）
美国加州帕洛阿托，电力科学研究院
电子邮箱：RADAPA@epri.com

Stig Nilsson
美国亚利桑那州塞多纳，毅博科技咨询有限公司电气工程应用部
电子邮箱：stig_nilsson@verizon.net，snilsson@exponent.com

Bjarne Andersen
英国 Bexhill-on-Sea，Andersen 电力电子解决方案有限公司
电子邮件：bjarne@andersenpes.com

杨毅
中国南京，国网江苏省电力公司电力科学研究院
电子邮件：yang_yi_ee@163.com

© 瑞士，Springer Nature AG 公司 2020 年版权所有
S. Nilsson，B. Andersen（编辑），柔性交流输电技术，CIGRE 绿皮书，https://doi.org/10.1007/978-3-319-71926-9_10-2

摘要

　　统一潮流控制器（UPFC）是一种功能强大的潮流控制和无功补偿 FACTS 装置。它由两台具有公共直流母线背靠背连接的电压源型换流器（Voltage Source Converter，VSC）组成，其中一台 VSC 换流器并联接入交流系统，相当于一台静止同步补偿装置（STATCOM），在连接点（Point of Connection，POC）向电力系统注入电流。另一台相当于静止同步串联补偿器（Static Synchronous Series Compensator，SSSC），向输电线路注入串联电压。注入的串联电压可以与线路电流成任意相位角。注入的电流可以分为两部分：① 当两台 VSC 换流器共用同一个直流母线电容时，与线路电压同相的有功功率部分，向线路输送或从线路吸收有功功率。有功功率也补偿了 UPFC 的损耗。② 与线路电压正交的无功部分，模拟了连接点的感抗或容抗。也就是说，在 UPFC 中，STATCOM 可以调节线路连接处的并联无功功率，还可以注入或吸收有功功率来控制直流母线电容电压，从而调节两台换流器之间的有功功率传输。

　　首批安装的 UPFC 采用开关速度相对较慢的门极可关断晶闸管（Gate Turn-Off，GTO）器件，其在基频下进行开关控制。这种布置需要采用谐波抵消型 VSC（Harmonically Neutralized Voltage-Sourced Converters，HN－VSC），以实现谐波消除、避免或者减少使用谐波滤波器。目前建成了 VSC 采用模块化多电平换流器（Modular Multilevel Converters，MMC），且 MMC 采用绝缘栅双极型晶体管（Insulated Gate Bipolar Transistor，IGBT），这使得高电压等级换流阀的设计成为可能，从而避免采用换流器模块并联技术。

本章还介绍了 UPFC 的两种变体，静止同步串联补偿器（SSSC）和线间潮流控制器（Interline Power Flow Controller，IPFC）。

9.1 引言

UPFC 是统一潮流控制器的缩写（Gyugyi 1992）。该潮流控制器由共用一条直流母线和一个直流电容的两台电压源型换流器（VSC）组成。UPFC 最重要的特性是，它可以快速、同时地控制其所连接电路中影响潮流的所有参数（即电压、阻抗和相位角）。此外，当两台换流器彼此断开连接时，两台 VSC 还可以相互独立地控制无功功率。因此，在通过灵活调节线路来协助提高输电系统的利用率及动态补偿方面，UPFC 是一种非常强大的工具。

如"5 FACTS 装置的电力电子拓扑"一章所述，UPFC 由两台连接至公共直流母线的三相 VSC 组成。其中一台通常是静止同步补偿器（STATCOM），如"7 静止同步补偿器（STATCOM）技术"一章所述，其交流侧通过变压器与交流系统连接。另一台 VSC 是所谓的静止同步串联补偿器（SSSC），其直流侧连接至 STATCOM 的直流母线，另一侧为变压器供电，其中变压器在线路侧有三个与交流线路相导体串联的独立绕组（CIGRE TB 160 2000；CIGRE TB 371 2009）。

UPFC 的主要功能是有功和无功潮流控制。它可以在稳态时使用，也可以对扰动作出动态响应。通过设计适当的控制系统，UPFC 也同时可实现以下功能：

（1）暂态稳定性提升；

（2）功率振荡抑制；

（3）电压稳定性提升。

如上所述，STATCOM 和 SSSC 都是所谓的电压源型换流器（VSC）。并联型 STATCOM 可以吸收或发出无功功率，从而控制连接点处的电压。当 STATCOM 和 SSSC 模块在直流母线侧相连时，有功功率也可以从 STATCOM 模块传输至 SSSC 模块，反之亦然。也就是说，SSSC 可以向交流线路注入或转移有功功率。因此，串联型 SSSC 可以充当具有电压调节能力的移相器。换言之，它能够注入相当于电阻和电抗组合的电压，从而独立地控制有功和无功潮流。实际上，通过控制程序，UPFC 可以快速、同时控制其所连接电路中影响潮流的所有参数（即电压、阻抗和相位角）。因此，在提高电力系统利用率方面，它是一种非常强大的工具。

当 SSSC 与 STATCOM 断开时，其功能仅限于注入与线路电流同相或反相的电压，通过改变 SSSC 模块连接点处的电压，从而改变线路上的有功潮流[1]。

本章还简要介绍了 UPFC 的以下变体：

（1）SSSC；

（2）IPFC；

（3）广义潮流控制器。

---

[1] 译者注：原文为"This will change the voltage at the point of connection of the SSSC module, which changes the reactive power flows on the line."，表述不准确。

9.2　UPFC 基本原理

9.2.1　交流潮流理论

如"4　采用 FACTS 装置的交流系统（柔性交流输电系统）"一章所述，交流输电线路中的潮流取决于：线路阻抗、线路发端和受端电压的幅值和相位差。图 9－1 给出了一个双端电源系统输电线路的示意图。假设线路相对较短，因此可以忽略导线与地面之间以及导线与导线之间的并联容抗。图 9－1 中各变量释义如下：

（1）V_s 为送端电压相量，其幅值为 V_s，相位角为 δ_s。

（2）V_r 为受端电压相量，其幅值为 V_r，相位角为 δ_r。

（3）V_x 为线路电抗上的电压降，其幅值等于 IX。

（4）V_r 为线路电阻上的电压降，其幅值等于 IR。

（5）I 为流过线路的电流，其幅值为 I。

（6）P_s 为送端输出的有功功率。

（7）Q_s 为送端的无功功率需求。

（8）P_r 为受端接收到的有功功率。

（9）Q_r 为受端的无功功率需求。

线路中的有功潮流以及线路送端和受端的无功功率需求的公式由以下公式表示，这些公式在众多教科书（CIGRE TB 51 1996；CIGRE TB 504 2012）和"5 FACTS 装置的电力电子拓扑"一章中均有描述。

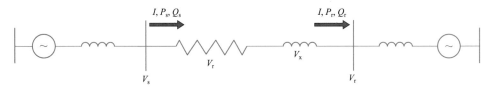

图 9－1　双端电源系统输电线路示意图

输电线路送端的有功潮流为：

$$P_s = \frac{RV_s^2}{R^2+X^2} + \frac{V_sV_r}{R^2+X^2}[-R\cos(\delta_s-\delta_r)+X\sin(\delta_s-\delta_r)] \qquad (9-1)$$

输电线路送端的无功潮流为：

$$Q_s = \frac{XV_s^2}{R^2+X^2} + \frac{V_sV_r}{R^2+X^2}[-R\sin(\delta_s-\delta_r)-X\cos(\delta_s-\delta_r)] \qquad (9-2)$$

受端的有功潮流为：

$$P_r = -\frac{RV_r^2}{R^2+X^2} + \frac{V_sV_r}{R^2+X^2}[R\cos(\delta_s-\delta_r)+X\sin(\delta_s-\delta_r)] \qquad (9-3)$$

受端的无功潮流为：

$$Q_r = -\frac{XV_r^2}{R^2 + X^2} + \frac{V_s V_r}{R^2 + X^2}\left[-R\sin(\delta_s - \delta_r) + X\cos(\delta_s - \delta_r)\right] \tag{9-4}$$

为简单起见，由于高压输电线路的电阻通常很低，因此正常情况下忽略该电阻，在这种情况下，如"4 采用 FACTS 装置的交流系统（柔性交流输电系统）"一章所述，公式恢复为相对较短的无损线路的典型公式，如下所示：

$$P_s = P_r = \frac{V_s V_r}{X}\sin(\delta_s - \delta_r) = \frac{V_s V_r}{X}\sin(\delta_{sr}) \tag{9-5}$$

此外，假设送端和受端电压相同，则线路两端的无功功率需求为：

$$Q_s = Q_r = \frac{V^2}{X}(1 - \cos\delta_{sr}) \tag{9-6}$$

9.2.2　UPFC 基础知识

如图 9-2 所示，UPFC 由两台通过公共直流电容背靠背连接的 VSC 组成。两台 VSC 通过两台接口变压器连接到同一条输电线路：其中一台变压器并联到交流系统，另一台变压器有三个隔离式输出绕组，每个绕组均串联接入交流线路中。

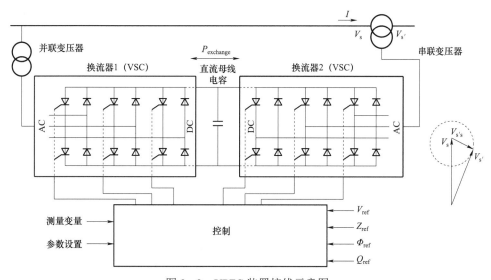

图 9-2　UPFC 装置接线示意图

如图 9-3 所示，UPFC 通常连接到线路的送端，串联绕组将在线路中注入一个串联电压 $V_{s's}$。注入电压相量的幅值为 $V_{s's}$，相位角为 $\delta_s + \beta$［表示为 $\angle(\delta_s + \beta)$］，其中 β 为注入电压相对于送端电压的相位角，如图 9-4 所示。

UPFC 有三个可控参数，分别为：注入串联线路的电压幅值；注入电压的相位角；流经并联换流器的无功分量电流。需要注意的是，经并联换流器流入交流系统的有功功率分量是一个和注入串联电压相位角相关的函数，因为通过串联变压器从线路注入或从线路吸收的有功功率必须与流经并联换流器的有功功率相等，以使经直流环节流入直流母线电容的净功率为零。

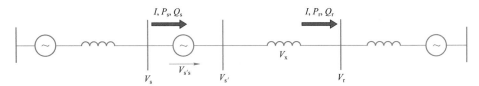

图 9-3　含串联电压注入的输电线路示意图

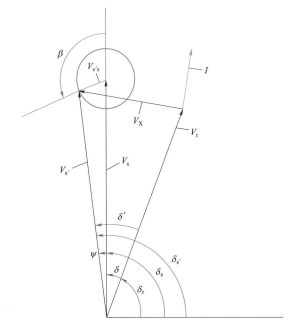

图 9-4　UPFC 相量图

在本书讨论的示例中，假定 UPFC 连接到一条强交流母线上，其电压不受线路电流的影响。如果在远离线路终端的某个点将 UPFC 串入线路，则根据 CIGRE TB 51（CIGRE TB 51 1996），无功分量不会影响并联换流器交流侧电压这一假设是无效的。在这种情况下，可能必须使用数值方法进行求解，因为可能不容易找到解析解（CIGRE TB 51 1996）。

如上所述，串联补偿电压（$V_{s's} = V_{s'} - V_s$）是可控的，并且相位可以在零到最大值（0°与 360° 之间的任意值）之间变化。它与线路电流无关，因为直流母线电容由并联换流器供电。因此，如果注入电压与线路电流同相或反相，则串联换流器将产生或吸收无功功率。如果注入电压相位角在其他情况下，且两台换流器通过公共直流环节背靠背连接，则 UPFC 还可以向线路注入或从线路中吸收有功功率。交换的有功功率（$P_{exchange}$）通过公共直流电容环节进行传输。当注入电压 $V_{s's}$ 叠加到送端电压 V_s（即 $V_s \angle \delta_s$）上时，如图 9-4 所示，位于串联换流器后方线路侧的送端电压变为 $V_{s'}$（即 $V_{s'} \angle \delta_{s'}$）。

修正后的送端电压（$V_{s'}$）和受端电压 V_r（即 $V_r \angle \delta_r$）之间的相位角变化决定了流过线路的电流，从而确定了流过线路的有功潮流（P）和线路两端的无功潮流（Q）。

9.2.3　安装 UPFC 后的线路潮流

输电线路中串入 UPFC 后，需要修正其潮流计算公式 [式（9-5）和式（9-6）]。串入

UPFC 后，使用新相位角 δ' 的有功功率 $P_{s'}$ 和无功功率 $Q_{s'}$ 如式（9-7）～式（9-9）所示。这些公式仍然描述了一个串联电阻为零、线路并联电容可以忽略的系统，即一条相对较短的线路。

$$P_{s'} = P_r = \frac{V_{s'}V_r}{X}\sin\delta' \tag{9-7}$$

$$Q_{s'} = \frac{V_{s'}V_r}{X}\left(\frac{V_{s'}}{V_r} - \cos\delta'\right) \tag{9-8}$$

$$Q_r = \frac{V_{s'}V_r}{X}\left(\cos\delta' - \frac{V_r}{V_{s'}}\right) \tag{9-9}$$

其中 $\delta' = \delta_{s'} - \delta_r$ 为安装 UPFC 后送端电压与受端电压之间的相位角差。

图 9-4 所示的圆圈界定了 UPFC 的电压注入极限，同时界定了串联换流器的额定值。并联换流器的额定值是换流器所吸收或产生的无功功率加上流入或流出串联换流器的有功功率的矢量和。式（9-7）和式（9-9）表明，对于给定的有功功率（P_r）和受端的无功功率需求（Q_r），UPFC 必须修正送端电压 $V_{s'}$（即 $V_{s'} \angle \delta_s$），如式（9-10）所示：

$$V_{s'} = \sqrt{V_s^2 + V_{s's}^2 - 2V_s V_{s's}\cos\psi} = \sqrt{V_s^2 + V_{s's}^2 + 2V_s V_{s's}\cos\beta} \tag{9-10}$$

UPFC 注入电压 $V_{s's}$ [即 $V_{s's} \angle (\delta_s + \beta)$]，使得 $V_{s'} = V_s + V_{s's}$ 或：

$$V_{s'} \angle \psi = V_s + V_{s's} \angle \beta \tag{9-11}$$

其中图 9-4 中所示的相位角 ψ 为：$\psi = \delta' - \delta = \delta_{s'} - \delta_s$。注入串联电压的幅值（$V_{s's}$）和相位角（$\beta$）如下：

$$V_{s's} = \sqrt{V_{s'}^2 + V_s^2 - 2V_s V_{s's}\cos\psi} \tag{9-12}$$

$$\beta = \tan^{-1}\frac{V_{s'}\sin\psi}{V_{s'}\cos\psi - V_s} \tag{9-13}$$

基于 $V_{s's}$ 和 V_r 之间的相位差（即 $\beta + \delta$），CIGRE 给出了类似的公式（CIGRE TB 51 1996），这些公式以受端母线而不是送端母线为参考。

9.2.4 工作原理（功能）

所注入的、串联入线路的电压（$V_{s's}$）不受电流的影响，并能够修正输电线路电压的幅值和相位角，如图 9-3 和图 9-4 所示。因此，通过注入相对于线路电压具有特定幅值（$V_{s's}$）和相位角（β）的电压，可以控制线路中的有功和无功潮流。

从串联换流器注入线路的电压可以看作是由两个正交的电压组成：一个调节线路电压的幅值，另一个调节线路电压的相位角。这一点可以通过调节变压器来实现，其中，一台调压变压器（Voltage Regulating Transformer，VRT）控制线路电压，一台相位角调节器（Phase Angle Regulator，PAR）控制相位角。UPFC 可以同时实现 VRT 和 PAR 的功能。

　　图 9-3 在图 9-1 所示的基础上增加了 UPFC。UPFC 由与线路串联的可控电压源表示，该可控电压源可以发出或吸收与线路交换的无功功率，但其交换的有功功率必须来自图 9-2 所示的并联换流器。UPFC 注入的与线路串联的电压由相量 $V_{s's}$ 表示，其幅值 $V_{s's}$ 在 0 与最大输出电压之间，相位角可以在 0°～360°之间变化，如图 9-4 所示。由相量 I 表示的线路电流流经串联电压源 $V_{s's}$，从而实现无功及有功功率的交换。为了正确地表示 UPFC，控制串联电压源仅产生或吸收与线路交换的无功功率。因此，假设其与线路交换的有功功率通过并联换流器传输到送端母线。这与图 9-2 所示的 UPFC 电路结构一致，其中两台换流器之间的直流链路为注入串联电压源与送端母线之间的有功潮流建立了双向的联系。如图 9-3 所示，在本书讨论中，为清楚起见，进一步假设不利用 UPFC 的并联无功补偿能力，即假设 UPFC 并联换流器以单位功率因数运行，其唯一功能是将串联换流器的有功功率需求传输到送端。基于这些假设，图 9-4 所示的相量图即为基本 UPFC（CIGRE TB 160 2000）的精确表示。

　　图 9-5 为安装在输电线路送端处的 UPFC 的简单示意图。UPFC 等效为注入与线路串联的电压源。由于假设 UPFC 可以在不改变送端电压和相位角的情况下，传输任何从串联端输出的有功功率，故其并联端未显示。

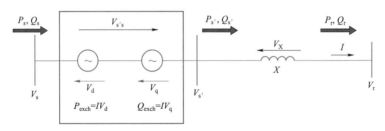

图 9-5　送端接入 UPFC 的输电线路

　　图 9-6 为串联换流器的稳态运行极限图。UPFC 可以注入一个电压相量，该相量可以将电压相位控制在 0°～360°之间，其幅值在零到最大输出电压范围以内。首先需要考虑的两个限值条件是如图 9-6 所示的最大和最小允许运行电压。这些限值必须针对每项应用加以指定，但稳态电压限值通常为±10%，电压骤降期间允许的低压动态限值可能低至 -20%。（当然，在线路故障期间，电压会降低，甚至可能降到零。）当 $V_{s's}$ 与 V_s 同相时（图 9-6 所示的 ψ 等于零），只有终端电压发生变化，这将导致有功和无功潮流发生变化。也就是说，图 9-5 所示的 V_d 和 V_q 均为非零值。当然，任何有功功率都必须通过并联换流器流回 V_s 母线处的交流系统。如果 $V_{s's}$ 与电流正交，则图 9-5 中所示的 V_d 为零，因此只有无功功率流过串联换流器。最后，如果 $V_{s's}$ 以恒定幅值移动电压相量 V_s 的相位，则图 9-5 中所示的 V_q 为零，因此只有有功功率流过串联换流器，且该有功功率必须流经并联换流器，然后返回 V_s 母线处的电力系统。在控制空间内的任何其他运行点，电压、无功功率及有功功率同时变化。

　　从图 9-6 中可以看出，输电线路将 $V_s + V_{s's}$，即 $V_{s'}$，视为有效送端电压。因此，UPFC 会影响输电线路上的电压（幅值和相位角），由此可以预见，UPFC 能够通过改变 $V_{s's}$ 的幅值和相位角来控制可传输的有功功率，以及线路在送端与受端电压之间任何给定传输角下的无功功率需求（CIGRE TB 160 2000）。

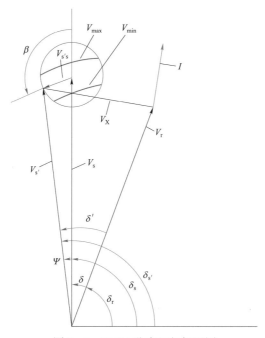

图 9-6 UPFC 稳态运行极限图

Gyugyi 已经证明，UPFC 可以控制线路任意一端电压源（母线）的无功功率需求（Gyugyi et al. 1995）❶。当然，通常情况下，一端无功功率需求的最小化并不会导致另一端无功功率的最小化。这在交流电力系统中属于固有现象，因为决定线路电流的线路电压相量（V_X）可以调整为相对于送端或受端电压相量的最佳相位角（例如 90°），但不能同时与送端或受端电压相量成最佳角度。受端无功功率需求通常是一个重要因素，因为它对线路电压随负荷需求的变化、甩负荷过电压及稳态损耗有着显著影响（CIGRE TB 160 2000）。

串联换流器于"7 静止同步补偿器（STATCOM）技术"一章中所述 STATCOM 系统中使用的换流器类似。与并联装置相比，换流器在线路中应用时所受的应力不同，因为它受线路电流巨大变化以及线路正常电压变化的影响。因此，换流器额定值必须针对不同的应力进行调整，例如故障电流和与故障恢复相关的高频暂态电流，在并联换流器应用中，这些应力呈现的程度不同。

UPFC 中串联换流器所需的稳态额定值必须适应具体的应用。在控制环流的应用中，快速功率提升或降低（反向潮流）可能会决定所需的相位角（ψ）控制范围。对于较大的控制范围，所需的输出电压可能较大，从而产生相对较高的换流器输出电压。为获得最佳性能，应控制与功率提升相关的无功功率增量。此外，还必须考虑交流线路上的电压变化，因为在较高的交流系统电压下，线路潮流在换流器最大输出电压下的有效变化，将小于在较低交流电压等级下的变化。串联换流器的最大输出电压将会成为具有最坏情况下线路电压容差的临

---

❶ 虽然控制受端无功功率需求对于短交流线路可能是可行的，但对于长交流线路则不适用。

界运行点的函数。然而，如图9-2所示，当连接并联和串联换流器的直流母线电压最小时，可能需要注入最大电压，这将决定变压器的变比。

当线路功率需要提升时，电流额定值将达到最高水平，因为这将表示通过线路的潮流达到最大。在这一运行点，无功功率控制需求也将达到最高水平。

UPFC 串联段的电力电子子系统必须设计用于具有最大直流母线电压的线路中的最大稳态注入电压，因为这决定了换流阀在最大电流运行点上的最大稳态电压应力。值得注意的是，除了补偿 UPFC 换流器中的功率损耗外，不会有直流电流从并联换流器流向串联换流器，反之亦然。因此，并联换流器只需设计用于流出和流入串联换流器的有功潮流。然而，并联换流器通常也被设计用于提供送端电力系统的无功功率补偿，这一点必须在 STATCOM 换流器额定值中加以考虑。虽然具有相同额定值的并联和串联换流器可能有一些成本优势，但这不是必需的。因此，换流器的额定值应根据实际使用需求决定。

9.3　UPFC 主回路元件

9.3.1　配置

世界上首个UPFC 系统采用两台分别由4台6脉波换流器并联而成的 VSC 构成（CIGRE TB 160 2000；Bian et al. 1997）。如"7 静止同步补偿器（STATCOM）技术"一章所述，现已逐渐形成一种实现大功率多电平换流器的替代设计方法，该方法能够连接串联换流器桥。这种换流器被称为模块化多电平换流器（MMC）或链式换流器（Ainsworth et al. 1998）。从首批安装的几个使用并联 VSC 的 UPFC 系统中吸取的经验教训也同样适用于 MMC 系统。

图 9-7　压接式封装型高压 GTO

此外，更新的半导体器件技术可能会出现，从而将使并联型的换流器再次成为可选方案。因此，下面将详细讨论最早设计的 UPFC 系统。

9.3.1.1　UPFC 并联 VSC 模块

在开发这些系统时，对于需要器件同时具备开通和关断能力的高压大功率电压源型换流器应用，唯一可行的电力电子半导体器件就是门极可关断晶闸管（GTO），见图 9-7（Mohan et al. 1995a）。然而，串联型 GTO 半导体器件需要具备非常精确的关断特性，以便在某一分支阀关闭时能够均匀地共享恢复电压。为实现足够均匀的关断性能，必须仔细匹配 GTO 器件、设计晶闸管电路（包括仔细设计组件布局以避免杂散电感过大）以及控制自适应关断时间。所有或大部分设计特征都于 20 世纪 90 年代初用在了美国田纳西河流域管理局（TVA）系统中安装的 100Mvar STATCOM 中，以及为美国电力公司而建的 UPFC 中（Schauder et al. 1995；Renz 1998）。这使得将许多 GTO 器件串联起来变得很困难。替代方案是将换流器模块并联或串联，以便实现 UPFC 所需的高功率水平。当时选择了将所需数量的 VSC 并联。

世界首个大功率 VSC 系统采用两电平开关型三相"Graetz"桥建成，如图 9-2 和图 9-8 所示，这一部分内容在"5 FACTS 装置的电力电子拓扑"一章中有详细描述。两电平开关仅指：三相桥的三路输出中，每一路只能通过相应相单元的上桥臂元件或下桥臂元件连接到直流电源的正极或负极端子（因此称为"两电平"）。当每一桥臂一个周期内只切换两次时，就会变成一个 6 脉波桥。

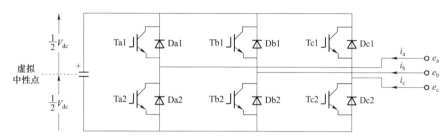

图 9-8　基本两电平 6 脉波电压源型换流器（开关器件为 IGBT）

正如"7 静止同步补偿器（STATCOM）技术"一章所述，VSC 在其直流终端充当纹波电流源。因此，所有具有适当相移的 6 脉波换流器均可直接并联到公共直流电压源（也即直流母线电容器）上。然而，在其交流端，VSC 的输出失真表现为谐波电压源。因此，它们不能直接连接到带移相二次绕组的公用变压器上（如直流输电系统中使用的电流源型换流器所做的那样），因为绕组之间会产生较大的循环谐波电流。因此，这些 VSC 的布置方式必须确保交流侧的谐波电压为串联注入，而非并联注入。为了降低多台换流器布置中交流侧的纹波电压，采用了特殊的移相变压器。然而，具有谐波电压消除所需的复杂绕组布置的高压变压器，其建造成本非常高。因此，谐波消除变压器通常布置在 VSC 的低压换流器侧。

在两电平换流器中，交流输出电压幅值可以设成与直流母线电压成比例，见式（9-14）。该公式表明，该类换流器相对于中性点的基波输出幅值与直流电容电压（VSC 增益）成正比。这带来了一个问题，因为在 UPFC 中，串联换流器必须能够注入不同幅值的电压，以便根据不同的线路负载，以及从线路注入或移除的有功功率量，来调整线路的无功功率补偿程度。此外，并联 VSC 必须与输入或输出串联 VSC 的有功功率相匹配，以及在不受串联 VSC 影响的情况下，吸收或产生无功功率。如果两台换流器均使用图 9-8 所示的简易两电平 6 脉波 VSC，则无法满足这些要求。

$$\frac{e_{an,1}}{V_{dc}} = \frac{e_{bn,1}}{V_{dc}} = \frac{e_{cn,1}}{V_{dc}} = \frac{2}{\pi} \qquad (9-14)$$

如图 9-9 所示，合成的可变交流输出电压幅值可以由三电平换流器提供。在这种换流器中，图 9-9 所示的角度 α 可以在 0° ～ 90° 变化，以此调整换流器的输出电压幅值。

基频交流输出电压可根据式（9-15）（Mohan 1995a）计算，即：

$$V_{an} = \frac{4}{\pi} \frac{V_d}{2} \sin\beta \qquad (9-15)$$

其中 $\beta = 90° - \alpha$。

也就是说，如果将 α 设为零，则换流器就变成了两电平换流器，如果将 α 设为 90°，则输出电压为零。因此，交流输出电压可以在由直流母线电压决定的最大值与零之间变化。

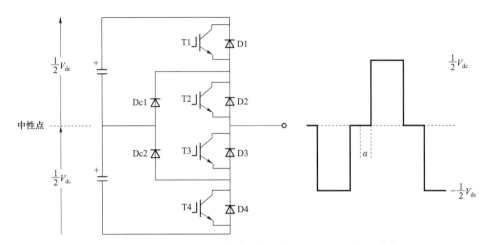

图 9-9　三电平中性点箝位型相桥臂及输出电压波形（开关器件为 IGBT）

　　美国电力公司（AEP）建造首台 UPFC 时，选用的是三电平换流器技术（Renz et al. 1998）。采用多个 VSC 模块并联连接以达到所需的 160MVA 额定功率。此外，为了降低注入交流系统的低频谐波的幅值，同时避免安装大型谐波滤波器，还建造了一台 24 脉波准谐波消除装置（QHN 逆变器），其中含有 4 台通过公共直流电容母线运行的 6 脉波逆变器（CIGRE TB 160 2000）。换言之，在多脉波 VSC 配置中，24 脉波 QHN-VSC 可以产生 4 组 3 相方波电压，两台连续 6 脉波 VSC 之间的位移角为 15°❶。由于三电平换流器每个"脉波"有三个电压电平，因此 24 脉波谐波将会减少，被称为准 48 脉波换流器。然而，导致如图 9-10 所示的交流变压器建造起来非常昂贵、困难。

　　在 AEP 的 UPFC 中，为了避免建造用于谐波消除的复杂高压变压器，4 台逆变器的输出连接至换流器侧的中间变压器和电抗器（Renz et al. 1998）。图 9-11 给出了这种变压器布置的一个例子。

　　图 9-11 详细展示了纽约电力局 Marcy 变电站 2003 年安装的可转换静止补偿器系统所用的结构图（EPRI Report 1001809 2003）。各换流器组均由三个基于 GTO 的三电平换流器桥臂组成，如图 9-9 所示。每个换流阀均在直流侧与换流器的正极、中性极及负极并联连接，如图 9-11 所示。1 号组的交流部分与三台电抗器连接，2～4 号组与变压器绕组连接，如图 9-11 所示。这种磁路布置包含一个采用三角接法的交流系统侧，其作用是阻断来自交流系统侧的零序电压。中间变压器也包含一个三角形绕组，作用是让换流器侧的零序电压短路。除了三角形绕组外，为了获得换流器组之间所需的相移，中间变压器还包含一个开放型 Y 形绕组和一个曲折绕组，还有两台零序阻断器未在图 9-11 中显示，每个相位的串联绕组均缠绕在一个公共磁芯上（EPRI 2003）。其中一台与 A_2、B_2 和 C_2 相串联，另一台与 D_2、E_2 和 F_2 相串联。

---

❶ 如果 2 台 2 电平换流器相移 30°，则该组合产生 12 脉波谐波。为了用 2 电平换流器实现 24 脉波操作，需要第二组相移为 15°的 12 脉波换流器，即 30°相移一分为二。

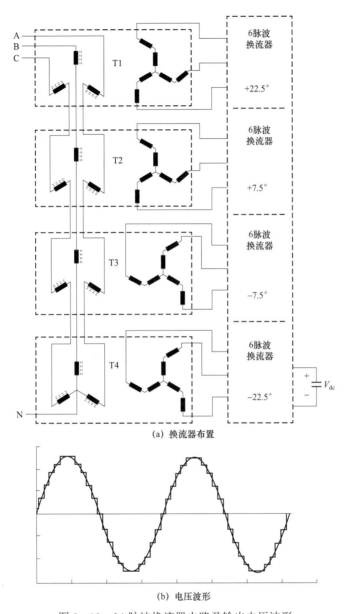

(a) 换流器布置

(b) 电压波形

图 9-10　24脉波换流器电路及输出电压波形

　　串联变压器绕组布置如图 9-12 所示。高压侧串联绕组如图 9-12 右侧所示。变压器有一个三角形绕组，其作用是让线路电流中的零序分量短路，只要线路两端的断路器闭合，就会起作用❶。图 9-12 中标记为 L_A、L_B 和 L_C 的三组接线连接至如图 9-11 所示的一台换流器。图 9-12 中标记为 A_H、B_H 和 C_H 的变压器接线连接至如图 9-11 所示的中间变压器终端。换流器其余部分的连接与图 9-11 相同。

---

❶ 如果任一断路器极在线路一端断开，则断路器极断开时，不会有电流注入电路的路径。在这种情况下，连接到开放线路相位的三角形绕组，其支腿中存在安培匝不平衡，并且在零序电流流入三角形绕组之前，绕组必须饱和。

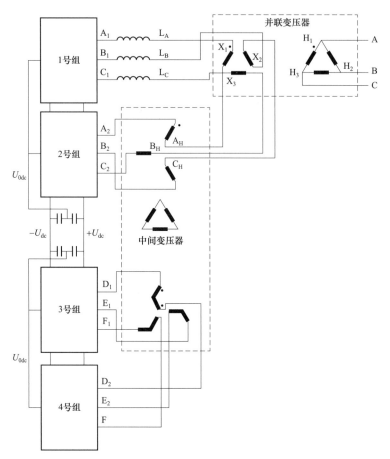

图 9-11　纽约电力局 UPFC 工程主电路拓扑（由美国电力科学研究院提供）

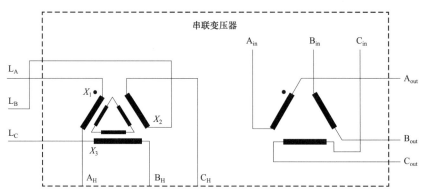

图 9-12　串联变压器绕组布置示意图

9.3.1.2　基于 GTO 的 UPFC 站设计

UPFC 中采用换流器并联或串联时，原则上其主电路组件是相同的。基本上有两个变压器，用于将换流器连接至线路和母线。其中一个与线路并联，另一个与线路串联。断开时，串联变压器线路侧绕组必须短路，而并联变压器则通过断路器断开，断开方式与常规变电站变压器相同。

在基于 GTO 的 UPFC 设计中，主电路组件由以下主要组件组成：

（1）一台并联耦合变压器，将 STATCOM 换流器连接到交流电网。

（2）一台串联耦合变压器，将 SSSC 连接到交流线路。

（3）两台谐波消除换流器，类似于 20 世纪 90 年代中期开发的 STATCOM（Schauder et al. 1995）。每台都需要用自带的磁路来消除谐波电流。这些磁路由低压大电流互感器和空芯电抗器组成。

（4）一台断路器和多台隔离开关，将并联变压器连接到交流电网。

（5）一台串联断路器，将 SSSC 与串联变压器隔离。

（6）一台快速电子开关，用于保护 SSSC 中的换流阀不受过电流的影响，直到串联变压器线路侧的旁路断路器闭合。电子开关将采用晶闸管开关，因为它可以在相对较长的时间内传导高故障电流。这种开关被称为晶闸管旁路开关或 TBS。

（7）一台直流连接开关，用于将两个直流电容分开，这样，当开关断开时，STATCOM 和 SSSC 各自都有直流母线电容。这将使两个换流器系统彼此独立运行。

当直流线路开关（DCLS）断开，且 STATCOM 模块与 SSSC 模块断开时，两台 VSC 只能产生或吸收无功功率。

9.3.1.3 串联变压器注意事项

串联接入的高压接口变压器绕组与传统的并联变压器有很大不同。串联绕组，和移相变压器和自耦变压器顶部绕组中使用的绕组类似，当线路发生短路时，受瞬态过电压和故障电流的影响（Heathcote 2007），绕组必须能够承受短路电流，并且受到连接点处系统短路电流水平的限制。也就是说，短路容量可能非常高，尤其是在发生相间短路时。因为串联绕组两端均受操作冲击和雷电冲击的影响，所以绕组两端有着相同的对地绝缘的绝缘水平。此外，雷电冲击从任意绕组端进入都会在绕组两端之间施加电应力。因此，必须考虑这一串联电压应力下的绕组匝间绝缘水平，这有可能需要一台穿过串联绕组的避雷器以及多台自串联绕组各侧接地的避雷器，此外，部分冲击电压也会转移到变压器换流器侧。

由于串联绕组的额定电压可能是连接点处系统电压的一小部分，因此用于串联绕组的磁芯可能会经常饱和。这将使绕组的阻抗降低到空心阻抗水平，同时降低换流阀的开关电抗。在换流阀的设计以及换流器的控制保护系统中，必须考虑这一点。如果变压器铁芯饱和，则可能需要在换流器的输出端安装串联电抗器来限制 di/dt。

从串联变压器绕组线侧产生的瞬态过电压可以传输至换流器侧绕组以及与这些绕组相连的系统。这就要求换流阀的设计能够承受变压器线路侧产生的瞬态过电压。其中包括短路电流应力，因为，除非使用合适的电力电子开关将电流从直流母线分流出去，否则串联绕组线路侧的短路电流会导致流过换流阀和直流母线的短路电流过高。

如图 9-13 所示，在电力系统发生短路期间，三个串联绕组也会受到短路电流的影响。如果变压器绕组作为单相模块布置在高压侧，并连接到换流器侧的三角形绕组上，一部分单相对地电流，即由 Fortescue 定义的零序集，在低压侧三角形绕组中产生环流，而平衡正交集，即正负序分量，将在变压器的换流器侧产生电压（Fortescue 1918）❶。在这种情况

---

❶ 只要交流线路中能感应到电流，零序电流就会通过三角形绕组短路。但是，如果线路使用单极跳闸重合闸或线路一端开路，则零序电流路径就会断开。

下，导通换流器中的开关设备，可以将正负短路电流分量短路，以防止其流入直流母线。这一点要求开关设备能够吸收与过电流相关的功率损耗，直至串联绕组可以通过其他方式短路。如果换流器控制系统没有启用短路路径，则感应电压将通过换流器桥臂二极管为直流电容充电。这可能会导致直流电容过电压，因此，必须加以控制。可以通过与直流母线电容器并联一个所谓的直流母线过电压保护电路，对流入电容器的多余能量进行分流。该保护电路可能采用 GTO 开关电阻（CIGRE TB 144 2000）。此外，必须在保护电路中使用关断装置，否则，通过保护电路装置的电流无法熄灭。在三电平换流器中，每半段电容器需要一个保护电路。

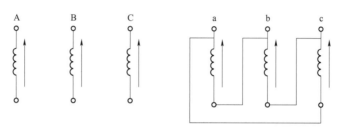

图 9-13　三个单相变压器的三角形接法

如果变压器连接如图 9-14 所示，当短路电流流过一个高压侧串联绕组，而在低压侧没有供短路电流流过的路径，电压将被感应到变压器低压侧的 a 相，如图 9-14 所示。在这种情况下，只有在换流阀打开且 b、c 相绕组饱和后，电流才能流过换流器电路。然而，串联变压器应该增加一个为零序电流分量提供短路路径的三角形绕组，但如果交流侧断路器各极闭合，也会使正、负序电流流入换流器。如果换流器控制系统没有短路路径，感应电压将会作用在绕组绝缘上。因此，无论变压器按图 9-13 还是图 9-14 连接，快速固态晶闸管开关都应设置在低压换流器侧绕组上，以保护换流器侧免受过电压和过电流的影响（CIGRE TB 160 2000）。

如图 9-15 所示，安装在换流器侧绕组上的晶闸管旁路开关（TBS）只会允许短路电流流过换流器侧绕组，但不会保护线路侧绕组免受短路电流应力影响。如图 9-15 所示，因此，为了分流变压器线路侧串联绕组的短路电流，可以在串联绕组上设置旁路断路器。然而，除非使用非常快速的特殊断路器，否则断路器闭合需要花费时间，所以串联绕组应设计成能够承受至少几个周期的短路电流。此外，为了保证断路器可靠闭合，需要安装一组冗余断路器，确保将交流线路断路器断开以清除故障。因此，还必须考虑断路器故障的可能性。

9.3.1.4　基于 GTO 的 UPFC 系统损耗

VSC 换流器系统中耗散的功率损耗通常不被公布。但安装在 TVA 的系统中的 100Mvar STATCOM 的损耗已经公布（CIGRE TB 144 2000）。由于大多数 UPFC 装置中的换流器采用几乎相同的换流器技术，所以本书根据 TVA STATCOM 损耗数据绘制了其损耗曲线。然而，由于 UPFC 装置使用三电平换流器，三电平换流器中的开关损耗应低于两电平换流器中的开关损耗，TVA 的 STATCOM 损耗可能略高于 UPFC 换流器中的损耗。有关 STATCOM 装置功率损耗的更多信息，请参阅 "7 静止同步补偿器（STATCOM）技术" 一章。

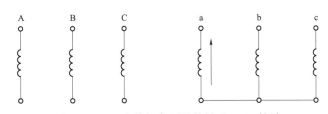

图 9-14　三个单相变压器的星形（Y）接法

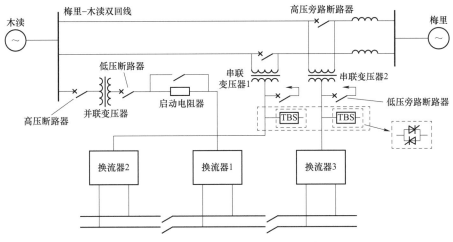

图 9-15　苏州南部 UPFC 项目结构

换流器损耗是由电力电子器件导通损耗、开关损耗以及"缓冲"损耗（消耗于 dv/dt 和 di/dt 限制电路）造成。这些损耗在很大程度上取决于换流器中所用功率半导体的特性以及每一基本周期中必须执行的开关操作次数。图 9-16 所示的损耗特性表示一台基于 GTO 的换流器，采用额定电压为 4.5kV、峰值关断电流能力为 4kA 的装置，在 60Hz 开关频率下使用 6μF 缓冲电容器运行。由于开关频率较低，只有大约三分之一的换流器损耗由（半导体和缓冲器）开关损耗造成；另外三分之二则由传导损耗造成。Schauder 指出，TVA 的 STATCOM 在满载时，换流器损耗约为 600kW（Schauder et al. 1996）。因此，可以合理地假设，对于基于 GTO 的两台并联 GTO 型 UPFC 换流器，每台损耗约为 1%。

9.3.1.5　基于 MMC 的 UPFC 换流器

自 2010 年开始建造的 UPFC 均采用了 MMC 技术，这使得建造大功率高压换流器成为可能，由于开关模块采用串联而不是并联，交流输出电压中的谐波纹波很低。MMC 在引进大功率高压 IGBT 器件后迅速发展，与 GTO 器件相比，IGBT 实现了更多器件的串联连接（见图 9-7）❶，因而此类 IGBT 器件取代了 GTO。IGBT（见图 9-17）发明于 1982 年（CIGRE TB 269 2005），其等效电路如图 9-18 所示。IGBT 芯片仅具有正向阻断能力，使用时反并联一个与 IGBT 具有相同电压的二极管进行保护。

---

❶ 功率半导体技术仍在不断发展。因此，基于宽能带隙器件（如碳化硅技术）的新型 GTO 器件并非不可能出现。

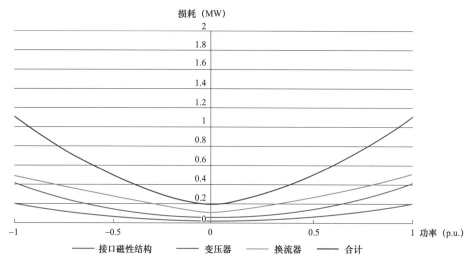

图 9-16 基于 GTO 的 48 脉波并联 VSC 型 100Mvar STATCOM 的近似损耗曲线（摘自 CIGRE TB 144 2000）

图 9-17 紧压封装型高压 IGBT

虽然 20 世纪 80 年代在低电压（600~1200V）IGBT 领域取得了实质性进展，但直到 20 世纪 90 年代初，人们才意识到这一器件也适用于高电压（2.5kV，1997 年为 3.3kV，2002 年为 6.5kV）。最近，一种新型的 IGBT 已经出现，它利用发射极电子注入效应来获得类似 GTO 的低饱和电压。这种类型的 IGBT 被称为 IEGT。

IGBT 的一个重要功能是，能够在施加正向电压的情况下关断电流。在图 9-19 所示的安全开关操作区（SSOA）中对这种能力进行了定义（CIGRE TB 269 2005）。

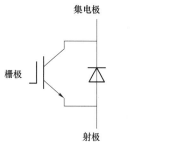

图 9-18 IGBT 及其反并联续流二极管（FWD）

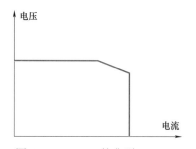

图 9-19 IGBT 的典型 SSOA

在开关过程中，IGBT 必须能够关断包括纹波的峰值电流，并且还需增加一些裕度来处理瞬态条件下的电流控制调节和保护动作。如果阀组附近发生短路，阀组还必须能够关断电流。如果做不到，则必须保证其在交流断路器断开前，能够安全地导通。IGBT 的短路操作能力由短路安全操作区（SCSOA）定义，与正常操作下的 SSOA 略有不同。

2004 年底大多数 FACTS-VSC 阀都采用了 IGBT 半导体开关，这种开关具有正向通断电流的能力。为获得足够的额定电流，IGBT 由多个并联封装在同一芯片中，如图 9-17 所示。在同一个半导体封装元件中集成一个反并联续流二极管（FWD），以确保在相反方向上的电流流通能力，同时防止施加反向电压。与 IGBT 一样，FWD 通常也由多个芯片并联组成。也可以将 FWD 与 IGBT 并联然后单独封装。

IGBT 的门极功率要求较低，并且能够承受高频开关（Mohan 1995b）。最初，它被用于采用脉宽调制（PWM）技术的高压大功率换流器，PWM 技术目前仍广泛用于工业低功率换流器（Holmesa and Lipo 2003）。MMC 型换流器已经取代了脉宽调制（PMW）型换流器，因为与 PWM 型换流器相比，MMC 型换流器的损耗要低得多，因此，尽管 MMC 换流器需要更多的组件、生产成本更高，但其在 FACTS 市场迅速被接受。

因此，自 2010 年以来建造的 UPFC 和 SSSC 都是基于采用图 9-20 所示半桥型 MMC 电路配置的 IGBT，详见"5 FACTS 装置的电力电子拓扑"一章。与全桥换流器相比，半桥换流器需要的组件较少，但在直流母线短路的情况下，短路电流从交流侧传递到直流侧。

串联电桥数量充足的半桥换流器所连接的交流系统可以接受来自换流器的交流谐波输出，而不额外使用交流谐波滤波器。

MMC 换流器中各个半桥的开关操作可以采用多种的方式进行调制。下面简要介绍两种不同的子模块调制方式。一种是载波相移正弦脉宽调制（CPS-SPWM）方案，另一种是最近电压电平调制（NLM）技术。

CPS-SPWM 是一种适用于多电平换流器的调制策略。CPS-SPWM 的技术特点如下：

M 个子模块均采用低开关频率式 SPWM 策略。这种策略具有相同的频率调制比、相同的幅度调制比，以及相同的正弦调制信号。对于每一个子模块，三角载波波形的相位均偏移 $360°/M$。由于 $2M$ 个三角波在整个调制波周期内均匀分布，所以输出波形的电压电平数为 $(2M+1)$。通过线性放大，输出电压增加 M 倍，等效开关频率增加 $2M$ 倍。这样一来，在不改变开关频率的情况下，输出电压的谐波分量大大降低。

最新的电压电平调制（NLM）技术属于另一种 MMC 调制控制策略。NLM 调制方法不需要对每个子模块分别设置控制器，只需要通过简单的计算，即可实现低失真率的高输出电压电平。MMC-UPFC 包含大量子模块，因此，NLM 技术广泛应用于 UPFC-MMC 拓扑中。NLM 的基本原理如下：

交流侧的多电平阶梯电压波是通过控制导电子模块的数量以逼近参考波而产生的，如图 9-21 所示。在图 9-21 中，空心块和实心块分别表示切除状态子模块和投入状态子模块。图中不包含桥臂电抗器。图 9-21 显示了每一开关周期内子模块的状态，并合成了一个近似的正弦波形（单相，每个桥臂有 8 个子模块）。如图 9-21 所示，每个桥臂有 8 个子模块，因此，输出电压为五电平阶梯波。

CPS-SPWM 和 NLM 调制策略各有优缺点。例如，每个子模块的 CPS-SPWM 调制策略具有开关频率相同、开关损耗平衡等优点。然而，与 NLM 调制策略相比，CPS－SPWM 调制策略的总体开关损耗略高。

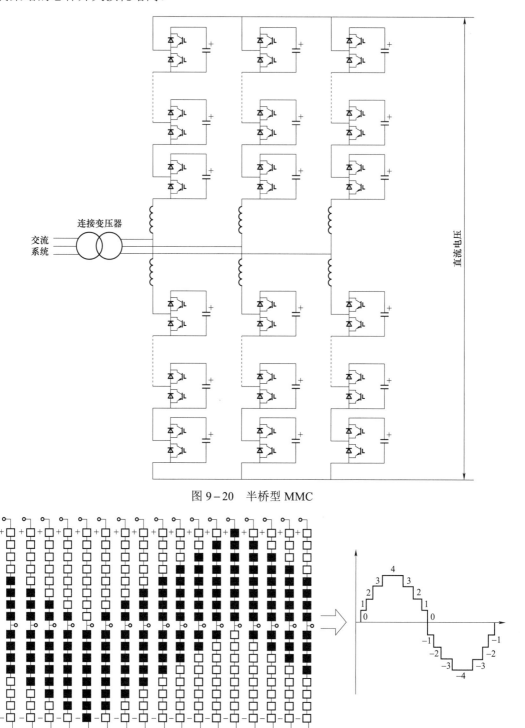

图 9－20　半桥型 MMC

图 9－21　五电平阶梯波合成原理图

NLM 调制策略具有开关频率低、开关损耗低等优点。然而，当输出电压电平数目较小时，控制精度和谐波频谱均不理想。

CPS-SPWM 与 NLM 的性能对比见表 9-1。

表 9-1   CPS-SPWM 与 NLM 的性能对比

类型	CPS-SPWM	NLM
优点	各子模块开关频率相同、开关损耗均衡、实时性高、等效频带宽、控制精度高	开关频率低、开关损耗小； 硬件电路简单、算法简单
缺点	硬件电路复杂；需要 FPGA。 开关损耗略高	各子模块开关频率不固定、损耗不平衡； 输出电压电平数目较小时，控制精度较低，谐波不可忽略； 相对于参考信号的控制精度低； 实时性低

由于 MMC 单元相当于一个并联在直流侧的三相单元，其电容储能单元位于不同的子模块中，因此稳态运行时各桥臂之间的电压不完全相同，并且除了负载电流外，还存在环流。环流不仅会导致桥臂电流失真，还会增加通过开关设备的电流，从而产生不必要的损耗。MMC 中的内部环流是由各相上下桥臂的电压不平衡引起的。环状电流主要含有二次谐波负序分量，也含有其他低次谐波分量。MMC 桥臂内部的这些环流对外部交流系统没有影响。实际上，除了二次谐波负序分量外，环流在正常运行时还含有一个直流分量，该分量由三相臂间直流电流的均匀分布产生。因此，对于 MMC-UPFC 控制系统，有必要了解 MMC 环流并采取适当的抑制策略。图 9-22 展示了用于抑制环流的 MMC 控制块。

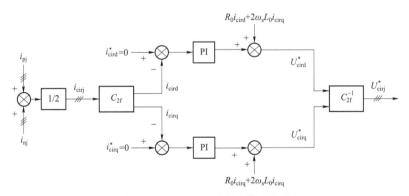

图 9-22   MMC 环流抑制控制框图

图 9-22 所示的简单框图包括以下内容：

（1）u_{cird} 和 u_{cirq} 分别是 MMC 相单元 d 轴和 q 轴在二倍频坐标系下旋转序列中的内部不平衡电压分量。

（2）i_{cird} 和 i_{cirq} 分别是同一坐标系下 MMC 相单元 d 轴和 q 轴的二倍频环流。

（3）i_{cird}^* 和 i_{cirq}^* 分别是并联换流器输入电流 d 轴和 q 轴分量的指令值。

（4）i_{pj} 和 i_{nj} 均为桥臂电流（j=a、b、c）。

此外，与传统的两电平或三电平拓扑不同，MMC 没有集中式直流电容，而是在各子模块中用分布式直流电容代替。因此，当 MMC 的交流侧和直流侧均通电时，需注意保持子模块电容电压的稳定。

MMC 电压平衡由三部分组成：桥臂内子模块电容电压平衡、桥臂间电压平衡，以及换流器储能控制。桥臂内子模块电容电压平衡可以使各子模块电容电压保持在同一水平，并且各功率半导体器件均承受相同的应力。因此，桥臂内子模块电容电压平衡是评估 MMC 性能的重要因素。

采用此类换流器建成的 UPFC 项目结构见图 9 – 15，这是苏州南部 UPFC 项目的单线图。在这一应用中，UPFC 系统控制流经两条并联架空线路的潮流。因此，可以将其视为 UPFC 和线间潮流控制器（IPFC）的组合。有关该项目的更多信息，请参阅"15 UPFC 及其变体的应用实例"一章。

从图 9 – 15 中可以看出：

（1）该系统中并联变压器与 1 号换流器之间插入了一个电阻器（启动电阻器）。当并联变压器的高压断路器闭合时，该电阻器能够限制通过换流器的冲击电流。换流器通电且直流电容充电完成后，该电阻器即被旁路。

（2）2、3 号换流器各有一个晶闸管旁路开关（TBS），当交流线路过流的情况下其能够对串联变压器绕组进行短路。

（3）低压旁路断路器与 TBS 并联安装，使 TBS 晶闸管免受故障电流的影响。

（4）串联变压器可以通过跨串联变压器线路侧绕组设置的高压断路器进行旁路。

这是大多数 UPFC 设置的典型情况。此外，还必须要有隔离开关（图 9 – 15 中未显示），以便可以停止使用系统模块，并将其取出进行维护。

9.3.1.6　MMC VSC 换流器损耗

相关标准中没有明确规定 MMC VSC 系统的损耗。损耗取决于 IGBT 器件的导通损耗和开关损耗。开关损耗取决于各 MMC 模块采用的开关频率。它们还取决于潮流的功率方向，因为二极管损耗低于 IGBT 开关元件本身内部损耗。此外，安装在换流阀中的 IGBT 器件，其数量将决定所产生交流输出电压的谐波含量。如果假设输出电压足够无谐波以避免安装交流谐波滤波器，那么在额定输出功率下，每台换流器的总体损耗都可能在 1%左右（Oates and Davidson 2011）。Allebrod 也得出了几乎相同的结论（Allebrod et al. 2008）。

9.4　UPFC 保护

9.4.1　过电压保护和系统启动

UPFC 装置的高压交流系统侧需要配置与常规交流高压变电站相同的工频过电压、操作过电压及雷电过电压保护。不过 UPFC 与常规交流高压对线路侧变压器串联绕组的绝缘要求是不同的，UPFC 的变压器侧绝缘水平与线路相同。UPFC 装置的电力电子系统安装在阀厅室内，阀厅室内设备均有雷电过电压保护。但变压器通常设置在室外，如果变电站防雷系统发生故障，这些变压器可能会受到雷电过电压的影响。实际上，UPFC 装置的过电压保护要求与 VSC 型直流输电系统类似（CIGRE TB 269 2005）。

如果 UPFC 并联侧（STATCOM 部分）的交流断路器在直流母线电压为零或较低的情况下闭合，则所有换流器都会经历暂态过电压，这与从电感电路向电容器施加阶跃电压相同，即有突然的冲击电流进入电容器从而给电容器充电，不过在第一次电流归零后，换流器二极管将阻止电流流回电源。若在换流器通电之前，将直流侧电容器充电至外加交流电压的峰值，则不会出现浪涌电流。此外，还可是使用带有合闸电阻的断路器防止冲击电流出现。如果冲击电流引起的电压扰动超出电网规范中允许的范围，则可能也需要配置此类限流电阻器。

并联换流器向直流母线电容充电能为串联换流器的直流侧提供直流电压，因此串联换流器较容易充电。但是，如果串联换流器与并联换流器隔离运行，则需打开串联绕组的交流旁路开关，从而使换流器充电。流过 TBS 的电流将等于线路侧绕组电流乘以绕组匝数比，假设换流器连接到串联变压器，如果 TBS 闭锁，则串联绕组将强制交流电流流经换流器中的二极管对直流母线电容充电。直流母线电容最初会像容性串联负载一样与线路串联。当直流电压达到一定值后必须解锁换流器，从而将直流电压控制到目标值。如果换流器未解锁，直流母线电容电压就会升高，直到相应的保护动作或串联变压器饱和。但是如果对换流器进行控制，那么就可以开始进行常规的无功功率控制，这也是启动 SSSC 的可行方法之一。

9.4.2 VSC 系统故障

UPFC 保护可通过以下方式进行：

（1）并联变压器，包括任何中间变压器，均采用此类设备的常用保护方式进行保护。其中包括电流差动保护、过电流保护、应力保护等。

（2）针对大多数内部故障，并联换流器系统的保护机制都是通过控制系统对阀触发的特定动作，并最终通过特定装置（如断路器跳闸熔断器、隔离开关等）进行。

（3）串联变压器保护更为复杂。对于这类变压器必须避免铁芯饱和的影响，因为铁芯饱和可能会导致差动保护误动作。当串联变压器附近的输电线路发生接地故障从而使全相电压作用于串联变压器的输电线路绕组时，绕组很可能会迅速饱和。如果变压器的铁芯是饱和的，那么饱和会在每次电流归零后改变极性，即磁芯将失去饱和然后再次饱和。这类铁芯饱和，可能导致输电线路电流与串联变压器的换流器侧绕组电流之间产生较大的差动电流，造成差动保护误动作，所以必须使用其他方法来检测变压器故障，这可以通过一组过电流保护来实现。

（4）如果交流侧流过故障电流，串联换流阀将被闭锁。为避免测量设备出现故障，建议采用以下保护来检测变压器内部故障（其中大部分内容在 CIGRE TB 160 2000 中有描述）：

1）应力保护可以用于检测变压器油箱中的内部接地故障。

2）线路侧串联绕组中的接地故障可以通过输电线路绕组两端之间的差动电流保护进行检测。这种方法不受铁芯饱和的影响。

3）换流器绕组中的接地故障可以通过换流器绕组两端之间的差动电流保护进行检测。一般来说，如果 UPFC 采用了单点高阻抗接地，即使没有故障位置信息，也可以很快利用接地故障电流检测出接地故障。

4）绕组（线路侧和换流器侧绕组）中的匝间短路故障可以使用位于输电线路与换流器绕组之间的差动电流保护进行检测。但这种方法会受到串联变压器附近因输电线路接地故障而引起的铁芯饱和的影响。为防止误动作，可以通过检测线路绕组中欠压或检测绕组电流中二次谐波分量的信号制动。

5）串联换流器系统，针对大多数故障，都可以通过控制系统对阀触发的特定动作以及快速旁路开关等特定装置进行保护。

图 9-15 所示快速旁路开关，可以设在变压器的线路侧，也可以如图 9-15 所示设在换流器侧，但该情况下，在故障发生时仍会存在变压器漏抗，因此有必要校核漏抗对系统保护的影响。可以增加两台与 UPFC 串联的断路器，提高 UPFC 内部故障的安全性（通过在不断开线路的情况下断开 UPFC 的方式）（CIGRE TB 160 2000）。

（5）如果熔断器能够中断电容器放电电流，那么直流母线可采用熔断器等特定装置进行保护。

（6）换流器通常包含一个或多个冗余电力电子器件。因此，一个或多个电力电子器件故障后可以继续运行，直到换流器中发生故障的电力电子器件数量超过每个换流器的冗余器件数量。当故障设备的数量超过冗余设备的数量后，VSC 换流器完全故障的风险就会增加。因此通常要对电力电子器件进行适当监控，当检测到太多电力电子器件故障时，换流器跳闸，除换流器在检修完毕前不能投运外，不会造成进一步的影响。

（7）换流器的液冷冷却管泄漏可能会造成换流器结构内部的接地故障。所以应检测冷却剂泄漏，并防止低电阻接地故障的发展。但即使未能及时检测出故障，冷却剂泄漏引起的接地故障也可以通过监测换流器系统接地连接的故障电流来检测。

（8）VSC 直流电容元件通常采用自恢复绝缘，消除了完全短路的可能。因此，可以接受电容元件出现部分老化现象。但可能会发生失控电容器绝缘故障，引起电容器模块短路和高故障电流，这种情况将会导致直流母线短路。因此有必要布置电容器，以便通过测量不平衡电流来检测整个电容器的部分老化现象。电容器介质系统也是易燃的，因此需要在阀厅安装防火系统。

交流系统发生短路时，串联换流器可能会受较高冲击电流的影响。因为流经串联绕组的线路侧与换流器侧电流之间必须达到安匝比平衡，较高的交流冲击电流将流经换流器中的二极管，并对直流电容充电。可以通过设置短路路径穿过换流阀来避免电容器过量充电，其中换流阀将通过选定的相单元对交流故障电流进行分流。如果电流超过半导体的发热限值，则必须触发 TBS 使串联变压器绕组短路。因此串联绕组的旁路装置对换流器的保护至关重要。例如，如果用于操作开关器件的门极的电源发生故障，则从串联绕组流出的交流电流可能会在直流母线上产生严重的过电压，或者在 TBS 无法触发的情况下引发直流母线保护电路故障。由于存在这种潜在故障模式，可能需要配备多个冗余电源和一个用于启动 TBS 的高可靠性系统。

9.4.3 换流阀保护注意事项

适当设计裕度和安全的站布局可最大限度地排除内部故障。然而，在发生内部故障的情况下，所有元件都将受到快速保护系统的保护（Schettler et al. 2000）。因此与直流输电系统类似，UPFC 的控制系统中也加入了特殊的快速保护功能。其中包括限制半导体器件上的电压和电流应力以及检测半导体器件和其他元件故障的特殊过电流、过电压保护。然而尽管配置了这些系统，但仍存在潜在的严重故障模式，这些模式可能无法及时清除并导致设备损坏。例如，在图9-23所示的VSC中，有几种严重的内部故障模式需要考虑。

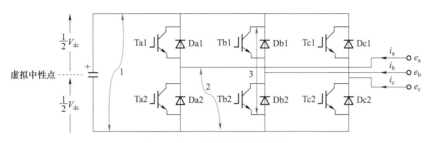

图9-23　换流器故障示意图

这些故障模式包括：

1号位置：正负直流母线之间短路会产生极低的阻抗路径。一种是直流母线电容器的放电路径，为了在换流器相单元正负极间切换时实现快速切换和低损耗，两个母线极性之间的杂散电感非常低，可能会导致产生过高的电流，而过高的电流会导致母线电容器发生故障。故障电流的另一条路径是从交流电源系统通过二极管馈入故障电路，而这些故障电流仅受交流电路电抗的限制，一旦计算和配置错误，那么就可能损坏电力电子器件。

2号位置：这一故障路径可能是通过GTO、IGBT或二极管等开关设备短路的。如果这只是许多串联设备之一，则应如上所述的方法进行检测。然而这种故障也可以由换相失败引起，例如开关装置在另一桥臂的开关导通时，错误地发出导通信号。在这种情况下，它将成为下面讨论的3号位置故障类型。

3号位置：此故障路径通常被称为直通，因为它可能是同一相中两个串联阀误触发的结果。在这种情况下，直流母线电容器将通过短路路径放电，其后果类似于1号位置处的故障，故障电流可能损坏开关设备。在MMC型换流器中，这种短路应仅限于一个MMC子模块。

在并联和串联换流器共用直流母线的UPFC中，这些故障必须由并联换流器的交流断路器清除，但在串联换流器中触发TBS装置就行，因为这将消除从串联变压器绕组流入故障区域的电流。

在STATCOM换流器中，要求这类故障的检出速度需要足够快。这可以通过换流器控制系统中的特殊保护来实现，但还应在并联变压器的交流线路中配置多个高设定值过电流保护。串联换流器中1号和3号位置处的短路会导致较大的过电流从STATCOM换流器流出，必须通过断开并联变压器的交流断路器来清除。然而，如果串联换流器与STATCOM隔离运行（两个换流器之间的直流母线开路），则从交流侧变压器绕组馈入的电流将仅传输至换流器侧的交流线路。由于直流母线电容放电会中止换流器的运行，因此可以先导通TBS然后闭合线路侧交流旁路断路器来清除故障。

9.4.4　UPFC对保护继电器的影响

UPFC可能对距离保护动作产生影响（Zhou et al. 2006）。许多交流系统保护都是基于故障位置与保护继电器之间阻抗的原理。UPFC 的存在可能会影响距离保护的测量值。在安装串联电容器时已经遇到了这一问题，并且已经有了解决方案，其中包括差动保护、改进型距离保护以及方向比较式继电器。对于 UPFC 来说可能略有不同，因为在线路短路期间，UPFC 承受的应力很高，可能进一步需要通过旁路开关进行保护。因此，有必要根据 UPFC 的漏抗及其保护策略进行研究，以验证现有继电保护在电网发生短路时是否能正常运行。

9.5 UPFC 换流器系统控制

9.5.1 VSC 控制系统

UPFC 中有用于在 VSC 换流器交流侧产生合成交流电压的控制系统，其功能包括创建触发换流阀中所用半导体器件所需的脉冲序列。这些控制器还可以控制合成交流电压相对于交流系统电压的相位和幅值。一般来说，锁相环路用于使脉冲序列与交流系统电压相量同步，从而让产生的电压相对于交流系统电压具有已知的相位差。如何实现这一点，通常是换流器供应商所拥有的信息。

FACTS 装置中所有换流器均采用低损耗设计，这要求每个周期的开关操作越少越好。但同时为了避免安装谐波滤波器，在每个周期内换流器均需较高的开关频率运行。如何实现这些目标，不同设计方案存在着巨大差异。例如，可以使用并联的、基于 GTO 的低压 VSC 的系统产生合成输出电压，其中 VSC 采用两电平或三电平换流器；或者使用 MMC-VSC 的系统产生，其中 VSC 采用许多换流器模块串联。上述方法都是以通过控制直流电容上直流电压来用于产生输出交流电压为首要控制目标（An et al. 1998）。

两电平换流器利用一个相对较大的电容器连接在直流母线上。该电容器接收受控的有功功率来维持电容器上直流电压恒定。在三电平换流器中，如图 9-9 所示，直流电容分为两部分：一部分在直流母线与中性母线之间，另一部分连接在相反的直流母线与中性母线之间。这种布置方案的另一个控制目标是保持中性母线电压为零。

在 MMC 换流器中，如图 9-20 所示，其中直流电容分布在多个 MMC 模块上，通过设计控制系统，使所有电容器上的电压均保持恒定。UPFC 装置所用的 STATCOM 子模块与直流换流器所用的模块在许多方面上类似，只是 STATCOM 系统中串联 MMC 模块的数量通常比直流换流器中的要少。也就是说，有关直流换流器的若干公开信息可能适用于 FACTS 应用中的 VSC 换流器（Jacobson et al. 2010；Nam et al. 2016）。

9.5.2 并联侧控制系统

关于并联侧从串联换流器上断开时的操作，更多详情见"7 静止同步补偿器（STATCOM）技术"一章。此外，"13 STATCOM 应用实例"一章中还介绍了许多应用实例，对采用了各种不同控制概念的 STATCOM 装置进行了说明。当 STATCOM 从 SSSC 断开时，它仅能控制交流系统电压，和产生或吸收交流系统的无功功率。只有少量有功潮流入 STATCOM 用于补偿换流器系统中的损耗。图 9-24 给出了 NYPA 的 STATCOM 所用的控制系统的简单示例，可以用来说明 UPFC 并联换流器（STATCOM 部分）的控制系统。

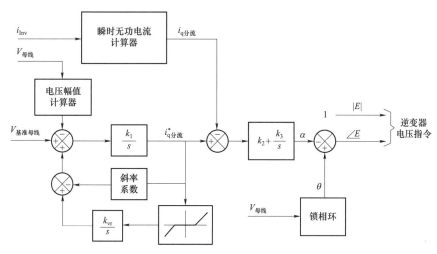

图 9-24　NYPA 的 STATCOM 控制系统

在 NYPA 系统中，STATCOM 采用脉冲幅度调制控制，因此允许直流母线电压在 ±18.8% 的范围内变化。由于降低了设备开关瞬态过程，设备效率较高，但在需要提高输出电压时，系统响应可能较慢。

在该控制系统中，瞬时无功电流分量用于调节交流母线正序电压。为了计算电压序列分量，控制系统中有一个周期的延迟。其根本原因是 d、q 分量是基频分量相量有效值，这需要时间进行测量和计算（Ängquist 2002）。此外还有斜率函数来确定实测电压与参考电压之间的偏差，作为无功电流输出大小和相位的函数。斜率函数是所有 SVC 和 STATCOM 应用的典型应用。

该控制系统旨在在连接点提供恒定的交流电压，所以也可以选择定无功功率控制。定交流电压控制不一定是所有 STATCOM 应用的最佳控制策略，因为在功率波动期间，恒定的交流电压可能会破坏发电机的稳定性。在设计 STATCOM 及其他 FACTS 装置的控制系统动态特性时，应考虑发电机的暂态响应期间的速度-电压特性，因为当频率波动较大时，需要发电机输出最大功率，而当发电机频率波动较小时，则需要降低功率。控制系统策略应根据将要安装 STATCOM/UPFC 装置的电力系统的需求进行制定。

CIGRE 已经提出了用于负荷潮流及暂态稳定性研究的 FACTS 系统研究模型（CIGRE TB 145 1999）。图 9-25 显示了拟用于 UPFC 中 STATCOM 部分的模型之一。这是一个高度简化版模型，仅适用于正序电网模型。

为详细进行电磁瞬态研究及控制系统设计，需要有更加详细的模型（Sen and Keri 2003）。

图 9-25 所示的简单框图包括以下内容：

K：控制器增益。

T_c：换流器时间常数（10～30ms）。

V_{dcref}：直流参考电压（特定）。

下垂：$V-I$ 特性的下垂斜率（百分之几）。

V_q 和 V_p 限值：UPFC 并联部分在有功功率和无功功率方向上的电压限值。

当系统仅作为 STATCOM 运行时，必须禁用有功功率支路。如果 STATCOM 在脉冲幅度调制模式下运行，则需要调整变量 V_{dcref} 以匹配 STATCOM 输出端产生的幅值，另外还有若干电流限值没有在框图中显示。

为详细进行电磁瞬态研究及控制系统设计，需要有更加详细的模型。

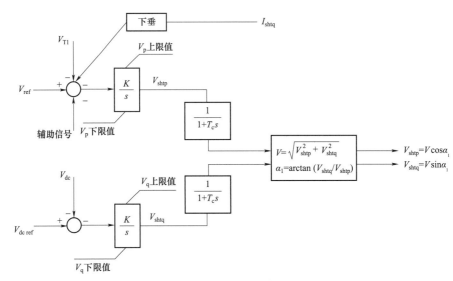

图 9-25　用于负荷潮流及暂态稳定研究的并联换流器控制系统

9.5.3　串联侧控制系统

当串联侧换流器（SSSC 部分）在与并联侧换流器（STATCOM 部分）断开的情况下运行时，它可以注入与线路电流正交的电压（Sen 1998）。为实现电容补偿效果，SSSC 与线路串联注入的电压相位与串联线路电抗上的线路电流所产生的电压相位相反。结果，串联线路电抗上的电压被迫增加，就好像其电感减小一样，导致线路电流和相应的传输功率成正比增加，如图 9-26 所示。同样，电感补偿（当 SSSC 的输出电压领先于线路电流时）注入与线路电抗上的电压同相的电压。结果导致线路电抗上的电压减小，就好像其电感增大一样，线路电流和相应的传输功率成正比减小。线路电流和相应的功率增加或减少，与串联补偿电压相对于串联线路电抗电压的幅值成正比（CIGRE TB 371 2009）。

也就是说，当 SSSC 在独立模式下运行时，它可以作为一个电容串联补偿系统提高线路潮流，或者作为一个受控电抗器抑制线路潮流。传统上其作用用串联补偿度表示，串联补偿度定义为串联线路电抗与有效串联电容器或电抗器的阻抗比，或串联线路电抗器电压与串联补偿电压的幅值比。因此，SSSC 的一项应用是控制并联通道或环路潮流。

除了控制注入线路的正序电压外，串联侧换流器还可以用于减小线路的负序分量，虽然这样会导致直流母线上产生纹波电压。

NYPA 的 UPFC 所用的 SSSC 控制系统，如图 9-27 所示，它可以用于说明 SSSC 控制系统的设计。

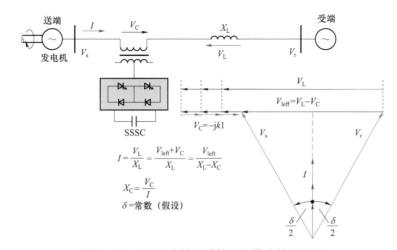

图 9-26   SSSC 容性及感性运行模式的矢量图

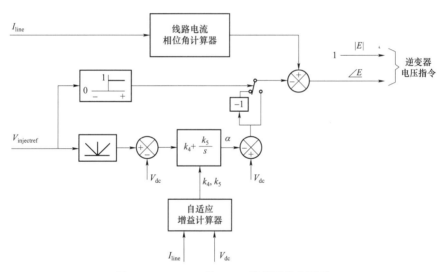

图 9-27   NYPA 的 SSSC 换流器控制系统

当 NYPA 系统的 SSSC 在与 STATCOM 直流母线断开运行时，它采用脉冲幅度调制策略。在 MMC 系统中，控制范围可能是可用 MMC 子模块数量的函数。在这种运行模式下，SSSC 只能产生无功电流补偿。

由 CIGRE 提出的用于 UPFC 装置中 SSSC 潮流及暂态稳定性研究的模型如图 9-28（CIGRE TB 145 1999）所示。这也是一个高度简化版模型，仅适用于正序电网模型。

图 9-28 所示的简单框图包括以下内容：

K_1、T_1、K_2、T_2：控制器增益和时间常数（特定）。

T_C：换流器时间常数（10～30ms）。

V_{sermax}：换流器输出电压 V_{ser} 的最大限幅值（特定）。

V_{serp}、V_{serq}：V_{ser} 在有功和无功方向上的分量。

当仅作为 SSSC 运行时，必须禁用控制系统的有功功率支路（图 9-27 中未显示）。此外，如果 SSSC 未连接到 STATCOM，为使 SSSC 运行，需要对其直流母线电容器充电。此外，还有若干电流限值没有在框图中显示。

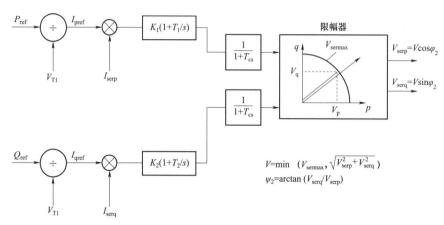

图 9-28　用于潮流及暂态稳定研究的串联换流器控制系统

9.5.4　UPFC 控制系统

当 STATCOM 和 SSSC 通过公共直流母线一起运行时，为保证它们不冲突，必须对两个控制系统进行协调。尽管 STATCOM 和 SSSC 可以作为独立 FACTS 装置运行，但是本节的假设是，只有当其中一台 VSC 不需要或不能运行时，才需要运行彼此隔离的 VSC。

当装置作为 UPFC 连接时，SSSC 可以执行以下功能（Gyugyi et al. 1997）：

（1）电压注入。

（2）有功功率注入或提取。

（3）相位角调节。

（4）线路阻抗模拟。

（5）无功功率控制。

（6）自动潮流控制。

（7）以上模式的各种组合。

对于有功功率控制，SSSC 装置中增加了一个控制回路，该控制回路比较功率设定值和与线路交换的实际功率。当两台换流器连接在一起时，直流母线电压由 STATCOM 控制（见图 9-29）。

对于使用并联换流器的 GTO 系统或使用带串联模块的 MMC 换流器，UPFC 系统作为交流系统的一个组成部分，其控制模式应该没有太大的区别。UPFC 最重要的特性是能够在线路与系统母线之间传输有功功率。这是 UPFC 中两台 VSC 共用同一直流母线时的基本功能，在这种情况下，并联 VSC（STATCOM）可以吸收有功功率，串联 VSC（SSSC）可以注入有功功率，反之亦然。在这种情况下，两台 VSC 之间的潮流必须完全匹配，以避免在直流母线上造成过电压或欠电压，即：

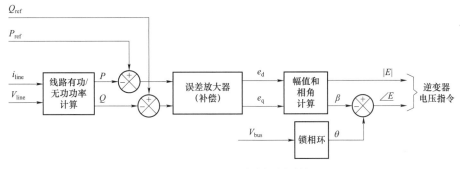

图 9-29　UPFC 功率控制系统

$$P_{\text{STATCOM}} = P_{\text{SSSC}} \qquad (9-16)$$

如果 SSSC 与 STATCOM 的 VSC 之间不匹配，那么 UPFC 直流母线上的电压可能会很高或很低。因此，必须有两台换流器之一来控制直流母线电压。

交流系统的暂态过程可能导致有功功率通过 SSSC 流入直流母线电容器（CIGRE TB 371 2009）。这种能量交换以及由此产生的直流电压变化，必须由 UPFC 的 STATCOM 模块控制。此外，如果 SSSC 或 STATCOM 设计为使交流系统负序分量最小化，则直流母线上将产生纹波电压，如果没有控制策略，就可能会导致谐波流过直流母线。此外还可以使用 UPFC 进行相位平衡。

从图 9-6 和图 9-30 可以明显看出，当 STATCOM 和 SSSC 共用同一直流母线时，串联补偿电压可以与线路电流成任何相位角（Sen and Stacey 1998）。也就是说，除非超出一台或两台 VSC 的额定功率，这两个 VSC 单元可以作为彼此独立的无功功率补偿器运行，因为只有有功功率会流过直流母线。

当 STATCOM 和 UPFC 通过直流母线连接在一起时，图 9-30 所示的控制模式如下：

（1）如果从 SSSC 注入的电压与源电压 V_s 同相或反相，则其作用是增大或减小源电压幅值。

（2）如果从 SSSC 注入的电压与源电压 V_s 正交，如图 9-30 中的水平红线所示，则其作为移相器运行。

（3）如上所述，当电压与线路电流正交时，其充当无功功率补偿器，如图 9-30 所示。

在这三种模式的前两种中，UPFC 必须通过 STATCOM 传输有功功率。当然如上所述，SSSC 可以注入所有三种模式的组合电压（另见 CIGRE TB 504 2012）。因此，显然 UPFC 可用于提高额定功率高、未充分利用线路的潮流，并降低（限制）较弱线路上的潮流，此功能可用于避免线路过载。通常情况下，通过通知 STATCOM 维持 UPFC 所连母线的功率因数。并且除须保证两台换流器具有相同的

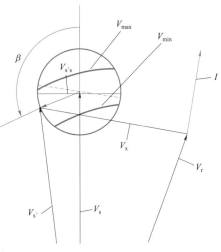

图 9-30　UPFC 控制范围

255

有功功率额定值之外，系统并不要求 STATCOM 和 SSSC 的额定值完全相同。如果必要，STATCOM 的额定值可以大于 SSSC。

如果两台 SSSC（带或不带 STATCOM）共用同一直流母线，则功率可以在两台 SSSC 之间传输，可以用于在强弱线路之间传输功率，进而管理线路过载问题。一个由两台 SSSC 和一台 STATCOM 组成的换流器系统如图 9-31 所示。该系统可以作为两台 SSSC 或一台 UPFC 运行，控制通往新苏格兰（New Scotland）或库珀角（Coopers Corner）的线路中的潮流，或者对这两条线路使用相同的补偿。所有这些都可以实现在不明显增加换流器热负荷容量的基础上管理短期、大电流线路的潮流。

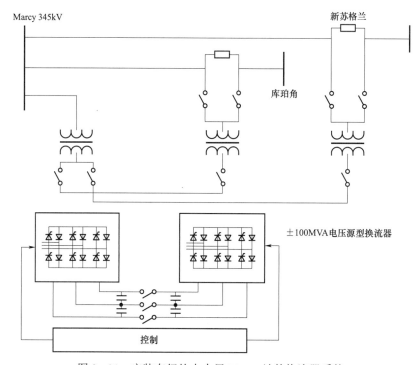

图 9-31　安装在纽约电力局 Marcy 站的换流器系统

作为交流系统的可控元件，UPFC 的控制需针对特定应用进行专门设计。通常情况下，UPFC 装置用于实现输电线路上的稳定功率传输，否则无法可靠运行或在特定系统扰动下发生跳闸。这可能是 $N-1$ 或 $N-1-1$ 型故障情况。

改善系统的暂态稳定性同样也是应用补偿设备的典型目的。当系统从扰动中恢复时，通常需要在第一次或第二次（或许）振荡期间大幅提升关键线路的输送功率，这可能需要在系统恢复的第一时间进行。

这可能是 VSC 受到限制的地方，因为 IGBT 和 GTO 固有的短期过流能力有限，并且 IGBT 和 GTO 的正向压降以及因此产生的传导损耗高于常规的大功率晶闸管❶。

通常在第一次振荡结束之前应用电力系统阻尼是有害的，因为这种做法可能会减少通过

---

❶ 过载额定值可能限制在 15%~30%，除非系统使用更高功率的设备。

线路传输的同步转矩。然而，如果系统在第一次摆动后保持稳定，则可以使用 UPFC 以及其他 FACTS 装置和直流输电系统来提供系统所需的阻尼（Grund et al. 1984）。

与所有 FACTS 技术一样，UPFC 装置已应用于抑制影响大型汽轮发电机的次同步谐振（SSR）。"8 晶闸管控制串联电容器（TCSC）技术"一章对 SSR 相关风险进行了详细说明。在正确设计控制系统的情况下，UPFC 不应激发 SSR 模式（CIGRE TB 371 2009）。这可能要求 UPFC 中的 SSR 阻尼控制模式即使在低负荷条件下也处于激活状态。也就是说在这种情况下，UPFC 必须一直运行，这可能需要冗余换流器或改变交流系统的运行，避免出现 SSR 的运行区域。

9.6 静止同步串联补偿器（SSSC）

9.6.1 引言

上述 SSSC 是 UPFC 的基本组成部分。然而，如图 9-32 所示，它也可以在输电线路中用作独立串联无功功率补偿器（CIGRE TB 371 2009）。从线路中吸收有功功率，目的是补偿换流器的损耗，包括在没有外部直流电源的情况下让直流电容保持充电状态，从而让连接在直流母线上的电容器保持充电状态。

SSSC 内的 VSC 与输电线路电流同步运行。

VSC 产生的电压与线路电流保持正交，滞后或超前 90°。因此，SSSC 的运行模式，如上所述和图 9-26 所示，模拟了受控串联无功补偿器［例如晶闸管控串联电容器（TCSC）］，但是提供了更宽的控制范围，因为它可以在电

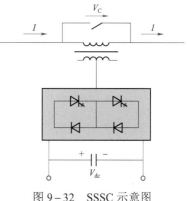

图 9-32　SSSC 示意图

容或电感工作域中运行。然而，由于 SSSC 通过注入与线路电流正交的电压来运行，因此并不像串联电容器和电抗器那样调制阻抗。这使 SSSC 可能成为一种强大的潮流控制装置，通过改变线路送端与受端之间较低的相角改变线路传输功率。

如果 SSSC 如图 9-26 中所示那样注入交流系统，则通过该线路的潮流将与串联补偿电压的幅值（相对于串联线路电抗上的电压）成正比地增加或减少。对于相对较短的线路，这可能是一种替代移相变压器的方法。其运行范围如图 9-33 所示，但电流接近零时，由于交流电流太低，无法维持直流母线电容器的电压，SSSC 将无法工作。

传输功率与传输角度的关系，即 SSSC 在每单位补偿电压 V_q（可为电容式或电感式）不同值下的 $P_q-\delta$ 特性，如图 9-34 所示。该图说明了 SSSC 在保持最大补偿电压独立于线路电流的特征，这个特征在给定的功角条件下，SSSC 能够大范围控制线路传输功率，同时也提供在特定功角下控制所需潮流的方法。从图 9-34 中可以看出，SSSC 还能用于降低传输功率，从而可能减小交流系统中的不必要的环流。

由于 SSSC 在交流线路中注入电压源，因此不会构成串联谐振电路，甚至引发次同步振荡。相反，通过适当的控制策略，SSSC 可以注入串联电压，提供阻止次同步振荡的阻尼。但是，与其他所有受控设备一样，也存在与交流电网中其他设备相互影响的风险。因此，在

实际使用前，也需要进行详细研究以确保 FACTS 装置（包括其特性）能够安全地应用于给定的系统中。

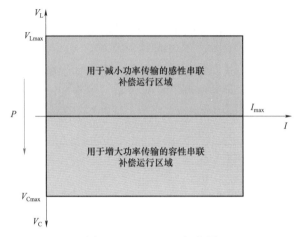

图 9-33　SSSC 运行范围

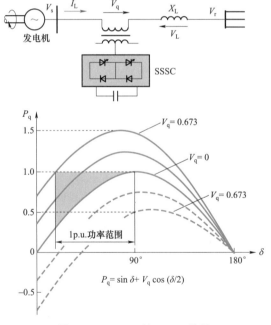

图 9-34　SSSC 的 P_q—δ 特性

9.6.2　潜在应用

与其他串联补偿系统相比，SSSC 的损耗更高一些，但它是一种强大的 FACTS 装置，可以用于潮流控制。在动态潮流控制或调节领域内，其主要潜在应用如下：

（1）补偿相对较短的输电线路。

（2）在长距离输电线路中，SSSC 与传统的串联电容器组相结合提供经济解决方案，在增加或减少电容器所提供的固定补偿的基础上实现进行微调控制，还可以提高对次同步振荡的抗扰度。

（3）均衡线路中的潮流，防止有功功率出现环流。

（4）调节放射状线路的受端电压。

（5）提高暂态稳定性和动态稳定性（功率振荡阻尼）。

9.6.3 SSSC 构成

静止同步串联补偿器（SSSC）可以看作 UPFC 的一部分。除了可能需要增设直流电容充电电压的方法，使 SSSC 能够在低输电线路电流下运行，单独运行的 SSSC 与 UPFC 中的 SSSC 组件没有特殊差异。

9.7 线间潮流控制器

9.7.1 基本概念

线间潮流控制器（IPFC）是 UPFC 概念的扩展，在两条（或更多）线路采用 SSSC 进行串联补偿并实现控制潮流（Gyugyi et al. 1999）。除了独立控制其中装有 SSSC 的每条线路中的无功功率外，如图 9 – 35 所示，SSSC 共用一条公共直流母线，可以在其补偿的输电线路之间传输有功功率。除了没有并联 STATCOM，图 9 – 35 所示的系统与 NYPA 安装的系统相同。

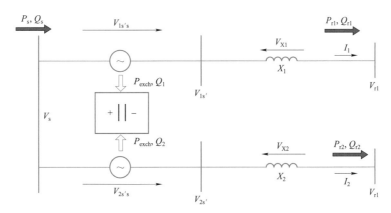

图 9 – 35　基本线间潮流控制器（IPFC）

IPFC 可以平衡具有相同或不同系统电压电平的线路之间的功率传输，避免低容量线路过载，同时将功率转移到高容量线路。有功功率交换的前提是没有净功率流过直流母线。这样可以提高线路的利用率，降低整个系统的损耗。多线路变电站内的输电管理是其一个典型的应用场景。

如前所述，在 IPFC 系统中，每台 SSSC 可以独立于连接到同一直流母线的其他 SSSC，控制其所在线路中的无功潮流。但是，要启用有功潮流，必须有一台主 SSSC 来控制所有连接的 SSSC 系统的有功潮流。另一个约束条件是：SSSC 换流器必须在公共直流母线电压下运行，这就可能要求所有 SSSC 换流器具有相同设计。

线路 1 和 2 的修正送端电压如下：

$$V_{1s'} = V_s + V_{1s's} \qquad (9-17)$$

$$V_{2s'} = V_s + V_{2s's} \qquad (9-18)$$

然而，$V_{1s's}$ 和 $V_{2s's}$ 可能不相等，除非电路是对称的，并且没有有功功率交换。

理论上，IPFC 系统可以连接在异步系统之间，但是更好的选择可能是背靠背直流输电系统。

IPFC 概念可以扩展到与 STATCOM 系统结合的许多 SSSC 装置，如图 9-36 所示（Fardanesh et al. 1998）。这一概念被称为广义潮流控制器。这就变成了一个直流电源节点，交流系统支路由 SSSC 换流器控制。

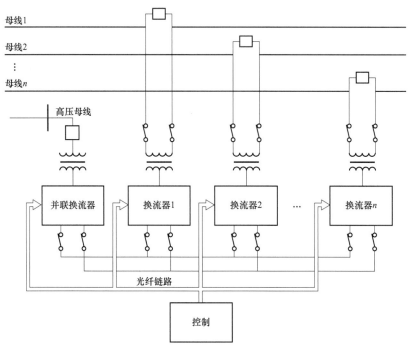

图 9-36　广义潮流控制器

参考文献

Ainsworth, J. D., Davies, M, Fitz, P. J., Owens, K. E., Trainer, D. R.: Static Var Compensator (STATCOM) based on single-phase chain circuit converters; IEE Proceedings On-line No. 19982032, 1998.

Allebrod, S., Hamerski, R., Marquardt, R.: New transformerless, scalable modular multilevel converters for HVDC-transmission, IEEE Power Electronics Specialist Conference, PESC 2008, June 2008.

An, T., Powell, M.T., Thanawala, H.L., Jenkins, N.: Assessment of two different STATCOM configurations for FACTS applications in power systems: POWERCON' 98. 1998 International Conference on Power System Technology. Proceedings (Cat. No. 98EX151), vol.1, pp.307-312,

1998.

Ängquist, L.: Synchronous voltage reversal control of thyristor controlled series capacitor. Ph.D. thesis, Royal Institute of Technology, Stockholm (2002).

Bian, J., Ramey, D. G., Nelson, R. J., Edris, A.: A study of equipment sizes and constraints for a unified power flow controller. IEEE Trans. Power Delivery. 12 (3), 1385 (1997).

CIGRE TB 51.: Load Flow Control in High Voltage Power Systems Using FACTS Controllers; section 3.4.8, CIGRE Technical Brochure 51, Jan 1996.

CIGRE TB 144.: Static Synchronous Compensator (STATCOM); CIGRE Technical Brochure 144, Aug 2000.

CIGRE TB 145, Modeling of Power Electronics Equipment (FACTS)in Load Flow and Stability Programs, CIGRE Technical Brochure. 145, (1999).

CIGRE TB 160.: Unified Power Flow Controller (UPFC)；CIGRE Technical Brochure 160, Aug 2000.

CIGRE TB 269.: VSC Transmission, CIGRE Technical Brochure 269, Apr 2005.

CIGRE TB 371.: Static Synchronous Series Compensator, CIGRE Technical Brochure 371, Feb 2009.

CIGRE TB 504.: Voltage and VAr Support in System Operation, CIGRE Technical Brochure 504, Aug 2012.

EPRI: Convertible Static Compensator (CSC) for New York Power Authority；EPRI Final Report 1001809, Dec 2003. https：//www.epri.com/#/pages/product/000000000001001809/？ lang＝en－US.

Fardanesh B., Henderson M., Gyugyi L., Lam B., Adapa R., Shperling B., Zelingher S., Schauder C., Mountford J., Edris A.: Convertible Static Compensator Application to the New York Transmission System, CIGRE Session Paper 14－103 (1998).

Fortescue, C. L.: Method of symmetrical co-ordinates applied to the solution of polyphase networks；(PDF). AIEE Trans. 37 (part Ⅱ), 1027－1140 (1918).

Grund, C. E., Pollard, E. M., Patel, H. S., Nilsson, S. L.: Power modulation controls for HVDV systems；Cigre paper 14－03, 1984.

Gyugyi, L.: Unified power-flow control concept for flexible AC transmission systems；IEE Proceedings C－Generation, Transmission and Distribution. 139 (4), (1992).

Gyugyi, L., Schauder, C. D., Williams, S. L., Torgerson, D. R., Rietman, T. R., Edris, A.: The unified power flow controller: a new approach to power transmission control. IEEE Trans. Power Delivery. 10 (2), 1085－1097 (1995).

Gyugyi, L., Schauder, C. D., Sen, K. K.: Static synchronous series compensator: a solid-state approach to the series compensation of transmission lines. IEEE Trans. Power Delivery. PWRD－12 (1), 406－417 (1997).

Gyugyi, L., Sen, K. K., Schauder, C. D.: The interline power flow controller concept: a new approach to power flow management in transmission systems. IEEE Trans. Power Delivery. 14 (3), 1115－1123 (1999).

Heathcote, M. J.: Phase shifting transformers and quadrature boosters, Section 7.5 pages 7010 – 710. In: The J & P Transformer Book, Thirteens Edition, Elsevier, Ltd, 2007. https://www.elsevier.com/books/j-and-p-transformer-book/heathcote/978-0-7506-8164-3.

Holmes, D. G., Lipo, T. A.: Pulse Width Modulation for Power Converters. IEEE Press and A, Wiley (2003).

Jacobson, B., Karlsson, P., Asplund, G., Harnefors, L., Jonsson, T.: VSC – HVDC transmission with cascaded two level converters, Cigre paper B4 – 110, Cigre 2010.

Mohan, N., Undeland, T. M., Robbins, W. P.: Gate turn-off thyristors, chapter 24. In: Power Electronics Converters, Applications and Design, 2nd edn, pp.613 – 625. Wiley, New York (1995a).

Mohan, N., Undeland, T. M., Robbins, W. P.: Insulated gate bipolar transistors, chapter 25. In: Power Electronics Converters, Applications and Design, 2nd edn, pp.626 – 640. Wiley, New York (1995b).

Nam, T., Kim, H., Kim, S., Son, G. T., Chung, Y. H., Park, J. W., Kim, C. K., Hur, K.: Trade-off strategies in designing capacitor voltage balancing schemes for modular multilevel converter HVDC. J. Electr. Eng. Technol. 11, 1921 – 1718 (2016). https://doi.org/10.5370/JEET.2016.11.3.1921.

Oates, C., Davidson, C.: 2011. A comparison of two methods of estimating losses in the modular multi-level converter；EPE 2011 - Birmingham. ISBN: 9789075815153.

Renz, B. A., Keri, A. J. F., Mehraban, A. S., Kessinger, J. P., Schauder, C. D., Gyugyi, L., Kovalsky, L. J., Edris, A. A.: World's first unified power flow controller on the AEP system；CIGRE paper 14 – 107, 1998.

Schauder, C., Gernhardt, N., Stacey, E., Lemak, T., Gyugyi, L., Cease, T. W., Edris, A.: Development of a + /100 MVAR static condenser for voltage control of transmission systems. IEEE Trans. Power Delivery. 10 (3), 1486 – 1496 (1995).

Schauder, C., Gernhardt, N., Stacey, E., Lemak, T., Gyugyi, L., Cease, T. W., Edris, A., Wilhelm, M.: TVA TATACOM project: design, installation, and commissioning. CIGRE 1996 Paper: 14 – 106.

Schettler, F., Huang, H., Christl, N.: HVDC transmission systems using voltage sourced converters: design and application. Conference Proceedings, IEEE Summer Meeting 2000, Paper No. 2000 SM – 260, vol. 2, pp. 716 – 720.

Sen, K.: SSSC - static synchronous series compensator: theory, modeling, and applications. IEEE Trans. Power Delivery. 13 (1), 241 – 246 (1998).

Sen, K., Keri, J. F.: UPFC comparison of field results and digital simulation results of voltage sourcedconverter based FACTS controllers. IEEE Trans. Power Delivery. 18 (1), 300 – 306 (2003).

Sen, K. K., Stacey, E. J.: UPFC-unified power flow controller: theory, modeling, and applications；IEEE Transactions on Power Delivery；IEEE Transactions on Power Delivery. 13 (4), (1998).

Zhou, X., Wang, H., Aggarwal, R. K., Beaumont, P.: Performance evaluation of a distance relay as applied to a transmission system with UPFC. IEEE Trans. Power Delivery. 21 (3), 1137 – 1147 (2006).

Ram Adapa，博士，美国电力科学研究院（EPRI）电力输送与利用部技术主管，研究方向覆盖直流输电、FACTS、定制电力及故障电流限制器。1989 年进入美国 EPRI，任电力系统规划与运营项目经理。随后成为输电、变电站及电网运营的产品负责人，定制了电网运营和规划相关领域的研发项目及业务执行计划，其中研发项目包括市场重组、输电定价、辅助服务以及维护电网可靠性的安全工具等。入职美国 EPRI 前，曾于 McGraw-Edison 电力系统公司（现名为 Eaton's Cooper 电力系统公司）系统工程部任主任工程师。拥有印度尼赫鲁科技大学电气工程学士学位、印度坎普尔市印度理工学院分校电气工程硕士学位、加拿大安大略省滑铁卢大学电气工程博士学位。作为 IEEE 成员，曾多次在业内作出杰出贡献并获 IEEE 表彰，2016 年获 IEEE 电力与能源学会 Nari Hingrani 定制电力奖。曾撰写或合作发表了超过 125 篇学术论文，获 IEEE 杰出报告人，是 CIGRE 会员及注册专业工程师。

Stig Nilsson，美国毅博科技咨询有限公司首席工程师。最初就职于瑞典国家电话局，负责载波通信系统开发。此后，曾先后就职于 ASEA（现为 ABB）和波音公司，并分别负责高压直流输电系统研究以及计算机系统开发。在美国电力科学研究院工作的 20 年间，于 1979 年启动了数字保护继电器系统开发工作，1986 年启动了电力科学研究院的 FACTS 计划。1991 年获得了输电线路无功阻抗控制装置专利。他是 IEEE 终身会士（Life Fellow），曾担任 IEEE 电力与能源学会输配电技术委员会、IEEE Herman Halperin 输配电奖委员会、IEEE 电力与能源学会 Nari Hingorani FACTS 及定制电力奖委员会，以及多个 IEEE 会士（Fellow）提名审查委员会的主席，曾是 IEEE 标准委员会、IEEE 电力与能源学会小组委员会和工作组的成员。他是 CIGRE 直流与电力电子专委会（SC B4）的美国国家代表和秘书。获 2012 年 IEEE 电力与能源学会 Nari Hingorani FACTS 及定制电力奖、2012 年 CIGRE 美国国家委员会 Philip Sporn 奖和 CIGRE 技术委员会奖；2006 年因积极参与 CIGRE 专委会和 CIGRE 美国国家委员会而获得 CIGRE 杰出会员奖；2003 年获得 CIGRE 美国国家委员会 Attwood Associate 奖。他是美国加利福尼亚州的注册专业工程师。

Bjarne Andersen，Andersen 电力电子解决方案有限公司董事兼所有人（2003 年）。成为独立咨询顾问之前，在 GE 公司工作了 36 年，最后任职工程总监。参与了首台链式 STATCOM 和移动式 SVC 研发工作。参与常规和柔性高压直流输电项目的各阶段工作，有丰富经验。作为顾问，参与了包括卡普里维直流输电工程在内的多个国际高压直流输电项目。卡普里维工程是第一个使用架空线的商业化柔性直流输电项目，允许多个供应商接入，并实现多端运行。2008～2014 年，任 CIGRE SC－14 主席，并在直流输电领域发起了多个工作组。是 CIGRE 荣誉会员，于 2012 年荣获 IEEE 电力与能源学会 Uno Lamm 直流输电奖项。

杨毅，博士，正高级工程师，IEEE 高级会员，IET 英国皇家特许工程师，东南大学校外博士生导师，入选江苏省"333 高层次人才"，现任国网江苏电科院继保自动化通信中心副主任、综合能源系统研究所副所长，长期从事柔性交直流输配电、综合能源及新型储能、电力系统保护与安全控制等领域的重大工程技术支撑、科研创新和国际化工作。2005 年获得重庆大学电气工程及自动化学士学位，2007 年获得华中科技大学电气工程硕士学位，2013 年获得英国贝尔法斯特女王大学电气与电子工程博士学位。近年来，承担国家重点研发计划、国家自然科学基金、国家电网公司科技项目等 10 余项，担任 IEEE 统一潮流控制器（UPFC）P2745 等 4 个标准工作组主席、IEC TC95 WG3 工作组联合召集人、IEC SC8A WG6 标准负责人、IEC TC95 WG2/MT4 工作组专家、IEC TC57 WG15 工作组专家、CIGRE SC D2.02 咨询组成员，牵头 IEEE、IEC 标准 9 项，正式发布 IEEE 2745《基于模块化多电平换流器的统一潮流控制器技术》4 项系列标准。发表学术论文 60 余篇，授权发明专利 50 余项，出版专著 7 部，曾获江苏省科学技术奖一等奖等科技类奖励 28 项。获江苏留学回国先进个人、中国能源研究会优秀青年能源科技工作者奖、IEEE PES 中国区杰出个人贡献奖、国家电网公司"国际标准化工作先进个人"等称号。

利用铁芯饱和实现交流电网控制的装置

10

David Young

目次

David Young（✉）

英国斯塔福德，顾问

电子邮箱：davidyoung@btinternet.com

© 瑞士，Springer Nature AG 公司 2020 年版权所有

S. Nilsson，B. Andersen（编辑），柔性交流输电技术，CIGRE 绿皮书，https://doi.org/10.1007/978-3-319-71926-9_29-2

摘要

在 FACTS 装置出现之前，输配电系统利用断路器开关型电容器和电感器提供无功功率的逐级平衡。为使得无功功率连续可变，一些变电站安装了同步补偿器，但这些设备价格昂贵，并且需要定期维护。

在电力电子器件问世之前，Friedlander 博士根据铁芯饱和的特性研发了首批静止稳压器。与同步补偿器类似，这类"静止无功补偿器"（SVC）同样具有连续可变的输出功率，但响应速度比同步补偿器快得多，并还有其他优点。二十多年来，它们在输配电系统中得到了广泛的应用。本章将介绍基于饱和电抗器的无功控制器，同时给出了应用实例。

10.1　引言

无功电流的控制对实现供电系统的良好、高效运行有着至关重要的作用。因此，有必要利用投切电容和电感来保证系统在稳态下的无功功率平衡。虽然在配电系统和大型工业区电网中经常看到频繁或周期性投切的并联电容器，但对输电系统来说，并联电容器不宜进行频繁投切操作。随着输电系统的发展，系统无功补偿可调性对系统的稳定性越来越重要，同步补偿器的应用越来越广泛，然而这种设备存在价格昂贵，占地面积大、辅助设备复杂、需要定期维护等缺点。

20 世纪 60 年代，Friedlander 博士提出利用静止设备取代旋转电机，并率先在交流电网动态无功支持方面取得了突破性进展（Friedlander 1966）。这类早期控制器一般基于铁芯的饱和特性制成，与同步补偿器相比，响应速度更快，使用传统无功功率控制方法时的限制条件更少。随着变压器硅钢片材料的大幅改进及电容器设计的发展，损耗和价格大幅降低，从而促进了它们的应用。

Friedlander 博士认为铁芯的非线性饱和特性带来了机会，而不是限制，并且其博士论文"张弛振荡"（Friedlander 1926）重点对铁芯的非线性特征进行了研究。Friedlander 利用模型来检验理论与实践之间的关联性，找出在理论或应用中可能被忽视的部分。他曾在柏林西门子公司 Reinhold Rudenberg 博士手下工作数年，但后来加入了英国通用电气公司（GEC），最初在该公司位于温布利的科研实验室工作，后来又在该公司位于伯明翰威顿的电气工程工厂担任顾问。在 GEC，他开发了能够用于电力系统的可控饱和电抗器（磁放大器）和自饱和电抗器。这些装置可以被称为首批 FACTS 装置（尽管它们比 EPRI 这一缩写词早了大约 40 年）。但随着功率晶闸管控制 SVC 的使用，并被证明经济、可靠之后，饱和电抗器型 SVC 在输电系统中的应用逐渐减少。

本章介绍 Friedlander 博士开发的各种无功功率控制器，并给出了这些 SVC 在输配电系统中的应用案例。

10.2　铁芯的饱和特性

铁材料具有显著的磁性；其相对磁导率 μ 是真空、空气、水以及其他常见材料的数千倍，并使得电能的经济应用成为可能。对于铁材料，只需非常小的磁化力 H，就可以得到磁通密度 B，$B-H$ 特性如图 10-1（a）所示。当磁通密度增加到一定程度后，由于铁材料的相对磁导率开始迅速下降并变为非线性。当相对磁导率 μ 的值减小到 1，与空气相对磁导率相同时，铁材料达到饱和。当铁材料用于磁通每半个周期反转一次的交流情形下，由于存在磁滞效应，磁通反转时，其密度变化遵循不同的路径，产生磁滞效应，如图 10-1（b）所示。$B-H$ 曲线包围区域表示由于磁通反转、磁滞损耗而在铁中耗散的少量能量。变压器等电气设备中的铁芯在正常运行时的磁通密度可充裕地保持在大约 2T（典型铁芯饱和水平）以下。

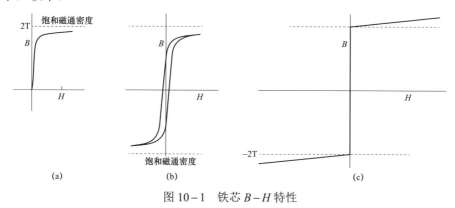

图 10-1　铁芯 $B-H$ 特性

不同比例尺绘制 $B-H$ 曲线如图 10-1（c）所示，当铁芯深入到饱和区间时；$B-H$ 曲线斜率与空气相同，μ 等于 1。按这一比例，特性曲线的"拐点"在不饱和态和饱和态之间的过渡处有着急剧的变化。

当正弦电压施加在闭合铁芯周围的绕组上时，铁芯中感应的通量也将呈正弦变化。当外加电压较低时，磁通密度也较低，磁化电流很小。当电压足够高时，通量波峰将超过饱和通量，从而导致绕组中产生较高的磁化电流脉冲，如图 10-2 所示。该电流一般呈截断正弦波的形状，包含基波和奇次谐波分量。

图 10-3 给出了典型电流波中最重要的基波、3 次、5 次及 7 次谐波分量。随着外加电压的增加，电流波的持续时间延长，谐波分量所占比例相对于基波分量减小。仅通过施加在绕组上的交流电压进入饱和状态的铁芯被称为自饱和电抗器（通常简称"饱和电抗器"）。

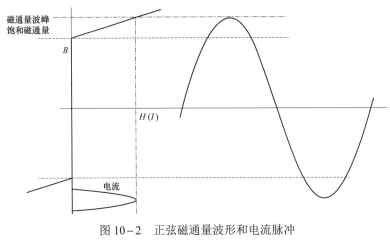

图 10-2　正弦磁通量波形和电流脉冲

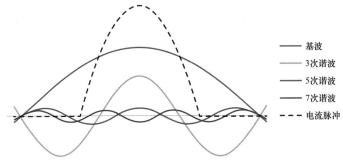

图 10-3　电流脉冲中的谐波分量

　　基波电流和施加在绕组上的电压之间的关系也类似于饱和曲线，如图 10-4 所示，但有一个比较平和的拐点，拐点以上部分有一段连续的轻微弯曲。尽管如此，其在 10%～100% 的最大磁化电流的基本特性近似一条直线；该直线与轴相交的点给出"饱和电压" V_s，特性的斜率为空气电抗或"饱和感抗" X_s。

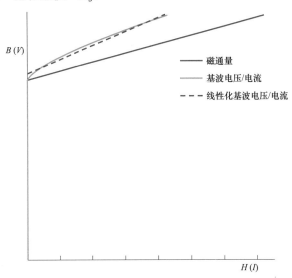

图 10-4　$B-H$ 特性与线性化基波电压/电流特性

10.2.1 静止无功补偿器的基本原理

自饱和电抗器的等效电路可以利用其饱和电压与饱和电抗的串联表示，如图 10-5（a）所示。这与具有固定励磁电压的同步补偿器的特性和等效电路相似，如图 10-5（b）所示。为此，饱和电抗器提供了一个与同步补偿器等效的无惯性静止同步补偿器，属于第一种"静止无功补偿器"（CIGRE TB 25 1986）。

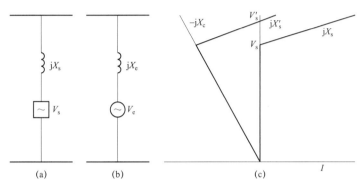

图 10-5   饱和电抗器等效电路及特性

饱和电抗器本身仅只能在其终端电压大于饱和电压时吸收无功功率，而同步补偿器在其终端电压低于励磁电压时还能发出无功功率。静止补偿器发出无功功率的能力可通过加入并联电容器获得，如图 10-5（c）所示。

在这种布置中，等效饱和电压为 $V_{s'} = V_s X_c/(X_c - X_s)$，等效斜率电抗为 $X_{s'} = X_c X_s/(X_c - X_s)$。

当切换由并联电容器和饱和电抗器组成的静止补偿器时，断路器切换负载非常容易。这是因为消除了通常与电容器切换相关的陷阱俘获电荷效应。断路器触头分离并且电弧在电流为零时中断后，电容器上的残留电荷使电抗器再次饱和。然后，电容器储能在稳步下降的频率下，以循环方式耗散。因此，当断路器触头分离时，它们之间的电压上升率很低，电弧不会发生再引弧。

10.2.1.1   响应速度

图 10-6（a）给出了一个带有一台与感性负载并联的自饱和电抗器的简单电路。当感性负载运行时，由于供电电抗 X_0 上存在电压降，负载母线上的电压 V_1 低于开路电压 V_0。如果饱和电抗器的饱和电压 V_s 略低于 V_1，则饱和电抗器芯部不在饱和，励磁电流将非常小。在负载关闭的瞬间，V_1 瞬间变为 V_0。初期 V_1 增加导致饱和电抗器铁芯内磁通量的变化率增加，由于磁通量现在增加得更快，达到并超过饱和磁通密度 B_s，饱和电抗器在同一半周期内，随着负载电流和电压的变化而吸收更多的电流。自饱和电抗器对负载电流和外加电压变化的响应实际上没有延迟，如图 10-6（b）所示。从图中还可以看出，负载电压发生畸变。

10.2.2   恒压变压器

典型电力系统的母线电压可以在其标称值的±5%甚至±10%的较宽范围内变化，静止补偿器能够有助于减少其接入点处由负载或电源电压变化的母线电压变化。当供电系统由电压变化范围很宽的电源供电时，部分敏感负载无法正常工作；研制恒压变压器能够保护这些敏感负载免受电源电压变化大的影响（Friedlander 1935）。带抽头的电抗器与一个对电压敏感的负载串联，并与饱和电抗器的抽头点连接，如图 10-7（a）所示。在实际应用中，抽头电抗器可由线性电抗器$(1+n)X_0$组成，其与自耦变压器并联，如图 10-7（b）所示。通过匹配饱和电抗器的斜率电抗、电抗器或变压器的线性电抗及抽头比 n:1 的组合，可以抵消电源电压变化的影响。

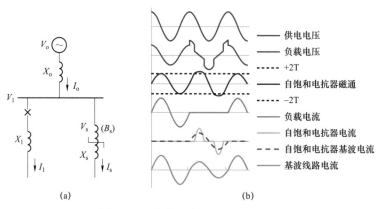

图 10-6　自饱和电抗器无延迟响应

图 10-7（c）给出了抽头电抗器的等效三端星形阻抗表示法；支路到抽头点的阻抗为负电抗$-nX_0$。当斜率电抗 X_s 具有相等数值时，电抗会抵消，并且等效电路星形点处的电压将与饱和电压 V_s 相同，后者为常数。该恒定等效电压 V_s 将通过等效电抗 $n(1+n)X_0$ 施加到负载上，如图 10-7（d）所示。系统电压的变化被饱和电抗器电流的变化所吸收，不会干扰对负载提供有效的恒定电压。

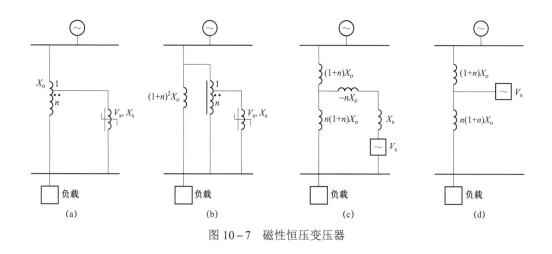

图 10-7　磁性恒压变压器

10.3 饱和电抗器中的谐波

10.3.1 单相自饱和电抗器中的谐波

当对自饱和电抗器施加正弦电压时，励磁电流并非正弦波，而是电流脉冲的形式（即波形为余弦波的顶部），如上文图 10-2 和图 10-3 所示。这种波形中的谐波可以通过傅里叶分析等方法进行详细研究。如前所述，波形由一个基波以及幅值较小的所有奇次谐波组成。图 10-8 显示，基波和高达 13 次的谐波的相对幅值随着电流脉冲峰值幅值的增大而增大。三次谐波分量占主导地位，但随着外加电压和磁通量水平的增加，高次谐波的幅值迅速减小。

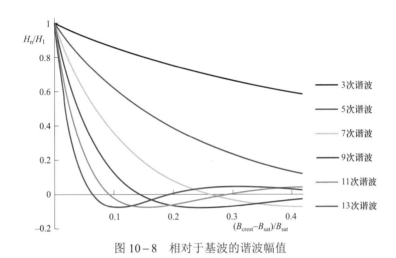

图 10-8　相对于基波的谐波幅值

10.3.2 三相自饱和电抗器中的谐波

三相饱和电抗器（或一组三台式单相电抗器）中的谐波模式取决于连接类型，星形或三角形、接地或中性点隔离。对于一个由 3 台单相电抗器组成的组合，基频每周期将有 6 个电流脉冲；而由两组或三组 3 台式电抗器组成的更复杂电抗器，每周期可能有 12 或 18 个脉冲。从整流器术语类推，线路电流中占主导地位的谐波可归类为 $6n\pm1$，其中 n 表示电抗器组数，其值为 1、2、3 等，例如，参见本书中的"6 静止无功补偿器（SVC）技术"一章。

10.3.2.1　接地星形接法

当三台单相电抗器上的绕组采用星形接法并且星形点连接到系统中性点时，如图 10-9（a）所示，电抗器一次只有一个饱和，线路电流包含基波和所有奇次谐波分量。当其他电抗器不饱和时，它们具有非常高的阻抗，饱和电流返回路径是从星形点进入系统中性点。这一模式随各相依次传导而重复。图 10-9（b）显示了相电流和中性点电流；中性点电流脉冲的频率是系统频率的 3 倍，因此包含所有三次级谐波（但不包括基波和非三次级谐波）。在

271

所示示例中，中性点电流 I_n 明显大于每条线路的电流。电抗器可以组合在三柱铁芯上，但通常不宜采用星形接地配置，因为在供电系统中性点连接处有非常大的 3 次谐波电流流过。在配电系统中，中性线有时会发生 3 次谐波过载。

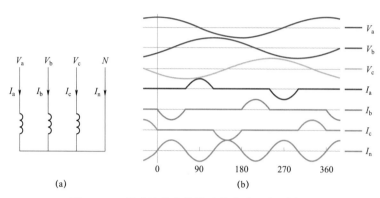

图 10-9　星形接地电抗器及其电流、电压波形

10.3.2.2　不接地星形接法

当单相电抗器上的绕组采用星形接法，但中性点不接地时，如图 10-10（a）所示，电抗器被迫成对地进入饱和状态。当没有一个电抗器处于饱和时，星形点与系统中性点一致，但每当有一对电抗器进入饱和状态时，星形点电压移动到相关线路电压的中点，从而在星形点与系统中性点之间产生 3 次谐波电压（近似为方波）。因此，各柱中的磁通包含 3 次谐波分量，而非电流波。如果将 3 台电抗器组合到一个多柱铁芯体上，则额外需要采用一个或两个无绕组的铁芯柱，为 3 次谐波电流提供返回路径。线路中的电流不包括任何 3 次谐波分量，因此具有双脉冲波形，如图 10-10（b）所示，而不是图 10-9（b）中的单脉冲波形。

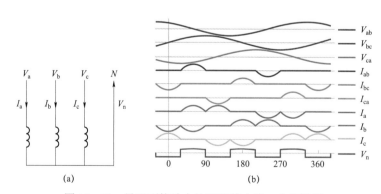

图 10-10　星形不接地电抗器及其电流、电压波形

10.3.2.3　带网状绕组的不接地星形接法

图 10-11（a）所示为同一组单相电抗器的不接地星形连接布置，但每相都有一个附加的"网状"绕组（也称为三角形连接绕组）；这些网状绕组连接起来形成一个闭合环路。在这种情况下，每台电抗器可以独立饱和，因为网状绕组允许每一个不饱和相通过变压器传导

一半的饱和电流。网络电流也在饱和相流动；网络电流的极性与主绕组中的极性相同，因此增强了饱和铁芯上的磁化力。由于每台电抗器独立饱和，与图 10 – 10（a）中电抗器成对饱和的简单不接地星形相比，相间饱和电压降低到 $\sqrt{3}/2$。图 10 – 11（b）显示了线路及网络电流。网状绕组中的电流包含 3 次级谐波；线路电流（具有 3 脉冲波形）包含基波和其他奇次谐波。网状绕组的存在消除了线路终端与星形点终端之间的 3 次谐波电压和电流，可以使用三柱铁芯。谐波分析表明，与图 10 – 10 中无网状绕组时（或图 10 – 11 中网状绕组呈开路状态时）的谐波相比，5 次和 7 次谐波的相位角具有相反的极性。

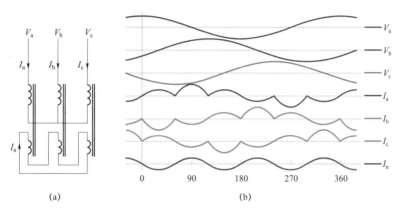

图 10 – 11　带网状绕组的星形不接地电抗器及其电流、电压波形

10.3.2.4　三角形接法

当 3 台单相电抗器上的绕组采用三角形接法时，如图 10 – 12（a）所示，每台电抗器独立进入饱和状态，具有三角形相电流 I_1、I_2 和 I_3。线路电流由相电流差异 $I_a = I_1 - I_2$、$I_b = I_2 - I_3$ 和 $I_c = I_3 - I_1$ 产生，因此在每一半周期中包含两个相等的脉冲，以 60°（π/3）分隔，见图 10 – 12（b）。线路电流波形与图 10 – 10（b）中的相同。相电流中的 3 次级谐波、零序谐波、3 次谐波、9 次谐波、15 次谐波等都是同相，并在三角形连接绕组中循环；因此，在平衡条件下，3 次级谐波不会出现在线路电流中。线路电流包含基波和剩余的奇次谐波，如 5、7、11、13 次等。由于三角形连接单元的电压和磁通量总和为零，因此可以组合到一个三柱铁芯上。

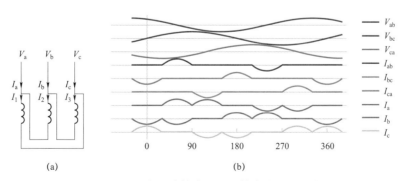

图 10 – 12　三角形连接电抗器及其电流、电压波形

10.3.3　降低谐波

10.3.3.1　磁通量的相移

图 10-11（b）和图 10-12（b）中，各线路电流波形迥然不同，尽管它们都包含与基波相同比例的谐波电流。与星形连接单元相比，在三角形连接式电抗器中，基频磁通量和电流的相位移为 30°（或 150°）。

该基频相位移导致 5 次与 7 次谐波分量相互之间的相对相位移为 180°。因此，当带有网状绕组的星形连接式电抗器［图 10-11（a）］与三角形连接式电抗器［图 10-12（a）］（设计为具有相同的饱和电压）并联时，一相的单个及组合电流如图 10-13 所示。星形和三角形连接式电抗器形成一个 12 脉冲组，5 次和 7 次谐波在电抗器之间循环流动，因此线路电流中没有谐波。11 次和 13 次谐波（12±1）无法消除，是线路电流中的最低次谐波。

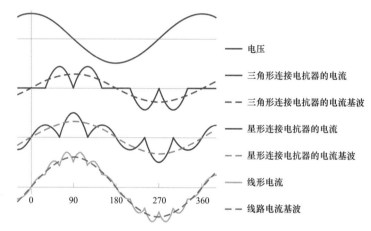

图 10-13　星形和三角形连接电抗器的电压、电流波形

在实际应用中，星形和三角形连接式电抗器的组合通常不用于谐波消除。为便于设计和生产，制造两台完全相同的电抗器，采用之字形（星间）互连接法，产生 30°的相对相位移，如图 10-14（a）所示。移相绕组的互联布置应确保一个柱组磁通量的相位移为 +15°，另一柱组的相位移为 -15°，从而消除 5 次和 7 次谐波，如图 10-14（b）所示。电抗器采用串联连接的，5 次和 7 次谐波也从线路电流中消除：5 次和 7 次谐波出现（并被抵消）在电抗器磁通量中。

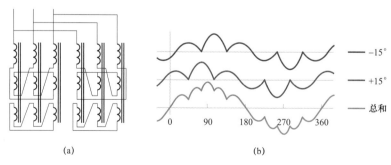

（a）　　　　　　　　　（b）

图 10-14　磁通量位移±15°电抗器及其电流波形

需要注意的是，完全谐波补偿只能在系统处于平衡状态时进行。如果系统三相失去交流对称性，负序基波分量会在线路电流中再引入少量的奇次谐波；如果存在零序分量（直流或3次谐波），甚至会产生谐波电流。在饱和电抗器中，电源电压中存在的偶次谐波畸变，同样会导致轻微破坏谐波平衡。

10.3.3.2 网状加载

图 10-11（a）所示的不接地星形连接式电抗器，如果其网状绕组突然开路，则 3 次谐波电流变为零，星形点产生 3 次谐波电压；电流波形从图 10-11（b）变为图 10-10（b）。波形的差异是因为占主导地位的 5 次和 7 次谐波相对于基波的极性反转。如果通过在网状环路中引入无功阻抗，实现从网状短路逐步向开路过渡，则 5 次谐波和 7 次谐波的幅值稳步降低并通过零，具有类似于图 10-13 的线路电流波形，然后再次增加，极性反转，至开路状态。然而，对于一个特定的网状阻抗值，5 次和 7 次谐波电流仅在一个基频电流值处最小。当基波电流改变时，网状阻抗也必须改变，以保持最佳波形。在 3 次谐波频率下运行的小型饱和电抗器，自身能够在整个电流范围内提供接近最佳值的自调整式阻抗。

10.3.4 磁倍频器

在金属加工业，感应炉提供一种清洁而有效的方法来加热金属，以便在浇铸前进行精炼、合金化和/或升温处理。工频炉能用但不适合熔化金属，而由电动发电机或静止倍频器供电高频感应炉更合适。磁性三倍频器采用一台三相、不接地星形连接式饱和电抗器，电抗器带有一个网状绕组（如图 10-11 所示），连接到一个感应线圈的端子上，感应线圈围绕着一个装有金属材料的坩埚。并联谐波滤波器既可用于提高输入功率因数，也可以通过吸收饱和电抗器中占主导地位的 5 次和 7 次谐波电流来改善三相电流波形。3 次谐波输出电压和功率通过并联电容器与感应线圈并联的接触器切换进行调节，如图 10-15 所示。在加热和熔化过程的不同阶段，负载阻抗的作用是减少电源电流中的谐波，如前一节所述。

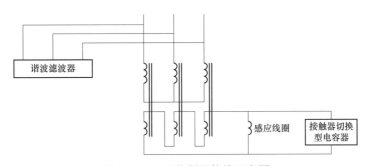

图 10-15 三倍频器接线示意图

Friedlander 描述了高频磁倍频器的一般原理。例如，一台五倍频器采用一个带有 5 个有绕组柱和两个磁通返回柱的铁芯，4 个有效柱体使用曲折绕组以 36° 间隔提供饱和通量位移，如图 10-16 所示（Friedlander and Young 1966）。网状绕组的输出电压为 5 次谐波频率，电压的调节方式与三倍频器相同。此外，还可以利用带 7 个有效柱体构成一个产生 7 次谐波的七倍频器（Friedlander 1958）。

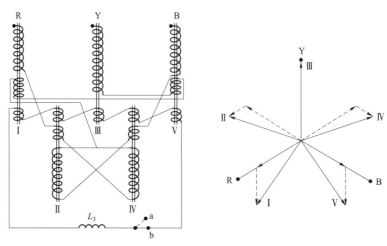

图 10-16　五倍频器接线示意图

10.4　磁放大器或饱和电抗器

多年来，磁放大器提供了一种非常方便而有效的方法，即仅使用低功率控制输入来控制高功率的交流或直流潮流输出。图 10-17（a）描绘了带有交流电源绕组和直流控制绕组的闭合铁芯。在交流绕组上施加一个不会引起铁芯饱和的正弦电压。当直流绕组中没有电流时，磁芯保持不饱和状态，所以交流绕组的阻抗非常高，只有很少量的励磁电流在其中流过。当直流绕组通直流电时，产生一个驱动铁芯饱和的磁化力；使得交变磁通发生偏移，所以部分磁通进入 $B-H$ 特性的饱和阶段，如图 10-17（b）所示。当铁芯饱和时，交流绕组阻抗非常低（相当于空心绕组），绕组中有电流脉冲。在传导周期结束时，交变磁通波使磁芯脱离饱和状态，在剩余的周期内，只有很低的励磁电流才能在交流绕组中流动。在传导周期中，交流绕组的平均安匝数与控制绕组的直流安匝数相平衡。当直流控制电流增加时，磁通波投入饱和状态的时间会延长（以保持安匝平衡），从而使交流绕组中的电流增加；该电流包括直流和交流分量。对于实际应用中，通过使用一对相同的铁芯 ［图 10-17（c）］ 来消除线路电流中的直流分量，铁芯的直流绕组相对极性相反，所以一个铁芯在正半周期允许电流，另一个铁芯在负半周期允许相等的电流。在大范围外加电压内，交流绕组中的电流与直流控制电流近似成正比，如图 10-17（d）所示。

为了与自饱和电抗器区别开来，磁放大器有时被称为"饱和电抗器"。与自饱和电抗器相比，饱和电抗器需要两倍的活性磁性材料、更多绕组、和辅助设备控制其输出，并且响应速度相对较慢。因此，在饱和电抗器的几次早期应用之后，Friedlander 致力于开发自饱和电抗器，作为电力系统静止补偿器的关键元件。

10.4.1　用于交流发电机测试的 100MVA 饱和电抗器

在涡轮交流发电机等大型发电机上进行的工厂试验，由于不能达到所需的输入功率，而且工厂内无法有效控制输出，通常不能在所设计的额定的输出负载下进行。机型在高负载水平下进行背靠背测试的情形非常少见。大型发电机在厂内通常要进行两种电气试验：短路试验和开路试验。很难通过这些工厂试验来确定设备在额定工作条件下发生的复杂热流和杂散损耗。但在负载功率因数几乎为零的全容量测试时可以获取上述信息。

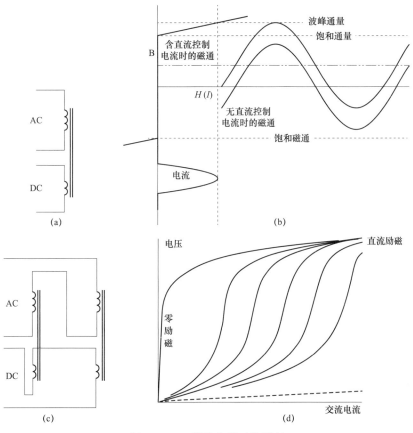

图 10-17　磁放大器工作原理

20 世纪 50 年代，Friedlander 设计了两台大型饱和电抗器，目的是以这种方式测试发电机（Easton et al. 1958）。他提供了一种简单、连续的方法，实现对额定励磁电压下，发电机中的无功负载电流的控制。在 6.6～22kV 的电压范围内，每个饱和电抗器的标称额定值均为 100Mvar。

为了实现谐波补偿，需要采用两个 6 柱变压器型铁芯。如图 10-18 所示，绕组布置采用锯齿形接法，产生 ±15° 的相位移，以消除 5 次和 7 次谐波电流。角形连接的三次绕组允许 3 次谐波电流循环，不需要任何无绕组磁通返回铁芯柱。残余的 11 次和 13 次谐波电流，最大幅值约为 1.5%（在发电机和饱和电抗器端子处产生类似的电压幅值），但在大多数工作条件下，该值很低，对被测发电机的性能影响不大。

饱和电抗器的控制电流来自 500kW 晶闸管整流器。每个直流控制绕组包含铁芯的三个柱体，所以基频感应电压为零。这些控制绕组串联在一起。图 10-19 展示了安装在常规油箱之前的两个饱和电抗器单元中的一个绕线铁芯。

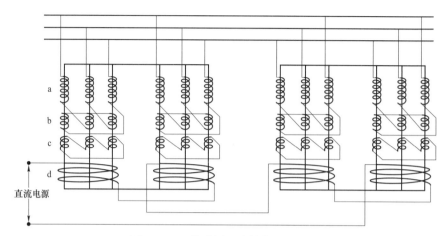

图 10-18　并联星形连接饱和电抗器

图 10-19　100MVA 饱和电抗器的绕线铁芯

根据运行条件，一次绕组可以采用星形或三角形接法，如图 10-20 中的阴影区域所示。星形连接式单元的电压/电流特性如图 10-21 所示。

这两台完全相同的 100Mvar 饱和电抗器于 1953 年制造完成并投入使用，随着交流发电机额定功率的增加，几年后又增制了第三台相同的单元。这三台饱和电抗器均具过载能力，使其能够在 360Mvar 的综合控制输出下运行，并利用不受控制的自然饱和特性，在高达 460Mvar 的条件下运行。

10.4.2　用于 132/275/400kV 电网动态无功平衡的三次连接式饱和电抗器

随着英国电网的发展，中央发电局（CEGB）采用并联电抗器和并联电容器，通过平衡变电站的稳态无功功率来控制电网电压分布情况。为了在故障或设备停机后实现对系统的动态补偿，在重要变电站安装了三级连接式同步补偿器。这些补偿器的常用动态范围是 90Mvar（标称电压为 13kV，工作范围为 30Mvar 感性无功功率到 60Mvar 容性无功）。它们通常成对安装，以便在一台停机检修或更新时，另外一台始终保持可用状态。

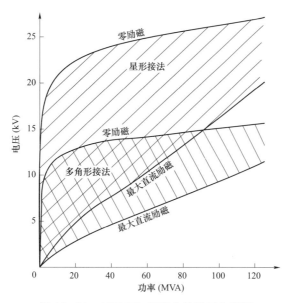

图 10-20   100MVA 饱和电抗器工作范围

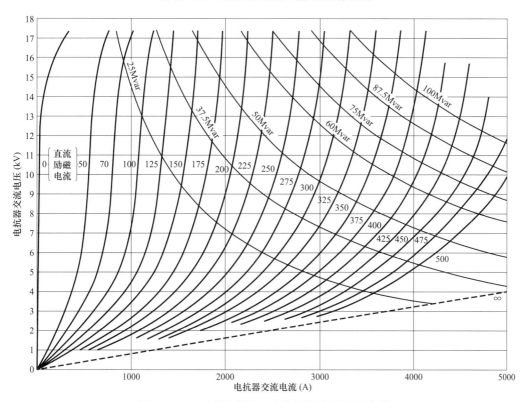

图 10-21   星形连接饱和电抗器的电压/电流特性

考虑到饱和电抗器的可控性与同步机相似，不需要定期工厂整修，所以 CEGB 决定在其 275/132kV 变电站所在地之一，即英国埃克塞特市，安装一台 +60/−30Mvar 静止补偿器，对静止补偿器和旋转补偿器的行为和性能进行直接比较。在稳态运行中，同步补偿器通常恢复到 0Mvar 的"浮动"状态，因此其动态范围可以用于突然变化，在 60Mvar 的变化斜率为 5%。在第三级绕组上允许 −10%～ +15% 的电压范围。

与早期的 100Mvar 饱和电抗器类似，饱和电抗器设计采用 ±15° 磁通量相位移进行谐波补偿，但控制绕组缠绕在各个柱体上，协助达到所需的响应时间。

静止补偿器的 60Mvar 容性容量通过三个开关电容器组获得，每个电容器组为 20Mvar，以便可以使用小型饱和电抗器，并且可以在 0Mvar 条件下以最小损耗运行。电容器切换采用空气吹弧式断路器。饱和电抗器设计成动态范围为 34.5Mvar（在 13kV 下），足以在每个电容器切换点产生重叠，从而可以顺利覆盖整个无功输出范围，而不存在任何间断点。

在强制励磁下，同步补偿器的响应时间约为 5 个周期（50Hz）。饱和电抗器控制系统对突发扰动提供了相同的响应时间。当饱和电抗器到达其动态范围极限时，触发了电容器切换。尽管全范围动态响应包括开关设备运行所需的短暂延迟，但静止补偿器仍能针对严重的电网扰动提供令人满意的无功容量。图 10−22 显示了 CEGB 变电站电压/电流特性的可控范围以及装置的单线图。静止补偿器于 1967 年投入使用。当变电站升级至 400/132kV 运行时，两台补偿器均转移到新变压器上的 13kV 三次绕组。

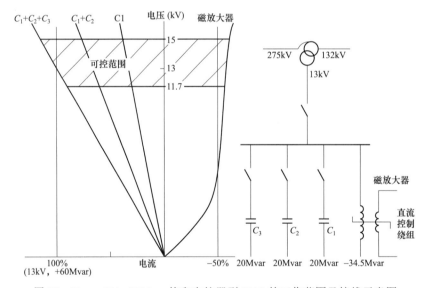

图 10−22　+60/−30Mvar 饱和电抗器型 SVC 的工作范围及接线示意图

静止补偿器在没有明显停机的情况下使用了大约 30 年，直到变电站又进行了重大升级，安装了多台新的晶闸管控制型 SVC。这一原版静止无功补偿器的成功可靠运行，是英国国家电网公司（CEGB 的继任者）后来决定在英格兰和威尔士多座变电站安装多台晶闸管型 SVC、用于 275kV 和 400kV 电网动态补偿的一个因素。

10.4.3　磁控并联电抗器（MCSR）

在俄罗斯、哈萨克斯坦以及其他国家，磁控并联电抗器（MCSR）被用来为电网和工业装置提供可变的吸收无功功率。MCSR 是一台饱和电抗器，其一次绕组直接连接到高压系统。尽管一台饱和电抗器需要两个磁芯，每个磁饱和方向各一个，因与高压系统直接连接，不需要降压变压器，MCSR 的成本相对较低。

通常，MCSR 被用来补偿高压输电线路的容性充电电流，以便更好地控制线路的电压，并提高其总功率传输能力。MCSR 也用于作为电网配电节点的变电站，将电压变化控制在接近标称电压的小范围内，同时降低附近同步发电机的无功控制要求。

本书中"11 俄罗斯磁控并联电抗器"一章详细介绍了 MCSR 的设计及其应用。

10.5 电弧炉有效补偿的发展

10.5.1 电弧炉的性能特点

三相电弧炉是一种很有价值的工具，可以熔化废金属，生产优质钢，供炼钢厂和铸造厂使用。电弧炉变压器的输出电压为几百伏，由三个大直径石墨电极供电。电弧在电极之间形成，控制炉中的废金属和电极垂直移动，尽量让各相的电弧电流保持在选定的目标值。从而使得废料熔化是由电弧产生的热量引起，而不是废料内部电流的传导。在熔化循环的早期阶段，电弧非常不稳定、不平衡，电流从一个半周期到下一个半周期变化很大，在最坏的情况下，电流由开路变为短路，反之亦然。此外，废金属熔化时会沉淀，有时会在电极周围塌陷，从而导致短路，短路可能持续几十个周期。在熔化和再熔化的后期阶段，当电弧在电极与熔融金属之间形成时，会变得更加稳定和平衡。

波动的负载电流会引起相应供电系统的电压波动，从而干扰其他用电设备。最多的扰动是白炽灯光输出的闪烁效应，早期也发生过由电视机画面闪烁而引起的投诉事件。将电弧炉连接到一个更强的供电点来减轻灯泡闪烁有时不太现实，而利用串联电容器装置补偿供电系统的工频感抗时，其减少扰动的效果非常有限。

当电弧炉负荷与电弧炉变压器一次侧并联时，设计成具有低瞬态电抗的同步补偿器吸收了部分无功潮流。为了提高这些补偿器的共用效果，有时通过串联缓冲电抗来增加电源阻抗。该系统取得了良好的效果，并且声称快速励磁控制可以进行进一步改进。但事实上这个结果具有误导性，因为用于测量电压波动的传感器响应很慢。在选择缓冲电抗器的阻抗时需要谨慎，因为缓冲电抗器的数值太大存在丧失系统同步的风险，当发电机响应电弧炉功率波动和无功波动时，会出现严重的转子振动现象（Concordia et al. 1957）。

10.5.2 用饱和电抗器补偿电弧炉的试验性研究

英国谢菲尔德地区计划使用一个由 6 台 40MVA 电弧炉组成的大型电弧炉设施时，很明显供电能力不足以供应负载，其他客户可能会遇到难以承受的电压波动。当时考虑使用同步补偿器，但由于饱和电抗器与同步补偿器呈现静态等值，有人向 Friedlande 征求了意见，并希望其帮忙设计。同步补偿器对电弧炉无功需求不平衡分量的补偿不如对平衡分量有效，因为其负相序电抗高于正相序电抗。相比之下，可以将饱和电抗器布置成单相单元，这样它们就可以均衡地补偿平衡分量和不平衡分量；此外，饱和电抗器没有惯性，因此不会失去与电源电压的同步性。

从世界其他地区大型电弧炉运行报告来看，对灯光闪变影响最严重电压波动是发生在熔炼冷废铁的初期阶段出现极大的低频电压骤降现象。一般认为持续时间小于 3 个周期（60ms）的扰动可以忽略。因此，根据规范，要求饱和电抗器式补偿器在 50Hz（100ms）的 5 个周期内完全响应大扰动。Friedlander 安排了一次实验室模型演示，以证明该响应速度可以通过饱和电抗器实现。与会者一致认为应使用实际的电弧炉进行更大规模的试验。英国钢铁研究协会谢菲尔德实验室配有一台合适的 500kVA 电弧炉，其供电电压为 11kV。为了给补偿器设计提供指导，记录了这台电弧炉的运行情况。

电弧炉的扰动电流的范围较大，从开路到短路。为了完全补偿这些电流，饱和电抗器需要足够大，才能保持电弧炉的短路电流。小型电弧炉的标幺值电抗通常低于大型电弧炉。对于 500kVA 的电弧炉，短路电流是额定电流的 3 倍以上，并且根据规范要求，将最大值的 75% 设为校正值。

因为电弧炉具有非线性阻抗特性，电弧炉电流包括奇次谐波电流。电弧炉电流在连续半周期之间往往存在不对称，从而导致偶次谐波和短时直流的出现。可以通过将一台电感与控制绕组串联起来控制单相饱和电抗器产生的奇次谐波。将一组调谐到 2、3、4、5、6 次和 7 次谐波的并联谐波滤波器与电弧炉用变压器及饱和电抗器并联，使电源母线上的电压畸变达到最小化。并联滤波器的容性输出约等于最大饱和电抗器负载。

由一台六相晶闸管整流器向饱和电抗器直流绕组供电，并采用闭环控制系统来调节交流电流。2、4 次和 6 次谐波滤波器通过直流电源连接，尽量减少饱和电抗器谐波与整流器之间的相互作用。整流器的强制功率足以使饱和电抗器在 50ms 内在最小与最大电流之间变化，即仅为规定时间的一半。图 10-23 是电弧炉补偿用实验性饱和电抗器式 SVC 的电路。

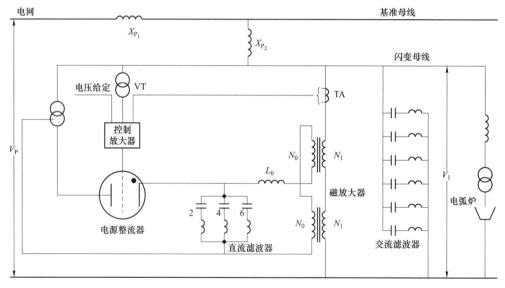

图 10-23　电弧炉补偿用实验性饱和电抗器式 SVC 的电路

11kV 变电站的短路水平为 93MVA，交流母线电压波动几乎不明显。为了在实验中产生更加严重的电压波动，引入了一台大型缓冲电抗器，将炉用变压器的短路水平降低到 13MVA。外部扰动在这条"闪变母线"上的视觉效果通过电压互感器供电的 110V/60W 灯具来监测，基准母线上电压波动是处于可接受的较低水平，故可将"闪变母线"上的灯光闪烁情况与基准母线上的进行比较。

高速记录显示，低频大电压波动显著降低时，饱和电抗器式补偿器完全符合目标性能标准。但在减少 60W 灯具的视觉闪烁效应方面，测试结果不令人满意。即使使用补偿器，灯光在高频部分的闪变带来的视觉感受仍然非常强烈。

很明显，人眼和大脑对电弧炉引起的光照中较小但更频繁的阶跃函数变化的敏感度远远超过先前所考虑和允许的范围；因此，为了使灯光闪烁足够小，突发电压变化需要在交流频率的大约半个周期内消除（Dixon et al. 1964）。

10.5.3　用自饱和电抗器补偿电弧炉的试验性研究

在对饱和电抗器测试结果进行评估的几天内，Friedlander 提出了另一种概念来保证能够满足所需的补偿性能。他意识到，第 10.2.2 节中描述的用于保护敏感负载免受电源电压波动影响的磁性恒压变压器，可以在反向模式下使用，保护电源系统免受扰动负载的影响，如图 10 – 24（a）所示；如第 10.2.1.1 节所述，它还具有所需的非常快的响应速度。对于电弧炉补偿，当自饱和电抗器的斜率电抗 X_s 与图 10 – 24（b）等效电路中抽头支路的负电抗 $-nX_1$ 相匹配时，星形点处的电压是一个恒定值，等于饱和电压 V_s。因此，从电源引出的电流 I_1 也必须是恒定值，使电源电压 V_p 不受电弧炉无功电流 I_3 变化的影响。V_s 也成为电弧炉的有效电源电压。在实验室演示了这一原理后，经商议使用自饱和电抗器进行下一步试验。

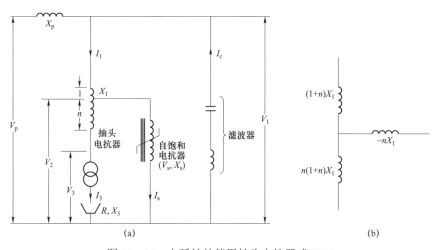

图 10 – 24　电弧炉补偿用抽头电抗器式 SVC

全面试验时再次使用 500kVA 电弧炉，补偿装置采用基本单相回路的三相网状连接，如图 10 – 25 所示。与电弧炉变压器并联的辅助变压器用于放大饱和电抗器的电压变化，其方式相当于恒压变压器的抽头电抗器。调整辅助变压器的比率，使饱和电抗器的斜率电抗与缓冲电抗器的电抗 X_0 相匹配。其中缓冲电抗器与炉用变压器串联，将并联谐波滤波器调谐到 3、5 次和 7 次谐波。监测布置与早期实验类似。

结果非常成功，使可以察觉的灯光闪烁降低了 1～7 倍，所有观察者发现闪变母线处 60W 灯具上的残余闪变效应几乎不可见或不可见（Dixon et al. 1964）。相序滤波器测量表明，逐相补偿将从引自供电系统的负相序电流降低到一个很小的水平，即使当电弧炉在最不平衡的条件下运行时也是如此。

　　由于试验旨在证明有效闪变补偿的原理，因此可以接受的是，向电弧炉提供的补偿电压（饱和电抗器的饱和电压）低于正常电源电压，从而降低电弧炉的熔炼功率、增加熔炼时间。图 10-26 显示了如何通过将自耦变压器并入饱和电抗器来恢复电弧炉的额定功率，进而恢复电弧炉变压器的正常额定电源电压。

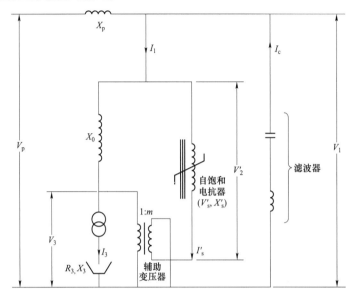

图 10-25　电弧炉补偿用的含辅助变压器的 SVC

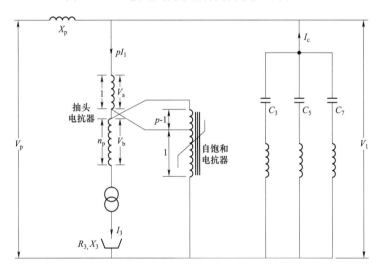

图 10-26　带炉压升压功能的抽头电抗器式 SVC

10.5.4　电弧炉补偿用饱和电抗器的商业应用

　　第 10.5.3 节提到的积极试验结果发表后不久，埃塞俄比亚就成功进行了商业应用（Friedlander et al. 1965）。当时，亚的斯亚贝巴的主要电力来源是一个配有三台 18MW 交流发电机的偏远水电站。额定功率为 1.7MVA 的电弧炉对整个系统造成了严重的扰动（甚至在发电站都清晰可见），因此电弧炉每天只能从半夜 12 点开始运行 6～8h。

基于成功的抽头电抗器方案，GEC 安装了一台补偿器来控制由电弧炉引起的电压波动，使用三相额定值为 7Mvar 的三台单相饱和电抗器和一组并联谐波滤波器，用于总额定容量也为7Mvar 的 3、5、7、9、11 次和 13 次谐波（见图 10－27）。电弧炉变压器可采用星形或三角形接法，以满足所需的输出电压范围，补偿设备可采用星形接法；为了抑制 3 次谐波相电压和电流，单相饱和电抗器采用网状绕组，串联缓冲电抗器采用环形绕组。饱和电抗器包括自动变压器绕组，用于将电弧炉一次电压恢复到其额定值，如图 10－26 所示。

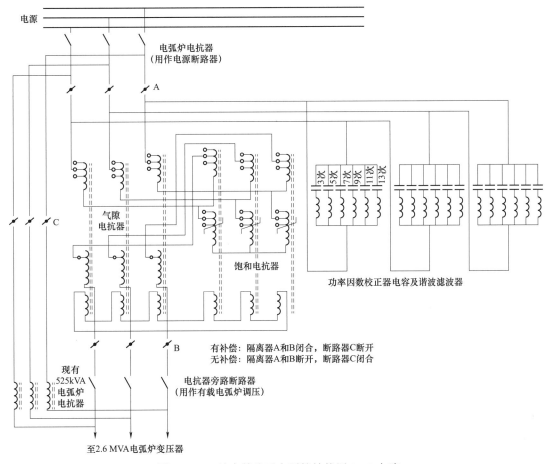

图 10－27 埃塞俄比亚电弧炉补偿用 SVC 电路

由于高频谐波滤波器对系统频率的任何漂移（已手动控制）都非常敏感，因此为发电机配备了频率控制器，确保频率稳定在 50（1±1%）Hz。经研究，确定要将扰动减少到不超过未补偿波动的 15%。这一目标得以成功实现，从而取消了对电弧炉运行时间的限制。残余波动几乎看不见，远低于会对系统其他用户造成刺激的水平（Friedlander et al. 1965）。

抽头电抗器方案在单电弧炉方面也有其他多次成功的商业应用案例，其中这类单电弧炉需要大幅度减少扰动，降低到未补偿水平的 15%～20%。在减弱白炽灯闪烁上。似乎尚未有电力电子设备能够与之相匹配。

由于抽头电抗器方案必须集成到单电弧炉电路中，因此不能顺利同时为在熔化模式下运行的多个电弧炉进行补偿。不过，谐波补偿式三相饱和电抗器已被用于补偿多炉负荷。它们具有与单相电抗器相同的快速响应能力，但补偿不平衡条件的能力较差；负相序电抗大于正相序电抗，但它们已被用于将单个和多个电弧炉引起的扰动降低到 30%左右的未补偿水平（Kennedy et al. 1974）。

10.5.5　基于解耦变压器－电抗器的补偿

另一种有趣且非常有效的补偿方法也是使用抽头电抗器。这种条件下，抽头电抗器抽头点处的负电抗与系统阻抗匹配，向扰动负载提供一个输出，向受保护负载提供第二个输出，同时使一个负载与另一个负载之间的相互作用最小。这种补偿原理以前曾用于保护焊接负载，但最初获得的是用于早期电视发射机的专利。该补偿系统安装在苏格兰一座变电站，其中一台降压变压器为两台电弧炉供电，另一台为当地社区供电。高压下的公共耦合点足够强，可以避免两个负载之间的任何相互作用或扰动，但在 11kV 电压下强制隔离供电，导致在维修或紧急情况下缺乏后备。

该方案使用了两台抽头电抗器式变压器，每台降压变压器各一台；每台均设定用于为电弧炉和社区提供综合载荷，但它们也可以并联运行，如图 10－28 所示。正如预期的那样，扰动急剧减少，以至于几乎所有观察者都察觉不到受保护母线上的残余扰动。

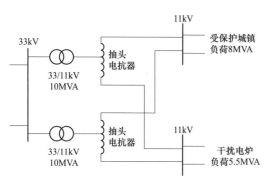

图 10－28　多电弧炉补偿用解耦变压器－电抗器

10.6　三相自饱和谐振补偿电抗器

在平衡的三相系统中，三相单相饱和电抗器组的 3 次谐波电流会在电抗器之间循环，不会在线路电流中流动，但其他奇次谐波电流，特别是 5 次和 7 次谐波，远超出电力系统的接受范围。在三相饱和电抗器中，通过使用第 3.2 节所述的相移技术，可将这些谐波降低到可以忽略的水平。

10.6.1　双台式三倍频器型饱和电抗器

双台式三倍频器型电抗器是 Friedlander 提出的首次谐波补偿饱和电抗器实用设计。它用于从几千乏到大约 50Mvar 的额定值。其名称来源于三倍频器属于三相饱和电抗器，带有一个以 3 次谐波频率为负载供电的网状绕组，见第 3.3 节。双台式三倍频器由两台三倍频器组合而成，以低次谐波电流抵消的方式运行。

铁芯由 6 个有绕组柱体构成；3 个柱体一组，带有能够产生±15° 磁通量位移的锯齿形绕组，同时还自带 3 次谐波电流网绕组。电源频率下的 30° 净磁通量位移，在 5 次和 7 次谐波频率下相乘，使其相位偏移 180°；因此，当电抗器组的绕组并联时，这些电流在各组之间循环，并从线路电流中消除，如图 10－14 所示。如果将电抗器组的绕组串联在一起，则会在磁通量中产生 5 次和 7 次谐波，并且再次抵消。如第 10.3.2.2 节所述，将网状（或三角形）绕组中的 3 次谐波电流控制到最佳值时，每台"三倍频器"一次绕组中的 5 次谐波和 7 次谐波电流以及它们可能造成的损耗都会大大降低。此外，占主导地位的 11 次和 13 次剩余谐波变得非常小，如图 10－29 所示。

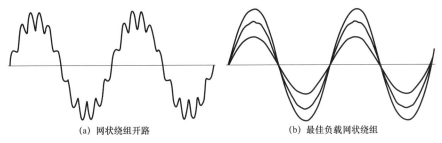

(a) 网状绕组开路　　　　　　　　(b) 最佳负载网状绕组

图 10－29　无网状负载电抗器和有网状负载电抗器的双台式三倍频器电流

为控制 3 次谐波电流与一次（工频）电流成正比，采用饱和电抗器作为网状负载电抗器。网状绕组中的 3 次谐波电流在 ±45° 时偏移三倍的工频通量，即彼此之间为 90° 时。因此，将网状负载电抗器布置为具有 4 个有绕组柱体的谐波补偿两相饱和电抗器，同样采用锯齿形绕组，在每对柱体上产生 ±22.5° 的磁通量位移。这种布置也有助于改善主网状绕组中 3 次谐波电流的波形。

图 10－30 示出了铁芯及绕组布置。传统的变压器设计和制造技术用于制造铁芯和绕组。由于饱和，铁芯损耗比同类变压器要大，而且在铁芯结构中还有额外的冷却管道。

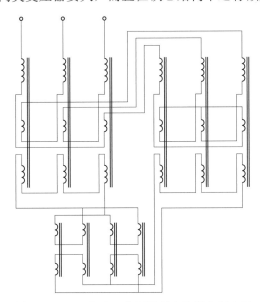

图 10－30　双台式三倍频器型电抗器绕组布置

10.6.2　三台式三倍频器型饱和电抗器

与双台式三倍频器类似，三台式三倍频器名称也源自三倍频器这一概念，在这种情况下，三倍频器采用 20° 磁通量相移布置。铁芯有九个有铁芯柱。中心柱体组有 3 个铁芯柱，采用不产生磁通量相位移的简单绕组；两侧柱体组采用锯齿形绕组，分别产生 −20° 和 +20° 的相移。在正常运行中,这种饱和电抗器设计可消除 17 次和 19 次谐波以下的所有谐波($6n\pm1$),即使这些谐波也可以被网状负载电抗器降低到可忽略的水平。

在三台式三倍频器型电抗器中, 3 次谐波电流相位偏移 120°, 从而形成一个三倍工频的三相系统。在这种情况下, 网状负载电抗器为三相饱和电抗器, 有三个有铁芯柱体, 并且本身配备一个网状绕组, 在 9 次谐波频率下运行。图 10-31 示出了三台式三倍频器的绕组布置。图 10-32 显示了装入油罐前完整的铁芯及绕组组件。

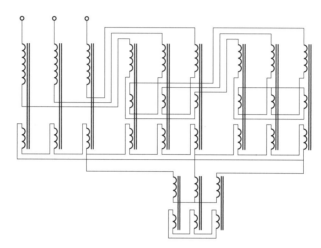

图 10-31 三台式三倍频器型电抗器绕组布置

图 10-32 三台式三倍频器型铁芯及绕组组件

三台式三倍电抗器连续额定值达 170Mvar, 但它的额定值仍可以提高。其电压-电流特性有一个尖锐的拐点, 从额定电流的 10% 到 300% 以上, 其斜率呈线性变化, 在 1% 左右。

10.6.3 饱和电抗器的斜率校正

自饱和电抗器的自然斜率电抗, 通常比正常运行范围高出 8%～15%。对于电力系统中的大多数应用只需要很小的电压变化, 这一斜率过大。串联电容器能够提供将有效斜率电抗降至实际值所需的负无功阻抗。然而, 电容器与饱和电抗器串联是一种潜在的不稳定布置,在缺乏预防措施的情况下，会引起次谐波振荡。因此，系统包含如图 10-33 所示的旁路滤波器,通常与斜率校正串联电容器一并使用，确保该电路不会对任何次谐波频率（电源频率的一半、三分之一、四分之一等）产生电容性电抗。

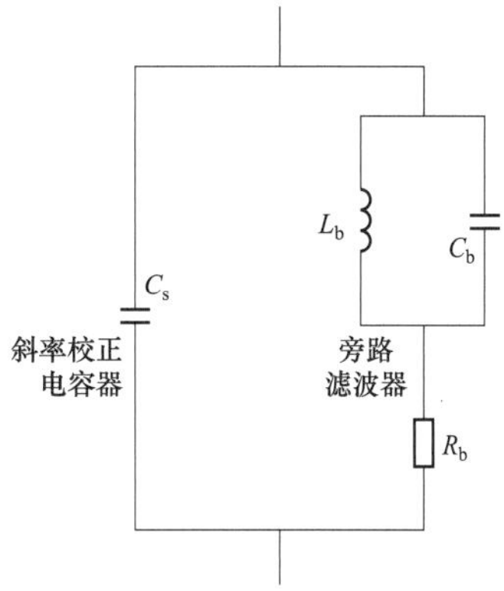

图 10-33　串联电容器式旁路滤波器

10.7　自饱和电抗器的应用

10.7.1　工业负载引起的扰动

随着工业过程电气化步伐加快,换流器供电型直流驱动电机因其简单而准确的可控性而越来越受欢迎。但采用这类驱动装置的缺点是，对无功功率需求通常相对较大，进而对供电系统其他用户造成不可接受的电压波动。增强供电系统通常花费巨大，可能并非最佳方案。一种能够将电压波动降低到可接受水平的可靠、稳定的静止补偿器设计，为这种情况带来了希望。

10.7.1.1　矿用卷扬机、提升机及轧机补偿

英国经常用高效型交流感应电机驱动装置取代煤矿业老式蒸汽驱动型卷绕机,但换流器供电型直流驱动装置因其可控性更好而变得越来越流行。这些驱动装置的无功功率需求通常在 3~5Mvar 范围内，在不采取措施的情况下经常会造成当地 11kV 配电系统无法接受的电压扰动。此外由 6 脉波换流器引起的谐波失真也是一个潜在的问题。对于一些矿用卷扬机驱动装置，可以采用标准型 SVC 将电压和谐波扰动降低到可以接受的水平。

SVC 使用一台连续电感额定值约为 5Mvar 的斜率校正型双台式三倍频器型电抗器，以及一个 5Mvar 的并联滤波电容器组。为了使 SVC 的固定补偿电压能够适应供电公司选定的配电电压值，在配电母线与 SVC 之间插入了一台带分接开关的小型变压器，使饱和电抗器始终能够在必要的补偿范围内运行。

轧机（尤其是可逆式轧机）因晶闸管换流器供电型驱动装置引起的波动无功需求远远大于采矿应用。较大型驱动装置可使用 12 或 24 脉波换流器，但部分 6 脉波辅助设备往往需要衰减 5 次和 7 次谐波。通常有数种大型驱动装置，包括可逆式轧机，这类轧机是波动无功功率需求的主要来源。有必要对所有驱动装置同时出现需求高峰的概率进行统计评估，在设置静止补偿设备的工作范围时，也需要考虑到这一点。带斜率校正和并联谐波滤波器的双台式、三台式三倍频器用于此类 SVC（Clegg et al. 1974）。

10.7.2　长输电线补偿

如"3 采用常规控制方式的交流系统"一章所述，Baum 描述了如何通过使用同步机在长输电线路中点处提供电压支撑来增加传输距离（Baum 1921）。随后，Griscom 基于输电线路模型对这种稳定作用进行了说明（Griscom 1926）。Rudenberg 和 Friedlander 已经确定自饱和电抗器具有与同步机控制特性相似的自然饱和特性，因此自饱和电抗器应该能够实现等效的稳定作用（Friedlander 1930）。此外，饱和电抗器成本应该远远低于同步机。饱和电抗器稳定化的概念由 Friedlander（DRP 592510 1931）获得了专利，他在 Rudenberg 编辑的一本

书（Rudenberg 1932）中对此进行了描述，但多年来一直没有实际应用。

10.7.2.1　模型研究

　　Friedlander 继续寻找机会将原理转化为实践，并安排建造一条试验输电线路，向顾问和潜在客户演示自饱和电抗器的稳定作用（Friedlander and Jones 1969；Ainsworth et al. 1974）。三相 415V 实验室电源代表了强电网，由同步机驱动的 200kW 电机/发电机组则代表了较弱的远距离发电或负载系统。输电线路由多个集总元件表示；有些线路段相当于单条线路，而其他线路段则表示两条（或更多）平行线路。由 100kvar 三台式三倍频器组成的稳压器，其中带有串联斜率校正电路和并联电容器，提供了中间电压支持，如图 10－34 所示。经验证，当等效电机电压之间的夹角超过 180° 时，模型具有平稳运行的可能。即使在如此大的角度下，例如，在两条平行线路中的一条上，可以穿越故障。图 10－35 显示了实验室内的布局，其中两个线路段位于最前部，两台稳压器位于中心。

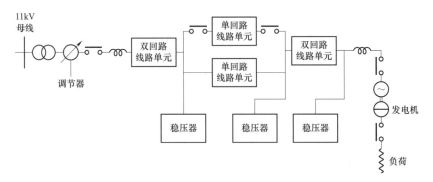

图 10－34　基于三个路段的线路模型

图 10－35　GEC 的输电线路模型

10.7.3　商业应用

　　1978 年，饱和电抗器式 SVC 首次商业应用于尼日利亚长约 750km 的 132kV 输电线路；

8Mvar 斜率校正饱和电抗器连接至两个中间变电站的配电母线。

紧随该系统之后，1984 年西澳大利亚州采用了一种更大、更复杂的输电系统，应用于一条 700km 长的 220kV 单回路输电线路，线路自珀斯附近的穆贾发电站，至西卡尔古利地区广阔的东部金田矿区，见图 10-36（Lowe 1989）。大约在这条线路的中间位置，即梅里登，有一个变电站，与珀斯周围的 132kV 电网互联。而在西卡尔古利，220/132kV 变电站为东部金田矿区的社区和工厂供电，其中包括相对少量的本地发电。各变电站的降压变压器均配备有载分接开关和 29.5kV 三次绕组。每台 SVC 的额定输出均为 44/32Mvar，其中一台连接至每个三次终端。斜率校正串联电容器在三次终端提供恒定的电压特性。

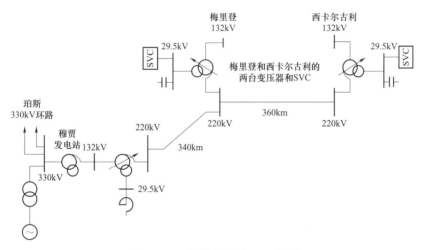

图 10-36 长输电线路 SVC 补偿

SVC 允许超过 SIL 约 125MW 的稳定功率传输。在一台 SVC 或其变压器断电的情况下，其余的 SVC 可确保 220kV 输电线路上的持续电压控制，但补偿性无功功率的范围减小。此外，可以通过调整沿线的电压分布来实现对平衡性无功功率的总需求。

10.7.3.1 詹姆斯湾 735kV 输电方案研究

1971 年，魁北克水电公司宣布计划开发魁北克省西北部詹姆斯湾盆地的水电资源，为其电网提供约 8GW 的电力。詹姆斯湾位于蒙特利尔以北约 1000km 处。魁北克水电公司开发并采用了 735kV 输电系统，但即使在这种电压下，如果各线路段均采用传统线路连接型并联电抗器，那么稳定输电似乎需要多达 13 条并联电路，用于控制末端的费兰梯效应（参见本书中"3 采用常规控制方式的交流系统"一章）。动态并联补偿有可能减少所需输电线路的数量，从而大幅降低方案成本。受 Friedlander 工作成果的鼓舞，魁北克水电公司工程师考虑在中间变电站使用静止并联动态补偿的可能性。为获取计算数据，他们用 GEC 的输电线路模型进行了研究，该模型通过饱和电抗器进行补偿，最终得出的结论是，线路数量可以减少一半左右，从而大大节省成本。最终布置采用 6 条 735kV 交流输电线路（以及一条 450kV 的直流输电线路）。连接在中间变电站的并联 SVC，采用的是 TCR，而非饱和电抗器，随后增加了串联电容器（TCSC），进一步提高线路的输电容量。

10.7.4 2000MW 直流输电海底电缆静止无功补偿

10.7.4.1 直流输电系统方案的特点

在法国与英国之间修建一条 2000MW 的直流输电线路，通过海底电缆穿过英吉利海峡，从法国北部加莱附近的 Les Mandarins 换流站，延伸至英格兰东南部福克斯顿附近的 Sellindge 换流站。全额定功率可向任一方向传输，具体取决于每个国家的系统要求。

在 Sellindge，有 4 台 500MW 的 12 脉波换流器组合成两个 1000MW 的双极系统，可独立运行，输出电压为 ±275kV。额定功率传输为 2000MW 时，无论是输入还是输出，换流器无功需求均为滞后 1200Mvar 左右。这一需求主要由 8 个开关式电容器组来补偿，每一组的额定值为 130Mvar。电容器组配置为谐波滤波器。其中 4 台滤波器（每个极两台）滤除换流器占主导地位的 11 次和 13 次特征谐波。另外 4 台滤波器（同样每个极两台）提供包括 400kV 电网上的背景谐波在内的低次非特征谐波的通路。

10.7.4.2 电网特点

法国北部有数座核电站，确保为 Les Mandarins 提供一个强大的 400kV 系统；不需要额外的动态无功支撑或谐波滤除来支持法国换流站的运行。相比之下，英格兰东南部 400kV 电网的特点不太利于连接大型直流输电系统受端。Dungeness 是唯一一个靠近 Sellindge 换流站的发电站。电力从英国出口时，大部分电力来自从泰晤士河口一个偏远的发电站群，如图 10-37 所示。

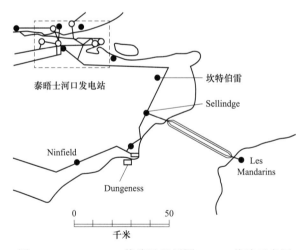

图 10-37 Sellindge 换流站及周围 400kV 线路示意图

Sellindge 换流站 400kV 系统的短路水平通常不低于 9GVA，但在夏季轻载条件下，短路水平约为 6GVA；在严重断电条件下，短路水平甚至可能降至 4GVA。换流站的运行不应对其他用户造成干扰。当短路水平为 9GVA 时，并联电容器组接通或断开时的电压阶跃变化不应超过 1.5%。对于单次谐波，400kV 电网的谐波畸变率应限制在 1%，总谐波畸变率应限制在 1.5%。传输功率的变化率必须足够慢，以避免干扰交流系统的正常频率和电压控制策略。从空载到满载以及从满载到空载的变化大约需要 30min。传输功率的暂态变化（例如，由于故障而导致的变化）问题更大，需要采取特殊预防措施来减轻其影响。

10.7.4.3 对动态无功支撑的需求

英国或法国电网中，任何一个故障都可能导致换流器闭锁，从而造成潮流和无功需求的完全损失。如果换流器断开，电容器组立即跳闸，则需要 30min 才能恢复全功率。另一种方法是保持电容器组连接，并在清除故障（英国或法国电网中）后尽快恢复换流器控制和故障前潮流。这可能会导致 400kV 系统出现严重的电压暂升。在功率输出条件下，过电压较大，在夏季 6GVA 的短路水平下，过电压可达 1.4p.u.。对于配电系统用户来说，这种幅值的暂时过电压是完全不可接受的，配电系统正常偏差为±6%。

为了将短时过电压降低到 15%左右的可接受水平，需要能够吸收至少 900Mvar 的快速响应设备。同步调相机和晶闸管控制型 SVC 的性能很难实现兼顾正常连续运行与严重过载负荷的要求（Allon et al. 1982）。

对于采用饱和电抗器的 SVC，由于具有变压器式结构，所以具备很大的固有短时过载能力，能够很好地满足正常及过载补偿负荷。

10.7.4.4 SVC 性能要求

400kV 电网在±5%电压范围内正常运行，即 380kV 与 420kV 之间。补偿设备指定为：能够在 380kV 下 300Mvar 的容性功率与 420kV 下 300Mvar 的感性功率之间连续运行。标称动态特性的斜率为 5%；标称"浮动"条件在 400kV 时为 0Mvar，但浮动条件必须在 380kV 与 420kV 之间可调。动态特性在 10%的电压变化下产生 600Mvar 的变化，从而对 Sellindge 换流站 400kV 电网的有效短路容量产生 6000MVA 的贡献，从而降低其对直流输电电容器组切换的敏感性。

对于短时过载负荷，许多电网故障在两到三个周期内很快被清除，并且可以快速恢复预设潮流，但是考虑到某些故障会持续较长时间；直流输电并联电容器组将保持连接，以便在较长时延后恢复潮流。但是，如果换流器控制未能在 300ms 内恢复，则启动断路器跳闸；直流换流器和电容器电路在 55ms 内中断。SVC 装置的过载吸收能力指定为 3.3p.u.（990Mvar），时间为 0.5s，电压为 1.165p.u.（对应于 300Mvar 上 5%的设计斜率）。图 10-38 说明了具体要求，阴影部分为所需的连续范围。

由于已经指定了直流输电电容器/滤波器，因此有必要布置补偿设备，使其不影响这些 400kV 电容器组的谐波性能和额定值。

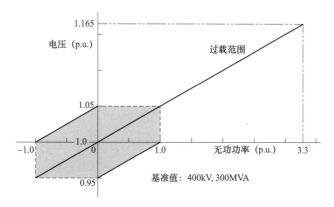

图 10-38 Sellindge 换流站 SVC 的电压—无功功率特性

10.7.4.5 SVC 设备

补偿设备细分为两台相同的 SVC，每台 SVC 的动态范围为 150Mvar，总额定无功功率范围为±150Mvar。SVC 基于三台式三倍频器型饱和电抗器；它们配有串联斜率校正电容器、固定及可调式并联电容器；它们通过降压变压器与 400kV 系统相连。

每个三台式三倍频器（电压—电流特性拐点）的饱和电压为 56.6kV，其斜率特性为额定电流的 11%。斜率校正串联电容器电路连接到饱和电抗器的中性端，因此不易受到穿越故障电流的影响。三倍频器具有与饱和电抗器相同的标称阻抗；因此，从线路终端看，饱和电抗器的净阻抗为零，这就形成了 56.6kV 的恒压母线。斜率校正电容器包含一个阻尼旁路电路，防止产生次谐波电流，以及一台放电电压互感器，确保在几个周期内准备好重新通电。尽管斜率校正电路的额定值可承受规定的半秒过载负荷，但某些瞬态条件可能会施加更高的电压应力；因此，非线性电阻器与电容器并联，确保所有过电压限制在安全值范围内。斜率校正电路中的电容器单元装有内熔丝。

电容输出范围要求每台 SVC 包含并联电容器组，当需要 SVC 电感范围时，可将其断开。当 SVC 滤波器接通或断开时，56.6kV 电压不变，因此，SVC 电容器切换不会引起 400kV 电网的无功变化。

从 400kV 母线可以看出，SVC 的总斜率为 5%，由 150MVA、400/56.6kV 降压变压器电抗提供。变压器具有有载分接开关，因此，当系统状况需要时，SVC 电压可在 400（1±5%）kV 范围内进行调节。

谐波研究表明，需要避免放大以电网电压低幅值背景畸变率的形式出现的非特征 2 次和 3 次谐波。3 次谐波电流可以由换流器中固有的相位不平衡以及 400kV 电压中的不平衡产生。在法国电网中，任何不平衡都会产生直流电二次谐波调制，由 Sellindge 换流站的换流器将其转换为 3 次谐波电流。

为了使 SVC 并联电容器的滤波特性与 400kV 并联电容器组相协调，将两台小型滤波器与饱和电抗器永久并联；其中一台调谐到略低于 3 次谐波，另一台为"C"型滤波器❶，宽范围调谐，以抑制任何初发的 2 次谐波畸变。两个被调谐到略低于 3 次谐波的较大滤波电容器组，在需要时进行切换以满足主要无功的要求，并联电容器单元配备外部冲出式熔断器，所有并联滤波器都包含放电电压互感器，滤波器和旁路电路的所有线性电抗器均采用空心风冷设计。

图 10-39 给出了 SVC 的详细单线图。组件由以下注释标识：

SDT：降压变压器；

ET：接地变压器；

SR：饱和电抗器；

（C）（L）STA：（电容）（电感）开关调谐桥臂；

（C）（L）UTA：（电容）（电感）无开关调谐桥臂；

（CM）（CA）（L）（R）CF：（主电容）（辅助电容）（电感）（电阻）"C"型滤波器；

SC：串联电容；

B（C）（L）（R）：旁路（电容）（电感）（电阻）；

---

❶ Friedlander 需要确定一种滤波器设计，这种设计能在基频下不引入显著损耗的情况下，为低阶谐波频率提供阻尼。他比较了大约 8 种可能性，决定采用字母表中的第三项"C"。因此，"C"型滤波器成为了这种滤波器配置的一种简写方式。

DVT：放电电压互感器；

NLR：非线性电阻；

SA（SC）（L）：电涌放电（静止补偿器）（电抗器）；

CB：断路器；

N：星形滤波器中性点（隔离）。

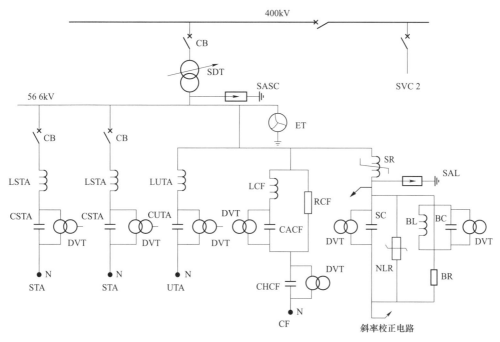

图 10-39　Sellindge 换流站一台 SVC 单线图

图 10-40 为 Sellindge 换流站一台 SVC 的照片。三台式三倍频器位于图片正中一个隔声罩里。开关滤波器位于图片最前部，斜率校正电路在最后部。

图 10-40　Sellindge 换流站一台 SVC 照片

在 SVC 设计过程中，CEGB（中央发电局，现名为英国国家电网公司）指出，出于系统运行的原因，Dungeness 核电站以西的 400kV 电网也需要动态无功支撑。CEGB 决定把它设在 Ninfield，距 Sellindge 换流站大约 30mile，采用与 Sellindge 换流站相同配置的 SVC。这一决定并未影响 SVC 主要部件的设计，但却导致了谐波滤波器规格的微小变化。

调试试验仅用 8 天就顺利完成，Sellingge 换流站 SVC 于 1984 年直流输电系统开始调试之前投入使用。几个月后，Ninfield 的 SVC 投入使用（Brewer et al. 1986）。在较大的系统和换流器扰动期间，SVC 已完全按照设计规范和性能目标进行响应，并作为 Sellindge 换流站的重要部件继续使用。

参考文献

Ainsworth, J. D., Cooper, C. B., Friedlander, E., Thanawala H. L.: Long distance AC transmission using static voltage stabilisers and switched linear reactors. CIGRE, 31 – 01 (1974).

Allon, H., Gardner, G. E., Harris, L. A., Thanawala, H. L., Welch, I. M., Young, D. J.: Dynamic compensation for the England-France 2000 MW Link. CIGRE, 14 – 04 (1982).

Baum, F. G.: Voltage regulation and insulation for large power long distance transmission systems. J. AIEE. 40, 1017 – 1077 (1921).

Brewer, G. L., Horwill, C., Thanawala, H. L., Welch, I. M., Young, D. J.: The application of static var compensators to the English terminal of the 2000 MW HVDC cross channel link. CIGRE, 14 – 07 (1986).

CIGRE TB 25: Static var compensators；WG 38 – 01, Task Force 2, (1986).

Clegg, E., Heath, A. J., Young, D. J.: The static compensator for the British Steel Corporation - anchor project. In: IEE International Conference on Sources and Effects of Power System Disturbances, IEE Conference Publication 110, (1974).

Concordia, C., Levoy, L. G., Thomas, C. H.: Selection of buffer reactors and synchronous condensers on power systems supplying arc furnace loads. AIEE Trans. 76 (part 2), 170 – 183 (1957).

Dixon, G. F. L., Friedlander, E., Seddon, F., Young, D. J.: Static shunt compensation for voltage-flicker suppression. In: IEE Symposium on Transient, Fluctuating and Distorting Loads and their Effects on Power Systems and Communications；paper no 7, February 1963. IEE Conference Report Series No 8, Abnormal loads on power systems, p. 49. (1964).

DRP 592510, Friedlander, (1931).

Easton, V., Fisher, F. J., Friedlander, E.: A 100 MVA Transductor for Testing Alternators；paper 117, CIGRE (1958).

Friedlander, E.: Uber Kippschwingungen, insbesondere bei Elektronenrohren；Doctoral thesis, Berlin 1926, also Archiv fur Elektrotechnik, vol 16, p 273 and vol 17, p. 1. (1926).

Friedlander, E.: Selbstattige Blindstromkompensation auf langen Hochspannungsleitungen；Siemens Zeitschrift, p. 494. (1930).

Friedlander, E.: Der Spannungsgleichhalten, ein verzögerungsarmes, statisches Regelgerät zum Ausgleich von Wechselspannungschwankungen；Siemens Zeitschrift 15, 177－181 (1935).

Friedlander, E.: Grundlagen der Ausnutzung hochster Eisensattigungen fur die starkstrom technik；ETZ, Ausgabe A, 11 Feb 1958.

Friedlander, E.: Static network stabilization: recent progress in reactive power control. GEC J. Sci. Technol. 33 (2), 58－65 (1966).

Friedlander, E, Jones, K. M.: Saturated reactors for long distance bulk transmission lines. Electr. Rev., 27 June 1969.

Friedlander, E., Young, D. J.: The Quin-reactor for Voltage Stabilisation. Electr. Rev. 126－9, 22 July 1966.

Friedlander, E., Telahun, A., Young, D. J.: Arc-furnace flicker compensation in Ethiopia. GEC J. Sci. Technol. 32 (1), 2－10 (1965).

Griscom, S. B.: A mechanical analogy to the problem of transmission stability. Pittsburgh, Electr J. 23, 230－5 (1926).

Kennedy, M. W., Loughran, J., Young, D. J.: Application of a static suppressor to reduce voltage fluctuations caused by a multiple arc furnace installation. In: IEE Conference on Sources and Effects of Power System Disturbances, IEE Conference Publication No 110, (1974).

Lowe, S. K.: Static var compensators and their applications in Australia. IEE Power Eng. J. 3 (5), 247－256 (1989).

Rudenberg, R.: Elektrische Hochleistungsubertragung auf weite Entfernung；pp. 182－239. Springer, Berlin (1932).

David Young，曾于伯明翰爱德华国王中学接受教育，后于剑桥大学主修机械科学专业。在伯明翰威顿，就职于通用电气公司（GEC），并担任该公司顾问 Erich Friedlander 博士的助理。先后参与了用于校正闪变的静止无功补偿器（SVC）的早期开发工作，以及在输配电系统中广泛应用的 SVC 项目。早期 SVC 使用可控饱和电抗器，但很快被自饱和电抗器取代。他是使用饱和电抗器和电力电子器件的 SVC 和 FACTS 项目的首席工程师，并负责谐波滤波器以及直流输电项目的滤波器的设计，该项目最初应用于曼彻斯特的特拉福德公园，随后被移至斯塔福德。在就职公司被阿尔斯通兼并后，他出任顾问，并于退休后担任独立顾问。他是 UIE（国际电力应用联盟）干扰专委会的成员，该委员会制定了 UIE/IEC 闪变仪的规范，并在 IEE（电气工程师协会）P9 小组任职。他是多个关于 SVC 应用以及直流输电系统中无功补偿和谐波消除的 CIGRE 工作组的成员。1996 年获 GEC 的纳尔逊金奖，2000 年获 IEEE 电力与能源学会 FACTS 奖。

俄罗斯磁控并联电抗器 11

Sergey V. Smolovik、Alexander M. Bryantsev

目次

Sergey V. Smolovik（✉）
俄罗斯圣彼得堡，JSV "STC UPS"
电子邮件：smolovik@ntcees.ru

Alexander M. Bryantsev
俄罗斯莫斯科，JSV "ESCO"
电子邮件：amb-amb@mail.ru

© 瑞士，Springer Nature AG 公司 2020 年版权所有

S. Nilsson，B. Andersen（编辑），柔性交流输电技术，CIGRE 绿皮书，https://doi.org/10.1007/978-3-319-71926-9_28-1

摘要

俄罗斯和其他独立联合体国家电网覆盖面积大，结合可变负荷计划，在低负荷期间，由于架空线路电容产生过大的无功功率，可能会导致电压显著上升。为了解决这一潜在问题，提出了利用磁控并联电抗器（MCSR）实现可控并联补偿的方法，用于改善长距离输电系统正常运行时的电压控制，同时提高系统的小扰动稳定性能及暂态稳定性能。

自 1999 年以来，在俄罗斯和其他国家的高压和超高压电网中，已经生产并安装了若干 8.4Gvar 的 MCSR。本章介绍了这些装置的技术细节和典型应用实例。

11.1 引言

正如"2 交流系统特性"和"3 采用常规控制方式的交流系统"两章所述，长输电线路可能需要进行无功功率补偿，才能将电压保持在所需的限制范围内。当线路负荷变化幅度较大时，可能需要根据潮流对无功功率补偿设备进行投切。然而，当传统开关设备用于此目的时，在电网发生故障的情况下，切换电抗器所花费的时间可能是不可接受的。此外，频繁切换也会增加开关设备维护工作量。

受控可变无功功率为控制线路电压提供了一种解决方案，也可以在扰动期间为交流电网提供支持，从而提高稳定裕度。本书中的"10 利用铁芯饱和实现交流电网控制的装置"一章描述了 20 世纪 60 年代，如何在输电网中利用铁芯的非线性饱和特性进行可变无功功率控制。

本章介绍了俄罗斯开发的磁控并联电抗器（MCSR）系统。俄罗斯和其他独立联合体（CIS）国家幅员辽阔，因此需要通过远距离线路进行电力传输，带动了磁控电抗器的需求。电网潮流日内变化和季节变化显著，特别是在低负荷期间，受架空线路电容富余容性无功功率影响（容升效应），线路电压可能大幅上升。为了解决这一潜在问题，提出了利用磁控并联电抗器（MCSR）实现可控并联补偿的方法，用于改善长距离输电系统正常运行时的电压控制，同时提高系统的小扰动及暂态稳定性能。

本章介绍了需要解决的问题，并提供了有关 MCSR 的操作、编写本文时正在使用的 MCSR 以及典型 MCSR 装置的说明。

11.2 无功功率控制的必要性

如本书中"2 交流系统特性"和"3 采用常规控制方式的交流系统"两章所述，传统的并联电抗器是长距离输电系统中最重要的元件之一，如果没有并联电抗器，那么正常运行就会面临相当大的技术困难（Bernard et al. 1996）。电抗器通常在轻负荷下接入输电网，以避免电力系统过电压运行。这种做法能够改善功率因数，同时可减少系统中大量无功潮流引起损耗。使用大量小型电抗器来优化系统功率因数并不经济，而使用大型电抗器易使电力系统过补偿或欠补偿，从而导致无功潮流大于期望值导致电力系统损耗高于预期。也就是说，电力系统运行处于次优状态。当然，电抗器本身也有功率损耗（连接时的空载和负载损耗）。

如"3 采用常规控制方式的交流系统"一章所述，传统开关电抗器的主要缺点是缺乏快速切换能力。为了防止过电压，无论传输功率如何电抗器都必须处于投运状态，这会降低功率传输能力。

在长输电线路的中间点安装具有电压控制能力的可控无功调节装置，有利于线路分段，提高输电线路的输电能力。连接在输电线路上的可控无功装置，其所消耗的无功功率可以与流过线路的潮流相协调。这样，线路传输能力仅受导线载流量的限制（Belyaev and Smolovik 2003）。

可控无功功率装置可替代同步调相机，或晶闸管控制串联电容器（TCSC）（Gama 1999；Gerin-Lajoie et al. 1990）。

关于替代用 FACTS 装置的信息可以在本书以下章节中找到：

第 3 部分　FACTS 装置技术

　　5 FACTS 装置的电力电子拓扑

　　6 静止无功补偿器（SVC）技术

　　7 静止同步补偿器（STATCOM）技术

　　8 晶闸管控制串联电容器（TCSC）技术

　　9 统一潮流控制器（UPFC）及其潜在的变化方案

　　10 利用铁芯饱和实现交流电网控制的装置

第 4 部分　FACTS 装置应用

　　12 SVC 应用实例

　　13 STATCOM 应用实例

　　14 TCSC 应用实例

　　15 UPFC 及其变体的应用实例

在俄罗斯，MCSR 用于超高压长距离输电线路无功功率并联补偿。MCSR 具有以下功能：

（1）在自动开关系统中，不使用断路器进行线路电压控制。

（2）通过无功潮流管理，降低电网中的功率损耗。

（3）通过减少变压器有载分接开关操作次数，提高运行可靠性。

（4）增加小信号稳定裕度。

（5）改善电力系统阻尼。

（6）尽量减少使用同步发电机作为受控无功电源。

MCSR 已应用于当时苏联电力系统内外的 110、220kV 和 330kV 变电站，额定容量分别为 25、100Mvar 和 180Mvar。

11.3　MCSR 工作原理

MCSR 是饱和电抗器的三相扩展，其控制绕组采用反向并联接法，如图 11-1 左侧所示。MCSR 有一个钢磁芯和两个绕组。其中一个绕组称为功率绕组，连接至电网（U_{HV}）；第二个绕组称为控制绕组，连接至一个幅值可控的直流电压源（U_C）上。功率绕组和控制绕组均采用反并联接法，两个铁芯之间没有直接电磁耦合。

控制绕组由提供可变直流励磁电流的电力电子整流器供电。在小扰动稳定性方面，

MCSR 等效时间常数 τ 约为 3～4s。但在特殊情况下，通过施加短时磁场强励，时间常数可以降低到 $\tau=0.1s$。

图 11－1 显示了三个运行层级，即非饱和模式（Ⅰ、空载运行）、半周波饱和模式（Ⅱ、额定运行）和全周波饱和模式（Ⅲ、过载运行）。为了增加或减少相电流，直流控制电压 U_C 发生变化，如图 11－1 从上至下的第三个波形中蓝线所示，该图也同时给出了系统电压。控制电流 I_C 随着铁饱和而增加，如图 11－1 的第二个波形所示。当相电流达到所需变化时，控制电压返回到一个非常低的值，足以将控制电流幅值维持在选定的水平。只要 U_C 保持恒定，受控电流值就保持不变。磁通量 Φ_1、Φ_2 见图 11－1 的第四个波形。

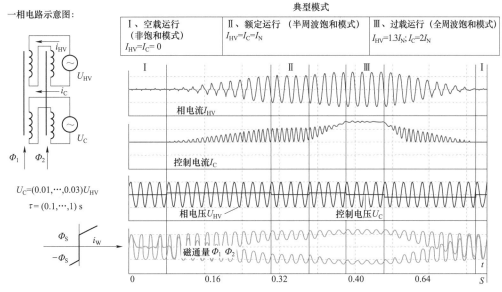

图 11－1　磁控电抗器一相电路原理图及其典型电压、电流波形

每相绕组产生自己的磁通：功率绕组产生基频的交变磁通，而控制绕组产生可控幅值的恒定偏置磁通。恒定偏置磁通使交变磁通偏置到磁化曲线的饱和区域，从而引起装置电感发生变化。请参阅本书中"10 利用铁芯饱和实现交流电网控制的装置"部分，其中介绍了关于铁芯饱和特性的更多细节。

用于表征这一过程的电压和电流变化曲线如图 11－1 右侧所示。当功率绕组端连接至电网，且控制环路（U_C、I_C）中没有储能时，分裂铁芯中产生等值、等向的交变磁通量。磁通量不超过磁芯任何部分的饱和磁通量，功率绕组中的电流几乎等于零（$I_{HV}\approx0$）。该工况为空载工况。在这种情况下，时间段 Ⅰ 的电流和电压变化图如图 11－1 所示。

当能量施加到控制回路或从控制回路中移除时（$U_CI_C>0$ 或 $U_CI_C<0$），电网电流 I_{HV} 和控制电流 I_C 发生增加或减少的暂态过程（时间段 Ⅰ－Ⅱ、Ⅲ－Ⅰ）。控制回路的平均功率约为可控电抗器额定容量的 5%，以便在系统电压频率大约两个周波内，实现从一种稳态过渡到另一种稳态。

然而，这仅在过渡期间才有必要。在任何稳态模式下，例如，在半周波饱和模式或全周波饱和模式下，控制回路所消耗的功率急剧降低，因为只需补偿控制绕组中的功率损耗，且该功率小于额定功率的 1%。

与使用耦合变压器的 SVC 相比，MCSR 的优点如下：

（1）成本相对较低（为具有相同额定功率的传统变压器的 150%～200%）。

（2）占地面积小（为具有相同额定功率的传统变压器的 105%）。

（3）线路连接时，电网连接无须增设变压器。

缺点与 SVC 相比，时间常数相对较大（0.1s），从而导致响应缓慢。

11.3.1　数学模型

图 11－2 显示了磁控电抗器和可能的等效电路图。该图解释如下：

（1）在等效电路中，L_{net} 和 L_{con} 分别是功率绕组和控制绕组的电感，磁芯完全饱和。

（2）α 是晶闸管的触发角，与系统电压半周波内铁芯饱和时间间隔相对应，以电角度表示。

（3）可能的工作模式，其完整范围对应于 α 从 0 到 π 的变化。例如：

1）$\alpha = 0$ 的晶闸管触发角，对应于电抗器运行的空载条件。

2）$\alpha = \pi/2$ 的触发角，对应于半周波饱和模式（额定运行）。

3）$\alpha = \pi$ 的触发角，是最大电流消耗或全周波饱和的模式。

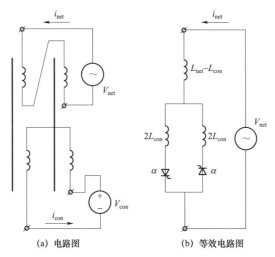

（a）电路图　　　　　　（b）等效电路图

图 11－2　磁控电抗器电路图和可能的等效电路图

功能等效法允许使用已知装置的组合来描述电力系统中可控电抗器的技术性能，也可以通过等效法分析可控电抗器的经济性。在损耗和材料消耗方面，电抗器相当于具有类似容量和电压的双绕组变压器；电抗器的功能则对应于广泛使用的通过耦合变压器连接至高压电网的晶闸管控制电抗器（SVC）。因此，我们不是将耦合变压器与电抗器和串联晶闸管开关相结合（SVC），而是只有一个变压器型装置，其中绕组电感执行电抗器功能，受控铁芯饱和充当 SVC 中的反并联晶闸管对。因此，不是三个功率元件，而是一个，其成本与前面提到的三个不相上下。

MCSR 的电压和电流波形如图 11－3 所示。

根据图 11－2（a）的电路图，使用计算机软件进行计算，得出了图 11－3 所示的曲线图。使用图 11－2（b）中的等效电路，也可以高精度地再现这些图，其中可控电抗器的相位表示为串联线性电感的反并联晶闸管对。在图 11－3 中，V_{net} 为电网电压，I_{net} 为电抗器电流。相应地，V_{con} 和 I_{con} 分别为控制绕组的电压和电流。

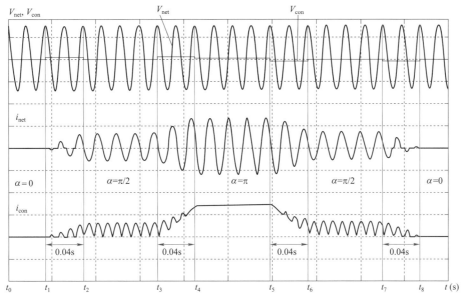

图 11-3 可控电抗器的典型电压、电流波形

11.3.2 高次谐波抑制

MCSR 磁系统的设计是为了使额定无功功率吸收下的运行接近所谓的半周波饱和模式（当半个周波内每个磁芯的感应强度大于钢的饱和磁感应强度时），因为在这种模式下，半个铁芯将交替饱和（每半个周波），因此，MCSR 在这种工作模式下的电流不包含谐波（Bryantsev 2010；Dmitriev et al. 2013）。图 11-4 显示了电抗器在半周波饱和模式下功率绕组的电流及其谐波分量。

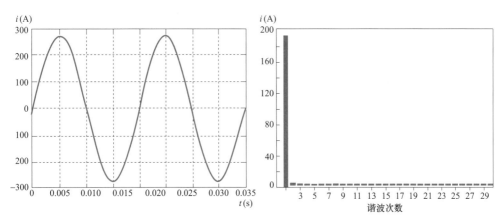

图 11-4 半周波饱和模式下电抗器功率绕组中的电流
（180MVA、500kV 电抗器，额定电流 207A）

图 11-5 中考虑了空载与半周波饱和条件之间无功功率消耗的中间运行条件。
通过改变控制绕组中的电流来改变半铁芯中磁感应的直流分量，从而控制电抗器的功

率。因此，有必要降低控制绕组中的电流，使电抗器吸收的功率低于额定功率。随着控制绕组中电流的减小，磁感应的直流分量也相应减小。感应直流分量的减少，将会导致每个半铁芯处于饱和状态的那部分时间缩短。相应地，每个半铁芯的饱和状态将与它们都不饱和的周期交替。因此，电抗器功率绕组中的电流将会减小，并且电流波形会因高次谐波分量而失真。

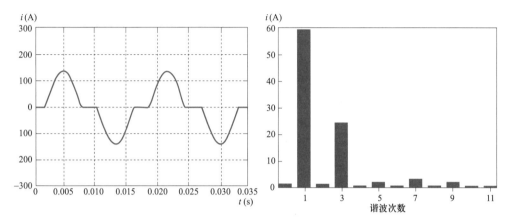

图 11-5　电抗器功率绕组中消耗额定功率 40%的电流

　　在图 11-5 中，给出了 40%额定功耗模式下功率绕组电流及其谐波分量的曲线图。从图中可以明显看出，电流波形畸变程度相当大。根据图 11-5，奇次谐波从 3 次到 9 次均清晰表示了出来。总畸变电流分量占基波电流峰值的 42.3%，但占额定电流的 12.8%或 0.13p.u.。

　　3 次谐波的最大值对应于 80A 的功率绕组电流（约为额定功率的 40%）。在该电流下，3 次谐波电流的有效值总计约为 25A 或电抗器额定电流的 12.6%。

　　很明显，功率绕组电流的波形畸变主要由 3 次谐波分量引起。通常，为了补偿 3 次谐波和其他奇数 3 次谐波，设计解决方案是将电抗器的特殊（补偿）绕组采用三角形接法。补偿绕组（CW）主要有以下两个功能：

　　（1）减少 3 次谐波分量；

　　（2）作为电抗器的电源二次绕组，在需要时，用于将提供电抗器直流偏磁电流的换流器与滤波补偿单元（FCU）连接。

　　对比图 11-6（a）和图 11-6（b），以额定功耗 40%为例，可以看出补偿绕组对功率绕组中电流谐波分量的影响，其中在功率绕组电流中，3 次谐波分量最大。

　　在没有补偿绕组的情况下，产生的畸变电流为 0.13p.u.（相对于电抗器额定电流的 12.8%），而三角形连接绕组的存在导致该参数降低至 0.04p.u.，并对 3 次和 9 次谐波分量进行完全补偿。值得一提的是，仅使用两个低容量滤波补偿单元来补偿 5 次谐波和 7 次谐波分量，可以在某些运行条件下几乎完全消除功率绕组电流的畸变现象。

　　MCSR 额定模式接近半周波饱和状态，其中功率绕组电流没有畸变。在补偿绕组中，仅防止奇数次谐波电流，最大的是 3 次谐波。很明显，在额定条件下，由于没有畸变，补偿绕组中的电流会很低，而补偿绕组电流的最大值出现在装置承载大约 50%的额定负载时。

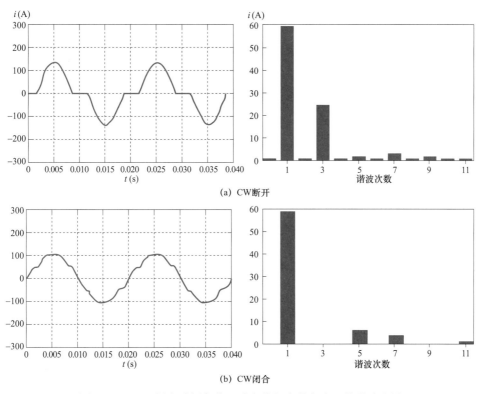

(a) CW断开

(b) CW闭合

图 11-6　40%额定功耗条件下功率绕组中的电流及其谐波分量

11.3.3　稳定性研究模型

将磁控电抗器定义为具有半导体电力电子设备等效功能的变压器型设备,这一概念是过去 10 年中所有技术发展的基础,并在变压器制造业和电力电子领域的现有发展中得到应用。

一般来说,用于电力系统稳定性研究的 MCSR 控制原理可以表示为:

$$(1 + pT_R)b_R = b_{R0} + \left(K_{0u} + \frac{sK_{1u}}{1 + sT_{1u}}\right)\Delta V_R \qquad (11-1)$$

式中:b_R、b_{R0} 分别为实际和初始(在先前的稳定运行中)MCSR 电导率;K_{0u}、K_{1u} 为终端电压偏差 ΔU_p 及其微分控制增益;T_R 为 MCSR 控制系统的等效时间常数;T_{1u} 为电压微分控制环路的时间常数。

11.4　110～500kV 电网磁控并联电抗器运行经验

可控并联电抗器由于能够使输电线路和发电机的运行条件正常化,在提高俄罗斯统一电力系统(UPS)电网的可靠性方面被证明是有效的(Belyaev et al. 2016;Bryantsev 2010)。高压和特高压长距离输电线路的运行经验表明,为了充分利用潮流输送能力,需要根据实际功率输送情况,控制线路电抗器吸收无功功率。最鲜明的实例是,由于在 1984 年将 1150kV 架空线路 "Ekibastuz-Kokshetau-Kostanai-Chelya-binsk" 投入试运行时使用了固定式并联电抗器进行无功功率补偿,因此其自然功率减少了 50%以上。如今,使用磁路区段极端饱和的偏置控制并联电抗器已成为最普遍的选择（Bryantsev et al. 2006；Belyaev et al. 2016）。

11.4.1 MCSR 的运行概况

MCSR 的实施始于 1997 年，当时生产了下述型号为 RTU－25000/110－U1 的试验样机。1998 年，该电抗器通过了全面试验，随后在位于 Togliatti 的 VEI STC 试验场投入试运行。之后，该电抗器被送往俄罗斯联邦 Permenergo 北部电网公司，安装于 110kV "Kudymkar" 变电站。1999 年 9 月，与现有额定容量为 52Mvar 静止并联电容器（SSC）一起投入运行。这是 MCSR 首次成功的商业化运行实践。

安装在 Permenergo "Kudymkar" 变电站的 MCSR（110kV、25 000kVA）现已运行超过 19 年（Bryantsev et al. 2006）。实际上实现了可控无功调节电源（RPS）的功能，其特点是 MCSR 与电容器组并联运行，在吸收无功模式（在电抗器额定容量内）和发出无功模式（在电容器额定容量内）下均能平滑调节无功功率。

迄今为止，在俄罗斯和其他几个国家（哈萨克斯坦、白俄罗斯、立陶宛和安哥拉），已经调试了总容量超过 8000Mvar 的可控并联电抗器（见图 11－7 和表 11－1），其中安装在俄罗斯的 MCSR 总容量超过 6200Mvar。

在撰写本文时（2019 年），图 11－7 中所列设备均未报告任何故障，首台 MCSR 已运行 19 年以上。

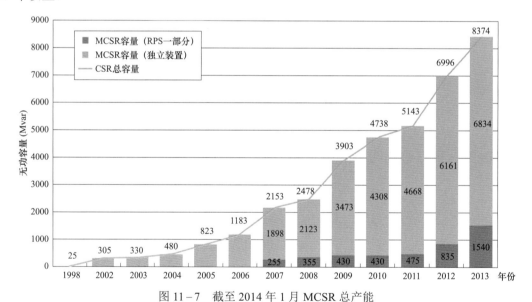

图 11－7 截至 2014 年 1 月 MCSR 总产能

表 11－1   不同电压等级的 MCSR 特性

电压等级（kV）	数量（台）	无功容量（Mvar）	国家
10	6×10	60	俄罗斯、哈萨克斯坦
35	9×25＋4×10	265	俄罗斯、哈萨克斯坦
110	31×25＋1×63	838	俄罗斯、哈萨克斯坦
220	2×25＋1×60＋7×63＋20×100	2551	俄罗斯、哈萨克斯坦、安哥拉
330	4×180	720	俄罗斯、白俄罗斯、立陶宛

电压等级（kV）	数量（台）	无功容量（Mvar）	国家
400	7×100	700	安哥拉
500	18×180	3240	俄罗斯、哈萨克斯坦
合计	110	8374	

11.4.2　MCSR 的优点

归属于波罗的海统一电力系统（UPS）的伊格纳利纳核电站（立陶宛）330kV 开关站是立陶宛高压电网的主要配电节点。6 条 330kV 架空线路（其中一条线径符合 750kV 要求）连接至开关站母线，用于连接立陶宛、拉脱维亚和白俄罗斯的电力系统。750kV 输电线路的运行电压为 330kV。与伊格纳利纳变电站相连的邻近电力线，电容充电功率约为 280Mvar。

电力系统维持节点电压正常与稳定，对于保障设备可靠运行至关重要。直到 2008 年，因电网中可控设备有限，330kV 电网出现了电压调节困难问题。由于伊格纳利纳地区电力线产生的无功功率过剩（高达 400Mvar），因此必须限制夏季和每日低负荷期间的电压水平。为了控制伊格纳利纳变电站的无功和电压，两台核电站汽轮发电机欠励运行，消耗无功 280Mvar。但是，发电机对无功功率的吸收受限，为了确保电力系统稳定发电机吸收无功通常不超过 150Mvar。

根据国际协定，立陶宛加入欧共体的条件之一是关闭伊格纳利纳核电站，然后可能就地建造几个新发电机组。因此，至少在 10～15 年内，如果 330kV 开关站不增配无功控制设备吸收输电线路在最小负荷下所产生无功，运行电压将上升到超出容许范围。因此，根据研究结果，建议在伊格纳利纳变电站 330kV 母线上安装 MCSR。MCSR 安装于 2008 年 8 月。

11.4.3　电压控制

MCSR 和基于 MCSR 的无功电源（RPS）主要用于稳定高压电网电压、优化无功功率分配、降低损耗，同时，还可以解决潜在的日益突出的功率振荡和动态稳定性问题。

积累的运行经验和研究建议表明，在电力系统中安装 MCSR 和基于 MCSR 的 RPS 有以下三种可行方案：

（1）作为 330、500kV 扩展系统间输电线路的一部分。

（2）安装在变电站（发电厂）母线上，其中具有大量送出线路或通过长距离架空线路传输电力的线路。

（3）安装在独立电力系统（或远离大容量电源的电力系统）且带有对电压质量要求较高的负荷。应当注意的是，大多数基于 MCSR 的 RPS 安装在石油和天然气生产系统的 110kV 电网中，用于稳定电压、辅助电机启动、优化无功潮流。

为了支撑在特高压电网中安装 MCSR 的必要性，收集了俄罗斯中部 500kV 系统间电网（IPG）中多个变电站的运行特性数据。数据显示实际电压水平与标称值之间存在显著偏差，如表 11-2 所示。基于 2013 年的测量结果，表 11-2 提供了 IPG 中心服务区域内电力设施的电压范围和无功潮流信息。ΔU 列显示不同负载条件下与标称工作电压（以绝对单位表示）的偏差。Q 列显示流入（或流出）所考虑节点中所有相邻电力线节点的总无功功率。

表 11－2　　　　　　　　　　　　IPG 中心 500kV 电网中电压偏差节点

变电站名称	ΔU（kV）				Q（Mvar）			
	冬季最大值	冬季最小值	夏季最大值	夏季最小值	冬季最大值	冬季最小值	夏季最大值	夏季最小值
Metallurgicheskaya	−23.24	−12.46	−2.7	5.1	87	95	50	18
Staryj Oskol	−21.15	−10.4	−4.61	3.8	296	302	198	131
Cherepoveckaya	0	0	−18.66	−9.22	0	0	147	153
Vologodskaya	0	0	−8.46	2.18	0	0	153	160
Kaluzhskaya	−7.9	−6.67	0	0	98	74	0	0
Novovoronezhskaya 核电厂	7.01	11.97	−7.55	−2.7	−45	−21	−167	−112
Trubnaya	−5.33	−3.14	−0.83	−2.92	163	161	163	161
Tambovskaya	−4.54	5.38	4.78	15.2	160	166	166	173
Volzhskaya HPP	−2.37	0.37	2.1	−0.5	−395	−466	−399	−466
Borino	−1.32	6.03	0.12	8.76	164	168	164	169
Zvezda	0	0	−1.09	2.8	0	0	163	165
Volga	−1.06	3.61	4.14	2.36	198	207	199	207
Voronezhskaya	−0.73	8.4	−0.56	7.86	130	83	122	89

　　该分析为安装 MCSR（或基于 MCSR 的 RPS）以稳定电压、防止相邻电网出现过多无功潮流和减少损耗提供了重要的建议信息。

　　图 11－8 显示了节点处工作电压与标称电压的偏差。横轴上标记的每个位置用四种颜色提供了四种不同运行方式下不同负载条件下的电压变化。负荷条件为冬季最大值、冬季最小值、夏季最大值和夏季最小值，颜色定义见图表。空心条表示：在相应的负载条件下流入节点的无功功率的绝对值。

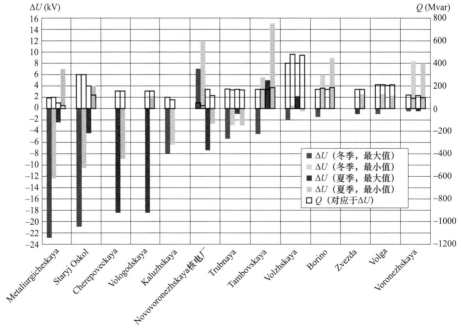

图 11－8　IPG 中心 500kV 电网中电压电平有偏差的设施

这一信息突出了在俄罗斯和其他输电系统发达、有大量长距离交流线路国家的高压电网中，增加可控并联补偿装置的相关性。

在哈萨克斯坦"南北"输电系统阿加迪尔变电站 500kV 输电线路上成功应用了 180Mvar MCSR。图 11-9 所示为 MCSR 调试之前 500kV 母线的电压变化。图 11-10 所示为 MCSR 运行时的电压，可以看出日变化幅度大幅减小。

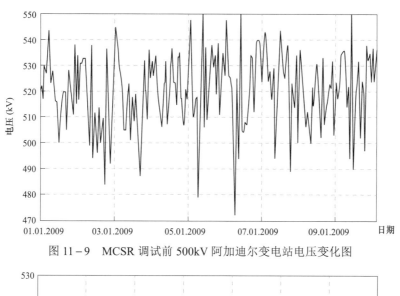

图 11-9　MCSR 调试前 500kV 阿加迪尔变电站电压变化图

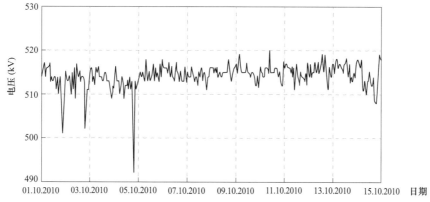

图 11-10　500kV、180Mvar 的 MCSR 调试后 500kV 阿加迪尔变电站电压变化图

MCSR 调试后，在大约 2 周的时间内测量电压，电压几乎都符合 510～520kV 的范围。

11.4.4　电力系统阻尼

根据大型 500kV 电力系统暂态测量结果和 Belyaev 等学者（Belyaev et al. 2016）对 MCSR 参数及设置影响方面的研究，电力系统的阻尼特性主要取决于发电机和等效发电机的自动电压（励磁）调节器（AVR）的设置。通常情况下，在较大范围内改变 MCSR（采用电压偏差连续 MCSR 控制律）的时间常数（T_{csr}），对阻尼性能影响不大。因此，可以得出结论，不需要 MCSR 对系统问题作出快速响应。

表 11-3 显示了在发电厂高压母线上安装 MCSR 时，长距离输电线路简化输电系统模型的特征值计算结果。假设发电机以两种不同的功率因数运行（模式 1：$\cos\varphi = 0.992$；模式 2：$\cos\varphi = 0.9$）。

表 11-3　　　　　　　　　　　　　　特征值计算结果

模式编号	$T_{\text{csr}} = 0.05\text{s}$	$T_{\text{csr}} = 0.1\text{s}$	$T_{\text{csr}} = 0.5\text{s}$	$T_{\text{csr}} = 1\text{s}$
1	$-0.429 \pm 8.233\text{i}$ -0.270	$-0.413 \pm 8.20\text{i}$ -0.268	$-0.456 \pm 8.016\text{i}$ -0.256	$-0.554 \pm 7.975\text{i}$ -0.242
2	$-0.373 + 8.566\text{i}$ -0.289	$-0.360 + 8.536\text{i}$ -0.2872	$-0.418 + 8.366\text{i}$ -0.273	$-0.514 + 8.337\text{i}$ -0.257

表 11-3 所示的实根在第二种模式下绝对值较大，说明了稳态运行条件（发电机机端电势 E_{MF} 值较大，功率传输角较小）的影响。一对共轭复根表明，MCSR 的参数对动态稳定性能影响不大，但是通过增加电抗器的时间常数，可以改善阻尼率。决定性因素是发电机稳定时自动励磁控制的可用性（电压频率偏差和电压频率导数）。

Dmitriev 等（Dmitriev et al. 2013）指出，功率因数（$\cos\varphi$）接近 1 时，发电机转子和定子电路的损耗比标称功率因数运行时要小得多。根据 Dmitriev 等的说法（Dmitriev et al. 2013），对于一个 2000MW 的发电厂来说，每年可节省 3000 万卢布（100 万美元）。

11.5　西伯利亚 Tavricheskaya 变电站 MCSR

图 11-11 所示为安装在西伯利亚 Tavricheskaya 变电站的 MCSR。

经工厂和现场试验确认的 RTU-180000/500 型可控电抗器（2005 年在西伯利亚 500kV 变电站"Tavricheskaya"投入运行）基本参数见表 11-4。

图 11-11　2005 年 Tavricheskaya 变电站的 MCSR

表 11-4 　　　　　　　　　RTU-180000 型磁控电抗器基本参数表

参数	数值
额定容量 Q_R	$60\text{Mvar} \times 3 = 180\text{Mvar}$
动态调节范围	Q_R 的 5%~130%
额定电压 U_R	525kV
最大工作电压	550kV
功率绕组额定电流 I_R	198A
交流电压端子处的控制绕组额定电压	32kV
控制绕组额定偏磁电流（偏磁电流）	2000A
(5%~100%)Q_R 功率爬升和(100%~5%)Q_R 功率下降的最短时间	0.3s
Q_R 和 U_R 的汇总（总）损失	不超过 Q_R 的 0.5%
日负荷系数在 0.7 范围内时的运行损耗	Q_R 的 0.3%
标称正弦电压下，电流任意高次谐波的振幅，标称电流的百分比	U_R 控制模式：不超过额定电流（I_R）的 3% U_R 和 Q_R 控制模式：不超过 I_R 的 1%
声功率级	不超过 108dB
平均罐壁振动双振幅	不超过 150μm
顶层油温升高于环境温度	不超过 60℃
电压控制器下降，U_R 的百分比	U_R 的 1%~5%
功率绕组的允许电流过载（不超过 30min）	I_R 的 120%
PW-CW 短路电压	50%
运行模式	500kV 母线自动稳压 自动 MCSR 电流控制无功功率和/或电流手动控制

参考文献

Belyaev, A. N., Smolovik, S. V.: An improvement of AC electrical energy transmission system with series compensation by implementation of Controllable Shunt Reactors. In: Proceedings of IEEE PES PowerTech, Bologna (2003).

Belyaev, A. N., Bryantsev, A. M., Smolovik, S. V.: Magnetically controlled shunt reactor operation experience in 110-500 kV power grids. Cigre Session paper B4-209 (2016).

Bernard, S., Trudel, G., Scott, G.: A 735 kV shunt reactors automatic switching system for HydroQuebec network. IEEE Trans. Power Syst. 11 (4), 2024-2030 (1996).

Bryantsev, A. M., et al.: Magnetically controlled shunt power reactors. (Collection of articles. 2nd (expanded)edition. In: Bryantsev, A. M. (eds). Moscow. "Mark" (2010) (in Russian).

Bryantsev, A., Dorofeev, V., Zilberman, M., Sminov, A., Smolovik, S.: Magnetically controlled shunt reactor application for AC HV and EHV transmission lines. Cigre session paper B4-307 (2006).

Dmitriev M. V., Karpov A. S., Sheskin E. B. Dolgopolov A. G., Kondratenko D. V., Magnetically controlled shunt reactors, In: Evdokunin, G. A. (eds.) Saint-Petersburg, Publishing House.

"Native Ladoga", 2013 (in Russian), 280 p. ISBN 978-5-905657-07-8. Publishing House. "Native Ladoga" stopped working in 2017 (2013).

Gama, C. Brazilian North-South Interconnection control-application and operating experience with a TCSC. In: IEEE Power Engineering Society Summer Meeting, vol. 2, pp. 1103 – 1108, 18 – 22 July 1999.

Gerin-Lajoie, L., Scott, G., Breault, S., Larsen, E. V., Baker, D. H., Imece, A. F.: Hydro-Quebec multiple SVC application control stability study. IEEE Trans. Power Delivery. 5 (3), 1543 – 1551 (1990).

Sergey V. Smolovik，教授，技术科学博士，俄罗斯联邦电气科学院院士（1993 年）。1966～2007 年就职于列宁格勒理工学院（后更名为圣彼得堡理工大学）电力系统与电网系，先后担任助理教授、副教授、教授和系主任（1990～2007 年）。研究方向包括电力系统稳定性，大型能源系统运行、分析与规划，电力系统暂态建模等。2007 年就职于直流输电研究所，2013 年进入俄罗斯圣彼得堡 UPS 科技中心。是 IEEE 和 CIGRE 会员、俄罗斯联邦荣誉电力工程师（2001 年）。

Alexander M. Bryantsev，教授，技术科学博士，俄罗斯联邦政府科学技术奖获得者，俄罗斯联邦电气科学院院士，俄罗斯电网股份有限公司科学委员会主席团成员。1973～1994 年就职于哈萨克斯坦阿拉木图能源学院高等教育系统（哈萨克斯坦），先后担任电气工程理论基础系主任、电气工程学院院长、科学工作副院长。1994～2000 年，就职于俄罗斯联邦电力行业莫斯科能源电厂，担任技术部副总监、研发部副总干事。2000～2006 年，任 JSC 可控电抗器总干事。2006 年起，任 JSV 电网补偿器（ESCO）创始人兼监事会主席。是高压电网可控并联电抗器和无功功率补偿开发及应用领域的知名学者，拥有相关专利 200 余项。

第4部分

FACTS 装置应用

SVC 应用实例

12

饶宏、何师、吴小丹、Marcio M. de Oliveira、Guillaume de Préville、Colin Davidson、邓占锋、Tuomas Rauhala、Georg Pilz、Bjarne Andersen、许树楷

目次

饶宏
中国广州，南方电网科学研究院有限责任公司
电子邮件：raohong@csg.cn

何师
中国鞍山，荣信汇科电气股份有限公司
电子邮件：she@rxhk.com

吴小丹
中国南京，南京南瑞继保电气有限公司
电子邮件：wuxd@nrec.com

Marcio M. de Oliveira
瑞典韦斯特罗斯，ABB 公司 FACTS 部
电子邮件：marcio.oliveira@se.abb.com

Guillaume de Préville
法国马西，通用电气电网解决方案业务部
电子邮件：guillaume.de-preville@ge.com

Colin Davidson
英国斯塔福德，通用电气电网解决方案业务部
电子邮箱：Colin.Davidson@ge.com

© 瑞士，Springer Nature AG 公司 2019 年版权所有
S. Nilsson，B. Andersen（编辑），柔性交流输电技术，CIGRE 绿皮书，https://doi.org/10.1007/978-3-319-71926-9_12-1

邓占锋

中国北京，全球能源互联网研究院（GEIRI）

电子邮件：dengzhanfeng@geiri.sgcc.com.cn

Tuomas Rauhala

芬兰赫尔辛基，Fingrid Oyj 电力公司

电子邮件：tuomas.rauhala@fingrid.fi

Georg Pilz

德国埃尔兰根，西门子公司

电子邮件：georg.pilz@siemens.com

Bjarne Andersen (✉)

英国 Bexhill-on-Sea，Andersen 电力电子解决方案有限公司

电子邮件：bjarne@andersenpes.com

许树楷

中国广州，南方电网科学研究院有限责任公司

电子邮件：xusk@csg.cn

摘要

本章首先简要介绍了静止无功补偿器（SVC）技术，然后介绍了世界各地关于 SVC 的若干典型应用。部分应用案例属于一般输电系统应用，其中 SVC 的主要功能目的是调节和支撑交流电压，并降低电网在故障和扰动期间出现过电压和欠电压的风险。同时，部分案例也展示了 SVC 对电弧炉、风电场、牵引负荷等扰动负荷的改善电能质量的作用。SVC 应用证实，SVC 具有抑制电力系统振荡和提高交流系统输电容量的能力。

12.1 引言

本章首先简要概述 SVC 的系统设计，然后介绍世界各地关于 SVC 应用的多个案例。
本章包括以下案例：

- 中国广西壮族自治区梧州变电站 SVC（一套），用于提高 500kV 输电线路输电容量、提高系统稳定性。

- 中国辽宁省东鞍山变电站 SVC（一套），用于稳定受负荷变化影响的 66kV 系统交流电压。

- 中国甘肃省沙洲变电站 SVC（两套），用于稳定受大型风电场影响的 750kV 输电线路电压。

- 埃塞俄比亚 Holeta 变电站 SVC（两套），用于控制四条 500kV 长输电线路无功功率平衡和电压。

- 法国西部 Merlatière 和 Domloup 变电站 SVC（两套），用于加强、提高电网稳定性和质量。

- 芬兰 Kangasala 变电站 SVC（一套），用于改善由电网故障引起的机电区域间振荡阻尼。

- 中国四川省桃乡变电站 SVC（一套），用于解决成都 500kV 环网电压不稳定问题。

- 英国国家电网移动式 SVC 项目，其设计可便于搬运至英国另一地点。这些 SVC 仅采用小幅投切式 TSC。

- 加拿大魁北克省内米斯科变电站 SVC（两套），取代了两台使用寿命到期的 SVC，用于在稳态调节和动态事件期间为 735kV 长输电线路系统提供支持，以及在大扰动下保持系统电压、提高首摆稳定性。

- 挪威 Viklandet 和 Tunnsjødal 变电站 SVC（两套），用于加强输电网，确保挪威中部电力供应。

- 沙特阿拉伯哈拉曼高速铁路（HHR）SVC（两套），用于 380kV 电网牵引负载平衡，并在周围电网发生意外事件期间和之后为输电系统提供电压支持。

- 美国德克萨斯州直连式 SVC（三套），没有专用变压器，用于改善和维持风力发电渗透率预计超过 1GW 之地区的系统电压稳定性，包括旧型号风力涡轮机（基于感应发电机）。

- 加拿大蒙特利尔岛 Bout De L'Ile（BDI）变电站 SVC（两套）。这些 SVC 用于支撑北部水力发电 765kV 长输电线路。

12.2　SVC 简介

静止无功补偿器（SVC）是一种并联补偿装置，它可以提供可变的无功功率来维持或控制电力系统中连接点的电压。自 20 世纪 60 年代第一种类型 SVC 投入运行以来，SVC 已成为电力系统中应用最广泛的 FACTS 装置。它有多种配置，如饱和电抗器（SR）、晶闸管控制电抗器（TCR）、晶闸管投切电容器（TSC）等。如今，SVC 通常由 TCR 和 TSC、滤波电容器（FC）和/或机械投切电容器（MSC）组成。本书"6　静止无功补偿器（SVC）技术"一章中，介绍了有关 SVC 的技术说明。

SVC 的应用范围广泛，涵盖低压、中压、超高压电网。目前，全世界已有数千台 SVC 投入运行。在电力应用中，SVC 通过并联无功功率补偿来调节、稳定系统电压，以及提高暂态稳定性、抑制功率振荡等。在工业应用中，如炼钢厂和电弧炉，SVC 通过补偿由负载所产生的随机变化的无功功率来降低闪变效应。

SVC 在中国输电系统中得到了广泛的应用。在中国，截至 2018 年底，已有 30 多个变电站配备了 SVC。其中大部分安装于 500、220kV 变电站，连接至电力变压器三次绕组。中国大部分 SVC 的额定电压在 35～66kV。已安装 SVC 的最大容量为 720Mvar（4 套 180Mvar）。

本章介绍了世界各地关于 SVC 应用的多个案例。每个案例主要介绍以下内容：

（1）说明 SVC 的应用原因。

（2）描述 SVC 系统结构。

（3）说明 SVC 安装后的系统性能。

应用案例中提供的数据定义如下：

（1）SVC 的额定值：基于公共耦合点（PCC）的最小持续电压时 SVC 的输出值。

（2）SVC 的损耗值：SVC 阀在标称电压下以最大额定值运行时的功率损失。功率损耗不包括其他 SVC 部件的功率损耗。

12.3　中国广西壮族自治区梧州变电站 SVC

12.3.1　应用背景

梧州变电站位于南方电网的广西电网至广东电网 500kV 交流输电走廊中。该地区有数个直流输电系统与交流系统相连。系统研究表明，当直流系统闭锁时，潮流会向交流走廊转移，从而影响电压稳定性。在梧州变电站安装动态无功功率控制设备，是支撑交流电网电压的有效途径。这种做法将会增加 500kV 输电线路的输电容量，从而提高系统稳定性。对比 SVC 和 STATCOM 当时的技术和成本，最终选取了容量为 210Mvar 的 SVC，安装于 500kV 梧州变电站（Baorong et al. 2007）。

SVC 主要有以下控制模式：

（1）稳态恒定无功功率控制模式。

（2）稳态恒压控制模式。

（3）动态无功功率支持模式。

（4）远程控制模式。

12.3.2　系统结构和运行参数

本项目的 SVC 由南方电网公司设计并归其所有，设备制造商为荣信汇科电气股份有限公司，该 SVC 于 2009 年 5 月安装完成并投运。

35kV/210Mvar 的 SVC，其单线图如图 12-1 所示。

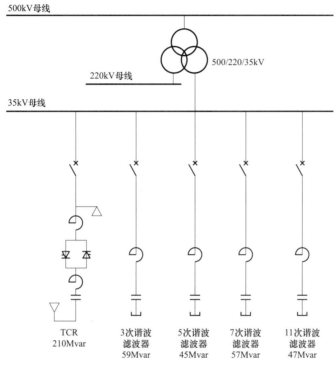

图 12-1　梧州变电站 SVC 系统单线图

梧州变电站 SVC 的主要技术参数见表 12-1。

表 12-1　　　　　　　　　　　梧州变电站 SVC 的主要技术参数

参数		数值
SVC 额定值	电压（kV）	35
	SVC 范围（Mvar）	0/＋210（带所有滤波器）
	TCR 连接类型	三角形
	TCR 额定值（Mvar）	−210
降压变压器	联结类型	YNd11
	电压（kV）	525/230±8×1.25%/35
	容量（MVA）	750/750/240

续表

参数		数值
半导体器件	类型	晶闸管
	反向阻断电压（V）	7500
	平均通态电流（A）	5600
	串联设备数量	12
冗余度（%）		10
过载能力（电流/时间）		1.2p.u./连续
冷却方式		水冷
满载 SVC 阀损耗（%）		≤0.25
预计使用寿命（年）		≤25

广西梧州变电站 SVC 布置如图 12-2 所示，占地面积约为 2400m²。控制保护系统、晶闸管阀、阀冷系统布置在室内。水冷散热器、TCR、断路器、隔离开关和接地开关、电涌放电器、滤波器组布置在室外。谐波滤波器由电容器组和空芯电抗器组成。

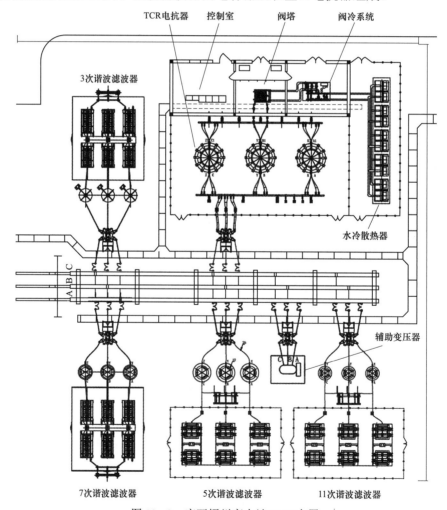

图 12-2　广西梧州变电站 SVC 布置

SVC 晶闸管阀布置在阀厅中，通过阀冷系统进行冷却。由于阀厅空间的限制，三相晶闸管阀设计为水平多层结构，如图 12-3 所示。控制保护系统如图 12-4 所示。阀冷系统如图 12-5 所示。

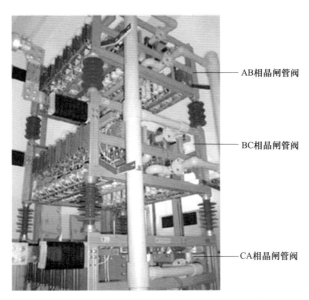

AB相晶闸管阀

BC相晶闸管阀

CA相晶闸管阀

图 12-3　广西梧州变电站三相 TCR 阀照片

图 12-4　广西梧州变电站 SVC 控制保护系统照片

图 12-5　广西梧州变电站 SVC 阀冷系统照片

12.3.3　系统性能

安装 SVC 后，500kV 母线的正常电压电平从 1.01p.u.增加到 1.022p.u.，有功潮流从 1070MW 增加到 1100MW。直流单极闭锁后，恢复电压由 0.972p.u.提高到 0.998p.u.。此外，梧州和罗洞之间的无功潮流，在安装 SVC 后降低至 20Mvar 左右，而在安装 SVC 前则为 130Mvar。功率角稳定裕度和电压稳定裕度也有所提高，功率角稳定裕度由 46.2%提高到 46.9%，电压稳定裕度由 33%提高到 37%（Huifan et al. 2010）。

12.4　中国辽宁省东鞍山变电站 SVC

12.4.1　应用背景

随着辽宁省中部地区经济的快速发展，电力消耗在 21 世纪初出现了快速增长，尤其是钢铁和冶金行业。实行峰谷分时电价后，部分企业用电量向非高峰时段转移。这就加大了辽宁中部电网由于缺乏动态无功支撑导致的电压波动。由于频繁的过电压、欠电压对设备寿命的影响，导致部分工业用户的正常运行受到了严重干扰。此外，由于动态无功支撑的不足，导致频繁的变压器抽头转换操作和电容器投切动作。针对鞍山供电公司东鞍山变电站无功功率控制不足的问题，鞍山供电公司决定安装一台 66kV 的 SVC，由荣信汇科电气股份有限公司提供 SVC 设备。

12.4.2　系统结构和运行参数

东鞍山变电站 SVC 由国家电网公司设计并归其所有，设备制造商为荣信汇科电气股份有限公司。该 SVC 直接连接到 66kV 系统，其中负荷包括额定值为 100MVA 的冶金负荷。该 SVC 于 2010 年 1 月投入运行。

该 66kV/100Mvar 的 SVC 的主接线如图 12-6 所示。66kV 系统通过双绕组变压器连接至 220kV 电网。

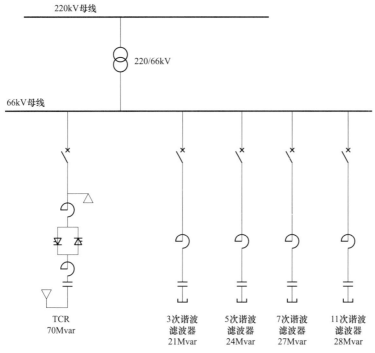

图 12-6 东鞍山变电站 SVC 单线图

SVC 与 66kV 电网直接连接意味着减少了变压器成本或功率损耗，同时 SVC 占地面积有所减少（Yu Linlin et al. 2013）。

东鞍山变电站 SVC 的主要技术参数见表 12-2。东鞍山变电站 SVC 布置如图 12-7 所示。占地面积约为 1400m²。控制保护系统、晶闸管阀、阀冷系统布置在室内。水冷散热器、TCR、断路器、隔离开关和接地开关、避雷器、滤波器组等设备布置在室外。

表 12-2　　　　　　　　　　　　东鞍山变电站 SVC 的主要技术参数

参数		数值
SVC 额定值	电压（kV）	66
	SVC 范围（Mvar）	+30～+100（带所有滤波器） −25～+45（仅带基本滤波器）
	TCR 连接类型	三角形
	TCR 额定值（Mvar）	−70
降压变压器	联结类型	YNy0
	电压（kV）	220±2×2.5%/66
	容量（MVA）	180/180

续表

参数		数值
半导体器件	类型	LTT（Nakagawa et al. 1995）
	反向阻断电压（V）	7000
	平均通态电流（A）	1200
	串联设备数量	28
冗余度（%）		10
过载能力（电流/时间）		1.2p.u.（连续运行）
冷却方式		水冷
满载 SVC 阀损耗（%）		≤0.25
预计使用寿命（年）		≤25

东鞍山变电站 SVC 的 TCR 和 TCR 阀厅，其室外布置如图 12-8 和图 12-9 所示。TCR 电抗器位于阀厅附近。

66kV 光控晶闸管（LTT）阀组采用双垂直结构。左右阀体组成单相阀组，左右阀体通过母线连接。

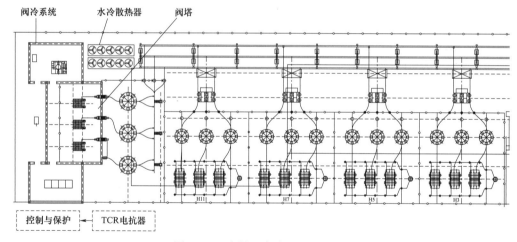

图 12-7　东鞍山变电站 SVC 布置

东鞍山变电站 SVC 冷却系统和控制保护系统在外观上与梧州变电站 SVC 相似，但由于使用光控晶闸管（LTT），所以 TCR 阀的控制和保护有着本质的不同。

LTT 通过在放大门极结构第一阶段施加光脉冲直接开启。电控晶闸管（ETT）与 LTT 之间的唯一区别是两种晶闸管的门极设计。对于 ETT 来说，晶闸管则由施加在门极上的电脉冲触发。参考在直流输电工程中的应用，LTT 设计采用一种电压击穿（VBO）保护，也称为 BoD。如果正向电压过高，BoD 就会触发 LTT。除了直流输电工程应用之外，LTT 进一步应用于 FACTS、中压启动装置和脉冲电源装置中。特别是在配有多器件串联、需要高电压的应用中，LTT 具有核心优势。

图 12-8　东鞍山变电站 SVC 系统室外布置

图 12-9　东鞍山变电站 TCR 阀照片

由于使用具有集成保护功能的 LTT，晶闸管的外部电子设备数量有所减少，因此也可以提高换流器的可靠性（Cigre TB 337 2007）。

12.4.3　主要工作模式

东鞍山变电站 SVC 的主要工作模式与梧州变电站 SVC 相同。

SVC 装置在恒压控制下正常运行，具体如下：

1）SVC 系统的 3 次和 5 次谐波滤波器支路始终保持运行，吸收 TCR 产生的谐波。

2）如果电压反馈与参考信号之间存在偏差，将调整 TCR 的输出。7 次和 11 次谐波滤波器支路将根据 TCR 的输出进行投切。

3）如果 TCR 的无功功率输出降低到 25Mvar 以下（参数设定可调），且电压仍然过低，则其中一个滤波器支路投入（先 7 次，后 11 次谐波）。

4）如果 TCR 的无功功率输出增加到 45Mvar 以上（参数设定可调），且电压仍然很高，则其中一个滤波器支路切除（先 11 次，后 7 次谐波）。

12.4.4　系统性能

SVC 装置投入运行后，66kV 母线电压稳定在（67±0.5）kV 以内，电能质量得到改善。SVC 还为 220kV 系统提供了一定的支持，减小了电压波动范围，改善了 220kV 系统的无功功率控制。

图 12－10 和图 12－11 所示为 SVC 安装前后典型的每日 66kV 母线电压。

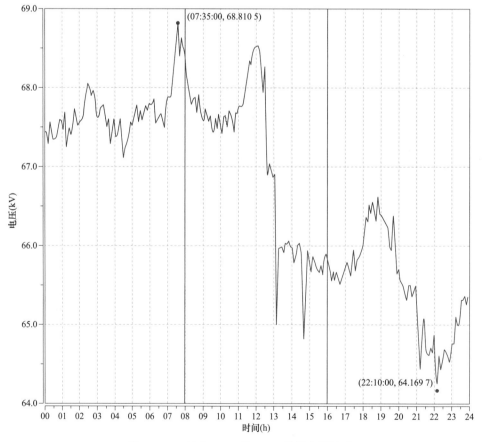

图 12－10　接入 SVC 前 66kV 母线电压波形

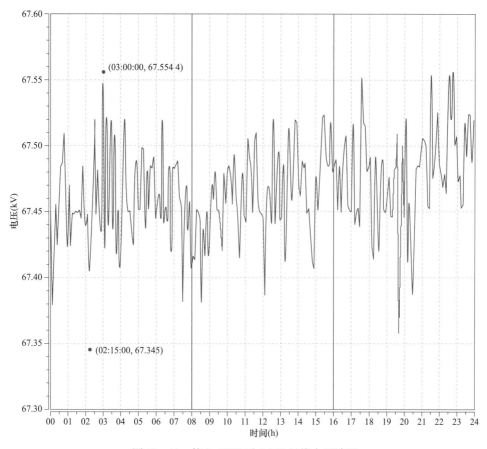

图 12-11　接入 SVC 后 66kV 母线电压波形

　　整个 SVC 系统运行稳定可靠，降低了电压波动和闪变效应。由于电压更加稳定，输电线路和变压器损耗均有所减小。

12.5　中国甘肃省沙洲变电站 SVC

12.5.1　应用背景

　　750kV 第二输电通道如图 12-12 所示，从新疆电网至西北地区，属于我国最大的输电通道之一，输电容量为 3600MW。输电通道包括 6 个变电站和 12 条线路，传输线路长度约 2160km。新疆交流输电系统的主要问题来自接入甘肃沙洲变电站的酒泉风电基地的大型风机，装机容量 1376MW，风力发电机组的有功功率波动会引发动态无功需求，从而造成电压不稳定和无功功率不平衡。酒泉风电场建成后，情况将进一步恶化。风力发电波动振幅大、频率高，将会导致新疆电网至西北地区输电线路频繁出现潮流和电压波动。

　　沙洲变电站是第二输电通道沿线 6 个变电站之一。2015 年重负荷期间，沙洲变电站最大电压波动达到 30kV。为此，在该变电站安装了动态无功补偿装置（SVC），用于减小电压波动、提高电网稳定性。

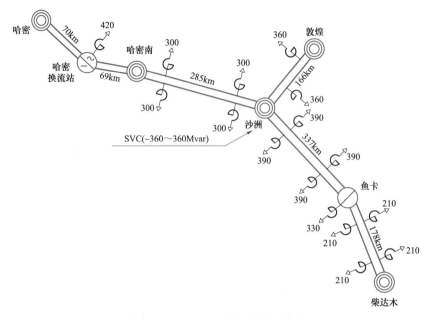

图 12-12　750kV 第二输电通道

沙洲变电站安装的 SVC 能够在以下控制模式下运行：

（1）稳态恒定无功功率控制模式；

（2）稳态恒压控制模式；

（3）远程控制模式；

（4）就地控制模式；

（5）协调控制模式。

正常运行期间，SVC 以恒压控制模式运行。

12.5.2　系统结构及运行参数

沙洲变电站安装的 SVC 归国家电网公司所有，设备由南京南瑞继保电气有限公司提供。首期±360Mvar 的 SVC 于 2013 年 6 月投入运行，将来可能会安装另外一套额定容量为±480Mvar 的 SVC。

首期安装了两套 66kV/±180Mvar 的 SVC，每套均由 360Mvar 的 TCR 和 180Mvar 的 FC 组成。

这两套 66kV/±180Mvar SVC 的单线图如图 12-13 所示。

这两套 SVC 的主要技术参数见表 12-3。其中一套 SVC 布置如图 12-14 所示。占地面积约为 1700m²。控制保护系统、阀冷系统、三相阀塔布置在室内。水冷散热器、TCR、滤波电容器和电抗器、接地开关、避雷器、断路器布置在室外。

TCR 阀布置在阀厅中，通过水冷系统进行冷却。沙洲变电站 TCR 阀如图 12-15 所示。

室外设备，包括所有 SVC 支路和阀厅，见图 12-16。阀厅位于图 12-16 的正中心。

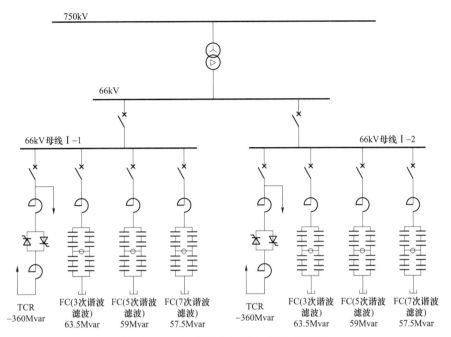

图 12-13 沙洲变电站两台 SVC 单线图

表 12-3　　　　　　　　　　　沙洲变电站两台 SVC 主要技术参数

参数		数值
SVC 额定值	电压（kV）	66
	SVC 容量（Mvar）	-180/+180
	连接类型	三角形
	TCR 额定值（Mvar）	360
降压变压器	联结类型	Ia0i0（YNa0d11）
	电压（kV）	（765$\sqrt{3}$）/（345/$\sqrt{3}$）±2×2.5%/66
	容量（MVA）	700
半导体器件	类型	晶闸管
	反向阻断电压（V）	6500
	平均通态电流（A）	2800
冗余度（%）		10
过载能力（电流/时间）		无
冷却方式		水冷
满载 SVC 阀损耗（%）		≤0.2
预计使用寿命（年）		≤30

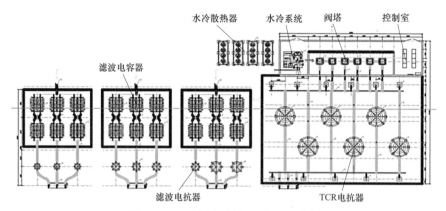

图 12-14　沙洲变电站 1 号 SVC 布置

图 12-15　沙洲变电站 1 号 SVC 的 TCR 阀照片

图 12-16　沙洲变电站 SVC 室外设备照片

12.5.3 系统性能

通过工程现场试验，沙洲变电站 SVC 的输出额定无功功率的能力和控制无功功率精度的能力均满足或优于技术要求。沙洲变电站 SVC 的阶跃响应波形如图 12-17 所示。750kV 母线电压下的阶跃响应时间为 48.8ms，优于所要求的响应时间（规定小于 50ms）。

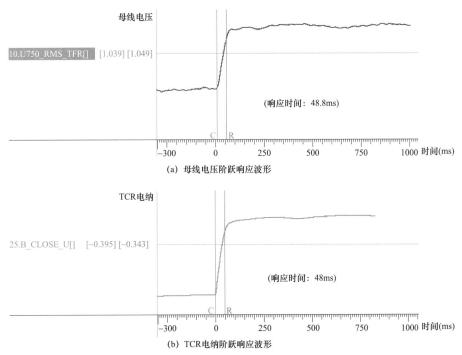

图 12-17　沙洲变电站 SVC 的阶跃响应波形

在 TCR、3 次、5 次和 7 次滤波器运行期间，最大实测过电压为 75kV，远低于 SVC 电抗器的额定绝缘水平。

SVC 自 2013 年投入运行以来，在提高电网稳定性方面发挥了重要作用。SVC 可以降低由 1000MW 风电投入造成的 750kV 母线电压波动，从 0.034p.u.降至 0.007p.u.。

SVC 在支撑沙洲变电站母线电压、提高输电能力方面也起着重要作用。根据整个系统的仿真研究结果，当 800kV/8000MW 哈密—郑州高压直流输电系统某一极因硬件故障或其他故障闭锁时，SVC 能够将电力输送能力提高 800MW 左右。

沙洲变电站 SVC 年可用率高于 99%。根据 PSD-BPA 仿真（电力系统仿真分析软件）结果，SVC 能够在发生严重故障后将风电场机组（500～1000MW）的跳闸次数减少 1～2 次。因此，安装 SVC 有助于降低维持系统稳定所需的维护及检修成本。

12.6　埃塞俄比亚 Holeta 变电站 SVC

12.6.1　应用背景

埃塞俄比亚电力公司（EEP 公司）计划在尼罗河上游修建埃塞俄比亚复兴大坝（GERD）水

电站。该水电站装机容量为 6000MW，将会成为非洲最大的水电项目之一。2011 年开工建设，计划 2016 年完工。水电站建成后将通过四条 500kV 输电线路（GERD–Dedesa–Holeta）输送电力。由于输电功率大、输电距离长，与输电系统相关的无功平衡和电压控制问题相对突出。

为了在水电站和输电系统完工后实现电网稳定运行，EEP 公司在 Holeta 变电站安装了一套 900Mvar 的 SVC 系统。

Holeta 变电站安装的 SVC 设计在以下控制模式下运行：

（1）稳态恒定无功功率控制模式。

（2）具有无功储备的稳态恒压控制模式。

（3）远程控制模式。

（4）就地控制模式。

（5）协调控制模式。

（6）独立控制模式。

12.6.2　系统性能

根据工程现场试验，SVC 能够通过提供快速无功支持来稳定系统电压，从而加速系统电压恢复。Holeta 变电站 SVC 的阶跃响应时间满足规定的响应时间（小于 50ms），如图 12–18 所示（Huang et al. 2016）。

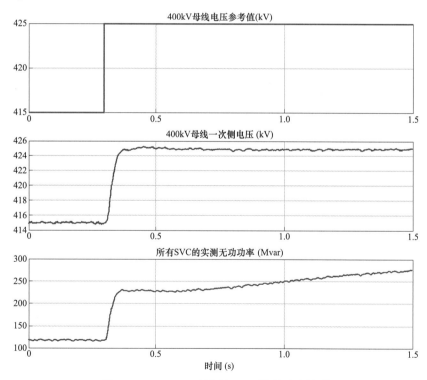

图 12–18　Holeta 变电站 SVC 阶跃响应波形

Holeta 变电站 SVC 自投入运行以来，一直按预期运行。SVC 的可用率达到了 99.5%。由于政治原因，GERD 项目尚未完工，SVC 目前用于为埃塞俄比亚电网提供电压控制。由于埃塞俄比亚电网的短路容量很低，任何故障，如单相接地故障，都可能导致电网电压波动较大，从而造成停电。根据 EEP 公司的反馈，自 SVC 投入运行以来，电网电压得到了有效控制，停电次数大大减少。

12.7 法国西部 Merlatière 和 Domloup 变电站 SVC

12.7.1 应用背景

法国西部的布列塔尼和旺代地区拥有令人惊叹的风景和美丽的海岸线，但这些地区在用电高峰期间容易停电。2011 年，法国电力公司 Réseau de Transport d'Electricité（RTE）决定在这些地区安装两套大型静止无功补偿器用于解决停电问题，每套补偿器额定功率为±250Mvar，是法国有史以来额定功率最高的静止无功补偿器。

最终选定旺代的 La Merlatière 变电站和布列塔尼的 Domloup 变电站安装 SVC 装置。安装 SVC 的主要目标是加强法国电网在电压大幅变化时的稳定性，从而提高供电质量。

首要设计标准是确保 SVC 具有高水平的可用率和高性能。SVC 在几十毫秒内吸收或提供必要的无功功率，从而支撑与电力负荷变化相关的电网电压。

12.7.2 系统结构和运行参数

每套 SVC 均由一台降压变压器、一套机械投切设备（MSE）、一台阻断电抗器、一台晶闸管控制电抗器（TCR）和一台 5 次谐波滤波器组成。SVC 的单线图（SLD）如图 12-19 所示。采用阻断电抗器可以改善 SVC 的谐波性能，优化 SVC 的损耗，降低 SVC 的运行噪声。

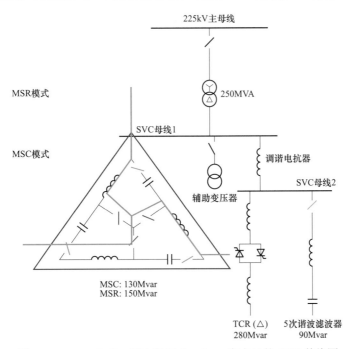

图 12-19　Merlatière 变电站及 Domloup 变电站的 SVC 单线图

位于 Domloup 变电站的 SVC 有一个重要限制因素，即 SVC 边界处的最大噪声级需要小于 42dB。根据详细的噪声研究结果，在电抗器上布置隔音罩，并在适当位置安装隔音屏，可以有效减少装置噪声对环境的影响。

通常情况下，SVC 的接入点母线直接连接到主变压器二次侧。本工程结合阻断电抗器概念，通过阻断电抗器使 SVC 接入点母线与主变压器分离，形成两条不同的二次母线。主变压器与阻断电抗器之间的母线电压更加稳定，可以用作辅助变压器的连接点，同时也用作断路器投切补偿（如 MSC/MSR）的连接点。阻断电抗器后面的母线，用作 TCR 及其专用滤波器的连接点。阻断电抗器以双向方式隔离谐波，阻断供电系统背景谐波注入滤波器，同时阻断 TCR 产生的谐波注入供电系统。由于 TCR 谐波性能得到改善，因此仅需要一台 5 次滤波器用于 TCR 谐波滤除。

MSE 用于扩大电容模式和电感模式下 SVC 的输出范围。MSE 在三角形接线方式下相当于 MSC（−131Mvar），可扩大 SVC 的容性输出范围；在星形接线方式下相当于 MSR（+152Mvar），可扩大 SVC 的感性输出范围。表 12−4 提供了 SVC 的主要技术参数。

表 12−4　　　　　Merlatière 和 Domloup 变电站各 SVC 主要技术参数

参数		数值
SVC 额定值	SVC 母线电压（kV）	25
	SVC 容量（Mvar）	±250（带 MSE）
	动态范围（Mvar）	±100
	TCR 额定值（Mvar）	277
SVC 变压器	联结类型	YNd11
	电压（kV）	225/25
	容量（MVA）	250
	U_{cc}（%）	15.1
TCR	容量（Mvar）	−277
半导体器件	类型	晶闸管
	反向阻断电压（V）	5200
	平均通态电流（A）	3875
阀冷却方式		水冷
TCR 滤波器	容量（Mvar）	+91
	调谐	5
MSC	容量（Mvar）	+131
	调谐	2.12
MSR	容量（Mvar）	−152
主电抗器（mH）		1.98
变电站现场范围内实测噪声	Domloup（dB）	<32（SVC 装置界线北部约 200m 处） <37（SVC 装置界线南部约 100m 处）
	Merlatière（dB）	<42（SVC 装置界线西部约 100m 处） <52（SVC 装置界线南部）
满负荷 SVC 阀损耗/SVC 额定值 250Mvar（%）（电感模式）		0.1
满负荷 SVC 总损耗/SVC 额定值 250Mvar（%）（电感模式）		0.7
预计使用寿命（年）		≤30

图 12-20 中黄色区域所示为稳态工作范围。欠电压和过电压穿越可通过跳闸前可承受的最短持续时间来表示。适用的系统电路参数如表 12-5 所示。

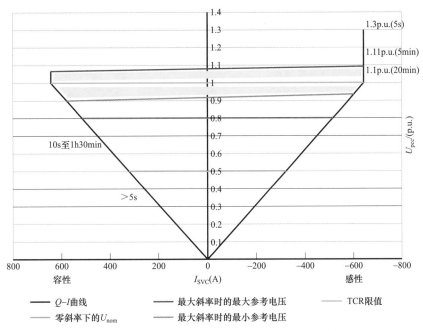

图 12-20 Merlatière 和 Domloup 变电站 SVC 特性

表 12-5　　　　　　　　　　Merlatière 和 Domloup 变电站系统电路参数

参数		数值
电压	额定电压（kV）	225
	工作电压（kV）	240
	最高电压（kV）	245
	最低电压（kV）	200
	暂时最高电压	1.3p.u.（10s）
	暂时最低电压	0.8p.u.（1h30min）
最大短路电流	Domloup（kA）	19.9
	Merlatière（kA）	12.3
最小短路电流	Domloup（kA）	9.2
	Merlatière（kA）	3
频率	额定范围和正常范围（Hz）	50±0.5
	异常范围（Hz）	47～52
	异常范围持续时间（min）	10

Domloup 变电站 SVC 现场位于 400/225/90kV Domloup 变电站的南侧，SVC 装置占地 3664m²。图 12-21 所示为 Domloup 变电站现场鸟瞰图，布置及尺寸如图 12-22 所示。图 12-23～图 12-27 所示为 SVC 装置组件细节图。

图 12-21　Domloup 变电站现场

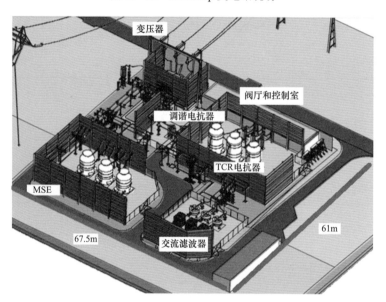

图 12-22　Domloup 变电站 SVC 布置及尺寸

图 12-23　Merlatière 变电站带噪声屏的 TCR

图 12-24　Merlatière 变电站 MSE MSR/MSC

图 12-25　Merlatière 变电站 SVC 阻断电抗器

图 12-26　Merlatière 变电站滤波器

图 12-27　变电站 TCR 阀

12.7.3　主要工作模式

图 12-28 和图 12-29 显示了 SVC 的工作模式。具体有以下三种工作模式：

（1）TCR+滤波器：无功功率范围为±100Mvar，MSR 和 MSC 与 SVC 母线断开。

（2）MSR 吸收 140Mvar。

（3）MSC 输送 142Mvar。

SVC 可以处于以下四种状态：

（1）停运模式。

（2）正常待机模式。

（3）快速待机模式。

（4）运行状态。

在停运模式下，交流主断路器断开；滤波器和 MSE 的所有断路器均断开。TCR 阀冷系统停止；TCR 阀闭锁。控制装置通电。

SVC 可以本地或远程启动。

在正常待机模式下，交流主断路器闭合；滤波器和 MSE 的所有断路器均断开。阀冷系统运行，TCR 阀闭锁。

在快速待机模式下，主交流断路器闭合；滤波器带电，MSE 的所有断路器均断开。阀冷系统运行，TCR 阀以固定角度解锁，用于补偿滤波器的无功功率。输送到电网的无功功率为 0Mvar。控制装置监测电网电压，如果电压超出可接受范围，发出远程或本地启动命令，准备启动。

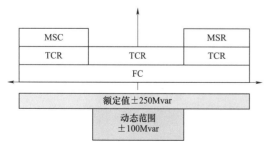

图 12-28　Merlatière 和 Domloup 变电站 SVC 运行

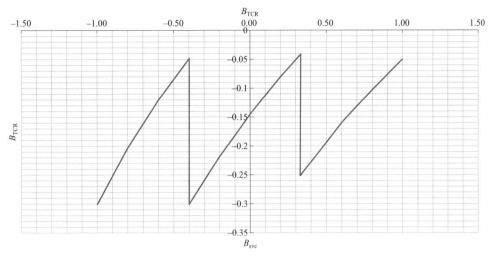

图 12-29　Merlatière 和 Domloup 变电站 TCR 电纳与 SVC 电纳

12.7.4　系统性能

SVC 自投入使用以来一直按预期运行。

如图 12-30 所示为 SVC 响应单相故障从待机模式到运行模式的动态性能研究。第一条曲线显示主母线电压，第二条曲线显示 SVC 无功功率输出，第三条曲线显示 SVC 电纳。

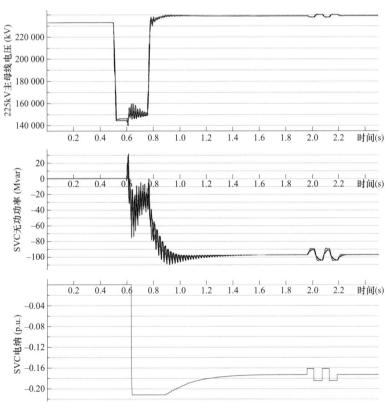

图 12-30　单相故障期间 Merlatière 变电站 SVC 动态性能

在故障检测和响应之后大约 2s，出于增益优化目的，启动自动电网短路电流水平确定程序。

在运行模式下，以电感模式为主。Merlatière 变电站 SVC 90%的容量用于过电压限制，即以电感模式运行；10%的容量用于欠电压限制，即以电容模式运行。由于该区域配置了一个大型电容器组，在欠电压条件下提供容性无功功率，减少了以电容模式运行 SVC 的需求。此外，该地区新安装了高压电缆，在负荷较轻的情况下增加了无功电源。

12.8　芬兰 Kangasala 变电站 SVC

12.8.1　应用背景

通常情况下，SVC 在公共耦合点用作电压或无功功率控制器，SVC 也可提供功率阻尼，但功率振荡阻尼（POD）通常被认为是一种辅助控制，配合电压或无功功率控制模式工作。

作为北欧同步电力系统电网的一部分，芬兰 Kangasala 变电站的 SVC 与众不同，因为其主要控制模式为功率振荡阻尼控制。在不需要功率振荡阻尼的情况下，将电压和无功功率控制模式作为可选控制模式来实现无功功率平衡或系统电压支撑。该套 SVC 主要被用来提高系统的传输能力、提高系统运行的可靠性，因此要求该套 SVC 具备较高的可用率和可靠性。

Kangasala 变电站的 SVC 位于芬兰南部发电区的正中部，用于增加从芬兰向斯堪的纳维亚输出电力时电网故障所引起的机电区域间振荡阻尼（Lahtinen 2009）。

POD 设计用于增加芬兰南部和斯堪的纳维亚南部之间的区域间振荡模式阻尼。模态频率在 0.3Hz 与 0.4Hz 之间变化，这是芬兰南部和瑞典南部/挪威南部发电机相互振荡时的特定频率（Elenius et al. 2005；Rauhala et al. 2010；Lattinen 2009）。

12.8.2　系统结构和运行参数

SVC 的容量为+240Mvar（容性）/−200Mvar（感性），440Mvar 的容量可用于功率振荡阻尼，因此 SVC 对区域间机电振荡的阻尼效果相当显著（Rauhala et al. 2010）。

Kangasala 变电站 SVC 配有四个可控组件和一个与电网相连的滤波器组。电抗器和电容器位于室外，晶闸管阀与 SVC 和电池的控制保护系统位于同一建筑物内。

各 SVC 的主要技术参数见表 12−6。

表 12−6　　　　　　　　　　　Kangasala 变电站 SVC 主要技术参数

参数		数值
SVC 额定值	SVC 母线电压（kV）	20
	电容容量（Mvar）/电感容量（Mvar）	+240/−200
	TCR 容量（Mvar）	2×132
	TSC 容量（Mvar）	2×（−92）
	滤波能力（Mvar）	+34
	滤波器调谐	5/7/11
降压变压器	联结类型	YNd11
	电压（kV）	410/20
	容量（MVA）	250
阀冷却方式		水冷

SVC 的简化单线图如图 12-31 所示。

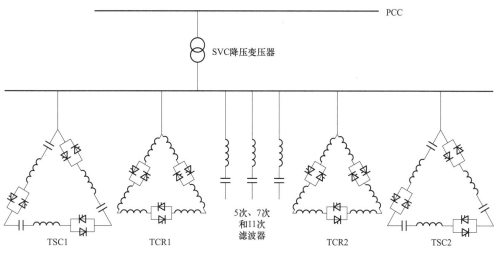

图 12-31 Kangasala 变电站 SVC 单线图

为了达到可用率要求,SVC 的控制、保护及直流辅助电源系统均采用双套全冗余配置。冗余控制器监控两个控制系统的完整性,并决定哪个控制系统处于工作状态。

SVC 的航拍照片如图 12-32 所示。晶闸管阀和冷却系统以及晶闸管模块分别见图 12-33 和图 12-34。

图 12-32 Kangasala 变电站 SVC

12.8.3 主要工作模式

Kangasala 变电站 SVC 有四种控制模式,如图 12-35 所示。下一小节将详细介绍(Peltona

et al. 2010）。

图 12-33　Kangasala 变电站晶闸管阀和冷却系统

图 12-34　Kangasala 变电站 SVC 晶闸管阀

12.8.3.1　功率振荡阻尼模式

本站 SVC 的主要控制模式为功率振荡阻尼控制。它基于当地频率测量来实现无功功率控制，从而抑制电网中发生的功率振荡。相量测量单元（PMU）专用于此目的。正常情况下，POD 输入信号是 PCC 母线处的频率或电压测量值。此外还可以选择将外部 PMU 作为POD 输入信号，该 PMU 可以监测电网中的其他母线。

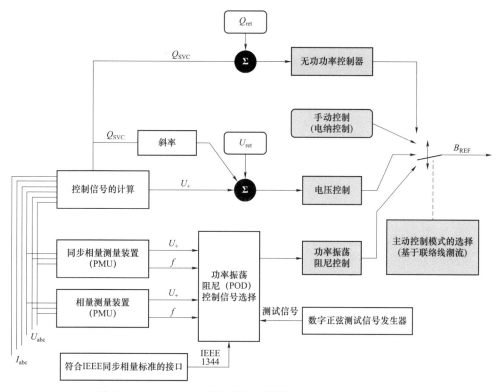

图 12-35　Kangasala 变电站控制系统（Lahtinen et al. 2010）

当频率测量系统监测到振幅超过设置的振荡阈值时，阻尼控制激活 SVC。区域间振荡阻尼限制了从芬兰北部到芬兰南部的输电能力。当电力传输方向由南向北时，启动阻尼控制模式（Lahtinen et al. 2010）。

POD 控制模式用于抑制 0.3～0.4Hz 频率范围内的区域间功率振荡。它由 6 个一阶完全可调传递函数组成，这些函数的输出经过死区滤波。死区函数的输出乘以增益，转换为 SVC 无功功率需求。POD 功能是一个六阶传递函数，具有一定的灵活性，在无需修改控制代码的前提下可重新调整控制器（Halonen 2011）。图 12-36 和图 12-37 显示了 POD 控制器的传递函数和 POD 控制器的响应，通过 PSCAD 和 RTDS 研究获得。

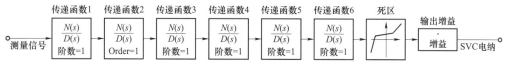

图 12-36　Kangasala 变电站 SVC 的 POD 控制器传递函数

12.8.3.2　无功功率控制模式

次要控制模式为恒定无功功率控制。其目标是让 SVC 产生的无功功率保持在一个恒定的水平。无功功率控制模式通常在功率传输方向由北向南时启动。

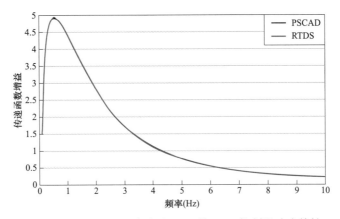

图 12-37　Kangasala 变电站 SVC 的 POD 控制器响应特性

12.8.3.3　电压控制模式

另一种次要控制模式为恒压控制模式，目的是使 400kV 母线电压保持在设定值。该控制模式用于支撑特殊运行情况下的 400kV 电网电压。

12.8.3.4　降容模式

降容模式下只要 5 次滤波器挂网运行，SVC 的 4 个可控组件可任意组合继续运行，降容模式允许在部分可控组件运行的情况下，对 20kV 母线和停运的可控组件进行检修和维护。

12.8.4　系统性能

在 Kangasala 变电站 SVC 调试期间，对 SVC 控制装置进行了充分测试（Lahtinen et al. 2010）。除了典型的阶跃响应、控制模式转换和电抗器切换试验外，还使用作为 SVC 控制装置一部分的数字信号发生器，通过调制 POD 控制器的输入，对功率振荡控制的响应进行了测试。将测试结果与 PSCAD 模型结果进行了比较。虽然 PSCAD 模型是简化后的系统，但测试结果具有很高的关联性。图 12-38 是现场和 PSCAD 模型上的电压控制器阶跃响应测试示例。

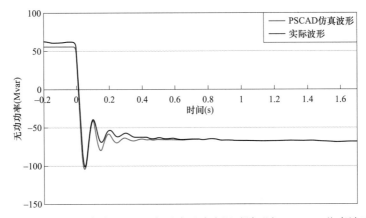

图 12-38　Kangasala 变电站 SVC 电压阶跃响应调试波形与 PSCAD 仿真波形对比

从 2009 年到 2012 年，平均可用率为 99.9%。其中不包括计划停机，因为计划停机是在系统稳定时进行的。

12.9 中国四川省桃乡变电站 SVC

本节将介绍安装在桃乡变电站的 SVC，该站 SVC 在 2010 年投入使用时是中国容量最大的 SVC。

12.9.1 项目背景

桃乡变电站连接至成都 500kV 环网。该环网位于中国西南部，是四川 500kV 电网的重要组成部分。它也是川西众多中小型水电站的重要输电通道。每年，川西地区生产的大量水力发电需要通过成都 500kV 环网并入四川电力系统。

该 500kV 环网不仅连接四川关键负荷中心，同时还连接川西各水电站，负荷已经很重。此外，由于缺乏直接接入成都 500kV 系统的大型发电设备提供电压支撑，因此在成都 500kV 环网内，尖山（华阳）变电站连接点的数条 500kV 线路电压稳定性都很差。当系统发生三相故障或西部地区部分水电容量不足时，系统存在不稳定风险。因此，系统可靠性低已成为制约川西水电输出的瓶颈。

为了解决成都 500kV 环网的不稳定问题，满足川西水电输出的需求，提高四川电网的可靠性，有必要对成都 500kV 环网进行加固。因此，决定在桃乡变电站安装 SVC，提高成都环网的电压稳定性。

12.9.2 系统简介

桃乡变电站 SVC 项目由中电普瑞科技有限公司设计并实施。

该项目包含两套 SVC，两套 SVC 的总容量为 480Mvar 的感性容量和 720Mvar 的容性容量。两套 SVC 的容量、配置和接法完全相同。两套 SVC 分别连接至变电站主变压器三次绕组处的 1 号和 2 号 66kV 母线。连接 1 号母线的 SVC 系统，其单线图（SLD）如图 12-39 所示。

每套 SVC 包括：

（1）一台 180Mvar 晶闸管控制电抗器（TCR）。

（2）两台 60Mvar 断路器投切型并联电容器组（1-3C 和 1-4C）。电容器回路串接小电抗，感抗值为容抗值的 12%（即 $K = X_L/X_C = 12\%$），取自标准值（国标规定 12%、6.5%、5.0% 和 4.5%）。选取 12% 的原因是为了防止 3 次背景谐波放大。

（3）三台 60Mvar 断路器投切型并联电容器组（1-2C、1-5C 和 1-6C）。电容器回路串接小电抗，感抗值为容抗值的 5%（即 $K = X_L/X_C = 5\%$），取自标准值（国标规定 12%、6.5%、5.0% 和 4.5%）。选取 5% 的原因是为了防止 5 次背景谐波放大。

（4）两台 60Mvar 断路器投切型并联电抗器组（1-1L 和 1-2L）。

66kV 母线配有一台断路器，所有支路都有支路断路器。TCR 采用三角形接法，5 次谐波滤波器和每个并联电容器组均采用星形接法。

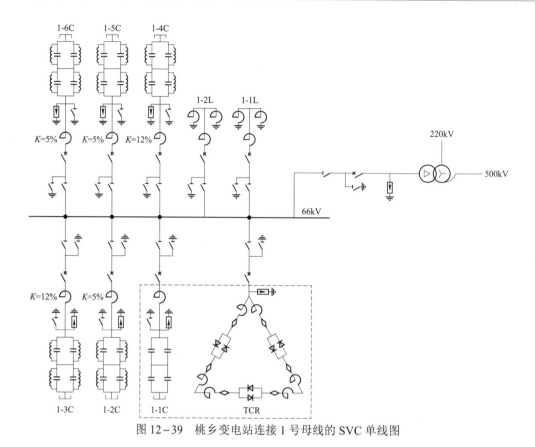

图 12－39　桃乡变电站连接 1 号母线的 SVC 单线图

12.9.3　主要参数

两套 SVC 的主要技术参数见表 12－7。

表 12－7 　　　　　　　　　　桃乡变电站 SVC 主要技术参数

名称	参数	数值
SVC 额定值	额定电压（kV）	66
	最高电压（kV）	72.6
	额定频率（Hz）	50
	无功功率范围（Mvar）	−480（感性）～+720（容性）
	TCR 连接类型	三角形
	TCR 额定容量（Mvar）	三相，每相 180
	TCR 额定电感（mH）	2×66.228
	TCR 额定电流（A）	909.09
	五阶滤波器额定容量（Mvar）	60
半导体器件	类型	晶闸管
	反向阻断电压（V）	6500
	平均通态电流（A）	1370
	零件号	5STP12K6500，制造商 ABB
	触发模式	电触发晶闸管（ETT）
	级数	39
	总数量	每套 234 只
冷却方式		水冷

本项目由两套容量相同的 SVC 组成；动态范围为 360Mvar，总无功功率调节范围为 -480Mvar（感性）$\sim +720$Mvar（容性）。

12.9.4 技术特性

该项目研制出高压大容量晶闸管阀组，解决了电压平衡、局部放电、绝缘配合、阀架结构设计等问题。

两套 SVC 位于同一变电站，除了 2 条 TCR 支路以外，另外还有 16 条断路器投切型并联补偿支路。由于可控对象较多，控制策略需要考虑以下内容：

（1）两套 TCR 之间的协调控制；

（2）任意支路失效；

（3）两套 SVC 中电容器和电抗器的协调投切；

（4）支路开关的开关时间限制；

（5）控制策略的优化。

同时，当地水电系统运行时的无功功率控制策略必须与旱季潮流逆转时的无功功率控制策略有所不同。如果采用不正确的控制策略，在某些故障情况下，SVC 可能会对系统产生显著的负面影响。普瑞科技开发了 SVC 控制系统测试平台，基于该平台，可对 SVC 的稳态闭环控制和动态开环控制进行验证，大大提高了 SVC 控制系统的调试效率。

桃乡变电站 SVC 项目充分考虑了四川电网的特性，包括它的运行方式、未来发展规划、特高压工程接入以及远期可能安装的第三套 SVC。对 SVC 进行了详细的系统分析，从而确保本站 SVC 可以满足各项性能要求以及实现各项设计功能。为确保项目成功运行，开发了一套实验/测试平台，对 SVC 在不同运行工况下的控制和保护功能进行了测试。该项目为今后在特高压工程电网中应用其他 SVC 装置奠定了重要的技术基础。

该项目基于传统 SVC 工程方面的经验，同时致力于 66kV 大容量 SVC 关键技术研究和装置开发，并通过上述可行的实验/测试平台，确保项目成功实施。

综上所述，该项目的主要特点和成果如下：

（1）大容量 TCR，交流电压为 66kV、每台容量为 180Mvar；

（2）两套 SVC 的协调控制策略；

（3）SVC 与来自不同供应商的 500kV 区域自动电压控制（AVC）系统的兼容性（利用 SVC 实现区域电网的自动电压控制）；

（4）开发了一个瞬态和动态控制系统，专门用于四川电网和超高压电网的阻尼控制，包括旱季对当地水电站造成的电网特性变化；

（5）开发了一个新的 SVC 控制系统测试平台，有效验证了 SVC 稳态闭环控制策略和动态开环控制策略。

该项目在设备开发、方案配置、控制策略等方面取得了以下成果：

（1）开发了高压大容量 SVC 晶闸管阀；

（2）开发了针对两套 SVC 及 16 条断路器投切型并联补偿支路的综合协调控制策略；

（3）基于四川特高压直流系统的响应特性，包括旱季引起的系统特性变化，开发了暂态动态控制与系统阻尼控制；

（4）开发了一个 SVC 控制系统测试平台，有效验证了 SVC 稳态闭环控制策略和动态开环控制策略；

（5）电网 AVC 与 SVC 控制系统的协调；

（6）设计了 SVC 控制系统，使今后三套 SVC 装置的协调控制更容易实现。

12.9.5　总布置图

每台 SVC 装置布置如图 12-40 所示。

图 12-41 所示为桃乡变电站 SVC。电抗器位于前部，阀室位于后部（见图 12-42）。

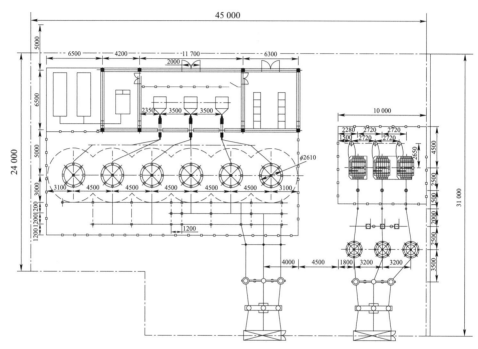

图 12-40　桃乡变电站一台 SVC 布置图

图 12-41　桃乡变电站 SVC 电抗器和位于后部的阀室

图 12-42　桃乡变电站 SVC 阀的一相

12.10　英国国家电网移动式 SVC

12.10.1　应用背景

英国是最早对其供电企业进行私有化和"分拆"的欧洲国家之一。1990 年，英国中央电力局解散，在此之前，该机构负责所有发电和输电项目。经过分拆，输电项目由英国国家电网公司负责，包括电压调节和无功功率控制，发电项目由数家发电公司接管。

这些发电公司启动了一项快速计划，即在东海岸附近新建燃气发电站，与此同时，内陆地区关停了许多老旧、效率较低的燃煤发电站。由于发电地点不断变化给国家电网公司履行法定义务带来了相当大的困难，因此实施了一项宏伟的 SVC 安装计划。20 世纪 80 年代末至 90 年代中期，400kV 和 275kV 电网总共安装了 16 台 TCR/TSC 型 SVC，主要位于英国中南部。然而，到了 20 世纪 90 年代中期，人们已经清楚地认识到，发电模式变化可能会要求某些电网节点在特定时期内安装 SVC，之后就不再需要了。为了避免这类"搁浅资产"，英国国家电网公司随后开始进一步制定"移动式" SVC（Relocatable SVC，RSVC）建设计划，此类 SVC 可安装在任何高压变电站的电网变压器三次绕组上，并可根据电网需求的变化，搬迁到另一个变电站。

英国国家电网使用自耦变压器连接 400、275kV 输电系统和 132kV 二次输电系统。这些自耦变压器大多配有一个 13kV 三次绕组，用于连接机械投切电容器或电抗器，额定值为 60MVA。英国国家电网公司决定利用这些三次绕组连接移动式 SVC。标准规范要求在 0.9p.u. 的电压下，额定无功功率为+60Mvar（容性），最大步长为 9Mvar。不需要电感额定值或连续可变无功功率容量。

20 世纪 90 年代末，英国国家电网公司已经安装了 12 台此类移动式 SVC，其中 8 台由 GE（当时名为 GEC Alstom）供应。

12.10.2 系统结构和运行参数

GE 为移动式 SVC 选取的设计标准基于使用三台 TSC，其尺寸比为 1:2:4，然后可以以二进制排列进行切换，以实现所需范围内的无功功率调节，单位步长为 9Mvar。三条 TSC 支路的标称无功容量额定值分别约为 9、17Mvar 和 34Mvar（见表 12－8）。

表 12－8　　　　　　　　　　　　移动式 SVC 主要技术参数

参数		数值
主要额定值	SVC 母线电压（kV）	13
	容量（Mvar）	+60/－0
TSC1	容量（Mvar）	9
	接线布置	星形（仅有两相换流阀）
	TSC 电路	C 型滤波器
	调谐频率（Hz）	175
TSC2	容量（Mvar）	17
	接线布置	星形（仅有两相换流阀）
	TSC 电路	C 型滤波器
	调谐频率（Hz）	175
TSC3	容量（Mvar）	34
	接线布置	三角形
	TSC 电路	C 型滤波器
	调谐频率（Hz）	175
半导体器件	类型	晶闸管
	反向阻断电压（V）	4500
	平均通态电流（A）	1088
	换流阀冷却方式	水冷

移动式 SVC 的单线图如图 12－43 所示。

在 0.9p.u.的三次绕组电压下，移动式 SVC 的最大容性无功输出为 60Mvar；要求其能够在三次绕组电压 0.8p.u.～1.2p.u.范围内持续发出无功功率，三次绕组电压降至 0.4p.u.时可以暂态运行，三次绕组电压高于 1.2p.u.时，允许闭锁所有 TSC，但在三次绕组电压瞬时达到

1.3p.u.时保持连接。

移动式 SVC 的工程范围不包括变压器，需要连接多种类别的变压器，变压器电压变比、额定值、阻抗值均存在较宽的变化范围，这是其设计中的另一个复杂因素。

TSC 的设计也具有挑战性，其中融入了许多创新元素。

最具挑战性的要求之一是与谐波有关。虽然 TSC 本身不产生谐波电流，但它们有可能会放大交流电网上已存在的背景谐波。此外，为能够在任何变电站的三次绕组上安装移动式 SVC，需要开展广泛的交流电网谐波阻抗扫描。

基于这些原因，传统的 TSC 设计不再仅仅由电容器和调谐电感器串联组成，而是配置为"C 型"滤波器。在 C 型滤波器中，电容器组被分成两部分，使得调谐电抗器及其相邻电容器分组的谐振频率等于系统频率。然后在这个组合上连接一台阻尼电阻，使得阻尼电阻仅在谐波频率下有效，并且在基波频率处产生可忽略不计的损耗。

尽管这三条支路的无功功率额定值在 4:1 范围内变化，但所有 TSC 支路仍都采用晶闸管阀通用设计。容量最大的 TSC 支路采用传统的三角形接法，为了实现经济高效的设计，两条容量较小的 TSC 支路采用不接地星形接法。这就意味着晶闸管阀只需安装在三相中的两相，即使这些阀在闭锁时的端电压等于系统线电压，因此需要与容量最大 TSC 相同数量的晶闸管。

晶闸管阀采用直径为 56mm 的 4.5kV 晶闸管，每 4 只一组安装在垂直叠放的 GRP 组件托盘上（见图 12-44）。每个单相阀由 14 只（包括 1 只冗余）晶闸管串联组成。虽然两台容量较小 TSC（特别是 TSC1）的电流额定值要求不大，但容量最大 TSC 的电流额定值要求很高。

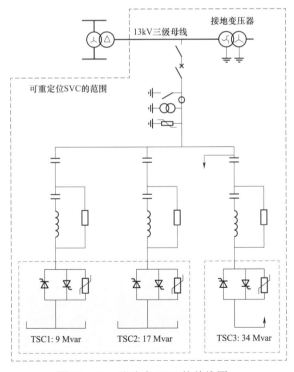

图 12-43 移动式 SVC 的单线图

图 12-44 移动式 SVC 晶闸管阀

晶闸管安装在水/乙二醇冷却散热器上，在传统的干式鼓风冷却器中，晶闸管阀的损耗消散在空气中。然而，对于容量最大的 TSC 支路，冷却系统由一台冷水机组补充，以便可以达到 30℃ 的最高冷却液进阀温度。对于满足三次电压和谐波电流的最严苛组合来说，这种做法是必要的；否则，阀电流会超过 56mm 晶闸管的电流承受能力极限（Horwill et al. 1996）。

在母线电压可达到 15.6kV 且使用 4.5kV 晶闸管的传统 TSC 应用中，每个阀需要 14 只以上晶闸管，因为闭锁后 TSC 上仍然存在陷阱电荷。然而，为了节约晶闸管阀、紧凑阀空间，TSC 电容器配备了放电装置，以便在闭锁后迅速降低电容器电压，从而减少使用晶闸管级数（Luckett 1999）。

移动式 SVC 布置很复杂。项目要求设计可适用于图 12−45 中三个不同现场区域中的任何一个：

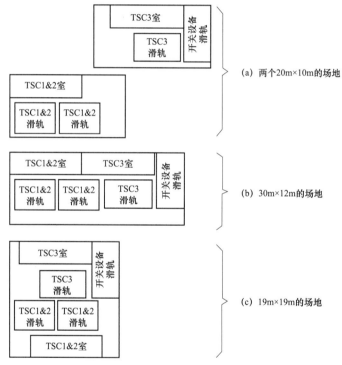

图 12−45 三种不同的移动式 SVC 现场布置

（1）350m² 的方形区域；

（2）30m×12m 的矩形区域；

（3）两个独立区域，每个 20m×10m，相距 50m。

要求移动式 SVC 能在 3 个月内搬迁到另一个变电站。

为了满足这些要求，晶闸管阀及其冷却装置和控制系统，均安装在可运输式 GRP 集装箱中（见图 12−46）。TSC1 和 TSC2 的阀组、控制装置和冷却装置安装在一个集装箱中，而 TSC3 的阀组、控制装置和冷却装置安装在另一个集装箱中。TSC 阻尼电阻安装在阀组集装箱的顶部，而 TSC 电容器和电抗器安装在两个可运输式滑轨上，一个用于 TSC1 和 TSC2，另一个用于 TSC3，开关设备安装在第三个滑轨上。

图 12-46 其中一个被提升到位的移动式 SVC 阀组集装箱

12.10.3 主要工作模式

在正常运行过程中，移动式 SVC 工作在电压控制模式下，以实现可在 0.95p.u.～1.05p.u. 范围内调节电压的目标，斜率可在 2%～10%之间以 1%的步长选择。取自 Horwill 著作（Horwill et al. 1996）的图 12-47 显示了整体运行特性。

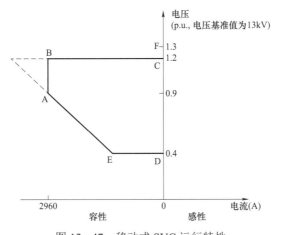

图 12-47 移动式 SVC 运行特性

12.10.4 系统性能

GE 提供的 8 台移动式 SVC 于 1996～1999 年间交付，现已成功运行。最初，在布里斯托尔附近的 Iron Acton 变电站安装了 4 台；在南威尔士布里真德市附近的 Pyle 安装了两台；在伦敦西北的埃尔斯特里安装了两台。随后，Iron Acton 变电站的两台移动式 SVC 被转移到英格兰西南部的其他变电站。

12.11　加拿大魁北克省内米斯科变电站 SVC

12.11.1　应用背景

　　加拿大魁北克水电公司 735kV 输电系统的两台旧式静止无功补偿器（SVC）分别于 2013 年和 2014 年秋季被两台新型 SVC 取代，由 ABB 委托执行（Veilleux et al. 2016）。两台新型 SVC 位于魁北克水电公司输电系统北部的内米斯科变电站。魁北克水电公司修建了两条向大多数客户提供电力的主要输电走廊。第一条走廊由 6 条平行的 735kV 输电线路组成，采用串联补偿，将魁北克北部詹姆斯湾水电站的电力输送至蒙特利尔地区。第二条走廊由四条平行的 735kV 输电线路组成，从拉布拉多的丘吉尔瀑布和魁北克北部的马尼克—奥塔德斯地区延伸至魁北克市区。另有一条 735kV 输电线路用于连接这两条走廊，提高输电系统的稳定性和可靠性。北部发电区和南部负荷区大致相隔 1000km。在这种背景下，SVC 具有以下几种不同的功能：

　　（1）在正常稳态条件下调节内米斯科变电站 735kV 电压；

　　（2）提供动态、快速响应的无功功率，应对系统突发事件；

　　（3）在系统大扰动期间维持系统电压，增强首摆稳定性。

　　内米斯科变电站 SVC 对魁北克水电公司 735kV 输电系统的电网稳定性和设备安全性具有战略意义。更换 SVC 时，必须保持以下各项功能不变：

　　（1）关于指定过电压曲线的过载能力；

　　（2）运行策略和瞬态能力。

12.11.2　系统结构和运行参数

　　内米斯科变电站 SVC 设计为 12 脉波配置，输出范围从容性 300Mvar 到感性 100Mvar。它们通过三相电力变压器的 22kV 中压侧连接至同一条 735kV 母线。新型 SVC 采用晶闸管控制电抗器（TCR）和晶闸管投切电容器（TSC）设计，如图 12-48 所示。新型 SVC 为了减少损耗引入了 TSC 支路。12 脉波配置还有一个优点，即能够消除 5 次和 7 次谐波。这些谐波产生于各 TCR 支路，通过变压器引入的相移加以消除。3 次滤波器连接在中压侧星接绕组，二次滤波器连接在中压侧角接绕组。滤波器阻尼良好，以避免低次谐波可能产生的共振现象。辅助变压器高压侧采用故障限流电抗器，与中压母线相连，用于处理较大的故障电流。

　　所有 SVC 组件在升级过程中都进行了翻新，但以下组件除外：主 SVC 电力变压器间隔，每个间隔大约 300MVA；735/22/22kV 三绕组电力变压器；以及 22kV 辅助电源布置，每台 SVC 一个。原有的变压器被保留下来，并在改良型 12 脉波配置中重新使用，从而降低了翻新工程的安装成本。此外，室内设备（晶闸管阀、冷却设备、控制保护柜以及辅助电源柜）所在建筑物的混凝土底板也被重新利用。拆除并更换了室外各组件的基础。由于潜在的恶劣现场环境条件，SVC 的设计可承受 -50～+40℃ 的环境温度。此外，为了适应大量降雪，所有室外设备垂直净空均为 1.2m，采用垂直钢结构（见图 12-49 和表 12-9）。

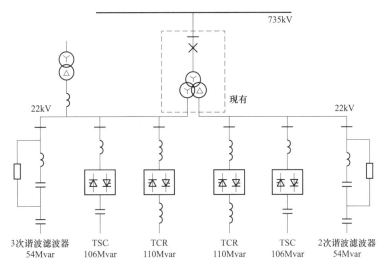

图 12-48 内米斯科变电站 SVC 单线图

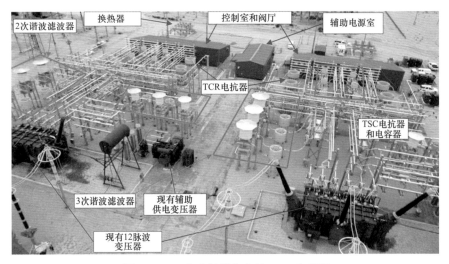

图 12-49 内米斯科变电站 SVC 鸟瞰图

表 12-9　　　　　　　　　内米斯科变电站各 SVC 主要技术参数

参数		数值
主要额定值	电压（kV）	735
	容量（Mvar）	−100/＋300
	连接类型	12 脉波
降压变压器	联结类型	YNyd1
	电压（kV）	735/22/22
	容量（MVA）	300
半导体器件	类型	相位控制晶闸管
	电压/电流（V/A）	6500/3510[a]（半正弦波，TSC） 5200/5650[a]（半正弦波，TCR）
	冗余度（%）	≈ 10

续表

参数	数值
过载能力（电流/时间）	10%容性一次电流（150s）
冷却方式	去离子水/乙二醇
预计使用寿命（年）	≥30（针对升级件）

a　最大通态电流有效值。

12.11.3　主要运行模式

SVC 设计为在 TSC 支路脱网时仍可运行。在某一 TSC 支路断电的情况下，由于 12 脉波 SVC 的特性，其他 TSC 也必须断开。降级 SVC 将正常运行，但可用电容功率范围减小。

每台 SVC 均设计为半冗余控制系统、全冗余保护系统及专用辅助电源。然而，由于两台 SVC 在电气上是接近的，因此最好使用相同的电压基准、增益和斜率。

每台 SVC 都有"主从"功能，该功能允许通过一台 SVC 设置后，能够控制另一台 SVC。由于它们控制相同的母线电压，因此通常以并联模式运行。但是，如果受控母线分裂，则禁用主/从模式。

魁北克水电公司需要内米斯科变电站两台 SVC 均投入使用，以便在冬季需求高峰期帮助维持系统可靠性。由于电网限制，无法同时替换两台 SVC。因此，要求在 ABB 新型数控 SVC 与其他供应商旧式模拟 SVC 之间采用并联运行模式。升级工作必须在其中一台 SVC 保持运行的情况下进行，确保电网的动态和暂态稳定性。2013 年 11 月至 2014 年 4 月过渡期间，两台新旧 SVC 必须协同工作，以调节同一 735kV 母线电压，其中涉及特殊的控制特性。调试之前的控制测试是该项目成功的关键因素。

12.11.3.1　新旧 SVC 之间的并联运行模式

新旧 SVC 对电纳的控制策略和方法各不相同。新型 SVC 的主要指令信号为总电纳，而已有 SVC 采用的是晶闸管触发角，因为原有的 SVC 仅由 TCR 和滤波器组成。魁北克水电公司事先进行了时域模拟，以确保新旧 SVC 能够通信，尽管它们的使用年限相差 35 年。电磁暂态研究得出以下结论：

（1）电压变化较大的系统事故可能会导致 SVC 的响应不同；

（2）SVC 之间响应差异会成为增加负面影响的风险；

（3）两台 SVC 宜始终具有相同的无功功率输出；

（4）需要具备"主从"功能。

选定的解决方案是把来自旧控制系统的信号转换为可用于新系统的信号。将旧式 SVC 控制器输出信号发送到新型 SVC 控制器，然后添加到新软件中，转换为由新型 SVC 产生的等效电纳（B_{ref}）。信号转换、命令、监控及滤波均由新控制系统执行，如图 12-50 所示。

12.11.4　系统性能

内米斯科变电站 SVC 对魁北克水电公司系统动态暂态稳定性的重要性需要广泛估量，以确认内米斯科变电站新旧 SVC 之间并联运行模式的控制方案在任何电网条件下都能达到魁北克水电公司的标准。在 SVC 控制系统的工厂验收测试期间，进行了校准和功能测试。附加试验在魁北克水电研究所（IREQ）进行，包括动态试验、次同步频率对装置的影响、补充功能试验及进一步优化。新装置的控制副本连接到实时电网模拟器，而旧装置的控制功能在数字实时模拟器中实现。

这些测试还用于确定旧控制系统发送到新 SVC 控制系统的信号的滤波特性，如图 12-50 中的"信号转换和监控"模块所示。例如，图 12-51 中各图所示为不同滤波器时间常数

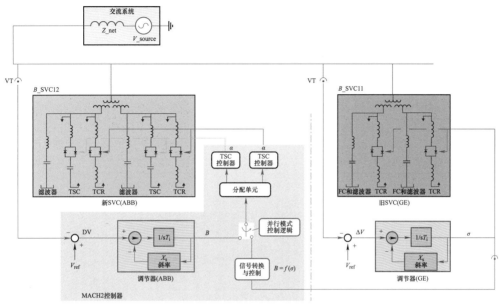

图 12-50　内米斯科变电站新旧 SVC 的并联运行控制

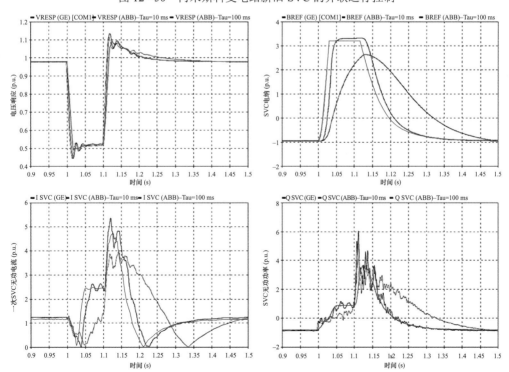

图 12-51　735kV 系统远方三相故障下内米斯科变电站 SVC 旧（红色）、新［τ=10ms（蓝色）、τ=100ms（绿色）］控制系统信号对比

"Tau（τ）"下旧 SVC 控制系统信号（红色）与新控制系统中计算等效信号之间的对比。结果表明，10ms 的时间常数使得不同信号之间的一致性较好，从而使两台 SVC 具有相似的响应和无功功率分配。

图 12-52 所示的远方单相接地故障在调试后 2 个月发生，确认了新旧控制系统并联运行模式的正确动态行为。从一次侧无功电流可以看出，两台 SVC 均表现出相似的响应和波形，故障恢复后达到相似的值。所制定的策略避免了两台 SVC 之间的振荡和不良控制交互作用。

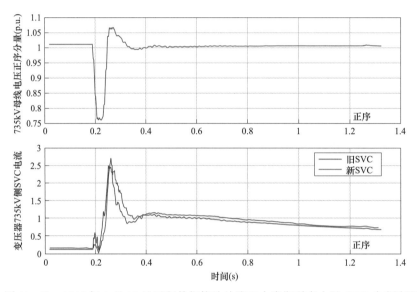

图 12-52 2014 年 2 月 27 日远程单相接地故障下内米斯科变电站 SVC 响应波形

内米斯科变电站第一台新型 SVC 于 2013 年 11 月成功更换并投入使用，并联运行模式下允许其与剩下的旧式 SVC 一起运行。第二台 SVC 于 2014 年底投产。该项目成功的一个关键因素是在 ABB 测试设施和 IREQ 处进行了大量的模拟测试，得以在调试前对控制参数进行优化。通过现场试验，验证了控制性能和参数。

内米斯科变电站每台 SVC 由于对稳态条件下的电压支撑以及在电网突发事件后的快速响应，使魁北克北部詹姆斯湾至蒙特利尔地区的每条输电走廊都产生了约 500MW 的额外电力传输能力。原有的 SVC 变压器被保留下来，并在改良型 12 脉波控制系统中重新使用，从而降低了翻新工程的安装成本。

该站新旧 SVC 并联运行的方式也成功应用于替换魁北克水电公司邻近 Albanel 变电站的 SVC。SVC 升级改善了谐波质量，降低了电气损耗。由于设备的可及性增加，维护程序也得到了改进。

12.12 挪威 Viklandet 和 Tunnsjødal 变电站 SVC

12.12.1 应用背景

挪威电力系统几乎完全依赖于水力发电，入库水可导致年发电量在非常干燥和潮湿的年份之间变化约 30TWh（Meisingset et al. 2010）。这会导致国内地区间潮流以及与邻国的电力交换发生巨大变化。因此，电力系统的设计和运行必须能够处理这类较大的潮流变化，极端情况往往是需要考虑的问题。除此之外，由于挪威中部几大电力需求行业的发展，该地区电力需求大幅增加。因此，有必要进一步加强输电网，确保在较长时间内向挪威中部供电。其中两种加固措施如下：

（1）将挪威中部与瑞典之间（Nea–Järpen）长 100km 的输电线路从 300kV 升级至 420kV，并于 2009 年 10 月对该线路进行了调试。

（2）在挪威南部与中部之间（Ørskog–Fardal）新建了长 300km 的 420kV 输电线路。该线路在 2007 年处于许可证评估阶段（目前已投入运营），大大提高了挪威南部的输电能力。

由于获得许可证和修建这条输电线路所需的时间预计很长，挪威 TSO 国家电网公司在 2008~2013 年采取了多项措施确保该地区的电力供应。其中，2007~2008 年，9 台新并联电容器和两台新 SVC 投入运行，根据运行状态增加对中部地区的输入功率 200~400MW，确保了现有输电网的高利用率，而不存在电压崩溃的风险。

12.12.2　系统结构和运行参数

关于交付两个 SVC 站的总承包合同，于 2007 年 4 月授予 ABB。Statnett 负责为两个 SVC 站准备场地和新建断路器间隔。Viklandet 变电站 SVC 于 2008 年 10 月进行调试，随后 Tunnsjødal 变电站 SVC 于 2008 年 11 月进行调试。图 12-54 所示为 Viklandet 变电站 SVC 站。

图 12-53　Viklandet 变电站 SVC 站

这两个 SVC 站的主要设计完全相同，输出容量在 ±250Mvar 之间连续可调。每个 SVC 站必须满足可用性和可靠性标准，包括最大 1.5% 的强迫能量不可用率（FEU）和最多 4 次跳闸的年强迫停机率（FOR）。三相双绕组 SVC 变压器额定容量为 270MVA，电压变比为 420/25kV。

SVC 站的设计要避免系统的谐波放大。由于规定了严格的谐波系统阻抗，SVC 必须设计三条 TCR 和三条滤波支路，如图 12-54 所示，以减少谐波产生。Tunnsjødal 变电站 SVC 配有额外的 100Mvar 机械投切电容器（MSC）支路，用于增加短期容性容量，从而利用 SVC 变压器固有的短期过载能力。

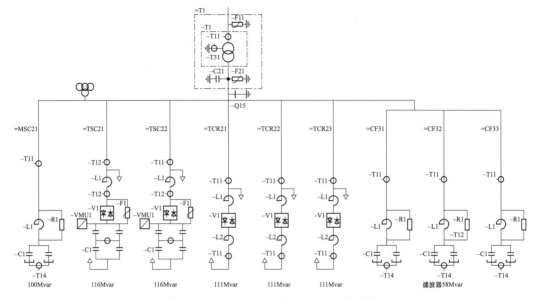

图 12-54　Tunnsjødal 变电站 SVC 单线图

图 12-55 所示为 Tunnsjødal 变电站 SVC 三条 TCR 和两条 TSC 支路的晶闸管阀。TCR 和 TSC 阀均设计有一级冗余双向控制晶闸管（BCT）阀，意味着 SVC 可以在一级晶闸管短路的情况下保持正常容量运行。晶闸管为电气触发，触发能量来自缓冲电容器。向晶闸管发出的触发指令通过来自阀控单元的进行传输，通常被称为"间接光触发"（见表 12-10）。

图 12-55　Tunnsjødal 变电站 SVC 阀厅

表 12−10   Viklandet 和 Tunnsjødal 变电站 SVC 主要技术参数

参数		数值
SVC 额定值	电压（kV）	420
	容量（Mvar）	−250/+250
	连接类型	三角形
降压变压器	联结类型	YNd11
	电压（kV）	420/25
	容量（MVA）	270
半导体器件	类型	双向控制晶闸管
	电压/电流（V/A）	6500/2480[a]（TCR） 6500/2205[a]（TSC）
冗余		每相一级晶闸管
过载能力		+350Mvar（15min）（Tunnsjødal）
冷却方式		去离子水/乙二醇
预计使用寿命（年）		≥30

[a] 最大通态电流有效值。

12.12.3 主要运行模式

安装 SVC 时，Tunnsjødal 变电站系统电压为 300kV，但 SVC 是为包括变压器在内的未来 420kV 电网设计和准备的。此后，变电站升级至 420kV 电压。由于经济和技术原因，例如变压器运输路线上的重量限制，放弃了采用一次绕组可重新连接式 420/300kV 的 SVC 变压器设计。

Tunnsjødal 变电站 SVC 最初连接至 300kV 电网运行，由于 SVC 母线电压较低，因此在中间时间段，其输出容量降低。容量范围从 ±250Mvar 降低到 140Mvar 感性及 147Mvar 容性容量。然而，额外的 MSC 支路可持续利用，从而将容性范围增加到 207Mvar。图 12−56 所示为 Tunnsjødal 变电站 SVC 的 V−I 特性，其中青色区域表示 15min 运行点。

SVC 具有以下附加控制系统功能：

（1）接地故障定位器：SVC 保护系统没有用于识别接地故障支路的选择性指示。SVC 配有一台主断路器，位于降压变压器的一次侧（高压侧）。因此，不可能在变压器二次侧选择性地断开接地故障并重新启动 SVC。因此，两台 SVC 均配备了基于软件的接地故障定位器，这些定位器可自动识别接地故障，并在故障支路断开时以降低后的容量运行。该方法包含自动合闸序列，用于连接和充电每条支路，直到定位接地故障。该方法避免了安装用于检测单相接地故障的接地变压器。

（2）外部并联电容器组的控制：SVC 配有无功优化装置，可在同一变电站的 SVC 与并联电容器之间提供协调控制。并联电容器进行切换，执行稳态主电压控制，使得 SVC 在感性与容性模式之间接近平衡运行。从而确保 SVC 具有最大动态能力，可提供快速响应、抵消干扰。Viklandet 变电站 SVC 的无功优化装置，负责控制连接到变电站 132kV 系统的 100Mvar 并联电容器组。Tunnsjødal 变电站 SVC 采用类似的原理，负责控制连接到变电站

300kV 系统的 100Mvar 并联电容器。当 SVC 产生大于 80Mvar 的容性无功超过 15min 时，两台 SVC 均连接外部并联电容器组。同样，当 SVC 产生大于 80Mvar 的感性无功超过 15min 时，SVC 将断开并联电容器。

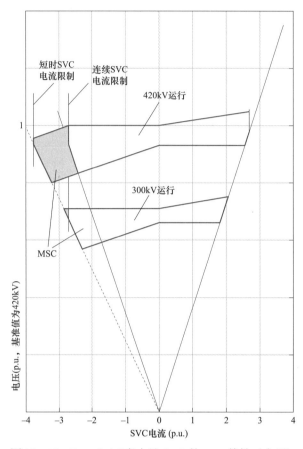

图 12−56　Tunnsjødal 变电站 SVC 的 $V–I$ 特性（电压）

（3）功率振荡阻尼器（POD）：挪威电力系统中有几种著名的局部和区域间功率振荡模式（Leirbukt et al. 2006）。这些振荡模式包括挪威与芬兰之间的区域间 0.45Hz 振荡频率、挪威与瑞典南部之间的 0.65Hz 振荡频率，以及挪威境内的本地 0.85Hz 振荡频率。Viklandet 和 Tunnsjødal 变电站 SVC 均有功率振荡阻尼器（POD）功能，设计用于抑制临界功率振荡模式。大量的电力系统研究表明，Viklandet 和 Tunnsjødal 变电站 SVC 都可以控制本地 0.85Hz 振荡模式。同时，位于挪威东南部的 Hasle 变电站 SVC 更好地抑制了 0.45Hz 和 0.65Hz 区域间振荡模式（Uhlen et al. 2012）。

12.12.4　系统性能

为了在当地水力发电量较低的干旱年份获得挪威中部的输入容量，安装了两个 SVC 站和 9 台并联电容器组。然而，由于当地水力发电正常，挪威中部能源短缺在 2008～2009 年冬季并不严重。由于当时市场对铝的需求量发生变化，挪威中部的能源平衡因 Sunndal

铝厂一条 170MW 生产线的临时关闭而得到进一步改善。当挪威中部和瑞典之间的 420kV 输电线路 Nea-Järpen 在电压从 300kV 升级后投入使用时,该地区的输入容量增加了 100MW。

图 12-57 所示为 2008 年底至 2009 年底这 1 年运行期间两台 SVC 的利用率曲线。曲线显示,两个 SVC 站主要在感性模式下运行。这一点可以解释为挪威中部地区能源平衡良好,区域水库水位较高,工业需求减少,输入容量增加。关键输电线路中断现象也有所减少,从而普遍减少了对容性补偿的需求。连接到 Viklandet 变电站 132kV 线路的 100Mvar 并联电容器,约有 10% 的时间处于运行状态。除了调试期间的测试工作外,Tunnsjødal 变电站的 MSC 在第一年运营期间并未使用。

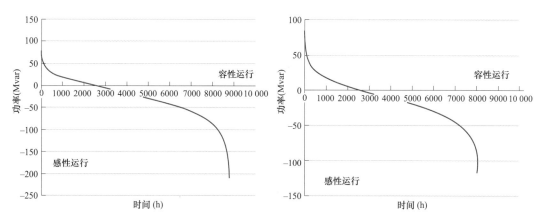

图 12-57　Viklandet 变电站 SVC(左)和 Tunnsjødal 变电站
SVC(右)的年利用曲线(2015.11.8～9)

图 12-58 所示为 Viklandet 变电站 SVC 在 2009 年 9 月 30 日发生 100ms 两相接地故障和 132kV 线路 Istad-Bolli 跳闸期间的瞬态响应。由于 Nyhamna 变电站天然气处理厂发生过载跳闸,感性稳态 SVC 输出从故障前的 25Mvar 增加到故障后的 83Mvar。可以看出,SVC 的瞬态响应是提供最大容性输出(即 250Mvar),从而抵消故障期间的电压降。

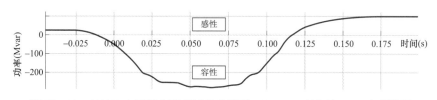

图 12-58　132kV 电网发生两相接地故障时 Viklandet 变电站 SVC 响应波形

挪威中部是一个拥有大型工厂和大量风力发电的地区。在过去,工业需求的变化和风力发电的波动,经常会让电压控制成为一项艰巨的任务。这两座新建的 SVC 站,明显改善了输电网的运行效率。

SVC 提供的无功补偿控制以及其他措施确保了该地区的可靠供电,直到 420kV 输电线路 Ørskog-Fardal 开始调试。

12.13 沙特阿拉伯哈拉曼高速铁路（HHR）SVC

12.13.1 应用背景

哈拉曼高速铁路（HHR）项目是沙特阿拉伯西部地区 490km 的双轨高速城际铁路系统（Hutchinson et al. 2016）。它通过阿卜杜拉国王经济城、拉比格、吉达和阿卜杜勒阿齐兹国王国际机场连接圣城麦地那和麦加。吉达与麦加之间距离 78km，列车行驶时间不到半小时，而吉达与麦地那之间距离 410km，则需要两小时左右。这条铁路预计每年载客量 300 万左右，有助于缓解道路交通。

牵引系统在多处接入 380kV 输电系统，沿线共有 6 个牵引变电站。在每个牵引变电站，铁路由两台额定电压为 380kV/2×27.5kV 的单相变压器供电，在 380kV 系统不同相位之间取电（见图 12-59）。采用这种布置，会产生不对称的电流和电压，除非采取补救措施，否则会蔓延到连接同一电网的其他用电设备，对电网其他各处旋转机械产生强烈的负面影响，从而造成额外损耗，以及热磨损和机械磨损。

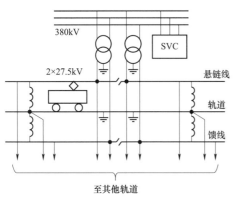

图 12-59 简化版 HHR 系统

作为 HHR 项目的一部分，ABB 交付了两台 SVC，用于 380kV 电网的牵引负载平衡。SVC 还用于为输电系统提供电压支撑，因为麦地那和麦加地区由于夏季环境温度较高，需要经常使用空调，因此感应电机负荷较高。周围电网发生突发事件后，SVC 对于保持电网稳定运行至关重要。当电网发生故障时，电网电压会显著下降，而且可能导致电机失速。每台 SVC 在 380kV 下的动态无功输出范围为感性 300Mvar 至容性 600Mvar（−300/+600Mvar）。SVC 于 2015～2016 年进行调试，在电网中具有以下任务：

（1）平衡不对称的铁路负荷（开环电流控制）。

（2）在正常稳态和应急情况下，平衡 380kV 电压（不对称 SVC 控制）中的其他不对称性（负序电压）。

（3）在正常稳态和应急情况下，控制 380kV 电网的正序电压。

（4）在发生电网短路、线路和发电机断开等系统紧急情况下，提供动态、快速响应的无功功率。

（5）在大扰动期间维持系统电压，增强首摆稳定性。

12.13.2 系统结构和运行参数

HHR 每台 SVC 通过三台单相电力变压器和一台单相备用变压器连接到 380kV 母线，三相额定功率为 600MVA（见图 12-60）。SVC 采用 TCR/TSC 拓扑结构，由两台额定功率为 68Mvar 的晶闸管控制电抗器（TCR）、三台额定功率为 134Mvar 的晶闸管投切电抗器（TSR）和两台额定功率为 181Mvar 的晶闸管投切电容器（TSC）组成。总额定功率为 238Mvar 的滤波器分为两条相同的支路，每条支路滤除谐波并提供容性无功功率。每条滤波器支路通过断路器连接至中压母线，并由两台具有 3、5、7 次和高通特性的双调谐滤波器组成。TSC 和滤波电容器设有遮阳篷，目的是减少电容器的寿命损耗（见图 12-61）。根据客户要求，每条晶闸管阀支路均设计成自带冷却系统。

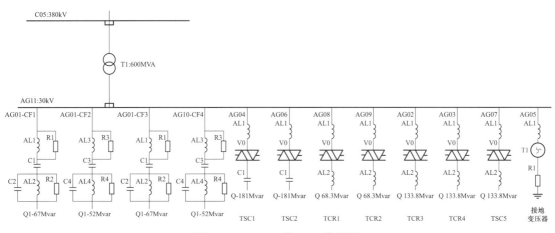

图 12-60　HHR 的 SVC 单线图

图 12-61　HHR 的 SVC 变压器、380kV 开关设备及 TSC 电容遮阳篷

由于对谐波排放有较为苛刻的要求，因此 TCR 支路被分成若干个较小的支路，而不是

较大的 TCR 单元，只有一条支路作为 TCR 运行，其他作为 TSR 运行。TCR 的触发角控制和 TSR/TSC 的切换可在整个 SVC 运行范围内产生连续可变的无功功率（见表 12-11）。

表 12-11　　　　　　　　　　　HHR SVC 主要技术参数

参数		数值
SVC 额定值	电压（kV）	380
	容量（Mvar）	-300/+600
	连接类型	6 脉波
降压变压器	联结类型	YNd01（四台单相，包括一个备用）
	电压（kV）	380/30
	容量（MVA）	600（三相）
半导体器件	类型	相位控制晶闸管（PCT）和双向控制晶闸管（BCT）
	电压/电流（V/A）	6500/3510[a]（全正弦波，BCT） 6500/4410[a]（半正弦波，PCT）
冗余		每相一级晶闸管
过载能力		+673Mvar，持续 30s
冷却方式		去离子水（100%）
预计使用寿命（年）		≥30

[a]　最大通态电流有效值。

12.13.3　主要运行模式

为了确保 HHR SVC 的最大可用率和高性能，SVC 采用最大限度内置冗余设计。SVC 设计采用全装机功率进行负载平衡，即 TCR、TSR 和 TSC 将独立地逐相运行。在不对称故障期间，SVC 将不对称运行，从而避免单相线对地电压过度升高。众所周知，大型 SVC 在弱电网中的对称运行会引起运行问题，如 TSC 闭锁时电压降低、系统过电压、故障切除后电压不平衡等。因此，在不对称故障期间和故障消除时，SVC 将不对称运行，避免单相线对地电压过度升高。

HHR SVC 中的正序（PPS）电压控制器，是一种类似于其他 SVC 装置的标准装置。该装置对于 HHR SVC 的独特性在于该装置与其他装置的协调运行，建立一个优先级系统，其中 SVC 根据电网需求提供无功功率支撑。

12.13.3.1　负序电压调节

HHR SVC 配备负序（NPS）调压器，调节 PCC 处观察到的 NPS 电压，并尝试将其控制为零。实际上，这意味着必须从 ABC 相电压信号中提取 NPS 电压，并通过其自带的反馈式调压器进行控制。要特别注意 SVC 变压器一次侧和二次侧（即变压器矢量组）的相位布置以及各相电纳限值。

该调压器的一个独特之处在于它有许多中压支路，必须以每相为基础进行协调。这意味着没有 NPS 电压调节功能的传统 SVC 可以假设 TSC 三相能够同时开关，但 HHR SVC 不能这样假设。每个支路必须能够在自身相位基础上进行切换/控制。

12.13.3.2　牵引系统电压平衡

SVC 的关键要求之一是应平衡 380kV 电网电压，原因是如前所述的单相牵引变压器的相间连接会造成所连接的牵引系统出现不平衡扰动。当列车经过供电区间时，会从 380kV 电网中抽取一定的功率，HHR SVC 的目标是注入或消耗无功功率，使该工况对 380kV 电压的影响降至最低。在项目实施中，这一点通过一台开环控制器来实现，该控制器对 PPS 和 NPS 电压均起作用。该控制器根据牵引馈线的电流测量值进行控制。一旦测量到这些电流，立即通过开环计算，将这些电流转换为支路的电纳指令，由于缺少积分器电路，这些电纳指令瞬间发生。牵引系统电压平衡控制器简化框图如图 12-62 所示。

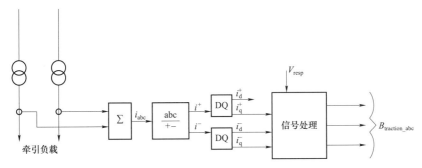

图 12-62　牵引系统电压平衡控制简化框图

12.13.3.3　协调控制器

一般来说，在正常电压下，优先考虑牵引平衡，以便在稳态运行期间列车负载由开环牵引平衡控制器持续补偿。如果该控制器动作后仍有可用的无功功率，则剩余容量可用于闭环负序控制器，为电网的负序平衡提供支撑。最后，任何剩余容量都可用于正序调节器。

在电网欠电压和过电压期间，SVC 将优先考虑用正序调压器为正序电压提供支撑。这一点很重要，例如，如果附近发生故障，可能会导致电机失速。在这种情形下，电机将需要大量的容性无功功率，这些功率必须由 SVC 提供，以便电网能够从故障状态中恢复。如果在正序调压器达到其目标设定值后仍有剩余无功功率可用，则剩余容量可用于负序控制器，然后用于牵引控制器。

12.13.3.4　缓解过电压

大型 SVC 的难点之一是故障清除后会在弱电网中产生过电压。对于 HHR SVC，当没有很多电机负载传导时（即在没有空调负载的冬季），电网电压可能恢复得更快，从而可能导致过电压，因为诸如 SVC 之类的有源元件可能无法在电压恢复前关断 TSC。因此，HHR SVC 配有 TSC 的快动对称闭锁功能，当检测到故障清除时，该功能将快速去除 TSC。

开发的另一种 TSC 闭锁策略适用于电网发生单相故障的情况。这种故障可能会导致 SVC 在三相中都表现出容性，从而升高正序电压，在此期间，SVC 可能会无意中升高正常相的电压，如果电网较弱，则会导致过电压。因此，HHR SVC 配备了一种特殊的控制功能，在不平衡故障条件下，如果在一次侧检测到该相发生过电压，该功能就会闭锁 TSC。从而有效允许 SVC 尽可能地增加正序电压，协助电网恢复电压，同时防止任何单相达到不正常的电压水平。

12.13.3.5　降级模式

由于对冗余度和可用率的要求较高,HHR SVC 具有在多条支路断开后继续运行的能力,以便 SVC 在中压支路发生故障后继续运行。由于 HHR SVC 所连电网的季节性短路功率较高,且每条中压支路都安装断路器是不实际的,因此每条中压支路均采用隔离开关,同时结合先进的自动重合闸方案。采用这种方案,SVC 能够在所有降级模式组合下运行,包括那些滤波器不工作的组合,在该组合下 SVC 运行在阶跃模式。

12.13.4　系统性能

380kV 系统或 110kV 系统中的本地和远方故障会导致正序电压下降。在这种情况下,空调负载(即感应电机)失去扭矩,导致电机由于故障电压持续下降而失去转速。这会导致电机消耗大量无功电流。故障期间和故障清除后的动态电压支撑对于防止速度下降和重新加速电机负载至关重要(Al-Mubarak et al. 2009)。

图 12-63 说明了 SVC 对 380kV 系统单相金属性故障的响应。一旦检测到故障,SVC 会在一个半周期内完全输出容性无功,如电纳指令信号(B_{ref})所示,通过可用的容性无功为系统提供支撑。经底图中电机转速验证,电网中电机负载没有失速,速度恢复到 0.99p.u.,如速度信号(SPDM)所示。

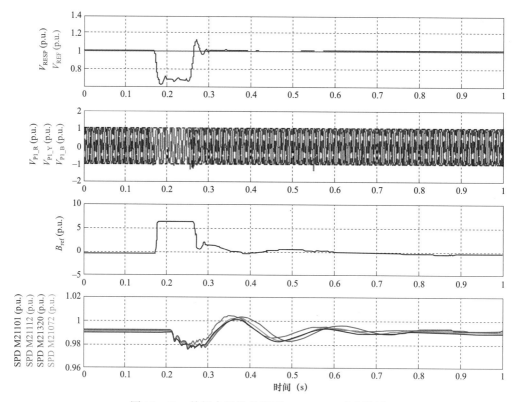

图 12-63　单相金属性故障下 HHR SVC 响应波形

如第 12.13.3.1 节所述,NPS 调压器通过对各相不相等电纳的排序和 TCR/TSC 的逐相切换和控制来平衡 380kV 电压的不对称性。图 12-64 所示为实时模拟器研究案例,当 380kV

电压出现阶跃不平衡时，如一次电压（第一个图中的 U_{P1}）所示，约为 0.4s，这会导致实测负序电压（V_{NEG}）增加。由于 380kV 电压在正常范围内，且无牵引负荷通过车站，因此优先考虑使用闭环 NPS 控制器。这意味着 SVC 提供相位电纳，如第三个图所示，将负序电压（V_{NEG}）降至最大允许限值以下以平衡 380kV 电压。大家应注意，控制器还命令 TSC 不对称运行，如两套 TSC 共用的单个数字 ON 信号所示（仅 TSC-AG04 的 YB 相接通）。在负序电压阶跃 1.5s 消除后，SVC 返回正常运行模式。

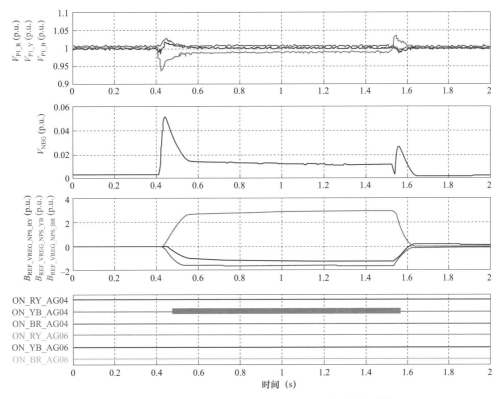

图 12-64　HHR SVC 的 NPS 调压器对 NPS 扰动的抑制作用

　　如第 13.3.3 节所述，各控制环路之间的良好协调至关重要。一种情形可能是，列车经过车站时突然发生系统故障，导致 380kV 电压下降。这种情形的结果如图 12-65 所示。故障前 SVC 不平衡运行（第四个图）响应牵引负荷（第一个图）。一旦故障发生在 0.15s 左右并被检测到，SVC 优先支持正序电压，如第四个图所示，通过对每个相位排列相等和最大电纳指令来确保电机速度恢复（最下面的图）。在故障清除时，优先级平滑移回至平衡仍然存在的牵引负载，因此三相电纳值不同。

　　两台 HHR SVC 为哈拉曼高速铁路（HHR）麦加和麦地那这两个变电站的 380kV 电力系统提供了动态无功功率支撑。考虑到沙特阿拉伯夏季期间高达 70%~80% 的总负荷由空调机组组成，SVC 经常在输电网或次级输电网发生故障时，在电压恢复缓慢、电机失速甚至有电压崩溃风险的情况下为系统提供支撑。除此之外，在麦加朝圣期间，由高速列车组成的牵引负载非常重，导致几乎永久性的系统不平衡。HHR SVC 还可以减小这种不对称负载引起的系统不平衡。

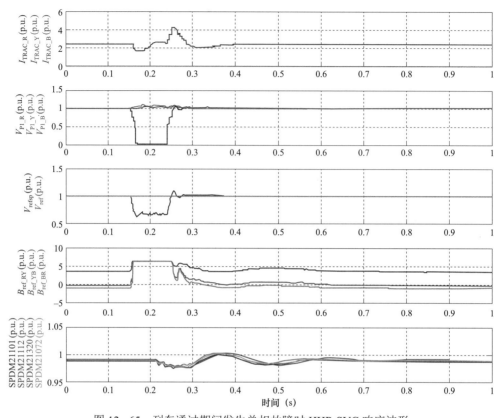

图 12-65　列车通过期间发生单相故障时 HHR SVC 响应波形

12.14　美国得克萨斯州直挂式 SVC

12.14.1　应用背景

麦卡米地区是得克萨斯州西部人口稀少的地区，到 2009 年，该地区风力发电已增长至 750MW，随后又在几年内增加到 1GW 以上（Boström et al. 2009）。

麦卡米地区输电系统基本上由两条 138kV 线路组成，这两条线路为达拉斯—沃思堡地区 345kV 系统风力发电输送提供平行路径，达拉斯—沃思堡地区是一个重要的负荷中心。这两条线路任意一条停止运行时，无功损耗就会大幅增加，从而造成电压稳定性问题。相应地，阿比林枢纽导致 345kV 输电系统向达拉斯—沃思堡地区输送大量潮流。345kV 电网中的意外事故会增加 138kV 系统中的潮流，该系统将不得不承载在停机过程中损失的 345kV 线路部分功率。

在得克萨斯州西部（TX）的麦卡米地区，也有老式的风力涡轮机（基于感应发电机）在运行，无法控制连接点处的无功功率。它们的固有特点是，当电压降至标称值以下时，无功功率需求增加，这往往会进一步加剧故障穿越情况下的不稳定性。

这些机组依靠电容器组来抵消感应发电机产生的无功功率需求。这进一步增加了系统的无功不平衡性，随着风力条件的变化，发电量也会发生变化，从而导致过电压和欠电压问题。

这种情况会导致电压在低发电期间过度升高，而在高发电期间则下降。为了改善并维持麦卡米和阿比林地区的系统电压稳定性，在系统中安装了三台 SVC。每台 SVC 的额定无功功率为感性 40Mvar 到容性 50Mvar。其中两台 SVC 位于得克萨斯州敖德萨南部的 Crane 和 Rio Pecos 变电站，而第三台则位于靠近得克萨斯州阿比林的 Bluff Creek 变电站。

12.14.2 系统结构和运行参数

客户（AEP）选择了在系统关键母线上分布小型 SVC 单元的概念，因为这种概念能够在风电连接点附近应用动态支撑。这在故障后系统条件下可有效提供无功支持，并在不断变化的风况下最大限度地提高风电场区域的功率传输能力。通过设计直连到 69kV 系统的 SVC，即不使用 SVC 降压变压器，同时应用稳健灵活的滤波器设计，实现了适用于得克萨斯 AEP 69kV 系统中任意地点运行的 SVC 设计。结合直连的概念，随着风电场的持续增长，额外单元的前置时间可以实现最小化，这一点需要系统中具有额外的动态无功支撑。每台 SVC 还能够控制多达 5 个外部静止并联装置（SSD），即机械投切电容器组和电抗器组。除了增强整体动态稳定性外，这种方法还可以在开关操作次数最少的情况下安装启用大型并联元件。这些因素产生了一个极具成本效益的静止无功系统（SVS）。

Crane 和 Rio Pecos 这两个变电站的 SVC 均直连至 69kV 母线，无需使用降压变压器。用于直连应用的晶闸管阀所承受的电压应力等于或小于用于通过降压变压器连接到电网的 SVC 晶闸管阀所承受的电压应力。因此，SVC 设备，包括晶闸管阀，在最大连续母线电压 72.5kV 下额定运行，同时能够在高达 1.3p.u.的电压下进行闭锁。

晶闸管控制电抗器（TCR）额定值为 90Mvar，总滤波器额定值为 50Mvar，SVC 的工作范围为 40Mvar 感性和 50Mvar 容性无功功率，如图 12-66（a）所示。为了获得适用于整个

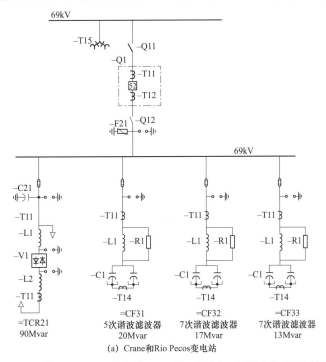

(a) Crane和Rio Pecos变电站

图 12-66　Crane 和 Rio Pecos 变电站 SVC 和 Bluff Creek 变电站 SVC 单线图（一）

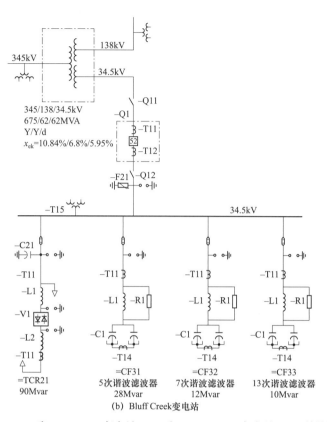

图 12-66　Crane 和 Rio Pecos 变电站 SVC 和 Bluff Creek 变电站 SVC 单线图（二）

AEP 69kV 得克萨斯系统所有可能位置的 SVC，设计 SVC 时考虑了整个系统未来的最大短路电流水平，同时基于最小短路电流水平进行滤波器设计。后来安装 SVC 装置时，很少考虑系统，因为这种稳健的设计随着该地区风力发电量的持续增长而产生了回报。

Bluff Creek 变电站 SVC 具有相同的额定值，但它通过连接至 345/138kV 自耦变压器的三次绕组来调节 138kV 母线，如图 12-66（b）所示。

图 12-67 所示为 Crane 和 Bluff Creek 变电站 SVC 的总貌。

(a) Crane 和 Rio Pecos 变电站

(b) Bluff Creek 变电站

图 12-67　Crane 和 Rio Pecos 变电站 SVC 和 Bluff Creek 变电站 SVC

TCR 采用触发角控制，利用双向控制晶闸管（BCT），即一种晶闸管，其中两个反并联装置集成到一个单晶硅片中。电流额定值低于单向相控晶闸管（PCT）的 BCT，非常适合直连 SVC 应用中的高压小电流应用。

晶闸管阀对每个 BCT 单独进行双面冷却，阀模块设计基于电触发晶闸管。该系统为每个晶闸管单独设置了晶闸管触发电子设备，位于晶闸管控制单元（TCU）中，晶闸管控制单元安装在高电位晶闸管单元旁边的散热装置上。运行 TCU 所需的少量电量由缓冲电路和均压电路提供（见表 12-12）。

表 12-12　　Crane 和 Rio Pecos 变电站以及 Bluff Creek 变电站 SVC 主要技术参数

参数		数值
主要额定值	电压（kV）	69（Crane 和 Rio Pecos 变电站） 34.5（Bluff Creek 变电站）
	容量（Mvar）	−40/+50
	连接类型	三角形
降压变压器	联结类型	直连至 34.5、69kV 系统（无专用变压器）
	电压（kV）	—
	容量（MVA）	—
半导体器件	类型	双向控制晶闸管（BCT）
	电压/电流（V/A）	6500/2205[a]（全正弦波）
冗余度（%）		10
冷却方式		去离子水/乙二醇
预计使用寿命（年）		≥30

[a]　最大通态电流有效值。

12.14.3　主要工作模式

对于 Bluff Creek 变电站 SVC，将容性负载连接至变压器三次绕组时，需要在最大容性输出时将最大电压限制在铁芯磁通极限以下的安全电平。这对高电压下容性负载的大小设置了一个独特的限制，并通过 TCR 抵消容性电流，以三次绕组电压作为限制控制因子来实现。Bluff Creek 变电站 SVC 三次绕组电压限制设定为不超过 1.05p.u.（36.2kV），保持现有变压器铁芯磁通限制的安全裕度。

在设计滤波器时，必须注意避免 Bluff Creek 变电站自耦变压器的谐波负荷过大。过多的谐波电流可能会导致发热，从而导致绕组出现过热问题。要实现系统的有效设计，必须与变压器制造商和电力变压器专家进行沟通。这一点是由 AEP 在项目早期阶段发起的。

SVC 的作用是调节 69kV 电网中的正序电压，因此采用纯集成式调节器进行控制，使 SVC 具有快速恢复基频电压的能力。集成式调节器具有随着频率增加而快速降低增益的优点，使调节器对高频率共振不敏感。调节器增益可调，由增益调度功能控制，以适应系统条件并防止控制回路不稳定。

对于 SVC 等快速响应无功装置来说，需要针对电网意外突发事件保持足够的动态储备。为了便于实现这一点，SVC 控制被设计成使装置在输出无功范围的窄窗口内运行，具体通过静止并联装置（SSD）的开关动作来实现。由于 SSD 均位于 138kV，因此从系统角度来看，仅根据 SVC 连接点的电压启动切换并非最佳选择。因此，除了基于实测 SVC 无功功率的较慢策略之外，基于各组位置本地测量的超前电压控制集成到同一个 SSD 控制模块中。SSD 电压控制与电压窗口内的中点设置共同确定何时由本地 SSD 母线出现异常电压状况而需要加速切换 SSD。SSD 控制方案示意如图 12-68 所示。

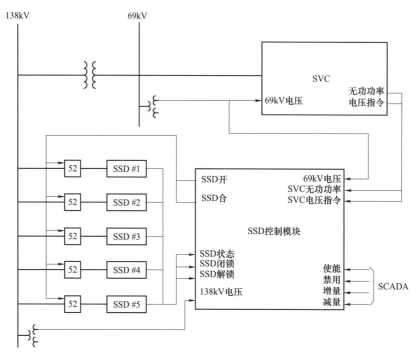

图 12-68 SSD 控制方案示意图

12.14.4 系统性能

切换和动态无功支撑与有效协调控制相结合，有助于通过风向转变和意外事件等情况来调节 AEP 电网麦卡米和阿比林区域的系统电压，有效支撑风力发电，最大限度地减少客户的电压偏差。AEP 选择了在整个系统关键母线上分布小型 SVC 单元的概念，因为这种概念能够在风电连接点附近应用动态支撑。

直连到 69kV 或 34.5kV 自耦变压器三次绕组的 SVC 设计方案也适用于 AEP 得克萨斯系统中的其他 SVC，即 Airline 和 Dilley 变电站的 SVC（Grunbaum et al. 2008）。

69kV 和 34.5kV SVC 之间的大多数备件是相同的，有利于将该地区所有 SVC 的备件和维修设备保持在一个共同基础上。

12.15 加拿大魁北克省蒙特利尔岛 Bout De L'Ile（BDI）变电站 SVC

12.15.1 应用背景

魁北克水电公司（HQ）输电网的特点是水力发电集中在北部地区，距离主要用电中心

1000 多千米。60%以上的负荷集中在大城市地区，20%集中在大魁北克地区。由于这种特殊的拓扑结构，电网频率和电压在故障期间可能会发生较大变化。稳定性和电压控制是重点关注的问题，近年来，为了提高电网的可靠性和稳定性，动态无功补偿一直在不断增加。

西门子公司在 Bout De L'Ile 变电站安装了两台额定值为±300Mvar 的 SVC。SVC 的主要要求是：

（1）确保与纽约和新英格兰的中转互联。

（2）由于拆除火力发电站而增加电网无功功率。

12.15.2　系统结构和运行参数

Bout De L'Ile 变电站的其中一台 SVC 最终布置如图 12-69 所示，两台布置相同。SVC 的主要技术参数见表 12-13。

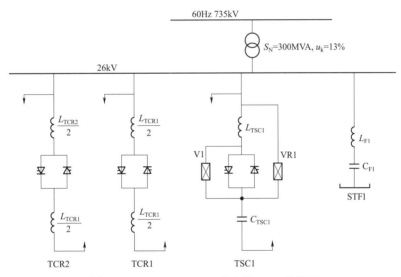

图 12-69　Bout De L'Ile 变电站 SVC 单线图

表 12-13　　　　　　　　　　Bout De L'Ile 变电站 SVC 主要技术参数

参数		数值
SVC 额定值	电压（kV）	26
	SVC 范围（Mvar）	±300
	TCR/TSC 连接类型	三角形
	TCR 额定值（Mvar）	2×220
	TSC 额定值（Mvar）	180
降压变压器	联结类型	Ynd5
	电压（kV）	735/26
	容量（MVA）	300
半导体器件	类型	晶闸管
	反向阻断电压（V）	8800
	平均通态电流（A）	1900

续表

参数	数值
冗余度（%）	10
过载能力（电流/时间）	1.3p.u./5s
冷却方式	水/乙二醇冷却
满载 SVC 阀损耗（%）	≤0.21（TCR）≤0.14（TSC）

已安装组件的谐波值已经得到了特别关注。考虑了 TCR 运行产生的谐波以及电网产生的谐波。由于电网靠近北极磁场，且输电线路长，主要为南北走向，因此产生地磁感应电流（GIC）的概率很高。这种有时限的现象导致变压器内部出现饱和效应以及背景谐波电压升高，并界定了组件的必要谐波值。

有多个因素可以优化布局设计。其中包括在最终 SVC 配置中仅安装启用一台单调谐滤波器。接入和磁隙优化也是影响因素之一。最终占地面积为 183m×101m 或 18483m² （见图 12－70～图 12－72）。

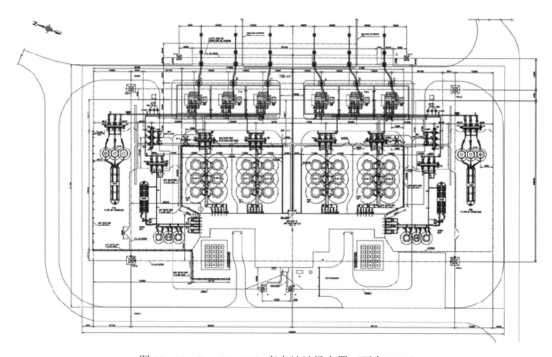

图 12－70　Bout De L'Ile 变电站站场布置（两台 SVC）

12.15.3　主要工作模式

SVC 的控制策略是在特别考虑 SVC 连接点的条件下开发的。主要运行模式为电压控制模式。具体实现了以下控制功能：

（1）SVC 并联运行。

两台相同的 SVC 在同一公共耦合点运行需要增强控制功能。例如，电压参考点、斜率和增益调整等设置将在两台 SVC 的主/从运行中处理。

图 12-71　Bout De L'Ile 变电站 SVC 鸟瞰图

图 12-72　Bout De L'Ile 变电站 SVC 晶闸管阀

（2）欠电压策略。

通过电网研究，在控制系统中实施了 6 种不同的欠电压策略，以确保能够区分 SVC 连接点的远区和近区短路故障。

（3）TCR 切换。

如果两台 TCR 都在运行（输出感性无功），那么其中一台 TCR 作为 TSR 运行（触发角

90°）。为平衡 TCR 支路的需求，定期操作执行 TCR/TSR 转换。

（4）次同步谐振监测。

除了稳定性控制器之外，次同步谐振监测还可检测与指定次同步频率对应的控制器输出振荡。

（5）地磁暴监测。

地磁暴监测电路用来检测变压器不能处理的大磁暴，从而测量流经变压器星形点的电流直流部分。根据直流值和持续时间发出报警或跳闸信号。

12.15.4 系统性能

静止无功补偿器控制系统在西门子试验室进行了全面测试。相关测试包括功能性能测试（FPT）和动态性能测试（DPT）。功能性能测试（FPT）旨在检查 SVC 控制系统的静态行为，检查其是否正常运行，而动态性能测试（DPT）则是验证 SVC 控制系统的动态行为。

在所有测试中，实际 SVC 的控制系统与采用实时数字模拟器（RTDS）模型进行模拟的数字电网模型一起测试。根据电网稳态和时间限制条件（如 GIC 事件），采用了各种数字模型设置。

自 2014 年投入运行以来，补偿器在所有不同的运行模式下，尤其是在并联模式下，都表现出了预期的性能。

特殊欠电压策略已在运行中得到验证。

自 SVC 投入运行以来，已报告多起地磁暴事件，但对 SVC 运行没有任何影响。设备设计为能够承受最严重的情况，而且调整了保护设置，以防止在这类事件中跳闸。

12.16 书内参考章节

6 静止无功补偿器（SVC）技术

参考文献

Al-Mubarak, A.H., et al.: Preventing voltage collapse by large SVCs at power system faults.In: 2009 IEEE/PES Power Systems Conference and Exposition, Seatle, March 2009.

Baorong, Z., Zhigang, C., et al.: Research on application of dynamic reactive power compensators in west-east electricity transmission systems of China Southern Power Grid.South. Power Syst.Technol.1(2), 58-62(2007).

Boström, A., Hassink, P., Thesing, M., Halonen, M., Grunbaum, R.: Voltage stabilization for wind generation integration in western Texas grid.In: 2009 CIGRÉ/IEEE PES Joint Symposium Integration of Wide-Scale Renewable Resources into the Power Delivery System, Calgary, July 2009.

Cigre, T.B.: 337, 2007, Increased System Efficiency By Use Of New Generations of Power Semiconductors, December 2007.

Elenius, S., Uhlen, K., Lakervi, E.: Effects of Controlled Shunt and Series Compensation on Damping in the Nordel System. (IEEE Trans., vol. PWRS−20, November 2005, pp.1946−1957).

Grunbaum, R., Halonen, M., Strömberg, G.: SVC for 69kV direct grid connection. In: 2008 IEEE/PES Transmission and Distribution Conference and Exposition, USA, April 2008.

Horwill, C., Young, D.J., Wong, K.T.G.: A design for a relocatable tertiary−connected SVC. In: The 8th IEE International Conference on AC and DC Power Transmission, 1996.

Huang, X., Zhang, L., Ding, Y., et al.: The design of control and protection system of 900 Mvar SVC in Holeta Substation in Ethiopia. In: 2016 IEEE PES PowerAfrica, pp.223−227, Livingstone, June 2016.

Huifan, X., Haijun, W., et al.: Study on application of SVC to power transmitted from west to in China Southern Power Grid.South.Power Syst.Technol.4, 138−142(2010).

Hutchinson, S., Halonen, M., Alsulami, A.: The world's largest SVCs deliver voltage stability and load balancing for the Saudi Power Grid at High Speed Railway Feeder Stations.In: CIGRÉ GCC Power 2016, Doha, November 2016.

Lahtinen, M., Rauhala, T., Kuisti, H., Peltola, J., Halonen, P.: Static Var Compensator enhancing the operational reliability of Finnish transmission network.Paper B4−206, Cigre Session 2010, France.

Leirbukt, A., et al.: Wide area monitoring experiences in Norway.In: 2006 IEEE PES Power Systems Conference and Exposition, pp.353−360, Atlanta, November 2006.

Linlin, Y., Liujun, et al.: The application of static var compensator in Dong Anshan 220kV substation.Electrotechnical Appl.S1, 479−481(2013) .

Luckett, M.J.: Have vars will travel, IEE Review, September 1999.

Meisingset, M., Skogheim, O., Ekehov, B., Wikström, K.: Viklandet and Tunnsjødal SVCs-Design, project execution and operating experience.In: 2010 CIGRÉ General Meeting, paper B4−106, Paris, August 2010.

Nakagawa, T., Satoh, K., et al.: 8kV/3.6kA Light triggered thyristor. In: Proceeding of International Symposium on Power Semiconductor Device &ICs 1995, pp.175−180, Yokohama, May 1995.

Peltola, J., et al.: Static Var Compensator for Power Oscillation Damping, IEEE 2010.

Rauhala, T., Kuisti, H., Jyrinsalo, J.: Enhancing the transmission capability using FACTS: The Finnish experience.In: The 9th International IET Conference on AC/DC.London, October 2010.

Static Var compensator in Kangasala, Matti Lahtinen, Fingrid 2009. https: //www.fingrid.fi/ globalassets/dokumentit/en/p.u.blications/corporate−magazine/fingrid_2_09engl.pdf.

Uhlen, K., et al.: Wide−Area Power Oscillation Damper implementation and testing in the Norwegian transmission network.In: 2012 IEEE Power and Energy Society General Meeting, San Diego, July 2012.

Veilleux, E., et al.: Major SVC upgrade in the Canadian 735 kV transmission system.In: 2016 CIGRÉ Canada Conference, paper CIGRÉ−783, Vancouver, October 2016.

饶宏，中国工程院院士，南方电网公司首席技术专家，CIGRE直流与电力电子专委会（SC B4）中国国家委员、直流输电技术国家重点实验室主任。长期从事直流输电分析、设计和运行技术研究及应用工作，主持完成 11 项直流重大工程成套设计，研发我国自主化的直流输电成套设计技术，攻克特大型交直流电网安全运行技术，首创多项特高压柔性直流输电技术，支持和推动南方电网建成"八交十一直"西电东送大通道。获国家科技进步一等奖 1 项、国家科技进步二等奖 1 项、省部级科技进步一等奖 4 项，获何梁何利基金科学与技术进步奖、全国创新争先奖状、IEEE电力与能源学会 Uno Lamm 直流输电奖。

何师，荣信汇科电气股份有限公司储能与电力电子工程师、STATCOM 产品技术总监。2006 年和 2008 年分别获得北京交通大学电气工程学士学位和清华大学电气工程硕士学位。毕业后入职荣信汇科电气股份有限公司。2008～2011 年参与了 35kV/200Mvar 无变压器 STATCOM 系统研发，该系统直连至南方电网某变电站 35kV 母线，用于提供动态无功功率、提高系统运行可靠性。参与了国内 FACTS 领域多个标准制定工作。目前主要从事电网和新能源发电领域的大容量 STATCOM 系统设计与应用。

吴小丹，2008 年入职南京南瑞继保电气有限公司，高级工程师，东南大学专业学位硕士研究生校外指导教师。长期从事新能源发电、柔性交流输电、柔性直流输电及柔性低频输电系统的研发和产业化工作。研发成果成功应用于中国南方电网 500kV 富宁换流站百兆乏 STATCOM 工程、世界首套台州低频海上风电送出及世界首套杭州双端柔性低频输电等国内外重大工程之中。先后获得国网电力科学研究院科学技术进步奖一等奖、机械工业科学进步奖三等奖、国家电网公司科学技术进步奖二等奖、国家电网公司专利奖三等奖及南方电网科学研究院科技项目奖二等奖等多个奖项。参与制定中华人民共和国电力行业标准 1 项，中华人民共和国能源行业标准 2 项。同时参与了国家电网公司及南方电网公司多项企业标准的制定。在国内外核心期刊发表论文 30 余篇，被 SCI/EI 收录 10 余篇，授权专利 10 余项。担任《电力系统自动化》《电网技术》《高电压技术》等国内 EI期刊审稿人。

Marcio M. de Oliveira，ABB 公司（瑞典）首席系统工程师。1967 年出生于巴西里约热内卢，1992 年获巴西里约热内卢联邦大学电气工程理科硕士学位，分别于 1996 年和 2000 年获瑞典皇家理工学院高功率电子系高级硕士学位和博士学位。2000 年入职 ABB 公司 FACTS 部门，工作内容涉及电力系统设计、实时仿真、控制系统设计研发等多个技术领域。现任系统首席工程师，负责 FACTS 技术在全球的技术营销。参编了 CIGRE SC B4 WG53 "STATCOM 的采购和测试指南"，是 IEC TC22 的成员，是 IEC 61954 维护团队的组织者，负责 SVC 晶闸管阀的测试。2017 年获 IEC 1906 奖。

Guillaume de Préville，法国通用电气公司解决方案业务部 FACTS 与电能质量专家组成员。1985 年获法国图卢兹国立综合理工学院硕士学位，后入职法国热蒙—施耐德公司，担任静止换流器控制装置研发工程师，研发了驱动及大型电源（电解厂托卡马克装置）的专用控制装置。随后入职西技莱克和阿尔斯通公司研发部门，负责电能质量业务，主要从事 FACTS 领域工作，开发应用于输配电和居民用电的 SVC 和 STATCOM、铁路接触网供电用工频换流器控制装置。现为通用电气公司解决方案业务部高压直流输电和 FACTS 专家组成员，是应用于机械及电力系统的静止换流器控制专家。任法国国立工艺学院（CNAM）副教授，曾为 CIGRE WF B4.19 成员。

Colin Davidson，英国斯塔福德通用电气电网研究中心高压直流输电咨询工程师。1989 年 1 月入职该公司（当时隶属于美国通用电气公司），历任晶闸管阀设计工程师、晶闸管阀经理、工程总监、研发总监等职位。他是特许工程师和 IET 会士（Fellow），曾任 IEC 标准化委员会高压直流输电和 FACTS 分委会委员。拥有剑桥大学自然科学专业的物理学位。

邓占锋，教授级高级工程师，博士生导师，任全球能源互联网研究院电力电子研究所所长、全国电压电流等级和频率标准化（SAC/TC1）技术委员会副主任委员、电力行业电能质量及柔性输电标准化技术委员、"先进输电技术"国家重点实验室副主任。主要研究方向为新型储能及能源转化技术、柔性交流输配电技术。

Georg Pilz，德国西门子公司全球 FACTS 装置与系统研究工程部总监。1972 年出生于德国德累斯顿，分别于 1999 年和 2007 年获得德累斯顿工业大学电气工程学士学位和博士学位。2005 年入职西门子公司 FACTS 应用系统工程部。主要研究内容为 FACTS 装置设计，特别是瞬态仿真及其研发项目。现任全球 FACTS 装置系统研究工程部总监。是 CIGRE SC B4 WG53 成员，并加入 IEC TC22，任 IEEE WG P2745《使用模块化多电平换流器的统一潮流控制器技术指南》副主席。

Bjarne Andersen，Andersen 电力电子解决方案有限公司董事兼所有人（2003 年）。成为独立咨询顾问之前，在 GE 公司工作了 36 年，最后任职工程总监。参与了首台链式 STATCOM 和移动式 SVC 的研发工作。参与常规和柔性高压直流输电项目的各阶段工作，有丰富经验。作为顾问，参与了包括卡普里维直流输电工程在内的多个国际高压直流输电项目。卡普里维工程是第一个使用架空线的商业化柔性直流输电项目，允许多个供应商接入，并实现多端运行。2008～2014 年，任 CIGRE SC 14 主席，并在直流输电领域发起了多个工作组。是 CIGRE 荣誉会员，于 2012 年荣获 IEEE 电力与能源学会 Uno Lamm 直流输电奖项。

许树楷，教授级高级工程师，中国南方电网有限责任公司创新管理部副总经理，南方电网公司特级专业技术专家，IET FELLOW（会士），IEEE 高级会员，IET 国际特许工程师（Charter Engineer），CIGRE 中国国家委员（Regular Member）和战略顾问（AG01）。主要研究领域为柔性直流与柔性交流输电、大功率电力电子在大电网的应用技术等，是世界首个柔性多端直流输电工程系统研究和成套设计负责人、世界首个千兆瓦级主电网互联柔性直流背靠背工程系统研究和成套设计负责人、世界首个特高压±800kV 多端混合直流输电工程系统研究和成套设计负责人。先后获中国专利银奖 1 项、中国标准创新贡献奖 1 项、中国电力科技奖等省部级一等奖 10 余项。曾获中国电力优秀青年工程师奖、广东省励志电网精英奖、南方电网公司十大杰出青年等荣誉称号。

STATCOM 应用实例

13

许树楷、王少波、左广杰、Colin Davidson、Marcio M. de Oliveira、Rizah Memisevic、Georg Pilz、Bilgehan Donmez 和 Bjarne Andersen

目次

许树楷
中国广州，南方电网科学研究院有限责任公司
电子邮件：xusk@csg.cn

王少波
中国鞍山，荣信汇科电气股份有限公司
电子邮箱：wangshaobo@rxhk.com

左广杰
中国许昌，许继集团股份有限公司
电子邮箱：714381833@qq.com

Colin Davidson
英国斯塔福德，通用电气公司解决方案业务部
电子邮箱：Colin.Davidson@ge.com

© 瑞士，Springer Nature AG 公司 2020 年版权所有
S. Nilsson、B. Andersen（编辑），柔性交流输电技术，CIGRE 绿皮书，https://doi.org/10.1007/978-3-319-71926-9_13-2

Marcio M. de Oliveira
瑞典韦斯特罗斯，ABB 公司 FACTS 部
电子邮件：marcio.oliveira@se.abb.com

Rizah Memisevic
澳大利亚昆士兰州弗吉尼亚州，Power Link 系统性能与互联部
电子邮箱：rmemisevic@powerlink.com.au

Georg Pilz
德国埃尔兰根，西门子公司
电子邮件：georg.pilz@siemens.com

Bilgehan Donmez
美国艾尔，美国超导股份有限公司
电子邮箱：NetworkPlanning@amsc.com

Bjarne Andersen (✉)
英国 Bexhill-on-Sea，Andersen 电力电子解决方案有限公司
电子邮件：bjarne@andersenpes.com

摘要

本章首先简要介绍了 STATCOM 技术，然后介绍了世界各地关于 STATCOM 的若干典型应用。部分应用实例属于一般输电系统应用，其中 STATCOM 的目的是调节和支撑交流电压，并将电网中各种故障和事故期间可能发生的过电压和欠电压降至最低，包括大型直流输电系统的换相失败。若干实例展示了 STATCOM 改善电弧炉、风电场、单相牵引负荷等扰动负荷对电能质量影响的作用。STATCOM 应用证实，STATCOM 具有抑制电力系统振荡和提高交流线路输送功率容量的能力。

13.1 引言

本章首先简要概述 STATCOM 设计。然后介绍世界各地关于 STATCOM 应用的若干实例。本章包括以下实例：

（1）英国东克莱顿变电站 STATCOM，用于帮助控制输电网。它是第一个"链式"换流器，现被称为模块化多电平换流器（MMC）。

（2）中国上海西郊变电站、国内首套链式（MMC）STATCOM，用于展示 STATCOM 在高负荷密度的城市地区提供的效益。

（3）智利塞罗纳维亚变电站 STATCOM，用于提高系统的动态稳定性，从而可通过电网传输更多的电力。

（4）中国广东直流输电系统受端 STATCOM，通过提供动态无功功率支持广东的多馈入电力系统，并协助常规直流系统的换相失败恢复。

（5）中国内蒙古国华宝电电厂 STATCOM，用于解决由直流输电系统和具有串联补偿的长交流线路所引起的次同步谐振和次同步振荡问题。

（6）中国云南送端直流输电系统富宁换流站 STATCOM，用于在常规直流输电系统发生故障后提供交流电压支持。这些 STATCOM 大大提高了直流输电系统和交流电网的性能。

（7）印度奥兰加巴德变电站两套并联 STATCOM，用于提供动态无功功率补偿，以改善输电系统的电压质量和动态稳定性。

（8）美国阿拉巴马州 STATCOM，用于改善由于区域电网的短路容量降低，以及产生闪变、不平衡和谐波的大型电弧炉（EAF）导致的电能质量问题。

（9）澳大利亚昆士兰州 STATCOM，用于为重型电力列车的单相负荷提供补偿，并符合电网规范要求。选择 STATCOM 的原因是其谐波输出要低得多。

（10）印度 Rourkela 变电站混合式 STATCOM，用于提供动态无功功率补偿，以改善输电系统的电压质量和动态稳定性。本应用与上文第 7 个实例类似，但来自另一个制造商。

（11）澳大利亚邦尼湖风电场 STATCOM，旨在使扩建后的风电场能够满足新的电网规范要求。

（12）美国移动式 STATCOM，可以快速地移动并连接到客户所需的系统中。50Mvar STATCOM 由若干拖车和连接电缆以及一个移动式 STATCOM 变压器组成。

13.2 STATCOM 简介

STATCOM 是静止同步补偿器的简称。STATCOM 采用的是具有关断功能的半导体开关器件。在撰写本书时（2019 年），大多数 STATCOM 使用绝缘栅双极型晶体管（IGBT）作为开关器件。早期的 STATCOM 使用门极可关断晶闸管（GTO）或集成门极换流晶闸管（IGCT）。在撰写本文时，主要的换流器拓扑是基于 IGBT 的模块化多电平换流器（MMC），但也使用 GTO 和 IGCT。

STATCOM 具有开关速度快、输出特性佳、动态响应快、占地面积小和控制功能灵活的特点。在输电系统中，STATCOM 可用于进行电压和无功功率控制，增强系统阻尼，抑制低频和次同步振荡，并改善电力系统的暂态稳定性。

在配电系统中，STATCOM 可用于改善电能质量，如抑制闪变和平衡三相电压。在可再生能源发电场景，如太阳能或风力发电中，STATCOM 可用于电压稳定控制、无功功率控制等。

应用于 STATCOM 的三种主要换流器拓扑类型有通过磁耦合的多个 6 脉波桥式换流器、三电平中性点钳位（NPC）换流器以及目前最常见的模块化多电平换流器（MMC）。

STATCOM 换流阀可连接成三角形或星形，其容量范围为几 Mvar 到 100Mvar，甚至以上。换流阀可采用强制风冷或水冷。

关于 STATCOM 的技术说明详情，请参见本书中的"7 静止同步补偿器（STATCOM）技术"一章。

请注意，本章中的功率损耗仅指换流阀处于最大额定容性功率运行下的损耗，并以换流阀额定功率的百分比（通常为额定动态容量的 50%）表示。

13.3 英国东克莱顿变电站 STATCOM

13.3.1 应用背景

20 世纪 80 年代末和 90 年代初，英国电力供应行业进行私有化和"分拆"，从而导致发电模式发生重大转变，许多老旧的燃煤发电站被关闭，取而代之的是低成本联合循环燃气轮机（CCGT）发电。新一代 CCGT 发电主要位于英国北部和东部，更靠近北海海岸。到 20 世纪 90 年代中期，英国国家电网公司（NG）开始担心英国北部发电量的增加会导致原本就拥堵的中部至南部输电走廊的潮流进一步增加，从而导致南部可能出现较大的无功功率缺额。经过对传统静止无功补偿器进行了一段时间的大量投资后，NG 决定在东克莱顿变电站设置基于 STATCOM 的补偿系统，作为在南方提供无功补偿总体方案的一部分，该变电站位于伯明翰和伦敦之间的 400kV 电网系统上，具有战略意义。

由于 NG 不再控制新一代发电厂的位置，人们担心由于未来电网变化，新的补偿设备可能成为冗余的"搁浅资产"。为了减轻这种风险，新的补偿系统必须能够搬迁到其他 400kV 或 275kV 变电站，并有可用的、合适的场地区域。在 40 年的设备寿命期内，预计最多进行 3 次搬迁（Horwill et al. 2001）。

13.3.2 系统结构和运行参数

该 STATCOM 可在 0～225Mvar（容性）范围平滑输出无功，未设计感性无功输出能力。所选方案基于动态范围为 150Mvar（±75Mvar）的 STATCOM 和小型固定滤波器，以提供 0 至约 100Mvar 之间的输出。还提供 127Mvar 晶闸管投切电容器（TSC），以提供 225Mvar 输出所需的额外无功功率。

项目中的补偿系统归 NG 所有，由阿尔斯通（现为通用电气电网解决方案业务部）提供。补偿系统的现场安装和测试已完成，STATCOM 于 2000 年正式投入运行（Hanson et al. 2001）。

东克莱顿变电站 STATCOM 单线图如图 13-1 所示。

此 STATCOM 是世界上"链式电路"，现被称为模块化多电平换流器（MMC）的首次商业应用：参见"5 FACTS 装置的电力电子拓扑"一章。STATCOM 具有 3 个三角形连接的单相换流器，每个换流器包含多个串联的"链节"（或 H 桥）。每个 H 桥使用 4 个 GTO 和与之并联的续流二极管，并以直流电容作为其电压源。GTO、续流二极管和缓冲器元件采用水冷方式，直流电容采用风冷方式。为了满足最坏运行工况，换流器的各相至少需要 14 个串联的 H 桥。每相设置 2 个额外链节作为冗余，每相共有 16 个 H 桥。

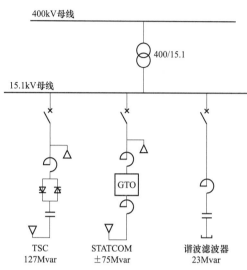

图 13-1 东克莱顿变电站 STATCOM 单线图

东克莱顿变电站的 STATCOM 主要技术参数如表 13-1 所示（数据来自 Woodhouse et al. 2001）。

表 13-1　　　　　　　　　　东克莱顿变电站 STATCOM 主要技术参数

参数		数值
额定值	电压（kV）	15.1
	容量（Mvar）	0～225
	连接类型	三角形
STATCOM 变压器	联结类型	YNd11
	电压（kV）	400/15.1
	容量（MVA）	237/237
半导体器件	类型	GTO
	电压/电流（V/A）	4500V/3000A
冗余度（%）		12.5
过载能力（电流/时间）		1.1p.u.感性/1s
冷却方式		水冷
满载 STATCOM 阀损耗（%）		—
预计使用寿命（年）		40

场地可用面积有限，因此，对补偿系统设计了紧凑布置方案（图 13-2）。STATCOM 设备的总占地面积小于 1400m²。为了便于将来补偿器搬迁，STATCOM 的各相均装在可公路运输的集装箱内，位于图 13-2 中的右上方。TSC 阀、相关控制装置和其他辅助设备安装在图中央所示的集装箱中。将换流阀的损耗带到空气中的换热器位于图的右侧。所有其他开关类设备通过相关连接安装在金属框架上，便于将设备组合在一起，以便于运输和重新安装。

图 13-2　东克莱顿变电站 STATCOM 换流阀集装箱和户外设备

有关东克莱顿 STATCOM 的更多技术信息，请参阅"7　静止同步补偿器（STATCOM）技术"一章。

13.3.3　主要工作模式

STATCOM 主要以稳态恒压控制模式运行，由英国电网控制中心运行。

以下控制模式也可用：

（1）稳态恒定无功功率控制模式；

（2）动态无功功率支撑模式；

（3）远程控制模式。

13.3.4　系统性能

与传统的静止无功补偿器（SVC）相比，STATCOM 的一个主要优点是占地面积小且响应速度快。响应时间通过一系列的电流阶跃响应进行验证。通过这些试验，对相位控制的比例增益和积分增益进行调节，以获得最佳响应。

图 13-3 为典型波形，显示了 STATCOM 的平稳快速响应。

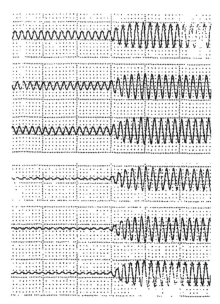

图 13-3　东克莱顿变电站 STATCOM 电流指令突变的阶跃响应

13.4　中国上海西郊变电站 STATCOM

13.4.1　应用背景

上海电网的负荷高度集中，是中国最重要的负荷中心之一。自 2001 年以来，上海的电力负荷持续增加，增加的负荷由远程供电的比例越来越大。远程地区对上海的供电不断增加，导致上海电网面临诸多挑战，包括可控性和稳定性问题。由于资源限制和环境保护的原因，不得在城市地区建造可提供动态无功功率的发电厂。因此，上海负荷中心出现了动态电压支撑不足的问题。220kV 城市电网需要对不同地区电网提供动态无功功率支撑，空调负荷的不断增加进一步加剧了上海电网电压失稳的风险（LIU Wen-hua et al. 2008）。

为了证明 STATCOM 的效果，如改善电能质量和确保电网安全稳定运行，上海市电力公司于 2003 年决定在黄渡地区西郊变电站安装一个试验性的 50Mvar STATCOM。预期效果是：

（1）在发生电网故障时提供快速的动态电压支持，减少低电压甩负荷数量；

（2）在系统故障和负荷突然增加时，提供动态电压支撑，防止发生暂态电压崩溃；

（3）为连接在 35kV 母线上的 4 组电容器提供组合式投切控制，确保 35kV 母线电压稳定。

13.4.2　系统结构和运行参数

清华大学、上海市电力公司和许继电气股份有限公司开发了中国首个 ±50Mvar 的 MMC STATCOM。该装置于 2006 年 2 月 28 日在上海黄渡地区的西郊变电站正式投入运行。

STATCOM 的单线图如图 13-4 所示。主要技术参数和性能数据见表 13-2。

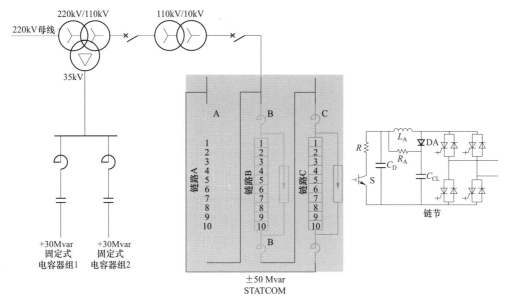

图 13-4　STATCOM 的单线图

表 13-2　　　　　　　　　　　西郊变电站 STATCOM 主要技术参数

参数		数值
额定值	电压（kV）	10
	容量（Mvar）	-50～+50
	连接类型	三角形
STATCOM 变压器	联结类型	Yy0
	电压（kV）	110±2×2.5%/10
	容量（MVA）	55
半导体器件	类型	IGCT（10×3）
	集电极-发射极电压（V）	4500
	集电极电流（A）	4000
冗余度（%）		10
过载能力（电流/时间）		1.2p.u./30s
冷却方式		水冷
满载 STATCOM 阀损耗（%）		≤1.3

STATCOM 布置如图 13-5 所示。室外设备包括 110/10kV 变压器、换流阀串联电抗器和水冷式散热器。室内设备包括三相换流器、控制柜、监控柜和电源柜、10kV 开关设备、换流阀冷却系统及其控制和保护系统。

图 13-6 为油冷串联电抗器。换流阀室位于电抗器右侧，控制室等设施位于左侧。

图 13-7 显示了 STATCOM 一相换流阀，可以看到其包含 10 个 MMC 模块。

STATCOM 控制和保护系统如图 13-8 所示，包括监控柜（右侧第一个）和控制柜（右侧第二个）。

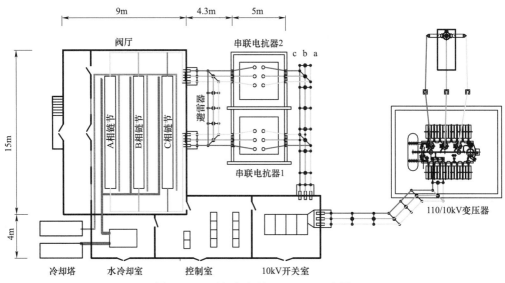

图 13-5　西郊变电站 STATCOM 布置

图 13-6　西郊变电站 STATCOM 室外设备

13.4.3　主要工作模式

STATCOM 设计有稳态和暂态的电压控制模式。在稳态电压控制模式下，通过比例控制回路控制输出无功功率，从而调节稳态电网电压。

根据 220kV 母线电压的采样值确定系统状态。在稳态电压控制模式下，电网发生故障或其他扰动后，STATCOM 可立即切换至暂态电压控制模式，并为系统提供额定容性无功支撑。这种模式切换的一个条件是，母线电压的有效值低于预设阈值。这种情况表明故障导致电网电压下降。模式切换的条件也视电网电压的下降率而定。一旦电网电压的下降率超过预设阈值，即使此时电网电压仍高于预设有效值阈值，STATCOM 也会切换到暂态电压控制模式。

图 13-7　西郊变电站 STATCOM 换流阀

图 13-8　西郊变电站 STATCOM 控制保护系统

该设计通过预判电压跌落，加快故障期间无功功率的响应时间。一旦 STATCOM 切换到暂态电压控制模式，在达到预设的额定容性无功功率输出持续时间后，STATCOM 的输出将逐渐降低到稳态输出。

13.4.4　系统性能

现场试验结果表明，安装的 STATCOM 能够输出额定电流。图 13-9 显示了额定运行条件下的 10kV 线电流。总谐波畸变率小于 5%。

功率阶跃响应试验在图 13-10 显示了将无功功率指令从零变为额定容性功率时的三相瞬时无功功率。可以看出，无功功率响应时间非常快，初始响应时间为 3ms，随后出现超调，然后最终在约 25ms 稳定在指令功率。

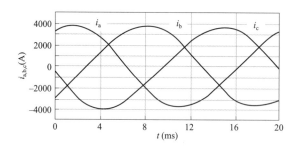

图 13－9　西郊变电站 STATCOM 额定运行时电流波形

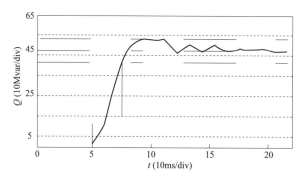

图 13－10　西郊变电站 STATCOM 无功功率阶跃响应波形

2006 年，黄渡地区电网由 12 条 220kV 母线和 20 条负荷母线（35kV 和 110kV）组成，电力负荷为 1552MW。试验结果表明，当安装的 STATCOM 以额定无功功率提供输出时，西郊变电站的 220kV 和 35kV 母线的电压增幅分别为 1.5% 和 7.8%。这导致少甩负荷高达 438MW。

西郊变电站的 ±50Mvar STATCOM 是中国工业级 STATCOM 的里程碑。这是中国第一个采用模块化多电平换流器（MMC）的 STATCOM。随后，MMC 成为中国大容量 STATCOM 的主流换流器方案。对于上海黄渡地区电网，STATCOM 在故障和负荷突然增加时提供动态无功电压支持。同时，为未来 FACTS 装置的应用和发展提供了宝贵的运行经验。

13.5　智利塞罗纳维亚变电站 STATCOM

13.5.1　应用背景

中央互联系统（CIS）服务于智利中部地区，为大约 90% 的智利人口提供电力。Transelec S. A.是主要的输电运营商，拥有并运营 66～500kV 电压等级的输电设施。

与世界其他地区的情况类似，在智利，反对修建新输电基础设施的声音越来越大。因此，Transelec S. A.研究了利用现有输电设施以提高输电能力的最佳方法。可行性研究完成后，决定在电网的关键点安装 FACTS 装置，以提高系统的动态稳定性，从而可通过电网传输更多的电力。

2011 年安装的 FACTS 装置的基本目的如下：

（1）在正常稳态和应急工况下，调节和控制 220kV 电网电压。

（2）发生系统突发事件（如系统短路和线路或发电机断电）后，尤其是在 Ancoa 北部高潮流期间，提供动态、快速的无功功率响应。

（3）提高电网的电能传输能力。

13.5.2 系统结构和运行参数

2011 年，ABB 分别在塞罗纳维亚和 Polpaico 变电站提供并调试了两个 FACTS 装置，其中一个为 STATCOM，另一个为 SVC，如图 13-11 所示。

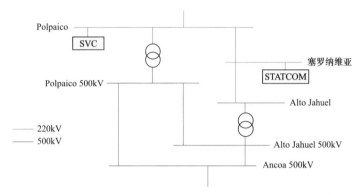

图 13-11 FACTS 装置在智利中央互联系统中的位置（2011 年）

塞罗纳维亚和 Polpaico 变电站均位于首都圣地亚哥，该处集中了中央互联系统的大部分负荷。在试运行时，两个 FACTS 装置一起将 Ancoa 和 Alto Jahuel 以及 Ancoa 和 Polpaico 之间 500kV 线路（长度超过 300km 的输电线路）的输电容量从以前的 1400MW 增加到 1600MW。

STATCOM 的单线图如图 13-12 所示。STATCOM 由一个 102.5Mvar 的三电平换流器（NPC）和三个总额定值为 37.5Mvar 的谐波滤波器组成。由于滤波器总是处于连接状态，STATCOM 连续控制的无功功率范围介于感性 65Mvar 和容性 140Mvar 之间。塞罗纳维亚变电站 STATCOM 的主要技术参数如表 13-3 所示。

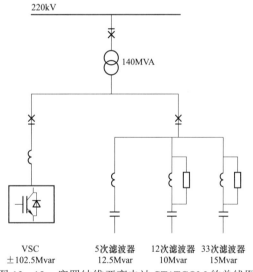

图 13-12 塞罗纳维亚变电站 STATCOM 的单线图

表 13-3 塞罗纳维亚变电站 STATCOM 主要技术参数

参数		数值
额定值	电压（kV）	220
	容量（Mvar）	+140/-65
	连接类型	NPC 换流器和星形连接滤波器

续表

参数		数值
STATCOM 变压器	联结类型	YNd11
	电压（kV）	220/34
	容量（MVA）	140
半导体器件	类型	StakPak IGBT
	电压/电流（kV/A）	34/1800 阀组
冗余度（%）		6
冷却方式		水–空气热交换器的水冷系统
满载 STATCOM 阀损耗（%）		换流器容量的 1.2%
预计使用寿命（年）		30

电力变压器和中压室外设备如图 13−13 所示。由于声音要求较为严格，在电力变压器周围设置隔音墙，用于减小声级。

图 13−13　塞罗纳维亚变电站 STATCOM 的电力变压器和中压室外设备

图 13−14 所示为 VSC 相电抗器与阀室的连接，以及作为三电平换流器一部分的 IGBT 阀组。整套 STATCOM，包括控制室和阀室，布置于 30m×60m 的围栏区域内。

13.5.3　主要运行模式

正常运行模式是自动电压控制模式。控制系统采用闭环系统控制 220kV 母线的正序电压。在手动控制模式下，STATCOM 以开环控制方式运行。由操作员手动设置所需的无功功率输出，STATCOM 输出恒定无功电流。在手动控制模式下，电压参考值采用经过斜率校正的实际线电压；而在自动控制模式下，无功功率参考值采用电压控制器计算出的无功电流参考值。

因此，从一种控制模式切换到另一种控制模式时，避免 STATCOM 输出发生突变，从而实现无扰动切换。

图 13-14　塞罗纳维亚变电站 STATCOM 电抗器和 IGBT 阀组

在自动电压控制运行期间，还可以启动辅助的无功控制器。与电压控制器相比，辅助无功控制器的动态响应非常慢，其输出信号与电压参考信号叠加，使得在稳态下，STATCOM 输出保持在设定的容性范围和感性范围内。该功能的主要目的是使 STATCOM 的可控部分（即电压源型换流器）在稳态下接近零电流，从而在系统扰动和恢复期间，换流器可以在全容量范围内快速地动态支撑系统。在 STATCOM 逐渐向接近零电流运行过程中，交流电网中响应较慢的无功功率控制器也同步调节其输出，以获得系统运行所需的交流电压。

STATCOM 还能补偿塞罗纳维亚 220kV 母线上的电压不平衡。采样 220kV 系统的负序电压，并通过在 VSC 换流器中增加负序电流控制对其进行补偿。由于负序补偿会增加直流电压纹波，因此，STATCOM 可补偿的负序幅度是有限的。正序电压控制的优先级更高。

13.5.4　系统性能

由于塞罗纳维亚变电站 STATCOM 和 Polpaico 变电站 SVC 项目几乎是同时开始的，因此，在图 13-15 所示系统下的控制系统实时仿真出厂试验也是同时进行的。由于 FACTS 装置的电气性能类似，这样可以在稳态和动态工况下验证 SVC 与 STATCOM 之间可能存在的不良控制相互作用，并为这两种补偿器的控制系统提供合适的设置。

例如，图 13-16 显示了 Alto Jahuel 220kV 母线（距塞罗纳维亚变电站较远的两条母线上）上发出持续时间为 6 个周期的单相接地故障时的实时仿真结果。在故障瞬间，换流器电流为感性电流，补偿滤波器产生的无功功率。该故障导致塞罗纳维亚 220kV 母线的正序电压下降 20%。因此，控制系统计算得到 VSC 换流器最大容性电流参考值，如图 13-16（c）所示，从而实现换流器电流从吸收无功功率向发出无功功率的快速相位翻转。故障期间，仍需保持三电平换流器正、负极的直流电压平衡，保持平均直流电压恒定不变，以避免直流电容在长期故障期间持续放电。当故障在 $t=0.22s$ 解除时，换流器迅速恢复至其原来的感性运行状态，同时，故障清除后系统电压不平衡消除，直流电压纹波也因系统电压恢复平衡而消失。

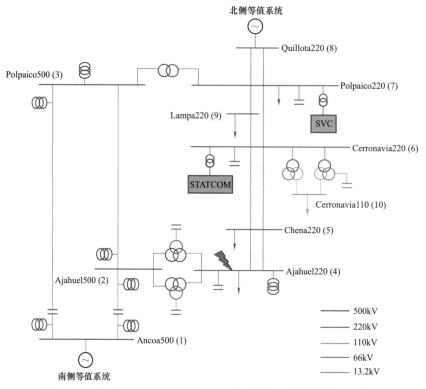

图 13-15　与实际控制系统连接、在实时仿真器中搭建的电网模型

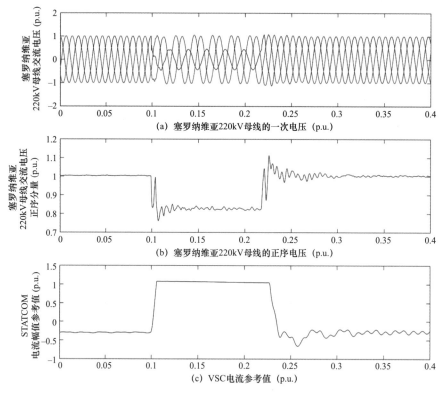

图 13-16　Alto Jahuel 220kV 母线发生单相故障时塞罗纳维亚变电站 STATCOM 仿真波形（一）

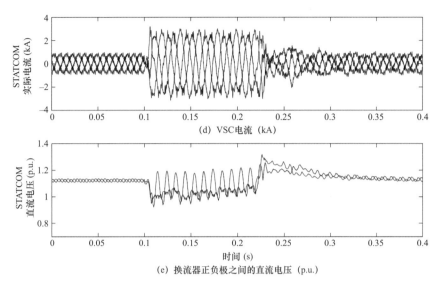

图 13-16　Alto Jahuel 220kV 母线发生单相故障时塞罗纳维亚变电站 STATCOM 仿真波形（二）

自 2011 年塞罗纳维亚变电站 STATCOM 和 Polpaico 变电站 SVC 投入运行以来，从 Ancoa 到智利北部的 500kV 线路的电力传输能力（出于对事故发生导致损失一条输电线路情况下的电压稳定性考虑，此前被限制在 1400MW）可以增加到 1600MW。据 Transelec 称，这也可以优化系统运行，允许南部的电能可以传输至智利中部地区。

13.6　中国广东直流输电系统受端 STATCOM

13.6.1　应用背景

由于直流输电容量在我国西电东送中占比较高,直流系统与现有交流系统的相互作用极大地改变了电网的特性，特别是系统的稳定性（Rao et al. 2016）。

南方电网（CSG）是典型的交、直流并联的长距离大容量输电系统。截至 2015 年，共有 7 条直流输电受端线路馈入该区域。截至 2020 年，将有 11 条直流输电受端线路馈入该区域，如图 13-17 所示。

为了支撑广东的多馈入电力系统，在 4 座 500kV 变电站建造了 4 套 STATCOM，以提供更佳的动态无功功率支撑，并在常规直流输电发生换相失败故障（CF）时帮助恢复。

13.6.2　系统结构和运行参数

项目中的 4 套 STATCOM 的设计者和所有者是南方电网公司;制造商是荣信汇科电气股份有限公司。第一套 STATCOM 于 2011 年 8 月在东莞 500kV 变电站投入使用。第二套和第三套 STATCOM 于 2013 年 6 月在北郊和水乡 500kV 变电站投入使用。最后一套 STATCOM 于 2013 年 10 月在木棉 500kV 变电站投入使用。

每套 STATCOM 的电抗器阻抗均为 12%，分为两个部分，分别位于阀两侧。每相由 26 个模块组成。每个模块都是 H 桥拓扑结构，并配备有撬棒电路，以便在发生内部故障时旁路模块。

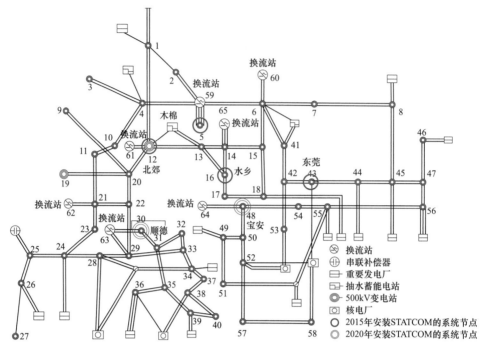

图 13-17　南方电网直流系统广东受端接入多台 STATCOM 的示意图

东莞变电站 35kV/200Mvar STATCOM 的单线图如图 13-18 所示。其他 STATCOM 的单线图与图 13-18 相同。请注意，该 STATCOM 由两个 100Mvar STATCOM 组成。

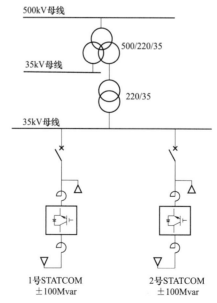

图 13-18　东莞变电站 STATCOM 的单线图

STATCOM 主要技术参数如表 13-4 所示。

表 13-4　　　　　　　广东受端 STATCOM 主要技术参数（单套）

参数		数值
额定值	电压（kV）	35
	容量（Mvar）	−200～+200
	连接类型	三角形
STATCOM 变压器	联结类型	YNd11
	电压（kV）	220±2×2.5%/35
	容量（MVA）	240
半导体器件	类型	PP-IGBT（压接式绝缘栅双极型晶体管）
	集电极-发射极电压（V）	4500
	集电极电流（A）	1500
冗余度（%）		10
过载能力（电流/时间）		1.5p.u./10s
冷却方式		水冷
满载 STATCOM 阀损耗（%）		≤0.8
预计使用寿命（年）		≤25

东莞变电站 STATCOM 的控制和保护系统、阀冷却系统和三相模块均布置在集装箱内。水冷散热器、三角形连接电抗器、接地开关、避雷器和进线断路器均布置在室外。

换流阀布置在集装箱内，阀由阀冷却系统冷却。室外设备和换流阀分别如图 13-19 和图 13-20 所示。

图 13-19　东莞变电站 STATCOM 的换流阀和室外设备

功率模块

图 13-20　东莞变电站 STATCOM 的换流阀集装箱内部视图

13.6.3　控制模式

两套 STATCOM 共用一个协调控制器，用于平衡无功功率，并确保 STATCOM 的参数相同。如果其中一个 STATCOM 发生故障，另一个 STATCOM 将输出总无功功率。

协调控制器还控制 8 个电抗器和 6 个电容器的投切，这些设备连接至另外 2 个变压器的 35kV 母线。并联电抗器的额定容量均为 15Mvar，并联电容器的额定容量均为 50Mvar。

各 STATCOM 均可在以下控制模式下运行：

（1）稳态恒定无功功率控制模式，仅在调试测试期间使用；

（2）稳态恒压控制模式，即控制 220kV 母线电压的正常运行模式；

（3）动态无功功率支撑模式，当 220kV 母线出现欠电压或过电压时，该模式会自动触发并快速输出无功电流；

（4）协调控制模式，一种与并联电抗器和并联电容器相协调的正常运行模式；

（5）遥控模式，一种与自动电压控制系统配合使用的特殊运行模式；

（6）两个并联的 STATCOM 通常接收相同的控制信号，但是它们也可以独立运行。

13.6.4　系统性能

现场通过短路试验来测试 STATCOM 装置的响应。测试方法为：将导线（熔丝）一端与某相线路连接，另一端与地连接，该导线快速熔化（Xiao Leisi et al. 2015）。STATCOM 其中一条进线发生单相瞬时接地故障。220kV 和 35kV 母线的电压和电流响应如图 13-21 所示（Li Chunhua et al. 2013）。

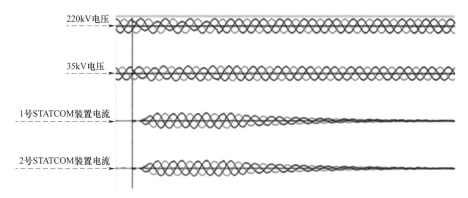

图 13-21　220kV/35kV 母线电压和东莞变电站 STATCOM 电流波形

图 13-22 显示了 A 相 220kV 电压和 STATCOM 的电流的详情。STATCOM 的响应时间为 15.8ms，包括控制器延迟在内的故障检测时间为 6ms。（注：220kV 电压基准值为 127kV；STATCOM 相电流基准值为 2857A；瞬时无功电流基准值为 4040A。）

STATCOM 具有指定过载能力，如表 13-4 所示。当电力系统在稳态下运行时，不使用过载能力。当电力系统处于瞬态时，STATCOM 过载能力自动启用。

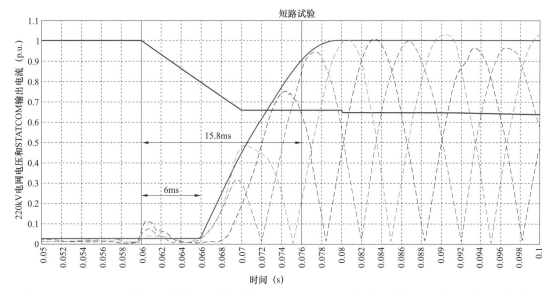

图 13-22　220kV 母线电压（蓝色）、东莞变电站 STATCOM 三相电流（虚线）及其无功分量（红色）

东莞变电站 STATCOM 投运后，功率模块的年故障率为 0.64%。根据运行记录可知，STATCOM 对交流故障的发生做出了正确响应，并支持系统恢复。

启动时，STATCOM 以较小的无功功率整定值（如 5%）运行，以避免因控制精度不足而导致可能发生的电流畸变。

无功功率补偿的快速响应意味着 STATCOM 可以有效提高系统的电压稳定性，支撑从换相失败故障中恢复的电压，并加速电力输送的恢复，从而提高接收电力和承受电网故障的能力。

13.7 中国内蒙古国华宝电电厂 STATCOM

13.7.1 应用背景

内蒙古呼伦贝尔地区以煤炭发电为主。国华宝电和鄂温克电厂通过巴彦托海开关站与呼辽直流的伊敏直流换流站相连，伊敏三期直接接入伊敏换流站。详细信息如图 13-23 所示。

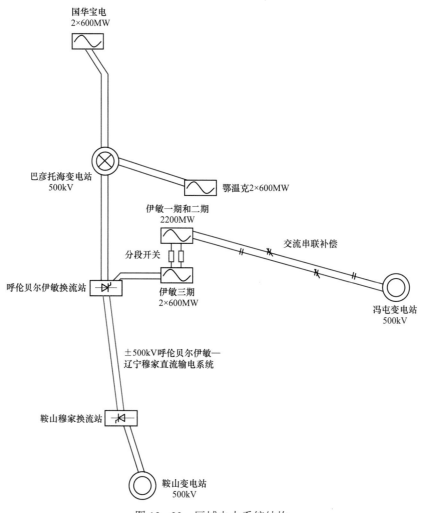

图 13-23 区域电力系统结构

直流输电技术的应用可能会在换流站和交流系统之间弱耦合情况下导致次同步振荡（SSO）（Cao Zhen et al. 2011）。交流输电线路的串联补偿也会引起次同步谐振（SSR）（Anderson and Farmer 1996）。如果不采取抑制措施，SSR 和 SSO 可能会严重损坏发电机轴（Farmer et al. 1977）。

此外，项目由于直流线路与具有串联补偿的伊敏交流线路相耦合，次同步谐振和次同步振荡问题变得非常复杂。发电机轴在扭转频率下的速度分量如图 13-24 所示。

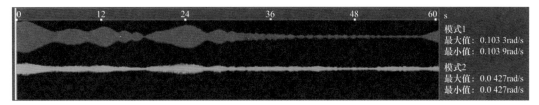

图 13-24 国华宝电电厂发电机转速中的轴系扭振频率含量（60s 内）

国华宝电电厂 1、2 号发电机运行时，轴系扭振保护（TSR）频繁报警（转速异常）。运行期间，每天报警次数可达 150～350 次。特别是在呼辽直流单极运行下，每天最大报警次数可达 917 次。此外，发电机轴显示出疲劳累积损伤的迹象。为了保证发电机的安全，必须安装一套用于抑制次同步振荡的 STATCOM 装置。

13.7.2 系统结构和运行参数

项目中的两套 STATCOM 的设计者和所有者是国华电力有限公司。制造商是荣信汇科电气股份有限公司。STATCOM 于 2014 年 3 月投入运行。

换流器是 MMC 拓扑结构，每个功率模块都是 H 桥拓扑结构，并配备了撬棒电路，以便在出现故障时旁路模块。

图 13-25 显示了两套 STATCOM 的单线图。

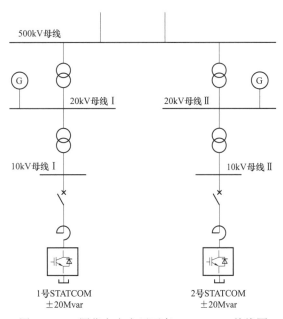

图 13-25 国华宝电电厂两套 STATCOM 单线图

两套 STATCOM 的主要技术参数相同，见表 13-5。

表 13-5　　　　　　　　　　国华宝电电厂 STATCOM 主要技术参数（单套）

参数		数值
额定值	电压（kV）	10
	容量（Mvar）	−20～+20
	连接类型	星形
STATCOM 变压器	联结类型	D/Yn−1
	电压（kV）	20±2×2.5%/10.5
	容量（MVA）	48
半导体器件	类型	PP−IGBT
	集电极−发射极电压（V）	4500
	集电极电流（A）	1500
冗余度（%）		10
过载能力（电流/时间）		1.1p.u./连续
冷却方式		水冷
满载 STATCOM 阀损耗（%）		≤0.8
预计使用寿命（年）		≤25

国华宝电电厂 STATCOM 的其中一个换流阀如图 13-26 所示。

图 13-26　国华宝电电厂 STATCOM 换流阀

两套 STATCOM 布置如图 13−27 所示。阀组、控制和保护系统以及阀冷却系统布置在室内。电抗器布置在室外。

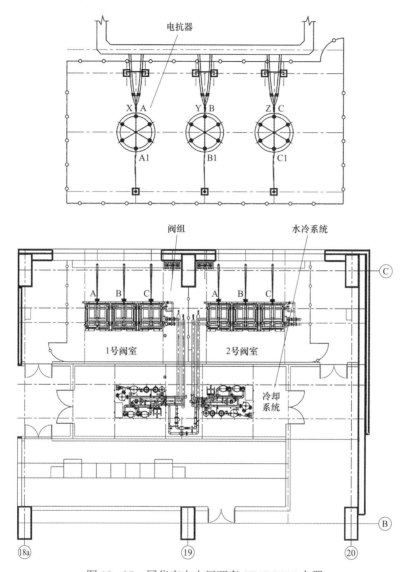

图 13−27　国华宝电电厂两套 STATCOM 布置

13.7.3　主要运行模式

两套 STATCOM 主要用于抑制次同步振荡。在次同步振荡抑制模式下,测量发电机转速,并作为控制器的输入信号,然后,STATCOM 向发电机注入可控补偿电流,以抑制发电机的扭矩振荡。

13.7.4　系统性能

STATCOM 设备有效改善了系统的电气阻尼。STATCOM 的输出电流受到良好的控制,

STATCOM 响应时间小于 5ms。

在现场分别进行了小扰动试验和大扰动试验，以证明对次同步振荡抑制的有效性。

小扰动试验结果如图 13-28 所示。

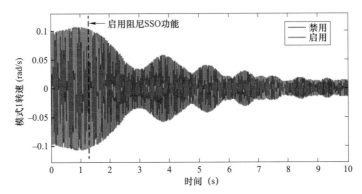

图 13-28　小扰动下国华宝电电厂发电机转速的轴系扭振频率分量

STATCOM 设备投入使用后，振荡幅度很快被抑制到 0.04rad/s 以下。

大扰动试验结果如图 13-29 所示，启用 SSO 抑制功能后，轴系统的阻尼率显著增加。

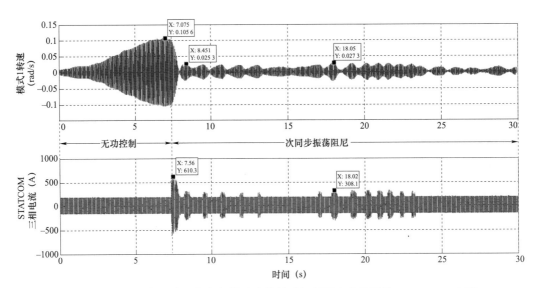

图 13-29　国华宝电电厂发电机转速中的轴系扭振频率分量及其 STATCOM 电流

次同步振荡的幅度在小扰动情况下限制在 0.028rad/s 以下，在 2s 的大扰动内减小到峰值的 10% 以下。STATCOM 成功解决了严重的次同步振荡问题。

自 STATCOM 投运以来，功率模块的年故障率为 0.51%。STATCOM 符合技术要求（每年少于 3 次强迫停机）。

13.8 中国云南直流输电系统富宁换流站 STATCOM

13.8.1 应用背景

永仁至富宁±500kV 直流输电工程是中国第一个省级直流输电工程。该工程是云南省的主要输电通道，也是南方电网西电东送输电网的重要组成部分。

通过本工程，观音岩水电站（金沙江上游的大型水电站）的电力能够从云南省输送到广西壮族自治区，有助于在更大范围内优化清洁能源的分配。该直流线路全长 566km，从楚雄的永仁换流站到文山的富宁换流站，额定容量为 3000MW。直流输电方案由南方电网公司设计和运行。

永富直流系统的受端富宁换流站连接到一个相对较弱的交流系统。研究发现，由于缺乏可控的动态无功功率，直流系统发生换相故障后恢复可能较慢。因此，为了保证直流系统的安全稳定运行，提出在受端富宁换流站安装±300Mvar STATCOM 的方案，以满足交流系统的动态无功功率支撑要求。这确保了直流输电系统在发生 $N-1$ 交流故障后能够恢复平稳运行，从而提高了直流系统的运行可靠性。

13.8.2 系统结构和运行参数

项目中的 3 套并联 STATCOM 由南方电网公司设计和运行。制造商为南京南瑞继保电气有限公司（#1 STATCOM 和#2 STATCOM）和许继电气股份有限公司（#3 STATCOM）。3 套 STATCOM 的现场安装和测试于 2016 年 5 月完成，STATCOM 于 2016 年 6 月正式投入运行。

3 套 STATCOM 的单线图如图 13-30 所示。

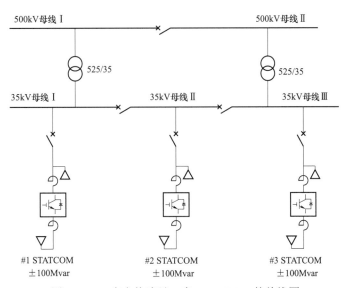

图 13-30　富宁换流站 3 套 STATCOM 的单线图

3 套 STATCOM 的主要技术参数如表 13-6 所示。

表 13-6　　　　　　　　　　富宁换流站 STATCOM 主要技术参数（单台）

参数		数值
额定值	电压（kV）	35
	容量（Mvar）	−100～+100
	连接类型	三角形
STATCOM 变压器	联结类型	YNd11
	电压（kV）	525±2×2.5%/35
	容量（MVA）	240，120
半导体器件	类型	IGBT
	集电极−发射极电压（V）	3300
	集电极电流（A）	1500
冗余度（%）		10
过载能力（电流/时间）		1.3p.u./5s
冷却方式		水冷
满载 STATCOM 阀损耗（%）		≤0.8
预计使用寿命（年）		≤25

　　#3 STATCOM 布置如图 13-31 所示。控制保护系统、阀冷却系统和三相功率模块布置在室内。水冷散热器、电抗器、接地开关、避雷器、软启动电阻、旁路断路器和进线断路器布置在室外。

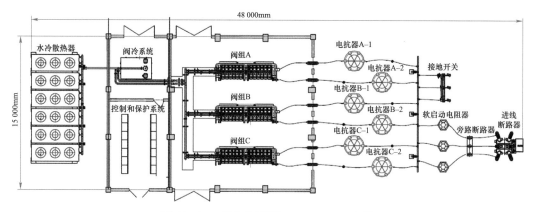

图 13-31　富宁换流站#3 STATCOM 布置

　　图 13-32 显示了#3 STATCOM 的室外区域。

　　图 13-33 显示了#3 STATCOM 的换流阀。每相有一个换流阀，总共有 3 个换流阀。如图 13-33（a）所示，功率模块的输出采用铜排级联，每个功率模块都配置有高速旁路开关。

图 13-33（b）显示了功率模块直流侧电容和不同层之间的连接。

#1 STATCOM 室外设备布置如图 13-34 所示。图 13-35 显示的是#3 STATCOM 的控制保护柜。机柜包括一个交流配电柜、一个直流配电柜、一个暂态故障录波柜、一个监视器柜、两个控制保护柜以及一个功率模块接口柜。图 13-36 显示了#1 STATCOM 的阀冷却系统。

图 13-32　富宁换流站#3 STATCOM 的室外设备

(a) 功率模块（阀组前部）　　　　　　(b) 直流电容（阀组背面）

图 13-33　富宁换流站#3 STATCOM 换流阀

图 13-34　富宁换流站#1 STATCOM 室外设备布置

图 13-35　富宁换流站#3 STATCOM 控制保护柜

图 13-36　富宁换流站#1 STATCOM 的阀冷却系统

13.8.3　主要运行模式

3 套 STATCOM 的主要控制模式有：

（1）稳态恒无功控制模式；

（2）稳态恒电压控制模式；

（3）动态无功支撑模式；

（4）协调控制模式；

（5）远方控制模式；

（6）辅助控制策略，如无功功率储备模式。

每套 STATCOM 装置均有上述控制模式。为了协调对 3 套 STATCOM 的控制，以使每个 STATCOM 的无功功率输出相同，并与直流输电的控制保护系统实现控制交互，还提供了专用的协调控制器。

协调控制器的控制策略也实现了上述控制模式。协调控制器与直流输电控制保护系统及 3 套 STATCOM 控制系统进行通信。当直流输电控制保护系统控制交流母线电压时，协调控制器监控交流母线电压。如果母线电压在预设失稳电压范围内，则控制 3 套 STATCOM 的输出为零无功功率以实现无功功率储备。当交流母线电压超过预设电压范围时，协调控制器会使得 STATCOM 控制系统进入电压控制模式，以实现电压稳定。

当直流输电控制保护系统控制交流出线的无功功率时，协调控制器将始终保持 STATCOM 为恒电压控制模式，以确保交流出线电压的稳定控制。

当 STATCOM 处于协调控制模式时，协调控制器将保持 3 套 STATCOM 的输出相等。

13.8.4　性能试验

工程现场试验表明，STATCOM 能够输出额定功率。额定 100Mvar 和 −100Mvar 输出的记录数据如图 13-37 和图 13-38 所示。

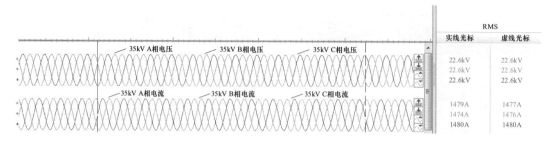

图 13-37　富宁换流站 STATCOM-100Mvar 额定运行试验波形

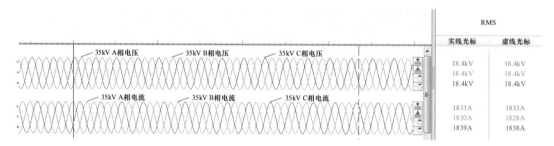

图 13-38　富宁换流站 STATCOM-100Mvar 额定运行试验波形

在图 13-37 中，由于电压大于 20.2kV 的额定电压，电流小于 1650A 的额定电流。相反，在图 13-38 中，由于电压小于 20.2kV 的额定电压，电流大于 1650A 的额定电流。

工程现场试验表明，STATCOM 实现了设计的过载能力，1.3p.u.电流，持续 5s。录波数据如图 13-39 所示。

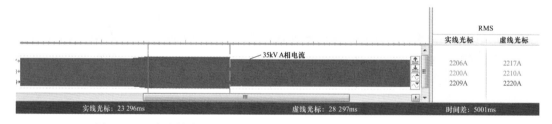

图 13-39　富宁换流站 STATCOM 1.3p.u.电流持续 5s 过载能力试验波形

当 #3 STATCOM 在稳态恒无功控制模式下运行时，修改无功功率设置值，进行 -20Mvar 至 -40Mvar 阶跃响应试验。试验结果如图 13-40 所示。阶跃响应时间满足小于 20ms 的技术要求。

#3 STATCOM 在稳态恒电压控制模式下进行试验，投入一个额定容量为 60Mvar 的电抗器，从而对电网电压进行干扰。试验结果如图 13-41 所示。阶跃响应时间满足小于 20ms 的技术要求。该测试在同一时刻仅对一套 STATCOM 进行试验。

图 13-42 显示了 STATCOM 处于运行状态时，受端 500kV 交流侧单相故障试验的结果。图 13-42 从上到下，分别是直流电压、直流电流、换流器的 GAMMA 角及直流功率。波形显示，常规直流发生了换相故障，在约 50ms 内成功恢复，随后在交流故障发生后约 400ms

恢复了故障前的输出。

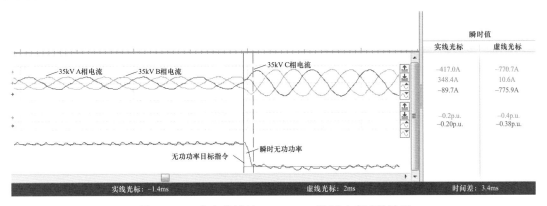

图 13-40　富宁换流站 STATCOM 阶跃响应试验波形

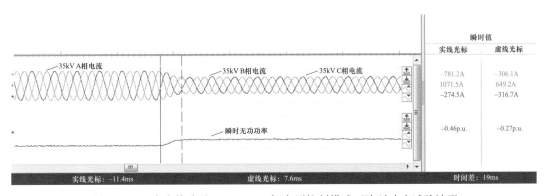

图 13-41　富宁换流站 STATCOM 恒电压控制模式下阶跃响应试验波形

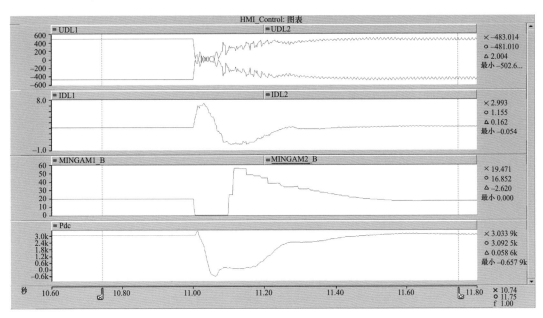

图 13-42　富宁换流站 STATCOM 支撑直流换流站故障恢复试验波形

南方电网富宁换流站的 STATCOM 解决了富宁换流站缺乏动态无功功率控制的问题。富

宁换流站发生 N–1 交流故障后，STATCOM 实现了交流电压的稳定控制，并确保了直流输电系统的顺利运行。提高了电网稳定性和供电可靠性。

在交流系统故障后常规直流的恢复过程中，STATCOM 需要快速响应，以平抑 500kV 母线上的电压波动。交流系统故障清除后，换流站交流滤波器中储备的大量剩余无功功率可能会导致较高的交流过电压，在 STATCOM 的设计中考虑到了这一点。

13.9 印度奥兰加巴德变电站 STATCOM

13.9.1 应用背景

印度国家电网公司（POWERGRID）是一家国有的印度企业，负责中央邦之间的电能传输。POWERGRID 计划在印度西部的一些地区安装 STATCOM 以提供动态无功功率补偿，从而提高输电系统的电压质量和动态稳定性。

STATCOM 设计额定容量为 300Mvar，加上两个通过断路器投切的 125Mvar 并联电抗器和一个通过断路器投切的 125Mvar 并联电容器，以及相关的联结变压器和 400kV 奥兰加巴德变电站的 400kV 设备。

13.9.2 系统结构和运行参数

STATCOM 由 POWERGRID 设计和所有。制造商是荣信汇科电气股份有限公司。STATCOM 于 2018 年 3 月投入运行。

STATCOM 由 2 个并联的 STATCOM 单元组成。每相换流阀由 34 个 MMC 功率模块组成。每个模块都是 H 桥结构，并配备有高速机械旁路开关，以防模块发生故障。

STATCOM 的单线图如图 13–43 所示。

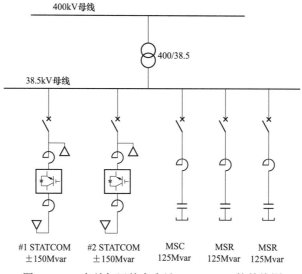

图 13–43 奥兰加巴德变电站 STATCOM 的单线图

奥兰加巴德变电站 STATCOM 的主要技术参数如表 13–7 所示。

表 13-7　　　　　　　　　　奥兰加巴德变电站 STATCOM 主要技术参数

参数		数值
额定值	电压（kV）	38.5
	容量（Mvar）	$-150 \sim +150$
	连接类型	三角形
STATCOM 变压器	联结类型	YNd11
	电压（kV）	400/38.5
	容量（MVA）	585
半导体器件	类型	PP-IGBT
	集电极-发射极电压（V）	4500
	集电极电流（A）	1500
冗余度（%）		10
过载能力（电流/时间）		1.1p.u.连续
冷却方式		水冷
满载 STATCOM 阀损耗（%）		≤0.8
预计使用寿命（年）		≤25

STATCOM 的布置图如图 13-44 所示。占地面积约为 1700m²。控制保护系统、阀冷却系统和三相 MMC 功率模块布置在集装箱中。阀冷却散热器和风机、三角形连接的电抗器、接地开关、避雷器以及断路器布置在户外。

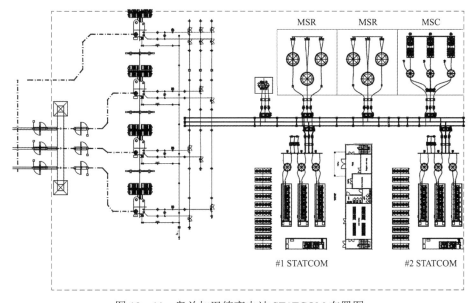

图 13-44　奥兰加巴德变电站 STATCOM 布置图

户外设备和阀集装箱如图 13-45 所示。阀冷却系统和阀布置在集装箱内；控制保护系统位于右侧大楼内。水冷散热器、三角形连接电抗器、接地开关、避雷器以及断路器布置在户外。

水冷散热器　阀冷却系统集装箱　电抗器　阀组集装箱　控制和保护系统

图 13-45　奥兰加巴德变电站 STATCOM 的阀集装箱和户外设备

13.9.3　主要运行模式和保护系统

运行模式类似于东莞变电站 STATCOM 的模式（见第 13.6.3 节），但参数不同。

13.9.4　系统性能

理论分析和现场试验表明，STATCOM 的性能满足规范要求。图 13-46 给出了 400kV 线路发生故障时的 STATCOM 响应波形。故障是 C 相到 B 相短路。根据设置的控制逻辑，STATCOM 的响应与预期一致。

投入运行后，STATCOM 对多种电网暂态扰动作出了快速准确的响应，为电网提供了强大的动态无功支撑。

13.10　美国阿拉巴马州 STATCOM

13.10.1　应用背景

阿拉巴马州电力公司（APC）因区域电网短路容量减少而面临电能质量下降的挑战（Hasler et al. 2018）。该系统中的一个大型电能质量污染源是钢厂，该钢铁厂有一个产生闪变、不平衡和谐波的大型电弧炉（EAF）。从系统电能质量角度考虑，在电网中这个位置安装补偿设备是最为有利的。

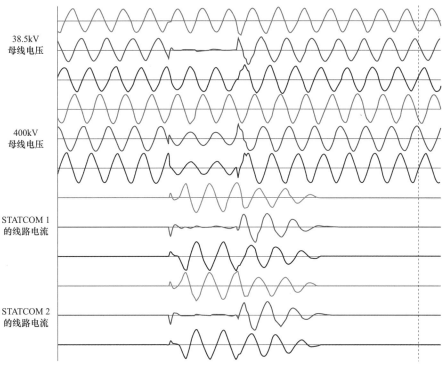

图 13-46 区域电网故障期间波形

13.10.2 系统结构和运行参数

受影响的区域电网结构如图 13-47 所示。1 号钢铁厂内包含一台由 STATCOM 补偿的电弧炉。与评估点（POE）的扰动评估相关的还有钢筋加工厂、1 号钢铁厂内的其他负载以及距离仅 25km 的另一家钢铁厂（2 号钢铁厂）。在附近区域，还有一个将部分退役的发电机组，以及一些需要将其电能质量保持在标准范围内的居民负荷。

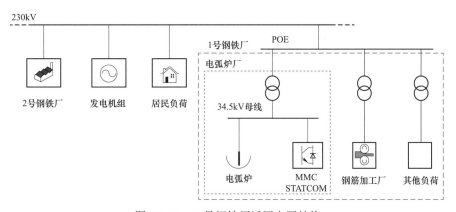

图 13-47 1 号钢铁厂近区电网结构

在安装 STATCOM 之前，使用静止滤波器补偿 1 号钢铁厂电弧炉消耗的无功功率，并限制同一电弧炉产生的谐波。但是，静止滤波器无法应对动态负载变化，因此，230kV 电网的扰动水平（主要是闪变）受到严重影响。在短路容量为 8500MVA 时，230kV 电网上记录到的短期闪变严重度（Pst）值（Pst 99%）为 1.7。

由于作为发电机组一部分的汽轮机在未来将退役，230kV 电网中的短路容量会降低，这会导致扰动水平的增加。随着该地区的住宅和工业负载持续增长，为了应对这种情况，电网公司意识到需要改善 230kV 电网的电能质量。

1 号钢铁厂的大型电弧炉被视为电网产生扰动的主要原因，首先涉及闪变，当然还有电压和电流谐波以及低功率因数和电压不平衡。减少扰动的最有效方法是从扰动源的局部着手。因此，决定在 1 号钢铁厂内安装 STATCOM 以补偿电弧炉。由于 1 号钢铁厂内的钢筋加工厂由单独的变压器供电，STATCOM 不对其进行补偿。

选择 STATCOM 补偿设备而不是基于晶闸管控制电抗器（TCR）的静止无功补偿器（SVC）的原因是 1 号钢铁厂规划的闪变水平允许值较低。通常，STATCOM 可以将闪变降低到 1/6～1/3，而基于 TCR 的 SVC 只能降低到 1/2～2/3。为了不超过建议的 POE 规划水平，并考虑当前和未来的电网条件，STATCOM 被视为必要的因素。此外，STATCOM 出色的电能质量性能（谐波、电压不平衡、阶跃响应）使其成为优于基于 TCR 的 SVC 的首选解决方案。

2016 年，ABB 采用模块化多电平换流器（MMC）拓扑的 STATCOM，旨在解决与 1 号钢铁厂电弧炉运行相关的电能质量问题。MMC 拓扑使得每个 H 桥单元的投切频率较低，而不会影响换流器的整体性能，从而降低开关损耗并有着完美的输出波形。为了在不对称运行期间获得高额定电流和高性能，换流器的桥臂采用三角形连接，如图 13-48 所示。该图还给出了 STATCOM 对系统的预期的作用点，该点是电能质量合同评估期间所用的测量点。

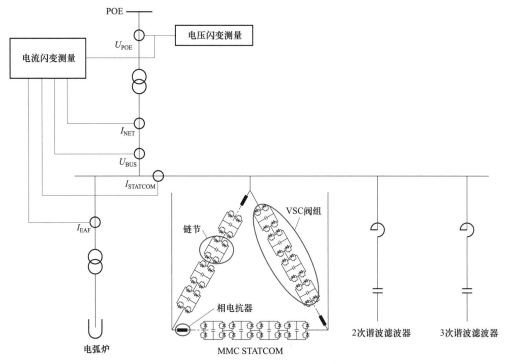

图 13-48　阿拉巴马州 STATCOM 接入系统单线图

2 次和 3 次谐波滤波器也在交付范围内（表 13−8）。

表 13−8　　　　　　　　　　阿拉巴马州 STATCOM 主要技术参数

参数		数值
额定值	电压（kV）	34.5
	容量（Mvar）	0/＋220
	连接类型	三角形连接的 MMC（链式）
STATCOM 变压器 [a]	联结类型	Dyn1
	电压（kV）	230/34.5
	容量（MVA）	120
半导体器件	类型	StakPak IGBT
	电压/电流（kV/A）	34.5/4000 [b]
冷却方式		使用水—气热交换器的水冷却
预计使用寿命（年）		30

[a]　工业厂房除外，不在项目供货范围。

[b]　峰值集电极电流 I_{CM}。

图 13−49 给出了阀段的模块化布置，每个阀段由 4 个单元（H 桥）组成。

图 13−49　由 4 个 H 桥组成的阿拉巴马州 STATCOM 链式阀段

13.10.3　主要运行模式

STATCOM 的主要作用是改善电网的电能质量，包括：

（1）减少电弧炉产生的闪变；

（2）减少 POE 处的电压和电流谐波；

（3）使 POE 处的功率因数更接近 1；

（4）减少电压波动和不平衡。

这一点可以通过电压源型换流器（VSC）实现，该换流器产生无功功率，用于补偿电弧炉吸收的无功功率。增加低次滤波器以抑制负载产生的谐波。滤波器的另一用途是提供所需的容性无功功率，以补偿电弧炉和精炼熔化废钢用的小型钢包炉。

STATCOM（VSC+滤波器）的额定值和设计主要由以下因素决定：

（1）负载特性（类型、操作模式）；

（2）性能要求（闪变、谐波、功率因数等）；

（3）POE 的短路容量；

（4）STATCOM 变压器的特性；

（5）客户的其他特殊要求。

在电弧炉应用中，控制系统不断测量电弧炉吸收的电流，并且使用高分辨率的电子式电流互感器来确保精度。STATCOM 提供必要的电流，以补偿电弧炉产生的无功功率、不平衡和谐波的扰动。VSC 的高额定功率和快速控制使 STATCOM 能够瞬时产生与电弧炉扰动电流全范围内对应的相电流。STATCOM 能够补偿电弧炉负载吸收的全部无功功率，并对各相电流进行修正控制，以便将负载波动导致的扰动影响降至最低。由于换流器的响应时间不到 100μs，因此，即使是最快速的变化也能被抵消。换流器的快速控制也可以补偿电弧炉产生的若干次的谐波。

13.10.4　系统性能

13.10.4.1　抑制闪变

在安装 STATCOM 之前，采用电压法（IEC/TR 61000-3-7 2008），在合同规定的短路容量为 6080MVA 时，未补偿闪变度 Pst 99% 达到 2.1。图 13-50 显示了采用电压法的 Pst 水平的录波，包括主要由附近的 2 号钢铁厂（距离 1 号钢铁厂约 25km）和其他未知负载引起的背景畸变。图 13-50（a）显示了 STATCOM 接入之前的录波，而图 13-50（b）显示了 STATCOM 接入后恰好一周（在同一天内）记录的 Pst 水平，显示了所实现的闪变抑制情况。

使用不考虑背景畸变的电流法，1 周的测量表明闪变度 Pst 99% 从 2.1（STATCOM 未投入）降低到 0.48（STATCOM 投入）。目前只能采用 STATCOM 技术和合适的控制算法来实现这种抑制因数（4.38）。

13.10.4.2　电压不平衡

通过抵消电弧炉电流中降低 POE 电能质量指标的分量，STATCOM 间接降低不平衡负载引起的 POE 负序电压。如图 13-51 所示，当 STATCOM 投入运行时，可清楚地观察到 POE 电压不平衡减小（图右侧）。应该注意的是，测量周期与图 13-50 中所示周期相同，即，

STATCOM 实现的闪变抑制降低了 POE 的电压不平衡。

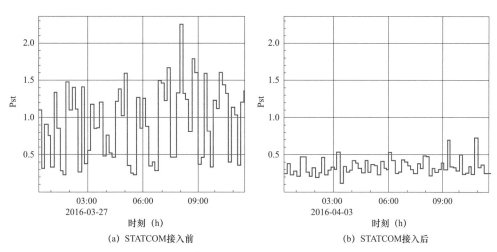

图 13-50 阿拉巴马州 STATCOM 接入前、后 Pst 水平对比（电压法，采样间隔为 10min）

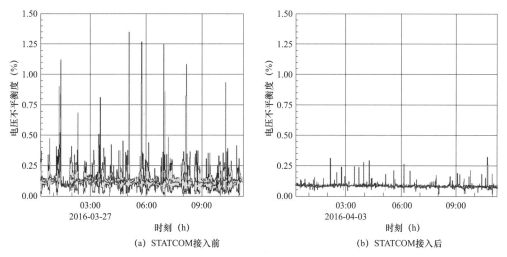

图 13-51 阿拉巴马州 STATCOM 接入前、后 POE 电压不平衡度对比

13.10.4.3 提高功率因数

STATCOM 的另一好处是改善在变压器一次侧测得的功率因数。STATCOM 运行时，可以保持功率因数为 1。

除了改善电能质量之外，钢铁厂在安装 SVC 或 STATCOM 后的一个主要优势是能够保持高而稳定的电弧炉母线电压（34.5kV）。由于电弧炉的熔化功率是电弧电流和电压的乘积，因此，电弧炉母线上高而稳定的电压会增加可用熔化功率。

在图 13-52 中，可以看出，当在 16:00 接入 STATCOM 时，电弧炉功率从 118MW 增加到 142MW，增加了大约 20%。应注意的是，在安装 STATCOM 之前，由于只有 2 次滤波器在运行，电弧炉功率受到限制。在 STATCOM 开始商业运营后，据电弧炉运营商报告，总体产量每天增长 1%。

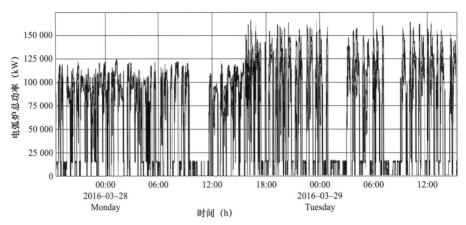

图 13−52　阿拉巴马州 STATCOM 接入前后的电弧炉总功率（16:00 接入）

13.11　澳大利亚昆士兰州 STATCOM

13.11.1　应用背景

昆士兰铁路（QR）预计昆士兰中部的煤炭出口量将大幅增加。为了成功将更多煤炭从矿山运送到港口，QR 计划增加列车数量，同时增加列车荷载。

如今，带感应电机（交流电机）的大功率电力机车将取代直流电机机车和内燃机车。将来，昆士兰中部的大多数列车将由电力驱动，且电力负载明显增加。

电力机车是昆士兰中部 Powerlink 输电系统中一个重要的单相负载。此外，带感应电机的新型电力机车能够再生高达 65% 的电动力制动产生的有功功率。将来，所有具有此功能的机车将利用最大的再生能力，将电网能力扩展到极限。QR 负载的预期增加会影响该区域内正序和负序电压的质量。

新的 SVC 应确保负载平衡，以符合电网规范要求。在考虑局部 QR 负载和相邻 QR 带来的部分额外负载的情况下，考虑了 SVC 的额定值。然而，基于晶闸管技术的 SVC 是谐波电流的强劲来源。同时，机车也是谐波电流的重要来源。QR 负载的连接点通常相对较弱。因此，决定基于真正的多级 VSC 技术安装 4 个新的 STATCOM，以避免这 2 个谐波源之间产生任何负相互作用，同时将电能质量维持在所需水平。

13.11.2　系统结构和运行参数

4 套新的 STATCOM 安装在澳大利亚昆士兰州的 Wycarbah、Duaringa、Bluff 和 Wotonga 变电站。STATCOM 是最先进的电压源型换流器（VSC）。VSC 产生的谐波极低，因此，在负序控制期间运行时，也允许安全设计与交流系统可能发生的谐波相互作用。这些优势无需使用滤波器即可实现。

STATCOM 解决方案归 Powerlink 所有，制造商是西门子，于 2011 年投入运行。

图 13−53 给出了 STATCOM 的单线图，使用三相变压器，并使用单相变压器连接到铁路接触网。

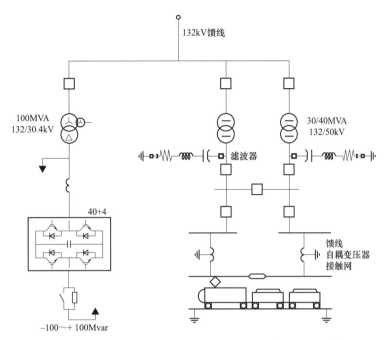

图 13-53　昆士兰州 STATCOM 接入铁路馈电变电站的示意图

STATCOM 采用模块化多电平换流器（MMC）技术。电压源型换流器由三角形连接的 3 个桥臂组成。每个桥臂由 44 个串联子模块组成。每个子模块的主要部件是 4 个 IGBT、4 个二极管和 1 个直流电容。

STATCOM 的主要技术参数如表 13-9 所示。

表 13-9　　　　　　　　　　　昆士兰州 STATCOM 主要技术参数

参数		数值
主要额定值	电压（kV）	30.4
	容量（Mvar）	±100
	连接类型	三角形
STATCOM 变压器	联结类型	YNd5
	电压（kV）	132/30.4
	容量（MVA）	100
半导体器件	类型	IGBT
	电压/电流（V/A）	3300/1200
冗余度（%）		10
过载能力（电流/时间）		1500A/2s
冷却方式		水冷
满载 STATCOM 阀损耗（%）		<1

STATCOM 部件安装在大楼内。该大楼还包含了所需的冷却设备、控制柜和保护柜。图 13-54 所示为电压源型换流器，各个子模块放置在机架中。三角形的每相都放置在机架的其中一层。图 13-55 所示为户外的相电抗器和油浸自冷式变压器。

图 13-54　±100Mvar 电压源型换流器　　　图 13-55　相电抗器和油浸自冷式变压器

13.11.3　主要运行模式

昆士兰州 STATCOM 解决方案主要以稳态电压控制模式运行。

以下控制模式可用：

（1）电压控制模式（自动控制模式）；

（2）固定无功功率控制模式（手动控制模式）。

为了使设备安全、可靠地运行，为电网提供最大支持，采用了以下额外的闭环控制功能：

（1）负序电压控制（高优先级）：通过负序电压控制，可以控制不必要的电压不平衡，并将负序电压降至最低。各相可以独立控制。

（2）正序电压控制（低优先级）：STATCOM 的 PID（比例积分微分）电压控制器快速、准确地将正序系统电压调节至定义的设定值。

（3）负载平衡（Steinmetz 控制器）。

（4）稳定性控制器（振荡检测）。

（5）自动增益调节。

13.11.4　系统性能

在 STATCOM 设备调试期间，对负序控制进行了试验。图 13-56 给出了 STATCOM 三相电流、相电流方均根值以及 PCC 电压负序分量含量。在某一时刻，控制功能被释放，分相控制开始运行。可以清楚地看到负序分量是如何减少的。

STATCOM 运行正常且符合 Powerlink 的特定要求。在整个工作范围内 STATCOM 提供了快速、稳定的响应。

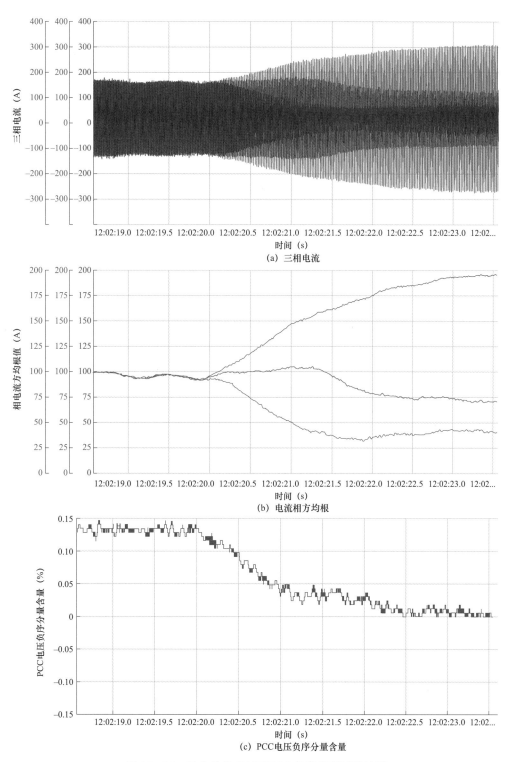

(a) 三相电流

(b) 电流相方均根

(c) PCC电压负序分量含量

图 13-56 昆士兰州 STATCOM 负序控制试验波形

13.12　印度 Rourkela 变电站混合式 STATCOM

13.12.1　应用背景

印度电网公司在印度东部地区的不同位置安装了 4 套 STATCOM，用于动态无功功率补偿，以改善输电系统的电压分布和动态稳定性。每个装置都具有一个对称的高动态无功功率输出和一个额外的基于机械投切电容器和电抗器的不对称输出。Rourkela 变电站的首个设备于 2018 年 3 月投入运行。

13.12.2　系统结构和运行参数

补偿系统采用 MMC 技术，提供 ±300Mvar 的动态无功功率输出。此外，为增加感性功率输出的需要，还采用了机械投切支路，以便使高压侧的总输出为 510Mvar。

由于设计优化的需要，配置两个 STATCOM 支路，每个支路的动态范围为 ±150Mvar。此外，变电站中安装了 2 个机械投切电抗器（MSR）支路，每个支路用于提供 105Mvar 的感性输出。

本项目中的补偿系统归印度国家电网公司所有，STATCOM 的制造商是西门子。补偿系统的现场安装和测试已完成，STATCOM 于 2018 年 3 月正式投入运行。

Rourkela 变电站混合式 STATCOM 的单线图如图 13-57 所示。

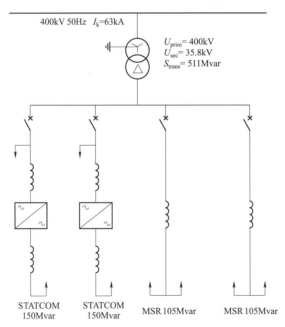

图 13-57　Rourkela 变电站混合式 STATCOM 的单线图

STATCOM 采用了模块化多电平换流器（MMC）。电压源型换流器由三角形连接的 3 个相单元组成。每套 STATCOM 相单元由 36 个串联子模块组成。每个子模块的主要部件是 4 个 IGBT、4 个二极管和 1 个直流电容。

Rourkela 变电站 STATCOM 主要技术参数如表 13−10 所示。

表 13−10　　　　　　　　　　Rourkela 变电站 STATCOM 主要技术参数

参数		数值
主要额定值	电压（kV）	35.8
	容量（Mvar）	2×±150
	连接类型	三角形
STATCOM 变压器	联结类型	YNd5
	变比（kV）	400/35.8
	容量（MVA）	511
半导体器件	类型	IGBT
	电压/电流（V/A）	4500/1400
冗余度（%）		5
过载能力（电流/时间）		1600A/2s
冷却方式		水冷
满载 STATCOM 阀损耗（%）		<1
预计使用寿命（年）		40

　　补偿系统占地面积少于 81m × 88m，布置紧凑，以便在有限的可用场地面积内安装。2 套 STATCOM 支路布置在大楼内。此外，该大楼容纳了所需的阀冷却设备以及控制柜和保护柜。

　　所有其他设备（包括交流断路器和电抗器）均安装在室外。设备概览如图 13−58 所示。前面可以看到 2 个断路器投切电抗器；在右上角的大楼附近可以看到 2 套 STATCOM 电抗器，图 13−58 的右侧可以看到断路器和隔离开关。

图 13−58　Rourkela 变电站 STATCOM 现场图

13.12.3　主要运行模式

该设备主要在稳态电压控制模式下运行。

以下控制模式也可用：

（1）恒电压控制模式（自动控制模式）；

（2）恒无功功率模式（手动控制模式）。

为确保设备安全、可靠地运行，为电网提供最大支持，还采用了以下额外的闭环控制功能：

（1）稳定性控制器；

（2）自动增益调节；

（3）抑制功率振荡；

（4）抑制次同步功能。

13.12.4　系统性能

为了在电网中顺利集成混合式 STATCOM，投切支路的分合不得影响连接点的电网电压。对于机械投切支路，还必须考虑断路器的投切时间和投入期间可能发生的预放电。为了使高压侧的电压影响可以忽略不计，采用了 MSR 支路的投切控制装置和换流器电流换相的特殊功能。图 13-59 显示了 Rourkela 变电站 MSR 投入（a）和退出（b）期间的 MSR 电流、STATCOM 电流和连接点电压的录波。

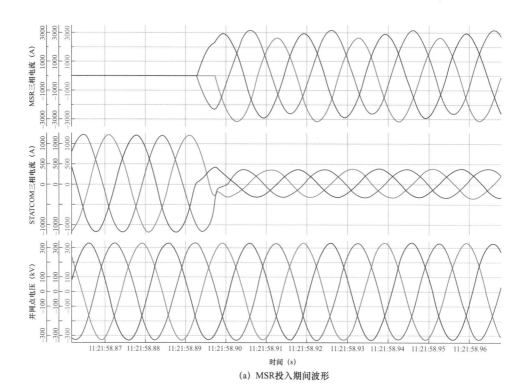

（a）MSR投入期间波形

图 13-59　Rourkela 变电站混合式 STATCOM 的 MSR 投入和退出试验波形（一）

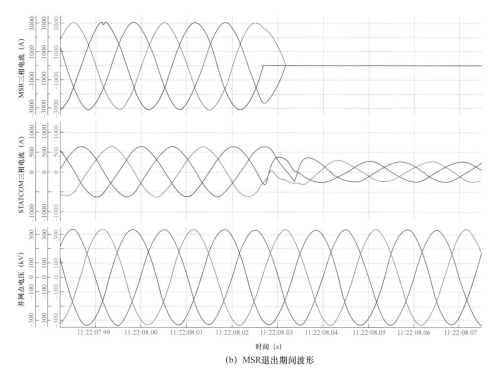

(b) MSR 退出期间波形

图 13-59　Rourkela 变电站混合式 STATCOM 的 MSR 投入和退出试验波形（二）

STATCOM 按预期运行，并满足电网公司的特殊要求。其在整个工作范围内提供快速、稳定的响应。这将改善东部地区电网的稳定性并提高其可用率。

13.13　南澳大利亚邦尼湖风电场 STATCOM

13.13.1　应用背景

STATCOM 通常用于协助风电场和光伏发电场满足全球各地并网标准要求。对于南澳大利亚的邦尼湖风电场，需要采用集中式 FACTS 解决方案，以满足南澳大利亚州基本服务委员会（ESCOS）、澳大利亚国家电力市场管理公司（NEMMCO）和 ElectraNet（输电公司）的并网标准要求。本节基于以下论文编写：J. A. Diaz de Leon, B. Kehrli, A. Zalay. 邦尼湖风电场如何满足 ESCOSA、NEMMCO 和 ElectraNet 的严格互连要求[C]// 2008 年 IEEE/PES 输配电会议暨展览会. 2008: 1-5（Diaz de Leon et al. 2008）。

如图 13-60 所示，风电场的一期和二期分别包括 46 台和 159 台风力发电机。

在风电场一期的安装过程中（图中标记为已建），ESCOSA 并网标准正在逐步形成，无需安装任何类型的 FACTS 装置。但是，在开始分析二期安装时，并网标准已发生了显著变化，增加了一些严格的要求。关于风电场的无功输出和系统电压控制，新的 ESCOSA 电网规范要求如下：

（1）能够在满功率发电时在电力变压器高压侧提供 ±93% 的功率因数（PF）。

（2）无功功率容量的一半需要是动态容量（即风机和 FACTS 装置），另一半可以是静态容量（即静止并联装置）。

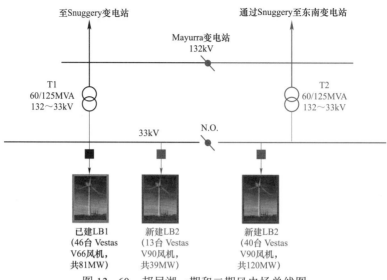

图 13-60 邦尼湖一期和二期风电场单线图

（3）无功输出能力应与发电水平成比例。

（4）能够调节输电系统电压。

（5）能够穿越附近输电网引起高、低电压的故障［低电压穿越（LVRT）和高电压穿越（HVRT）］。

（6）能够将输电系统的故障后电压恢复到90%的最低值。

为满足二期的上述所有要求，在邦尼湖风电场安装了 24Mvar STATCOM 和总共 54Mvar 的电容器组。

13.13.2 系统结构和运行参数

根据负载潮流分析，公共连接点（PCC）的总无功功率损耗确定为 47Mvar，如图 13-61 所示。

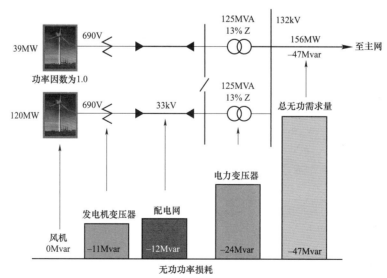

图 13-61 邦尼湖风电场满功率发电时无功功率损耗的来源

ESCOSA 并网标准对 159MW 风电场（仅二期部分）的第一个要求是能够在电力变压器的高压侧实现±93%的功率因数。这相当于 132kV PCC 点的±63Mvar。功率因数为 0.93 要求在 63Mvar 的基础上增加 47Mvar 的容性无功功率，所需的总容性补偿为 110Mvar。同样，对于感性补偿，需要额外增加 16Mvar 才能将 47Mvar 感性补偿增加到总共 63Mvar。

ESCOSA 电网第二个要求是：至少 50%的无功功率补偿需要是动态可变的。因此，至少 55Mvar 的容性补偿和 8Mvar 的感性补偿需要是动态补偿的。

通过确定动态和静态无功功率要求的分类，可以选择用于满足并网标准的资源类型。风机的+0.98/−0.96 的功率因数能力，分别对应于+32Mvar 和−46Mvar 无功功率。对于其余的动态无功要求，需要采用纯动态无功补偿设备，如同步调相机、STATCOM 或 SVC。使用 2 套 3×4Mvar STATCOM 设备来满足要求。STATCOM 装置的连续运行总额定值为±24Mvar，短期过载能力为±64Mvar（相对 24Mvar 有 2.67 倍的过载）。由于风机和 STATCOM 装置仅提供 56Mvar 的连续容性无功功率，为满足总共 110Mvar 的要求，额外的 54Mvar 由 4 个 13.5Mvar 的投切电容组提供。风电场发电场和无功功率源的单线图如图 13−62 所示。STATCOM 参数汇总见表 13−11。

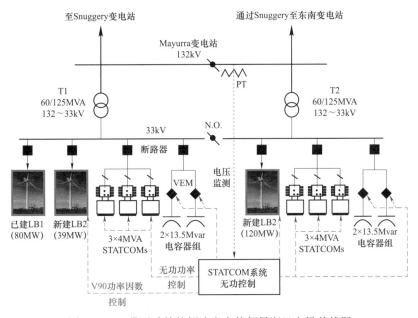

图 13−62　带无功补偿解决方案的邦尼湖风电场单线图

表 13−11　　　　　　　　　　　　邦尼湖风电场 STATCOM 主要技术参数

	参数	数值
额定值	电压（kV）	0.48
	稳态容量（Mvar） 短期容量（Mvar）	−24/+24 −64/+64
	连接类型	三角形
降压变压器	联结类型	YNd5
	变比（kV）	33/0.48
	容量（MVA）	6×4

续表

参数		数值
半导体器件	类型	IGBT
	电压/电流（V/A）	1000V/3000A
可用性（%）		≤99
过载能力（电流/时间）		2.67p.u./2s
冷却方式		风冷
满载 STATCOM 阀损耗（%）		≤2
预计使用寿命（年）		≤25

13.13.3　主要工作模式

STATCOM 系统的主控制器不仅管理 STATCOM 装置的无功功率输出，还管理风电场的所有其他无功功率资源，即风机和 4 个电容器组。根据电压降曲线要求每个资源具有适当数量的变量，控制系统能够调节输电系统电压或风电场的总功率因数。在总无功功率控制策略中集成并联设备和风机的无功能力，从而可以扩大 STATCOM 的连续额定值。对于电压短时偏移大的情况，STATCOM 可发挥其长达 2s 的 2.67 倍过载能力。由于采用了软切换算法，电容器无缝切换，即不会导致任何显著的电压阶跃变化。

对于电压控制模式，可选择独立的压降和死区特性进行调节和瞬态控制。为了提供最大的无功功率支持，在大扰动期间，调节模式暂时由瞬态电压控制接管。

13.13.4　系统性能

并网标准要求风电场在高电压穿越（HVRT）和低电压穿越（LVRT）中保持运行状态。STATCOM 的过载能力对于将风机的端电压保持在其额定运行范围内至关重要。风机固有的 LVRT 能力足以实现低电压穿越。但是，如果没有 STATCOM 的支持，就不可能满足 ESCOSA 的 HVRT 要求。图 13-63 显示了邦尼湖 132kV PCC 点电压要求（红线）和 Vestas 风机的 1kV 母线电压（橙色线）。超过风机的额定电压会导致风机跳闸。HVRT 合规性的相关区域在 0.08s 到 0.90s 之间，在此期间，风机可能会因高压而跳闸脱机。

为了使风机在这些高电压工况下保持运行状态，首先对 STATCOM 的连续额定值进行仿真。如图 13-64 中的绿线所示，风机的端电压仍然太高，无法防止风机跳闸脱机。接下来，利用 STATCOM 的过载能力，将风机的端电压（紫色线）降低到可接受的值，以便使风机保持运行状态。

对 ElectraNet 提供的其他意外事件也进行了测试，以确保符合电压恢复标准。该标准要求邦尼湖 132kV 输电母线在故障清除后快速达到标称电压的 90%。

通过利用 STATCOM、风机和并联装置的混合，不仅使邦尼湖风电场能够满足南澳大利亚并网标准的无功功率要求，而且使项目总成本最小化。通过适当部署 FACTS 装置，可再生能源的无功功率能力可以匹配或超过同步发电机的无功功率能力。因此，FACTS 装置在全球可再生能源的发展中发挥着关键作用。

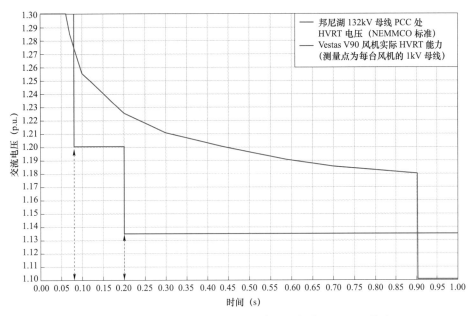

图 13-63　NEMMCO 的 HVRT 要求和风机实际 HVRT 能力

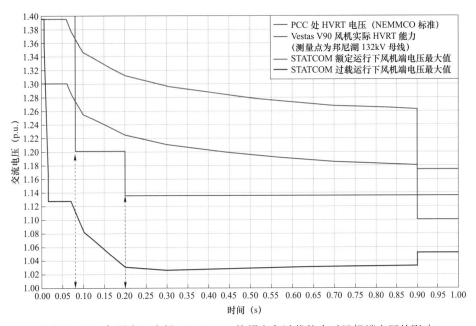

图 13-64　邦尼湖风电场 STATCOM 的额定和过载能力对风机端电压的影响

13.14　美国移动式 STATCOM

13.14.1　应用背景

　　道明尼能源公司需要采用解决方案，支撑部分计划外事件影响的输电网电压。这种情况可能是由于自然灾害造成意外停电或临时通知关闭发电厂所造成的。由于长期解决方案正在制定中，因此制定了一种临时的、但紧急时可用的解决方案，以保证供电可靠性和电能质量。

由于不同的原因（如关闭传统发电厂或整合在 18 个月或更短时间内建造的可再生能源站），可能会临时修改输电线路。由于不会在相同的地点上取代传统发电，新的发电厂址会产生问题。与负荷中心相比，如今发电厂一般都在偏远地区，因此为了保持电压稳定性，调节和容差都较为困难。为使发电系统满足负荷要求，必须安装和升级新的基础设施。

新增输电线路、输电线路改造、安装并联电容器或电抗器是使电网正常运行可能需要的一些项目。面临的挑战是如何实现传输转换的同时仍然确保可靠性和服务质量。同样在这种情况下，电网中无功功率支撑的连接点是不可预见的。

所需的解决方案必须易于在非常短的时间内重新安置。此外，解决方案应能够连接到整个电网的任何位置，而不会对系统产生任何负面影响。

13.14.2　系统结构和运行参数

基于现有的模块化 STATCOM 解决方案，开发了一个完整的移动式 STATCOM。基于电压源型换流器技术，设计出一种可提供 50Mvar 动态无功功率输出的移动式补偿系统。为了能够以不同的电压水平实现灵活连接，一个变压器单元中实现了两种可能的电压水平（230kV 和 115kV）。

移动式 STATCOM 解决方案归道明尼能源公司所有，制造商是西门子。STATCOM 于 2018 年 6 月投入运行。

移动式 STATCOM 单线图如图 13-65 所示。

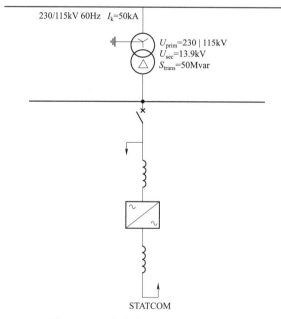

图 13-65　移动式 STATCOM 单线图

STATCOM 采用模块化多电平换流器（MMC）技术。利用该技术，无需安装滤波器来满足并网标准要求。这使得设计紧凑，并可灵活地在电网中的任何点进行接入。电压源型换流器由三角形连接的三相单元组成。每相单元由 22 个串联子模块组成。每个子模块的主要部件是 4 个 IGBT、4 个二极管和 1 个直流电容。

　　移动式 STATCOM 主要技术参数如表 13-12 所示。包括降压变压器在内的移动式 STATCOM 的设计要求将元件设备分成逻辑实用模块，这些模块可与临时电源和控制电缆连接（见图 13-66）。移动式 STATCOM 系统可在相对较短的时间内完全重置。主拖车装有 STATCOM 阀或子模块、带控件的保护装置以及冷却系统。第二辆拖车装有桥臂电抗器、必要的仪表传感器。第三辆拖车装有所有必需的辅助设备，如辅助变压器、电池、交流和直流配电盘以及存储设备。热交换器采用不锈钢软管连接，可灵活定位和定向。其他拖车装有移动式变压器，包括高压断路器和避雷器。所有其他设备都是临时设备，可重新安装，以便快速部署，包括必要的油封。

表 13-12　　　　　　　　　　　　移动式 STATCOM 主要技术参数

参数		数值
主要额定值	电压（kV）	13.9
	容量（Mvar）	±50
	连接类型	三角形
降压变压器	联结类型	YNd5
	变比（kV）	高压：230 或 115 低压：13.9
	容量（MVA）	50
半导体器件	类型	IGBT
	电压/电流（V/A）	3300/1200
冗余度（%）		10
过载能力（电流/时间）		1500A/2s
冷却方式		水冷
满载 STATCOM 阀损耗（%）		<1
预计使用寿命（年）		40

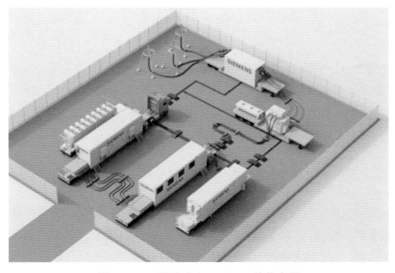

图 13-66　移动式 STATCOM 总体布置

电缆连接每个集装箱内的组件。因此不存在裸露的带电部件或母线。这显著降低了变电站发生内部故障的风险，并提高了人员安全性。通常，完全集装箱化的解决方案在偏远地区是有益的。可以使得现场安装工作减少并且保持 STATCOM 区域紧凑。这将导致工作量显著减少，人员的整体风险降低（图 13-67）。

图 13-67　阀、冷却系统和控制模块

13.14.3　主要运行模式

移动式 STATCOM 解决方案主要在稳态电压控制模式下运行。

以下控制模式可用：

（1）恒电压控制模式（自动控制模式）；

（2）恒无功功率模式（手动控制模式）。

为了使装置安全、可靠地运行，为电网提供最大支持，采用了额外的闭环控制功能：

（1）稳定性控制器；

（2）自动增益调节。

移动式 STATCOM 主要在电压控制模式或无功功率控制模式下运行。此外，可以控制外部的电抗器设备，如机械投切电容器或机械投切电抗器。该装置配有自动增益自适应功能，可在大量电网工况下做出理想的 STATCOM 响应，从而确保不同地点所需的性能。

13.14.4　系统性能

一项关于多个道明尼能源公司项目的研究预测了高负载水平下的正常运行问题，注意并观察到频繁的电压越限。

例如，对某一线路改造项目进行研究，研究显示了 N-1 方式下的电压越限。在较大的负载水平下，故障引起的延迟恢复电压（FIDRV）和电压越限变得更加严重。在没有额外支持的情况下，在这种情况下仅使用移动式 STATCOM，唯一的选择是仅在轻载期间施工，将线路重建的时间可能拖延至 30 个月。使用移动式 STATCOM，线路建设项目可以是一个连续的过程，从而最终节约大量成本并提高可靠性。图 13−68 显示了一条关键输电线路停运的情况下，接近峰值负载的基本故障情况。若出现 FIDVR 情况，可能导致区域电压崩溃。使用 50Mvar 的 STATCOM 可以缓解最严重情况下的母线情况。

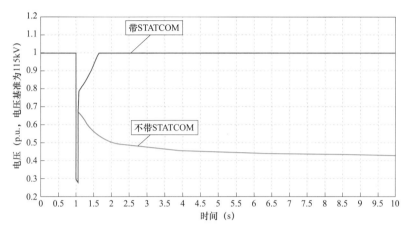

图 13−68　移动式 STATCOM 安装前、后系统发生故障时的波形对比

出于验证目的，控制原理在实时数字仿真软件中实现，并研究了不同的情景。图 13−69 为高压侧电压和 STATCOM 的响应情况。

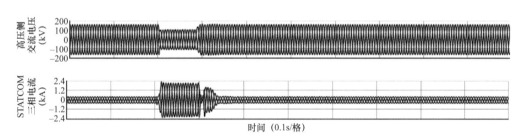

图 13−69　移动式 STATCOM 的 RTDS 仿真结果

13.14.5　项目评估

移动式 STATCOM 作为一种解决方案，可以连接到电网上需要电压支持的任何点。它具有灵活性，可以在短时间内重新安装，并提供电网支持，直到长期解决方案完成。

STATCOM 运行正常，符合道明尼能源公司的特殊要求。其在整个工作范围内提供快速、稳定的响应。

13.15　书内参考章节

参考文献

Anderson, P.M., Farmer, R.G.: Subsynchronous resonance; Chapter 6, pages 229 to 286, In: Series capacitor studies, testing and maintenance, Chapter 8. In: Series Compensation of Power Systems. PBLSH!Inc., Encinitas (1996).

Cao, Z., Shi, Y., et al.: Simulation analysis on sub synchronous oscillation at sending end of 500 kV power transmission project from Hulun Buir to Liaoning. Power Syst.Technol.35(6), 107−112 (2011).

Diaz de Leon, J.A., Kehrli, B., Zalay, A.: How the Lake Bonney wind farm met ESCOSA's, NEMMCO's, and ElectraNet's rigorous interconnecting requirements. In: IEEE/PES Transmission and Distribution Conference and Exposition (2008).

Farmer, R.G., Schwalb, A.L., Katz, E.: Navajo project report on subsynchronous resonance analysis and solutions. IEEE Trans.Power Syst.PAS−96(4), 1226−1232 (1977).

Hanson, D.J., Horwill, C., Loughran, J., Monkhouse D.R.: The application of a relocatable STATCOM on the UK National Grid system. In: CIGRÉ Regional Conference, New Delhi (2001).

Hasler, J−P, Sneed, T., Holmberg, M., Lund, J., Näslund, M.: Power Quality Analysis and IEC Standard Evaluation Using Measurements and Simulations in a STATCOM Application. Paper C4−114. CIGRÉ, Paris (2018).

Horwill, C., Totterdell, A.J., Hanson, D.J., et al.: Commission of a 225 Mvar SVC incorporating a 75Mvar STATCOM AT NGC's 400kV east claydon substation.In: Seventh International Conference on AC−DC Power Transmission, pp.232−237.Institution of Electrical Engineers, London (2001).

IEC/TR 61000−3−7: Electromagnetic Compatibility(EMC)−Part 3−7: Limits−Assessment of Emission Limits for the Connection of Fluctuating Installations to MV, HV and EHV Power Systems, Ed.2.0.BSI, London (2008).

Li Chunhua, Zhang Yongkang, et al.: Artificial short circuit test and analysis of 200Mvar static synchronous compensator artificial short-circuit test and analysing in Southern power grid. Autom. Elect. Power Syst. 37(4), 125−129 (2013).

Liu Wen−hua, Song Qiang, Teng Le−tian, et al.: 50MVAr STATCOM based on chain circuit converter employing IGCT's. Proc.CSEE.28(15), 55−60 (2008).

Rao, H., Xu, S., Zhao, Y., et al.: Research and application of multiple STATCOMs to improve the stability of ACDC power systems in China Southern Grid.IET J.10(13), 3111−3118 (2016).

Woodhouse, M.L., Donoghue, M.W., Osborne, M.M.: Type testing of the GTO valves for a novel STATCOM converter.In: Seventh International Conference on AC−DC Power Transmission. Institution of Electrical Engineers, London (2001).

Xiao Leisi, Li Ming, et al.: Manual instantaneous earthing test of CSG transmission lines.South. Power Syst.Technol.9(3), 63−66 (2015).

Yao Weizheng, Liu Gang, Hu Siquan, et al.: Research on improved control strategies of STATCOM for LCC−HVDC weak receiving station.Proc.CSEE.38(12), 3362−3670 (2018).

许树楷，教授级高级工程师，中国南方电网有限责任公司创新管理部副总经理，南方电网公司特级专业技术专家，IET FELLOW（会士），IEEE 高级会员，IET 国际特许工程师（Charter Engineer），CIGRE 中国国家委员（Regular Member）和战略顾问（AG01）。主要研究领域为柔性直流与柔性交流输电、大功率电力电子在大电网的应用技术等，是世界首个柔性多端直流输电工程系统研究和成套设计负责人、世界首个千兆瓦级主电网互联柔性直流背靠背工程系统研究和成套设计负责人、世界首个特高压±800kV 多端混合直流输电工程系统研究和成套设计负责人。先后获中国专利银奖 1 项、中国标准创新贡献奖 1 项、中国电力科技奖等省部级一等奖 10 余项。曾获中国电力优秀青年工程师奖、广东省励志电网精英奖、南方电网公司十大杰出青年等荣誉称号。

王少波，电力系统高级工程师，荣信汇科电气股份有限公司电网业务开发部副主任。于 2000 年和 2007 年获得华北电力大学学士学位和硕士学位。2007 年至 2009 年，致力于研究开发 35kV/80Mvar SVC 装置，这些装置直接连接至电厂 35kV 母线，用以抑制次同步谐振。2014 年至今，就职于荣信汇科电气股份有限公司，参与了多个 FACTS 和高压直流输电项目。目前主要从事 STATCOM 系统设计。

左广杰，高级工程师。2011 年获得南京航空航天大学电力电子与电力传动硕士学位，之后加入许继电气股份有限公司工作至今。2015 年至 2016 年，主要负责 35kV/±100Mvar STATCOM 设备研制，并应用于±500kV 永仁—富宁直流输电工程的受端富宁换流站。2017 年至今，主要负责 SVG 和高压级联储能的技术研究与设备研制。

Colin Davidson，英国斯塔福德通用电气公司研究中心高压直流输电咨询工程师。1989 年 1 月入职该公司（当时隶属于美国通用电气公司），历任晶闸管阀设计工程师、晶闸管阀经理、工程总监、研发总监等职位。他是特许工程师和 IET 会士（Fellow），曾任 IEC 标准化委员会高压直流输电和 FACTS 分委会委员。拥有剑桥大学自然科学专业的物理学位。

Marcio M. de Oliveira，ABB 公司（瑞典）首席系统工程师。1967 年出生于巴西里约热内卢，1992 年获巴西里约热内卢联邦大学电气工程理科硕士学位，分别于 1996 年和 2000 年获瑞典皇家理工学院高功率电子系高级硕士学位和博士学位。2000 年入职 ABB 公司 FACTS 部门，工作内容涉及电力系统设计、实时仿真、控制系统设计研发等多个技术领域。现任系统首席工程师，负责 FACTS 技术在全球的技术营销。参编了 CIGRE SC B4 WG53 "STATCOM 的采购和测试指南"，是 IEC TC22 的成员，是 IEC 61954 维护团队的组织者，负责 SVC 晶闸管阀的测试。2017 年获 IEC 1906 奖。

Rizah Memisevic，博士，就职于 Powerlink 公司电力研究所，并于图兹拉大学电气工程学院任讲师和助理教授、于昆士兰大学任研究员。致力于可再生能源（光伏和风能）、电能质量、能源应用（发电）、能源与经济交互等多技术领域研究。是澳大利亚工程教育学会会员、IEEE 高级会员以及澳大利亚工程师协会成员。

Georg Pilz，德国西门子公司全球 FACTS 装置与系统研究工程部总监。1972 年出生于德国德累斯顿，分别于 1999 年和 2007 年获得德累斯顿工业大学电气工程学士学位和博士学位。2005 年入职西门子公司 FACTS 应用系统工程部。主要研究内容为 FACTS 装置设计，特别是瞬态仿真及其研发项目。现任全球 FACTS 装置系统研究工程部总监。是 CIGRE SC B4 WG53 成员，并加入 IEC TC22，任 IEEE WG P2745《使用模块化多电平换流器的统一潮流控制器技术指南》副主席。

Bilgehan Donmez，2016 年入职美国超导股份有限公司电网规划与应用组，主要负责电力系统技术研究、用于电力系统仿真分析的模型和软件开发，利用潮流、动态和电磁暂态以及谐波等分析手段为电力系统中的问题提供解决方案方面。在入职该公司前，曾于新英格兰独立系统运营公司运营部担任 5 年实时研究工程师，为新英国电网的日常运营控制室提供工程支持；于国家电网公司担任 3 年输电规划工程师。拥有密苏里大学和圣路易斯华盛顿大学联合工程项目的电气工程学士学位、东北大学电气工程硕士学位，目前正在该校攻读博士学位。是 IEEE 会员，多次在 IEEE 及其他专业论坛上合著和发表论文。

Bjarne Andersen，Andersen 电力电子解决方案有限公司董事兼所有人（2003 年）。成为独立咨询顾问之前，在 GE 公司工作了 36 年，最后任职工程总监。参与了首台链式 STATCOM 和移动式 SVC 的研发工作。参与常规和柔性高压直流输电项目的各阶段工作，有丰富经验。作为顾问，参与了包括卡普里维直流输电工程在内的多个国际高压直流输电项目。卡普里维工程是第一个使用架空线的商业化柔性直流输电项目，允许多个供应商接入，并实现多端运行。2008 年至 2014 年，任 CIGRE SC – 14 主席，并在直流输电领域发起了多个工作组。是 CIGRE 荣誉会员，于 2012 年荣获 IEEE 电力与能源学会 Uno Lamm 直流输电奖项。

TCSC 应用实例

14

Stig Nilsson、Antonio Ricardo De Mattos Tenório、Subir Sen、Andrew Taylor、许树楷、赵刚、宋强、雷博

目次

Stig Nilsson (✉)
美国亚利桑那州塞多纳，毅博科技咨询有限公司电气工程应用部
电子邮箱：stig_nilsson@verizon.net，snilsson@exponent.com

Antonio Ricardo De Mattos Tenório
巴西里约热内卢（RJ），国家电力系统运营中心
电子邮件：ricardo.tenorio@ons.org.br

Subir Sen
印度新德里，印度国家电网公司中央输电公司规划与智能电网部
电子邮箱：subir@powergridindia.com

Andrew Taylor
英国伦敦，国家电网电力传输公司
电子邮箱：andrew.taylor@nationalgrid.com

S. Nilsson，B. Andersen（编辑），柔性交流输电技术，CIGRE 绿皮书，https://doi.org/10.1007/978-3-319-71926-9_9-1

摘要

晶闸管投切串联电容器（TSSC）和晶闸管控制串联电容器（TCSC）于 20 世纪 80 年代后期研发完成，主要应用于提高现有高压输电线路的输电能力。晶闸管控制串联电容器（TCSC）在线路中插入可变的串联阻抗，使输电线路过载情况得到改善。20 世纪 90 年代初，美国投运了两套 TCSC 装置的示范工程。之后，巴西、印度、中国、瑞典和英国共安装了 17 套晶闸管控制串联电容器（TCSC）装置。除了其中一套以外，其他所有 TCSC 装置的安装目的都是为了提高大功率输电线路在各种运行工况下的动态稳定性。换言之，TCSC 可以阻尼关键电力系统的振荡，保证输电线路安全稳定运行。而另一套 TCSC 装置的安装目的则是为了防止大型核反应堆和交流电网之间发生次同步振荡。可以预见，随着交流电力系统的发展和系统振荡阻尼效果的提高，TCSC 装置提供附加阻尼的作用会越来越小，TCSC 装置的应用也会逐渐减小。

14.1　引言

增强新的输电和/或发电能力可以解决交流电力系统中的输电容量限制问题（Ölvegård et al. 1981；Maliszewski et al. 1990）。但是，由于各种原因，这一方法并不总是有效。新建输

许树楷

中国广州，南方电网科学研究院有限责任公司

电子邮件：xusk@csg.cn

赵刚

中国北京，国家电网有限公司（SGCC）南瑞集团有限公司

电子邮箱：zhgang0909@163.com

宋强

中国北京，清华大学

电子邮箱：songqiang@tsinghua.edu.cn

雷博

中国广州，南方电网科学研究院有限责任公司

电子邮箱：leibo@csg.cn

电线路可能成本太高且耗时太长，同时还有新的通行权问题和环境影响问题，这些都可能阻碍新输电线路的建设。

在架空输电线路中安装串联电容器可在远距离线路中实现高功率传输，其原因是串联电容器降低了线路的阻抗。20 世纪 40 年代后期，串联电容器装置首次应用于 400kV 输电系统中，该输电线路将电力从瑞典北部的水电站传输到该国中部和南部的负荷中心（Jancke and Åkerstrom 1951）。

20 世纪 60 年代，美国 500kV 太平洋交流互联电网采用了可投切的串联电容器方案，用以应对电网的突发故障，例如连接西北部哥伦比亚河沿岸水力发电站与加利尼亚北部和南部电力系统之间的两条并联交流线路中的一条线路发生断线故障。在该交流互联电网中，当一条线路发生断线故障时，可以通过增加另一条线路的串联补偿以稳定该输电系统（Maneatis et al. 1970）。串联电容器装置还应用于与交流线路平行运行的直流输电线路退出运行的工况，用以增加该运行方式下交流线路的潮流。这条平行运行的直流输电线路的额定功率为 1440MW。

在广泛应用串联电容器前，专家们已经注意到安装有串联电容器的线路所连接的汽轮发电机可能会存在次同步谐振（SSR）问题（Concordia and Carter 1941）。真实的 SSR 现象首次实际发生在 20 世纪 70 年代初美国西南部的发电机和安装串联电容器装置的线路之间（Farmer et al. 1977）。次同步谐振问题阻碍了串联电容器装置在具有大型汽轮机发电厂地区电力系统的广泛应用。

但是，如果能够在次同步频率区域引入足够的阻尼振荡的装置，则可以防止次同步振荡的产生。20 世纪 80 年代中期，NGH 串联补偿阻尼系统（晶闸管调节电阻）在加利福尼亚州南部的串联补偿线路上进行试验，这种 SSR 解决方案得到了验证（Hingorani et al. 1987；CIGRE TB 123 1997）。该示范工程表明，使用晶闸管控制串联电容器（TCSC）装置可以大大降低 SSR 发生的风险（Bowler 1992）。

TCSC 装置是一种控制系统，通常被简称为 FACTS，即柔性交流输电系统。FACTS 通常具备以下一种或多种特性：

（1）快速动态响应；

（2）输出频繁变化；

（3）平滑可调输出。

在输电线路上安装固定串联电容器，对于增加现有输电走廊的输电能力将起到重要作用（Anderson and Farmer 1996）。但是由于串联补偿容量固定，固定串联电容器的灵活性十分有限。而使用 TCSC 在交流系统中则可以获得以下好处：

（1）控制交流输电线路中的潮流（Ölvegård et al. 1981）。使用多模块 TCSC 则可以扩大控制潮流的范围。

（2）通过调节 TCSC 的阻抗，可以增加或减少输电线路的潮流。

（3）通过提高线路的瞬态和动态稳定性，TCSC 可用于增加交流线路的输电容量。

（4）在一定范围内，TCSC 甚至可以将电力从发电站直接输送给指定的电力用户。

（5）推迟多余输电线路的建设，可以将环境影响降至最低。

（6）阻尼电力系统中的低频功率振荡。

（7）通过 TCSC 的短时快速紧急补偿功能，提高系统的暂态稳定性，从而在交流系统故障恢复后，增加线路传输的同步转矩。

经证明，TCSC 是非常有效的电力设备，可改善功率振荡的阻尼，通过在电力系统短路故障后增加线路送端和受端之间传递的同步扭矩，从而增加两个区域之间交流电力互连的可能性。在某些方面，TCSC 系统通过增加发电厂安装的电力系统稳定器（PSS）对电网带来好处，同时还可以抑制低于 PSS 系统控制范围的极低频功率振荡。

14.1.1　交流线路的负载

电力系统包含许多输电线路，这些线路具有不同的电压等级和输送功率热稳定极限值。对于较长且无串联补偿的线路，其传输的功率受到线路阻抗的限制。对于较长的交流输电线路，负载极限通常与波阻抗的特性有关。对于无损输电线路，波阻抗即为（Anderson and Farmer 1996）：

$$Z_{c} = \sqrt{\frac{L}{C}} \qquad (14-1)$$

式中：Z_c 是波阻抗；L 是线路电感；C 是导体间的电容。

图 14-1 显示了长距离高压输电线路的典型波阻抗负载极限值（SIL）与热负载极限值。请注意，当一条输电线路正在传输其 SIL 负载时，该线路产生和吸取的无功功率是相等的。为了限制电晕损耗，线路通常采用多分裂导线，其热极限值通常较高。此外，由于线路受到覆冰和风载荷产生的机械力，通常需要选择截面积大、机械强度高的导体，这也导致高压线路的热负载极限值相对较高。

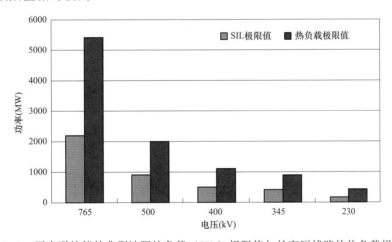

图 14-1　无串联补偿的典型波阻抗负载（SIL）极限值与长高压线路的热负载极限值

在很多电力系统中，具有较小的热负载极限值的线路往往会过载，而其他高输送容量线路的负载还远未达到其热负载极限值。当一条高压线路建在一条低压线路上方（并联）时，往往发生这种情况，从而导致高压线路的输电能力未充分利用。如果在高压线路中安装串联电容器，电力可以从过载线路中转移，从而提高对高压输电线路投资的利用率并提高电力系统的运行效率。但是，如果串联补偿所在线路受到扰动，较弱线路可能会在高电压线路跳闸的情况下严重过载，这就需要快速切换电力系统中的其他设备以避免发生连锁故障（EPRI Report EL-6943 1991）。TCSC 就可用于执行此类切换功能。

　　稳态运行工况下，串联电容器的容量易于确定，但是线路中插入的串联补偿容量通常必须根据当日不同时间、一周中不同日期和不同季节进行调整。这就需要采用可变的串联补偿系统。当考虑电网的动态或紧急情况时，响应速度、电网在过电压和欠电压情况下因扰动引起的行为特性十分重要。负载的动态特性也会对所需串联电容器补偿容量产生较大影响。晶闸管控制装置操作的快速响应以及与开关的配合操作则针对以上状况具有非常明显的优势。

14.1.2　带有 TCSC 装置的交流系统

　　世界各地安装了多套 TCSC 装置，其中一些装置正在运行中。没有这些 TCSC 装置，电网运行可能变得不稳定。如果这些 TCSC 装置停止使用，就必须降低对应线路的负载以使系统保持稳定（CIGRE TB 554 2013）。在 TCSC 和 FACTS 技术的许多应用中，这些系统通常只需要在一些特殊的工况下运行。由于电力系统不断发展，新的输电线路和发电站不断添加到电网中，随着电网变得更加强大和更加互联，柔性换流输电装置预期的一些电网运行方式可能不会出现，因此许多 FACTS 系统只需要在有限时间内被使用。尽管如此，在 TCSC 和其他 FACTS 系统的所有应用中，输电系统至少保持了与安装 FACTS 系统之前相同的可靠性和安全性水平，这意味着 FACTS 的总故障率可以忽略不计（Nilsson 1994）。FACTS 系统的设计应该得到足够的重视。

　　串联电容器装置可以利用电容器的长期和短期过载能力来实现过载（IEEE Standard 824 2005）。而 TCSC 系统的短期过载能力则由串联电容器和晶闸管阀的过载能力共同决定。短期过载能力是指在严重的电网扰动期间线路能输送的最大同步功率。这与以下两点有关：

　　（1）安装串联补偿线路外部的系统故障，在交流系统短路期间不得旁路 TCSC 装置，如果需要旁路，则必须在短路故障清除后立即恢复 TCSC 运行。

　　（2）TCSC 装置不得因交流系统短路而发生设备故障或被永久旁路，即需要旁路 TCSC 装置的故障必须是独立事件。

　　出于这些原因，TCSC 参数通常包括 30min 的长期过载电流值和 10s 的短期过载电流值，如图 14-2 所示。30min 长期过载电流值通常包含线路额定电流 35%～50%的过电流，10s 短期过载电流值通常包含线路额定电流 100%的过电流。30min 长期过载电流值有时被定义为标称电流下额定功率的150%线路电流值，而10s 短期过载电流值被定义为额定功率的200%线路电流值。在发生一些大的电网扰动后，TCSC 需要依靠长期过载电流值来重新调度潮流，而短期过载电流值则是为了在系统故障期间和之后能够立即控制暂态的功率摇摆。

　　TCSC 装置必须能够穿越所在输电线路上发生的临时短路故障。假设在断路器切除故障期间，电容器经由晶闸管旁路。当线路重新投入时，TCSC 装置必须提供最大的无功补偿，以便在线路两端之间提供所需的同步转矩。如"8　晶闸管控制串联电容器（TCSC）技术"中所述，这就要求晶闸管的额定电流值必须能够承受正常故障切除过程中的全部短路电流，换言之，必须使用大功率的晶闸管，此外晶闸管阀还必须具备有效的冷却系统。

　　在某些电网中，潮流无法按预期的路径流动，导致潮流输送容量较低的线路过载，而潮流输送容量较大的线路则未得到充分利用。此类系统中在关键线路上采用具有大控制范围的 TCSC 装置进行阻抗控制，可以平衡各线路的潮流。将几个串联的 TCSC 模块连接在一起，可以获得更大的控制范围。如果通过小范围的电容器控制并结合串联电容器模块的投切，可以得到几乎连续的较大的阻抗控制范围。

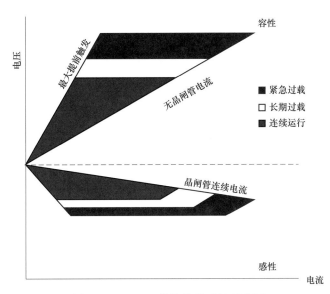

图 14-2　TCSC 模块的典型控制范围

在以潮流控制为目标的应用中，晶闸管的触发角变化较大（电压突变较大），这将产生较高且连续的串联电容器模块切换应力。这要求进行特殊的电容器设计以保证串联电容器能够在较高的 di/dt 应力下连续运行。此外，如"8 晶闸管控制串联电容器（TCSC）技术"中所述，投切操作将导致谐波电流流过电容器，从而导致电容器中发生功率损耗。在 TCSC 应用于现有串联电容器装置时，如果串联电容器额定电流值没有考虑额外的谐波电流和较高的连续 di/dt 应力，则需要对串联电容器进行更换。

14.2　已安装的 TCSC

2019 年之前安装的第一批 19 个 TCSC 系统如表 14-1 所示。ABB 公司 2018 年 2 月 26 日宣布获得了 2018 年在韩国安装 TCSC 项目的订单（ABB 2019）。表 14-1 中 FSC 表示固定串联电容器组。

表 14-1 中列出的前两个 TCSC 装置是为了证明 TCSC 的能力而建造。美国的 Slatt 变电站 TCSC 系统在服役 24 年后于 2017 年退役。该系统用于提高美国西海岸哥伦比亚河流域和洛杉矶之间交流线路的输电能力。

表 14-1　　　　　　　　　　　　　　已 建 TCSC 汇 总 表

安装年份	地点	配置	额定值	用途
1992	Kayenta，WAPA-美国	FSC 加 TCSC	230kV，2×165Mvar（TCSC 45Mvar），1000A	增加电力传输；SSR 阻尼（TCSC 系统现已转换为 FSC）
1993	Slatt，BPA-美国	6 个串联的 TCSC 模块	500kV，208Mvar，2900A	潮流控制、SSR 阻尼、稳定性控制；2017 年退役

续表

安装年份	地点	配置	额定值	用途
1997	Stöde，Svenska Kraftnät – 瑞典	FSC 加 TCSC	400kV，493Mvar 总计（TCSC 148Mvar），1500A	SSR 阻尼；于 2019 年退役
1999	Imperatriz，Eletronorte – 巴西	1 个 TCSC 模块	500kV，108Mvar，1500A	系统阻尼
2000	Serra da Mesa，FURNAS Centrais Elétricas S.A – 巴西	1 个 TCSC 模块	500kV，107Mvar，1500A	系统阻尼；改为作为固定串联电容器运行
2003	平果，南方电网公司 – 中国广西	2×FSC 加 2×TCSC	500kV，TCSC 55Mvar；FSC 350Mvar，2000A	系统阻尼
2004	Serra da Mesa，Nova Trans – 巴西	1 个 TCSC 模块	500kV，107.5Mvar，1500A	系统阻尼；改为作为固定串联电容器运行
2004	Imperatriz，Nova Trans – 巴西	1 个 TCSC 模块	500kV，107.5Mvar，1500A	系统阻尼
2004	成县，国家电网公司 – 中国甘肃	TCSC	220kV，86.7Mvar，1100A	系统阻尼，提高输电能力
2004	Rourkela – Raipur 400kVD/c 线路的 Raipur 端；印度国家电网公司 – 印度	2×TCSC 加 2×FSC	400kV，394Mvar FSC 以及 71Mvar TCSC，1550A	系统阻尼
2006	Muzaffarpur – Gorakhpur 400kVD/c 线路的 Gorakhpur 端；印度国家电网公司 – 印度	2×FSC 加 2×TCSC	420kV，716Mvar FSC 以及 107Mvar TCSC	系统阻尼
2006	Purnea – Muzaffarpur 400kVD/c 线路的 Purnea 端；印度国家电网公司 – 印度	2×FSC 2×TCSC	420kV，743Mvar FSC 以及 112Mvar TCSC	系统阻尼
2009	冯屯变电站，东北电网，国家电网公司 – 中国黑龙江	TCSC	500kV，326Mvar，2330A	系统阻尼
2015	坎布里亚郡肯德尔镇附近的 Hutton 400kV 变电站 – 英国	2×TCSC	400kV，395Mvar，4000A，6.83Ω	作为更广泛的电网战略的一部分，计划将苏格兰和英格兰之间的潮流提高 1GW，减轻 SSR，并提高系统稳定性

14.3　TCSC 应用

14.3.1　美国

14.3.1.1　Kayenta 230kV 线路

图 14-3 所示的 TCSC 装置是美国西部地区电力管理局（WAPA）的 Kayenta 系统。该系统由西门子提供并于 1992 年投入运行，目前 TCSC 部分已不再使用，原因是电力系统的运行不再需要该部分，安装该部分的目的是验证 TCSC 技术的功能。

该 TCSC 装置安装在长约 320km 的 230kV 输电线路的中点，是 330Mvar 串联电容器装置的一部分。该装置的用途是提高线路输电容量，并为 Kayenta 变电站的 230kV 母线提供电压支撑。晶闸管控制串联电容器装置如图 14-3 所示。该装置 15Ω 时的额定容量为 45Mvar，晶闸管阀在电压峰值达到 36kV 时的一分钟过载电流有效值为 1890A，相当于 48Mvar 的容量（Christl et al. 1992）。这决定了晶闸管阀的热稳定极限值和电压额定值。晶闸管阀短路电流最大耐受值为 12kA，这实际上决定了晶闸管本身的电流额定值。晶闸管装置的主要特征如图 14-3 所示（Christl et al. 1992）。

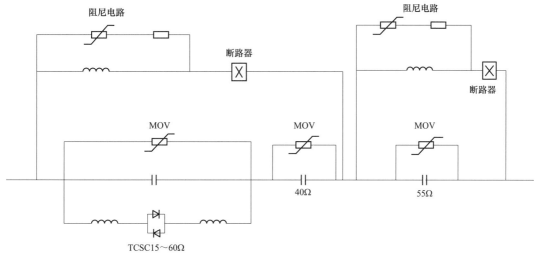

图 14-3　Kayenta 变电站 TCSC 系统主接线图

（1）晶闸管额定电流 3.5kA 额定电压 5.5kV，直径 100mm；

（2）晶闸管过电压保护采用电压击穿二极管（VBO）；

（3）带有触发和监控的电触发晶闸管（ETT），通过光纤连接到 TCSC 控制和保护系统。

电网的短路电流最大值为 6.9kA，预计未来有效值将增加到 7.6kA。值得注意的是，TCSC部分的额定电流值为 1700A，而系统其余部分的额定电流值为 1500A。也就是说，TCSC 部分串联电容器额定电流中考虑了由于晶闸管连续触发引起的附加谐波电流。

Kayenta 系统也通过输出串联电抗进行阻抗调节。90° 触发角时的电抗约为 3.1Ω，将触发角延迟到 90° 可以增加装置的等效电抗，达到串联电容器和开关的电压极限。在这种运行模式下，TCSC 可用于抑制潮流和作为故障电流限制器（FCL）使用。

通过模拟仿真和现场试验，可以了解 Kayenta 站安装的固定串联电容器与系统之间可能产生谐振的相互作用。通过模拟试验确定 TCSC 系统在次同步谐振频率范围内的输出电抗可能是感性的，现场试验证实了模拟试验的结果（Hedin 1997）。

根据报道，在线路电流为 1100A 时，TCSC 的稳态功率损耗为每相 60kW（Christl et al. 1992），占 TCSC 额定容量 45Mvar 的 0.4%。

14.3.1.2　Slatt-Buckley 500kV 线路

第二个投入使用的 TCSC 系统是由美国电力科学研究院（EPRI）、邦尼维尔电力局（BPA）和通用电气公司（GE）联合研发的 Slatt 变电站 TCSC 系统，如图 14-4 所示。该系统是一个多模块的 TCSC 装置，每个 TCSC 模块都受 TCSC 控制器控制。图 14-4 中电力电子子系统、晶闸管控制电抗器以及串联电容器均放置在绝缘平台上，没有显示用于串联电容器和晶闸管阀过电压保护的 MOV 组件。

图 14-4 Slatt 变电站 TCSC 装置

冷却液体通过安装于地面的泵输送到晶闸管阀，此外，晶闸管触发信号和保护所用的光纤链路安装于平台与控制保护系统之间。含有乙二醇的水用于冷却晶闸管阀。图 14-4 中没有显示冷却泵站、热交换器以及控制室。TCSC 装置的损耗（下文将谈及）不超过 TCSC 额定容量的 1%，冷却系统和热交换器相对较小。此外，TCSC 控制室内还安装有 FSC 的控制和保护系统。

该 TCSC 装置安装在俄勒冈州 BPA 的 Slatt 变电站，并于 1993 年投入运行，由于不再需要该设备，其在服役 24 年后退役。多模块 Slatt 变电站 TCSC 装置的简化示意图如图 14-5 所示。

Slatt 变电站 TCSC 与 Kayenta 的主要区别在于短路容量、模块化和电压额定值。Slatt 安装变电站 TCSC 在短路容量较大的 500kV 系统（短路电流有效值 20.3kA，最大短路电流峰值 60kA）中。装置额定阻抗 8Ω，额定电流 2900A，分为 6 个模块，每个模块 1.33Ω。当晶闸管阀运行时，每个模块连续变化的阻抗范围为 9.2～1.53Ω。30min 电流极限值为 1.5p.u.，10s 电流极限值为 2p.u.。1.0p.u.电流下的 30min 阻抗值为 12Ω，而 1.0p.u.电流下的 10s 阻抗值为 16Ω。如果电流达到 10.7kA，则要求对串联电容器进行旁路保护。

在电网受到短路故障扰动后系统第一次摇摆期间，需要对线路提供最大补偿，从而维持系统的暂态稳定性。此时线路电流最大。此外，通过将 TCSC 分为几个串联段，当所有模块插入最大控制量时，控制范围接近于从小的感性阻抗（除了当晶闸管完全导通时，Slatt 变电站 TCSC 系统的特性阻抗值等于小电感之外，该工况不在 Slatt 系统中使用）到全电容补偿的连续调节范围。这使得线路的阻抗降到了最低（Urbanek et al. 1992）。

该工程研发了一种新型晶闸管应用于 TCSC 装置。该晶闸管 3300V、直径 100mm，具有特殊的栅极结构以实现高 di/dt 性能。此外该晶闸管相对较薄，可最大限度地降低正向导

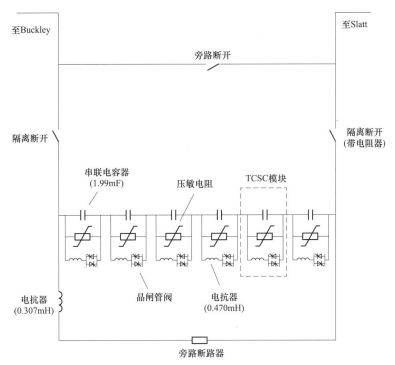

图 14-5　Slatt 变电站多模块 TCSC 装置示意图

通电压降，在导通电流 4000A 时，正向导通电压降略低于 1.4V。这使得 TCSC 装置能够穿越 Slatt 变电站可能通过的最大短路电流。特殊的栅极结构使晶闸管能够承受较大的 di/dt 负载电流，并造成发射极短路，使晶闸管同时能够承受较高的 dv/dt 应力，而不会导致晶闸管误导通（McDonald et al. 1994）。

　　Slatt 变电站 TCSC 装置的晶闸管阀的取能来自与 TCSC 模块串联的电流互感器（TA）和模块间的电压互感器（TV）。这种设计使得晶闸管阀在线路低电流下没有足够的能量来触发晶闸管导通。晶闸管门极的触发脉冲较弱会导致晶闸管中的电流扩散不良，并很可能导致晶闸管损坏。因此，如果线路电流低于约 600A 时，TCSC 模块会被自动闭锁。闭锁状态持续几秒钟后旁路开关会闭合。如果电流高于 600A，则 TCSC 模块可重新进入运行状态。

　　在 TCSC 装置的一般应用中，需要关注其最小工作电流是否太高，因为如果 TCSC 被旁路，将无法阻尼因为固定串联电容器导致的可能发生的次同步谐振。晶闸管阀的电源从地面通过隔离变压器获得或使用带有过电压击穿功能的光触发晶闸管（LTT），则可以降低 TCSC 的最小工作电流的限值。

　　Slatt 变电站 TCSC 装置配备了控制功能，用以完成系统阻尼功能、改善暂态稳定性以及实施 SSR 阻尼（Venkatasubramanian and Taylor 2000；Urbanek et al. 1993）。1995 年初，在 TCSC 投入运行之前所有功能都在分阶段试验中进行了测试（Piwko et al. 1994）。由于 TCSC 所在线路侧的短路故障会使 500kV 母线电压加在串联电容器组的两端，分阶段试验中短路故障试验对 TCSC 装置来说可能是最严格的试验。短路故障时晶闸管流过比较陡峭的浪涌电流。虽然有报道称一些晶闸管未能通过这些测试，但 TCSC 整体性能仍然非常出色（Kinney et al. 1997；Hauer et al. 1996；Piwko et al. 1996）。

安装 Slatt 变电站 TCSC 装置的目的是展示 TCSC 技术。该装置安装在 Slatt 变电站有利于充分测试其系统功能，但不是全部的控制功能都得到了验证。在 Slatt 变电站安装 TCSC 之前经过了大量的 TCSC 仿真模拟试验（Nyak et al. 1994）。其中一些结果如下所示：

（1）从 1.1p.u. 至 1.7p.u. 的电流阶跃变化的响应时间大约在 1 个周波。

（2）如果六个模块中的两个模块以 1.5p.u. 的升压因子运行，TCSC 可能与无补偿系统（感性）相同。

（3）还模拟了阻尼功率振荡和大量三相和单相（断路器失灵）故障。试验表明，TCSC 将提供交流系统的正阻尼，晶闸管的触发控制十分可靠。

由于线路短路电流非常大，TCSC 装置采用了许多并联的 MOV 柱的大型金属氧化物变阻器（MOV）组，这是现代串联电容器组的典型特征。通过几个阶段式故障试验（Kinney et al. 1997）测试了 TCSC 所在线路和站侧的短路故障以及连接到 Slatt 母线的另一条 500kV 线路的区外短路故障。图 14-6 显示了在 B 相母线侧单相接地短路故障试验期间记录的继电器动作情况。流经 TCSC 装置的短路电流峰值约为 6kA。试验的短路电流较大，由于故障后晶闸管门极触发脉冲较弱，一些晶闸管在该项试验中损坏。

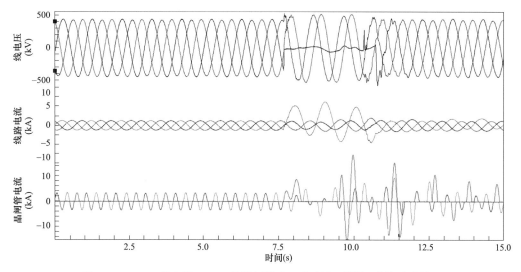

图 14-6　Slatt 变电站 TCSC 母线侧发生 B 相单相对地短路的试验波形

在投运试验之前和试验期间，还测量了线路电流的谐波含量。结果表明，在 TCSC 投入运行前和 TCSC 投入运行后，谐波电流含量没有显著的变化。

为了示范 TCSC 阻尼次同步谐振 SSR 的作用，Slatt 变电站 TCSC 装置直接安装到本地连接有汽轮发电机组的电网上，对 TCSC 的 SSR 阻尼特性进行测试（Hauer et al. 1996, 1997）。测试表明，当装置在微调控制模式下运行时，TCSC 装置脱离发电机轴的扭振相互作用（TI）运行状态，即投入 TCSC 时发电机轴的扭振状态没有被抑制也没有被增强。这与先前模拟仿真试验得出的预期结果一致（Nyak et al. 1994）。TCSC 控制系统中没有主动的 SSR 阻尼控制，因此该结果有力地证明了 Slatt TCSC 系统本身不会引起次同步谐振 SSR。

所选的试验场能够增加美国太平洋海岸沿岸 500kV 太平洋交流输电系统南北端之间的输电容量，因此也会产生直接的经济效益。Slatt 变电站 TCSC 的性能评估如表 14-2 所示

（CIGRE TB 554 2013）。

表 14-2　　　　　　　　　　　Slatt 变电站 TCSC 性能信息

特定性能信息	
次同步谐振预防	非常有效
潮流控制	通常在微调控制模式下运行
其他	
如何评估系统性能	比较报警、示波器记录和事件
瞬态性能是否符合预期	是
是否发生任何 TCSC 系统未正确响应的意外或不可预见的事件	当模块发生故障，会导致直流偏移。在附近变压器的中性点产生直流接地电流
观察到的偏差是否严重，需要重新调整控制措施，或无足轻重	问题已解决，继续运行，但一个模块被闭锁，即 6 个模块中只有 5 个用于微调控制模式
是否执行阶段性故障来验证系统的设计	是的，执行了评估干扰期间性能的阶段性故障试验，即 TCSC 线路和母线侧的短路试验
下列任何设备或子系统发生重大或次要设备故障	
晶闸管阀	低线路电流情况下发现的选通问题。增加最小电流整定值以避免此问题
晶闸管	1999 年以前高微调整定值期间的故障。整定值修改为 12 Ω，故障大幅度减少
电容器	典型故障率
MOV 组或火花隙（如果使用）	没有 MOV 故障，没有使用火花间隙
旁路开关	没有问题
冷却设备	在地面电位下，塑料管被不锈钢管所取代，要解决与高流体流速相关的泵气蚀问题，需要有效维护冷却系统
控制平台和地面之间的通信系统（例如光纤链路）	推荐光纤连接使用熔接，但目前使用桶形连接器
继电保护系统	典型故障率
晶闸管阀触发和监控电子设备	最小故障率

　　Slatt 变电站 TCSC 装置的独特之处在于：因为 TCSC 由 6 个较小的串联晶闸管控制模块组成，它能够在大范围内几乎连续地改变线路阻抗。换言之，安装该系统的目的是使运营商能够改变交流输电系统的潮流，将潮流转移到可承受重载的线路上。通过将潮流转移到具有大容量承载能力的线路上可以将输电线路的损耗降至最低。TCSC 使得过载线路的负载被降低，电力系统中的潮流分配得到优化。在该工程的应用中本来并不需要这种功能，但这种功能却是一种对现代电力系统非常有用的功能。在这些电网中，新建发电厂可安装在以前从未设想过的地方。Slatt 变电站 TCSC 证明了这种潮流控制的能力。TCSC 的试验还表明，如果晶闸管阀的导通周期在正半周和负半周之间有微小的差异，流过晶闸管的电流将会产生较小的直流分量，其后果类似于地磁感应电流（GIC）的影响。解决该问题的方案是将 6 个小型串联电容器模块中的一个模块作为固定电容器运行。

　　如果 TCSC 装置在最大感性运行模式下运行，则装置总损耗将是最高的（Larsen et al. 1994）。在此运行点 TCSC 的功率损耗大约是其额定容量的 0.6%。当 TCSC 在旁路模式下运行（串联电容器因晶闸管支路导通而短路）且线路电流为 1p.u. 时，总损耗约为 TCSC 额定容量的 0.4%。容性微调模式下的最大损耗出现在最高升压因子处，且电流略小于 0.5p.u.。据报道，该损耗值约为 0.4%。线路电流较高和较低时损耗较小，这主要是因为 Slatt 变电站 TCSC 被设计为具有 6 个串联模块的多模块系统，其中一些模块可以被旁路，而其他模块可以以不同的升压因子运行。由于美国放松了对电力系统的管制，广泛使用潮流控制器的需求下降，美国之后再没有安装新的 TCSC 装置。

14.3.2　巴西

14.3.2.1　巴西互联电力系统

巴西互联电力系统（BIPS）是一个大型水力–热电–风力发电和输电系统，主要以水力发电厂为主，具有多个业主。BIPS 由 4 个子系统组成：南部、东南部/中西部、东北部和巴西北部的大部分地区。BIPS 的总发电装机容量为 155 528MW（2017 年）。输电系统包括 15 4748km 的输电线路，分为 22 132km 的直流线路（600kV 和 800kV）和 132 616km 的交流线路（230、345、440、500kV 和 750kV）。直流输电线路（马德拉河和 Belo Monte 项目）超过 2000km，交流输电线路中，由于 500kV 输电走廊距离较长，大部分都配备有串联电容器装置。

14.3.2.2　巴西安装的 TCSC 系统

第一条 500kV 交流输电线路建设于 1999 年，连接了 Imperatriz 变电站（马拉尼昂州）和 Serra da Mesa 变电站（戈亚斯州）。这些串联补偿线路显示了巴西的北部/东北部和南部/东南部/中西部地区之间的 BIPS 互连情况。

图 14–7 显示了从 Imperatriz 变电站到 Serra da Mesa 变电站的单线图（带有 6 个 FSC 系统和用于电压控制的高压并联电抗器），其中包括两个 TCSC 系统，一个在 Imperatriz 变电站，另一个在 Serra da Mesa 变电站。

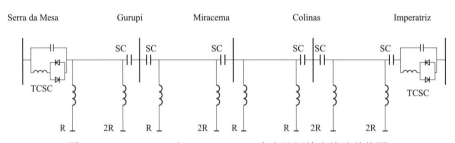

图 14–7　Imperatriz 和 Serra da Mesa 变电站间输电线路单线图

在巴西交流电力系统的扩建过程中，TCSC 是至关重要的设备（Ping et al. 1996；Machado et al. 2004）。这些 TCSC 装置用于提供针对南北向区间模式的 0.2Hz 机电振荡的阻尼功能。随着第二个北部/东南部 500kV 交流互联项目的完成，在这些电站中又另外安装了 2 套 TCSC 装置，将 TCSC 的数量从 2 套增加到 4 套。

14.3.2.3　Serra da Mesa 变电站#1 TCSC

第一个 500kV 南北互联交流线路建成时，因为沿该互联线路安装了固定串联电容器，没有出现暂态稳定性问题。但是需要解决系统阻尼的问题。因此在这条线路上安装 TCSC 系统。

Serra da Mesa 变电站 TCSC 装置安装在巴西的 500kV 南北互联线路上，以抑制功率振荡（Gama et al. 1998）。Serra da Mesa 变电站#1 TCSC 单线图如图 14-8 所示，包括一个 13.25Ω 的串联电容器，该电容器与一个 2.07Ω 的晶闸管控制电抗器（TCR）并联（CIGRE TB 544 2013）。TCSC 的主要目标是抑制巴西 500kV 南北互联中的功率振荡。在 1999 年的调试工作中，设置 TCSC 用于抑制 0.20Hz 的区域间功率振荡模式。当增加第二个 500kV 南北互联交流线路时，区域间模式变为 0.30Hz，TCSC 被重新调到该频率（0.30Hz）。

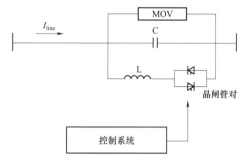

图 14-8　500kV/108Mvar/1500A Imperatriz 变电站和 Serra da Mesa 变电站的 TCSC 装置单线图

随着北/东南互连的扩展以及由于受端系统在随后几年中进一步的加强（2009 年的第三次互连线路），北/东北和东南/中西部子系统的发电中心之间的电气距离减小，导致特征振荡模式的频率增加到 0.35～0.4Hz 之间。2015 年，Serra da Mesa 变电站的 TCSC 被转换为 FSC，这是因为区域间系统阻尼不再像只有 2 条线路时那样关键，但安装的 TCSC 使功率从北到南（反之亦然）传输了大约 16 年。这证明了安装 FACTS 装置的一项原则，即 FACTS 技术能够在不断增长的电力系统中发挥显著的效益。

TCSC 作为固定串联电容器（FSC）稳态运行，其有效容抗为 15.92Ω（是其实际串联电容器的 1.20 倍）。在稳定状态下其只是为南北互连增加了同步转矩。

TCSC 的微调控制范围为输电线路电抗的 6%～15%，即 13.25～39.81Ω，提供可控电抗以抵消功率振荡（区域间模式）。对于较大幅度功率振荡的工况，TCSC 通过 TCR（2.46Ω 电感）对潮流进行抑制，即晶闸管控制电抗器的阻抗超过了串联电容器。

TCSC 具有与常规串联电容器相同的保护措施。此外它还配备了晶闸管阀和基于晶闸管阀的电子监控、晶闸管保护以及晶闸管控制电抗器（TCR）支路的常规保护。TCSC 配备金属氧化物变阻器（MOV），作为串联电容器过电压的主保护设备。

TCSC 的设计可在一定限度内承受短路电流。在系统短路的情况下，MOV 动作以保护串联电容器避免其二端出现过电压。TCSC 的保护策略是在配备 TCSC 的线路上发生任何短路或接地故障时将 TCSC 旁路，并在线路重新投入后重新投入 TCSC。TCSC 串联电容器的旁路是由 TCR 完成的，这意味着功率振荡的阻尼功能可以在短路故障结束后快速重新启用。

如果出现严重的内部线路故障，当 MOV 接近其能量/电流极限时，将触发火花间隙（GAP）以旁路 TCSC。火花间隙将跨过串联电容器、晶闸管控制电抗器和 MOV，以提供 TCSC 的热保护。

14.3.2.4　Imperatriz 变电站#1 TCSC

与 Serra da Mesa 变电站 TCSC 相同，Imperatriz 变电站 TCSC 安装在巴西 500kV 南北互连中以抑制系统振荡。Imperatri 变电站#1 TCSC 包括一个 13.27Ω 串联电容器，与一个 2.11Ω 的晶闸管控制电抗器（TCR）并联，用于抑制系统振荡。在南北互连的第二条线路建成之后，进行与 Serra da Mesa 变电站 TCSC 相同的控制（从 0.20Hz 到 0.30Hz 的功率振荡抑制）。该 TCSC 以与上文针对 Serra da Mesa 变电站#1 TCSC 所描述的相同的方式在稳态运行中起作用。图 14-9 为安装在巴西北部 500kV Imperatriz 变电站#1 TCSC 照片。

图 14-9　南北互连第一条线路上的 Imperatriz 变电站#1 TCSC 装置

Imperatriz 变电站 TCSC 装置的设计类似于 Serra da Mesa 变电站 TCSC 装置。该 TCSC 的微调控制范围为输电线路电抗的 6%～15%，即 13.25～39.81Ω，提供可控电抗以抑制功率振荡（区域间模式），它在晶闸管阀连续触发模式下 TCR 作为固定电抗（2.52Ω）跨过串联电容器。

14.3.2.5　Imperatriz 和 Serra da Mesa 变电站#2 TCSC

安装在巴西南北互连第二条线路中 Serra da Mesa 变电站的#2 TCSC 装置也被设计用于抑制功率振荡。图 14-10 所示为 Serra da Mesa 变电站两台退役 TCSC。这些 TCSC 对系统的运行并不像之前描述的#1 TCSC 那么重要，因为当南北互连的第二条线路完成时，区域间模式从 0.20Hz 增加到 0.30Hz。

图 14-10　Serra da Mesa 变电站的来自不同制造商的两台 TCSC 装置（已退役）

Imperatriz 变电站#2 TCSC 装置在巴西南北第二条线路中的动作与远程终端同一线路中安装的 Serra da Mesa 变电站#2 TCSC 装置的动作相似。这些 TCSC 系统在严重的紧急情况下（例如：500kV 北−东北互连中断）在保持系统稳定方面发挥了重要作用。沿南北第二条线路的固定串联补偿程度足以控制暂态稳定性。图 14−11 所示为安装在巴西北部 500kV Imperatriz 变电站 TCSC 装置。

图 14−11　南北互连第二条线路上的 Imperatriz 变电站#2 TCSC 装置

Imperatriz 和 Serra da Mesa 变电站#2 TCSC 包括 13.27Ω 串联电容器，其与 2.20Ω 晶闸管控制电抗器（TCR）并联，同时也用于抑制巴西 500kV 南北互连中的功率振荡。在 2004 年的调试工作中，它们被设置用于 0.30Hz 功率振荡区域间模式的阻尼作用，并集成了 500kV 南北第二条线路。在三线路运行的情况下，南北互连线路在 0.35Hz 附近形成区域间模式，这些 TCSC 装置重新调整到该频率（0.35Hz）。由于沿南北互连线路安装了固定串联电容器，在第二条线路运行时，没有出现暂态稳定性问题。

与#1 TCSC 相同，这些 TCSC 装置在稳定状态下作为固定串联电容器起作用，因为它们的有效容抗为 15.92Ω（其物理串联电容器的 1.20 倍）。因此，在稳定状态下，这些 TCSC 只是为南北互连线路增加了同步转矩。

与#1 TCSC 类似，这些 TCSC 装置的微调控制范围为输电线路电抗的 6%～15%，即从 15.92Ω 到 39.81Ω，这提供了可控电抗以抵消南北互连线路中的功率振荡。在其他功能方面，Imperatriz 和 Serra da Mesa 变电站#2 TCSC 的设计与其#1 TCSC 的设计类似。

14.3.2.6　TCSC 的运行性能和当前状态

TCSC（特别是安装在 Serra da Mesa 变电站中的 TCSC）的性能模拟仿真试验表明，如果 Serra da Mesa 变电站 TCSC 提供线路阻抗的动态调节功能，则安装在北−东南互连上的失步保护将失去选择性，并有可能降低其灵敏度。此外，还发现 TCSC 的性能可能会降低新的特殊保护方案（SPS）的有效性，该方案是基于安装在 Gurupi 终端的 500kV Gurupi−Serra da Mesa 第一条线路的失步保护。SPS 保护动作后发出信号断开 Tucuruí 水电站的 4 个发电机组，以避免在东南部、中西部或南部地区发生大规模发电容量不足时的同步性丢失。Madeira 河直流输电系统双极之一发生故障也是其中引起同步性丢失现象之一。

为了避免发现的问题，并保留新 SPS 的实施带来的效果，巴西系统运营商 ONS 建议，从 2015 年 3 月起，安装在 Serra da Mesa 变电站的 TCSC 应作为固定串联电容器运行，串联电容器的标称值为：#1 和#2 TCSC 分别为 13.25Ω 和 13.27Ω。因此，Serra da Mesa 变电站的两个 TCSC 目前作为固定串联电容器运行。安装在北部 Imperatriz 变电站的 2 台 TCSC 仍在运行，作为具有主动阻尼控制功能的 TCSC 装置使用。

在 ±800kV Xingu-Estreito 直流输电系统集成设计研究进一步表明，即使在 Imperatriz 变电站 TCSC 作为固定串联电容器运行的情况下，直流系统也可以通过区域间模式（南北）的功率振荡阻尼（POD）控制功能提供足够的阻尼。如果 Xingu-Estreito 双极故障，BIPS 就失去了抑制区域间模式的阻尼能力。因此，当 ±800kV Xingu-Terminal Rio 直流输电系统双极投入运行（预计 2019 年）时，Imperatriz 变电站 TCSC 将转换为串联电容器组使用，±800kV 直流输电系统将负责南北区域间模式的阻尼。

14.3.3 瑞典

瑞典电力系统是北欧同步电力系统的一部分，包括瑞典、芬兰、挪威和丹麦东部。2010 年左右，瑞典的年能耗约为 140TWh，发电装机容量约为 35GW。主要能耗地区位于该国南部。2010 年，大部分能源由水力发电厂和核电站（水力发电占 45%，核能发电占 50%）产生。水力发电厂主要位于该国北部，核电站位于瑞典南部沿海地区。

截至 2010 年，共有 8 条 400kV 线路连接北部的水力发电厂与南部的大负荷区。每条线路长达 500km，串联补偿度高达 70%。在直接连接至主要核电站 Forsmark 的两条 400kV 线路，分别于 Vittersjö 和 Stöde 安装了两个新的串联电容器（FSC）。Forsmark 3 核电站发电容量约为 1150MW，该装置配备次同步谐振（SSR）电枢电流继电器，可检测次同步电流是否在规定时间内超过预定水平。继电器有 3 个电流整定值，第一个是警报水平，另一个在不同的时间延迟后导致发电机跳闸。

Vittersjö 和 Stöde 的 FSC 系统都有继电保护，可以检测次同步振荡电流。当超过一定的 SSR 电流幅值和时间标准时，继电保护将自动旁路串联电容器。

Stöde FSC 于 1974 年使用浸有 PCB 的串联电容器。20 世纪 90 年代初，该装置用包括非 PCB 电容器在内的最先进元件进行了彻底更新，该站于 1994 年 11 月重新投入使用。在 Stöde FSC 投入使用后不久，Forsmark 3 核电站发电机组的次同步振荡电流继电器开始反复触发，串联电容器被多次旁路。电力部门开始研究如何防止次同步谐振的发生（Agrawal and Farmer 1978）。

Forsmark 核电站的近区电网结构如图 14-12 所示。防止次同步谐振的一种方法是停运 Vittersjö 中的部分串联补偿装置，这一措施将使电网中的谐振频率远离临界频率。但是，如果 Vittersjö FSC 中超过 1/3 的电抗被消除，新的谐振将出现在临界频率，现在是由 Stöde FSC 引起的。这说明了这是在发电厂附近的同一母线上安装的 2 个具有不同电抗的串联电容器的问题。Vittersjö 的基波电抗为 50Ω，Stöde 的基波电抗为 73Ω。Vittersjö FSC 容抗减少 1/3 也将改变瑞典电力系统一个关键瓶颈的潮流，并降低其功率传输能力。这种解决方案还会增加系统中的功率损耗。

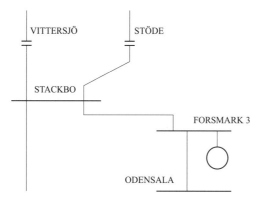

图 14-12　靠近 Forsmark 核电站的交流电网

另一个更有吸引力的解决方案是安装 TCSC 装置，即使基波（即 50Hz）下的容抗保持不变，它也会改变次同步谐振频率范围内的电抗。因此，决定在 Stöde 安装 TCSC 装置。这是通过将现有的串联电容器分成两个区段来完成的。一个区段即原始串联电容器的 70%仍作为常规 FSC，另一个区段成为 TCSC。重建的区段为总安装电抗的 30%。由此配备的串联电容器于 1997 年投入使用。

图 14-13 显示了 Stöde TCSC 装置的单线图，图 14-14 显示了其控制系统的简化框图。

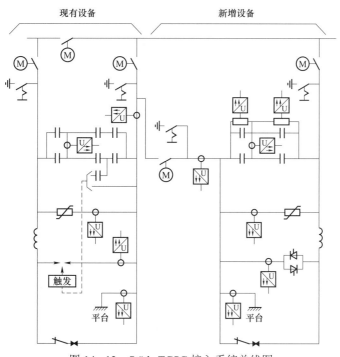

图 14-13　Stöde TCSC 接入系统单线图

图 14-14 所示功能块如下：

（1）同步电压反转（SVR）：以脉冲串为输入，计算晶闸管触发角的内环控制回路，使电容电压过零发生在输入脉冲的恒定延时下。该回路使用测量线路电流（$I_{L\text{meas}}$）和电容电压（$U_{C\text{meas}}$）的瞬时值计算触发角。

（2）锁相环（PLL）：从线路电流中提取相位信息。

（3）相量测量系统：用于检测与线路电流和电容电压相对应的相量，并计算 TCSC 在基波时的输出电抗。

（4）升压控制器：通过相对于线路电流的相位对内环脉冲串进行相移来控制 TCSC 在基波下的输出电抗。

（5）电抗参考指令发生器：为升压控制器提供参考指令。

（6）管理启动、停止和保护动作的顺序系统。

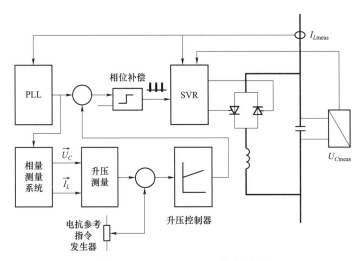

图 14-14　Stöde TCSC 控制系统

当 PLL 和升压控制器的动态响应慢时，视在阻抗在次同步频率范围内理想情况下应该是感性。该特性与升压电平和线路电流幅度无关。

Stöde 安装 TCSC 装置的唯一目的是避免 Forsmark 3 发电机组发生 SSR。因此，控制系统以恒定的升压参考值（即标称阻抗除以实际基波电抗）运行。

由于备用光触发晶闸管损坏，对 TCSC 装置的一个相的设备进行了设计变更。新的晶闸管是电触发的，但控制系统保持不变（Ängquist et al. 1996）。由于该地区交流电力系统的扩建，TCSC 装置不再需要进行 SSR 阻尼。同样安装在 Stöde 的 FSC 于 2019 年重建，Stöde TCSC 转换为 FSC。

14.3.4　中国

14.3.4.1　广西平果

2003 年 7 月，南方电网公司在平果变电站安装并投入运行中国首个 500kV TCSC 装置。如图 14-15 所示，该电网是一个非常复杂的交流/直流互连电力系统，香港电网也包含其内，覆盖华南 5 个省。

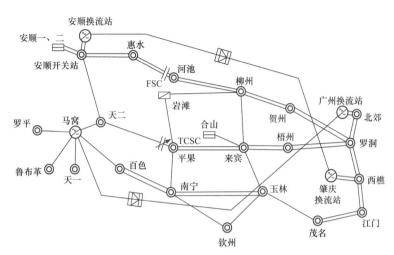

图 14-15　中国首个 TCSC（平果 TCSC）接入南方电网示意图

南方各省不断增长的电力需求要求扩大高压电网。大量电力通过长距离交流和高压直流输电线路传输到负荷中心。南方电网送电端有多个电站和交直流线路，系统运行方式存在较大差异。

南方电网存在长距离大容量输电引起的局部振荡模式和区域间低频振荡模式。当中南走廊出现强潮流时，在电网扰动后会出现区域间和弱阻尼的低频振荡模式。减轻和消除这些低频功率振荡的通常方法是在一些发电机励磁机上安装 PSS。但对于非常复杂的系统，如南方电网，存在多种振荡模式，运行模式变化很大，因此很难设计用于系统阻尼的 PSS。虽然 PSS 不仅可以缓解多种系统振荡，还可以适应发电机的可变运行模式，但实现以上系统阻尼依然存在困难。

研究表明，在连接线路上安装 TCSC 是抑制区域间功率振荡的最佳方法。从西到东的中间走廊是南方电网的主要振荡路径。因此，在从西到东的输电走廊安装了 TCSC，以抑制区域间功率振荡。安装 TCSC 的选择地点是位于走廊中间的平果变电站，因为这将提供最有效的区域间振荡模式的缓解功能。

安装在平果变电站内的 TCSC 的主要用途如下：

（1）提供区域间低频功率振荡阻尼；

（2）提高暂态稳定性，提高电力输电能力；

（3）提供潮流控制。

平果 TCSC 和河池 FSC 是这一西向东电网改进的一部分。它们的位置经过精心选择，与天广和贵广直流输电系统一起，用于提高系统可靠性，造福消费者。南方电网从西向东的输电容量采用平果 TCSC 后，增加了 160～240MW；采用平果 TCSC 和河池 FSC 后，增加了 400～500MW。

位于平果变电站的 TCSC 包括一个 TCSC 段，每相一个平台上有一个 FSC 段。安装 FSC 的额定值为 35%，安装 TCSC 的额定值为天生桥—平果线的 5% 补偿。天生桥是一座水力发电厂，位于马窝至广州高压直流输电线路的送电端，如图 14-15 所示。在稳态下，TCSC 作为固定串联电容器，因为它的有效电容电抗为 4.57Ω（其标称容抗的 1.1 倍），但 TCSC 在次同步频率下的视在阻抗为电感式（Fan and Quan 2005）。对于功率振荡阻尼（POD），采用 TCSC 通过控制升压因子来调制电力线的有效电抗。在功率振荡期间，插入的 TCSC 电抗可以在对应于升压因子 3.0 的 12.45Ω 电容和对应于升压因子 1.0 的 4.15Ω 电容之间变化（晶闸管闭锁）。当晶闸管旁路时，插入的 TCSC 电抗变为 0.784Ω。通过适当的系统控制，这种电抗调制抵消了有功功率的振荡，从而使其迅速衰减。

对于外部故障，TCSC 由安装的 MOV 保护，无需旁路电容器。在发生内部故障的情况下，电容器由间隙旁路，并由断路器锁定。控制段采用快速晶闸管旁路功能，在设备过载时立即保护电容器和 MOV。

对于 FSC 段，MOV 和间隙保护串联电容器方案是满足所有交流系统故障要求的最经济的解决方案。TCSC 段在内部故障时根据晶闸管保护方案实现。

平果主要 TCSC 部件的单线图如图 14-16 所示。对于与 TCSC 串联的 FSC，容抗为 29.2Ω，对应于 109μF。电容器组的标称连续电流有效值为 2000A，临时过载电流有效值高达 3000A，持续 10min。由此产生的稳态三相无功功率为 350Mvar。

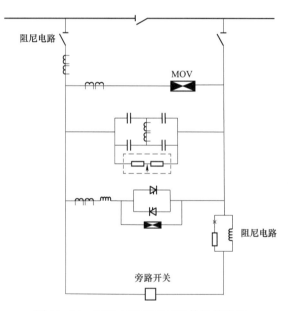

图 14-16　平果主要 TCSC 部件的单线图

TCSC 段在受控模式下以 4.57Ω 永久运行。这导致额外的 5.5% 线路阻抗补偿。在较低的触发角，TCSC 将能够将其电容阻抗增加至 12.45Ω。在这个范围内，TCSC 阻抗可以根据线路电流连续调整。

TCSC 系统配备有阻尼电路，如图 14-16 所示，其性能如表 14-3 所示。该阻尼电路的目的是限制当通过闭合旁路断路器使电容器放电时所产生振荡的电流大小和频率。在电容器组的正常运行期间，没有交流线路电流流过阻尼电路的旁路电抗器，因为在稳态运行期间插入了与阻尼电阻串联的小气隙，以阻止电压，并且只有当电容器组需要放电时才会发生闪络。

旁路电路的部件被设计用于不小于线路的标称组电流和短路电流的连续电流。此外，旁路电路的部件被设计成在最恶劣的电网条件下承受与电容器短路相关的瞬态应力。对此的假设是在短时间内发生了两次内部故障。

表 14-3 平果 TCSC 阻尼电路性能要求

故障瞬间后的时间（ms）	系统干扰事件	串联电容器/系统保护器动作
0	出现故障	
0~100	故障仍然存在	MOV 根据要求动作以限制电容器的过电压。根据由 MOV 吸收的能量的量、由 MOV 吸收的能量的增加速率或电流大小，控制系统将通过触发间隙或闭合旁路断路器来旁路电容器
100	线路断路器清除线路故障	
100~100+350	断路器的一相无法运行（断路器外壳卡住），线路中仍存在单一故障	MOV 根据要求动作以限制电容器的过电压。通过触发间隙或关闭旁路断路器来绕过电容器（取决于 MOV 吸收的能量、MOV 吸收能量的增长率或电流大小，包括 MOV 电流和线路电流）
100+350	后备故障清除时间	电容器保持在旁路模式，直到旁路开关打开

14.3.4.2 甘肃成县

中国自主研发的第一套 TCSC 装置于 2007 年 12 月 27 日在甘肃电网成县变电站投入运行。该项目的主要目的是避免水电站和电力系统之间的动态不稳定。甘肃省陇南地区水力资源丰富，碧口水电站最大出力 356.6MW。如图 14-17 所示，碧口水电站通过一条 140km 长的 220kV 输电线路与成县 330kV 变电站相连。成县 330kV 变电站通过一条 120km 长的 330kV 输电线路与甘肃省电网互连。

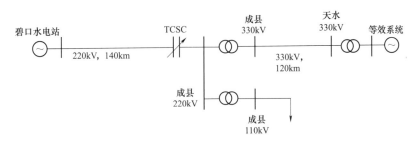

图 14-17 碧口电厂至成县线路图

在安装 TCSC 之前，电力系统中存在低频功率振荡。此外，根据稳定性分析，碧口—成县 220kV 线路的输电能力具有暂态稳定性，限制在 235MW，低于碧口水电站在高潮流期间的最大输电要求。此外，碧口至成县线穿越山区，修建第二条输电线路的成本很高，会毁掉大片森林。因此，研究了 TCSC 技术作为消除碧口输电瓶颈的手段。

分析表明，串联补偿比为 50%的 TCSC 方案是经济的。由于碧口—成县 220kV 线路的暂态稳定性极限输电容量将由 235MW 提高到 345MW，从而有效地抑制了碧口水电站与主电网之间的低频振荡，因此该方案能够满足碧口水电站在高流量期间的最大输电需求。

在稳态下，如图 14-18 所示，该 TCSC 将作为固定串联电容器，其有效容抗为 23.9Ω

（其标称容抗的 1.1 倍）。该 TCSC 的微调控制范围为 21.7～54.3Ω（即 1.0p.u.～2.5p.u.），提供可控电抗以抵消功率振荡（本地模式）。当串联电容器被旁路时，TCSC 阻抗在 TCR 模式下为 3.45Ω 电感。

图 14-18　成县 TCSC 鸟瞰图

14.3.4.3　东北冯屯

国家电网公司（SGCC）冯屯变电站安装了 TCSC 系统，位于内蒙古东部呼伦贝尔地区的东北电力系统末端。东北电力系统的伊敏电厂原本拥有 2 台 500MW 的火电机组。2007 年，又安装了 2 台 600MW 的热力发电机。这使总发电量达到 2200MW。伊敏电厂通过图 14-19 所示的 2 条 500kV 交流线路连接至 500kV 冯屯变电站，从伊敏至冯屯的 500kV 输电线路总长度为 378km。2 条交流线路的暂态稳定性极限仅为约 1600MW。因此，双回路输电线的功率容量不足以传输伊敏电厂的全部输出。

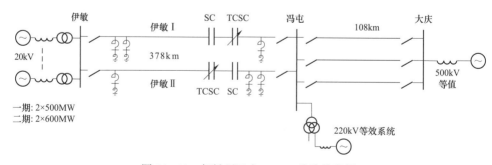

图 14-19　伊敏至冯屯 500kV 线路单线图

为了在伊敏发电厂和冯屯变电站之间修建一条新的输电线路，需要在森林地区修建一条长距离的交流线路。从环境保护和经济的角度来看，这个计划不可行。因此，为了提高线路的输电能力、提高电力系统的暂态稳定性，抑制电力系统可能出现的任何次同步谐振，国家电网公司决定在伊敏至冯屯的 2 条 500kV 输电线上安装 500kV TCSC 系统。

TCSC 装置接入 500kV 电网的示意图如图 14−20 所示。

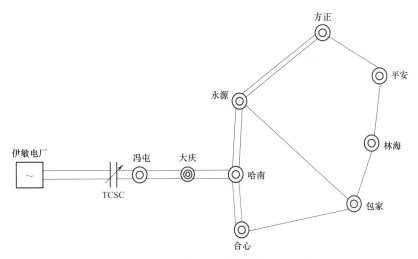

图 14−20　由伊敏电厂供电的电网示意图

冯屯变电站的 2 个 TCSC 装置的额定功率均为 326.6Mvar。也就是说，两者加起来的额定值为 753.2Mvar。TCSC 系统由中国电力科学研究院开发，该研究院也是 TCSC 项目所有其他设备的供应商。

冯屯 TCSC 项目的主要特点：

（1）控制和保护系统包含完全独立的双单元，并可用于补偿各相，以消除相不平衡。

（2）TCSC 测量系统采用光电混合测量技术。高压测量系统的电源与激光能量传输和线能量采集相结合，极大地提高了系统测量和运行的可靠性。

（3）全封闭纯水冷却系统，高纯水与乙二醇混合液循环，防止华北地区寒冷冬季流体冻结，并提高装置的冷却效率。

（4）串联电容器组的主过电压保护采用大容量金属氧化物限压器（MOV），保证在保护电平下，并联 MOV 柱之间的 MOV 电流不均匀性不超过 5%，从而保证了串联电容器的过电压保护可靠性。

（5）火花间隙是一种密封结构，具有双电极点火特性，使放电电压稳定，极性效应最小化。

2007 年 7 月完成设备安装及系统调试工作。TCSC 系统于 2007 年 10 月正式投入运行，运行良好。

1. 系统建设和运行参数

冯屯 TCSC 安装在伊敏至冯屯的 500kV 输电线路上。冯屯变电站位于黑龙江省齐齐哈尔东北 20km 处，平均海拔 146m，最低气温−39.5℃。

如图 14−21 所示，冯屯变电站串联补偿比为 15%的额定 TCSC 系统与 30%的 FSC 相结合。主要设备包括串联电容器、金属氧化物限压器（MOV）、限流阻尼电路、火花间隙（GAP）、晶闸管阀（液冷系统）和相控电抗器、旁路断路器和分断开关、测量和监控系统、控制和保护系统等。

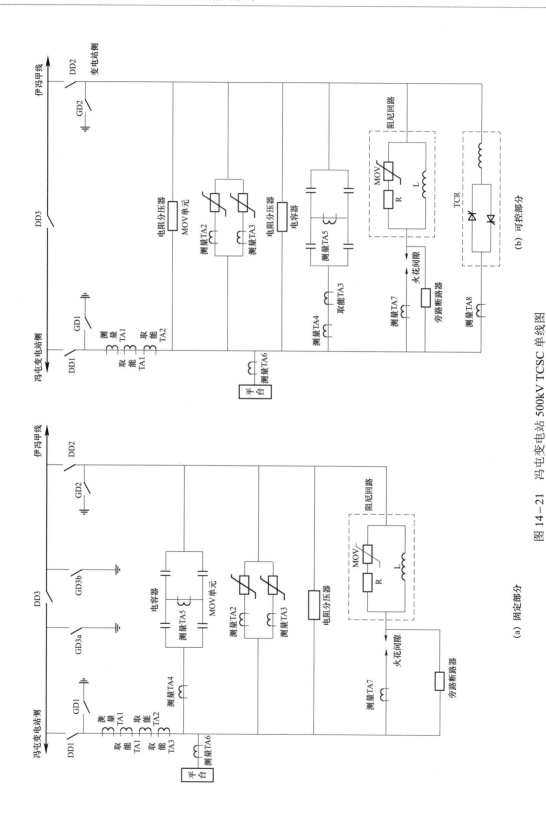

图 14-21 冯屯变电站 500kV TCSC 单线图

2007 年 10 月，冯屯 TCSC 投入运行。TCSC 的电气数据见表 14-4。

表 14-4　　　　　　　　　　冯屯 TCSC 主要技术参数

系统参数	断面 TCSC	断面 FSC
系统运行电压（kV）	500～550	500～550
频率（Hz）	50	50
额定电流（kA）	2.33	2.33
额定电压（kV）	46.72	77.86
额定容量（1 套/三相，Mvar）	326.6	544.3
基本串联补偿比	15%	30%
基本串联电容器电抗（Ω/相）	16.71	33.4
过电压保护等级（额定电压 p.u.）	2.35	2.25
连续工作时的容抗增益（基本串联补偿电抗 p.u.的升压因子）	1.2	
最大容抗增益（基本串联补偿电抗 p.u.的升压因子）	3.0	

TCSC 晶闸管阀由混合有乙二醇的去离子水冷却。冯屯 TCSC 晶闸管的关键参数如表 14-5 所示。

表 14-5　冯屯 TCSC 的晶闸管阀参数（ABB 相控晶闸管数据表，5STP 42 U6500）

运作模式	电流（kA，峰值）	电压（kV，峰值）
短期（10ms，结温 125℃）	64.0	151.3
15s	8.51	115.9
8h	5.65	71.2
长期或连续运行	5.13	64.5

图 14-22 显示了安装在冯屯 500kV 变电站的两台 TCSC 和 FSC 组的鸟瞰图。图 14-23 显示了 TCSC 系统的近视图。

图 14-22　冯屯变电站两台 TCSC 鸟瞰图

图 14-23　冯屯 TCSC 近视图

进行了实时数字模拟（RTDS）试验，以评估冯屯 TCSC 的预期性能。这包括功率振荡阻尼（POD）和 SSR 测试。

2. 开发模拟试验

POD 功能是 TCSC 控制策略的重要组成部分。图 14-24 显示了在 TCSC 中有无 POD 功能的线路上预测的低频潮流振荡。

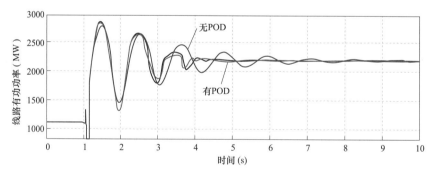

图 14-24　冯屯 TCSC 的 POD 功能 RTDS 试验波形

次同步振荡（SSO）是由 FSC 的串联电容器和汽轮发电机之间的能量流动引起的。TCSC能够抑制这些振荡。图 14-25 和图 14-26 显示了仅采用 FSC 和采用 TCSC+FSC 组合的电力系统性能的 RTDS 模拟。如图 14-26 所示，很明显 SSO 被 TCSC 抑制。

从顶部开始编号的 7 个通道记录波形如图 14-25 和图 14-26 所示：

（1）图（a）为 1 号汽轮机的高压汽轮机与中压汽轮机之间的转矩；

（2）图（b）为 1 号汽轮机的中压汽轮机与低压汽轮机 A 之间的转矩；

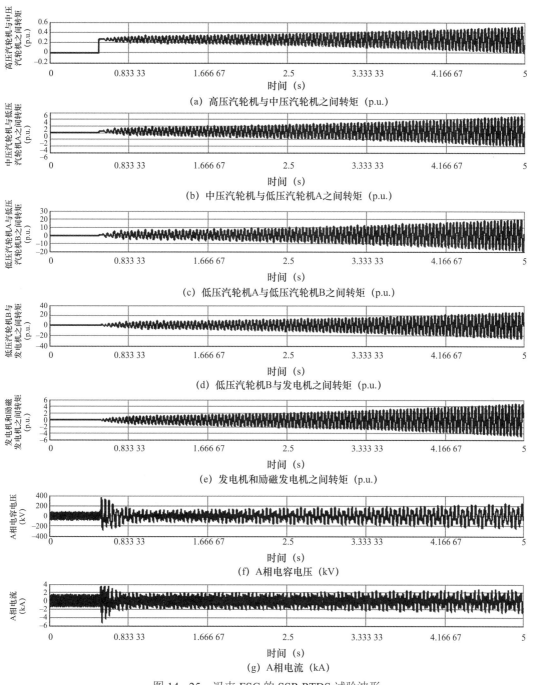

图 14-25　冯屯 FSC 的 SSR RTDS 试验波形

（3）图（c）为 1 号汽轮机的低压汽轮机 A 与低压汽轮机 B 之间的转矩；

（4）图（d）为 1 号汽轮机的低压汽轮机 B 与发电机之间的转矩；

（5）图（e）为发电机和励磁发电机之间的转矩；

（6）图（f）为伊敏电厂至冯屯变电站 1 号线 A 相电容电压；

（7）图（g）为伊敏电厂至冯屯变电站 1 号线 A 相电流。

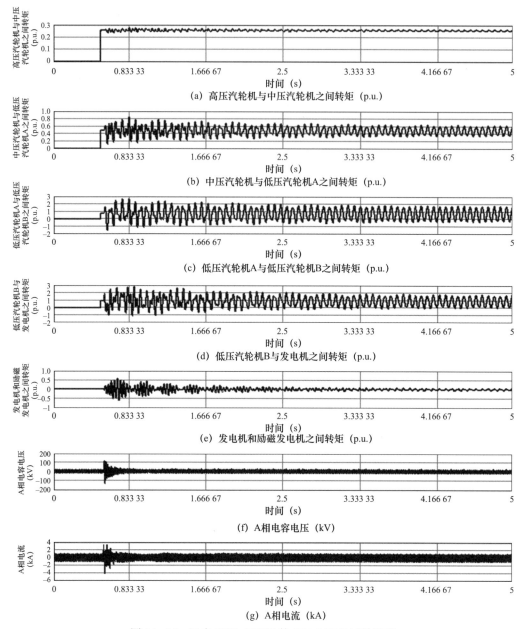

图 14-26　冯屯 FSC+TCSC 的 SSR RTDS 试验波形

3. 控制和保护系统

冯屯 500kV TCSC 的控制和保护系统由两个完全独立的数字系统组成，其可以接通/断开 TCSC 装置的旁路断路器、旁路隔离开关、串联隔离开关和接地开关，调节晶闸管阀的触发角，并为系统提供保护。

控制和保护系统根据电力系统的状态来控制 TCSC 的电抗。控制模式包括电抗开环控制、电抗闭环控制和阻尼控制。控制系统的主要功能包括：

（1）确定期望的 TCSC 的运行状态，例如基于电力系统的操作状态和控制系统的操作条件根据需要闭锁和控制电容性电抗设置；

（2）计算所需电抗，为晶闸管阀提供闸控制信号；

（3）限制控制角度不超过允许工作范围，以保证串联电容器系统正常工作；

（4）按要求切换主从控制和保护系统设置。

TCSC 控制和保护系统设计用于在系统运行期间检测所有故障状态，并在必要时启动相关跳闸继电器，以便及时有效地隔离或排除故障。此功能确保 TCSC 的安全稳定运行。它的设计与输电线路保护系统相协调，以保护电力系统中的其他设备。

TCSC 系统有四种主要类型的保护：MOV 过电压保护、电容器保护、平台保护和晶闸管阀保护（CIGRE 123 1997）。

（1）MOV 保护包括 MOV 过流保护、MOV 高能保护、MOV 高温保护、MOV 不平衡保护、火花间隙排斥触发保护、火花间隙自触发保护和火花间隙延迟触发保护；

（2）电容器保护，包括电容器不平衡保护和电容器过载保护；

（3）平台保护包括隔离平台闪络保护、旁路断路器三相不一致保护、隔离开关三相位置不一致保护、线路电流监测、旁路断路器开/关故障保护等；

（4）晶闸管阀保护，包括晶闸管阀过载保护、晶闸管阀导通故障保护、晶闸管阀冗余丢失保护、晶闸管阀不平衡触发保护。

4. 性能测试

冯屯 TCSC 调试期间，进行了一系列现场试验。其中包括 TCSC 系统稳态和动态特性的功能测试。

TCSC 在正常运行时的记录波形如图 14-27 所示，包括电容器、线路、阀的电流波形以及电容器电压波形。

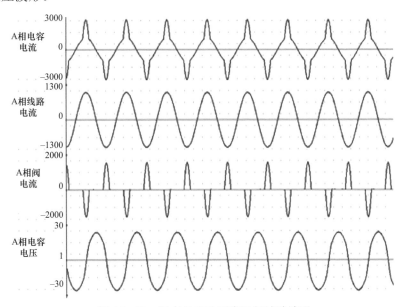

图 14-27 冯屯 TCSC 正常运行试验波形

500kV 线路单相临时接地故障是验证 TCSC 保护和动态性能特性的重要试验。具体测试目标包括：

（1）检查输电线路和 TCSC 的保护在故障期间是否正常工作；

（2）检查 MOV 的运行行为和吸收的能量；

（3）检查火花间隙和晶闸管阀的旁路操作和操作时间；

（4）检查输电线路的功率振荡阻尼（POD）功能。

通过分段接地故障，测试了冯屯 TCSC 的控制和保护动作。单相接地故障位于 TCSC 的线路侧，FSC 位于 C 相。线路配有单极跳闸重合闸断路器。也就是说，只有 C 相断路器因故障而断开。

由于单相接地故障测试是在 C 相进行的，因此 A、B 相的 MOV1、MOV2 和火花间隙的电流始终为 0。如图 14-28 所示，C 相的 MOV1 和 MOV2 的电流是脉冲波形，这表明两个 MOV 限压器都保护了串联电容器不受过电压的影响。当 TCSC 控制和保护系统确定发生高电平短路故障时，它立即发出 C 相火花间隙触发信号，使通过 C 相 MOV1 和 MOV2 的电流熄灭。在旁路断路器闭合之后，C 相火花间隙电流回到 0。

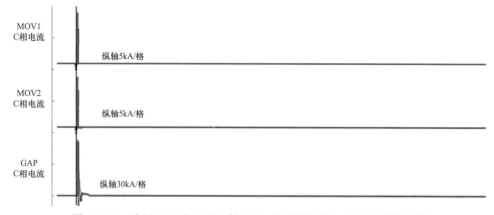

图 14-28　流经 FSC 和 TCSC 的 MOV 的电流以及 C 相火花间隙电流

在发生 C 相短路之后，C 相晶闸管阀绕过串联电容器组，以限制短路电流，然后被闭锁。如图 14-28 所示，通过用于 FSC 和 TCSC 的 MOV 的电流以及 C 相的火花间隙电流。

在此期间，如图 14-29～图 14-32 所示，A 相和 B 相晶闸管阀首先被闭锁，然后立即被强制达到最大阻抗，以增加通过线路的传输功率。线路上的线对地电压如图 14-33 所示，C 相电压在并联电抗器补偿线路上表现出特征振荡。图 14-34 显示了 TCSC 所连接的变电站的另一条线路流入分段故障的电流。

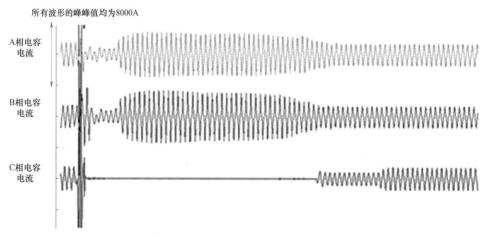

图 14-29　A、B 相和 C 相电容电流

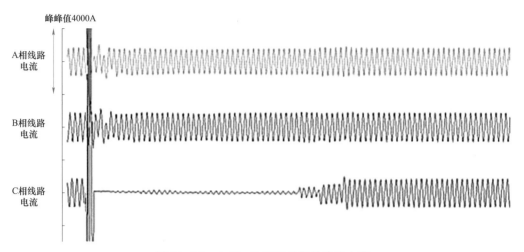

峰峰值4000A

A相线路
电流

B相线路
电流

C相线路
电流

图 14-30   A 相、B 相和 C 相的线路电流

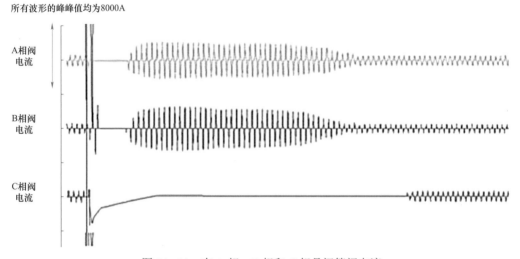

所有波形的峰峰值均为8000A

A相阀
电流

B相阀
电流

C相阀
电流

图 14-31   在 A 相、B 相和 C 相晶闸管阀电流

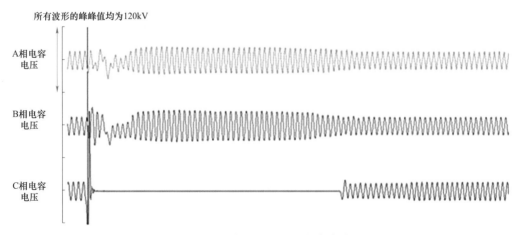

所有波形的峰峰值均为120kV

A相电容
电压

B相电容
电压

C相电容
电压

图 14-32   A 相、B 相和 C 相电容电压

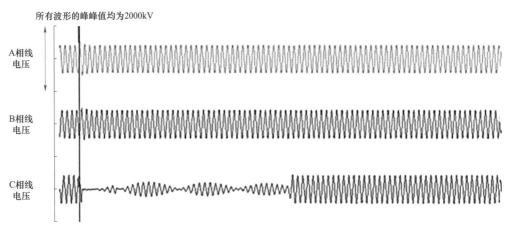

图 14-33　A、B、C 相线对地电压

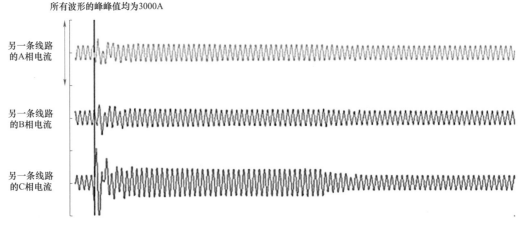

图 14-34　连接到变电站的另一条线路的电流

在线路重合闸和 TCSC 装置重新投入运行之前，C 相的串联电容器电压、串联电容器电流和线路电流均为 0，C 相的线电压处于振荡状态。线路重合闸成功后，TCSC 恢复正常状态。

5. 运行状态

冯屯 TCSC 改善了伊敏电厂输电系统的暂态稳定性和阻尼特性。伊敏电厂至冯屯变电站的 500kV 线路输电容量增加 22.7%，完全满足了输电需求，避免了新建 500kV 输电线路穿越兴安岭林区，从而保护了兴安岭原始森林的生态环境。同时，TCSC 抑制了电力系统的次同步谐振和低频振荡，控制了输电系统中的线路潮流。

在呼伦贝尔地区安装了 6 台 600MW 发电机和一套 3000MW 直流输电系统后，来自直流输电线路的部分电力也通过伊敏电厂的 500kV 线路输送到冯屯变电站。冯屯 TCSC 确保了东北电网交直流混合系统的安全稳定运行。

6. 损耗

TCSC 的损耗难以在实际项目中测量，因此通常通过基于 TCSC 中的部件参数的计算获得。

以冯屯 TCSC 为例,其可控串联补偿比为 15%,标称容量为 326.6Mvar(升压因子为 1.2),输电线路额定电流为 2.33kA,连续工作状态下的升压因子为 1.2,串联电容器电容为 190.5μF/相。TCR 电抗器的电感为 9.1mH,电抗器的品质因数为 90。阀长期工作电流为 1.58kA,阀长期工作峰值电压为 64.6kV。TCSC 装置的损耗主要由其 TCR 支路、串联电容器、水冷系统、控制和保护系统产生。

冯屯 TCSC 的损耗总和约为 960kW,计算如下:

● 电容器组的损耗估计为 0.02%,小于 100kW。

● 水冷系统的功耗由泵、风扇和控制器产生,并且小于 100kW。

● 控制和保护系统的功耗由电源产生,小于 10kW。

● 当 TCR 支路以额定电流连续运行时,阀损耗约为 500kW,电抗器损耗由其长期运行电流和电抗器电阻计算,约为 250kW。

14.3.5　印度

14.3.5.1　印度电力系统概况

在印度,电力是印度宪法的共同主题,即中央和邦政府负责电力行业的整体发展。截至 2018 年 6 月,印度的总装机容量为 344GW,包括约 65% 的火力发电、13% 的水力发电、20% 的可再生能源发电,其余 2% 为核能发电。在上述装机容量中,约 85GW 的装机容量(25%)位于中央部门,104GW(30%)位于国有部门,其余 155GW(45%)位于私营部门。北、东、西、东北、南 5 个区域电网同步互联,输电系统由 765/400/220kV 交流输电(约 379 425km 输电线路)和直流输电(15 556km 输电线路)系统组成。区域间输送的电力容量为 86 450MW,这促进了各地区电力的互通互联。到 2022 年,这一数字可能会增长到 118 000MW。

印度国家电网公司(POWERGRID)、中央输电公司(CTU)负责开发州际/地区间输电系统。2018 年 6 月,该公司拥有并运营了约 148 838km 的输电线路和 326 座 765kV 和 400kV 级的超高压变电站以及 ±500kV 和 ±800kV 高压直流系统,变压器容量约为 335 433MVA,遍布全国各地。印度国家电网还与邻国不丹、尼泊尔、孟加拉国和缅甸建立了跨境联系。2018 年的跨境输电总容量为 2550MW,在 3～4 年的时间内可能增至 6750MW。

在 400kV/220kV 输电线上安装了 48 套 FSC,在 400kV 线路上安装了 6 套 TCSC。这些 TCSC 装置安装在区域间输电走廊的输电线路上,将大量电力从剩余的东部/东北部地区转移到北部和西部地区的负荷中心。FSC 和 TCSC 的区域分布如表 14-6 所示。

表 14-6　　　　　　　　　　印度 FSC 和 TCSC 的区域分布

区域	固定串联电容器(FSC)	晶闸管控制串联电容器(TCSC)
北部地区	24	2
南部地区	4	—
西部地区	10	2
东部地区	8	2
东北地区	2	—

14.3.5.2　晶闸管控制串联电容器

虽然串联电容器在改善瞬态和稳态稳定性方面十分有效,但要求将线路的输电容量增加到其设计极限则需对系统振荡阻尼提出额外的要求。晶闸管可以用于动态调节插入串联电容器的电抗,使得 TCSC 增加了一个控制维度,可以用于提供对预期的低频机电功率振荡的阻尼。TCSC 一般与固定串联电容器相结合,以经济、高效的方式提高电网暂态稳定性。安装在印度电力系统中的 TCSC 装置如表 14-7 所示。

表 14-7　　　　　　　　　　　印度 TCSC 装置一览表

系统编号	线路名称	线路长度（km）	TCSC 位置	TCSC 数量
1	Rourkela－Raipur 400kV D/c（双回）线路 （之后，这条线路在 Raigarh 环线出网）	412	Raipur	2
2	Purnea－Muzaffarpur 400kV D/c（四回）线路	242	Purnea	2
3	Muzaffarpur－Gorakhpur 400kV D/c（四回）线路	233	Gorakhpur	2

14.3.5.3　Raigarh－Raipur 400kV D/c（双回）线路 Raipur TCSC

Raigarh－Raipur 400kV D/c（双回）线路的位置如图 14-35 所示。该线路后来在 Raigarh 变电站进行环线入网和环线出网（LILO）,并计划作为西部和东部地区之间的区域间互连线路,以促进东部向西部电网输出能源。为了提高线路的功率传输并保持系统稳定性,还计划了 40%的固定串联补偿。然而,根据研究,在应急条件下观察到低频（0.5Hz）、阻尼较差的区域间振荡模式。因此,为了解决持续低频振荡的问题,计划在 Raipur 端的 400kV 线路上安装 5%～15%的 TCSC 以及 40%的固定串联补偿（Grünbaum et al. 2006; Nayak et al. 2006）。

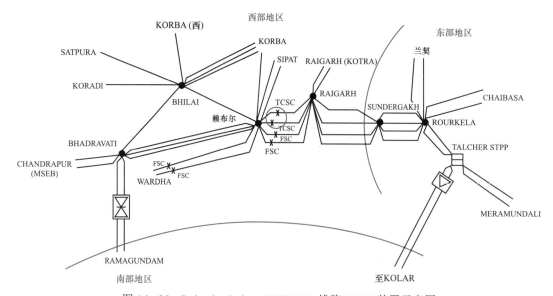

图 14-35　Raigarh－Raipur 400kV D/c 线路 TCSC 装置示意图

TCSC 装置额定容量 59Mvar，于 2004 年投入使用。这是印度和亚洲第一个商业 TCSC 项目。TCSC 安装在 Raigarh–Raipur 400kV D/c（双回）线上，随后安装在 Raigarh 变电站的 LILO'ed.上。该系统的连续额定电流为 1550A，30min 额定电流约为 2500A，10min 额定电流为 2790A。在 15% 补偿水平，电容性阻抗为 20.5Ω。

14.3.5.4 Purnea–Muzaffarpur–Gorakhpur D/c（四回）联络线 Purnea 和 Gorakhpur 变电站的 TCSC

为了从不丹的 Tala 水电站（1020MW）传输电力，规划了 Tala–Siliguri–Purnea–Muzaffarpur–Gorakhpur 400kV D/c（四回）输电走廊，以连接东北—东部和北部地区。为了提高线路的输电能力，计划在 Purnea–Muzaffarpur 和 Muzaffarpur–Gorakhpur 线路上安装 40% 的固定串联补偿系统。动态特性分析表明，仅通过串联补偿，系统就会保持暂态稳定，但会经历持续的区域间低频（约 0.3Hz）振荡。因此，为了抑制低频区域间振荡，在 Purnea–Muzaffarpur（约 230km）和 Muzaffarpur–Gorakhpur 线路（约 410km）上安装了 5%～15% 的 TCSC，并在每个路段上安装了 40% 的固定串联补偿，如图 14–36 所示。

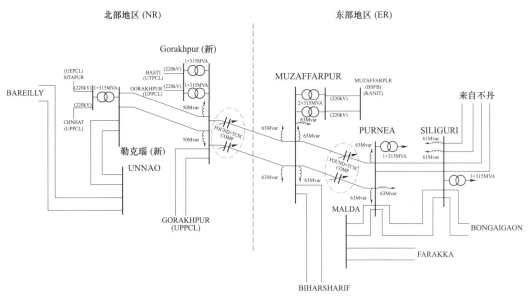

图 14–36　Purnea–Muzaffarpur 和 Muzaffarpur–Gorakhpur 400kV
双回（四回）线路上的 TCSC 装置示意图

2006 年，在 Purnea–Muzaffarpur–Gorakhpur 400kV 输电走廊的 Purnea 端和 Gorakhpur 端分别安装了一个 140Mvar 和一个 135Mvar TCSC 系统。Gorakhpur 装置如图 14–37 所示。

该系统的目的是阻尼低频区域间的功率振荡。补偿度可以在 5%～15% 之间变化。连续额定电流约为 3900A，30min 额定电流约为 5300A，10min 额定电流略小于 5900A。在 15% 补偿水平下，容性阻抗约为 9Ω（见表 14–8）。

图 14-37　Gorakhpur 变电站 TCSC 装置

表 14-8　　　　　　　　　　　　　　　印度 TCSC 附加数据

已安装（年份）	地点	配置	额定值	用途
2004	Raigarh-Raipur 400kV D/c 线路 Raipur 端；印度国家电网公司-印度	2×TCSC 加 2×FSC	400kV，394Mvar FSC 以及 71Mvar TCSC，1550A	系统阻尼
2006	Muzaffarpur-Gorakhpur 400kV D/c 线路的 Gorakhpur 端；印度国家电网公司-印度	2×TCSC 加 2×FSC	400kV，716Mvar FSC 和 107Mvar TCSC，3929A	系统阻尼
2006	Purnea-Muzaffarpur 400kV D/c 线路的 Purnea 端；印度国家电网公司-印度	2×TCSC 加 2×FSC	400kV，743Mvar FSC 和 112Mvar TCSC，3931A	系统阻尼

14.3.6　英国

作为英国国家电网公司和苏格兰电力公司之间电力系统更新计划的一部分，英国国家电网公司安装了 2 套 TCSC 装置，以帮助在现有的 400kV 线路上增加从苏格兰到英格兰的电力输送。2 个额定值完全相同的 4000A-6.83Ω（395MVA）的 TCSC 安装在 Cumbria-Kendal 附近的 400kV Hutton 变电站。该串联补偿装置有助于将苏格兰和英格兰之间 400kV 输电走廊的暂态稳定极限提高到输电线路的热稳定极限，并使得跨越 Anglo-Scottish 边界的输电线路的潮流大幅增加。

该项目是英国国家电网公司推动英国电力输电系统进步的一部分，通过该项目实现政府的目标，即到 2020 年英国 15%的能源将由可再生能源生产。报告《我们的输电网：电力系统战略小组（ENSG）（2009 年）》所提出的 2020 年愿景，研究了所有必要的加强输电系统的措施，用以有效且高效地实现欧盟 2020 年可再生能源目标和长期能源目标。报告承认，由于规划的限制和环境问题，提高输电系统能力的传统方法可能难以实现。因此，对英国电力传输系统使用新的或以前未使用过的技术进行了调查，其目的是优化现有电力资产，并以最小的环境影响和可接受的技术风险提供新的基础设施。

该 TCSC 装置于 2015 年 2 月投运，是对现有交流电力系统进行的一系列基础设施改进的一部分，这些改进将使苏格兰和英格兰电网上的输电容量从 3.3GW（无串联补偿）增加到 4.4GW，苏格兰输电系统和英国国家电网输电系统中的 TCSC 装置都有部分运行中的固定串联补偿装置。这是 TCSC 装置首次在英国安装，因此这 2 套 TCSC 装置代表了英国交流输电系统（Hutton 变电站）发展的里程碑[1]。

安装在 400kV Hutton 变电站的串联补偿设备使用晶闸管控制增加潮流、减轻次同步谐振，并确保供电系统的稳定。容性串联补偿装置的补偿度等于 35%。TCSC 系统的升压因子为每台 1.2。ABB 提供的 TCSC 装置属于 FACTS 装置，其提供了在基本电网频率（在此情况下为 50Hz）下的容性电抗和在临界次同步频率范围内的感性电抗。TCSC 包括串联电容器和与之并联的可控电抗器，如图 14-38 中的单线图所示。电抗器为空心设计，安装在对地完全绝缘的平台上，该平台由支撑绝缘子支撑。MOV 连接在串联电容器组两端以防止串联电容器和晶闸管阀的过电压。

晶闸管阀包含串联的大功率晶闸管，晶闸管的类型与 SVC 所使用的晶闸管相同。在这种工况下，晶闸管是"间接光触发"的，即触发脉冲通过光纤从地电位传输到晶闸管附带的电子设备上，每个晶闸管都有一个晶闸管控制单元（TCU），它接收触发脉冲并将晶闸管状态脉冲发送回控制系统。触发晶闸管所需的能量从主电路上获取。晶闸管阀和控制系统之间的所有通信都通过光纤进行。由于晶闸管阀放置在室外

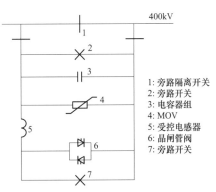

图 14-38　Hutton TCSC 系统单线图

1: 旁路隔离开关
2: 旁路开关
3: 电容器组
4: MOV
5: 受控电感器
6: 晶闸管阀
7: 旁路开关

外壳中，它必须能承受 -25℃ 的环境温度，因此晶闸管阀冷却系统的介质采用乙二醇和水的混合物。

由于核电站的位置，如果在输电线路中安装没有任何 SSR 阻尼作用的常规固定串联电容器，则可能存在潜在的 SSR 风险。因此，SSR 阻尼功能是 TCSC 系统功能的主要部分。

如今，SSR 现象已被了解，它可以作为串联补偿系统前期规划和设计的一部分进行预测和抑制。因此，使用具有适当控制算法的 TCSC 可以使得输电系统免于 SSR 的风险。

为了实现 SSR 阻尼，TCSC 采用同步电压反转（SVR）控制方法（Ängquist 2002）[2]。SVR 控制方法迫使串联电容器组在晶闸管阀的导通间隔期间反转电压。对于次同步频率范围，即 SSR 阻尼的相关频率范围，使用 SVR 控制原理。当电压反向（当极性改变）以等距时间间隔重复时，TCSC 表现出感性阻抗。即对于次同步谐振频率串联电容器在输电系统中等效为电抗器，因此在 SSR 频率范围内的电网不会发生串联谐振。应当注意，这些独特的特性是在不需要对串联电容器内部或外部的次同步量进行任何测量或采集，SVR 控制功能仅对主回路电流和串联电容器两端电压的瞬时值进行测量就可以获得。

举例来说，图 14-39 展示了 Hutton TCSC 装置的实时数字仿真（RTDS）波形，证明 Hutton TCSC 通过 SVR 控制方法可以抑制 SSR。

---

❶　经 ABB 许可发布。见 ABB 文件 Appl. Note_1JNS018335_Hutton TCSCs_LR。

❷　这是 ABB 专利控制概念。

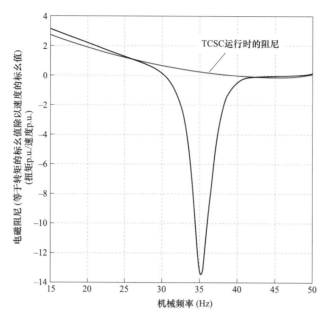

图 14-39　RTDS 中使用固定电容器与使用 TCSC 时的系统电磁阻尼对比

14.4　TCSC 性能

从现有 TCSC 运营部门可以得到有限的关于 TCSC 性能的信息（CIGRE TB 554 2013；Nilsson 1998）。除商业采购的系统外，所有 TCSC 装置均用于系统阻尼应用。一些 TCSC（特别是中国的 TCSC 系统）也有其他设计目标，即提高交流系统的暂态稳定性，这意味着在启用阻尼控制之前的第一次功率摆动期间，尽可能多地传输同步功率，如瑞典的 TCSC 装置纯粹用于 SSR 控制。作为连接到蒸汽轮机发电厂的串联补偿线路的一部分，TCSC 装置的 SSR 阻尼效果是所有 TCSC 装置的一个共同的控制目标。中国的冯屯 TCSC 装置、英国的 Hutton TCSC 装置和印度的 TCSC 装置就是如此。即 SSR 阻尼是在安装 TCSC 时除了用于提高系统稳定性之外的重要考虑因素。

系统阻尼和暂态稳定性改进可能只在特定的系统运行方式紧急故障事件时才需要。在这种情况下，系统如果出现意外的故障，TCSC 可作为这些更严重的系统问题的保险。在其他情况下，如果没有 TCSC 电网在正常运行条件下将变得不稳定。TSCS 装置的自检功能可以提供连续的可用的信息，也就是说如果系统发生意外故障时，TCSC 发挥作用的概率非常高。而机械投切串联补偿系统是否能够发挥作用则不确定。

根据 TCSC 工程经验，TCSC 设备的交付周期较短。相对于新建一条输电线路，TCSC 方案则具有非常大的优势，因为在世界某些地区修建一条新的输电线路可能需要 10～12 年的时间。

TCSC 装置的运行寿命可能不像其他电力设备那么长，因为电力系统随时间的变化而不断加强，系统运行方式也会改变，系统阻尼也会改变。当新建更多的输电线路时，电力系统的暂态稳定极限值也将改变，而且大部分情况下其暂态稳定性会变得越来越好，因此，TCSC的使用时间范围不需要超过 15～20 年。如果在采购 TCSC 前知道这一点，则有可能尽量降低 TCSC 的（初始）成本。

参考文献

ABB to improve reliability of power grid in South Korea; February 2018. http://www.abb.com/cawp/seitp202/e7924da3f0221c83c1258240001d60da.aspx.Accessed 13 Jan 2019.

Agrawal, B.L., Farmer, R.G.: Use of frequency scanning techniques for subsynchronous resonance analysis.IEEE Paper F78 803-9 presented at the IEEE/ASME/ASCE Joint Power Generation Conference, Dallas September 10-13 1978.

Anderson, P.M., Farmer, R.G.: Series Compensation of Power Systems. Published by PBLSH!Inc. (1996). ISBN 1-888747-01-3.

Ängquist, L.: Synchronous voltage reversal control of thyristor controlled series capacitor. Ph.D.thesis, Royal Institute of Technology, Stockholm (2002).

Ängquist, L., Ingeström, G., Jönsson, H.Å.: Dynamical performance of TCSC schemes. CIGRE Session 1996 Paper 14-302.

Bowler, C.E.J.: Series Capacitor Based SSR Mitigation Prospects; Proceedings: FACTS Conference 1-The Future in High-Voltage Transmission;pages 2.2-1 through 2.2-16, EPRI report TR-100504, March 1992.

Christl, N., Hedin, R., Sadek, K., Lutzelberger, P., Krause, P.E., McKenna, S.M., Montoya, A.H., Torgerson, D.: Advanced Series Compensation (ASC) with Thyristor Controlled Impedance; CIGRE 14/37/38-05, August 1992.

CIGRE TB 123: Thyristor Controlled Series Compensation, December 1997.

CIGRE TB 554: Performance Evaluation and Applications Review of Existing Thyristor Control Series Capacitor Devices, October 2013.

Concordia, C., Carter, K.: Negative Damping of Electrical Machinery, presented at the AIEE winter convention, Philadelphia, PA, January 27-31, 1941.

ENSG Our Electricity Transmission Network: A Vision for 2020, 2009. https:// webarchive. nationalarchives.gov.uk/20100919181607/http://www.ensg.gov.Accessed 7 July 2018.

EPRI Report EL-6943: Flexible AC Transmission System: Scoping Study, Volume 2, Part 1: Analytical Studies; September 1991.

Fan, Y., Quan, B.: Electrical Design Aspects of Pingguo TCSC Project; 2005 IEEE/PES Transmission and Distribution Conference & Exhibition: Asia and Pacific Dalian, China (2005).

Farmer, R.G., Schwalb, A.L., Katz, E.: Navajo Project Report on Subsynchronous Resonance Analysis and Solutions, IEEE Transactions on Power Apparatus and Systems, Vol.PAS-96, No.4, July/August 1977.

Gama, C.A.; Leoni, R.L.; Gribel, J.; Eiras, M.J.; Ping, W.; Ricardo, A.; Cavalcanti, J.; Tenório, R.: Brazilian North–South Interconnection–Application of Thyristor Controlled Series Compensation (TCSC) To Damp Interarea Oscillation Mode, paper 14–101, CIGRE, Paris 1998.

Grünbaum, R., Ingeström, G., Strömberg, G., Chakraborty, S., Nayak, R.N., Seghal, Y.K., Sen, S.: TCSC on an AC Power Interconnector between the Eastern and Western Grids of India – A Few Design Aspects, CIGRE paper B4–310, Paris 2006.

Hauer, J.F., Mittelstadt, W.A., Piwko, R.J., Damsky, B.L., Eden: Test results and initial operating experience for the BPA 500 kV thyristor controlled series capacitor–modulation, SSR and performance monitoring.IEEE Trans.Power Syst.11(2), (1996). SBN# 0–7803–2639–3.

Hauer, J.F., Eden, J.D., Donnelly, M.K., Trudnowski, D.J., Piwko, R.J., Bowler, C.: Test results and initial operating experience for the BPA 500 kV Thyristor controller series capacitor unit at Slatt substation, pages 4–1 through 4–15. In: Proceedings: FACTS Conference 3, EPRI report TR–107955, May 1997.

Hedin, R.A., Weiss, S., Mah, D., and Cope, L.: Thyristor controlled series compensation to avoid SSR, pages 31–1 through 31–8. In: Proceedings: FACTS Conference 3, EPRI report TR–107955, May 1997.https://www.epri.com/#/pages/product/TR–107955/?lang=en–US.

Hingorani, N.G., Bhargava, B., Garrigue, G.F., and Rodriguez, G.D.: Prototype NGH Subsynchronous Resonance Damping Scheme.Part I.Field Installation and Operating Experience, 87 WM 019–3 November 1987, pp.1034–1039.

Hutton Substation – Boosting the Capacity of Existing Infrastructure; https:// new.abb.com/ substations/references–selector/hutton–substation.Accessed 27 Dec 2018.

IEEE 824–2005 – IEEE Standard for Series Capacitor Banks in Power Systems, 2005.

Jancke G., Akerstrom K.F.: The Series Capacitor in Sweden, presented at the AIEE Pacific General Meeting, Portland, Oregon, August 20–23, 1951.

Kinney S.J., Mittelstadt, W.A., Suhrbier, R.W.: Test results and initial operating experience for the BPA 500 kV thyristor controlled SERIES capacitor unit at Slatt substation: Part I – design, operation and fault test results, pages 4–1 through 4–15. In: Proceedings: FACTS Conference 3, EPRI report TR–107955, May 1997.

Larsen E.V., Clark K., Miske Jr., S.A., Urbanek J.: Characteristics and Rating Considerations of Thyristor Controlled Series Compensation, IEEE Transactions on Power Delivery, 9(2), April 1994.

Machado, R.L., Almeida, K.C., Silva, A.S.: A Study of the Impact of Facts Devices on the Southern Brazil Transmission System. CIGRE paper B4–213, Paris (2004).

Maliszewski, R.M., et al.: Power Flow Control in a Highly Integrated Transmission Network. CIGRE paper 37–303(1990).

Maneatis, J.A., Hubacher, E.J., Rothenbuhler, W.N., Sabath, J.: 500 kV Series Capacitor Installations in California; Paper 70 TP 580–PWR, presentation at the IEEE Summer Power meeting and EHV Conference, Los Angeles, California, July 12−17, 1970.

McDonald, D.J., Urbanek, J., Damsky, B.L.: Modeling and testing of a thyristor for thyristor controlled series compensation (TCSC). IEEE Trans. Power Deliv.9(1), 352 (1994).

Nayak, R.N., Saksena, V., Sehgal, Y.K., Sen, S., Gupta, M.: Testing of TCSC Damping Controller Installed in a Tie Line Interconnecting Two Large Areas – A Case Study. CIGRE paper B4−305, Paris (2006).

Nilsson, S.L.: FACTS Planning Considerations. Presented at the EPRI organized conference on Flexible ac Transmission System (FACTS 3): The Future in High−Voltage Transmission, October 5−7, 1994 in Baltimore, Maryland.

Nilsson, S.: Experience and use of FACTS; EPSOM '98, Zürich, September 23−25, 1998.

Nyak, S., Wegner, C.A., Delmerico, R.W., Piwko, R.J., Baker, D.H., Edris, A.: Effectiveness of thyristor controlled series capacitor in enhancing power system dynamics: an analog simulator study. IEEE Trans.Power Deliv.9(2), 1018−1027 (1994).

Ölvegård, Å., et al.: Improvement of transmission capacity by thyristor controlled reactive power. IEEE Transactions on Power Apparatus and Systems, Vol.PAS−100, No.8 August 1981.

Ping, W.W., Gama, C.A., Tenório, A.R.M., Costa, L.S.: Controlled Series Compensation: Digital Program Modeling and Possible Applications to the Brazilian System, V SEPOPE – Symposium of Specialists in Electric Operational and Expansion Planning, May, 19th to 24th, 1996, Recife, Pernambuco, Brazil.

Piwko, R.J., Wegner, C.A., Furumasu, B.C., Damsky, B.L., Eden, J.D.: The Slatt Thyristor Controlled Series Capacitor Project−Design, Installation, Commissioning and System Testing. CIGRE Paper 14−104, Paris (1994).

Piwko, R.J., Wegner, C.A., Kinney, S.J., Eden, J.D.: Subsynchronous resonance performance tests of the Slatt thyristor−controlled series capacitor.IEEE Trans.Power Deliv.11(2), 1112 (1996).

Urbanek J.et al.: Thyristor−Controlled Series Compensation Equipment Design for the Slatt 500 kV Installation. Pages 3.1−1 through 3.1−19, EPRI Report TR−101784, December 1992.J Improving Pacific Intertie Stability Using Slatt Thyristor Controlled Series Compensation; Vaithianathan Venkatasubramanian, and Carson Taylor, IEEE 2000.

Urbanek, J., Piwko, R.J., Larsen, E.V., Damsky, B.L., Furumasu, B.C., Mittlestadt, W., Eden, J.D.: Thyristor controlled series compensation prototype installation at the Slatt 500 kV substation.IEEE Trans. Power Deliv.8(3), 1460(1993).

Venkatasubramanian, V., Taylor, C.: Improving pacific intertie stability using Slatt thyristor controlled series compensation.In: 2000 IEEE Power Engineering Society Winter Meeting. Conference Proceedings (Cat.No.00CH37077), Vol.2, pp.1468−1470(2000).

Stig Nilsson，美国毅博科技咨询有限公司首席工程师。最初就职于瑞典国家电话局，负责载波通信系统开发。此后，曾先后就职于 ASEA（现为 ABB）和波音公司，并分别负责高压直流输电系统研究以及计算机系统开发。在美国电力科学研究院工作的 20 年间，于 1979 年启动了数字保护继电器系统开发工作，1986 年启动了电力科学研究院的 FACTS 计划。1991 年获得了输电线路无功阻抗控制装置专利。他是 IEEE 终身会士（Life Fellow），曾担任 IEEE 电力与能源学会输配电技术委员会、IEEE Herman Halperin 输配电奖委员会、IEEE 电力与能源学会 Nari Hingorani FACTS 及定制电力奖委员会，以及多个 IEEE 会士（Fellow）提名审查委员会的主席，曾是 IEEE 标准委员会、IEEE 电力与能源学会小组委员会和工作组的成员。他是 CIGRE 直流与电力电子专委会（SC B4）的美国国家代表和秘书。获 2012 年 IEEE 电力与能源学会 Nari Hingorani FACTS 及定制电力奖、2012 年 CIGRE 美国国家委员会 Philip Sporn 奖和 CIGRE 技术委员会奖；2006 年因积极参与 CIGRE 专委会和 CIGRE 美国国家委员会而获得 CIGRE 杰出会员奖；2003 年获得 CIGRE 美国国家委员会 Attwood Associate 奖。他是美国加利福尼亚州的注册专业工程师。

Antonio Ricardo De Mattos Tenório，1982 年获得巴西伯南布哥联邦大学电气工程学士学位，1995 年获得英国曼彻斯特大学电力工程硕士学位，2010 年于巴西里约热内卢大学大学（巴西里约热内卢天主教大学）攻读能源商务专业并获得了 MBA 学位。于 1982 年就职于巴西 CHESF，于 2000 年就职于瑞典 ABB 公司，于 2004 年返回巴西并就职于 ONS 至今。是 IEEE 和 CIGRE 成员。2016 年正式加入 CIGRE 直流与电力电子专委会（SC B4），并曾在 CIGRE 巴西国家委员会担任 SC B4 秘书（2012～2016 年）及主席（自 2016 年）。研究领域包括高压直流输电系统、FACTS 装置、电气和电磁暂态研究以及电能质量。

Subir Sen，博士，印度国家电网公司中央输电设施－规划和智能电网活动首席运营官。在电力系统规划、系统研究和分析、集成技术、输电系统建设运营、可再生能源集成、智能电网和能效领域拥有超过 29 年的专业经验。担任 CIGRE 配电系统和分布式发电专委会（SC C6）印度国家主席。参与 400kV/765kV/1200kV 国家电网系统的开发，主要从事高压直流输电技术、GIS、FACTS 装置及其在超高压系统中的应用，可再生能源发电预测，实时动态测量同步相量技术，含智能装置、监控、IT 与通信技术、储能、电动汽车充电等技术的智能电网开发，能源审计，节能措施实施等。

Andrew Taylor，英国国家电网公司输电技术工程师。1994年作为见习生加入国家电网公司，现任国家电网公司输电部门无功补偿首席技术工程师。曾主持变电站 SCADA 系统替换交付、铁路牵引连接项目和产品技术评估等项目。曾主持第一个将安装在国家电网输电系统的串联电容器技术评估项目的投标工作，并负责第一个将安装在国家电网输电系统上的混合 STATCOM 技术评估项目。是特许工程师（电子和电气工程）和 IET 成员，英国标准协会（BSI）PEL/33 功率电容器委员会代表，为串联补偿领域多个 CIGRE 工作组做出突出贡献。

许树楷，教授级高级工程师，中国南方电网有限责任公司创新管理部副总经理，南方电网公司特级专业技术专家，IET FELLOW（会士），IEEE 高级会员，IET 国际特许工程师（Charter Engineer），CIGRE 中国国家委员（Regular Member）和战略顾问（AG01）。主要研究领域为柔性直流与柔性交流输电、大功率电力电子在大电网的应用技术等，是世界首个柔性多端直流输电工程系统研究和成套设计负责人、世界首个千兆瓦级主电网互联柔性直流背靠背工程系统研究和成套设计负责人、世界首个特高压±800kV 多端混合直流输电工程系统研究和成套设计负责人。先后获中国专利银奖 1 项、中国标准创新贡献奖 1 项、中国电力科技奖等省部级一等奖 10 余项。曾获中国电力优秀青年工程师奖、广东省励志电网精英奖、南方电网公司十大杰出青年等荣誉称号。

赵刚，教授级高级工程师，国家电网有限公司（SGCC）南瑞集团资深专家，在中电普瑞科技有限公司从事 FACTS 与电力电子技术应用工作。分别于 1990 年和 2003 年获得西安交通大学电气工程专业学士学位和博士学位。毕业后，先后就职于中国电力科学研究院有限公司（CEPRI）和国家电网有限公司（SGCC）南瑞集团有限公司，参与多项 SVC、STATCOM、CSR、TCSC 等 FACTS 工程。2001 年至 2016 年，主导或参与多项 35～66kV/−200～+300Mvar SVC 工程，上述 SVC 装置应用于中国和其他国家地区的近 30 个变电站中，大大提升了系统运行稳定性。作为技术负责人，研发了 FACTS 装置的晶闸管阀及控制保护装置，完成了系统集成、控制策略等设计工作，并成功应用于 750kV CSR、500kV SVC 和 TCSC 等多个工程。参与多项 FACTS 领域标准的制修订工作。目前，致力于 220kV 电网分布式潮流控制器 DFACTS 技术的研究工作。

宋强，博士，清华大学电机系副教授、特别研究员、博士生导师。于 1998 年和 2003 年分别获得清华大学电气工程学士学位和博士学位。目前主要从事柔性交、直流输电技术和新型智能功率变换技术的教学和科研工作。负责或参与完成多项国家科技支撑计划项目、973 项目、863 项目、国家自然科学基金项目、国际合作项目和横向研究项目。曾获得中国电力科学技术奖、中国机械工业学会科学技术奖、上海市技术发明奖等，曾出版专著 2 部，发表 SCI 收录论文 30 余篇，EI 收录论文 100 余篇。

雷博，工程师，南方电网科学研究院有限责任公司主管。于 2011 年和 2014 年分别获得湖南大学电气工程学士学位和硕士学位。毕业后入职南方电网科学研究院有限责任公司，并从事兆瓦级储能、电力电子装备、直流输电系统研究和生产经营工作。2014 年至 2015 年，参与了 2MW 无变压器直挂 10kV 电池储能系统设计研究。作为核心成员，起草了 IEEE P2030.2.1《电池储能在电网应用导则》，并于 2015 年至 2017 年参与了 IEC 60919《常规高压直流输电系统控制和保护》标准维护工作。参加了中国电化学储能、FACTS、直流输电等领域若干标准相关工作，推动了百兆瓦时级退役动力电池梯次利用示范工程建设，参与了特高压柔性直流和特高压混合直流的技术研究，后者已应用于世界首个特高压±800kV 多端混合直流输电工程。

UPFC 及其变体的应用实例   15

Stig Nilsson、许树楷、雷博、邓占锋、Bjarne Andersen

目次

Stig Nilsson (✉)
美国亚利桑那州塞多纳，毅博科技咨询有限公司电气工程应用部
电子邮箱：snilsson@exponent.com，stig_nilsson@verizon.net

许树楷
中国广州，南方电网科学研究院有限责任公司
电子邮件：xusk@csg.cn

雷博
中国广州，南方电网科学研究院有限责任公司
电子邮箱：leibo@csg.cn

邓占锋
中国北京，全球能源互联网研究院（GEIRI）
电子邮件：dengzhanfeng@geiri.sgcc.com.cn

Bjarne Andersen
英国Bexhill－on－Sea，Andersen电力电子解决方案有限公司
电子邮件：bjarne@andersenpes.com

S. Nilsson，B. Andersen（编辑），柔性交流输电技术，CIGRE绿皮书，https://doi.org/10.1007/978-3-319-71926-9_15-2

摘要

根据 IEEE 的定义，UPFC（统一潮流控制器）是静止同步补偿器（STATCOM）和静止同步串联补偿器（SSSC）的组合，它们通过公共直流母线耦合在一起，以允许有功功率在

SSSC 的交流串联输出端子和 STATCOM 的交流并联输出端子之间双向流动。UPFC 可独立地向并联侧和串联侧提供有功和无功功率。这些能力使 UPFC 适合于控制在系统扰动期间有过载风险线路中的潮流,通过最有效的线路来输送电力,通过使潮流达到系统互连的热极限来共享热备用,并提供阻尼以提高电力系统的稳定性。本章描述了截至 2018 年底 UPFC 的所有已知应用及其变化。

15.1 UPFC 简介

15.1.1 UPFC 背景

统一潮流控制器(UPFC)是一种强大的潮流和无功补偿 FACTS 装置,其详细技术说明见"9 统一潮流控制器(UPFC)及其潜在的变化方案"一章。它由 2 台通过公共直流母线背靠背连接的电压源换流器(VSC)组成(Gyugyi 1992)。其中一台 VSC 并联连接到交流电力系统,它相当于 STATCOM,如"静止同步补偿器(STATCOM)的技术说明"中所述。STATCOM 在连接点(POC)向电力系统注入电流。另一台是所谓的静止同步串联补偿器(SSSC),如"静止同步补偿器(STATCOM)的技术说明"中所述,注入与输电线路串联的电压。注入的串联电压可以与线电流成任意相位角。注入的电流有两部分。首先,当 2 台换流器共用同一个直流母线电容时,与线路电压同相的有功部分,向线路输送或从线路吸收有功功率,有功功率也补偿了 UPFC 中的损耗。其次,与线电压正交的无功部分,在连接点处模拟感抗或容抗。即,在 UPFC 中,STATCOM 可以调节线路母线处的无功功率,并且还可以注入或吸收有功功率以控制直流母线电容器电压,由此促进两台换流器之间的有功功率传输。

UPFC 适用于以下用途:

(1)有功和无功潮流的动态控制。

(2)长线路和短线路的串联补偿。

(3)调节连接点处的相位角的能力来控制回路电流,这种调节相角的能力也许能替代移相变压器,因为 UPFC 不会在线路需要无功功率补偿时引入感抗。

(4)从更偏远的发电系统转移电力来弥补本地发电的不足,从而共享热备用。

(5)抑制弱阻尼或潜在不稳定系统振荡模式,包括线路和涡轮式发电机之间的次同步相互作用。

为了实现上面列出的目标,在设计 UPFC 时,要求并联 STATCOM 根据其将会承受的最大电压骤降和电压骤升设计,并要求其能在此期间维持运行。此外,所设计的 STATCOM 在连接点处产生或吸收无功功率的同时,能够将有功功率传入或传出 UPFC 的串联支路。再者,串联支路 SSSC 必须设计成在最大线路电流下,并保证其在连接点处注入、与线路串联的电压的控制范围内运行(Lerch et al. 1994)。

STATCOM 的无功功率参考值可以是容性的,也可以是感性的。

有两种控制模式可以使用:

(1)无功功率控制模式;

(2)具有指定斜率特性的连接点处的自动电压控制模式。

SSSC 控制与线路串联的注入电压的大小和角度,如下:

（1）电压注入模式用于生成电压矢量（跨越串联变压器的线路侧端子），其具有参考输入所要求的幅值和相位。

（2）自动潮流控制模式用于注入电压，以确保所需的有功功率和无功功率与系统变化无关。

（3）当串联换流器与并联换流器的直流侧断开时，使用 SSSC 模式启用该操作模式。在该模式中，控制系统连续自动地调整注入的串联电压，使其始终与输电线路电流正交。换言之，它可以控制通过线路的无功潮流。

在系统频率偏移期间满足应用需求的能力是 UPFC 的主要性能因素之一。这可能要求 UPFC 在 ±1Hz 或更高的频率范围内执行其控制目标。UPFC 的设计参数应在"17 FACTS 规划研究"一章所述的规划研究中确定，然后纳入"19 FACTS 装置采购及功能规范"一章所述的系统规范中。

15.1.2　已安装的 UPFC

1998 年，世界上第一台 UPFC 在肯塔基州美国电力公司（AEP）的 Inez 变电站投入运行，为系统提供电压支持和潮流控制。该 UPFC 的额定容量为 ±320MVA，在 STATCOM 和 SSSC 换流器之间平均分配。

2015 年之前，全球只有 3 台 UPFC 投入运行，分别是：

（1）AEP 的 Inez UPFC（1998 年）；

（2）KEPCO 的 KangJin UPFC（2003 年）；

（3）NPYA 的 Marcy UPFC（2004 年）。

2015 年之前投运的 UPFC 是基于门极可关断晶闸管（GTO）的电压源换流器（VSC）。2015 年以后，UPFC 在中国开始应用。2015~2017 年，南京、上海、苏州共新增 3 台 UPFC。额定容量为 750MVA 的苏州 UPFC 是目前世界上容量最大的 UPFC。2015 年后的 UPFC 是使用背靠背连接的模块化多电平转换器（MMC）中的绝缘栅双极晶体管（IGBT）半导体器件构建的。有关基本半导体器件和换流器设计得更多细节，参阅"FACTS 装置的电力电子拓扑"。

本章将介绍以上 UPFC 装置。

15.2　美国 Inez UPFC

15.2.1　应用背景

20 世纪 90 年代，美国电力公司（AEP）向美国中西部 7 个州的大约 170 万用户供电（Rahman et al. 1997）。AEP 已经建设了一个由 345kV 到 765kV 大容量长距离架空输电线路组成的大型电力系统。AEP 系统的一部分是位于系统中南部的 Inez 区域。该区域包括肯塔基州、西弗吉尼亚州和弗吉尼亚州的部分地区。当时该地人口约 67 万人，分布在 6300ft^2 的区域，本质上是个农村地区。发电厂和 138kV EHV 变电站仅位于该地区的外围。电力需求约为 2000MW，由 138kV 长距离输电线路供电。系统电压由 20 世纪 80 年代初安装在 Beaver Creek 138kV 变电站的静止无功补偿器（SVC）和位于多个 138kV 和低压变电站的大量机械投切的并联电容器组提供支撑。

Inez 地区依靠 138kV 长距离输电线路来满足客户的需求。许多 138kV 输电线路在正常运行条件下承载达到 300MVA 的潮流，这超过了这些线路的额定功率。因此，系统的紧急裕量很小，尽管该地区有大量电容器组，但供电站和负荷站之间的电压差高达 7%～8%。该地区的单次应急停电将对潜在的 138kV 系统产生不利影响，在某些情况下，第二次应急停电将是不可接受的。一共存在超过 30 种可能导致全区停电的不同双重意外事件的组合。

经过分析，得出的结论是：建造一条热容量接近 345kV 线路的大容量 138kV 线路是一种经济的方法。然而由于系统潮流由其阻抗和其他交流输电系统元件的参数来控制，这样一条高容量线路不会仅根据容量裕度来承载其线路负载。为此，需要采用串联电容器或基于换流器的 FACTS 装置来控制潮流。

在考虑热稳定因素的同时，Inez 地区的峰值和非峰值电压性能也需要改进。这就要求在该地区配置动态电压支撑设备。诸如 UPFC 的基于换流器的 FACTS 装置可以提供支撑电压和控制线路潮流的能力，因此是一个合理、可行的替代方案。UPFC 功能灵活，性能符合 AEP 为 Inez 负荷区定义的"黑盒"规范（Renz et al. 1998）。因此，AEP、美国 EPRI 和西屋公司在 20 世纪 90 年代中期联手开发了世界上第一台 UPFC，其并联换流器的额定容量为 160MVA，串联换流器的额定容量为 160MVA。UPFC 安装在 AEP 位于肯塔基州 Inez 的变电站（CIGRE TB 160 2000）。

15.2.2　系统结构和运行参数

15.2.2.1　增强交流系统

AEP 规划的增加输电系统措施包括以下内容（CIGRE TB 160 2000）：

（1）Big Sandy 变电站和 Inez 变电站之间加装 950MVA/138kV 双回线；

（2）在 Inez 变电站提供电压支撑的 ±160Mvar 动态并联无功补偿系统（±320MVA UPFC 的第一部分）；

（3）±160MVA 线路潮流控制装置（±320MVA UPFC 的第二部分），从而充分利用 138kV 新线路的大输送能力；

（4）利用串联电抗器限制现有热限制设施的负载；

（5）机械投切并联电容器组的控制；

（6）三州地区 Big Sandy 变电站处安装一台 600MVA 345/138kV 变压器，用于提供所需的变压器容量，并满足新的大容量 138kV 线路的负载需求。

UPFC 工程的第一阶段，在 Inez 变电站安装 ±160Mvar 并联换流器，最初将其作为 STATCOM 运行。它为 Inez 地区的无功功率和动态电压需求提供支持。此外，它还提供信号用于控制该地区多个 138kV 并联电容器组的投切控制。Inez UPFC 的并联换流器于 1997 年 7 月投入运行。该项目第二阶段包括在 Big Sandy 变电站和 Inez 变电站之间建造大容量双回路 138kV 线路，以及在 Inez 变电站安装 UPFC 串联部分和两个 138kV 机械投切并联电容器组。1998 年 6 月串联换流器和并联换流器同时投入运行。

15.2.2.2　UPFC 配置

Inez UPFC 工程的系统结构如图 15－1 所示。UPFC 可以作为 ±160Mvar STATCOM、±320Mvar STATCOM、±160Mvar SSSC 或者 ±320MVA UPFC 运行。主回路布局反映了

AEP 对该地区并联补偿最高优先的重视。工程有 2 个并联变压器用于冗余，这提高了 UPFC 的可靠性和灵活性，同时也使第二个（备用）并联变压器能够与处于正常工作状态的主并联变压器一起使用，使 UPFC 的电压控制能力提高一倍，达到 ±320Mvar 的范围。

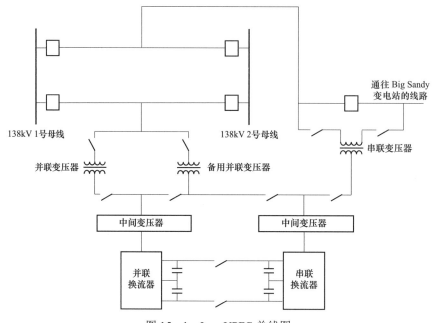

图 15−1　Inez UPFC 单线图

换流器输出是具有近似正弦（48 脉冲）的三相电压装置，其通过 3 绕组转 3 绕组的主耦合变压器耦合到输电线路。主变压器换流器侧的线电压为 37kV（对并联和串联变压器）。主并联变压器有一个 138kV 三角形连接的一次绕组，串联变压器有 3 个独立的一次绕组，每个绕组的额定电压为相电压的 16%。37kV 侧的间间变压器用于消除谐波。中间变压器的额定容量约为主变压器额定容量的 50%（Renz et al. 1998；表 15−1）。

表 15−1　　　　　　　　　　　　　　　　Inez UPFC 主要技术参数

参数		数值
换流器	直流电压	24kV
	容量	各 160MVA
	拓扑类型	谐波中性点（HN）三电平拓扑
使用的并联变压器	连接类型	138kV 三角形
	容量	160MVA
	比率	138/37kV
	数量	2（一个备用）
使用的串联变压器	连接类型	与线路导线串联的三个绝缘绕组
	电压	22/37kV（22kV 为 138kV 相电压的 16%，37kV 为换流器侧线电压）
	容量	160MVA
	数量	1

参数		数值
半导体器件	类型	GTO
	电压/电流	4500V/4000A
冷却方式	水冷	—

图 15-2 显示了 Inez UPFC 换流器的简化示意图。它表明在直流母线上并联 4 个 6 脉动换流器。为了避免交流侧的谐波电压短路电流，在换流器的 37kV 侧设置了中间变压器，以提供换流器输出电压所需的相移，从而产生准 48 脉冲交流波形。图 15-2 中右侧所示的 6 个换流器支路可以连接到串联变压器或并联变压器，这将使系统的 STATCOM 容量加倍。需要注意的是，图 15-2 中左侧所示的直流电压钳位电路连接到电阻器，以消耗直流母线电容器产生的能量。

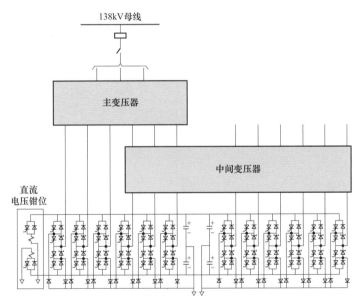

图 15-2 Inez UPFC 换流器简化电路

图 15-3 显示了 UPFC 换流阀厅，阀厅带有交流母线、8 个换流器极、为直流母线电容器提供过电压保护的直流母线钳位以及直流电容器组。

图 15-4 显示了现场的鸟瞰图，可以看到建筑物（容纳电力电子设备和控制装置）以及室外变压器和母线。中间变压器位于主变压器和阀厅之间。阀冷却系统的热交换器如图 15-4 所示，位于阀厅的右侧。

图 15-4 所示的建筑物长约 60m（200ft），宽约 30m（100ft）。它包括换流阀、控制室和包括泵和阀冷却水的净化系统的辅助设备。

阀冷却系统的水-空气换热器放置在室外（Mehraban et al. 1998）。由于安装地点的原因，水冷系统必须将冷却水与防冻液混合。

图 15-3　Inez UPFC 换流阀厅

图 15-4　Inez UPFC 工程鸟瞰图

15.2.2.3　主要工作模式

并联换流器是一种 STATCOM 类型的控制装置，在本书第 9 章有描述。STATCOM 通过从交流母线控制吸收受控电流来运行。电流参考的选择需满足并联无功功率参考，同时需提供任何有功功率以平衡串联换流器的有功功率。此外，还会消耗少量有功功率来补偿换流器和磁性元件的功率损耗。并联无功功率参考可以是容性的，也可以是感性的。有两种控制模式：

（1）无功功率控制模式。参考输入是由控制系统维持的简单无功功率指令，而与母线电压变化无关。

（2）自动电压控制模式。并联换流器的无功电流会自动调节，以使连接点处的输电线路电压保持在参考值，并具有设定的斜率特性。该斜率定义了换流器在电流范围内每单位换流器无功电流的单位电压偏差。

如本书第 9 章所述，串联换流器可控制与线路串联注入电压的幅值和相角。该注入电压将影响线路上的潮流。对于注入电压的实际值，存在三种可选模式：

（1）电压注入模式。串联换流器生成电压矢量（跨越串联变压器的线路侧端口），该电压矢量具有参考输入所要求的幅值和相角。这也会导致有功功率通过串联换流器流向并联换流器。

（2）自动潮流控制模式。给串联注入的电压一个具有确定相位的幅值，以确保相对于其他系统变化，所需的有功功率和无功功率可保持独立控制。

（3）SSSC 模式。在该运行模式期间，串联换流器从并联换流器的直流侧断开。控制系统将连续且自动地调整注入的串联电压，使其始终与输电线路电流正交。因为该换流器被设计成使用脉冲幅度调制（PWM）控制来产生其交流输出电压，所以通过改变直流母线电压来控制注入交流电压的幅值，同时在串联换流器上保持恒定的开关模式。参考输入决定了注入电压的大小，以及是否会超前或滞后线路电流 90°。

15.2.2.4　控制系统

Inez UPFC 的控制系统具有分级结构（Renz et al. 1998）。UPFC 换流器由单个中央控制系统控制。控制 2 个逆变器的瞬时运行的实际控制算法由使用多个数字信号处理器的数字控制系统实现。该系统通过接口和安装在每个极上的极电子元件通信，接口则是通过光缆和极建立连接。状态监测处理器通过串行通信链路连接到系统的每个部分，包括冷却系统和所有极。当 UPFC 运行时，所有子系统的运行都受到监控。

人机界面子系统使操作员能够访问所有的系统设置和参数，并向各个 GTO 模块提供广泛的诊断信息。本地控制系统也串行连接到 AEP 的主控制器。这台计算机是 AEP 系统操作员使用的更广泛的控制系统网络的一部分。它允许远程操作员访问 UPFC 控件，并用于根据电力系统条件来计算 UPFC 的参考设置值（Rahman et al. 1997）。主控制器还控制该区域中电容器组的运行。图 15-5 显示了 Inez UPFC 工作范围。如图 15-5 所示，UPFC 与移相器共同运行，以实现 138kV 线路的负载控制。

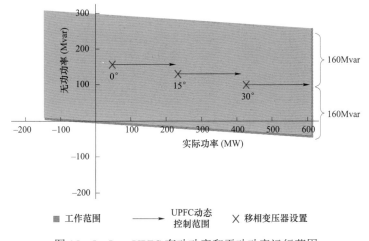

图 15-5　Inez UPFC 有功功率和无功功率运行范围

15.2.3　系统性能

Inez UPFC 在系统开发过程中经过了大量的仿真测试。STATCOM 子系统完成后，该系统也接受了大量的调试测试，以验证 STATCOM 作为自动电压控制器的设计（Renz et al. 1998）。调试测试包括线路停运期间进行的试验。串联变流器安装完成后，也进行了类似的测试（Renz et al. 1999）。在调试测试期间，将设定点的斜坡变化输入至控制系统，以验证所有控制模式是否正常工作（Sen and Keri 2003；Sen and Sen 2003；Mehraban et al. 1998；Renz et al. 1999）。

15.2.4　项目评估

总体效益可概括如下：

（1）可以消除并联线路的热过载和母线低电压。

（2）将提供足够的电力可供给未来数年的增长。

（3）Inez 地区的电压稳定性得到改善，降低该地区发生重大停电的风险。

（4）并联线路的空载可减少线路的整体损耗（Rahman et al. 1997）。

Inez UPFC 于 2015 年退役，因为 AEP 在完成 Wyoming 至 Jackson's Ferry 的 765kV 环网的施工和在 Jackson's Ferry 变电站安装 765kV SVC 之后，就不再需要 UPFC 了。

15.3　韩国 Kangjin UPFC

15.3.1　应用背景

韩国的发电集中在沿海地区，负荷集中在远离发电的内陆大都市地区（Chang et al. 2006）。

由于系统回路配置导致短路容量增加，因此需要使用具有大电压降的长输电线路和集中大型发电机，以便更好地控制北部的电力潮流。图 15-6 给出了 2006 年左右电网的简化图（Chang et al. 2006）。

在决定安装 UPFC 前，Shin Gwangju-Shin Kangjin 或 Gwangyang-Yeosu 345kV 线路 Kangjin 地区的线路故障可能会导致当地 154kV 线路出现严重的欠压和过载，并且当时在 Gwangyang 和 Sigjin 之间新建输电线路的计划被推迟到 2010 年。此外，加强输电线路无法解决 Shin Gwangju 变电站主变压器（345kV）的过载问题和当地 154kV 输电线路的过载问题，或 Shin Gwangju 变电站附近的严重欠压问题，如果 Shin Gwangju-Shin Kangjin 345kV 线路出现故障，就会导致上述故障的发生。

在应用 FACTS 技术解决韩国 345kV 系统（韩国电力系统的支柱）的弱点之前，需要一个通过实际安装和操作换流器型 FACTS 装置的试验项目来验证其可靠性和运行性能（Chang et al. 2006），研究结果表明 FACTS 装置可以有效地解决输电系统问题。由于 UPFC 能够同时提供串联补偿和并联补偿并控制潮流，因此选择用于该试点项目。如图 15-6 所示，韩国电力公司（KEPCO）项目中的 UPFC 安装在 Kangjin 变电站，该变电站位于韩国南部靠近 Chunlanamdo 省的地方，用于在故障期间支持 Kangjin 154kV 线路。该 UPFC 于 2003 年投入运营。

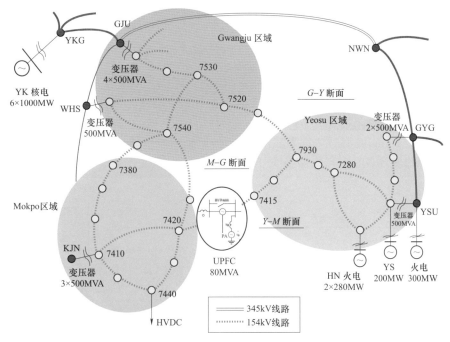

图 15-6　Kangjin UPFC 近区系统简化图

15.3.2　系统结构和运行参数

KEPCO 与包括 Hyosung 公司、西门子和当地研究机构在内的联合体合作，于 154kV 系统加装 80MVA UPFC。UPFC 的 40MVA 并联部分连接到 154kV Kangjin 变电站，40MVA 串联部分被安装在 Kangjin 和 Changheung 之间的输电线路。Kangjin UPFC 的单线图见图 15-7（Han et al. 2004）。

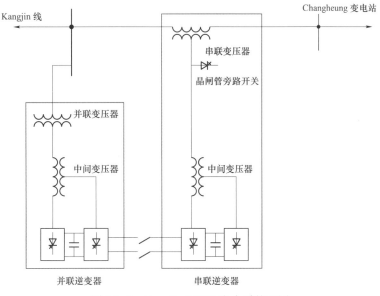

图 15-7　Kangjin UPFC 电力系统配置

每个换流器的额定容量为±40MVA。如图 15－7 所示，每个±40MVA VSC 由 2 个±20MVA 换流器模块组成，每个模块连接到一个额定容量为 22.2MVA 的中间变压器（Chang et al. 2006）。

图 15－8 中给出了更详细的换流器图示。换流器采用额定值为 4000～4500A 的 GTO 建造。UPFC 的输出电压为 24 脉动波形。换流阀为三电平多脉冲换流器。

UPFC 的技术数据见表 15－2（CIGRE TB 371 2009；Han et al. 2004；Kim et al. 2005）。

图 15－9 是 Kangjin UPFC 的布置图。由于只有一个非常小的场地可用，设备之间的互连由气体绝缘母线（GIB）和气体绝缘开关设备（GIS）完成。

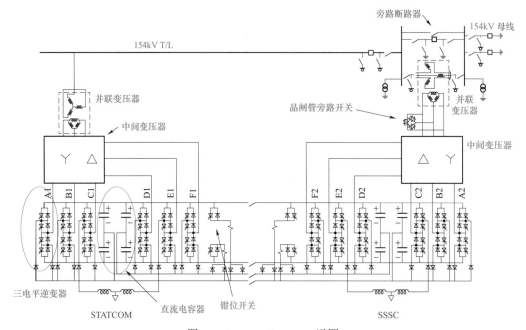

图 15－8　Kangjin UPFC 详图

表 15－2　　　　　　　　　　　Kangjin UPFC 主要技术参数

参数		数值
换流器	直流电压（kV）	4.8
	容量（MVA）	2x±20
	拓扑类型	三电平拓扑
使用的并联变压器	联结类型	Yd
	容量（MVA）	40
	电压（kV）	154/25.7
	数量	1
使用的串联变压器	联结类型	开口 Y/d
	电压（kV）	10.5（相电压有效值）/ 25.7（线电压峰值）
	容量（MVA）	40
	数量	1

续表

参数		数值
半导体器件	类型	GTO
	电压/电流（V/A）	4500/4000
冷却方式		水冷

图 15-9　Kangjin UPFC 平面布置图（由 KEPCO 提供）

15.3.3　主要工作模式

UPFC 提供三种控制模式：STATCOM、SSSC 和 UPFC。其中 UPFC 控制模式的功能是同时动态控制串联补偿线路上的有功潮流和无功潮流，同时将直流母线电压保持在设定水平。应用于 Kangjin UPFC 的运行操作模式如下。

（1）正常状态：并联换流器在自动电压控制模式下运行，串联换流器在自动潮流控制模式下运行（Han et al. 2004；Chang et al. 2006）。有功功率（P）、无功功率（Q）和电压（V）基准参考值设置为使 UPFC 的功率损耗最小化。

（2）严重故障情况：当 345kV Shin Kangjin-Shin Wasun 线发生故障时，串联换流器的工作模式转换为恒压注入模式，而并联换流器的工作模式保持在自动电压控制模式。串联换流器的参考输入设置为最大限度地提高 Kangjin-Changheung 线的有功潮流。

（3）对于其他故障情况，换流器的控制模式与正常状态下相同。通过将 UPFC 保持在恒定 PQ 控制模式来阻尼由大系统扰动引起的一些振荡。然而，由于 UPFC 的容量太小，无法应对整个韩国电力系统中出现的振荡，因此没有尝试主动阻尼 Mokpo-Yeosu（M-Y）接口上的功率振荡（Han et al. 2004；Chang et al. 2006）。

15.3.4　系统性能

随着 Kangjin UPFC 项目的运行，Mokpo 154kV 母线的电压降落从 0.92p.u.提高到 0.972p.u.，Shin Gwangju 变电站主变压器在故障期间的过载从 108.7%降低到 104.5%，提高了电网的稳定性。

在 UPFC 运行期间，发生了几次输电线路故障。图 15-10 显示了在三相故障期间和故障后 UPFC 的性能（Han et al. 2004）。波形如下：

（1）图（a）为连接 STATCOM 的母线电压。

（2）图（b）为流入 STATCOM 的电流。

（3）图（c）为 SSSC 注入输电线路的电流。

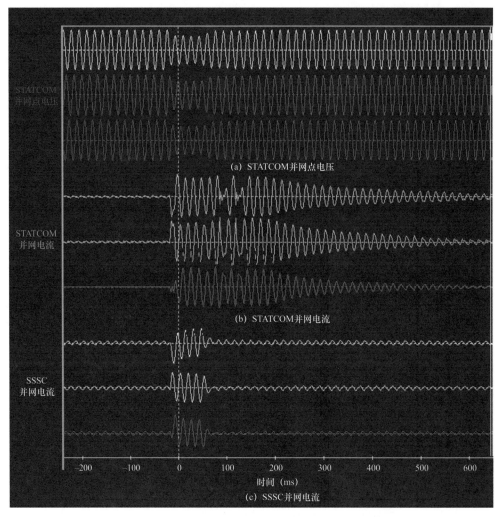

图 15-10　近区发生三相接地故障时 Kangjin UPFC 波形

在 Kangjin 变电站附近的变电站发生了三相接地故障。故障清除后，STATCOM 换流器出现了一定的过电流。尽管 UPFC 有两次瞬时门极关断，但成功地穿越了故障。在故障期间它向电网注入全部容性无功功率以支持母线电压。流过串联换流器的电流呈现了 180°的相移以响应故障。如图 15-8 所示，串联变压器绕组由晶闸管旁路开关（TBS）旁路。这些开关闭合并使串联绕组短路，这可能是线路电流和相移增加的原因。然而，当交流故障被清除时，线路电流似乎返回到了故障前的状态，这表明在故障被清除后，串联换流器可能恢复并继续运行。

另一个故障事件如图 15-11 所示。远端变电站发生了两起两相线路对地故障。尽管 UPFC 在故障期间有三次门极关断，但它穿越了第一个故障。线路电流显示，由于在三条线路故障期间线路电流之间的高度不对称，串联绕组被短路。而且，C 相电流的下降将与串联绕组的旁路一致，因为 SSSC 可能不足以产生这样的不对称电流。图 15-11 中 UPFC 最终在故障的第二次发生期间跳闸，这可能表示交流断路器在故障期间进行了高速重合闸。在 UPFC 停运之前，存在流过并联变压器的高度不对称电流。这可能是 STATCOM 门极问题导致并联变压器铁芯饱和。在这两起事件期间，母线电压没有被明显抑制，详见图 15-11。

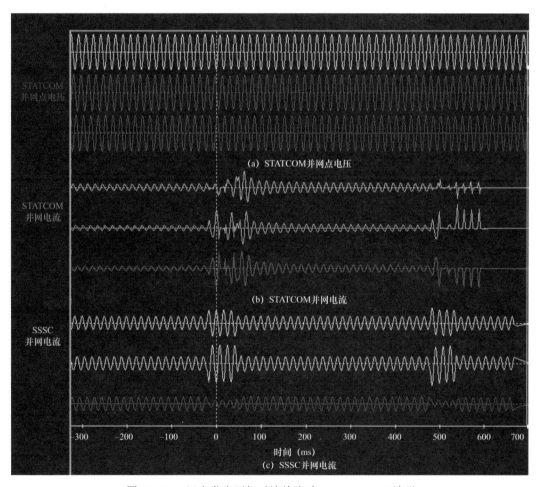

图 15-11　远方发生两相对地故障时 Kangjin UPFC 波形

从试点项目中得到的教训是：UPFC 在其运行期间能够提供预期的改善电压稳定性裕度和缓解线路过载功能。但线路在其投运的前几年中出现了多次跳闸和故障，这降低了 Kangjin

UPFC 的可用性（Kim et al. 2005）。但是通过改进这些基础问题，UPFC 的可用性在其运营的最后几年中得到了极大的改善，如图 15－12 所示。

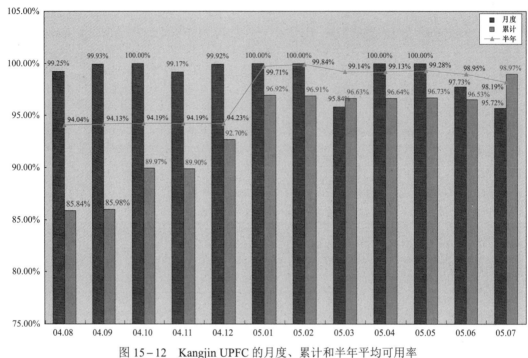

图 15－12　Kangjin UPFC 的月度、累计和半年平均可用率
（2004 年 8 月至 2005 年 7 月，由 KEPCO 和 Hyosung 提供）

15.3.5　当前状态

UPFC 于 2010 年关闭。原因是 GTO 脉冲触发控制板出现故障，无法再获得缺少的备用电路板。

15.4　美国 Marcy UPFC/可转换静止补偿器（CSC）

15.4.1　应用背景

Marcy 345kV 变电站位于纽约州的中心（Fardanesh et al. 1998）。变电站将电力输送至该州东南部，包括电力需求不断增加的纽约市。然而，由于没有新增电源的计划，该地区的电力负荷由 7 条额定电压为 115kV 或 345kV 的输电线路提供。考虑到电压稳定性限制，在连接线上传输的实际功率仅在相应标称传输容量的 25%～75% 之间。因此，有必要提高现有输电线路的输送能力。研究表明，限制现有输电线路输送能力的系统约束条件随着负荷的变化而变化，并且与各种补偿需求交织在一起。

为了解决上述问题，纽约电力局（NYPA）在 Marcy 345kV 变电站安装了 ±200MVA 电压源型换流器 FACTS 装置（CIGRE TB 371 2009）。FACTS 装置的安装分两个阶段进行：第一阶段于 2001 年 2 月调试,安装的是 345kV/±200Mvar STATCOM。该 STATCOM 调节 Marcy

母线上的电压。第二和最终阶段包括 UPFC 的 SSSC 元件，这一阶段于 2004 年 7 月完成。该项目是美国 EPRI、西门子和包括 NYPA、田纳西州流域管理局（TVA）和 AEP 在内的众多能源公司长期合作研究的结果。

图 15－13 给出了 NYPA CSC 的简化单线图。

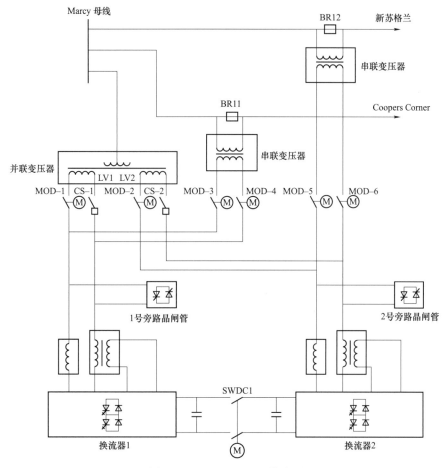

图 15－13　NYPA CSC 单线图

NYPA FACTS 装置被称为可转换静止补偿器（CSC），因为它可以配置为 UPFC，它可以是连接到交流母线的 STATCOM 模块和连接到母线和交流线路之一串联的 SSSC 模块，或者配置为连接到母线和 2 条线路串联的 2 个 SSSC 换流器系统。在后一种模式中，系统将作为现在通常称为线间潮流控制器的相间潮流控制器（IPFC）运行（Fardanesh 2004）。每个 100MVA 换流器由 12 个极组成，总共 288 个开关模块和一个直流钳位电路。每个模块包含一个 GTO 器件，具有额定值为 4500V 闭锁能力和 4000A 关断能力。也就是说，2100MVA VSC 系统总共使用 576 个 GTO（Zelingher et al. 2000）。如图 15－14 所示，系统可配置如下：

（1）2 个 100MVA VSC 系统都能通过 200MVA 并联变压器连接到 Marcy 母线，起到 200Mvar STATCOM 的作用。

（2）2 个 100MVA VSC 中的一个可以作为 STATCOM 连接到 Marcy 母线，而另一个 VSC 可以作为 SSSC 连接到 2 条线路中的一条。这起到 UPFC 的作用。

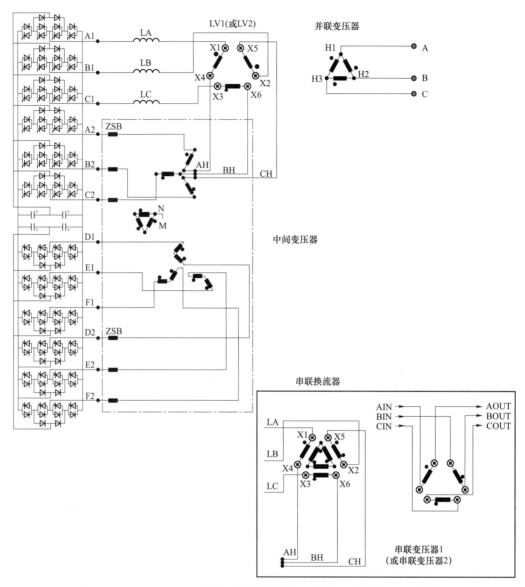

图 15－14　NYPA CSC 并联和串联换流器的主回路（由美国 EPRI 提供）

（3）100MVA VSC 中的一个可作为 SSSC 插入 2 条线路中的一条线路中，而另一个可插入第二条线路中。这起到 IPFC 的作用。

并联主变压器的额定电压为 345kV，由标准三角形连接的一次绕组，其有 2 组二次绕组（换流器侧）。绕组彼此隔离并且每个绕组的末端连接至变压器套管，为换流器和变压器之间的连接提供充分的自由度。在二次侧，双馈开式三角形相同二次绕组的额定值均为 21.4kV。相同的双二次绕组允许 1 个或 2 个 VSC 同时连接到变电站 345kV 母线。每个串联变压器的变比为 11/21.4kV。在 GTO 阀和交流变压器之间插入一组中间变压器和电抗器，如图 15－14所示，其为 VSC 电源电路布置的简化示意图（EPRI 2003）。需要注意的是，变压器中需要三角绕组来阻断影响换流器运行的零序分量。

15.4.2 系统结构和运行参数

换流器和变压器的主要技术数据见表 15-3（CIGRE TB 371 2009；Zelingher et al. 2000；EPRI 2003）。

图 15-15 给出了 NYPA CSC 项目的鸟瞰图，其中可以看到建筑物（外壳换流器、冷却系统和控制系统）以及室外变压器和母线。

表 15-3　　　　　　　　　　　　　NYPA CSC 主要技术参数

参数		数值
换流器	直流电压（kV）	12（±6.014）
	容量（MVA）	2×100
	拓扑类型	三电平拓扑
	额定交流电压（kV）	5.537（相电压）
使用的并联变压器	联结类型	Yd
	容量（MVA）	2×100
	电压（kV）	345/21.4
	数量	1
使用的串联变压器	联结类型	见图 15-16
	电压（kV RMS，相与中性点/峰值相与相电压）	11/21.4
	容量（MVA）	100
	数量	2
中间变压器	近似额定值	约 VSC 额定值的 50%
半导体器件	类型	GTO
	电压/电流（V/A）	4500/4000
冷却方式		50/50 乙二醇和水

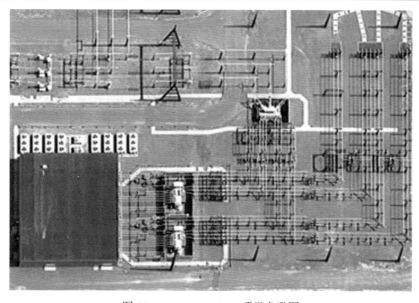

图 15-15　NYPA CSC 项目鸟瞰图

　　Marcy 处串联变压器如图 15-16 所示。换流器的 6 个连接点位于图片的中心位置，并使用电缆进行连接。图中可以看到其与输电线路在左侧和右侧的连接点。避雷器放置在变压器每侧的套管和接地之间，但不在 2 个套管之间。

图 15-16　Marcy 处的其中一台 100MVA 三相串联变压器

　　CSC 位于一座长约 36m、宽 29m、高 8.2m 的建筑物内，包括换流器厅、控制室、电池室、机械设备室等，如图 15-17 所示（Zelingher et al. 2000）。直流侧电压标称值为 12kV（±6kV），这对换流器厅的防尘、除湿性能提出了较高要求。

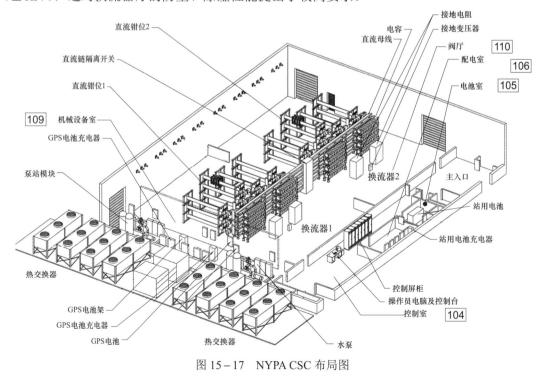

图 15-17　NYPA CSC 布局图

图 15－18 显示了其中一个 Marcy 换流器的视图。

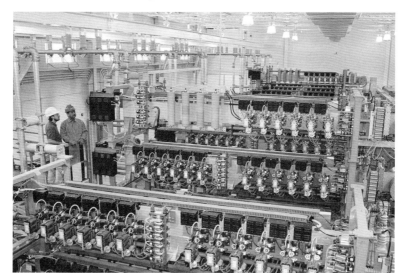

图 15－18　Marcy 换流器照片

15.4.3　主要工作模式

从图 15－13 中可以明显看出，这 2 个 VSC 可以采用许多不同的方式连接。他们可以在直流侧开、闭条件下运行。直流侧断开时，它们可以作为 STATCOM 装置或 SSSC 模块运行，可用于控制接入点处的无功功率，或控制连接到 Marcy 母线的 2 条线路上的无功潮流。当直流侧闭合时，可以控制其中一条或两条线路上的有功潮流。在后一种情况下，它们可以用来平衡插入串联绕组的 2 条交流线路之间的功率潮流。为了实现这些不同的操作模式，每个换流器可以工作在 4 种不同的模式。其为 STATCOM、SSSC、UPFC 或 IPFC 装置（Fardanesh et al. 2002）。

STATCOM 由其接入点处相关换流器提供无功功率补偿。在该模式下，能够调节换流器的无功输出电流，进而维持交流母线电压。而输出电流的有功功率分量则被控制在一定范围内，保证其能维持直流母线电压在必要水平。

VSC 模块可以作为 STATCOM 独立运行，或者将 2 个 VSC 直接连接到并联变压器实现并联运行。图 15－19 显示了 2 个 VSC 并联运行时获得的稳态 $V-I$ 特性。这种运行方式下可以提供高达 200Mvar 的无功功率支持。为了测试 STATCOM 在其线性范围内和极限条件下的性能，在 200Mvar 范围内调节系统母线电压幅值，试验将下垂斜率设置为 0.03p.u.，试验表明，只要直流电容器能够保持足够的能量来提供损耗，STATCOM 就可以支持极低的系统电压。如图 15－19 所示，STATCOM 可在母线电压低至约 0.35p.u.时维持恒定的极限容性电流注入，而耦合变压器的电抗决定了所能支撑的绝对最小电压。在单母线测试系统中，STATCOM 还能够保持高达 1.36p.u.电压下 200Mvar 的最大感性输出。STATCOM 在实际系统中的最大工作电压被设置为 1.15p.u.。

作为独立单元使用的 SSSC 从与线路串联的相关换流器注入电压。在该模式中，换流器输出电压被控制为与主要线路电流正交，并且被控制为设定的幅度（Sun et al. 2004）。

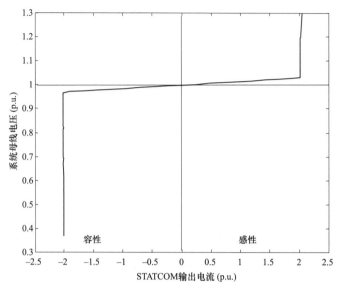

图 15-19　NYPA CSC 的 STATCOM $V-I$ 特性（参考电压为 1.0p.u.和下垂斜率为 0.03p.u.）

稳态结果表明，Marcy-New Scotland（M-NS）线路 SSSC 的潮流控制范围为 200MW，而相应的无功功率变化为 80Mvar，如图 15-20 所示。当 SSSC 在零注入电压下运行时，由于串联变压器的阻抗，线路潮流略有减少。SSSC 参考电压和在耦合变压器一次侧测量的电压的差异如图 15-20（a）所示。在容性区，参考电压和测量电压分别为 1p.u.和 0.88p.u.。而在感性区，参考电压和测量电压之间的差分别为 1.0p.u.和 1.05p.u.。

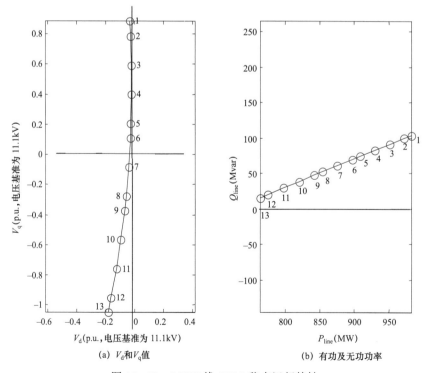

（a）V_d和V_q值　　　　　　　　（b）有功及无功功率

图 15-20　M-NS 线 SSSC 稳态运行特性

线路电流越高，由此产生的换流器损耗越高，在容性区中注入电压的 V_d 分量越大，导致与换流器之间所需的实际功率交换越高。接入 M-NS 线路的其中一个 SSSC 和 Marcy-Cooper's Corner（M-CC）线路的另一个 SSSC 的潮流和串联电压如图 15-21 所示。

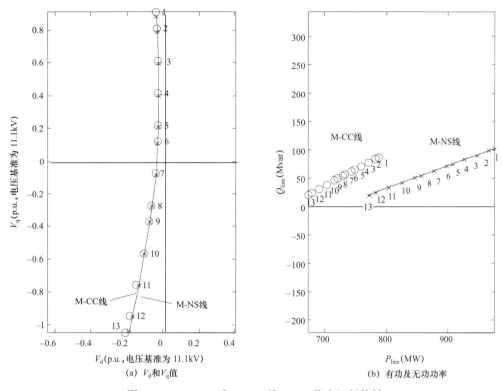

图 15-21　M-NS 和 M-CC 线 SSSC 稳态运行特性

UPFC 配置中包括一个作为 STATCOM 运行的换流器和一个作为 SSSC 运行的换流器。在这种模式下，SSSC 换流器的输出电压由其对线路功率的控制需求决定，而对注入的串联电压相位则没有限制。

图 15-22 显示了在强 Marcy 母线情况下使用等效的三母线系统来验证 UPFC 潮流控制范围时的测试结果。母线电压参考值保持在 1.0p.u.，由于母线电压为 1.028p.u.，迫使并联换流器在感性区运行。接入 SSSC 以控制 M-CC 线上的潮流。STATCOM 的下垂斜率设置为 3%。串联换流器的直接和正交注入电压参考值在 +1p.u.～-1p.u.范围内变化，以在相角增加 30°时注入最大电压幅值。起点为图 15-22 所示圆心的零注入运行点。可以看出，有功功率被控制在从 660～790MW 的范围内。线路相应的并联无功功率被控制在 30～140Mvar 的范围之间。

图 15-23 展示了一个类似的测试，但不同的是，母线电压参考值改为 1.05p.u.，把并联换流器强制进入容性区。可以看出，实际潮流控制范围在 650～810MW 之间，而无功功率控制范围在 10～180Mvar 之间。结果正如预期，母线电压升高导致实际潮流小幅增加，而无功功率的限值显著增加。

此外，还进行了一项测试，将两个换流器作为 IPFC 接入，以控制 New Scotland 线和 Cooper's Corner 线路之间的潮流均衡。在这种模式下，通过控制换流器的输出电压以影响线路潮流，但受到与线路交换的有功功率必须平衡的限制。

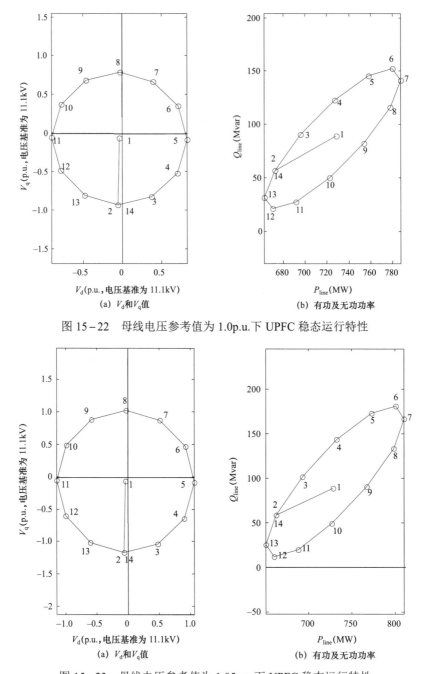

图 15-22 母线电压参考值为 1.0p.u. 下 UPFC 稳态运行特性

图 15-23 母线电压参考值为 1.05p.u. 下 UPFC 稳态运行特性

　　图 15-24 给出了第一次试验期间 M-NS 输电线的特性。从图 15-24（a）可以看出，在向主换流器提供有功功率需求时，换流器试图维持期望的设定值 $V_q = 1$。一旦主换流器的有功功率需求得到满足，剩余的换流器容量可以用于维持所需的基准。由于来自 Marcy 变电站的这 2 条线路上的潮流存在相互依赖关系，主 M-CC 线路潮流变化导致 M-NS 线路潮流从 1040MW 变化到 1140MW。一般来说，可以找到 IPFC 运行点以便满足给定目标，比如通过输电走廊的最大传输容量或补偿线路远端所需的系统电压。

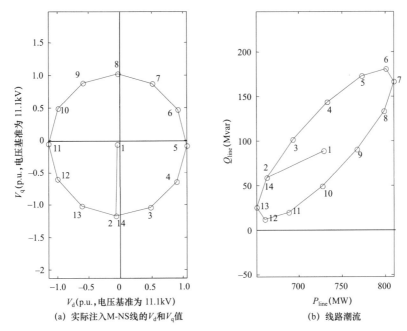

(a) 实际注入M-NS线的V_d和V_q值　　(b) 线路潮流

图 15-24　M-NS 线 V_q 目标值设为 1.0p.u.时 IPFC 稳态运行特性

为了确定 IPFC 稳态特性进行了第二组试验，如图 15-25 和图 15-26 所示。除了 M-NS 换流器是主换流器外，该试验与图 15-24 所示的第一次试验相似。相同的 30°增量用于参考 V_d 和 V_q 信号，开始于点 1 并结束于点 13。从图 15-26（a）中可以明显看出：没有达到

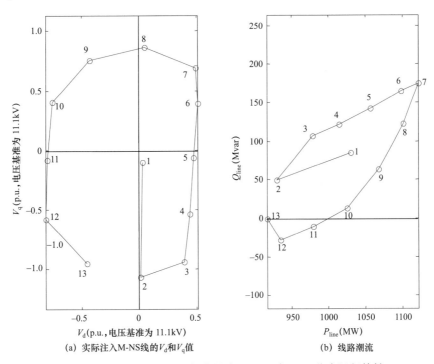

(a) 实际注入M-NS线的V_d和V_q值　　(b) 线路潮流

图 15-25　M-CC 线 V_q 目标值设为 1.0p.u.时 IPFC 稳态运行特性

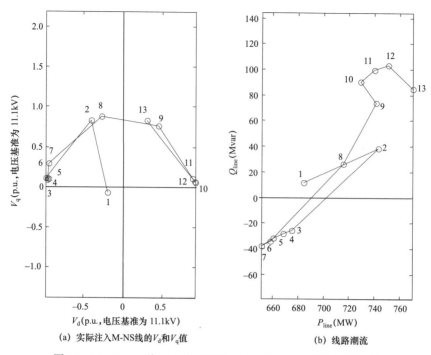

(a) 实际注入M-NS线的 V_d 和 V_q 值　　(b) 线路潮流

图 15-26　M-CC 线 V_q 目标值设为 1.0p.u.时 IPFC 稳态运行特性

期望的设定点，V_d 限制范围从 $-1\sim1$ 变为 $-0.75\sim+0.5$。这是由于与 M-CC 线路交换的有功功率的限制，线路电流较低导致该线路的潮流较低。M-NS 线路潮流控制范围为 925～1125MW 之间，如图 15-26 所示。在支持 M-NS 线路的有功功率交换的需求的同时，在具有 $V_q=1$ 基准的 M-CC 线路的控制范围在 650～770MW 的范围内变化。

15.4.4　UPFC 系统状态

利用 NYPA 的 UPFC 的一系列控制模式在短时间内证明了这一观点。然而，该系统主要作为 STATCOM 系统模式运行。

15.5　中国南京 UPFC

15.5.1　应用背景

南京市电网主负荷中心由 220kV 南京西部电网供电,北接 500kV 龙王山变电站,南接 500kV 东善桥变电站。220kV 输电干线潮流严重不平衡,影响南京市电网的整体输电能力和安全。

铁北—晓庄线需要限制潮流,以减少北断面的过载问题（见图 15-27）。此外,北断面及铁北—晓庄双回线出现 $N-1$ 故障后,还会出现过载问题。根据规划（2018 年）,南京西部电网将由 500kV 秦淮变电站和 500kV 秋藤变电站（图中未显示）供电。秋藤变电站投运后,将提高铁北—晓庄线的功率容量,以减少南侧断面的潮流,有望解决南侧断面 $N-1$ 故障突发事件期间的过载问题。

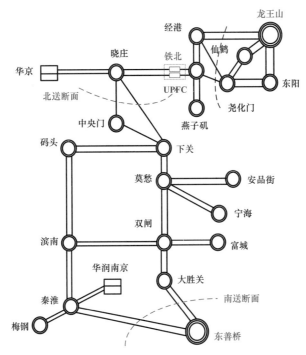

图 15-27 南京周围 220kV 电力系统示意图显示 UPFC 工程位置

基于对输电能力和可靠性研究的评估,证明可以通过在 220kV 铁北—晓庄双回线上安装 UPFC 有效解决上述问题,并将使双向潮流控制在未来的长期规划研究中得到发展 (Lu et al. 2017)。

15.5.2 系统结构和运行参数

南京 UPFC 位于江苏省南京市栖霞区。UPFC 安装在一座体积 1857m³、占地面积 9400m³ 的建筑中。UPFC 于 2015 年 12 月 11 日成功投入商业运营。供应商为南京南瑞继保电气有限公司,客户为国家电网江苏省电力有限公司。

南京 UPFC 工程单线图(SLD)如图 15-28 所示。工程共有 3 台相同的模块化多电平换流器(MMC)。铁北 220kV 双回线上连接两台串联变压器(每条线 1 台)。由于南京西部 220kV 电网电压相对稳定且较强,因此不需要将 STATCOM 接入 220kV 电网。因此,将 UPFC 的并联侧换流器连接到 35kV 系统,并且由该换流器提供串联换流器所需的有功功率。考虑到并联系统的重要性,为了提高 UPFC 的可靠性,使用了两台连接到不同母线上的冗余并联变压器,并且配置了自动切换功能使 2 台变压器互为备用,同时为启动电阻、2 台串联变压器和 3 台换流器增加隔离开关,使换流器灵活地切换到不同的配置方式,进一步使 3 台换流器互为备用。直流侧采用背靠背连接,通过交流断路器和隔离开关实现换流器和变压器之间的隔离和不同连接方式。

南京 UPFC 的主要技术参数见表 15-4。南京 UPFC 工程图见图 15-29 和图 15-30。UPFC 串联侧和并联侧的控制模式除了受到维持直流侧电压的限制之外彼此独立。串联侧的控制模式包括双回线功率控制模式、单回路潮流控制模式和自动控制模式。并联换流器的控制模式包括交流电压控制模式和无功功率控制模式。在单回线 UPFC 模式和双回线运行模式中,需要选择并联侧和串联侧的控制模式。STATCOM 运行模式下,只能选择并联侧的控制模式。

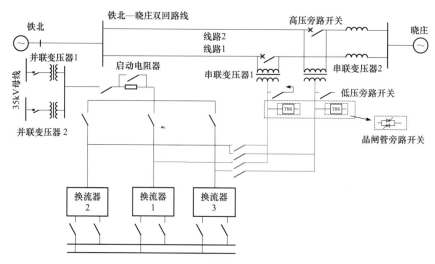

图 15-28　南京 UPFC 结构

表 15-4　　　　　　　　　　　　南京 UPFC 主要技术参数

参数		数值
换流器	直流电压（kV）	±20
	直流电流（kA）	1
	容量（MVA）	3×60
	拓扑类型	MMC
	各桥臂 MMC	26+2
使用的并联变压器	联结类型	Dyn1
	容量	60/60
	电压（kV）	35（1±2×2.5%）/20.8
	数量	2（1 个在线备用）
使用的串联变压器	联结类型	ⅢYnd11[a]
	电压（kV）	26.5/20.8/10[b]
	容量（MVA）	70/70/25
	数量	2
所用功率器件类型	类型	IGBT
	电压/电流（V/A）	3300/1500
过载能力（电流/时间）		1.2p.u./3s
冷却方式		水冷
满载阀损耗（%）		≤0.8
预计使用寿命（年）		≥40

[a]　参考文献（Lu et al. 2017）。

[b]　第三绕组是平衡绕组，其在图 15-30 中未示出。

图 15-29 南京 UPFC 工程鸟瞰图

图 15-30 南京 UPFC 换流器

1. 双回线功率控制

双回线功率控制模式采用协调控制策略。

（1）当 UPFC 控制两条线路时，双回线的总功率指令在两条线路之间均分，并且两条线的功率保持相同。线路上的无功潮流不受控制。

（2）当 UPFC 控制两条线路时，如果其中一条线路突然跳闸，其潮流可以迅速转移到双回线的另一条线路上，交流电网中的功率损耗可以降至最低，仅受剩余线路功率传输能力的限制。

（3）当 UPFC 控制两条线路时，如果一台串联换流器由于故障而突然跳闸，则双回线将处于一条线路由 UPFC 控制而另一条线路不受控制的状态。在这种情况下，当电网在换流器跳闸后趋于稳定后，调度中心将为剩余的 SSSC 决定适当的运行模式。

2. 断面潮流控制

南京 UPFC 断面潮流控制功能的目的是控制北断面的潮流，包括晓庄—中央门线路和晓庄—下关线路。为实现此功能，采用功率测量装置采集晓庄站除铁北—晓庄线路外所有支路的潮流信息。支路潮流信息送至 UPFC 控制系统。利用此信息，UPFC 改变铁北—晓庄线路的断面功率指令，实现断面功率的实时闭环控制。

3．自动控制

如果 UPFC 的串联部分处于自动控制模式，则串联换流器在正常运行条件下向线路注入零电压，并且铁北—晓庄线路的功率随着自然系统潮流而变化。当断面功率超过设定的限值、或铁北—晓庄线、晓庄—下关线、晓庄—中央门线处于过载时，UPFC 迅速切换到功率控制模式，并迅速解决这些过载问题。

4．电压控制模式

电压控制模式是指对 35kV 交流母线电压进行控制。在该模式中，并联换流器将母线电压控制在设定值。

5．无功功率控制模式

无功功率控制模式是指对 35kV 交流母线上无功功率进行控制。然后将并联换流器的无功功率输出控制在设置值。

15.5.3　系统性能

（1）在双回线上进行 100MW 的阶跃变化试验，每条线从 80MW 增加到 130MW。图 15－31 表明有功功率可以被快速精确地控制。另一台换流器显示相同的有功功率和无功功率。

（2）在双回线上进行 50Mvar 的阶跃变化试验，每条线路从 5Mvar 增加到 30Mvar。图 15－32 表明，无功功率可以被快速精确地控制，而有功功率没有显著变化。另一台换流器显示相同的有功功率和无功功率。

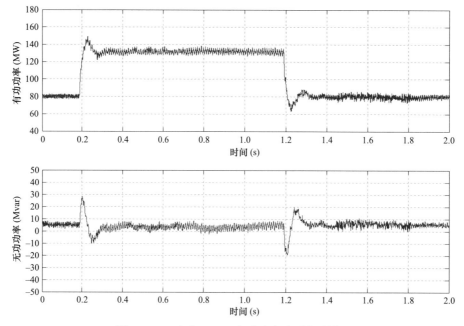

图 15－31　南京 UPFC 有功功率阶跃实验波形

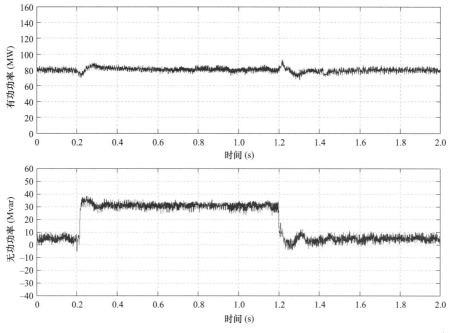

图 15－32　南京 UPFC 无功功率阶跃实验波形

（3）在单回线 SSSC 运行模式中，有功功率参考是 180MW，无功功率参考是 －60Mvar。图 15－33 表明，在 SSSC 模式下，UPFC 可将有功功率和无功功率精确控制在设定值。

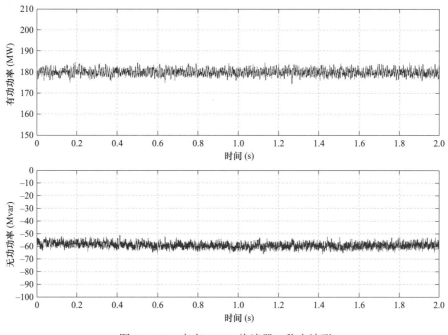

图 15－33　南京 UPFC 换流器 2 稳态波形

UPFC 系统具有良好的稳态性能和快速的动态性能。其响应时间和最大动态超调量符合技术规范的要求。

15.5.4　项目评估

截至 2018 年 5 月 29 日，南京 UPFC 的总运行周期为 900 天（双回路 UPFC 运行模式），在此期间 UPFC 的强迫跳闸次数为 4 次。

南京 UPFC 工程显著提升了南京西部电网的供电能力。运行期表明 UPFC 的性能和系统功能均达到了设计目标。它既可以满足潮流控制的要求，又为未来提供了良好的适应性。

该 UPFC 可以平衡输电走廊的潮流，有助于满足未来负荷发展的需要。该工程可增加供电容量 500～600MW，使年供电量增加至约 2.5GWh，并将新的 500kV 输电线路的建设推迟 2 年以上。UPFC 工程可以用来调整和优化潮流分布，从而避免了长电缆输电线路的建设，并有助于降低电网中的损耗。

15.6　中国苏州 UPFC

15.6.1　应用背景

苏州南部电网包括苏州市区和吴江地区。该地区的主要电源是锦苏特高压直流工程。水力发电资源随季节变化显著，冬季由于水资源短缺（减少到约 20%），电力供应不足。此外，苏州南部电网的动态无功功率支撑不足，使锦苏特高压直流系统在发生换相失败故障时无法迅速恢复。因此，存在直流换相失败故障时不能按计划快速恢复的高风险，这可能导致大的紧急甩负荷或其他问题（Li et al. 2017）。图 15-34 给出了电网和 UPFC 位置的单线图。

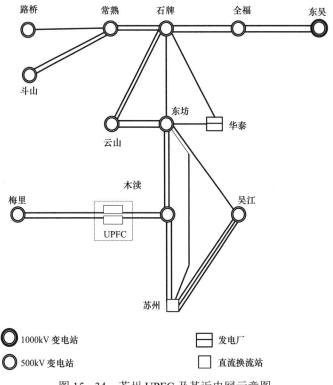

图 15-34　苏州 UPFC 及其近电网示意图

通过增加线路容量或建设新的输电走廊来解决这些风险不太现实，如表 15-5 所示，第一列给出了需要解决的问题，后续的三列给出了备选方案。

表 15-5　　　　　　　　　　　　　方 案 比 较

待解决的问题	线路容量增加	新输电线路	UPFC
无功功率支持	无	无	是，降低锦苏特高压直流换相失败故障风险
紧急甩负荷（锦苏特高压直流换相失败故障后）	仍需要约 2.3GW 的减载	仍需要约 2.3GW 的减载	可减少约 1.3GW 的减载
投资	2 亿元	15 亿元	9 亿元
项目建设的难度水平	难以增加无锡和苏州的线路容量。梅里变电站、木渎变电站负荷大，线路停运安排困难。在线路停运期间，苏州南部电网将面临更大的风险	无锡、苏州新线路实施难度较大，系统短路电流水平将提高，需要采取措施限制短路电流	木渎变电站有安装 UPFC 的空间。该项目不增加系统短路电流，也不从根本上影响系统的运行

虽然在未来几年苏州南部 500kV 电网不会出现稳定问题。但是在冬季，如果没有苏州南部 UPFC 的支持，锦苏特高压直流无法从换相失败故障中恢复的风险仍然很高。因此，苏州南部电网是应用 UPFC 或 FACTS 装置作为新线路替代方案的理想地点。最终决定安装苏州南部 UPFC 来实现梅里—木渎双回线路的潮流的直接控制，从而提高苏州南部 500kV 电网的安全性和稳定性，并带来显著的经济和社会效益。

15.6.2　系统结构和运行参数

苏州 UPFC 位于江苏省苏州市吴中区。其建筑容积为 8270m³，占地面积为 390000m³。于 2017 年 12 月 19 日投入运营。供应商为南京南瑞继保电气有限公司，客户为国网江苏省电力有限公司。

苏州 UPFC 系统结构如图 15-35 所示。安装了三个模块化多电平换流器（MMC）。UPFC 装置的主要数据见表 15-6。每个换流器的容量为 250MVA。梅里—木渎双回线路中插入的 2 个串联变压器由 2 个串联换流器（换流器 2 和换流器 3）供电。并联变压器、启动电阻器和并联换流器（换流器 1）连接到木渎 500kV 母线上。在并联变压器的网侧和阀侧设置断路器，并配置第三绕组来隔断零序电流。另一个断路器安装在第三绕组中。高压旁路断路器安装在串联变压器的高压侧。从串联变压器到线路的连接包括隔离开关。低压旁路断路器和晶闸管旁路开关（TBS）插入在串联换流器的阀侧。选择背靠背连接方式，直流母线电压为 ±90kV。直流侧的隔离和连接由断路器和隔离开关完成，如图 15-35 所示。

苏州 UPFC 图片见图 15-36～图 15-41。

15.6.3　主要工作模式

苏州 UPFC 的主要运行模式和控制模式与南京 UPFC 相似。苏州 UPFC 项目有三种运行模式：

（1）双回线路运行模式，换流器 1 连接至 500kV 母线，2 个串联换流器串联在 500kV 双回线上。所有 3 个换流器的直流侧连接在一起。

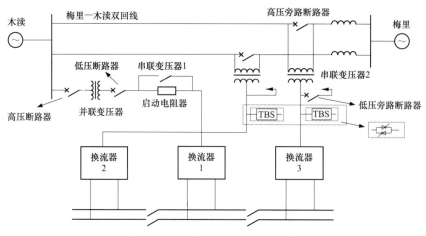

图 15－35　苏州 UPFC 工程结构

表 15－6　　　　　　　　　苏州 UPFC 主要技术参数

参数		数值
换流器	直流电压（kV）	±90
	直流电流（kA）	1
	容量（MVA）	3×250
	拓扑类型	MMC
	MMC（各臂）	112＋11
并联变压器	联结类型	Yn0YnD11
	容量（MVA）	300/300/100
	电压（kV）	505（1±8×1.25%）/94/36
	数量	1
串联变压器	联结类型	ⅢYNd11
	电压（kV）	43.5/105/10
	容量（MVA）	300/300/100
	数量	2
所用功率器件类型	类型	IGBT
	电压/电流（V/A）	3300/1500
过载能力（电流/时间）		1.2p.u./3s
冷却方式		水冷
满载阀损耗（%）		≤0.8
预计使用寿命（年）		≤40

图 15-36 苏州 UPFC 鸟瞰图

图 15-37 苏州 UPFC 换流阀

图 15-38 苏州 UPFC 串联变压器

图 15-39　苏州 UPFC 控制保护系统

图 15-40　苏州 UPFC 冷却系统

图 15-41　苏州 UPFC TBS

（2）单回线路运行模式，换流器 1 接入 500kV 母线，其中一个串联换流器通过串联变压器串联在 500kV 单回线上，另一条输电线路退出运行。所有 3 个换流器的直流侧连接在一起。

（3）STATCOM 运行模式，换流器 1 与 500kV 母线连接，直流侧隔离。在该模式中，UPFC 串联侧和并联侧的控制彼此独立。串联侧的控制模式包括自动控制模式和双回线功率控制模式。并联侧的控制模式包括交流电压控制模式和无功功率控制模式。在单回线 UPFC 模式和双回线运行模式中，需要选择并联侧和串联侧的控制模式。在 STATCOM 运行模式下，只能选择并联侧的控制模式。

15.6.4 系统性能

15.6.4.1 STATCOM 运行模式

并联侧无功功率可精确控制，波形如图 15－42 所示。

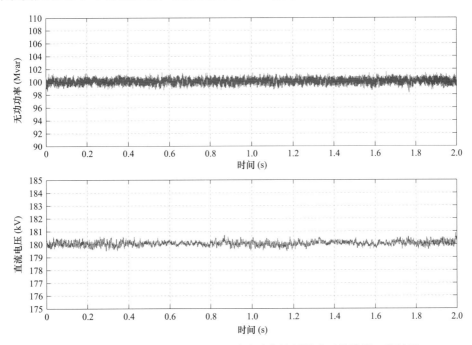

图 15－42　苏州 UPFC＋100Mvar 无功功率控制模式下换流器 1 的波形

图 15－43 给出了 100Mvar 的阶跃响应试验。如图所示，无功功率可以被精确和快速地控制。

15.6.4.2 双回线 UPFC 运行模式

如图 15－44 所示，当通过双回线路的总有功潮流为－1550MW 时，可以精确地控制线路中的无功功率。另一条线路的功率与图 15－44 所示的功率相同。换言之，图 15－44 只给出了 2 条线路中的其中一条线路的潮流。

当系统 100MW 的阶跃变化时，UPFC 可以精确快速地控制有功功率，如图 15－45 所示。

对线路中的无功功率进行－50Mvar 的阶跃变化试验时，UPFC 可以准确快速地控制线路中的无功功率，如图 15－46 所示。

UPFC 系统具有良好的稳态性能和快速的动态响应。动态试验中的响应时间和最大超调量符合技术规范的要求。

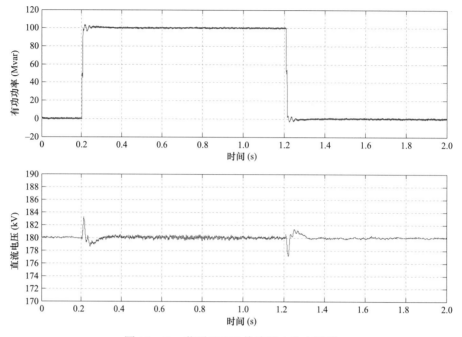

图 15－43　苏州 UPFC 换流器 1 动态波形

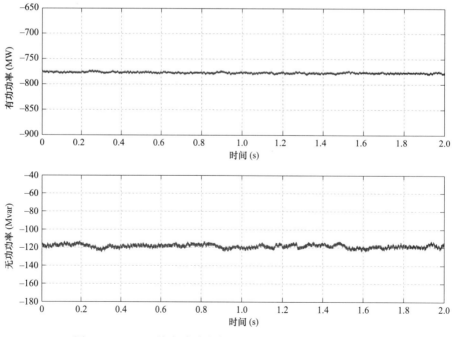

图 15－44　双回线有功功率为－1550MW 时苏州 UPFC 波形

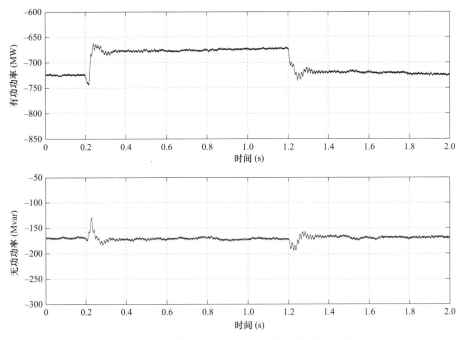

图 15-45 苏州 UPFC 有功功率阶跃试验波形

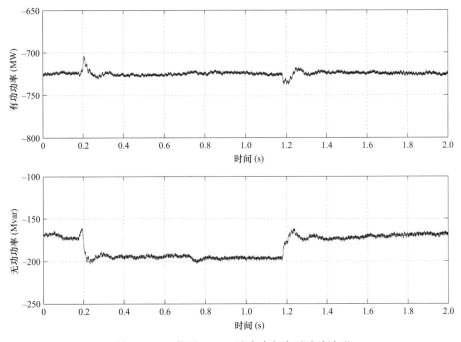

图 15-46 苏州 UPFC 无功功率阶跃试验波形

15.6.5 工程评估

苏州 UPFC 工程显著提高了苏州南部 500kV 电网的安全性和稳定性，使电力系统能够消纳特高压直流换相失败导致的风险。据估计，如果在夏季期间锦苏特高压直流发生闭锁，UPFC 可减少约 1.3GW 的甩负荷。

此外，UPFC 可以动态地向系统注入无功功率，并在电网故障时和故障后支撑电压。通过这种方式，因直流换相失败导致的甩负荷风险大为降低。

该工程投产后，也被用于交流输电系统功率分布的优化。

15.7　中国上海 UPFC

15.7.1 应用背景

上海电网是典型的城市电网。一方面交流电缆使用率高，容性无功功率大；另一方面用电峰谷差大，轻负载期间无功功率消耗减少，从而造成平衡感性无功功率较为困难。蕴藻浜地区感性无功功率控制缺额达 110Mvar，导致过电压超标。而利用 UPFC 提供动态无功补偿，有利于系统吸收多余的无功功率，帮助实现无功功率就地平衡（Sen and Stacey 1998）。

15.7.2 系统结构和运行参数

上海 UPFC 位于上海市宝山区，属于国家电网公司（State Grid Corporation of China，SGCC），制造商为南瑞集团（Nari Group）中电普瑞电力工程有限公司（C-EPRI Electric Power Engineering Co., Ltd.，CEPRI），于 2017 年 9 月在蕴藻浜变电站投产，UPFC 系统的单线图（single line diagram，SLD）如图 15-47 所示。

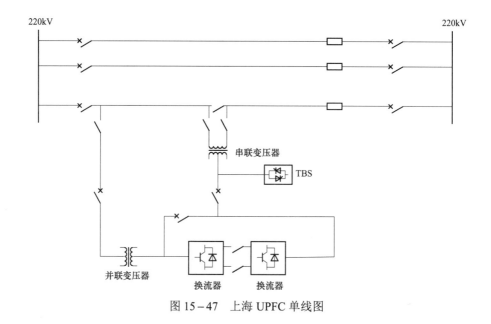

图 15-47　上海 UPFC 单线图

上海 UPFC 主要技术参数见表 15-7。核心设备包括模块化多电平换流器（MMC）、并联变压器、串联变压器和双冗余配置串联旁路设备（Schauder et al. 1998）。

表 15-7　　　　　　　　　　上海 UPFC 主要技术参数

参数		数值
换流器	直流电压（kV）	±20.8
	直流电流（kA）	0.9
	容量（MVA）	50
	拓扑类型	MMC
	单桥臂子模块数量	26+2
并联变压器	联结类型	Yn0YnD11
	容量（MVA）	100
	电压（kV）	230/19.2/10
	数量	1
串联变压器	联结类型	ⅢYn0D11
	电压（kV）	6.5/83.2/6
	容量（MVA）	50
	数量	1
所用电源开关类型	类型	IGBT
	电压/电流（V/A）	3300/1500
冷却方式		水冷
满载阀损耗（%）		≤0.8
预计使用寿命（年）		≥40

图 15-48 为上海 UPFC 鸟瞰图，图 15-49 为 UPFC 换流阀，图 15-50 为 UPFC 阀厅鸟瞰图，图 15-51 为上海 UPFC 布局图。

布局图（见图 15-51）中的组件分别为：

① 串联变压器；

② 旁路晶闸管阀；

③ MMC 阀；

④ GIS；

⑤ 并联变压器；

⑥ 并联侧开关；

⑦ 控制和保护设备；

⑧ 串联侧开关；

⑨ 冷却系统。

图 15－48　上海 UPFC 鸟瞰图

图 15－49　上海 UPFC 换流阀

图 15－50　上海 UPFC 阀厅鸟瞰图

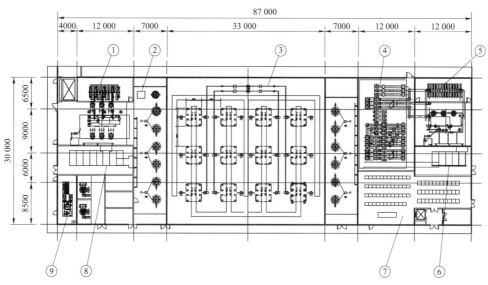

图 15-51　上海 UPFC 平面布置图

15.7.3　主要工作模式

UPFC 由一个并联换流器和一个串联换流器组成，这里对它们进行分别讨论。

并联换流器的电流可分为两部分：有功分量和无功分量。有功分量用于提供串联换流器所需的有功功率；无功分量根据需求用于无功功率控制或节点电压控制（Nabavi-Niaki and Iravani 1996）。

（1）在无功功率控制模式下，根据无功功率要求设置给定值。将设定值与电流的实际值进行比较，并将差值转换成电压作为并联换流器的输入参数。

（2）在节点电压控制模式下，并联换流器将控制所连接节点的电压并将其维持在设定值。

串联换流器通过控制输电线路中注入电压的幅值和相角来控制连接线路中的潮流，分为四种控制模式。

（1）在直流电压注入模式下，注入给定的电压矢量，幅值和相角的大小是任意给定的合理值。实际电压与给定进行比较，误差通过处理作为串联换流器的输入。

（2）在阻抗补偿模式下，注入的电压与线路电流的幅值成比例，UPFC 可以被认为等效于串联阻抗。如果注入的电压矢量与输电线路的电流矢量正交，它将补偿输电线路的电感或电容电流。因此，这种工作模式类似于 TCSC 的功能。

（3）在相位角调整模式下，控制注入电压矢量，使得输出电压偏移给定角度，但幅值保持恒定。

（4）在潮流控制模式下，UPFC 独立地控制线路的有功功率和无功功率。通过在线路中注入适当的补偿电压，电路将产生理想的电流矢量，从而达到调节线路中电流的目的。

15.7.4　系统性能

上海 UPFC 工程进行了一系列系统试验，包括 UPFC 模式试验、单 STATCOM 试验、双 STATCOM 试验和 SSSC 模式试验。在 SSSC 模式下，线电压被用作同步的输入信号，而功率因数通过专用滤波器及其相位角补偿进行实时估算。当 UPFC 运行在 SSSC 模式时，线路电流的同步可以从电压同步的信号和从功率因数导出的角度信息来估算，减轻了在 SSSC 同步时低功率因数和低线电流产生的不利影响。采用这种方法是因为线电压通常比线电流更稳定。

上海 UPFC 的并联部分用于提供动态无功功率。在系统测试期间，UPFC 将并联部分的无功功率从 5Mvar 增加到 50Mvar。图 15-52 显示了 UPFC 并联部分的电网侧注入电流波形，而图 15-53 显示了 UPFC 并联部分在 DQ 坐标系中电网侧注入无功电流波形。结果表明，在 UPFC 这种工况下，阶跃变化响应时间约为 18ms。

上海 UPFC 的串联部分用于控制负荷潮流。在系统试验期间，蕴藻浜—闸北输电线路的潮流指令从 0MW 增加到 50MW。图 15-54 显示了蕴藻浜—闸北输电线路电流波形，而图 15-55 显示了 DQ 坐标系中的蕴藻浜—闸北输电线路电流波形。现场结果显示，在 UPFC 这种工况下，阶跃变化响应时间约为 18ms。

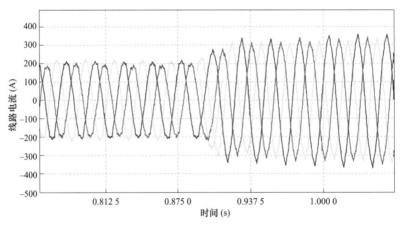

图 15-52　上海 UPFC 并联部分电网侧注入电流波形

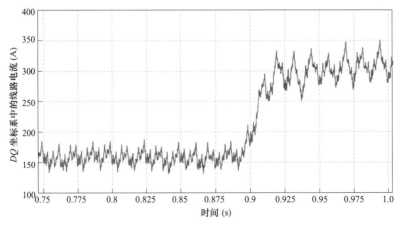

图 15-53　上海 UPFC 并联部分在 DQ 坐标系中电网侧注入的无功电流波形

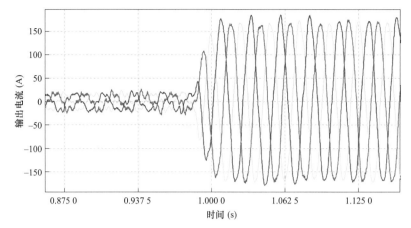

图 15-54　蕴藻浜—闸北输电线路电流（即上海 UPFC 串联部分的电流）波形

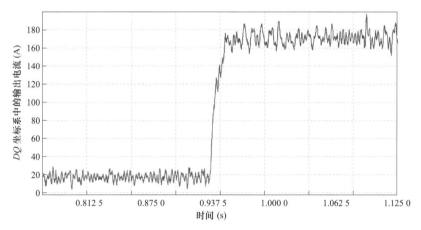

图 15-55　在 *DQ* 坐标系中蕴藻浜—闸北输电线路电流（即上海 UPFC 串联部分的电流）波形

15.7.5　项目评估

上海 UPFC 于 2017 年开始正式运营。该 UPFC 工程有效地将蕴藻浜至闸北的断面输电容量从 570MW 提高到 620MW。同时，UPFC 可以提供 50Mvar 的动态无功功率，为 500MW 的电力系统提供更高的电压稳定性裕度，闸北热力发电机组不必提供无功功率；因此，UPFC 显著提高了电力系统运行灵活性。

参考文献

Chang, B.H., Kim, S.Y., Yoon, J.S., Moon, S.P., Baek, D.H., Kwak, B.M., Choo, J.B.: Control Strategies Study for Kepco UPFC Operation Automation in Korean Sub-Transmission System; Cigre Paper B4-306, (2006) https://www.cigre.org/GB/publications/papers-and-proceedings website.

CIGRE TB 160: Unified Power Flow Controller (UPFC); CIGRE Technical Brochure, (August 2000) https://e-cigre.org/.

CIGRE TB 371: Static Synchronous Series Compensator (SSSC), CIGRE Technical Brochure, (February 2009).

EPRI Final Report 1001809: Convertible Static Compensator (CSC) for New York Power Authority; (December 2003) https://www.epri.com/#/pages/product/000000000001001809/?lang=en-US.

Fardanesh, B.: Optimal utilization, sizing, and steady-state performance comparison of multiconverter VSC based FACTS controllers. IEEE Trans. Power Deliv. 19, 1321 – 1327 (2004).

Fardanesh, B., Henderson, M., Gyugyi, L., Lam, B., Adapa, R., Shperling, B., Zelingher, S., Schauder, C., Mountford, J., Edris, A.: Convertible Static Compensator Application to the New York Transmission System; Cigre Paper, pp. 14 – 103 (1998).

Fardanesh, B., Shperling, B., Uzunovic, E., Zelingher, S., Gyugyi, L., Kovalsky, L., Macdonald, S., Schauder, C., Edris, A.: NYPA convertible static compensator validation of controls and steadystate characteristics; CIGRE Paper 14 – 104 (2002).

Gyugyi, L.: A unified power flow control concept for flexible AC transmission systems. IEE Proc. C. 139(4), (1992).

Han, Y.S., Suh, I.Y., Kim, J.M., Lee, H.S., Choo, J.B., Chang, B.H.: Commissioning and Testing of the Kang Jin UPFC in Korea. CIGRE Paper B4-211, (2004).

Kim, S.Y., Yoon, J.S., Chang, B.H., Baek, D.H.: The Operation Experience of KEPCO UPFC, 2005 International Conference on Electrical Machines and Systems.

Lerch, E., Povh, D., Witzmann, R., Hlebcar, B., Mihalic, R.: Simulation and Performance Analysis of Unified Power Flow Controller; CIGRE Paper 14 – 205, (1994).

Li, P., Wang, Y., Feng, C., Lin, J.: Application of MMC-UPFC in the 500 kV power grid of Suzhou. J. Eng. (13), 2514-2518 (2017).

Lu, J., Shao, Z., Liu, Y., Pan, L., Dong, Y., Tiau, J., Wang, X., Wang, B.: Study and Design for the Nanjing UPFC Project, CIGRÉ B4-022 2017 CIGRÉ Canada Conference; https://e-cigre.org/publication/COLL_WIN_2017-sc-a3-b4%2D%2Dd1-colloquium-winnipeg-2017. Accessed 16 May 2019.

Mehraban, A. S., Provanzana, J. H., Edris, A., Schauder, C. D.: Installation, Commissioning, and Operation of the World's First UPFC on The AEP System; POWERCON '98. 1998 International Conference on Power System Technology. Proceedings (Cat. No. 98EX151), 1998, pp. 323 – 327.

Nabavi-Niaki, A., Iravani, M.R.: Steady-state and dynamic models of unified power flow controller (UPFC) for power system studies. IEEE Trans. Power Syst. 11(4), 1937 – 1943 (1996).

Rahman, M., Ahmed, M., Gutman, R., O'Keefe, R.J., Nelson, R.J., Bian, J.: UPFC application on the AEP system: planning considerations. IEEE Trans. Power Syst. 12(4), 1695 – 1701 (1997).

Renz, B.A., Keri, A.J.F., Mehraban, A.S., Kessinger, J.P., Schauder, C.D., Gyugyi, L., Kovalsky, L. J., Edris, A.A.: World's First Unified Power Flow Controller on the AEP System; CIGRE Paper 14 – 107, (1998).

Renz, B.A., Keri, A.J.F., Mehraban, A.S., Schauder, C.D., Stacey, E., Kovalsky, L., Gyugyi,

L., Edris, A.A.: AEP unified power flow controller performance. IEEE Trans. Power Deliv. 14(4), 1374–1381 (1999).

Schauder, C.D., Gyugyi, L., Lund, M.R., Hamai, D.M., Rietman, T.R., Torgerson, D.R., Edris, A.: Operation of the unified power flow controller (UPFC) under practical constraints. IEEE Trans. Power Deliv. 13(2), 630–639 (1998).

Sen, K.K., Keri, A.J.F.: Comparison of field results and digital simulation results of voltage-sourced converter-based FACTS controllers. IEEE Trans. Power Deliv. 18, 300–306 (2003).

Sen, K., Sen, M.L.: Comparison of the "Sen" Transformer With the Unified Power Flow Controller; IEEE Transactions on Power Delivery. 18(4), 1523–1533 (2003).

Sen, K., Stacey, E.: UPFC - unified power flow controller: theory, modeling, and applications. IEEE Trans. Power Deliv. 13(4), 1453–1460 (1998).

Sun, J., Hopkins, L., Shperling, B., Fardanesh, B., Graham, M., Parisi, M., MacDonald, S., Bhattacharya, S., Berkowitz, S., Edris, A: Operating Characteristics of the Convertible Static Compensator on the 345 kV Network; IEEE PES Power Systems Conference and Exposition, (October 2004) www.ieee.org.

Zelingher, S., Fardanesh, B., Shperling, B., Dave, S., Kovalsky, L., Schauder, C., Edris, A.: Convertible Static Compensator Project - Hardware Overview; 2000 IEEE Power Engineering Society Winter Meeting. Conference Proceedings (Cat. No.00CH37077), 2511–2517, Volume: 4, (2000) www.ieee.org.

Stig Nilsson，美国毅博科技咨询有限公司首席工程师。最初就职于瑞典国家电话局，负责载波通信系统开发。此后，曾先后就职于 ASEA（现为 ABB）和波音公司，并分别负责高压直流输电系统研究以及计算机系统开发。在美国电力科学研究院工作的 20 年间，于 1979 年启动了数字保护继电器系统开发工作，1986 年启动了电力科学研究院的 FACTS 计划。1991 年获得了输电线路无功阻抗控制装置专利。他是 IEEE 终身会士（Life Fellow），曾担任 IEEE 电力与能源学会输配电技术委员会、IEEE Herman Halperin 输配电奖委员会、IEEE 电力与能源学会 Nari Hingorani FACTS 及定制电力奖委员会，以及多个 IEEE 会士（Fellow）提名审查委员会的主席，曾是 IEEE 标准委员会、IEEE 电力与能源学会小组委员会和工作组的成员。他是 CIGRE 直流与电力电子专委会（SC B4）的美国国家代表和秘书。获 2012 年 IEEE 电力与能源学会 Nari Hingorani FACTS 及定制电力奖、2012 年 CIGRE 美国国家委员会 Philip Sporn 奖和 CIGRE 技术委员会奖；2006 年因积极参与 CIGRE 专委会和 CIGRE 美国国家委员会而获得 CIGRE 杰出会员奖；2003 年获得 CIGRE 美国国家委员会 Attwood Associate 奖。他是美国加利福尼亚州的注册专业工程师。

　　许树楷，教授级高级工程师，中国南方电网有限责任公司创新管理部副总经理，南方电网公司特级专业技术专家，IET FELLOW（会士），IEEE 高级会员，IET 国际特许工程师（Charter Engineer），CIGRE 中国国家委员（Regular Member）和战略顾问（AG01）。主要研究领域为柔性直流与柔性交流输电、大功率电力电子在大电网的应用技术等，是世界首个柔性多端直流输电工程系统研究和成套设计负责人、世界首个千兆瓦级主电网互联柔性直流背靠背工程系统研究和成套设计负责人、世界首个特高压±800kV 多端混合直流输电工程系统研究和成套设计负责人。先后获中国专利银奖 1 项、中国标准创新贡献奖 1 项、中国电力科技奖等省部级一等奖 10 余项。曾获中国电力优秀青年工程师奖、广东省励志电网精英奖、南方电网公司十大杰出青年等荣誉称号。

　　雷博，工程师，南方电网科学研究院有限责任公司主管。于 2011 年和 2014 年分别获得湖南大学电气工程学士学位和硕士学位。毕业后入职南方电网科学研究院有限责任公司，并从事兆瓦级储能、电力电子装备、直流输电系统研究和生产经营工作。2014 年至 2015 年，参与了 2MW 无变压器直挂 10kV 电池储能系统设计研究。作为核心成员，起草了 IEEE P2030.2.1《电池储能在电网应用导则》，并于 2015 年至 2017 年参与了 IEC 60919《常规高压直流输电系统控制和保护》标准维护工作。参加了中国电化学储能、FACTS、直流输电等领域若干标准相关工作，推动了百兆瓦时级退役动力电池梯次利用示范工程建设，参与了特高压柔性直流和特高压混合直流的技术研究，后者已应用于世界首个特高压±800kV 多端混合直流输电工程。

　　邓占锋，教授级高级工程师，博士生导师，任全球能源互联网研究院电力电子研究所所长、全国电压电流等级和频率标准化（SAC/TC1）技术委员会副主任委员、电力行业电能质量及柔性输电标准化技术委员、"先进输电技术"国家重点实验室副主任。主要研究方向为新型储能及能源转化技术、柔性交流输配电技术。

Bjarne Andersen，Andersen 电力电子解决方案有限公司董事兼所有人（2003 年）。成为独立咨询顾问之前，在 GE 公司工作了36 年，最后任职工程总监。参与了首台链式 STATCOM 和移动式SVC 的研发工作。参与常规和柔性高压直流输电项目的各阶段工作，有丰富经验。作为顾问，参与了包括卡普里维直流输电工程在内的多个国际高压直流输电项目。卡普里维工程是第一个使用架空线的商业化柔性直流输电项目，允许多个供应商接入，并实现多端运行。2008 年至 2014 年，任 CIGRE SC 14 主席，并在直流输电领域发起了多个工作组。是 CIGRE 荣誉会员，于 2012 年荣获IEEE 电力与能源学会 Uno Lamm 直流输电奖项。

CIGRE Green Books

第 5 部分

FACTS 装置规划和采购

经济评估和成本效益分析

16

Mário Duarte

目次

Mário Duarte (*)
爱尔兰都柏林，爱尔兰国家电网公司
电子邮件：mario.duarte@eirgrid.com

© 瑞士，Springer Nature AG公司2019年版权所有

S. Nilsson，B. Andersen（编辑），柔性交流输电技术，CIGRE绿皮书，https://doi.org/10.1007/978-3-319-71926-9_16-1

摘要

在系统规划中考虑 FACTS 装置不会对输电系统规划人员目前采用的规划流程进行任何更改。经济评估是一项由多个离散阶段所组成的任务过程。这些阶段通常包括明确所需分析的问题和投资需求、确定比选方案、评估成本和效益、总结分析结果以及做出最终投资决策。FACTS 装置的经济评估需充分考虑其与其他传统方案所不同的优势。输电企业在综合考虑 FACTS 装置的技术优点并确需对其投资时，需要将其与其他备选方案比较并进行相应的经济评估，从而为此类投资提供决策支持。在此情况下，应全面了解输电系统扩建的必要性，并明确任一类 FACTS 装置在缓解系统约束方面的作用。近期已交付的大型输电项目经验表明，审批、土地征收和施工已变得极其困难。有鉴于此，FACTS 技术至少可以为短期内延缓新建输电线路提供及时、低成本的替代方案。

16.1　引言

正如 Stoll 在其文中所言，输电公司在重大资本投资方面长期致力于基础设施投资建设。通常情况下，输电公司需受到监管，并要求为电力消费者提供良好服务（Stoll 1989）。

将 FACTS 装置纳入系统规划不会改变任何规划流程（Hingorani 2007）。系统规划的技术评估仍始终围绕电力潮流计算、暂态和动态稳定性计算、无功功率分析和电压控制以及电压稳定性分析。采用 FACTS 装置的主要优势包括以下方面：

（1）提升对电力系统暂态事件的响应速度，从而增强电力系统暂态稳定性；

（2）具备调节 FACTS 装置响应的能力，从而为系统提供阻尼；

（3）功率半导体器件良好的占空比，确保 FACTS 装置能够重复投切和退运，从而控制电力系统振荡；

（4）通过内置的自检来提高系统安全，从而确保 FACTS 装置随时都可运转；

（5）通过对无功潮流和电压的连续控制，使得所连接的线路运行更为高效，从而提升系统运行效率。

将 FACTS 装置纳入规划考量，既意味着追加新投资，还提供了额外的手段使传统输电基础设施投资提质增效。

FACTS 装置的技术优点或许可有效吸引输电公司对其进行投资。从电网规划的角度来看，这类投资需以相应的经济评估作为支撑，将其优势与其他候选方案进行充分比较。为此，必须充分了解输电系统发展的必要性，并明确任一 FACTS 装置在缓解系统约束或解决现有电网局限性方面的作用。

全球多数地区中，根据新订法律法规而建立的能源批发市场，让输电系统所有者摆脱了集中规划的模式，由此为电网规划人员在确定最佳建设方案时带来诸多挑战，使得系统规划更加注重系统的灵活性，并缩短了规划的年限。规划年限的缩短可能会对方案应用的持续时间造成影响。

为支持可再生能源发电、储能以及灵活的电力需求的发展所采取的解除管制、再管制、机制重构、以及重大监管和政策的调整等变化，为电力系统带来长期不确定性的同时，还持续推动其转型的步伐。所有这些变化会影响电力系统的运行性能、可靠性、电能质量和可操作性，但同时也有力推动了基于 FACTS 装置的解决方案的推广，化解了由这些变化带来的挑战。FACTS 技术在有功和无功潮流的控制方面也是一种赋能技术，充分提高现有输电线路利用水平、发挥利用价值。正如 Hingorani（Hingorani 2007）所说，FACTS 技术为克服可用输电容量限制提供了有效解决方案。

最近在世界部分地区实施大规模基础设施项目，尤其是新建输电线路的经验表明，法定规划和审批程序、土地征收和施工变得尤为困难。除了更严格的环境评估外，人们还日益重视项目工程的社会影响，继而不断增加新基础设施建设所需耗费的成本和时间。多数情况下，地方民众的反对引发了全国性的负面舆情和政治介入，因而使得输电系统的发展备受争议。有鉴于此，FACTS 技术至少可为短期内延缓新建输电线路提供高性价比的替代方案（Paserba 2009）。

本章的成本效益分析从以下方面考察 FACTS 装置的成本和效益：

（1）FACTS 装置与其他非 FACTS 技术方案的成本和效益比较；

（2）不同 FACTS 装置在不同应用场景下的成本和效益比较。

本章阐述了 FACTS 装置在输电系统中的明确需求、方案比选、方案论证和执行投资等规划方面的内容，并讨论了其经济评估的编制方法。该编制方法为投资决策提供了经济性方案，并与所有大型输电基础设施或设备的经济评估方法基本一致。

本章囊括了在执行成本效益分析时所需考虑的因素，并涵盖了本书中所有提及的 FACTS 装置的相关主要成本和效益。

本章详细解释了以下列出的关键概念：

（1）经济评估；

（2）增量评价；

（3）折现现金流；

（4）贴现率；

（5）现值；

（6）净现值（NPV）。

16.2 背景

包括输电网补强在内的基础设施项目是系统扩建（如新增负荷或发电机的接入）、系统优化或者在不断分析和发现问题后所采取补救措施等环节分步实施中的重要组成部分。为满足此类扩建和优化需求或解决系统约束，通常需要不同的比选方案，并根据经济、技术、社会以及环境等方面的论证来选择推荐方案。

经济评估是权衡成本和效益的一系列研究过程。对于输电基础设施开发而言，在执行投资前需进行经济评估，通过估算该项投资可能产生的影响，从而帮助决策下一步所要采取的行动。

更一般地，经济学领域将这类研究过程称为成本效益分析（CBA）。成本效益分析是一种帮助决策者选择资源利用比选方案的结构化方法，传统做法是对成本和效益进行货币化，并评估净效益程度，以便做出投资决策。所有成本和效益都以货币形式表示，并根据资金的时间价值调整，因此对于所有发生在不同时点的效益流和项目成本流，均可折算为各自的净现值并放在同一个基准上进行比较（Stoll 1989）。

在某些取决于行业结构和投资方的情况下，需在公司层面进行成本效益分析。在这类情况下，由于成本和效益的内涵有着明晰的界定，因此可更容易地确定两者的范围。在公司层面分析成本和效益时，通常需考虑法律、资金和税务的安排。这类经济评估通常被称为财务评估。

对于世界上多数地区，一般在社会层面上进行经济评估，评价补强是对国民经济的增量影响，不考虑对参与资本投资的任何个体状态或私营企业的影响。

鉴于社会层面的价值衡量需考虑的范围较广，人们不可避免地试图和要求扩大评估的范围，从而将经济外部性纳入考量。外部性是指所直接评价对象以外的其他实体所带来的成本和效益。因此，人们逐渐认识到并非所有的成本和效益都可轻易量化，因此成本效益分析的内涵需要进一步延伸。例如，人们普遍意识到安全可靠的电力系统可带来切实的福利效益，然而这类效益却难以量化，因而也很少在具体的输电网补强方案中评估该类效益。同样，人们也意识到补强方案会为所服务的对象群体带来社会成本，虽然为此也在提供补偿方面做出了一些努力，但人们认为这类成本始终还是难以全面量化。

欧洲电力传输系统运营商联盟（ENTSO-E）采用更广义的成本效益分析方法。ENTSO-E由来自欧洲 35 个国家的 42 家输电系统运营商（TSO）所组成，其覆盖领域已延伸至欧盟边界之外的地方。根据欧盟第 347/2013 号条例的要求，ENTSO-E 建立了一套成本效益分析方法（ENTSO-E 2018），用于评估泛欧十年电网发展规划（TYNDP）中所包含的输电和储能项目，具体从社会经济福利到环境影响等九个指标分别对每个 TYNDP 项目进行评估。

欧盟委员会还制定了成本效益分析指南（European Commission 2014）。该指南明确了所有提交给欧洲结构和投资基金（ESIF）的大型项目所应遵循的方法体系，其中规定了大量的效益和成本的类目，以及提出一系列用于辅助量化的方法。

欧盟以外的世界其他地区可能没有制定明确的投资决策准则。例如，美国的输电网投资会受到联邦能源监管委员会（FERC）、北美电力可靠性公司（NERC）、独立系统运营商（ISO）和公用事业委员会（PUC）或各州同等实体等不同主题的约束，缺乏一个管理投资决策的中央机关。

本章以下各节将阐述成本和效益的广泛构成以及讨论对二者的货币化表示方式。

16.3　经济评估的一般方法

经济评估是由多个处理阶段所组成的分析过程。这些处理阶段需根据投资执行主体的治理要求和治理架构进行设置。根据行业结构及监管深度的不同，政府监管机构在审查和核准竞争性补强方案方面发挥或大或小的作用。

通常，上述处理阶段包括以下五个方面：

（1）问题定义：明确待分析的问题以及对输电设备变更或投资的必要性。

（2）确定比选方案：具体列出解决该问题的可选方法。

（3）成本效益分析：评估比选方案的成本和效益。

（4）比较和总结：总结分析结果。

（5）决策。

问题定义一般都是每一项评估工作的第一步，为此需要清晰明确地定位问题。通常情况下，解决问题的对应方案至少有一种。FACTS 装置的性能特点使其非常适用于输电系统，因此其也常常作为解决高压输电方面问题的可选方案之一。

为了有效缓解输电网中的系统约束，一般应找出所有合理的比选方案。根据问题定义的不同，所找到的技术方案可能数量较为庞大，其中不乏将 FACTS 装置单独考虑或与其他网架改造方式组合考虑的方案。因问题定义的不同，比选方案可能只关注长期战略投资，又或者只考虑短期的灵活解决方案，又或者是两者的折中或组合。鉴于如负荷位置、负荷类型、电源位置、电源可用性、电源数量和电源类型等关键预测参数的不确定性日益增大，灵活解决方案以及那些可通过配备 FACTS 装置实现现有电力系统容量和性能最大化的方案逐渐备受关注。

成本效益分析是经济评估过程中的一项分析环节，通常通过下列步骤对成本项和效益项进行评估，即：

（1）罗列各项成本和效益。列出经济评估中所应包含的各项成本和效益的描述性清单。

（2）衡量各项成本和效益。获取用于刻画不同比选方案成本和效益水平的数据。

（3）投资评估，也即将上述获取的数据转换为资金价值。例如，应将资源利用量的数据与该资源的价值综合求出对应的利用成本。

更广义地，成本效益分析在经济学中被定义为经济评价的一项通用术语，且不论成本和效益的构成和归属，均以各个比选方案的所有成本和效益作为分析基础。该分析过程包括对成本和效益的描述，以及在可行情况下对二者的具体量化和赋值。在评估结果的比较和总结过程中，需将成本和效益数据综合表示为评估结果，并将这些结果提交给决策者，用以甄别推荐的投资方案。典型的做法是，将每个比选方案的成本项和效益项进行算术计算，得出货币化后的净值，也即比较每个比选方案的净现值（NPV）。因此，为使分析研究过程更具指导意义，需以货币价值的形式列出所有成本项和效益项。这类成本效益分析方法可计算出每个比选方案的净效益以及效益和成本间的差值。该差值一般应为正值，但在法律法规另有规定的投资活动中也可为负值，且在这种情况下应将损失降至最低。

最后一个阶段为根据评估结果制定投资决策。需基于公司治理的流程，并在行业体系下的许可范围内做出相应的投资决定。决策过程一般选择具有最大净效益的比选方案。原则上，成本效益的主要决策准则为，选择所获得效益的总和大于所负担成本的总和，换言之，净收益为正的活动。如果由于资金有限等因素只能开展一项净效益为正的活动，则应选择净效益最高者。

16.4 问题定义

部署包括 FACTS 装置在内的输电设备是应对输电网中发现且需缓解的问题的有效手段。一般以实施补强方案前的系统运行状态为参照对象，并将不同比选方案的影响与该参照对象进行比较。

充分掌握系统约束条件及其对补强方案的特定要求尤为重要。这有助于确定可满足具体需求的各种技术手段。例如，由于新增可再生能源发电机组接入导致火电容量不足而产生新的系统约束。假设新机组不能弃电，则可通过以下方式满足对增加额外容量的需求：

（1）提高现有输电线路的输电容量；

（2）建设更多输电线路；

（3）改善并行输电通道上的潮流分配和平衡。

因此，根据系统约束的性质不同，需要考虑不同的补强比选方案。在此情况下，FACTS装置可满足特定的应用需求，但仍不被视为解决所有输电约束条件的通用方案。

FACTS装置的应用通常是更高层级方案的组成部分，在这类方案中，需要FACTS装置与例如新建输电线路等传统的补强方案配套使用。一般来说，传统补强方案通常需与FACTS方案以及配套有FACTS的小型传统补强方案的组合进行比较。

此外，还应审视解决假定问题的方法。采取战略方法会生成一系列以长期目标为导向的比选方案，反之，采取短期应对方法则会生成一系列以短期目标为导向的比选方案。对方法的选取需根据需求的紧迫程度以及充分评估需求随时间变化的不确定性来具体确定。最佳实践可推动解决方案有效支撑长期战略，但这种更为务实地解决系统约束的方法在处理TSO和规划人员所面临的实际问题时并不总会见效。

16.5　比选方案的确定及相关性能评价

比选方案的确定和评价是一个独立、清晰的过程。在该过程中，会产生多种不同的比选方案，以满足如缓解技术或性能约束等的特定目标或解决公共需求，并评估各比选方案的相关性能。

通过对各类比选方案进行成本效益分析，基于分析结果确定可实现指定目标且经济性最优的解决方案。为具体工程项目而制定的经济性方案是项目总体评估的内容之一，此外，项目总体评估还包括可负担性分析、可实现性或可交付性分析、不同比选方案的风险分析，以及对社会、环境、健康和安全的影响评估等内容。

在后续讨论中主要考虑了以下FACTS装置：

（1）静止无功补偿装置（SVC）；

（2）静止同步补偿装置（STATCOM）；

（3）可控串联补偿装置（TCSC）；

（4）统一潮流控制器（UPFC）。

16.5.1　定制化解决方案

FACTS装置可以是传统补强方案的替代选择，也可作为总体方案的组成部分，以便针对部分战略性考量而形成相应替代方案，例如，考虑由于关键假设的较大不确定性导致重要基础设施项目的延缓建设。FACST装置通常应用在电网扩建方案或者以提高现有电力系统利用率为目的的补强方案中，而且往往也是避免对系统重大改动的有效替代方案。

在某些应用场景，FACTS装置是唯一能够有效提供合适且低成本缓解手段的技术比选方案。在此情况下，各类的比选方案就是从不同的FACTS技术选取，以满足具体系统强化的要求。

16.5.2　规划过程需考虑的性能特征

基于具体的电网拓扑结构以及分析 FACTS 装置确保系统各类约束不越限的能力，来判断一种 FACTS 装置能否作为满足特定系统需求的比选方案。

本书的其他章节已讨论了不同 FACTS 装置的技术特征以及 FACTS 装置的不同实现方式，具体如表 16-1 所示。读者可在以下章节中找到关于不同 FACTS 装置的有用技术和其他信息，如实际工程实施、现场面积和具体应用。

表 16-1　　　　　　　　　　各类 FACTS 技术在本书的内容分布

技术名称	技术说明	应用实例
静止无功补偿器（SVC）	第 6 章	第 12 章
静止同步补偿器（STATCOM）	第 7 章	第 13 章
晶闸管控制串联电容器（TCSC）	第 8 章	第 14 章
统一潮流控制器（UPFC）	第 9 章	第 15 章

以下将简要地介绍每种 FACTS 装置及其特性。

16.5.2.1　静止无功补偿装置

（1）SVC 通常由一个或多个用于吸收无功功率的晶闸管控制电抗器（TCR）和一个用于减少 TCR 的交流谐波并提供无功功率的交流滤波器组成。SVC 还可包括晶闸管投切电容器（TSC）或晶闸管投切电抗器（TSR）。SVC 最大可吸收的动态感性无功功率额定容量等于 TCR 和 TSR 的额定容量之和与交流滤波器的额定容量之差。最大可发出的动态容性无功功率额定容量等于 TSC 和交流滤波器的额定容量之和。SVC 的动态输出范围可通过由断路器投切的电容器和电抗器加以补偿调整。

（2）除一个模块外，其余所有的都可以作为 TSR 运行，以最大限度地减少谐波产生，并为 SVC 系统提供冗余。

（3）TCR 的晶闸管可具有显著的短时过载能力，在发生严重过电压事件可发挥重要作用。

（4）交流系统电压低至额定值的 80% 时，单台 TSC 输出的无功功率将降至其无功功率额定容量的 64%，此时 TSC 在投入后发挥定阻抗的作用。

（5）用以将 SVC 接入交流电网的变压器必须根据 SVC 的最大感性或容性无功功率额定值进行定容。

（6）SVC 系统的额定容量需考虑变压器中电感所吸收的无功功率。

16.5.2.2　静止同步补偿装置（STATCOM）

（1）STATCOM 由一个或多个电压源换流器（VSC）组成，其输出范围对称，可吸收或发出同等容量的无功功率。STATCOM 的动态输出范围可由 TSC 和 TSR，或者由断路器投切的电容器和电抗器补偿调整，但是两种措施均会增加占地面积。现代的 STATCOM 通常无需配置交流滤波器。

（2）STATCOM 的额定容量一般根据 VSC 的额定容量来确定，而 VSC 的额定容量仅为功能相当且容量对称的 SVC 的 1/2。换言之，STATCOM 每 1var 的额定容量大约对应 SVC

中 TCR 的 1var 额定容量（滤波器中的无功功率净值）加上 TSC 的 1var 额定容量。

（3）交流系统电压低至额定值的 80%时，单台 STATCOM 输出的无功功率降低至其无功功率额定容量的 80%，此时 STATCOM 在其容量限值上发挥电流源的作用。

（4）用以将 STATCOM 接入交流电网的变压器必须至少根据 VSC 的最大额定容量进行定容。

（5）STATCOM 系统的额定容量需考虑变压器中电感所吸收的无功功率。

16.5.2.3　统一潮流控制器（UPFC）

（1）UPFC 由一台与交流母线并联的 VSC 和另一台与交流线路串联的 VSC 组成。每台 VSC 均有对称的输出范围。2 台 VSC 共用同一直流母线，且该直流母线必须根据需输送的有功功率确定额定值。

（2）UPFC 的额定容量应等于其 2 台 VSC 的额定容量之和。

（3）并联型 VSC 和串联型 VSC 不一定具有相等的额定容量。

（4）UPFC 的并联型 VSC 与 STATCOM 相同，但是还具备向串联型 VSC 发出或吸收有功功率的能力。

（5）串联型 VSC 可向交流线路的每一相施加不同幅值和相位的电压：

1）　所施加电压的幅值受线路并网点过、欠电压限值所约束。

2）　在短路电流较大的应用场景，必须旁路串联变压器（尤其是换流器侧），以避免串联换流器的换流器阀产生过电流应力。

3）　一般通过大电流晶闸管开关来实现旁路。

（6）2 台 VSC 可按各自额定容量独立地吸收和产生无功功率。

（7）并联型和串联模组间的有功功率交换必须相等。

（8）通过断开公共直流母线，并联型 VSC 和串联型 VSC 便可相互独立地运行，此时不再传输有功功率，因此串联侧施加的电压只能与线电压正交。

16.5.2.4　可控串联补偿装置（TCSC）

（1）TSCS 在容性和感性工作范围的额定容量是不对称的：

1）容性工作范围主要受串联电容器额定电压的限制。

2）感性工作范围受晶闸管开关中谐波含量的限制。

（2）串联电容器组的额定容量可在与之并联的晶闸管控制电抗器（TCR）截止的条件下加以确定。

（3）TCR 的额定载流量可根据旁路串联电容器后的持续流过 TCR 的最大线电流来确定。

（4）TCSC 额定容量可取为计及其具体升压因子（增加后的串联电容器电压）和容性电抗后的额定容量：升压因子通常在 1～3 之间变化，但一般仅在 TCSC 电流小于额定值时才能获得较高的升压因子。

（5）短期和长期过载载流量通常专为用于暂态功率波动期间的大功率传输而设定。

（6）通常在发生短路时，TCSC 中的 TCR 需对串联电容器进行旁路：TCR 所采用的晶闸管热特性由短路电流占空比所决定。

对各类 FACTS 装置的简单比较如表 16－2 所示。

表 16-2   FACTS 装置应用比较

应用	SVC	STATCOM	UPFC	TCSC
最常用场景	控制系统电压；有效改善电压质量，例如：减少由负荷扰动引起的电压闪变	控制系统电压；有效改善电压质量，例如：减少由负荷扰动引起的电压闪变；场地占用比 SVC 小	可同时控制潮流和系统电压；FACTS 装置中用途最广的一种，可适用于需要解决多种问题的场合	提高线路的潮流容量；减少跨区域功率振荡问题；防止发生次同步扭矩振荡
电压和功率因数控制	对于可控范围外的过电压和欠电压问题，SVC 按定阻抗运行；具有较高的过载能力	对于可控范围外的过电压和欠电压问题，STATCOM 按定电流运行；本身的过载能力通常小于 SVC	对于可控范围外的过电压和欠电压问题，UPFC 中 STATCOM 部分按定电流运行；除非为特定应用而设计，其过载能力有限	可在不超过 TCSC 的额定容量范围内对并联电压进行间接的过电压和欠电压控制
电压稳定性提高	快速响应母线电压的扰动	快速响应母线电压的扰动；即使在电压水平较低的情况下也能发挥电压支撑作用，从而使系统更快恢复	快速响应母线电压的扰动；即使在电压水平较低的情况下也能发挥电压支撑作用，从而使系统更快恢复；其串联部分可影响线路无功功率，从而可提高电压稳定性	可在不超过 TCSC 的额定容量范围内对并联电压进行间接的过电压和欠电压控制；由于 TCSC 潮流控制的能力可影响线路无功功率，因此也可能改善电压稳定性
潮流控制	通过交流电压控制间接实现潮流控制	通过交流电压控制间接实现潮流控制	其串联部分可以独立控制流过线路的有功和无功潮流；可平衡并联线路间的潮流	TCSC 可控制流过线路的有功潮流；可平衡并联线路间的潮流
短路电流限制	不具备	不具备	只有当换流器的短路电流小于所设计的过电流额定值时，才能发挥限制短路电流的作用。一旦超过限值，将会旁路串联换流器，UPFC 不再具备限制电流的能力	发生短路时，通过晶闸管开关快速旁路串联电容器，以减少故障电流；发生单相故障时，通过控制可在无故障相上提供最大功率传输
谐波	配备有滤波器，用于限制 TCR 工作期间产生的系统谐波	现代 STATCOM 通常不需要滤波器就能满足谐波性能要求；部分 STATCOM 专门设计具备系统谐波有源衰减的功能，因而也增加了相应的成本	现代 UPFC 通常不需要滤波器就能满足谐波性能要求	TCSC 对线路没有明显的谐波注入，因而无需专门配置滤波器
缓解次同步振荡	正确设计的 SVC 不会导致其与发电机之间发生次同步振荡；如果安装在恰当位置，SVC 还可专门设计成具备减少互联设备间次同步振荡的能力；对上述两个问题仍需要深入研究	正确设计的 STATCOM 不会导致其与发电机之间发生次同步振荡；如果安装在恰当位置，STATCOM 还可专门设计成具备减少互联设备间次同步振荡的能力；对上述两个问题仍需要深入研究	正确设计的 UPFC 不会导致其与发电机之间发生次同步振荡；可专门设计以减少其所接入线路的次同步和阻尼扭矩振荡问题；对上述两个问题仍需要深入研究	正确设计的 TCSC 不会导致其与发电机之间发生次同步振荡；可专门设计以减少其所接入线路的次同步和阻尼扭矩振荡问题；对上述两个问题仍需要深入研究

　　一般说来，并联型 FACTS 装置可控制电压和无功功率，因而也能控制功率因数，因此，可改善电力系统的电压稳定性。由于缺少能量存储环节且没有惯性，这类装置不会改变电力系统的短路容量。如果应用在电网中的合理位置，则可有效抑制次同步谐振（SSR），而且只要设计正确，则不会引起扭振相互作用。

　　串联型 FACTS 装置可实现潮流控制，而且只要设计正确且装设在电力系统中对 SSR 能观能控的恰当位置，则可发挥抑制 SSR 的作用。还可用于提高电力系统的暂态和动态稳定性，并通过快速增加其所在线路的阻抗来减少短路电流。由于 UPFC 既是并联补偿器又是串联补偿器，因此同时具备并联型和串联型 FACTS 装置的功能。

16.5.3　功能要求

为充分了解每类 FACTS 装置的成本和效益，需根据已明确需求比较彼此的相对性能。相对性能通过潮流计算、稳定计算和谐波性能分析等详细的输电系统研究得出。技术仿真的范围可按需求作进一步扩展，并可作为已确定需求的一项要求内容。

技术仿真用于评估已筛选出的补强比选方案在缓解系统约束条件方面的效果，从而帮助确定解决方案的功能要求。由此可得出新增的输送容量需求，从而明确新建输电线路的导线或电缆的类型，或者新建 STATCOM 或 SVC 应具备的动态补偿范围。当某一比选方案选为推荐方案后，相关的功能要求将进一步用于后续的具体设计。

刚开始时，静态和动态仿真一般采用通用模型，以确定 FACTS 装置在缓解特定约束条件方面的效果。但在实际应用中，FACTS 装置的精确模型远比通用模型复杂。如果 FACTS 装置被选为可行的比选方案，则需进一步研究其精确模型。

目前，已有多个软件可用于潮流计算和动态建模仿真。例如，较为常见的是西门子开发的 PSS/E 和 DIgSILENT 开发的 Power Factory。

16.5.4　增量影响的衡量

为评估对系统的增量影响，需依赖系统性能的分析结果，例如输电损耗的变化情况、可再生能源消纳的提升情况，或者跨区域功率输送的增加情况等。这些增量变化需根据具体的影响通过货币化的形式转化为增量效益或增量成本。

为了进行方案比较分析，还需要以包含并网电压、补偿范围等关键参数的功能要求作为支撑，以便计算各比选方案的成本。功能要求会对 FACTS 装置的能力及相应成本等成本要素以及输电线路长度、变电站规模、安装用地面积等可能的空间要素造成影响。

某些比选方案会对潮流产生实质性影响，并因此能更频繁地实现经济发电调度，这种情况下可计算这些方案的社会经济福利贡献。这一分析过程一般可通过电力市场仿真分析软件的电力市场仿真分析功能计算得出。

16.6　成本效益分析

16.6.1　初步考虑

16.6.1.1　一般分析原则

成本效益分析（CBA）是一种成熟且广泛使用的方法，可评估一项决策、政策或投资的优点，通常用于评估个人投资或决策的可行性，或者为多个投资方案或项目方案提供依据或作分析比较。

成本效益分析主要将一项投资或多个可选方案的总预期成本与总预期收益进行比较。这些总成本和总收益可以全部以货币形式表示，也可以作为更宽泛的多判据分析方法的一部分，从而实现更广义的价值评估。

成本效益分析在实际应用中考虑了货币价值的时变性：由于货币具有潜在的收益能力，当前货币的价值大于未来某一天同等数额的货币。倘若这些货币可以赚取利息，那么越早取得的货币，其价值越高。这一点在现金流折现（DCF）分析中得到了充分的体现。现金流折现分析是考虑货币时间价值的通用方法，通过认可的净折现率（NDR）将未来的现金流估算、折现为等效的现值。利用这一手段可将每一个补强比选方案所有相关的价值项都用同一个基准进行表示，从而便于比较各个比选方案的经济效益。一项投资的净现值（NPV）等于货币化的效益项减去货币化的成本项。

计及成本效益分析总体框架的决策需考虑评估的环境以及决策主体的具体要求。这将涉及以下考虑因素：评估是使用实际价值还是名义价值、评估是面向社会层面还是公司层面进行，以及是否因此要考虑税收。受监管的系统运营商（SO）所采用的通用评估方法一般是需以社会层面为对象，因此需考虑各价值项的实际值，且不考虑税收。

相关的监管机构或企业金融部门通常以公司融资状况，也即杠杆或债务权益比率和加权平均资本成本（WACC），作为参考，制订与成本和效益及合理的要求回报率相关的企业融资决策。例如，具体涉及参考货币、汇率应用、以及如二氧化碳排放成本和输入燃料成本等参考能源参数等。最为重要的是，对于在经济评估中所使用的净贴现率的选择是一项关键的企业融资决策，通常参考企业的加权平均资本成本或基于已核准的监管资产得出的允许监管回报率。通常情况下，根据企业融资方的要求，NDR 会充分反映投资风险，并为 WACC 提供风险溢价。

16.6.1.2 评估期限和可用资产寿命

资产的经济使用寿命是指资产的有效期，一旦到期，资产将被更换或退运。对于在监管环境中的输电网资产，从 SO 所监管资产的本身来看，其经济使用寿命通常与所允许的折旧期相等，一般可长达 50 年，但如果仅为有限时间内所需要的资产，则其经济使用寿命可能会更短。监管会计随后会使用直线折旧等方法将输电资产进行折旧。其后，若仍需保留原有功能，则可替换所退运的资产。对于不受监管约束的企业，则具体由企业融资方自行决定。

经验表明，如果输电资产维护良好，则其使用寿命可大于监管折旧期。然而，即使 FACTS 装置在其折旧年限内可能未被使用，但为了保持一致性和便于分析，仍需明确给出且所有分析中都要考虑不同资产的使用寿命。

方案比选时，要求所有待考虑方案的年限一致。对于具有相同使用寿命的资产，评估过程相对简单。但对于具有不同使用寿命的资产，一般取最长的使用年限作为评估期，然后考虑期间更换或退运使用寿命较短的资产，并在评估期结束时将资产的最终价值记入贷方。

从电网规划角度而言，FACTS 装置的使用寿命是成本效益分析的输入参数，但不等于如新建输电线路或变电站扩建等静态输电设备相关的传统技术的使用寿命。从资产管理角度而言，独立组件的使用寿命与用途本身和使用频率有关。再次从规划目的来看，考虑各组件中单个元件的典型使用寿命一般足以代表 FACTS 装置的使用寿命。关键组件的典型使用寿命 15~35 年不等（Joseph et al. 2018）。某些相关的变压器的使用寿命为 30 年以上。因此，对于假设电力电子装置的使用寿命远低于传统输电设备 40~50 年的使用寿命的观点是合理的。一般来说，FACTS 装置合理的使用寿命为 30 年。

当将 FACTS 装置与传统方案进行比较时，其较短的使用寿命应作为分析中的一个因素纳入考量。然而，采用 FACTS 的方案可能会推迟对新建线路的投资，可能会导致未来会产生大量资本支出。

16.6.1.3　净现值的计算

由于净现值（NPV）在经济分析中广泛采用，因此也产生出了多种 NPV 计算方法。

一种方法是要求先计算贴现因子，然后将其乘以相应年份的各项成本和收益。另一种方法是确定给定年份的成本和效益，并将净值折现为现值，如式（16-1）所示：

$$NPV = \sum_{t=0}^{T} \frac{Benefit_t - Cost_t}{(1+NDR)^t} \tag{16-1}$$

式中：NPV 为净现值；$Benefit_t$ 为第 t 年收益；$Cost_t$ 为第 t 年成本；NDR 为净贴现率；T 为评估期，通常为 40 年或 50 年。

该方法还有其他不同的计算方式，但在数值上都是正确的。采用何种方法纯粹是偏好问题，只要方法简单、合理，既计及与预测未来贴现率、必要时需考虑的通货膨胀情况等相关的不确定性因素以及其他未知因素，又能满足后续外部第三方审计的要求即可。

16.6.2　成本

16.6.2.1　成本计算的一般方法

对于所提出的补强方案，需进行增量式评估。换言之，需明确与补强方案相关的增量成本和增量效益，并以未投资该方案作为参照方案，将两者的实现效果区别开来。每个补强方案均需按此方式分别完成评估。

除了由于技术原因，或者在环境或社会约束下无法扩建现有输电网或扩建成本过高等场合而必须采用 FACTS 装置以外，FACTS 装置的使用都必须作为比选方案的一种，与其他传统比选方案一起进行评估。

成本比较主要甄别和量化由包括应用 FACTS 装置在内的补强比选方案所直接导致的成本项。主要的成本项包括：

（1）初始资本成本，包括工程前期成本以及考虑了突发事件潜在成本的风险因子。

（2）某些情况下，包括终止成本。终止成本应包括退运成本和废料回收价值，此外，根据需完成评估的属地或企业的具体评估要求，还可包括场地复原成本。对各方案具有不同使用寿命的场合，则还需包括资产剩余价值，从而使各方案具有可比性。

（3）新增的运营和维护成本。

（4）与可靠性相关的成本。

尽管有许多研究详细讨论了各类 FACTS 装置的技术分析和应用，但在公开文献中鲜有提及其经济性（L'Abbate et al. 2007）。然而，不同 FACTS 方案间的性能差异可能会导致采用额定容量较低的方案，而不是额定功率较高的另一种方案，这样也能实现相同目标的情况。因此，如果不同 FACTS 方案的额定容量相等，单纯以单位 kvar 的成本作为决策依据可能具有很高的误导性。由此会影响对 FACTS 部署方案的详细经济评估，因为是否部署 FACTS 通常取决于多个参数的近似值，而且有些参数通常难以明确测量或量化。FACTS 制造商仅提供有限的经济参数相关的信息，因为 FACTS 装置的部署，视具体类型而言，尚未普遍推广。在这种情况下，后文将讨论 FACTS 装置的成本结构。

16.6.2.2 初始投资成本

初始投资成本或资本成本的估算旨在覆盖 FACTS 装置的设备成本（即设计、研发、制造、运输）和施工成本（即施工、架设、安装和投运）。

典型的成本决定因素与安装的额定容量以及所需的 FACTS 装置配置有关。除此之外，初始投资成本还受以下具体要求的影响：

（1）控制和保护系统的冗余，在某些情况为主要组件的冗余，用以满足特定的可靠性水平；

（2）环境条件，如温度或污染水平等；

（3）地质限制或具体位置的物理限制。

为了得出有效的成本估算结果，还需考虑某些与场地位置和基础设施整合的具体要求相关的初始投资成本，具体包括土地征用成本、现有变电站改造成本、必要时为容纳室内设备所需建筑的建设成本以及土木施工成本等。

对初始投资成本的精确估算是 FACTS 装置设计过程中的一环。因此，尽管可以获取单台装置的成本，但是估算时还是倾向采用更为详细的成本模型。如参数成本模型等的成本模型，通常考虑包括变压器、开关设备、电力电子系统、现场区域等每一项的成本，并尽可能考虑具体 FACTS 装置的其他参数。

一般难以充分、有效地获取 FACTS 装置的初始投资成本信息，因而在论证其使用合理性时，这种情况也成为影响经济性计算结果准确程度的重要因素。虽然行业机构和设备制造商会提供一些过时信息，但由于 FACTS 装置技术不断发展，这些信息与如今的项目已经关系不大。

上述所有的因素都导致了 FACTS 装置成本估算复杂化。

FACTS 装置的成本在多篇文章和专业期刊中都有所提及，但主要还是与具体的应用或者不同技术的笼统比较有关。Balser 等人发表的论文（Balser et al. 2012）以及 Habur 和 O'Leary（Habur and O'Leary 2005）发表的、被经常引用的一篇论文就是这种情况，后者所提到的 FACTS 装置的成本范围是由一家原始设备制造商（OEM）提供的。类似地，Cigre TB 183（Cigre TB 183 2001）所推荐的 FACTS 装置成本范围是来自于美国电科院所引用的数据表。

通过回顾已有项目并调研与初始投资成本相关的参考文章，表 16-3 汇总了初始投资成本信息，以欧元/Mvar 作为单位。表 16-3 对初始投资成本的展示清晰给出了每项 FACTS 技术的成本比较，这在比较两种不同 FACTS 技术方案解决相同约束问题时非常有用。然而，首先需确定不同 FACTS 方案所需的额定容量，然后才能采用这种简单的单位功率成本法。如表 16-3 所示，当与传统的输电网补强方案比较时，FACTS 装置的成本会更低。

表 16-3 还对可能影响 FACTS 方案成本的其他因素进行评价，即设备占地面积、对变压器和滤波器等额外设备的要求以及控制器的复杂程度❶。还提供装置的成熟度以便提供关于所提供或开发的任何成本估计可信度的指示。这直接表明了成本估算中固有的风险有多大，并应与适用于成本估算的任何应急准备金的大小相关联。由于存在这些价格风险，在进入最终决策阶段和编制技术规范之前，联系 FACTS 装置供应商，就任何 FACTS 装置的潜在价格提供指导是有益的。然而，FACTS 装置的实际价格可能与估计成本不同，因为一般商业环境会影响工厂装载、交货时间等，这可能会对设备价格产生重大影响。

---

❶ 请参阅本书中的其他应用章节。表 16-3 还进一步提供了部分指导。

表 16-3　　　　　　　　　　　FACTS 装置初始投资成本相关因素比较

项目	SVC	STATCOM	晶闸管控制串联电容器（TCSC）	统一潮流控制器（UPFC）
典型 Mvar 或 MVA 范围	100～850	100～400	25～600	100～500
相对复杂程度	技术成熟 需要滤波器	换流器技术成熟，所需其他组件较少；可不配置滤波器	技术相对简单；会产生谐波，但可不配置滤波器	系统复杂
场地要求	需要较大面积安装电容器、电抗器和滤波器；杂散磁场大，包括较大的谐波电流场	系统所需面积小；磁场仅在阀厅建筑内	需要抬高安装平台，且需与地面绝缘；需要成熟的抗震强度设计	由于绕组中没有或很少抽头，只需要励磁和设计简单的串联变压器；可能需要不对称设计的变压器
成熟度	十分成熟，全球装机超过 100 台，随着其技术发展，可靠性得到充分提高，已应用 30 余年	十分成熟，全球装机超过 100 台，随着其技术发展，可靠性得到充分提高，已应用 20 余年	尚未成熟，但技术应用已超过 15 年	尚未成熟；全球已有 6 个项目
相对成本范围（欧元/Mvar 或 MVA）	1.0～1.7	1.7～2.5	1.2～1.7	3.0～4.3

16.6.2.3　运维成本

运维成本通常由增量功率损耗的成本、日常维护的成本和计划外维护的成本构成。

在成本效益分析中，FACTS 的运维成本一般按初始投资成本的百分比进行折算。运维成本通常假定包括与维护、服务和监控相关的成本、电网利用成本、设备的功率损耗以及保险等。数字化控制、测量和监控设备由于可维护的使用寿命可能不超过 15 年，因此其升级成本应作为具体的成本项目予以考虑。成本效益分析所采用的年均运维成本一般为 FACTS 装置初始投资成本的 1%～5%：早期的参考文献采用年均 1%（L'Abbate et al. 2007）。随后的参考文献建议在经济评估中采用初始投资成本的 5% 计算年均运维成本（Alabduljabbar and Milanović 2010；Alhasawi and Milanović 2012）。近期的参考文献则使用年均 3% 进行计算（Sekharan and Sishaj 2014）。

下面将详细讨论功率损耗和维护成本。

1. 损耗成本

与 FACTS 装置相关的功率损耗是运维成本的其中一项，如前述，通常按初始投资成本的百分比进行取值。这是一种普遍的做法。功率损耗的大小取决于 FACTS 装置的运行方式。如果要分析得更为详细，则需对每一个组件的运维成本逐一研究。本书部分章节已经详细讨论了每类 FACTS 装置的损耗构成，即："6 静止无功补偿装置（SVC）技术""7 静止同步补偿装置（STATCOM）技术""8 晶闸管控制串联电容器（TCSC）技术""9 统一潮流控制器（UPFC）及其潜在的变化方案"。

为了确定损耗成本，需假设各项成本为边际成本，因此当存在电力市场时，需采用平均系统边际价格；又或者对于垂直一体化的情况，则采用短期发电边际成本。将与 FACTS 装置相关的年均损失电量乘以边际价格即可得出年均损耗成本。

FACTS 装置的使用改变了电力系统的运行模式，影响了邻近电网的潮流平衡，继而影响输电系统损耗的增量。这种影响的大小取决于 FACTS 装置的功能目标以及其所接入电力系统的拓扑结构。因此，还需考虑 FACTS 装置或与其相比较的其他网架补强方案所引起的输电系统增量损耗成本。

为确定具体 FACTS 装置的输电系统增量损耗成本，需要估计该装置在某一典型年份的占空比典型值，并以此作为近似值，来估算表示未来的设备损耗成本。就经济评估而言，详细程度将取决于评估的目的。即使这方面的计算有所偏差，但都不会对比较评估结果产生很大的影响，因为每个补强比选方案均采用同样的思路和方法进行损耗成本。损耗的净现值可能大于初始投资成本，因此可能对投资决策产生实质性的影响。

输电系统损耗的变化通常可由潮流模型仿真得出，这些仿真模型本身就是为了估算年均系统损耗增量变化而建立的。随着计算能力和数据管理能力的提高，通过自动化仿真覆盖一年（8760h）来计算输电损耗的变化已成为趋势。通过采用上述相同的参考边际价格，便可计算出系统的损耗成本。这种损耗成本是增量成本，应以未考虑补强比选方案前的系统运行状态作为参考。根据补强方案的具体情况，成本计算很可能有效地反映实施该方案后的系统成本节约效果。

2. 维护成本

在经济评估方面，与维护方面相关的是要核算维护业务的成文，并为可靠性评估提供输入。生命周期内的维护成本是所考虑的 FACTS 装置或补强方案的一项函数，与其所包含组件的使用寿命密切相关。例如，控制保护系统的预期寿命约为晶闸管或电力变压器等其他主要设备的一半（Bilodeau et al. 2016）。因此，设备的首次变更往往就是更换控制保护系统，其他主要设备继续保持运行。从可靠性的角度来看，设备的计划变更将影响 FACTS 装置的可用性，因此需纳入可靠性成本计算中。

通过精心研究而制定传统输电资产的管理策略，已成为电力企业的通用做法（Joseph et al. 2018）。但电力电子装置与现有电网的日渐融合，为资产管理带来更大挑战。FACTS 装置及其老化机制的复杂性以及受现有资产管理技术信息呈现的限制，使得评估 FACTS 装置状况成为一项复杂的任务。对于已经运行了相当长一段时间的 FACTS 装置，通常需要额外投资来保障正常运行。由此可知，定期维护不再能够有效地确保 FACTS 装置的长期可持续和可靠地运行。考虑到备件的可获得性以及晶闸管、控制和保护以及冷却系统等子系统之间的依赖性，并不能按照系统化的、以件换件的方式替换部件。因此，需要考虑采取更为全面的办法。

主要 FACTS 装置的资产管理策略见本书"24 FACTS 的生命周期管理"一章。

Harbur 和 O'Leary（Harbur and O'Leary 2005）估计 FACTS 装置的年均维护量为150～250 工时，并因安装规模和当地环境条件而异。此外，设备老化程度和设备类型一般是维护成本的关键因素，维护成本、老化程度和设备类型三者间的关系是非线性的，而且可表征为设备淘汰的函数。

从规划的角度来看，通常将 FACTS 装置的维护成本平摊至其整个寿命期内，明确在此期间需更换的关键部件，并按每年发生的初始投资成本的百分比进行折算表示。维护成本通常与上文讨论的运行成本相结合，并作为单一的年度化数字纳入评估。根据 L'Abbate 等人的说法，FACTS 装置的运维成本，通常被视为初始投资成本的百分比，一般取为每年1%左右（L'Abbate et al. 2007）。

某些经济评估重点关注对使用或经济寿命即将到期的现有 FACTS 装置而进行的投资决

策，对此，上述基本原则仍然适用。现实中，电力企业将根据现行资产管理策略制定这类投资决策。尽管如此，为了便于说明，以及采用前述的经济评估一般性方法，需考虑如下原则：

（1）对于"问题定义"，设备故障的增加、强迫停运的历史、备件的可获得性以及接近预期寿命的主要设备通常纳入资产投资和项目启动的必要性中进行考虑。

（2）"确定比选方案"与可用的方案相关，通常包括：① 如控制保护系统等系统的部分更换；② 如晶闸管或冷却系统等系统的整体更换；或③ FACTS 装置的整体更换。考虑采用新技术的方案可允许 FACTS 装置作为备选方案，并且对于 FACTS 装置最初的应用合理性在其使用寿命期间发生重大变化的情况尤其相关。

16.6.2.4 可靠性和不可用性

在输电系统中接入新设备会影响电力系统的可靠性，影响的方式包括：

（1）新设备本身的可靠性对电力系统的影响；

（2）发挥降低系统中其他设备可靠性影响的作用，从而潜在地提高系统总体的可靠性和可用性。

1. 可靠性评估方法

与其他补强方案相关的各项技术具有不同的性能和可靠性特征。不同方案的可靠性会影响由于强迫停运导致补强方案不可用情况下的电力市场成本。强迫停运通常与不时发生的故障有关，并具体到设备类型、所采用的技术（包括电压水平、架空线路、地下电缆等）和环境条件。

以最大限度地提高主要 FACTS 装置可靠性的资产管理策略和方法见本书"24 FACTS 的生命周期管理"一章。

任何设备的可靠性评估均很大程度上依赖于数据。获取与组件故障率和维修时间等相关的高质量数据后，才能进行良好准确的建模。CIGRE 咨询小组 AG B4 04 对此也表示认可，他们在 2016 年初进行了一项调查，并发现了 FACTS 装置性能报告尚无标准化规程。因此，咨询小组所调查的每个系统都采用了不同的报告方法。调查的结论提到，虽然调查提供了良好的信息，但由于缺乏标准的报告方法，无法在不同系统之间进行有效的比较。

因此，该咨询小组于 2018 年 1 月发布了一份技术手册，提供了各类 FACTS 装置性能报告的规程和标准方法（Cigre 2018）。该技术手册建议，根据规程，对于投运的每一台 FACTS 装置均需每年针对其运行性能编制相应年度报告。这一举措确保了数据的一致性和可比性。这些数据长年累月将持续提供该类设备性能以及影响因素等相关信息。具备足够的数据后，就可对 FACTS 装置的未来性能做出预测。

因此，如果采用 CIGRE 格式形成数据并将数据提供给 CIGRE，在进行 FACTS 装置可靠性评估时就可获取到标准化的可靠性数据。然而现实的情况是，只要这些数据还不能获取，资产所有者仍需依靠自身迄今为止获得的性能数据进行可靠性评估。

不过，与电力电子组件相关的通用资产管理数据还是可以获取的。通过持续改进资产管理流程，IGBT 模块的故障率已从 1995 年的 1000 FIT（失效率，10 亿 h 内的故障次数）降低到 2000 年的 20 FIT，而且最近仍在显著减少（Joseph et al. 2018 年）。尽管行业在提高可靠性方面做出了大量努力，但在调研时仍能发现电力电子器件故障情况。根据这些调查的结果，IGBT 是功率半导体中最常用的器件，约占 42%，其次是金属氧化物半导体场效应晶体管（MOSFET）和晶闸管，分别占 27% 和 14%（Yang et al. 2010）。

电力电子器件并不是 FACTS 装置中唯一会发生故障的部件。根据 Joseph 等人的研究工作（Joseph et al. 2018），电力电子装置中最常见的故障类型包括半导体器件故障、控制保护系统故障、电缆和连接设备等输电线路设备故障、滤波器故障，以及冷却系统故障等。虽然电力电子装置理论上可实现接近 100%的可用性，但是要以配备有过度冗余为前提。这种情况会增加 FACTS 装置的复杂性，继而影响其可靠性。实际上，为了具备足够的可用性，可通过对最脆弱的组件配置冗余，并留足备件，年运行可用性实际上可达 99%~99.5%，其中已考虑了强迫停运和计划停运的情况，以及维修人员进场时间。大多数 FACTS 装置所要求的总体年均可靠性典型值为 98%~99%之间（Janke et al. 2010）。

故障率和不可用率会降低输电资产的价值，并可能成为运营商和资产所有者的负担。据此，需要仔细评估典型电力电子装置厂站中不同组件的故障率，以确定它们各自的年均故障率和年均维修时间（以小时计）。经济评估利用这些可靠性数据估算 FACTS 装置在自然年内不可用的时间。在此期间，要么所评估的效益为 0，要么影响连续供电、增加期望缺供电量（EENS）。根据电网拓扑结构以及采用 FACTS 装置的补强方案的性质，上述两者情况可能会同时出现。

当然也可以研究开发足够复杂的可靠性模型，但模型开发始终应以服务所评估的方案为目的。需要重点强调的是，最终目标是对不同的补强方案进行有效评判区分。

2. 可靠性成本

强迫停运和非强迫停运的成本可根据相应的效益（即所节省的生产成本）反向得出。停运期间不计算效益，因此可视为停运成本。

通过年均效益可以得出采用补强方案后的平均小时效益。利用平均小时效益、平均强迫和非强迫停运率以及恢复所需的时间，即可计算可靠性成本。

可靠性成本按年计算，同时假定在方案应用的使用寿命内是固定不变的。

通过这一年化数据，以及利用补强方案的使用寿命和前文提到的折现率，便可计算计划内外停运的现值。该货币值代表补强方案的计划外停机成本，用于比较不同比选方案的可靠性水平。

16.6.3 效益

16.6.3.1 效益概述

与 FACTS 装置相关的效益通常分为多个类别，即：

（1）投资决策的灵活性，可解决重大资本投资的延期问题，可通过快速部署将系统约束或短期电力供应安全问题导致成本降至最低；

（2）提高现有电力系统的利用率；

（3）定制技术解决方案，以满足特定类别的系统约束，如，暂态稳定、电压稳定、频率稳定或功率振荡等稳定性问题，电能质量问题等。

多数情况下，采用基于 FACTS 装置的补强方案可同时带来多种上述的效益。

经济评估所作出的预测需考虑未来的实施效果、未来的资产利用率以及未来的成本和效益。对近期的估计结果比对未来的估计结果更为可靠。补强方案会对系统的未来效益或总体性能的变化产生影响，但由于这些影响均高度依赖于模型和输入数据的准确性和可靠程度，因此在实践中较难预测补强方案对系统的增量影响。经济评估要求对所考虑的每个比选方案均采用一致的假设条件。因此，这类分析更加看中不同方案的性能比较，不追求对增量效益的绝对衡量。

　　出于对安全、环境和社会环境舒适度的担忧，世界范围内越来越多的人反对新建架空输电线路。由于 FACTS 装置的规划建设耗时较短，且可减少对环境和社会的影响，更加凸显其本身快速部署能力的技术优势，从而使得电网规划和扩建更具灵活性，且可降低交付时间、预测误差等相关的项目风险。

　　多数与 FACTS 装置部署相关的典型效益在装置本身以及任何后续补强方案的时间安排上得以充分体现，而这些时间安排也用于成本效益分析中的折现现金流分析。由此突显了推迟大规模输电补强方案的效益以及快速部署 FACTS 装置的能力。其后，还需将采用 FACTS 装置的补强比选方案的整体经济效果与传统补强方案进行比较。

　　输电容量的可用性直接影响发电调度经济性，进而影响电力市场价格。输电项目对电力市场成本的直接影响已被广泛认知，且可通过仿真手段予以测量和量化，而且习惯性已将这些影响看作是输电项目的"社会经济福利效应"。

　　对于采用 FACTS 装置或其他手段的新补强方案，其增量效益取决于该补强方案的必要性。多数情况下，根据项目规模的不同，补强方案一般要求用于确保安全的电力供应。对于除了维持电力供应安全而没有其他现成措施的情况以外，这些项目对社会经济福利的增量影响可能被认为是微不足道的。对于可能影响输电约束成本且具有足够规模的补强方案，通常会进行详细的市场分析。因此，输电系统采用 FACTS 装置所带来的效益是系统拓扑结构和所缓解的系统约束本身的函数。在这种情况下，任何与大规模补强方案的延期、通过改善电网利用率而提高系统容量的时间安排，或者缓解电压或稳定性约束等方面相关的时间安排问题都会反映在它们所节约的生产成本增量，也即社会经济福利效益中。

　　由于新补强方案的应用带来生产成本的降低可视为成本的节约，也即是效益。不同的补强比选方案对生产成本的节约有不同的影响，是区分不同方案相对经济效益的重要依据。电力市场仿真考虑了需要计算的效益，以一致的、年化的尺度来对所有效益进行货币化，并为成本效益分析方法提供支撑。

16.6.3.2　灵活的投资决策

　　由于输电基础设施的规模经济效应，对其投资本质上是一次性大幅扩大容量的过程。为了可以持续满足供电安全的要求，输电系统不应发生容量不足的情况，为此，需对投资的时间安排进行优化。但在现实中，由于负荷需求和发电出力难以预测，以及由于对新建基础设施的反对声音日益强烈导致工程交付时间的长期延误，输电系统越来越有可能从容量过剩转向容量不足，并随着时间的推移又重新回到容量过剩的状态。在"12 SVC 应用实例"和"13 STATCOM 应用实例"中已经提到，SVC 和 STATCOM 等 FACTS 装置迁移安装，甚至可以移动。这类解决方案可降低资产搁浅的风险，但通常额定容量较小，且比固定安装的 FACTS 装置更为昂贵。

　　考虑到新建输电基础设施所需的投资规模、广泛的社会和环境影响以及较长的资产寿命，如果真有需要，这些设施建成也不是说拆就能拆。因此，新建基础设施需要从长计议。

　　承诺在一个不确定性持续增大、预测结果不太稳定的环境中投资建设重大输电基础设施，对电力企业本身来说是一个很大的风险。在存在风险的规划环境中，理想情况下扩建规划应具备足够的灵活性以适应对不太可能发生的场景或者可最小化现有承诺中的损失。因此，输电网发展规划的结果是，要在不断明确各种不确定性的基础上，确保都能通盘考虑项目延迟、扩建或放弃等各类方案。这些方案在经济角度是具有价值的，但却在决策过程中鲜有考虑（Olafsson 2003）。

1. 提升电力系统灵活性

FACTS 装置为增强电力系统灵活性提供了有效方法（EPRI EL－6943 1991）。传统扩建策略，也即新建输电线路，以及灵活的投资策略，也即既新建线路又新建 FACTS 装置，二者的比较表明，采用新建线路和新建 FACTS 装置的合理组合可以带来更有效的投资。这是由于在灵活投资策略下，输电网具备逐步适应不断变化场景的能力（Blanco et al. 2011b）。

FACTS 装置可通过控制电压和/或电流优化和控制邻近电网的功率输送。这些特征量是动态变化的，从而使现有电网输电容量的利用水平逼近其热稳定极限。通过这种方式，具备快速响应能力的 FACTS 装置可以真正实现消除或缓解系统约束，而针对这方面问题的解决，以往通常都会选择新增输电容量作为投资决策方案。

此外，对 FACTS 的投资还具有显著提高投资灵活性的特点，例如模块化、可扩展性和更高的可逆性。因此，FACTS 技术的引入，无论是单独作为补强方案还是作为补强方案的一部分，都为电网扩建规划带来了新的战略选择，并显著提高其灵活性。

在成本效益分析中，由于基于 FACTS 的比选方案具有更高的灵活性，由此所带来的效益，通过投资时间安排和取代传统补强方案的方式，被纳入价值计算的过程中。

FACTS 装置还为投资灵活性提供了一个有意思的方向，以便在不确定性更强的环境中进行规划。FACTS 装置为提升输电投资灵活性提供一系列方案，例如迁建、弃用、灵活运行、扩建和缩减等方案。这一特性为 FACTS 装置有效增添了额外价值，而这些额外价值往往在所有重要估值方法中鲜有考虑（Blanco et al. 2011a）。

2. 延迟大型资本投资

由于存在经济、环境或政治等要素的诸多限制，新增容量往往不是一个简单可行的选择。这些非技术性约束常常阻碍通过新建输电线路和大型发电厂的方式扩大输电系统的规模（L'Abbate et al. 2007），而那些可以延迟大型资本投资的比选方案也因此更具吸引力。

采用 FACTS 装置可允许电力系统在更接近基于暂态稳定约束而设定安全裕度下运行，从而进一步增加线路潮流，使现有输电线路也能在更接近其热稳定极限下运行。因此，可延迟对增加电网输电容量的需求，相应地推迟有关金融投资（Blanco et al. 2009）。

延迟投资的决定取决于所研究方案的具体细节。简单来说，这至少取决于电力企业的回报要求（即贴现率）、FACTS 装置成本、新建输电线路成本以及延后时间。贴现现金流（DCF）的传统经济估值方法通常用于计算比选方案的社会福利净现值（NPV）。分析结果用于在新建 FACTS 方案、新建输电线路方案，或者以前两者为组合但延迟新建输电线路作为新方案三者中评价何为最优。实际上，与功率输送容量增加需求的关键驱动因素相关的不确定性因素也可能会对决策造成影响，这些不确定性因素既可以定性分析，也可以通过修改后贴现率来反映所增加的风险。根据对这些参数的评估情况，延迟新建输电线路可能会更具经济优势。

在计及更强不确定性的推动下，最近涌现了新的经济估值工具，其中在延迟输电网扩建的方案中进一步考虑了灵活性，并通过应用包括实物期权在内的其他经济估值方法来完成经济估值（Blanco et al. 2011b）。尽管自 20 世纪 70 年代末以来，这些方法已广泛用于公司融资和交易，但目前这些方法仍尚未成为输电网规划的主流方法。

3. 减少环境和社会影响

Lumbreras 和 Ramos 认为漫长的审批过程是输电网扩建规划的关键挑战（Lumbreras and

Ramos 2016）。对环境影响和美观因素的担忧日渐增涨，使得越来越难以获取必要的审批许可。近期的经验表明，尤其在欧洲和美国，公众的反对足以中断或停止审批程序。此外，将土地使用或征用于建设输电线路与土地所有者谈判可能要耗费数年时间。这些因素共同导致新线路开建的准备时间缩短至几年。长期以来，审批不通过的风险一直存在。这种不确定性是新建输电线路时需考虑的重大风险。

为避免或者推迟新建输电线路，可使与其建设和运行相关的环境和社会影响降至最低，采用 FACTS 装置正是具备这样的效益。FACTS 装置促进现有设施的充分利用以更经济地实现电能分配，有效将现有输电网的容量扩大至极限，从而减少对额外输电线路的需求（Acharya et al. 2005）。

对于 FACTS 装置可作为新建输电线路的有效备选方案的场合，直接环境影响至少在短期内要小很多。主要由于与绵延数千公里且沿线增加多个变电站的输电线路方案相比，FACTS 装置可以就地配置且实际占地面积更小。

作为参考，根据装置本身、额定功率容量以及能否迁建等因素，FACTS 装置的典型占地面积范围为每兆乏 $3 \sim 20 \mathrm{m}^3$（L'Abbateb et al. 2010）。表 16-4 列出了 FACTS 装置所包含的主要子系统。安装所需的实际占地面积取决于开关设备、母线等，一般采用空气或气体绝缘。

表 16-4   FACTS 装置占地面积比较

FACTS 装置	主要系统组件		地表占用率（占地面积）
SVC：可能具有非对称额定容量（$+Q/-Q$）	变压器间隔：Max$\{Q\}$Mvar		TCR 和 TSC 模块的阀安装在有空调的建筑内；阀组的竖立安装和维护会增加占地面积
	$-Q$：TSC 阀组和电容器组		
	$+Q$：TCR 阀组和电抗器组		
	需要滤波器		
STATCOM：具有对称的工作范围（TQ）	变压器间隔：Q Mvar		通常使用 VSC 技术建造，将换流器放置在有空调的建筑内。对于每台 VSC 换流器，至少需要 3 个两级阀
	换流器输出范围为$\pm Q$ Mvar		
UPFC：可能具有非对称额定容量（并联$\pm S_1$；串联$\pm S_2$，$S_2 < S_1$）	变压器间隔；S_1MVA	串联变压器间隔；S_2MVA	近似等于 2 个 STATCOM 装置
	换流器输出范围为$\pm S_1$Mvar	换流器输出范围为$\pm S_2$Mvar	
TCSC：自身具有不对称的额定容量（$+Q_1/-Q_2$）	绝缘平台上的串联电容器组		设备安装在绝缘平台上一个中等尺寸的外部隔间内，并为串联电容器组提供环境调节功能；
	TCR 变化范围为$-Q_{SC} > -Q_2 > -Q_{2Max}$，其中 Q_{SC} 是串联电容器的电抗		预计平台的大小将增加 $2 \sim 3$ 倍
	TCR 变化范围为 $0 < +Q_1 < +Q_{1Max}$		

注 1. $+Q$ 感性无功功率；$-Q$ 容性无功功率；S 为额定功率。

    2. 占地面积取决于是否采用高压空气或气体绝缘的开关设备和母线段。对于阀厅建筑，其占地面积取决于阀组是水平还是垂直安装。抗震要求会影响建筑物内阀组的布局。还必须在阀组之间提供用于载人升降机和其他机械的活动空间，以便为阀组及其辅助设备提供维护。此外，还必须提供换热器的安装空间，但如若采用水－水换热器，而不是采用干式热交换器，则只需很小的安装空间。

    3. 如果串联型换流器与线路断开，并且 2 台换流器均并联到并联变压器上，假设并联变压器的额定容量为 S_1+S_2，则 UPFC 可以工作为 STATCOM 模式

    4. TCSC 工作范围不对称，向线路注入无功功率的容量比吸收无功功率的容量要大，通常专门用于短期和长期的紧急高载荷的情况。

SVC 安装实例如图 16-1 和图 16-2 所示。SVC 电抗器和阀厅如图 16-1 所示。图 16-3 和图 16-4 展示了容量为 100Mvar 的 STATCOM 装置。图 16-3 展示了布置在室外的阀电抗器，图 16-4 显示了布置在阀厅中的换流阀。图 16-5 所示为 2 台额定容量为 160MVA 的 UPFC 实例。该系统可将 ±80MW 的功率从并联换流器经串联换流器输送至交流线路。2 台换流器均可与并联变压器相连，在此情况下，该系统按容量为 320Mvar 的 STATCOM 运行。图 16-6 所示为安装在 500kV 线路上的 107.5Mvar TCSC。

图 16-1 中国沙洲变电站 SVC 户外布置图

图 16-2 中国沙洲变电站 TCR 阀

图 16-3　中国富宁换流站 STATCOM 户外设备

图 16-4　中国富宁换流站 STATCOM 阀

新建输电线路和 FACTS 装置一般要设计得符合健康和安全要求以及环境规划立法要求，因此对环境的直接影响是在合理范围内的，同时也要将对环境的影响尽可能地降至最低。丧失视觉舒适性，对如遗产遗址、学校、教堂或娱乐区等社会敏感场所的影响等所考虑的社会因素都应降至最低；但很少有正式法规对相关要求有所规定。电力企业一般都要处理社会问题，从而尽量减少社会反对的声音。从这个意义上说，FACTS 装置本地化布置的特点使其与跨越相当大距离的新输电线路相比，更能成为社会所接受的方案。因此，与其他传统的补强方案相比，FACTS 装置可以避免部分成本。这些所避免的成本通常通过定性化的处理支撑对 FACTS 装置的经济评估。

图 16-5　美国 Inez UPFC 鸟瞰图

16.6.3.3　提升系统利用率

FACTS 装置的部署可实现现有电力系统资产的最大化利用 [参见本书 "4 采用 FACTS 装置的交流系统（柔性交流输电系统）" 章节]，因此也提高了资本效率。

但是，从成本效益分析的角度看，需要论证如何部署 FACTS 装置会带来进一步的价值提升。尤其在部署 FACTS 装置的风险和成本（包括直接成本、社会和环境成本）超过与输电基础设施投资建设对应的风险和成本时，这种论证是非常有必要的。

图 16-6　巴西 Imperatriz 变电站 TCSC 鸟瞰图

提高电力系统利用率的潜在机会包括：

（1）通过优化输电网利用水平，缓解系统约束，从而实现更经济高效的发电调度；

（2）根据应用情况和电网拓扑结构，增加后的输电容量可有助于促进更大的功率交换和更好的潜在商业往来；

（3）提升现有输电系统的利用水平；

（4）通过减少因故障导致的线路跳闸次数和严重程度来降低故障影响，从而提高电力系统可靠性。

下面将更详细地讨论这些方面的内容。

1. 优化发电利用（社会经济福利）

衡量输电投资项目效益的最常见经济指标是减少总发电可变成本。实施补强方案后，发电调度可能变得更为有效，因此该指标以所节约的总发电成本来评估输电投资项目。成本效益分析将年均节约成本（或变化成本）以外推方式求出评估期内各年对应值。

节约的发电成本通常使用电力市场仿真软件在年度基础上进行估计。在电力工业中，已广泛采用多种商业化现成软件。

一般来说，只要增加新的输电容量都会改变发电燃料及发电机组的其他可变运行成本，从而改变社会经济福利。增加新输电容量通常与消除系统约束有关，从而让发电机组在更少的系统约束下运行，因此提高社会经济福利。

节约的发电生产成本只是输电投资项目带来的整体经济效益的一部分。还包括发电容量，或者充裕度效益，也即由输电投资项目带来的发电容量价值。这种容量价值主要是由于补强方案的不同，所增加的输电容量能够充分利用不同接入位置的（过剩）发电容量，从而避免或者延迟在给定区域新建发电机组的需求。

部署 FACTS 装置可解决影响发电机次优运行的约束，例如电网阻塞管理、动态电压支撑等。当 FACTS 装置有效消除单个系统约束且实现发电的最佳市场化调度时，最直观和最能量化的效益便是降低了生产成本、提高电力市场运行效率。

2. 提高输电容量

当系统负荷增加时，线路会出现重载或者全网电压较低的情况，因此通常会限制电网的稳态输电容量。在网状的输电系统中，输电线路的负载分布并不均匀，主要由于线路的负载情况是电网拓扑（即：电源的配置和分布情况）的函数。因此，可能在单回输电线路已经达到其功率传输极限时，而并联电路却仍能在其热极限内很好地运行。类似的情况适用于电压约束。

合理的 FACTS 装置的应用可控制线路电抗、电压幅值和相角，从而通过输电线路重新分配潮流并调节系统节点（并网点）的电压（Xiao et al. 2003）。因此，可有效缓解由重载线路和节点低电压引起的系统约束。FACTS 装置的使用可提升线路的负载能力，例如：在严重的紧急情况下，甚至能使线路在其热稳定极限上运行，从而增强输电网的输电容量。

3. 提升线路利用率

FACTS 技术可促使更有效地利用现有输电网。对这些 FACTS 装置的有选择地应用可为输电系统基础设施带来以最低成本提高输电容量等诸多效益。

通过配置合适的 FACTS 装置并通过其高级控制功能的有效协调设计，可有效缓解电网中的系统约束。FACTS 在实现电力系统资产的最佳利用以及建立防线防范计划外的干扰方面发挥着双重作用，同时实现了系统资源的稳态优化，从而减轻过载、降低损耗和实现最优的发电调度。

FACTS 装置还能直接调节特定输电线路的潮流。在具有充足可用的输电容量的情况下，

FACTS 装置在系统内将有功功率转移至其他线路，这为取消新线路的建设，或者至少延缓其建设带来了新的手段。为此，重点在于推动现有输电线路的有效利用，并降低与电网扩建相关的成本和部分环境影响（Ilić et al. 1998）。

在成本效益分析中，线路利用率的提升应按前述讨论的灵活投资决策估值方式进行相应处理。

4. 增强电力系统可靠性

输电系统的可靠性和可用性受到诸多不同因素影响。虽然 FACTS 装置不能防止故障，但可通过减少电力系统干扰的次数和严重程度来降低故障的影响，从而确保电力供应。对于 FACTS 装置应用的一项重要要求是开发适当的工具来帮助电网规划人员管控与其相关的不确定性。这包括了计及电力系统不确定性的可靠性评估（Rajabi-Ghahnavieh et al. 2008）。

在完成不同输电补强比选方案的经济评估后，需进行可靠性研究，计算得出缺电概率（LOLP）、缺电时间期望（LOLE）、缺电量期望（LOEE）等可靠性指标，并做好系统记录（SM）。通过这种方式，可以比较包括基于 FACTS 在内的不同补强比选方案的相对可靠性水平。上述指标是面向整个输电系统进行测量的（Fotuhi-Firzabad et al. 2000）。

目前，与 FACTS 装置影响全系统可靠性相关的大多数研究都只关注 SVC 和 TCSC。输电系统安装 SVC 主要用于在电网故障期间及之后直接提供动态电压支撑（Janke et al. 2010）。SVC 在故障清除后的电压恢复阶段为系统提供支撑作用，从而降低电压崩溃的风险。TCSC 用于调整 2 条并联输电线路的功率，从而可获得最大输电容量（Anderson and Farmer 1996）。Billinton 等人的比较研究（Billinton et al. 1999）表明，输电系统安装 TCSC 可带来可观的可靠性效益。

其次，STATCOM 和 UPFC 成为近期电力系统可靠性研究的主要对象。STATCOM 可具备与 SVC 相同的功能。虽然 UPFC 被认为是最通用的装置，但是目前关于 UPFC 对电力系统可靠性影响的研究仍较少（Janke et al. 2010）。作为 FACTS 装置中功能最为丰富的类型之一，UPFC 已用于输电系统的潮流控制和优化，为输电线路的静态和动态运行和控制带来巨大的优势。现有研究指出，UPFC 可用于调整 2 条并联输电线路的自然功率分布，从而可获得最大输电容量（Billinton et al. 2000）。分析结果表明，输电系统可靠性的显著改善可能与 UPFC 的使用有关，这种改善可通过所降低的用户停电成本来反映。

16.6.3.4　定制技术方案

定制技术方案是指那些采用 FACTS 装置可有效缓解某项系统约束且使得成本最优的可选方案。随后会设计 FACTS 装置以专门解决该项系统约束，通常为动态或暂态稳定性问题。对于这类情况，成本效益分析将现有情况作为参考，重点找出 FACTS 投资项目的经济性方案。对于投资 FACTS 装置以保障电力供应安全或满足特定电网性能要求的情形，此时的投资将得到保证，然后需证明已选择了成本最低且技术可行的备选方案。

一般而言，基于 FACTS 装置的具体定制技术方案是电网网架拓扑和性能标准规范的函数，但通常由以下一个或多个要素组成：

（1）支撑无功功率；

（2）提升稳定性；

（3）提高电能质量。

在成本效益分析中，一个方案的成本会按上述方式进行编制。当处于需要商业方案的场合时，还应提供在不进行投资情况下当前系统状态相关的成本分析。换言之，为了确定参考方案，需根据降低后的可靠性、监管处罚或限制负荷等相关因素编制成本。

1. 支撑无功功率

在正常运行和受扰动的条件下维持稳定和可接受的电压水平的能力是电力系统控制的重要考虑因素（Guo et al. 2001）。电力系统扰动可能导致短期电压骤降，严重时，还可能导致局部或大范围的电压崩溃。这就要求控制系统具有抑制潜在不稳定性因素和因阻尼不足造成功角振荡的能力，以防止威胁系统的稳定性，同时还应具有清除电压下降的能力，以防止破坏电力企业和用户的设备。

随着风电的发电占比越来越大，其渗透率不断增加，更加凸显了系统暂态稳定和电压稳定性相关问题的严峻性。由于具有强随机性和异步特性，可再生能源发电并网与传统发电类型具有截然不同的特点。在风电的应用，FACTS 装置具有电压支撑的作用，同时可通过帮助发电机组减少无功出力来获得更大的有功功率输出。通过利用 FACTS 技术实现与风电及其他可再生能源的协调运行，可确保可靠、稳定和安全地接入输电网。

应用 FACTS 装置可以改善电力系统的性能。SVC 和 STATCOM 是典型的用于电压控制和调节的两类 FACTS 装置。SVC 是一种广泛使用的 FACTS 装置，可以提供平稳和快速的无功功率控制，从而有效控制母线电压。此外，SVC 还可以提高暂态稳定性并为电力系统提供阻尼（Cong et al. 2005）。

STATCOM 可以为电力系统提供平滑和快速的无功功率补偿，因此，可像 SVC 那样，具备提供电压支撑、增加暂态稳定性和改善系统阻尼的能力（Cong and Wang 2002）。

对于专门设计 FACTS 装置用于提供特定技术方案的情况，成本效益分析包括了对定制方案和参考方案的性能比较分析，其中，参考方案的系统约束保持不变且经济成本已经确定。如果多种 FACTS 技术都可作为技术方案，则每种 FACTS 装置均可看作是不同的比选方案，相应分析结果将确定其中的最佳方案。

2. 稳定性提高

安装有电力系统稳定器（PSS）的发电机励磁控制器是维持暂态稳定性或改善调节电压的主要手段。然而，如果在发电机附近发生较大故障，仅通过励磁控制系统可能破坏系统稳定性，或者可能难以同时实现暂态稳定性和改善调节电压（Cong et al. 2005）。主要目标是在大扰动和突发扰动下，改善系统暂态稳定性和阻尼特性，并确保良好的故障后电压调节。

当发生大扰动和故障时，暂态稳定控制在确保电力系统稳定运行方面起着重要作用。FACTS 装置已用于解决暂态稳定性和电力系统动态控制等问题。SVC 可用于提供电压支撑，但同时也可提高暂态（第一次摆动）和动态稳定性（阻尼）。STATCOM 的应用方式与之类似，通过在换流器中采用全控型半导体可作为可控的同步电压源使用，同时也应用于并联无功功率补偿。STATCOM 产生无功功率的基本原理与传统无惯性的旋转同步补偿器类似。换流器产生一组具有交流电力系统相同频率的可控三相输出电压。通过改变所产生的输出电压的幅值，起到控制换流器和交流系统间的无功功率交换的作用（Mathad et al. 2013）。根据要缓解的稳定性问题的性质以及电网网架拓扑，TCSC 同样也能用于增强系统稳定性。

统一潮流控制器（UPFC）是用于增强稳态稳定性、动态稳定性和暂态稳定性最常用的手段。UPFC 能够发出和吸收有功和无功功率，可用于控制流过线路的有功和无功潮流，并可控制在并网点向线路发出无功功率。

如果控制措施不当，可能发生机电振荡并导致部分电力中断。采用 PSS 模块是为电力系统提供振荡阻尼的标准方式。通过适当安装和合理配置 FACTS 装置（一般为 SVC 或 STATCOM），也可起到电力系统稳定器的作用。TCSC 还用于抑制功率振荡阻尼和/或次同步谐振（Mathad et al. 2013）。然而，对于频率较低导致 PSS 模块无法起效的情况，FACTS 装置还能为系统提供阻尼。

对于专门设计 FACTS 装置用于改善系统稳定性以及为此制定特定技术方案的情况，成本效益分析只在定制方案和参考方案中进行比较分析。参考方案的系统约束保持不变且经济成本已经确定。如果多个 FACTS 装置均可改善稳定性，则每种 FACTS 装置均可看作是不同的比选方案，相应分析结果将确定其中的最佳方案。

3. 电能质量改善

电能质量是指影响向终端用户供电的电压、电流和频率的现象，主要关注电压和电流波形与对应理想波形的偏差，通常包括电压暂降、欠压、长时间过电压、电压不平衡、谐波和电噪声等（Donsion et al. 2007）。影响电能质量的来源是电力电子装置的应用，以及电弧装置、负荷切换、大型电动机启动，风暴或其他与环境相关的影响因素等。

除了通常的应用外，FACTS 装置还可用于改善电力系统的电能质量（Donsion et al. 2007）。部分应用的例子包括：

（1）SVC 和 STATCOM 等并联型装置可用于维持与钢铁厂电弧炉连接的馈入电网的电能质量。

（2）如 TCSC 等串联型 FACTS 可用于解决如电压波动和谐波电压畸变等电能质量相关的问题。

（3）统一潮流控制器 UPFC 包含了 STATCOM 模块和串联潮流控制模块，也就是说，既是电压控制系统又是串联控制器。

对于专门设计 FACTS 装置用于改善电能质量以及为此制定特定技术方案的情况，成本效益分析只在定制方案和参考方案中进行比较分析。参考方案的系统约束保持不变且经济成本已经确定。如果多个 FACTS 装置均可改善电能质量，则每种 FACTS 装置均可看作是不同的比选方案，相应分析结果将确定其中的最佳方案。

16.7 结果总结

结果总结的目的是提供一套共同的标准或数据，便于对不同补强比选方案的效果进行一致比较，通常作为投资主体制定的资本投资治理流程的一部分来处理。分析人员或电网规划人员有义务表明所采用严谨程度恰当，以及所作假设与所进行计算一致。

为进行以成本效益分析编制为基础的经济评价，通常要完全量化各类参数，即对各参数货币化，从而计算得出每个方案的净现值。此外，通常还要进行敏感性研究，分析论证关键参数变化对投资方案的敏感性，如折现率变化、资本成本变化、运营成本增加和效益降低（即高估效益），并通常为总体计算分析提供支撑。同样地，每个方案均需采用一致的敏感性研究，并以可比和一致的方式总结敏感性研究的分析结果。

16.8　投资决策

经济评估过程的最后一个阶段是做出最终投资决策。这些投资决策的制定需符合电力企业的治理过程及其在行业法律框架下的授权或许可情况。对于最低性能标准亦难以满足的风险情况，决策过程中还需重点考虑因不符合规定而受到的处罚或作出的赔偿。

决策过程考虑可提供最大净效益的比选方案。成本效益分析结果是经济评估的一个重要决定性因素。成本效益分析的主要决策依据为：如果一项活动的效益之和大于所承担的成本之和，也就是说如果该项活动的净收益为正，则应开展该项活动。如果因为资金有限等原因，只能开展一项净效益为正的活动，则应选择净效益最高者。

应将对每个比选方案相关的风险进行评估纳入决策过程中。优先选择更能适应假设条件或预测结果变化的比选方案，而非更易受这些因素影响的方案。战略考虑尤其关注能否更好地兼顾未来不确定性以及实施短期且灵活的重点解决方案的必要性。因此，投资决策是环境与电力企业公司战略前景的函数。遵循允许管理灵活性更高的决策框架，也就意味着，随着时间推移不断获取新信息，最佳投资决策可能也会随之发生变化（Henao et al. 2017）。

人们逐渐意识到，输电网扩建投资的估值和决策应看作一个风险管理问题，流动性投资在其中起到对问题场景或突发事件的对冲作用（Blanco et al. 2009）。

采用多标准判据的分析路径进行投资决策已逐渐成为趋势，通过每个比选方案的净现值来表征的经济评估结果，仅仅是诸多同时考虑的标准之一（Migliavacca et al. 2011）。

参考文献

Acharya, N., Sode-Yome, A., Mithulananthan, N.: Facts about flexible AC transmission systems (FACTS) controllers: practical installations and benefits. Australasian universities power engineering conference (AUPEC), Australia. pp. 533–538 (2005).

Alabduljabbar, A.A., Milanović, J.V.: Assessment of techno-economic contribution of FACTS devices to power system operation. Electr. Power Syst. Res. 80(10), 1247–1255 (2010).

Alhasawi, F., Milanović, J.: Techno-economic contribution of facts devices to the operation of power systems with high level of wind power integration. IEEE Trans. Power Syst. 27(3), 1414–1421 (2012).

Anderson, P.M., Farmer, R.G.: Series compensation of power systems, published by PBLSH! Inc., ISBN 1-888747-01-3 (1996).

Balser, S., Sankar, S., Miller, R., Israel, M., Curry, T., Mason T.: Effective grid utilization: A technical assessment and application guideline. National Renewable Energy Laboratory, September 2012 (2012).

Billinton, R., Fotuhi-Firuzabad, M., Faried, S.O.: Power system reliability enhancement using a Thyristor controlled series capacitor. IEEE Trans. Power Syst. 14(1), 369–374 (1999).

Billinton, R., Fotuhi-Firuzabad, M., Faried, S.O.: Impact of unified power flow controllers on power system reliability. IEEE Trans. Power Syst. 15(1), 410–415 (2000).

Bilodeau, H., et al.: Making old new again: HVdc and FACTS in the Northeastern United States and Canada. IEEE Power Energ Mag. 14(2), 42 – 56 (2016).

Blanco, G., Olsina, F., Ojeda, O., Garces, F.: Transmission expansion planning under uncertainty – the role of FACTS in providing strategic flexibility. IEEE Bucharest PowerTech 28 June-2 July 2009, pp. 1 – 8 (2009).

Blanco, G., Olsina, F., Ojeda, O., Garces, F.: Flexible investment decisions in the European interconnected transmission system. Electr. Power Syst. Res. 81(2011), 984 – 994 (2011a).

Blanco, G., Waniek, D., Olsina, F., Garcés, F., Rehtanz, C.: Real option valuation of FACTS investments based on the Least Square Monte Carlo method. IEEE Trans. Power Syst. 26(3), 1389 – 1398 (2011b).

Cigre: FACTS Technology for Open Access. Joint Working Group 14/37/38/39.24. TB183 (2001).

Cigre: Protocol for reporting operational performance of FACTS. Cigre Technical Brochure No 717, Advisory Group AG B4. TB 717 (2018).

Cong, L., Wang, Y.: Co-ordinated control of generator and STATCOM for rotor angle stability and voltage regulation enhancement of power systems. IEE Proc. Gener. Trans. Distrib. 149(6), 659 – 666 (2002).

Cong, L., Wang, Y., Hill, D.J.: Transient stability and voltage regulation enhancement via co-ordinated control of generator excitation and SVC. Electr. Power Energy Syst. 27(2), 121 – 130 (2005).

Donsion, M.P., Guemes, J.A., Rodriguez, J.M.: Power quality benefits of utilizing facts devices in electrical power systems. In: 7th international symposium on electromagnetic compatibility and electromagnetic ecology, 2007, pp. 26 – 29 (2007).

ENTSO-E: 2nd ENTSOE guideline for cost benefit analysis of grid development projects. Approved by the European Commission 27 Sept 2018. ENTSO-E AISBL. https://tyndp.entsoe.eu/Documents/TYNDP%20documents/Cost%20Benefit%20Analysis/2018-10-11-tyndp-cba-20.pdf (2018).

EPRI EL-6943: Flexible AC transmission system: scoping study, vol. 2, Part 1: Analytical studies; Sept 1991. https://www.epri.com/#/pages/product/EL-6943-V2P1/?lang=en-US. Accessed 13 Feb 2019.

European Commission: Guide to cost-benefit analysis of investment projects. Economic appraisal tool for cohesion policy 2014-2020, Dec 2014. European Commission Directorate-General for regional and urban policy. http://ec.europa.eu/regional_policy/sources/docgener/studies/pdf/cba_guide.pdf (2014).

Fotuhi-Firuzabad, M., Billinton, R., Faried, S.O., Aboreshaid, S.: Power system reliability enhancement using unified power flow controllers. In: PowerCon 2000. 2000 international conference on power system technology. Proceedings (Cat. No.00EX409) (2000).

Guo, U., Hill, J., Wang, Y.: Global transient stability and voltage regulation for power systems. IEEE Trans. Power Syst. 16(4), 678 – 688 (2001).

Habur, K., O'Leary, D.: FACTS for cost effective and reliable transmission of electrical energy. Power Transmission and Distribution Group, Siemens (2005).

Henao, A., Sauma, E., Reyes, T., Gonzalez, A.: What is the value of the option to defer an investment in transmission expansion planning? An estimation using real options. Energy Econ. 65, 194 – 207 (2017).

Hingorani, N.G.: FACTS technology – state of the art, current challenges and the future prospects. Proc. IEEE Power Eng. Soc. Gen. Meet. 2007, 1 – 4 (2007).

Ilić, M., Galiana, F., Fink, L., Bose, A., Mallet, P., Cedex, C., Othman, H.: Transmission capacity in power networks. Electr. Power Energy Syst. 20(2), 99 – 110 (1998).

Janke, A., Mouatt, J., Sharp, R., Bilodeau, H., Nilsson, B., Halonen, M., Bostrom, A.: SVC operation & reliability experiences. IEEE PES General Meeting, 07/2010 (2010).

Joseph, T., et al.: Asset management strategies for power electronic converters in transmission networks. IEEE Access. 6, 21084 – 21102 (2018).

L'Abbate, A.,a Fulli, G., Handschin, E.: Economics of FACTS integration into the liberalised European power system. In: Proceedings of 2007 IEEE powertech conference, Lausanne, 1 – 5 July (2007).

L'Abbate, A.,b Migliavacca, G., Häger, U., Rehtanz, C., Rüberg, S., Ferreira, H., Fulli, G., Purvins, A.: The role of FACTS and HVDC in the future pan-European transmission system development. 9th IET international conference on AC and DC power transmission (ACDC'10). IET, London (2010).

Lumbreras, S., Ramos, A.: The new challenges to transmission expansion planning. Survey of recent practice and literature review. Electric Power Systems Research 134. pp. 19 – 29 (2016).

Mathad, V.G., Basabgouda, F.R., Jangamshetti, S.H.: Review on comparison of FACTS controllers for power system stability enhancement. Int. J. Sci. Res. Publ. 3(3), (2013).

Migliavacca, G., L'Abbate, A., Losa, I., Carlini, E.M., Sallati, A., Vergine, C.: The REALISEGRID cost-benefit methodology to rank pan-European infrastructure investments. IEEE Trondheim PowerTech 2011. IEEE, pp. 1 – 7 (2011).

Olafsson, S.: Making decisions under uncertainty – implications for high technology investments. BT Technol. J. 21(2003), 170 – 183 (2003).

Paserba, J.K.: How FACTS controllers benefit AC transmission systems – phases of power system studies. IEEE/PES Power Syst. Conf. Expo. 03/2009, (2009).

Rajabi-Ghahnavieh, A., Fotuhi-Firuzabad, M., Feuillet, R.: Evaluation of UPFC impacts on power system reliability. Proc. IEEE/Power Eng. Soc. Transm. Distrib. Conf. Expo. 2008, 1 – 8 (2008).

Sekharan, S., Sishaj, P.S.: Cost benefit analysis on SVC and UPFC in a dynamic economic dispatch problem. Int. J. Energy Sect. Manag. 8(3), 395 – 428 (2014).

Stoll, H.G.: Least-cost electric utility planning. Wiley, New York (1989).

Xiao, Y., Song, Y.H., Chen-Ching, L., Sun, Y.Z.: Available transfer capability enhancement using FACTS devices. IEEE Trans. Power Syst. 18(1), 305 (2003).

Yang, S., Xiang, D., Bryant, A., Mawby, P., Ran, L., Tavner, P.: Condition monitoring for device reliability in power electronic converters: A review. IEEE Transactions on Power Electronics, November 2010, 25(11), pp. 2734－2752 (2010).

Mário Duarte，电气工程师，在电力系统领域拥有超 20 年工作经验。最初就职于南非国家电力公司（ESKOM），从事输电系统规划、能源交易和撒哈拉以南电力交换计划等。曾获 CBI 奖学金，并与英国工程咨询公司 Kennedy 和 Donkin 合作。而后就职于南非运输和物流公司 Transnet，负责基础设施的投资评估和定价。自 2009 年起就职于爱尔兰国家电网公司（EirGrid）系统规划部。拥有工商管理硕士学位，目前正在攻读应用经济学硕士学位。是 CIGRE 爱尔兰全国委员会成员、CIGRE 电力系统发展与经济学专委会（SC C1）爱尔兰代表和成员、IET 会员。

FACTS 规划研究 **17**

Bjarne Andersen、Dennis Woodford、Geoff Love

目次

Bjarne Andersen (✉)
英国Bexhill−on−Sea，Andersen电力电子解决方案有限公司
电子邮箱：Bjarne@AndersenPES.com

Dennis Woodford
加拿大曼尼托巴温尼伯，Electranix Corporation咨询公司
电子邮箱：daw@Electranix.com

Geoff Love
爱尔兰都柏林，PSC咨询公司
电子邮箱：Geoff.Love@pscconsulting.com

© 瑞士，Springer Nature AG公司2020年版权所有
S. Nilsson，B. Andersen（编辑），柔性交流输电技术，CIGRE绿皮书，https://doi.org/10.1007/978-3-319-71926-9_17-2

摘要

输电系统运营商正在进行的规划研究可能会发现一些潜在问题,如违反电网规范和规划标准等行为。针对这些违规行为,需要采取缓解措施才能实现合规,这就需要适当改变电网中的电压或潮流。除了更改既有线路、新增输电线、发电设备等常规措施外,FACTS 装置可以提供短期或永久的解决方案,比常规的解决方案更容易实施或更具经济效益。风力或太阳能发电厂的开发商也需要 FACTS 装置,这是其满足电网规范要求最佳/最经济的方式。

本章描述了为确定 FACTS 装置特性所必需开展的电网研究,研究认为这种装置可以为已发现的问题提供技术解决方案。本章还描述了如果成本效益分析表明 FACTS 装置是一个不错的解决方案而需要开展的研究。本章还提供了开展这些研究使用的模型概述。这些额外的研究需要为 FACTS 装置的技术规范提供相关信息,包括额定值要求、响应速度、故障穿越要求、谐波阻抗、背景谐波数据和谐波限值等。本章还提供了开展这些研究使用的模型概述。

17.1　引言

本章基于 CIGRE 技术手册 563《高压直流输电系统生命周期中的建模和仿真研究》（CIGRE TB 563 2013）的摘录内容进行编制,并根据需要进行了修改,使其适用于 FACTS 装置。

输电系统运营商（TSO）和/或电网所有者（NO）的电网策划职能部门将研究电力系统,并确定能影响交流电网运行和性能的问题。这些问题可能包括:

（1）限制输电通道能力;

（2）违反相关电网规范中规定的交流电压要求;

（3）电能质量不合格；

（4）电网各部分之间或与互联系统中可能存在或现已存在功率振荡；

（5）潜在的次同步振荡；

（6）其他问题。

在对这些问题的研究中，FACTS 装置显示了能够帮助缓解这些问题的可能性。本章将重点介绍电力系统研究的两个领域，这两个领域可能有助于确定潜在的 FACTS 装置及其技术规范的附加输入：

（1）规划研究从初步研究开始，初步研究有可能确定 FACTS 装置需求。通常情况下，FACTS 装置需求确定之后，就需要开展更多的研究，来确定 FACTS 装置的类型、功能性能及其等级。

（2）为支持 FACTS 装置规格的选择而应进行的研究（参见本书中的"19 FACTS 装置采购及功能规范"章节）。

17.1.1　规划研究

规划研究的目标是要确定：

（1）对 FACTS 装置的需求；

（2）FACTS 装置最合适/最有效的位置；

（3）所需 FACTS 装置的类型、额定值、过载能力、响应速度和 FACTS 装置的控制模式等；

（4）因增加 FACTS 装置而产生的任何系统限制条件/效益；

（5）其他可能需要的系统升级；

（6）通过互联新增的电力符合电网规范要求，不会对输电系统造成任何不利影响。

通常，由输电系统运营商（TSO）或电网所有者（NO）的规划小组或其顾问负责完成这些研究。TSO 和 NO 有可能是来自相同或不同的组织。风力或太阳能开发商也可以开展这些研究，以确定他们为满足必要的电网规范要求的最经济的方式。FACTS 装置的最终所有者和开发者有可能不是 NO。

FACTS 装置选择开展的相关研究应与经济、环境因素相互协调。本书的"16 经济评估和成本效益分析"和"18 FACTS 项目环境因素"章节详细介绍了选择 FACTS 装置所带来的财务和环境影响。

FACTS 装置的需求确定之后，有可能会与其他潜在的解决方案形成竞争，如修建其他线路或电缆、更换线路导线、建造新发电设施或其他 FACTS 装置项目。要在竞争中脱颖而出，FACTS 装置必须具有经济性、可行性和时间方面的优势或者比其他解决方案更优秀的技术优势。在某些情况下，FACTS 装置可能是一项满足电力系统需求的电网改进工程的其中一部分。

关于这些研究的更多细节，见第 17.2 节。

17.1.2　规范研究

如果确定了 FACTS 装置需求，认为 FACTS 装置是可行的、有吸引力的选择，则需要进一步开展研究，充分规范 FACTS 装置。在这些研究中，有一部分对规划研究的改进完善，其他研究则是要求投标人设计他们的解决方案。

第 17.3 节介绍了可能需要开展的不同研究。

17.1.3 规划和规范研究模型

对于规划和规范研究，需要 FACTS 装置和交流系统的几种模型，这些模型在第 17.4 节中有详细说明。

17.1.4 进一步研究

"20 FACTS 装置集成与设计研究"一章主要讨论应由以下组织进行的研究：

（1）响应功能规范由潜在供应商实施研究；

（2）履行合同由承包商实施研究；

（3）此后，在 FACTS 装置的使用寿命期间，由所有者/运营商实施研究。

供应商实施的一些模型和研究与本章中描述的相似，而其他模型和研究只能由供应商开发和执行。

17.2 FACTS 装置的规划研究

由于老化的化石燃料发电机组被可变可再生能源发电机、储能系统以及可能的高压直流换流器所取代，电网的潮流和水平均会有所变化。此外，由于正在进行的增效计划和交通用电量增长，电网负荷也在变化。因此，电网的输电设施可能会受到潮流水平增加的影响，但与此同时，允许增加新的输电线路来缓解系统拥堵却日益困难。潮流变化可能导致新的地点出现电压不稳定的问题（CIGRE TB 700 2017）。在合适的位置安装 FACTS 装置是显著缓解电网问题的解决方案。

可再生能源发电，如风力发电厂和太阳能发电厂，通常包含一系列的电力电子设备，相关设计必须满足适当的电网规范，通常包括故障穿越性能和需要提供一定水平的受控无功功率。这些系统的开发商可能会发现，使用 FACTS 装置，如静止无功补偿器和静止同步补偿器等，就可以满足电网规范的要求。为了优化解决方案，应该进行规划研究。

在 FACTS 装置项目的规划阶段，需要进行几项研究。通常由输电系统运营商（TSO）或电网所有者（NO）完成这几项研究，以此来确定需要实施的措施以及研究对电力系统运行的相关影响。就本章而言，"项目所有者"负责确定将研究从规划阶段推进到规范阶段。在大多数情况下，项目所有者和输电系统运营商与电网所有者之间会有很多互动。通常，基本的交流系统数据和相关假设必须与 FACTS 装置接入的输电系统运营商协调。

17.2.1 开展规划研究的时间安排

规划研究被实际需求有可能比相关 FACTS 项目要早许多年。远期系统规划报告中会考虑负荷或发电量的预计变化，以此确定是否有相关需求。随着需求日期的临近，规划和研究的深度会更加详细和复杂。表 17-1 和表 17-2 详细介绍了一个典型的规划过程，揭示了一个项目研究从长期到中期的发展过程。

表 17-1 长 期 规 划 研 究

长期研究——长期电网规划	
时间范围	3～10 年（甚至更长）
目的	确定电力系统问题，并确定包括 FACTS 装置在内的潜在解决方案； 除了电力系统研究之外，还应对解决方案的可行性和成本进行重点审查，针对增加 FACTS 装置之后导致的潮流增加而开展的应急研究所揭露出来的对整个电网的不利影响，这些解决方案需包含所有补救措施
研究投入	不同配置下的未来系统模型； 需求和发电量变化预测； 电网规范要求
研究类型	研究类型一般仅限于潮流研究；但对于有些问题，也可以进行暂态稳定性研究

表 17-2 中 期 规 划 研 究

中期——解决方案选择	
时间范围	对潜在的解决方案进行详细审查，并相互比较在解决电力系统问题方面的有效性； 进行研究/模拟，确定 FACTS 装置的位置、场地限制和约束条件以及额定功率和额定电压，并确定其应运行的交流系统电压和/或无功潮流的一般范围； 此信息通常用于检查技术和经济可行性，以选择可以解决已发现问题的项目（如"16 经济评估和成本效益分析"一章所述）
研究投入	当前和未来预测的电网模型； 对需求和发电量变化的未来预测； 电网规范要求； 经济分析； FACTS 装置的模型，包括它们的主要功能和局限； 对正在进行的研究系统内其他具有足够准确性的主动装置（如负载、发电机等）模型
研究类型	典型潮流分析或暂态稳定性研究

当开发商或业主要将风力发电场或太阳能发电场接入到电网，输电系统运营商或电网所有者要进行研究时，对电压型 FACTS 装置（如 STATCOM 或 SVC）的需求就会愈发明显，但在早期的研究中却无法预见这种需求。这种情况下，就必须开展短期研究，以准备规范和供应商选择，从而最大限度地减少可变发电项目延期投产。

17.2.2 规划期间开展的电力系统研究

规划研究通常会考虑以下因素。

（1）稳态潮流（如第 17.4.2 节所述）：确定热稳定性和电压问题。

（2）暂态稳定性（如第 17.4.5 节所述）：

1）暂态电压问题；

2）区间振荡。

在某些情况下可开展进一步的研究：

（1）电磁暂态（如第 17.4.6 节所述）；

（2）谐波研究（如第 17.4.4 节所述）；

（3）短路故障电流计算（如第 17.4.3 节所述）。

可以利用初始 FACTS 装置组件的元件参数和通用控制方法来进行研究，以证明提出FACTS 装置的可行性。

如果 FACTS 装置的运行影响了其他公用事业公司拥有或运营的电网，则有必要尽早通知这些公司，并让他们参与进来，以协调公司和监管机构之间的技术、经济和制度问题。

有一个次要但很重要的影响是，如果 FACTS 装置允许增加一个区域的潮流，则该区域的部分现有设施可能会过载，交流电压和无功功率可能会受到不利影响。此类问题在规划研究中很明显，必须加以解决，包括确定相应的经济后果。

17.2.3 对 FACTS 装置的需求

如果规划研究已经发现了潜在问题，则可能有很多不同的解决方案，包括传统的输电基础设施解决方案，例如：

（1）新增输电线；

（2）升级输电导线；

（3）提高工作电压；

（4）增加串联或并联电容器或电抗器；

（5）增加发电装置，若基于逆变器，则可能倾向于构网型，而不是传统的跟网型，以维持和加强电网稳定性（Irwin 2012）；

（6）从运营的角度管理问题；

（7）如果问题发生的可能性很小或造成的影响很小，则简单地接受问题而不采取缓解措施。

除了这些常规解决方案之外，也可以考虑 FACTS 装置。选择 FACTS 装置通常听起来很简单，但实际上，不同的 FACTS 装置可以完成许多不同的角色，正如本书其他章节所解释的那样，包括：

（1）4 采用 FACTS 装置的交流系统（柔性交流输电系统）；

（2）12 SVC 应用实例；

（3）13 STATCOM 应用实例；

（4）14 TCSC 应用实例；

（5）15 UPFC 及其变体的应用实例。

所以，开展电力系统研究的目的是确定：

（1）FACTS 装置是否能够解决已发现的问题；

（2）如果能够解决，那么哪个 FACTS 装置能最好和最有效地解决问题；

（3）FACTS 装置的持续最低运行水平和过载容量额定值（如果存在）应该是多少；

（4）FACTS 装置的响应速度要求是多少；

（5）FACTS 装置的哪些部件可以机械投切。

可接受的电网性能定义通常由交流系统的电网规范来确定。潜在问题的案例详见表 17-3。

表 17-3　　　　　使用 FACTS 装置存在的问题及其潜在缓解措施

问题	名称	可能会缓解问题的 FACTS 装置
电力输送的热稳定限制	系统负荷和发电量的长期增长可能会改变电网的潮流，在关键突发事件下还有可能导致输电线路或其他装置过载	一个串联 FACTS 装置（如 TCSC、UPFC 或 SSSC[a]）可能会改变过载装置的电源方向
违反电网规范中规定的交流电压要求	负荷增长或现有发电设备退役可能会造成稳态或瞬态电压稳定性问题	串联和并联 FACTS 装置均可以提高电网的电压稳定性

续表

问题	名称	可能会缓解问题的 FACTS 装置
区域间电力系统振荡	系统各部分之间或与互联系统中可能存在或现已存在功率振荡	配备 POD[b] 的 FACTS 装置能够减轻区域间电力系统振荡。通常情况下，串联装置的效果最好。配备储能装置的 STATCOM 或 SSSC 将提供构网能力，以增强电网的抗振荡能力，同时储能装置允许换流器交流侧和直流侧之间的有功功率有较大的偏移
破坏电能质量	由于电力设备（如电缆）的安装或负载或从负荷侧或发电侧注入（谐波），电能质量可能会下降	SVC 和 STATCOM 有助于解决闪变电能质量问题。在谐波抑制问题方面，STATCOM 可能比 SVC 更有效，因为可以将 STATCOM 设为有源滤波器（但有可能会导致功率损耗增加）
潜在的次同步振荡	系统内可能会出现各种次同步振荡，这些振荡与高压直流输电线路、串联电容器和风电场控制器等有关	如果认为固定电容器不可行，则可在串联补偿项目中选择串联 FACTS 装置，如 TCSC 或 SSSC。并联装置的辅助控制装置（如 STATCOM）能够抑制蒸汽动力装置中使用的涡轮发电机的扭转振荡

a　可以将 SSSC（静止同步串联补偿器）用作 UPFC 的一部分或独立式串联补偿器。

b　功率振荡阻尼。

17.3　FACTS 装置技术规范编制的研究

在规划研究确定要开发的 FACTS 装置项目之后，需要制定一部规范来开展采购工作。本节描述了在编制 FACTS 装置的技术规范之前应开展的研究。需要研究的类型和性质取决于交流电网的结构和 FACTS 装置的类型。本文将对最重要的研究作详细介绍。

通常采用基于性能的功能规范（参见"19 FACTS 装置采购及功能规范"章节）来开发 FACTS 装置项目，其中可交付系统包含一套完整的集成 FACTS 装置。

研究内容以及 FACTS 装置技术规范必须考虑接入电网中输电系统运营商制定的电网规范中的要求。必须编制交流系统信息，并且须与输电网运营商共同确定短路电流水平和谐波阻抗等参数。除了 FACTS 装置的额定容量外，还须包括电网规范中规定的任何过载要求、过电压和欠电压穿越标准以及特殊的控制要求。

在这些研究过程中也可以确定 FACTS 装置的一些设计问题，例如，使用断路器投切电抗器和电容器来扩大 SVC 或 STATCOM 的工作范围，将断路器投切无源元件的缓慢调节与基于电力电子的 FACTS 装置的快速动态响应相结合。

17.3.1　建立适合的交流系统模型

如"20 FACTS 装置集成与设计研究"章节所述，供应商通常预计会在投标阶段和中标后阶段开展研究。这些研究既有可能是暂态稳定性研究，也可能是电磁暂态研究。供应商开展这些研究的系统描述应由项目所有者提供（项目所有者可从输电系统运营商或电网所有者处获得模型）。模型的相关细节见第 17.4.2 节、第 17.4.5 节和第 17.4.6 节的描述。可以提供多种交流电网模型，每种模型代表不同的电网运行方式，例如季节性低负荷和高负荷场景以及未来预期的极端峰值负荷场景。

除交流电网表示法以外，规范还应说明：

（1）电网应研究的突发事件；

（2）电网应研究的故障类型、故障恢复要求和故障定位等。

理想情况下，应由所有者自己的研究来选择电网突发事件，并且所有者应该对 FACTS 装置如何应对这些故障作出预期。在大多数情况下，FACTS 装置会被计划用于缓解特定范围内的突发事件和故障，制定规范时应将这些情景考虑在内。

如果附近已有 FACTS 装置或带有换流器的设施，则这些设施有可能会与提议的新 FACTS 装置产生不良的相互作用。这种相互作用只能通过电磁暂态研究才能有效观察，而电磁暂态研究时使用的现有设施模型由各供应商提供。

但其间通常存在模型数据的保密性问题，尤其是由潜在供应商在建的装置（发电机、高压直流输电装置和其他 FACTS 装置）。在一些司法管辖区，可能只有 TSO 有权使用执行某些研究所需的所有必要模型，需将与 TSO 的互动纳入规范内容。为解决这个问题，2019 年成立了 CIGRE 联合工作组 B4.82/IEEE，其最终目标是要求将换流器电磁暂态仿真模型附带供应商控制系统的真实代码和保护功能嵌入该模型中，而不是使用通用模型。将实数编码编译成动态链接库（DLL）或类似的数据。动态链接库的编译过程将控制代码转换为机器代码和其他信息，使得确定基础控制逻辑变得更加困难。

在某些情况下，可为电磁暂态研究或实时仿真研究提供简化的交流模型；但是，应注意确保该模型能准确地表征电力系统。在大多数情况下，提供一个简化电网，只给出相似短路电流水平或潮流往往是不够的。可通过使用大型发电机组，降低远程机器的响应，来研究简化电网的动态效应。在任何情况下，使用简化模型时，必须详细描述和证明该模型对等效模型所需的简化存在哪种限制条件，以便正确应用研究结果。

有时候可能会向投标人提供原始的交流模型，然后再向中标人提供更新后的模型。

17.3.2　FACTS 装置额定值

所有者必须确定 FACTS 装置在所有运行模式下的额定值，包括过载能力。使用稳态和暂态稳定性分析，可能会确定瞬时和稳态的额定值。

对于 TCSC、UPFC 或 SSSC 等串联装置，也可以采用瞬态研究（如第 17.4.5 节所述）来确定串联装置可能出现的振荡电流，这对确定设备的容量至关重要。

除了电流额定值以外，也可以进行暂态稳定性研究，以确定暂时过电压（TOV）的额定值（如第 17.4.5 节所述），这对于电网换相换流器（LCC）附近的装置尤其重要。

17.3.3　短路计算

FACTS 装置技术规范所需的短路电流可以从第 17.3.1 节中开发的交流电网中获得。输电系统运营商有时候会使用更详细的系统模型，可以用该系统模型来提供短路电流。

对于 TCSC、UPFC 和 SSSC 等串联装置，应使用电磁暂态分析来准确计算短路电流的分布（故障周期），以帮助投标人设计旁路系统。

通常情况下，短路电流水平会采用短路模型根据第 17.4.3 节来计算，并用于性能等级评定，而非设备额定值评定。设备额定容量通常会根据所有者的标准规定更高短路额定值。在某些情况下，包括串联装置的额定值设定，应采用一种能反映 FACTS 装置所在位置的实际最大短路电流的计算方法来确定，否则过高的额定值设置会导致装置成本过高。

17.3.4　暂态稳定性研究和电磁暂态研究

所有者在制定规范过程中，可能会进行暂态稳定性研究和电磁暂态研究，这两种研究可能比规划研究中进行的类似研究更为详细。开展这两项研究的目的是：

（1）确定 FACTS 装置的期望响应速度，并将其包含在 FACTS 装置规范内；

（2）确定供应商研究的适当故障位置和类型；

（3）支持任何依赖遥测信号的外部触发控制回路的规范。

供应商将重复进行许多这样的研究（在投标期间或中标后）。在某些情况下，可以将所有者自己的研究作为基准，确定投标人研究的有效性。

17.3.5　谐波研究

谐波研究的主要目的是获得设计 FACTS 装置滤波器需要的输入数据（CIGRE TB 553 2013；CIGRE TB 766 2019；IEC 62001：2016），如第 17.4.4 节所述。这些数据可能是：

（1）系统谐波阻抗（包络）；

（2）背景谐波畸变；

（3）发射限值。

就第 17.3.1 节的交流模型来说，该数据最好由输电系统运营商提供。在某些情况下，所有者可能会进行滤波器初步设计，以评估滤波要求是否过于繁重而无法达到。如果他们发现要求过于苛刻，可以重新考虑对谐波数据或 FACTS 装置的类型进行重新评估。

17.4　模型

本节描述了在 FACTS 装置的规划和规范制定过程中研究需要的模型。主要描述以下模型：

（1）负荷潮流；

（2）谐波研究；

（3）短路电流计算；

（4）暂态稳定性；

（5）电磁暂态。

本节提到的模型，并非全部都需要为所有 FACTS 装置建模。每个模型考虑的系统细节不一样，涵盖的频率范围也不相同。

本节提供了上述模型的描述。事实上，FACTS 模型和电网模型的准确性和范围高度依赖于研究的预期目的。

17.4.1　FACTS 装置的建模

输电系统运营商和电网所有者可以开展大量且必要的研究工作，以确保发现电网中存在的潜在问题。这些研究项目中有许多都包含 FACTS 装置的基本模型，这些模型可以修改，可用于确定不同类型 FACTS 装置的最佳位置和需要的性能。这些模型能够满足 FACTS 装置规范所需要的数据输入。然而，这些模型代表了典型 FACTS 装置的性能特征，但可能不适用于未来的 FACTS 装置，如果 FACTS 装置将对电力系统的局部或整体性能产生重大影响，则这些模型可能无法提供可靠的研究结果。在这种情况下，应该联系 FACTS 装置供应商，获得为这些特殊情况提供更现实性能特征的模型。

本书的 FACTS 装置技术说明部分包括以下章节："6 静止无功补偿器（SVC）技术"，"7 静止同步补偿器（STATCOM）技术"，"8 晶闸管控制串联电容器（TCSC）技术"，以及"9 统一潮流控制器（UPFC）及其潜在的变化方案"。本章和"第 4 部分 FACTS 装置应用"章节中的同等章节将提供相关有用信息，这些信息可以定制可用的模型，以便在所有者应用时提供指导。

但是，如果模型的使用人员对 FACTS 装置和他们使用的软件的功能和限制没有足够的了解，在解释研究结果时可能会出现错误和不足，如果在将研究结果列入规范之前没有识别出错误和不足，则在投标和随后的合同实施过程中可能会导致严重和高昂的代价。因此，谨慎的做法是考虑让合适且有资格的咨询顾问监督或开展必要的研究。

将 FACTS 装置接入到电力系统中时，可能需要解决一些性能和运行问题，这些问题会引起非基频特性。比如，由太阳风暴引起的地球磁场干扰导致的地磁感应电流（GIC）问题。详见本书中"2 交流系统特性"章节。交流线路中的地磁感应电流会引起电流互感器饱和（Price 2002）。1989 年，一场严重的磁暴引起变压器饱和，使 SVC 跳闸，导致魁北克电网崩溃（IEEE 2015）。

传统潮流和暂态稳定性程序准确解决上述此类性能和运行问题的能力将受到限制，很简单的原因是它们仅适用于基频和正序。最初在项目授予之前，通常是采用通用 FACTS 装置模型完成这项工作的。从长远来看，所有者可能需要进行涉及 FACTS 装置的研究，因此应要求承包商提供充分详细的模型，作为其供货范围的一部分。工厂验收测试和调试期间，应对承包商提供的最终模型进行验证。工厂验收测试模型将受到交流系统建模的限制，在调试和运行期间，FACTS 装置可能需要对控制和保护进行调整。这些调整最好先在电磁暂态仿真中进行测试，在广域模型中使用精确的 FACTS 装置模型，在其他模型中使用精确的控制和保护。

17.4.2 稳态潮流

17.4.2.1 模型能力

潮流计算程序用于计算电网中的稳态潮流。交流系统的元件采用矢量阻抗或导纳表示，所有源均假定为基频相量（CIGRE TB 051 1996）。

FACTS 装置用其稳态方程来表示。同样，模型中必须包括现有的或未来计划的 STATCOM、SVC、TCSC、UPFC、SSSC 补偿方案、高压直流输电方案、移相器、同步调相机、风电场或电压源型换流器（VSC），如电池储能系统。潮流分析中需要考虑估计的功率损耗。该程序通常不能计算任何瞬态或动态性能，但可以识别互联交流电网中的过载和电压问题。

应根据具体情况决定母线和线路的数量，以获得 FACTS 装置可接受的电网模型。这同样适用于潮流、稳定性、无功功率和电压控制中可能需要建模的单个组件和子系统（CIGRE 301 2006；CIGRE 310 2007；CIGRE TB 504 2012）。

基频潮流研究示例详见 CIGRE TB 563 2013 附录 B 中的相关讨论。

17.4.2.2 交流系统建模方面

对于交流系统，输电线路数据应包括基频下的并联导纳和串联阻抗。研究稳态性能，系统模型只需要包括正序参数。由于架空线的分流电导非常小，并联导纳通常只包括电容性电纳（基频条件下）。串联阻抗应包括电阻（实部）和电抗（虚部）。应在潮流程序中启用长线效应校正（或直接显示校正数据）。除此以外，通过输电线路潮流增加，导线的平均温度将升高，导致线路弧垂增加、线路电阻增加和功率损耗增加。如果适用的情况下，这些因素不应该被忽视。

变压器模型应包括其漏抗和分接开关。如有移相变压器，也应在相关的地方表示出来。

交流发电机表示为恒压发电机和恒功率发电机或恒定有功和无功（P、Q）发电机。将系统中的一条母线指定为基准母线（称为松弛节点），其中应规定电压和相位角。励磁系统和调速器通常不建模；但在某些情况下，可以对电压和功率下垂控制进行建模。还必须规定最大有功功率和无功功率上限值以及允许的电压限值。

电网中的负荷通常表示为恒定有功（P）和无功（Q）负荷，但有时也表示为电压相关的有功（P）和无功（Q）负荷，或者需要更详细的复杂负荷模型（Ohtsuki 1991；WECC 2012）。

交流系统中的同步补偿器或其他 FACTS 装置可以表示为发电机（有功功率＝0）或可变无功母线，其中电压值需设定。需要表示不同装置的斜率特性，如果基准电压和斜率的设定值不能自动或手动协调，则需要认真考虑它们的设定值，避免不可接受的控制交互作用。

17.4.2.3　FACTS 装置的建模方面

通常情况下，供应商应负责设计变压器，但在某些情况下，可通过现有变压器上的第三绕组将 FACTS 装置连接到交流电网。FACTS 装置模型必须包括降压变压器的漏抗（如果适用）。

此外，建模时还需要重现控制模式，其中必须包括特定控制模式的设定点和斜率（例如无功功率或电压指令），以及 FACTS 装置的最大和最小输出限制。

从交流电网的角度来看，FACTS 装置表现为受控的无功功率输出（统一潮流控制器则表现为受控的有功功率和无功功率输出）。FACTS 装置的潮流程序可能在母线和地之间有一个可变并联元件和一个可变串联元件。具体来说，SVC 和 STATCOM 的潮流模型可以是一个在一定范围内受限的可调并联电压源，而串联元件无效。控制选项包括本地或远程母线电压和无功功率。部分 FACTS 装置的简易模型，详见本书的"第 3 部分 FACTS 装置技术"部分。

统一潮流控制器（UPFC）要求可变串联元件和并联元件均有效。TCSC 模型和静止串联同步控制器（SSSC）模型只要求串联元件有效。

任何固定或断路器投切的交流滤波器、电抗器和电容器均表示为并联电纳，其值由 FACTS 控制系统控制。

17.4.2.4　使用模型

输电系统运营商（电网所有者）将潮流计算作为其主要工具之一，用于计划每天的电力交换和系统新元件调试之后的输电系统规划。在技术规范发布之前，项目所有者应与 TSO 共同开展潮流研究。参见本书的"3 采用常规控制方式的交流系统"章节。

考虑 FACTS 装置时，潮流研究的典型目标是：

（1）确定设备在意外事件下是否热过负荷。FACTS 装置可通过引导电源远离超负荷来降低设备负载。通常情况下，可以使用 TCSC、SSSC 或 UPFC 等串联装置来实现降负载。在潮流研究中，这些串联装置可以表示为 TCSC 的可变串联电抗，或者表示为插入线路中的 UPFC 或 SSSC 的可变电压源。

（2）可以采用潮流模型来研究稳态电压稳定性（即功率/电压或无功功率/电压分析）。FACTS 装置（如 SVC 或者 STATCOM）可以帮助提高欠电压区域的电压。或者，像 TCSC、UPFC 或 SSSC 这样的 FACTS 装置可以降低低压区域和电网较坚强部分之间的系统阻抗。

本研究旨在确定 FACTS 装置的有效性、位置和基本特征。

17.4.2.5 准动态模型

有时，交流系统非常缓慢的动态方面（如分接开关或投切开关）是使用逐次潮流解决方案进行建模的，步长为几秒钟。这种模型被称为准动态模型。如果这些模型的运行需要长时间与慢作用的离散开关装置相协调，那么可以将这些模型包含在 FACTS 装置规划研究的一部分（如日负荷曲线）。

准动态模型本质上是一个负载潮流模型，逻辑非常简单，在慢作用装置（如分接开关）的负载潮流解决方案之间进行计算。为确保避免这些装置建模两次，所以不得将这些装置包含在潮流解决方案中。像 FACTS 装置这样的快速装置，因为他们的动作比负载潮流的间隔快得多，所以他们的建模方式与在负载潮流中建模的方式相同。

17.4.3 交流短路模型

17.4.3.1 模型能力

短路电流计算是任何电力系统规划过程中不可或缺的一部分，因为需要通过计算来确定当前以及预计的最小、正常和最大短路电流水平，以便正确计算电力系统待安装设备的容量。短路研究也需要确定保护装置的正确设置。出于这些原因，短路研究所需的系统和元件模型由 TSO 和 NO 建立并进行维护。

但是从 FACTS 装置项目的角度来看，短路电流计算的目的有些不同。尽管元件设计和额定值所需的最大短路电流水平通常可以根据任何其他类似用途的通用原则计算得出，但仍需要特别注意最小短路电流水平的计算标准，因为最小值会影响 FACTS 装置的设计和参数设定。

17.4.3.2 交流系统建模要求

交流系统建模要求与潮流计算设定的要求非常相似。但是除了电网数据之外，还需要发电机和负载阻抗数据。同时需要负序和零序数据（包括电网数据），以确定不对称故障时的短路电流水平。如果使用线路单相重合闸设计，则可以通过一些串联装置的设计将电力转移到非故障相。

17.4.3.3 FACTS 装置的建模方面

虽然一些高压直流的 VSC 方案可以提供故障电流（通常达到其稳态额定值），但并联 FACTS 装置通常不会提供任何故障电流。串联 FACTS 装置本身不会提供故障电流，但会影响系统阻抗，因此可能需要加以考虑。串联电容器放电产生的瞬态扭矩会"震动"涡轮发电机，但 TCSC 可以通过使用适当的控制算法来消除这些扭矩，如"8 晶闸管控制串联电容器（TCSC）技术"章节所述。串联装置的影响可能是非线性的，对于近区故障（即沿着串联装置安装的线路），在大故障电流情况下，可能会绕过串联 FACTS 装置，这样就消除了瞬时扭矩。对于其他线路上的故障，可能需要规定穿越要求或缓解措施。

17.4.3.4　使用模型

出于系统完整性和突发事件，FACTS 装置终端母线的短路容量可能是已知的。如果不掌握该信息，则需要进行短路电流计算来确定短路容量。开展短路研究的具体示例包括：

（1）FACTS 装置在其寿命期内预期最大和最小运行条件下的交流短路容量水平。

（2）需将交流故障情况下FACTS装置母线的最小短路容量水平作为FACTS装置设计的基本输入参数纳入技术规范中。

（3）短路容量还会指示开关电容器、滤波器或电抗器的最大允许容量。须将交流电压波动对这种设备的响应控制在可接受的范围内。

17.4.4　谐波模型

从 FACTS 装置的接入位置来看，可使用交流电网的谐波模型去评估安装 FACTS 装置对谐波的影响。通常情况下，供应商出于以下目的使用谐波模型：

（1）计算装置谐波电流注入（或在 VSC 情况下谐波电压注入）引起的谐波畸变。谐波注入将取决于 FACTS 装置的设计，通常由投标人决定。

（2）确定装置对背景谐波的放大程度。放大程度将取决于 FACTS 装置及其滤波器（如果有）的设计，具体将由投标人决定。

根据 FACTS 装置的类型，即并联装置还是串联装置，谐波模型的拓扑结构。图 17-1 和图 17-2 为并联 FACTS 装置的拓扑结构，在本例中是一个 SVC。图中元件代表：

（1）PCC 是公共连接点，也是 FACTS 装置连接到电网的位置（即变压器的高压侧）。

（2）$Z(h)$变压器——变压器的谐波阻抗。

（3）$Z(h)$TSC——晶闸管投切电容器打开时的谐波阻抗。

（4）$Z(h)$TCR——晶闸管控制电抗器打开时的谐波阻抗。

（5）$Z(h)$交流滤波器（高压侧）和 $Z(h)$交流滤波器（低压侧）——SVC 高压侧和低压侧滤波器的谐波阻抗。

（6）I_{TCR_n}——TCR 的谐波注入。

（7）$Z(h)$交流系统——考虑交流电网所有突发事件下的谐波阻抗。

（8）U_{fn}——交流系统的背景谐波。

在图 17-1 中，该模型用于确定由 TCR 在 PCC 处的电流注入引起的谐波畸变。高低压侧滤波器的谐波阻抗旨在帮助减轻 PCC 的谐波畸变。最坏的情况是，电网阻抗和 FACTS 装置的阻抗产生谐振，如果是应用于使用模块化多电平换流器的 STATCOM 或 UPFC，则该谐振频率可能不是整数倍基波频率。

在图 17-2 中，再次使用该模型来确定由 FACTS 装置的谐波阻抗引起的畸变，其中谐波电流取自电网中的背景谐波。同样，当 SVC 元件与电网阻抗发生谐振时，会出现最坏的情况。

测量背景谐波时，尽可能在 PCC 处进行测量。当 SVC 接入时，背景谐波会发生变化。该图只是一种建模方式。IEEE SVC（IEEE 1031 附件 B.5.3.3）和 STATCOM（IEEE 1052 附件 B.5.4.3）指南讨论了不同的建模方法（IEEE 1031—2011；IEEE 1052—2018）。

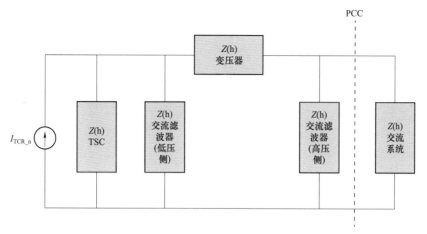

图 17－1　SVC 对公共耦合点（PCC）处电流谐波注入评估模型（摘自 CIGRE TB 766）

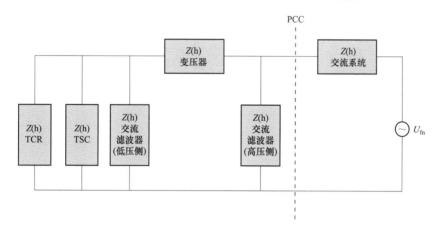

图 17－2　SVC 对背景谐波放大影响的评估模型（摘自 CIGRE TB 766）

17.4.4.1　交流系统模型

从 FACTS 装置母线来看，交流系统的谐波阻抗是确定 FACTS 装置谐波性能的重要输入，即在图 17－1 和图 17－2 中，标记为 "$Z(h)$ 交流系统" 的元件。从 FACTS 装置来看，电网阻抗会因输电系统当前配置和未来配置而有所不同。

谐波阻抗可以使用频域、时域或谐波域等技术计算，通常情况下，最高可达 50 次谐波，但由于基于电压源换流器的 FACTS 装置的应用范围扩大，其等效开关频率更高，因此谐波阻抗的最高可达 100 次谐波。CIGRE TB 766 "谐波研究的电网建模"（CIGRE TB 766 2019），涵盖了最常见电网元件的建模，并讨论了评估连接点谐波阻抗时需要考虑的主要参数。

对于每个谐波阻抗，均可以绘制轨迹图，显示 R 对 X 的阻抗，如图 17－3 所示。

每个场景和运行条件的计算谐波阻抗均可以采用表格形式表示出来，但可能包含大量数据。为了数据交换，更实际的做法是用一个 $R-X$ 平面图以包络形式呈现相关信息，平面图包含所有可能的运行条件。然后，谐波阻抗数据可采用图表方式，以单个包络线显示（每个包络线包含所有相关频率），或者以包络线族形式显示（每个包络线包含一个或多个谐波频率）。使用这种方法，可以有效地对每个谐波次数（或频率组）包络边界进行定义，从而简化数据交换和后续分析的流程。

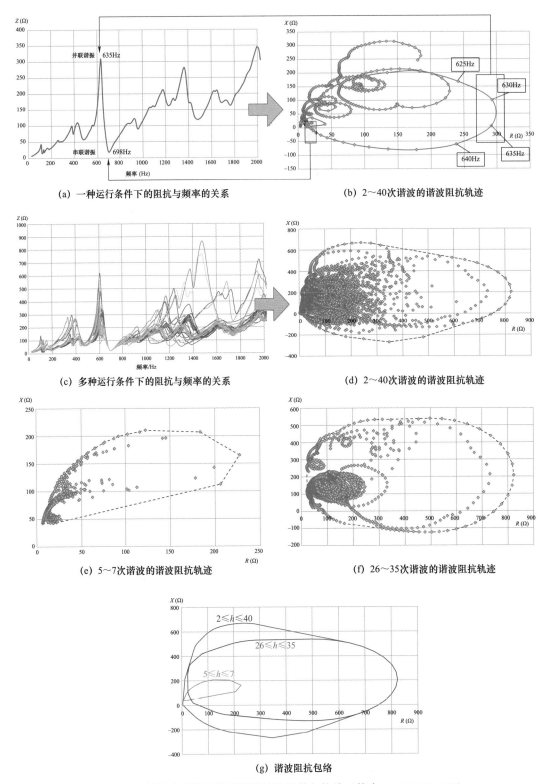

(a) 一种运行条件下的阻抗与频率的关系

(b) 2~40次谐波的谐波阻抗轨迹

(c) 多种运行条件下的阻抗与频率的关系

(d) 2~40次谐波的谐波阻抗轨迹

(e) 5~7次谐波的谐波阻抗轨迹

(f) 26~35次谐波的谐波阻抗轨迹

(g) 谐波阻抗包络

图 17-3　某输电系统的谐波阻抗轨迹及其包络线（摘自 CIGRE TB 766）

相关文献中可以找到并且实际应用中也存在各种类型和形状的阻抗包络（CIGRE TB 766 2019）。特定包络类型的选择取决于诸多因素，例如可用电网数据的数量和质量、电网特征和频率特点以及预期应用。通常情况下，如果采用过于保守的方法确定谐波阻抗包络，这会导致过度滤波，虽能满足谐波性能要求，但增加了成本。在图 17-4 中，谐波阻抗显示为多边形轨迹。

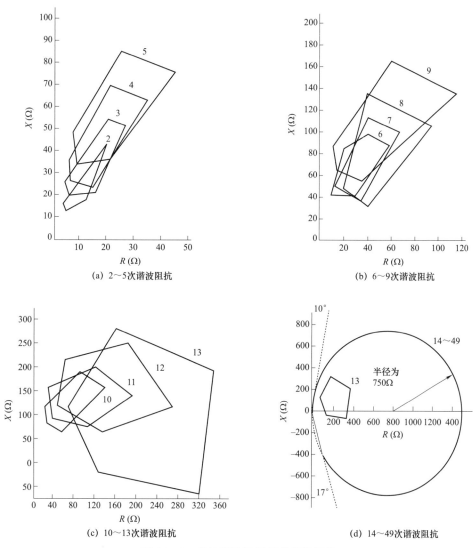

图 17-4　多边形轨迹显示的谐波阻抗

17.4.4.2　背景谐波畸变

背景谐波的处理也需要建模，例如 FACTS 装置如何与背景谐波相互作用。背景谐波即为图 17-2 中描述的量 U_{fn}。背景谐波的测量以及用于考虑交流谐波滤波器的设计和额定值的方式，会对 FACTS 装置的成本产生重大影响。

虽然 FACTS 装置的谐波发射可能在规定的限值内，但 FACTS 装置的有效阻抗将与背景谐波相互作用，并可能由于谐波放大在连接处造成不可接受的谐波水平。这是谐波研究中需要准确捕捉的一个非常重要的参数。这种放大可能是 FACTS 装置和电网之间相互作用的结果，需要考虑线路维护和故障停机期间电网拓扑结构的变化。

背景谐波是指在 FACTS 装置安装之前，非线性装置在所有电压水平下的聚集发射引起的电力系统中存在的谐波含量。通常情况下，根据历史测量值计算得出连接点的背景谐波畸变。谐波水平可以在短时间内或随季节变化而显著变化。对于有的谐波，其谐波水平相对于时间和季节可能相当恒定，而在同一位置测量的其他谐波却变化很大。

因此，"代表性测量时段"的建议取决于系统，但通常来说，应尽可能地长时间进行测量，测量时间最好不少于 3 个月，包括所有三个阶段的测量。如果仅在一定的系统条件下才会出现非常高的背景谐波，则在确定 FACTS 装置交流谐波滤波器的设计和额定值时，应考虑此类系统条件/配置。

在测量背景谐波时，还请务必使用能真正代表在电网上观察到的、且未被测量装置影响的谐波测量值。例如，CVT 具有一种众所周知的特性，即如果不加以校正，即使在低次谐波下也会导致测量不准确，且电磁性 VT 通常不能在高次谐波（即高于 21 次谐波）下提供准确测量。

17.4.4.3　使用模型

谐波阻抗模型和提供背景谐波畸变信息的主要目的是使投标人能够设计 FACTS 装置和交流谐波滤波器（必要时）。

现有背景谐波测量值对确定谐波畸变限值具有重要的指导意义，应当包含在 FACTS 装置的技术规范中。

理想情况下，投标人应能够决定 FACTS 装置的类型，该类型的装置应能够提供考虑所有性能要求之后最具成本效益的总体解决方案。

TSO/NO/业主将规定交流电网中的谐波限值，该限值适用于单次谐波和总谐波畸变。如果现状已超过该限值，那么可以借增加 FACTS 装置机会来降低现有的谐波畸变，甚至达到要求的限值，但是这样做可能会增加 FACTS 装置的成本。如果现有谐波畸变低于规定的谐波限值，则可以通过不同的方式来确定允许的谐波畸变贡献：

（1）考虑了背景和 FACTS 装置的贡献，总谐波性能是否保持在规定的谐波限值内。

（2）为单次谐波和总谐波畸变设置限值，通常为规定限值和背景谐波之间的余量比例。应考虑 FACTS 装置的谐波和背景谐波的放大率（如有）。

（3）以及输电系统运营商设定的其他方法。

17.4.5　暂态稳定性

17.4.5.1　模型能力

暂态稳定性模型用于对电网中的机电暂态进行建模。它能够模拟发电机转子的动态摆动、交流电压中较慢的动态摆动以及频率的动态特性。和潮流计算程序一样，电网采用相量表示法来求解。

但是，在电气和机械方面，均采用微分方程来详细表示电机（Anderson and Fouad 1993；Kundur 1994，Krause et al. 1995）。发电机模型的电气部分使用的是一个近似值，即直轴和交轴（$d-q$）曲线随时间缓慢变化（Park 1929）。因此，短路电流中的直流偏移等瞬变无法再现。该程序还考虑了 FACTS 装置和交流发电机的励磁系统和调速器等控制设备的动态性能。

关于暂态稳定性示例，见 CIGRE TB 563 2013 附录 C 的讨论。

暂态稳定性模型和电磁暂态模型均属于时域模型。但是暂态稳定性模型用于相对较慢的动态，而电磁暂态模型用于较快的动态。各种 FACTS 装置动态研究的指示频率范围如图 17-5 所示。暂态稳定性模型用于功率振荡，包括局部和区域间振荡。由于暂态稳定性模型采用电网的潮流导纳表示，因此无法表示次同步谐振频率或更高的频率的谐振。

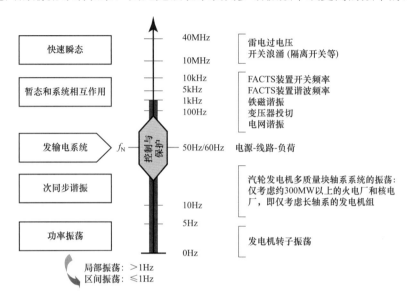

图 17-5   交流系统典型动态的频带宽度

17.4.5.2   交流系统建模

正如潮流模型中一样，在基频下以并联导纳和串联阻抗形式的输电线路数据是必要的。必须提供影响机械动力学的参数，如转子和涡轮机的惯性常数和阻尼常数。励磁机的建模应当包括电力系统稳定器和涡轮调速器控制参数等。同时必须考虑发电机磁路的非线性特征。

如果存在其他 FACTS 装置、直流输电方案、大型风电场或太阳能发电场或电池蓄能系统，则还应包括 CIGRE 技术手册 145 中提到的代表其动态性能的适当模型和数据（CIGRE TB 145 1999）。

17.4.5.3   FACTS 装置建模

FACTS 装置模型必须包括关键控制系统参数和性能，包括限值和斜率，以及作为实际装置一部分的任何特殊控制回路，例如功率振荡阻尼（POD）、闪烁控制和动态响应。应包括任何电压/电流限制和穿越行为（如阻塞），以确保符合电网规范要求。在仿真工具中，可能需要手动调整 FACTS 装置的最佳增益。在某些情况下和运行场景中，可能需要识别因与电力系统的相互作用而导致的控制不稳定性，必要时还应包括限值。

17.4.5.4   使用模型

根据项目所有者将探索的交流系统动态交互作用和控制的程度，可开展以下部分或全部研究。拟安装 FACTS 装置所在的电网越弱，需要的研究工作就越多。如果电磁瞬态研究和调查（Anderson and Farmer 1996）发现了这些潜在问题，则应确定实施稳定性功能，如功率振荡阻尼和次同步谐振控制。

（1）确定安装和未安装 FACTS 装置时，在该项目位置可能发生的最坏情况的暂时过电压（TOV）和欠电压。应包括交流线路跳闸和发电机组跳闸。应调查对系统中其他交流电压装置的影响，如 SVC、STATCOM、同步调相机或机械投切滤波器、电容器或电抗器。在暂时过电压研究中，应考虑交流系统中出现的突发事件。但应明白，用动态和暂态稳定性模型观察到的暂时过电压可能不能表示变压器饱和的影响，或者可以用近似值来表示变压器饱和。因此，应采用电磁暂态模型对暂时过电压研究中选择的任何解决方案进行验证，电磁暂态模型能更好地表示变压器饱和和交流系统中可能放大任何过电压的谐振频率阻抗。项目所有者应规定允许的暂时过电压包络线，而设备供应商应相应地设计动态补偿。

（2）确定 FACTS 装置对交流系统中各种故障、干扰和线路或发电中断的理想响应速度。例如，如果针对关键线路、变压器或发电机断电，FACTS 装置可以在受到扰动期间和扰动之后快速支持电网以减少干扰影响，使得系统暂态稳定性得到提高。为此，与欠电压和过电压相关的任何控制策略均应在此模型中表示出来。

（3）在某些应用中，可以通过监控交流参数（如线路电流或线路电压等）来提供快速动态响应，从而超越正常的闭环控制。这样可能有利于抑制可变负荷或发电引起的闪变，并在直流输电方案遭遇换相失败时支持系统电压。在某些情况下，远程装置发出的信号可以触发快速动态响应。

（4）有时候，安装 FACTS 装置的主要目的是为了功率振荡阻尼（POD）。适当设计交流电力系统阻尼功能可以调节 FACTS 装置输出，以抑制振荡。为确定阻尼值，应可以测量 FACTS 装置母线上交流电压相位角或频率的变化，或者不同母线之间相位角或频率的差异。FACTS 装置提供的动态阻尼可以大大提高交流系统的功率传输能力。但是，研究应检查 FACTS 装置与系统之间潜在不利的相互作用，如果合适，应确定并测试解决方案，确保安全运行。如果系统中还有其他 FACTS 装置，则需要协调响应，避免系统不稳定。负责实施协调响应是一个复杂的问题，超出了本章的讨论范围。

（5）对于串联装置，也可以采用瞬态模型去确定串联装置（如 TCSC 或 SSSC）可能出现的摆幅电流。摆幅电流将决定串联装置的短期额定值（即高达 10s），并且需要与旁路保护相协调。如果 FACTS 装置具有功率振荡阻尼，则可能会影响摆幅电流的大小。

鼓励读者阅读"19 FACTS 装置采购及功能规范"章节和"第 4 部分 FACTS 装置应用"章节，这两个章节都提供了与不同 FACTS 装置性能有关的重要信息。

17.4.6　电磁暂态

17.4.6.1　模型能力

电磁暂态模型能最大限度地模拟电力系统的细节。利用电磁暂态模型，可以研究从雷电到机电转子振荡的较宽频率范围内的暂态。所有集总电网参数和输电线路均可用各自相应的微分方程表示，然后使用梯形（或其他）积分法简化成只有电阻和电流/电压源的伴随电路形式。如图 17-5 所示，每个系统元件的表示方法取决于所研究现象的频率范围。这意味着，与暂态稳定性模型相比，电磁暂态模型属于计算集中型模拟。因此，在许多研究中，必须减小系统规模，仅表示必要的细节信息。如下所述，使用联合仿真和并行仿真可以大幅提高电磁暂态仿真的速度。也可参见本书中的"2 交流系统特性"章节，该章节讨论了电磁暂态的一些局限性。

17.4.6.2 交流系统建模要求

通常以几何和物理形式输入输电线路的数据，如导体半径、相间距、离地高度、导体和地电阻率等。如果这些数据不可用，则可以使用潮流数据来模拟具有非频变参数的分布式参数输电线路（CIGRE Green Book 2017）。变压器采用三相模型，包括固有阻抗、绕组之间的互阻抗以及饱和特性。

对于许多初步研究（例如阶跃响应研究）而言，交流电网可以简化为戴维南等效系统，可对戴维南阻抗进行调整，以提供所需的短路比（SCR），如图 17-6（a）所示。必须调整戴维南电压源，以便在 FACTS 装置的交流母线上提供所需的交流电压。戴维南阻抗必须进行调整以将系统的阻尼角包括在内，在基频条件下，阻尼角通常为 $75°\sim85°$。如果没有其他信息，则可以使用图 17-6（b）所示的等值。该等值限制了高频下的阻抗值，三个参数（L、R_1 和 R_2）允许有一定程度的附加自由度，例如，在另一个频率下规定系统阻尼值，如第三次谐波。如果掌握了更为详细的系统频率响应特性，则可以构建更详细的频率相关等值网络，如图 17-6（c）所示。如果 FACTS 装置对电力系统的技术性能有显著影响，则有必要对交流电网进行更详细的建模。详细程度需根据具体案例的要求来确定。更详细的交流电网表示法包括，例如从 FACTS 装置位置周围 $2\sim3$ 条母线范围内的频率依赖输电线路、附近的发电机组或其他具有动态响应特性的元件。在调试期间以及在与扰动后分析相关的研究后期阶段，可能有必要对交流电网进行更详细的建模。

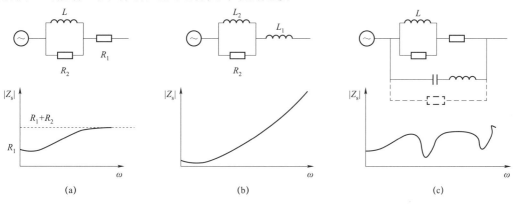

图 17-6 交流电网的戴维南等值

17.4.6.3 FACTS 装置建模要求

FACTS 装置表示法必须包括详细的阀开关及其控制系统、降压变压器（如果适用）、所有可切换无功元件以及相关的交流滤波器。换流器的建模，应能够显示响应换流器控制系统命令的开关操作。要对每一个单独阀开关操作进行建模可能是不切实际，但是该模型应包含电力电子系统性能的合理功能表达法。

控制系统应尽可能详细地建模。在电磁暂态模型中，需将控制系统及其保护功能（包括处理和通信延迟）详细地（除了上面列出的元素外）表达出来，以提供 FACTS 装置在稳态和动态下的真实性能。

对于所有者（或在顾问的帮助下）开展的初步研究，使用程序中控制系统构件库构建的一般控制模型通常是足够的。然而，合同授予之后，推荐使用与制造商使用的型号相同的更多特定型号。在电磁暂态程序中，许多供应商提供了可用于此目的的元件库。一个联合工作组 B4.82/IEEE 正在进行仿真模型接口的标准化工作，其中该模型嵌入了供应商控制系统的真实代码和保护功能，而不是一般化模型。

17.4.6.4　使用模型

将 FACTS 装置加到电力系统中时，可能需要解决一些性能和操作问题，这些问题会引起非基频特性。传统潮流程序准确解决此类性能和操作问题的能力将受到限制，原因很简单，因为它们仅在基频时有效。最初在项目授予之前，通常是采用通用 FACTS 装置模型完成这项工作的。从长远来看，所有者可能需要进行涉及 FACTS 装置的研究，因此应要求未来承包商提供充分详细的模型，作为其供货范围的一部分。工厂系统测试和调试期间，应对承包商提供的最终模型进行验证。

可能需要使用电磁暂态模型开展的研究包括：

（1）故障性能。FACTS 装置如何响应各种故障只能使用电磁暂态模型精确表示。电磁暂态模型中，表达最好的故障包括交流线路和换流器层面的近区故障。也需要研究 FACTS 装置内的故障。这些研究为编制规范提供了输入数据，特别是当研究表明需要快速响应和恢复包络时。

（2）交流系统谐波阻抗的影响。附近的交流故障被清除之后，会发生变压器励磁涌流。涌流含有丰富的谐波成分，可能通过系统中的谐波阻抗造成谐波电压放大，从而影响 FACTS 装置的性能，如果没有充分的谐波补偿，通常会通过其保护系统来抑制谐波电压放大。投标人通常有责任确保谐波电压放大限制在可接受的水平。

（3）控制交互作用和稳定性。可引起 FACTS 控制不稳定的原因众多，包括异常运行条件下的短路电流水平过低以及与附近其他 FACTS 装置或电力电子装置的相互作用。为了全面评估是否会发生控制交互作用，必须使用供应商指定的模型。如果在使用通用模型运行模拟时观察到出现控制交互，则应将其视为一种风险，应将供应商在项目执行期间进行的控制交互研究要求加到规范中。可以研究控制调整、操作限制或系统设计改进等，来应对这种控制不稳定性。为此，需要使用 FACTS 装置和其他电力电子装置的实际控制系统的功能精确模型。该研究通常由承包商完成，但如果需要其他设备供应商提供详细的模型，可能会有些困难。突发事件下，即使是极低的短路容量也可能导致 FACTS 装置不稳定，合同研究期间也需要调查这一点。

（4）扭转阻尼。FACTS 装置附近的任何汽轮发电机均具有轴系扭转振荡模式，这种模式可能因交流系统故障而激发，或因其稳态运行的任何突然变化激发。这些振荡通常通过机械损耗和电气损耗来衰减。FACTS 装置可以影响发电机轴系扭转振荡的阻尼系数，尤其是在低于 30Hz 的次同步振荡模式下。如果因为 FACTS 装置对阻尼的不利影响，使得任何扭振模式的总次同步阻尼（机械加电气阻尼）系数变为负值，则需要研究对装置的调整量或其他次同步谐振改善方法，同时考虑安装扭转监控系统和次同步振荡抑制装置，进行发电机保护。承包商通常需要进行研究才能确定潜在的次同步谐振条件，如果发现有必要，则改变装置，以便为次同步振荡提供正阻尼系数。项目所有者通常会向承包商提供开展这些研究所需的数据。详见本书中"2 交流系统特性"章节。

（5）绝缘配合。采用 FACTS 装置和系统的详细模型进行的电磁暂态研究，可用于协调绝缘设计和避雷器保护。在一定程度上，绝缘应力会受到 FACTS 装置和避雷器的影响。

通常由 FACTS 装置供应商负责为 FACTS 装置选择绝缘水平和避雷器保护，这是设计的一个组成部分。

（6）开关浪涌效应。变压器通电时，励磁电流涌入会导致交流系统的电能质量劣化。如果互连母线上或附近的机械投切滤波器、电容器和电抗器没有配备瞬态电压改善策略，如波点开关或闭合电感器或电阻器，则可能会导致电能质量下降，如果短路电流水平过低，甚至会引起 FACTS 装置不稳定或过度瞬态。机械投切电容器会产生浪涌电流，使交流电压畸变并改变其大小，从而导致 FACTS 装置响应。

（7）串联装置的故障电流。对于 TCSC、UPFC 和 SSSC 等串联装置来说，故障电流尤为重要，因为故障电流将穿过装置设备及其保护装置。因此，有必要使用电磁暂态模型，而不是第 17.4.3 节的短路模型来确定短路电流水平。规范中需包含故障电流周期，以便供应商在投标阶段确定设备的容量。

17.4.6.5 联合仿真和并行仿真

除了 FACTS 和直流输电系统之外，电力系统也随着越来越多的基于换流器的设备而逐渐发展。在研究 FACTS 应用时，系统模型也需要包含现有的基于换流器的设备、高压直流输电系统和其他 FACTS 装置。总体仿真的速度和准确性以及专有用户模型的保密性问题非常重要，需要解决这个问题。综上所述：

（1）暂态稳定性工具能表示很大一部分电网内容，但是准确度低，并且要编写新的定制/详细模型，这项工作很困难。

（2）电磁暂态仿真工具能非常详细地表示较小的电气系统，并很精确（确切）地表示装置，但用一台计算机解决起来很慢。

（3）随着电力系统变得更加复杂，这两种技术的模拟速度变得越来越慢。

为了解决上述问题，可以使用联合仿真和并行处理方法（Irwin et al. 2012）。

并行处理允许将一个大型电磁暂态模型分成几个分模型，每个分模型在同一处理器的不同内核上运行，或者运行在不同计算机的不同处理器上。用接口（如输电线路或变压器）分隔细分模型的每个部分。通过在不同的内核上运行模型，可以大大提高仿真的速度，因为仿真速度通常基于运行最慢的分模型。在一些工具中，可以采用不同的时间间隔来运行各种电磁暂态模型。

联合仿真（有时称为混合仿真）可在特定的电磁暂态程序和暂态稳定性程序之间创建一个动态界面，允许这两种程序在同一个动态仿真中运行。这两个程序在时间上同步运行，这样一侧出现故障，可以影响另一侧的程序。可以同时使用多个电磁暂态模型和暂态稳定性模型的联合仿真和并行处理程序。

供应商提供的仿真模型通常需要通过签署保密协议进行专有保护，但 2019 年的时候，形成了 CIGRE/IEEE 工作组 B4.82 "电力系统分析中直流输电、FACTS 和逆变器发电机电磁暂态模型中实际代码的使用指南"，用以解决这个问题。

17.4.7 实时仿真（RTS）

实时仿真设备通常广受电力电子制造商和一些专业顾问和机构使用，但所有者很少使用。必要时，可以通过模数（A/D）或数模（D/A）换流器和放大器，将实时数字仿真器与实际装置连接。在控制和保护系统的工厂验收测试期间，实时仿真模型得到广泛应用。关于实时仿真模型的应用，详见 "20 FACTS 装置集成与设计研究" 章节。

17.4.8　由供应商提供的模型

新 FACTS 装置投入使用后，所有者或 TSO 进行系统研究所需的 FACTS 装置型号应在规范中详细说明。这些装置型号及其维护详见"20 FACTS 装置集成与设计研究"章节。

17.4.9　其他模型和工具

在设计 FACTS 装置的过程中，还必须开展其他研究，如可听噪声、电磁干扰（EMI）、损耗计算和接地设计等。制造商或其他专家通常采用专用的内部工具来进行这些研究，本章不作考虑。

17.5　书内参考章节

3　采用常规控制方式的交流系统

4　采用 FACTS 装置的交流系统（柔性交流输电系统）

2　交流系统特性

13 STATCOM 应用实例

12 SVC 应用实例

14 TCSC 应用实例

15 UPFC 及其变体的应用实例

16　经济评估和成本效益分析

18 FACTS 项目环境因素

20 FACTS 装置集成与设计研究

19 FACTS 装置采购及功能规范

7　静止同步补偿器（STATCOM）技术

6　静止无功补偿器（SVC）技术

9　统一潮流控制器（UPFC）及其潜在的变化方案

8　晶闸管控制串联电容器（TCSC）技术

参考文献

Anderson, P.M., Farmer, R.G.: Series Compensation of Power Systems. PBLSH! Inc, Encinitas (1996).

Anderson, P.M., Fouad, A.A.: Power System Control and Stability. IEEE Press, Piscataway (1993).

CIGRE: Green Book on Overhead Lines. Springer, Paris (2017).

CIGRE JTF 36.05.02/14.03.03: AC system modelling for AC filter design - An overview of impedance modelling, Electra 164, Feb 1996.

CIGRE CC02: Guide for Assessing the Network Harmonic Impedance, Electra 167, Aug 1996.

CIGRE TB 051: Load flow control in high voltage power systems, Jan 1996.

CIGRE TB 139: Guide to the specification and design evaluation of AC filters for facts controllers, Apr 1999.

CIGRE TB 145: Modeling of power electronics equipment (FACTS) in load flow and stability programs: a representation guide for power system planning and analysis, 1999.

CIGRE TB 301: Congestion management in liberalized market environment, Aug 2006.

CIGRE TB 310: Coordinated voltage control in transmission networks, Feb 2007.

CIGRE TB 504: Voltage and var support in system operation, Aug 2012.

CIGRE TB 553: Special Aspects of AC Filter Design for HVDC Systems, 2013.

CIGRE TB 563: Modelling and Simulation Studies to be Performed During the Lifecycle of HVDC Systems, 2013.

CIGRE TB 700: Challenge in the Control Centre (EMS) due to Distributed Generation and Renewables, 2017.

CIGRE TB 766: Network modelling for harmonic studies, 2019.

IEEE Electrification Magazine: vol. 3, number 4, Dec 2015.

IEEE: 1031, IEEE Guide for the Functional Specification of Transmission Static var Compensators, 2011.

IEEE-1052: IEEE Guide for Specification of Transmission Static Synchronous Compensator (STATCOM) Systems, 2018.

IEC TR 62001-1:2016, High-voltage direct current (HVDC) systems - Guidance to the specification and design evaluation of AC filters - Part 1: Overview.

IEC TR 62001-2:2016, High-voltage direct current (HVDC) systems - Guidance to the specification and design evaluation of AC filters - Part 2: Performance.

IEC TR 62001-3:2016, High-voltage direct current (HVDC) systems - Guidance to the specification and design evaluation of AC filters - Part 3: Modelling FACTS Planning Studies 33.

IEC TR 62001-4:2016, High-voltage direct current (HVDC) systems - Guidance to the specification and design evaluation of AC filters - Part 4: Equipment.

Irwin G., Amarasinghe, C., Krocker, N., Woodford, D.: Parallel processing and hybrid simulation for HVDCNSC PSCAD studies, AC and DC Power Transmission (ACDC 2012), 10th IET International Conference on AC and DC Power Transmission, 2012.

Krause, P.C., Wasynczuk, O., Sudhoff, S.D.: Analysis of Electric Machinery. IEEE Press, Piscataway (1995).

Kundur, P.: Excitation Systems, Chapter 8. In: Power System Stability and Control. McGraw Hill, Inc. New York (1994). ISBN 0-047-035958-X.

Ohtsuki, H., Yokoyama, A., Sekine, Y.: Reverse action of on-load tap changer in association with voltage collapse. IEEE Power Eng. Rev. 11(2), (1991).

Park, R.H.: "Two-reaction theory of synchronous machines: generalized method of analysis - part I" (PDF). Trans. AIEE. 48, 716-730 (1929). Retrieved 13 Dec 2012.

Price, P.R.: Geomagnetically induced current effects on transformers. IEEE Trans. Power Del.

17 (4), 1002 – 1008 (2002).

Western Electricity Coordinating Council (WECC) Modeling and Validation Work Group: Composite load model for dynamic simulations, Report 1.0, June 2012.

Bjarne Andersen，Andersen 电力电子解决方案有限公司董事兼所有人（2003 年）。成为独立咨询顾问之前，在 GE 公司工作了 36 年，最后任职工程总监。参与了首台链式 STATCOM 和移动式 SVC 的研发工作。参与常规和柔性高压直流输电项目的各阶段工作，有丰富经验。作为顾问，参与了包括卡普里维直流输电工程在内的多个国际高压直流输电项目。卡普里维工程是第一个使用架空线的商业化柔性直流输电项目，允许多个供应商接入，并实现多端运行。2008 年至 2014 年，任 CIGRE SC – 14 主席，并在直流输电领域发起了多个工作组。是 CIGRE 荣誉会员，于 2012 年荣获 IEEE 电力与能源学会 Uno Lamm 直流输电奖项。

Dennis Woodford，1967 年毕业于墨尔本大学，1973 年获曼尼托巴大学硕士学位。1967 年至 1970 年间，就职于英国电气公司，并参与了英国斯塔福德纳尔逊河高压直流输电项目一期工程。1973 年，入职曼尼托巴水电公司（Manitoba Hydro）并任输电规划特别研究工程师，曾参与 Winnipeg – Twin Cities 500kV 互连以及纳尔逊河高压直流输电项目（双极 I 和 II）。

1986 年至 2001 年，入职曼尼托巴高压直流输电研究中心，担任执行董事，助力创办了总部设在温尼伯的 Electranix Corporation 咨询公司并成为其总裁。是曼尼托巴省注册专业工程师，曾任曼尼托巴大学兼职教授。是 IEEE 终身会士（Life Fellow）、美国国家工程院外籍院士。

Geoff Love，博士，于 2002 年和 2006 年分别获得坎特伯雷大学的工学学士（荣誉）学位和博士学位。2006 年至 2014 年间，就职于新西兰国家电网公司并任系统规划工程师，参与 Pole 3 高压直流输电项目、新西兰电网多个 STATCOM 项目的研发与调试工作。

自 2014 年起，任职于 PSC 咨询公司，最初在英国雷丁、其后自 2016 年起在爱尔兰都柏林工作，期间曾服务于多家欧洲输电系统运营商（TSO）并参与多项欧洲高压直流输电项目。2018 年成为 CIGRE 直流与电力电子专委会（SC B4）爱尔兰共和国成员。

FACTS 项目环境因素

18

Bjarne Andersen、Bruno Bisewski、Narinder Dhaliwal、Mark Reynolds

目次

Bjarne Andersen (✉)
英国 Bexhill-on-Sea，Andersen 电力电子解决方案有限公司
电子邮箱：Bjarne@AndersenPES.com

Bruno Bisewski
加拿大曼尼托巴温尼伯，RBJ 工程公司
电子邮箱：b.bisewski@rbjengineering.com

Narinder Dhaliwal
加拿大曼尼托巴温尼伯，TransGrid Solutions 公司
电子邮箱：ndhaliwal@tgs.biz

Mark Reynolds
美国纽约，POWER ENGINEERs 公司
电子邮箱：mark.reynolds@powereng.com

© 瑞士，Springer Nature AG 公司 2020 年版权所有
S. Nilsson，B. Andersen（编辑），柔性交流输电技术，CIGRE 绿皮书，https://doi.org/10.1007/978-3-319-71926-9_18-2

摘要

本章涵盖了 FACTS 项目生命周期（即从第一次考虑选择应用 FACTS 装置到其使用寿命结束）中应考虑的环境因素。这其中需要考虑许多不同的电气问题和其他问题，因此有必要在早期阶段与所有相关方接洽，确保项目能够成功。

本章主要基于 CIGRE 技术手册，该手册涵盖了广泛的环境问题，本章从该手册中摘取和编辑相关信息，使信息适用 FACTS 装置。本章描述的问题与所有类型的 FACTS 装置相关，即静止无功补偿器（SVC）、静止同步补偿器（STATCOM）、晶闸管控制串联电容器（TCSC）、统一潮流控制器（UPFC）及其变体。

本篇指南能够帮助读者理解 FACTS 装置安装和操作涉及的环境问题。鉴于 FACTS 装置在全球范围内有大量用户和众多可能的安装点，因此不能解决与环境影响相关的所有运行场景。但是，我们希望本章所讨论的问题将可以帮助规划者和开发商为电力传输提供经济有效且环境可接受的解决方案。

18.1 引言

环境因素是基础设施项目规划、实施和运营的重要组成部分。本章使用了许多 CIGRE 技术手册中的信息，但具体而言，主要引用了两份文件，分别是 CIGRE TB 508《高压直流输电环境规划指南》（CIGRE TB 508 2012）和 CIGRE TB 202《高压直流输电站可听噪声》（CIGRE TB 202 2002），这两份文件均经过编辑，适用于 FACTS 装置。编制本章的目的是为了帮助规划者和潜在开发者思考 FACTS 装置的环境问题。

本章内容包含了管理层和利益相关者参与活动的概述，这些活动对于获得 FACTS 项目的开发、建设和运营许可至关重要。然后是与 FACTS 装置相关的环境问题概述。关于不同 FACTS 装置的详细技术说明，详见本书的 FACTS 装置技术说明部分，其中包含"6 静止无功补偿器（SVC）技术"、"7 静止同步补偿器（STATCOM）技术"、"8 晶闸管控制串联电容器（TCSC）技术"和"9 统一潮流控制器（UPFC）及其潜在的变化方案"等相关章节。

环境问题会对"16 经济评估和成本效益分析"章节中讨论的装置的可行性和成本产生重大影响，在规划者开始系统扩建项目时，本章提供了他们应考虑的投资方案信息。"19 FACTS 装置采购及功能规范"章节描述了采购 FACTS 装置所需要的信息。采购规范当然也应该涵盖与 FACTS 装置相关的环境问题。

环境需求在很大程度上受到政府法规、法规的具体解释规则和公司政策/标准的影响。因此，项目所在地区的区域和商业环境决定了解决环境问题和管理环境风险所需采取的具体行动和努力。除此之外，特定的现场条件和参数（如与环境敏感区域的邻近距离）在管理某些环境风险的内容和方式中也发挥了作用。

电站附近不相关的开发和不断发展的环境法规或法院指令也会使 FACTS 项目面临意外的环境风险。例如，较早被视为孤立场地的车站附近的住宅开发可能会对视觉冲击和可听噪声等问题有更严格的要求，可能会给项目装置的所有者增加不可预见的费用。

18.2 环境问题管理和利益相关方参与

18.2.1 环境问题的管理

FACTS 项目生命周期内需要考虑的环境问题包括：

（1）FACTS 装置对交流电网运行的影响：从运行的角度来看，应该是积极影响，但从其他方面来看，可能是中性、积极、甚至消极的影响，具体应取决于替代方案。例如，FACTS 装置可以增加输电线路的功率承载容量，使新增线路需求延期。但是，FACTS 装置的建造和运行可能会对周围的人产生消极的影响。

（2）FACTS 装置可能对人类、野生动物、植被、水道、土壤以及附近变电站和基础设施产生的影响，主要包括：

1）FACTS 装置中使用的元件和系统的环境影响（包括对流体和气体的影响）；

2）FACTS 装置的视觉冲击；

3）FACTS 装置的可听噪声；

4）电场和磁场效应（如电晕和其他电磁干扰）。

18.2.2　项目阶段

从 FACTS 项目开始到运行，需要考虑许多不同的环境问题。

18.2.2.1　规划设计

与 FACTS 项目相关的环境问题应在项目规划阶段的早期得到解决，并随着项目的进行而加以改进。在项目周期内，须持续考虑环境问题。FACTS 装置的环境影响取决于多种因素，例如其设计、实际尺寸以及建造地点是在新场地还是在现有变电站内。

另外可能需要在公共领域和监管机构进行大量咨询。在这种情况下，应准备一份合适的环境声明/报告，并与地方当局和受影响方进行广泛讨论，确保在正式申请环保批文之前获得尽可能多的反馈。

在规划阶段，需严格审查所有环境问题和可能的缓解方案。如果开发商在 FACTS 项目的运营或开发方面经验不足，建议聘请顾问，以确保能确定、澄清和量化所有潜在的环境风险和挑战。尽早确定与 FACTS 项目相关的任何法定、当地的和其他限制条件，以便将其纳入 FACTS 装置的规范中。FACTS 装置潜在供应商的早期投入（例如减轻任何环境风险）可以缩减环境审查阶段和项目执行阶段的时间。

大型开发项目可能会面临公开调查，环境声明可能会受到详细审查和法律质疑。因此，在初步设计阶段，必须考虑所有可能的环境问题。不同元件和建筑的位置应尽可能地减少项目对环境的影响。必须向所有利益相关方证明，所有环境问题均已得到解决。

18.2.2.2　实施

当发布 FACTS 装置的规范时，与所选 FACTS 装置相关的潜在环境问题应该是众所周知的。然而，即使在项目实施阶段，也有可能会出现新的问题，这就需要重新进行环境影响评估。

在施工和测试阶段，可能需要通过测试结果来验证环境问题，例如，可听噪声以及电场和磁场测试等。在调试期间，可以测量和绘制实际的可听噪声、电场和磁场（EMF）以及电磁干扰（EMI）数据；如有要求，可以在必要时提供缓解措施。

18.2.2.3　运行和维护

在 FACTS 装置的使用期限内，可能会发生一些事件，如火灾、液体泄漏、可能会对环境造成不良影响的物质意外释放等，须立即妥善解决这些意外情况。

18.2.2.4　停运

如"24 FACTS 的生命周期管理"一章所述，在 FACTS 装置的使用期限结束时，为配合装置停运和拆除工作，可能需要监管机构的批准。如有可能，拆除装置对环境造成的影响应该在设计阶段就解决好。停运很可能涉及处理液体填充设备，如变压器、电容器和电池。

18.2.3　利益相关者参与

在过去的几十年里，大型组织更加积极主动地应对环境问题，并日益应对社会压力（CIGRE TB 548 2013）。这是因为利益相关者团体对政府、监管机构和电力供应商施加了越来越大的压力。因此，所有的电力系统扩建方案都将受到审查或质疑。一些电力运营商和所有者对此回应，他们与公众和其他利益相关者的关系变得更加开放和透明。

必须针对特定利益相关者专门制定相关方法，解决利益相关者的问题。但这会受到项目性质、项目寿命周期以及特定利益相关者和组织约束的影响。

针对利益相关者参与电力行业，应建立一套主要原则，具体如下：

（1）针对公司的所有建设项目，利益相关者参与的方式应当保持一致。参与方式可以是灵活的，根据项目的规模和类型而有所不同，但对于所有利益相关者群体和地区来说应该是一致的。这一要求的目的是，在利益相关者之间建立信任。

（2）所有约定均应明确，项目的真正限制因素、参与的内容，并考虑哪些情况属于超出范围。有些问题虽然无关紧要，但可能会限制额外收益。为了先发制人，需在项目开始时就让主要利益相关者（尤其是代表不同社区利益的利益相关者）参与进来，以解决问题并避免未来对项目造成影响。

（3）尽早确定关键利益相关者，以了解他们的观点、需求和期望。还要确定他们对项目的潜在出资金额。地方层面应明确承诺可进行社区参与。确定"沉默"或"难以接近"的利益相关者，例如行动不便、失明或失聪、识字困难、有替代语言要求或太忙而无法参与传统咨询方法的人，这一点也很重要。专门区分和定位这些利益相关者群体。

（4）与公众和主要利益相关者的沟通可能包括通过新闻媒体；公开信息表或传单和网站；在线问卷调查；讨论事件；独立主持的研讨会；社区专门小组等方式提供相关信息。沟通的目标是通过让利益相关者了解项目带来的效益，以此获得对项目的支持。

如果存在敏感的野生动物种群，例如特定物种影响，这些考虑因素还需要额外的时间和研究工作，包括可视化建模，或者某些情况下需要声学建模，以解决 FACTS 项目可能产生的影响。

可采取一种合理技术，即对基准电磁场、声音分贝和频谱等进行现场测量，如果可能，还对现场相关工作的潜在影响进行生物评价和考古评估。在公开听证会之前，尽早向公认的专家披露相关数据，这样可以提供有价值的真实数据来源，以消除公众对 FACTS 项目影响的误解。公开的完整数据有助于减轻公众对该项目的恐惧。

（1）从开始明确利益相关者参与的目标和范围，这对于管理利益相关者的期望非常重要。项目的某些方面会"超出"咨询范围，如立法或监管义务。同样地，从项目一开始就应该明确界定时间框架。参与过程应该是清晰明确，并公开宣传，以尽可能多地消除参与过程中的障碍。项目信息的格式和风格应专为目标受众量身定制，例如，非技术性的材料或专业详细的材料。

（2）利益相关者可以看到他们的意见在项目中是如何得到考虑的，这一点很重要。应建立反馈机制，以展示利益相关者的意见的考虑和处理过程。对于可能会收到大量意见的复杂项目或有争议的项目来说，这个任务并不简单。不仅要展示利益相关者参与了项目，而且要证明，利益相关者是参与过程的有效组成部分，这一点也很重要。要明确意见是如何影响或用于影响后续决策、流程和计划的。如果已经考虑了利益相关者的意见，但是方案没有变化的，最好解释一下方案未变化的原因。

18.3　FACTS 装置对交流电网的影响

"3 采用常规控制方式的交流系统"一章的内容是关于如何控制典型的交流电网。FACTS 装置提供了快速有效的方法来加强对交流电网的控制。FACTS 装置通常应用于交流输电系统，以实现以下一个或多个目标：

（1）提高交流电网中节点之间的功率传输能力；

（2）控制特定节点处的交流电网电压；

（3）减少给定连接点处干扰负载的影响；

（4）使交流线路能在距离增加的情况下输电；

（5）促进分布式可再生能源发电的引入，分布式可再生能源发电可能没有足够的无功输出容量，无法在整个输出范围内进行电压控制。

FACTS 装置通过控制从线对地的无功功率或通过注入与线路串联的无功功率来发挥作用。FACTS 装置实现这些目标的方法，详见"4 采用 FACTS 装置的交流系统（柔性交流输电系统）"章节。有一种 FACTS 装置，即统一潮流控制器（UPFC），可以执行上述两种操作方式，使其具有额外的功能，这是有益的，并能证明其较高的成本是合理的。

如"16 经济评估和成本效益分析"一章所述，FACTS 装置的替代方案包括：

（1）增加一条新的需要额外通行权的架空线路；

（2）增加一条接地电缆或海底电缆；

（3）重建架空线，使其在更高的电压下运行；

（4）改进或升级线路导线，使其在更高电流下运行；

（5）安装固定的或断路器投切的并联或串联电容器或电抗器（断路器开关可能会涉及数秒的时间延迟）；

（6）安装正交升压变压器（QBT）或相位角调节器（PAR），但需要数秒的时间来实现控制作用；

（7）安装更靠近负载的发电机。

这些替代方案可能需要规划许可，就像建造 FACTS 装置需要许可一样。但通常可以将 FACTS 装置安装在现有变电站内，这就使得获得规划许可相对容易。新交流架空线路覆盖的距离较长，可能会遇到比现有交流变电站内工作或现有交流变电站的延伸工作更多的反对意见。在有的管辖区，规划程序可能会导致新输电线路延迟数年，在某些地方甚至可能会妨碍新线路的施工，反之，FACTS 装置则有可能在 1.5~2 年内完成安装和调试。

如"16 经济评估和成本效益分析"一章所述，FACTS 装置可用于缩短计划基础设施竣工前的时间差距，或者用作永久解决方案。一些 FACTS 装置可以设计成可移动式或可重定位式，当大家都知道电力系统可能随着时间的推移而改变时（例如由于可再生能源发电的增加），这样的设计是不错的选择。

FACTS 装置对交流系统的环境影响可能包含以下问题：

（1）潮流变化，可能增加或减少系统总损耗；

（2）改进的交流电压控制；

（3）能够从更远的地方输电；

（4）导致输电线路的电流升高；

（5）输电线路上使用更高的电压（如果升级现有线路）；

（6）提高电力系统的稳定性（电力系统的可靠性增加）。

如果在现有线路热容量范围内或者用能承受更高电流的新导线替换现有导线，输电线路均可以在更高电流下运行，则无论是否对输电塔进行改造，均可以避免对更多线路的需求。但是在更换给定输电线路的导线时，可能需要升级线路绝缘子和/或以机械方式对铁塔加固。流经线路的电流越大，线路周围的磁场就越高，这样可能需要监管机构的批文。

如"3 采用常规控制方式的交流系统"一章所述，为了能够利用升级线路的电流能力，有必要在线路终端增加无功功率补偿设备或在线路中安装固定式或开关串联电容器。使用 TCSC 或 UPFC 或类似装置，就可以实现对潮流的完全控制。

本书中的"2 交流系统特性"、"3 采用常规控制方式的交流系统"和"4 采用 FACTS 装置的交流系统（柔性交流输电系统）"章节提供了交流输电系统操作和 FACTS 装置应用的相关信息。

新增线路或导线升级对环境的影响在此不予讨论。有关更高电流线路升级或使输电线路能够以更高线路电压运行的信息，详见 CIGRE 绿皮书《架空线路》（CIGRE Green Book on OHL 2014）和 CIGRE 技术手册 748《城乡高压输电线路环境问题》（CIGRE TB 748 2018）。

在交流电网中使用 FACTS 装置会影响交流电网中的潮流，从而影响交流电网的功率损耗。FACTS 装置也有可能会影响交流电网的稳定性。

当负载变化、发电设施退役或新增发电设施时，系统中某些线路的输电情况会发生变化，在某些线路中可能达到不可接受的水平，或者系统不稳定的风险增加。如"3 采用常规控制方式的交流系统"一章所述，电流流经可能导致电力系统电压崩溃或电流超出线路的热负荷能力的线路，从而引起的上述问题。输电线路中的电流取决于系统的调节，有时线路之间的自然均流会导致一些线路过载或高负载，而其他线路的负载却远低于其容量。如果增加的发电量来自燃料成本低的能源，如水力、风力、太阳能或核电厂等，那么输电线路损耗的增加与输电系统效率降低的相关费用相比是值得的。TCSC、UPFC 以及较小程度上的 SVC 和 STATCOM 均可用于改变电力系统内的电流分布。

在电力系统中的现有节点之间增加输电线通常会降低电网的功率损耗，因为新的线路会减小其他线路中的电流，但建造新输电线路的成本和时间是相当大的。本书将不再详细讨论新架空输电线路的环境影响，不过，环境影响包含以下方面：

（1）视觉冲击；

（2）可听噪声；

（3）电场；

（4）磁场；

（5）其他线路走廊（走廊上的植被必须进行管理）；

（6）给鸟类和其他动物带来危害。

关于架空线路（OHL）环境问题的更多详细信息，请参见参考资料（CIGRE TB 147 1999；CIGRE TB 274 2005；Green Book on OHL 2014）。本书中"第 4 部分 FACTS 装置应用"提供了如何使用 SVC、STATCOM、TCSC 和 UPFC 及其变体来增强交流电网的案例，使其能够输送更多的电力和/或获得改进后的电力系统稳定性，而不必修建新的或改变现有的输电基础设施。

由于系统的运行方式不同，各个系统和系统的负载会有显著变化，因此很难概括通过使用 FACTS 装置控制系统潮流对总功率损耗的影响。如"17 FACTS 规划研究"一章所述，负载潮流研究程序可用于确定在使用和不使用 FACTS 装置的各种运行条件下输电系统中的功率损耗分布情况。在系统正常运行期间，FACTS 装置通过优化/减少无功潮流以及以最有效的方式将功率从发电机输送到负载，即实现尽可能低的总功率损耗，从而将系统功率损耗减至最小。发生意外事故时（例如线路跳闸），FACTS 装置的主要作用可能是可以增加剩余线路上传输的功率，这个动作可能会增加功率损耗。然而，如果没有 FACTS 装置维持潮流，过载会引起多条线路跳闸，这可能会导致大范围的系统停电（即负载损失增加）。

如"第 3 部分 FACTS 装置技术"所述，其中包括"6 静止无功补偿器（SVC）技术"、"7 静止同步补偿器（STATCOM）技术"、"8 晶闸管控制串联电容器（TCSC）技术"、"9 统一潮流控制器（UPFC）及其潜在的变化方案"以及"16 经济评估和成本效益分析"章节，FACTS 装置本身会发生功率损耗，损耗大小取决于其额定值和设计，以及在不同系统条件下的运行方式。通常情况下，FACTS 装置的功率损耗在其额定值的 0.2%～1.0%内变化，具体取决于其运行条件/负载，但这些数值可能会因设计和特定装置所用的损耗估算系数而有所变化。

18.4　FACTS 站的环境影响

18.4.1　概述

FACTS 装置需要建筑物和其他结构来容纳装置所需的电气设备的安装。表 18-1 是一张矩阵图，列出了不同 FACTS 装置的特性和主要组件以理清每类性能的关系。

表 18-1　　　　　　　　　　　　　FACTS 装置组件和特性

组件、建筑物和结构	章节	SVC	STATCOM	TCSC	UPFC/SSSC
选址	18.4.2	√	√	√	√
视觉冲击	18.4.2	√	√	√	√
可听噪声	18.4.2	√	√	√	√
电磁场和电磁干扰	18.4.2	√	√	√	√
换流阀	18.4.3.1	√	√	√	√
阀冷却系统	18.4.3.2	√	√	√	√
电力变压器	18.4.3.3	√	√		√
高压电容器	18.4.3.4	√	√	√	√
电抗器	18.4.3.5	√	√	√	√
电阻器	18.4.3.6	√	√		

组件、建筑物和结构	章节	SVC	STATCOM	TCSC	UPFC/SSSC
平台	18.4.3.7			√	
其他设备	18.4.3.8	√	√	√	√
施工	18.4.4	√	√	√	√
运行	18.4.5	√	√	√	√
停运	18.4.6	√	√	√	√

18.4.2 与选址有关的环境因素

选址是 FACTS 装置环境影响整体管理的重要组成部分，因为选址为设计和施工设定了边界和限制（CIGRE TB 508 2012）。

考虑因素应包括：

（1）土地面积要求（足够的设备面积、潜在的进一步扩展、如果毗邻住宅区等敏感区域，需要足够的土地来修建噪声/视觉缓冲区）。

（2）毗邻土地使用的敏感性——不仅对电站本身给毗邻土地的影响（例如，对住宅区有可听噪声影响和对农村和建成区有视觉冲击）很重要，而且对是否有必要在现场铺设线路也很重要。

（3）运输和场地通达度——现场可以进入对于相关的重物（例如大型变压器）运输至关重要。

（4）可以提供设备冷却用水，但不是绝对需要。

（5）岩土因素、土壤/地下条件可能会引起问题。通常建议进行初步岩土工程勘察，以避免地面修复意外成本和地震风险，并提供良好的地面电阻率基准数据。

（6）地震/地震风险/地热活动，例如靠近断层线或活火山。

（7）洪水风险。

（8）以前的土地使用，如污染问题可能适用。

（9）地形——场地应相对平坦，以尽量减少土建工程。

（10）生态——如果条件允许，应避免具有生态价值的地区。

（11）视觉/景观限制。

（12）历史/考古/文化影响。

（13）对受保护物种的影响。

（14）确保野生动物无法进入现场并引起闪络。

（15）民用航空—对航线、航路标志和照明要求的影响。

在可能的情况下，该场地应该是现有变电站的一部分或邻近现有变电站，具有与新FACTS 装置相似的特征，因为新建结构更有可能被接受。

如果视觉冲击也是环境影响的重要组成部分，那么需要谨慎考虑建筑设计和色彩等问题。景观美化，包括种植等，可以最大限度地减少场地带来的视觉冲击，但树木太高会导致可靠性问题。还可以采取其他措施，比如将建筑物和构筑物的高度降至最低，以及潜在地将电站建在低于现有场地水平的高度。

并联设备（如 SVC 和 STATCOM）通常通过变压器连接到电网。SVC 或 STATCOM 通常位于现有变电站内或其延伸部分。变压器通常有一个连接到线路的高压端子和一个连接到 FACTS 装置有源元件的低压端子。因此，大多数并联 FACTS 装置及其建筑物的结构高度可以相对较低。然而，FACTS 装置的高压侧母线结构需要安装断路器和隔离开关。

TCSC 等串联设备与输电线路串联，通常包括由高压绝缘子支撑的大型平台（每相一个）。TCSC 的有源元件的位置在平台上，包括高压设备和半导体开关设备，这会产生视觉影响。如果线路上已经有一个串联电容器了，通过将新的 FACTS 装置安装在现有平台的扩展段上，可以减少环境影响。通常，TCSC 装置的位置是在现有或计划交流变电站内或附近区域。

对于 UPFC 和静止同步串联补偿器（SSSC），换流设备位于地面，可用变压器将串联电压插入输电线路。通常，这些 FACTS 装置的位置是在现有或计划交流变电站内或附近区域。

对于所有 FACTS 装置，控制和保护设备以及冷却装置及其热交换器都将位于地面，其中光纤和特殊绝缘管将把该设备连接至通电平台层或位于地面层的换流器设备。

18.4.3 FACTS 站设备的环境影响

FACTS 站设备安装的特性与高压直流站设备的特性非常相似（但 FACTS 站设备通常要小得多），因此可从 CIGRE TB 508（CIGRE TB 508 2012）中获取更多详细信息。尽管各种 FACTS 装置之间存在着显著差异，但与各种设备相关的环境问题非常相似。将在以下各小节中对不同 FACTS 装置之间的显著差异进行重点论述。

18.4.3.1 换流阀和开关阀

如"5 FACTS 装置的电力电子拓扑"中所述，换流阀或半导体开关设备（开关阀）将提供 FACTS 装置的可控性。这些阀采用半导体，这些半导体将通过控制系统进行控制，并通过特殊保护系统进行保护。

这些阀的操作包括通过半导体切换高电压和高电流。这将会导致可听噪声，并会产生快速变化的电场、磁场、电压和电流，因此需对这些电场、磁场、电压和电流进行控制，以防止 FACTS 装置内部出现干扰和不良性能，并尽量减轻对 FACTS 装置附近其他系统的影响。

FACTS 装置阀通常位于建筑物室内或容器内。这在很大程度上减少了可从建筑物或容器外部听到的来自该装置阀的可听噪声以及电磁干扰。TCSC 阀位于每个绝缘平台（总共 3 个绝缘平台）上的一个小型建筑物/外壳内，其中串联电容器和其他设备也位于此处。

与这些阀相关的环境问题如下：

（1）通常限制在阀厅或阀外壳内的可听噪声。

（2）可以通过使用低可燃性材料或阻燃材料来加以限制火灾风险，但无法消除。阀厅建筑物通常会配备火焰检测设备，同时还可能配备消防系统。

（3）可能需要用化学物质来净化冷却水的冷却水处理系统。

（4）当温度低于冰点时，冷却水通常是纯水与乙二醇（丙烯或乙烯）的混合物。当使用乙二醇时，通常会提供密封系统，以确保乙二醇不会渗入到地下水中。

（5）与对（用于容纳阀的）建筑物/外壳的需求相关的视觉冲击。

（6）电磁干扰（包括无线电干扰），这些干扰通常限制在 TCSC 系统的换流器建筑物和（或）阀壳体范围内。这是通过将阀室（外壳）构建为法拉第笼并在阀室（外壳）的内外连接中插入高频滤波器来实现的。所需的屏蔽效能等级可能会因国家和司法管辖区而异（参见本章第 18.6.1 节、第 18.6.3 节和第 18.6.4 节）。

（7）换流器的输出电流或电压并不完全是正弦电流或电压，而是包含了工频的谐波。可能需要在交流输电系统的接口或在 FACTS 装置的输出端安装谐波滤波器，以确保达到所规定的谐波水平（参见本章第 18.6.2 节）。

18.4.3.2 阀冷却

阀冷却对于阀的正常运行是至关重要的，这是因为半导体的导通和切换会导致半导体和辅助组件（例如：电容器、电抗器和电阻器等）的功率损耗，而这些组件用于控制半导体的电流和电压的波形。阀冷却系统的设计旨在将阀组件的温度限制在可接受的水平（需考虑阀的最大负荷和最大环境温度）。

阀冷却系统通常由两种类型的组件构成。其中一种组件安置在室内，这种组件基本上由泵、水处理回路、注水系统、仪器仪表和膨胀容器组成。其他阀冷却设备包括户外散热器和相关的冷却风扇。典型的阀冷却系统包含纯去离子水系统或去离子水与混合乙二醇的混合物系统。

从环境角度来看，阀冷却系统可能会产生以下 3 个问题：

（1）泵和水处理系统发出的噪声（这种噪声通常通过对泵和水处理系统所在的房间的设计进行控制，以确保这种噪声不会传播到其他地方）。

（2）户外冷却风扇发出的噪声（这种噪声通常通过选用合适的风扇类型来予以减轻）。

（3）冷却介质（可能包括乙二醇或丙二醇）的潜在溢出（这个问题可以通过谨慎处理和使用可收集和容纳总冷却液容量的集液池来予以缓解，以便日后进行正确处理和处置）。

18.4.3.3 变压器

矿物油（但植物油绝缘变得越来越常用）等液体绝缘变压器用于将并联 FACTS 装置连接到输电线路或母线，并将 UPFC 或 SSSC 的串联电压注入输电线路中。这种变压器的设计可能取决于换流器的额定值和运输限制，此外也可能会受到备件要求的影响。

与变压器相关的环境问题包括：

（1）运输到现场时需对变压器的重量和尺寸进行考虑。

（2）这可能会对路由选择产生影响，并且会对流量产生临时影响。

（3）可燃或不可燃的绝缘流体可能会发生泄漏或燃烧。

（4）可能需要配备足够数量的变压器油密封设施。

（5）可能需要配备喷水灭火系统。

（6）需要使用油水分离器来控制变压器油的渗漏或溢出，以确保油不会对地下水造成污染。

（7）可听噪声发射。

（8）铁芯和绕组所发出的可听噪声可能需要安装带有噪声衰减的变压器外壳来加以控制。

（9）变压器油除热所需的冷却装置需要安装散热器，散热器可能需要配有风扇以增强冷却能力。必要时，可以使用低速风扇来减轻可听噪声。

18.4.3.4　电容器

电容器是无功功率的一种来源，在所有的 FACTS 装置（例如：SVC、STATCOM 和 TCSC 等）中，电容器都是用于提供无功功率。同时，电容器还提供能量存储功能，并且可用于电压源换流器。此外，电容器也可用于谐波滤波器（谐波滤波器通常由电容器、电抗器和电阻器组成，用于将 FACTS 装置发出的谐波限制在所规定的限值范围内）。

用于这些目的的电容器组通常由多个电容器单元（或电容器罐）组成，其外壳由不锈钢或镀锌钢制成。这些电容器罐通常被放置在由绝缘体支撑的机架中，以实现必要的绝缘，从而承受不同电位下的对地电压和对电容器施加的电压。电容器元件是通过将两片铝箔和若干层热塑性聚合物薄膜或纸膜进行缠绕而制成。尽管某些电容器采用干式结构，但大多数电容器都采用特殊的绝缘流体（这种流体通常是易燃流体）进行填充。然而，干式电容器中所使用的固体电介质材料也是一种易燃材料。绝缘流体也可能含有介电稳定剂（这种稳定剂可能是一种有害物质）。

电容器的环境影响如下：

（1）可听噪声。

（2）将电容器叠柱放置在户外时所造成的视觉冲击。

（3）与绝缘流体和电容器单元中所使用的纸质材料或热塑性聚合物材料相关的火灾风险。通过使用熔断器（如有提供）来断开发生故障的电容器，可以减少此类风险；在电容器组中，可以通过使用多个并联和串联电容器罐，建立一种不平衡探测系统（该系统会在出现级联故障风险，使电容器组跳闸）。

18.4.3.5　电抗器

电抗器用于吸收 SVC 和 TCSC 中的无功功率。在 STATCOM 以及其他基于 VSC 的 FACTS 装置中可以使用电抗器来控制交流系统与换流阀之间的能量传递，以及用于控制电流变化率。此外，电抗器也可用于谐波滤波器（谐波滤波器通常由电容器、电抗器和电阻器组成，用于将 FACTS 装置发出的谐波限制在所规定的限值范围内）。

在现代 FACTS 项目中，电抗器通常是干式电抗器，但一些旧的 FACTS 装置可能包含封闭式油绝缘电抗器（也同样需要为变压器考虑这些因素）。

干式电抗器通常用环氧绝缘铝导线缠绕而成（配有玻璃纤维垫片和铝支架）。

与干式电抗器相关的环境问题如下：

（1）严重的空气污染可能会导致在垫片上积污导致闪络。通过使用防护罩来保护干式电抗器，可以减轻空气污染的影响。

（2）干式电抗器是造成可听噪声的一个重要原因。可以通过绕组设计（例如：避免谐波频率下发生机械共振）最大限度地减小可听噪声。此外，可以通过使用护罩和专有缠绕技术或者通过使用与缠绕层分离的外部展开玻璃纤维增强塑料（GRP）层来减小可听噪声。

（3）干式电抗器可能会产生强磁场（在计划维护和其他接近通电电抗器的作业时需要考虑）。此外，放置在电抗器附近的导电材料可能会被电抗器周围杂散磁通量引起的电流加热。

18.4.3.6　电阻器

在某些交流谐波滤波器中以及在半导体开关装置的缓冲电路中可使用电阻器。电阻器通常采用金属丝（辅以高温陶瓷）制成。一般认为电阻器不会对环境造成任何显著影响。

18.4.3.7 平台

串联的 FACTS 装置（例如 TCSC）通常会被接入到变电站的线路终端（但在某些情况下也可能会被放置在中线位置）。每相的 TCSC 设备将安装在一个与交流线路串联的绝缘平台上。TCSC 阀、电容器、电抗器、避雷器和其他保护设备将安装在平台上相对低压的绝缘体上。冷却装置、主控制系统和保护系统等将位于地面（通常位于所有三相共用的建筑物中）。然而，用于触发和监控晶闸管的控制与监控设备的部分元件必须位于平台上。平台的控制与保护信号和监控系统通过光纤连接至位于控制建筑物中的整体控制与保护设备（光纤将通过环境控制管道从地面层延伸至平台上的阀外壳）。此外，绝缘管也用于将冷却水从地面层输送到平台层。

使用平台时可能会产生以下环境问题：

（1）视觉冲击（由于平台的大型结构和标高）。通常情况下，平台将被安装在发电站和（或）变电站附近（这将使视觉冲击不那么显著）。

（2）由于平台标高较高，平台电抗器、电容器和换流器外壳（或建筑物）所产生的可听噪声可能与地面设备产生的可听噪声不同。当预测到变电站周边的可听噪声和离变电站最近的噪声敏感位置的可听噪声时，需要将这一点纳入考虑范围。

18.4.3.8 其他设备

安装在 FACTS 装置中的其他设备包括通常常规交流变电站中安装的设备（如表 18-2 中所示）。

表 18-2　　变电站设备的潜在环境影响因素及其缓解措施

设备	潜在环境影响因素	缓解措施
交流穿墙套管	油/电介质流体（如果使用） SF_6 气体泄漏（如果使用）	流体密封 采用复合套管和固体绝缘 潜在气体泄漏监测
交流隔离开关	无线电干扰（电晕、电磁干扰等）	距敏感区域的距离，低电磁干扰设计
交流断路器	视觉，SF_6 气体泄漏 运行时发出的可听噪声	视觉障碍 气体泄漏监测 增加的分离度、低噪声设计、配置屏蔽的使用 距敏感区域的距离
辅助电源和站用电设备	可听噪声 油/电介质流体，干式 SF_6 气体泄漏	外壳/噪声控制 油控制（如适用） 泄漏监测
空气处理系统、供暖和空调系统	可听噪声	低噪声设备外壳
交流母线和连接件	无线电干扰	保守设计 电晕环
避雷器、绝缘体、导体、配件、夹具	无线电干扰	保守设计 电晕环

可参见 CIGRE 技术手册 221 "改善现有变电站对环境的影响"（CIGRE TB 221 2003），了解更多信息。

18.4.3.9　材料、流体和气体

FACTS 装置中所使用的某些材料、流体和气体可能会对环境产生影响或具有危险性。以下各节指出了需要考虑的环境问题，同时还提供了关于在正常运行工况下和在延寿决策期间如何处理这些问题的指南。

1. 绝缘流体

如上文所述，某些设备可能装有矿物油或其他可燃流体（这些矿物油或可燃流体是冷却和为组件提供电气绝缘所必需的材料）。流体填充设备的尺寸不尽相同；相关的最大流体体积通常决定了溢出控制要求和控制类型。此外，采用可生物降解的绝缘流体（例如：植物油等）将成为趋势。然而，这些流体也是可燃流体。

与 FACTS 装置相关的流体填充设备包括：

（1）变压器；

（2）滤波器组电容器；

（3）变压器套管；

（4）油绝缘电抗器或互感器（TV、TA）；

（5）冷却系统、冷却器和管道系统。

2. 流体溢出控制

流体溢出控制要求通常采用法定要求；控制程度根据法律和公司标准予以确定。在对相关的控制措施进行评估以尽量减少风险和任何溢出后果方面，现场位置和现场条件起着重要作用。溢出控制的规划标准应基于现有规程、预期的未来规程和现场特定的潜在危险（例如：邻近水体），并且还应考虑以下因素：

（1）需要进行溢出控制的设备的尺寸和液体体积；

（2）适用于特殊液体的控制类型；

（3）处理超出控制基础设备控制范围的流体；

（4）对中央收集系统要求进行评估，比较本地化保存与收集以及集中分离方案；

（5）现场排放；

（6）发生火灾时将流体从敏感区域移除。

注意：在对流体溢出控制要求进行评估和制定策略时，有许多行业标准、指南和报告以及当地法规可供参考。

同时还应注意：可能存在关于流体填充系统的特殊规范（可能需要在容器设计中对这些规范加以考虑）。这些容器包括冷却系统容器。

如"24 FACTS 的生命周期管理"一章中所述，当对老化设备进行更换或升级时，应将对流体密封要求的评估方法和减少现场潜在危险液体数量的可能性纳入延寿计划中。

3. 六氟化硫（SF_6）气体

六氟化硫（SF_6）气体是一种惰性气体，这种气体目前广泛应用于断路器、开关设备、母线支撑结构以及其他电气设备的介电绝缘和电流中断。尽管 SF_6 气体有诸多优点（包括采用更小尺寸的设备），但在使用这种气体时并不是不会面临任何挑战。

SF_6 是《京都议定书》中所提到的最强温室气体之一。SF_6 的全球变暖潜能值比二氧化碳（CO_2）高 24000 倍。这种气体在大气中也具有持久性，其寿命超过 3200 年（CIGRE TB 649 2016）。

SF$_6$气体比空气重。它会置换可呼吸的空气，因而在密闭的地方会构成一定的安全隐患。SF$_6$气体在断路器灭弧时所释放的有毒副产物如果释放到环境中，也将成为一个令人担忧的问题。由于分解产物有毒，因此提供适当的个人防护设备和培训对确保人员安全是至关重要的。

在考虑设备选项时，需要在决策过程中考虑 SF$_6$气体的用途以及在该气体的生命周期中对该气体的处理、监测和核算的需要。

4. 哈龙气体

哈龙气体目前已用于消防系统，但从 1994 年开始已在《蒙特利尔议定书》各缔约国逐步停止了生产［但该议定书第 5（1）条中所规定的国家除外，这些国家可以继续生产哈龙气体，一直到 2009 年］。目前已不再生产哈龙气体。

由于哈龙制品被禁止，非消耗臭氧层气体、清洁灭火剂系统、气体粉末混合物、粉末及其他非实物技术形式的替代灭火剂（例如非气态药剂），与水基喷雾和小液滴系统一起，现在几乎可用于曾经采用哈龙制品的所有防火和防爆应用。在北美，一种叫作 FM200 的新型气体是灭火气体的首选，大多数地方司法管辖区都接受这种气体。

5. 制冷剂

制冷剂一般分为三种物质：氯氟烃（CFC）、氢氯氟烃（HCFC）或氢氟烃（HFC）。然而，大多数国家都禁止使用或生产 CFC 制冷剂。CFC 制冷剂的臭氧消耗等级最高，也是温室气体。自 2010 年以来，HCFC 也被大多数国家禁止生产或使用，目前正在逐步淘汰。HCFC 制冷剂，如 R22，具有破坏臭氧的潜力，也是温室气体。

HFC 制冷剂仍可使用。目前没有禁令，但必须谨慎使用，定期检查设备。HFC 制冷剂没有消耗臭氧的潜力，但确实是一种温室气体。大多数司法管辖区要求每次服务或系统处置行动都要进行全面的气体回收。

18.4.4　建造

FACTS 装置的建造与交流变电站的建造活动并无本质区别。它涉及土建工程、基础、钢铝结构以及重型设备的安装。要处理的环境问题如下：

（1）通往现场的道路交通量增加；

（2）大型和重型设备的运输（主要是变压器）；

（3）现场工程产生的噪声；

（4）粉尘；

（5）施工期间绝缘流体的意外泄漏；

（6）事故。

这些问题与建造交流变电站时面临的问题类似。这些问题的缓解措施如下：

（1）建立健康安全组织架构；

（2）制定环境保护战略；

（3）施行相关安全规章制度；

（4）遵守当地交通许可；

（5）施工期间采取防尘措施；

（6）采用泄漏控制缓解技术；

（7）遵守适用于施工许可证的噪声等级指南。

18.4.5　运行

从环境的角度来看，FACTS 装置的运行必须满足噪声、电磁场、电磁干扰以及谐波方面的设计限制。因此，在运行期间，公众和工人安全以及意外泄漏处理方面的问题应重点关注。此类问题涵盖在公用设施、地方及国家相关指导方针和管理规定中，例如：

（1）健康安全规定；

（2）环境保护战略；

（3）泄漏控制规定；

（4）野生动物保护措施。

18.4.6　退役

FACTS 装置的退役问题与交流变电站退役类似。应遵循制造商的报废处置指南。一般而言，设备和材料的退役和处置方式如下：

（1）变压器，原则上会进行泄油；对油进行回收、储存、加工和再利用；钢和铜可以回收利用。

（2）钢结构可以作为废料回收和出售。

（3）开关柜可回收用于其他用途；任何 SF_6 都可以回收再利用。

（4）控制柜、电缆等此类设备可以拆卸作为废料出售。

（5）电容器目前都是薄膜型的，油很少，通常不存在报废的问题。

（6）晶闸管和 IGBT 阀将作为电子垃圾处理。

有关更多信息，请参阅"24 FACTS 的生命周期管理"一章。

18.5　可听噪声

本节以 CIGRE 技术手册 202（CIGRE TB 202 2002）为基础，经过编辑和简化，提供了 FACTS 装置室外可听噪声规范和评估方面的简要指南（CIGRE TB 202 2002）。

本节主要供负责发布新型 FACTS 系统技术规范和评估潜在承包商设计提案的公用事业及咨询公司使用。本书中"19 FACTS 装置采购及功能规范"一章阐述了 FACTS 系统技术规范的大部分方面，但本章提供了有关可听噪声要求的规范信息。

可听噪声通常是一个重大问题，特别是 FACTS 装置安装在噪声敏感位置附近时。针对 FACTS 装置的可听噪声限制规定，可以对系统的设计和成本产生重大影响。因此，FACTS 装置的潜在所有者需要考虑从规划到退役期间的可听噪声。在任何项目的规划阶段，噪声容许限值将由主管机关确定，并考虑与宜居住宅及其他噪声敏感位置的距离。噪声限值将根据可听噪声干扰公认标准进行设置。

可听噪声通常以分贝（dB）为单位进行测量[1]。为了反映人耳在不同频率下对噪声的敏

---

[1] 分贝（dB）用于测量声级。dB 是描述比率的对数方式。0dB 是健康人耳的所谓平均听力阈值。

感度，通常在不同频率下测得的噪声中加入一个权重，该噪声级用 dB(A)❶表示。需要注意的是，增加 3dB 或 3dB(A)等于将噪声级增加一倍。典型噪声级如下：

（1）接近完全静音：0dB(A)；

（2）耳语：15dB(A)；

（3）正常对话：60dB(A)；

（4）割草机声：90dB(A)；

（5）汽车喇叭声：110dB(A)；

（6）摇滚音乐会或喷气发动机声：120dB(A)；

（7）枪炮声或爆竹声：140dB(A)。

18.5.1　性能限制与持续时间的关系

一般来说，FACTS 系统发出的噪声是连续的，但电站中存在若干会产生脉冲噪声的噪声源，如断路器和隔离开关。脉冲噪声的关键特征包括：

（1）峰值噪声级；

（2）持续时间；

（3）当日时间；

（4）出现频率；

（5）规律性（每天同一音调可能比变调更糟糕）；

（6）单音调；

（7）噪声脉冲的时间变化。

将脉冲噪声作为等效连续噪声级的评价方法是存在的。许多联邦和地区当局规定了白天和夜间的噪声限值。

18.5.2　FACTS 装置发出的可听声音

可听声音可以定义为空气中的一系列压力波，其频率可以被人耳感知。声音可由单频声学信号（纯音）或包含频率分布的声音组成。

电气元件产生的声音主要取决于结构中由电气应力引起的振动，这些应力要么是因施加在元件上的电压产生的，要么是因流过该元件的电流而产生的。大多数机械结构都有多个结构共振频率。如果力谱的一个或多个频率与这些结构共振频率一致，则可能会放大设备振动，从而产生更大的声音。

换流阀产生谐波电压和谐波电流，这些谐波横穿或穿过 FACTS 装置内的组件。因此，可以激发出不同音调和大小的声音。

可听噪声可能会对附近的居民区或休闲区造成潜在危害，这一点需要在 FACTS 装置的规范和设计中加以说明。

预测 FACTS 装置发出的可听噪声时，不仅需要对 FACTS 装置内的发声元件进行建模，还需要对电站周围的景观进行建模。考虑到建模中的缺陷以及可听噪声的预测，建议在实际

---

❶ A 加权分贝，缩写为 dB(A)或 dB(a)，是人耳感知到的空气中声音相对响度的表达。在 A 加权系统中，与不对音频频率进行校正的未加权分贝相比，降低了低频声音的分贝值。

噪声超过预测等级的情况下，进一步采取可用的缓解措施。

当 FACTS 装置投入使用时，通常会进行可听噪声测量以验证实际噪声级。测量时，环境条件的界定至关重要，这就意味着只有在非常短的时间内才能有机会进行准确测量。

18.5.3　环境对可听噪声的影响

当声源发出声音时，周围环境会影响声音的传播和远距离感知。本节描述了这些环境影响，即背景噪声、地形及气象条件。

18.5.3.1　背景噪声

在 FACTS 装置的拟定位置处，总是存在背景噪声。由于背景噪声混杂了人为声音和自然声音，因此每个噪声源都可能在白天、夜间或某个特定时间产生噪声。当人类活动处于最低水平时，即午夜至凌晨 4 点之间，背景噪声级通常最低。

在开始建造 FACTS 装置之前，最好先测量 FACTS 预计安装位置的背景噪声级，以便确定噪声级是否接近监管上限。如果 FACTS 装置的预计可听声音输出与背景噪声级之间的差值小于 10dB，那么考虑背景噪声的影响是非常重要的。

声级测量应包括在一段时间内进行多次测量，因为短时间内进行一次测量不会给出具有代表性的结果。测量周期应当足够长以覆盖所有季节变化，如适用，还应包括冻土时间，因为冻土表面反射的声波几乎不会衰减。

每次从声源测量等效声压水平的测量时间至少为 10min。夜间测量时，应进行至少 3 次测量，两次测量之间至少间隔 1h，以形成能量等效平均值。日间测量时，应使用至少 5 个不同的单个测量周期。

18.5.3.2　地形

地形影响着声音传播。尤其值得注意的是，山、植被和树木等地貌以及地面本身对声音的反射、吸收、屏蔽和衰减情况。此外，当站址与选定测量点存在高度差时，声音传播将不同于其处于相似高度的情况。例如，如果电站一侧为反射声音的山丘，另一侧为位于声影区的低地，那么即使与声源的距离相同，声音的衰减也会因地点而异。

因此，当需要精确计算 FACTS 装置发出的声音时，不仅要考虑地形条件，还要考虑地面覆盖物，如森林、岩石、草原、雪、冰等。但当地面基本平坦且地面覆盖物均匀、水平面低时，通常只需计算距离衰减，而无需详细考虑地形。

18.5.3.3　气象条件

距离遥远时，通过空气的声音传播可能会受到气象条件，如风、温度、雨、雾和雪等的影响。特别是风和温度对声音传播有很大的影响。因此，在现场和其他指定位置测量声音时，必须仔细留意气象条件。

（1）由于摩擦阻力作用，地面附近的风速通常低于较高海拔处的风速。导致顺风面和逆风面的声音传播存在差异。例如，盛行强风时，逆风面的声级会低于顺风面的。

（2）受热或受冷的地面可能会在大气层中产生垂直温度梯度，可能会对声音传播产生剧烈影响，因为声音在冷空气中的传播速度比在热空气中更快。因此，当空气温度高于地面温度时，声音的衰减会降低。

（3）由于空气吸收能量，所以通过空气传播的声波会损失强度。较低频率下的衰减可忽略不计，但较高频率下的声音衰减会很显著。

（4）实验证据表明，雨或雾对声音衰减相对较小。相反，在雨天因为雨滴声，背景噪声水平会增加。

（5）地表覆盖新降雪时，对声音的吸收系数较高，但冻结的裸地是良好的反射层。

由气象条件引起的声音衰减有以下典型变化：

（1）与无风时测得的值相比，逆风时测得的声级下降值可高达 20dB(A)。

（2）中低风速的影响甚至超过大温度梯度的影响。

（3）当风速超过 3~4m/s 时，很难正确测量低于 40dB(A)的噪声级。

（4）干燥和潮湿的地面之间可能会出现较大差异。在低频 [10dB(A)] 条件下，潮湿地面上的较低声级可在 63Hz 下被观测到。

从一天到另一天，或者从一个地区到另一个地区的气象条件均有所不同，因此有必要非常仔细地考虑这些条件对声音的影响。

18.5.4　可听噪声级限值

几乎所有国家都有公共法规或建议，规定了各种土地占用类别的最大允许噪声级。白天和夜间可能有不同的可听噪声要求，夜间要求更严格。

值得一提的是，更改噪声性能限值对成本影响可能很大，即使变化仅为几分贝 [dB(A)]。

多年来，可听噪声限值变得越来越复杂。较老的电站边界处的可听噪声通常约为 55dB(A)，在最近的噪声敏感位置，约为 45dB(A)。就新的和未来的 FACTS 项目而言，这些数值更为严格，各自的水平为 45dB(A) 和 35dB(A)，比之前的方案要低 10dB(A)。

某些情况下的可听噪声水平规定为比现有最低背景水平增加至多 3dB(A)❶。在这种情况下，建议开发商确定并证明现有噪声水平符合法律规定。这可能就需要进行声学建模，以确定噪声水平符合建议的限值。此外，还应通过在所有噪声敏感位置进行测量验证。在背景噪声水平较低的区域，第一种方法较合理，但在背景噪声水平较高的区域，则建议使用第二种方法。

18.5.4.1　声学噪声级测量

可规定以下要求：

（1）确保声级的代表性描述所需的单点测量次数和持续时间；

（2）使用的测量设备；

（3）障碍物和麦克风之间的允许距离；

（4）天气条件，如风向和最大允许风速。

除了这些条件外，还必须描述"测量精度"，即测量不确定度。书写示例：(45±3)dB(A)。

国际标准 ISO 1996-1：2016、ISO 1996-2：2017 和 ISO 3746：2010 规定了环境噪声的描述和测量方法。

还有一些用于确定专用设备声级的标准，如电力变压器 IEC 60076-10：2016、声级计 IEC 61672-1：2013 以及确定声压和声功率级的方法（如 ISO 3746）。在北美，IEEE 标准通常用于定义设备声级限值 [IEEE C57.12.(2015)90 适用于油浸式变压器]、声级缓解（IEEE C57.136—2000）和声音测量（IEEE 656—2018）。

---

❶ 在给定测量点听到或测量到特定噪声的情况下，背景噪声是指在特定噪声停止时仍能听到的声音。

18.5.4.2　所需性能限值的位置

应满足规定噪声限值的位置有：

（1）环绕 FACTS 装置的围栏或业主地产的边界处；

（2）远离 FACTS 装置的给定轮廓上（例如，圆形外围或地产边界线上）；

（3）附近一个或多个地产的边界处。

每种方案都有优缺点，也对建模、测量、站点布置、风险、验证和成本有影响。

对于环境可听噪声问题，最好采用最后一种方法，因为噪声危害通常发生在人们居住或工作的地方。当然，将来也可能在以往无人居住的土地上建造房屋。地方规划局在设定限值时，可考虑未来发展状况。否则，未来的住宅开发项目在规划开发布局和考虑景观方案时应考虑现有的环境噪声，包括运营的 FACTS 装置。

18.5.5　发声源

要有效管理噪声，需要了解每个发声部件的声学特性，以及每个声源的相对声强。目标是将整个 FACTS 装置的可听噪声要求细分到部件，以便验证部件制造商实验设施或实验室的可听噪声级。这是因为一旦所有部件安装好，就很难再准确地确定每个独立部件的噪声影响。

FACTS 装置的主要发声源有：

（1）变压器；

（2）电抗器；

（3）电容器；

（4）冷却风机；

（5）开关设备；

（6）冷却回路泵；

（7）空调装置；

（8）电晕源。

18.5.5.1　变压器

变压器产生的噪声有三大来源：

（1）磁芯（铁芯磁致伸缩和接缝处产生的噪声）；

（2）绕组、罐壁和磁屏蔽中的电磁力；

（3）变压器冷却系统的风机/泵。

严格说，风机和泵不属于变压器的直接组成部分，可由不同的制造商供应。但是，仍需确定它们的可听噪声。

过去，人们认为铁芯振动是变压器噪声的主要来源。噪声主要取决于变压器的额定功率和铁芯中的磁通密度，但不取决于负载。铁芯设计的技术进步，例如使用优质铁芯片来减少磁致伸缩现象，以及使用改进的铁芯连接技术（例如，阶梯搭接铁芯），降低了铁芯噪声，使得电磁力产生的负载依赖型绕组噪声变得越来越显著。然而，如果电力电子系统产生流过绕组的低电平直流电流，则铁芯噪声会显著增加。由于部分铁芯饱和，铁芯噪声可能会随之大幅增加。

变压器的正常交流运行产生包含频率（通常低于 1kHz）的噪声频谱。正弦负载电流下的绕组噪声几乎完全是工频的 2 倍（工频=基本电频率）。根据磁通量密度水平，铁芯噪声频谱还包含 2～5 倍频谐波的较大分量。因此，负载交流变压器的噪声基本上由叠加在空载频谱上的 100Hz 噪声或 120Hz 噪声（根据工频是 50Hz 还是 60Hz 而定）主导。

18.5.5.2　电抗器

FACTS 装置中使用的电抗器有以下各种功能：

（1）提供感性无功功率，由换流器或断路器对其进行控制；

（2）限制电流变化率并控制 VSC 升压/降压功能所用的电压；

（3）在交流滤波器中，提供所需谐波频率的调谐；

（4）减少交流连接中的高频噪声传播（电力线载波噪声和无线电干扰）。

通常采用干式空芯电抗器，一般位于室外，但有些是换流阀的组成部分，用于上述所有应用。以下对声音产生机制的描述仅限于此项技术。

空芯电抗器产生的噪声主要是由流过绕组的电流与电抗器电流产生的磁场相互作用下的绕组振动引起。绕组中的力与电流的平方成正比。工频和谐波电流会引起 2 倍电流分量频率的振动。

绕组上的振荡力导致电抗器产生轴向和径向振动，从而引起可听噪声。如果这些力的频率与电抗器内的结构共振频率相近，则噪声水平将显著增加。

电抗器表面的振动作为空气噪声辐射到周围环境。电抗器的振幅和声音辐射面的大小基本上决定了声功率。声功率与电抗器负载电流的四次方成正比。因此，有必要考虑运行条件范围内的电抗器谐波和工频电流。

18.5.5.3　电容器

电容器是 FACTS 装置中的另一个噪声源。电容器用作无功电源、交流滤波器、电力线载波（PLC）电路和电容式电压互感器。电容器也用作电压源换流器（VSC）的电源/受体。

滤波器和无功功率补偿用电容器通常是框架灌式电力电容器组。通常为罐式电容器，需要考虑噪声限值。其他电容器类型，如电力线载波电路中的耦合电容器和用于测量和保护的电容式电压互感器，则采用陶瓷或聚合物外壳，其噪声输出通常较低。电压源换流器中使用的电容器会受到电流的影响，电流频率由换流器设计决定，但通常频率较高，且一般位于建筑物内。

电容器罐中产生最多可听噪声的部分为电容器罐顶和罐底。声的产生基本上是一维的，声辐射主要局限于垂直于电容器元件包纵向的表面。某一声频率下的声功率水平与电容器中介电应力的四次方成正比。

电容器发出的声功率辐射基本上取决于：

（1）穿过电容器的基波和谐波交流电压；

（2）罐的机械刚度；

（3）（电容器元件包、外壳和机架的）机械共振频率；

（4）电容器单元数。

18.5.5.4　冷却风机

风冷却器通常用于晶闸管阀和 IGBT 阀的冷却系统。半导体放置在液冷式热交换器上或液冷式热交换器之间（带有水/乙二醇和空气的冷却介质）。轴流式风机用于通过换热器循环交换空气。通常每个冷却器模块中会使用几个风机。风机之间通过隔板相互隔开。这样可以根据冷却需求开启和关闭每个风机，从而逐步控制冷却器容量（kW 容量）。

风冷却器也常用于大型变压器，但小型变压器可通过散热器的自然对流冷却。独立式冷却器有优势，因为它们可冷却变压器自身外壳，且如果需要风冷时，也可以更容易地使用低噪声风机。对于未封闭的变压器，与铁芯和油箱噪声相比，冷却设备的噪声可忽略不计。对于带风冷系统的封闭式或低噪声变压器，需要考虑冷却风机产生的额外声功率。

18.5.5.5　机械开关装置

与上述部件相比，断路器和隔离开关等机械开关装置操作时主要产生可听噪声（但也有可能产生低电晕噪声）。这种噪声属于短时脉冲噪声，但可能远远超过背景噪声。

开关操作中产生的声脉冲取决于开关的类型（例如，压缩空气断路器、油断路器或 SF_6 断路器）以及断路器操作机构（例如，弹簧操作或液压操作）。压缩空气断路器的声级最高，而现代 SF_6 断路器的声级相对较低。断路器断开和/或闭合所产生的可听噪声，或者是带电弧的隔离开关断开所产生的可听噪声归类为脉冲噪声。单个声脉冲的持续时间通常远低于 1s。

在考虑脉冲噪声的影响时，有一种评估脉冲噪声的方法，即，将其表示为等效连续噪声级。噪声在一个时间间隔内的等效连续 A 加权声功率级可以从噪声期间的 A 加权声功率级得到。

工作日累积的声和脉冲噪声必须在规定的声级限值内，以限制现场工作人员的听力损伤风险。这些限值可能来自当地安全指令，取决于累计噪声暴露时间，通常这些高频噪声的限值常较低。

然而，与持续产生噪声的声源相比，由于累计噪声相对较低，开关装置产生的噪声通常不会对 FACTS 装置的整体噪声水平产生重大影响。许多情况下，交流断路器每年仅操作几次，但无功功率控制设备和滤波器组断路器除外，这些断路器每天可操作几次。

18.5.5.6　空调装置

控制保护室、控制室和办公室所需的空调设备也会发出可听噪声，需要在电站总体设计中加以考虑。使用低速风机、合理位置和提供噪声抑制罩均可控制噪声水平。

虽然空气处理装置的直接噪声通常位于建筑物内，但仍然可能有从入口和出口通风口发出大量的残余噪声。这些开口发出的声音包括气流和百叶窗噪声以及空气处理装置的残余噪声。可采用隔音百叶窗隔离。

18.5.5.7　冷却回路泵

如果冷却系统泵安装在室外，则可能需要将其纳入噪声管理的考虑中。如果安装在室内，则噪声水平需要符合适用的劳动法规；否则电站人员可能需要听力保护设备。

18.5.5.8　换流阀

换流阀本身的噪声主要由阀电抗器（缓冲电抗器）等磁性部件产生。大多数的换流阀都位于建筑物内，这样设计可以将发出至环境中的噪声降低到可接受的水平。

必须特别考虑高架平台上的换流阀，例如晶闸管控制串联电容器（TCSC）设备的阀。部分原因是阀升高的位置可能会进一步突出可听噪声。将阀封闭在平台上的建筑物内，阀外壳的噪声衰减特性需要仔细评估。

18.5.5.9　电晕源

实际上，所有的高压连接都发出一定的电晕。由于除声音（例如，无线电干扰要求和闪络风险）以外的原因，电晕应限制在较低水平，在良好天气条件下，应对高水平的电晕采取抑制措施。

在特别敏感的地点，可能需要采用以下方法抑制电晕水平：

（1）在部件的轮廓设计中使用保守电极配置，包括使用电晕环和更大的导体；

（2）使用电缆或气体绝缘母线。

18.5.6 降噪措施

如果部件产生的声音水平超过了噪声限值，有必要采取降噪措施。理想降噪应作为原始设计的一部分，并在站点布置和部件设计中加以考虑。其目的是结合这两种技术产生有效且经济的设计。

隔音罩包括建筑物、隔板、外罩和其他必要的声音抑制和吸收方法，以满足规定的可听噪声要求。外罩或隔音屏障更适用于高频率噪声（300Hz 以上），而低噪声设计可能更适用于低频率噪声。要使屏障有效，接收器位置必须在屏障的声音区内。

在使用外罩时，应考虑许多因素，例如其可用性、可靠性、对冷却的影响、维护和成本等。屏障也会降低冷却系统的冷却效率。

18.5.6.1 站点布置

应选择发声部件与声敏感设计区域之间的最大可能间隔。可利用该区域的自然地形以及换流器设备建筑和其他建筑的屏蔽效应来实现这一目的。此原则适用于变压器、电抗器、电容器和冷却装置。

其他一些主要声源，特别是泵和晶闸管阀属于室内设备。一般来说，这些部件在房间外发出的声音水平并不视为妨害，且在运行中需要进入检查时，听力保护设备是被视为可接受的。具体信息参见适用的地方工作场所健康和安全指南。

一般的降噪措施，对整个现场非常有效，包括：

（1）用墙或大量土堆围在现场周围；

（2）将现场建在空心位置或将现场设置在合适的山谷中，最好没有陡峭的岩石面。

这些措施可能还有其他益处，例如减少视觉冲击。

18.5.6.2 变压器

变压器外壳是一种成熟的技术，通过屏蔽和吸收来降低声音。由于声音的频谱，其效率往往很高。变压器外壳的一个常见元件是，外壳设计通过独立冷却器大大简化，冷却器可以放置在外壳外部。

视外壳的性质而定，无顶盖时，降噪幅度通常可达 14dB(A)。有顶盖时，降噪幅度可达 20~35dB(A)。但降噪在很大程度上取决于外壳壁的结构和表面光洁度，以及变压器和外壳的相对尺寸。应注意的是，当这种类型的外壳设计不当时，实际上可能会放大噪声。

特别是当提供防爆和防火墙时，变压器整个外壳的替代方案是在这些墙壁上使用吸声包层。

在需要大幅降噪的地方，需要一个完整的外壳（可能有两层），内部含吸音材料，以容纳和吸收变压器发出的噪声。这种外壳可提供高达 40dB(A)的衰减度。

18.5.6.3 空芯电抗器

空芯电抗器可能是主要的噪声源，尤其是 TCR 和滤波器中的噪声源。与变压器不同，不能轻易将其封闭起来，因为它们需要空气自由流动进行冷却。除了优化电抗器的声学设计外，其他唯一简单的措施是优化其在 FACTS 装置中的位置。

任何隔音罩必须与电抗器设计者一起联合设计。隔音罩有两种基本的品种，即建筑物和安装在电抗器上的屏障。

建筑物必须能够大量散热，且通常配有屋顶安装式的风机。还须注意的是，不要在电抗器周围形成任何磁环路，因为磁环路可能因电抗器磁场引起的涡流而导致过热。

电抗器安装隔音罩是电抗器设计的组成部分。这些隔音罩可能因电抗器外部的简单额外包装，到具有独立支撑结构和内衬吸声材料的复合玻璃纤维外壳的不同而不同。此类外壳的衰减值可能高达 15dB(A)，但成本可能超过电抗器。由于电抗器绕组的耐压能力不得受到损害，因此提供隔音屏蔽或隔音罩可能会受到限制，特别是对于处于潮湿和污染条件下的高基本冲击绝缘水平（BIL）电抗器。

18.5.6.4　电容器

电容器组具有非常明显的指向性，因此，可根据 FACTS 装置的声学布局优化位置、方向和屏蔽技术。

可采用外壳来限制电容器发出的噪声。电容器的复杂性在于其通常是具有分级绝缘的高压设备。因此，外壳必须严格遵守最大间隙要求，或者在整个电容器结构的单独部分中使用。

与所有外壳的情况一样，可采用简单的非吸收性屏障或复杂（且昂贵）的吸声外壳，具体取决于噪声要求和经济考虑。通过部分屏蔽电容器组中的每个支架噪声水平，可以实现最高达 10dB 的降低。采用全套外壳可达到更高的降低量。

18.5.6.5　冷却装置和其他设备

从声波发射的角度来看，冷却装置中使用的风机也可能具有很强的方向性。这可能为风机定向提供了机会，从而使产生较少的声音干扰。此外，也可以使用低噪声的风机。

通过为特定应用场合选择最佳冷却器尺寸、最佳风机转速（通常为 100~1000r/min）和风机数量，可将噪声水平保持在最低水平。低噪声轴流风机直径大且转速低，可降低发出的噪声水平。也可以采用双速电机或带调频功能以控制转速的电机。制造商可以通过结合适当的标准化冷却器模块来优化冷却器的声学设计，这些冷却器模块具有声学等级。通过使用所谓的软启动驱动器和变速风机，可以在夜间或其他敏感时段以较低的速度运行，从而降低启动噪声。

虽然开关设备在运行中偶尔会产生很大程度的声音，但通常在可接受范围内，并且与常规变电站没有区别。特别敏感的位置则可能需要考虑将开关设备安装在建筑物内。

18.5.6.6　部件设计

实现设备最低成本的设计可能无法达到最低或可接受噪声功率的目标。因此，可能有必要变更设计以实现更低的噪声功率，或利用其他手段，以最经济的方式让 FACTS 装置在可听噪声方面的整体设计达到可接受水平。

降低很多类型设备噪声的一种技术是使用弹性支座。通过使用振动隔离限制了低频声音的传播。

确保 FACTS 装置得到妥善维护也十分重要。带有活动部件（如风机和电机）的部件和设备的可听噪声越来越大表明有必要进行维护，包括旋转部件的重新校准。类似地，如果冷却设备积聚了碎片和污垢，也会导致更多风机运行，进而增加了可听噪声。

18.5.6.7 可改造技术

如本节所述，如有必要，可在设施建成后改造部分可听噪声缓解措施。

受限于布局、热和电气方面的因素，有些设备可能在运行时的噪声比预期大得多，这就需要在其周围安装噪声屏障。安装屏障通常比在施工时建造同等外壳要昂贵得多，此外还会中断 FACTS 装置的运行。

有时给某些部件增加额外的阻尼也是可能的，如果能证明噪声是由于设备和基础或支撑结构之间的相互作用造成的，则可能需要提供一些降噪措施。为此，可能涉及修改支撑结构或设备本身，如增加质量。例如，在变压器强筋中填充沙子有助于控制噪声的辐射。

18.5.7 运行条件

FACTS 装置的运行条件会影响噪声水平，因为设备上的负载、换流器产生的谐波，以及运行设备（可切换电抗器、电容器和冷却风机）的数量在一定程度上取决于运行条件。

环境温度会影响运行的冷却风机数量。

交流系统条件可能随时间变化，例如：交流电压变化，背景交流谐波不恒定。

在某些情况下，FACTS 装置能够在输出超过其额定值的情况下运行，但这种运行通常仅限于规定的最大持续时间，从几秒钟到几小时不等。对于正常工作范围内的运行和正常范围外的运行，可以定义不同的噪声限值。

除非 FACTS 装置计划在其大部分寿命期间内的特定运行点运行，否则达到噪声限值的那些运行条件往往是 FACTS 装置产生最高的可听噪声。

如果 FACTS 装置计划在其大部分寿命期间内的特定运行点运行，原则上，可明确特定运行点和其他运行下的不同限值。

也可明确白天和夜间运行时的不同噪声限值。

在实践中，业主最在意的是查看全站噪声水平，但如果在后续阶段有必要采取进一步的降噪措施，了解不同噪声源的输出噪声功率也很重要。

业主应明确要求，从而来验证要求是否已经得以实现。对业主而言，如果相关机构提出要求时，出具可使用的 FACTS 装置噪声水平的书面证明也很重要。

18.5.8 声级预测

FACTS 装置附近的声级预测以现场设备产生的噪声为基础，且不含背景噪声。背景噪声水平随着一天的时间、天气状况、道路交通、铁路或空中交通以及其他工业设施或建筑工程的运行而变化。背景噪声水平不影响 FACTS 变电站的作用，但背景噪声水平可能对 FACTS 装置周围的声级测定产生重大影响。

能否准确预测 FACTS 装置或周围的声级情况，取决于现场不同声源的可靠声学数据。此外，任何声级预测都必须考虑大型建筑物或充当隔音屏或声音反射面的其他障碍物，因为它们有可能阻碍或反射不同方向的声音。此外，变电站附近的景观也会影响声音的传播。

装置建模需要选择重要部件和结构，并将其用作以计算目的为模型的输入数据。通常可听噪声水平，由承包商在投标和合同阶段计算。

电站布局确定了现场所有设备和建筑物的位置及方向。当 FACTS 装置建在现有交流变电站附近或作为现有交流变电站的一部分时,现有变电站中的设备和建筑物也需要作为结构包含进模型,但可能不会作为声源。如果现有变电站的可听噪声水平相对较低,则可将其视为背景噪声的一部分。然而,如果现有设备的噪声输出很大,则可能需要将此类设备建模为声源。诸如沥青路面、砾石或种植草皮等不同类型的地表,均会影响声音反射,并进而影响传播,因此需要将其包含进模型中。

在计算模型中,需要表示出每个可听噪声源,包括其声功率、声频含量和声音辐射的指向性图案。

计算时还应考虑声音路径和衰减量,包括屏蔽、反射、地面效应和大气吸收。计算的预测声级结果可采用如下方式表示:

（1）图形表示法,例如,标有等效声压水平的声级轮廓;

（2）带有多个接收器的预测声压水平表。

计算结果的图形化表示方式给出了站内和站周围的预测声压水平的总体视图,但提供的关于哪些声源在特定点起主导作用的信息还较少。

如果表格中还包含每个来源或来源组在总水平和每个频率上的贡献,并形成一个排名表,则表格结果展示化方式尤其有用。如果需要进一步缓解噪声,那么该数据将表明应重点采取降噪措施的设备。

18.5.9　部件声功率水平验证

在部件进行现场安装前,应在厂内完成所有主要可听噪声源的声功率水平验证。所有部件一旦安装好后,就很难准确界定每一单独部件的噪声影响。

每一个部件的声功率可由原始设备制造商通过计算、测量或综合测量计算来确定。

计算声功率需要深入了解部件及其材料的设计、运行时电流或电压作用下部件中产生的力之间的相互作用以及潜在声发射表面的运动情况。

厂内确定声功率的最简单也是最常见的方法是使用声压测量。这需要适宜的声压仪和测量室或自由声场条件。重要的是,使用足够数量的测量点来获得声压级空间变化的优良平均值。应注意,声压测量对背景噪声和反射很敏感。对谐波的影响可通过计算确定,某些情况下也可以通过出厂测试确定。

另一种方法使用声强测量。只要背景噪声在测量过程中是恒定的,声强法就能降低背景噪声的影响。这就使得在环境中进行测量成为可能,这对于声压测量来说并不理想。然而,这种方法很费时,需要经验更丰富的人员才能给出准确的结果,但它可能是现场测量特定设备噪声的唯一方法（ISO 9614-2：1996）。

声强定义为单位面积的声功率。声强级（SIL）是用对数量来表示相对于参考值的声音强度。其用分贝表示,定义为:

$$SIL(dB) = 10\log\left(\frac{I}{I_0}\right) \tag{18-1}$$

式中：I 是测得的声强；I_0 是参考声强。

通常选择 $1pW/m^2$ 作为参考声强水平,约等于在室内条件下人耳不受损时能够辨别的最低声强。一种声强测量方法是使用两个彼此靠近的麦克风，垂直于声能流动的方向。信号分析仪用于计算两个测量声压之间的交叉功率。声强与交叉功率的虚部成正比。

作为最终替代方案，测量振动结构的振幅可以合理预估声功率。带来不确定性的两个因素有辐射因子的估算和选择过少的测量点以获得振动速度的良好空间平均值所带来的风险。

由于很难复制尤其是在谐波频率下的高电流和高电压，因此不可能总是形成现场才存在的运行条件。在实验室中，以一次一个频率和低于正常运行时的值来激励一个部件的方法更为实用。然后可以根据比例定律来计算其他运行条件下的声功率。这种方法不适用于变压器，因为铁芯噪声取决于铁芯中的磁通密度。因此，该方法仅限于线性系统。

18.5.10 FACTS 站的声级验证

在实践中，FACTS 装置中有两种声音测量方法。第一种方法是直接验证所规定要求的结果（就声压级而言），第二种方法是确定声源的声功率（就声功率级而言）。第一种测量通常在距 FACTS 站一定距离的地方进行。这种情形的难点是如何从背景噪声中提取装置噪声。通常，这些测量必须在更长的时间内进行，以获得一个良好的时间平均值，其中气象的影响最终得以平衡。第二种测量的难点在于声源多、电压高，因此不可能靠近声源。解决办法是在距声源不同的位置测量，这样就可以使用距离定律。

通常在指定的噪声敏感/接收器位置最近的居住房屋处进行测量，以验证特定的声级。如果接收器所处位置的背景噪声级较高，可能高于 FACTS 装置所允许的影响，则测量将不能得到所需的信息。在这种情况下，可以在声源和接收器二者间更靠近电站的地方进行测量。然后，可以根据在声源和接收器之间某一点测量的声级来计算接收器处的预期声级。这种方法可以提供相当准确的结果，前提是地形相当平滑，且传输路径中无障碍物。

如果无法在噪声敏感位置和电站之间找到合适的测量点，则有必要在电站附近或电站内进行声压测量。但由于声场的复杂性，此类测量可能会遇到干扰现象。

有时，由于地形复杂、附近道路交通拥堵或其他干扰声级测量的情况，如前所描述，声源和接收器之间的测量可能无法开展。然后，可对现场不同声源附近进行测量并计算声源的声功率水平。计算出的声源声功率水平接下来用于单独计算，以预测接收器点处的预计声压水平。

测量 FACTS 装置内部或附近的声音时，通常会出现纯音调和电磁场。因此，声音测量设备必须适合这样的环境。应使用电容式传声器，因为电动式传声器会受到磁场的影响。此外，应提供两种类型的仪器，用于分析噪声数据：用于分析声级信息的实时分析仪和用于量化音调内容和识别单个噪声源的频率分析仪。

FACTS 装置声源的运行点很重要，因为从声源发出的声音取决于测量过程中声源内存在的电流和电压。天气条件会以复杂的方式影响测得的声级。开展验证测量时，通常必须满足特殊气象条件，例如风向和风速。

根据运行条件、背景交流谐波、气象变化和测量环境中的不规则性（例如，反射障碍物），现场周围任何点的声级在 24h 内都会有相当大的变化。因此，声级测量应随着时间开展，如上述讨论的背景噪声测量。

18.5.11　可听噪声限值规范

18.5.11.1　概述

本书的"19 FACTS 装置采购及功能规范"一章给出了关于 FACTS 装置技术规范的指导。技术规范通常包含 FACTS 装置应满足的可听噪声限制。

在将技术规范加入可听噪声设计要求的具体内容之前,应首先明确界定业主和承包商之间的责任界限。在这方面,有两种极端的方法:

(1) 业主确定声学环境、通过计算需满足的声级限制、计算方法以及所有要考虑的参数。然后,承包商根据这些信息开展研究和可听噪声设计,并有责任向业主证明所提出的设计符合所有规范要求及满足业主要求。在运行条件下,FACTS 装置不按照当地要求或法规要求执行可听噪声所产生的风险主要由业主承担。

(2) 另一种极端是,业主仅规定应遵守的适用法规,即不得存在可听噪声问题。业主也可指定现场测试以确认未超过适用限值。这种情况下大部分风险由承包商承担,但有必要确保潜在承包商充分理解适用法规,并已开展和提供必要的已有可听噪声测量结果和相关可听噪声报告。

实际上,大多数技术规范采用的方法介于这两个极端之间。该决定将取决于每个独立业主的策略以及业主可用的信息和资源。业主应意识到,如果承包商必须承担风险,就对定价产生相应的影响。

强烈建议业主在早期阶段仔细考虑风险问题并决定其方法。然后,应在技术规范中明确界定责任和交付的界限。不清晰、明确地界定责任以确保规范的详细要求符合责任的一般定义,会产生合同冲突、合同推迟和可能不满足可听噪声性能所带来的风险。

最重要的是,规范必须可以判断可听噪声的性能是否满足如下的标准要求:

(1) 通过使用指定数据计算性能要求的方式进行演示;

(2) 调试完成后,进行现场测量;

(3) 上述方法二者结合。

通过计算进行论证可确保考虑到最恶劣的情况,但容易受到错误的数据以及有缺陷或计算方法不足的影响。

现场测量可视为正确设计的确凿证据,但在已设计的电站的最苛刻环境条件下进行测量可能会有困难。此外,在 FACTS 装置断电的情况下,必须通过测量背景可听噪声来考虑背景噪声的影响。通过测量进行论证需要 FACTS 装置已搭建完成,但是回溯性降低噪声水平变得更加困难。因此,结合计算和实地测量进行论证,业主可以最大程度地保证可听噪声性能符合要求。

18.5.11.2　业主提供的信息

根据上述的责任范围,一些调查和测量可能需要由业主在发布技术规范之前就开展,或者这也可能是承包商的责任。这些调查/测量通常包含:

(1) 确定适用的法规。

(2) 获取周围景观当前及未来的规划。

(3) 确定噪声敏感位置。

(4) 在足够长的时间内测量所有适用位置的背景可听噪声水平,以代表环境。

（5）确定在何种精确条件下，可听噪声要求应符合运行条件，例如，其正常运行条件。某些情况下，在短时间内，例如过载或紧急情况下，可允许较高的可听噪声级。

技术规范中应明确承包商要求的扩展研究、出厂测试和现场验证。通常需要最低限度的研究和验证，以确保满足可听噪声要求。这些研究和验证包括：

（1）全面的声级预测；

（2）单个噪声源声音的计算或测量；

（3）FACTS 装置调试后的现场验证。

18.5.11.3 投标人和承包商提供的技术数据

在 FACTS 装置的投标阶段，投标人通常需要向业主提供有关其所提出设计方案的技术数据。业主使用该数据对所提设计进行技术性鉴定，并对竞争投标人进行比较。技术规范应明确规定投标人在合同期间将提供哪些技术数据；否则，不同投标人提供的信息有可能无法显示设计中可能存在的缺陷，或者无法进行公平比较。应特别注意以下方面：

（1）可听噪声的计算方法和假设；

（2）使用的计算软件和适用算法；

（3）计算中假设的每个主要声源的声功率水平；

（4）提出的现场验证方法。

中标后的项目设计和采购阶段，承包商通常会编制技术研究报告和其他文件，文件涵盖可听噪声设计的各个方面。技术规范（或业主和承包商之间协议的另一部分）应明确说明这些是否需要业主批准，如果需要，应制定适当的程序，以便业主有时间在计划的项目时间表内检查这些材料、后续可能的修改及批准。

18.6 电场和磁场

功率主电路中的高电压和高电流也会产生电场和磁场，需要从健康和安全的角度加以考虑。所有的交变电场和磁场都会在导电物体包括生物体中感应电流。由于暴露于生物体内的感应电流可能会产生短期或长期的健康或安全影响，因此暴露水平必须控制在安装 FACTS 装置的国家采取的指南或限值以下。

FACTS 装置现场和 FACTS 装置外部的电场和磁场限制分别需要根据以下因素考虑：

（1）一般公众暴露限值；

（2）职业暴露限值，其与在 FACTS 装置处工作的人员相关。

除了靠近大型空芯电抗器，磁场的公共参考值和职业参考值都远高于 FACTS 装置中的典型磁场，因此，很可能只需考虑大型电抗器附近的磁场。

《国际非电离辐射防护委员会（ICNIRP）导则》（ICNIRP Guidelines 2010）给出了交流系统的电场和磁场参考水平。给出了两组参考水平，一组涉及"一般公众暴露"，另一组涉及"职业暴露（电力公用事业从业者）"。一般公众暴露参考水平低于职业暴露水平，电场为 2 倍，磁场为 5 倍。许多地区或国家法规基于或可能使用类似于国际非电离辐射防护委员会规定的水平限值，但有些可能采用更严格的水平。

表 18-3 列出了国际非电离辐射防护委员会和 IEEE 的电场与磁场限值，以及世界其他几个地方的限值。

表 18–3   工频（50Hz 或 60Hz）电磁场限值和推荐值

原产国/地	标准/文档	适用于	磁场强度限值（μT）	电场强度限值（kV/m）	测定结果
国际非电离辐射防护委员会	2010	一般公众暴露 职业暴露	200 1000	5 10	—
IEEE	C95.6—2002（2007 年再次确认）	一般公众暴露 职业暴露	904 2710	5 20	
欧洲	欧盟理事会	一般公众暴露 职业暴露	100 500	5 10	
阿根廷	Res. SE 77/1998	一般公众暴露 职业暴露	25 1200	3 25	
巴西	ANEEL RS 编号：398/2010	一般公众暴露 职业暴露	200 1000	5（4.17） 10（8.33）	电场限值为50Hz（60Hz）
英国	NRBP 第 15 卷，编号：2/2004	一般公众暴露 职业暴露	100 500	5 10	

对导体等物体施加电压时，导体带电且周围环绕电场。测量电场的单位通常有伏/米（V/m）或千伏/米（kV/m）。

架空线路附近的地平面电场主要取决于线路电压和到线路的距离。导体对地距离和导体分布情况是对电场产生影响的重要因素。同样，导体的尺寸和类型（单个或成束）可能会影响地平面的电场，对金属或地面或高压层的其他导电结构亦有影响。对于双回路或多回路线路，每个回路三相的相对排列方式很重要，尤其是在涉及最大场强值时。由于地面是良好的电导体，地面电场垂直于地面，因此接近地面处通常是垂直方向（Nolasko et al. 2014）。

当电流沿直线流动时，磁力线是以电线为中心的圆。场强与电流大小成正比，与电线距离成反比。如果电流（A）除以距离（m）的 2π 倍，则场强表示为安培每米（A/m）。但是，磁场通常用名为磁通密度的量来表示，单位用特斯拉（T）表示。由于特斯拉是一个非常大的单位，所以在表示限值时通常使用的是微特斯拉（μT）。

架空输电线路的磁场应在地面以上 1m 的横断面测量。

对于变电站，例如 FACTS 装置，与公众暴露相关的磁场在变电站周边地面以上 1m 测量。应记录与方向无关的最大值。

FACTS 装置的设计师应确保电场和磁场在允许的范围以内，具体视公众和电站工作人员而定。如果无法将场强保持在合理范围内，则必须限制出入受影响的区域。通常，在布局图上会标示出最大电场和最大磁场水平，这样就可以隔离或避开高场强区。

一些 FACTS 装置中使用的大型空芯电抗器可能具有很强的磁场。应在 FACTS 装置站内开展测量，站内的工作人员可能在大型电抗器附近作业，例如，用于晶闸管控制的电抗器（TCR）。应提供围栏和/或屏障，以确保人员不会暴露在超出职业限制的水平。

18.7 电磁发射与兼容性限值

电磁兼容性（EMC）是指电子或电气产品应在其环境中按照预期工作，且电子或电气产品不应产生电磁干扰，因为电磁干扰可能会影响环境中的其他产品。

FACTS 装置利用电流或电压的快速开断来实现其预期功能。除非设计中采取了适当的应对措施，否则这种快速开断会产生电磁噪声，可能会对附近的交流电网中的电子设备造成干扰。电磁噪声可沿系统连接点的金属互连部分进行传导或辐射。

同样，系统中存在的其他干扰源要求 FACTS 装置必须能够承受最低水平的电磁噪声，同时 FACTS 装置又能继续正常运行，且无错误操作或故障。

FACTS 装置可能会在较宽的频率范围内产生干扰，并且反过来又会受到干扰，这些干扰涵盖了从低于电源频率到超过 1GHz 的较宽频率范围。该频率范围可细分为不同的频带，这些频带可根据表 18-4 中列出的特定频带典型用途表征出来。

表 18-4　　　　　　　　　　　频 谱 表 征 通 用 术 语

频带	频率范围
次同步频率范围	直流至 50Hz 或 60Hz
工频	50Hz 或 60Hz
可听频率范围	61～5kHz
电力线载波频率范围	30～500kHz（北美） 30～95kHz（欧洲）
AM 无线电频率范围	525～1710kHz
短波无线电	3～30MHz
电视频率范围（甚高频和超高频）	54～694MHz
FM 无线电频率范围	88～120MHz
全球定位系统卫星（美国） 伽利略卫星（欧洲）	1.227GHz 和 1.575 4GHz 1.575 42、1.117 645、1.207 14、1.278 75GHz

公用事业公司和/或电力系统运营商有责任确保整个系统及与之连接设备的电磁兼容性（EMC）。就此而言，必须将兼容性水平视为与电网连接设备的发射和抗扰度协调的参考值。

由于电力系统中设备较多，所以每台设备的兼容性水平需要在统计的基础上考虑，一般采用的原则是：所采用的抗扰度水平在时间及空间上均不会被超过的概率为 95% 或 99%。

所采用的兼容性水平与设备抗扰度之间的关系如图 18-1 所示。注意，规划水平是根据系统中多个来源影响的总和来预期的一种水平，通常高于各单个设备的发射水平，而单个设备的抗扰度水平可能在预期系统扰动水平的 95%（兼容电平）以上进行测试。

给定 FACTS 装置的性能取决于其对电磁发射的限制，无论其是传导还是辐射，也取决于 FACTS 装置在系统中可能存在电磁干扰和/或低频干扰源的情况下对误操作的抗扰度。

18.7.1　电磁干扰（EMI）

电磁干扰［EMI，在无线电频谱中也称为射频干扰（RFI）］是电磁兼容性中应对辐射干扰的一个方面。电磁干扰是由外部源产生的扰动，通过电磁感应、静电耦合或传导信号影响通信电路或控制系统。无论是人造电源还是自然电源，都可能产生变化的电流和电压，从而引起电磁干扰。包括连续波干扰、单脉冲或一连串脉冲。

脉冲电磁干扰可能由切换操作引起，也可能由雷电浪涌、附近的无线电或雷达站、移动电话系统等外部因素产生。这种扰动可能会降低电气设备的性能，甚至造成电气设备停运。

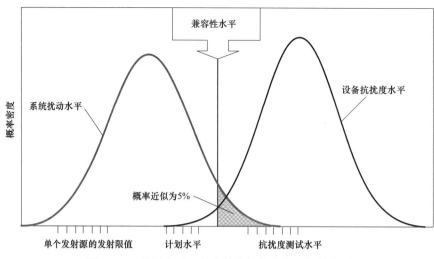

图 18-1　发射水平、兼容性和抗扰度水平间的关系

FACTS 装置中电流和电压的高频开断会导致产生可能需要加以限制的电磁干扰。FACTS 装置附近的换流阀和换流器的电磁干扰水平很高。安装于 FACTS 装置阀上的控制保护电路进行特殊设计，用于实现抗干扰，以便其在这些高干扰水平下能正常运行。通过对换流阀、换流器外壳以及外壳和其他 FACTS 装置之间的电气连接设计，使得大部分电磁干扰限制在换流器外壳中。要实现此功能，可以通过将阀外壳设计为法拉第笼❶，并在与外部设备的金属连接中加入高频阻塞滤波器，或者合理地保护敏感设备以免受辐射和传导噪声的影响。

如有必要，可在 FACTS 装置的设计中增加高频阻塞滤波器，以将电站发出的电磁干扰水平限制在可接受的水平，即 FACTS 装置附近的其他设备不会出现误动作（IEEE C37.90.1—2012）。

交流变电站内的瞬态电磁干扰水平可能很大，例如在高压隔离开关运行过程中（Wiggins and Nilsson 1994）。因此，即使在变电站内发生此类极端事件，站内所有控制和保护设备也必须设计得能可靠运行。

美国最近对基于多电平 IGBT 的换流器 100kHz～960MHz 的辐射电磁干扰进行的现场测量表明，在 STATCOM 的某些设计中可以省略电磁干扰滤波器。但是，应评估每一项设计，同时在关键现场位置，即辐射水平有可能对当地工业或住宅公用事业客户造成干扰处，预留出电磁干扰/射频干扰滤波器的空间（EPRI TR-102006 1993）。

18.7.1.1　无线电与电视干扰（RI）

无线电干扰是指由于无线电频谱内不必要的扰动而对无线电信号接收产生的任何影响。

电力系统中常见的无线电与电视干扰来源有：

（1）电晕；

（2）沿绝缘体放电；

（3）接触不良时产生火花。

干扰的特征是不同的频谱、不同的传播模式（沿导体引导或辐射），以及因环境条件变

---

❶ 法拉第笼是围绕设备的接地金属屏蔽，以消除或抑制静电和电磁影响。

化而产生的不同统计变化（CIGRE TB 074 1993；CISPR TR 18-1 2017；CISPR TR 18-2 2017；CISPR TR 18-3 2017）。

无线电干扰（RI）主要是调幅系统（AM 无线电和电视视频信号）的问题，因为其他形式的调制❶受扰动的影响通常要小得多（CIGRE TB 074 1993）。电视干扰属于无线电干扰的一种特殊情况，干扰影响着电视广播的频率范围。

FACTS 装置的设计需要考虑引起无线电干扰的可能性。避免无线电干扰的设计措施可能包括换流阀室的屏蔽及采用特殊无线电干扰滤波器。一般来说，规定 FACTS 装置不应干扰任何现有的无线电、电视或通信媒体。由于大多数 FACTS 装置在 1GHz 以上的频率下输出较低，因此对 GPS 信号直接干扰的可能性非常低，但对使用甚高频无线电信号的导航系统中的地面增强功能可能有会产生一定的干扰。

在设计高压配电装置、变电站以及 FACTS 装置和电网的连接线路时，也必须考虑到无线电干扰方面的问题。关于此类影响的详细讨论和计算指南，请参见 CIGRE TB 061（CIGRE TB 061 1997）。

应注意的是，很难模拟电晕和其他放电，所以从实际装置或实验室测得的无线电干扰应视为合规性的充分证明。欲了解更多信息，用户可参考 IEC 61000-6 等的电磁兼容性标准。

18.7.1.2　电力线载波干扰

公用事业公司的电力线载波（PLC）通信设施可用于欧洲 30～95kHz 或北美 30～500kHz 范围内的保护系统通信。当电力线载波系统位于 FACTS 装置附近时，如果 FACTS 装置在该频率范围内发出足够高的传导噪声，则它们在某些情况下可能会受到干扰。电力线载波的频率发射由电力电子设备的快速开关瞬态引起，这种瞬态会引起一连串的脉冲噪声。FACTS 装置传统上与电力线载波干扰无关，因为 FACTS 装置切换产生的脉冲噪声相对适中。但趋势是使用更快的切换设备，尤其在较低电压下 FACTS 装置通过无变压器连接到系统。尽管基于模块化多电平电压源换流器系统存在降低干扰的趋势，但上述两种因素都可能预示着在电力线载波频率范围内干扰水平的增加，如图 18-2 所示。

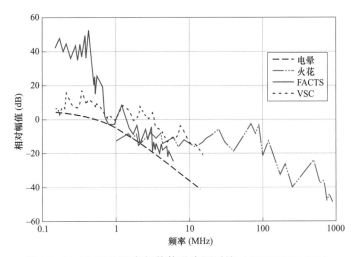

图 18-2　FACTS 噪声与其他噪声源对比（CIGRE TB 391）

---

❶ 用于甚高频（VHF）无线电广播和电视音频信号的频率调制。

根据图 18-2 所示的潜在干扰水平，需要考虑来自 FACTS 装置电力线载波干扰的可能性，如有必要，应实施缓解措施。减轻这种干扰的措施可包括：

（1）安装电力线载波频率阻断或衰减滤波器，以避免将干扰信号从 FACTS 装置传输到交流系统。用于降低这些高次谐波的滤波器通常很小，不会对电网产生显著的容性无功功率。

（2）将电力线载波通信链路的频率更改为对 FACTS 装置的干扰影响较低的不同值。

（3）用光纤通信等抗干扰设施取代电力线载波通信设施。

在明确 FACTS 装置时，业主应编制一份所采用 FACTS 装置的一条或两条总线内的电力线载波通信设施清单，包括频率、发射和接收功率水平、所需信噪比、阻塞陷阱位置和阻抗特性。FACTS 装置的设计师将使用该信息以及 FACTS 装置在电力线载波频率范围内的已知输出功率，从而来确定是否需要电力线载波频率滤波器或其他缓解措施，以确保通信不中断。

18.7.2 电磁（EMC）兼容性

FACTS 装置规范通常包含具体要求，FACTS 装置的设计必须符合发射（电磁干扰）方面的要求，以及在其电力系统环境中正确运行的要求，该环境包括已预先存在的电磁干扰信号水平。

标准 IEC 61000-6-5：2017 讨论了电源和变电站设备的抗扰度水平，这将适用于安装在这种环境下的 FACTS 装置。作为一个整体，FACTS 装置明显比单个变电站设备更复杂，且通常具有特殊或独特的设计，其中发射和/或抗扰度要求须通过工程实践而不是综合测试来确定。尽管构成 FACTS 装置的各个子系统可能受到适用标准中规定的限制或可能有法定限制，但整个 FACTS 装置的最终性能也必须满足用户指定的抗扰度水平和发射标准。

整个 FACTS 装置是否满足抗扰度要求可能难以测试。因此，允许制造商使用测试、计算、仿真或这些技术的组合来证明合规性，证明电源电路符合所需的验收标准，并且不会超过输入电路（滤波器等）的额定值。

标准 IEC 61000-2-1：2018、IEC 61000-2-2：2018 和 IEC 61000-3-3：2013 是通用标准，分别规定了欧洲电力系统出现的不同类型的干扰和低压公共（LV）电网的相关兼容性水平。这些标准本质上是通用的，并非专门或单独适用于 FACTS 装置。

在 FACTS 装置的电源侧和输入信号侧，有许多现有的行业标准适用于子部件，如充电器、电源、输入/输出装置、机柜和机柜屏蔽等。因此，在输入侧，用户通常可以安全地使用输入和发射噪声的兼容性假设，除非装置因不良操作而受到影响，特别是在输入滤波、电缆屏蔽、接地、连接以及使用双绞线布线（如适用）方面。表 18-5 列出了可能影响 FACTS 装置的输入干扰类型。

表 18-5 可能影响 FACTS 装置输入的干扰类型

干扰类型	典型干扰源	测试标准
静电放电（ESD）	人体静电积聚	IEC 61000-4-2
辐射电场	广播台、手机	IEC 61000-4-3、IEEE C37.90.2

干扰类型	典型干扰源	测试标准
电快速瞬变脉冲群	电力线开关瞬态	IEC 61000－4－4 IEEE C37.90.1—2002
浪涌	雷电感应电力线瞬态	IEC 61000－4－5、 IEEE C62.41.2 IEEE C37.90.1—2002
射频共模电压	低频无线电台	IEC 61000－4－6
电力线磁场	附近电力线导线	IEC 61000－4－8
电力线倾斜和变化	电力线负载变化和开关	IEC 61000－4－11 IEC 61000－4－15：2017
环形波	电力线开关和雷电感应瞬态	IEC 61000－4－12、 IEEE C62.41.2

在 FACTS 装置的输出端，即与交流系统的公共耦合点，根据适用于一般工业设备的标准，FACTS 装置完全兼容的假设可能不成立，因为：

（1）很少有适用于特定类型 FACTS 装置的产品标准。但有一个值得注意的例外情况，即可调速电力驱动系统产品标准 IEC 61800－3：2004，该标准可能适用于可使用该技术的 STATCOM 装置。

（2）用户通常可能希望为 FACTS 装置指定比配电级或工业级设备更高的性能要求，因为 FACTS 装置的用途可能是在极端紧急情况下支持系统，因此在最需要时不应跳闸。典型的高水平性能要求是，安装在大容量输电系统上的 FACTS 装置在发电机可继续运行的任何情况下都不应跳闸。因此，这就需要明确 FACTS 装置至少在短期内，对以下方面的要求很高：

1）低电压穿越；

2）电压暂降耐受能力（CIGRE TB 412 2010）；

3）高压耐受能力；

4）扰动时的大电流运行；

5）高电压不平衡下运行；

6）与高次谐波的兼容性；

7）高可靠性；

8）在降容模式下运行的能力；

9）规划研究中确定的其他要求。

如果系统要求并不显著高于上述正常系统要求，且没有针对特定 FACTS 装置的产品专用标准，用户可参考通用标准或相关行业标准的适用部分来规定 FACTS 装置的兼容性和抗干扰性。表 18－6 列出了测试和测量许多潜在干扰信号的基本 IEC 抗扰度标准。适用于继电器电磁兼容测试的 IEEE 标准有：IEEE C37.90.1—2012、IEEE C37.90.2—2004、IEEE C37.90.3—2001 和 IEEE 1613—2009。

表 18-6　　　　　　　　　　　电磁兼容性抗扰度测试和测量基本标准

序号	电磁兼容性现象	IEC 标准
1	静电放电（ESD）	IEC 61000-4-2 IEEE C37.90.3—2001
2	射频电磁场	IEC 61000-4-3 IEEE/ANSI C63.4—2014
3	电气快速瞬变/脉冲	IEC 61000-4-4 IEEE C37.90.1—2002
4	浪涌	IEC 61000-4-5 IEEE C37.90.1—2002 IEEE C62.45—2002
5	传导高频扰动	IEC 61000-4-6 IEEE C37.90.1—2002
6	工频磁场	IEC 61000-4-8
7	脉冲磁场	IEC 61000-4-9
8	阻尼振荡磁场	IEC 61000-4-10
9	电压变化、暂降和中断	IEC 61000-4-11
10	振荡波	IEC 61000-4-12
11	谐波与间谐波，包括交流电源端口的主电源信号、低频抗扰度测试	IEC 61000-4-13
12	电压波动	IEC 61000-4-14
13	传导低频扰动	IEC 61000-4-16
14	直流输入电源端口的波纹	IEC 61000-4-17
15	不平衡	IEC 61000-4-27
16	工频变化	IEC 61000-4-28
17	直流电源端口上的电压变化和暂降	IEC 61000-4-29

但读者要注意，不同的兼容性水平或抗扰度限值可能适用于世界不同地区。美国辐射干扰的兼容性/抗扰度限值由联邦通信委员会（FCC）管辖，设备意外辐射的限值和相应的测量距离由联邦法规第 47 编第 15 章 B 节管辖。加拿大也有一个类似机构，称为加拿大工业部（IC）。

电磁干扰限值的具体指导是正在进行技术讨论的领域。CIGRE TB 391 2009 中有详尽的讨论，不同电压等级的变电站和设备推荐限值如图 18-3 所示。联邦通信委员会和 IEC 对高频发射的要求在一定程度上已协调一致，并通过了如图 18-3 所示的限值。该数值来源于 CIGRE TB 391 2009，与 IEC 62236-2：2018 通过的数值相似。

"CISPR 限值"❶的带宽应符合 CISPR 16 2019。但除了准峰值适用的 30MHz～1GHz 的频率范围之外，电平指的是峰值❷。带宽限值（BB 限值）曲线适用于数字通信保护，用

---

❶ 国际无线电干扰特别委员会（CISPR）成立于 1934 年，旨在制定控制电气和电子设备电磁干扰的标准，是国际电工委员会（IEC）的组成部分。CISPR 16 分为多个部分和子部分发表。有关其使用的指南可在 2015 年发布的 CISPR 指南"CISPR 标准用户指南"中找到。

❷ 关于峰值和准峰值这两个术语的定义，请参考相关标准。

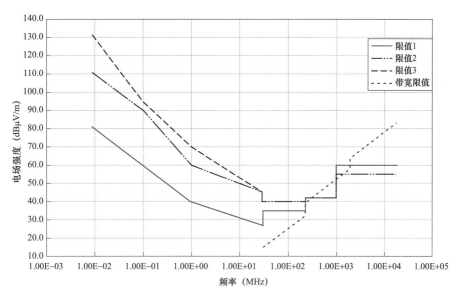

图 18-3　变电站和设备的电磁干扰发射限值（CIGRE TB 391 2009）

方均根值表示。线路三部分的带宽分别为带宽 1MHz、5MHz 和 20MHz。方均根值适用于带宽（BB）限值。其他则适用峰值。CIGRE TB 391 2009 提供了 FACTS 装置辐射的环境问题相关领域的附加参考和标准信息。

　　表 18-7 列出了变电站指南中建议的限值和测量距离。指南中也提供了相应的连接线对应表，但此处不再赘述。测量距离定义见表 18-7。考虑极限值与测量距离的差异，以反映影响的差异（电磁干扰限制的具体指南是正在开展技术讨论的一个领域，详尽的讨论可以参考 CIGRE TB 391 2009，图 18-3 给出了不同电压水平下电站和设备的推荐值。在某种程度上，高频发射的 FCC 和 UEC 要求必须得以协调，采取的限值见图 18-3 所示。该图来自 CIGRE TB 391 2009 且和 IEC 62236-2：2018 所采用的限值类似）。图 18-4 给出了 IEC 标准覆盖的频率范围内当前 IEC 发射量级限值，曲线族表示从发射源到校准接收位置的分离距离的影响。图 18-4 还说明了在 FACTS 装置和远程"潜在受影响方"之间包含缓冲区的积极影响。

表 18-7　　　　　　　　　　　变电站与设备的建议测量值和距离

电压等级	PE[a] 设备额定值	测量距离（m）	极限曲线		备注
			9kHz～30MHz	>30MHz[b]	
国内低压	国内≤1kVA	10	限值 1[c]	限值 1	IEC 61000-6-3 适用
行业低压	行业≤110kVA	30	限值 1[c]	限值 1	IEC 61000-6-4 CISPR 11 适用
2～30kV	0.11～1MVA	30	限值 1+10dB	限值 1	
31～100kV	1～7MVA	30	限值 2～5dB	限值 1	
101～170kV	8～40MVA	50	限值 2	限值 2	
171～250kV	41～200MVA	100	限值 2	限值 2	

续表

电压等级	PE[a]设备额定值	测量距离（m）	极限曲线		备注
			9kHz～30MHz	>30MHz[b]	
251～420kV	201～1000MVA	200	限值2	限值2	
421～620kV	1.0～1.5GVA	200	限值2	限值2	
621～800kV	6～25GVA	200	限值3	限值2	
801～1000kV	36～1000GVA	200	限值3	限值2	
1001～1200kV	>1000GVA	200	限值3	限值2	

[a]　电力电子设备，包括高压直流输电和FACTS。

[b]　当频率大于30MHz时，带宽方均根限值"带宽限值"也适用。

[c]　可能适用的暂定方案。

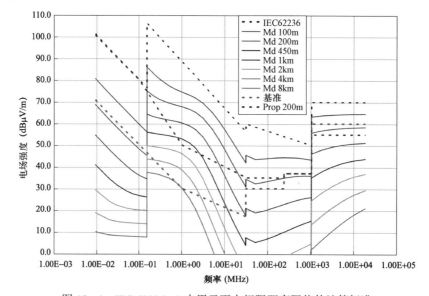

图18-4　IEC 62236-2中用于更大间隔距离限值的计算标准

　　FACTS装置的潜在干扰影响可能随频率变化而变化，并取决于图18-2所示的应用技术。在电力线载波频率范围内，非电压源换流器设备的输出可能很高，但在约700kHz后会迅速下降，降至低于正常线路和变电站部件电晕相关噪声级的约6dB以内。

　　在FACTS装置投入使用后，需测量其附近的电磁干扰水平以证明该水平可满足规定性能，且不会对附近其他设备造成干扰。图18-3中规定的限值通常适用于FACTS装置。IEEE/ANSI C63.4—2014描述了低压电气和电子设备的无线电噪声发射测量限值。

　　CIGRE TB 719 2018讨论了分布式发电的潜在影响以及未来电力系统中包括FACTS装置在内的电力电子设备的激增情况。

　　在美国和加拿大，表18-6中提到的其他电磁兼容现象的适用限值可能记录在IEEE标准中，而不是IEC标准中。在美国，与FACTS装置的电磁兼容性相关的许多限值与适用于其他电力电子设备的限值类似，例如与分布式发电相关的限值，可在IEEE标准1547（2018）中找到。

IEEE 标准 1547 也涵盖了有关安全性的要求。在欧洲和通常采用 IEC 标准的国家，IEC 62477-1：2016 和 EN 50178（1997）中有安全性的相关主题。地方或国家电气规范也可能对安全性做出规定，这些规范比上述标准中要求的限值更严格。由业主决定并明确其 FACTS 项目的最大限值或控制要求。

18.7.3 谐波与间谐波

谐波是正弦电压或电流分量，其频率是电力系统运行的工频（50Hz 或 60Hz）的整数倍。

不是电源工频频率整数倍的频率称为间谐波。间谐波可能由某些类型的装置产生，如脉宽调制逆变器，其工作的载波频率不是工频的整数倍。

工频电压或电流波形失真，称为谐波失真，发生在与系统相连的具有非线性特性的设备和负载的正常运行中。为减轻谐波和间谐波的不良影响，如发电机和电容器过热，限制输电线路的电力传输和通信系统干扰、列车控制系统等，通常采取设计措施来限制允许注入交流系统的谐波与间谐波水平。

设备使用开关换流器技术，如 FACTS 装置产生谐波。产生的谐波水平和次数取决于换流器的配置、设计及其运行方式。本章不会详细介绍谐波的产生，但是读者可阅读本书中的"第 3 部分 FACTS 装置技术"获得部分相关信息。该节包括关于"6 静止无功补偿器（SVC）技术"、"7 静止同步补偿器（STATCOM）技术"、"8 晶闸管控制串联电容器（TCSC）技术"和"9 统一潮流控制器（UPFC）及其潜在的变化方案"等相关章节。更多详细信息，请参见本书中的"17 FACTS 规划研究"和"20 FACTS 装置集成与设计研究"章节。

使用晶闸管阀的 FACTS 装置产生的谐波为电流谐波，特征谐波会在双绕组变压器连接中产生 $6n\pm1$ 乘以工频的谐波和在三绕组变压器连接中产生 $12n\pm1$ 乘以的工频的谐波。在 50Hz 系统中，使用双绕组变压器，特征谐波将为 250、350、550、650Hz 等。详见"6 静止无功补偿器（SVC）技术"章节。静止无功补偿器通常使用并联滤波器来限制产生谐波。

由于 TCSC 不使用变压器，所以 TCSC 将产生工频的所有奇次谐波，当线路电流平衡时，三次谐波为零序（Larsen et al. 1994）。请参阅"8 晶闸管控制串联电容器（TCSC）技术"一章。通常，TCSC 产生的谐波低于必须使用滤波器时的谐波水平，因为 TCSC 串联在线路中，具有高电压和一般较低的工频电流，相应地，降低了注入线路的谐波电流幅值。

在 STATCOM、UPFC 和 SSSC 中使用的电压源换流器产生并注入交流电力系统的谐波为电压谐波。降低换流器输出电压中谐波的技术包括使用专用变压器以实现谐波降低的谐波消除法，脉宽调制法（PWM），以及使用模块化多电平换流器（MMC），该换流器提供单个构建模块输出波形的组合。详见"7 静止同步补偿器（STATCOM）技术"和"9 统一潮流控制器（UPFC）及其潜在的变化方案"章节。

与谐波相关的问题分为两大类：

（1）谐波电流由换流器和其他谐波源注入供电系统，这些谐波电流会造成系统损耗。谐波电流和其产生的电压均可视为传导现象。供电系统中的谐波电压应限制在不会对敏感设备产生不利影响的水平。从 FACTS 装置的角度看，谐波电压由注入阻抗的谐波电流产生，而谐波电流将取决于谐波频率和交流电网的配置，当线路、负载和发电机接入或者退出电网时，谐波电流会发生变化。因此，进行研究时需要考虑不断变化的系统阻抗，还要表明注入系统的谐波电流是否需要限制，通常采用的方法是在 FACTS 装置与交流电网的连接处安装滤波器。

（2）50Hz～5kHz 频率范围内的谐波电流可能会引起通信系统的干扰。由于电路之间的耦合增加，以及在可听范围内通信电路的灵敏度较高（通带为 300Hz～4kHz），所以高次谐波频率下的干扰现象更为明显。

电网允许的谐波畸变通常由系统运营商根据国际标准或相关电网规范测定。

FACTS 装置允许增加的谐波水平的程度通常取决于现有的谐波畸变水平，并且通常是现有水平和电网规范中规定的最大允许畸变水平之间的一小部分。

还可纳入电话谐波因数（THF）或电话谐波波形因数（THFF）限制，以确保相邻有线通信线路不受不利的影响。这是基于注入交流电网的谐波电流，而不是基于 PCC 的谐波电压（CIGRE TB 139 1999）。

承包商在设计 FACTS 装置时需开展谐波研究以确定谐波影响。必要时，设计出合适的交流滤波器，以满足特定次数的谐波限制。此类研究将使用技术规范中已有的交流电网谐波阻抗和 FACTS 装置注入的谐波电流或电压作为输入。

应将研究结果提供给业主，通常还应提供给输电系统运营商以供其批准。调试期间及调试后，通常由业主或承包商进行谐波测量，以证明实际谐波性能满足各种运行条件下的明确要求。可参考当地电网规范 IEEE 519—2014 或 IEC 61000-3-2，获取关于适用限制的指南。

"17 FACTS 规划研究"和"20 FACTS 装置集成与设计研究"章节分别描述了应在规范制定之前和合同签订之后开展的谐波研究。

18.8　书内参考章节

19　FACTS 装置采购及功能规范

7　静止同步补偿器（STATCOM）技术

6　静止无功补偿器（SVC）技术

9　统一潮流控制器（UPFC）及其潜在的变化方案

8　晶闸管控制串联电容器（TCSC）技术

参考文献

CIGRE TB 061: Interferences Produced by Corona Effect of Electric Systems (Description of Phenomena and Practical Guide for Calculation) Addendum to CIGRE Document No. 20, 1997.

CIGRE TB 074: Electric Power Transmission and the Environment: Fields, Noise and Interference, CIGRE. Working Group 36.01 (Corona and Field Effects), 1993.

CIGRE TB 139: Guide to the Specification and Design Evaluation of Ac Filters for Facts Controllers, 1999.

CIGRE TB 147: High Voltage Overhead Lines. Environmental Concerns, Procedures, Impacts and Mitigations, 1999.

CIGRE TB 202: HVDC Stations Audible Noise, 2002.

CIGRE TB 221: Improving the impact of existing substations on the environment, 2003.

CIGRE TB 274: Consultation models for overhead line projects, 2005.

CIGRE TB 391: Guide for Measurement of Radio Frequency Interference from HV and MV Substations, 2009.

CIGRE TB 412: Voltage Dip Immunity of Equipment and Installations, 2010.

CIGRE TB 508: HVDC Environmental Planning Guidelines, 2012.

CIGRE TB 548: Stakeholder Engagement Strategies in Sustainable Development – Electricity, Industry Overview, 2013.

CIGRE TB 649: Guidelines for Life Extension of Existing HVDC Systems, 2016.

CIGRE TB 719: Power Quality and EMC Issues with Future Electricity Networks, 2018.

CIGRE TB 748: Environmental Issues of High Voltage Transmission Lines in Urban and Rural Areas, 2018.

CISPR Guide: Guidance for users of CISPR Standards, 2015.

CISPR 11. Edition 5.1 INTERNATIONAL. STANDARD. NORME. INTERNATIONALE. Industrial, scientific and medical equipment – Radio – frequency disturbance characteristics – Limits and methods of measurement, 2010 – 05.

CISPR 16"Specification for radio frequency disturbance measuring apparatus and methods, (16 documents), 2019".

CISPR 16 – 1 – 1: Specification for radio disturbance and immunity measuring apparatus and methods – Part 1 – 1: Radio disturbance and immunity measuring apparatus – Measuring apparatus, 2019.

CISPR TR 18 – 1 Radio interference characteristics of overhead power lines and high – voltage equipment. Part 1: Description of phenomena, 2017.

CISPR TR 18 – 2 Radio interference characteristics of overhead power lines and high – voltage equipment. Part 2: Methods of measurement and procedure for determining limits, 2017.

CISPR TR 18 – 3 Radio interference characteristics of overhead power lines and high voltage equipment. Part 3: Code of practice for minimizing the generation of radio noise, 2017.

EPRI TR – 102006: Electromagnetic Transients in Substations, Volume 2: Models, Validations and Simulations, 1993.

EN 50178: Electronic equipment for use in power installations, 1997.

ICNIRP: Guidelines for limiting exposure to time varying electric and magnetic fields (1 Hz – 100 kHz). Health Phys. 99 (6), 818 – 836 (2010).

IEC 60076 – 10: 2016 Power transformers – Part 10: Determination of sound levels. Application guide.

IEC 61000 – 2 – 2: Electromagnetic compatibility (EMC) – Part 2 – 2: Environment – compatibility levels for low-frequency conducted disturbances and signalling in public low-voltage power supply systems, 2002 + AMD1: 2017 + AMD2: 2018.

IEC 61000 – 3 – 2: Electromagnetic compatibility (EMC) – Part 3 – 2: Limits – limits for harmonic current emissions (equipment input current 16 A per phase), 2018.

IEC 61000−3−3: Electromagnetic compatibility (EMC)−Part 3−3: Limits−limitation of voltage changes, voltage fluctuations and flicker in public low−voltage supply systems, for equipment with rated current 16 A per phase and not subject to conditional connection, 2013.

IEC 61000−4−15: Testing and Measurement Techniques−Flickermeter Functional and Design Specifications Basic EMC Publication, 2017.

IEC 61000−6−5: Electromagnetic compatibility (EMC)−Part 6−5: Generic standards−Immunity for power station and substation environments, 2015/COR1: 2017.

IEC 61672−1: Electroacoustics−Sound Level Meters−Part 1: Specifications IEC TR 61000−2−1.

Electromagnetic Compatibility (EMC)−Part 2: Environment−Section 1: Description of the Environment−Electromagnetic Environment for Low-Frequency Conducted Disturbances and Signalling in Public Power Supply Systems, 2013.

IEC 61800−3: Adjustable Speed Electrical Power Drive Systems−Part 3: EMC Requirements and Specific Test Methods, 2004.

IEC 62236−2: Railway applications−Electromagnetic compatibility−Part 2: Emission of the whole railway system to the outside world, 2018.

IEC 62477−1: Consolidated version Safety requirements for power electronic converter systems and equipment−Part 1: General, 2012+AMD1: 2016.

IEEE 1547: Standard for Interconnection and Interoperability of Distributed Energy Resources with Associated Electric Power Systems Interfaces, 2018.

IEEE 1613−2009: IEEE Standard Environmental and Testing Requirements for Communications Networking Devices Installed in Electric Power Substations.

IEEE 519: IEEE Recommended Practice and Requirements for Harmonic Control in Electric Power Systems, 2014.

IEEE 656: IEEE Standard for the Measurement of Audible Noise from Overhead Transmission Lines, 2018.

IEEE C37.90.1: IEEE Standard for Surge Withstand Capability (SWC) Tests for Relays and Relay Systems Associated with Electric Power Apparatus, 2012.

IEEE C37.90.2−2004: IEEE Standard for Withstand Capability of Relay Systems to Radiated Electromagnetic Interference from Transceivers.

IEEE C37.90.3−2001: IEEE Standard Electrostatic Discharge Tests for Protective Relays.

IEEE C57.12.00: IEEE Standard for General Requirements for Liquid-Immersed Distribution, Power, and Regulating Transformers, 2015.

IEEE C57.136: IEEE Guide for Sound Level Abatement and Determination for Liquid-Immersed Power Transformers and Shunt Reactors Rated Over 500 kVA, 2000.

IEEE C95.6 (2007) : Safety Levels with Respect to Human Exposure to Electromagnetic Fields, 0−3 kHz, 2002.

IEEE/ANSI C63.4−2014: American National Standard for Methods of Measurement of RadioNoise Emissions from Low-Voltage Electrical and Electronic Equipment in the Range of

9 kHz to 40 GHz.

ISO 1996－1: Acoustics－Description, Measurement and Assessment of Environmental Noise－Part 1: Basic Quantities and Assessment Procedures, 2016.

ISO 1996－2: Acoustics－Description, measurement and assessment of environmental noise－Part 2: Determination of sound pressure levels, 2017.

ISO 3746: Acoustics－Determination of Sound Power Levels and Sound Energy Levels of Noise Sources Using Sound Pressure－Survey Method Using an Enveloping Measurement Surface over a Reflecting Plane, 2010.

ISO 9614－2: Acoustics－Determination of Sound Power Levels of Noise Sources Using Sound Intensity－Part 2: Measurement by Scanning, 1996.

Larsen, E.V., Clark, K., Miske Jr., S.A., Urbanek, J.: Characteristics and rating considerations of Thyristor controlled series compensation. IEEE Trans Power Delivery. 9 (2), 992 (1994).

Nolasko, J.F., Jiardini, J.A., Riberiro, E.: Electrical design. In: CIGRE Green Book on Overhead Lines. CIGRE, Paris (2014). Originally published by Cigre under ISBN 978-2-85873-284-5. Republished by Springer.

Wiggins, C., Nilsson, S.L.: Comparison of interference from switching, lightning and fault events in high voltage substations. CIGRE Paper 36－202, Aug 1994.

Bjarne Andersen，Andersen 电力电子解决方案有限公司董事兼所有人（2003 年）。成为独立咨询顾问之前，在 GE 公司工作了 36 年，最后任职工程总监。参与了首台链式 STATCOM 和移动式 SVC 的研发工作。参与常规和柔性高压直流输电项目的各阶段工作，有丰富经验。作为顾问，参与了包括卡普里维直流输电工程在内的多个国际高压直流输电项目。卡普里维工程是第一个使用架空线的商业化柔性直流输电项目，允许多个供应商接入，并实现多端运行。2008 年至 2014 年，任 CIGRE SC－14 主席，并在直流输电领域发起了多个工作组。是 CIGRE 荣誉会员，于 2012 年荣获 IEEE 电力与能源学会 Uno Lamm 直流输电奖项。

Bruno Bisewski，RBJ 工程公司电气工程师。1975 年获曼尼托巴大学电气工程学士学位。1976 年入职 Teshmont 咨询公司电力，任职时间长达 33 年，最高职位为副总裁。2008 年离职并创立了 RBJ 工程公司。

熟悉电力行业的项目管理、系统研究、规范设计、电气效应计算、设计审查、成本估算、设备测试、超高压交流及高压直流输电系统调试等方面。提供包括技术规范编制与审查、评标、系统研究、设计审查、设备测试见证、高压直流换流器设备和系统调试测试等在内的工程咨询服务，涉及了美国、加拿大、新西兰、马来西亚、泰国和中国等许多国家的众多高压直流输电项目。

Narinder Dhaliwal，1968 年获印度昌迪加尔邦旁遮普大学电气工程学士学位，1974 年获加拿大温尼伯曼尼托巴大学电气工程硕士学位。1974 年入职加拿大曼尼托巴的曼尼托巴水电公司，并担任系统研究工程师。

1979 年至 2015 年任纳尔逊河高压直流输电系统高级设备工程师，负责纳尔逊河 BP1 和 BP2 高压直流输电系统运维，负责高压直流输电系统各组件（控制装置、换流阀、阀基电子设备、直流控制、换流阀冷却等）调试。

现任 TransGrid 公司总工程师，负责技术规范编制、设计审查、出厂测试和调试等工作。

CIGRE 成员、AG B4.04 工作组召集人，加拿大曼尼托巴省注册专业工程师。

Mark Reynolds，POWER ENGINEERs 公司高级电气工程师，在交直流电力系统开发、设计、实施和营销方面具有丰富经验。研究内容包括无功补偿、FACTS、高压直流输电系统及其在 500kV 系统性能提升方面的应用。于邦尼维尔电力局任职 25 年，并在新型补偿系统开发应用方面发挥了重要作用，参与 FSC、TCSC、SVC 以及该局信息系统升级等项目。

近期任西门子公司顾问，负责开发营销最先进的交流补偿和高压直流输电系统，起草和发布了 IEEE 1303、IEEE 1031 等 SVC 系统规范制定和现场测试标准。积极参与 IEEE 和 CIGRE 工作组活动，并参与了美国 SVC、FSC 和 STATCOM 系统的现场调试。

FACTS 装置采购及功能规范

19

Ben Mehraban、Hubert Bilodeau、Bruno Bisewski、Thomas Magg

目次

Ben Mehraban (✉)
美国俄亥俄州哥伦布，美国电力公司
电子邮箱：bmehraban@aep.com

Hubert Bilodeau
加拿大魁北克省蒙特利尔，魁北克水电公司（已退休）
电子邮箱：hbilo@ieee.org

Bruno Bisewski
加拿大曼尼托巴温尼伯，RBJ 工程公司
电子邮箱：bisewski@rbjengineering.com

Thomas Magg
南非约翰内斯堡，Serala 电力咨询公司
电子邮箱：thomas.magg@seralapower.com

© 瑞士，Springer Nature AG 公司 2020 年版权所有

S. Nilsson，B. Andersen（编辑），柔性交流输电技术，CIGRE 绿皮书，https://doi.org/10.1007/978-3-319-71926-9_19-2

摘要

　　本章描述了 FACTS 装置的采购和技术规范。讨论了承包类型/商务条件、指定环境数据的功能规范、交流电网数据、功能性能要求、特殊设备要求、承包期间要进行的研究以及报价评估。

19.1　引言

　　本章旨在向指定并打算采购 FACTS 装置的公用事业规划人员、工程师和其他人员提供信息。本章讨论了规范形式、投标策略和承包策略以及评标方法。

　　最后，介绍了 FACTS 装置的功能技术规范编制。目标是强调明确规定的最低限度要求，以确保 FACTS 装置安全、高效及可靠运行，同时保持获得未来升级的能力。

19.2　投标和承包策略选择

19.2.1　规范形式

FACTS 装置设施的采购可使用相对详细的设计规范或基于外特性的功能规范来完成。这些变体在 CIGRE TB 663 2016 和 CIGRE TB 252 2004 中有所描述。

由于许多业主不具备编制 FACTS 装置详细设计规范的专业知识，因此基于"交钥匙"的功能规范在 FACTS 项目的采购中变得更为普遍。

业主需要确定变电站连接、功能特性和所需的可用性。此外还需要列出监管机构规定的适用并网标准和可靠性要求。

功能规范以规划阶段进行的技术研究为基础；参见本书"17 FACTS 规划研究"一章。这些研究将确定所需 FACTS 装置的额定值和特性。在完成规范之前，还将进行其他研究，以确定设计 FACTS 装置所需的数据，例如短路水平、过电压耐受能力、穿越能力要求、过载要求、谐波阻抗、背景谐波失真、响应和调节时间要求、超调量、环境要求、控制要求等。

投标人可根据具体规范提供优化的技术经济解决方案。

但规范的形式通常为功能要求和部分设计要求的组合。在一些电力公用事业公司或传输系统业主/运营商的 FACTS 装置项目中，可预计这种类型的规范，因为这些实体已确立设计实践和标准设备，因此更喜欢在系统中使用业主（买方）及其运维人员熟悉的组件。这种方法可以节省培训成本，也可以减少对常规备件的需求。

一些功能规范可能纳入了部分"常规"组件（如断路器和其他开关设备）的详细设计要求，但不包括 FACTS 装置本身。

业主在使用"功能规范"时，会更加依赖投标人提供具体的技术解决方案。因此要求业主有充分的知识来评估与提议设计解决方案相关的可行性和风险，该设计解决方案可能超出了他的经验基础。通常，最经济地满足需求的设计属于独特/定制设计，业主可能需要聘请专家来全面评估该解决方案。

19.2.2　投标策略

投标策略取决于业主的采购程序和规程，会因不同的公用事业公司而具有显著差别。

一般而言，使用的不同方法可能是下列方法之一：

（1）一阶段投标—同时提交技术标和商务标。此方法允许商务和经济评估结合技术评估同时进行。

（2）两阶段投标—先提交并评估技术标书，然后再申请商务标书。这种方法存在一个主要缺点，即，在收到商务标之前，没有项目成本的指标参考。

（3）以业主既定采购程序为基础的其他方法。

无论采用何种招标方式，对全套交钥匙项目实施竞争性招标都可以降低投资成本，缩短实施时间。因为只需聘用一个承包商，而不必管理几个单独的离散组件和其他服务的采购合同，所以交钥匙采购方式还可减少合同管理工作。

如果业主是公用事业公司，可能会决定在一段时间内将订单限制为提供给一个供应商，以实现系统内文件管理策略的标准化。这使得备件、培训、操作和维护实践可采取通用方法。但这种方法会限制竞争性采购带来的利益。

19.2.3　承包策略

采购 FACTS 装置时，业主有两种实际承包方案。第一种也是最常用的一种，即交钥匙"工程设计、采购、施工和性能"（EPC）承包。第二种仅包含"工程设计和采购"（EP）承包。虽然从理论上讲，采用设计或制造承包等其他方案是可能的，但这些方案通常不用于 FACTS 装置。

EPC 承包方案要求除了设计和制造 FACTS 装置和从工厂装运所需组件之外，供应商还负责提供现场建筑物和民用基础设施，以及安装与调试电气设备。

EP 承包方案更常用于变电站的传统交流设备，如空气绝缘断路器和站用电力变压器等，因为这种设备通常由输电和配电系统的业主/运营商标准化。

在考虑 FACTS 装置采购时，业主需要考虑哪种方法最匹配自己的具体情况，并制定相应的招标文件和规范。

表 19-1 列出了 EPC 承包与 EP 承包方案的对比（优点和缺点）。

表 19-1　　　　　　　　　　　　　　EPC 承包与 EP 承包合同策略对比

工程环节	EPC 承包		EP 承包	
	优点	缺点	优点	缺点
工程设计	规范可集中在性能要求上。还需要较少的技术支持人员协助采购	供应商必须协调与不同子供应商的设计界面和活动	业主明确了设计具体内容	设计可能不能及时为业主的现场工程提供充分的具体内容
采购	确保设计可施工，能够完成出厂测试和现场调试	供应商必须提供充分的内部项目管理	能确保设计可施工，且能够完成出厂测试	制造设备要求不易与业主工程相协调
施工	所有接口和时间均由供应商协调，可能会加快项目进度	业主可能有更好的现场安装和调试能力	使业主能够根据现有惯例完全控制现场工程	项目时间表可能会延长

采购策略还可能包括在采购时与承包商商定的维护合同，以涵盖规定的期限。

19.3　招标文件

构成整套招标部分的文件通常包含以下内容：

（1）投标邀请书；

（2）投标人须知；

（3）提出合同条件；

（4）专用合同条款；

（5）功能技术规范；

（6）技术标数据要求与表格；

（7）合同和商务数据需求。

如上所述，招标文件通常分为多个标段，这些标段逻辑上被安排为向投标人提供充分的信息，以提供完整、准确的报价，并确保一致地安排投标文件的响应，并包含充分的具体内容，以公平地评标。投标人须知通常也包括评标标准。专用条款可能包含针对承包商绩效和 FACTS 装置性能的奖/罚条款，以保证可靠性和可用性措施。

本节简要介绍了投标邀请书、投标人须知和商务条件，第 19.5 节更详细地介绍了功能技术规范。

19.3.1 投标邀请书：附函

业主在本文件中陈述了与投标和合同有关的最重要的信息，如项目范围简要描述、项目时间表、定价、评标标准、标书提交截止日期、投标有效期以及联系信息。

19.3.2 投标人须知

业主在本节陈述所有标书编制要求以及投标人的责任和义务。该文件还叙述投标期间的澄清处理、对要求的解释和偏离情况以及保证要求。投标人须知还可能包含关于处理备选报价或可选项目的信息。说明投标人在投标阶段的责任。投标人应仔细检查投标文件，并进行详尽的现场检查，以确保现有电网或变电站的所有边界和接口均为已知并考虑在内。

19.3.3 投标人须提交资料

19.3.3.1 技术数据要求

应就投标文件中需涵盖的内容提供明确的指导。投标文件中提供的信息应充分详尽，以便评标妥善实施，并使业主有信心认为该解决方案能符合特定性能要求。

投标人提交的 FACTS 项目标书应包含：

（1）投标人对项目与项目目标的理解。

（2）提出解决方案的技术说明以及选择技术解决方案的原因。

（3）特定要求偏离表，包括此类偏离的原因。

（4）提出解决方案的单线图。

（5）布局/总体布置。

（6）含主要组件额定值的基本设计。

（7）可证明提出的解决方案满足特定要求的初步研究：

1）动态性能研究；

2）谐波性能研究；

3）可听噪声研究；

4）无线电干扰研究；

5）可靠性、可用性与可维护性研究；

6）损耗研究。

（8）须供应设备的详细信息。

（9）控制与保护说明。

（10）土木工程与建筑设计。

（11）出厂测试和调试程序。

（12）以往型式试验证书。

（13）须提供的培训大纲。

（14）须提供的文件概要。

（15）备件、清单及单价。

（16）可靠性、可用性和可维护性性能保证。

（17）功率损耗的保证。

（18）未来升级（如适用）的准备和便利性。

19.3.3.2 非技术数据要求

以下信息通常纳入非技术数据要求中：

（1）投标人业绩表；

（2）提出项目时间表；

（3）投标人质量保证计划；

（4）投标人的健康与安全办法；

（5）提出投标人里程碑付款表或提出业主付款里程碑的意见；

（6）提出投标人组织结构；

（7）关键人员简历；

（8）分包商及其资质表；

（9）合同条件与商务条件偏离表；

（10）额外研究、工程设计与施工单价。

19.3.4 商务条件与支付条款

本章不含对合同条件和商务条件的具体讨论，因为合同条件往往变动较大，许多业主都有自己的合同条件和采购程序。

商务和合同条款涵盖融资、付款时间表和合同履行问题，包括解决承包商的不履约问题。基于功能规范的合同通常以交钥匙交付的固定价格为基础。

业主应提出付款时间表，其中包含重要里程碑和实现里程碑时需支付的合同金额百分比。关键里程碑通常包括首付款、设计审查阶段、设备制造及交付至现场、项目开工、调试和竣工。

商务合同还规定了承包商的义务，如安全和安保、FACTS装置检查及验收、项目进度、变更通知单、损失风险、保险、赔偿、责任限制、知识产权、延迟损害赔偿、合同中止和终止、材料和工艺保证、合法性、许可和执照、保密协议、争议解决、竣工报告等。

业主应加入适用于合同的标准商务条款和任何专用条款。

若业主还没有一套既定的FACTS装置采购合同条件和程序，可以选择采用或修改一套商务可用的合同条件，如国际咨询工程师联合会（FIDIC）发布的合同条件。

许多不同的FIDIC合同形式均可用，如银皮书或黄皮书。银皮书侧重于业主几乎不参与的交钥匙合同。根据业主的需求，黄皮书"承包商设计电气和机械装置以及建筑和工程"也可能适用。即使使用一套FIDIC条件作为基础，通常也有必要利用特殊或专用合同条款来补充这些条件，以便为合同实施提供保证。

19.4　评标和方案比较

收到标书后，评标小组应审查每份标书中提供的资料、问答情况、表格和相关文件。为了确保评标过程透明、公平、可靠，应确立评标流程和一套明确的评标标准。

评标标准和加权因素应考虑资本成本、功率损耗、可靠性、维护以及寿命延长成本，例如，控制和保护更换成本。

除了考虑资本成本之外，评标团队可能还会考虑全寿命周期成本（LCC）。业主应确定全寿命周期成本中用于评标的因素，并反映业主对每个方面的重视程度。应制定一个评标公式，使投标人和业主能够计算工程的评估成本。

例如，负载损耗评估可能包括大量不同的运行点，加权以反映工程寿命正常运行期间 FACTS 装置预计在每个点运行的持续时间。

本信息对于投标人比较可能考虑的不同解决方案非常重要，然后为该特定业主选择最低评估成本的解决方案，从而使其报价具有吸引力。

19.4.1　建议书评估

建议书评估通常包括技术评估以及非技术合同和商务建议书评估。有时商务评估会单独完成。

技术和非技术及商务评估的考虑因素如下所述。

19.4.2　技术评估

技术评估的目标是比较建议书满足技术规范要求的程度，并提供每个建议书的比较排序。本节概括描述了在对 FACTS 装置的投标进行技术评估时可遵循的流程。

通过有组织的评标流程，业主可以在可用时间内有效地进行综合评标。为此，开标前应准备好以下内容：

（1）评标标准；

（2）评分制度；

（3）核对表和检查表。

重要的是，评标团队熟悉该专业的各个领域。可指派不同的团队成员负责标书的选定区域。每名团队成员均应熟悉自己的职责，熟悉评分标准。在建议书开标之前，团队成员应阅读技术规范中与其分配职责相关的部分，以便重新熟悉项目技术要求。

要求投标人提供初步设计和初步研究成果，以证明提供的 FACTS 装置符合特定要求。这些设计和研究仅供评标之用，中标者应在合同实施阶段开展更详细的设计和研究。

评标基础数据来源于投标人对投标技术文件中的问题和信息及数据要求的答复。如果投标人提供的信息不足以验证合规性，则可在建议书评标过程中通过要求具体说明来获得额外信息。评标小组的澄清问题应保持在最低限度。如果提供的数据充分完整，则在本评标阶段可能不需要进一步澄清。

在技术评估过程中，应根据技术规范的要求对每份建议书进行评估，通过比较随建议书提交的信息以及任何后续的建议书说明，验证合规性。每份标书应根据既定的评分系统评分。

一般来说,除非规范中有明确规定,否则超出规范最低要求的设备或性能不会获得附加分数。否则,应在评估报告中注明超出要求的设备或性能。

为辅助评标,应创建一系列核对表,以投标形式总结投标人对问题和表格的回复。技术建议书评标核对表应基于标书中要求的信息,业主可自行决定是否考虑所有或仅考虑所要求信息的选定子集。一栏应列出表格中每一行项目的最低指定要求,一栏应列出每个建议书及其备选方案。以这种方式编制的核对表可将每份建议书与指定要求做出简单对比,并突出建议书间的差异。核对表中应加入对今后谈判中讨论的具体项目或需要进一步澄清的范围的意见。

主要技术报价的替代方案也将根据指定要求进行分析,以与主要报价相同的方式确定它们是否为业主提供了额外的技术效益。

19.4.3　非技术和商务评估:全寿命周期成本

19.4.3.1　非技术评估

应评估及排列非技术投标数据表中要求的所有数据。最终评估将与技术评估和下文讨论的商务考虑因素相结合,以得出最终评估分数和推荐投标人。

非技术评估包含对投标人能力、经验、项目参考和技术以及项目和工程设计组织的评估。可考虑投标人公司最近的财务业绩和项目业绩。也可以在资格预审过程中完成,以确保只有合格的投标人才能收到投标邀请。

应分析和比较每个投标人的资本成本和付款时间表,以确保准确确定业主的成本,包括施工期间的利息成本。

评估投标人遵守业主合同条款和条件的情况,并记录任何偏差,以便与选定的投标人进行讨论。

19.4.3.2　全寿命周期成本考虑因素

评标过程中,可能需要计算和比较提供的系统预计全寿命周期成本。因为不同国家的法规涵盖了折旧、税款和监管机构允许的不同成本回收等,甚至同一国家的局部地区也不同,所以很难提供确定全寿命周期成本的统一方法。但是,进行现值计算始终是可能的,其中可能包括以下成本和其他成本:

(1) 设备初始成本。

(2) 以下项目的未来预期成本:

1) 运行与维护人员;

2) 损耗成本;

3) 根据保证故障率更换故障组件的成本;

4) 任何预期的设备翻新(控制系统升级、更换等);

5) 使用寿命结束时的预期处置成本。

评价全寿命周期成本存在的难点是未来成本难以预测。特别是,现值利息系数和通货膨胀因素充其量都是猜测。但如果使用一致的方法来比较不同的提议备选方案,则在权衡不同建议书的优点时,该估计可能有用。

由于与运营和维护、更换故障组件的成本、翻新和报废处理相关的未来成本存在不确定性,所以通常只评估设备初始成本和损失的资本化成本。

19.4.4 评估报告

应将技术和非技术评估结果记录在一份或多份评估报告中，该报告记录评估考虑事项，并提供项目列表，其中的项目在与推荐投标人谈判期间应更深入讨论。

文件主体部分应提供技术建议书评估的全面描述。附录可用于描述建议书之间更详细的考虑因素和比较。

评估报告是一份宝贵资源，可在随后与推荐投标人的谈判以及与管理层关于选择的讨论中使用。

19.5 功能技术规范编制

19.5.1 功能规范目标

功能规范目标在于记录并向利益相关方传达所需 FACTS 装置的性能要求和高级设备要求。规范规定了所需的无功功率输出额定值、电压和/或电流额定值以及 FACTS 装置的性能要求，以便投标人能够满足这些要求。

应明确说明 FACTS 装置将连接的交流电网的特性。除其他事项外，还应包括连接点的最小和最大可用短路容量。应说明 FACTS 装置需要运行的正常、意外和紧急情况。还应确定在交流系统故障期间和之后，FACTS 装置应如何运行。

规范还应纳入装置将要连接的系统点附近计划的变更或增加的信息。也就是说，需要包括供应商所需的所有信息，以便能够使设计的装置在连接点按照预期工作，并尽可能合理地考虑这些潜在变化。

19.5.2 项目背景及目标

本节简要概述了项目背景和项目目标。通常包括为什么需要 FACTS 装置的原因及其主要功能要求。

19.5.3 相关标准和参考文献

提供的所有材料、装置和设备通常应符合 FACTS 装置规范日期生效的最新适用的标准、规范或指南。规范中通常包含所有适用的标准和指南列表，包括 NESC（IEEE 美国国家电气安全规范）、ANSI（美国国家标准协会）、IEC（国际电工委员会）、IEEE 标准、当地法律要求、法令、法规等。

19.5.4 定义/缩略语/缩写

规范的本节应定义规范中用到的所有术语。特别是在使用可能不完全符合行业中更常见定义的情况下，旨在提高用户对规范的共同理解。可纳入下列术语，但业主可自行决定扩充列表：

年度可利用率：用百分比表示的全部和部分强迫停机的年度等效可利用率，以持续时间（h）定义：

$$年度可利用率 = （1-等效强迫停机持续时间/8760）\times 100\%$$

有关定义和计算方法，请参见"24 FACTS 的生命周期管理"一章。

投标人：根据业主编制的招标文件，负责设计和供应相应 FACTS 装置的供应商。

合同：双方签署的合同书及合同书中引用的所有文件。

承包商/供应商：与业主签订合同以实施工程的实体。执行本合同时，承包商/供应商应为独立机构。

分包商：与承包商签订合同以执行工程任何部分的实体。

延期停机：任何可以延期至少 7 天的非计划停机。

等效停机：部分停机的比例值，等于无功功率限制除以总输出能力。

设备：根据合同提供的所有货物、材料和附件，包括合同要求的所有文件。

强迫无功不可用率（%）：（所有非计划/强迫停机的持续时间之和×100）/监控周期的持续时间。

强迫停机：由保护和控制等组件的失灵或故障导致的 FACTS 装置停机，使 FACTS 装置的部分或全部基本功能丧失。

长期计划停机（少于 5 天）：系统运营商规定的需要提前通知的计划停机，通常为 1 个月。

业主：采购企业。

现场：业主地产，包括待实施工程的相邻水体。

计划停机：预防性维护所需的计划停机，以确保系统持续可靠运行，这可能导致部分或全部系统的计划临时损失。

计划能量不可用率（%）：（所有计划停机的持续时间之和×100）/监控周期的持续时间。

工程：承包商的所有义务。

可根据需要加入其他定义和缩写。

19.5.5　项目范围及接口

19.5.5.1　项目范围

项目范围包括提供所有研究、设计、设计审查、制造、测试、供应、交付至现场、安装、保修、提供从制造商工程到安装完成的保险、提供必要的许可、工艺和材料保修、FACTS 装置调试、提供图纸、操作和维护手册和培训以及 FACTS 装置的所有相关组件，以按照规定提供完全可操作且符合规定的 FACTS 装置。本节的剩余部分进一步详细介绍现场、电网、环境条件和限制、性能要求、特殊设备和其他要求。

19.5.5.2　接口和供应限制

需定义承包商提供的设备和现场现有基础设施之间的接口。接口通常定义 FACTS 装置施工所涉及的不同各方之间的工作界面。接口通常有：

（1）业主系统中 FACTS 装置的连接点。

（2）堆场准备。

（3）电力电缆，如适用（重复每个电力电缆电路的数据）。

（4）辅助电源（交流和直流）。

（5）接地系统，包括与任何现有接地系统的连接。

（6）架空防雷。

（7）现有保护系统。

（8）控制/SCADA/通信系统。

（9）电话/互联网。

（10）土建/建筑接口：道路、卫生水和地表水排水、电缆沟等。

（11）供水。

（12）与业主远程操作中心的连接。

19.5.6 现场、环境和电网资料

大多数管辖区的新基础设施项目需要规划许可，其中可规定项目的条件和限制。与规划许可和项目相关的具体要求应加入现场资料中。还可能需要进行环境影响评估，以及考虑任何特定的环境要求。

19.5.6.1 现场资料

根据要求，业主应提供最小面积的土地。承包商可能负责充分开发现场，包括提供施工期间使用的自有电源。通常，粗略分级的现场具有非常明确的接口。

关于 FACTS 现场位置的信息应包括：

（1）现场位置，包括 GPS 坐标数据；

（2）最大可用现场面积；

（3）表明 FACTS 装置将连接到的变电站或线路的图纸；

（4）将安装 FACTS 装置的变电站单线图；

（5）现场岩土工程数据；

（6）冷却补给水的可用性和质量或不足；

（7）施工过程中电力的可用性；

（8）环境合规要求；

（9）对建筑物的限制；

（10）进场道路。

19.5.6.2 环境数据

规范应包含以下环境数据（如适用）：

（1）现场海拔（m）；

（2）最低环境温度（℃）；

（3）最高环境温度（℃）；

（4）保证输出额定值的环境温度（℃）；

（5）最大雪深（m）；

（6）最大霜冻深度（m）；

（7）最大湿度（%）；

（8）最小湿度（%）；

（9）降雨量（年平均）（mm）；

（10）降雨量（1h 累计）；

（11）降雨量（24h 累计）；

（12）太阳辐射（kW/m^2）；

（13）最大风速（m/s）；

（14）雷电活动水平［次/（km^2·年）］；

（15）抗震要求。

1）地震等级：最大考量地震水平加速度 g；

2）地震等级：最大考量地震垂直加速度 g。

（16）空气污染，等效盐沉积密度（ESDD）（mg/cm^2）。

（17）任何其他特定环境要求（如强降雨、洪水位、沙尘暴等）。

还应详细说明 FACTS 装置对环境的容许影响限制（另请参见"18 FACTS 项目环境因素"一章）：

（1）应考虑敏感位置的可听噪声级［以分贝（dBA）计，且应明确识别声压级或声功率级和测量位置］。

（2）最大允许电场（地面）。

（3）最大允许值：磁场［指定边界处，以微特斯拉（μT）计］。

（4）电晕和射频干扰水平。

（5）审美限制（如高度、瓷器颜色等）。

（6）建筑风格体系结构约束。

（7）考古限制（处理任何可能的考古文物的信息和程序）。

（8）防止油和/或冷却液损坏（具体排水和清洁要求）。

（9）法律（国家和地方）。

（10）法规（客户希望在特定现场适用的法律除外）。

19.5.6.3　交流电网数据

规范应包括下列交流电网数据：

（1）标称交流系统线电压（kV）。

（2）最大连续交流系统线电压（kV）。

（3）最小连续交流系统线电压（kV）。

（4）连续负序电压（用于性能计算）（%）。

（5）连续负序电压（用于额定值计算）（%）。

（6）短时限电压范围，含持续时间（kV, s）。

（7）标称交流系统频率（Hz）。

（8）最大连续交流系统频率（Hz）。

（9）最小连续交流系统频率（Hz）。

（10）短时限交流系统频率，含持续时间（Hz, s）。

（11）最大频率变化率（df/dt）（Hz/s）。

（12）性能最大和最小短路水平（三相）（MVA）。

（13）设计最大和最小短路水平（三相）（MVA）。

（14）最大和最小短路水平（单相），含持续时间（kA－最大和最小, s）。

（15）设备设计故障电流水平（kA, s）。

（16）系统中性点接地（实芯/电阻/电抗/不接地）。

（17）基本雷电冲击耐受水平（LIWL）（kVp）。

（18）操作冲击耐受水平（SIWL）（kVp）。

（19）地磁感应电流（GIC）（背景水平）A 直流/相。

（20）地磁感应电流（GIC）（重大事件水平）A 直流/相。

（21）谐波阻抗数据（可加入附录）。

（22）测得背景谐波电压数据（可加入附录）。

（23）谐波性能失真极限，参见第 19.5.7.3 节。

可加入更多关于电网的信息，例如投标研究或合同后研究的投标文件中包含的电网描述和电网等效模型文件，以及关于保护方案和保护设置的信息。

19.5.7　性能要求

19.5.7.1　FACTS 装置输出额定值

需规定 FACTS 装置的主要额定值，包括无功功率输出、电压和电流额定值。如果需要，额定值还将包括带持续时间的短时过载额定值。可规定考虑或未考虑冷却冗余的连续和短时额定值。

19.5.7.2　阶跃响应和调节时间

需要规定阶跃响应、调节时间和控制信号变化引起的超调量。应规定需要达到这些响应的最小和最大系统三相短路故障等级。

19.5.7.3　谐波性能

FACTS 装置采用的开关换流器技术会产生谐波。此类系统产生的谐波水平和阶数取决于 FACTS 装置的设计和配置情况。

FACTS 装置连接母线上谐波的最大允许限值通常由国家或地区立法或输电系统运营商（TSO）管理的并网标准规定。业主或输电系统运营商需要确定及规定 FACTS 装置谐波的具体限值。

安装 FACTS 装置之前，应测定背景谐波。一旦 FACTS 装置安装并投入使用，这些水平需要与 FACTS 装置在不同输出水平下测量的谐波进行比较。谐波测量需要在特定时段进行，以考虑不同的系统条件、季节和短期系统变化，从而产生有意义的结果。

需采取设计措施限制 FACTS 装置产生的谐波量。承包商需进行谐波研究，以便：

（1）考虑连接点的现有谐波水平，确保系统电压和电流失真以及通信干扰因数的可接受水平。通信干扰因数可能不适用于所有司法管辖区。

（2）通过 FACTS 装置确保可接受的装置电压和电流谐波产生以及对系统产生的谐波的免疫力。

（3）评估 FACTS 装置与电力系统在平衡和不平衡运行条件下的谐波相互作用。

（4）如有需要，确定适当的滤波器设计。

为确定性能和额定值要求，请参考：

（1）IEC 61000-3-6 "第 3 部分：限值—第 6 节：中高压电力系统中负荷产生畸变限值的评估—基础 EMC 出版物"（IEC 61000-3-6：2008）；

（2）IEEE 519 "电气动力系统谐波控制的 IEEE 推荐规程和要求"（IEEE 519—2014）；

（3）CIGRE 技术手册 139，高压直流输电系统交流滤波器规范与设计指南（CIGRE TB

139 1999）；

（4）CIGRE 技术手册 553，高压直流输电系统交流滤波器设计的特殊方面（CIGRE TB 553 2013）。

19.5.7.4　无线电干扰

FACTS 装置可能产生射频干扰。射频干扰的允许限值通常规定在距离 FACTS 装置一定距离的范围。

另请参见本书中的"18　FACTS 项目环境因素"一章。

19.5.7.5　可听噪声

需要为内外 FACTS 装置设施规定可听噪声限值。FACTS 装置单个设备的可听噪声限值（声功率级）通常适用于距离发射源指定距离处。但发射限值通常被确认为加权声压级，可在 FACTS 装置的边界栅栏处测得。可听噪声限值也可指定为可听噪声敏感处，如住宅地产。允许噪声级取决于当地的环境、健康和安全法规。许多地方司法机构制定这些要求时，遵循的是世界卫生组织（WHO）的指导方针。

通常要求承包商在投标文件中提交一份可听噪声级研究，以证明符合规范。安装 FACTS 装置前后，通常还要求承包商进行噪声级测量。如果超出规定的噪声限值，可要求承包商实施缓解措施。

可规定 FACTS 区域内工程地点的以下噪声级限值：

（1）室内控制和保护设备室；

（2）变压器、电抗器、过滤器、电容器组和冷却系统附近的可出入区域。

一般来说，这些区域的可听声级需要符合当地职业健康和安全要求。

另请参见本书中的"18　FACTS 项目环境因素"一章。

19.5.7.6　损耗

评估 FACTS 装置的损耗非常重要，因为这些损耗会对 FACTS 装置的总寿命成本产生显著影响。通常，为达到低导通损耗，需要更大的导体面积，因此必须使用更多的材料，从而增加了成本。通常通过将损耗转换为资本化损耗成本价值来货币化。资本化损耗成本通常加到 FACTS 装置的投标价格中，以确定整体评标价格。

通常为以下各项指定资本化损耗成本数值：

（1）空载损耗每千瓦的资本费用（货币单位/kW）；

（2）负载损耗每千瓦的资本费用（货币单位/kW）。

需要确定评估损耗的工作点/范围，通常是整个工程寿命期的总损耗，并通过考虑 FACTS 装置在该输出水平/范围内预期运行的时间百分比来确定。

如果在 FACTS 装置中使用以下类型的设备，应要求投标人提供 FACTS 装置在多个选定运行点（例如，0%、10%、25%、50%、75% 和 100% 额定输出）运行时的固定和可变损耗：

（1）FACTS 装置系统组件；

（2）阀；

（3）变压器；

（4）变压器辅助设备；

（5）滤波器；

（6）冷却系统；

（7）其他辅助设备。

投标人还应提供一条曲线，表明 FACTS 装置整个运行范围内的总损耗与输出无功/有功功率的关系。

1. 损耗保证量

投标人应说明在特定工作点/范围和环境条件下的空载损耗值和负载损耗值。承包商应保证等效总损耗（P_E），计算如下：

$$P_E = P_0 + P_L$$

式中：P_0 为空载损耗；P_L 为负载损耗。

空载损耗 P_0 表示在换流器通电且阀闭锁的情况下，0%负载时备用运行的损耗。负载损耗 P_L 是在 20℃的标称电压、频率和环境温度下，各传输水平下的总损耗减去空载损耗 P_0。变压器损耗（如果变压器包含在系统中）应包括谐波（如相关）引起的损耗。

为计算谐波损耗，通常假设交流系统对除电流工频分量之外的所有分量是开路的，从而将谐波损耗限制在 FACTS 装置内的设备上。

2. 损耗的确定

对于通过出厂测试确定损耗，且可认为等于实际运行中损耗的主回路设备，应在电站损耗清单中使用出厂测试结果。

对于运行条件不同于出厂测试条件的设备（即谐波影响损耗的情况），应计算出损耗。应遵循 IEEE 标准 1158 "确定高压直流（HVDC）换流站功率损耗的 IEEE 推荐规程"（IEEE 1158—1991），或相应的 IEC 标准（即 IEC 61803：1999 和 IEC 62751-1：2018）规定的指南。

3. 损耗估算

计算和验证 FACTS 装置功率损耗时，没有公认的国际标准。适用部分可能使用的一个标准是静止无功补偿器功能规范 IEEE 指南（IEEE 1031—2000）。高压直流输电系统的功率损耗计算也有国际标准，这些标准可用于计算 FACTS 装置的功率损耗。本书的 "第 3 部分 FACTS 装置技术" 一节涵盖关于 FACTS 装置功率损耗计算的一般信息。请参见 "6 静止无功补偿器（SVC）技术""7 静止同步补偿器（STATCOM）技术""8 晶闸管控制串联电容器（TCSC）技术"及"9 统一潮流控制器（UPFC）及其潜在的变化方案"。

资本化损耗成本应加到 FACTS 装置的资本成本上，以确定总评估成本。

19.5.7.7　可靠性、可用率和可维护性

承包商应根据其合同责任范围内装置及材料的预期故障率和维修持续时间，设计和提供满足或超出 FACTS 装置的规定可用性、强迫停机率和可维护性性能的装置及材料。

这些要求通常针对以下内容作出规定：

（1）强迫停机率（FOR）—监控期内的强迫停机次数；

（2）强迫停机不可用率=×××%；

（3）计划停机不可用率（SA）=×××%；

（4）可维护性×××工时/年离线工作；

（5）可维护性×××工时/年在线工作。

详见 CIGRE TB 717 FACTS 装置运行性能报告协议（CIGRE TB 717 2018）和本书"24 FACTS 的生命周期管理"一章。

19.5.8　设备要求

19.5.8.1　一般设计要求

一般设计要求应考虑以下项目：

（1）如可能，应使用在其他类似项目证明了可靠性的设备；

（2）使用组件和设备冗余；

（3）使用故障安全和自检设计特性；

（4）为测试、报警、故障指示和监控提供充分的设施；

（5）使用不需要特定运维环境的设备；

（6）使用模块化结构，允许快速更换包含故障组件或子组件的模块，或平均维修时间较短的设计；

（7）如可行，利用相同类型的 FACTS 装置标准化不同位置的组件。

业主应说明在设计、施工、安装和现场测试期间以及在所用变电站的使用、检查、测试和维护中要考虑的所有安全方面要求，应涵盖：

（1）参考适用安全规范须满足的安全标准；

（2）业主的安全规定；

（3）阶跃、接触和接地电位上升；

（4）危险材料；

（5）可听噪声；

（6）无线电干扰；

（7）磁场；

（8）最小间隙（安全间隙应为便于维护而需要出入时所需的间隙。如果可以通过将设备撤出到其他区域来进行维护，则可以减少间隙，前提是它们符合相关的 IEC 关于相对地和相间标准，且经过脉冲测试证明）；

（9）带电作业相关限制；

（10）任何其他特定安全要求（变电站安全要求、变电站照明等）。

19.5.8.2　主厂房设备要求

主厂房设备要求应规定适用的内部标准和国家标准，以及 FACTS 装置中的设备的任何其他一般高级要求。这些要求通常会影响买方对设备的偏好（如有），例如，能够利用买方变电站使用过的类似设备的可能性，运维人员可能已熟悉这些设备（CIGRE TB 252 2004）。

主厂房通常包含以下部分：

（1）交流断路器；

（2）交流隔离开关；

（3）交流采样变压器；

（4）避雷器；

（5）电力变压器；

（6）电抗器；

（7）电容器；

（8）半导体阀；

（9）阀冷系统；

（10）滤波器；

（11）套管；

（12）电力电缆；

（13）绝缘子；

（14）钢结构、母线、夹具和连接头；

（15）电站接地和防雷。

19.5.8.3 控制、保护和监测系统要求

控制、保护和监测系统要求应概述该设备的高级要求。控制、保护和监测系统通常规定以下内容。

1. 控制系统

（1）冗余；

（2）人机界面要求；

（3）外部输入可能需要的输入/输出；

（4）远程控制和 SCADA 系统的接口。

2. 保护系统

所需保护功能类型和采用的冗余原理（如适用）。应当注意的是，换流阀和换流设备的保护通常包含在供应商特定系统中。

3. 监测系统

（1）事件顺序记录仪；

（2）瞬时故障记录仪；

（3）动态性能记录仪；

（4）电能质量记录仪；

（5）远程访问/控制要求；

（6）网络安全要求。

19.5.8.4 辅助系统要求

定义以下系统的特定或功能要求：

（1）交流辅助电源；

（2）直流系统；

（3）加热、通风和空调系统；

（4）现场安保系统；

（5）消防；

（6）任何特定要求（UMD/UPS）。

19.5.8.5 其他设备要求

杂项：

（1）接线盒、终端盒和配线站；

（2）铭牌和标签；

（3）室外照明。

19.5.9　土木和建筑工程要求

通常规定以下要求：

（1）大规模土方工程；

（2）梯田、道路和排水；

（3）抗震要求；

（4）与维修活动和储存等办公室和房间相关的任何特定要求；

（5）变压器被动消防（变压器防火墙）；

（6）底座和设备支撑基础；

（7）电缆槽、电缆沟和电缆沟盖板；

（8）接地网安装；

（9）堆场石头、路缘石、围栏和大门；

（10）控制和保护建筑要求，包括供暖、通风及空调；

（11）消防及检烟系统；

（12）现场安保；

（13）景观工程。

强烈建议业主在发布规范之前实施岩土工程分析。岩土工程勘察结果应加入招标文件，以便投标人更准确地确定土木工程成本。

19.5.10　由承包商开展的系统研究和设计

应要求承包商进行所有必要研究，以设计 FACTS 装置，并应提交此类研究的报告、图纸和其他文档。投标文件中提交的所有研究均视为初步研究，规范中规定的研究应在签订合同后进行，并提交报告供业主审查。

此类研究和报告应包含：

（1）FACTS 装置稳态额定值设计；

（2）瞬时额定值、过电压和绝缘配合研究及设计；

（3）过载能力研究（如有需要）；

（4）阀设计；

（5）冷却系统设计；

（6）谐波性能研究；

（7）动态性能验证研究，包括控制参数优化；

（8）损耗研究；

（9）可靠性、可用性和可维护性（RAM）研究；

（10）控制和保护系统设计；

（11）保护配合及设定值计算报告；

（12）接地网及防雷研究与设计；

（13）交直流辅助系统设计；

（14）设备布局及机械设计；

（15）土木工程与建筑设计；

（16）可听噪声合规性研究；

（17）射频干扰研究；

（18）实时数字模拟器控制和保护验证研究；

（19）单相和三相系统研究软件的 FACTS 装置仿真模型。

另请参见本书的"20 FACTS 装置集成与设计研究"一章。

19.5.11　测试

19.5.11.1　设备测试

检查及测试要求包括主要组件和子系统的运行测试（型式和/或常规测试）、工厂验收测试（FAT）和现场验收测试（SAT）、调试测试、性能验证和验收测试以及扩展性能验收测试。一般程序包括按要求制定测试计划并提交给业主审查和评价，承包商顺利完成测试（业主见证），以及提交每次测试的测试报告。

通常包含以下要求：

（1）主测试计划；

（2）设备特定测试计划（FAT、型式、例行）；

（3）现场验收测试计划；

（4）调试测试计划；

（5）试运行；

（6）性能验证和验收测试计划；

（7）扩展验证和验收测试计划。

另请参见本书的"21 FACTS 装置设计与测试"一章。

19.5.11.2　工厂模拟器测试

工厂系统测试应通过将待供应的实际控制和保护装置及材料（软件和硬件）连接到实时仿真器来证明控制和保护系统的正常运行。试验的一部分可作为工厂验收重复进行，由业主或其代表见证。

测试/研究应使用与 FACTS 装置相连接的静态和动态条件下的电力系统等效模型。

应测试所有控制、保护和安全监测功能。测试内容应包括但不限于：

（1）对各控制功能的验证；

（2）控制线性度验证；

（3）控制冗余度验证；

（4）保护系统验证；

（5）小扰动和大扰动下的整体系统性能验证；

（6）所有数字控制器的处理器负载验证；

（7）外部装置控制验证（如有需要）；

（8）电源电压（交流和直流）和频率变化（交流）的控制装置和材料性能验证；

（9）FACTS 装置的动态性能验证。

另请参见本书的"21 FACTS 装置设计与测试"一章。

19.5.12　维护要求

业主可考虑的两种主要维护策略有内部维护和维护服务合同。

内部维护不一定依赖任何外部来源来维护装置，但需要训练有素的维护团队。可在内部完成培训，也可以与 FACTS 装置的制造商或供应商签订合同完成培训。

服务合同通常是处理新设备维护的最简单方法。可以与制造商或拥有所需技能的其他公司签订合同。与初始制造商签订合同通常是最好的技术选择，因为初始制造商团队训练有素，并维护着许多类似的装置。但也存在财务风险，因为很难协商价格；同时，如果制造商停止提供维护服务，也会成为技术风险。

19.5.13　备件和专用工具

FACTS 装置所需备件的指定方式是，根据设备和组件的预期故障率，在一定年份内提供足够数量的备件。此方式通常适用于阀、电容器罐、计算机设备和电子卡件，但可能不适用于接口变压器、串联电抗器、套管等主要部件，这些部件的零件数量少且交货时间长。对于这些项目，业主必须评估设备的长时间停机（最多 1 年更换变压器）是否构成可接受的性能。如果不构成此性能，则业主应指定这些项目为强制性备件。可靠性、可用率和可维护性研究应确定一定年限（通常为 5 年）内的备件需求。

研究将根据设备和系统的故障率确定备件需求。

还应规定承包商提供任何专用工具和设备（通常不易从外部来源获得）的要求。专用工具和测试设备通常包括维修阀和阀执行电路或控制和保护系统维护用设备。

另请参见本书的"20 FACTS 装置集成与设计研究"一章。

19.5.14　培训

要求业主单位内各级人员接受全面的培训计划，为 FACTS 装置寿命期内的运维提供坚实基础。大部分培训是专门培训，需要由承包商提供。

培训计划需要涵盖承包商提供的所有设备，包括阀、阀冷、控制和保护、变压器、辅助系统、开关站设备、测量、FACTS 装置的操作、联锁和安全。

培训计划应包括 FACTS 装置理论和实操的课堂教学，由承包商提供，特别强调阀、阀冷和相关控制与保护设备。培训计划还应包括示范、维护和故障诊断培训，包括指导和积极参与供应商工厂和现场的设备测试。

承包商必须负责提供适当水平的培训，以确保其任务范围内的所有设备在施工期间、测试、调试和维护中都能达到健康、安全和环境标准的要求。承包商应提供有关正式课程的适当培训手册。

正式计划必须为业主各级员工提供适当培训，包括管理人员和非技术人员、设计工程人员、参加工厂验收测试人员、操作人员、维护人员和调试人员。

操作人员的培训计划应使操作人员完全熟悉以下特性和要求：

（1）FACTS 装置的稳态和瞬时运行；

（2）所有设备的性能及操作规范；

（3）控制和保护原则；

（4）控制和保护系统性能；

（5）操作人员控制和 SCADA 系统；

（6）承包商提供的操作手册。

此外，维护培训计划对于维护人员完全熟悉 FACTS 装置的各种设备和子系统至关重要。维护培训应包含预防性维护以及故障排除和安全要求。应重点维护 FACTS 站使用的阀、阀冷、变压器、辅助系统、固态控制和微处理器控制系统。计划应培训控制技术人员对控制微处理器系统的调试、运行和故障排除维护。

还应涵盖任何专用工具和测试设备的使用。计划应包括在工厂和/或现场使用所提供设备的实操说明。

培训结束后，维护人员应能完全正确地维护 FACTS 装置。

19.5.15　文档

19.5.15.1　概述

规范应要求承包商编制图纸、设计说明、规范、样品、图案或模型，并提交给业主审查，以详细说明工程的设计和制造方法，以便业主验证提供的设计和布置是否与合同一致。承包商应确定所有此类文件，并在其投标书中提供一份将此类文件提交给业主的拟定时间表。除非文件类别审查清单中另有说明，否则该时间表应给业主提供合理的时间审查及验收图纸和报告。如果在规定时限内未收到任何回复和/或意见，则视为已接受文件。承包商将审查意见并重新提交修订文件以供批准，并留出合理的验收时间。业主接受与否不会解除承包商满足各项规定要求的责任。

送审的主要设计文件有：

（1）单线图；

（2）开关站布局和截面；

（3）建筑物（如有）的总布局和体系结构；

（4）技术报告和设计报告；

（5）研究报告；

（6）主回路装置的设备规范；

（7）主回路装置的尺寸图；

（8）主回路装置的铭牌图纸；

（9）检验和试验计划；

（10）型式试验报告；

（11）例行试验报告；

（12）FACTS 装置的维护和运行指南。

19.5.15.2　图纸、说明书、指南和其他手册

应提供下列内容：

（1）图纸索引：按设备整理，显示与每件设备相关的所有图纸，以及制造商提供的图纸之间的关系，并描述现有设备。

（2）整个装置的设备安装图纸和详细设计规范、接线、装置电路图、原理图、管道和仪表图等。所有设计计算书应与图纸一并提交。

（3）设备外形图，其中标明整体和安装尺寸、重量和应力。

（4）设备图纸，其中标明端子位置和极性、间隙和拆卸尺寸、所需油量。

（5）整体设备示意图和布线图，包括物理组件控制卡、面板、端子、电缆和电线终端。

（6）功能框图、逻辑图、传递函数图和时序图。

（7）互连图纸：应清楚标记各电路至其他图纸的目标图纸编号。

（8）设备铭牌图。

（9）机柜组件的布局和详细信息。

（10）所有辅助设备的详细信息，包括制造商的规范和产品公告（如适用）。

（11）材料清单或零件图纸清单。

（12）装运概要和重量。

（13）装运单。

（14）FACTS 装置照明系统的信息图纸和数据。

（15）所有钢结构的制造详图和安装图。

19.5.15.3　运维手册要求

1. 运行手册

这些文件应提供用于操作员在正常和异常条件下预期执行的所有动作。每份手册应详细说明操作 FACTS 装置所需的程序说明。这些说明应为命令/响应类，以简明的形式书写，并应表明如何执行期望功能、应得到什么响应、何时执行（频率和顺序）、设备的位置以及如何识别。

手册还应说明，当设备未能正确执行时所需的任何动作，包括故障排查和手动超控功能。应纳入并强调关于异常特征或安全预防措施的具体内容。

2. 维护手册

应编制所有设备的此类文件。手册应以在无制造商服务的情况下实现系统的操作和维护为导向。总体而言，对内容的要求应为：

（1）装置说明和信息，用以补充安装图纸；

（2）预防性维护说明；

（3）可更换备件的故障排除说明；

（4）应提供备件的拆卸、维修、调整和配置说明；

（5）零件信息应包括每个可更换模块的图纸标识。

参考文献

Cigré TB 139, Guide to the Specification and Design of AC Filters for HVDC Systems (1999).

Cigré TB 252, Functional Specification and Evaluation of Substations (2004).

Cigré TB 553, Special Aspects of AC Filter Design for HVDC Systems (2013).

Cigré TB 663, Guidelines for the procurement and testing of STATCOMS (2016).

Cigré TB 717, Protocol for reporting operational performance of FACTS (2018).

IEC 61000−3−6 Part 3: Limits−Section 6: Assessment of emission limits for distorting loads in MV and HV power systems−Basic EMC publication, (IEC 61000−3−6, 2008).

IEC 61803, Determination of Power Losses in High−Voltage Direct Current (HVDC) Converter Stations With Line Commutated Converters (1999).

IEC 62751−1 Standard | Power losses in voltage sourced converter (VSC) valves for high−voltage direct current (HVDC) systems−Part 1: General Requirements (2018).

IEEE 1031, IEEE Guide for the Functional Specification of Static Var compensators (2000).

IEEE 1158, IEEE Recommended practice for determination of power losses in High Voltage Direct Current (HVDC) converter stations (1991).

IEEE 519, IEEE Recommended Practice and Requirements for Harmonic Control in Electric Power Systems (2014).

Ben Mehraban，获密苏里大学电气工程学士、硕士学位以及俄亥俄大学工商管理硕士学位。在超高压、气体绝缘开关设备、FACTS 和高压直流输电项目的设计、施工、调试和运维等方面具有 35 年以上工作经验。1980 年入职 AEP，负责 FACTS、高压直流输电、超导等多个技术项目（其中许多是同类中首家），并与美国电力科学研究院（EPRI）、能源发展促进中心、高校和技术制造商进行交互合作。撰写并发表了大量 IEEE 和 CIGRE 论文，是 IEEE 高级会员，并参与多个 IEEE 工作组，曾任 IEEE 电力与能源学会高压直流输电−FACTS 分委员会主席。是 CIGRE 成员，现任"输电系统 STATCOM 规范指南" I5 工作组主席。

Hubert Bilodeau，1975 年毕业于蒙特利尔大学工学院。毕业后入职加拿大彼得伯勒通用电气公司，任静态励磁和直流整流设备设计师。1981 年入职蒙特利尔的勃朗−鲍威利有限公司（BBC），担任高压直流/SVC Chateauguay 项目技术协调员，此后入职瑞士的总公司。于蒙特利尔魁北克水电公司从 1989 年工作至 2017 年退休，担任静止补偿器、串联补偿和高压直流输电控制专家。是魁北克省和安大略省注册专业人员和 IEEE 电力工程学会高级会员。2000 年至 2005 年间任 IEEE 变电站委员会高压电力电子站分委会主席，1997 年至 2011 年间任静止无功补偿器 I4 工作组主席。

Bruno Bisewski，RBJ 工程公司电气工程师。1975 年获曼尼托巴大学电气工程学士学位。1976 年入职 Teshmont 咨询公司电力，任职时间长达 33 年，最高职位为副总裁。2008 年离职并创立了 RBJ 工程公司。熟悉电力行业的项目管理、系统研究、规范设计、电气效应计算、设计审查、成本估算、设备测试、超高压交流及高压直流输电系统调试等方面。提供包括技术规范编制与审查、评标、系统研究、设计审查、设备测试见证、高压直流换流器设备和系统调试测试等在内的工程咨询服务，涉及了美国、加拿大、新西兰、马来西亚、泰国和中国等许多国家的众多高压直流输电项目。

Thomas Magg，南非注册专业工程师，拥有超过 27 年的电力行业工作经验。毕业后入职南非国家电力公司，研究内容涉及工业用电、电力咨询和设备供应等领域，在非洲高压交直流系输电统的项目管理和工程设计方面具有丰富经验，并从事无功补偿和大型非线性负载输电系统应用工作。曾负责多个大型静止无功补偿器（SVC）项目的工程设计。担任纳米比亚 350kV 高压直流输电工程、300/600MW 卡普里维柔性直流输电工程顾问。现任莫桑比克卡布拉巴萨直流输电工程松戈 533kV 直流换流站升级项目的高级技术顾问和首席工程师。2006 年加入 CIGRE 直流与电力电子专委会（SC B4），2008 年至 2014 年期间是 CIGRE SC B4 南非正式成员。

第6部分

FACTS 装置实施

FACTS 装置集成与设计研究

20

Bjarne Andersen、Dennis Woodford、Geoff Love

目次

Bjarne Andersen (✉)
英国 Bexhill−on−Sea，Andersen 电力电子解决方案有限公司
电子邮箱：Bjarne@AndersenPES.com

Dennis Woodford
加拿大曼尼托巴温尼伯，Electranix Corporation 咨询公司
电子邮箱：daw@Electranix.com

Geoff Love
爱尔兰都柏林，PSC 咨询公司
电子邮箱：Geoff.Love@pscconsulting.com

© 瑞士，Springer Nature AG 公司 2020 年版权所有
S. Nilsson，B. Andersen（编辑），柔性交流输电技术，CIGRE 绿皮书，https://doi.org/10.1007/978-3-319-71926-9_20-2

摘要

　　本章旨在概述 FACTS 装置规范发布后直至其寿命周期结束过程中通常需要的研究。本章将寿命周期分为四大阶段：投标过程中开展的研究、中标后的装置设计研究、为调试进行的研究以及 FACTS 装置运行寿命期间的研究。本章介绍了每一阶段要求和执行研究的人员的目标与职责，包括输入数据、要执行的研究、研究的原因以及研究结果的使用。

20.1　引言

　　"17 FACTS 规划研究"一章叙述了在考虑将 FACTS 装置应用于交流电网时应实施的研究。向 FACTS 装置的功能规范提供必要输入而应实施的研究，详见本书的"19 FACTS 装置采购及功能规范"一章。本章重点介绍在投标期间和 FACTS 装置运行期结束之前可能实施的研究。本章使用了 CIGRE 技术手册 563"高压直流输电系统寿命周期中开展的建模和仿真研究"（CIGRE TB 563 2013）的一些摘录，并做出了必要修改和补充，使其适用于 FACTS 装置。

　　本章叙述内容通常适用于所有 FACTS 装置，但在某些情况下，可能会提到特定 FACTS 装置的问题。读者可在本书的"第 3 部分 FACTS 装置技术"等章节获取关于不同 FACTS 装置的附加信息，包括以下章节：

　　（1）5 FACTS 装置的电力电子拓扑；

　　（2）6 静止无功补偿器（SVC）技术；

　　（3）7 静止同步补偿器（STATCOM）技术；

　　（4）8 晶闸管控制串联电容器（TCSC）技术；

　　（5）9 统一潮流控制器（UPFC）及其潜在的变化方案。

　　在大型 FACTS 装置的投标过程中，投标人通常需要进行研究，以证明所提供的 FACTS

装置将满足特定要求。应延长为期 6~8 周的小型 FACTS 装置典型投标期，以适应这些研究所需的时间，其可能包括以下部分或全部研究：

（1）主回路参数确定；

（2）简化动态性能研究；

（3）绝缘配合研究；

（4）交流谐波性能研究（如相关）；

（5）可听噪声的影响；

（6）功率损耗研究；

（7）预期可靠性/可用率。

除了上面列出的项目外，一些客户还可能要求进行进一步研究。

对交流电网运行不太重要的 FACTS 装置可能需要减少研究次数，甚至不需要研究，但这将会显著增加项目的风险。本章假定 FACTS 装置的设计将对交流电网的运行产生重大影响。

在授予合同后，中标承包商将必须深入、全面地开展上述研究。这可能使用到交流系统更详细的电网模型，以及电网中的其他电力电子设备。此外，还需要进行下列额外研究：

（1）系统集成研究，表明 FACTS 装置将满足其特定控制目标；

（2）与发电机相互作用的研究；

（3）与交流电网中其他电力电子设备相互作用的研究；

（4）支持调试的研究；

（5）验证承包商提供的供所有者使用的模型的研究。

FACTS 装置完成并移交给所有者后，所有者或输电系统运营商（TSO）将负责电网研究，包括 FACTS 装置。承包商向所有者提供的 FACTS 装置模型应使所有者能够对电网的行为（包括新的 FACTS 装置）进行详细研究。

在项目移交后的几个月内，应结合前后的交流系统，将故障期间和故障后交流电网的实际测量性能，与 FACTS 装置模型运行的研究结果进行比较。在发生任何故障或重大变化后，均应执行此操作。如果测量和研究结果一致，这将证明 FACTS 装置的模型是可以接受的。如果存在显著差异，承包商应检查这些差异，如有必要，应对 FACTS 装置的型号进行变更。

移交后，需要对 FACTS 装置模型进行持续维护。FACTS 装置的使用寿命长，对于控制系统而言，其使用寿命可达 15 年，这可能会使情况复杂化。保持模型与未来建模工具的兼容性需要在规范中给予一定的关注。某些问题可以通过 CIGRE 工作组 B4.82 的工作来解决，将在本章后面进行描述。

20.2 建模工具

"17 FACTS 规划研究"一章提供了一些关于研究工具的最低要求的信息，其用于：

（1）稳态潮流；

（2）暂态稳定性；

（3）电磁暂态；

（4）实时仿真；

（5）谐波。

这些信息也与投标过程中及之后所需的研究工具有关，因此本章不再重复。但是，应注意的是，承包商使用额外的"工具"和模型，其中大部分是承包商专有的，不包括在合同供应范围内。这些模型/工具可能包括：

（1）用于确定 FACTS 装置单个部件额定值的工具。

（2）用于确定 FACTS 装置产生的谐波水平的工具。

（3）所提供的 FACTS 装置模型的部分可包括控制系统的所谓"黑盒"部分，但至少所有控制系统设置❶应可供所有者修改。

20.3 投标过程中的研究

为了将项目咨询文件转化为技术报价，FACTS 投标人进行工程研究，以确定解决方案。这些研究大致分为四类。

（1）确定 FACTS 装置设备规格和控制策略所需的性能和额定值研究。其涉及以下主题：

1）主要方案参数及换流器特性；

2）交流谐波滤波；

3）对无线电干扰和电力线载波（PLC）滤波器的需求；

4）基本绝缘配合研究；

5）换流阀设计；

6）交流断路器、隔离开关和接地开关要求；

7）对过载穿越要求设计的影响。

（2）需要进行交互研究，以证明 FACTS 装置将如何与交流电网进行交互（若有规定）。应当注意，与共享详细交流系统模型、其他/现有 FACTS 装置和可控元件的信息相关联的约束可能会限制交互研究有效开展的程度。因此，在投标阶段，研究应集中于所设计的 FACTS 装置在这一阶段易于仿真模拟的性能，例如故障恢复、过压/欠压性能、阻尼性能（电网模型包括 TSO/NO 提供的其他设备）。这些研究可能涵盖以下主题：

1）动态性能研究——一个重要的方面是对功率振荡阻尼控制器的设备设计的影响（如需要），特别是对于串联 FACTS 装置。

2）与发电机的潜在相互作用的影响，例如次同步转矩相互作用（SSTI）或自励磁等。

3）与交流电网中的其他 FACTS 装置或电力电子系统（光伏或风电场、直流输电系统等）的潜在交互对设备和控制系统的影响。应注意的是，如果没有详细的模型，无法量化对 FACTS 装置设备和控制系统的影响，这些研究通常只在合同阶段进行。如果业主开展了量化问题的研究，则 FACTS 项目规范中应包含详细信息。

4）针对不同短路水平和配置，实现 FACTS 装置的特定响应速度。

（3）定义该解决方案的长期运营成本所需的其他性能研究。这些可能包括：

1）确定冗余，以实现特定的可靠性、可用率和可维护性保证，并作为备件策略和预防

---

❶ 包括控制器增益和可从项目人机界面（HMI）访问的参数。

性维护计划的基础。

2）电力损耗，特别重要的是当损耗需要保证或资本化时。

（4）证明符合当地环境限制的环境研究：

1）特定的噪声限值对设备造成的影响。

2）EMF（电磁场）和EMC（电磁兼容性）的特定限制对设备造成的影响。

3）在由地磁暴引起的地磁感应电流（GIC）事件期间，为实现特定性能而采取的措施（可能是规划和技术规范编制研究的一部分）。

4）土壤调查（如需要）（这可能是规划和技术规范编制研究的一部分）。

5）特定抗震设计要求的影响。

6）确定足够的爬电距离/闪络距离要求的污秽调查（可能是基本绝缘配合研究的一部分）。

7）在适用的情况下，绝缘子对结冰和过量积雪的适应性。

应注意的是，本章不包括上述（3）和（4）中的项目。（3）的 1）包含在"24 FACTS的生命周期管理"中；（3）的 2）包含在 FACTS 装置的适用技术说明相关章节中，即在"6静止无功补偿器（SVC）技术""7 静止同步补偿器（STATCOM）技术""8 晶闸管控制串联电容器（TCSC）技术"，以及"9 统一潮流控制器（UPFC）及其潜在的变化方案"章节中；上述（4）的部分内容包含在"18 FACTS 项目环境因素"章节中。上述（4）的其余部分是适用于交流变电站和交流电网的一般问题。

相关研究、供应商与子供应商的解决方案的优化都必须在投标期的约束内进行。只有作为招标规范的一部分提供的信息才能作为研究的基础。因此，允许的投标期限越长，询价文件中提供的数据越好，供应商提供的解决方案就越优化，成本效益也就越高。

将适当的交流系统信息和特定负载情况的变化汇编到软件中（特别是对于动态性能和谐波滤波器研究）是一个非常耗时的过程。通常，在投标过程中只考虑最坏情况研究，即那些表明所提供的设计/范围满足最坏情况特定要求的研究。

交流系统中基于逆变器的设备数量不断增加，将导致进一步复杂化。期望投标人在投标期间进行实际相互作用研究是不现实的。但是，投标人应利用其专业知识对以下方面进行评估：

（1）实施期间所需研究的范围；

（2）这种系统可能对控制和保护系统产生的影响；

（3）对 FACTS 装置及其设备设计的影响（如有）。

与相互作用研究执行相关的问题在第 4 节中有更详细的描述。

由于在投标期间进行研究的时间有限，大多数研究将被简化，并将依赖于技术规范中提供的系统数据和以往项目的经验。投标人将平衡所需担保的风险以及通过开展具体研究可获得的额外信息所带来的成本节约或增加。

20.3.1　额定值研究

在招标过程中，额定值研究从容量、电流、电压、绝缘等方面定义了设备设计。因为设备占据了项目成本的最大部分，所以上述研究是招标的关键部分。设计研究的基础将是规范中提供的数据。

本研究的主要目标之一是证明所提供的设计能够很好地满足规定的性能要求。因此，需特别关注 FACTS 装置电路和结构的开发，考虑正常和极端交流系统条件下的所有相关操作模式，以及现场和运输的物理尺寸和重量限制等。如有需要，应在技术规范中明确说明方案。

20.3.1.1　主方案参数

主回路参数研究的目的是确定 FACTS 装置的运行条件范围以及主要部件的额定值，包括晶闸管/IGBT 阀、变压器、电抗器、电容器和交流谐波滤波器（如需要）以及交流开关设备。这项研究通常使用投标人的内部计算程序。

在招标研究中，FACTS 装置在其工作功率范围内的稳态工作参数是在最恶劣工作条件下计算的。为了研究 FACTS 装置运行的边界，各种适用的运行参数、设备公差和测量误差在不同的研究中有所不同。设计中将考虑运行模式（例如，可投切 TSC、TSR，断路器投切和不同系统强度等）、特定的过载以及过电压和欠电压条件（固有条件和短时条件）。

研究的关键结论是 FACTS 装置在不同运行条件下的连续运行数据、阀主要参数以及变压器额定值和配置。研究还将确定 FACTS 装置的最佳布置，即断路器投切无功功率元件/交流谐波滤波器的数量和额定值，及其开关策略（如相关）。

为便于对不同的投标进行比较，所有者可为所需信息制定具体格式，例如技术数据表。通常还需要 FACTS 装置的单线图和原始布置。

20.3.1.2　旁路

对于串联连接的装置，如 TCSC、SSSC 和 UPFC，装置在附近故障期间将被旁路。旁路的设计和额定值至关重要，将对成本产生重大影响。规范中需要确定用于设计旁路的、产生最大故障电流的系统条件，投标人需要确保装置的额定值足以满足预期的交流条件。故障周期需要由供应商确定。这些研究应使用电磁暂态仿真软件进行（Anderson and Farmer 1996）。

20.3.1.3　交流谐波性能

投标阶段进行的交流谐波性能研究应确定满足 FACTS 装置规范中规定的交流谐波性能要求所需的近似滤波器参数。确切的滤波器设计，包括最终组件值和滤波器配置，只能在实施阶段确定。在招标研究中，通常对换流器产生的最坏情况的交流侧谐波电流进行评估，并确定满足项目谐波限值的交流谐波滤波器解决方案。背景谐波失真也通常被考虑（CIGRE Electra 164 1996；CIGRE Electra 167 1996；CIGRE TB 139 1999；CIGRE TB 553 2013；CIGRE TB 766 2019）。

交流系统所需的主要信息是描述不同谐波范围内谐波阻抗变化的谐波阻抗包络曲线。还需要交流系统参数，包括导致 3 次谐波产生的负序电压以及由晶闸管控制电抗器（TCR）产生的其他非特征谐波电流。欲了解更多信息，请参见本书中的"17 FACTS 规划研究"章节。

对于换流器谐波，主要问题是换流器配置及其控制、组件公差、温度、变压器阻抗等。应在整个无功功率范围内计算由 FACTS 装置阀/换流器产生的单个交流谐波电流的大小。通常情况下，滤波器是使用最坏情况下的谐波进行设计的，通常需要滤波器设计策略，因为背景谐波可能大于 FACTS 装置产生的谐波。然后针对不同的交流系统条件计算交流谐波滤波器的性能及其运行损耗。

还可能需要安装高频（HF）滤波器，即电力线载波（PLC）滤波器，以满足特定的性能标准。通常情况下，供应商将根据特定要求和以前项目中的经验确定对此类滤波器的需求。

这些滤波器的无功功率贡献相对较低，但仍需考虑，以确保总体无功功率满足特定标准。

20.3.1.4　绝缘配合

主要根据供应商的经验和实践进行初步绝缘配合研究，以确定 FACTS 装置设备的适当绝缘水平以及避雷器的选择和布置。

本研究确定了 FACTS 装置部件的雷电冲击耐受电压（LIWV）/操作冲击耐受电压（SIWV）（以前称为 BIL/SIL）。

也可确定用于绝缘爬电距离、设备空气间隙、防雷用配合电流和初步避雷器放电电流（配合电流）的初步电压。

初步避雷器能量需求主要根据以前项目的数据确定，但也可以使用电磁暂态仿真获得。

要考虑的一个特殊问题是并联避雷器之间的能量共享，由于现代避雷器的电流－电压特性的较大非线性特性，能量共享可能非常不均匀。

工频过电压（FFOV）和暂时过电压（TOV）也应考虑在内，因为避雷器的潜在高能量吸收会对其设计产生重大影响。也可参见本书中的"2 交流系统特性"章节，该章节讨论了电磁暂态仿真的一些局限性。

20.3.2　动态性能研究

20.3.2.1　交互研究

通常，不可能在投标期间对所提供的 FACTS 装置与交流电网中的其他电力电子系统或装置之间的相互作用进行详细研究。这在一定程度上是因为工作的范围，但也因为在该阶段可能无法获得有关此类系统的具体信息。如果规范中已包含有关此类其他系统的具体信息，且投标期已延长，以适应此类研究，投标人可能会要求提供开展此类研究的奖励，因为详细研究将需要大量的工程设计工作。

关于交流电网中其他电力电子系统或装置的信息可由投标人用来估计所需研究的范围和可能需要的任何缓解措施的成本。在大多数（但不是所有）情况下，缓解措施需要增强控制系统，但在某些情况下，可能需要更改 FACTS 装置设备。如果需要，设备变更的成本可能很难估计，合同文件中必须考虑如何处理。

20.3.2.2　动态研究

FACTS 装置的全部性能设计需要极大量的工程研究工作，投标期间只进行其中一部分研究。

投标阶段动态性能研究（DPS）的目的是证明所提供的 FACTS 装置的基本控制参数能够满足指定的动态性能。通常使用简化的交流电网进行。投标动态性能研究将用于：

（1）确认稳态运行。

（2）验证 FACTS 装置的响应符合特定的响应标准，包括：

1）控制系统阶跃响应，以显示静态特性和响应时间；

2）在交流系统扰动期间的性能，包括从交流系统故障中恢复；

3）特定控制功能演示。

投标人通常使用其首选的模拟软件和 FACTS 装置的适当模型，包括所有高压设备。

拟用于研究的交流电网模型应由所有者提供。应提供信息，以便能够在最大和最小短路水平下表示交流系统。考虑到在投标阶段共享详细模型（特别是附近设备）的困难，可以提供更简单的电网模型。如果 FACTS 装置在系统中起关键作用，且该系统需要在频域中进一步详细说明，则解决方法可以是提供频率相关电网等效（FDNE），并提供在连接点处模拟的暂时过压曲线和欠压曲线，以便供应商证明合规性。

如果 FACTS 装置位于光伏或风电场附近，则应提供关于这些装置的直流输电系统、发电机、同步调相机或其他 FACTS 装置信息，包括位置、额定值和任何可用的技术信息。如上所述，通常不会在招标阶段开展包含这些组成部分的研究，但需要提供信息，以便投标人能够在估计整体研究工作时考虑这些系统。

如果技术规范有要求，投标阶段动态性能研究可能必须使用非常详细的交流电网模型进行，该详细的交流电网模型是由招标规范提供。当 FACTS 装置在整个电力系统或其主要部分的动态性能中发挥主要/关键作用时则需如此。使用详细的交流电网模型和广泛的研究可能会对投标过程的持续时间产生影响。投标人的数量也可能更低。

合同授予后，交流电网模型的重大变更可能会导致对额外费用的索赔。

20.4　中标后的研究工作

20.4.1　流程概述

合同签订后，承包商将进行更详细的最终研究，以验证合同解决方案符合业主技术规范文件中规定的性能要求。通常，研究报告将提供给业主进行审查和验收。

合同执行过程中进行的研究包括本章第 3 节中列出的所有研究内容，所有研究工作是同时进行的，并且比投标阶段进行得更深入。本节重点介绍 FACTS 装置的主要电气特性。这些研究分为以下主要类别：

（1）设备设计和额定值研究：证明设备额定值使 FACTS 装置能够满足所有系统条件下的性能要求的研究。

（2）系统集成研究：旨在证明 FACTS 装置将与交流电网（包括连接到交流电网的其他电力电子系统）进行交互，且不会对其他已确定的电力电子装置产生不利影响的研究。这包括详细定义和优化 FACTS 装置的控制和保护系统。可能需要对交流电网（包括其他电力电子系统和 FACTS 装置）进行详细的建模和广泛的研究。

（3）工厂验收测试（FAT）：FAT 证明实际控制和保护系统符合技术规范要求。这通常使用实时仿真系统完成。有关 FAT 的详细讨论，见本书的"21 FACTS 装置设计与测试"章节。

业主需要向承包商提供输电系统数据，以便进行设计研究。如果业主有详细的电网模型，将使承包商能够获得电网等值模型，尤其是在进行电磁暂态仿真相关研究的情况下。应注意的是，如果在投标阶段提供的系统电网模型与合同期间提供的系统电网模型有很大不同，承包商可进行合同变更。

一些研究可能是在投标阶段进行的，目的是根据招标文件中的可用数据编制投标书和确定主要设备参数。然而，在中标后阶段，需要重新开展更为详细的研究。更多信息通常也可在这些研究的中标后阶段获得。FACTS 装置及其控制装置的模型在寿命周期阶段的详细程度随着项目变得更加明确而提高。

交互研究可能需要包含交流系统中基于逆变器的设备，如风电和光伏系统、电池储能、直流输电系统和其他 FACTS 装置。专有信息将会嵌入这些基于逆变器的设施中，并且可能包括与实际设备相同的控制和保护代码。因此，通常不允许向竞争者分发模型。对于此类设备，其通用模型需要包含在交流系统信息中，但模型应提供与其代表的实际设备相似的性能。技术和商业规范应明确业主还是承包商提供通用模型。如果承包商负责提供通用模型，则仍将存在与该模型相关的风险，这将导致项目成本增加。

建议规范要求承包商在其设备和控制保护系统中增加一定的裕度，以提供一个稳健和灵活的解决方案，以考虑交流系统与其他基于逆变器系统的通用模型与其实际性能之间的潜在差异。技术规范应明确所需裕度的范围，例如，控制和保护系统的设备附加处理和 I/O 的附加额定值，等等。在调试过程中，如果需要调整 FACTS 控制和保护系统，则可能需要裕度，但当然将增加 FACTS 装置的成本。然而，如果没有其他电力电子系统的详细模型，承包商可能不保证所提供的解决方案能够满足性能。

如果其他电力电子设备的承包商向所有者（或 TSO）提供精确的模拟模型，所有者可以在模拟中测试新 FACTS 装置的性能，即使该模型无法与 FACTS 装置承包商共享。在某些情况下，只有所有者或 TSO 有权访问电网中其他装置的专有模型。如果所有承包商提供开放使用的黑盒模型，这个问题将得到解决。

供应合同通常使承包商全权负责中标后过程中的所有研究，但上文提到的有关专有模型除外。然而，由于 FACTS 装置的详细设计通常需要交流电网及其运行性能特征的更详细和更广泛的信息，因此强调了业主作为承包商澄清和/或附加信息提供者的作用。一般来说，在设计过程中定期召开澄清会议，以澄清与技术规范或业主提供的交流电网和组件模型相关的未决问题，对于确保 FACTS 装置是基于所提供数据、交流电网模型和 FACTS 装置组件模型来开展正确设计，是非常重要的。此外，业主应及时提供承包商所需的数据和信息，以避免被认为是导致承包商未能按时交付的原因。不仅如此，澄清或采用新的/额外要求可能会显著地改变供应范围，并可能影响时间安排和商业条件。

20.4.2　设备设计和额定值研究

20.4.2.1　主回路设计

中标后主回路设计研究是在投标过程中进行的主要方案参数研究的后续研究。通过研究确定的主回路参数的额定值不仅是设备要求规范的依据，也是所有其他中标后研究的依据。

主回路设计研究是总体设计的最关键的文件。其重点是主设备额定值，包括换流阀、变压器、电抗器、电容器和交流谐波滤波器以及辅助设备。

实际设备的总体设计应考虑 FACTS 装置的所有运行工况。交流系统电压变化的规定范围、公共点处短路容量的变化以及电压波动限值都是计算的必要输入。在确定设备参数的最大和最小边界时，应考虑由于温度和频率导致的制造公差和偏差。这些参数确定了特定操作条件下的最大连续电压或电流应力。还应计算出 FACTS 装置内各个受影响设备不同边界内的规定无功功率（以及 UPFC 的有功功率）需求。若可投切无功功率设备组和交流谐波滤波器被采用，则它们也需在这些研究中予以考虑，包括相关断路器的暂态恢复电压评估。

研究的主要设计数据包括以下主要项目：

（1）换流阀的额定值（包括特定过载）；

（2）验证 FACTS 装置将满足指定的穿越标准❶；

（3）所有串联和并联无源器件（电抗器、电容器和电阻器）的额定值；

（4）变压器数据和额定值；

（5）任何断路器或换流器（例如 TSC 或 TSR）开关支路在不同运行工况下的切换策略。

该研究将为相关设备规范提供输入信息。

20.4.2.2 交流谐波性能

合同执行阶段交流谐波性能研究详细确定了换流器/阀产生的交流侧谐波电压和电流，作为其输出的函数。需要根据背景谐波和 FACTS 装置的输出谐波提出能够满足规定谐波限值的交流滤波器解决方案，并根据谐波失真水平确定交流滤波器元件的额定值。研究的主要结论是交流滤波器的拓扑结构、交流滤波器组件取值以及设备要求规范所需的每个元件的电压和电流频谱。研究需要交流电网的谐波阻抗由业主提供，将反映在 FACTS 装置中，这一要求在"17 FACTS 规划研究"章节中进行了描述。

交流滤波器研究确定了交流系统和换流器工作条件的组合，包括部件公差、频率、温度范围、变压器阻抗等，这些条件会在 FACTS 装置端产生最大程度的交流谐波电流或电压畸变。技术规范中提供了部分信息，即交流系统的谐波阻抗，部分信息由主回路设计决定。承包商通常使用内部计算程序和仿真程序来确定谐波输出，并确定公共连接点（PCC）处最坏情况下的谐波畸变。

在整个无功功率范围内计算产生的单个交流谐波电流的幅值。然后针对不同的交流系统条件（包括导致故障级别变化的交流系统突发事件）计算交流滤波器的性能及其运行损耗。同时需要知道交流系统的背景谐波水平，用于评估其对滤波器设计和设备额定值的影响。

还需要确定各个滤波器元件的工频和谐波电流，用于元件额定值、功率损耗计算和可听噪声研究，并将相关运行条件考虑在内。这些信息将被元件制造商用于计算噪声水平。

20.4.2.3 绝缘配合

在合同执行期间，进行全面和详细的绝缘配合研究，以确定 FACTS 装置设备的适当绝缘水平。本研究建立了基于避雷器的过电压保护方案，该方案既包括了 FACTS 装置站外的暂态过电压（如适用），也包括了站内的暂态过电压，例如对具有高过电压的元件施加压力的操作或故障暂态。避雷器的额定功率必须足以应对最严重故障条件下产生的能量。

由于在工频过电压（FFOV）和暂时过电压（TOV）期间避雷器吸收的能量可能比较高，因此在绝缘配合研究中也需要考虑这两种工况。

绝缘配合研究的主要目的是为电站的避雷器确定适当的最终绝缘保护水平，从而确定设备的 LIWV/SIWV 水平，还将确定避雷器的能量吸收要求。应注意，并联无间隙金属氧化物变阻器（MOV）由于具有较高的非线性指数变化，导致其能量分布不均匀，除非经过特殊设计。实际上，一个避雷器有可能吸收大部分的能量，除非避雷器经过特殊匹配。因此，研究中使用的避雷器模型必须包括避雷器电压与电流特性的容差，并应考虑最恶劣情况下的容差及其对所有避雷器能量吸收的影响，以及设备可能承受的最大过电压。

---

❶ "穿越标准"通常定义了 FACTS 装置能够保持连接的电压或电流范围，穿越过程结束后，FACTS 装置应能够立即恢复正常运行。

应在规范中提供交流系统的短路水平、交流系统电压范围、交流变电站的接地布置以及交流变电站的绝缘配合情况。

设备的爬电距离是根据特定的污秽水平和绝缘体上可能存在的最大连续电压来确定的，这通常是由额定值研究确定。

研究报告将用于记录所有运行工况下的开关浪涌、陡波和雷电冲击过电压，包括由交流系统扰动、换流阀和其他设备故障或控制系统故障引起的过电压。研究提供的关键信息应包括避雷器的最终保护水平、避雷器的数量和类型（避雷器要求规范的输入）、设备 LIWLIL/SIWL 以及降压变压器换流器侧的爬电距离和空气间隙。

研究报告应证明所选的绝缘保护和耐受水平、放电和配合电流、避雷器额定值和放电电流能力是足够的，并符合业主技术规范的要求。报告还应详细说明用于计算空气间隙和爬电距离所使用的绝缘水平。

20.4.3　相互作用研究

20.4.3.1　使用电磁暂态仿真软件进行动态性能研究

本研究的目的是验证 FACTS 装置接入交流系统后，在正常和异常工况下，其最终控制算法和参数能够满足规范要求的动态性能。目的是验证控制系统功能和参数，并证明 FACTS 装置的控制性能和稳定性，包括响应时间和故障恢复特性（Anderson and Fouad 1993）。

动态性能研究是通过使用电磁暂态程序和 FACTS 装置详细电磁暂态模型（包括选定的控制参数）进行的。由于 FACTS 装置详细模型的高计算要求，交流系统可能需要将阻抗/频率响应时间减小至合理准确的水平。模拟交流系统中应包括附近的电气元件（如发电机、风力和光伏发电场、电池储能系统、直流输电系统、其他 FACTS 装置等）。

一般来说，动态性能研究应根据项目的具体要求进行。通常情况下，应针对相关故障水平进行以下研究（通常选择最小和典型或最大故障水平）：

（1）确定无功功率上升或下降曲线，包括以 Mvar/s 为单位的相关斜率。升降速度较慢，将更便于开展控制系统的正式 FAT。

（2）潮流控制性能（用于 TCSC 和 UPFC）。

（3）无功功率控制性能。

（4）交流电压参考值/无功功率阶跃响应。

（5）近区交流故障。

（6）FACTS 装置内部故障。

（7）FACTS 装置的专用变压器充电。

（8）电动闭合变压器充电。

基于现代电磁暂态仿真软件和并行处理硬件，大型电力系统可用许多详细的设备模型和大量的事故来模拟，以评估 FACTS 装置的动态性能。

20.4.3.2　暂态稳定性研究

暂态稳定性研究的目标是证明功率振荡阻尼（POD）等高级控制的性能，并确保交流系统的稳定性。本研究的范围在很大程度上取决于 FACTS 装置技术规范所包含的高级控制。如果在规范中有规定，作为最低要求，该研究可能仅涵盖 FACTS 装置暂态稳定性模型的性能验证，最多可能涵盖几项单独的研究，涉及高级控制功能的实施和参数设计，如功率振荡阻尼、发电机的次同步振荡阻尼和紧急潮流控制（用于 TCSC 和 UPFC）。可以进行频率扫描，以确定系统中的临界频率及其阻尼。此类研究的范围应在 FACTS 装置技术规范中说明（Anderson and Fouad 1993；CIGRE TB 051 1996）。

在这些研究中，使用了小信号（特征值）分析和暂态稳定性程序。研究模型应是整个交流系统的全尺度动态暂态稳定性模型，包括所有主要发电厂、其他 FACTS 装置、直流输电系统、风电场以及交流系统中的其他电力电子装置。对于这些研究，通常仅对 FACTS 装置的主要控制回路进行建模，因为低级控制器的带宽低于所使用仿真工具的仿真步长（执行频率）。

根据技术规范的范围，在适用的情况下，应针对最低和最高故障水平进行以下研究：

（1）功率振荡阻尼和次同步振荡阻尼：

1）评估对区域间和本地模式功率振荡的阻尼改善能力；

2）参数调整和/或性能分析。

（2）对暂时过电压和欠电压的响应：在主要电网紧急故障工况下，过电压和欠电压的持续时间和水平应在可接受和/或规定的限度内。

（3）交流电网重大突发事件和重大故障响应研究：验证 FACTS 装置的响应是否符合规范。

由于电网中运行着大量基于逆变器的设备，交流电网日益复杂，因此需要将机电暂态模型与电磁暂态模型相结合，形成联合仿真模型（Irwin et al. 2012）。仿真中的电磁暂态仿真部分可能仅包含添加到 RMS[1] 暂态稳定性模型中的特定基于逆变器的模型，或从 RMS 暂态稳定性模型中划分出来并由电磁暂态仿真模型取代的、感兴趣设施周围的整个区域。电磁暂态仿真部分或整体模型的初始化来自整个系统模型的相应潮流情况。与多核计算机或多台计算机的并行处理通常用于提高求解速度。

应该根据与附近其他设备交互存在的风险情况来评估联合仿真方案。如果只考虑采用 FACTS 装置的电磁暂态仿真模型进行联合仿真，则应注意寻找最佳方法。可以是：

（1）在电磁暂态仿真研究（第 20.4.3.1 节）中运行相关实例，并且在 RMS 仿真工具中运行与 RMS 模型带宽相关的其他实例。

（2）很大一部分研究工作可以通过联合仿真开展，以使 RMS 仿真和电磁暂态仿真研究更加高效。

供应商通常会对这一问题有不少有用的见解，尽早讨论如何开展研究并确保各方对研究范围达成共识，可节省大量时间和精力。

20.4.3.3 FACTS 装置对次同步振荡的影响

可能需要进行研究以验证 FACTS 装置不会导致次同步扭振相互作用（SSTI）或无阻尼扭转振荡。

FACTS 装置 SSTI 研究通常包括两个部分：筛选研究和详细的次同步阻尼控制器（SSDC）设计研究。进行筛选研究，以识别与 FACTS 换流器控制装置相互作用的关键发电厂。应计算关键电厂的机组相互作用因子（UIF），以确定可能易受次同步扭振相互作用风险影响的关键机组（EPRI EL-2708 1982；CIGRE/IEEE guide 1992）。如果有任何发现，则应使用机

---

[1] RMS 模型是指工频模型。

组数据和 FACTS 装置及其控制系统的详细模型进行进一步的具体研究（Agrawal and Farmer 1979；Katz et al. 1989）。

FACTS 装置承包商必须证明，控制系统能够在易受影响的发电厂确定范围内的任何频率下提供必要的阻尼振荡。该频率范围可以在 4～40Hz 之间（对于 50Hz 系统）[1]。与 FACTS 装置存在次同步谐振风险的电厂，建议应考虑对次同步振荡进行监测和保护。也可参见本书中"8 晶闸管控制串联电容器（TCSC）技术"一章。

FACTS 装置承包商应开展研究以确定次同步谐振的风险，如果被视为重大风险，则应根据合同执行期间提供的最终发电机组数据，将谐振抑制的阻尼算法纳入 FACTS 控制系统。应在早期阶段（最好是在投标阶段）提供最终发电机数据，以便在中标后研究和 FAT 测试期间实施阻尼算法并检验其有效性。

详细的次同步阻尼控制器设计研究所需的发电机组数据为：

（1）发电机组电气数据；

（2）升压变压器电气数据；

（3）励磁机、电力系统稳定器和调速器模型；

（4）轴系模型（极对数、质量块数、质量块惯性常数、刚度系数、施加在汽轮机不同质量块的相对功率）。

一般的轴系模型和假设的轴系模型不足以进行详细研究。

如果前三个项目中的数据是已知的，但是轴系模型数据不可用，当 SSTI 存在潜在风险时，最好尽快提供该信息。在这种情况下，可采用电阻尼法评估系统在次同步频率范围内的风险。

20.4.3.4 控制和保护系统的工厂试验

工厂验收测试（FAT）应证明控制保护系统硬件和软件的性能符合标准要求。这些测试是通过将控制保护系统硬件连接到实时仿真器（RTS）进行，该实时仿真器包含所连接的交流系统的仿真模型，包括其他 FACTS 装置、风电场、直流输电系统等。

工厂验收测试详见本书中的"21 FACTS 装置设计与测试"章节。

FAT 中使用的交流系统等值模型通常会比非实时仿真研究中使用的等值模型简化得多，等值模型中可能包含无穷大电源。因此，在实时仿真中获得的性能可能不同于在非实时仿真系统中获得的性能。

FAT 不是设计研究的重复，而是确认研究期间开发的设计已在控制保护系统中实施，并将交付至现场。FAT 的重点是控制器已经正确实现，并且整个控制保护系统的性能令人满意。工厂验收测试结果应与设计早期阶段获得的仿真结果进行比较，以确认其应用的仿真模型能合理地代表实际硬件。

当电磁暂态仿真模型连接到简单的交流系统模型时，通常更容易将电磁暂态仿真模型与其实际控制和 RTS 模型进行比较。这确保了具有固有特性的不同仿真平台和不同交流元件模型不会不匹配。应研究并解释两者之间的任何明显差异。

当与简单交流系统的比较可以接受时，电磁暂态仿真模型可用于更大电网等值模型的研究，而 RTS 模型可主要用于证明适当的控制功能和性能（类似地，RMS 模型用于全交流系

---

[1] 某些核电站可具有高于 40Hz 的模式（对于 50Hz 系统）。

统研究，电磁暂态仿真模型用于全系统的选定部分，其使用具有某些系统边界的等值模型）。

由于线路或发电机的跳闸会改变交流系统中的潮流，而通常系统建模的程度有限，因此 RTS 模型的适用性可能是有限的。这些验证通常在暂态稳定性研究期间使用 RMS 建模软件进行。此外，如果承包商在 FAT 之前已经提供了 FACTS 装置的精确电磁暂态仿真模型，则可以将其包括在广域电磁暂态系统模型中，这对于可用 RTS 的简化系统模型而言是不可能的。

当 FAT 试验列表在试验前已经与业主合作制定完成，则可以在广域电磁暂态仿真模型和简化系统的电磁暂态仿真模型中对其进行预测试。这有助于了解 FAT 和使用简化系统模型中的限制。

如本章前面所述，向承包商提供广域电磁暂态系统模型的一个挑战是：广域系统中的一些设备模型可能包含在保密协议中，这可能会阻止向竞争对手提供此类模型。但是，FACTS 装置业主可能已经同意研究广域模型中的所有设施。因此，当在电网上运行时，需要确保用于 FAT 的简化系统模型将是可接受的。操作员界面测试也为业主的操作人员提供了熟悉系统操作的理想机会。

FAT 的主要结果是确认设备已准备好发运现场，即设备控制系统功能和参数满足规范要求。它开展了稳定性、故障恢复和其他通用的 FACTS 控制功能的验证。如果不单独进行动态性能研究，则 FAT 也是设备满足规定的静态、动态性能的证明，包括响应时间、故障恢复和其他实施的控制功能（如有）。

20.5 FACTS 装置调试阶段的研究

本节描述了规划调试所需的研究，这些测试需要证明 FACTS 装置的设计及实施的有效性。理想情况下，所有或大部分与调试相关的研究案例都应包括在最坏情况下进行的动态性能研究的要求中。然而，一些研究可能会重复进行，以反映调试时的实际系统条件。

调试按照不提供或提供有限数量的特殊/附加研究以及专用试验计划进行。在一定程度上，调试是在 FAT 期间使用潮流模型（交流系统等效）进行的。

FACTS 装置调试阶段应进行的试验详细说明见本书的"22 FACTS 装置调试"章节。验证 FACTS 装置动态运行的一些调试可能会显著影响（尤其是在不成功的情况下）交流系统性能。因此，必须开展研究以量化对实际系统的影响，并评估进行测试的最可行方法。

在调试之前开展的研究为调试的预期结果提供了参考。根据 FAT 范围，基于 FAT 的结果还可以获得预期 FACTS 装置性能的参考。

调试结果与相关研究或 FAT 记录之间有重大偏差时需要开展详细分析，这可能导致 FACTS 装置模型或交流电网模型发生变化。在某些情况下，这些偏差可能需要更改 FACTS 控制，随后应仔细评估这些改变对模型有效性和 FACTS 装置性能的影响。

如果 FACTS 装置对传输系统的性能有非常显著的影响，则可能需要在调试期间加入实际系统扰动，以论证 FACTS 装置的性能；可能需要进行此类试验，以证明作为传输系统一部分的 FACTS 装置的实际性能满足规定的要求。尽管这些测试可能对传输系统产生相当大的影响，但是根据详细计划执行测试可能是首选方案，因为备选方案可能要等待类似的实际系统事件。

值得强调的一个方面是，正在进行的电力业务重组，特别是发电与输电的分离，使得 FACTS 装置业主更难为调试做出具体安排。对于那些可能对电压水平和电能质量产生重大影响的测试尤其如此。由于调试期（特别是仅考虑系统级测试）相当短，因此在调试期间可能无法获得进行某些调试项目所需的适当运行条件，例如交流系统故障恢复或 POD 控制测试。因此，一些调试和研究最终可能在调试后测试。

20.5.1　研究概述

大多数情况下，系统性能和与系统交互相关的调试研究应遵循设计研究和工厂验收测试的结构形式。然而，调试相关研究的主要范围是确定进行调试的可行方法，以便能够测试和验证 FACTS 装置的性能，并且测试对其他电网用户的影响不会变得太严重。设计阶段研究和工厂验收研究的结果通常并不直接适用于调试研究，因为调试是在典型运行条件下进行的，而不是在紧急条件下进行的，而设计阶段研究必须在技术规范所述的最极端条件下进行。

在 FACTS 装置寿命周期的这一阶段所需的研究或研究相关因素如下：

（1）开发适当的交流电网等效模型，描述调试期间的电网运行条件。

（2）维护 FACTS 装置模型，包括在 FACTS 装置的厂外和现场调试以及在稳态运行测试期间可能开展的变更和完善。还包括维护模型和更新计算，包括在现场动态性能评估期间所做的更改。

（3）承包商必须为不同的调试确定可能的操作和切换条件。测试对操作条件的影响越严重，就需要进行更广泛的研究，对测试性能的限制也越大。然而，动态性能研究很可能涵盖了最坏情况，因此不应要求进行主要研究活动。

从系统运行角度和 FACTS 装置模型验证角度考虑，调试规划的最关键和最苛刻的阶段研究应包括：

（1）交流侧无功功率设备组（如有）和变压器的切换；

（2）用于阻尼改进的二次控制性能（SSDC、POD）；

（3）FACTS 装置系统的故障穿越/恢复。

应评估旨在验证较慢的二次控制对交流系统性能控制效果的调试，但也可以在更严格和更快速的测试期间验证这一点。此外，还应研究 FACTS 装置因瞬态和临时过电压而突然脱网的影响。该事件可能与故障恢复和交流系统稳定性相关研究有关，因此可能不需要单独研究。

虽然大多数研究都是在设计阶段使用电磁暂态仿真进行，但在调试阶段，必须检查周围交流电网的影响。根据 FACTS 装置的结构以及周围的交流电网，这可能需要研究完整的机电动态以及与输电网内的其他设施的控制相互作用。这需要使用暂态稳定性仿真加上与电磁暂态的联合仿真。

研究需要以下信息：

（1）FACTS 装置附近的用户负载（特别敏感）和发电机组；

（2）附近的保护和控制系统；

（3）串联补偿和附近基于逆变器的设备。

研究所需的信息将在下一节中描述。

应注意的是：额外的测试和研究（即作为 FAT 或调试研究的一部分以及测试结果的评

估）增加了成本并影响了总体时间进度安排。一般情况下，所有与系统相关且重要的测试均应按照之前进行的研究以及在 FAT 期间进行的测试开展。相关输入数据和信息应在项目的早期阶段提供，最好是在招标/投标阶段提供。调试后的调试研究或验证主要是为了调查意外情况或事件以及测试设计修改。

在调试阶段，仿真研究的责任可根据调试阶段研究的两个主要目标进行划分：

（1）项目所有者（或公用事业公司）应负责分析与评估不同调试的可行条件。这是因为所有者有权访问系统模型、敏感客户负载的信息以及调试期间可能受到测试影响的其他设备。所有者也应有能力评估 FACTS 装置可能发生的突然脱网对系统稳定性的影响。所有者还应避免在调试期间安排关键电网设备的维护，因为这可能会妨碍进行最严格的测试。调试阶段研究应在调试期之前开始，以便于测试的优化运行规划。

（2）承包商应负责提供：

1）FACTS 装置的系统、控制器的配置和参数化的所有变更；

2）在 FAT 期间和调试期间对 FACTS 装置模型所做的所有变更；

3）FACTS 装置模型的任何变更都应立即通知业主，以便在需要时可以相应地更新调试研究，并能够尽快变更实施测试计划或系统运行。

最重要的是，在整个调试期间，业主、承包商和拥有和/或运营传输系统的公用事业单位之间需要进行密切合作和信息交流。为了所有者的利益，保留所有变更的准确记录。

20.5.2　切换交流侧滤波器和变压器

FACTS 装置系统调试的第一阶段是将任何交流侧无功功率元件、交流谐波滤波器和变压器首次连接到交流电网。

在 FAT 结束时实施的所有修改应包括在控制和保护系统文档中，并且应在调试之前提供 FACTS 电磁暂态仿真模型中的真实代码。应避免更新规范和/或重复设计阶段研究。

试验的目的是评估在某些运行条件或顺序事件下，无功功率元件/滤波器和变压器的投切是否会违反电压水平或电能质量标准。考虑到 FACTS 装置最有可能满足设计标准，因此不太可能出现违规情况。然而，如果要投切的设备相对较大，则在调试期间，在预期系统条件下检查设备投切对电压水平和电能质量的影响是有益的。关于预期电压变化的信息，特别是输电电压等级的信息，对于电网运营商、附近发电机组的运营商、加工工业的运营商以及其他附近的电网客户都是有益的。

与其他使用电磁暂态仿真研究一样，DPS 中应用的模型可能已经足够，但必须要考虑调试期间的实际操作和切换条件。

20.5.3　应用于阻尼改善的控制装置性能

一些 FACTS 装置可以提供功率振荡阻尼（POD）和/或次同步阻尼控制（SSDC）以及次同步控制交互（SSCI）。这些控制功能通常由串联 FACTS 装置提供，例如晶闸管控制串联补偿器（TCSC）、统一潮流控制器（UPFC）及其变体，包括串联静止同步补偿器（SSSC），但是静止无功补偿器（SVC）和静止补偿器（STATCOM）也可以提供这一功能，如在本书的"12 SVC 应用实例""13 STATCOM 应用实例""14 TCSC 应用实例"，以及"15 UPFC 及其变体的应用实例"中所述。

　　这种阻尼控制由 FACTS 装置提供，通过串联 FACTS 装置改变线路的有效串联阻抗，或者通过使用并联 FACTS 装置改变线路中的交流电压幅值和无功潮流。串联装置比并联装置更为有效，但是并联装置可以同时影响更多线路。并联装置 POD 功能的有效性取决于其位置和测量的输入信号（CIGRE TB 111 1996）。

　　从研究的角度来看，POD、SSDC 和 SSCI 是 FACTS 装置最关键的二级控制，因为它们的测试需要广泛的系统研究。其根本原因是 POD、SSDC 和 SSCI 分别用于改善机电振荡和次同步振荡的阻尼，在某些操作和切换条件下，它们对系统稳定性的影响可能是至关重要的。阻尼控制装置的真实阻尼效果的验证可以被认为是非常重要的，以便可以考虑其阻尼效果。

　　阻尼控制器的控制参数整定不合理，可能会对阻尼产生重大不利影响，并可能显著导致机电或次同步振荡的不稳定性。

　　由于现场阻尼效果初步测试安排起来可能非常困难，因此在工厂测试期间进行适当的功能测试（例如使用信号注入）可被视为证明阻尼控制操作使用的合理证据。然而，从输电系统的角度来看，控制的重要性是调试阶段所需测试范围的决定性因素。

　　除了 FACTS 装置模型验证之外，本研究的主要目标是确定系统条件。在该条件下，可以采用可靠的方式验证 POD、SSDC 和 SSCI 控制的阻尼效应。

　　在与 POD 测试相关的研究中，两个主要目标是首先找到激发机电振荡模式的合理方法，其次是确定可以激发高振幅振荡的操作条件。TSO/NO 应能够提前识别这些操作场景，并且他们比承包商更了解电网且可访问电网。在研究过程中，需要改变和评估的主要因素是那些对机电振荡模式的阻尼具有最显著影响的因素。此类因素的示例包括通过主要交流输电通道的电力传输、电力系统稳定器的状态以及其他 POD 控制。研究的准确性依赖于获得可靠的发电机参数以及自动电压调节器（AVR）和电力系统稳定器（PSS）的整定参数。研究的主要输出基本上是能够激发振荡的可能事件和操作条件范围的组合列表，在这些操作条件下可以进行测试，从而可以以可靠和安全的方式验证 POD 控制的阻尼效应。

　　SSDC 测试研究的目标和关键输出与 POD 研究非常相似。必须在 SSDC 调试研究中评估适用于验证阻尼效应，以及系统事件或其他类似次同步振荡激励源的操作和切换条件。

　　当其他基于逆变器的设备和/或串联补偿位于 FACTS 装置的区域内，并可能导致与 FACTS 装置的控制交互时，则需要进行 SSCI 测试研究。这只能通过电磁暂态仿真来观察使用嵌入在逆变器模型中的控制和保护的实际代码。

　　POD、SSDC 和 SSCI 测试之间的主要区别在于：POD 测试所需的操作条件在许多同步区域取决于交流系统内的潮流，这是由电力市场的情况决定的。如果市场情况导致在调试期间无法提供用于激发振幅足够高的、用以验证的振荡所需的传输功率，则 POD 相关测试将被推迟，直到获得研究所需的条件。对 SSDC，所需的操作条件更多地取决于用于交互测试的附近单元的可用性，以及改变切换条件的可能性，以便获得 SSDC 研究所需的测试条件。SSCI 只能在各种潮流条件下的应急研究中出现。

　　在系统范围测量（如来自广域测量系统）的情况下，阻尼验证测试的记录可以作为系统操作员执行的连续过程的一部分，以验证其动态电力系统仿真模型。

　　研究采用的电网模型基本上可作为公用事业公司分析日常传输限值的模型。分析中应考虑大型发电机组和输电线路在计划调试期间可能发生的停运。为了评估 SSDC 调试安排，可以使用电磁暂态仿真分析，优选使用在 FACTS 装置 SSTI、SSCI 和 SSDC 调整研究阶段应用的模型。

20.5.4 交流系统故障测试

FACTS 装置最重要的性能标准之一与故障恢复性能有关，可以进行阶段性测试以验证：

（1）FACTS 装置在恢复期间的测量性能，以满足技术规范中设定的标准；

（2）性能应符合设计研究和工厂验收测试期间开展分析的结果。

分阶段交流系统故障测试可能对其他电网用户产生严重的不利影响，特别是那些负载易受电压水平快速变化影响的用户。因此，证明故障测试的必要性需要对可能的测试安排开展非常详细的分析（例如：关于特殊的开关条件、一天中的时间、对低输电系统电压水平处电压质量的影响等）。另见 CIGRE 技术手册 97 的"直流输电装置的系统测试"（CIGRE TB 97 1995）。也可另见本书"22 FACTS 装置调试"章节。

从建模的角度来看，研究的主要目的是验证使用电磁暂态仿真模型和暂态稳定性模型在交流系统故障期间和之后的恢复性能。研究亦应评估阶段性故障对其他电网用户及系统稳定性的可能影响（CIGRE TB 145 1999）。

研究的关键输出可以考虑如下：

（1）能够限制阶段性测试对其他电网用户（特别是具有敏感负载的用户）影响的交流电网切换条件；

（2）无交流系统不稳定风险，且允许开展测试的交流电网运行条件；

（3）分段故障的类型和位置，以便实现上述目标。

在开展了测试之后，就可以验证 FACTS 装置的电磁暂态仿真模型和暂态稳定性模型的故障恢复性能。基于这些测量，特别是广域测量可用时，其他电力系统组件和系统模型的性能通常也可以得到验证。

必须及时更新应用于 DPS 的电磁暂态仿真模型，以便能够使用典型的操作和切换条件进行研究。必须使用交流电源系统的全尺度暂态稳定性模型和联合模拟模型（如适用），以详细评估故障试验成功或失败对系统影响的范围。

20.5.5 模型验证

应将测试结果与研究结果或现场测试进行比较，作为模型验证的一部分。参见本书"22 FACTS 装置调试"章节，其中包含了 FACTS 装置模型调试验证试验的例子。

20.6 FACTS 装置服役阶段的研究

20.6.1 流程概述

成功完成 FACTS 装置调试之后，即可开始 FACTS 装置的正常商业使用。FACTS 装置服役阶段的维护研究可分为 3 个不同的组，在以下章节中有更详细的描述：

（1）输电网规划和运行研究；

（2）扰动后分析和模型验证研究；

（3）新输电和发电设备或 FACTS 装置整修后的预先规范研究。

所有这些研究的一个共同点是，获得可靠研究结果的先决条件是获得经过验证且完全可操作的FACTS装置模型。运行阶段研究所需模型的可用性应在FACTS装置规范中予以明确。值得一提的是，每天通常只有适用于潮流、暂态稳定性以及联合仿真研究的模型用于输电网规划和运行研究。然而，任何FACTS装置项目的技术规范中均应考虑对电磁暂态仿真等其他类型模型的长期需求。技术规范还应包括承包商提供电磁暂态仿真模型和暂态稳定性模型的要求，最好是在调试之前提供。

在FACTS装置设计（包括工厂测试）和调试阶段，FACTS装置的模型将被广泛使用和测试，如本章第4节和第5节所述，在调试过程之后，FACTS装置模型通常可用于电网规划和运行研究。然而，虽然规范中描述的所有最严重和最具挑战性的操作条件和扰动都可以并且应该在工厂测试期间进行测试，但在现场，模型验证通常仅限于对输电网有较小或适度影响的测试。因此，如第20.6.3节所述，进一步的模型验证应结合扰动后分析进行。该分析应在每次重大扰动之后执行，以评估和验证输电网、FACTS装置和其他组件（例如风电场、发电机、其他电力电子装置等）的模型，以实现能够反应输电网真实行为的模型。与FACTS装置相关的故障记录器应具备与承包商约定的适当触发条件。

FACTS装置规范应定义用户和TSO主要研究目的所需的模型。

影响模型可用性和适用性的另一个问题是其可维护性。为了保证模型的可维护性，从而保证其在FACTS装置的整个生命周期内，甚至直到FACTS控制和自动化系统的更新（15～25年）后的可用性，从FACTS装置建模的角度来看，由于仿真程序和用于程序运行的平台的不断开发，对模型的可维护性和可用性提出了真正的挑战。本章第7节进一步讨论了模型可维护性主题。

电网所有者和负责输电网开发及运营的运营商负责输电网的分析，包括规划和扰动后相关分析。

20.6.2 传输系统规划和运行研究

输电系统运营商进行的大部分系统研究包括传输系统规划和运行研究。规划研究通常针对不同的时间范围进行：

（1）基于情景的大型电力传输长期投资规划；

（2）区域输电充分性和安全性的中期投资规划；

（3）维护和施工相关拥塞规划的短期运行规划；

（4）用于拥塞和传输能力分析的近实时或实时系统安全分析。

用于研究的工具各不相同，主要取决于传输系统的固有特性，这些特性定义了管理不同规划和运行方面所需的系统分析工具。此外，应用于长期规划或拥塞管理的方法可能会影响分析，从而影响FACTS装置建模要求（CIGRE TB 301 2006；CIGRE TB 700 2017）。

规划和运行研究通常需要FACTS装置模型（如"17 FACTS规划研究"一章第2节所述）。这些研究通常会使用不同的潮流和短路分析工具以及不同的瞬态和/或小信号稳定性工具。所有这些研究的共同点是，交流输电系统及其设备是基于最佳可用知识和最广泛的实践范围进行建模的，因此在分析中考虑了所有相关电力系统组件的影响。这可视为第20.6.3节中描述的扰动后分析支持的连续过程。

现有 FACTS 装置的主要建模要求是直截了当的；模型需要验证，考虑到研究范围，它们应该以现实的方式代表 FACTS 装置的相关特性。尽管这样的要求对于产生可信结果是显而易见的，但是该要求可能导致单个 FACTS 装置模型的计算负担变得相对较高。事实上，如果几个详细的 FACTS 装置模型必须作为大型交流电网模型的一部分，计算负担可能成为一个重要问题。在这种情况下，可能需要仅代表最相关性能特征的 FACTS 装置模型，并且在编写技术规范的阶段必须解决此类需求。有或没有联合仿真的并行处理是一种可靠的且当前最先进的方法，可处理由更详细的模型产生的计算负担。从 FACTS 装置建模的角度来看，还需要考虑中长期规划阶段研究中的其他规划 FACTS 装置项目。对于计划/规划的新 FACTS 装置项目，没有详细且经验证的 FACTS 装置模型可用。因此，对于这些研究，可以使用可用于并联和串联 FACTS 装置系统的通用 FACTS 装置基准模型。然而，基准模型代表了典型 FACTS 装置的性能特征，这可能不适用于未来的 FACTS 装置，特别是如果它将对局部或系统范围内的电力系统性能产生重大影响。在这种情况下，联系 FACTS 装置供应商以获得为这些特殊情况提供更真实性能特征的模型可能会有所帮助。这些规划研究的结果通常为规范前的研究提供重要信息。

未来基于电力电子设备的设计者有责任确保他们的产品在该 FACTS 装置中的性能可接受。随着电力系统的迅速变化，几乎不可能预测其未来的发展。例如，随着老化的基础设施退役，其替代品的结构和控制方式将有所不同，更多的电力电子设备将被集成到数字控制中。

20.6.3　扰动后分析（模型验证研究）

通常，扰动后分析的基本目标是：

（1）了解重载和/或极端条件下的电力系统性能及其部件情况；

（2）验证用于输电网及其设备的设计、规划和运行的模型。

虽然扰动后研究的性质差异很大，因为从不同的电力系统现象和不同的电力系统组件的角度来看，不同的扰动引人关注，但所有方法的基本研究流程和要求都是相同的。

用于模型验证目的的扰动后分析有四个主要先决条件，即：

（1）考虑到相关现象和待验证的模型，相关系统参数的扰动记录具有足够的采样分辨率。

（2）设备和组件模型提供足够的灵活性，以便模型的参数和结构可以改变，或者组件模型可以被更精确的模型取代。

（3）交流电网模型，具有相关干扰分析所需的相关详细程度和范围。

（4）输电网相关设备及相关部分的扰动前和扰动后运行条件信息。

从 FACTS 装置建模的角度来看，在编写 FACTS 装置规范时，应考虑合适的 FACTS 装置模型和故障录波器（至少是具有足够录波容量和能力的暂态故障录波器和功率摆动录波器）的可用性。在创建规范和确定录波器的触发标准时，应考虑输电网性能下 FACTS 装置的作用，以及 FACTS 装置与其他电力系统组件之间可能的相互作用。

20.6.4　新型输电和发电设备的规范前研究

在 FACTS 装置系统的生命周期中，输电网很可能会发生变化，包括其他 FACTS 装置、新线路/升级线路、发电设备、光伏或风力发电厂。除了与电网充分性和稳定性有关的典型可行性阶段研究之外，大型项目在可行性研究阶段可能需要特别的研究，需使用比典型输电系统运行计划研究中更为详细的 FACTS 装置模型。因此，FACTS 装置系统的更详细暂态稳定性和电磁暂态仿真模型变得更加重要。此外，项目阶段提供的模型在 5～10 年后可能不会有用，除非模型是可维护的，这应该已经在规范阶段适当地处理。

FACTS 装置模型可以成为交流电网模型的一部分，用于未来 FACTS（和其他）装置的规范和实现研究。

在为 FACTS 装置指定模型时，需要考虑使用装置模型的能力，包括其他承包商使用装置模型的能力。

当需要对原 FACTS 装置的控制和自动化系统进行改造时，详细的 FACTS 装置模型也变得重要。

20.7　模型维护

20.7.1　引言

电网运营商将 FACTS 装置模型用于三个主要目的：

（1）运行规划；

（2）扰动后分析；

（3）用于各种电网规划相关研究。

特别是，如果计划在现有 FACTS 装置附近安装新的大型发电机、风电场或 FACTS 装置，则需要对现有系统中 FACTS 装置的详细模型开展研究，以保证未来系统将令人满意地、安全地运行，并且在任何运行条件下都不会出现不利的相互作用。因此，有效的 FACTS 装置模型和有效的电力系统元件模型通常是输电网规划、设计和运行的关键工具。因此，在 FACTS 装置的整个生命周期中，必须考虑模型的可维护性问题。

模型可维护性非常重要，尤其是从电力系统规划和运行的角度来看。然而，如果在模型交付几年后，创建模型的程序、软件或平台丢失或不再受支持，则经过充分验证的现实模型将毫无价值。

FACTS 装置的用户负责模型的维护。然而，对商用 FACTS 装置，系统所有者却很少使用该模型，但是该模型却是电网运营商所需要的。在这种情况下，FACTS 装置的用户与电网运营商之间需要双边协议。这些问题应在技术规范以及商用 FACTS 装置的连接协议中加以解决。一些电网运营商通常在包括连接协议之内的电网连接要求中提出了其对商用 FACTS 装置的要求。

本节讨论了与建模需求和模型可维护性有关的一般问题，提出了克服与模型可维护性有关问题的各种方法，并讨论了可能的发展趋势。

20.7.2　模型维护面临的挑战

模型维护是一个极具挑战性的课题。这一固有问题与 FACTS 装置的预计使用寿命可能长达 30～50 年有关，而电力系统分析程序的重要新版本可能每 2～5 年发布一次。然而，控制系统的预期寿命通常只有 10~15 年，并且当更换控制系统时，新的控制系统需要再次验证并且再生成模型。

与旧版本和相关定制模型的兼容性显然是新版本仿真软件开发中要解决的问题之一，但随着应用于创建和操作软件的平台和操作系统不断变化，定制组件模型的兼容性无法得到保证。克服软件和平台相关问题的一个方法是：为详细模型提供开源代码，以便可根据新的软件平台和操作系统所带来的变化对源代码进行重新编译或修改语法。然而，这需要：

（1）使用该模型的公司训练技术人员能够处理源代码；

（2）FACTS 装置供应商能够交出商业机密信息。

考虑到竞争激烈的商业环境，这两种方案都具有挑战性和难度，在实践中难以实现。电力电子设备的控制保护的实际代码是嵌入到其黑盒模型中并根据需要进行更新的，因此将该黑盒模型经标准化接入到任意仿真软件查看是很有必要的，然而这种标准化接入在本书发布时尚不可用。

模型维护面临诸多挑战。首先，如果 FACTS 装置的用户或操作 FACTS 装置的电力公司不具有详细建模所需的所有信息，则他们无法使模型始终保持最新状态。期望电力公司获得、持有、保留和培养维护模型所需的专业知识，是一个经济和战略问题。因此，用户和电网运营商需要了解影响 FACTS 装置性能的因素，以便确定模型的需求集，并为建模工作达成妥协。

另一个重要问题是，维护不仅由参与使用项目指定 FACTS 装置模型的少数各方管理，而且计算机操作系统和编程平台的供应商也会影响模型的可维护性。如果操作系统和/或编程平台中的变化影响编译模型（或其子例程）的兼容性，则模型的可用性可能会由于不依赖于仿真工具供应商、FACTS 装置模型承包商、FACTS 装置所有者或电网运营商的原因而丧失。

与此相关的是：也许规模稍小，涉及"仿真工具和开发平台不是由有义务提供仿真模型的公司开发的"这一事实。随着仿真工具越来越深入地集成到 FACTS 装置设计过程中，如果 FACTS 装置的承包商和主要仿真工具的供应商之间的合作密切，则可以更好地解决这个问题。

由于承包商提供的仿真模型通常需要通过保密协议保护专有数据，CIGRE 工作组 B4.82 "电力系统分析中直流输电系统、FACTS 及基于逆变器的发电单元的电磁暂态仿真模型中实际代码的使用指南"也正在与 IEEE 工作组协调，该工作组成立于 2019 年，希望能就这一问题达成解决方案。所期望的最终目标是为标准制定基础并建立统一格式，使承包商能够将其各种设备模型纳入一个包含所有主要电磁暂态仿真和暂态稳定性仿真的、安全的动态链接库（DLL）中。一些承包商可能仍然要求将其 DLL 模型视为专有，仅通过保密协议使用。

基于上述方式，通过与电磁暂态仿真模型联合仿真或仅开展电磁暂态仿真，可使 FACTS 和基于逆变器的设备模型在暂态稳定性研究中发挥作用。电磁暂态仿真 DLL 本质上是一个"黑盒"，它将实际的控制和保护代码嵌入到暂态稳定性联合仿真或电磁暂态仿真中。如果 FACTS 装置的控制和保护代码的更新是由其承包商实施的，也许是作为其所有者或传输运营商的要求，必须提供替换 DLL。

考虑到 CIGRE 工作组 B4.82 和相关 IEEE 工作组所推动的 DLL 方法有望发展成为标准，对于 FACTS 电磁暂态仿真模型，上述挑战将得到缓解，并由负责的承包商更新和提供修订后的 DLL。这样做的一个好处是：即便无法直接连接到暂态稳定性程序，DLL 也可以在大多数电磁暂态仿真平台上运行，并反映到与联合仿真一起运行的暂态稳定性模型中。一种可能性是为非专有的 DLL 模型开发和管理一个注册表，显示可以从何处下载。需要确定谁来管理该注册表！

20.7.3　模型维护方法

本节介绍了提供项目特定模型的四种不同方法：

（1）黑盒模型和动态链接库（DLL）；

（2）提供源代码；

（3）简化响应模型，以补充详细模型；

（4）控制和保护系统机柜的复制品。

20.7.3.1　黑盒模型

基本上，承包商提供的所有详细模型在某种程度上都是黑盒模型，因为在信号处理和控制实现中应用的算法所实现的详细信息通常被认为是商业机密。典型的方法从全黑盒模型到部分黑盒模型不等。在全黑盒和 DLL 模型中，整个 FACTS 装置模型以封闭源代码提供，用户只能通过提供一些可设置参数（例如：控制参考值的选择、二级控制的参数或二级控制的激活和停用）和固定测量通道访问该模型，这些固定测量通道提供主控制信号和交流系统变量的行为信息，例如交流电压。

黑盒或 DLL 模型的固有问题与运行仿真程序和黑盒模型的软件环境中的变化有关。在这种情况下，还值得一提的是与黑盒模型可用性相关的问题。可用性问题通常与这类研究有关：需要对二级控制的参数或结构进行修改。这些问题可以在与模型相关的技术规范中解决这些需求来克服。黑盒模型也可能阻碍进行灵敏度分析，例如在电网扩建研究中考虑在现有 FACTS 装置附近安装新的换流器的情况。黑盒模型还可能使仿真模型的调试复杂化，例如 FACTS 装置模型的性能与预期性能不一致的情况。为避免出现上述情况，应在技术规范中说明模型的记录方式，以及与 FACTS 装置模型相关的源代码的封闭范围。CIGRE 工作组 B4.82 和 IEEE 工作组制定的标准将要求所有电磁暂态仿真模型须允许 DLL 直接连接到任意电磁暂态仿真软件。

另外，由于黑盒模型可能包含所实现的全部控制和保护算法，控制和保护系统的细节非常详实，所以以黑盒模型的计算负担可能变得非常高。因此，除非应用并行计算，否则仿真可能会花费很长时间，这正迅速成为标准实践。然而，高细节程度将导致模型的复杂化。

简化响应模型可用于降低计算负担。虽然响应模型也倾向于使模型的使用更加直截了当，但使用简化模型会影响用户对仿真结果的理解。此外，DLL 模型将通常包含 FACTS 装置的所有精确内容，并在电磁暂态仿真中做出相应的响应，与实际电力系统动作保持潜在一致。每个 DLL 都可以加载到自己的计算机内核中进行并行操作，其计算时间步长与电网电磁暂态仿真计算时间步长无关。这将减轻计算负担。

20.7.3.2　提供源代码

在设备的生命周期中维护模型的一个解决方案是由所有者获取控制系统源代码。其余数据，即电气元件的参数，应在 FACTS 装置的技术文件中提供。

当向客户提供源代码时，承包商可以提供控制系统的设计环境和源代码，以便可以重新编译源代码或修改语法。在某些情况下，源代码是图形块编程语言的形式。承包商可向客户提供完整的软件环境，以便从源代码生成模型或 DLL。

为解决与软件和平台相关的问题，承包商可向客户提供控制和保护系统的详细描述。该描述可以以详细框图的形式提供。为保证保密性，可以签订保密协议。

模型交付可包括：

（1）能够生成从源代码到静态或动态链接库的详细模型的完整环境。

（2）用于生成详细模型的完整控制和保护系统的源代码。

（3）涵盖开发环境和源代码的支持周期。在此周期间，供应商负责保持实际装置与提供给客户的源代码之间的相似性。当实际的 FACTS 装置源代码被修改时，DLL 模型中嵌入的源代码也将被重新更新和发布。

（4）环境文档，包括用于生成详细模型或 DLL 函数的描述。

然而，承包商通常不愿意为客户提供源代码，尤其是新技术的源代码。可以在客户和承包商之间达成协议，以便在设备安装后的某个时间提供源代码。也可以在承包商和客户之间达成协议，以便在某些预定的情况下（如承包商破产）向客户提供源代码。

20.7.3.3　简化的响应模型以补充详细模型

简化的响应模型中，控制系统模型不涉及具体实现的高度详细展示过程，但 FACTS 装置的元器件已使用与详细模型中单个元器件相同的模型进行建模。使用通用的、众所周知的建模方法替换掉承包商特定的应用功能（如同步和测量算法）。尽管一部分关于高级功能的细节（如故障恢复性能）可能丢失，但是替换的目标是使得响应模型提供与高度详细模型类似的一般响应特性。在进行交流电网等效时，暂态稳定性模型就用到了一些这样的简化。

由于通用模型具有开放属性，因此模型维护问题在本质上得到了解决。即使源代码级别也许无法以直接方式进行访问，但结构和参数通常是已知的，这样即便是在使用新的仿真环境，仍可运行该响应模型。

简化的响应模型具有以下优点。由于模型开放源代码或开放结构，易于修改，因此可以很好地用作规划模型。与详细模型相比，使用响应模型所涉及的细节程度较低，因此使用响应模型所遇到的计算负担可能会显著降低。如果需要组件模型来分析大型交互系统，这可能是有益的。随着大型风电场数量的增加，这些问题可能会出现，目前大型风电场的模型还是黑盒模型，这些模型造成了高计算负担。

与简化模型的使用相关的明显缺点是，简化模型不太现实，并且使用它们会带来错误结果的风险，因为对于所研究的系统事件，系统可能不完全正确。基于简化模型模拟的现有 FACTS 装置与基于详细模型模拟的新 FACTS 装置或任何可控组件（如风能、光伏、直流输电、储能等）之间可能存在相互作用，若使用简化模型研究这一作用，则此类风险会增加。在此类详细设计研究中使用简化模型可能会导致控制或保护功能的错误动作，这可能是由新设备和现有设备的不必要或意外操作而产生的严重后果。因此，对于此类部件或保护设计研究，应使用详细模型。

FACTS 装置模型的最典型应用是用于运营规划和电网规划，如果 FACTS 装置对输电网的性能没有决定性的影响，则建模风险可以被认为较低。随着基于逆变器的技术在输电网中的应用越来越普遍，各个装置之间控制交互的可能性也显著提升。准确的模型可能就变得必要。

然而，即使是用作日常系统研究，响应模型也需要深入了解所研究部件的真实性能和响应特性，以便根据部件的模拟响应来评估结果的有效性。然而，了解所研究系统的真实行为是系统性能分析和仿真的内在要求，因为所有的模型都是组件真实行为的近似。由用户来维护这些信息是一项具有挑战性的任务。

要求 FACTS 装置承包商提供以下信息可有助于理解为各项研究是推荐使用简化模型还是详细的模型：

（1）预期能够准确模拟的带宽；

（2）单相/三相模拟；

（3）不包含在内的控制功能；

（4）饱和效应。

20.7.3.4　控制和保护系统机柜的复制品

为了便于维护和操作 FACTS 装置的控制和保护系统，可在供货范围内包含控制和保护系统机柜的复制品。控制系统复制品允许客户在其培训或实验室设施中拥有控制系统机柜的精确再现。为了进行不同的电网和保护性能研究，或为了操作员培训目的，将控制系统复制品连接到实时仿真器。该方案有时专门针对直流输电系统，但由于所需实时仿真器（RTS）的成本相对较高，FACTS 装置很少采用，除非客户已经可以使用 RTS。为了降低复制品的成本，有时采用去除冗余控制等手段来简化。还可以包括电力电子换流阀的详细模型；这通常包括用于换流阀建模的模拟器，通常使用现场可编程逻辑门阵列（FPGA）来实现基于链式电压源型换流器的 FACTS 装置。

另外还可以使用复制品来检查和验证换流器控制柜的升级。对于每次升级，承包商可编写升级程序。如果需要特定的升级程序，则可在执行控制柜升级前，可以让客户使用复制品验证该程序。控制系统复制品的使用对于控制系统模型的维护非常有用。这些复制品可在 FACTS 装置设备寿命周期内用作验证模型更新的参考。

随着越来越多的基于逆变器的设备和 FACTS 装置的应用，广域电磁暂态仿真器正在成为系统研究的标准。在 DLL 中进行每一个基于逆变器的设备的准确建模以及大规模广域电网的并行仿真，可替代基于硬件的控制系统复制品来开展系统研究。与基于硬件的控制系统和 RTS 相比，在电磁暂态仿真中采用 DLL 进行系统研究的成本要低得多。

20.7.4　建模与模型维护的未来展望

随着电力系统与诸如 FACTS 装置、风电场、包括 LCC 和 VSC 在内的直流输电系统以及直流电网等大量快速响应装置的集成，系统的惯性正在显著降低。系统惯性降低带来的挑战是，交流频率控制变得更加困难，区域间振荡的可能性增加。上述快速响应的电力电子装置在暂态稳定性 RMS 仿真软件中通常没有很好地建模，因为在其模型中，快速响应控制回路没有表示或使用近似方式来表示。因此，对这些系统的精确电磁暂态仿真模型的需求日益增加，但如果没有考虑到它们完整的机电性能特征，即使是这些模型也是不够的。所以，有必要将暂态稳定性 RMS 模型和电磁暂态仿真模型结合起来，以便在研究中能精确地引入所感兴趣的区域和装置，确保在实际设备投入运行时对系统性能有很好的理解。

随着基于逆变器的发电机和控制器的普及，系统惯性和短路容量的降低将通过构网型变流器来弥补。这种变流器需要能够调节瞬时功率，而这在 FACTS 装置中通常是不可能的。并联 FACTS 装置，如其直流电路连接有电池的 STATCOM，可作为构网功能运行（Irwin 2018）。

为了确保含有快速响应的直流输电系统、风电场和 FACTS 装置的交流系统在客户层面具有最佳性能，需要采用特殊的电网控制功能。这样的特殊电网控制可作用于快速响应的装置，以维持交流电压，并抑制区域间功率波动。在高电压等级，特殊电网控制可能属于"智能电网"的总称。特殊电网控制的设计和建模将成为电力系统研究领域的新挑战。它还要求承包商提供安装在电网中设备的更精确模型，即使他们与竞争对手制造的其他装置进行交互或操作也须如此。

20.8　书内参考章节

参考文献

Agrawal, B.L., Farmer, R.G.: Use of frequency scanning techniques for subsynchronous resonance analysis. IEEE Transactions on Power Apparatus and Systems, vol. PAS−98, Issue: 2, IEEE (1979).

Anderson, P.M., Farmer, R.G.: Series Compensation of Power Systems. PBLSH! Inc., Encinitas (1996).

Anderson, P.M., Fouad, A.A.: Power System Control and Stability. Piscataway, N.J.: IEEE Press (1993).

CIGRE CC02: Guide for assessing the network harmonic impedance. Electra 167, Aug 1996.

CIGRE JTF 36.05.02/14.03.03: AC system modelling for AC filter design－an overview of impedance modelling. Electra 164, Feb 1996.

CIGRE TB 051: Load flow control in high voltage power systems, Jan 1996.

CIGRE TB 111: Analysis and control of power system oscillations. Task force 07 of Advisory Group 01 of Study Committee 38, Dec 1996.

CIGRE TB 139: Guide to the specification and design evaluation of AC filters for facts controllers, Apr 1999.

CIGRE TB 145: Modeling of power electronics equipment (FACTS) in load flow and stability programs: a representation guide for power system planning and analysis, 1999.

CIGRE TB 301: Congestion management in liberalized market environment, Aug 2006.

CIGRE TB 553: Special aspects of AC filter design for HVDC systems, 2013.

CIGRE TB 563: Modelling and simulation studies to be performed during the lifecycle of HVDC systems, 2013.

CIGRE TB 700: Challenge in the control centre (EMS) due to distributed generation and renewables, 2017.

CIGRE TB 766: Network modelling for harmonic studies, 2019.

CIGRE Technical Brochure 97: System tests for FACTS controller installations, Aug 1995.

CIGRE/IEEE guide for "Planning DC links terminating at AC locations having low short－circuit capabilities, part I: AC/DC interaction phenomenon" 1992.

EPRI Report EL－2708: HVDC system control for damping subsynchronous oscillations. Final report of project RP1425－1. Prepared by General Electric Company, Oct 1982.

Irwin, G.D.: Wind/Solar/VSC/Statcoms and other inertia－less controllers－how to fix weak system SCR problems. ESIG Blog https: //www.esig.energy/wind-solar-vsc-statcoms-and-other inertialess-devices-how-to-fix-weak-system-scr-problems/. 20 Dec 2018.

Irwin, G.D., Amarasinghe, C., Kroecker, N., Woodford, D.: Parallel processing and hybrid simulation for HVDC PSCAD studies, Paper B6.1, AC and DC power transmission (ACDC 2012), 10th IET international conference on AC and DC power transmission, Birmingham, UK (2012).

Katz, E., Tang, J., Bowler, C.E.J., Agrawal, B.L., Farmer, R.G., Demcko, J.A.: Comparison of SSR calculations and test results. IEEE Transactions on Power Systems, vol. 4, Issue: 1, IEEE (1989).

Bjarne Andersen，Andersen 电力电子解决方案有限公司董事兼所有人（2003 年）。成为独立咨询顾问之前，在 GE 公司工作了 36 年，最后任职工程总监。参与了首台链式 STATCOM 和移动式 SVC 的研发工作。参与常规和柔性高压直流输电项目的各阶段工作，有丰富经验。作为顾问，参与了包括卡普里维直流输电工程在内的多个国际高压直流输电项目。卡普里维工程是第一个使用架空线的商业化柔性直流输电项目，允许多个供应商接入，并实现多端运行。2008 年至 2014 年，任 CIGRE SC - 14 主席，并在直流输电领域发起了多个工作组。是 CIGRE 荣誉会员，于 2012 年荣获 IEEE 电力与能源学会 Uno Lamm 直流输电奖项。

Dennis Woodford，1967 年毕业于墨尔本大学，1973 年获曼尼托巴大学硕士学位。1967 年至 1970 年间，就职于英国电气公司，并参与了英国斯塔福德纳尔逊河高压直流输电项目一期工程。1973 年，入职曼尼托巴水电公司（Manitoba Hydro）并任输电规划特别研究工程师，曾参与 Winnipeg Twin Cities 500kV 互连以及纳尔逊河高压直流输电项目（双极Ⅰ和Ⅱ）。1986 年至 2001 年，入职曼尼托巴高压直流输电研究中心，担任执行董事，助力创办了总部设在温尼伯的 Electranix Corporation 咨询公司并成为其总裁。是曼尼托巴省注册专业工程师，曾任曼尼托巴大学兼职教授。是 IEEE 终身会士（Life Fellow）、美国国家工程院外籍院士。

Geoff Love，博士，于 2002 年和 2006 年分别获得坎特伯雷大学的工学学士（荣誉）学位和博士学位。2006 年至 2014 年间，就职于新西兰国家电网公司并任系统规划工程师，参与 Pole 3 高压直流输电项目、新西兰电网多个 STATCOM 项目的研发与调试工作。自 2014 年起，任职于 PSC 咨询公司，最初在英国雷丁、其后自 2016 年起在爱尔兰都柏林工作，期间曾服务于多家欧洲输电系统运营商（TSO）并参与多项欧洲高压直流输电项目。2018 年成为 CIGRE 直流与电力电子专委会（SC B4）爱尔兰共和国成员。

FACTS 装置设计与测试

21

Hubert Bilodeau、Bruno Bisewski、Manfredo Lima、许树楷、雷博、Ben
Mehraban

目次

Hubert Bilodeau (✉)
加拿大魁北克省蒙特利尔，魁北克水电公司（已退休）
电子邮箱：hbilo@ieee.org

Bruno Bisewski
加拿大马尼托巴省温尼伯，RBJ 工程公司
电子邮箱：bisewski@rbjengineering.com

Manfredo Lima
巴西累西腓，CHESF 电气工程应用部，巴西累西腓伯南布哥大学
电子邮箱：manfredo@chesf.gov.br

许树楷
中国广州，南方电网科学研究院有限责任公司
电子邮件：xusk@csg.cn

雷博
中国广州，南方电网科学研究院有限责任公司
电子邮件：straight_b@163.com

Ben Mehraban
美国俄亥俄州哥伦布，美国电力公司
电子邮箱：bmehraban@aep.com

S. Nilsson，B. Andersen（编辑），柔性交流输电技术，CIGRE 绿皮书，https://doi.org/10.1007/978-3-319-
71926-9_21-1

摘要

本章主要从 FACTS 系统的客户/买方（业主）的角度，涵盖从项目构思到完成工厂测试的这个阶段。其中包括对以下方面的讨论：

（1）业主规划和项目开发；

（2）项目管理（业主和供应商）；

（3）承包商研究和设计文件的技术审查；

（4）主要设备试验——型式试验、批量试验和常规试验；

（5）控制系统试验——工厂系统测试（FST）和工厂验收测试（FAT）；

（6）操作、维护和故障查找手册；

（7）控制和保护的工厂测试。

21.1　规划和设计阶段的项目管理

项目从最初形成概念到商业运作过程中的代表时序，将包括以下阶段和相关业务。

（1）项目开发和授标前阶段：

1）规划研究，以确定项目需求和安装地点；

2）额定参数；

3）整体功能性能目标。

（2）规范、评估和授标阶段：

1）详细性能和设备要求；

2）环境要求；

3）规范和标准；

4）供货和接口的限制；

5）合同条款；

6）招标文件；

7）评标及授标。

（3）项目实施阶段：

1）设计研究、计算、图纸和文件；

2）施工；

3）一次设备及控制设备调试；

4）现场设备安装；

5）调试和现场性能验证。

（4）商业运营阶段：

在项目的每个阶段，业主方不同小组或人员均可参与项目，以提供信息和指导，并就项目的技术和商业运营作出决策。

假设业主指派一个项目负责人来监督从初始规划到商业运营的整个过程。在项目的每个阶段，项目负责人将组建或配备不同责任领域的管理和工程团队，以便在该阶段内开展所需活动，并确保顺利移交给执行下一阶段的团队。

在组建团队时，项目负责人可招收以下团队的专业人士：

（1）项目管理组；

（2）法律和金融组；

（3）电网规划组；

（4）系统开发研究组；

（5）工程技术设计组；

（6）环境和监管审批组；

（7）电网运营组；

（8）资产管理和维护组。

如果业主方在任何领域需要外部援助，项目负责人将确定需求并做出相应的安排，以便在项目的各个阶段获得所需的援助。

21.1.1　业主执行团队的职责

项目管理组履行将所有工作整合在一起的综合职能。该小组将通过管理规划流程和根据需求引导利益相关方协商来推动项目的实施。项目管理组还将确定整个项目的组成合同中的承包策略、范围、接口和供货限制。在选定供应商后，除了管理合同和总体项目进度外，该小组将管理内部资源和外部专家资源,还负责对规划中可能需要的任何环境限制进行可行性研究。

法律和财务组将向项目经理提供法律财务建议,以有效地管理采购过程,并选择确保对业主物有所值的最佳采购策略。这些小组还将提供合同的合同条款和商业情况,并在需要时获得财务批准和安排项目资金。

电网规划组的职能是首先研究确定是否需要 SVC 或 FACTS 装置。该小组将确定设备的常规性能,从系统性能角度评估所需和允许的操作参数,确定将 FACTS 装置接入交流系统中的合适节点和电压等级水平。技术设计任务将提供构成工程设计输入的功能要求清单。电网规划组需确定以下内容:

(1) 发出和吸收 [以及储能(如适用)] 的稳态和短时额定值;

(2) 暂态所需响应速度;

(3) 可靠性要求和停机后果;

(4) 并网地点和电压;

(5) 交货日期。

专业的系统开发研究组通常会进行更详细的技术性能研究和调查,以充分确定 FACTS 装置的运行要求,旨在确定并网点的交流系统特性:

(1) 电能质量要求(如投切时电压变化情况);

(2) 响应和恢复时间要求;

(3) 技术选择;

(4) 低电压穿越要求;

(5) 设备耐高压要求;

(6) 过电压限制要求;

(7) 最大和最小短路水平;

(8) 最大和最小稳态和短时的系统电压和频率;

(9) 系统不平衡和负序分量;

(10) 系统谐波阻抗、谐波水平和谐波治理要求;

(11) 损耗值;

(12) FACTS 装置的日或年负荷/输出特性。

工程技术设计组将审查电网规划组和系统开发研究组提供的数据,并确保新上的 FACTS 装置能够成功地并入选定的变电站里。其任务是将功能要求转化为设备设计,同时考虑单线图、现场通道、现场布局和限制、环境要求、适用规范和标准、土建设计、保护、性能要求、操作员控制、接口、可靠性、主要备件和冗余、施工、调试和维护,从而制定设备的初步设计和规范。

工程设计组将编制诸如现场和环境条件、设备规格、维护和备件要求、接口和供货范围等数据。

在已知的情况下,合同文件中应详细规定业主要求的研究、报告、图纸和其他文件,以便对这些要求有共同的理解。在评标和合同授予期间讨论并商定拟编制的最终研究和报告。

电网运营组负责运营规划和制定策略以确保维护和施工的安全停机、控制/SCADA 要求和电网安全要求。他们在调试结束后仍继续参与项目。

资产管理维护组应参与设备的最终验收。为了确保 FACTS 装置满足要求的标准和服务规范并满足所有维护要求，尽早让该小组参与至关重要。资产管理维护组能确定某些组件（如电池、测试开关）的首选供应商，以便在业主的整个系统（设备机群管理）中对某些设备进行标准化，确保满足长期运行的性能目标。

规划规范完成后，还需要编制更多的数据和要求，以确定如现场环境条件、设备规范、维护和备件要求、接口和供货限制等的要求。

FACTS 项目典型的业主项目团队的构成和工作流程如图 21−1 所示。

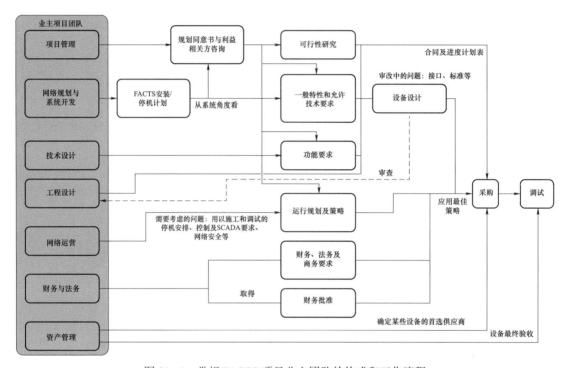

图 21−1　常规 FACTS 项目业主团队的构成和工作流程

21.1.2　供应商的项目管理的构成

供应商的项目团队在很大程度上是关注其内部的问题。但是，业主将对以下关键人员感兴趣，这些人员将与业主的实施团队进行沟通：

（1）项目总体负责人；

（2）主电路设计主管技术设计员；

（3）控制和保护主管技术设计员；

（4）现场经理；

（5）主要分包商负责人。

投标文件一般要求投标人提供所有关键人员的简历和参考资料，以便在评审时予以考虑。关键人员将被要求参加标前会议。供应商更换关键人员通常需要得到业主的同意。

21.1.3　承包策略及合同分包

供货范围确定后，业主的项目管理团队可以确定实施项目和相关设备所需的合同。设备的某些部件，如交流开关和断路器，通常可以由业主的工程团队设计和采购，这些部件将被确定为不在主供应商合同范围内。但是，供应商将被要求在其投标书中确定此类设备是否有任何特殊要求。

因此，对于大多数可能会对额定值或性能产生影响的其他设备，为了确保设计责任不会引起争议，业主实际上只有两个实际的承包选择：

（1）设计、采购和施工交钥匙合同（EPC）。在此类合同中，供应商被指派承担完整设计责任，这代表着业主的最低风险。在实践中，大多数业主不会选择公平的交钥匙合同，他们会让自己的工程师和专家审查设计，并选择在设计最终确定之前要求变更。这确保了业主的要求在项目中得到满足，但要求业主在规范和评标方面花费更多时间，以避免可能出现合同额外费用。然而，这一过程也可能导致合同修改和价格调整。

（2）设计、采购和试验合同（EPT）。在此类合同中，业主将承担某些方面的设计和供货的责任，如土建施工和建筑物，并负责施工和设备安装。供应商将提供主电路设备、控制和保护设备、冷却设备的设计和供货，并提供安装监督、调试、质保和维护。如果业主有自己的工人，这种类型的合同可能是有利的。

其他选择在理论上是可行的，例如仅承包设计或制造（针对其他设计）或使用业主的工程人员去采购选定的设备，如耦合变压器，但在实践中不建议采用，因为它们要求业主对几乎整个设计承担设计责任。对于大多数业主来说，这将代表不可接受的项目延迟风险，也代表未能达到预期性能的可能性。

21.1.3.1　投标、评标和授标

投标通常有三种方式：

（1）一阶段投标——同时提交技术和商务标书。

（2）两阶段投标——第一阶段提交技术标书；在技术标评标结束后提交商务标书。

（3）三阶段投标——分两个阶段提交技术标书，以协调技术解决方案。商务标书在技术标评标第二阶段结束时提交。

所有上述方法都是有效的，并已成功地应用于 FACTS 装置的采购。一般来说，两阶段投标和三阶段投标需要更多的时间和精力来实施，但往往会产生更明确的解决方案，因为在冻结设计方案之前，更有可能采用供应商的想法和建议。

一套完整的投标文件通常包括以下内容：

（1）投标人须知；

（2）技术规范；

（3）技术标书的数据要求；

（4）拟议合同条件；

（5）专用合同条款；

（6）合同和商务标的数据要求。

根据业主的技术和经验水平，投标数据需求文件中的信息可能相当广泛。为了有效地推进设计，充分评估项目成本，应提供充分的信息来估计成本，投标人必须在投标期间进行工程研究和设计。投标期间编制的任何报告都将包含在投标书中，以支持和总结所提供 FACTS

配置的等级和特征。

由于投标期限通常很短,业主应竭尽所能及时答复投标人的询问。除非绝对必要,业主应避免在投标期间作出较大的补遗或重大更改。鉴于准备详细的投标答复所涉及的工作,投标人请求延长投标期限的情况并不少见。业主在制定投标时间表时应考虑这一点。

为确保投标人理解评标过程,业主应规定一套评标标准和过程描述。一般来说,评标标准将与其他说明一起包含在投标人须知中。评估标准还将包括免责声明,表明业主保留自行决定对评估标准进行调整的权利。

2016 年 CIGRE TB 663 文件介绍了一种可用于技术评标的排名系统的方法。然而,业主通常会制定自己的评级或排名标准,以确保投标过程的结果符合其项目目标。

投标人将被要求进行一系列研究,以证明 FACTS 装置满足特定要求。虽然在这一阶段,业主认为研究是初步的,仅用于评估目的,但应记住,定价是基于证明文件的设计和假设。如果后期最终研究明显偏离初始设计,则可能需要考虑成本调整。

通常,在投标审查过程中,将与每个投标人安排一次会议,以澄清技术和合同或商业问题。在会议之前,业主将对最初提交的投标书进行审查,并向投标人发送一系列问题和澄清请求。在会议期间,投标人和业主都会让他们的专家讨论这些未决问题。会议结束后,可以要求投标人最终确定其技术和商务标书,以便根据会议期间的讨论进行调整。

在收到最终投标澄清后,评标完成,并与选定的投标人(一名或多名)开始谈判。在谈判期间将举行进一步的会议,任何剩余的问题或范围和合同条款的变更将与时间表和/或价格的任何必要变更一起商定。

21.1.4 合同编制

合同文件的定稿将在投标谈判结束后进行。合同编制有两种主要方法:

(1)修改招标规范和合同条款,以符合评标和谈判期间商定的最终范围、进度和价格。通常情况下,供应商投标文件中选定的部分也将包括在合同中。为了明确起见,在最后确定之前,所有反复讨论内容都将删除。

(2)编制双方在评标和合同谈判中商定的变更的时间顺序记录。最终合同将包括文件的完整记录、会议记录和整个期间交换的信函涵盖了最终协议以及中间的非最终讨论结论。

大多数业主和供应商更喜欢采用技术规范书的方法,因为这通常会使合同更容易解释和管理,尽管需花费更多精力去修改和编制合同文件。

无论采用哪种方法,合同文件的优先顺序都必须在合同中说明,以避免以后在协调各组成文件之间的任何内容或解释差异时出现困难。

21.1.5 项目实施阶段

一旦合同签署并授予项目,通常会召开启动会议。会议的主要目标是建立团队成员之间的沟通渠道、报告要求和会议时间表。业主的团队可以与投标前和计划阶段的团队相同。

项目进度安排和里程碑也将进行初步讨论。如果业主意识到由于当地气候条件影响现场通道限制交货时间,则应指出这一点。典型项目进度计划如图 21-2 所示。

在进行设备设计时,供应商应进行合同要求的研究以及为达目标所需的额外研究,执行计算,并编制报告、绘制图纸,以证明设备满足项目要求。

编号	任务名称	期限
1	项目开始	0w
2	项目开发和监管批准	52w
3	规范和招标文件编制	3w
4	招标期	16w
5	评标、授标期	16w
6	原始设备制造商（OEM）合同签订	0w
7	业主现场准备工作	20w
8	设计及审查	26w
9	设备生产允许	0w
10	现场施工允许	0w
11	现场施工工期	52w
12	设备生产期	60w
13	主要设备出厂测试	28w
14	控制系统出厂系统试验（FST）	8w
15	控制系统出厂验收试验（FAT）	2w
16	抵运现场	30w
17	现场安装	18w
18	预调试	2w
19	调试	4w
20	试运行	4w
21	商业运行	0w
22	质保期	26w
23	项目竣工	0w
24		

图 21-2　典型工程项目进度表

在此期间，业主和供应商将举行设计审查会议，讨论初步研究结果和将在下一章节总结的最终报告研究结果。在此阶段，应解决接口，特别是与业主的保护和 SCADA 系统的接口问题。这包括关于控制、保护、电气联锁、关键联锁以及相应控制点和警报"点"、I/O 列表等的深入讨论。

假设业主聘请顾问人员进行设计审查的概念性工作流程如图 21-3 所示。如果业主有自己的人员，顾问的角色将由业主的工程师和专家担任。工作流程表明，在实现最终设计之前，可能会进行多次审查和修订。根据意见的性质，业主和供应商可能需要做出很大努力来保证计划进度。

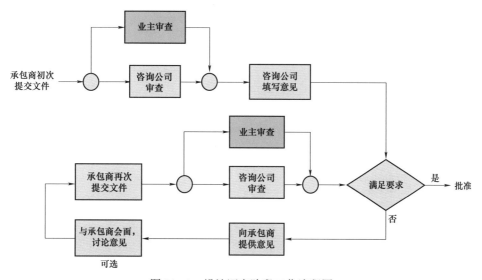

图 21-3　设计评审阶段工作流程图

供应商和业主应仔细监控设备采购和制造进度，以避免延误整个项目进度。必须尽早为接口耦合变压器等长周期制造设备下订单。

FACTS 装置在交付到现场之前必须经过出厂试验。所有与 FACTS 相关的一次设备的试验包括常规试验和型式试验。控制和保护系统的出厂试验将包括功能和动态性能试验。更多细节将在下一节中给出。

现场管理团队负责安装、预调试和调试。预调试和调试包括单个设备测试和子系统测试。在 FACTS 作为"完整系统"运行并连接到业主电力系统的情况下进行调试。

这一步骤通常需要供应商与业主间大量的互动和协调，因为调试可能需要特定的系统配置（如输电线路断开、远程电容器投切）或特定的系统负载条件（如中午时段重载系统或傍晚时段轻载系统）。

培训按照规范中指示进行。尽可能在调试开始前（有时更早）进行操作员培训。设备和维护培训可在出厂试验或见证试验期间进行，也可以推迟到试运行之后。一旦获得更多的现场经验，也可以在试运行几个月后计划一次培训。

在开始制造之前，需要对设计的几个方面进行审查。供应商要求的与设备设计、研究和工程设计相关的技术文件应证明设备符合系统性能和特定标准。可通过电子或其他方式、通过电话或视频会议或通过面对面会议发送报告和图纸，远程执行对技术文件的审查。

对于重要和复杂的设计，建议召开面对面会议。审查必须以会议纪要或审查报告的形式进行适当记录，以确保确定的问题能够得到解决。这些技术报告涵盖了系统、电气、控制和保护、机械和电站设计等几方面。在进行下一步试验之前，试验验收方案与基本文件需达成一致。文件应在审查会议之前收到，以便有充足的时间进行审查。

涵盖各类设计的技术报告可总结如下。

（1）系统设计：

1）构成设备的额定值研究（主要数据）和公差；

2）投切设备的额定值；

3）系统的动态性能研究（数字程序）；

4）谐波性能和滤波器额定值，包括谐振和谐波不稳定性。

（2）电气设计：

1）绝缘配合和过电压研究；

2）电磁瞬态；

3）电力线载波与无线电干扰。

（3）控制与保护：

1）控制功能规范和策略；

2）保护协调和设置；

3）控制设备硬件设计；

4）控制通信；

5）SCADA 和数据交换；

6）接口。

（4）机械设计：冷却系统。

（5）电站设计：

1）变电站设计（布局、母线设计、电气间隙等）；

2）接地研究；

3）短路计算和暂态分析；

4）电站服务、辅助电源、负荷计算、协调和设置。

（6）试验方案：设计审查结束后，供应商应更新相关文件，并将其提交给业主进行最终批准认可。

21.2 FACTS 装置试验

21.2.1 常规试验要求

出厂试验以验证设备和部件的制造质量，包括开关设备、主要设备部件、控制和保护系统、操作接口和监控、通信、冷却系统和辅助电源部件。

参照国际标准（例如，IEEE Standard 1031；IEC 61954；IEC 62927）以及在某些国家标准的定义，出厂试验分为以下公认类别：

（1）型式试验；

（2）业主或设计院针对特定应用或任务规定的特殊测试；

（3）例行试验；

（4）批量测试。

基本设备试验主要包括符合适用标准的型式试验和常规试验。进行型式试验以证明适合所需的工作。型式试验可分为若干主要类别，其中一些可能未在适用于设备的主要标准中提及：

（1）干、湿绝缘耐压试验；

（2）运行试验和环境试验；

（3）机械强度和耐短路试验；

（4）材料相容性试验；

（5）加速老化试验；

（6）可燃性试验。

进行介质试验以验证设备或部件的组件耐高压能力。进行运转试验以验证组件的开启（如适用）、关闭（如适用）以及电流和热耐受相关能力。进行环境试验以证明设备在与项目现场预期条件相似的条件下运行的能力。这些可能包括：

（1）控制和保护设备的干热或湿热试验；

（2）极冷试验（断路器）；

（3）破冰能力（隔离开关）；

（4）绝缘子污染和大雨耐受试验（室外设备）；

（5）抗震试验；

（6）可燃性试验；

（7）可听测试。

常规（或生产）试验是制造商对所有设备进行的工厂测试，以证明制造过程的完整性。常规试验在很大程度上在适用标准中定义，但制造商可自行考虑纳入附加试验或内部过程监控试验。

制造商的内部常规试验通常包括接收时的材料试验。本试验旨在验证从其分供应商处收到的材料的质量，可能包括基本功能检查、尺寸检查、材料纯度或清洁度检查、通过/不通过耐压试验、局部放电试验和压力试验（如适用）。

批量试验是在某些类型的设备上进行的一种常规试验，在这些设备中，零件数量较多，如电容器、金属氧化物变阻器（MOV）块、晶闸管、绝缘栅双极型晶体管（IGBT）、续流二极管等。批量试验是对全部制造项目的子集进行。如果制造过程是作为一系列批次运行自然执行的，则批量试验可能特别适用。批量试验中的测试水平和验收标准可能比常规试验更严格。

控制和保护系统的出厂试验将被归类为运行试验，由于该设备可能对 FACTS 装置的可靠性性能产生重大影响因此需要特别考虑。可靠性和可用性对业主和承包商都有重要意义，并且通常是合同担保的对象。除了适用的行业标准子组件型式试验外，试验还将包括控制和保护硬件和软件的完整性证明、动态和稳态性能试验以及证明接口功能的试验。业主的工程小组和设备专家将负责确定所需试验项目，并进行设计审查和检查。业主团队可能会要求整个项目或特定设备项目遵循一定的质量控制标准，如 ISO 9001。在编制规范时，业主的工程小组应编制并列出所有要求的试验、适用标准和特殊试验（如有需要）。在制定规范时，应考虑一些试验经常被忽视的方面是：

（1）对于某一给定的设备，可能不存在标准，或者该标准当时正在制定或修订中。

（2）多个标准可适用于不同试验的给定设备。这可能包括多个 IEC 标准或 IEC 组合标准、本地国家标准和 IEEE 标准的组合。

（3）许多标准条款需业主和供应商之间就试验水平和验收或通过/不合格标准进行讨论达成协议。

（4）业主和供应商对标准要求的解释可能存在差异。

在可能的情况下，应在规范中解决这些问题，并在合同中正式涵盖。

技术规范中应说明业主对一次设备进行新型式试验的要求，而不是接受近期类似设备的型式试验报告，因为这会影响整个项目进度和价格。

对于与合同设备具有相同设计、绝缘等级和可比额定值的设备，可能不需要进行新的型式试验。如果已试验设备与供货设备相同，则可以接受现有的型式试验报告；如果相关设备标准没有改变，则该设备将承受与已试验设备相同或更低的应力。为了便于审查现有型式试验是否适用于合同设备，供应商需要提供一份全面的报告，描述过去的试验，并证明所试验的应力水平与合同设备所需的应力水平相当或更高。

业主还必须确保允许其代表见证作为合同一部分进行的任何或所有常规试验以及所有型式试验。业主应明白，坚持进行大量的新型式试验将需要大量的人员、时间、成本和精力投入来见证和审查所有试验。这可能会影响项目成本和进度，但也会为其人员提供培训机会。

21.2.2　一次设备出厂试验

21.2.2.1　电力电子开关设备模块

由于所需试验项目的数量和复杂性，用于 SVC 和 FACTS 的电力电子阀设计的型式试验是冗长且成本较高的过程。测试电压明显高于典型运行条件意味着存在试验失败的风险，需要花费时间和精力来解决和重新试验。因此，如果换流器设计与先前试验的设计相似，并且特定设计的电压、电流或热应力水平低于先前试验的设计，则大多数供应商不愿对换流器进行新的型式试验。

然而，许多业主倾向于针对他们的项目对电力电子阀进行全面型式试验，因为换流阀是一个由许多部件组成的系统，其中组件设计、组件布置或子组件供应商的微小改变可能影响耐压、性能或可靠性。另一个要考虑的因素是，标准经常被修改以纳入新的信息和经验，因此以旧版本标准为基础的试验可能不太完整或不具有法律效力。

开展新试验的要求可能成为供应商和业主之间长期讨论的主题。因此，业主要求供应商将换流阀的型式试验作为合同单独定价的可选附加项进行报价是合适的。这样，如果业主认为技术风险需要增加成本，那么供应商就有机会提出放弃新试验的理由，同时让业主可以选择坚持新试验。在这种情况下，成本是透明的。应在投标谈判阶段做出进行新试验的决定，以便将成本和进度影响纳入合同。这要求供应商随标书提交其预期型式试验信息，业主在评估期间予以考虑。

不同的电力电子阀试验标准可能互相适用，这取决于换流器的技术（电流换向或门极关断）。以下标准适用于设备的不同技术和拓扑结构：

（1）IEC 61954 定义了用于电力系统领域的静止无功补偿器（SVC）和晶闸管控制串联电容器（TCSC）中的晶闸管控制电抗器（TCR）、晶闸管投切电抗器（TSR）和晶闸管投切电容器（TSC）的晶闸管阀的型式试验、产品检验和可选试验。本标准的要求适用于单阀装置（单相）和多阀装置（多相）。

（2）IEC 62927：2017 适用于自换相阀，用于静止同步补偿器（STATCOM）的电压源换流器（VSC）。仅限于电气型式试验和常规产品检验。本文件中描述的试验基于空气绝缘阀。对于其他类型的阀绝缘，买方和供应商之间必须就试验要求和验收标准达成一致。

（3）IEC 61800−3：2017 可调速电力驱动系统−第 3 部分：EMC 要求和特定试验方法，用于由 PWM 驱动系统模块组成的 STATCOM。

（4）IEC 60146−1−1：2009 半导体换流器−一般要求和电网换相换流器−第 1−1 部分：标准设计的完整换流器设备和组件的基本要求和试验要求规范。

（5）IEC 60146−1−2：2009 应用指南，提供了关于特殊设计的测试条件和组件的附加信息。

作为一般规则，应使用可用于特定设备或配置的标准的最新版本，除非试验设备已被指定与较早版本标准的特定兼容性。

基于强制换向半导体器件的换流器可能具有非常低的输入阻抗的基本特性，这使得不可能直接采用适用于静止无功补偿器（SVC）阀的具有高输入阻抗的阀的电气耐受测试的测试方法（Sheng et al. 2016）。

如果对于 FACTS 换流器的技术或拓扑不存在直接适用的标准，则可能需要基于多个类似标准的适用部分来进行测试。在这种情况下，最终试验列表、试验规程和验收标准将由供应商和业主讨论并达成一致。最理想的情况是：特殊试验规程将在合同谈判期间最终确定，以避免影响后期的成本和进度。

21.2.2.2　接口变压器

不是所有的 FACTS 装置都需要接口变压器，但是对于那些需要接口变压器的设备，用于将 FACTS 装置接到交流系统的这些电力变压器的试验将取决于其功能和各自方案中的电压。如果接口变压器未运行在任何直流电压偏移工况下，则可视为交流电力变压器。在这种情况下，根据 IEC 和 IEEE 标准（IEC 60076 或 IEEE C57 12.90），试验规程将类似于传统变压器。

区分接口变压器与标准电力变压器的若干考虑事项如下：

（1）二次绕组的设计必须能在电压的扩展范围内运行。这可能包括对于超过交流系统电压范围的短时间过电压耐受的要求，或者无 TCR 可控无功调节装置的降级运行模式的要求。作为 SVC 接口变压器，二次侧的电压范围可能显著大于配电变压器的正常电压范围，因此，变压器标准既不能充分涵盖设计，也不能充分涵盖试验。

（2）例如，考虑以下情况：变压器在 SVC 输出基础上的自然阻抗为 10%，交流系统要求包括在±10%交流系统电压变化下连续运行，以及在没有 TCR 的情况下降级模式运行的要求。如果 TCR 未运行，变压器容量不小于连接在二次侧母线上的固定电容器的全部输出的额定值。

（3）变压器可能会承受显著的谐波负载，尤其是在谐振的情况下。

21.2.2.3　直流电容器

所有直流电容器必须按照相关标准进行试验。没有适用于具有高工作电压的干式自愈直流电容器的标准。IEC 61071：2007 是最适用的标准，但其实际工作电压限制到最高 10kV。该限值在以前的版本 IEC 61071－1：1991 中得到确认，但在本版本 IEC 61071：2007 中没有明确。但是，设计和试验因素不适用于更高等级的电压，因此限值应是有效的。鉴于此，以下试验规程已被证明适用于在 VSC 传输中用作储能的干式自愈直流电容器。

1. 常规试验

（1）电容测量与 $\tan\delta$ 测量：参照 IEC 61071 第 5.3 条。

（2）端子间电压试验：参照 IEC 61071 第 5.5.2 条。应在试验前后测量电容，并将值校正到相同的介电温度。

（3）端子和外壳之间的交流电压试验：参照 IEC 61071 第 5.6.1 条。

（4）均压电阻器的测量：均压电阻器的电阻应根据 IEC 61071 第 5.7 条进行测量。均压电阻器的电阻应通过测量电容器装置的电压衰减进行验证。应测量电压衰减的预期时间在 $R*C$ 秒的范围内，其中 C 是单位电容，R 是均压电阻器电阻。$R*C$ 功能之后的端电压偏差不应超过 1%。

（5）密封试验：参照 IEC 61071 第 5.8 条。应对电容器装置进行目视检查。

2. 型式试验

（1）热稳定性试验：参照 IEC 61071 第 5.10 条。

（2）浪涌放电试验：参照 IEC 61071 第 5.9 条。

（3）端子和外壳之间的交流电压试验：参照 IEC 61071 第 5.6.2 条。

注：仅适用于带金属容器和端子与容器绝缘的电容器。

根据 IEC 61071 第 5.5.3 条的规定，端子之间的电压试验规定，应在试验前后测量电容，并将值校正为相同的介电温度。试验至少应在 6 台电容器上进行。允许单个装置发生故障。允许自愈性击穿，但无击穿或闪络现象。

21.2.2.4　相电抗器

两电平或三电平 VSC 换流器可根据 IEC 60076-6 第 8 节进行测试。然而，需要进行一些添加和修改，耐压能力需考虑换流器电压的特性。

1. 常规试验

（1）绕组电阻测量。

（2）阻抗测量。

（3）损耗测量。

（4）雷电冲击电压试验。相电抗器的型式试验必须符合 IEC 60076-6 第 8 节的规定。

（5）带直接液冷绕组的电抗器液冷回路密封性试验（如有）。

2. 型式试验

损耗测量在基频和所有重要的谐波频率下进行。由于空芯电抗器是与电流大小强相关的线性装置，因此可以在任何电流水平下测量损耗并将其校正为额定谐波电流。由于涡流损耗随频率变化，因此必须在电流谱的基频和所有谐波频率处测量损耗。

温升试验在损耗等效交流电流下进行。使用特定公式，从基频和谐波频率下的损耗测量得出损耗等效电流。

21.2.2.5　其他设备

其他设备，如隔离变压器、接地排、辅助变压器、互感器、测量装置、交流断路器、交流电容器、隔离开关、避雷器等，应根据常规设备特定的相关标准进行型式试验。

21.2.2.6　环境试验

环境试验用于评估电气和电子设备在恶劣气候和电磁条件下运行的能力。

由 IEC 60068 管理的一系列标准规定了在极端干燥/湿热和寒冷环境下测量和测试设备的适当试验规程。本标准由三部分组成：概述和指南（IEC 60068-1）、试验（IEC 60068-2）和支持文件和指南（IEC 60068-3）。

在投切设备和断路器的操作期间产生的电磁辐射和传导噪声会干扰低功率电子器件。设备还必须设计成在电源、信号、控制和接地端口上经受电气快速瞬变/脉冲时保持运行状态。这些试验涵盖在 IEC 标准的 61000-4 系列中。必须在规范中说明拟试验的每台设备所处的工业环境。这将确定为设备相对应的水平或等级的试验标准。以下标准是与 FACTS 安装相关的电子设备的型式试验典型参考标准。

IEC61000-4-2　静电放电试验

IEC61000-4-3　辐射电磁场抗扰度检验

IEC61000-4-4　电气快速瞬变/脉冲

IEC61000-4-5　浪涌抗扰度试验

IEC61000-4-6　传导干扰抗扰度测试

IEC61000-4-8　工频磁场试验

IEC61000 – 4 – 9　脉冲磁场

IEC61000 – 4 – 10　阻尼振荡磁场

IEC61000 – 4 – 16　传导共模干扰抗扰度

IEC60255 – 22 – 1　阻尼振荡波高频干扰试验（1MHz 脉冲群）

IEC61000 – 4 – 12　振荡波（环形波）

IEC60255 – 4 – 11　电压中断

IEC60255 – 21 – 1、2　抗振动和抗冲击性

该设备还根据 IEC 60255 – 5 在工厂进行绝缘和冲击试验电压的常规试验。

21.2.3　控制和保护设备的出厂试验

在装运到现场之前，控制和保护系统的出厂试验由供应商在工厂进行，以验证硬件和软件的完整性。这些试验提供了业主指定的静态和动态性能的最终证明，并在设计审查阶段进行了调整和重新确认。这些试验也被称为"硬件在环"试验，因为使用实际控制硬件和软件或精确的复制品（如果实际控制装置已经装运）与交流系统的数字模型一起试验。

这些试验包括以下两个连续阶段：

（1）工厂系统测试（FST），由供应商进行内部试验。这些试验是全面的，旨在确保所有设备和软件都能正常工作、接线正确，传感器、输出继电器和所有接口、联锁、保护和通信系统都能正常工作。这个阶段的重点是确保完整性和功能性。最后，用一组应用于控制系统的外部信号或干扰的情况对系统的性能进行测试，并将系统的响应与要求进行比较。所指出的任何缺陷都将尽可能得到纠正。

（2）工厂验收测试（FAT），这通常是由业主见证的 FST 的全部或部分重复，重点是性能方面，而不是功能。

21.2.3.1　工厂系统测试（FST）

目前可采用不同的方法验证 FACTS 装置的动态性能。通常情况下，首先需要控制系统和相关策略的精确模型以在数字程序上验证装置的动态性能。用于审核设计流程的动态性能研究提供了一种在制造实际控制系统之前确认系统性能的工具。为论证性能必须就试验大纲达成一致，然后通过运行连接到实时仿真器的实际控制系统，在工厂对系统进行实际控制和保护硬件和软件的最终验证。

对于工厂系统测试（FST），实时仿真器精确地模拟电力电子装置的稳态、动态和瞬态动作特性，包括阀的保护功能。等效电网和 FACTS 必须在实时仿真器上建立模型。可以使用简化的电网模型来进行功能性能测试。动态性能研究也可以部分或全部在实时数字仿真器上进行，而不是在生产计划表允许的情况下首先在数字程序上进行。然而，对于一些实时建模不可用的需要特定配置的试验，必须依靠数字仿真来验证性能。

在着手实际控制系统进行 FST 之前，必须就能证明其所有控制、保护、监测和其他系统正常运行的拟议试验列表达成一致。对于流程中列出的每个试验，必须清楚地说明试验目的、试验方法的描述、恰当的控制参数和设置、要记录的信号和变量以及试验成功的标准。静态和动态试验应旨在证明每个特定功能的响应情况。这些试验必须包括全面测试 FACTS 动态性能的所有系统事项。试验大纲将包括在数字仿真中进行的动态性能研究规定的部分或所有试验。试验大纲还将包括与现场试运行期间相似重复的一部分内容。

然而，由于在实时仿真器上几乎不存在任何风险，这些试验应在设备、网络和控制系统的正常运行条件下以及更严峻的条件下开展。甚至模拟的系统故障也可以包含在这些试验中。FACTS 装置和电网的运行条件必须在规范相应章节描述的限制范围内。交流电网系统等值必须由业主提供。

21.2.3.2 工厂验收测试（FAT）

工厂验收测试（FAT）可包括在业主见证下重复所有或部分 FST。一些电力公司可能会选择购买控制系统的精确复制品（在适用的情况下，有或没有冗余），以便在其自己的实时仿真器上进行必要的附加功能试验，以及调试程序的验证和培训。最终的动态性能试验可以在包括扩展交流系统的电磁暂态仿真模型上进行，前提是 FACTS 电磁暂态仿真模型是准确的，并已与实时仿真器进行了基准试验。

表 21-1 列出了典型 FACTS 装置必须进行的部分试验；其并非详尽无遗，供应商必须增加任何认为必要的附加试验。

表 21-1　　　　　　　　　　　典型 FAT 项目汇总表

试验类别	试验说明	适用于		
		STATCOM	SVC	UPFC
控制和保护试验基本功能试验	启动试验	√	√	√
	停机试验	√	√	
	跳闸试验	√	√	
	定期控制和保护试验	√	√	
	采样零点漂移和测量精度检查	√	√	
	手动干预试验	√	√	
模式功能控制和投切试验	手动无功功率控制试验	√	√	
	恒无功功率控制试验	√	√	√
	恒压控制试验	√	√	√
	瞬态电压控制试验	√	√	
	应用 STATCOM 和不应用 STATCOM 的系统瞬态电压比较	√	√	
	响应时间测试	√	√	√
	电压控制性能试验	√	√	
	动态电压控制模式下基于电压变化的启动判据检验	√	√	
	动态电压控制性能测试	√	√	
	控制参数变化对系统性能的影响检查	√	√	√
系统控制策略检查	恒压控制模式选择	√	√	
	瞬态电压控制模式选择	√	√	
	零无功功率控制选择	√	√	√
	恒定控制模式选择			
	本地控制/远程控制选择	√	√	√

续表

试验类别	试验说明	适用于		
		STATCOM	SVC	UPFC
防误操作策略检查	恒定无功率控制防误操作策略	√	√	
	恒压控制防误操作策略	√	√	
	目标母线选择防误操作策略	√	√	
	异常通信防误操作策略	√	√	√
	控制器冗余保护	√	√	√
	低压侧过电压控制的防误操作策略	√	√	
控制和保护策略检查	子系统（内三角）过电流保护	√	√	
	低压侧过电压控制保护	√	√	
	低压侧欠电压控制保护	√	√	
	输入信号异常	√	√	√
	硬件故障保护	√	√	√
	同步丢失保护	√	√	
	同步相序保护	√	√	√
	频率保护	√	√	√
	电源故障保护	√	√	√
	系统停机保护	√	√	√
	设备抗干扰保护	√	√	√
故障模拟	三相不平衡故障时的系统响应测试	√	√	
	瞬态单相故障	√	√	√
	瞬态两相故障			
	瞬态三相故障			
	永久性单相故障	√	√	√
	永久性两相故障			
	永久性三相故障			
	多类型故障延迟清除	√	√	√
	断路器故障等			
	系统跳闸	√	√	√
相互作用试验	验证不会与交流系统中的其他设备有任何相互作用的试验	√	√	
降级模式试验	确保某些低压母线设备跳闸时转换到降级模式。也会转换到正常模式，以便设备恢复	√	√	
黑启动试验	试验验证在交流系统死区条件下的启动能力	√		

21.2.3.3 试验设置

1. 交流电网等值法

用于 SVC 或 FACTS 装置的设计研究的交流系统的电网等值通常代表系统的非常小的子集。这种方法有助于减少设置时间，避免系统模型的冗长和费力的测试和调试。系统模型通常由业主定义，并包含在技术规范中。业主最适宜确定等效系统模型，因为业主最熟悉系统配置、系统保护和短路水平。业主了解敏感负载、电网动态波动和其他可能与新 FACTS 装置相互作用的设施的位置。通常，使用三相数字实时仿真器和非实时仿真平台即可定义用于动态研究的两个等效电网。实时仿真器上用于功能检测的电网模型可能比研究动态性能的电网模型小。

电网等值模型的重要特征包括匹配最大典型短路水平和最小短路水平的能力，FACTS 装置将被要求能在该短路水平下以匹配系统的低阶谐波特征的能力运行。电网等值模型包括：

（1）简化电网模型。这是由 1～3 条母线组成的用于实时动态试验和控制研发的等效模型，如图 21-4 所示。此等效可用于在投标期间模拟动态性能。使用三条母线而不是一条母线，可以模拟距离 FACTS 装置一定距离的故障，并在故障清除时通过断开一个支路来降低短路强度。

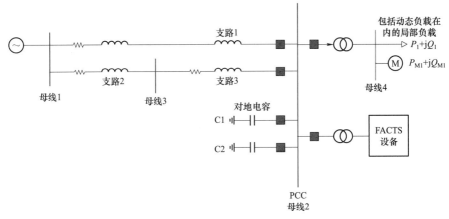

图 21-4 用于投标和生产试验的简化系统模型

（2）详细的电网模型。由 10～50 条母线组成的更大等值模型，允许附近线路和电路的实际断电，并监测临界负载母线的电压。它还将允许模拟与其他电压控制母线的交互。当在保留系统的边界处截断系统时，有必要对保留母线之间的互阻抗进行建模，以便在研究期间线路停止服务时在电网内获得实际电压。电网模型应足够大，以包括需要满足性能要求的关键附近母线，还应包括性能可能受新 FACTS 装置影响的附近装置，以便进行交互研究。典型示例如图 21-13 所示。

较大的系统模型（通常由当地输电系统运营商确定的全系统模型）通常由业主提供给承包商，用于单相电网仿真程序（如 PSSE）。

2. 控制装置和保护设置

应使用实际的 FACTS 系统控制装置或控制装置的精确复制品。复制控制是使用实际控制的精确硬件和软件副本实施的控制。如果由于进度安排或其他原因，无法使用为项目制造的实际控制系统，则可使用复制控制装置。

3. 数字和模拟信号接口

FACTS 控制装置和其他系统之间的接口可以由模拟信号的离散逻辑或直接连接提供。这可能包括：

（1）TFR 信号；

（2）离散继电器跳闸；

（3）开关状态。

如果需要，可以连接 TFR，但是需模拟开关的状态和其他数字信号。

冷却系统控制装置的硬件通常不包括在 FACTS 控制系统的 FST 和 FAT 中，因为接口通常很简单，包括有限数量的数字和模拟信号，例如：

（1）泵的启动和停止；

（2）由于总泵故障或检测到泄漏，换流器跳闸；

（3）半导体阀冷却流体的入口和出口温度；

（4）冷却液流量。

这些接口信号将在出厂试验时进行详细模拟或监控，以检查受影响的 FACTS 系统控制和保护的响应。当 FACTS 控制系统和冷却系统控制系统的实际硬件相互连接时，需要在现场重复进行类似的功能试验。

4. 电子接口

将提供以下电子接口：

（1）FACTS 控制装置至阀基电子设备（VBE）；

（2）VBE 至 FACTS 阀；

（3）FACTS 控制装置至高速采集接口与 RTDS 的网络接口。

阀基电子设备（VBE）或点火控制装置（FC）将是实际的合同硬件，而阀通常由小型低功率装置或与实际半导体换流阀配置相同的装置表示。

5. 人机接口和 SCADA 接口

人机接口（HMI）是根据合同交付的实际接口和硬件。项目定制软件将安装在人机接口上。控制点、模拟控制设置和报警列表应与最终设计值相同。所有通信链路和接口都将按照实际系统进行配置和安装。到远程控制位置的监控和数据采集（SCADA）接口也将包括在测试设置中。

21.2.3.4　硬件和软件集成测试（功能）

需要进行硬件和软件集成测试，以验证硬件实现的完整性和基本功能。

第一步常常是对控制柜中包含接线和端子的所有部件进行目视检查。下载适配软件到处理器、输入/输出（I/O）板卡等。然后检查所有连接电路板的总线通信。这些测试通常与连接到数字仿真器的控制系统一起进行，类似于图 21-5 中所示的布置。为了保持清晰，该图未示出冗余系统。

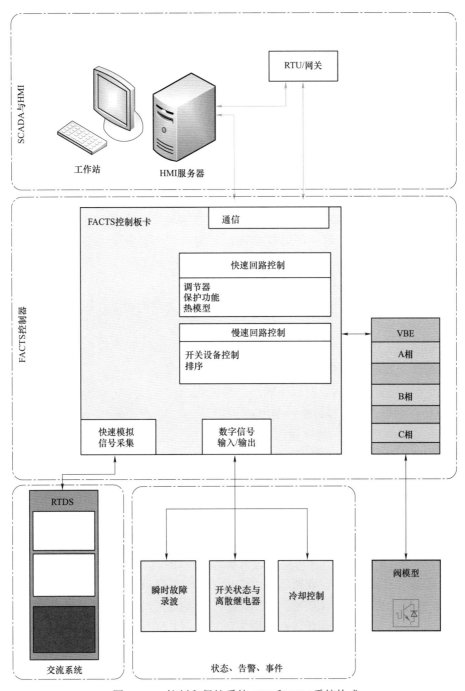

图 21-5　控制和保护系统 FST 和 FAT 系统构成

　　简单的三相母线–交流电网就足以进行这些验证。然而，对所有数字量输入和输出的缩放、所有模拟量输入和输出的缩放和偏移、所有电流和电压测量信号的动态范围和线性关系的适当缩放的一些初步验证可以独立进行，而无需连接到仿真器。

　　测试程序可分为两部分，分别验证控制器与网关之间以及网关与 SCADA 或远程系统之间的通信。可以在不需要仿真器的情况下检查其他类型的接口包括控制系统和切换装置之间的接口：

（1）测量数量；

（2）验证 I/O 范围和线性关系；

（3）控制系统内部故障（电源、I/O、看门狗等）；

（4）冗余系统切换（如有）；

（5）软件功能验证；

（6）联锁检查；

（7）从/到（HMI－控制系统－冗余系统－切换设备接口和电子设备）的通信。

特定部件的控制系统故障通过内部监视运行进行核实。它包括断电、所有 I/O 以及看门狗检测到的内部故障。冗余系统转换（如适用）将在各种应急情况下进行验证。

在验证了完整性之后，测试可以继续进行，同时在静态和动态条件下验证控制系统功能。

21.2.3.5　稳态运行特性验证

静态试验是为了验证基本特征、开环控制命令和各种功能而进行的：

（1）不同控制模式（V–I、V–Q 等）下的控制特性；

（2）控制顺序（启动、停止、紧急停止）；

（3）黑启动（如适用）等；

（4）运行模式–并行模式、降级模式和手动模式；

（5）HMI 控制点、事件和警报（本地–远程）；

（6）控制系统内部故障和传感器信号丢失；

（7）在控制系统中执行的保护功能。

1. 控制特性

建议首先验证 FACTS 装置的主要参数，且所有运行点需满足考虑部件公差规范要求。首先，验证控制参考值。对于并联补偿，它通常包括验证控制参考（V、I、Q）跟随相应测量值变化，而控制处于闭锁状态。在此之前，可以对手动模式下的运行进行验证。

然后，当 FACTS 控制处于自动电压控制模式时，通过缓慢地倾斜系统电压，用指定的斜率值和电压基准验证与图 21–6 所示相似的 V–I 或 V–Q 曲线等控制特性。应设置参数以在 FACTS 系统运行的整个范围内实现最佳线性。必须校准从耦合点看到的控制信号和实际信号之间的关系。可能需要在现场进行微调。必须小心观察不同支路元件的切换点。控制动作的电流或电压限制（如适用，且如果这些功能的响应允许）根据技术报告进行确认。

应验证所有指定的运行模式，例如并行运行模式或降级模式以及自动重合功能（如适用）。

2. 控制模式

应测试所有控制模式，以确认功能和性能（电压控制、无功功率控制、电流控制等）。这些测试的目的是验证无功功率或有功功率的输出符合相应控制模式下的控制特性，并验证所需的控制目标（如交流电压或无功输出）能够实现。还应验证，当控制模式从一种模式转移到另一种模式时，输出也不受影响，例如：从自动模式转移到手动模式，反之亦然。

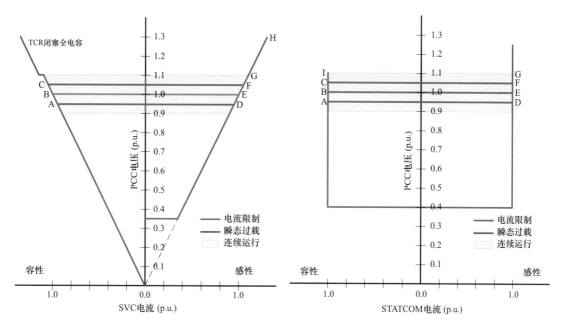

图 21-6　SVC 和 STATCOM 的典型电压/电流特性

3. 顺序控制

顺序控制由执行顺序逻辑的直接控制命令组成，用于启动、停机和紧急停止等操作。这些测试的目的是考虑到冷却系统的不同状态以及具有断路器、隔离开关和运行模式的各种联锁，检查 FACTS 装置的启动和关闭逻辑是否正确。可在工厂模拟冷却系统针对该测试的各种状态。重要的是要确认，在启动期间（通常为最小无功或零无功），已达到所需的无功功率输出，且干扰最小。

对于基于 VSC 的 FACTS 装置，重要的是测试 DC 电容器电压的预充电顺序（在仿真模型上）。根据应用，测试程序中应包括黑启动序列、正常启动和停止、降级模式启动和停止、自动重合闸或任何其他特殊事件。必须在不危及设备的情况下实现停机，并采取所有适当的保护措施，但不得产生任何可能阻止或延迟主断路器断开产生的直流偏置。应首先优先测试紧急停运，以确保系统能够快速停止。

4. 操作员控制界面（HMI）报警和事件的工厂测试

作为操作员或工程师的各种工作站与控制系统和事件记录器之间的通信接口先前已经过验证。其余测试包括验证所有事件和警报，包括 HMI 上的本地和远程，或业主的远程系统并提供适当的时间分配和同步。优先级别已经得到验证。

5. 控制和保护功能

然后，根据 FACTS 技术的类型，验证嵌入控制系统中的所有控制和保护功能。表 21-2 总结了其中一些功能。

表 21-2　　　　　　　　　　　典型的控制和保护功能

类别	注	SVC	STATCOM	TCSC	名称
控制功能					
增益监控		√	√		
增益优化		√	√		
二次电压限制器		√	√		
一次电压限制器		√	√		
限流器		√	√		
TCR 限流器		√			
损耗最小化		√			
TCR 直流电流控制		√			
旁路				√	
插入（自动或手动）和重新插入				√	
锁定				√	
临时闭锁插入				√	
隔离开关操作				√	
低线路电流				√	
策略					
欠电压		√	√		
过电压		√	√		
保护功能和动作					
电容器过电压（TSC）		√			
阀过电压		√			
直流电容器过电压			√		
TSC 过电流					防止晶闸管误触发引起极高浪涌电流后阀闭锁
次同步谐振（SSR）				√	
SSR 缓解					避免电力系统 SSR 条件
功率振荡阻尼		√		√	
谐波电流保护					限制电力系统与 TCSC 产生谐波的潜在相互作用
电容器不平衡	1			√	
平台故障	1			√	

续表

类别	注	SVC	STATCOM	TCSC	名称
电阻故障	1			√	
旁路开关故障	1			√	
极不一致	1			√	
晶闸管冗余	1			√	
晶闸管故障	1			√	
晶闸管电抗器故障	1			√	
可控子段故障	1			√	
冷却系统	1			√	
旁路间隙故障	1			√	
保护和控制系统故障	1			√	
电流和电压传感器故障	1			√	
电容器过载	2			√	
变阻器故障能量	2			√	
变阻器超温	2			√	
旁路间隙保护	2			√	
阀过电流	2			√	
阀过电压	2			√	
阀结温（计算）	2			√	
阀电抗器过载	2			√	
监督功能					
阀温度监测		√		√	
触发脉冲		√		√	
同步		√		√	

注　1. 防止设备故障。

　　2. 防止系统状态产生过大应力。

21.2.3.6　动态性能测试

动态性能测试旨在证明 FACTS 控制和保护系统在遇到不同的意外事件时符合规范的动态性能和响应。本节描述了用于验证动态性能的最具代表性的测试。

1. 阶跃响应

阶跃响应测试是对并联补偿装置闭环控制系统进行表征的一种手段。目的是量化在小扰动下的动态行为。系统响应是调节器增益、控制斜率和 FACTS PCC 处的系统阻抗的函数。阶跃响应通常在简化的电网模型上执行，也可以在更复杂的 AC 系统模型上重复。在 FST 和

FAT 测试期间，有两种方法可用于该测试：

（1）在参考输入点或反馈求和节点处向控制器注入外部阶跃信号。该方法在于以小于 0.05p.u.的步长改变控制基准并观察调节器的输出。这种方法更容易将结果输出与预期的理论结果进行比较。对于该测试，通常将电压控制器设置为初始无功功率输出（优选地不同于 0.0p.u.输出）。外部阶跃信号的注入可以编程到应用软件内部，并提供接口给工程师。

（2）一个阶跃里 PCC 交流系统电压的变化。该方法代表系统电压波动。建议首先进行开环测试（即：没有来自电网的反馈），以首先不考虑电网短路水平或等效阻抗来描述控制调节器的特性。可以通过将 SVC 响应与预期理论值进行比较来确定斜率和调节器增益设置。该测试包括将调节器输入端的测量电压响应固定为常数（1p.u.）。通过在不同的运行点进行，可以很容易地确定，例如：增益在整个范围内是否恒定，或者是否使用策略来降低某些特定投切点的增益（例如：TSC 投切）。电压指令发生 2%突变（上—下—上）时 STATCOM 阶跃响应波形示例如图 21-7 所示。响应时间约为 30ms，没有超调，并且因为使用了零斜率，所以除了通过测量公差引入的稳态电压误差外，没有稳态电压误差。然后，对于各种系统阻抗值，可以在调节器增益因子和斜率的不同设置下进行闭环阶跃响应。可以确定调节器增益的初始参数设置。在这一阶段，FACTS 装置的任何计算机模型都应对照实际控制进行基准测试，以确保在模型中观察到相同的性能。

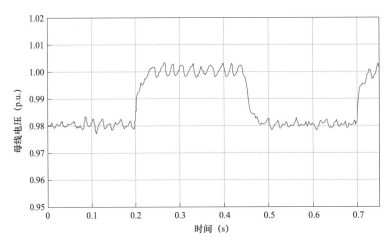

图 21-7　电压指令发生 2%突变时 STATCOM 阶跃响应波形

2. 故障恢复响应

不同类型和持续时间的交流故障（单相、三相、单相或双相失电）、外部变压器和并联电抗器接入可以通过不同的电网和更复杂的交流系统模型来执行。

图 21-8 显示了南方电网 500kV 变电站 35kV/±200Mvar STATCOM 在三相故障时的 FAT 实时仿真试验波形（Hong Rao et al. 2016）。

3. 与其他 FACTS 系统相互作用的试验

当快速响应装置彼此安装很近时，存在装置之间相互作用的可能性，导致两个装置的性能降低、波动、运行受限或控制不稳定。第 21.3.5 节给出了电气相近的 SVC 之间的协调示例，以避免相互作用。

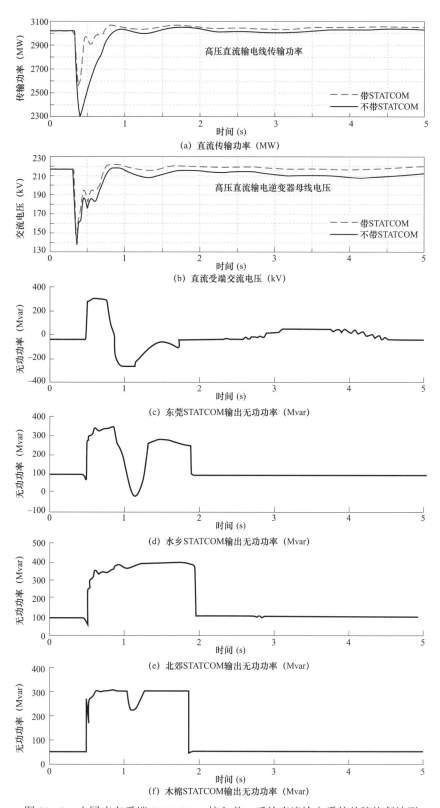

图 21-8　中国广东受端 STATCOM 接入前、后的直流输电系统故障恢复波形

4. 直流过电压限制控制试验

PWM 三电平 STATCOM 发生某些故障时，故障清除时 STATCOM 输出的阶跃变化和直流电容器可能会过度充电，从而可能导致跳闸。执行该测试以验证直流电压是否受到控制动作的限制。

FAT 试验的典型结果如图 21-9 所示。当 STATCOM 在故障间隔期间继续传导电流时，直流电压在整个故障期间下降，然后在故障清除时存在直流电压的急剧增加。直流电压超调不会接近跳闸水平（在这种情况下为 6kV），部分原因是电容器的电压在故障期间试图支持交流母线电压时已经下降。

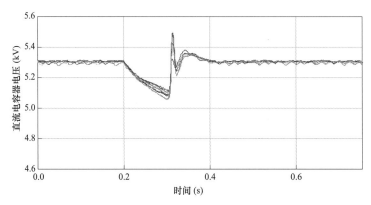

图 21-9　三相故障期间和之后 STATCOM 直流电容器电压的变化

5. 过电压和低电压穿越试验

进行这些试验是为了证明能够穿越规定的过压和欠压曲线，并根据规定的策略确认各种控制措施。可以通过在不同条件和意外事件下修改源电压来施加过电压。电压变化可以在过压序列的同时以过频或欠频特性施加。

可以通过类似的方法施加欠电压，或者通过单相或三相故障实现。在这些条件下，还可以验证电压水平被控制限制。

在长时间三相故障的情况下，STATCOM 的直流电容器电压可降至非常低的水平，除非 STATCOM 闭锁。然而，由于在故障期间 STATCOM 不提供支持，因此不需要立即闭锁。因此，必须在合理长时间故障（例如，后续清除时间可达 0.5s）之后进行闭锁，然后等待故障清除后重新启动。即使在闭锁直流电容器之后，电压也将由于放电电阻器而继续下降。在规定了非常长的穿越时间的情况下，直流电容器的尺寸可由穿越要求决定。三相故障期间直流电容器电压的变化如图 21-10 所示。直流电容器电压在第一时刻快速下降，而 STATCOM 试图支持交流电压，但经过一段时间后，STATCOM 被闭锁，由于放电电阻器，电压下降得更慢。对于该故障，可实现成功重启，该故障略短于规定的最大 3s 穿越要求。

21.2.4　离散保护系统试验（不嵌入控制系统中）

需要对未按常规设备正常执行的嵌入控制系统的保护系统进行注入试验，以确定设置和跳闸功能。但是，保护跳闸必须与控制系统动作特别是有关欠电压和过电压策略的动作相协调。

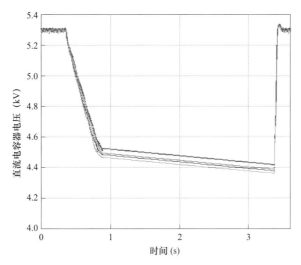

图 21-10　3s 穿越试验期间 STATCOM 直流电容器电压的变化

21.2.5　冷却系统出厂试验

冷却系统的硬件和软件将接受独立于 FACTS 主控制系统出厂试验之外的一组独立出厂试验。

21.2.6　现场试验和调试

一些 FAT 试验可能会在现场试验和试运行期间重复进行。

21.2.7　性能监控期间：可靠性和报告

可听噪声、滤波器性能、控制系统性能和控制稳定性可在试运行期间进行密切监测，试运行期间可能与调试期间重叠。但是，在商业运营后和保修期内，将对特殊性能的对象以及合同特殊条件下可能具有合同保证水平的设计方面进行监控。如果未能达到保证值，承包商可能需要进行补救工作，或支付违约赔偿金。特殊情况下特别担保条款可能涵盖的项目包括：

（1）未能达到要求的额定值；

（2）功率半导体器件、模块或电容器的故障率大于保证值；

（3）未能实现保证的可靠性和可用性目标；

（4）未能实现可听噪声目标。

21.3　巴西 Ceará Mirim SVC 的 FST/FAT 试验示例

21.3.1　Ceará Mirim SVC 主电路部件设计

安装在巴西东北部城市 Ceará Mirim SVC 设备用于在公共连接点（PCC）电压处 230kV±5% 范围内时，提供指定的无功功率值（75Mvar 感性至 150Mvar 容性）。所述的无功功率值基于 PCC 处 0.95p.u.电压。

Ceará Mirim SVC 由以下元件组成：

（1）230/15kV，150MVA 降压变压器，三个单相单元，星形接地–三角形连接，带一个备用单元；

（2）两个晶闸管控制电抗器（TCR），各 51.077Mvar，三角形连接；

（3）两个晶闸管投切电容器（TSC），各 61.423Mvar，三角形连接；

（4）两个 13.577Mvar 电容滤波器调谐至 2 次和 7 次谐波，不接地星形连接。

每个 TCR 由三个单相空芯电抗器（每个电抗器分为 2 个线圈）和三个水/乙二醇冷却单相晶闸管阀组成，晶闸管阀使用 125mm 电触发晶闸管。

每个 TSC 由三个单相电容器组、三个单相冲击电流限制器和三个水/乙二醇冷却单相晶闸管阀组成，使用 125mm 电触发晶闸管。金属氧化物变阻器用于限制 TSC 晶闸管阀中的过电压。

21.3.2　Ceará Mirim SVC 闭环控制系统

SVC 闭环控制系统根据最终的 SVC 电流指令值协调当前可用的 TCR 和 TSC 运行，以匹配现有电气系统需要。此后，确定 TCR 电流指令值和 TSC 切换要求。电力系统应用的典型 SVC 有两种运行模式：一种是电压控制模式，SVC 调节注入 PCC 的电流，以将其端电压保持在操作员设定值；另一种是手动控制模式，SVC 以操作员手动设定的固定电流运行。通过信号调理将 PCC 处测量的三相交流电流和电压瞬时值转换成有效值，如图 21–11 所示。由高压母线上测得的三相电压有效值的平均值求出电压给定，选择正序分量，去除负序分量。

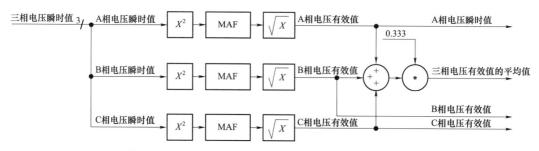

图 21–11　Ceará Mirim SVC 主控制器输入信号生成环节

上述信号将应用于 MAF–PLL（基于滑动平均滤波器的锁相环）中。在该步骤中，采用了平方计算并提取直流成分，所以剔除了这些信号中的负序、零序以及谐波分量。

如图 21–12 所示，下面描述的一系列增益应用于信号 V_{ERROR}。误差信号为三相电压有效值的平均值与运行人员设置的电压给定之差，SCL 增益将根据 SVC 高压 PCC 处的动态短路水平来校正该误差信号，使 SVC 阶跃响应性能参数达到以下要求，以符合行业标准和实际需求。

（1）30%的最大超调量百分比（MPO）；

（2）最大上升时间（T_r）为 33ms；

（3）最大调整时间（T_s）为 100ms。

增益优化（GO）算法基于小扰动在 SVC 输出信号处的预定应用，以及在对应于该扰动

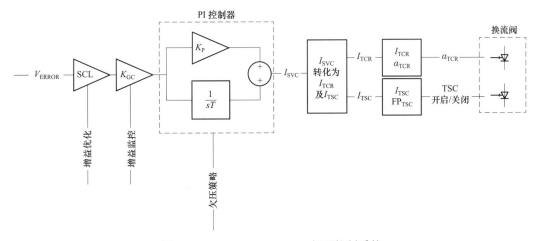

图 21-12　Ceará Mirim SVC 闭环控制系统

的电压和无功功率误差之间的关系的测量中的应用，即所谓的增益测试。基于在增益测试期间测量的 SVC 输出信号幅值和极性，SCL 增益值将增加或减少。

　　第二个控制环节为增益控制器（GC），其目的是：当检测到 SVC 输出信号振荡时，将 K_{GC} 增益值从正常设定值降低至 1.0，直到振荡被抑制，从而保持 SVC 稳定运行。SVC 主控制环节通常基于比例积分（PI）控制器，其参数可通过 SCL 和 K_{GC} 增益的值来调整。如果 SVC 端电压（230kV）低于研究确定的值，则该控制器被旁路，使该设备以 0Mvar 输出运行，构成下文所述的所谓欠压闭锁方案。如图 21-12 所示，随后 SVC 电流（I_{SVC}）在可用的可控元件（TCR 和 TSC）和谐波滤波器之间分配。TSC 的离散控制策略决定了其电流由其开关状态而定。基于由 SVC 闭环控制系统确定的晶闸管触发角，TCR 电流在其最大和最小值之间连续变化。这些元件负责对 SVC 注入电网中的无功功率进行持续控制。设备控制系统可设计为两个完全冗余的控制单元，实现 100% 冗余。

21.3.3　Ceará Mirim SVC 附加控制（欠压闭锁策略）

　　如果 SVC 端电压在设定时间内下降至设定值，该方案强制 SVC 在 0Mvar 下工作，即闭锁两个 TSC 和一个 TCR，剩余的 TCR 用于补偿滤波器电纳，从而在高压公共耦合点（PCC）处产生 0Mvar 无功。考虑本示例的 SVC 有两个 TCR、两个 TSC 和两个单调谐滤波器连接在低压母线上。该功能旨在防止 SVC 运行在强容性工况（通常与近区故障相关），因为该工况可能恶化故障清除时的过电压。三相平衡故障时，采用高压母线电压三相有效值的平均值作为该方案的判据输入，三相不平衡故障时，则采用高压母线电压三相有效值的最小值作为该方案的判据输入。当该信号高于闭锁值与系统设计阶段确定的滞环值之和时，SVC 返回电压控制模式。这样，欠压闭锁策略在近区故障和远方故障，三相平衡故障和三相不平衡故障工况下都能够有效实施。可以根据 PCC 处的短路水平（SCL）修改上述闭锁和解锁值。是否使能此逻辑取决于客户。为了确保晶闸管阀安全跳闸，SVC 还有一个低压母线欠压闭锁策略，如果线电压有效值低于设计值时，闭锁 TCR 和 TSC。若一定时间后（由制造商确定，如 2s），低压母线电压没有恢复到 0.3p.u.以上，SVC 将停机。

21.3.4　降级运行模式

如果其低压母线上的某些元件不可用，本说明所述 SVC（Ceará Mirim SVC）提供了在降级模式下自动运行的可能性，使设备运行具有高度的灵活性和可用性。一个有效降级模式尽管降低了无功输出功率限值，但仍有可能连续改变 SVC 输出功率，同时将 SVC 谐波水平保持在规定限值以下。有效的降级模式需要至少有一个 TCR 和两个滤波器，或者一个 TCR、一个 TSC 和一个滤波器。在此案例中有 13 种有效的降级模式可用。SVC 控制系统根据各元件的状态，通过其高压母线隔间和低压母线断路器，自动选择有效的降级模式。在产生无效降级模式的情况下，SVC 闭锁自动重合功能。自动重合闸功能可以通过人机接口（HMI）使能或禁用。

21.3.5　电气近区 SVC 之间的协调，以避免相互作用

如图 21-13 所示，作为本说明的示例，根据拥有该设备的巴西输电公司 CHESF 提供的信息，在 RTDS 研究中展示了 Extremoz SVC（-75～+150Mvar，230kV）。Extremoz SVC 代表一个独立控制电纳，安装在被测 SVC 附近，Ceará Mirim SVC 的存在导致难以确定 Ceará Mirim 230kV 母线处的电压/无功功率灵敏度系数，尤其是在该设备增益测试期间。

如果 Extremoz SVC 以手动模式运行，则 Ceará Mirim SVC 的增益优化器运行良好。但是，如果 Extremoz SVC 以自动模式运行，则 Ceará Mirim SVC 的性能可能会受到影响。使能增益优化器后，在 Ceará Mirim SVC 的阶跃响应测试中发现了这种影响，在 SCL 降低的系统中变得更加严重（Lima et al. 2012）。由于 Extremoz 和 Ceará Mirim SVC 电气距离接近（在所研究情况中约为 30km），预计会出现这种影响。

当有两个 SVC 在电气距离上彼此接近运行时，必须考虑电网的动态和相邻 SVC 的影响来调整其闭环控制系统的增益，以满足规范要求（Lima et al. 2012, 2014）。因此，应测量电网电压灵敏度和无功功率，以确定适当的增益。

如上所述，该过程由增益优化器（GO）控制环节实现。电网测量的灵敏度系数基于 SVC 注入短时脉冲，以修改电纳和电压或无功功率变化相关的测量值。但是，如果第二个 SVC 在电气上靠近 GO 使能的 SVC，则第二个 SVC 的响应将影响到电网响应。因此，在增益测试期间进行的测量将是不准确的，从而产生不正确的增益调整。解决这一问题的一种策略是电气近区 SVC 之间实施一种控制方案和快速通信，抑制在那一瞬间不进行增益测试的 SVC（被动 SVC）的主控制环，通过在其主控制环上施加一个很小的死区，迫使该设备在极短的时间内以手动模式运行。

如果此时电网出现大的扰动，则死区被禁用，被动 SVC 立即恢复电压控制模式运行，而不等待主动 SVC 增益测试执行完。在这种情况下，应该重新安排增益测试。

该方案的主要特点是分布式算法、SVC 之间传递必要信号的硬接线接口以及通过 DNP3 协议传输的附加信息。由于 Ceará Mirim 和 Extremoz SVC 之间的电气距离为 30km，因此可以认为两个设备的 230kV 母线短路水平相同。这样，主动 SVC（Ceará Mirim）在执行其增益测试时，可以通知被动 SVC（Extremoz）本次测得的短路水平。Extremoz SVC 然后使用这个值来确定其增益值。即使 Extremoz 和 Ceará Mirim SVC 是由不同的制造商提供的，也可以在不共享每个 SVC 的任何特定增益计算策略的情况下实施本文所述的方法，从而保

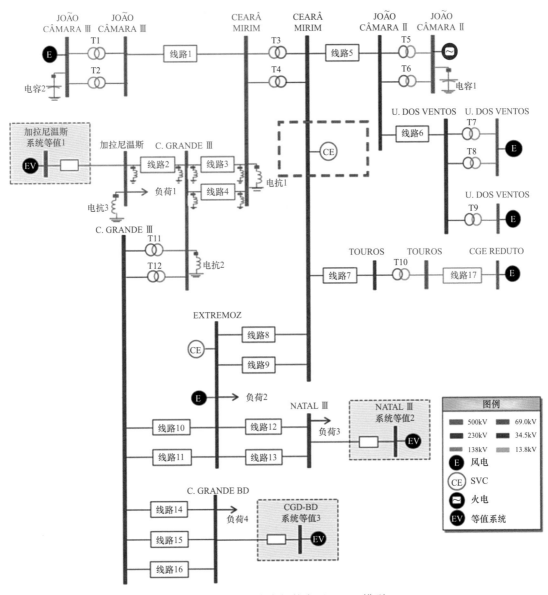

图 21-13 所研究案例的电网 RTDS 模型

护与每个项目相关的机密性和知识产权。

21.3.6 实时硬件在环（HIL）测试

初始测试阶段考虑简化的电网建模，使用与设计阶段确定的最大和最小短路水平相对应的戴维宁等效源。图 21-13 是与所研究的最大短路水平相对应的电网单线图。以下数值被视为 Ceará Mirim 230kV 母线的三相短路水平（在本案例中用作示例）：

（1）最小短路水平为 1966MVA，此时对应运行方式为最小发电量和降级的电网；

（2）最大短路水平为 4902MVA，此时对应运行方式为最大发电量和正常的电网。

通过试验验证与 SVC 保护和开环操作相关的功能特性，如启动、停运、控制模式切换、冗余控制系统切换、斜率变化和自动重合闸，当试验需要时，还可以在上述最大和最小短路水平之间改变短路水平。此外，还测试了与闭环控制系统相关的保护功能，特别是：

（1）高低压母线欠压闭锁策略；

（2）SVC 输出电纳监测；

（3）从手动控制模式转换到电压控制模式，反之亦然；

（4）SVC 紧急停机。

然后，绘制了与 SVC 高压母线相关的电压-电流和电压-无功功率特性曲线。总之，对下文所述的增益优化（GO）和增益控制（GC）功能，以及前面所述的 Extremoz 和 Ceará Mirim SVC 联合运行方案的功能进行了测试。

21.3.7　阶跃响应

在阶跃响应测试过程中，Ceará Mirim SVC 满足在设计阶段确定的 PCC 处短路水平范围内规定的性能参数要求。通过改变 Ceará Mirim SVC 的斜率值、阶跃幅值和初始参考电压值，进行阶跃响应试验。对于 Extremoz SVC，使用 5% 的斜率。

针对 Ceará Mirim SVC 进行了阶跃响应试验，考虑了代表性的电网方式，在 SVC PCC 处，最小（1966MVA-SCL 低）和最大（4902MVA-SCL 高）短路水平，同时考虑了图 21-13 中显示的连接在自动（开）和断开（关）中的 Extremoz SVC（-75～150Mvar，230kV）。表 21-3 列出了这些测试的主要相关结果。

表 21-3　　　　　　　　　　　　Ceará Mirim SVC 阶跃响应

工况序号	SCL	SVC ETD	斜率(%)	V_{ref1} (p.u.)	V_{ref2} (p.u.)	T_s (ms)	T_r (ms)	PO (%)	V_{ref3} (p.u.)	T_s (ms)	T_r (ms)	PO (%)
1	低	关	2	0.9761	0.9957	87	19	0.28	0.9761	79	29	0.17
2	高	关	2	0.9761	0.9957	75	25	0.13	0.9761	78	30	0.17
3	低	关	2	0.9761	0.9957	90	20	0.29	0.9761	97	24	0.30
4	高	关	0	0.9850	0.9957	169	26	0.15	0.9850	121	32	0.26
5	低	关	0	0.9850	0.9957	117	21	0.19	0.9850	157	23	0.26
6	低	关	2	0.980	1.004	56	25	0.26	0.980	90	22	0.37
7	低	开	2	0.980	1.004	128	17	0.54	0.980	134	19	0.47
8	低	开	2	0.980	1.020	1800	23	2.94	0.980	127	11	1.14
9	高	关	2	1.000	1.0152	60	24	0.10	1.000	89	23	0.10
10	高	开	2	1.000	1.0152	99	20	0.24	1.000	80	22	0.24
11	高	开	2	1.000	1.0261	132	24	0.86	1.000	57	17	0.16

Extremoz SVC 处于自动模式时，工况 7、8 和 11 的调整时间（T_s）不满足要求。在进行的所有测试中，其他性能参数（超调百分比和上升时间）均满足要求阶跃响应试验基于电网和小扰动应用的 SVC 构成的等效系统的近似二阶系统。然而，当有两个或更多 SVC 时，这种方法无效。在这种情况下，此处提出的有关性能参数规范的标准无效。对于 0% 斜率的测

试（工况 4 和 5），调整时间不满足要求。由于存在增益优化器（GO），制造商不建议采 Ceará Mirim SVC 以 0%的斜率运行，因此，此类问题不影响对试验结果的评估（Lima et al. 2014）。

基于这些考虑，报告了在阶跃响应测试期间获得的 Ceará Mirim SVC 的特定性能参数。表 21-3 所示的指标 1、2 和 3 对应于阶跃前、阶跃后和去除阶跃后记录的信号值。

21.3.8　强扰动条件下的性能

在 RTDS 测试期间，针对最小和最大短路水平以及完整电网相对应的系统配置，并考虑处于自动运行模式的 Extremoz SVC，对 Ceará Mirim SVC 对电网扰动的响应进行了分析，此处定义该扰动为"强扰动"。Ceará Mirim SVC 采用 2%的斜率，Extremoz SVC 采用 5%的斜率：

（1）Extremoz 变电站的 230/69kV、150MVA 变压器带电。

（2）Ceará Mirim 变电站的 500/230kV、450MVA 自耦变压器带电。

（3）在 Extremoz-Ceará Mirim、João Cãmara Ⅱ-Ceará Mirim、Extremoz-Natal Ⅲ、Extremoz-Campina Grande Ⅲ 和 Campina Grande BD-Campina Grande Ⅲ 230kV 输电线路施加单相、两相对地和三相对地故障，在 100ms 内跳开故障线路，清除故障，考虑 Ceará Mirim SVC 欠压闭锁策略的触发和关闭，改变故障点。

（4）在 João Cãmara Ⅲ-Ceará Mirim、Ceará Mirim-Campina Grande Ⅲ 和 Garanhuns-Campina Grande Ⅲ 500kV 输电线路施加单相、两相对地和三相对地故障，在 100ms 内跳开故障线路，清除故障，考虑 Ceará Mirim SVC 欠压闭锁策略的触发和关闭，改变故障点。

（5）Ceará Mirim 和 Campina Grande Ⅲ 变电站 150Mvar/500kV 母线并联电抗器投入。

在上述模拟中，采用表 21-4 中所示的 Ceará Mirim SVC 的 230kV 欠压闭锁策略参数设置。

表 21-4　　　　　　　　　Ceará Mirim SVC 230kV 欠压闭锁策略参数设置

SCL	闭锁（p.u.）	解锁（p.u.）	闭锁延迟（ms）	解锁延迟（ms）
低	0.6	0.65	5.0	10.0
高	0.5	0.55	5.0	10.0

图 21-14 和图 21-15 显示了 Extremoz-Ceará Mirim 230kV 输电线路三相对地故障（RTDS 仿真、Ceará Mirim 点和最大短路水平，100ms 内跳开故障线路，清除故障）试验相应的信号。Extremoz SVC 在自动模式下运行，具有固定的增益值。故障之后，Ceará Mirim SVC 投入两个 TSC，以容性极限运行。然而，故障引起的电压骤降触发了 230kV 欠电压闭锁策略，通过元件闭锁使该设备在 0Mvar 下运行。

在故障期间，可以看到当 15kV 母线处的电压降至零，并且施加到该元件的电压的积分变为瞬时恒定时，流入 TCR1 的直流捕获电流，从而导致电流的连续分量循环通过电抗器。该分量在 230kV 母线上的故障清除和电压恢复后立即消失。在故障清除时，两个 TCR 电流均增大，导致 Ceará Mirim SVC 在中等感性运行。

在 Ceará Mirim 230kV 母线上未观察到明显的过电压，即使考虑到保护造成的线路跳开。由于故障线路跳开，Ceará Mirim 230kV 短路水平下降，导致该设备的输出信号出现振荡，从而导致增益控制器（GC）运行（接近 $t=1.4\text{s}$），降低 SVC 增益，直到实现这些振荡的理

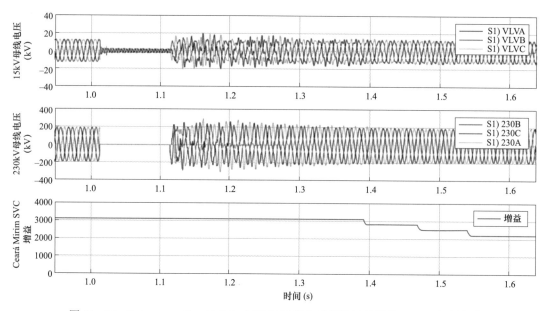

图 21-14　Extremoz-Ceará Mirim 230kV 线发生三相接地故障的 RTDS 仿真波形

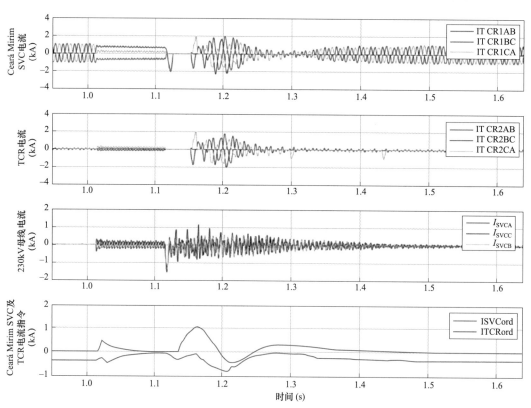

图 21-15　Extremoz-Ceará Mirim 230kV 线发生三相接地故障的 RTDS 仿真波形

想阻尼。在故障清除期间和之后，Extremoz SVC 运行良好。在 SVC 之间没有观察到不利的相互作用。根据这些结果，我们可以说，在 Ceará Mirim 和 Extremoz SVC 的贡献下，电网在故障清除后进入稳态。

参考文献

CIGRE TB 663: Guidelines for the Procurement and Testing of STATCOMS, August 2016.

IEC 60068: Standards for Environmental Testing.

IEC 60068−1: General and Guidance.

IEC 60068−2: Tests.

IEC 60068−3: Supporting Documentation and Guidance.

IEC 60076−1: Power Transformers−Part 1: General.

IEC 60076−6: Power Transformers−Part 6: Reactors.

IEC 61071−2007: Capacitors for Power Electronics−Edition 1.0.

IEC 61071−1−1991: Power Electronic Capacitors−Part 1: General.

IEC 61800−3−2017: Adjustable Speed Electrical Power Drive Systems−Part 3: EMC Requirements and Specific Test Methods.

IEC 61954−2011/AMD2−2017 Amendment 2: Static Var Compensators (SVC)−Testing of Thyristor Valves.

IEC 62927−2017: Voltage Sourced Converter (VSC) Valves for Static Synchronous Compensator (STATCOM)−Electrical testing.

IEC/TR 60146−1−2−2011: Semiconductor Converters General Requirements and Line Commutated Converters Application Guide.

IEC60255: Electrical Relays.

IEC61000: Family of IEC Standards on EMC.

IEEE C57 12.90: Standard Test Code for Liquid-Immersed Distribution, Power and Regulating Transformers.

IEEE Std. 1031−2011: IEEE Guide for the Functional Specification of Transmission Static VAR Compensators (ANSI).

ISO 9001: 2015: Quality Management Systems−Requirements.

Lima, M., Alves, F., Oliveira, M., Eliasson, P., E., Aberg, M., Bauer, J.: Static Var Compensators Performance Evaluation Studies for Systems with Strong Presence of Fixed Series Capacitors: The Example of Tucuruí−Manaus 500kV Interconnection, XII Symposium of Specialists in Electric Operational and Expansion Planning (SEPOPE), Rio de Janeiro−RJ, Brazil, May 2012, Procedures in DVD.

Lima, M.C., Eliasson, P.−E., Brisby, C.: "Considerations Regarding Electrically Close Static Var Compensators Joint Operation and Performance", XIII Symposium of Specialists in Electric Operational and Expansion Planning (SEPOPE), Foz do Iguaçu, Brazil, Procedures in DVD, 18−21 May 2014.

Rao, H., Xu, S., Zhao, Y., et al.: Research and application of multiple STATCOMs to improve the stability of AC/DC power systems in China southern grid. IET Gener. Transm. Distrib. 10 (13), 3111−3118 (2016).

Sheng, B., Danielsson, C., et al.: Electrical Test of STATCOM Valves B4.210, Cigré (2016).

Hubert Bilodeau，1975 年毕业于蒙特利尔大学工学院。毕业后入职加拿大彼得伯勒通用电气公司，任静态励磁和直流整流设备设计师。1981 年入职蒙特利尔的勃朗－鲍威利有限公司（BBC），担任高压直流/SVC Chateauguay 项目技术协调员，此后入职瑞士的总公司。于蒙特利尔魁北克水电公司从 1989 年工作至 2017 年退休，担任静止补偿器、串联补偿和高压直流输电控制专家。是魁北克省和安大略省注册专业人员和 IEEE 电力工程学会高级会员。2000 年至 2005 年间任 IEEE 变电站委员会高压电力电子站分委会主席，1997 年至 2011 年间任静止无功补偿器 I4 工作组主席。

Bruno Bisewski，RBJ 工程公司电气工程师。1975 年获曼尼托巴大学电气工程学士学位。1976 年入职 Teshmont 咨询公司电力，任职时间长达 33 年，最高职位为副总裁。2008 年离职并创立了 RBJ 工程公司。熟悉电力行业的项目管理、系统研究、规范设计、电气效应计算、设计审查、成本估算、设备测试、超高压交流及高压直流输电系统调试等方面。提供包括技术规范编制与审查、评标、系统研究、设计审查、设备测试见证、高压直流换流器设备和系统调试测试等在内的工程咨询服务，涉及了美国、加拿大、新西兰、马来西亚、泰国和中国等许多国家的众多高压直流输电项目。

Manfredo Lima，1957 年出生于巴西累西腓，1979 年获得伯南布哥联邦大学（UFPE）电气工程理学学士学位，1997 年获得该大学电气工程理学硕士学位，2005 年获得帕拉伊巴联邦大学（UFPB）机械工程博士学位，主要研究自动化系统。于 1978 年就职于 CHESF，负责电力电子设备、FACTS 装置、电能质量、控制系统、电磁瞬变和直流输电等领域的项目。于 1992 年任职于伯南布哥大学（UPE），负责研究工作。现任 CIGRE 直流与电力电子专委会（SC B4）的巴西 CHESF 代表，也是巴西电能质量协会（SBQEE）的创始成员。

许树楷，教授级高级工程师，中国南方电网有限责任公司创新管理部副总经理，南方电网公司特级专业技术专家，IET FELLOW（会士），IEEE 高级会员，IET 国际特许工程师（Charter Engineer），CIGRE 中国国家委员（Regular Member）和战略顾问（AG01）。主要研究领域为柔性直流与柔性交流输电、大功率电力电子在大电网的应用技术等，是世界首个柔性多端直流输电工程系统研究和成套设计负责人、世界首个千兆瓦级主电网互联柔性直流背靠背工程系统研究和成套设计负责人、世界首个特高压

±800kV 多端混合直流输电工程系统研究和成套设计负责人。先后获中国专利银奖 1 项、中国标准创新贡献奖 1 项、中国电力科技奖等省部级一等奖 10 余项。曾获中国电力优秀青年工程师奖、广东省励志电网精英奖、南方电网公司十大杰出青年等荣誉称号。

雷博，工程师，南方电网科学研究院有限责任公司主管。于 2011 年和 2014 年分别获得湖南大学电气工程学士学位和硕士学位。毕业后入职南方电网科学研究院有限责任公司，并从事兆瓦级储能、电力电子装备、直流输电系统研究和生产经营工作。2014 年至 2015 年，参与了 2MW 无变压器直挂 10kV 电池储能系统设计研究。作为核心成员，起草了 IEEE P2030.2.1《电池储能在电网应用导则》，并于 2015 年至 2017 年参与了 IEC 60919《常规高压直流输电系统控制和保护》标准维护工作。参加了中国电化学储能、FACTS、直流输电等领域若干标准相关工作，推动了百兆瓦时级退役动力电池梯次利用示范工程建设，参与了特高压柔性直流和特高压混合直流的技术研究，后者已应用于世界首个特高压±800kV 多端混合直流输电工程。

Ben Mehraban，获密苏里大学电气工程学士、硕士学位以及俄亥俄大学工商管理硕士学位。在超高压、气体绝缘开关设备、FACTS 和高压直流输电项目的设计、施工、调试和运维等方面具有 35 年以上工作经验。1980 年入职 AEP，负责 FACTS、高压直流输电、超导等多个技术项目（其中许多是同类中首家），并与美国电力科学研究院（EPRI）、能源发展促进中心、高校和技术制造商进行交互合作。撰写并发表了大量 IEEE 和 CIGRE 论文，是 IEEE 高级会员，并参与多个 IEEE 工作组，曾任 IEEE 电力与能源学会高压直流输电 – FACTS 分委员会主席。是 CIGRE 成员，现任"输电系统 STATCOM 规范指南" I5 工作组主席。

FACTS 装置调试

22

Babak Badrzadeh、Andrew Van Eyk、Peeter Muttik、Bryan Lieblick、雷博、Thomas Magg、许树楷、Marcio M. de Oliveira

目次

Babak Badrzadeh
澳大利亚维多利亚州墨尔本，澳大利亚能源市场运营商（AEMO）
电子邮件：babak.badrzadeh@aemo.com.au

Andrew Van Eyk
澳大利亚南澳大利亚州阿德莱德，南澳输电网公司
电子邮件：vaneyk.andrew@electranet.con.au

Peeter Muttik
澳大利亚新南威尔士州悉尼，通用电气公司解决方案公司
电子邮件：peeter.muttik@ge.com

Bryan Lieblick
美国马萨诸塞州德文斯，美国超导股份有限公司
电子邮箱：NetworkPlanning@amsc.com

S. Nilsson，B. Andersen（编辑），柔性交流输电技术，CIGRE 绿皮书，https://doi.org/10.1007/978-3-319-71926-9_22-1

雷博
中国广州，南方电网科学研究院有限责任公司
电子邮箱：leibo@csg.cn

Thomas Magg
南非约翰内斯堡，Serala 电力咨询公司
电子邮箱：thomas.magg@seralapower.com

许树楷
中国广州，南方电网科学研究院有限责任公司
电子邮件：xusk@csg.cn

Marcio M. de Oliveira
瑞典韦斯特罗斯，ABB 公司 FACTS 部
电子邮件：marcio.oliveira@se.abb.com

摘要

调试的目的是确定安装的 FACTS 装置的性能满足设计要求，并符合规定和预期性能要求，最终进行电网合规性试验。全部调试项目通过测试通常是正式投入运行的先决条件。调试要求对装置进行测试，从单体、分系统到整个集成系统。调试还将通过将试验结果与事先进行的研究进行比较来检验模型数据。FACTS 装置的精确建模是确保未来电力系统研究能够充分验证包含 FACTS 装置的电网的响应特性。

本章讨论了新建或扩建 FACTS 装置所需开展的整套调试项目。

22.1　引言

本章描述 FACTS 装置的调试和合规性试验。本章列出了调试电力系统装置的一般要求，讨论了应用于所有 FACTS 装置的包括单体、分系统、系统调试和电网合规性试验的四阶段过程。这些包括 FACTS 装置制造商在工厂进行的一些测试，以及业主或系统运行机构要求的所有测试，直到 FACTS 装置允许不受限制地投入运行。有关工厂测试的更多详情，请参阅本书的"21 FACTS 装置设计与测试"章节。

本章提供了 SVC、STATCOM、UPFC 和 TCSC 调试的几个实例，涵盖了不同国家的各种方法和要求。最后，本章通过比较 FACTS 装置的实测响应和仿真响应，给出了模型验证分析的实例。

22.2　一般要求

22.2.1　一般原则

调试的目的是确定已安装的装置满足设计要求，并符合规定和预期性能要求。更多详情，请参阅本书的"19 FACTS 装置采购及功能规范"章节。

调试开始前通常需要完成设计和仿真计算研究，包括系统影响研究。通过所有调试项目通常是调试对象保持并网和不受限制运行的先决条件。

调试通过一系列测试、测量和仿真来证明已安装装置的性能指标和响应特性。

调试要求对从单体、分系统到整个集成系统的一系列层级的装置和系统进行测试，以确保按照预期理解、获取和验证各种装置和控制系统的集成结果及其相互作用。

调试之前通常进行一些工厂试验、型式试验、非现场测试和现场设备测试以及分系统测试。这些测试必须在 FACTS 装置的最终现场调试之前完成。

FACTS 装置测试有以下目的：

（1）调试测试：确定已安装的装置按预期运行，并符合性能要求。

（2）模型验证试验：验证模型数据，并确保调试对象模型能代表已安装的系统。FACTS 装置的精确建模是确保未来电力系统研究充分验证电网响应特性的基础。

与电力系统交互的新增或升级设备的调试是将 FACTS 装置连接到电力系统中的一个重要环节。所有发电系统、FACTS 装置和直流输电系统调试的基本原理是相同的。作为调试过程的第一阶段，必须制定调试计划，并提交给相关机构批准，以便进行联网测试。

调试测试需要连接到电力系统，因此必须与受影响的业主和系统运营商进行必要的筹划。调试期间可能需要进行临时的测试接线和特殊仪器来采集信息。测试需要提前周密计划，因为其需要许多不同主体（系统运营商、开关站操作员、供应商和业主工程师）间的协调。所有相关方应采取合作方式，确保以下列方式进行调试：

（1）不会对其他电网用户产生不利影响；

（2）不会对电力系统安全或供电质量产生不利影响；

（3）最大限度地降低其他电网用户设备损坏的风险。

连接方负责指定和进行测试，并向业主/系统运营商提供证明设备性能的证据。

本章讨论了调试新增或升级 FACTS 装置需进行的整套调试测试。例如，电网运营商/独立系统运营商感兴趣的关键测试主要是本章中归类为电网合规性试验的测试。

FACTS 装置调试的一般原则是：

（1）提供相关证明，确认设备可以保持与电力系统的安全连接，并满足连接协议和/或 FACTS 装置技术规范中规定的技术性能要求。

（2）将实际记录的测试结果与设计研究或仿真建模的结果进行比较，两者密切相关。这可能需要特殊的仿真计算，例如调整仿真模型对应的电力系统状态以匹配执行测试时的实际电力系统状态，以便验证仿真建模的准确性。

22.2.2 文档

（1）各试验的测试步骤。调试计划包括将要进行的调试测试清单，为每个调试人员提供：

1）对测试目的的描述，包括：被测设备，评估哪些性能方面，评估与模型的比较；

2）需要哪些测量设备；

3）任何特定电网工况要求。

（2）检验和试验计划（ITP）。ITP 必须包括测试步骤所涵盖的所有信息，并主要针对直接执行调试测试的各方提供更高级别的详细信息。

（3）系统研究报告/预测试仿真研究。应在进行联网调试测试之前进行预测试仿真研究，以确定所有联网试验的适当运行工况，并确定和管理电力系统安全或其他电网用户的影响。

（4）调试测试计划。测试计划必须包括从预充电阶段到系统恢复无限制商业运行的所有计划活动。一般包括以下信息：

1）各停工待检点各试验的预期功率输出。部分业主/系统运营商可能会确定调试计划中的特定点，在这些点上，申请人必须在进一步进行调试之前提交结果供审查和批准。一般来说，任何离线和工厂验收测试（FAT）结果都需要在 FACTS 装置首次通电之前提交并批准。根据 FACTS 装置的大小和影响，联网试验可能需要一个或多个停工待检点。可根据输出功率或试验类型（例如阶跃响应与系统扰动试验）确定停工待检点。该过程允许通过在各种预先商定的输出水平上进行测试来证明技术性能要求。将独立安装的收集测试结果的设备与正在测试的设备分开。

2）进行的所有合规评估和模型验证测试清单，包括离线测试和所有停工待检点的联网测试。

（5）临时和最终试验报告。

22.2.3　测量系统

需要为测量设备和测量设备的连接位置提供以下信息：

（1）设备的制造商、型号和序列号。

（2）设备类型：

1）持续监测，或事件触发，或手动触发或其他。

2）某些测量设备可能需要在完成调试之后保持连接，以便测量设备的长期电能质量信号并捕获实际的电网故障事件。

（3）测量设备布置位置：

1）公共连接点（PoC），即在现场变压器高压侧之后。

2）紧接在换流器输出之后，即在 FACTS 装置变压器之前。

（4）每次测试的仪器参数设置必须具体说明。基于电压源换流器（VSC）的技术通常采用快速动作的电力电子换流器控制。因此，需要高速测量设备来充分捕获动态响应。这种测量设备的典型采样率超过 10kHz。这可能需要能够长时间窗记录存储高频数据的特殊仪器。

（5）必须规定用于分析和存储捕获数据的数据格式。

（6）业主/系统运营商通常需要以下数据和信息：

1）所有预处理测量（原始）数据。

a）使用数字仪器进行任何测量的最小采样率应为任何噪声滤波器上限模拟截止频率的 4～20 倍（Åström and Wittenmark 1990）。

b）为了避免数据混叠，需要在时待测量信号采样前对模拟信号进行滤波❶。

c）应选择模拟预滤波器，以有效地衰减高于信号采样率相关的奈奎斯特频率的噪声。

d）模拟数字转换器的分辨率应足以将由数据有限字长引起的量化误差降低到可接受的水平。

e）除非数据采样时刻被同步并且考虑传输延迟的差异，否则通过数字系统捕获数据不具有可比性，不同数字信号采集系统的模拟预滤波器的差异也会带来相位误差。对联合数据集进行计算操作前应执行数据重采样。

f）采集的原始数据集必须保持不变。也就是说，任何计算都必须对原始数据的副本进行。

g）在进行电力系统测量时，必须考虑电流互感器和电压互感器的幅值和相位传变误差。

h）对于 50Hz 或 60Hz 数据的测量，模拟截止频率应在约 120～150Hz，并且最小采样频率应在 480～600Hz。如果交流量高度失真，建议增加采样频率。

---

❶ 请注意，诸如数字示波器之类现代化数字仪器没有内置自适应截止滤波器。如果在此类系统中增加扫描时间，则很容易捕获高频噪声并导致数据混叠。

i）对于谐波频谱测量，应使用具有长积分时间的窄带频谱分析仪来实现精确的谐波测量。

j）对于测量不同开关设备之间的触发时间差，确定触发脉冲时间的不确定度取决于采样间隔。也就是说，如果使用 10kHz 采样系统，则确定触发脉冲时间的不确定度为 50μs，对于 100kHz 采样，不确定度将降低一半。

2）所有测量信号的比例因子。

3）不得对原始测量数据进行后处理。也就是说，所有数据处理都应在原始数据的副本上进行。

（7）测量设备验收测试报告。

（8）测量设备的有效和最新校准证书。

（9）在每个测量位置测量的信号。

（10）如果要使用多个录波仪，则应详细说明多个录波设备之间如何同步测量结果。

（11）测量电压必须以三相瞬时波形、三相方均根（RMS）、正序 RMS 和直流分量（例如：UPFC 中的直流母线）的直流量的形式提供。

22.2.4 电力系统建模与仿真的作用

以调试试验为目标的仿真研究主要是确定所有联网试验的适当运行条件，从而识别和管理调试过程对电力系统安全的影响（另见本书中"20 FACTS 装置集成与设计研究"章节）。仿真研究通常是调试计划的一部分，在调试试验（预仿真研究）之前、试验期间（中期试验报告）以及调试测试完成（最终调试报告和仿真验证报告）之后都需要进行。

在联网调试测试之前进行的研究提供了对调试测试预期结果的分析。工厂验收测试（FAT）将提供一些关于预期影响的有用信息；但是，在试验之前，需要重新评估现场试验的边界条件，应使用受实时仿真（RTS）相关限制而通常无法用于工厂验收测试（FAT）的全尺度输电系统模型。

此外，由于严格的调试时间表和不断变化的输电网运行工况，现场和非现场测试不能总是在相同条件下进行。为了确定联网试验的准确参数和特性，应在仿真研究中以充分的细节描述互连电力系统。

旨在验证 FACTS 装置动态响应的调试测试可能会显著影响电力系统性能，尤其是在不成功的情况下，因此，必须进行这些研究，以评估进行测试的最可行方式。

仿真可以使用工频相量方均根（RMS）或电磁暂态仿真工具❶，具体取决于所考虑的应用，在某些情况下，为了验证系统和控制响应，可以在实际系统上设置分段故障。在这种情况下，需要详细的电磁暂态仿真研究。电磁暂态仿真研究的一般做法是使用互连电力系统的降阶电网等值模型。

许多业主/系统运营商需要 FACTS 装置的测量和模拟响应的叠加，以进行联网调试测试。调试测试相关研究的结果与测试的实际记录之间的偏差需要仔细分析。偏差可能导致更广泛电网和/或 FACTS 装置模型的变化。在某些情况下，偏差还可能需要改变实际控制系统，在此之后，应该仔细地评估改变对模型有效性和 FACTS 装置性能的影响。

---

❶ 电力系统分析程序通常在计算中仅使用由 Fortescue 定义的正序系统。

FACTS 装置的性能测试也可能需要使用实际系统的扰动或者需要在电网异常条件下进行部分测试。尽管这些测试可能对输电系统带来相当大的影响，但是根据详细计划执行测试可能是首选方案，因为备选方案是等待类似的实际系统事件发生。当 FACTS 装置的性能可能对输电系统的性能产生重大影响时，需要在 FACTS 装置的整个预期操作范围内对仿真模型进行完整验证，因为在实际电力系统中进行测试可能不现实。因此，使用经验证的仿真模型来预测 FACTS 装置对各种类型扰动的响应。将仿真模型与实际现场测试结果进行比较是获得仿真模型和实际系统性能一致性的有效方法。如有需要，应评估和纠正任何差异（Grund et al. 1990）。模型中的缺陷可能会对电力系统运行以及我们对电力系统性能的理解产生重大不利影响。

22.3　FACTS 装置四阶段调试测试

在开始调试之前，应进行多项检查，以确保设备在运输或安装过程中未受损，且已按照规定的要求进行安装。

FACTS 装置的调试分为以下四个主要阶段。在进入下一阶段测试之前，应按顺序执行每个测试子部分，并成功完成每个测试阶段。对不同设备和分系统的测试可以相互并行进行。

（1）设备单体调试；

（2）分系统调试；

（3）系统调试；

（4）电网合规性测试。

设备单体和分系统测试是在给高压设备通电之前完成的"预调试"测试。设备单体测试主要确认设备已正确安装，并处于正确的物理和操作状态以便安全进行。分系统测试主要确认设备能正确执行命令，以确保在下一阶段调试之前设备和控制系统的运行正常。

系统调试测试包括高压通电和基本高压设备功能的检验。在这些测试过程中，重点强调人员的安全和电力系统的安全，目的是确认设备的电气性能，通常是在固定的运行状态下或在操作员控制下。通常的做法是为后备保护配置快速动作的保护断路器，防止出现设备首次充电带来的主保护无法保护的问题。

电网合规性测试专门评估设备在系统无功调节能力、高级电网控制和其他专用控制系统方面的整体性能。请注意，本章讨论的电网合规性测试反映了全球多个系统运营商采用的常见做法。然而，考虑 FACTS 装置的尺寸、位置和特殊功能以及系统运营商的特殊要求等因素，从一个工程到另一个工程的性能要求可能会相应增加或减少。因此，本章中提供的示例不应被视为所有 FACTS 装置的电网合规性测试的专用或通用测试。更多信息请参见 CIGRE TB 447 2011；CIGRE TB 663 2016；CIGRE TB 697 2017；IEC 60143－4：2010；IEEE Standard 1031—2011；IEEE Standard 1303—2011；IEEE Standard 1534—2009。

22.3.1　开始调试前对设备进行检查

在设备单体和分系统安装结束时，将进行一系列检验和检查。其目的是确保设备在运输或安装过程中不受损坏，并确保按照规定的要求进行安装。检查在很大程度上依赖于履约制造商预先提供的设备安装检查表，包括以下内容：

（1）设备到达现场后的检查：所有系统部件的目视检查。检查设备是否有运输或安装损坏的迹象。交叉检查所有主要系统子组件的交付和安装，确认铭牌额定值，验证备品备件是否已装运（如适用）。

（2）安装检查：确保辅助设备正确安装、正确接地，并具有必要的电气和磁间隙。交叉检查设备是否已按照电气和机械图纸安装。验证所有接线是否正确，并对辅助电源系统、冷却系统、空调（加热和冷却）、控制设备和保护继电器进行功能测试。

（3）机械试验：确认每个子部件都牢固安全安装。这包括确保固定要求满足规定扭矩，并确保户外部件和控制装置正确密封。类似地，必须使用经过校准的扭矩扳手检查各电源电路电气连接的扭矩。

（4）检查所有内部螺丝接线端的紧密性，例如，端子箱（若使用）。对小功率电缆连接（带状电缆、接线板、其他接线）进行 TUG 试验。

22.3.2　现场设备单体测试

现场设备单体测试旨在验证设备已按照设计和规定安装在现场。测试在很大程度上依赖于履约制造商预先提供的规范和先前的测试结果。

现场测试可能包括典型的变电站设备，如变压器、隔离开关和接地开关、断路器、互感器、避雷器、电容器、电抗器、电阻器、辅助设备、穿墙套管、绝缘体、母线、保护继电器和仪表、电缆（电源和控制）和 HVAC（加热、通风和空调）设备、换流阀、换流器冷却设备和控制设备。这通常被称为预调试或设备安装测试。

在适用的情况下，应使用现有的标准和实用步骤来调试该设备。请注意，如果 FACTS 装置通过撬装块、组件或拖车交付，许多测试可以作为工厂验收测试（FAT）的一部分执行，从而最大限度地减少现场安装验证和测试的数量。在安装过程中进行的任何设计修改必须经过业主批准，并作为调试报告的一部分，参考适当的图纸和文件进行记录。应在测试前提供详细的检查表，包括所有设备测试的预期结果，并将其编入调试文件中。

这些试验也可分为绝缘试验和特性试验。绝缘测试通常包括使用绝缘电阻表的耐压测试或使用例如 10kV 测试电压的特殊测试装置。一些绝缘测试可能要求业主在低于工厂绝缘测试电压的情况下对高压交流或直流系统进行，以确保没有发生绝缘损坏，且绝缘能力满足要求。绝缘耐压试验应在绝缘特性试验合格后进行。特性试验一般指所有其他试验。

设备测试通常包括以下测试，也可能因 FACTS 装置的类型而异。

1. 一般安装和接线测试

（1）这些测试的目的是对整个装置进行验证。

（2）必须目视检查已安装的设备。

（3）必须检查所有设备的铭牌，并与适当的文件对照检查。

（4）设备的位置和电气连接必须与文件对照检查。必须检查与其他物体的间隙。

（5）必须对设备支撑结构的接地进行目视验证，并进行适当测量。

（6）绝缘电阻测试必须按要求进行。

2. 电容器

（1）上述一般测试项目。

（2）必须测量每个电容器单元的电容，并与文件对照。

3. 电抗器

（1）上述一般测试项目。

（2）必须测量每个电抗器单元的电抗，并与文件对照。

4. 浪涌保护设备

（1）上述一般测试项目。

（2）必须测量每个浪涌电容器单元的电容，并与文件对照。

5. 互感器

（1）上述一般测试项目。

（2）按照详细的调试说明进行功能测试，包括变比和极性测试等。

6. 隔离开关和接地开关

（1）上述一般测试项目。

（2）必须检查触头的接触压力、机械对准和操作。辅助触点的操作也必须经过验证。可能带有远程控制选项的电动开关需要特殊检查，如果需要，根据制造商的说明进行调整。

7. 电力变压器

（1）上述一般测试项目。

（2）大型电力变压器的安装、加工和测试通常遵循制造商提供或业主要求的具体详细说明。这包括广泛的检查和测试清单，包括绕组、铁芯、分接开关（如有）、套管、油质（如相关）以及其他检查和测试。

（3）应测量辅助电源电压和电流消耗。

（4）功能测试必须按照详细的调试说明进行。

（5）对于具有多于一个变压器的 FACTS 装置，例如对于 UPFC，通常在串联变压器和并联变压器上重复进行试验。

8. 断路器

（1）上述一般测试项目。

（2）大型高压断路器的安装、加工和测试通常遵循制造商提供或业主要求的具体详细说明。这包括适用于每种开断型号的断路器的大量检查和试验清单。

（3）功能测试必须按照详细的调试说明进行。

9. 晶闸管/IGBT 阀

（1）上述一般测试项目。

（2）功能测试应按照详细的调试说明进行。

（3）试验应根据适用的 IEC 标准或等效的当地标准进行，例如对于 SVC：IEEE 1303—2011"静止无功补偿器现场试验指南"。

10. 接地系统

（1）上述一般测试项目。

（2）这些测试的目的是验证安装在 FACTS 装置中的接地系统的安装。

（3）每件设备应适当接地（IEEE Standard 80—2015）。

（4）这同样适用于干式电抗器附近的混凝土钢筋。一般来说，应按照当地法规或 IEC 61936：2014 进行设计。

（5）特定安全规则适用于安装在靠近地面的电抗器和电容器组周围的围栏。可安装安全钥匙联锁系统，以防止任何人进入安全距离小于人员安全标准要求的区域，也包括防小动物措施。

11. 晶闸管旁路开关（适用于 UPFC）

（1）上述一般测试项目。

（2）本测试的目的是确保晶闸管旁路开关能够正确合闸和分闸，以在线路故障期间保护换流阀。

12. 启动电阻（如适用）

（1）上述一般测试项目。

（2）本测试的目的是确保启动电阻的安全和正确操作，启动电阻可能与换流阀串联接入。

（3）进行电阻测量试验，以确保启动电阻的阻值正确。

22.3.3 分系统测试

分系统测试主要评估成组互联设备的性能，并逐步扩展功能系统。测试应最终评估设备最大子组的性能，包括不同设备组之间的协调和接口。对整个分系统的完整操作进行评估，并进一步强调给定子系统的控制、保护、测量和通信系统。应对尽可能多的分系统进行检查。测试依赖于制造商提供的测试计划以及适当的检查表和表格文件。当 FACTS 装置通过撬装块、组件或拖车交付时，在 FAT 期间已经对多个功能子系统的测试进行了全面评估，现场验证和测试的数量可以最小化，并将重点放在检测装运损坏上。在这种情况下，可以执行简化的分系统测试，以确认系统已达到完全功能，并确认独立的分系统。

分系统测试从安全系统的检查和功能测试开始，并进行全面的点对点检查。接下来，给每个设备子组的电源电路通电，启动辅助控制系统。应在分系统调试之前，对互感器和其他变换传感器的校准和极性，以及每个传感器物理连接之间的映射和相位（它们对应于正确的物理和功能位置）进行验证。之后，应根据实际情况检查各系统的机械和电气联锁装置、传感器、警报、跳闸、控制系统反应、转移跳闸和二次系统。

分系统测试活动一般包括以下检查和活动❶。

1. 换流阀系统

（1）换流阀模块根据设计图纸和机械规范进行安装。

（2）确认换流器控制电缆和控制面板辅助电源的相位。

（3）确认控制系统的所有传感器输入均已连接。根据施工图纸检查所有电压、电流、温度、湿度和流量传感器的标签和布线，并将其映射到控制系统。

（4）如适用，根据施工图检查冷却剂回路连接。

（5）检查阀触点之间的电阻和/或夹紧力。

（6）检查阀相别、母线和母线连接。

（7）测量均压电路/缓冲电路的电气特性和连续性。

（8）检查交流和直流接地的连续性和电阻。

（9）检查所有带电部件和接地之间的电气距离，例如阀和金属部件之间的电气间隙。

---

❶ 这样可能被一些业主归类为安装测试。

（10）通过绝缘耐压或局部放电试验测试绝缘性能。

（11）检查阀控制系统的电源。

（12）检查控制系统软件的版本、设置和参数，以验证其是否符合系统设计。

（13）检查报警、跳闸、联锁和告警系统的响应，包括系统冗余。

（14）换流阀及其触发控制系统的测试。

（15）检查所有交流和直流滤波器的调谐（如相关）。

2. 辅助和控制设备

（1）检查电缆和供电设备是否按照设计图纸安装。

（2）检查上游和内部配电电路的保护设置。

（3）检查灭火设备、报警器和建筑物或外壳辅助设备的运行情况。

（4）检查辅助加热和冷却系统的运行情况。

（5）检查设备和内部配电电路的电源。

（6）检查控制系统软件的版本、设置和参数，以验证其是否符合系统设计。

（7）检查网络通信系统。

（8）检查电池和电池充电机。

（9）检查测量和监控系统的值和校准。

（10）检查报警、跳闸、联锁和告警系统的响应以及系统冗余和转移跳闸。检查远程控制系统。

（11）检查系统与远程设备之间的通信。

3. 冷却系统

（1）检查冷却系统是否按照设计图纸和机械规范安装。

（2）检查辅助设备，包括阀、百叶窗、风扇和泵，包括位置、旋转方向和流动方向。

（3）检查冷却介质供应的质量。

（4）检查网络通信系统。

（5）检查测量和监控系统值、校准，并将其映射到控制装置。

（6）冷却系统阀配件、流道和压力测试。

（7）测试警报和告警信号、冗余系统的故障转移机制。

在每个分系统成功预调试后，如果认为有必要进行额外的测试工作，并且基于换流器拓扑和额定值的测试是可行的，则可以执行分阶段的低电压通电测试。虽然在低压下进行测试，但测试应该与高压测试一样，同样注意人员安全。通过电磁式电压互感器的低压交流通电，可以完成低压测试，以检查控制系统测量值。通过相电抗器在降低的电压下对整个阀系统通电，也可用于检查核相和测量系统、联结变压器的核相以及控制系统触发电路。在测试过程中，直流系统将通过续流二极管充电，可能需要修改直流回路和控制装置。或者，如果可以使用高效的直流电源设备，则可以使用直流系统的通电来在换流器端子处生成交流波形。

分系统测试通常包括以下测试，但是它可能因 FACTS 装置的类型而异。

1. 冷却系统

（1）应目视检查设备和装置。铭牌值与适当的文件对照。

（2）必须检查所有端子和连接的紧密性。应对设备支撑结构的接地进行目视验证，并进行适当测量。

（3）冷却装置必须充满适当的冷却液并排气。加注系统后，过滤冷却液以清除安装过程中残留在流体管或管道内的所有碎屑是很重要的。应对冷却液进行电导率检查，以确保冷却液适合冷却系统的通电。应进行功能测试，并对质量控制测量进行检查。

2. 辅助电源系统

（1）该系统包括低压交流、直流和不间断电源（UPS）系统及其相关电池。

（2）应对设备及其安装进行目视检查。检查端子的密封性。

（3）设备框架的接地必须通过目视和适当的测量进行验证。

（4）功能测试应按照详细的调试说明进行。

3. 控制和保护系统

（1）这些包括 FACTS 装置的控制、保护、录波器、阀基和其他连接柜。应目视检查设备和装置。

（2）必须检查所有端子的密封性。机柜的接地必须通过目测和适当的测量进行验证。

（3）应测量电源电压和电流。

（4）必须对每个机柜进行功能测试。这些包括对保护继电器、控制系统和故障录波器的完整操作测试。

4. 布线

（1）必须目视检查所有电缆。应特别注意电缆的屏蔽接地，应检查电缆屏蔽的接地情况。对于高压交流系统，如 220kV 或以上的系统，一些业主要求将布线到开关站的电缆上的屏蔽层两端接地。对于控制系统，通常使用双屏蔽电缆，在这种情况下，内屏蔽必须单点接地，以避免接地环路并尽可能防止共模噪声窜入到电缆中（Wiggins and Nilsson 1994）。应使用万用表检查每个芯的连通性，并验证正确的连接点。每根电缆的绝缘应通过绝缘电阻测量进行验证。

（2）应验证所有带有线槽或等效机械保护的光纤束的敷设。

（3）必须对光纤进行点对点测试。

5. 电流和电压测量系统

（1）必须检查各电路的接地情况。每个电流互感器二次绕组可注入适当的电流或电压，以测试电流互感器铁芯的磁化率，但电流互感器导体进入控制大楼时，通常进行电流互感器的接地连接。不应进行任何试验来激励 VT 的二次侧，因为这将在连接到 VT 一次侧的母线上注入非常高且危险的电压。

（2）极性和大小必须从每个相关机柜进行验证。还必须通过人机接口（HMI）、保护继电器和故障录波器验证极性和大小。

6. 硬接线数字输入/输出

（1）必须测试每个 FACTS 装置的控制和保护系统数字输入信号的两种状态。

（2）从 HMI 屏幕、保护继电器、冷却装置或其他接收设备观察每个信号，以便验证整个信号路径。

（3）数字输出也进行类似的测试。输出由控制和保护系统使能和禁用。

（4）在远端观察信号验证设备是否显示预期响应。需要验证完整的信号路径。

（5）应使用连接到未接地或电阻接地的电站蓄电池系统的负极（或正极）侧的 120V 或 220V 交流电源进行测试通电，以验证任何控制或保护系统设备的数字输入都不会出现误动作，因为这种误动作可能会导致电站多个断路器同时误跳闸。在此类测试期间，不执行布线或其他测试任务。

7. FACTS 装置内部通信链路

（1）这些测试的目的是验证控制和保护系统内所有通信链路的运行情况。这些链路包括保护继电器、冷却装置和阀座通信。

（2）应通过在发送端激活和停用数字信号并观察 HMI 屏幕来测试数字信号。

（3）通过比较发送设备和 HMI 屏幕上显示的值来验证模拟信号。可能需要注入电压或电流来实现这一点。

8. SCADA 系统接口

（1）这些测试的目的是验证控制和保护系统与 SCADA 系统之间的接口的操作。

（2）应通过在发送端激活和停用数字信号并观察接收端来测试数字信号。

（3）通过比较发送端和接收端显示的值来验证模拟信号。

（4）只要与已经测试的信号路径存在足够的重叠，就可以通过在发送端模拟信号来部分地测试信号路径。必须检查所有的数字和模拟数据点。

9. 与远程 HMI 的通信链路

（1）这些测试的目的是验证本地 HMI 和远程 HMI 个人计算机（PC）之间的接口操作。

（2）本地和远程 HMI 之间的链接完全工作，或者根本不工作，因此不需要进行逐信号测试。

（3）必须检查将数字故障录波器（DFR）记录下载到远程 HMI 的能力。检查这些链路的安全性非常重要，因为这可能是黑客进入系统的后门。

10. 换流阀触发回路

（1）检查晶闸管/GTO/IGBT 阀和 FACTS 装置单个部件的触发信号回路。

（2）控制系统发出光脉冲，必须在阀接口处检查所有触发光纤。但是，如果使用光发射晶闸管，则需要特殊的测试规定来测试触发脉冲。

11. 联锁

（1）这些测试的目的是验证整个 FACTS 装置的电气和机械联锁装置的操作，包括用于防止误入区域围栏的钥匙联锁系统。

（2）在这些测试过程中，FACTS 装置通过隔离开关与高压母线隔离。必须测试每个运行方式和其他工况。

（3）FACTS 装置通过模拟必要的信号被设置为准备运行状态。然后启动 FACTS 装置。必须验证断路器闭合和 FACTS 装置的正确操作。

（4）必须检查联锁装置，以防止断路器闭合时断开隔离开关，或在隔离开关合闸时闭合接地开关。

22.3.4　系统调试测试

系统调试测试是对 FACTS 装置作为一个完整系统进行评估的第一阶段，以确保其符合业主/系统运营商的规范。在所有设备测试和分系统测试成功完成且结果被接受之前，不得开始系统调试，因为在评估整个系统的性能之前，子系统必须完全运行。

所有测试开始的共同必要条件是：

（1）确认预测试交流系统和设备条件。

（2）确认测量系统准备就绪。

（3）确认所需的测试人员已准备就绪。

（4）确认电网运行状态就绪。

（5）进行试验预演，确认试验小组沟通协调良好。

这是调试过程的第一阶段，FACTS 装置的高压设备连接到更大的电力系统。考虑到对人员安全和互连电力系统的潜在影响，步骤必须包括：

（1）安全：可能存在不安全条件时的明确指示。在继续通电之前和试验期间，确定试验操作员、现场工作人员和设备的关键安全检查。

（2）通信：在测试之前，确定要使用的通信信道。应为电网运营商/独立系统运营商、输电或资产所有者、所有现场服务人员以及支持测试的设备制造商代表指定主要联络点。

（3）授权：确定负责执行每个步骤的团队负责人，并在进行调试测试之前，从系统运营商或其他方获得任何外部授权（如有需要）。

（4）设备或电网限制：确定每次测试期间电流注入和/或预期电压变化的最大水平。这些限值应在进行测试之前通过系统研究和仿真确定。确定任何电网条件或系统限制下不应进行的测试项目。如有必要，将无功功率注入限制在额定值以下，或在设备设计允许的情况下测试较小的换流器子系统。

（5）紧急操作测试：在调试过程中的任何时候，电网条件可能会发生变化，可能会发生意想不到的相互作用或其他安全问题。制定安全停止测试的步骤，并在发生紧急情况或故障时关闭设备。

（6）测试说明：这些是关于在测试期间如何配置、监控和操作设备的说明。包括图表和软件截图（如适用）。试验说明还应明确识别必须由多个组织试验操作员发起的任何切换顺序或事件序列。切换顺序应具有显示每个步骤设备状态的相关切换图。

除非另有明确规定，本小节的其余部分描述适用于所有类型 FACTS 装置的系统调试测试。

22.3.4.1　系统通电测试

本节介绍基于 STATCOM 调试的过程。对于其他 FACTS 装置，如 SVC 和 TCSC，对直流电压的测试可能不相关。

1. 目的

（1）首先对装置进行通电，以验证装置和设备可以进行高压通电。

（2）确认设备已正确安装。

（3）为 FACTS 装置的高压设备和供电系统供电。

（4）演示设备的启动顺序，并对操作员进行启动程序培训。

（5）评估直流电容器预充电设备和直流电压调节控制装置（如相关）的性能❶。

（6）演示手动操作员控制下设备的电流注入能力。

（7）演示直流电容器系统的断电顺序（如相关）。

（8）请注意，所执行的调试测试的具体顺序和类型取决于技术路线、布局和配置，因此应严格遵守所提供的测试计划。

---

❶ 包括术语"直流电容器"在内的所有描述均适用于基于 FACTS 装置（例如 STATCOM）的电压源换流器（VSC）。

2.预置条件

（1）已经完成整套安全检查和目视检查。

1）确认所有临时场地均已拆除。检查所有接地开关是否打开。

2）核对设备接地、接地变压器和系统接地是否与系统图纸一致。

3）之前在分系统测试中禁用的任何告警、联锁或安全功能均应完全激活。

4）所有线路开关部件（如断路器和断开装置）均处于正确的预定操作位置。

（2）目视检查所有高压设备和区域，以确认它们是否具备上电条件，确保没有工人在场，并且没有工具、梯子等留在变电站或阀室内。

（3）目视检查所有控制和保护系统以及辅助系统，以确认它们是否具备上电条件。

（4）检查防止进入高压区域的所有围栏和避护是否已安装，所有出入口是否已落锁。

（5）检查是否安装了适当的警示标志。

（6）首次通电前进行最终跳闸试验。

（7）长时间的预通电项目已经完成，如根据制造商的建议，根据需要进行空载变压器浸泡和直流电容器激活❶，或在调试中分配适当的时间。

（8）控制系统处于正确的预通电控制模式，并完全运行。

（9）测量系统处于在线状态，可运行。

（10）阀、变压器和其他冷却系统应处于在线状态，且可运行❷。

（11）确定交流滤波器投入对交流电网的影响。

（12）获得系统运营商/控制中心进行试验的许可，包括确认交流电网能够发出和吸收预调试研究中确定的必要水平的无功功率，或确定降低的运行水平。

（13）确认 FACTS 装置连接点交流电压在正常运行范围内。

（14）设备将按照业主的高压操作说明和系统运营商的要求通电。

3.方法与步骤

（1）电力变压器空载充电。如果变压器二次侧（换流器侧）没有断路器或隔离开关，则建议断开变压器与二次侧其他设备之间的连接母线。如果尚未完成，则应根据制造商的建议为变压器留出充足的静置时间。

（2）在所有换流器侧断开和断路器断开的情况下，为相电抗器和阀的上游母线通电。

（3）在适当考虑潜在铁磁谐振条件的情况下，为任何谐波滤波设备通电。监测滤波器通电期间的电压，以评估短路强度。监测通过滤波器电路的谐波电流。确认控制系统记录的电源电压显示了预期的相位，正序电压接近标称值。

（4）如果相关，激活直流电容器系统预充电回路，以提升直流电压。预充电系统的使用（如果可用）限制在交流通电期间通过续流二极管的涌入电流，并且通常包括限制电阻器或外部直流电源。如果使用外部直流电源，验证直流电压是否接近预期预充电值，阀监控系统报告所有子组件的可接受值。

---

❶ 在 STATCOM 中的直流链路电容器上进行电解电容器改造。当电解电容器长时间放电时（例如在 FAT 和试运行之间阶段），直流电容器内的氧化层开始退化。氧化物降解会降低电容器接线端之间的介电强度，在重新启动 FACTS 装置时，可能导致在施加额定直流电压时造成短路/大浪涌电流。通过随时间缓慢升高的直流电压来重建氧化层以实现电容器改造。

❷ 大型变压器静电起电的风险可能需要仅运行变压器的一部分冷却泵，直到变压器达到正常工作温度。

（5）合上为相电抗器和阀供电的隔离开关和断路器，或重新连接相关的母线。

（6）验证正序系统电压接近标称电压值，并检查校准电压和电流传感器。

（7）启用直流电容器电压调节控制或升压电路，并将直流系统升压至标称工作电压。

（8）初始额定电流注入试验：

1）将 FACTS 装置（全部或部分换流器块）置于受控测试模式❶。

2）将 FACTS 装置设置为注入 0%额定电流的空载状态下运行❷。

3）将电流参考值增加到额定电流的 +10%❸。

4）记录阀、换流器和谐波滤波器中的电压和电流交流和方均根波形。记录实际和无功功率测量值以及系统谐波测量值。确认测量值在预期的工作范围内，以及阀支路电流之间的对称性。

5）等待阀和冷却系统达到热平衡。注意任何超出预期工作范围的温度。

6）监测电网状况，以确认其是否在 TSO 规定的预定限制范围内。

7）若输电系统条件可接受，则将电流参考值再增加系统额定值的 +10%。重复操作，直到达到额定电流或允许的无功功率注入限制❹。重复测试，以 −10%的增量减少电流参考值。

8）根据系统条件，可能需要通过测试阀子组并将增量电流增加限制在 ±10%以下，将最大电流注入限制在额定值以下。

（9）此时，测试系统断电顺序可能是合适的。

1）闭锁 FACTS 装置，使其处于空闲状态。断开换流器上游的断路器❺。

2）确认基于换流器的直流系统钳位电路的操作，以使直流系统放电。

3）在使换流器断电之后，可能存在等待预充电和直流钳位电路冷却的时间。对于基于换流器的 FACTS 装置，需要测试所有预充电或直流钳位电路的过温功能的联锁功能。

4. 测量量

（1）系统控制状态信息，如暂停、停止、运行、断路器状态等。

（2）关键保护系统报警和告警。

（3）电网、变压器和换流器/半导体开关三相交流电压和电流波形（瞬时值和有效值）测量。触发器高速记录每个开关事件或电流注入或吸收设定点的变化。

（4）直流系统电压、直流预充电和钳位电路电流（如相关）和温度。

（5）阀和冷却系统响应参数，包括温度、压力和流量。

（6）在试验过程中，检查并监测设备的异常噪声或电压弧光。

（7）滤波器支路电流。

（8）所有保护和计量电路中的电流。

（9）检查变压器和滤波器的接入和断开以及涌流的瞬态故障记录。

（10）断电后的断路器动作计数器和避雷器计数器。

---

❶ 对 TCSC 装置而言，这意味着给电容器通电但保持 TCR 支路开路，这可能导致 SSR。因此在进行测试之前必须进行研究，以确保在这种模式下不会出现 SSR。

❷ 对 TCSC 装置而言，这意味着保持阀闭锁。

❸ 对 TCSC 装置而言，这意味着升压水平以小步长（例如 5%）增加到设计水平。

❹ 对 TCSC 装置而言，这意味着每一步都要适当降低增压水平。

❺ 对 TCSC 和 UPFC 装置而言，需要合上旁路断路器以旁路串联部分。

5. 验收标准

（1）交流系统和谐波滤波器成功通电。

（2）预充电电路（如果使用）性能合格，直流浪涌电流和过冲是可以接受的。

（3）通过谐波滤波器（如使用）和阀的电流和电压在可接受范围内。

（4）对供电或控制系统无异常性能或不良影响。

（5）FACTS 装置达到目标电流注入。

（6）当直流系统（如果使用）放电时，断电程序成功。

（7）没有发生跳闸或闪络。

（8）无保护装置误动作。

（9）事件顺序正确地显示在事件顺序记录器上。

（10）事件顺序记录器上没有显示错误的跳闸或报警事件。

（11）没有不正确的避雷器动作。

（12）正确显示所有测量量。

（13）所有暂态故障记录均符合预期。

（14）对于配备同期装置的断路器，同期功能正常。

（15）无不可接受的电晕、火花、振动或可听噪声❶。

22.3.4.2　环境、噪声、抗干扰度和排放

1. 目的

衡量并证明以下各方面是否符合法定要求/标准和/或特定限制：

（1）可听噪声（AN）；

（2）所有来源的射频干扰（RFI）；

（3）电视干扰（TVI）；

（4）电力线载波（PLC）；

（5）电话线载波（TLC）；

（6）磁场强度。

2. 预测试条件

（1）研究/计算结果可用于估计 FACTS 装置调试后的预期干扰水平。

（2）结果可用于在 FAT 期间测量的任何上述方面。

（3）识别周围区域的任何潜在干扰敏感设备，并与相应的操作员进行协调。

（4）确定测量系统的物理位置。

（5）确定带宽和测量技术、校正因子、精度和天线类型。

（6）FACTS 装置中使用的任何潜在干扰缓解设备都在使用中。

（7）FACTS 装置控制和保护系统被配置为不受所有潜在干扰源的影响。

（8）测试仪器和数据采集系统可用。

（9）已经进行了测量以确定背景干扰水平。

（10）确定需要进行测量的操作模式和环境条件。

---

❶ 有关更多信息请参阅本书中"18 FACTS 项目环境因素"一章。

3. 方法与步骤

（1）FACTS 装置在满足预测试条件的情况下，根据所有标准通电。

（2）重复进行各级发出和吸收无功功率的测试。

（3）在可能导致最大干扰的任何潜在特殊条件下建立并实施测试。

4. 测量量

各种噪声和干扰因素的背景（预连接）和连接后测量，包括：

（1）可听噪声（AN）；

（2）所有来源的射频干扰（RFI）；

（3）电视干扰（TVI）；

（4）电力线载波（PLC）；

（5）电力线载波（TLC）；

（6）磁场强度。

5. 验收标准

证明上述各方面符合法定要求和具体设计限制。

22.3.4.3　热运行试验

1. 目的

（1）证明在最大热负荷和最大环境温度条件下，设备工作温度在设计限值范围内。

（2）验证在不同稳态条件下，过热对材料和主要部件的影响。

2. 预置条件

（1）电网能够在最大感性和最大容性无功电流输出下接受稳态操作，并且在适用的情况下，优选在日常最高环境温度条件下。

（2）FACTS 装置处于运行状态，但处于就地手动控制状态。

（3）如果相关，关闭不同 FACTS 装置的协调控制。

3. 方法与步骤

（1）确认了预测试条件。

（2）确认测量系统准备就绪。

（3）投入待测试的 FACTS 装置［如果需要，另一个 FACTS 装置单元（如果可用）也可以投入，以抵消测试对电网的影响］。

（4）将控制系统配置为正常无功功率输出时的手动控制模式（由项目指定，建议0.5p.u.）。

（5）待响应稳定。

（6）将控制系统配置为正额定无功功率输出。

（7）待响应稳定之后，并在某个时间窗口期内保持运行（通常由项目规定，推荐值为2h）。

（8）禁用冗余冷却设备，例如升压变压器和半导体器件阀冷却系统上的泵和风扇，以及任何其他冗余热交换器元件。

（9）开始记录测量的量，并将 FACTS 装置输出调至设备和相关连接的最大热负荷状态；继续记录，直到温度稳定。

（10）对设备、母线和连接进行红外摄像扫描，以检查温度是否过高。

（11）查看测试数据文件，以确保其已被成功保存。

（12）将控制系统重新配置为默认控制模式。

4. 测量量

（1）远离热交换器的环境空气温度。

（2）变压器油温和光纤传感器热点温度（若安装）。

（3）运行的冷却泵和风扇数量。

（4）阀冷却入口和出口温度、流量和压力以及热模拟量保护用的晶闸管/GTO/IGBT 结温（如有）。

（5）冷却器组的入口和出口温度。

（6）FACTS 装置无功功率输出。

（7）主水路中的流量。

（8）水的电导率。

（9）补给水箱中的水位。

5. 验收标准

（1）最高温度应低于设计参数，允许环境空气温度从测试条件增加到最大设计环境温度。

（2）试验期间未发出 SER 告警。

（3）总电压谐波畸变率（THD）和单次谐波量满足规范要求。

（4）系统性能稳定，与仿真结果、并网要求一致。

（5）未发生半导体器件故障。

（6）冷却系统没有发生泄漏。

（7）未发生任何异常警报和跳闸。

22.3.4.4　冗余测试

1. 目的

（1）在可行和实用的范围内，验证 FACTS 装置控制和保护系统的冗余功能。

（2）验证 FACTS 冷却系统部件（如泵、风扇和控制装置）的冗余功能。

（3）在切实可行的程度上，通过强制切换到备用回路来验证交流和直流辅助系统的冗余。

2. 预置条件

（1）不同母线上的电压稳定且符合并网要求。

（2）FACTS 装置处于运行状态，但处于就地手动控制状态。

（3）不同 FACTS 装置的协调控制处于关闭状态。

3. 方法与步骤

确认预测试条件。

确认测量系统准备就绪。

（1）FACTS 装置控制和保护冗余测试：

1）FACTS 装置上电。

2）模拟失去主控制保护系统，检查主从系统切换是否平滑。

3）等待响应稳定，恢复系统，并在备用套系统上重复测试。

4）模拟主控制保护系统换流器控制单元丢失，检查主从系统切换是否平滑。

5）等待响应稳定，恢复系统，并在备用套系统上重复测试。

6）模拟失去主控制保护系统 I/O 的情况，检查主从系统切换是否平滑。

7）等待响应稳定，恢复系统，并在备用套系统上重复测试。

8）模拟换流器控制单元与主控制保护系统 I/O 通信异常情况，检查主从系统切换是否平滑。

9）等待响应稳定，恢复系统，并在备用套系统上重复测试。

10）模拟主从系统通信异常或中断情况，检查系统功能是否正常。

11）等到响应稳定。

12）查看测试数据文件，以确保其已被成功保存。

13）将控制系统重新配置为默认控制模式。

（2）FACTS 装置冷却系统冗余测试：

1）FACTS 装置上电。

2）将控制系统配置为恒定无功功率控制模式，以测量目标无功功率输出（由项目指定）。

3）模拟主泵出口压力和进口压力低同时报警，检查备用泵是否启动。

4）等待响应稳定，并恢复系统。

5）模拟主泵的自动切换，检查备用泵是否启动。

6）等待响应稳定，并恢复系统。

7）检查手动切换至备用泵的操作是否执行。

8）模拟主泵失电，检查备用泵是否启动。

9）模拟冗余泵失电，检查 FACTS 装置是否跳闸。

10）查看测试数据文件，以确保其保存成功。

11）关闭一台运行中的冷却风机，并检查报警。如果所有风机在试验开始时未运行，则另一个风扇应自动启动，进水温度应保持在同一水平。

12）将控制系统重新配置为默认控制模式。

4. 测量量

（1）系统控制状态，如暂停、停止、运行、断路器状态等（如适用）。

（2）关键保护系统报警和告警（如适用）。

（3）电网、变压器和换流器三相交流电压和电流的波形（瞬时值和有效值）测量量。触发高速记录每个开关事件或 FACTS 装置电流注入或吸收参考值的变化（如适用）。

（4）直流系统电压、直流预充电和钳位电路电流（如适用）。

（5）阀和冷却系统性能，包括温度、压力和流量（如适用）。

（6）在试验过程中，检查并监测设备的异常噪声或电压弧光（如适用）。

5. 验收标准

（1）在试验过程中，其他未试验的设备无 SER 告警。

（2）无功功率输出理论值与实测值的偏差应在可接受范围内（一般在 ±1% 以内）。

（3）系统性能稳定，与仿真结果、并网要求一致。

（4）主备用系统切换平滑顺畅，所有冗余系统运行正常。

（5）假设 FACTS 装置在测试期间保持其运行点，则进水温度应保持不变。

（6）未出现跳闸。

22.3.4.5　损耗测试❶

FACTS 装置的总功率损耗通常是 FACTS 装置技术规范中要求的特定运行工况下的保证值。请参见本书"19 FACTS 装置采购及功能规范"章节。直接测量 FACTS 装置的功率损耗较难实施，测试需要特殊的经过校准的高精度、高分辨率传感器。

1. 目的

（1）确认总损耗水平在预期范围内。

（2）发现任何可能导致设备损耗异常偏高的故障或缺陷。

（3）确认 FACTS 装置系统和辅助部件能够充分散热，并在最大损耗工作点将设备温升保持在限定值内。

注：虽然调试测试中包括功率损耗测量，但单个部件的功率损耗测量在很大程度上取决于系统运行工况、测试期间的环境条件以及传感器精度。当考虑功率损耗的保证值时，标准做法是将设备工厂型式试验的测量结果与 FAT 期间记录的计算值和测量值结合使用。

2. 预置条件

（1）电网运行条件在要求的范围内。

（2）损耗评估所需的所有测量传感器和设备都已完全投入使用。

（3）测试报告、测量值和计算值可从以下所列关键部件的 FAT 获得（如适用）。确保可用的文件包括对系统运行状态、环境条件的假设和供电系统假设（包括电压和谐波）。

1）电力变压器空载和满载损耗。

2）在整个换流器操作范围内的阀、相电抗器和直流损耗。

3）任一并联装置（包括电容器、电抗器和谐波滤波器组）的损耗包括谐波损耗（如果业主指定）。

4）控制电源损耗。

5）制冷和制热系统损耗。

6）其他站场服务和辅助负荷。

注：如果 FACTS 装置输出在其特定范围内变化，则可以结合其他试验进行本试验，前提是列出了最严苛情况下的损耗条件。

3. 方法与步骤

（1）确定设备损耗的最严苛情况运行点。注意，当其他部件处于低损耗工作点时，某些设备可能显示出最高损耗。

（2）确定测量设备的位置。设置在尽可能多的电源点处，包括辅助、冷却、加热和其他工作负载。

（3）运行系统，以达到功率损耗评估所规定的运行条件。让系统在指定点工作足够长的时间，以便进行有用的测量。

（4）根据 FAT 测试结果、记录的损耗、谐波条件、系统电压特性和测试期间的环境条件计算保证损耗。最严苛情况电网和环境条件的 FAT 结果和计算通常用于以上章节中的第 1～3 项。第 4～6 项可以基于直接测量，并与保证损失中的预测值进行交叉检查。

---

❶ 并非在所有 FACTS 装置上进行损耗测试，但可在客户要求测量损耗以确定功能技术规范的情况下进行测试。

4. 测量量

（1）以下设备的实际功耗或损耗：

1）控制电源；

2）冷却和加热系统；

3）其他站场服务和辅助负荷。

（2）监测可能影响系统损耗的环境条件，包括环境温度、大气压力和湿度。

5. 验收标准

（1）损耗是可接受的，总损耗在保证值范围内。

（2）系统按预期运行，无报警，记录的温度保持在可接受范围内。

（3）没有分系统或设备显示出比预期更高的损耗。

22.3.5 电网合规性测试

本小节描述适用于所有类型 FACTS 装置的系统电网合规性调试测试。

22.3.5.1 STATCOM 或 SVC 稳态特性试验❶

1. 目的

（1）证明 FACTS 装置能够在连续工作模式下工作到其指定限值（从最大容性无功到最大感性无功）。

（2）根据稳态 $V-I$ 曲线验证 FACTS 装置的电压变化和无功功率输出。

2. 预置条件

（1）FACTS 装置初始电压降接近于零。

（2）观察目标电压和 FACTS 装置的一次电压之间的差异（由于下垂设置）。

（3）绘制 $V-I$、$V-Q$ 和 $\Delta V-Q$（其中 $\Delta V = V_{测量值} - V_{\text{ref}}$）特性图。

（4）采用标称下垂和大于标称下垂的幅度重复上述步骤。

（5）在强和弱电源系统条件下（高和低故障水平条件）重复测试。

（6）等到响应稳定。

（7）重复测试，直到系统电压降至初始值。

（8）查看测试数据文件，以确保其已被成功保存。

（9）将控制系统重新配置为默认控制模式。

3. 恒定无功功率控制模式

（1）启动 FACTS 装置。

（2）将控制系统配置为恒定无功功率控制模式，并将无功功率输出及其斜率参考值（通常由项目指定，建议每个测试步骤±0.1p.u.无功功率）设置为系统无功功率输出参考值。

（3）等到响应稳定。

（4）重复测试，直到容性和感性无功功率从零到额定值测试完毕。

（5）查看测试数据文件，以确保其已被成功保存。

（6）将控制系统重新配置为默认控制模式。

---

❶ TCSC 和 UPFC 测试将采用类似测试顺序。

4. 测量量

（1）FACTS 装置的一次电压值（瞬时、方均根和相序）；

（2）FACTS 装置参考电压设定值；

（3）FACTS 装置的电流输出和电流参考值；

（4）FACTS 装置无功功率输出（Mvar）；

（5）系统控制状态，如暂停、停止、运行、断路器状态等；

（6）保护系统关键报警和告警信号。

5. 验收标准

（1）测量和计算的 $\Delta V - Q$ 曲线尽可能相互重叠。

（2）标称下垂的 $\Delta V - Q$ 遵循线性关系。

（3）试验期间未发出 SER 告警。

（4）在定电压控制模式下，电压设定和无功功率输出变化到目标 $V-I$ 曲线正确。

（5）在恒无功功率控制模式下，无功功率输出到目标值的精度在可接受范围内（通常为 $\pm 1\%$）。

（6）在恒无功功率控制模式下，无功功率输出上升和下降斜率的精度是正确的。

（7）系统性能稳定，与仿真结果、并网要求一致。

22.3.5.2　模拟/分阶段故障测试

1. 目的

（1）应用分段/模拟故障来验证 FACTS 装置在连接到更复杂结构的电网时的预期响应可能是一个有争议的问题。分段故障测试通常更适合于弱连接点。对于强连接点，从分段故障测试中获得的好处可能会被总体系统安全的潜在较高风险和客户高停电风险所掩盖。

（2）用于实施分段的故障测试方法主要包括牺牲导体（保险丝）法、跌落导体法和直接接地法。

1）保险丝法的主要优点是简单。

2）跌落导体方法的主要缺点是，产生长电弧放电，导致故障持续时间和阻抗不固定，因此测量和仿真结果的比较可能存在问题。

3）直接接地法可消除上述两个问题，并且可以更优先地控制对测试人员的操作健康和安全的影响。相对于自然发生故障的事后分析，包括受控故障位置和（测试事件的）时间以及受控故障持续时间，使用直接接地法的分段故障测试具有一定的优势。然而，由于比正常电弧行程时间更快的电压击穿所导致的更高的 $\mathrm{d}v/\mathrm{d}t$，严重程度可能更高。

（3）分段故障测试是确定 FACTS 装置对实际电网故障响应的最准确、最全面的手段。然而，必须仔细评估其对整个电力系统的潜在不利影响，并且应选择性地进行分段故障，以验证仿真结果，从而验证 FACTS 装置模型。在 FAT 期间应用仿真故障或用高速故障录波仪长期监测 FACTS 装置对调试测试完成后自然发生的干扰的响应是更广泛使用的替代方案。然而，由于 FACTS 装置在故障期间和之后的精确响应是整个系统稳定性的关键部分，业主/系统运行人员可能更倾向于在完成调试测试后进行分段故障测试，而不是等待自然发生系统扰动。此外，此类测试将允许确认 FACTS 装置和相关电网保护系统的正确和预期动作。可进行分阶段/模拟故障测试的其他条件是：对仿真模型的准确性存在重大担忧。

2. 预置条件

（1）确定故障位置。

（2）确认故障清除时间与 FACTS 装置所连接的电力系统中最典型的故障持续时间一致。

（3）确定测试的时间，说明一天中对其他用户造成干扰最小的时间、系统条件符合要求的时间以及所有必要人员可用的时间。

（4）所有 FACTS 装置组件都在运行中并能正常工作。

（5）控制和保护系统测试已完成。

（6）测试前应制定测试计划，并且必须与可能受测试影响的公用设施内的所有各方达成一致，包括实施电力系统运营商的批准。

（7）从 FAT 得到的故障仿真结果可用。

（8）可获得复制精确运行条件的分段故障测试的仿真系统电网响应。

（9）实施并测试周围电网中的任何临时控制和保护更改（包括使用额外的后备保护）。

（10）电网配置中的任何临时变化都要被实现并测试，例如反馈负载。

（11）应用于所有 FACTS 装置部件的预测应力确认在设计限制范围内。

（12）测试仪器和数据采集系统可用。确保双重记录系统，因为测量系统故障导致重复这些测试是极不可取的。

（13）FACTS 装置处于运行状态，且处于就地手动控制状态。

3. 方法与步骤

（1）启动 FACTS 装置。

（2）将控制系统配置为稳态电压控制模式，输出正常无功功率（通常包含在项目规范和测试规范中）。

（3）等到响应稳定。

（4）再次确认测试团队已准备就绪。

（5）确认交流系统电压、故障水平和潮流在预测仿真研究确定的范围内。

（6）应用不平衡故障和平衡故障（如有必要）❶。

（7）实施近程（低阻抗）和远程（高阻抗）故障。

（8）检查系统控制和保护性能。

（9）等到响应稳定。

（10）也可以实施 FACTS 装置内的故障。然而，由于业主/系统运营商通常要求分段故障测试，因此 FACTS 装置内的任何故障都是第二优先级故障。

（11）考虑到由于成本、设备压力和潜在的系统安全影响，该测试不能重复多次，确保所有必要的测试都已完成。

（12）查看测试数据文件，以确保其已被成功保存。

（13）将控制系统重新配置为默认控制模式。

（14）检查并修复故障线路。

（15）拆除与线路相关的测试和测量设备。

---

❶ 因其在输电系统中发生更频繁，所以应首先确定单线对地故障。此外其不对称性很可能会运用控制和保护系统的更多功能。

4. 测量量

（1）电压和电流测量（瞬时、方均根和顺序），包括各母线上适用的相位角、临界保护信号、警报和告警，例如过电压和欠电压保护。

（2）主要状态信号，如暂停、停止、跳闸、断路器分闸、合闸状态等。

（3）当前指令。

（4）指令电流幅值和相位角。

5. 验收标准

（1）FACTS 装置和周围电网在故障期间和之后保持稳定并连接，包括需要 FACTS 装置保持连接的极端欠电压和过电压。

（2）不得出现保护继电器的误动作。

（3）临时和瞬态过电压必须保持在业主/系统操作员设定的限值范围内，以及由绝缘配合研究确定的限值范围内。

（4）无功电流贡献的速度和数量必须符合连接协议/规定的要求和研究结果。

（5）闭合（低阻抗）故障：FACTS 装置在故障清除后立即解锁。

（6）远程（高阻抗故障）：FACTS 装置保持连续不间断运行，无任何闭锁/跳闸/暂停。

22.3.5.3　电能质量测试

由于需要特殊的设备，在调试开始之前，需要对现有的电能质量测试设备的可用性进行确认。电能质量表的类型应由承包商和业主商定。每个测量设备都需要隔离传感器来消除干扰。

应测量的最小量为相对地电压，对于 UPFC 和 TCSC，还应测量线路侧电流。首先应在断开或旁路 FACTS 装置的情况下进行测量，以确定现有系统谐波水平。然后，FACTS 装置应以其最小运行水平接入，并在其整个连续设计的运行范围内逐步增加，在每个增量下进行谐波测量。这可以在整个运行范围内进行谐波性能评估。对于尽可能多的不同负载条件，特别是重负载和轻负载条件，这一过程应重复进行，这可能很难在短时间内实现。如有可能，还应针对不同的输电配置和停用线路进行测量，以确定对谐波潮流的影响。

1. 目的

（1）确认以下电能质量指标符合相关管理要求和国家/国际标准：

1）谐波；

2）短时间和长时间闪变；

3）电压不平衡度；

4）电话干扰系数（TIF）；

5）IT 产品要素。

（2）FACTS 装置可以承受电网电能质量畸变，并按预期进行响应。

（3）在切换或连续操作期间，FACTS 装置的操作不会导致任何谐波谐振问题或过量谐波注入。

（4）证明谐波滤波器的有效性。

2. 预测试条件

（1）电网运行条件在要求的范围内。

（2）背景电能质量测量可用。

（3）研究结果可用来估计 FACTS 装置对实现各种电能质量指标的贡献。

（4）研究结果表明，FACTS 装置的切换不会引起任何谐波谐振问题或过量谐波注入。

（5）所有必要的谐波滤波器均可运行。

（6）测试仪器和数据采集系统可用。

（7）任何额外的专用测量系统均可用。

3. 方法与步骤

（1）背景电能质量特征的测量已完成。通常期望背景电能质量数据可从相关电网运营商处获得。如果背景电能质量测量不可用，则应在并网调试测试开始之前在公共连接点处执行背景电能质量测试。通常要求必须在公共连接点处进行至少 1 周的稳态连续测量。这些测量必须在 FACTS 装置的所有项目断开的情况下进行。

（2）在 FACTS 装置保持与电网连接的背景测量完成之后进行第二阶段的测量。第二阶段可能需要几天或几个月的时间，具体时间由相关所有者/电网运营商商定。该阶段包括各种电能质量指标的连续测量，并且不涉及任何侵入性测试。

（3）在线测量阶段应涵盖以下运行工况：

1）各种无功功率的产生和消耗情况。

2）各种电网电压、需求和停机场景（在连续测量期间自然发生）。

3）极端环境条件（尽可能）。

4）FACTS 装置的各种操作模式。

5）任何产生最大电能质量畸变的特定条件。

4. 测量量

（1）三相瞬时电流和电压测量。

（2）系统运营商规定的频率范围内的单次谐波和间谐波电流和电压。需要测量各个谐波分量的幅值和相位角（通常仅为基于 VSC 的 FACTS 装置所需）。

（3）电压不平衡，也称为二次谐波或负序电压分量。

（4）总谐波失真。

（5）电话干扰系数（TIF）（如果需要）。

（6）IT 产品要素（如果需要）。

（7）PLC 频率范围内的失真/噪声（如果需要）。

（8）计量计算短期和长期闪变指数所需的数量。

5. 验收标准

（1）测量表明，所有测量量都在项目规范中定义的可接受范围内。

（2）FACTS 装置的谐波滤波器和任何额外的并联组或滤波器在其设计极限内运行，且不会过载。

22.3.5.4 电网切换试验（外部机械切换并联组控制）

1. 目的

（1）当受到外部系统干扰时，验证整个 FACTS 装置电压控制系统的时域响应。

（2）确认扰动后的稳态电压保持在规定限度内。

（3）证明电网切换不会产生谐波谐振放大。

（4）评估与所需上升时间、调节时间和阻尼时间相关的依从性。

（5）确认整个运行范围内的稳定性，包括在极限范围内的运行。

（6）为 FACTS 装置模型的验证获取有效数据。

2. 预置条件

（1）静止无功功率装置处于运行状态，但处于就地手动控制。

（2）确保已实施预评估仿真研究，以确认不会对系统稳定性或附近其他设备产生不利影响。这些研究还有望确定 FACTS 装置连接点最大和最小容许电压，以及在电压波动允许范围内可投入/切除的电抗器/电容器的最大组数。

（3）任何可能需要中止测试的电网停电都应明确并与电网运行方协调。

（4）对于带有功率振荡阻尼（POD）控制器的 FACTS 装置，确保 POD 处于投入状态。

（5）测试仪器和数据采集系统可用。

3. 方法与步骤

（1）已经进行了试验前的仿真研究，以验证电网电压和无功功率的变化不会对 FACTS 装置所连接的区域产生不利影响。

（2）给 FACTS 装置通电。

（3）将控制配置为就地控制模式。

（4）确认测量系统准备就绪。

（5）投入附近电网中的静止无功补偿设备，例如并联电容器或电抗器（注意：只有电网中有合适的邻近静止无功功率设备时，才有可能进行此测试）。

（6）等到响应稳定。

（7）断开静止无功功率装置。

（8）等到响应稳定。

（9）接通另一个静止无功功率装置（如果可用）。

（10）等到响应稳定。

（11）断开第二静止无功功率装置。

（12）等到响应稳定。

（13）在下一个测试（步骤）开始之前，在响应已经稳定在其稳态值之后，允许至少 10s 的预触发记录和至少 60s 的记录时间。

（14）查看测试数据文件，确保保存成功。

4. 测量量

（1）电压参考值。

（2）电纳参考值。

（3）连接点处的三相瞬时值和方均根值。

（4）无功功率输出：

1）TSC 输出（用于 SVC）；

2）TCR 输出（用于 SVC）。

（5）频率。

（6）POD 输出（如适用）。

（7）系统控制状态，如暂停、停止、运行、断路器状态等。

（8）保护系统关键报警和告警信号。

5. 验收标准

（1）测量和仿真响应的联合分析显示测量和仿真之间的密切相关性。

（2）FACTS 装置能够在每个阶跃变化之后返回到稳定状态。

（3）响应被完全阻尼。

（4）电压响应的调节时间与仿真结果和并网要求一致。

22.3.5.5 阶跃响应测试

1. 目的

（1）验证当控制系统发生阶跃变化时，主电压控制回路（AVR）和任何其他辅助回路的时域响应，如 POD（如适用）。

（2）评估上升时间、调节时间和减半时间。

（3）确定 FACTS 装置的容性和感性极限。

（4）确认整个运行范围内的稳定性，包括在极限范围内的运行。

（5）计算 FACTS 装置的上升时间和调节时间。

（6）为 FACTS 装置仿真模型的验证收集有效数据。

（7）验证 FACTS 装置可由电力调度中心远程控制并正常运行。

（8）确认从 TSC 到 TCR（反之亦然）的正确切换（仅适用于 SVC）。

2. 预置条件

（1）确保已实施预先测试仿真研究，以确认不会对系统稳定性或附近其他设备产生不利影响。这些研究还期望提供在电压波动允许范围内，FACTS 装置的公共连接点的最大和最小允许电压以及最大允许步长。

（2）任何可能需要中止测试的电网停电都应明确并与电网运营商协调。

（3）测试仪器和数据采集系统可用。

（4）不同母线上的电压稳定且符合并网要求。

（5）FACTS 装置单元在使用中，但处于本地手动控制（如果在同一连接点有多个 FACTS 装置）。

（6）不同 FACTS 装置单元的协调控制功能应关闭（如适用）。

3. 方法与步骤

（1）确认预置条件。

（2）确认测量系统准备就绪。

4. 恒压控制模式下的 FACTS 装置

（1）在容性工作范围内启动 FACTS 装置单元。

（2）将控制系统配置为恒压控制模式。

（3）开启 POD（如适用）。

（4）FACTS 装置的斜率（下降）设置为标称值。

（5）确认端电压和无功功率处于稳态。

（6）最初对电压控制设定点应用±2.5%阶跃，并确保阶跃响应稳定❶。

（7）在重复控制的情况下，对冗余控制通道重复±2.5%电压参考值阶跃测试。

---

❶ 应通过电力系统仿真研究决定所需步长。根据 FACTS 装置的尺寸和系统强度，可能需要应用较小步长。

（8）允许端电压、有功功率和无功功率达到稳态条件。

（9）将电压参考值阶跃回到其原始值。

（10）确认端电压、有功功率和无功功率已达到稳态条件。

（11）以与±2.5%的步长（如果可能）相同的方式对电压控制设定点施加±5%步长。

（12）重复±5%电压给定值阶跃测试（如有可能）。

（13）下载并检查测量数据。

（14）在开始下一个测试（步骤）之前，在端电压达到新的稳态条件之后，需要至少10s的预触发记录，并且允许至少60s的记录时间。

（15）在POD关闭的情况下重复上述测试。

（16）重复测试零和感性的输出。对于SVC，确保测试从TSC到TCR的切换，反之亦然（如果相关）。

（17）用两个AVR通道执行测试。

（18）如果测量的响应与预期响应不同，则在改变预定控制系统参数的情况下重复测试（必须与系统运营商/业主达成一致）。

（19）在系统短路容量较低的情况下重复该测试，例如：在附近同步发电机组并网数最低的情况下（必须与系统操作员/业主商定）。

（20）将控制系统重新配置为默认控制模式。

5. 恒无功功率控制模式下的FACTS装置

与上文相同，除了控制系统被配置为恒定无功功率控制模式，并且在小无功功率输出阶跃的情况下进行测试，通常采用±0.2p.u.和±0.6p.u.（根据电力系统仿真研究，其确认无功功率的这些变化不会对系统稳定性产生不利影响）。

6. 测量量

（1）包括相位角在内的三相电压和电流测量（瞬时、RMS和相序），适用于各测量母线。

（2）FACTS装置电流实际值和参考值的幅值和相位角。

（3）系统控制状态，如暂停、停止、运行、断路器状态等。

（4）电压参考值。

（5）电纳参考值。

（6）频率。

（7）POD输出（如适用）。

（8）关键保护系统报警和告警。

7. 验收标准

（1）试验期间未发出SER告警。

（2）测量的电压响应信号应符合技术规范中定义的上升时间、超调量和调节时间。

（3）FACTS装置能够在每次阶跃之后达到稳定运行。

（4）测量的响应是稳定的，并与仿真结果（重叠时）和并网要求一致。

（5）验证FACTS装置可由电力调度中心远程控制并正常运行。

22.3.5.6　并联运行试验（如适用）

1. 目的

当多个FACTS装置安装在同一站点或在电气上临近时，可以启用并联操作模式，以确保所有 FACTS 装置对电力系统的调节有同等的贡献，并且消除了单元之间的振荡风险。并联操作时，一个 FACTS 装置通常是主控单元，而其他 FACTS 装置是从控单元❶。并联运行需要 FACTS 装置之间的通信，以使设置数据和调节器状态信息能够从主控单元传输到从动单元。

2. 预置条件

（1）所有 FACTS 装置的所有部件均处于运行状态，功能正常。

（2）检查关键控制系统设置是否从主 FACTS 装置复制到从动 FACTS 装置，以确保装置设置中没有意外冲突。

（3）检查主 FACTS 装置调节器状态（如 V_{ref} 设定值）是否也复制到从动装置，以确保 FACTS 装置对调节的贡献相等。

（4）测试仪器和数据采集系统可用。

3. 方法与步骤

（1）从独立运行模式转至并行运行模式。启动并行模式后，从动 FACTS 装置调节器设置应与主控装置匹配，过渡应"无扰动"。在启用并行操作之前，从动装置上调节器增益和斜率的细微变化有助于调节器设置从主动到从动的正确转换（增益、斜率和 V_{ref} 设定值）。

（2）由并行操作向独立操作的转换。这种转换应该是"无扰动"的。

（3）并行模式下，启动和停止主 FACTS 装置。当主 FACTS 装置启动时，从动 FACTS 装置应切换到并行状态，当主 FACTS 装置停止时，应返回到独立状态。

（4）主 FACTS 装置处于并行模式时，启动和停止从动 FACTS 装置。从动 FACTS 装置应以并行模式启动。主 FACTS 装置不应改变模式。

（5）主 FACTS 装置在并行模式下跳闸。从动 FACTS 装置应保持在线并切换到独立控制模式。从动 FACTS 装置调节器应补偿跳闸的主 FACTS 装置的贡献损失。

（6）在并行模式下，从动 FACTS 装置跳闸。主 FACTS 装置应保持在线状态，并补偿从动 FACTS 装置的功率损失。

（7）FACTS 装置之间失去通信。FACTS 装置应切换到独立控制模式并保持运行。

（8）并行模式下的阶跃响应测试。这两个 FACTS 装置应当以几乎相同的方式彼此响应。

（9）在并行和独立控制模式下切换外部无功装置的试验。对于并行和独立控制模式，外部组的控制方法可能会有所不同，因此需要确认两种模式下组切换控制的正确操作。

4. 测量量

（1）电压参考值。

（2）电纳参考值。

（3）FACTS 装置连接点处的三相瞬时值和方均根值。

（4）无功功率输出。

（5）频率。

（6）POD 输出（如适用）。

（7）系统控制状态，如暂停、停止、运行、断路器状态等。

---

❶ 彼此非常接近的 FACTS 装置可能需要在装置之间交换操作状态以实现最佳操作。若距离并非很近，则必须假设所有装置均正常工作以调整控制特性，这样可能导致装置性能未达最佳标准。

（8）关键保护系统报警和告警。

5. 验收标准

如本节上文所述，针对证明并行模式的正确和预期操作的每个特定测试。

22.3.5.7 POD 投切测试

1. 目的

为了证明 FACTS 装置在不损害 FACTS 装置大信号稳定性的情况下对区域间振荡提供阻尼。

2. 预置条件

（1）试验前测得的振荡阻尼足够（远高于零）。

（2）进行预测试小信号稳定性研究，以确定 POD 可投入和退出的持续时间和系统条件。POD 退出时的研究结果应与试验前测得的阻尼性能相关。

（3）任何可能需要中止测试的电网停电都应明确并与电网运营商协调。

（4）实时测量区域间振荡的小信号阻尼的设备被设置为：如果测试期间振荡的阻尼降低到允许水平以下，则向电力系统运行操作人员发出警报，允许操作员决定是否中止测试。

（5）测试仪器和数据采集系统可用。

3. 方法与步骤

（1）如果已经完成了表明可以安全地禁用 POD 功能的仿真研究，则可以投入和退出POD，例如：在 24h 内每 3h 投入或退出一次 POD。

（2）在 POD 退出和投入期间，向系统施加电压扰动（例如：通过切换附近的并联无功装置或应用系统变压器分接头切换），并且记录测量结果。这提供了时域记录，以比较有无POD 的性能差异。

（3）为避免对系统造成任何影响，建议 POD 增益初始设置为低值，并在测试过程中逐渐增加。

（4）如果电网条件变得不合适或系统阻尼降至试验前研究确定的允许水平以下，则应中止试验。

4. 测量量

（1）FACTS 装置公共连接点处的三相瞬时值和方均根值。

（2）无功功率输出。

（3）频率（这需要低噪声的线性频率传感器）（Grund et al. 1990）。

（4）POD 输出（如适用）。

（5）区域间振荡模式的阻尼（由业主/电网运营商提供）。

（6）系统控制状态，如暂停、停止、运行、断路器状态等。

（7）关键保护系统报警和告警。

5. 验收标准

（1）测量响应和仿真响应的叠加显示了测量和仿真之间的密切相关性。

（2）POD 运行提高了系统阻尼的现有水平。

（3）无 POD 运行不会降低系统阻尼的现有水平。

22.3.5.8　自动降低增益测试

1. 目的

（1）FACTS 装置的增益被设计为针对 FACTS 装置通常需要运行的系统条件范围来优化调节器控制的上升时间、调节时间和超调量。在极端和罕见的运行工况下，其特点是系统短路水平显著降低至调节器增益设计水平以下，可能会出现调节器控制中不希望出现的超调，并可能导致 FACTS 装置输出的欠阻尼振荡。FACTS 装置中可包括增益降低控制，以便通过监测调压器的超调并在观察到超过预定阈值的多个连续超调的情况下自动减小调节器增益，从而能够对这些情况进行管理。一旦被激活，增益降低控制的复位可以是自动的，也可以是操作员根据制造商的设计启动。在操作员启动复位的情况下，在复位增益降低控制之前，将电力系统返回到可接受的运行条件，这一点很重要。如果不遵守这一要求，将导致额外的电压振荡和增益降低控制的重新触发。应编制操作员说明，说明防止增益降低触发所需的系统条件。

（2）需要操作增益监控控制的系统条件可能超出系统完整操作条件。在某些情况下，当 FACTS 装置连接到电力系统时，可能既不期望也不一定可能测试增益监督控制的操作。在这种情况下，进行实时数字仿真测试，以确认增益降低控制的正确操作。此类测试作为 FAT 的一部分进行。通过在实验室中进行这些测试，可以实现增益降低控制的功能测试。

2. 预置条件

（1）如果在 FAT 期间完成，则没有。

（2）审查 FAT 结果，以确定可在不对系统稳定性产生不利影响的情况下进行试验的最适当运行条件。

3. 方法与步骤

（1）降低 FACTS 装置公共连接点处的系统强度（短路容量），以达到自动增益降低开始时的阈值。

（2）确认在引入干扰之后，调节器控制超调的时间和幅度足以触发增益监控控制的运行。

（3）检查 FACTS 装置增益由于增益减小控制的动作而自动减小（或者根据自动增益减小方法的操作原理作为系统故障水平减小的函数而减小）。

（4）FACTS 装置再次稳定。

（5）FACTS 装置增益降低报警被触发。

（6）使系统恢复正常。

（7）将增益重置为正常。

4. 测量量

（1）FACTS 装置三相电流：

1）TSC 三相电流（用于 SVC）；

2）TCR 三相电流（用于 SVC）。

（2）FACTS 装置三相电压。

（3）公共连接点三相电压。

（4）公共连接点三相电流。

（5）FACTS 装置无功功率输出。

（6）系统控制状态，如暂停、停止、运行、断路器状态等。

（7）关键保护系统报警和告警。

5. 验收标准

（1）增益降低在要求的时间段内自动确定。

（2）一旦增益降低生效，FACTS 装置恢复稳定性。

22.3.5.9　机械切换并联组控制

1. 目的

（1）验证机械切换电容器（MSC）和电抗器（MSR）组的控制。

（2）确认部件切换可接受，无重击穿或任何其他异常响应。

（3）评估附加并联组控制特性的性能，如同期切换。

（4）评估 FACTS 装置的控制功能（如软开关）的性能。

2. 预置条件

（1）验证了电网的稳态电压水平和无功功率容量。

（2）MSC 和 MSR 调试和功能测试已经完成。通电前，验证从控制系统到并联组的控制接线是否正确。

（3）机械切换并列开关和相关控制系统已调试，上游设备、控制和保护系统已通电并运行。

（4）如果适用，则启用诸如同期切换之类的专用并联切换设备。

3. 方法与步骤

（1）手动操作禁用控制系统调节功能：

1）关闭 MSC 或 MSR。确认正确的设备已投入运行，并检查记录的波形是否有任何异常响应。

2）确认控制锁定系统已激活，防止电容器或电抗器反复打开或关闭。

3）等待系统条件稳定。观察并列开关处的无功功率输出。

4）打开正在测试的 MSC 或 MSR。检查记录的波形是否有任何异常特征，这些异常特征可能指示重新触发或任何其他打开或关闭故障。

5）对每个 MSC 或 MSR 设备重复上述测试。

（2）在全自动控制下：

1）启用 MSC 和 MSR 控制子系统。

2）将 FACTS 装置发出或吸收的无功功率以适当的步长增加到指定的阈值，在该阈值，并列开关将投入。

3）注意并列开关指令和时间。等待系统达到稳定。

4）将 FACTS 装置发出或吸收的无功功率以适当的步长减少到指定的阈值，在该阈值，并列开关将断开。

5）注意并列开关指令和时间。等待系统达到稳定。

4. 测量量

（1）交流电压和电流（有效值和瞬时值），无功功率输出。

（2）控制模式和无功功率参考设定值。

（3）关键保护系统报警和告警。

（4）系统控制状态，如暂停、停止、运行、断路器状态等。

5. 验收标准

（1）手动控制下并联组分闸、合闸成功。

（2）无再击穿或异常电流或无功功率注入的迹象。

（3）在自动控制下，电容器组或电抗器在预期运行点切换。

（4）软开关控制电容器组或电抗器显示 FACTS 装置的无功功率输出与并联组之间平滑切换，电压或无功功率无阶跃变化（如适用）。

（5）同期系统是功能性的，在投入时可将电压瞬变降至最低。

22.3.5.10　系统交互测试

这些测试通常在 FACTS 装置邻近火力发电厂时进行，原因在于 FACTS 装置与发电机组之间的交互作用可能会导致次同步扭振。FACTS 装置和具备电力电子接口的装置可能会增加次同步振荡的风险。如果评估次同步振荡（SSO）会带来不利的影响，则受影响的一个或多个发电厂可能需要配备 SSR 保护。这通常在项目执行的早期阶段进行评估确认。

最好在 FACTS 装置调试期间测试控制算法。但是，实际操作中很难获得评估阻尼 SSR 和 POD 抑制效果所需的系统运行方式，哪怕是能验证其中一种效果的场景（Piwko et al. 1994）。此外，这些相互作用可能激发系统共振，并使整个电力系统和多个厂站大幅振荡，如果不小心处理，可能会对装置带来物理破坏。出于这些考虑，系统运行方多数情况下不允许开展此类测试。

当安装 FACTS 装置以提供次同步振荡阻尼时，除非创造系统试验条件，否则无法在现场评估次同步频率下电气阻尼的改善效果，并且也无法比较有和无 TCSC 控制的效果差异。在传统次同步谐振的情况下，当这些测试不可行时，在 TCSC 试验之前，在关键发电机轴上安装机械传感器并识别关键临界模式的弱低阻尼状态。在 FACTS 装置调试后，应继续进行这些测量，以在 FACTS 装置运行的情况下，持续验证这些模式下总阻尼（机械＋电气）的改进❶。

FACTS 装置的动态性能也可以使用与现场安装控制系统接口一致的实时仿真装置来评估。这些研究将有助于有效地预测系统响应，并确定在现场创造适当的系统测试条件所需的系统运行点和约束。在确保已对 FACTS 装置功能进行测试，并且没有发现与性能相关的可能损害设备和系统的完整性的任何问题后，可以在调试阶段进行交互测试，以证明 FACTS 装置的控制系统对其寿命期间可能发生的事件的动态响应性能。

22.4　SVC 的典型调试测试

本节提供了在 SVC 上开展的典型调试测试的结果，也请参考本书中的"6 静止无功补偿器（SVC）技术"。

22.4.1　系统调试测试

22.4.1.1　热运行试验

图 22-1 显示了 TCR-/TSC 型 SVC 的热运行试验，其中无功功率输出（Q_{SVC}）设置为

---

❶ 对于安装多个涡轮机的风力发电场系统这是不可行的。

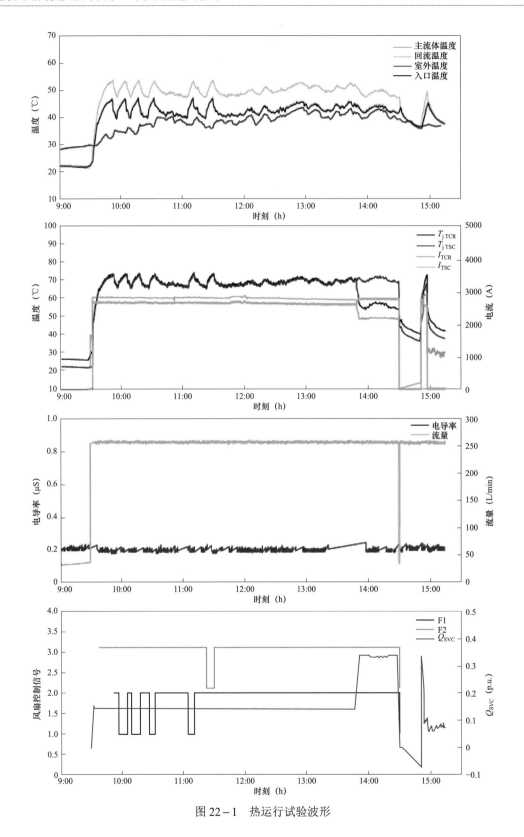

图 22-1 热运行试验波形

对应于为 TCR 和 TSC 服务的单套冷却回路中的最大损耗耗散的值。可以看出 TCR 和 TSC 电流几乎相等。当第一个冷却风扇（F1）接通和断开时，入口水温上升并振荡。室外环境温度升高，并且第二批冷却风扇（F2）开始运行并将晶闸管阀的入口水温和晶闸管结温（T_{jTCR} 和 T_{jTSC}）保持在远低于其设计极限的水平。当 SVC 输出随着 TCR 电流减小而升高时，热运行在 14:00 之前结束。后续试验包括水冷装置交流供电电源跳闸，用以证明 SVC 的安全退出。（注意入口温度和主流体温度几乎相同。）

22.4.1.2 降容运行试验（如有规定）

1. 目的

试验目的是验证 SVC 在降容模式下的运行性能。部分元件失效的情况下可以降容运行，此时 FACTS 装置仍可连续运行提供部分调节能力。有效的降容模式一般指：与额定值相比，尽管输出限值降低（由控制系统自动降低），但仍有可能连续改变 SVC 输出功率且将 SVC 谐波水平保持在限值以内。

2. 预置条件

（1）降容运行模式应在 SVC 支路或谐波滤波器停止使用时进行测试（如相关）。

（2）有效的降容模式通常需要至少有一个 TCR 和一些滤波。

3. 方法与步骤

SVC 断电并设置为降容运行模式。SVC 通电，并验证运行状态。

4. 测量量

（1）原有的和减少的无功功率容量。

（2）谐波水平。

（3）系统控制状态，如暂停、停止、运行、断路器状态等。

（4）保护系统关键报警和告警信号。

5. 验收标准

（1）SVC 停止和启动顺序符合降容模式下的规范。

（2）降容模式下的连续运行范围符合规范要求。

（3）SVC 输出仍然可以变化，但范围更窄。

（4）谐波水平低于规定限值。

22.4.2 电网合规性测试

22.4.2.1 离线传递函数测试（如适用）❶

1. 目的

（1）离线测试的目的是测试 SVC 控制系统对低频正弦电压误差的响应，并验证功率振荡阻尼（POD）回路的频域传递函数特性。该测试通常作为 FAT 的一部分进行，其中 RTS（实时仿真器）代表等值电网并提供端口电压反馈信号。现场离线测试仅限于 POD 回路从输入到 SVC 自动调压器（AVR）比例积分（PI）控制输入的响应。

---

❶ 可以执行在线传递函数测试，但可能会在远离 FACTS 装置安装处的电力系统中触发不利振荡模式（Piwko et al. 1994）。

（2）测试预计将：

1）覆盖 0.1～20Hz 的频率范围；

2）提供传递函数增益和相位的测量值，其中当两者都表示为单位值时，增益与输出和输入幅值的比相关；

3）提供至少 20 个频率阶跃的测量值，其中相邻测试频率之比不超过 1.3。

2. 预置条件

测试仪器和数据采集系统可用。

3. 方法与步骤

（1）将频率范围为 0.1～20Hz、幅值在 0～0.001p.u.之间的偏差信号 dV（正弦波）施加到 SVC 自动调压器（AVR）比例积分（PI）控制输入。

（2）绘制响应的幅度（RMS 峰－峰值范围的一半）和相位对于输入的电网侧电压（V_{HV}）、I_{svc}（HV 侧）和 Q_{SVC} 输入的相位与 dV 的频率关系曲线。

（3）绘制 SVC PI 控制环节 I_{svc} 指令信号以及 dV_{HV} 和 dV 的相位差在频域的变化曲线。

（4）对 SVC AVR 的通道 2 重复上述试验。

4. 测量量

（1）电压参考值。

（2）电压偏差输入（dV）。

（3）SVC 电流指令输出。

（4）TCR 电流指令输出。

（5）POD 输入/输出（如适用）。

（6）系统控制状态，如暂停、停止、运行、断路器状态等。

（7）保护系统关键报警和告警。

5. 验收标准

（1）频域测量和仿真结果表明测量和仿真结果之间紧密相关（AVR 和 POD 回路的模型叠加见第 22.8.1 节）。

（2）对比 POD 功能激活或禁用的结果，验证 POD 在阻尼振荡中发挥了积极作用。

22.4.2.2 稳态特性试验

图 22－2 比较了 SVC 实测和理想的 $\Delta V-Q$ 特性（下垂系数 5%），测量和仿真结果之间存在良好的相关性。用于绘制图 22－2 的基本 $V-Q$ 曲线如图 22－3 所示。注意图中蓝色方块根据测量值计算，虚线是根据控制设置预期的响应。图 22－2 中测量值略微偏离预期线，偏差原因在于电网扰动导致 SVC 输出暂态变化，此时测量小电压引入误差。

22.4.2.3 阶跃响应测试

图 22－4 提供了在 SVC 容量图中为电压阶跃响应试验选择的各种起点和终点的指南。

在此实例中，SVC 输出无功从感性 50Mvar 到容性 250Mvar 变化。图 22－4 中的 A、B 和 C 是 SVC 的规定运行点，定义如下：

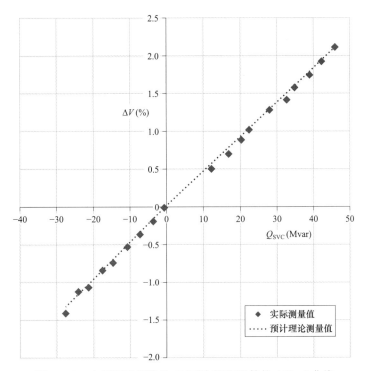

图 22-2 电压下垂系数为 5%时实测和计算的 $\Delta V - Q$ 曲线

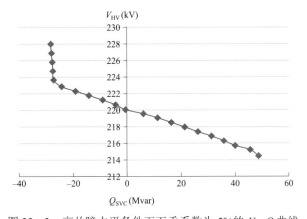

图 22-3 高故障水平条件下下垂系数为 5%的 $V - Q$ 曲线

（1） A - 在标称电压下每 24h 内 SVC 连续输出 150Mvar 无功功率后，输出 1h 250Mvar 容性无功。

（2） B - 标称电压下 SVC 保持输出 150Mvar 容性无功。

（3） C - 标称电压下 SVC 保持输出 50Mvar 感性无功。

SVC 可在由红色和蓝色边界线包围的区域内运行。在图 22-4 中，红色虚线表示用于投入和切除 TSC 的近似阈值。

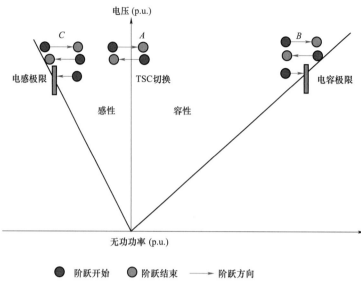

图 22－4　SVC 典型阶跃响应试验

　　图中插入的箭头表示通常在 SVC 上进行的典型测试，箭头的起点和终点显示将进行阶跃响应测试的无功功率水平。

　　图 22－5 显示了在±2.5%电压阶跃响应测试期间，SVC 输出的阶跃响应特性。图 22－6 对－2.5%阶跃响应测试响应曲线的局部进行了放大。图中结果表明 SVC 公共连接点处的电压变化小于 1%。这取决于 SVC 所连接的电力系统的强度。如果公共连接点处电网强度较弱，相同下垂斜率的电压参考值变化将导致公共连接点电压的较大变化。

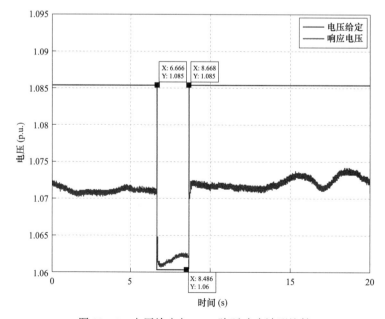

图 22－5　电压给定与 SVC 阶跃响应波形比较

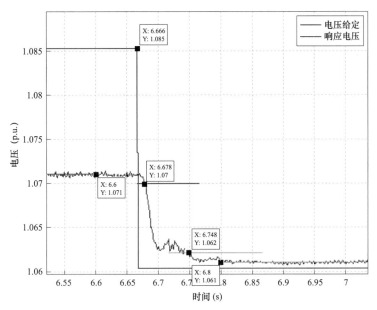

图 22-6　电压给定和 SVC 阶跃响应波形比较（给定下降处局部放大）

如表 22-1 所示，在这种特殊运行条件下，SVC AVR 回路的实测上升时间和调节时间为 70ms 和 82ms。用不同的 SVC 电压、电网运行工况和发电调度方式重复该测试，在其他控制参数不变的情况下，上升时间和调节时间的变化均高达 25ms。注意，IEEE Standard 103-2011 建议响应时间（从 0% 到 90% 电压的时间）为 50ms，期望的典型调节时间为 250～300ms。该 SVC 安装在不使用 IEEE 推荐规程管辖区，上升时间较慢，是为了满足公共连接点处的系统强度需要。

表 22-1　　SVC 电压阶跃响应试验（负阶跃）上升时间和调节时间计算

SVC 电压	V_{RESP}（p.u.）	t（s）	t（s）	阶跃启动（s）
起始值	1.071			6.666
10%起始值	1.07	6.678		
最终值	1.061			
90%最终值	1.062	6.748		
上升时间（10%～90%）			0.07	
调节时间			0.082	
阶跃启动至 90%				

图 22-7 显示了 +2.5% 阶跃响应的局部放大波形。如表 22-2 所示，对于电压给定的正向阶跃响应测试，测量的上升时间和调节时间为 78ms 和 92ms。

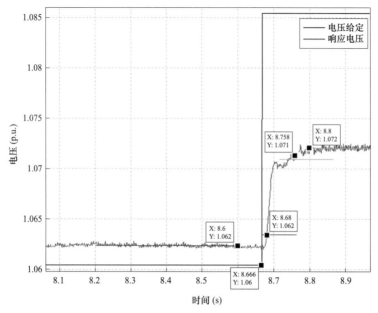

图 22－7　电压给定和 SVC 阶跃响应波形比较（跃升处局部放大）

表 22－2　　　　SVC 电压阶跃响应试验（正阶跃）上升时间和调节时间计算

SVC 电压	V_{RESP}（p.u.）	t（s）	t（s）	阶跃启动（s）
起始值	1.062			8.666
10%起始值	1.063	8.68		
最终值	1.072			
90%最终值	1.071	8.758		
上升时间（10%～90%）			0.078	
调节时间			0.092	
阶跃启动至 90%				

　　图 22－8 给出了 SVC 无功功率输出的测量和仿真结果。这些数据证明了仿真研究和测试之间的良好相关性。注意，测量和仿真之间的初始误差是由于：仿真在 $t=0$ 时没有达到其初始条件，并且耗费几个周期才达到正确的初始条件。从这一点往后，测量和仿真结果几乎完全重合。

　　图 22－9 比较了 POD 功能投入（蓝色）和退出（绿色）的 SVC 在 1%电压阶跃响应测试中的时域电压波形，其中 POD 增益设置为设计值的 50%；图中也给出了 POD 控制回路的输出（第二轨迹）和频率变化（第三轨迹）。在该示例中，POD 的输入信号从测量的频率导出。阶跃测试在频率测量中显而易见，其偏离导致母线电压变化。在没有 POD 控制信号的情况下，提供 POD 关断信号 V_{RESP}（绿色）作为电压调节器预期响应的参考。注意，在这种情况下，在 POD 投入和 POD 退出情况下测量的阶跃响应的持续时间不同。用于 POD 输出信号测量的采样速率是该轨迹的分辨率稍微降低的原因。已经证明，SVC 电压调节器的暂态性能不会因 POD 控制功能的投入而有所降低，通过适当配置 POD 的带宽可以有效抑制暂态扰动。

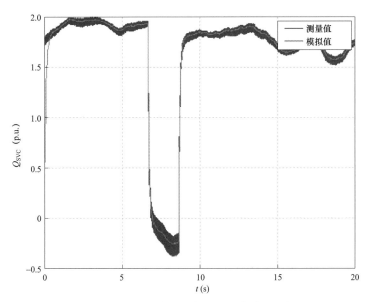

图 22-8　SVC 输出的实测与仿真波形比较

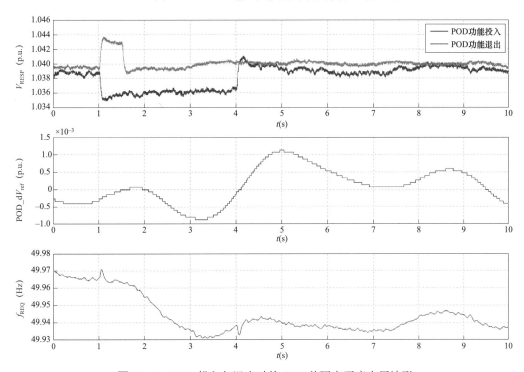

图 22-9　POD 投入与退出时的 SVC 并网点正序电压波形

22.4.2.4　电网切换测试

图 22-10 和图 22-11 显示了在调试测试期间,SVC 被用于投入和切除位于同一座 275kV 变电站内的电抗器组的响应结果。以下数量在各图中显示:

(1) 正序 SVC 公共连接点电压 V_{RESP} (p.u.);

(2) POD 输出 POD_dV_{ref} (p.u.);

（3）频率 f_{REQ}（Hz）；

（4）电纳参考值 B_{ref}（p.u.）。

这些波形表明，由于 SVC 所连接的母线处的系统强度，投退电抗器组前后 SVC 安装处母线电压变化约 0.5%。在每种情况下，SVC 通过减小或增加电纳参考值实现了预期响应。在该示例中，POD 控制使用频率作为输入信号。电抗器组的投切在 V_{RESP} 信号表现明显，因为 SVC 的作用是抵消投退电抗器对 275kV 母线电压的变化，而母线电压的变化会引起测量频率的变化。POD 动作不会影响电压调节器的暂态性能。

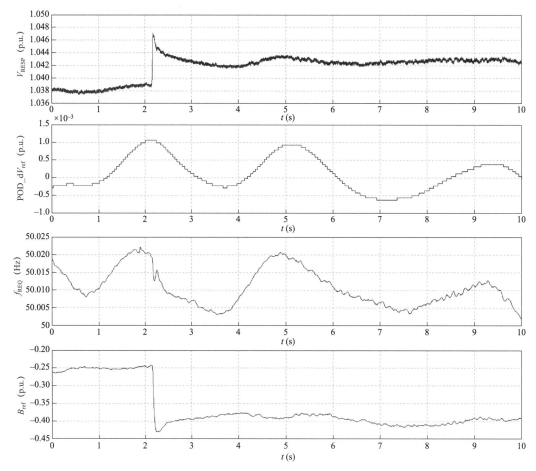

图 22-10　外部电抗器组在 2.1s 时关闭的 SVC 响应波形

22.4.2.5 仿真/分阶段故障测试

当 SVC 在电压控制模式下运行时，参考电压为 1p.u. 时，SVC 高压母线上分别出现了持续时间为 10 个周波和 7 个周波的两相对地（LLG）和三相对地（LLLG）故障。系统电压和 SVC 响应如图 22-12 和图 22-13 所示。对于 LLLG 故障，SVC 公共连接点电压降至零，而对于 LLG 故障，电压降至大约 0.35p.u.。波形结果表明 SVC 能够成功穿越故障。

故障的持续时间及其对三相电压电流的影响如图中第一个和最后一个波形所示。I_{TSC} 波形显示，TSC 被投入以抵消初始电压降，但随后退出以降低电压恢复时的过电压水平。I_{TCR}

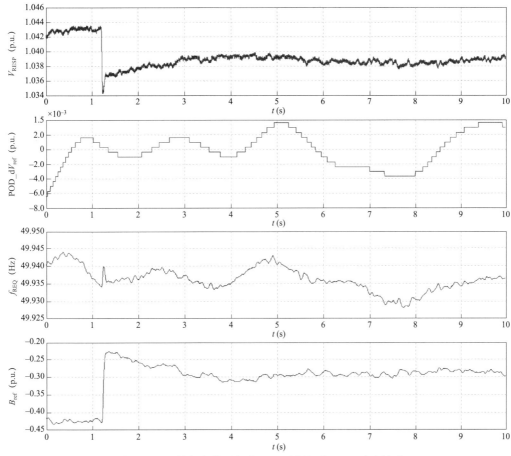

图 22-11　外部电抗器组在 1.2s 时投入的 SVC 响应波形

波形显示了在电压下降到恢复过程中 TCR 的其中一相的直流电流，TCR 电流增加是为了确保投入的 TSC 不会导致过高的过电压。

从图 22-14（a）、（k）的波形可以看出故障的持续时间以及它所影响的两相电气量。ITSC 波形显示，TSC 被投入以抵消初始电压降，但随后退出以防止电压恢复时的过电压水平。ITCR 波形显示，由于故障期间的交流残压，没有产生直流电流。在电压恢复时，TCR 电流增加，以确保投入的 TSC 不会导致过电压。

22.4.2.6　并列运行试验

图 22-14 显示了为证明两个相同 SVC 并列运行时能正常运行而进行的试验示例。该图中所示的量包括 V_{ref}、B_{ref}、V_{RESP}（正序控制母线电压）和累加 SVC 无功输出（Q_{SVC}）。主 SVC 和从 SVC 的响应分别以蓝色和绿色突出显示。

对于这些试验，有必要通过改变两个 SVC 上的 V_{ref} 设定值来施加干扰。这一点是必要的，因为在并行模式下运行时，通过主 SVC HMI 施加阶跃变化不会传递给从 SVC。因此，当从 SVC 工作以维持 V_{ref} 设定值时，将一个阶跃施加于主 SVC，从而使得从 SVC 能够抵消主 SVC 所施加阶跃的影响。然而，当以并行模式运行时，经由对主 SVC 上的 V_{ref} 设定值的改变而施加的干扰被传递到从 SVC。由于适用于 SVC 的斜率设置，该方法产生如图 22-15 所示

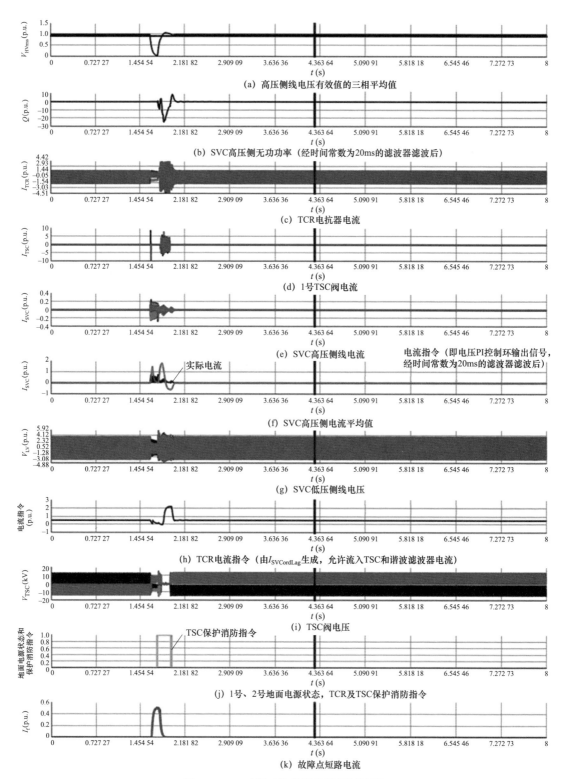

(a) 高压侧线电压有效值的三相平均值

(b) SVC高压侧无功功率（经时间常数为20ms的滤波器滤波后）

(c) TCR电抗器电流

(d) 1号TSC阀电流

(e) SVC高压侧线电流

(f) SVC高压侧电流平均值

实际电流

电流指令（即电压PI控制环输出信号，经时间常数为20ms的滤波器滤波后）

(g) SVC低压侧线电压

(h) TCR电流指令（由$I_{SVCordLag}$生成，允许流入TSC和谐波滤波器电流）

(i) TSC阀电压

TSC保护消防指令

(j) 1号、2号地面电源状态，TCR及TSC保护消防指令

(k) 故障点短路电流

图22-12　三相对地分段故障测试波形

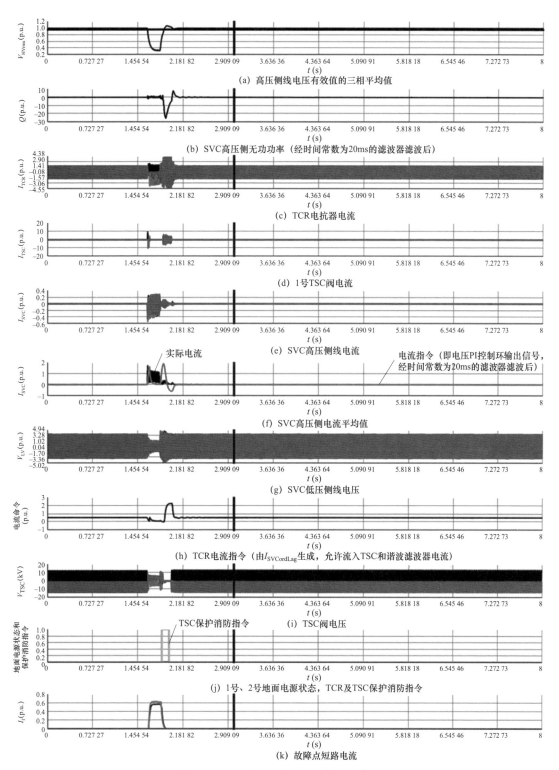

(a) 高压侧线电压有效值的三相平均值

(b) SVC高压侧无功功率（经时间常数为20ms的滤波器滤波后）

(c) TCR电抗器电流

(d) 1号TSC阀电流

(e) SVC高压侧线电流

(f) SVC高压侧电流平均值

(g) SVC低压侧线电压

(h) TCR电流指令（由$I_{SVCordLag}$生成，允许流入TSC和谐波滤波器电流）

(i) TSC阀电压

(j) 1号、2号地面电源状态，TCR及TSC保护消防指令

(k) 故障点短路电流

图 22-13　两相对地分段故障测试波形

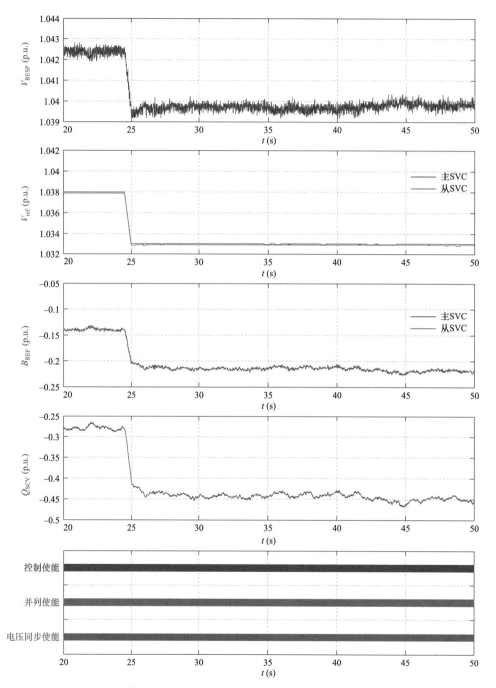

图 22 – 14　两个 SVC 成功并列运行试验波形

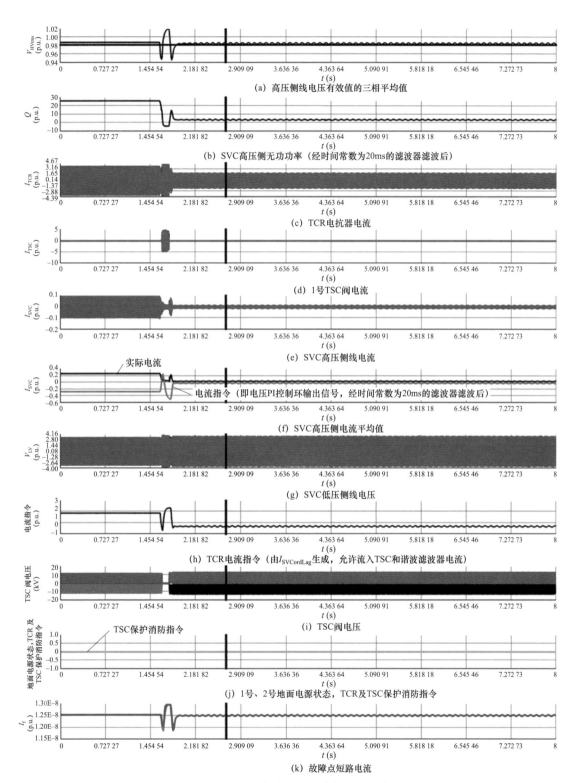

图 22-15 FAT 中自动增益降低的试验波形

的斜率。在图 22-15 中可以观察到并列运行模式下两个 SVC 的正确动作情况，从 SVC 的输出在下面第二和第三个波形中以绿色突出显示，与主 SVC 紧密匹配，如下面的第二和第三个波形中蓝色所示。此外，该图底部所示的状态显示，SVC 在整个测试过程中始终以并行模式运行。

22.4.2.7　自动降低增益测试

图 22-16 显示了来自 FAT 的自动降低增益测试结果。当系统故障水平在大约 1.6s 降低时，SVC 接近失稳。这从与原始 SVC 增益相关的大型初始振荡中可明显看出。自动降低增益控制然后接管并减小 SVC 增益，SVC 电流指令开始减小。在增益降低之后，仍可观察到小幅持续振荡。这些振荡通常是允许的，直到快速启动单元联机以增加可用短路水平，随后恢复初始增益。

22.5　STATCOM 的典型调试测试

一般来说，SVC 和柔性直流系统的调试标准和步骤适用于 STATCOM 调试（CIGRE TB 447 2011；IEEE Standard 1303—2011；CIGRE TB 697 2017；CIGRE TB 663 2016），目前 STATCOM 调试相关的技术规范指南仍在制定中。有关 STATCOM 的一般信息，请参考本书中的"7 静止同步补偿器（STATCOM）的技术说明"。

本节提供了应在 STATCOM 上开展的一些附加调试测试（如适用）项目。

22.5.1　系统调试测试

22.5.1.1　不平衡电流注入测试

1. 目的

（1）注入不平衡或负序电流是许多 STATCOM 系统的关键功能，且该功能已被列入技术规范。通常，输入 STATCOM 的电压电流信号采样点和 STATCOM 补偿电流注入点之间存在一个或多个功率传变环节。为了确保输入系统的电流相位正确，STATCOM 控制系统设计时必须考虑变压器绕组星三角结构和联结组号引起的相位旋转。

（2）受控负序电流注入用于核对变压器绕组联结组别、电缆布线和控制系统参数的正确性，确认相位旋转是否准确，以保证在后续合规性测试和不平衡补偿过程中，负序电流能够以正确的相位角注入。

2. 预置条件

（1）电网背景电压不平衡度处于可接受水平内，并确认因负序电流注入测试而引起的电压不平衡不会超过电网标准或不平衡标准的要求。

（2）通知电网运行人员即将开展不平衡系统测试。

3. 方法与步骤

（1）确定正序电流的量，使预定水平电压按 1%～2% 的顺序增加，并符合电网允许的负序电压限值。

（2）在操作员手动控制下，增加 STATCOM 电流参考值（平衡），直到达到所需的电压变化。

（3）在测试期间，限制负序注入持续时间，以降低对附近客户设备的不利影响。只要能捕捉到对上游系统条件的影响，较短的持续运行时间或脉冲就足以进行该测试，通常为秒级或更短的时间尺度。

（4）在操作员手动控制下，将 STATCOM 负序电流参考值（不平衡）设置为正序参考值的 50%，相移为 0°。

（5）在 0°～330° 以 30° 的步长改变负序和正序电流之间的相位角。

（6）如果有多个模块单元，则用单独的换流器升压变压器测试每个模块或换流器系统❶。

（7）将 STATCOM 系统返回到空载状态，并评估系统响应。

4. 测量量

（1）电压和电流（瞬时值、方均根和相序），包括用于测量的每条母线的相角。

（2）STATCOM 电流输出值和电流给定值的幅值和相角。

（3）关键保护系统报警和告警。

（4）系统控制状态量，如暂停、停止、运行、断路器状态等。

5. 验收标准

（1）控制系统参数与测得的相角和变压器联结组别绕组结构相匹配。

（2）试器件，系统任何部件、告警或保护系统均未出现过热现象。

22.5.2　电网合规性测试

22.5.2.1　过载能力测试

1. 目的

验证系统主要部件在过载条件下的性能。

2. 预置条件

（1）已经对系统工况进行了分析，确认了过载测试对电网的影响。

（2）不同母线电压稳定且符合并网要求。

（3）FACTS 装置处于运行状态，且处于就地手动控制状态。

（4）不同 FACTS 装置的协调控制器处于退出状态。

3. 方法与步骤

（1）确认预置条件。

（2）确认测量系统准备就绪。

（3）FACTS 装置上电。

（4）将控制系统配置为手动控制模式和正常无功功率输出（通常由项目规定，推荐值为 0.5p.u.）。

（5）等到响应稳定。

（6）将控制系统配置为无功功率输出轻过载（通常由项目规定，推荐值为 1.1p.u.）。

（7）等待响应稳定之后，并在某个时间窗内持续运行（通常由项目规定，推荐值为 1h）。

（8）将控制系统配置为无功功率输出重过载（通常由项目规定，推荐值 1.3p.u.）。

（9）等待响应稳定之后，并在某个时间窗内持续运行（通常由项目规定，推荐值为几秒钟）。

---

❶ 这并不适用于所有 STATCOM 设计。

（10）将控制系统配置为正常无功功率输出。

（11）等到响应稳定。

（12）查看测试数据文件，确保已成功保存。

（13）将控制系统重新配置为默认控制模式。

4.测量量

（1）电压和电流（瞬时值、方均根和相序），包括用于测量的每条母线的相角。

（2）FACTS 装置电流输出值和电流给定值的幅值和相角。

（3）总谐波畸变（THD）。

（4）关键保护系统报警和告警信号。

（5）系统控制状态量，如暂停、停止、运行、断路器状态等。

5.验收标准

（1）测试期间未发出 SER 报警。

（2）FACTS 装置对目标无功功率输出的响应精度处于可接受范围之内（典型值为
±1%）。

（3）系统性能稳定，与仿真结果、并网要求一致。

（4）冷却系统和其他辅助设备运行正常。

22.5.2.2　作为风电/光伏场站的组成部分运行❶

1.目的

（1）评估电压控制系统响应以及电压和无功功率的阶跃响应特性。

（2）验证 STATCOM 控制系统模型参数，包括：

1）无功条件能力；

2）控制模型参数（例如控制器增益、时间常数和限值）。

2.预置条件

（1）所有发电单元均处于离网状态。

（2）对发电系统连接点充电。

（3）所有其他无功功率设备均未联网。

（4）STATCOM 控制系统正在运行并配置为默认控制模式。

（5）发电系统变压器为手动控制（固定分接头）。

（6）确保已完成预测试仿真研究，确认不会对系统稳定性或附近其他设备产生不利
影响。

3.方法与步骤

（1）无功控制能力测试：

1）已完成预测试仿真研究，验证了电网电压和无功功率的变化范围。

2）确认预置条件。

3）确认测量系统就绪。

4）将控制系统配置为无功功率控制，并将 Q_{ref} 设置为 0Mvar。

---

❶ 这是一个应用实例，并不意味着这种 FACTS 装置是 FACTS 装置和太阳能系统集成的首选系统。

5）将 Q_{ref} 逐步增加到容性上限值（步长可根据预先测试模拟研究确定，并将与相关 TSO/ISO 达成一致（典型步长大小为 2～5Mvar）。

6）将 Q_{ref} 逐步返回到 0Mvar（步长 2～5Mvar）。

7）将 Q_{ref} 逐步下降到感性上限值（步长 2～5Mvar）。

8）将 Q_{ref} 逐步返回到 0Mvar（步长 2～5Mvar）。

9）当系统稳定后，可让设备在上述每个运行点持续运行 10～15min，记录时间至少为 60s。

10）查看测试数据文件，确保已成功保存。

11）将控制系统重新配置为默认控制模式。

（2）电压控制测试：

1）确认预置条件。

2）确认测量系统就绪。

3）将控制系统配置为电压控制模式，并将 V_{ref} 设置为被测目标电压。

4）将 V_{ref} 逐步增加到 V_{ref_max}（步长 0.1p.u.）。

5）将 V_{ref} 逐步返回到预测试水平（步长 0.1p.u.）。

6）将 V_{ref} 逐步下降到 V_{ref_min}（步长 0.1p.u.）。

7）将 V_{ref} 逐步返回到预测试水平（步长 0.1p.u.）。

8）对 V_{ref} 给一个 + 5%的阶跃。

9）对 V_{ref} 给一个 - 5%的阶跃。

10）在下一个测试（步骤）开始之前，在系统稳定后，允许至少 10s 的预触发记录和至少 60s 的记录时间。

11）查看测试数据文件，以确保其已保存成功。

12）将控制系统重新配置为默认控制模式。

（3）作为发电系统整体装配组成部分的 STATCOM 测试：

1）所有发电机组均联网。

2）所有其他无功功率控制器均联网。

3）本项测试其余部分将类似于第 22.3.5.5 节中讨论的阶跃响应测试（电压或功率因数阶跃响应测试）。

4. 测量量

（1）电压和电流（瞬时值、方均根和相序），包括用于测量的每条母线的相角。

（2）STATCOM 电流输出值和电流给定值的幅值和相角。

（3）保护系统关键报警和告警信号。

（4）系统控制状态，如暂停、停止、运行、断路器状态等。

5. 验收标准

（1）无功功率输出值与参考值一致。

（2）现场验证了无功功率限值。

（3）该装置可连续发出最大无功功率（容性和感性）。

22.5.3　实践经验

测试的目的是确定 STATCOM 的运行情况与 4%的预设下垂曲线相一致。表 22－3 说明第 22.5.2.2 节中所述测试期间所施加各种电压阶跃变化的结果汇总。该表中的第二列和第三列为以 p.u.和 kV 为单位的电压给定（V_{ref}）和实际电压，STATCOM 以电压给定为中心进行调节。第四列是当 V_{ref} 从 0.9938p.u.改变为第二列中数值时的时间戳。第五列为连接点电压为 275kV 时记录的无功功率（Mvar），而第六列为在给定的电压给定和测量电压时根据 4%斜率预期输出的无功功率（Mvar）。

表 22－3　　　　　　　　　　　对施加各种电压阶跃变化的响应 1

阶跃变化	电压给定		实际电压（稳态）		时间（GMT）	无功功率实测值	无功功率理论值	33kV 母线无功功率变化范围
	p.u.	kV	p.u.	kV				
＋1%	1.0038	276.045	0.9942	273.41	0:28:12	8.23	8.64	－1.51～－1.92
＋2%	1.0138	278.795	0.9953	273.70	0:29:53	16.53	16.65	－1.61～－2.03
－1%	0.9838	270.545	0.9918	272.75	0:33:42	－7.54	－7.2	－2.04～－2.43
－2%	0.9738	267.795	0.9913	272.60	0:37:50	－15.91	－15.75	－1.89～－2.28
－3%	0.9638	265.045	0.9920	272.80	0:45:40	－25.22	－25.37	－2.27～－2.65
＋5%（从－3%开始）	1.0138	278.795	0.9942	273.41	0:47:30	－16.69	17.64	－2.31～－4.72

如该表所示，实际无功功率输出与 4%下垂相一致，最大偏差出现在＋5%电压阶跃工况，无功功率偏差为 41.6Mvar。

图 22－16 为测得的无功功率实际值与电压控制斜率（下垂）的关系曲线。这些测量结果来自于几次正阶跃和负阶跃响应测试。该图中的实际电压测量值通过在电压给定中所设置的偏移量进行调整，因此所有点均可绘制在同一电压控制曲线上。

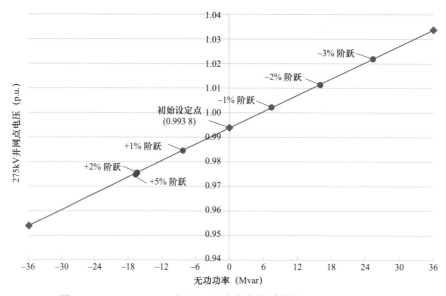

图 22－16　STATCOM 电压—无功功率关系曲线（V_{ref} ＝ 1.01p.u.）

22.5.3.1　阶跃响应测试示例

电网运行规程通常规定了包括 FACTS 装置在内的所有动态调节设备可接受的暂态电压响应水平。例如，本示例中电网规程要求无功发生阶跃变化时，系统必须在 1s 内达到最终变化的 90%。

该系统由一个 24Mvar STATCOM 和几个并联装置（28Mvar 电抗器组和一个 25Mvar 电容器）组成。在 STATCOM 装置上分别施加±1%、±2%、±3%和±5%的参考电压阶跃。当施加这些电压阶跃变化时，系统无功功率会发生相应的变化。

请注意，STATCOM 的响应速度是以控制周期为单位的，因此比这些测试中记录的响应时间快得多。但是，实际场景中 STATCOM 的响应速度取决于其他因素，例如短路功率水平、电网规程要求以及整个补偿系统中使用的其他设备。

图 22-17～图 22-19 对 STATCOM 的无功功率测量值和给定期望值进行了比较，并且在每次电压阶跃测试中均计算了无功功率响应速度。由结果可知，对于施加的所有电压阶跃，STATCOM 均在 1s 内即达到无功功率输出变化的 90%。

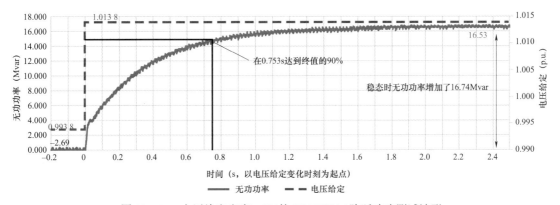

图 22-17　电压给定突变 + 2%的 STATCOM 阶跃响应测试波形

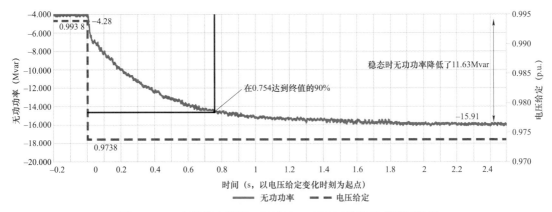

图 22-18　电压给定突变 - 2%的 STATCOM 阶跃响应测试波形

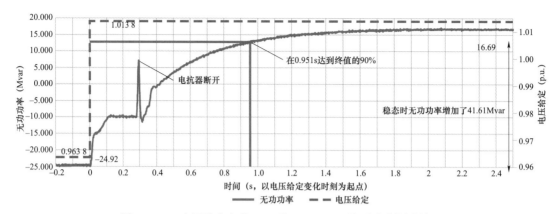

图 22－19　电压给定突变＋5%的 STATCOM 阶跃响应测试波形

22.6　UPFC 的典型调试测试

本节提供了与其他类型 FACTS 装置相比，UPFC 新增的额外测试项目。在"9 统一潮流控制器（UPFC）及其潜在的变化方案"章节中可以找到 UPFC 的技术说明。

22.6.1　系统调试

22.6.1.1　串联变压器充电

对于串联变压器应进行下列测试：

（1）串联变压器充电测试。在该项测试中，可从变压器高压侧和低压侧分别进行充电。这样可对串联变压器对地绝缘、高压和低压绕组绝缘以及晶闸管旁路开关信号进行综合评估。

（2）检查串联变压器的电压相位。

（3）UPFC 串联变压器保护系统及相关保护的电流互感器回路带载测试，主要通过合上串联变压器低压侧晶闸管旁路开关后，检查闭合回路线路负载电流。

22.6.2　电网适应性测试

22.6.2.1　STATCOM 动态性能测试

这些测试通常分为稳态和动态性能测试，并且分别针对电压和无功控制模式进行。

动态性能测试与其他 FACTS 装置的测试基本相同。

图 22－20 显示了中国苏州 UPFC 中 STATCOM 的 100Mvar 阶跃响应（关于 UPFC 的更多详细资料，请参见本书"15 UPFC 及其变体的应用实例"章节）。测试结果表明其具有快速稳定的有功和无功功率响应性能。图 22－20 中的时间轴以秒为单位。

22.6.2.2　SSSC 动态性能测试

这些测试通常分为稳态和动态性能测试，并且分别针对电压注入和潮流控制模式进行测试。

动态性能测试与其他 FACTS 装置的测试基本相同。

图 22－21 显示了中国苏州 UPFC 中 SSSC 的 100MW 阶跃响应，测试结果表明其具有快

速稳定的有功和无功功率响应性能。

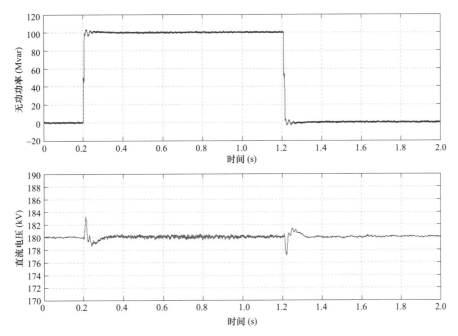

图 22-20　STATCOM 动态性能测试结果

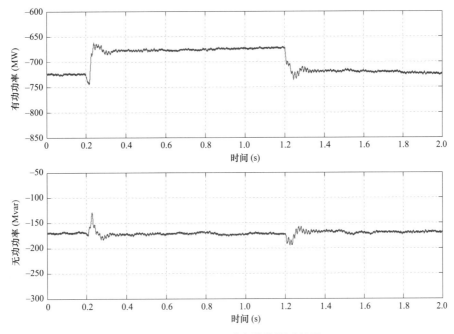

图 22-21　SSSC 动态性能测试结果

22.6.2.3　运行测试

本节介绍了中国苏州 UPFC 调试中的两项测试结果（有关 UPFC 的更多详细信息，请参见本书"15 UPFC 及其变体的应用实例"章节）。调试完成后，将测试结果与电磁暂态仿真模型和正序 RMS 模型结果进行了对比。相关测试项目评估了 UPFC 在最大有功/无功功率范围内运行时对 Kangjin S/S 近区电网的影响（Han et al. 2004）。

　　UPFC 运行期间发生了几次输电线路故障，本书"15 UPFC 及其潜在变化方案应用实例"章中第 15.3.4 节给出了由暂态故障记录器（TFR）记录的典型波形。

22.7　TCSC 系统的调试试验

　　TCSC 的技术说明包含在"8 晶闸管控制串联电容器（TCSC）技术"章节中。

　　请注意，在许多情况下（特别是对于专门用于功率振荡阻尼的 TCSC），TCSC 的可控部分的电容器组容量较小，通常与固定串联电容器组（FSC）相组合。因此，系统试验还应包括固定串联电容器组（FSC）及其相关设备。

22.7.1　预调试试验

　　预调试试验包括在现场设备安装结束后对单个设备进行就地测试和检验。测试项目一般是出厂试验的修改或扩充。

　　多数试验项目与本章第 22.3.1 和 22.3.2 节所述类似，因此本节仅重点说明以前未涉及的试验。

22.7.1.1　平台

　　在安装阶段调试开始前进行机械检查和其他相关测试。平台是 TCSC 的一个独立组件，所以平台安装测试如下：

　　（1）根据平台供货商的要求检查螺栓尺寸和扭矩。

　　（2）检查已安装钢材的损坏情况。

　　（3）检查支柱绝缘子和平台本身的对准和水平情况。

　　（4）支撑绝缘子的预张力检查（包含地震高发地区 TCSC 平台的阻尼器）。

　　（5）检查从地面攀登进入平台的梯子的功能。

　　（6）检查平台扶手安装的正确性和安全性。

　　在平台上安装设备后，预调试试验包括根据接线图和布局图对系统以及平台上的所有设备的连接（包括与变电站和线路设备的连接）进行外观检查。

22.7.1.2　金属氧化物变阻器（MOV）

　　（1）外观检查。

　　（2）根据制造商说明书检查 MOV 的安装情况。

22.7.1.3　旁路开关

　　（1）外观检查和安装检查。

　　（2）闭合和分断时间测量。

　　（3）检查工作线圈的最小工作电压。

　　（4）检查加热器和恒温器。

　　（5）检查充气压力和气体报警等级。

　　（6）触点电阻测量。

　　（7）用 1000V 绝缘电阻表进行绝缘检查。

（8）初始加电时间测量。

（9）TCSC 控制系统操作旁路开关功能检查操作。

（10）检查指示灯和报警器。

22.7.1.4　电流互感器（TA）/光互感器（OCT）

（1）原边和副边电路接线外观检查。

（2）电阻测量。

（3）通过原边注入进行匝比测试，证明 TA/OCT 与相关接口板和计量设备之间连接正确。

（4）光通道检查（适用于 OCT）。

（5）检查极性是否正确。

22.7.1.5　电压互感器

测量串联电容器组两端的电压时不应使用传统电压互感器，因为电容器组在不带电时具有残留电荷。

（1）原边和副边电路接线外观检查。

（2）通过原边注入进行匝比测试，以证明传感器与相关接口板和计量设备之间连接正确。

（3）光通道检查（适用于光学装置）。

（4）检查极性是否正确。

22.7.2　子系统试验

子系统根据其功能由多个设备或部件共同组成。子系统试验主要验证设备、相关控制、继电保护、仪器、互连电缆和通信的性能是否适当。该试验不涉及高压通电因此无需通知系统运行部门，主要根据承包商提供的设备电路图或类似文件/图纸（文件/图纸提供整个系统设备的电气连接）进行。

子系统试验中的多数项目与本章第 22.3.2 节所述类似，因此本节仅重点说明前文未述及的试验项目。

保护功能的试验取决于技术规范中所要求的功能并且由 TCSC 承包商实施，固定串联电容器（FSC）和可控串联电容器（TCSC）都包含如下保护功能，例如：

（1）电容器过载保护；

（2）电容器不平衡保护；

（3）线路电流监控；

（4）平台闪络保护；

（5）MOV 过载保护；

（6）MOV 故障保护；

（7）旁路开关的极性不一致功能；

（8）旁路开关故障保护；

（9）电容器放电；

（10）线路断路器的快速远方跳闸。

22.7.3　系统试验

系统试验涉及高压通电，需要与系统运行人员协调操作。这些试验进行时必须严密监控控制、保护和仪表的运行状况。

系统试验需要与可能受试验影响的公共电网或工业供电客户进行协调，应该投入大量时间和精力来研究和协调每项系统试验的试验计划。条件允许时，应在试验前进行具体研究以预测系统的响应，并确定可能限制试验开展的系统运行约束条件。有些试验可能需要在夜间或轻载条件下进行，以尽量减少对系统其他用户的影响。

22.7.3.1　预通电试验

将 TCSC 接入系统之前，建议进行下列最终测试：

（1）最终旁路功能测试。

1）全面检查从保护到旁路开关的旁路操作。

2）检查平台隔离顺序。

（2）低压通电试验：检查系统同步功能。

22.7.3.2　通电试验

（1）闭合旁路开关，平台以系统电压通电半个小时。

1）电压响应检查。

2）电流响应检查。

3）检查晶闸管触发电路的锁相环（PLL）（阀闭锁）。

（2）解锁晶闸管阀的负载测试：晶闸管阀在 25%～50%载荷线下分别解锁 5s、1min、0.5h，并且记录所有测试情况。

试验完成后，建议通过旁路隔离开关隔离线路和平台，以便对平台设备进行外观检查。

（3）检查 TCSC 装置。

1）通过顺序启动命令给 TCSC 通电。

2）检查控制模式变化。

3）晶闸管阀电流记录及结果分析。

4）检查监测信号。

5）检查晶闸管监控。

（4）检查控制顺序。

1）检查旁路控制顺序。

2）检查控制程序自动重新载入顺序（如果技术规范有要求）。

3）检查 TCSC 平台隔离控制顺序。

4）验证交流电源切换运行情况（若有冗余配置）。

5）验证直流电源切换运行情况（若有冗余配置）。

6）验证控制系统切换运行情况（若有冗余配置）。

7）验证晶闸管阀控制单元在主备阀控系统切换期间的运行情况（若有冗余配置）。

（5）热运行试验：晶闸管重载下冷却系统温升测量（TCSC 感性运行）。

22.7.4　电网合规性试验

除第 22.3 节所述测试外，还应进行线路切换时 TCSC 的性能验证。通过分断连接 TCSC 的线路断路器来模拟线路跳闸（如有可能仅在线路单端进行）。

22.7.5　系统交互试验

下列测试为典型试验，如果有多个电气上邻近的 FACTS 装置或电力电子接口设备时，需对测试项目进行扩展。

（1）打开旁路开关后投入 TCSC。

（2）闭合旁路开关后旁路 TCSC。

（3）强制改变 TCSC 运行模态。

1）容性运行到晶闸管保护性触发（包括反向变化），保护性触发是指连续触发触发晶闸管（不闭锁），主要用作晶闸管阀的保护以应对电流过零点时晶闸管承受的较高反向恢复电压。

2）容性运行至最大感性运行，即晶闸管阀在最大导通（控制触发）时触发然后返回到容性运行范围。

（4）在设计的连续运行范围内逐步改变 TCSC 的输出电抗。

（5）高压系统的电压变化：在 TCSC 连接的变电站强制改变电压。如果分流元件（电容器和（或）电抗器）可用，则应将其导通和断开。根据 TSO 限制，变电站变压器不应保护动作跳闸。

（6）潮流变化：投入或断开与 TCSC 电气距离较近的输电线路。

22.7.6　特殊试验

本书"8 晶闸管控制串联电容器（TCSC）技术"章节中已说明，由于 TCSC 是串联于输电线路上的设备，它是一种用于抑制次同步谐振（SSR）和改善区域间功率振荡阻尼（POD）的有效设备。

TCSC 的动态性能应在实时仿真器上进行评估，实时仿真器与即将安装到现场的控制保护系统相连接。这方面的研究将有助于有效预测系统响应，并确定系统现场试验所需的合适运行点和约束。

在 TCSC 调试过程中对控制算法进行测试十分必要。但是，实际操作中很难获得评估 SSR 和 POD 抑制效果所需的系统运行方式，哪怕是能验证其中一种效果的场景（Piwko et al. 1994）。这些振荡现象的产生通常是通过人为激发或创造谐振条件来进行。如果试验时电网处于重载时段，系统运行人员可能不会授权开展这些试验。然而，这就是所有新装设备开展系统试验的客观情况。试验应包括分段故障试验（通常在首次安装新型 FACTS 装置时执行）（Kinney et al. 1997）。

在试验结束后应将故障记录器设置为事件触发模式，以记录 TCSC 所包含的各项控制功能。

22.7.6.1　次同步谐振（SSR）

在实时仿真模拟研究中，将TCSC控制系统接入电网中通过实时仿真模型实现仿真功能，可以估计TCSC电抗的次同步频率响应特性。仿真结果将显示出TCSC控制作用会在临界频率上呈现感性响应特性，这里的临界频率与所辨识的发电机的临界扭振频率相对应。在实际现场无法使用仿真模拟中的频率扫描功能进行评估。

除非创造试验条件，否则无法在现场评估次同步频率下电气阻尼的改善效果，也无法比较有无TCSC控制的效果差异。尽管如此，依然有必要开展抑制次同步谐振的试验，因为SSR可能影响并损坏发电机设备（Piwko et al. 1994）。

另一种可能是在TCSC试验之前，在关键发电机轴上安装机械传感器并识别临界模式的弱阻尼状态。在TCSC试验后应继续进行振动测量，以继续验证TCSC对系统整体机械+电气）阻尼的改善情况。此外，如果安装FACTS装置会带来SSR的风险，则应在有可能受影响的设备上配置相应的SSR继电保护（Bowler 2012）。

22.7.7　功率振荡阻尼

与SSR测试相比，功率振荡阻尼调试试验更易于与已投运的TCSC进行协调和测试容易（无论是否启动POD功能）。在最好的情况下，弱阻尼功率振荡可以通过投切线路引发，进而评估控制算法，但最适当的测试方式还是通过发电机跳闸引发弱阻尼振荡。基于系统负荷情况和试验周期考虑，系统运行人员可能不允许开展此类试验。下面提供一个试验测试示例。

巴西南北部系统互连项目为1020km长的500kV输电线路，连接Imperatriz和Serra da Mesa变电站，如图22-22所示（参见TCSC的应用实例）。该项目最初设计最大传输容量为1300MW，在线路空载到最大潮流下均需稳定运行。在互连第一阶段，验证了低频（约为0.2Hz）、阻尼较弱的振荡模式。这种宽幅（±300MW）振荡严重地限制输电线路的输电能力。在该互连项目中，安装TCSC的主要作用是阻尼功率振荡。TCSC既没有对潮流进行控制也没有进行次同步谐振抑制，因为该系统主要是水力发电，串联补偿装置的总补偿度仍然是安全的（小于70%）。

该项目设计了一套适用于暂态和动态稳定性分析的TCSC控制系统，同时根据广泛深入的研究论证形成了设备技术规范及项目选址依据。在Imperatriz和Serra da Mesa变电站应用两套小型TCSC（每个补偿6%），验证了其在抑制南北区域间功率振荡方面非常有效，并且消除了输电容量限制，使长距离交流输电通道运行在所需负荷下成为可能，因此迈出了南北部电网互接的第一步。

根据系统不同的故障情形，在现场测试了不同TCSC配置（无POD功能和有POD功能）的功能。在试验过程中，可以通过设置系统故障前的负荷水平来"调整"系统，从而形成合适的系统弱自然阻尼。在试验测试期间将负载由东北到北部的700MW调整到由北到南部的500MW。

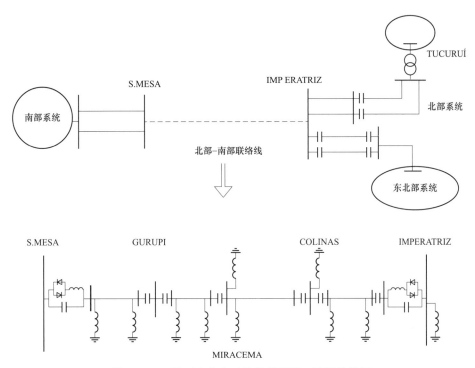

图 22－22　巴西南北交互连接项目第一阶段单线图

　　由串联电容器投切产生的扰动较小，并且无论 TCSC 是否激活 POD 功能，系统性能表现令人满意。另一方面，当 Tucuruí 发电厂的 300MW 发电机组在两个 TCSC 装置的 POD 功能均被禁用的情况下跳闸，系统开始失稳，70s 后又造成南北互连线路保护跳闸（如图 22－23所示）。图 22－24 显示当 Imperatriz TCSC 的 POD 功能处于工作状态而 Serra da Mesa TCSC 的 POD 功能处于禁用状态时，系统发生相同故障的情形。下图说明由控制系统引入的 TCSC 调制电抗（晶闸管触发控制作用产生）。在该图中，TCSC 操作模式之间的转换很清晰，从而避免了在靠近 TCSC 电抗器和电容器组之间的并联谐振区域中进行触发。该项试验还表明，同时利用 TCSC 可控容性范围和晶闸管阀旁路模式（产生正 TCSC 电抗）来改善了阻尼是充分发挥 TCSC 性能好方法。

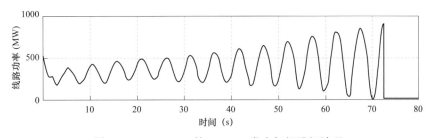

图 22－23　Tucuruí 的 300MW 发电机组跳闸波形
（Imperatriz 和 Serra da Mesa 的 TCSC 均禁用 POD 功能）

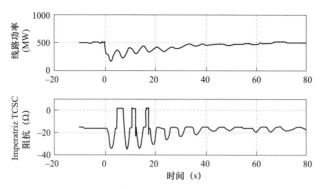

图22-24　Tucuruí 的 300MW 发电机组跳闸波形（Imperatriz TCSC 使能 POD 功能，
Serra da Mesa TCSC 禁用 POD 功能）

如图 22-25 所示，在两套 TCSC 中使用 POD 功能的效果进一步改善了功率振荡的阻尼。

整体试验过程还说明了根据互连线路上的潮流调整 POD 功能增益的重要性。

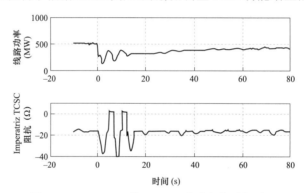

图22-25　Tucuruí 的 300MW 发电机组跳闸波形
（Imperatriz 和 Serra da Mesa 的 TCSC 均使能 POD 功能）

22.8　模型验证测试

模型验证过程需要一套完整且经过验证的模型和数据，考虑到 FACTS 装置的所有控制、保护和辅助系统的响应会对其整体性能产生影响，因此需要借助仿真模型。

与电力系统相连的所有元件的精确建模确保电力系统运行人员能够掌握和预测元件的运行状态以及它们在整个系统运行方式中的相互作用。这样可使运营人员实时维持电力系统安全，并且可以让规划部门有效指导电力系统未来的发展。

FACTS 装置的模型验证通常需要将装置模型的特性与在特定现场安装且需要进行模型验证的 FACTS 装置的性能进行比较。

需要在宽范围且接近边界的条件下进行测试，特别是模型中存在非线性或影响系统运行的特定工况的情况。

本节提供 SVC 和 STATCOM 的模型验证测试实例。被讨论的所有仿真结果均采用 RMS 仿真工具。

22.8.1　SVC

SVC 模型验证对模型精度要求如下所述。

考虑到连接点的电压，仿真过程中设备模型在任意一点的有功功率和无功功率响应相对于实际设备的有功功率和无功功率响应的偏差不能超过该量总变化量的 10%。在振荡期间，该标准适用于：

（1）暂态后振荡响应的第一个周期（即若与故障有关，则在故障清除和故障暂态恢复之后）。

（2）振荡响应的第一个周期后到振荡响应包络线的上限和下限。

考虑到连接点电压稳定的水平，模型稳定时的最终有功功率或无功功率值处于下列更严格的限制范围之内：

（1）实际设备响应的最终值应达到设备铭牌额定值的 ±2%。

（2）在扰动及之后的暂态期间，实际设备响应的最终值应稳定在总变化量的 ±10%。

在下面章节的插图中，蓝线表示实际测试结果，绿线表示模型仿真结果，黑线表示 10% 的精度上限和下限。

22.8.1.1　感性运行时的 0.01p.u. 正电压阶跃

图 22－26 所示为 SVC 感性运行条件下施加设定步长的电压阶升的实测结果和仿真结果比较。在 $t=0.5$s 时开始施加 0.01p.u. 的电压阶跃。请注意在这些对比测试中，实测响应和仿真响应之间存在一些超出 ±10% 合格标准值的微小偏差，这些误差源于背景噪声和测量量的变化，不能归因于模型不准确。

22.8.1.2　接近容性运行极限值时的 0.01p.u. 正电压阶跃

在这种情况下，容性无功限幅功能因无功功率输出超过额定值 80Mvar 而被触发。由于在电压已经很高的条件下施加较大的电压阶跃，所以在无功限幅起作用之前控制器将积分到相当大的数值。这就是仿真开始后 1s 方均根型仿真结果出现小尖峰的原因，如图 22－27 所示。还可以看到，无功输出限幅功能将无功功率缓慢限制到 0.8p.u.。

22.8.1.3　并联运行

如图 22－28 所示，在主模式下小幅增大 SVC 的电压参考值。并联运行时电压参考值阶跃具有缓慢上升率，导致 0.005p.u. 阶跃耗时 0.5s，因此与单机运行模式下的阶跃特性相比，在 x 轴上存在差异。与前述两种工况相比，该图时间尺度更短，因此，V_{RESP}（正序电压）和 B_{ref}（电纳）随电力系统变化的响应更加明显。

22.8.1.4　频域比较

如图 22－29 和图 22－30 所示，POD 对输入信号小扰动的响应也与模型进行了比较。图中蓝线表示实际传递函数，红线表示使用系统辨识技术对测试结果作出的估计。测试记录的采样速率约为 12ms，与现场 POD 的输入频率不同。因此，在两个数据点之间进行插值，从而产生分辨率为 2ms 的输入信号。插值后得到的更高分辨率输入 POD 模型，可减少了数据离散性，也更接近于 POD 的真实输入。如果不进行插值，输入信号（频率）在小于 20ms 范围内快速变化时，POD 模型接收的输入信号类似于"小阶跃"信号，与实际 POD 的输入相去甚远。但请注意，插值只是状态的一个较好的估计，它并不能完全代表实际的输入。图 22－29 和图 22－30 中用绿线标出该插值信号。

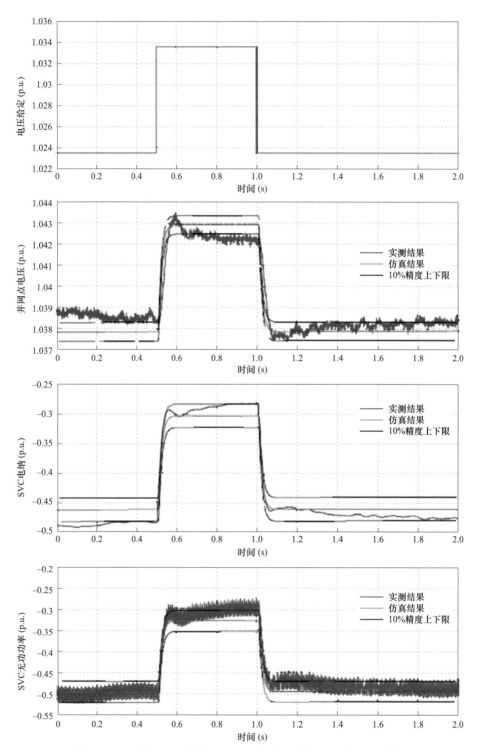

图 22－26 感性运行时施加 0.01p.u.电压突变的 SVC 阶跃响应波形

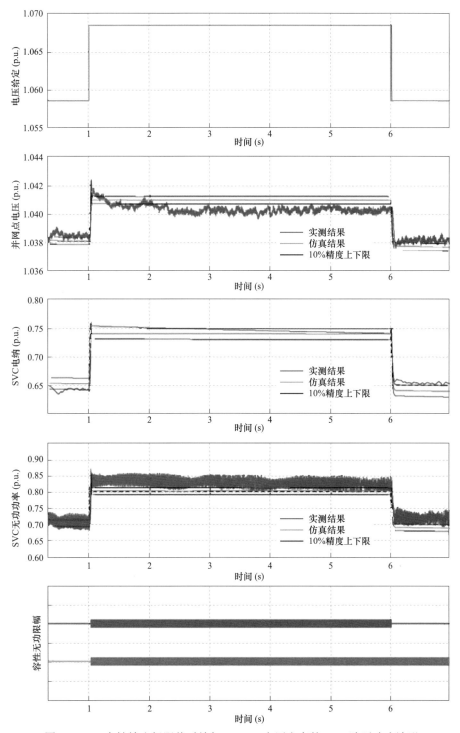

图 22-27　容性输出极限值时施加 0.01p.u.电压突变的 SVC 阶跃响应波形

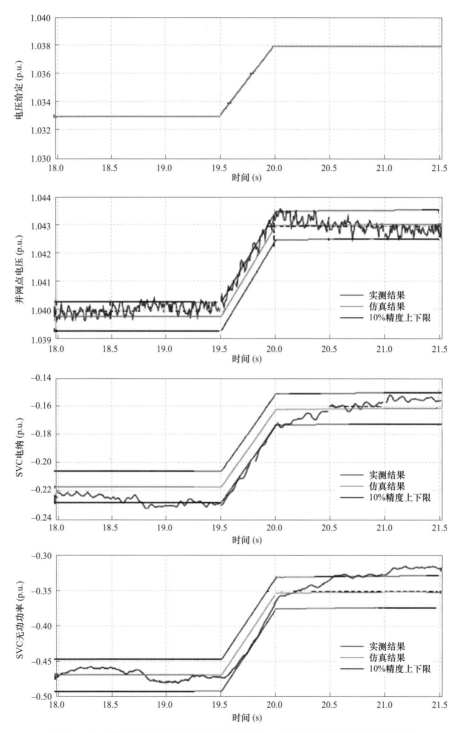

图 22－28　感性并联运行模式下施加 0.005p.u.电压变化的 SVC 响应波形

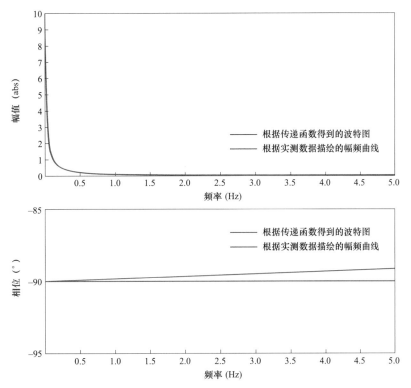

图 22－29　AVR 传递函数波特图与根据实测数据绘出的幅频曲线

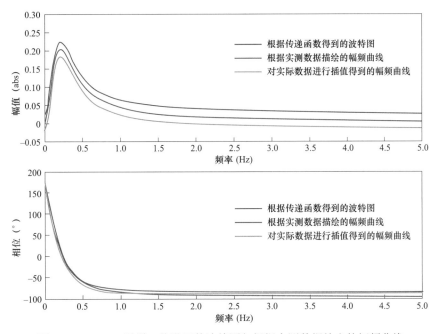

图 22－30　POD 通道 1 传递函数波特图与根据实测数据绘出的幅频曲线

图示结果说明模型响应与测试记录结果吻合,实测响应与仿真响应之间的误差在同一图中用黑线表示上限(+10%)和下限(−10%)精度范围。

请注意,由于采样速率较低,当与时域仿真结果进行对比时,在较低频率(<2Hz)下的 POD 输出响应特性比在较高频率(>5Hz)下更有意义。

22.8.2 STATCOM

图 22−31 所示为公共连接点(PCC)电压和无功功率输出的现场测试数据和仿真结果。现场测试数据表明,当电压参考值从 1.062p.u.增大至 1.067p.u.后,系统电压出现振荡,振荡范围在 1.062p.u.与 1.067p.u.之间,平均值为 1.065p.u.。现场 STATCOM 调整其无功输出进行振荡补偿,因此 PCC(蓝线)处总无功功率也呈现振荡特征。但是在正序有效值仿真中,无法在 PCC 处模拟这种电压波形,并且系统稳定在新的电压参考值后,电压和无功波形均平滑。请注意,如果确认此类误差不会对系统稳定性或其他相关设备正常运行造成不利影响,则在调试阶段允许出现这种误差。调试完成后,FACTS 装置业主可根据需求重新检查模型响应并提高模型的精度,一种做法是在不影响模型其他响应特性的前提下调整部分模型参数。

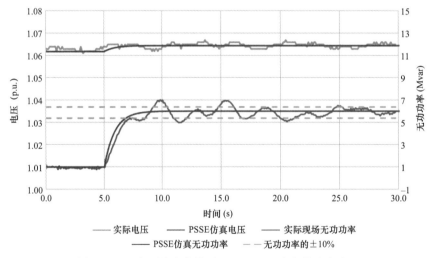

图 22−31 电压给定变化时 STATCOM 响应的仿真波形

图 22−32 所示为 PCC 点电压和无功功率的现场测试和仿真结果。当功率因数参考值变化后系统调节达到稳定时,现场记录 PCC 点的平均无功功率为 25.24Mvar。与功率因数参考值变化前的数值(−4.16Mvar)相比,总变化值为 29.4Mvar。橙色虚线为现场记录数据的±10%(2.94Mvar)边界。显然,无功功率斜坡上升期间以及最终的稳定值(紫色线)均处于精度要求范围之内。

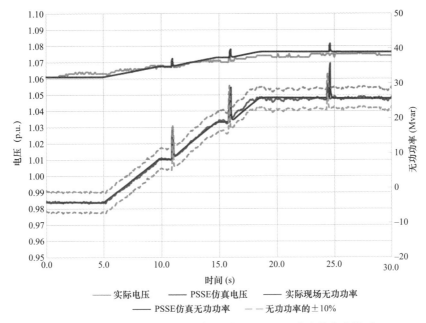

图 22-32　功率因数参考值变化时 STATCOM 响应的仿真波形

参考文献

Åström, K.L., Wittenmark, B.:Is Maybe Easier to Understand. The Title of the Book Is Computer Controlled Systems, Second Edition.Prentice Hall, Englewood Cliffs, New Jersey (1990).

Bowler, C.E.J.: Grid induced torsional vibrations in turbine-generators – Instrumentation, monitoring, and protection.IEEE, San Diego, California (2012).

CIGRÉ Brochure No.663: Guidelines for the Procurement and Testing of STATCOMS.August (2016).

CIGRÉ Brochure No.697: Testing and Commissioning of VSC HVDC Systems.August (2017).

CIGRÉ Technical Brochure No.447: Components Testing of VSC System for HVDC Applications CIGRÉ Brochure No.447, February (2011).

Grund, C.E., Hauer, J.F., Crane, L.P., Carlson, D.L., Wright, S.E.: Square Butte HVDC modulation field tests.IEEE Trans.Power Deliv.5, 351–357 (1990).

Han, Y.S., Suh, I.Y., Kim J.M., Lee H.S., Choo J.B, Chang B.H.: "Commissioning and Testing of the KangJin UPFC in Korea", Cigre, Session Paper B4-211.CIGRE, (2004).

IEC 60143-4: Series Capacitors for Power Systems – Part 4: Thyristor Controlled Series Capacitors, November (2010).

IEC 61936-1 Ed.2.1 b: Power Installations Exceeding 1 kV a.c.– Part 1: Common Rules, (2014).

IEEE Std 1031: IEEE Guide for the Functional Specification of Transmission Static Var Compensators, IEEE, 1–89, (2011), https://doi.org/10.1109/IEEESTD.2011.5936078.

IEEE Std 1303: Institute for Electrical and Electronics Engineers "Guide for Static VAr Compensator Field Tests", IEEE, 1–49, (2011), https://doi.org/10.1109/IEEESTD.2011.6003722.

IEEE Std 1534: IEEE Recommended Practice for Specifying Thyristor-Controlled Series Capacitors. IEEE, 1–98, (2009), https://doi.org/10.1109/IEEESTD.2009.5340372.

IEEE Std 80: IEEE Guide for Safety in AC Substation Grounding, IEEE, 1–226, (2015), https://doi.org/10.1109/IEEESTD.2015.7109078.

Kinney, S.J., Miftelstadt, W.A., Suhrbier, R.W.: Test results and initial operating experience for the BPA 500 kV Thyristor controlled SERIES capacitor unit at Slatt substation: Part I – design, operation and fault test results, pages 4-1 through 4-15. In:Proceedings:FACTS Conference 3, EPRI Report TR-107955.EPRI, May (1997).

Piwko, R.J., Wegner, C.A., Furumasu, B.C., Damsky, B.L., Eden, J.D.: 'l'he Slatt Thyristor Controlled Series Capacitor Project-Design, Installation, Commissioning and System Testing; CIGRE Paper 14–104, CIGRE, Paris (1994).

Wiggins, C., Nilsson, S.L.: Comparison of interference from switching, lightning and fault events in high voltage substations.Paper presented at the 35th Session of CIGRE, August (1994).

Babak Badrzadeh，澳大利亚墨尔本澳大利亚能源市场运营商（AEMO）运营分析和工程管理经理，主要从事电力系统建模分析，为电力系统不同类型的安全问题提供工程解决方案。是澳大利亚电力系统建模参考小组的会议召集人，也是 CIGRE 技术手册、IEC 标准和澳大利亚标准的主要编写成员。曾受邀参加大量 IEEE 和 CIGRE 学术交流，并发表演讲、参与分会场研讨和分享教程，撰写了 30 多份 AEMO 文件（包括指南、政策和程序、系统安全调查等），并完成了若干规程的修编。拥有电力系统工程管理领域理学学士、理学硕士和博士学位。2007 年至 2010 年间，于英国莫特麦克唐纳咨询公司输配电部门任高级电力系统分析工程师。2010 年至 2012 年间，于丹麦维斯塔斯技术研发公司任首席电力系统工程师。2012 年至今，就职于 AEMO。

Andrew Van Eyk，澳大利亚阿德莱德南澳输电网公司系统安全首席工程师，承担了大量电力系统建模和分析研究工作，支撑了南澳大利亚电力系统的规划和运行。2016 年参与南澳输电网公司两台 SVC 升级项目，主要完成该项目的工厂验收、调试和调试后模型验证等阶段工作。拥有阿德莱德大学工程学荣誉学士学位，是 CIGRE 直流与电力电子专委会（SC B4）澳大利亚成员。

Peeter Muttik，澳大利亚悉尼通用电气公司解决方案技术总监，是电力系统分析领域专家和团队领导，在风力和光伏发电等多元应用领域拥有丰富工作经验，从事电力传输方案、SVC、STATCOM、谐波滤波器和电容器的系统设计和技术规范制定等。曾参与 SVC 项目测试、调试和模型验证，并加入了 CIGRE 国际工作团队。拥有阿德莱德大学博士学位，是澳大利亚工程师学会和 IEEE 会员，澳大利亚标准协会 EL34 委员会（电能质量）主席，CIGRE 直流与电力电子专委会（SC B4）和干扰小组 C4 的澳大利亚成员，伍伦贡大学客座教授。

Bryan Lieblick，前任美国超导股份有限公司电网规划和应用团队成员，曾主持输配电、可再生能源、工业用电系统等领域电力电子和超导解决方案的设计、优化和测试工作。电网规划和应用团队负责美国超导股份有限公司全球范围内的 FACTS 装置集成工作，包括概念设计、预选研究、详细系统影响研究、设备技术规范、调试和电网合规性测试等。入该公司前于 ABB 公司电力系统咨询组担任咨询工程师，对多个公共电力市场开展系统影响和互联方面研究。拥有佐治亚理工学院工程学士学位，现为 IEEE 会员。

雷博，工程师，南方电网科学研究院有限责任公司主管。于 2011 年和 2014 年分别获得湖南大学电气工程学士学位和硕士学位。毕业后入职南方电网科学研究院有限责任公司，并从事兆瓦级储能、电力电子装备、直流输电系统研究和生产经营工作。2014 年至 2015 年，参与了 2MW 无变压器直挂 10kV 电池储能系统设计研究。作为核心成员，起草了 IEEE P2030.2.1《电池储能在电网应用导则》，并于 2015 年至 2017 年参与了 IEC 60919《常规高压直流输电系统控制和保护》标准维护工作。参加了中国电化学储能、FACTS、直流输电等领域若干标准相关工作，推动了百兆瓦时级退役动力电池梯次利用示范工程建设，参与了特高压柔性直流和特高压混合直流的技术研究，后者已应用于世界首个特高压±800kV 多端混合直流输电工程。

Thomas Magg，南非注册专业工程师，拥有超过 27 年的电力行业工作经验。毕业后入职南非国家电力公司，研究内容涉及工业用电、电力咨询和设备供应等领域，在非洲高压交直流系输电统的项目管理和工程设计方面具有丰富经验，并从事无功补偿和大型非线性负载输电系统应用工作。曾负责多个大型静止无功补偿器（SVC）项目的工程设计。担任纳米比亚 350kV 高压直流输电工程、300/600MW 卡普里维柔性直流输电工程顾问。现任莫桑比克卡布拉巴萨直流输电工程松戈 533kV 直流换流站升级项目的高级技术顾问和首席工程师。2006 年加入 CIGRE 直流与电力电子专委会（SC B4），2008 年至 2014 年期间是 CIGRE SC B4 南非正式成员。

许树楷，教授级高级工程师，中国南方电网有限责任公司创新管理部副总经理，南方电网公司特级专业技术专家，IET FELLOW（会士），IEEE 高级会员，IET 国际特许工程师（Charter Engineer），CIGRE 中国国家委员（Regular Member）和战略顾问（AG01）。主要研究领域为柔性直流与柔性交流输电、大功率电力电子在大电网的应用技术等，是世界首个柔性多端直流输电工程系统研究和成套设计负责人、世界首个千兆瓦级主电网互联柔性直流背靠背工程系统研究和成套设计负责人、世界首个特高压±800kV 多端混合直流输电工程系统研究和成套设计负责人。先后获中国专利银奖 1 项、中国标准创新贡献奖 1 项、中国电力科技奖等省部级一等奖 10 余项。曾获中国电力优秀青年工程师奖、广东省励志电网精英奖、南方电网公司十大杰出青年等荣誉称号。

Marcio M. de Oliveira，ABB 公司（瑞典）首席系统工程师。1967 年出生于巴西里约热内卢，1992 年获巴西里约热内卢联邦大学电气工程理科硕士学位，分别于 1996 年和 2000 年获瑞典皇家理工学院高功率电子系高级硕士学位和博士学位。2000 年入职 ABB 公司 FACTS 部门，工作内容涉及电力系统设计、实时仿真、控制系统设计研发等多个技术领域。现任系统首席工程师，负责 FACTS 技术在全球的技术营销。参编了 CIGRE SC B4 WG53 "STATCOM 的采购和测试指南"，是 IEC TC22 的成员，是 IEC 61954 维护团队的组织者，负责 SVC 晶闸管阀的测试。2017 年获 IEC 1906 奖。

CIGRE Green Books

第 7 部分

FACTS 装置运行和寿命管理

FACTS 装置的运行

23

Vinay N. Sewdien

目次

摘要

世界各地有许多 FACTS 装置在使用中。这些设备通常根据系统操作员确定的设定值进行自动控制。本章所提供资料来自 CIGRE SC C2 系统运行和控制部门所开展的一项调查。该项调查提供了有关 FACTS 装置在交流系统中的作用、相关系统操作员的培训需求、FACTS 装置操作方法以及有关 FACTS 装置监控、升级和最终退役需求的资料。

23.1　引言

FACTS 装置安装在输电和配电系统中，其目的在于提高电力系统的运行性能。决定安装 FACTS 装置的电力公司已确定至少一个需要解决方案的技术挑战。他们往往对 FACTS 装置的有效性具有非常良好的体验。估计 2019 年安装的 FACTS 装置总数接近 1000 台。

Vinay N. Sewdien（✉）
荷兰阿纳姆，荷兰电网运营商滕特公司（TenneT TSO）
电子邮箱：Vinay. Sewdien@tennet.eu

S. Nilsson，B. Andersen（编辑），柔性交流输电技术，CIGRE 绿皮书，https://doi.org/10.1007/978-3-319-71926-9_23-1

CIGRE SC C2 系统运行与控制部门对 FACTS 装置开展过调查，调查范围包括技术、人力资源和制度方面，以及为防止系统崩溃、设备损坏和人员受伤的安全要求下的电力系统安全、经济运行的条件。CIGRE SC C2 的成员主要来自输电系统运营商。作者代表 CIGRE SC C2 撰写了这一章。

23.2 调查问题

该调查已发送给 CIGRE SC C2 的成员。所问问题如下：

（1）请考虑下列 FACTS 装置：

1）静止无功补偿器 – SVC；

2）静止补偿器 – STATCOM；

3）晶闸管控制串联电容器 – TCSC；

4）统一潮流控制器 – UPFC。

（2）对于贵方电力系统中的每种 FACTS 装置，您能否：

1）提供 FACTS 装置在电网运行中所发挥作用的简要说明［例如，可能会延迟电网加强，并/或提高电网利用率（例如更高的线路负载）的电压支持、潮流控制、功率振荡阻尼等功能］。

2）提供当 FACTS 装置添加到系统中时操作员所需接受培训的简要说明。

3）提供供应商的培训和持续培训。是否提供过训练模拟器？

4）提供随着交流电网的发展，运营商支持团队正在进行的研究的有关说明，用以确定系统中 FACTS 装置的适当设置。

5）说明 FACTS 装置的日常操作，用以确保设备能按计划随时准备提供系统支持工作。

6）说明当系统停止服务进行预定维护时应遵循的程序。这可能包括交流电网的重新配置和/或发电资源调度的变化以及运行约束条件。

7）详细说明当 FACTS 装置在降级模式下运行时（即当 FACTS 装置处于 $N-1$ 状态时）所需的特殊操作。

8）提供有关当交流电网出现不可预见变化时的使用操作说明概述，以确保 FACTS 装置能够恰当地响应任何进一步的未来事件（例如通过改变斜率、设定点和死区）。

9）FACTS 装置是否已普遍可靠运行且符合预期要求？若为否，则请简要说明所遇到的问题以及对交流系统产生的后果。

10）安装完成后，自 FACTS 装置投入使用以来，FACTS 装置与其他电力电子装置（如直流输电系统、其他 FACTS 装置、太阳能发电场或风力发电场）或发电之间是否存在不利的相互作用？若为是，则请简要说明问题和解决方案。

11）您是否已更新、升级/增强或淘汰系统中的任何 FACTS 装置？若为是，请简要说明原因和措施。

表 23−1 提供了 12 个收到反馈的地区内已安装的 FACTS 装置类型概述。

本章简要概述该项调查所提供的资料，包括 FACTS 装置的作用、操作员培训、FACTS 装置操作方法、升级方法以及最终退役过程。

表 23-1　　　　　　　　　12 个国家/地区的 FACTS 装置概述

国家/地区	FACTS	国家/地区	FACTS
澳大利亚（南部）	SVC	日本	STATCOM
智利	STATCOM SVC	挪威	STATCOM（1） SVC（10）
中国	SVC UPFC	秘鲁	STATCOM（1） SVC（11）
哥伦比亚	STATCOM（1） SVC（3）	南非	STATCOM（1） SVC（3）
海湾合作委员会（GCC）	SVC TCSC	韩国	STATCOM（6） SVC（3） UPFC（1）
印度	STATCOM（7） SVC（1） TCSC（6）	西班牙	OLC[a]（1） SSSC[b]（1）

[a]　架空线路控制器。

[b]　静止同步串联补偿器。

23.3　FACTS 装置在系统运行中的作用

FACTS 装置在电力系统运行中的作用因电网而异。可以安装相同类型的 FACTS 装置来解决不同的问题。在南非，在配电网中安装过 STATCOM 以补偿牵引负荷所造成的电压不平衡；而在印度和哥伦比亚，将 STATCOM 用于抑制功率振荡。此外，印度正在研究将可再生能源作为分布式 STATCOM 的适用性。这些发电机的 STATCOM 功能可用于在夜间提供电压支持。

SVC 在两个主要方面有助于增强系统运行性能。首先 SVC 提供快速动态电压支持以提高（或至少保持）扰动后的电压稳定性。特别是在带有直流输电系统的弱电网中，SVC 可以提供换流器正确运行所需的快速动态无功功率支持。在南非，将 SVC 用于平衡长距离不换位输电线路相电压。由于 SVC 的快速动态无功支持，秘鲁的配电网自动分接开关动作率显著降低（由此反过来会延长相关变压器的使用寿命）。

其次，SVC 增加了输电走廊的输电能力。由此增加了通过传输线将负载与廉价但相距较远发电厂连接的可能性。在秘鲁，SVC 作为将 600km 220kV 输电线路的输电能力从 300MW 提高到 500MW 解决方案的组成部分。在秘鲁的另一个例子中，曾将 SVC 用于协助将某个大型采矿厂的负荷从 130MW 增加到 430MW。

此外在中国，还将 SVC 用于缓解直流输电系统故障所引起的瞬态过电压；在秘鲁，将 SVC 用于缓解电压闪变和谐波相关问题。在挪威，随着并联电容器组、并联电抗器或电缆的切换，SVC 将电压保持在可接受范围之内。

TCSC 用于减少传输损耗并可实现并行线路之间的负载分担。在印度，安装这些设施主要是为了加强区域间走廊以便由区域电网形成国家电网。TCSC 与固定串联电容器一起安装以抑制区域间振荡并提高区域间的功率传输能力。随着国家电网组网的完成，目前观察到的这些 TCSC 影响已有所减少。

作为示范项目的一部分，中国和韩国安装了 UPFC。为了实现对潮流的准连续控制，西班牙 TSO 安装了一台 SSSC 装置和一台 OLC 装置。

在本书的其他章节中提供有关 FACTS 装置应用的详细示例，包括 FACTS 装置的需求理由、实现过程及其实施结果。相关章节如下：

（1）12 SVC 应用实例；

（2）13 STATCOM 应用实例；

（3）14 TCSC 应用实例；

（4）15 UPFC 及其变体的应用实例。

23.4　FACTS 培训

FACTS 装置的正确运行需要充分了解其运行模式及其对电网动态行为的影响。FACTS 装置供应商通常为设备操作人员和维护人员提供某种培训。大多数情况下，此类培训是供应商和系统运营商之间合同的组成部分，并在项目完成期间提供。至少在澳大利亚、哥伦比亚、印度、韩国和南非都是按此执行。经过初步培训后，系统操作员通过附加强制性（内部）培训维持和更新操作员知识。FACTS 技术规范应包括操作员（和维护工程师及其他人员）的初始培训。请参见本书中的"19 FACTS 装置采购及功能规范"章节。

让系统操作员全面参与新装 FACTS 装置调试是一个很好的做法，这样他们就能理解和掌握设备的不同部分并对其操作充满信心。操作人员还应理解来自 FACTS 装置保护系统的所有报警和警告，以便其知道适时致电 FACTS 装置维护人员。

对用于无功功率和交流电压控制的并联 FACTS 装置，在发生重大系统事件（如线路跳闸）后，可能需要更改标称值和调节斜率的设置。系统操作员可能还需要接通或断开断路器投切电容器和电抗器，以确保 FACTS 装置具有足够动态范围来响应其他系统事件。

同样对于串联 FACTS 而言，用于并联线路之间的功率共享，其设置可以自动更改也可以不自动更改以实现功率共享，但如果 FACTS 装置没有获得必要的潮流信息，则系统操作员可能必须更改设置以实现系统中的最佳潮流。

当 FACTS 装置投入运行后，控制室操作员和维护人员将定期接受培训，培训时间频率取决于有关系统操作员的规定。这种定期培训涵盖系统运行的所有方面而非仅关注 FACTS 装置。从 FACTS 装置的角度来看，有时使用操作员/调度员培训模拟器（OTS/DTS）进行这些培训，包括以下内容：

（1）系统理论；

（2）FACTS 技术通用背景知识；

（3）FACTS 对电力系统的动态影响；

（4）FACTS 装置的建模与仿真；

（5）FACTS 装置的性能和控制方案；

（6）FACTS 装置的操作模式，包括可能的范围设置及其对系统操作的影响；

（7）有关 FACTS 装置的维护和安全。

有些系统操作员（例如，在中国和西班牙）甚至开发了他们自己的仿真工具，用这些仿真工具对 FACTS 装置建模，并以详细规则和程序作为培训的依据。

在极少数情况下（如日本 Toshin 变电站中的 STATCOM），供应商并未提供任何培训，在这些情况下设备所有者通常为操作人员准备详细指南。

23.5　FACTS 运行

FACTS 装置的运行模式和设定点由电力系统的运行条件决定，例如发电机联机数量、交流线路中断以及实际/预测负载和电力系统电压。在中国、哥伦比亚和秘鲁，FACTS 装置始终处于电压控制模式。在韩国，系统操作员确定装置是在电压控制模式还是在无功功率控制模式下运行，每次向系统添加新的 FACTS 装置时都会进行重新评估。

控制室操作员可以使用实时可靠性监控和分析功能，有时通过使用相量测量装置来评估电力系统的实际状态和电力系统的一组 $N-1$ 状态。在哥伦比亚和秘鲁，系统运营商在日前市场调度发电量，以此使 FACTS 装置具有足够无功功率储备以处理 $N-1$ 突发事件。如果实际情况或任何模拟情况表明违反电压限制条件，则操作员将采取行动（例如调整 FACTS 装置的电压设定点）。因此，由控制室操作员持续监控 FACTS 装置的可用性。

以最佳利用 FACTS 装置为目标，这些装置通常包含在所有仿真工具中，因此其运行模式和设定点通过电网规划、停机协调、安全分析和容量计算过程中的电网研究加以确定/验证。这些电网研究涵盖大多数预期运行场景。还有旨在优化 FACTS 装置使用的专门运行计划研究。这些研究涵盖以下相关内容：

（1）鞍结分岔点方面的改进，即增加静态电压稳定裕度。

（2）进一步增加功率传输限制范围。

（3）FACTS 装置和电网之间相互作用的参数调整。虽然大多数系统运营商没有经历过其 FACTS 装置和电网之间的不利相互作用，但有些人确实认为在这一领域中需要更多的相关研究。在韩国，输电业主正在使用大规模 RTDS 启动此类研究。

在南非的 SVC 设计阶段，曾确定过 SVC 电压控制回路、电网串联电容器与附近核电发电机轴之间可能存在的次同步相互作用。通过修改电压控制回路将其缓解。

（1）FACTS 装置在抑制功率振荡方面的有效性。

（2）扰动后校准 FACTS 装置旨在达到最佳性能。

尽管建议在所有相关仿真环境中包含 FACTS 装置，但这种情况并非总是发生。例如在南非，由于对电压不平衡控制器行为建模的能力有限，所以不可能实现（在南非，将一个 STATCOM 和三个 SVC 用于相电压平衡）。

为确保 FACTS 装置的高可靠性，应及时安排其维护工作。通常情况下，将维护工作与其他按计划维护（例如发电机组和输电线路）作业相互协调。将 FACTS 装置视为其他要素，因此在其预定维护之前开展研究以评估其停机影响，例如功率传输限制、电压限制和角度分离限制的变化。通常在低负载期间进行维护，在此期间可在不带 FACTS 装置的情况下运行电网。当无法实现时，系统运营商可以实施其他解决方案，例如重新配置电网、重新调度（即降低功率传输限制）和/或临时将附加发电机组标记为必须运行机组。当 FACTS 装置在降级模式下运行时，可以实施相同的解决方案。

当交流电网中发生不可预见事件时，不同系统操作员以不同方式处理。例如，日本的 STATCOM 不需要在交流电网发生不可预见变化时做出反应。在哥伦比亚和中国，控制器的斜率和设定点保持不变，而在印度则可根据运行经验进行修改。在秘鲁，只有在特殊情况下才改变电压设置值，目的是确保关键 FACTS 装置将继续具有足够的无功功率裕度。在哥伦比亚、中国和智利，通过调度附加发电机组来保证该裕度。

23.6　FACTS 装置的升级和退役

对于老化的 FACTS 装置，计划外停机次数和相关维修时间逐渐增加。从而导致可靠性和可用性性能更差。其结果是电网运营商再也无法完全依靠这种设备的性能。所以此类设备应被淘汰、翻新或更换。升级 FACTS 装置可以降低维护成本并提高可靠性和可用性。

在哥伦比亚，1 台 500kV SVC 将被重新安置到一个不同的变电站，研究结果表明，由于重新安置，SVC 可以获得更好的性能。在 GCC，1 台 220kV SVC 正在招标，用于进行额外的无功功率补偿以取代即将达到预期运行寿命末期的现有 SVC。在印度，计划安装 4 台新 SVC 和 7 台新 STATCOM。在韩国，1 台 SVC 和 1 台 UPFC 因寿命到期而停止服务。SVC 将被 STATCOM 逐步取代，但预计 UPFC 不会被取代（UPFC 只是示范项目的一部分）。在南非，1 台 SVC 在关键模块发生故障后退役，这台 SVC 无法更换；在目前运行的其余 3 台 SVC 中，有 2 台已经升级。

读者也可能有兴趣阅读本书中"24 FACTS 的生命周期管理"章节。

Vinay N. Sewdien，2013 年获得鲁汶大学和代尔夫特理工大学颁发的电气工程理学硕士学位（优等毕业生）。毕业后入职荷兰电网运营商滕特公司（TenneT TSO），从事电力行业透明度政策、广域测量系统和电力系统稳定性等研究。现为系统运行 – 国际开发团队成员，开展能源转换对电力系统运行影响研究。于 2016 年 1 月起攻读代尔夫特理工大学博士学位。是 CIGRE 系统操作与控制专委会（SC C2）技术秘书，是其他若干 CIGRE 工作组和 IEEE 电力与能源学会成员。

FACTS 的生命周期管理

24

Narinder Dhaliwal、Thomas Magg

目次

Narinder Dhaliwal（✉）
加拿大曼尼托巴温尼伯，TransGrid Solutions 公司
电子邮箱：ndhaliwal@tgs.biz

Thomas Magg
南非约翰内斯堡，Serala 电力咨询公司
电子邮箱：thomas.magg@seralapower.com

© 瑞士，Springer International Publishing AG 公司、Springer Nature AG 公司 2018 年版权所有
S. Nilsson，B. Andersen（编辑），柔性交流输电技术，CIGRE 绿皮书，https://doi.org/10.1007/978-3-319-71926-9_24-1

摘要

FACTS 装置是交流电网的一个重要组成部分。FACTS 装置的高可靠性和高可用性对于电网运行非常重要。本章主要介绍如何在整个生命周期内运行和维护这些设备,以达到所需性能。也介绍了维护管理理念,简要说明了在 FACTS 装置中使用专用设备的相关维护工作。说明有关操作、维护和工程人员的培训要求。简要概述衡量运行性能的方法。并包含有关延长生命周期(包括备件)的决策流程。

24.1 引言

FACTS 装置作为整个交流电网的重要组成部分,可用于无功功率控制、电压调节和(或)提升互联电网的系统稳定性。在某些应用场合中,FACTS 装置可具备一些特殊功能(例如支持高压直流输电系统)。

安装完成后,系统能够高可靠、高可用率运行是非常重要的,从而使其能够发挥所需的提升电网运行性能的作用。预计关键系统的强迫停运率低于 0.5%。只有以高效、经济的方式维护和运行系统，才能实现如此高的可用率。维护性停机通常安排在 FACTS 装置运行必要性不强的时候。

必须在其生命周期内对 FACTS 装置及其单个组件的整体性能进行持续监控。通过这种监控，能够采取适当措施以减少潜在故障并避免更长时间的强迫停运。附录中提供了 CIGRE SC B4 研究委员会评估 FACTS 装置可靠性和可用性的方法。并且提供了与各种部件相关的维护工作的简要说明。

备件可以确保 FACTS 装置出现故障时快速恢复使用。适当的备件数量对于 FACTS 装置的可用性尤为重要，在本章中进行后续讨论。

在 FACTS 装置的生命周期内，有些组件可能需要进行更换。控制系统的硬件和软件都会需要进行更换，因为随着技术不断发展，使得"较老"一代的维护工作变得更加困难。FACTS 装置在运行多年后可能需要延长运行寿命，根据上述可靠性和可用性监测，可以初步确定是否需要延长运行寿命。本章将介绍寿命评估过程。

当不再需要 FACTS 装置时（例如由于交流电网的变化或由于其运行不再具有经济合理性），会将其停用。这一过程类似于在高压直流输电系统中的应用，在本章末尾会加以说明。

24.1.1　FACTS 装置

FACTS 装置主要有以下几种：

（1）静止无功补偿器（SVC）；

（2）静止同步补偿器（STATCOM）；

（3）晶闸管控制串联电容器（TCSC）；

（4）统一潮流控制器（UPFC）。

这些 FACTS 装置已在"4 采用 FACTS 装置的交流系统（柔性交流输电系统）"章节中加以说明。

FACTS 装置中使用的各种组件说明如下：

1. 交流滤波器

有些 FACTS 装置可能包括交流滤波器，用以吸收 FACTS 装置产生的谐波。

2. 交流开关设备

高压断路器用于将 FACTS 装置组件连接到系统中。

其他开关设备包括隔离开关和接地开关。隔离开关和接地开关是正常开关操作序列的组成部分，用于设备的维护性隔离。

3. 避雷器

避雷器用于保护 FACTS 装置部件免受故障/开关操作/雷电冲击引起的过电压。在 TCSC 系统中，金属氧化物变阻器（MOV）避雷器组用于吸收交流系统故障期间产生的能量，以防在此类系统中使用的电容器和半导体阀上的工频过电压。

4. 辅助电源系统

变电站辅助电源系统包括站用变压器、中压开关设备、电机控制中心（MCC）、电池组、一级电源和不间断电源（UPS）。

5. 控制系统

控制系统执行各种组件（固定电容器、固定电抗器等）的投切。根据预置设定点，开关半导体阀以实现 FACTS 装置所需的稳态、瞬态和动态性能（例如交流母线电压或潮流）。控制系统还包括本地和远方监控系统以及相关通信和人机界面（HMI）系统。

6. 冷却系统

大多数半导体阀要求强制冷却，并且大多数 FACTS 装置中使用液体冷却。冷却液通常为去离子水，包括室外安装部分的防冻液。然后通过干式或蒸发式冷却塔对水进行冷却。

7. 固定式电抗器或电容器

固定式电抗器或电容器（包括滤波电容器）可用于改变高负载和轻负载工况下的无功功率补偿。如上所述，由断路器执行投切。

8. 接口变压器

FACTS 装置的工作电压通常低于其控制的交流电网。并联连接的 FACTS 装置（例如 SVC 和 STATCOM）通过升压变压器连接到交流电网。根据设计要求，这些变压器可能比普通电力变压器具有更多的抽头位置。诸如 UPFC 等串联系统也可能包含绕组与电力线路相互串联的变压器。其他串联的 FACTS 装置（例如 TCSC）与输电线路相互串联放置在绝缘平台上（类似于用于串联电容器补偿设备），并且不使用变压器。

9. 保护系统

保护系统的功能是检测故障并启动纠正措施，以防止设备因长时间过载可能造成的部件故障。

10. 半导体器件

FACTS 装置使用半导体器件进行连续电压调节和/或潮流控制。

半导体器件可以是依靠交流电压关断的晶闸管。在 SVC 中使用晶闸管以实现晶闸管可控电抗器（TCR）、晶闸管投切电容器（TSC），并在 TCSC 中用于潮流控制。自换相器件［例如门极关断晶闸管（GTO）和绝缘栅极双极型晶体管（IGBT）］通常在 STATCOM 和 UPFC 中使用。

11. 电压源换流器（VSC）

FACTS 装置（例如 STATCOM 和 UPFC）基于使用 GTO 或 IGBT 的电压源换流器。

24.2 FACTS 装置的维护

24.2.1 维护管理

FACTS 装置中使用的一些组件并非标准交流设备，其维护工作可能需要适用于这些组件的特定维护程序。维护工作可以由业主执行也可以外包。

24.2.1.1 业主执行维护

这种维护在其系统中具有多家 FACTS 装置的公司中更为常见，这种维护管理类型也称为内部维护。

维护工作将由拥有或运行 FACTS 装置的公司员工执行。因为在提供初始培训和移交系统后，FACTS 装置供应商就可能很少参与维护，公司员工必须接受培训以便对所有专用设备进行维护。调试前，FACTS 装置供应商必须制定 FACTS 装置的详细维护程序。

24.2.1.2　外包维护

这种维护更适合于系统仅包含一台或两台 FACTS 装置或者系统较小而且业主仅拥有数量有限的维护人员。这种维护管理也称为外包维护。

维护工作将由外部承包商进行。在许多情况下，因为 FACTS 装置由专用设备组成，所以主承包商就是 FACTS 原始供应商。如果与另一方签约进行维护，则 FACTS 装置供应商必须为预期维护承包商提供详细和全面的培训计划。此外如果出现不可预见的问题，也需要 FACTS 装置提供商在保修期后提供技术支持服务。

24.2.2　预定维护

为了实现 FACTS 装置的高可靠性和可用性以及长使用寿命，有必要进行适当维护。如果不进行适当维护，则 FACTS 装置可能就会很快变得不可靠，其使用寿命可能会受到严重限制。

如果在相对较短时间后不需要 FACTS 装置，则可以接受短寿命；例如，如果打算改造交流系统，以使需要 FACTS 装置的问题可能在已知的时间范围内消失。当 FACTS 装置必须为交流系统中的振荡模式提供阻尼或提高系统的暂态稳定性时，或者需要消除线路过载直到新建或升级线路投入使用时，可能会出现这种情况。

计划内或可推迟适当时间的维护被称为预定维护。

根据 CIGRE 协议（CIGRE TB 717 2018），FACTS 装置的预定维护分为两大类：

（1）计划内维护。作为长期维护计划一部分的所有维护工作均定义为计划内维护。这项工作按预定常规时间间隔进行。

（2）延期维护。有时可能会出现某些不会导致立即强迫停运的设备故障或问题，但若在下一次计划内维护之前不加以解决则将增加强迫停运的风险。为在方便时解决这些故障，通常会进行短暂停机。重要的是跟踪这些故障以证明未来更换的合理性，并且对反复出现故障的组件进行故障分析。

24.2.3　维护准则

大多数电力公司采用计算机维护管理系统（CMMS）。在保修期内，必须遵照 FACTS 装置供应商的维护要求，并且维护工作要具有完善的记录，以证明所需维护已经完成。在该周期之后，由于降低维护成本和停机时间的持续压力，业主可能会采用不同的维护准则。

有些电力公司已经采用所谓"以可靠性为中心的维护（RCM）系统"，并已经放弃基于时间的维护系统（Moubray 1997）。RCM 通常根据检查等级、设备重要性和设备状况开展维护工作。RCM 依赖于适当和及时的维护干预。这样通常会提高设备的可靠性和可用性，从而降低维护成本。

基于时间的维护系统采用基于日历或年度的维护策略，其中设备每年或每两年进行停机维护。采用这种策略的效果通常很好，但是成本很高。

许多供应商推荐基于日历或年度维护计划的方法，然后在保修期内要求维护保修。由于合同规范中已包含更高的可用性要求，所以有些供应商已从该系统中获益。

为提高系统可用率并降低维护成本，应遵循下列准则之一或其组合：

（1）定期维护；

（2）基于条件的维护（CBM）；

（3）以可靠性为中心的维护（RCM）。

1. 定期维护

无论设备状况如何，均按固定时间间隔进行维护的维护准则称为定期维护。年度维护准则即属此类。这种维护准则可能会造成可用率降低和维护成本提高。

2. 基于条件的维护（CBM）

下一种维护系统是基于设备状态监控的预测性维护。该系统依靠检查和测试对设备老化进行分类，并最终建议或预测何时需要对该设备进行维护。对于监控过程的某些条件（例如Tan – Delta 测量）将要求停机。

条件监控的一些示例包括：

（1）变压器溶解气体分析（DGA）；

（2）变压器气体连续在线监测；

（3）衬套的 Tan – Delta 测量；

（4）红外线扫描；

（5）电晕范围检查。

3. 以可靠性为中心的维护（RCM）

以可靠性为中心的维护（Moubray，John）采用上面列出的部分或所有工具，但还考虑设备重要性和内置设备冗余性。RCM 也是一个"生命系统"，需要随着新信息的出现而升级。例如浴室风扇会失效，但不允许动力电池室的排气扇失效，除非有备用排气扇。不间断电源系统可以有备用件，则允许失效而不是维护。

信息收集和故障根本原因分析（RCA）对于确保维护有效非常重要。有许多方法可以做到这一点，但该方法需要使用计算机工具来指导分析并存储结果以供将来参考。采用六 – 西格玛流程（如适用）或者仅为趋势分析。信息必须深入到组件等级，否则可能会替换系统或较大设备组件而不仅是比较便宜的组件。

RCM 准则在直流输电系统中得到了验证（Dhaliwal et al. 2008）。由于 FACTS 装置由许多设备组成，所以 FACTS 装置可采用同一流程。

24.3 维护任务

在装有 FACTS 装置的交流变电站中的标准交流设备上执行的维护任务与普通交流站设备相同。由于 FACTS 装置中使用的许多组件与直流输电系统（CIGRE TB 649 2016）中使用的组件相似，因此可使用相同的维护准则。本节仅涉及 FACTS 装置所特有的专用设备。

本节仅涉及计划内维护期间所要执行的维护任务。

24.3.1 电容器组

根据 FACTS 装置的设计，按照系统要求，可能提供一些可以投切的固定电容器组以改变 FACTS 装置的稳态输出容量。

在定期计划内维护期间，应检查电容器单元是否存在泄漏或膨胀现象。应检查内部带保险丝电容器以确保内部保险丝未熔断。可能需要将已熔断内部保险丝的电容器单元进行更换。应遵循制造商说明书。电容器组的主要部件应每 8 年检查一次。

应持续监控投切固定电容器组对母线电压的影响，并调查对系统运行的任何不良影响。

24.3.2　控制与保护

FACTS 控制和保护系统对 FACTS 装置的开关器件和固定部件进行控制和保护。现代 FACTS 装置具有数字控制和保护系统。为了提高可靠性，控制和保护系统通常为双重化和自我监控型。如果在主系统中检测到问题，则切换到备用系统。对于关键保护，可采用三重冗余策略。

1. 维护

控制系统需保持连续运行。控制系统的任何问题都会导致系统扰动。

应使用自检来确保主控制系统正常工作。甚至还应连续监控备用系统（例如通过不定期在控制系统之间进行手动切换）。例如，FACTS 装置联机并产生正确响应（无功潮流、电压等）表示绝大部分控制系统运行正常。建议在每次发生重大系统扰动后，应详细检查控制和保护系统的性能。

由于数字控制通常是重复的，因此可能不需要定期维护。但建议进行定期维护，以使工作人员熟悉控制系统。主系统和备用系统之间的切换策略（如使用）应至少每年执行一次。

继电保护功能在需要时才会响应。但是，继电保护中的数字计量功能可以提供证据以表明输入信号（A/D）电路正常运行。数字控制和保护系统通常比模拟系统具有优势。这些系统包括自我监控电路（例如监视定时器或输入信号监控），这些电路能够检测系统各部分的故障。

在定期维护期间，应检查所有保护设置和运行情况。

数字控制系统的维护可能仍然需要清除、隔离和恢复程序，并需描述清楚实际的测试设置程序和必备的测试设备。但是，实际测试时维护工作可仅验证输入和输出信号路径。在调试期间测试的内部控制算法（在软件或固件中运行）不应随时间以任何方式改变或降级，并且无需测试。自我监控电路将确保控制处理器正常运行。

通常会对输入信号进行正确性检查以识别输入故障。这些检查可以包括确认信号处于可接受范围之内，使用冗余输入进行比较测试，以及使用有效零电平输入值的信号。具有在控制算法中监控内部参数的功能是相对常见的设计。软件修改和可能的升级需要彻底测试以确保系统仍然安全。用于数字控制器维护的时间比用于模拟等效系统的时间短得多。这可能被视为一种优势，但却牺牲了对设备的熟悉程度，使得出现在线问题和故障时更难进行故障排除。

数字控制器的维护跟踪系统和版本控制至关重要。该跟踪系统包含与模拟系统所需系统类似的元件，但是需要维护检查的功能数量将明显减少。

（1）列出每个数字电路板的配置设置：

1）跳线、可选插件硬件、固件版本（仅举几例）。

2）在整个控制结构内的许多不同位置可能使用一种类型的控制器电路板。当安装备用板卡以替换有缺陷的控制器时，重要的是确保"备用"替换卡的所有组件与从服役中被拆除的电路板相匹配。包括硬件设置、固件、软件以及软件中所有"用户"可定义的可编程设置。

（2）有关输入/输出信号校准的测试程序：程序包括输入或输出接口终端、信号电平和校准、参考原理图以及在软件环境中观察变化或激活输出的指令。该程序可能已被记录为预调试测试计划的一部分。

（3）有关软件设置的文档：可以包括控制器参数、时间常数、阈值和（或）报警限值。可由控制系统业主更改的任何设置均应被记录和跟踪。如果需要更改设置，则应遵循严格的检查、调整和批准流程并且更新文件和图纸。

（4）已安装软件版本的文档。

（5）每个安全级别的密码标识。

（6）安装维护监控工具的程序。

有关数字控制的问题之一是控制器软件的上传、更换或升级。在维护程序中软件程序不太可能被修改，但在安装备用"替换"控制器时可能必须上传软件。当上传和安装新软件时替换整个控制结构（算法）。从维护的角度来看，需要考虑关于调试或重新调试所需测试的深度和完整性问题。需要进行检查和验证以确保准备安装的软件版本为实际安装软件版本并已正确上传。

2. 在线维护

以下是在线维护的可能性列表。

（1）控制系统冗余：

1）冗余控制系统可使设备与另一控制系统运行时测试某个控制系统成为可能。从理论上而言，至少可以对停用的控制系统（控制输出被闭锁）进行维护。是否对冗余的系统进行维护，取决于如果出了问题，FACTS 运行受到的威胁有多严重。人为错误将是最大的担忧。如果系统负荷低，通常可对停用的控制和保护系统进行在线维护。

2）在线运行时，冗余控制系统从一个系统到另一个系统的预定切换将验证切换策略。其优点在于系统配置、系统加载和程序的时序是已知的。如果切换时发生故障，则维护人员在现场协助排除故障。

（2）内置测试功能：对偶尔使用但不连续运行的设备的控制系统应进行测试。例如，可在预定测试（1s）或在专门联机测试期间启动晶闸管投切电容器（TSC）测试。如果程序或设备在测试过程中失效，则这种性质的测试存在系统中断或扰动风险。当然，这种做法的好处是可以控制测试时间（系统配置），从而降低故障的影响。

（3）检查 DFR 和 SER 记录：应在每次发生扰动后进行检查以确保正常程序按预期执行。可惜的是这样做也很耗时，因此通常不执行。但是，FACTS 装置对交流系统故障的响应检查（或与以前记录相比较）将提供有关控制系统的重要状态信息。

24.3.3 接口变压器

所有 FACTS 装置的设计均保证在达到额定值所需的最低和最经济的电压下运行。除 TCSC 系统外，变压器可用于将 FACTS 装置连接到交流电网。这些变压器不受任何直流分量影响，因此设计成类似标准的完全绝缘（低压侧三相绕组通常为星形或三角形联结）交流变压器。根据系统设计，分接头的数量介于 10~30 个之间。

接口变压器的使用对 FACTS 装置的效率、可靠性和可用性具有很大影响。如果未提供备件，则变压器故障会导致长达两年的停机。应在接口变压器上安装一个油中气体连续监测系统。这些监控系统已获得良好验证，在任何灾难性故障发生之前，可以提前提供有关变压器潜在问题的信息。

如果未安装在线监测，除了以下维护任务外，还应每隔 6～12 个月采集一次油样本。监控系统发出报警后也应立即采集油样本。

接口变压器的维护类似于交流电力变压器的维护。以下各节说明可能存在差异的地方或因差异而需要额外注意的地方。维护工作包括油取样、泄漏检查和红外线检查。

1. 套管

检查套管外观，注意伞裙表面区域的状况，查看是否存在过热、划痕、灰尘堆积、伞裙损坏或污染的迹象。最常见问题是由于气候和环境条件造成的外部污染。可能需要定期清洗。另一个问题是漏油或泄漏。油位计可能指示油位过高或过低，这表明衬套内部密封失效。需要定期测量容值和损耗角（正切三角）及变化趋势，并与出厂结果进行比较。

2. 分接开关

由于有载分接开关动作次数较多，所以需要根据原设备制造商的建议进行定期检查和检修以保持其可靠运行。由于该类工作存在复杂性，所以通常需要训练有素的员工和（或）聘用制造商代表。必须检查驱动连杆的磨损情况，在某些情况下，必须拆除安全防护装置或防护罩才能进行检查。建议的做法是在整个分接范围内周期性的双向移动分接开关，以检查是否存在卡涩或产生过大的电机电流。根据制造商的建议，拆除转向器，然后进行检查并清洗。换上新油。确保转向器室和转向器缺油时间尽可能短，因为其与空气接触会发生氧化并产生过热问题。

如果通常每年需要运行 15 000 次以上，则有些充油分流器已经进行了油的在线过滤。有些分流器具有真空瓶。在这种情况下，必须每隔 4 年或 5 年测量一次接触磨损并对其进行趋势分析，同时建议确定剩余寿命。

3. 线芯和绕组

对于线芯和绕组的问题，在现场能做的工作很少。

4. 冷却器

除使用强制冷却变压器外，冷却器是相对简单的设备，应遵循制造商有关冷却器维护和保养计划的建议和指南。维护通常是通过外观检查有无泄漏和污染。如果采用强制冷却变压器，则超声波监测可以检测轴承故障；也可采用在线监测，还应定期检查风扇电机和接触器。

在某些情况下，阀门可能显示其处于打开状态，此时可能阀门部分关闭或泵可能被反向接线/反向运行。每年两次定期红外线检查会发现这种情况，因为一个冷却器的运行温度将比其余冷却器更低。

5. 辅助设备

如果存在缺陷，尽管可以对 Drycol 控制柜进行某些修理，但大多数情况下将更换这些设备。可以在设定点检查泄压装置是否正常工作。如果存在缺陷，则 Drycol 将发出报警。

24.3.4　电抗器

电抗器可以是油浸式、风冷式或强制冷却式设备，也可以是空芯式或空气绝缘式。随着电抗器技术的进步，新型 FACTS 装置仅使用空芯电抗器。因此，本文仅讨论空芯电抗器。

空芯电抗器的外部涂层为涂漆层或室温硫化硅酮（RTV），可保护绝缘层免受紫外线（紫外）辐射。涂层上的裂纹会使湿气进入绕组并造成故障。根据周围的日照效应和污染条件，这些涂层必须每隔大约 10 年重新涂覆或更新一次。有些空芯电抗器在安装过程可能吊装不当，最终导致电抗器发生故障。在工厂内测试时，空芯式电抗器能够通过噪声测试，因为在测试期间没有谐波流经绕组。但是由于现场存在谐波，空芯电抗器噪声会超标，且通常配置隔音屏障。有些空芯电抗器上有"黑点"，但迄今为止尚无报告因这些黑点而导致的故障。如果黑点是电晕损伤的结果，则增加电晕环可以消除这些黑点。

建议对空芯电抗器进行定期外观检查，以发现破损的绝缘套管伞裙、鸟窝、线圈中的小动物以及任何异常情况。并且建议每年进行红外线和电晕范围测试，以寻找电抗器上的以及与母线连接处的热点。应检查所有绝缘子是否存在开裂、损坏和污染现象。应特别注意在电抗器绝缘体上寻找"黑点"。

保持风冷通风口没有碎片和堵塞，同检查外涂层以保护绝缘一样，对于空芯电抗器至关重要。

对于油冷却电抗器，建议进行类似于交流变压器的诊断性试验。

24.3.5　半导体器件

晶闸管型半导体用于 TCR、TSC 和 TCSC。IGBT 用于诸如 STATCOM 和 UPFC 等一些 FACTS 装置。

半导体阀通常很紧凑，一般安装在地面上（TCSC 除外），这些半导体阀放置在通电平台顶部。所有半导体阀均安装在一个外壳内。

半导体阀通常具有监控系统，该系统提供有关晶闸管位置和门极电路故障的详细信息。

当这些故障发生时，一般不需要立即完成维修，因为晶闸管阀中通常具有一些晶闸管级冗余。如果冗余用完则半导体器件将跳闸，并且在修理或更换之前不能重新通电。因此当 FACTS 装置不运行时，建议首先更换失效部件。

还应监控去离子水的使用情况，如果过量可能表明存在漏水。

半导体阀本身通常仅需要很少的维护。用于冷却半导体和晶闸管缓冲电路的去离子水以及风冷系统除外。这种水通常为连续去离子以确保其具有良好的绝缘耐受能力。此外对于室外应用，例如在 TCSC 系统中，将防冻剂添加到水中，以便在环境温度低于 0℃时运行。

应每年进行两次红外线扫描，可能需要观察口才能察看阀厅的所有部分（这对于 TCSC 系统来说可能很难做到，除非可以使用遥控飞机）。仅在红外线扫描期间打开观察口并在使用后关闭。如果可提供电晕观察装置，则可将紫外线电晕观测扫描用于检查有缺陷绝缘体以及结构的电晕屏蔽问题。应每年进行一次这些扫描工作。

可听噪声等级的变化表明即将发生问题。空气"气味"的变化也可以表明存在部件故障，这些故障可能会自动清除，并且不一定被火焰/烟雾探测器检测到。应按要求调查这些故障。

当 FACTS 装置停运时，重要的是分析和更换通过连续监控发现的有缺陷控制单元电子设备、光纤电缆和半导体组件。供应商应提供测试设备和文件以顺利诊断和发现这些问题。任何红外线扫描热连接点和电晕范围有缺陷的绝缘体等，也在此时解决。

最重要的方面之一是彻底进行外观检查以寻找异常情况，例如灰尘堆积、指示电晕损坏的黑点以及水分蒸发残留物，这些是在这些检查中需要发现的一些证据标记。下面大致列出部分清单，但该表并非旨在用于取代供应商的点检表：

（1）检查去离子水回路中的电极是否存在腐蚀或沉积物。

（2）外观检查避雷器并记录动作次数。如果每年动作次数超过几次，则应进行调查并按要求测试避雷器。

（3）可以用供应商提供的测试装置按百分比检查半导体装置，但必须在断电后（2h 内）冷却前立即进行测试。

（4）外观检查风冷却阀电抗器是否存在表示内芯松动、振动、腐蚀和过热迹象的红色灰尘。如果存在则应进行更换并分析问题根本原因，并按要求通过供应商提供的测试设备进行测试。

（5）根据灰尘积聚情况清洗穿墙套管、绝缘体和设备。

（6）检查晶闸管阀瞬态电压均压电容器的容值和损耗因数。

（7）必须更换高质量的部件。

（8）供应商未提供部件或者部件价格非常昂贵。通常可使用其他部件来源，但必须有效执行逆向工程以确保其正常工作。

（9）根据需要检查安全联锁装置和接地开关。

（10）检查去离子水管和主水管是否存在裂缝或泄漏情况。

（11）检查冷却风扇、过滤器和热交换器，必要时进行更换或清洗。

（12）必要时更换所有照明设备并重新喷漆。

（13）检查所有安装的烟雾探测器、空气采样系统和火灾报警装置是否按照 RCM 和（或）消防规范的要求正常运行，是否有污垢，响应时间是否满足。

24.3.6　变电站辅助电源

变电站辅助电源包括站用变压器、中压开关设备、电机控制中心（MCC）、电池组、一级电源和不间断电源。

辅助电源通常为双重配置，在某些情况下甚至为三重配置。

通常会存在很多性能问题，因为这些系统设计尚未经过充分考虑。运行人员希望冗余的辅助电源并联运行以避免问题向下级转移。但是这样会提高故障等级，某个故障会导致整个系统停机。可靠的设计应将冗余系统从主系统中分离出来以最大限度地减少功率损失，并依赖于下级自动转移。

通常很少进行中压开关设备和电机控制中心的维护。因此，不会向备用系统切换或很少切换。这样可能会造成运行保护。为确保需要时断路器能正常工作，应对其定期操作。在某些情况下，交流辅助电源将仅在短时间内（在断开前进行）手动并联，作为防止下级转移的组合解决方案。较老的转移控制和继电器问题会很多且不可靠，如果易误操作，则应更换。

电池组表面上很正常但在需要时却带载能力不足。为避免出现这种情况，应对电池进行负载测试以确保其完全正常。有些系统将在不同的房间内为每个电池系统配备 3 个电池充电器和 2 个电池组。

如果接入不应连接到此类电源的负载（例如计算机、打印机等），则一级电源系统可能会受到影响，且影响系统可靠性。通常不间断电源系统（UPS）是冗余的，允许故障和更换。

应定期检查电池组是否存在泄漏，测试电池是否损坏并清理电气接头上出现的腐蚀。还必须定期检查和测试电池室排风系统和氢气检测系统。

还应定期检查中压开关设备和电机控制中心（MCC）断路器，并定时检查动作次数和触点磨损。

24.3.7 避雷器

所有现代电涌放电器均为无间隙氧化锌金属氧化物变阻器（MOV）。其外壳可能由带有硅橡胶伞裙而非陶瓷的玻璃纤维制成。

湿气进入玻璃纤维绝缘柱内或 MOV 组块壁上是最严重的问题，因为施加的电压会导致该装置失效并可能造成灾难性故障。

在运行中或测试期间测量 MOV 避雷器的泄漏电流（如果该装置可以停止运行并进行测试）。但如果在能量吸收器中使用并联 MOV 立柱，则新 MOV 立柱必须具有与现有立柱完全相同的电压/电流特性。但这通常是不可能的。为避免更换整个能量吸收器，在首次安装能量吸收器时应安装备用立柱。然后，如果立柱有即将发生故障的迹象，则可将其从能量吸收器中拆除，其余立柱仍能满足运行需要。

应定期进行漏电流测试（小于 8 年），但也可以通过连续漏电流监测器完成。漏电流可能随时间推移而降低，这表明保护等级正在提高；或者可能随时间推移而增加，这可能表明保护等级正在下降。如果更换几个类型相似的单元，应考虑全部更换。

应定期（6 个月）检查避雷器外观并记录计数器读数。应特别注意计数器的完整性。除定期检查之外，还应在发生重大系统故障后检查避雷器。

24.3.8 阀冷却系统

本节说明有关晶闸管阀和 IGBT 阀的冷却系统。讨论仅限于阀本体外部和阀厅外面的冷却设备。不准备讨论建筑物的供暖和制冷系统（如有）。这些设备一般称为暖通空调系统，因为这些设备通常与设备冷却系统分开。

晶闸管阀和基于 IGBT 的系统产生的热量来自器件的开关操作，导通时的正向电压降、流过电力电子器件和电抗器的负载电流产生的导通损耗，和器件开关过程产生的开关损耗。剩余的损耗来自阀厅中其他部件的热量，但这通常数量极少。

去离子水（DIW）是一种非常高效的传热介质，已经成为现代阀的常用冷却介质。这样可使设计更紧凑，功率水平更高，通常这是一个闭环系统。水需要去离子化处理以去除游离离子，并使冷却管道中的水流最小化。需要通过定期维护的催化离子和阴离子树脂床实现。有些供应商不排放去离子水系统产生的气体，因此在树脂床中也具有氧气清除剂。当水在高压下分解成氢气和氧气时，其他供应商的做法是排放到大气中。此外，在水中具有钢防蚀消耗阳极或铂防蚀消耗阳极以防止腐蚀。对于室外布置的阀（例如在 TCSC 系统中），如果预计系统会遇到冰冻情况，则向冷却水中添加防冻剂。必须定期检查冷却系统是否存在腐蚀或沉积物。

水回路可以采用单回路系统（包括工业级乙二醇，用于不锈钢区域的冷却器回路）或者双回路系统。双回路系统在阀回路中使用去离子水，在室外冷却回路中使用常规水或乙二醇，在较冷区域中使用乙二醇。单回路系统将去离子水引入室外空气冷却器，而双回路系统具有一个中间热交换器。

二次回路通常在寒冷气候条件下加入乙二醇，但只有在温和气候条件下才仅仅使用水。末端装置热交换器将热量传递给空气，许多热量在水的作用下进行传递。当空气温度较高时使用水，在较低温度下仅使用空气。可以将水喷洒在填充型材料上以利用水蒸气的高散热能力，也可以喷洒在空气中通过水雾吸入冷却空气，也可以直接喷洒在冷却器本体上。二次回路通常具有备用冷却器和风扇，可以关闭阀门以进行维护和修理。

根据最新方案，已经尽可能排除在空气中喷水。

现代 FACTS 装置的冷却系统通常使用双冗余数字或基于可编程控制器的控制和保护系统。

应定期执行阀冷却系统的下列维护任务：

（1）电导率：阀冷却介质的电导率必须保持在 0.1μS/cm 以下。应定期更换树脂以便将电导率保持在可接受水平。应调查电导率的突然增加的原因。

（2）冷却液压力和流量：应尽快调查冷却液流量和（或）压力下降方面的报警，必要时更换在线过滤器。

（3）泵：应定期获取振动读数来监控泵的性能。

（4）切换逻辑：为可靠性起见，主冷却系统和辅助冷却系统的泵很可能是冗余配置的。如果在运行的泵发生故障，则控制器自动启动备用泵。维护期间应验证泵的冗余切换逻辑。

（5）膨胀罐液位：应定期监控膨胀罐的液位。应调查液位突然下降的原因。

在预定维护期间应执行以下任务：

（1）校准所有测量装置；

（2）检查所有报警和跳闸；

（3）验证切换逻辑；

（4）检查是否存在泄漏；

（5）检查所有冷却风扇。

24.4　文件和工作人员培训

24.4.1　文档

FACTS 装置在整个生命周期内的文档管理是一项重要的任务。

文件通常包括供应商在项目实施期间或结束时提供的合同文件，以及为记录和管理 FACTS 装置和设备所有组件的性能和维护而编制的文件。

应将工厂文件（例如操作维护手册和图纸）保存在 FACTS 站点，可将其他文件（例如性能和故障记录）保存在该站点或其他位置，这取决于业主的操作和性能管理理念。一般而言，大部分（如果不是全部的话）工厂文件将以电子格式提供，但合同中仍经常要求纸质副本。

操作维护手册、图纸和工厂文件副本也应保存在中央档案馆或图书馆以及工程或维护支持部门。在 FACTS 装置生命周期内，文档可能会放错位置或丢失，因此维护备份副本非常重要。

24.4.1.1　出厂文件

出厂文件是指在项目实施期间或结束时，由承包商提供并移交给业主的文件。

一般来说文件包括以下内容：

1. 研究和设计报告

这些是工程研究和设计报告，由承包商在项目系统设计和工程阶段进行编制。如果在系统生命周期内需要进行设计修改，这些报告将提供重要信息。

2. 操作维护手册

操作程序和维护说明书应提供详细的操作程序和维护说明。内容应足够详细，以使未参与最初安装/调试的工程师/技术人员能够在 FACTS 装置的整个寿命期内对其进行操作、调查故障和维护工作。应包括 FACTS 装置中所用系统和组件的技术说明和详细图纸。

3. 图纸

完整 FACTS 装置的全套图纸应作为合同组成部分予以提供。这些图纸应包括布局图、示意图、子系统图纸、设备图、组件图和材料清单。换流站的所有图纸应保持为最新。

4. 设备采购规范

承包商应为根据合同所提供的所有设备和材料提供设备采购规范。原始设备制造商可能不会在 FACTS 装置的整个生命周期内保持业务经营，设备购买规范将有助于电力公司/业主将来购买替换设备和零部件。

5. 软件

几乎所有 FACTS 的组成部件均通过计算机和专用处理器进行控制和（或）监测。在 FACTS 装置的生命周期内，可以预期这些系统中使用的软件将会得到改进和修改。保存修改和更新时间记录很重要。将软件备份副本保存在异地也很重要。

6. 现场验收测试和调试结果

当 FACTS 安装完成后，制造商应提供现场验收和调试测试结果。这些结果对于将来重新测试和调试被替换或修改的系统或组件非常重要。

24.4.1.2　维护和性能记录

为使 RCM 和（或）CBM 有效运行，保存维护结果和设备问题的详细资料至关重要。可将维护记录保存在安装 FACTS 装置的站点，也可保存在不同位置（例如维修站），这取决于电力公司/业主的标准做法。将记录保存在多个位置可能比较谨慎。

将可靠性、可用性和维护（RAM）数据记录下来，以评估 FACTS 装置的总体性能，并可用于促进将来的更换/翻新项目。

性能记录还可包括动态性能结果和瞬态故障记录。这些可用于分析性能和优化性能，并在需要时修改参数或保护设置。将所做修改记录下来非常重要。

24.4.2　工作人员培训

FACTS 装置由先进技术设备组成。FACTS 装置故障可能会对输电系统造成严重后果。

因此，由经过 FACTS 装置专门培训的人员运行和维护这些系统非常重要。

电力公司/业主的运行维护理念将决定所需培训的类型和等级。有些电力公司更喜欢在内部进行所有维护，而另外一些公司则可能会在维护合同中聘用供应商或其他维护服务提供商。

下面简要说明 FACTS 装置运行、维护和监控性能、优化或执行设计修改所需的不同类型培训。

24.4.2.1 培训要求

不属于原供应商的维护人员需接受以下等级培训：

1. 控制/调度中心运行人员

（1）必须具备 FACTS 装置运行的一般知识。

（2）必须理解 FACTS 装置和交流电网之间的常规相互作用（例如动态性能、电压控制、无功功率控制）知识。

（3）必须理解控制/调度中心通过监控和数据采集系统可能发生的参数设置变化。

（4）必须具备每个辅助系统功能的基本知识。

（5）必须具备 FACTS 装置冗余切换和停运流程的基本知识。

2. 场站运行人员（如有）

（1）必须具备 FACTS 装置运行的一般知识。

（2）必须理解 FACTS 装置和交流电网之间的常规相互作用（例如动态性能、电压控制、无功功率控制）知识。

（3）必须具备所有辅助系统及其运行的专业知识。

（4）必须全面了解 FACTS 装置的切换和清除程序。

（5）必须具备故障诊断的基本知识。

3. 维护人员

（1）必须具备 FACTS 装置运行的一般知识。

（2）必须具备对交流系统部件维护的全面知识。

（3）必须具备 FACTS 装置组件维护要求的专门知识。

4. 工程人员

（1）必须具备 FACTS 设计和运行的全面知识。

（2）必须具备 FACTS 装置组件和子系统（包括监控和记录设备）的专业知识。

（3）必须具备交流系统中 FACTS 装置的用途和运行的一般知识。

（4）必须具备 FACTS 装置维护要求的一般知识。

（5）必须具备测试、故障查找、故障分析的详细知识，并能在控制和保护系统中修改参数和设置。

24.4.2.2 培训计划

应在项目开始时确定待培训的员工，应包括控制/调度中心运行人员、场站运行人员、维护人员和工程人员。培训计划应达到使所有人员能胜任工作的目的。工程人员应参与设计评审、工厂测试和设备调试（包括系统测试）。维护和运行人员应参与所有组件、子系统和系统的安装、现场验收测试和调试。

调试完成后，应立即在课堂环境中进行综合培训，应为不同类别的待培训人员（即控制中心人员、场站运行人员、维护人员和工程人员）提供不同的培训课程。培训讲师应为供应商在各自领域内的专家。例如，FACTS 装置控制应由控制学专家讲课。培训应包含以下内容：

（1）FACTS 装置的设计概述及其在交流系统中预期执行的主要功能。

（2）运行程序详细说明。

（3）设备维护要求和程序详细说明。

（4）设备和系统最可能发生的故障以及故障的后果。

（5）故障查找以及如何使用监控和记录设备以及事件顺序记录来帮助识别故障原因。

（6）更换/修理各种部件（例如更换电容器或晶闸管）方法的实践培训。

在 FACTS 装置的整个生命周期内保持训练有素的员工通常是一种考验。最初接受培训的员工可能会跳槽、离开公司或退休。因此，所有课堂讲座和实践培训均应进行视频录像以备将来参考。也可要求承包商在 FACTS 装置运行的最初几年内提供重复培训。

当电网中安装几个 FACTS 装置时，可能值得购买一个培训仿真器，以便在项目整个生命周期中不断发展和培训员工。培训仿真器应能重复模拟 FACTS 装置、变压器和晶闸管/IGBT 阀冷却设备的所有正常和故障条件，以便训练运行人员采取必要的纠正措施。仿真器还将允许模拟在真实系统中通常不会产生的异常事件，以便使运行人员接受各种突发事件的培训。

24.5　备品备件

FACTS 装置包括通常用于交流变电站的设备（例如断路器和隔离开关）以及专用于 FACTS 和电力电子系统的设备（例如晶闸管/IGBT 阀、阀冷却系统和控制系统）。本节涵盖有关 FACTS 装置特定需要的备件，因为普通交流设备备件通常由电力公司保管。但是对于每个 FACTS 项目，应检查电力公司是否具备 FACTS 装置中使用的交流设备备件或者是否应根据合同购买备件。

FACTS 装置采购规范通常要求承包商进行可靠性、可用性和可维护性（RAM）计算。这些计算将显示在某个周期（通常为 5 年）内为满足特定 RAM 要求而应保留的最小备件数量。此外，电力公司/业主可能希望购买额外备件，以便为在自由市场上不易买到的组件提供更长周期的备件。待购备件数量还受到下面两个因素的影响：需要 FACTS 装置的预期时间以及电力公司与备件供应商的距离。

当 FACTS 装置接近其使用寿命结束时部件的故障率会增加。这将需要额外备件并造成维护成本增加。FACTS 装置业主应在 FACTS 装置寿命结束前评估为其保留的备件数量/水平，以便在需要时购买附加备件。

24.5.1　装置中使用的组件类型

FACTS 装置使用各种供应商提供的各种非常不同的组件。从备件更换角度来看，这些组件可分为下列类型。

1. 商用现货组件

这些组件均可在自由市场上买到并作为完整产品交付。这些组件根据制造商目录编号进行订购，包括电源、处理器模块、以太网交换机、继电器、接线盒、保险丝、电流互感器（TA）、电压互感器（TV）、微型断路器（MCB）、电容器、电抗器、交流开关站组件等。

产品设计寿命、运行寿命和可靠性数据应由组件制造商定义，并作为其标准文档的组成部分。

2. 定制（用户化）产品

这些产品旨在符合业主提供给供应商的功能规范，并且通常与 FACTS 装置本身相关联。专业供应商通常负责详细设计，并且必须通过合同保证产品符合技术规范中规定的所有标准。这些保证将包括性能标准（有时供应商通过验收测试降低风险）、设计寿命、可靠性、可用性和可维护性保证。

这种类型的典型设备包括：

（1）接口变压器；

（2）晶闸管/IGBT；

（3）阀触发电子单元/板卡；

（4）晶闸管阀冷却设备；

（5）电抗器；

（6）电容器（包括干式自愈式电容器，用于 STATCOM 或 VSC 型换流器系统）；

（7）避雷器；

（8）FACTS 控制和保护系统。

FACTS 装置采购订单还应包括合同性约束备件、补货时间，并规定备件可用的最短时间。

24.5.2 陈旧品的更换和管理

对于商用现货组件（COTS）而言，如果可提供更好（更快/更小/更实用）的替代产品，则将严重降低产品的市场性。或者，对制造组件的工艺或材料的规范进行修改（无铅焊料、更环保的印刷电路板清洁技术等），但可能会导致制造商对该产品非常不感兴趣。通常，制造商会在备件即将停产时通知已购买 FACTS 装置的客户，以便其可根据需要进行补货。

定制设计通常使用与 COTS 产品有相同生命周期的第三方组件。

24.5.2.1 商用现货组件

大多数大量销售产品的制造商倾向于在大约 3～10 年周期内更新其产品。正常顺序如下：

（1）推销新产品；

（2）声明老产品在新设计中不能再使用；

（3）提高老产品价格；

（4）向所有客户发出设计生命周期结束的声明，通常附带"最后一次购买"机会；

（5）零部件仅在"灰色"市场提供；

（6）可从"二级"市场（例如曾为原始设备制造商工作的供应商）获取零部件；

（7）当原始设备制造商不再与子供应商签订合同时，可从原始设备制造商的次级供应商处直接获取零部件；

（8）零部件不可用。

24.5.2.2 定制组件

这些组件旨在满足特定技术规范。

一般来说，除非制造商停业，否则这种性质的组件不会过时。

电容器、电抗器和电阻器等物理结构上较简单的元件通常使用标准化制造工艺，由制造商内部设计团队（通过技术规范和图纸）设计参数，以提供一个数据或组件的类型。风险最低的解决方案通常是要求原始制造商重新使用原始设计资料以制造精确备件。虽然法规和所用材料的变化仍会影响其生产备件的能力，但预计制造商通常会提供兼容备件，这是下一个最低风险解决方案。由于这种类型的组件按照功能技术规范制造，所以也可要求不同制造商制造备件，但在这种情况下可能需要评审技术规范以确保新组件的完全兼容性。

晶闸管或 IGBT 阀以及 FACTS 控制和保护系统是两个关键系统。应尽早确定这些关键项目，并制定计划以采购更多备件或考虑更换。

FACTS 装置的现代控制和保护系统基于数字技术。这项技术很快就会过时，其典型使用寿命最多可达 15 年。因此如果 FACTS 装置的使用寿命超过 15 年，则预计在 FACTS 装置的使用期内至少必须替换一次控制系统。

考虑到这种替换，应在规范中明确定义控制和保护接口边界以便将来更容易替换。

由于 FACTS 装置中使用的许多组件与直流输电系统中使用的组件相同（CIGRE TB 649 2016），因此可采用相同的原则。

24.6　系统性能和故障管理

FACTS 装置的性能以及与 FACTS 装置相关的故障可分为两大类：

（1）FACTS 装置故障；

（2）FACTS 装置在交流系统中的性能。

24.6.1　FACTS 装置故障

本节讨论造成装置功能部分或全部丧失的故障，并分析交流系统中 FACTS 装置的性能。CIGRE B4－49 工作组在 2013 年报告了对 TCSC 系统性能进行分析的案例（CIGRE TB 554 2013）。一般而言，尽管未提供标准的报告方法，但所有 TCSC 系统的性能都很好。

2016 年，CIGRE SC B4 AG B4－04 咨询小组对 SVC/STATCOM 的性能展开了调查，并于 2016 年在 B4 委员会会议上提交了报告（CIGRE AG B4－04 2016）。调查结果显示，大多数停机起因于交流设备和辅助系统故障。起因于开关设备（TCR、TSC、STATCOM）和控制的停机非常少。

CIGRE SC B4 AG B4－04 咨询小组收集的信息包括：系统描述、主电路数据、每个装置的简化单线图以及每个装置每年的运行性能数据。性能数据包括可靠性、可用性、维护统计和故障原因的简要说明。可靠性数据仅限于导致 FACTS 装置可用性丧失的故障或事件。统计数据按照导致装置可用性降低的设备类型进行分类。B4－04 咨询小组每隔两年在报告中综述所有报告 FACTS 装置的性能统计。该报告有助于提供 FACTS 装置各种元件的故障率和原因。此外还为单个装置的性能分析提供了一个基准。

为制定有关计算 FACTS 装置性能的标准方法，CIGRE SC B4 AG B4－04 咨询小组于 2018 年 1 月编制了技术手册 717－"FACTS 运行性能报告协议"（CIGRE TB 717 2018）。

建议每年应根据《FACTS 装置 CIGRE 协议》（CIGRE TB 717 2018；CIGRE AG B4－04 2016），计算 FACTS 装置的可靠性和适用性，并向 CIGRE 报告。附录提供了该报告协议的摘要。

当 FACTS 装置因故障发生跳闸时，应检查所有故障录波和报警列表。应记录所有保护性操作并调查所有设备损坏情况。如果设备存在故障，则应采取措施隔离设备以进行维修。如果故障导致发生环境问题（如漏油），则在进行任何维修之前应立即采取措施以缓解环境问题。

应与制造商协商，为每次故障编制一份详细报告。如果调查显示存在设计缺陷，则不仅应在发生故障的 FACTS 装置上进行纠正，还应在具有相同设计的其他系统中进行纠正。

这些故障应包含在提交给 CIGRE B4－04 的报告中。这样有助于 CIGRE B4 委员会识别各种常见系统故障，并给出设备标准的修改建议，从而提高新装置的性能。

24.6.2　交流系统中 FACTS 装置性能

当交流系统受到干扰后，FACTS 装置用于在稳态和暂态条件下提供系统稳定性。每次发生重大系统扰动后应收集以下信息：

（1）FACTS 装置所在站点以及受扰动影响的所有其他站点的动态录波和报警列表。

（2）记录故障发生前后的稳态系统状况。

然后应检查 FACTS 装置的响应，查看装置是否按设计要求工作。应调查任何异常响应的原因。必要时应通过数字仿真复现扰动，并根据需要调整控制参数以优化性能。

应编制各种扰动的详细报告以供将来参考。

24.7　寿命评估流程

在启动寿命延续项目之前，必须获得所有可用信息。希望以电子格式收集信息，以便搜索人员可用来快速定位所关注的问题。

必要时还可访问现场站点，与维护人员一起讨论寿命延长问题。而且应与操作人员进行讨论，以确定设备是否满足预期要求，讨论的重点是持续运行问题和需要频繁维护工作的领域。此外，如果存在现有设备无法提供的额外要求，则应确定可能的效益。

分析应包括以下内容：

（1）运行问题或运行模式的变化。

（2）过去 5 年的维护记录。

（3）原始设备安装后进行的任何修改以及启动修改的原因。

（4）任何重大故障和故障报告。

（5）原始质量或设计问题。

（6）任何替换设备和替换时间。

（7）主要或关键设备的备件、替换零部件或淘汰部件。比如半导体设备、现有备件的故障率，以及它们是否可从供应商处获取。

（8）备件状态：需要考虑的问题是其是否可用、是否已得到维护、是否已实际使用并因早期故障迹象而被拆除，或者是否从未使用过这些备件？

（9）员工持续操作和维护设备的技能。是否需要额外培训？

（10）每台设备的正常预期寿命。

（11）尽可能要特别注意最小子系统或组件，因为可能仅替换某些部件而不替换较大的设备子系统或系统。这样可以节省大量成本，但需提供详细信息。

（12）本报告其他章节提供的信息将很有用。

（13）FACTS 装置对系统的关键性，以及不可靠或停用时的后果。

（14）风险评估。

（15）有些设备可能以前未发生过问题和故障，但应该考虑到，如果寿命延续足够长，该设备某些部分可能会开始出现故障。

（16）替换成本：在可能情况下，尽量从供应商处获取替换成本，但如果不可能则最好根据以往经验估算成本。

（17）很可能还需要一个实施计划表。尽可能从供应商处获得计划表。如果不可能的话，最好基于以往经验制定一个粗略计划表。

（18）由于许多报告的运行系统问题与冷却系统故障有关，因此强烈建议进行振动分析测量，以确定原始安装是否设计正确（气穴和振动问题）。

24.7.1　寿命评估时间表

CIGRE TB 649 2016 提供了直流换流站各种组件的预期寿命，其中包括 FACTS 装置中使用的许多组件。根据 CIGRE TB 649 规定，表 24-1 说明了 FACTS 装置设备的预期寿命。

这些估算预期寿命是基于良好运行设计设备得到的经验，其中部件的选择已经恰当地考虑了组件的运行职责。实际寿命可能比表 24-1 中提供的数字更长或明显更短。

表 24-1　　　　　　　　　　　FACTS 装置设备的典型使用期限

设备	使用年限（年）	注释
接口变压器	40	
交流套管	25～30	
分接头开关	30	或者 350 000 次操作、密封和移动（根据合适的油维护程序）
冷却器	25	
晶闸管阀	35	
VSC 阀	35	应特别注意缓冲电路和分级电路并检查故障记录
半导体器件	35	由于大型 IGBT 设备的数量和服务经验时间长度有限，所以 IGBT 的预期寿命仍处于推断阶段
控制器（数字）	12～15	包括设备栅极控制装置
人机界面	7～10	旧设备上可能装有人机界面软件，但该软件非常难以修改，且维护费用昂贵
交流滤波器	35	
电容器	30	可能仅适用于常规功率因数校正电容器

续表

设备	使用年限（年）	注释
电抗器	30～35	
电阻器	40	
电流互感器和电压互感器	35	
交流控制和保护	10～20	
交流断路器	20	投切任务重时可能需要更加频繁地进行断路器检修/更换
电抗器（空气磁芯）	30～35	预期寿命取决于线圈表面涂层维护和复涂
避雷器	35	
冷却系统	25～30	冷却系统管理具有几个重要部分： 1）泵振动管理；2）冷却剂质量管理；3）室外冷却器线圈维护
开关设备	35	操作机构必须根据操作次数定期更新
直流供电系统（电池等）	15～20	取决于电池类型和维护周期
母线支撑结构、构造	50	在某种程度上取决于定期热视觉监控
通信系统	15	

注 排除设计和生产运行质量问题后 FACTS 装置设计寿命 35～40 年。

实际情况是没有一台设备的数字是精确的。典型电气设备的预期寿命取决于设备及其组件的工作温度。可将统计方法用于评估部件的可能寿命终点，但这不是一种实用方法，除非具备设备故障和有关部件服务寿命的知识。

提出寿命期望数据的目的在于，如果一台设备在考虑寿命延长项目时尚未造成任何重大问题，则应对该特定设备进行寿命估计，以评估这台设备、子系统或系统的剩余寿命、更新和更换问题；或者如果进行更换，则更换整台 FACTS 装置可能是最佳选择。

24.7.2 替代方案和理由

当有些设备接近其设计寿命时，为了不降低 FACTS 装置的性能，可采用以下替代方案：

（1）FACTS 装置设备的选择性维修、更新或更换。

1）如果备件仍然可用则可修复设备，并且保留知识库（工程和技术人员）。

2）如果备件不可用（原始设备制造商不再生产。或者零件被逐步淘汰、停止使用、无法重新制造或在本地通过逆向工程方式进行制造），或知识库丢失（熟悉设备的维护人员退休），则需更换设备。随着主要原始设备制造商从一代到下一代的过渡在"生命周期"方面变得越来越短，用于对基于微处理器的操作系统进行重新编程的软件和开发系统可能会出现问题。

3）如果其他未更新或未更换的组件可以持续到 FACTS 装置的延长寿命终点，则选择性更换设备是延长 FACTS 装置设计寿命的一种卓越方法。

（2）FACTS 装置的完全更换。

1）当大多数设备处其设计寿命终点时需要进行完全更换，而功率传输或交流系统性能改善仍需使用 FACTS 装置。最终这是一个经济或技术的综合性决策，取决于完全更换的可能程度。

2）根据项目中所采用的技术，完全更换 FACTS 装置也是增加稳态额定等级和附加动态特性的有利时机。

3）在任何情况下，FACTS 装置的可靠性和可用性受到影响之前，需要采取措施以延长 FACTS 装置的寿命。

24.7.3　有关设备更换/更新的依据

设备更换和更新的标准与资产业主准备承担的风险以及与设备性能相关的潜在收入损失有关。此外还与作为交流系统组成部分的 FACTS 装置的预期有效使用寿命有关。

例如，电容器可在超过设计寿命后进行更换。但当故障次数超过每年所安装电容器的 2% 时也可进行更换。后一种选择意味着许多滤波器组跳闸或冗余损失（维护停机），这是电容器组故障造成的结果。

更换子系统的保守方法是仅在制造商所推荐的设计寿命内运行这些组件，但这样可能会导致为支付不必要的设备更换费用而浪费大量资金。关键是 FACTS 装置的业主仍可获得备件和技术熟练且知识丰富的维护人员。

在达到表 24-1 所规定的预期寿命之前，下列情况可能需要更换和更新设备：

（1）设备性能较差。设备导致不可接受的 FACTS 装置被迫跳闸次数，降低了 FACTS 装置的可用性，或者需要长时间计划停机来保持设备处于可用状态。

（2）原始设备制造商已经停止生产该设备类型（例如断路器），并且没有其他备件供应来源。通过更换一个或多个断路器并且使用从停用装置中拆取的零件作为备件来源，也可能推迟整个设备的更换（例如断路器）。在某些情况下，如果业主或公用事业公司仍拥有知识库，或者其他专门从事诸如分接开关领域的制造商，可以对零件进行逆向工程制造。

（3）工程设计和维护人员退休，维护某些设备的知识库逐渐丢失，供应商也无法为设备维护提供支持。

（4）设备状况评估结果显示设备状况不佳或持续恶化（例如，换流变压器内部的聚合度极低）时，即使在未超过设备设计寿命之前，也可证明提前进行更换是合理的。

（5）其他 FACTS 装置上的相同类型设备故障可以证明根据计划外设备状况评估，即使提前进行更换也是合理的。

（6）因生产缺陷（例如，在生产过程中使用了不合理材料作为组件）而导致设备停用的制造商会导致设备提前更新。

（7）根据外部监管机构的指示（例如安全或环境问题）。

（8）技术陈旧，原始设备制造商不再支持旧版本软件，并且新软件需要新硬件。

（9）运营维护和管理成本高。

24.8　退役

FACTS 装置的退役问题在技术上类似于交流变电站的退役。非常重要的是退役过程应符合设备所在国本地、州和国家环境法规。由于每个地方（甚至在同一个国家内）的环境法规各有不同，所以本节仅提供通用指南。

在继续退役之前，必须确认提出的流程符合所有环境法规。一般来说，在每个区域内都可能具备合格的公司，可与其签约以协助开展 FACTS 装置的退役工作。

一般而言设备可按以下方式进行处置：

24.8.1 电缆

处理电缆之前，应确认电缆绝缘层不包含 PCB、石棉或其他危险材料（例如铅等）。

24.8.2 电容

电容不太可能包含 PCB。但若有疑问则在最终确定处置程序之前，应根据测试结果对 PCB 的油进行测试。

24.8.3 控制柜

控制柜可拆除后作为废品出售。

24.8.4 冷却系统

冷却系统的陈旧部件均可废弃。如果冷却系统使用乙二醇，则必须按照环境法规取出乙二醇并加以处理，然后系统应在报废前冲洗干净。

24.8.5 电抗器

所有空芯电抗器均可作为废品出售。油浸电抗器可采用类似于接口变压器的方式进行处理。

24.8.6 现场清理

所有设备处理完成后，应将场地清理干净以符合现行环境法规。在某些情况下，可能需要刮掉和去除某些土壤，并将其运输到允许的处置设施上。

24.8.7 结构和建筑物

钢结构可以作为废料回收和出售。如果建筑物无法再行利用，则应根据当地法规拆除并清理场地。

24.8.8 开关设备

开关设备可以回收并在其他地方使用。任何 SF_6 都应回收和重用。

24.8.9 晶闸管、IGBT 和电子电路板

晶闸管、IGBT 和电子电路板可作为电子废物进行处理。铜极片可以回收利用。硅片可能需要埋入土壤，但镀金和镀银焊料可被回收再利用。

24.8.10 变压器

应将变压器油排出、储存，经处理后可再次使用。如果变压器具有分接开关（可在公司的类似变压器上使用），则可回收利用。剩下零部件可以出售给回收公司。根据套管的年限

和状况，也可以在其他设备中加以使用或将其作为备件。

附录

FACTS 装置的性能计算

CIGRE 咨询小组 B4 - 04 已经开发了一个用于计算 FACTS 装置性能的草案（CIGRE TB 717 2018）。下面是计算性能的定义和方法摘要。

定义

容量术语

额定容量（Q_m）：最大容量，不包括通过冗余设备获得的附加容量，就正常条件下可连续运行的情况而言，该容量称为额定容量。额定容量等于设备的无功（感性和容性）额定值之和。对于具有一个以上 FACTS 装置的站点，每个设备的额定值根据自身独立计算。

注：当最大连续容量根据季节条件发生变化时，根据本协议编制报告时，应使用最大值作为容量。但这不包括在低温环境下的可用过载容量。

停机容量（Q_O）：如果系统正按其额定容量（Q_m）运行时发生停机而导致的容量减少称为停机容量。

停机降额系数（ODF）：停机容量与额定容量的比率称为停机降额系数。

$$ODF = Q_O / Q_m \qquad (24-1)$$

示例：如果 SVC 的正常功率额定值 = -60/+150Mvar，强迫停机后的可用额定值 = -40/100Mvar。

$$Q_m = 60 + 150 = 210\text{Mvar}$$
$$Q_O = 210 - (40 + 100) = 70\text{Mvar}$$
$$ODF = 70/210 = 0.33$$

停机术语

停机：由于发生与一个或多个组件故障直接相关的事件，导致 FACTS 装置无法在其最大连续容量下运行的状态。本报告中，备用设备（备用泵等）导致的设备故障不视为停机。与交流系统相关的停机或不属于 FACTS 装置的其他设备故障，应记录下来，但不记录在 FACTS 装置的可靠性计算中。就本报告的目的而言，因 FACTS 装置主要配置更新或者升级，比如增加断路器等，导致的停机不应记录在案。

计划停机：有计划的停机或可推迟到适当时间的停机称为计划停机。

计划停机应提前做好规划，主要用于预防性维护用途（例如年度维护计划）。在此类计划维护停机（Planned Maintenance Outage，PM）期间，习惯上会在几个不同的设备或系统上同时工作。不必将此类停机时间分配给各个设备类别。在计划停机不可用（Scheduled Outage Unavailability，SOU）期间，仅上报所经历的时间。

属于计划停机类别的还有工作类停机，此类停机可推迟到适当时间（通常是晚上或周末），但不能推迟到下一次计划停机。应将设备类别代码用于此类停机。

强迫停机：设备在其额定容量（Q_m）下无法正常运行但不处于计划停机状态时，称为强迫停机。

跳闸：通过保护措施或手动紧急停机，突然中断无功功率传输。

其他强迫停机：通常，其他强迫停机通常是指 FACTS 装置发生意外问题而迫使 FACTS 装置的容量立刻下降，但不会导致或要求跳闸。此类故障还包括因启动延迟而导致的停机。

停机期限术语

根据 FACTS 装置的设计要求，FACTS 装置可在降额状态下保持运行。采用 ODF 将整个降额持续时间报告为强迫停机。

应按"十进制小时"形式报告为停机时间，即 6h30min = 6.5h。

实际停机持续时间（AOD）：停机开始和结束之间所经历的十进制小时数为实际停机持续时间。停机起始点通常是与停机相关的第一个开关动作。停机结束点通常是与设备恢复到准备运行状态相关的最后一次开关动作。

等效停机持续时间（EOD）：以十进制小时为单位的实际停机持续时间（AOD）乘以停机降额系数（ODF）以考虑部分损失容量，称为等效停机持续时间。

$$EOD = AOD \times ODF \qquad (24-2)$$

根据已有的停机类型，对每个等效停机持续时间（EOD）进行分类：等效强迫停机持续时间（EFOD）和等效计划停机持续时间（ESOD）。

时间类别

周期小时数（PH）：报告周期内的日历小时数称为周期小时数。在一个整年中周期小时数为 8760，而闰年为 8784。如果设备在一年中的部分时间内投入使用，则周期小时数将按比例减少。

实际停机小时数（AOH）：报告周期内实际停机持续时间的总和称为实际停机小时数。

$$AOH = \sum AOD \qquad (24-3)$$

可根据有关停机类型，对实际停机小时数（AOH）进行分类：实际强迫停机小时数（AFOH）和实际计划停机小时数（ASOH）。

$$AFOH = \sum AFOD \qquad (24-4)$$

$$ASOH = \sum ASOD \qquad (24-5)$$

等效停机小时数（EOH）：报告周期内等效停机持续时间的总和称为等效停机小时数。

$$EOH = \sum EOD \qquad (24-6)$$

可根据有关停机类型，对等效停机小时数（EOH）进行分类：等效强迫停机小时数（EFOH）和等效计划停机小时数（ESOH）。

$$EFOH = \sum EFOD \qquad (24-7)$$

$$ESOH = \sum ESOD \qquad (24-8)$$

可用性术语

停机不可用性（OU）：FACTS 装置不可用容量的测量值称为停机不可用性。

$$停机不可用性\%OU = (EOH/PH) \times 100 \qquad (24-9)$$

$$强迫停机不可用性\%FOU = (EFOH/PH) \times 100 \qquad (24-10)$$

$$计划停机不可用性\%SOU = (ESOH/PH) \times 100 \qquad (24-11)$$

装置可用性（CA）：FACTS 装置在额定容量下可用等效持续时间的测量值。

$$装置可用性\%CA = 100\% - OU \qquad (24-12)$$

设备和故障类别术语

将 FACTS 装置设备分为几个主要类别，以便报告降容或 FACTS 装置停机的原因。将导致停机或 FACTS 装置降容的设备故障计入故障设备的所属类别。不会造成 FACTS 装置降容的冗余设备故障或停机不予以上报。停机可能是故障或误操作所产生的直接后果，也可能是因维护需要而计划的停机。根据设备类型，仅对归类为延期的预定停机才进行分类。为了提供可用于进一步描述问题所在和帮助改进设计的信息，将主要类别分为子类别。这些子类别将在以下各小节中说明。通过在维护停机日志时将相应子代码添加到主停机代码，这样性能报告则可以采用这些子类别。

交流和辅助设备（AC-E）：该主类别包括 FACTS 装置的所有交流主电路设备。包括从输入交流连接到 FACTS 装置交流连接的所有设备。该类别还包括低压辅助电源、辅助阀冷却设备以及交流控制和保护。该类别不适用于 FACTS 装置外部交流电网中的事件导致的容量中断。以下各小节提供此类设备中包含的不同子类别并包含每种设备的案例。

交流滤波器（AC-E.F）：由于无源和有源滤波器发生故障导致 FACTS 装置容量损失。该子类别中包含的组件类型可以是电容器、电抗器、电阻器、CT 以及包含交流滤波器的避雷器。

交流控制和保护（AC-E.CP）：将因交流保护、交流控制或交流电流和电压互感器故障而导致的 FACTS 装置容量的损失归入该子类别。交流保护或控制可用于主电路设备、辅助电源设备或阀冷却设备。

FACTS 装置接口变压器（AC-E.TX）：将因 FACTS 装置接口变压器故障造成的容量损失归入该子类别。该子类别包括任何与 FACTS 装置接口变压器集成的设备，例如分接头、套管或变压器冷却设备。

辅助设备和辅助电源（AC-E.AX）：由于辅助设备故障或误操作造成的 FACTS 装置容量损失。此类设备包括辅助变压器、泵、电池充电器、热交换器、冷却系统过程仪表、低压开关设备、电机控制中心、防火和土建。

注：此类别中不包括晶闸管/IGBT 阀的冷却系统。

其他交流开关站设备（AC-E.SW）：将因交流断路器、隔离开关或接地开关的故障造成的 FACTS 装置容量损失归入该子类别。还包括其他交流开关站设备（例如交流避雷器、母线支撑结构或绝缘子）。

阀（V）：该主类别包括阀本身的所有部件。阀是构成 FACTS 装置桥臂的完整或部分可操作阵列。包括所有与阀集成的辅助设备和组件，并构成操作阵列的组成部分。阀类别分为四个子类别。

阀电气（V.E）：将因阀发生故障而造成 FACTS 装置降容，但不包括与阀集成的冷却系统部分相关故障造成的损失归入该子类别。

阀冷却（V.VC）：将因与阀在高电位集成的阀冷却系统相关的阀故障而造成的 FACTS 装置降容归入该子类别。

阀电容（V.C）：因主要的阀电容或其子部件（其中电容不是单个元件）的故障而造成 STATCOM 装置的降容损失。

相电抗（V.PR）：因相电抗故障造成的 FACTS 装置的降容损失。

控制和保护设备（C-P）：该主类别包括用于控制整个 FACTS 装置系统的设备，以及用于控制和保护每个晶闸管投切电容器（TSC）、晶闸管控制电抗器（TCR）、晶闸管控制串联电容器、直流电容和 STATCOM 的设备（不包括含在"交流和辅助设备"中的常规类型的控制和保护）。包括为通过整个通信电路和电路本身发送的控制和指示信息编码而提供的设备。

电容器组（C）：该类别包括固定电容器和晶闸管投切电容器。该类别中不包括与 STATCOM 或电压源型换流器相关的电容。

固定电容器（C.F）：因固定电容器或其子部件（其中电容器不是单个元件）故障而造成 FACTS 装置的降容损失。

晶闸管投切电容器（C.S）：因晶闸管投切电容器或其子部件（其中电容器不是单个元件）故障而造成装置容量的降容损失。

电抗器（R）：该类别包括固定式电抗器和晶闸管控制电抗器。该类别中不包括与 STATCOM 相关的相电抗。

固定式电抗器（R.F）：因固定电抗器或其子部件（其中电抗器不是单个元件）故障而造成 FACTS 装置容量的降容损失。

晶闸管控制电抗器（R.S）：因晶闸管控制电抗器或其子部件（其中电抗器不是单个元件）故障而造成 FACTS 装置的降容损失。

人为错误（H）：将因人为错误而造成 FACTS 装置的降容损失或停机时间归入该类别。如果由于其他类别中的事件造成停机后，停机持续时间因维护或操作中的人为错误而延长，则将相应延长的停机时间归入该类别。

其他（O）：将因未知原因造成的 FACTS 装置降容损失或停机时间延长归入该类别。将因自然现象（风暴、洪水等）、小动物、鸟类筑巢而造成的停机也归入该类别。

外部交流电网（EXT）：将 FACTS 装置因外部交流电网中的故障或事件而造成 FACTS 装置降容损失归入该类别。

注：强迫停机不可用性的计算中不包括因该类别造成的停机。

参考文献

CIGRE AG B4-04: SVC/STATCOM report, Report on SVC/STATCOM Performance Survey, CIGRE B4 meeting 2016. http://b4.cigre.org/Publications/Other-Documents/SVC-STATCOM-PERFORMANCE-SURVEY (2016). Accessed 5 Mar 2018.

CIGRE TB 554: Performance Evaluation and Applications Review of Existing Thyristor Controlled Series Capacitor Devices. CIGRE, e-cigre.org (2013).

CIGRE TB 649: Guidelines for Life Extension of Existing HVDC Systems. CIGRE, e-cigre. org (2016).

CIGRE TB 717: Protocol for Reporting Operational Performance of FACTS. CIGRE, e-cigre. org (2018).

Dhaliwal, N. S. , Schumann, R. , McNichol, J. R.: Application of Reliability Centered Maintenance (RCM) to HVDC Converter Station. CIGRE paper B4-107 (2008).

Moubray, J.: Reliability Centered Maintenance, 2nd edn 1997. Industrial Press Inc, New York, NY. ISBN 0-8311-3078-4.

Narinder Dhaliwal，1968 年获印度昌迪加尔邦旁遮普大学电气工程学士学位，1974 年获加拿大温尼伯曼尼托巴大学电气工程硕士学位。1974 年入职加拿大曼尼托巴的曼尼托巴水电公司，并担任系统研究工程师。1979 年至 2015 年任纳尔逊河高压直流输电系统高级设备工程师，负责纳尔逊河 BP1 和 BP2 高压直流输电系统运维，负责高压直流输电系统各组件（控制装置、换流阀、阀基电子设备、直流控制、换流阀冷却等）调试。现任 TransGrid 公司总工程师，负责技术规范编制、设计审查、出厂测试和调试等工作。是 CIGRE 成员、AG B4.04 工作组召集人，加拿大曼尼托巴省注册专业工程师。

Thomas Magg，南非注册专业工程师，拥有超过 27 年的电力行业工作经验。毕业后入职南非国家电力公司，研究内容涉及工业用电、电力咨询和设备供应等领域，在非洲高压交直流系输电统的项目管理和工程设计方面具有丰富经验，并从事无功补偿和大型非线性负载输电系统应用工作。曾负责多个大型静止无功补偿器（SVC）项目的工程设计。担任纳米比亚 350kV 高压直流输电工程、300/600MW 卡普里维柔性直流输电工程顾问。现任莫桑比克卡布拉巴萨直流输电工程松戈 533kV 直流换流站升级项目的高级技术顾问和首席工程师。2006 年加入 CIGRE 直流与电力电子专委会（SC B4），2008 年至 2014 年期间是 CIGRE SC B4 南非正式成员。